Springer Handbook of Robotics

机器人手册

第1卷　机器人基础

［意］Bruno Siciliano（布鲁诺·西西利亚诺）
［美］Oussama Khatib（欧沙玛·哈提卜）　编辑
《机器人手册》翻译委员会　译

机械工业出版社

《机器人手册 第1卷 机器人基础》共分两篇，分别为机器人学基础和机器人结构。

机器人学基础篇介绍了在模型、设计和控制机器人系统过程中用到的基本原则和方法，包括运动学、动力学、机构与驱动、传感与估计、运动规划、动作控制、力控制、机器人体系结构与程序设计、机器人智能推理方法。这些主题将被拓展和应用到特殊的机器人结构和系统中。

机器人结构篇既阐述了机器人的性能评价与设计标准、模型识别，又介绍了运动学冗余机械臂、并联机器人、具有柔性元件的机器人、机器人手、有腿机器人、轮式机器人、微型和纳米机器人的结构。探讨了在实际物理实现过程中的设计、模型、运动计划和控制等问题。

本手册内容深入浅出，并附有大量的科研实例，便于自学和应用，可作为机器人、人工智能、自动化控制以及计算机应用等专业科研人员、高校师生的参考用书，也可作为相关专业本科生或研究生的参考教材，还可供机器人业余爱好者参考。

图书在版编目（CIP）数据

机器人手册. 第1卷，机器人基础/（意）西西利亚诺（Siciliano，B.），（美）哈提卜（Khatib，O.）编辑；《机器人手册》翻译委员会译. —北京：机械工业出版社，2016.4（2021.3重印）

书名原文：Springer Handbook of Robotics

ISBN 978-7-111-53380-1

Ⅰ.①机… Ⅱ.①西…②哈…③机… Ⅲ.①机器人-手册 Ⅳ.①TP242-62

中国版本图书馆CIP数据核字（2016）第060697号

机械工业出版社（北京市百万庄大街22号 邮政编码100037）

策划编辑：孔 劲 责任编辑：孔 劲 刘本明 杨明远

责任校对：陈延翔 封面设计：张 静 责任印制：常天培

北京捷迅佳彩印刷有限公司印刷

2021年3月第1版第6次印刷

184mm×260mm · 25.75印张 · 2插页 · 883千字

6601—7100册

标准书号：ISBN 978-7-111-53380-1

定价：159.00元

凡购本书，如有缺页、倒页、脱页，由本社发行部调换

电话服务	网络服务
服务咨询热线：010-88361066	机工官网：www.cmpbook.com
读者购书热线：010-68326294	机工官博：weibo.com/cmp1952
010-88379203	金书网：www.golden-book.com
封面无防伪标均为盗版	教育服务网：www.cmpedu.com

作者序一

Bernard Roth
美国斯坦福大学机械工程教授

我对机器人学的首次了解是源自1964年的一个电话。打电话的人是Fred Terman，世界著名的《无线电工程师手册》的作者，当时任斯坦福大学教务长。Terman博士告诉我计算机科学教授John McCarthy刚获得一大笔研究经费，其中的一部分将用于开发计算机控制的机械臂。有人向Terman建议，如果以数学为方向的McCarthy教授和机械设计师联手，这将会是很聪明的做法。由于我是斯坦福教员中唯一有机械设计专长的人，Terman打算给我打个电话，尽管我们从未谋面，而且我还是个刚刚研究生毕业、在斯坦福只工作了两年的年轻助理教授。

Terman博士的电话使我与John McCarthy和他创建的斯坦福人工智能实验室（SAIL）有了紧密的联系。机器人成了我整个学术生涯的支柱，直到今天，我一直保持着对这一主题的教学与研究兴趣。

机器人控制的近代历史要追溯到20世纪40年代后期，当时伺服控制的机械臂被开发出来，它与主从方式的机械臂连接起来被用于处理核物质，从而保护相关人员。这一领域的发展一直延续到现在。然而在20世纪60年代初期，还很少有关于机器人学的学术活动和商业活动。首个学术活动是1961年麻省理工学院H. A. Ernst的论文。他用装有触觉传感器的从动机械臂在计算机控制下工作。他的研究思想就是利用触觉传感器中的信息来引导机械臂运动。

之后斯坦福人工智能实验室随之开展了相关项目，麻省理工学院Marvin Minsky教授也启动了类似的项目，这些研究在当时是在机器人学领域为数不多的学术冒险。这些尝试中的少数是在商业机械臂方面，大部分与汽车工业生产相联系。在美国，在汽车工业中对两种不同的机械臂设计进行了实验：其中一种来自AMF公司，另一种来自Unimation公司。

另外还有一些制造成手、腿和臂部假肢的机械装置，不久之后，为了提高人的能力还出现了外骨骼装置。那时还没有微处理器，所以这些装置既不受计算机控制，也不受远程的所谓微机所遥控，更不用说大型计算机控制了。

最初，计算机科学领域中的一些人认为计算机已足够强大，可以控制任何机械设备，并使其完美执行。但我们很快发现并非如此。我们分两条路线进行。其一是为斯坦福人工智能实验室（SAIL）开发特殊设备装置，以保证刚刚起步的机器人团队开展实验达到硬件证明与概念验证系统。另一条路线或多或少与斯坦福人工智能实验室的工作相关，是发展机器人的基础机械科学。我有一种强烈的感觉，可能会发展出一项有意义的科学。我们最好从基本概念的方面思考，而不是专门集中在特定的设备上面。

幸运的是，两种路线竟然相互间非常和谐融洽。更重要的是，研究者们对这一领域的研究很感兴趣。硬件开发为更多的基本概念提供了具体的例证，研究者们能够同时开发硬件和理论。

起初，为了尽快开始研究，我们购买了一只机械臂。在洛杉矶的Rancho Los Amigos医院有人在销售一种开关控制型电动机驱动的外骨骼机械臂，用来帮助那些臂部失去肌肉的患者。我们购买了一台，把它连接在PDP-6型分时计算机上。这套设备被命名为“奶油手指”，它是我们的第一个实验机器人。一些电影展示的视觉反馈控制、堆垛任务和避障都是由这台机器人作为明星演员完成的。

第一个由我们自主设计的操纵器被简单认为是“水压臂”。正如它的名字所指，它是由水力驱动的。要建立一个非常快的手臂，我们设计了特殊的旋转驱动器，这个手臂工作得非常好。它成为了最早测试机器人手臂的动态分析和时间最优化控制的实验平台。然而，当时普遍来说，计算、规划和传感性能都很有限，由于设计速度比要求速度快得非常多，使得这项技术的应用很受限制。

我们尝试去开发一个真正的数字化手臂。从而产生了一个蛇形结构，取名为Orm（挪威语中的蛇）。Orm有若干节，每节有膨胀的气动驱动器阵列，它们要么完全伸展，要么完全收缩。基本思想是：虽然在工作空间中 Orm 仅可达到有限数量的位置，但是如果达到的位置有很多，那么这也是足够的。一个经过概念验证的小型原型 Orm 被开发出来，然而我们发现这种类型的手臂不能用于斯坦福人工智能实验室团队。

我们实验室第一个真正具有功能的手臂是由当时的研究生 Victor Scheinman 设计的，它就是非常成功的“斯坦福手臂”。有十几个这种手臂作为研究工具用于不同的大学、政府和工业实验室。它有六个独立驱动关节，均由计算机控制的直流伺服电动机驱动。其中一个关节是棱柱的，另外五个是旋转的。

鉴于“奶油手指”的几何学需要逆运动学的迭代解，因此选择“斯坦福手臂”的几何构型，即可以通过编程获得其逆运动学的迭代解，应用起来简单而高效。而且，这个机械设计是特别制作的，以兼容分时计算机控制固有的局限性。不同的末端执行器被连接到机械臂末端作为手。在我们的版本中，手被做成钳夹的形式，还有两只滑动手指，两只手指由一台伺服驱动器驱动，因此，手臂的实际自由度数目有7个。它也有一个特别设计的六轴腕部力传感器。Victor Scheinman 继续开发了其他重要的机器人：首先是一个有六个旋转关节的小型仿人手臂。最初设计是由麻省理工学院人工智能实验室 Marvin Minsky 资助的。Victor Scheinman 建立了 Vicarm 公司，这是一家小公司，为其他实验室制造了这个手臂和“斯坦福手臂”。Vicarm 后来成为了 Unimation 公司的西海岸分部，在那里，通过 Unimation 公司在通用电机公司资助下他设计了 PUMA 机械臂。后来，Scheinman 为 Automatix 公司开发了全新的 Robot World 多机器人系统。在 Scheinman 离开 Unimation 后，他的同事 Brian Carlisle 和 Bruce Shimano 重组了 Unimation 公司的西海岸分部——Adept 公司，该公司现在是美国最大的装配机器人制造商。

很快，精密机械和电子设计、优化的软件，以及完整系统集成的现代化趋势成为常态。到现在，这些结合是最高级机器人装置的标志。这是在“机械电子”（又译“机电一体化”或“电子机械”，mechatronic）背后的基本概念。“机械电子”这个词发源于日本，它代表机械和电子两个词的串联。依赖于计算的机械电子，正如我们今天所知的，是机器人固有技术的实质。

随着机器人技术在全世界的发展，很多人开始在与机器人相关的领域工作，一些特有的附属专业得到了发展。首先最大的分化是进行机械臂工作的人和视觉系统工作的人。早期，视觉系统在给出机器人周围环境的信息方面看起来比其他方法更有前途。

视觉系统是通过摄像机来捕获周围物体的图片，然后使用计算机算法对图像进行分析，从而推断出物体的位置、方位和其他特性。图像系统最初的成功在于解决定位障碍物问题、解决物体操作问题和读取装配工程图。人们感到视觉用于与工厂自动化和太空探索有关的机器人系统中具有很大潜力。这致使人们开始研究可以通过视觉系统识别机器零件（特别对于部分封闭的零件，发生在所谓的“拾箱”问题中）和形状不规则的碎石的软件。

在“看”和移动物体的能力被建立以后，下一个合理的需要就是让机器人做一系列事件的规划、去完成一项复杂的任务。这使得规划的发展成为机器人技术非常重要的分支。在固定的环境中制定固定的计划相对来说是很直接的。然而，在机器人技术中，面临的挑战之一就是，由于误差或者未计划的事件，环境发生了未预料到的变化，此时，机器人会发现环境的变化并且修改自身的行动。在此领域的一些里程碑事件是通过使用一台叫做 Shakey 的车辆来开展的，开始于1966年，由斯坦福研究所（现在称为 SRI）的 Charlie Rosen 小组开发。Shakey 有一台摄像机、距离探测器、碰撞传感器，通过无线电和视频连接到 DEC PDP-10 和 PDP-15 计算机上。

Shakey 是第一台可以思考自己行动的移动机器人。它利用程序获得独立感知、周围环境模仿和产生动作的能力。低级别的操作程序负责简单的移动、转动和路径规划。中级别的操作程序包含若干个低级别程序，可以完成更复杂的任务。最高级的操作程序能够制定和执行计划来实现用户提出的高级目标。

视觉系统对于导航、物体定位和确定它们之间的相对位置与方位非常有用。然而，当在具有环境约束力的地方，对于装配零件或者与其他机器人一起工作，只有视觉系统通常是不够的。因而产生了一种需求：对环境施加到机器人上的力和力矩进行测量，并利用测量结果来控制机器人的行动。多年以来，力控制操作成为了斯坦福人工智能实验室和遍布世界的其他几个实验室的主要研究课题之一。力控制在工业实践中的使用始终落后于该领域的研究发展。这是由于尽管高级的力控制系统对于通用的操作问题非常有效，但限制非常苛刻的工业环境的特殊问题经常只能在有限的力控制甚至没有力控制时解决。

在20世纪70年代，行走机器、机械手、自动汽车、多传感器信号融合和恶劣环境设计等专门领域开始快速发展。今天有大量的、不同的以机器人为主题的专门性研究，其中有一些是经典的工程学科领域，如运动学、动力学、控制学、机器设计、拓扑学和轨迹规划。每一个学科在研究机器人技术之前都已经走过了一段漫长的路程，而为了发展机器人系统和应用，每一个学科已成为深入研究机器人技术的一个方面。

在理论正在发展的同一时间里，工业机器人，尽管稍微有些分离，也有了并行的发展。在日本和欧洲，商业开发强劲，美国也相继发展。相关的工业协会纷纷成立（日本机器人协会在1971年3月成立，美国的机器人工业协会（RIA）在1974年成立），定期举行协会展览会，并召开了应用导向的技术会议。其中最重要的有工业机器人国际研讨会（ISIR）、工业机器人技术会议（现在称为工业机器人技术国际会议（ICIRT））以及国际机器人和视觉展览与会议（这是由RIA每年举办的贸易展览会）。

第一个定期的系列会议在1973年召开。它强调机器人技术的各个研究方面，而不仅仅是工业上的。它由在意大利乌迪内的机械科技国际中心（CISM）和机械与机器理论国际联合会（IFToMM）共同赞助（尽管IFToMM仍在使用，但是意义已经变为机械与机器科学促进国际联合会）。该会议的名称是机器人与机械臂的理论与实践大会（RoManSy），明显特征是强调机械科学和来自东欧、西欧，还有北美和日本的科研人员们的积极交流、分享成果，会议现在仍然每半年举行一次。在我个人的笔记里，就是在RoManSy会议中，我首次遇到了这本手册的各位编辑：1978年遇到了Khatib博士，1984年遇到了Siciliano博士。他们当时都是学生：Bruno Siciliano攻读他的博士学位已经差不多一年了，Oussama Khatib那时刚刚完成了他的博士学位研究。两个事件，都让人产生一见钟情的感觉！

众多其他新的会议和研讨会迅速加入到RoManSy里面。如今，每年有大量机器人研究导向的会议在许多国家举行。当前，最大型的会议是一般吸引了超过1000位参会者的IEEE机器人与自动化国际会议（ICRA）。

在20世纪80年代初期，Richard Paul撰写了美国第一本真正关于机器人操作的教材《机器人操作——数学、编程与控制》出版社（Richard P. Paul，MIT，1981）。它把经典力学学科的理论应用到机器人领域。另外，书中有一些主题是从他在斯坦福人工智能实验室的论文研究中直接发展而来（在书里面，许多例子基于Scheinman的“斯坦福手臂”。）。Paul的书是美国的一个里程碑事件，它为将来一些有影响力的教材开创了一个模式，还鼓励众多的大学与学院开设专门的机器人课程。

差不多与此同时，一些新的期刊创刊，这些期刊主要发表机器人相关领域的论文。在1982年的春天，《机器人研究国际期刊》创刊，三年之后，《IEEE机器人与自动化期刊》（现在的《IEEE机器人学报》）创刊。

随着微处理器的普及，关于什么是或什么不是机器人的问题更加凸显出来。在我的脑海里，这个争论从来没有被很好地解决过。我认为永远不会有一个大家都普遍同意的定义。当然，存在着科幻小说中各种各样的外太空生物和戏院、文学以及电影中的机器人。早在工业革命之前，就有过想象中的类似机器人生物的例子，但实际的机器人又会是什么样的呢？我认为关于机器人的定义实质上是一个随着科技进步而不断改变其本体特征的移动靶。例如当船上的陀螺仪自动罗盘第一次被开发出来时就被认为是一个机器人。现在，当我们罗列在我们世界中的机器人的时候，总是无法完全囊括所有的机器人。机器人的定义已经被降级了，现在机器人被看做是一种自动控制装置。

对于很多人来说，机器人包含着多功能的概念，机器人即意味着在设计和制造时就具备了容易适应或者可被重新编程以完成不同任务的能力。在理论上，这种想法应该可以实现的，但在实际中，却是大多数的机器人装置只能在非常有限的领域里实现多功能。人们很快发现，在工业中一般而言，一台具有专门用途的机器要比一台具有广泛用途的机器表现好得多。而且在制造加工时，当产品的产量足够高的时候，一台具有专门用途的机器要比一台具有广泛用途的机器花费少。因此，人们开发出专业机器人用于喷漆、铆接、零部件装配、压力加载、电路板填充等方面。在一些情况下，机器人被用于如此专一的用途，以至于很难划清一台所谓的机器人与一条可调整的“固定的”自动化流水线的界限。人们理想中的机器人应该是能做“所有事”的万能机器，因此这种机器人在大量出售以后价格将相对便宜。但是，许多机器人的实际情况则恰好与之相反。

我认为机器人的概念应该与在给定的时间内什么活动是与人相关，以及什么活动是与机器相关联系起来。如果一台机器突然变得能够完成我们通常和人联系在一起的工作时，这台机器就能在定义上被提升而定义为一个机器人。过了一段时间以后，人们习惯于这件工作由机器来完成了，这个装置就从“机器人”降级为“机器”。那些没有固定底座和那些具有胳膊或腿状附件的机器人更有优势，也更有可能被称作机器人，但是很难让人想到一套始终如一的定义标准，并适合目前所有的命名惯例。

在包括家用机器的所有机器中，拥有微处理器来指导其行动的都可以认为是机器人。除了真空吸尘器，还有洗衣机、冰箱以及洗碗机都能很容易地作为机器人被推向市场。当然，还存在着很多的可能性，包括那些具有环境感知反馈和判断能力的机器。在实践里，那些被看做是机器人的装置中，传感器的数量和判断能力可能由很多、很强一直变化到完全没有。

在最近的几十年里，对机器人的研究已经由一个以机电整合装置研究为中心的学科壮大为一个宽广得多的交叉性学科。被称作以人为本的机器人领域便是这样的一个例子。在这个领域里，人们研究人和智能机器的相互作用。这是一个发展中的领域，其中，对机器人与人的相互影响的研究已经吸引了来自经典机器人研究领域之外的专家们。人们正在研究一些诸如人和机器人的情感之类的概念；而且一些像人体生理学和生物学等古老的研究领域正在被合并成机器人研究的主流。这些研究活动将新的工程和科学层面引进到了研究著述中，从而丰富了机器人研究领域。

最初，初期的机器人界主要关注让机器去干活。对于那些早期的机器人装置，人们完全只关注它们能不能干活，而很少去在意它们有限的性能。现在，我们拥有精细的、可靠的装置作为机器人系统现代阵列的一部分。这一进步是全世界成千上万人的工作成果，这些工作很多都是在大学、政府的研究实验室和企业里进行的。这一成就创造了包含在本手册64章中的大量的信息，这是对全世界工程界和科学界的致敬。显然这些成果并非由任何中央规划或者一个整体有序的计划产生。因此本手册的编者面对着将这些材料组织成一个有逻辑而且清晰明了的整体的艰巨任务。

编辑将稿件划分为三层结构。第一层论述这门学科的基础。这一层由9章组成。作者在其中详细讲述了机器人学科、运动学、动力学、控制学、机构学、架构、编程、推理和传感。这些是组成机器人研究和发展的基本技术。

第二层有四个部分。第一部分（第2篇）阐述了机器人的结构，包括臂部、腿、手和其他大多数机器人的组成部分。乍一看，腿、臂部和手这些硬件可能相互之间差异巨大，但它们共有一套属性，使他们能够用相同的或很接近的、在第一层中描述过的原理去分析。

该层的第二部分（第3篇）涉及传感和感知，它们是任何真正独立的机器人系统所必需的基本能力。正如先前指出，实际上许多所谓的机器人设备只有少量的上述能力，但显然更先进的机器人不能离开它们，并且很大趋势是把这些能力合并到机器人设备中。该层第三部分（第4篇）讲述了这门学科领域和设备控制与接口技术的联系。该层第四部分（第5篇）由8章组成，探讨了移动机器人和不同形式的分布式机器人。

第三层由两部分共12章组成，涉及当今研究和开发前沿的高级应用。一部分（第6篇）论述现场和服务机器人，另一部分（第7篇）讲述以人为本和仿真机器人。对于外行读者，这些章节是先进机器人的全部。然而必须意识到这些非同寻常的实现如果没有前两层所介绍的发展，就可能不会存在。

理论和实践的紧密联系促成了机器人技术的发展，并成为现代机器人的一种特征。这两个互补的方面，对于我们当中那些同时拥有机会研究和开发机器人设备的人，是个人成就感的源泉。本手册极好地反映了学科的这两个互补方面，并展现近五十年来的大量研究成果。一些人将要发明更有能力的多样的下一代机器人设备，当然，本手册的内容将作为他们一个有价值的工具和导引。向编辑和作者致以祝贺与崇敬。

Bernard Roth
美国斯坦福大学
2007 年 8 月

作者序二

Georges Giralt
法国拉斯-国家科学研究中心（LAAS-CNRS）研究主管，图卢兹

翻开这本手册，纵观其64章丰富的内容，我们不妨从个人的视角，对机器人学在概念、趋势及中心问题等方面的演变作一个概述。

现代机器人学大约开始于半个世纪以前，并向两个不同的方向发展。

首先，让我们了解一下机械臂涉及的范围，从对遭受辐射污染产品的远程作业到工业机械手，无不包含在其领域中，而这之中标志性机器UNIMATE是通用机械手的代表。产品的工业发展，大多围绕六自由度串联图景以及积极的研究和开发，将机械工程与控制专业化联系在一起，成为其发展的主要推动力。当今特别值得关注的是，通过对先进的功能强大的数学工具的运用，在新颖的应用优化结构设计方面的努力终于获得了回报。类似的，为实现制造出与人类友好的机器人的梦想，一项关于未来认知机器人的臂和手的设计与实际建造也引起了人们的重视。

其次，还未被人类充分认识但我们应该清楚的是涉及人工智能相关主题的系列工作。在此领域中具有里程碑意义的项目便是斯坦福国际集团开发的移动机器人Shakey。这项旨在集计算机科学、人工智能和应用数学于一身发展智能机器的工作，至今作为一个子领域已经有一段时间了。20世纪80年代期间，通过对围绕包括从极端环境下的探测器（如星球探测，南极洲等）到服务机器人（如医院，博物馆引导等）等宽广范围的个案研究获得的建设强度，引发了大范围的研究，从而也奠定了智能机器人的地位。

因此机器人学的研究能够将这两个不同的分支联系起来，将智能机器人以一种纯粹的计算方式分类为有限理性机器，这是在20世纪80年代第三代机器人定义的基础上进行了扩展：

“（机器人）……作为一个通过智能将感知和行动联系在一起，而被赋予了对一项工作拥有理解、推断并执行能力的机器，在三维的世界里执行操作。”

作为一个广泛认可的测试平台，自主机器人领域最近从机器人设计方面的突出贡献中受益颇多，而这些贡献是通过在环境建模及机器人定位上运用算法几何及随机框架法（SLAM，同步定位和建模），以及运用贝叶斯估计和决策方法所带来的决策程序的发展等综合取得的。

在千禧年的过去十年间，机器人学主要处理智能机器人图景，在一个覆盖了先进传感和知觉、任务推理和规划、操作和决策自动化、功能性整合架构、智能人机接口、安全和可靠性等项目的主题内，将机器人和机器智能通用研究结合起来。

第二个分支数年来被认为是非制造机器人学的，涉及大量有关现场、服务、辅助以及后来的个人机器人的、以研究为驱动的真实世界的案例。这里，机器智能在其多个主题内是中心研究方向，使得机器人能够在以下三个方面得以行动：

1）作为人类的替代者，尤其是对于远程或恶劣环境中的干预工作。

2）通过与人友好机器人学或以人为本机器人学的所有实际应用，与人类的亲近交互及在人类环境中的操作。

3）与使用者的紧密协同，从机械外骨骼辅助、外科手术、保健和康复扩展到人类隆胸。

因此，在千年之交，机器人学已经成为一个广泛的研究主题，不仅有对于工程化很好的工业领域支持市场产品，同时也有大量在危险环境中操作的领域导向的应用案例，如水下机器人、复杂地形车、医疗/康复机器人学等。

机器人学的发展水平重点看理论方面所扮演的角色，目前它已经从应用领域发展到技术和科学的领域。这本手册的组织构架很好地阐释了这些不同的水平。此外，为了未来认知型机器人，除了大量的软件系统，人们还需要考虑与人友好的环境中的机器人物理性质和新奇附件，包括腿、臂和手的设计。

在当前千禧年的前十年，前沿的机器人学正在取得突出的进步，通常由以下两个方向组成：

1）中/短期面向应用的案例研究。

2）中/长期一般情况的研究。

为了完整性，我们需要提到大量外围的、激发机器人学灵感的学科，这些学科经常是关于娱乐、广告和精致的玩具。

与人友好机器人学的前沿领域包括几个一线的应用领域，在这些领域里，机器人（娱乐、教育、公共服务、辅助和个人机器人等）在人类环境或者在和人类密切相互作用的环境里运作。这里也就介绍了人机交互的关键性问题。

正是在这个领域的中心，浮现出来个人机器人的前沿的课题，对此，在这里我们着重强调它的三个总体特征：

1）它们可能由非专业使用者操作。

2）它们可能被设计来和使用者分享高水平的决定。

3）它们可能包含环境装置和机器附件、遥远的系统，还有操作者。这种分享决策的观念暗示这里呈现出一些前沿研究课题和伦理问题。

个人机器人的概念，正扩大为机器人助手和万能“伴侣”，对于机器人学来说确实是一项重大的挑战。机器人学作为科学和技术领域的一个重要分支，提供了在中长期对社会和经济产生重大影响的观念。这里介绍和质疑前沿课题包括以下认知的方面：可协调的智能人机交互、感觉（场景分析、种类识别）、开放式学习（了解所有的行为）、技能获取、大量的机器人世界的数据处理、自主决定权和可靠性（安全性、可靠性、交流和操作稳定性）。

上面提到的两种方法有很明显的协同性，尽管必要的框架存在时差。这种科学上的联系不仅集合了问题和获得结果，而且也在事物两方面创造出和谐的交流和给技术带来进步。

事实上，这种相应的研究趋势和应用领域的发展获得了爆炸性的实用技术的支持，其中包括计算机处理能力、通信学、计算机网络设计、传感装置、知识检索、新材料、微纳米技术。

今天，展望中长期的未来，我们正面对非常积极的议题和观点，但是也必须对有关机器人的批评性意见和隐存的风险做出回应，这种风险就在于人们担心机器人在和人接触的过程中也可能出现不需要的或者不安全的行为。因此，存在一个非常清晰的需求，那就是研究级别安全问题和可靠性与相应的系统限制课题。

《机器人手册》的出版非常及时，充满了挑战性的成果。它由165位作者在64章中总结了大量的难题、问题和方方面面。就其本身而言，它不仅是全世界研究者所获得的基本课题和结果的一个高效展示，而且进一步给每一个人提供了不同的观点和方法。这确实是一个可以带来进步的很重要的工具，但是，更重要的是，它将在这个千禧年的头二十年成为建立机器人学的开端，在机器智能的核心领域成为科学的学科。

Georges Giralt

法国图卢兹

2007年12月

作者序三

Hirochika Inoue
日本东京大学教授

机器人学领域诞生于20世纪中期，当时新兴的计算机科学正在改变科学和工程中的每一个领域。机器人学经历了不同的阶段，从婴儿期，童年期到青年期，再到成年期，已经完成了快速而稳健的成长。机器人学现在已经成熟，人们希望它在未来的社会里提高他们的生活质量。

在机器人学的婴儿期，它的核心被认为是模式识别、自动控制和人工智能。带着这些新的挑战，这个领域的科学家和工程师聚集在一起来审查新奇的机器人传感器和驱动器、规划和编程算法以及连接各部分组件的最优结构。在此过程中，他们创造出在真实世界中可以和人进行交互作用的机器人。这些早期的机器人学集中于研究手-眼系统，也就是人工智能研究的试验平台。

“童年时期”机器人的活动场地是在工厂。工业机器人被研究出来，并且应用到工厂进行自动喷涂、点焊、打磨、材料操作和零件装配。拥有传感器和记忆功能的机器人使工厂更加自动化，使机器人的操作更加柔性化、更加可靠和精确。机器人的自动化将人从繁重和乏味的体力劳动中解放出来。汽车、家电和半导体工业迅速将其生产线重整为机器人集成化系统。英文单词“机械电子”（又称为“机电一体化”、“电子机械”）最早是由日本人在20世纪70年代末期提出来的。它定义了一个新的机器观念，在这种观念里，电子和机器系统相融合，这种融合使很多工业产品变得更加简单、却又更加多功能，而且可编程和智能化。机器人学和机械电子学在制造过程的设计、操作和工业产品上都产生了非常积极的影响。

随着机器人学进入它的青春期，研究者雄心勃勃地去探索它新的起点。运动学、动力学和系统控制理论变得更加精妙，同时它们也被应用到真正的复杂机器人的机构中。为了进行规划和完成真实的任务，机器人必须能够认知它所处的环境。视觉——外部感觉的主要的途径，作为机器人了解其所处外部环境的最普通、最有效的、最高效的手段，被开发出来。已经发展起来的高级的算法和强有力的装置将会用来提高机器人视觉系统的速度和稳定性。触觉和力的传感系统也需要发展，这样机器人可以更好地操控物体。在建模、规划、认知、推理和记忆方面的研究扩大了机器人的智能化特性。机器人学逐渐被定义为传感和驱动之间的智能连接的研究。这种定义覆盖了机器人学的所有方面：三大科学核心和一个整合它们的综合方法。事实上，由于系统综合使仿生机器的创造成为可能，所以它已经成为一个机器人工程的关键性方面。创造这种仿生机器人的乐趣吸引了很多学生投身到机器人学领域。

在发展机器人学的过程中，科学的兴趣被导向到去理解人类的精妙。人类和机器人的比较研究在科学研究人的功能建模方面开辟出了一条新路。认知机器人学、仿生行为、生物激发的机器人和机器人生理心理学方法，在扩大机器人潜力方面达到了极限。总的来说，在科学探索中，不成熟的领域是稀少的。20世纪80和90年代，机器人学就处于这样一个年轻的阶段，它吸引了大量充满好奇心的研究者进入这个新的前沿领域。他们对该领域持续的探索形成该本富含科学内容的综合性手册。

随着机器人学科前沿知识的掌握，进一步的挑战为我们打开了将成熟的机器人技术应用于实际的大门。早期的机器人的活动空间给工业机器人的场所让路。内科机器人、外科机器人、活体成像技术给医生做手术提供了强有力的工具，这使许多病人免于病痛的折磨。人们期望诸如康复、卫生保健、福利领域的新机器人能够提高老龄化社会的生活质量。机器人必将会遍布于世界的每一个角落——天上、水下、太空中。人们希望能和机器人在农业、林业、矿业、建筑业、危险环境及救援中联手工作，并发现机器人在家务及在商店、饭馆、医院服务中的实用性。在无数的方式中，人们还是希望机器人可以支持我们的生活。然而，从这方面来看，机器人的应用主要受到结构化环境的限制，在这些环境中，出于安全考虑，机器人和人是相互隔离的。在下一个阶段，机器人所处的环境将扩展为非结构化的世界，在这里，人享受服务，将总是和机器人一起工作和生活。在这样的环境中，机器人将必须具备高性能的传感器、更加智能化、强化的安全性和更好的人类理解力。在寻求阻碍机器人发展问题的解答过程中，不仅应该考虑技术上的问题，还应该考虑社会问题。

自从我最初的研究——使机器人变成一个奇想，到现在，四十年已经过去了。从最开始就见证了机器人技术的成长我感到幸运和高兴。为了机器人学的诞生，从其他学科引进了基础的技术。没有教科书和手册是现成的。为了达到目前的这个阶段，许多科学家和工程师已经挑战了新的领域。在推进机器人学的同时，他们从多维度的视角丰富了知识本身。他们努力的成果都已经编辑在这本机器人手册中了。这本出版物是百多位世界领军专家共同合作的结果。现在，那些希望投身于机器人学研究的人就能够找到一个可以建构自己知识体系的坚实的基础。这本手册必将会用于进一步发展机器人学，强化的工程教育和系统的知识编辑可以促进社会和工业的知识创新。

在老龄化社会里，人类和机器人的角色是科学家和工程师需要考虑的重要问题。机器人能够对保卫和平、促进繁荣和提高人们生活质量做出贡献吗？这是一个尚未解决的问题。然而，最近个人机器人、家用机器人和仿人机器人的进步间接表明机器人从工业部门到服务业部门的转移。为了实现这种转移，机器人学不可回避这样的观点，那就是机器人学工作的基础包含了社会学、生理心理学、法律、经济、保险、伦理、艺术、设计、戏剧和运动科学。将来的机器人学应该被作为包含人类学和技术的学科来研究。这本手册有选择地提供了推进机器人学这个新兴科学领域的技术基础。我期待机器人学持续不断的进步，期待它能够促进未来社会的繁荣。

Hirochika Inoue
日本东京
2007 年 9 月

作 者 序 四

Rodney Brooks
美国麻省理工学院教授

机器人已经让人类着迷了几千年。在20世纪之前制造的机器人没有将传感和动作联系起来，只是通过人力或者是重复性的机器来驱动。直到20世纪20年代，电子登上舞台之后，才制造出了第一台真正感知世界并能恰当工作的机器人。在1950年前，我们开始看到流行杂志中出现了对真正机器人的描述。20世纪60年代，工业机器人进入了人们的视野。商业压力迫使它们对环境越来越不敏感，而在它们自己的工程化世界中，动作却越来越快。20世纪70年代中期，在法国、日本和美国，机器人再一次在少数研究实验室出现。现在我们已经迎来了一个世界性的研究热潮和遍布世界的智能机器人大规模研究的蓬勃发展。本手册汇集了目前多个领域机器人的研究现状。从机器人的机械装置、感应和知觉处理、智能、动作到许多应用领域，本书都有涉及。

我非常幸运地生活在过去30年来机器人的研究革命之中。在澳大利亚，当我还是一个少年的时候，在1949年和1950年我受到Walter在《科学美国人》中所描述的乌龟的启发，制作了一个机器人。当我在1977年抵达硅谷时，恰好是计算机个人化革命真正开始的时候，但是我转向了更为模糊的机器人世界的研究当中。在1979年我已经可以协助斯坦福人工智能实验室（SAIL）的Hans Moravec工作了，当时他正在耐心地使他的机器人“The Cart”在6个小时之内行驶20米。就在26年之后的2005年，在同样的实验室——斯坦福人工智能实验室，Sebastian Thrun和他的团队已经可以使机器人在6个小时之内自动行驶200000米了，在仅仅26年之中就提高了4个数量级，比每两年就翻一番的速度还快一点。但是，机器人不仅仅是在速度上提升了，它们在数量上也增加了。我在1977年刚到斯坦福人工智能实验室的时候，世界上只有3台移动机器人在运行。最近，我投资建立的一个公司制造了第3000000台移动机器人，并且我们制造的步伐还在加快。机器人的其他领域也有类似的壮大发展，尽管提供一个简洁的数字化的描述更难一些。以前，机器人太不清楚它们周围的环境，所以人们和机器人近距离一起工作非常不安全，而且机器人也根本意识不到人们的存在。但是近些年，我们已经远离了那样的机器人，还制造出了可以从人们的面部表情和声音韵律当中领悟其暗示的机器人。近期，机器人已经穿过了肉体和机器的界限，所以现在我们正在看到一系列的智能机器人，包括从会修复牵引术的机器人到为残疾人设计的康复机器人。最近，机器人已经成为了认知科学和智能科学研究中受尊敬的贡献者。

本手册介绍的研究结果提供了推动机器人伟大进步的关键想法。参与和部分参与工作的编辑们和所有的作者把这些知识汇集起来，完成了一项一流的工作。这项工作将会为机器人的进一步研发提供基础。谢谢你们，并祝贺所有在这项关键工作中付出劳动的人们。

对一些未来机器人的研究将通过采用和改善技术得以增加。未来机器人研究的其他方面将会更具革命性，这些研究的基础会与一些观念以及本书所述的现有技术发展水平相反。

当你在研究本书，寻找一些领域来通过你自己的才华和努力对机器人研究做出贡献的时候，我想提醒你，我相信能力和灵感会使机器人更加有用，更加高产，更容易被接受。我把这些能力按照一个小孩子拥有同等能力时的年龄描述为：

- 一个两岁小孩子的物体认知能力。
- 一个四岁小孩子的语言能力。

- 一个六岁小孩子的灵巧能力。
- 一个八岁小孩子的社会理解能力。

达到上述每一个程度都是非常困难的目标。但是即使是朝向以上任何一个目标的微小进步也将会立即应用在外面世界的机器人上。当你进一步对机器人学有所贡献之时，好好阅读本书并祝你好运。

Rodney Brooks
美国麻省理工学院，剑桥
2007 年 10 月

前　　言

机器人在达到人类前沿的同时，积极应对着新兴领域中出现的各种挑战。新一代机器人和人类互动，和人类一起探索、工作，它们将会越来越多地接触人类及其生活。实用机器人的前景令人信服是半个世纪的机器人科学发展的结果，这种发展将机器人作为现代科学学科建立起来。

机器人领域的快速发展推动了这本《机器人手册》的诞生。随着期刊、会议论文集和专著的增加，参与机器人科学技术研究的人，特别是刚进入该领域的人，很难跟得上它大范围发展的脚步。由于机器人技术是多学科交叉的技术，这个任务就显得尤为艰难。

这本手册依据20世纪80、90年代机器人学的发展成果，这些成果对机器人领域的研究很有参考价值：《机器人策略：规划和控制》（Brady，Hollerbach，Johnson，Lozano-Perez，和Mason，MIT出版社，1982），《机器人科学》（Brady，MIT出版社，1989），机器人评论1和2（Khatib，Craig，和Lozano-Pérez，MIT出版社，1989和1992）。随着机器人领域更大的扩展以及向其他学科的日渐延伸，人们对一部包含机器人基本知识和先进发展的综合性参考手册的需求越来越强烈。

这本手册是世界各国多位积极参与机器人研究的作者的努力成果。将各位作者组织成一个目标明确、能力卓越的团队，卓有见地地介绍覆盖机器人各个领域的知识，这是一项艰巨的任务。

这个工程开始于2005年5月，我们和施普林格欧洲工程主管Dieter Merkle及STAR的资深编辑Thomas Ditzinger一起参加会议期间。一年以前，我们和Frans Groen一道发行了“斯普林格先进机器人技术”系列小册子，这个小册子迅速成为及时传播机器人技术研究信息的重要媒介。

正是在这种背景下，我们开始了这个具有挑战性的任务，满腔热情地开始规划开发技术结构和构建作者团队。我们构思了一部由3层架构、共7篇内容的手册，在机器人领域已经建立了的学术中心、目前正在进行的研发，以及新兴应用中获取该领域多层面的信息。

第一层即第1篇是机器人学基础。综合的方法和技术包含在第二层的四篇中，涵盖了机器人的结构、传感和感知，操作和接口，移动和分布式机器人。第三层，包括机器人技术在两个领域先进的应用，分别是：服务机器人和以人为中心的仿人机器人。

为了展开上述各部分，我们设想建立一个编辑团队，来整理作者的稿件，以组成各个章节。一年后我们的七人编辑团队形成了：David Orin，Frank Park，Henrik Christensen，Makoto Kaneko，Raja Chatila，Alex Zelinsky和Daniela Rus.。有这样一批杰出的学者致力于这个手册的编辑工作，该手册在学术领域一定是高质量、大跨度的。

到2005年初，我们的作者超过了1150位。为了方便内部以及各个章节的交叉参照，把握手册的编写进度，我们制作了内部网站。第二年，就认真协调了手册的内容。尤其是在2005年和2006年春季的两个全日制举行的讲习班，大部分作者都出席了。

本手册的每一章都由至少3个独立的审稿人员进行审稿，通常都会包括那一章的编辑和两位相关章节的作者，有时候也会由一些该领域的其他专家进行审阅。必须审读两遍，有时候甚至是三遍。在这个过程中，只要认为有必要，就会加入几位新的作者。本书大部分章节在2007年夏季之前已定稿，在2008年早春之前书稿已全部完成——那时候，我们收到了10000多份电子邮件，汇集了来自165位作者的7篇总共64章1650多页的内容，有950幅插图，5500篇参考文献。

我们对作者们的脑力劳动深表谢意，也同样感谢审稿人员和各部分编辑的尽职尽责。感谢“施普林格科学和工程手册”的高级经理Werner Skolaut，他全力支持稿件的编辑加工工作，将手册的编辑和审稿、出版相结合，很快成为了我们团队很投入的一名队员。感谢Le-TeX的工作人员的高度专业化的工作，他们重新排版了所有的文字，重绘和完善了很多图稿，同时在校对材料时及时地和作者互动。

在出版手册这个想法产生六年之后，这本手册终于面世了。除了它对研究人员的指导意义以外，我们也希望这本手册能够吸引一些新的研究者进入机器人领域，激励这个充满魅力的领域几十年的蓬勃发展。每一次努力的完成，总会带来新的令人振奋的挑战。在这种时候我们都会提醒我们的研究员——保持前进的梯度。

Bruno Siciliano
Oussama Khatib
意大利那不勒斯大学、美国斯坦福大学
2008 年 4 月

编辑简介

Bruno Siciliano（布鲁诺·西西利亚诺），1987年毕业于意大利那不勒斯大学，获电子工程学博士学位。控制和机器人技术的专家，那不勒斯大学计算机和系统工程PRISMA实验室主任。目前研究力控制、视觉伺服、工业机器人/手操作、轻型柔性手臂、人-机器人交互以及服务机器人。合著出版图书6本，编辑合订本5本，发表期刊论文65篇，会议论文及专著章节165篇，被世界各机构邀请作了85次讲座和研讨会。施普林格高级机器人报告（STAR）系列、施普林格机器人手册的合作编辑，众多有声望期刊的编委会成员，许多国际会议的主席或联合主席。IEEE会士和ASME会士。IEEE机器人与自动化协会（RAS）主席，曾担任该协会技术活动副主席和出版活动副主席，卓越讲师，行政委员会和其他几个协会委员会成员。

Oussama Khatib（欧沙玛·哈提卜），1980年毕业于法国图卢兹的高等航空航天研究所（Sup' Aero），获电子工程博士学位。斯坦福大学计算机科学教授。当前主要研究以人为本的机器人技术，以及关于人体运动合成、仿人机器人、触觉远程操控器、医疗机器人、与人友好机器人的设计。他在这些领域的研究依赖于他从事25年的研究成果，发表论文200余篇。他在世界各机构作了50多次主题报告，参与了几百次座谈会和研讨会。施普林格高级机器人报告（STAR）系列、施普林格机器人手册的合作编辑，担任知名机构和期刊的顾问编辑委员会成员，很多国际会议的主席或联合主席。IEEE会士，IEEE机器人与自动化协会（RAS）的卓越讲师，管理委员会成员。机器人研究国际基金委员会（IFRR）主席，曾获日本机器人协会（JARA）研究与发展奖。

各篇编者简介

第1篇

David E. Orin
The Ohio State University
Department of Electrical Engineering
Columbus, OH, USA
Orin. 1@ osu. edu

David E. Orin，1976年毕业于美国俄亥俄州立大学，获电子工程专业博士学位。1976—1980年在美国凯斯西保留地大学教书。1981年至今在俄亥俄州立大学担任电子与计算机工程教授。目前致力于两足动物的动态移动。他对机器人动力学和双腿运动做出过许多贡献，已发表论文125余篇。他从所在大学获得了许多教育奖。IEEE会士，担任多个国际会议的程序委员会委员。他因为IEEE机器人与自动化协会（RAS）服务而获得了杰出服务奖，服务包括财金副主席，秘书，行政委员会成员和会士评价委员会联合主席。

第2篇

Frank C. Park
Seoul National University
Mechanical and Aerospace Engineering
Seoul, Korea
fcp@ snu. ac. kr

Frank C. Park，1991年毕业于美国哈佛大学，获应用数学博士学位。1991—1995年担任欧文加利福尼亚大学机械与航空航天工程系助理教授。1995年至今在国立首尔大学机械与航空航天工程学院担任全职教授。他在机器人技术方向的主要研究兴趣包括机器人力学、规划、控制、机器人设计与结构和工业机器人。其他研究方向包括非线性系统理论、差异几何及其应用，还有相关领域的应用数学。IEEE机器人与自动化协会（RAS）秘书，《IEEE机器人及自动化学报》资深编辑。

第3篇

Henrik I. Christensen
Georgia Institute of Technology
Robotics and Intelligent Machines @ GT
Atlanta, GA, USA
hic@ cc. gatech. edu

Henrik I. Christensen，美国亚特兰大左治亚理工学院机器人及机器人控制器的KUKA主席。分别于1987年和1990年获奥尔堡大学硕士学位和博士学位。曾在丹麦、瑞典和美国任职。发表视觉、机器人、人工智能方面的论文250多篇。其研究结果已经由一些主要公司和4个子公司进行了商业化。任欧洲机器人研究网络（EURON）的协调者。他作为一个资深组织者参加了50多个不同的会议和研讨会。机器人研究国际基金委员会的成员，STAR系列编委会成员，是这个领域很多领先期刊的编委会成员。IEEE机器人与自动化协会（RAS）卓越讲师。

第 4 篇

Makoto Kaneko
Osaka University
Department of Mechanical Engineering
Graduate School of Engineering
Suita, Japan
mk@ mech. eng. osaka- u. ac. jp

Makoto Kaneko，于 1978 年和 1981 年在日本东京大学分别获机械工程专业硕士和博士学位。1981—1990 年担任东京大学机械工程实验室研究员，1990—1993 年担任九州工业大学副教授，1993—2006 年担任广岛大学教授，在 2006 年他成为了大阪大学的教授。其研究包括基于触觉的主动传感、抓取策略、极限人类技术及其在医疗诊断的应用，曾获得十七个奖项。STAR 系列编委会成员，多个国际会议的主席或联合主席。IEEE 会士。担任 IEEE 机器人与自动化协会成员活动的副主席以及《IEEE 机器人与自动化学报》的技术编辑。

第 5 篇

Raja Chatila
LAAS- CNRS
Toulouse, France
raja. charila@ laas. fr

Raja chatila，于 1981 年获法国图卢兹大学博士学位。1983 年起担任法国图卢兹拉斯-国家科学研究中心（LAAS- CNRS）主管。1997 年被日本筑波大学聘请为教授。其研究工作围绕以下几个方面：现场、行星、航空和服务机器人，认知机器人，学习，人-机器人交互和网络机器人。曾发表国际论文 150 多篇。机器人研究国际基金委员会成员。他担任若干个领先期刊的编委会成员，包括 STAR 系列，是多个国际会议的主席或联合主席。IEEE 机器人与自动化协会管理委员会成员，《IEEE 机器人及自动化学报》的副编辑，卓越讲师。IEEE，ACM 和 AAAI 的成员，不同国内和国际委员会及评价委员会成员。

第 6 篇

Alexander Zelinsky
Commonwealth Scientific and Industrial
Research Organisation (CSIRO)
ICT Centre
Epping, NSW, Australia
Alex. zelinsky@ csiro. au

Alexander Zelinsky，澳大利亚联邦科学与工业研究组织（CSIRO）信息与通信技术中心主管。在加入 CSIRO 前，他在信息科学与工程研究学院，是 Seeing Machines Pty Limited 的首席执行官与创始人和澳大利亚国立大学的教授。他是专门从事机器人和计算机视觉的知名科学家，作为人机交互的改革者而广为人知，他在该领域发表论文 100 余篇。获得了国内和国际奖项。担任两本领先期刊的编委会成员，是多个国际会议的程序编委会成员。IEEE 会士，担任 IEEE 机器人及自动化协会管理委员会成员和工业活动副主席。

第7篇

Daniela Rus
Massachusetts Institute of Technology
CSAIL Center for Robotics
Cambridge, MA, USA
rus@ csail. mit. edu

Daniela Rus，1992年毕业于美国康奈尔大学，获计算机科学博士学位。1994—2003年任教于德国汉诺威州达特茅斯市。从2004年起在美国麻省理工学院工作，目前担任麻省理工学院电子工程和计算机科学教授。CSAIL机器人中心副主管。她的研究兴趣集中在分布式机器人和移动计算。她在这个领域发表论文多篇。她在机器人方面的工作目标是开发自组织系统，从新型机械设计、实验平台一直扩展到定位的开发与分析算法。获得了诸多奖项，包括麦克阿瑟研究员。多个国际会议的程序委员会成员，IEEE机器人及自动化协会教育联合主席。

作者列表

Jorge Angeles
McGill University
Department of Mechanical Engineering
and Centre for Intelligent Machines
817 Sherbrooke St. W.
Montreal, Quebec H3A 2K6, Canada
e-mail: *angeles@ cim. mcgill. ca*

Gianluca Antonelli
Università degli Studi di Cassino
Dipartimento di Automazione, Ingegneria
dell' Informazione e Matematica Industriale
Via G. Di Biasio 43
03043 Cassino, Italy
e-mail: *antonelli@ unicas. it*

Fumihito Arai
Tohoku University
Department of Bioengineering and Robotics
6-6-01 Aoba-yama
980-8579 Sendai, Japan
e-mail: *arai@ imech. mech. tohoku. ac. jp*

Michael A. Arbib
University of Southern California
Computer, Neuroscience and USC Brain Project
Los Angeles, CA 90089-2520, USA
e-mail: *arbib@ usc. edu*

Antonio Bicchi
Università degli Studi di Pisa
Centro Interdipartimentale di Ricerca
"Enrico Piaggio" e Dipartimento
di Sistemi Elettrici e Automazione
Via Diotisalvi 2
56125 Pisa, Italy
e-mail: *bicchi@ ing. unipi. it*

Aude Billard
Ecole Polytechnique Federale de Lausanne (EPFL)
Learning Algorithms and Systems Laboratory (LASA)
STI-I2S-LASA
1015 Lausanne, Switzerland
e-mail: *aude. billard@ epfl. ch*

John Billingsley
University of Southern Queensland
Faculty of Engineering and Surveying
Toowoomba QLD 4350, Australia
e-mail: *billings@ usq. edu. au*

Wayne Book
Georgia Institute of Technology
G. W. Woodruff School of Mechanical Engineering
771 Ferst Drive
Atlanta, GA 30332-0405, USA
e-mail: *wayne. book@ me. gatech. edu*

Cynthia Breazeal
Massachusetts Institute of Technology
The Media Lab
20 Ames St.
Cambridge, MA 02139, USA
e-mail: *cynthiab@ media. mit. edu*

Oliver Brock
University of Massachusetts
Robotics and Biology Laboratory
140 Governors Drive
Amherst, MA 01003, USA
e-mail: *oli@ cs. umass. edu*

Alberto Broggi
Università degli Studi di Parma
Dipartimento di Ingegneria dell' Informazione
Viale delle Scienze 181A
43100 Parma, Italy
e-mail: *broggi@ ce. unipr. it*

Heinrich H. Bülthoff
Max-Planck-Institut für biologische Kybernetik
Kognitive Humanpsychophysik
Spemannstr. 38
72076 Tübingen, Germany
e-mail: *heinrich. buelthoff@ tuebingen. mpg. de*

Joel W. Burdick
California Institute of Technology
Mechanical Engineering Department
1200 E. California Blvd.
Pasadena, CA 91125, USA
e-mail: *jwb@ robotics. caltech. edu*

Wolfram Burgard
Albert-Ludwigs-Universität Freiburg
Institut für Informatik
Georges-Koehler-Allee 079
79110 Freiburg, Germany
e-mail: *burgard@ informatik. uni-freiburg. de*

Zack Butler
Rochester Institute of Technology
Department of Computer Science
102 Lomb Memorial Dr.
Rochester, NY 14623, USA
e-mail: *zjb@ cs. rit. edu*

Fabrizio Caccavale
Università degli Studi della Basilicata
Dipartimento di Ingegneria e Fisica dell' Ambiente
Via dell' Ateneo Lucano 10
85100 Potenza, Italy
e-mail: *fabrizio. caccavale@ unibas. it*

Sylvain Calinon
Ecole Polytechnique Federale de Lausanne (EPFL)
Learning Algorithms and Systems Laboratory (LASA)
STI-I2S-LASA
1015 Lausanne, Switzerland
e-mail: *sylvain. calinon@ epfl. ch*

Guy Campion
Université Catholique de Louvain
Centre d'Ingénierie des Systèmes d'Automatique et de Mécanique Appliquée
4 Avenue G. Lemaître
1348 Louvain-la-Neuve, Belgium
e-mail: *guy. campion@ uclouvain. be*

Raja Chatila
LAAS-CNRS
7 Avenue du Colonel Roche
31077 Toulouse, France
e-mail: *raja. chatila@ laas. fr*

François Chaumette
INRIA/IRISA
Campus de Beaulieu
35042 Rennes, France
e-mail: *francois. chaumette@ irisa. fr*

Stefano Chiaverini
Università degli Studi di Cassino
Dipartimento di Automazione, Ingegneria dell' Informazione e Matematica Industriale
Via G. Di Biasio 43
03043 Cassino, Italy
e-mail: *chiaverini@ unicas. it*

Nak Young Chong
Japan Advanced Institute of Science and Technology (JAIST)
School of Infomation Science
1-1 Asahidai, Nomi
923-1292 Ishikawa, Japan
e-mail: *nakyoung@ jaist. ac. jp*

Howie Choset
Carnegie Mellon University
The Robotics Institute
5000 Forbes Ave.
Pittsburgh, PA 15213, USA
e-mail: *choset@ cs. cmu. edu*

Henrik I. Christensen
Georgia Institute of Technology
Robotics and Intelligent Machines @ GT
Atlanta, GA 30332-0760, USA
e-mail: *hic@ cc. gatech. edu*

Wankyun Chung
POSTECH
Department of Mechanical Engineering
San 31 Hyojading
Pohang 790-784, Korea
e-mail: *wkchung@postech.ac.kr*

Woojin Chung
Korea University
Department of Mechanical Engineering
Anam-dong, Sungbuk-ku
Seoul 136-701, Korea
e-mail: *smartrobot@korea.ac.kr*

J. Edward Colgate
Northwestern University
Department of Mechanical Engineering
Segal Design Institute
2145 Sheridan Rd.
Evanston, IL 60208, USA
e-mail: *colgate@northwestern.edu*

Peter Corke
Commonwealth Scientific
and Industrial Research Organisation (CSIRO)
ICT Centre
PO Box 883
Kenmore QLD 4069, Australia
e-mail: *peter.corke@csiro.au*

Jock Cunningham
Commonwealth Scientific
and Industrial Research Organisation (CSIRO)
Division of Exploration and Mining
PO Box 883
Kenmore QLD 4069, Australia
e-mail: *jock.cunningham@csiro.au*

Mark R. Cutkosky
Stanford University
Mechanical Engineering
Building 560, 424 Panama Mall
Stanford, CA 94305-2232, USA
e-mail: *cutkosky@stanford.edu*

Kostas Daniilidis
University of Pennsylvania
Department of Computer and Information Science
GRASP Laboratory
3330 Walnut Street
Philadelphia, PA 19104, USA
e-mail: *kostas@cis.upenn.edu*

Paolo Dario
Scuola Superiore Sant' Anna
ARTS Lab e CRIM Lab
Piazza Martiri della Libertà 33
56127 Pisa, Italy
e-mail: *paolo.dario@sssup.it*

Alessandro De Luca
Università degli Studi di Roma "La Sapienza"
Dipartimento di Informatica
e Sistemistica "A. Ruberti"
Via Ariosto 25
00185 Roma, Italy
e-mail: *deluca@dis.uniroma1.it*

Joris De Schutter
Katholieke Universiteit Leuven
Department of Mechanical Engineering
Celestijnenlaan 300, Box 02420
3001 Leuven-Heverlee, Belgium
e-mail: *joris.deschutter@mech.kuleuven.be*

Rüdiger Dillmann
Universität Karlsruhe
Institut für Technische Informatik
Haid-und-Neu-Str. 7
76131 Karlsruhe, Germany
e-mail: *dillmann@ira.uka.de*

Lixin Dong
ETH Zentrum
Institute of Robotics and Intelligent Systems
Tannenstr. 3
8092 Zürich, Switzerland
e-mail: *ldong@ethz.ch*

Gregory Dudek
McGill University
Department of Computer Science
3480 University Street
Montreal, QC H3Y 3H4, Canada
e-mail: *dudek@cim.mcgill.ca*

Mark Dunn
University of Southern Queensland
National Centre for Engineering in Agriculture
Toowoomba QLD 4350, Australia
e-mail: *mark.dunn@usq.edu.au*

Hugh Durrant-Whyte
University of Sydney
ARC Centre of Excellence for Autonomous Systems
Australian Centre for Field Robotics (ACFR)
Sydney NSW 2006, Australia
e-mail: *hugh@acfr.usyd.edu.au*

Jan-Olof Eklundh
KTH Royal Institute of Technology
Teknikringen 14
10044 Stockholm, Sweden
e-mail: *joe@nada.kth.se*

Aydan M. Erkmen
Middle East Technical University
Department of Electrical Engineering
Ankara, 06531, Turkey
e-mail: *aydan@metu.edu.tr*

Bernard Espiau
INRIA Rhône-Alpes
38334 Saint-Ismier, France
e-mail: *bernard.espiau@inria.fr*

Roy Featherstone
The Australian National University
Department of Information Engineering
RSISE Building 115
Canberra ACT 0200, Australia
e-mail: *roy.featherstone@anu.edu.au*

Eric Feron
Georgia Institute of Technology
School of Aerospace Engineering
270 Ferst Drive
Atlanta, GA 30332-0150, USA
e-mail: *feron@gatech.edu*

Gabor Fichtinger
Queen's University
School of Computing
#725 Goodwin Hall, 25 Union St.
Kingston, ON K7L 3N6, Canada
e-mail: *gabor@cs.queensu.ca*

Paolo Fiorini
Università degli Studi di Verona
Dipartimento di Informatica
Strada le Grazie 15
37134 Verona, Italy
e-mail: *paolo.fiorini@univr.it*

Robert B. Fisher
University of Edinburgh
School of Informatics
James Clerk Maxwell Building, Mayfield Road
Edinburgh, EH9 3JZ, UK
e-mail: *rbr@inf.ed.ac.uk*

Paul Fitzpatrick
Italian Institute of Technology
Robotics, Brain, and Cognitive
Sciences Department
Via Morego 30
16163 Genova, Italy
e-mail: *paul.fitzpatrick@iit.it*

Dario Floreano
Ecole Polytechnique Federale de Lausanne (EPFL)
Laboratory of Intelligent Systems
EPFL-STI-I2S-LIS
1015 Lausanne, Switzerland
e-mail: *dario.floreano@epfl.ch*

Thor I. Fossen
Norwegian University of Science

and Technology (NTNU)
Department of Engineering Cybernetics
Trondheim, 7491, Norway
e-mail: *fossen@ieee.org*

Li-Chen Fu
National Taiwan University
Department of Electrical Engineering
Taipei, 106, Taiwan, R.O.C.
e-mail: *lichen@ntu.edu.tw*

Maxime Gautier
Université de Nantes
IRCCyN, ECN
1 Rue de la Noë
44321 Nantes, France
e-mail: *maxime.gautier@irccyn.ec-nantes.fr*

Martin A. Giese
University of Wales
Department of Psychology
Penrallt Rd.
Bangor, LL 57 2AS, UK
e-mail: *martin.giese@uni-tuebingen.de*

Ken Goldberg
University of California at Berkeley
Department of Industrial Engineering
and Operations Research
4141 Etcheverry Hall
Berkeley, CA 94720-1777, USA
e-mail: *goldberg@ieor.berkeley.edu*

Clément Gosselin
Université Laval
Departement de Genie Mecanique
Quebec, QC G1K 7P4, Canada
e-mail: *gosselin@gmc.ulaval.ca*

Agnès Guillot
Université Pierre et Marie Curie - CNRS
Institut des Systèmes Intelligents et de Robotique
4 Place Jussieu
75252 Paris, France
e-mail: *agnes.guillot@lip6.fr*

Martin Hägele
Fraunhofer IPA
Robot Systems
Nobelstr. 12
70569 Stuttgart, Germany
e-mail: *mmh@ipa.fhg.de*

Gregory D. Hager
Johns Hopkins University
Department of Computer Science
3400 N. Charles St.
Baltimore, MD 21218, USA
e-mail: *hager@cs.jhu.edu*

David Hainsworth
Commonwealth Scientific
and Industrial Research Organisation (CSIRO)
Division of Exploration and Mining
PO Box 883
Kenmore QLD 4069, Australia
e-mail: *david.hainsworth@csiro.au*

William R. Hamel
University of Tennessee
Mechanical, Aerospace,
and Biomedical Engineering
414 Dougherty Engineering Building
Knoxville, TN 37996-2210, USA
e-mail: *whamel@utk.edu*

Blake Hannaford
University of Washington
Department of Electrical Engineering
Box 352500
Seattle, WA 98195-2500, USA
e-mail: *blake@ee.washington.edu*

Kensuke Harada
National Institute of Advanced Industrial Science
and Technology (AIST)
Intelligent Systems Research Institute
1-1-1 Umezono
305-8568 Tsukuba, Japan
e-mail: *kensuke.harada@aist.go.jp*

Martial Hebert
Carnegie Mellon University
The Robotics Institute
5000 Forbes Ave.
Pittsburgh, PA 15213, USA
e-mail: *hebert@ ri. cmu. edu*

Thomas C. Henderson
University of Utah
School of Computing
50 S. Central Campus Dr. 3190 MEB
Salt Lake City, UT 84112, USA
e-mail: *tch@ cs. utah. edu*

Joachim Hertzberg
Universität Osnabrück
Institut für Informatik
Albrechtstr. 28
54076 Osnabrück, Germany
e-mail: *hertzberg@ informatik. uni-osnabrueck. de*

Hirohisa Hirukawa
National Institute of Advanced Industrial Science and Technology (AIST)
Intelligent Systems Research Institute
1-1-1 Umezono
305-8568 Tsukuba, Japan
e-mail: *hiro. hirukawa@ aist. go. jp*

Gerd Hirzinger
Deutsches Zentrum für Luft- und Raumfahrt (DLR)
Oberpfaffenhofen
Institut für Robotik und Mechatronik
Münchner Str. 20
82230 Wessling, Germany
e-mail: *gerd. hirzinger@ dlr. de*

John Hollerbach
University of Utah
School of Computing
50 S. Central Campus Dr.
Salt Lake City, UT 84112, USA
e-mail: *jmh@ cs. utah. ledu*

Robert D. Howe
Harvard University
Division of Engineering and Applied Sciences
Pierce Hall, 29 Oxford St.
Cambridge, MA 02138, USA
e-mail: *howe@ seas. harvard. edu*

Su-Hau Hsu†
National Taiwan University
Taipei, Taiwan

Phil Husbands
University of Sussex
Department of Informatics
Falmer, Brighton BN1 9QH, UK
e-mail: *philh@ sussex. ac. uk*

Seth Hutchinson
University of Illinois
Department of Electrical and Computer Engineering
Urbana, IL 61801, USA
e-mail: *seth@ uiuc. edu*

Adam Jacoff
National Institute of Standards and Technology
Intelligent Systems Division
100 Bureau Drive
Gaithersburg, MD 20899, USA
e-mail: *adam. jacoff@ nist. gov*

Michael Jenkin
York University
Computer Science and Engineering
4700 Keel St.
Toronto, Ontario M3J 1P3, Canada
e-mail: *jenkin@ cse. yorku. ca*

Eric N. Johnson
Georgia Institute of Technology
Daniel Guggenheim School of Aerospace Engineering
270 Ferst Drive
Atlanta, GA 30332-0150, USA
e-mail: *eric. johnson@ ae. gatech. edu*

Shuuji Kajita
National Institute of Advanced Industrial Science and Technology (AIST)
Intelligent Systems Research Institute
1-1-1 Umezono
305-8568 Tsukuba, Japan
e-mail: *s. kajita@ aist. go. jp*

Makoto Kaneko
Osaka University
Department of Mechanical Engineering
Graduate School of Engineering
2-1 Yamadaoka
565-0871 Suita, Osaka, Japan
e-mail: *mk@ mech. eng. osaka-u. ac. jp*

Sung-Chul Kang
Korea Institute of Science and Technology
Cognitive Robotics Research Center
Hawolgok-dong 39-1, Sungbuk-ku
Seoul 136-791, Korea
e-mail: *kasch@ kist. re. kr*

Imin Kao
State University of New York at Stony Brook
Department of Mechanical Engineering
Stony Brook, NY 11794-2300, USA
e-mail: *imin. kao@ stonybrook. edu*

Lydia E. Kavraki
Rice University
Department of Computer Science, MS 132
6100 Main Street
Houston, TX 77005, USA
e-mail: *kavraki@ rice. edu*

Homayoon Kazerooni
University of California at Berkeley
Berkeley Robotics and Human Engineering Laboratory
5124 Etcheverry Hall
Berkeley, CA 94720-1740, USA
e-mail: *kazerooni@ berkeley. edu*

Charles C. Kemp
Georgia Institute of Technology
and Emory University
The Wallace H. Coulter Department
of Biomedical Engineering
313 Ferst Drive
Atlanta, GA 30332-0535, USA
e-mail: *charlie. kemp@ bme. gatech. edu*

Wisama Khalil
Université de Nantes
IRCCyN, ECN
1 Rue de la Noë
44321 Nantes, France
e-mail: *wisama. khalil@ irccyn. ec-nantes. fr*

Oussama Khatib
Stanford University
Department of Computer Science
Artificial Intelligence Laboratory
Stanford, CA 94305-9010, USA
e-mail: *khatib@ cs. stanford. edu*

Lindsay Kleeman
Monash University
Department of Electrical and Computer Systems Engineering
Department of ECSEng
Monash VIC 3800, Australia
e-mail: *kleeman@ eng. monash. edu. au*

Tetsunori Kobayashi
Waseda University
Department of Computer Science
3-4-1 Okubo, Shinjuku-ku
169-8555 Tokyo, Japan
e-mail: *koba@ waseda. jp*

Kurt Konolige
SRI International
Artificial Intelligence Center
333 Ravenswood Ave.
Menlo Park, CA 94025, USA
e-mail: *konolige@ ai. sri. com*

David Kortenkamp
TRACLabs Inc.
1012 Hercules Drive
Houston, TX 77058, USA
e-mail: *korten@traclabs.com*

Kazuhiro Kosuge
Tohoku University
Department of Bioengineering and Robotics
Graduate School of Engineering
6-6-01 Aoba-yama
980-8579 Sendai, Japan
e-mail: *kosuge@irs.mech.tohoku.ac.jp*

Roman Kuc
Yale University
Department of Electrical Engineering
10 Hillhouse Ave
New Haven, CT 06520-8267, USA
e-mail: *kuc@yale.edu*

James Kuffner
Carnegie Mellon University
The Robotics Institute
5000 Forbes Ave.
Pittsburgh, PA 15213, USA
e-mail: *kuffner@cs.cmu.edu*

Vijay Kumar
University of Pennsylvania
Department of Mechanical Engineering
and Applied Mechanics
220 S. 33rd Street
Philadelphia, PA 19104-6315, USA
e-mail: *kumar@grasp.upenn.edu*

Florent Lamiraux
LAAS-CNRS
7 Avenue du Colonel Roche
31077 Toulouse, France
e-mail: *florent@laas.fr*

Jean-Paul Laumond
LAAS-CNRS
7 Avenue du Colonel Roche
31077 Toulouse, France
e-mail: *jpl@laas.fr*

Steven M. LaValle
University of Illinois
Department of Computer Science
201 N. Goodwin Ave, 3318 Siebel Center
Urbana, IL 61801, USA
e-mail: *lavalle@cs.uiuc.edu*

John J. Leonard
Massachusetts Institute of Technology
Department of Mechanical Engineering
5-214 77 Massachusetts Ave
Cambridge, MA 02139, USA
e-mail: *jleonard@mit.edu*

Kevin Lynch
Northwestern University
Mechanical Engineering Department
2145 Sheridan Road
Evanston, IL 60208, USA
e-mail: *kmlynch@northwestern.edu*

Alan M. Lytle
National Institute of Standards and Technology
Construction Metrology and Automation Group
100 Bureau Drive
Gaithersburg, MD 20899, USA
e-mail: *alan.lytle@nist.gov*

Maja J. Matari'c
University of Southern California
Computer Science Department
3650 McClintock Avenue
Los Angeles, CA 90089, USA
e-mail: *mataric@usc.edu*

Yoshio Matsumoto
Osaka University
Department of Adaptive Machine Systems
Graduate School of Engineering
565-0871 Suita, Osaka, Japan
e-mail: *matsumoto@ams.eng.osaka-u.ac.jp*

J. Michael McCarthy
University of California at Irvine
Department of Mechanical and Aerospace Engineering
Irvine, CA 92697, USA
e-mail: *jmmccart@uci.edu*

Claudio Melchiorri
Università degli Studi di Bologna
Dipartimento di Elettronica Informatica e Sistemistica
Via Risorgimento 2
40136 Bologna, Italy
e-mail: *claudio.melchiorri@unibo.it*

Arianna Menciassi
Scuola Superiore Sant' Anna
CRIM Lab
Piazza Martiri della Libertà 33
56127 Pisa, Italy
e-mail: *arianna@sssup.it*

Jean-Pierre Merlet
INRIA Sophia-Antipolis
2004 Route des Lucioles
06902 Sophia-Antipolis, France
e-mail: *jean-pierre.merlet@sophia.inria.fr*

Giorgio Metta
Italian Institute of Technology
Department of Robotics, Brain and Cognitive Sciences
Via Morego 30
16163 Genova, Italy
e-mail: *pasa@liralab.it*

Jean-Arcady Meyer
Université Pierre et Marie Curie - CNRS
Institut des Systèmes Intelligents et de Robotique
4 Place Jussieu
75252 Paris, France
e-mail: *jean-arcady.meyer@lip6.fr*

François Michaud
Université de Sherbrooke
Department of Electrical Engineering and Computer Engineering
2500 Boulevard Université
Sherbrooke, Québec J1K 2R1, Canada
e-mail: *francois.michaud@usherbrooke.ca*

David P. Miller
University of Oklahoma
School of Aerospace and Mechanical Engineering
865 Asp Ave.
Norman, OK 73019, USA
e-mail: *dpmiller@ou.edu*

Javier Minguez
Universidad de Zaragoza
Departamento de Informática e Ingeniería de Sistemas
Centro Politécnico Superior
Edificio Ada Byron, Maria de Luna 1
Zaragoza 50018, Spain
e-mail: *jminguez@unizar.es*

Pascal Morin
INRIA Sophia-Antipolis
2004 Route des Lucioles
06902 Sophia-Antipolis, France
e-mail: *pascal.morin@inria.fr*

Robin R. Murphy
University of South Florida
Computer Science and Engineering
4202 E. Fowler Ave ENB342
Tampa, FL 33620-5399, USA
e-mail: *murphy@cse.usf.edu*

Daniele Nardi
Università degli Studi di Roma "La Sapienza"
Dipartimento di Informatica e Sistemistica "A. Ruberti"
Via Ariosto 25
00185 Roma, Italy
e-mail: *nardi@dis.uniroma1.it*

Bradley J. Nelson
ETH Zentrum

Institute of Robotics and Intelligent Systems
Tannenstr. 3
8092 Zürich, Switzerland
e-mail: *bnelson@ethz.ch*

Günter Niemeyer
Stanford University
Department of Mechanical Engineering
Design Group, Terman Engineering Center
Stanford, CA 94305-4021, USA
e-mail: *gunter.niemeyer@stanford.edu*

Klas Nilsson
Lund University
Department of Computer Science
Ole Römers väg 3
22100 Lund, Sweden
e-mail: *klas@cs.lu.se*

Stefano Nolfi
Consiglio Nazionale delle Ricerche (CNR)
Instituto di Scienze e Tecnologie della Cognizione
Via S. Martino della Battaglia 44
00185 Roma, Italy
e-mail: *stefano.nolfi@istc.cnr.it*

Illah R. Nourbakhsh
Carnegie Mellon University
The Robotics Institute
5000 Forbes Ave.
Pittsburgh, PA 15213, USA
e-mail: *illah@cs.cmu.edu*

Jonathan B. O'Brien
University of New South Wales
School of Civil and Environmental Engineering
Sydney 2052, Australia
e-mail: *j.obrien@unsw.edu.au*

Allison M. Okamura
The Johns Hopkins University
Department of Mechanical Engineering
3400 N. Charles Street
Baltimore, MD 21218, USA
e-mail: *aokamura@jhu.edu*

Fiorella Operto
Scuola di Robotica
Piazza Monastero 4
16149 Sampierdarena, Genova, Italy
e-mail: *operto@scuoladirobotica.it*

David E. Orin
The Ohio State University
Department of Electrical Engineering
2015 Neil Avenue
Columbus, OH 43210, USA
e-mail: *orin.1@osu.edu*

Giuseppe Oriolo
Università degli Studi di Roma "La Sapienza"
Dipartimento di Informatica e Sistemistica
"A. Ruberti"
Via Ariosto 25
00185 Roma, Italy
e-mail: *oriolo@dis.uniroma1.it*

Michel Parent
INRIA Rocquencourt
78153 Le Chesnay, France
e-mail: *michel.parent@inria.fr*

Frank C. Park
Seoul National University
Mechanical and Aerospace Engineering
Seoul 51-742, Korea
e-mail: *fcp@snu.ac.kr*

Lynne E. Parker
University of Tennessee
Department of Electrical Engineering
and Computer Science
1122 Volunteer Blvd.
Knoxville, TN 37996-3450, USA
e-mail: *parker@eecs.utk.edu*

Michael A. Peshkin
Northwestern University
Department of Mechanical Engineering
2145 Sheridan Road
Evanston, IL 60208, USA

e-mail: *peshkin@northwestern.edu*

J. Norberto Pires
Universidade de Coimbra
Departamento de Engenharia Mecânica
Polo II
Coimbra 3030, Portugal
e-mail: *norberto@robotics.dem.uc.pt*

Erwin Prassler
Fachhochschule Bonn-Rhein-Sieg
Fachbereich Informatik
Grantham-Allee 20
53757 Sankt Augustin, Germany
e-mail: *erwin.prassler@fh-brs.de*

Domenico Prattichizzo
Università degli Studi di Siena
Dipartimento di Ingegneria dell' Informazione
Via Roma 56
53100 Siena, Italy
e-mail: *prattichizzo@ing.unisi.it*

Carsten Preusche
Deutsches Zentrum für Luft-und Raumfahrt (DLR)
Oberpfaffenhofen
Institut für Robotik und Mechatronik
Münchner Str. 20
82234 Wessling, Germany
e-mail: *carsten.preusche@dlr.de*

William R. Provancher
University of Utah
Department of Mechanical Engineering
50 S. Central Campus, 2120 MEB
Salt Lake City, UT 84112-9208, USA
e-mail: *wil@mech.utah.edu*

David J. Reinkensmeyer
University of California at Irvine
Mechanical and Aerospace Engineering
4200 Engineering Gateway
Irvine, CA 92617-3975, USA
e-mail: *dreinken@uci.edu*

Alfred Rizzi
Boston Dynamics
78 Fourth Ave
Waltham, MA 02451, USA
e-mail: *arizzi@bostondynamics.com*

Jonathan Roberts
Commonwealth Scientific
and Industrial Research Organisation (CSIRO)
ICT Centre, Autonomous Systems Laboratory
P. O. Box 883
Kenmore QLD 4069, Australia
e-mail: *jonathan.roberts@csiro.au*

Daniela Rus
Massachusetts Institute of Technology
CSAIL Center for Robotics
32 Vassar Street
Cambridge, MA 01239, USA
e-mail: *rus@csail.mit.edu*

Kamel S. Saidi
National Institute of Standards and Technology
Building and Fire Research Laboratory
100 Bureau Drive
Gaitherbsurg, MD 20899, USA
e-mail: *kamel.saidi@nist.gov*

Claude Samson
INRIA Sophia-Antipolis
2004 Route des Lucioles
06902 Sophia-Antipolis, France
e-mail: *claude.samson@inria.fr*

Stefan Schaal
University of Southern California
Computer Science and Neuroscience
3710 S. McClintock Ave.
Los Angeles, CA 90089-2905, USA
e-mail: *sschaal@usc.edu*

Victor Scheinman
Stanford University
Department of Mechanical Engineering
Stanford, CA 94305, USA

e-mail: *vds@ stanford. edu*

James Schmiedeler
The Ohio State University
Department of Mechanical Engineering
E307 Scott Laboratory, 201 West 19th Ave
Columbus, OH 43210, USA
e-mail: *schmiedeler. 2@ osu. edu*

Bruno Siciliano
Università degli Studi di Napoli Federico II
Dipartimento di Informatica e Sistemistica,
PRISMA Lab
Via Claudio 21
80125 Napoli, Italy
e-mail: *siciliano@ unina. it*

Roland Siegwart
ETH Zentrum
Department of Mechanical and Process
Engineering
Tannenstr. 3, CLA E32
8092 Zürich, Switzerland
e-mail: *rsiegwart@ ethz. ch*

Reid Simmons
Carnegie Mellon University
The Robotics Institute
School of Computer Science
5000 Forbes Ave.
Pittsburgh, PA 15241, USA
e-mail: *reids@ cs. cmu. edu*

Dezhen Song
Texas A&M University
Department of Computer Science
H. R. Bright Building
College Station, TX 77843, USA
e-mail: *dzsong@ cs. tamu. edu*

Gaurav S. Sukhatme
University of Southern California
Department of Computer Science
3710 South McClintock Ave
Los Angeles, CA 90089-2905,

Satoshi Tadokoro
Tohoku University
Graduate School of Information Sciences
6-6-01 Aoba-yama
980-8579 Sendai, Japan
e-mail: *tadokoro@ rm. is. tohoku. ac. jp*

Atsuo Takanishi
Waseda University
Department of Modern Mechanical Engineering
3-4-1 Ookubo, Shinjuku-ku
169-8555 Tokyo, Japan
e-mail: *takanisi@ waseda. jp*

Russell H. Taylor
The Johns Hopkins University
Department of Computer Science
Computational Science and Engineering Building
1-127, 3400 North Charles Street
Baltimore, MD 21218, USA
e-mail: *rht@ jhu. edu*

Charles E. Thorpe
Carnegie Mellon University in Qatar
Qatar Office SMC 1070
5032 Forbes Ave.
Pittsburgh, PA 15289, USA
e-mail: *thorpe@ qatar. cmu. edu*

Sebastian Thrun
Stanford University
Department of Computer Science
Artificial Intelligence Laboratory
Stanford, CA 94305-9010, USA
e-mail: *thrun@ stanford. edu*

James P. Trevelyan
The University of Western Australia
School of Mechanical Engineering
35 Stirling Highway, Crawley
Perth Western Australia 6009, Australia
e-mail: *james. trevelyan@ uwa. edu. au*

Jeffrey C. Trinkle
Rensselaer Polytechnic Institute

Department of Computer Science
Troy, NY 12180-3590, USA
e-mail: *trink@cs.rpi.edu*

Masaru Uchiyama
Tohoku University
Department of Aerospace Engineering
6-6-01 Aoba-yama
980-8579 Sendai, Japan
e-mail: *uchiyama@space.mech.tohoku.ac.jp*

H. F. Machiel Van der Loos
University of British Columbia
Department of Mechanical Engineering
6250 Applied Science Lane
Vancouver, BC V6T 1Z4, Canada
e-mail: *vdl@mech.ubc.ca*

Patrick van der Smagt
Deutsches Zentrum für Luft-und Raumfahrt (DLR)
Oberpfaffenhofen
Institut für Robotik und Mechatronik
Münchner Str. 20
82230 Wessling, Germany
e-mail: *smagt@dlr.de*

Gianmarco Veruggio
Consiglio Nazionale delle Ricerche
Istituto di Elettronica e di Ingegneria
dell' Informazione e delle Telecomunicazioni
Via De Marini 6
16149 Genova, Italy
e-mail: *gianmarco@veruggio.it*

Luigi Villani
Università degli Studi di Napoli Federico II
Dipartimento di Informatica e Sistemistica,
PRISMA Lab
Via Claudio 21
80125 Napoli, Italy
e-mail: *luigi.villani@unina.it*

Arto Visala
Helsinki University of Technology (TKK)
Department of Automation and Systems
Technology
Helsinki 02015, Finland
e-mail: *arto.visala@tkk.fi*

Kenneth Waldron
Stanford University
Department of Mechanical Engineering
Terman Engineering Center 521
Stanford, CA 94305-4021, USA
e-mail: *kwaldron@stanford.edu*

Ian D. Walker
Clemson University
Department of Electrical and Computer
Engineering
Clemson, SC 29634, USA
e-mail: *ianw@ces.clemson.edu*

Christian Wallraven
Max-Planck-Institut für biologische Kybernetic
Kognitive Humanpsychophysik
Spemannstr. 38
72076 Tübingen, Germany
e-mail: *christian.wallraven@tuebingen.mpg.de*

Brian Wilcox
California Institute of Technology
Jet Propulsion Laboratory
4800 Oak Grove Drive
Pasadena, CA 91109, USA
e-mail: *brian.h.wilcox@jpl.nasa.gov*

Jing Xiao
University of North Carolina
Department of Computer Science
Charlotte, NC 28223, USA
e-mail: *xiao@uncc.edu*

Dana R. Yoerger
Woods Hole Oceanographic Institution
Department of Applied Ocean Physics
and Engineering
MS7 Blake Bldg.
Woods Hole, MA 02543, USA
e-mail: *dyoerger@whoi.edu*

Kazuhito Yokoi
National Institute of Advanced Industrial Science
and Technology (AIST)
Intelligent Systems Research Institute
1-1-1 Umezono
305-8568 Tsukuba, Japan
e-mail: *kazuhito.yokoi@aist.go.jp*

Kazuya Yoshida
Tohoku University
Department of Aerospace Engineering
6-6-01 Aoba-yama
980-8579 Sendai, Japan
e-mail: *yoshida@astro.mech.tohoku.ac.jp*

Alexander Zelinsky
Commonwealth Scientific
and Industrial Research Organisation (CSIRO)
ICT Centre
Epping, Sydney NSW 1710, Australia
e-mail: *alex.zelinsky@csiro.au*

缩略语列表

A

AAAI	American Association for Artificial Intelligence	美国人工智能协会
ABA	articulated- body algorithm	关节体算法
ABRT	automated bus rapid transit	自动快速公交
ACAS	airborne collision avoidance systems	空运防撞系统
ACC	adaptive cruise control	自适应巡航控制
ACM	active cord mechanism	主动蛇形机构
ACM	Association of Computing Machinery	（美国）计算机械协会
ADAS	advanced driver assistance systems	先进驾驶员辅助系统
ADL	activities of daily living	日常生活活动
ADSL	asymmetric digital subscriber line	非对称数字用户专线
AGV	automated guided vehicles	自动制导飞行器
AHS	advanced highway systems	先进的公路系统
AI	artificial intelligence	人工智能
AIP	anterior interparietal area	顶内区前侧
AIS	artificial intelligence (AI) system	人工智能系统
AISB	artificial intelligence and simulation behavior	人工智能与仿真行为
AIT	anterior inferotemporal cortex	前颞下皮层
AM	actuators for manipulation	操作驱动器
AMA	artificial moral agents	人工道德智能体
AMD	autonomous mental development	自主心智发育
ANSI	American National Standards Institute	美国国家标准研究所
AP	antipersonnel	杀伤性的
APG	adjustable pattern generator	可调节模式生成器
AR	augmented reality	增强现实
ARAMIS	Space Application of Automation, Robotics and Machine Intelligence	自动化、机器人与机器智能的航天应用
ASCL	adaptive seek control logic	自适应搜索控制逻辑
ASD	autism spectrum disorder	自闭症谱系障碍
ASIC	application- specific integrated circuit	特殊应用集成电路
ASKA	receptionist robot	机器人接待员
ASM	advanced servomanipulator	高级伺服机械手
ASN	active sensor network	主动传感器网络
ASTRO	autonomous space transport robotic operations	自主空间运输机器人操作
ASV	adaptive suspension vehicle	自适应悬浮车辆
AT	antitank	反坦克（的）
ATLSS	advanced technology for large structural systems	大型结构系统先进技术
ATR	Advanced Telecommunications Research Institute International	国际电信基础技术研究所
AuRA	autonomous robot architecture	自主式机器人架构

AUV	autonomous underwater vehicles	自主式水下交通工具
AV	antivehicle	反飞行器

B

BIOROB	biomimetic robotics	仿生机器人
BLDC	brushless direct current	无刷直流
BLE	broadcast of local eligibility	本地广播资格
BLEEX	Berkeley lower-extremity exoskeleton	伯克利机械下肢外骨骼
BLUE	best linear unbiased estimator	最优线性无偏估计器
BN	Bayes network	贝叶斯网络
BRT	bus rapid transit	快速公交

C

C/A	coarse-acquisition	粗捕获码
CAM	computer-aided manufacturing	计算机辅助制造
CAD	computer-aided design	计算机辅助设计
CAE	computer-aided engineering	计算机辅助工程
CALM	continuous air interface long and medium range	中远程空中通信
CAN	controller area network	控制器区域网络
CARD	computer-aided remote driving	计算机辅助远程驱动
CASPER	continuous activity scheduling, planning, execution and replanning	持续的活动日程安排，计划，执行和重规划
CAT	computer-aided tomography	计算机辅助 X 光断层成像
CB	cluster bombs	集束炸弹
CCD	charge-coupled devices	电荷耦合器件
CCI	control command interpreter	控制命令解释器
CCP	coverage configuration protocol	覆盖配置协议
CCT	conservative congruence transformation	守恒转换
CCW	counterclockwise	逆时针
CE	computer ethics	计算机伦理学
CEA	Commission de Energie Atomique	原子能委员会
CEBOT	cellular robot	蜂窝机器人
CF	climbing fibers	攀登纤维
CF	contact formation	接触格式
CG	center of gravity	重心
CGA	clinical gait analysis	临床步态分析
CGI	common gateway interface	通用网关接口
CIE	International Commission on Illumination	国际照明委员会
CIRCA	cooperative intelligent real-time control architecture	协同智能实时控制架构
CIS	computer-integrated surgery	计算机集成外科手术
CLARAty	coupled layered architecture for robot autonomy	机器人自治耦合分层架构
CLEaR	closed-loop execution and recovery	闭环执行和恢复
CLIK	closed-loop inverse kinematics	闭环逆运动学
CMAC	cerebellar model articulation controller	小脑模型关节控制器
CML	concurrent mapping and localization	即时地图构建与定位

CNC	computer numerical control	计算机数值控制
CNP	contract net protocol	合同网协议
CNT	carbon nanotubes	碳纳米管
COG	center of gravity	重心
CONE	Collaborative Observatory for Nature Environments	自然环境的协同观察
CONRO	configurable robot	可重构机器人
COR	center of rotation	旋转中心
CORBA	common object request broker architecture	通用对象请求代理体系结构
COV	characteristic output vector	特征输出向量
CP	closest point	最近点
CP	complementarity problem	互补问题
CP	cerebral palsy	大脑性麻痹
CPG	central pattern generators	中枢神经模式发生器
CPSR	computer professional for social responsibility	负有社会责任的计算机专业
CRBA	composite-rigid-body algorithm	复合刚体法
CRLB	Cramer-Rao lower bound	克拉默-拉奥下界
CSIRO	(Australia's) Commonwealth Scientific and Industrial Research Organization	澳大利亚科学与工业研究院
CSMA	carrier sense multiple access	载波侦听多路访问
CT	computed tomography	计算机 X 光断层成像
CTFM	continuous-transmission frequency-modulated	连续传输调频
CTL	cut-to-length	定尺剪切
CU	control unit	控制单元
CVIS	cooperative vehicle infrastructure systems	车路协同系统
CW	clockwise	顺时针

D

DARPA	Defense Advanced Research Projects Agency	国防部高级研究计划局（美国）
DARS	distributed autonomous robotics systems	分布式自主机器人系统
DBNs	dynamic Bayesian networks	动态贝叶斯网络
DD	differentially driven	差速驱动
DDF	decentralized data fusion	离散数据融合
DeVAR	desktop vocational assistant robot	桌面职业辅助机器人
DFRA	distributed field robot architecture	分布式现场机器人架构
DFT	discrete Fourier transform	离散傅里叶变换
DGA	Delegation Generale pour L'Armement	武器装备总代表处（法国）
DH	Denavit-Hartenberg	D-H 法
DIO	digital input-output	数字输入输出
DIRA	distributed robot architecture	分布式机器人架构
DL	description logics	描述逻辑
DLR	Deutsches Zentrum für Luft- und Raumfahrt	德国航天航空中心
DM2	distributed macro-mini actuation	分布式宏-微驱动
DoD	Department of Defense	国防部（美国）
DOF	degree of freedom	自由度
DOG	difference of Gaussian	高斯差分

DOP	dilution of precision	精度衰减因子
DPN	dip-pen nanolithography	沾笔纳米刻蚀
DRIE	deep reactive ion etching	深度反应离子刻蚀
DSM	dynamic state machine	动态状态机
DSO	Defense Sciences Office	国防科学办公室（美国）
DSRC	dedicated short-range communications	专用短程通讯协议
DVL	Doppler velocity log	多普勒计程仪
DWA	dynamic window approach	动态窗口法

E

EBA	extrastriate body part area	纹状体部分区域
EBID	electron-beam-induced deposition	电子束诱导沉积
ECU	electronics controller unit	电子控制单元
EDM	electrical discharge machining	电火花加工
EDM	electronic distance measuring	电子测距
EEG	electroencephalogram	脑电图
EGNOS	Euro Geostationary Navigation Overlay Service	欧洲地球同步卫星导航增强服务系统
EKF	extended Kalman filter	扩展卡尔曼滤波器
EM	expectation maximization	期望最大化
EMG	electromyography	肌电图
EMS	electrical master-slave manipulators	电气主从机械臂
ENSICA	Ecole Nationale Superieure des Constructions Aeronautiques	国立高等航空制造工程师学院
EO	elementary operators	初等算子
EOD	explosive ordnance disposal	爆炸物处理
EP	exploratory procedures	探索性方法
EPFL	Ecole Polytechnique Fédérale de Lausanne	洛桑联邦理工大学
EPP	extended physiological proprioception	扩展生理本体
ERA	European robotic arm	欧洲机器人臂
ES	electrical stimulation	电刺激
ESA	European Space Agency	欧洲航天局
ESL	execution support language	执行支持语言
ETS	engineering test satellite	工程试验卫星
EVA	extravehicular activity	舱外活动

F

FARS	Fagg-Arbib-Rizzolatti-Sakata	法格-阿尔比布-里佐拉蒂-坂田
FE	finite element	有限元
FESEM	field-emission SEM	场发射扫描电镜
FIFO	first-in first-out	先入先出
fMRI	functional magnetic resonance imaging	功能性磁共振成像
FMS	flexible manufacturing systems	柔性制造系统
FNS	functional neural stimulation	功能性神经刺激
FOPL	first-order predicate logic	一阶谓词逻辑
FPGAs	field programmable gate array	现场可编程门阵列

FRI	foot rotating indicator	脚旋转指示器
FSA	finite- state acceptors	有限状态接收器
FSM	finite- state machine	有限状态机
FSR	force sensing resistor	力敏电阻
FST	finite- state transducer	有限状态传感器
FSW	feasible solution of wrench	扳手可行解
FTTH	fiber to the home	光纤到户

G

GAS	global asymptotic stability	全局渐进稳定性
GBAS	ground- based augmentation systems	地基增强系统
GCR	goal- contact relaxation	目标接触放松
GDP	gross domestic product	国内生产总值
GenoM	generator of modules	发生器模块
GEO	geostationary Earth orbit	同步地球轨道
GI	gastrointestinal	胃肠道
GICHD	Geneva International Center for Humanitarian Demining	日内瓦人道主义排雷国际中心
GJM	generalized Jacobian matrix	广义雅克比矩阵
GLS	Global Navigation Satellite System Landing System	全球导航卫星系统着陆系统
GMM	Gaussian mixture model	高斯混合模型
GMR	Gaussian mixture regression	高斯混合回归
GNS	global navigation systems	全球导航系统
GNSS	global navigation satellite system	全球导航卫星系统
GP	Gaussian processes	高斯过程
GPR	ground- penetrating radar	探地雷达（地质雷达）
GPRS	general packet radio service	通用分组无线电业务
GPS	global positioning system	全球定位系统
GRACE	graduate robot attending conference	出席会议的研究生机器人
GSD	geon structural description	几何离子结构描述模型
GSI	Gadd's severity index	盖德氏严重程度指数
GUI	graphical user interface	图形用户界面
GZMP	generalized ZMP	广义零力矩点

H

HAL	hybrid assisted limb	混合辅助义肢
HAMMER	hierarchical attentive multiple models for execution and recognition	执行与识别的分层感应多种模型
HCI	human computer interaction	人- 计算机交互
HD	haptic device	力反馈器
HDSL	high data rate digital subscriber line	高数据传输率数字用户线
HEPA	semi- high efficiency- particulate air- filter	亚高效率过滤器
HF	hard- finger	硬手指
HIC	head injury criterion	头部伤害度评定基准
HIP	haptic interaction point	触觉交互点

HJB	Hamilton-Jacobi-Bellman	哈密顿—雅克比—贝尔曼
HJI	Hamilton-Jacobi-Isaac	哈密顿—雅克比—艾萨克
HMD	head-mounted display	头戴式显示器
HMM	hidden Markov model	隐马尔可夫模型
HMX	high melting point explosives	高熔点炸药
HO	human operator	人工操作者
HRI	human-robot interaction	人-机器人交互
HRTEM	high-resolution transmission electron microscopes	高分辨率透射电子显微镜
HST	Hubble space telescope	哈勃望远镜
HSTAMIDS	handheld standoff mine detection system	便携式地雷探测器
HTML	hypertext markup language	超文本标记语言
HTN	hierarchical task network	分层任务网络
I		
I/O	input/output	输入/输出
I3CON	industrialized, integrated, intelligent construction	工业化、集成化、智能化建设
IA	instantaneous allocation	瞬时配置
IAD	intelligent assist device	智能辅助装置
ICA	independent component analysis	独立成分分析
ICBL	International Campaign to Ban Landmines	国际反地雷组织
ICE	internet communications engine	因特网通信引擎
ICP	iterative closest-point algorithm	迭代临近点算法
ICR	instantaneous center of rotation	转动瞬心
ICRA	International Conference on Robotics and Automation	机器人与自动化国际会议
ICT	information and communication technology	信息与通信技术
IDL	interface definition language	接口定义语言
IE	information ethics	信息伦理
IED	improvised explosive device	临时爆炸装置
IEEE	Institute of Electrical and Electronics Engineers	电气与电子工程师协会
IETF	Internet engineering task force	因特网工程任务组
IFRR	International Foundation of Robotics Research	机器人研究国际基金会
iGPS	indoor GPS	室内全球定位系统
IHIP	intermediate haptic interaction points	中间触觉交互点
IK	inverse kinematics	逆运动学
ILP	inductive logic programming	归纳逻辑编程
ILS	instrument landing system	仪表着陆系统
IMTS	intelligent multimode transit system	智能多模式交通系统
IMU	inertial measurement units	惯性测量组件
IOSS	input-output-to-state stability	输入-输出-状态稳定性
IP	internet protocol	互联网协议
IPC	interprocess communication	进程间通信
ISO	International Organization for Standardization	国际标准化组织
ISP	internet service provider	物联网服务提供商
ISS	input-to-state stability	输入-状态稳定性
IST	Information Society Technologies	信息社会技术

IST	Instituto Superior Técnico	里斯本高等技术大学（葡萄牙）
IT	intrinsic tactile	内在触觉
IT	inferotemporal	颞下的
ITD	interaural time difference	双耳时间差
IxTeT	indexed time table	索引时间表

J

JAUS	joint architecture for unmanned systems	无人系统联合构架
JAXA	Japan space exploration agency	日本太空探索局
JDL	joint directors of the laboratories	实验室理事联合会
JEMRMS	Japanese experiment module remote manipulator system	日本实验舱遥控系统
JHU	Johns Hopkins University	约翰斯·霍普金斯大学（美国）
JND	just noticeable difference	恰可察觉差
JPL	Jet Propulsion Laboratory	喷气推进实验室
JSIM	joint-space inertia matrix	关节空间惯性矩阵
JSP	Java Server Pages	Java 动态网页技术

K

KR	Knowledge representation	知识表达

L

LAAS	Laboratoire d'Analyse et d'Architecture des Systèmes	结构与系统分析实验室（法国）
LADAR	laser radar or laser detection and ranging	激光雷达或激光探测和测距
LAN	local-area network	局域网
LARC	Lie algebra rank condition	李代数秩条件
LBL	long-baseline system	长基线系统
LCSP	linear constraint satisfaction program	线性约束满意方案
LGN	lateral geniculate nucleus	外侧膝状体核
LIDAR	light detection and ranging	光探测和测距
LOS	line of sight	视线
LP	linear program	线性规划
LQG	linear quadratic Gaussian	线性二次高斯
LSS	logical sensor system	逻辑传感器系统
LVDT	linear variable differential transformer	线性可变差动变压器
LWR	locally weighted regression	局部加权回归

M

MACA	Afghanistan Mine Action Center	阿富汗排雷行动中心
MANET	mobile ad hoc network	移动自组网络
MAP	maximum a posteriori probability	最大后验概率
MBARI	Monterey Bay Aquarium Research Institute	蒙特雷湾水族馆研究所
MBE	molecular-beam epitaxy	分子束外延
MBS	mobile base system	移动基站系统
MC	Monte Carlo	蒙特卡罗

MCS	mission control system	任务控制系统
MDP	Markovian decision process	马尔可夫决策过程
MST	microsystem technology	微型系统技术
MEMS	microelectromechanical systems	微机电系统
MER	Mars exploration rovers	火星探测漫游者
MESUR	Mars environmental survey	火星环境调查
MF	Mossy fibers	苔状纤维
MIA	mechanical impedance adjuster	机械阻抗调节
MIG	metal inert gas	金属惰性气体
MIMO	multi-input multi-output	多输入多输出
MIR	mode identification and recovery	模式识别与恢复
MIS	minimally invasive surgery	微创手术
MITI	Ministry of International Trade and Industry	国际贸易与工业部
ML	maximum likelihood	最大似然
ML	machine learning	机器学习
MLE	maximum-likelihood estimation	最大似然估计
MLS	multilevel surface map	多层次的表面图
MNS	mirror neuron system	镜像神经元系统
MOCVD	metallo-organic chemical vapor deposition	金属有机物化学气相沉积
MOMR	multiple operator multiple robot	多操作者多机器人
MOSR	multiple operator single robot	多操作者单机器人
MPC	model predictive control	模型预测控制
MPFIM	multiple paired forward-inverse models	多成对正反模型
MPM	manipulator positioning mechanism	机械手的定位机构
MR	multirobot tasks	多机器人任务
MR	multiple reflection	多次反射
MR	magnetorheological	磁流变
MRAC	model reference adaptive control	模型参考自适应控制
MRI	magnetic resonance imaging	磁共振成像
MRL	manipulator retention latch	机械手固定闩锁
MRSR	Mars rover sample return	火星采样返回探测器
MRTA	multirobot task allocation	多机器人任务分配
MSAS	Multifunctional Satellite Augmentation System	多功能卫星增强系统
MSER	maximally stable extremal regions	最大限度地稳定极值区域
MSM	master-slave manipulator	主从式机械手
MT	multitask	多任务
MT	medial temporal	内侧颞
MTBF	mean time between failure	平均无故障（稳定）时间
MTRAN	modular transformer	组合式变压器

N

NAP	nonaccidental properties	非偶然的性质
NASA	National Aeronautics and Space Agency	国家航空与航天局（美国）
NASDA	National Space Development Agency of Japan	日本国家宇宙开发厅
NASREM	NASA/NBS standard reference model	美国航天局/国家统计局的标准参考模型

NBS	National Bureau of Standards	国家标准局（美国）
NCEA	National Center for Engineering in Agriculture	国家农业工程中心（美国）
NCER	National Conference on Educational Robotics	教育机器人全国会议（美国）
ND	nearness diagram navigation	近距离导航图
NDDS	network data distribution service	网络数据分布服务
NEMO	network mobility	网络移动
NEMS	nanoelectromechanical systems	纳机电系统
NICT	National Institute of Information and Communications Technology	信息与通信技术国家研究院（美国）
NIDRR	National Institute on Disability and Rehabilitation Research	残障康复国家研究院（美国）
NIMS	networked infomechanical systems	网络化信息机械系统
NIOSH	National Institute for Occupational Health and Safety	职业健康与安全国家研究院（美国）
NMEA	National Marine Electronics Association	国家海洋电子协会（美国）
NN	neural networks	神经网络
NPS	Naval Postgraduate School	海军研究生院（美国）
NRM	nanorobotic manipulators	纳米机器人操作臂
NURBS	non-uniform rational B-spline	非均匀有理B样条

O

OASIS	onboard autonomous science investigation system	片上自主科学调查系统
OBSS	orbiter boom sensor system	轨道臂传感器系统
OCU	operator control units	操作员控制单元
ODE	ordinary differential equation	常微分方程
OH&S	occupation health and safety	职业健康与安全
OLP	offline programming	离线编程
OM	optical microscope	光学显微镜
ORB	object request brokers	对象请求代理
ORCCAD	open robot controller computer aided design	开放式机器人控制器的计算机辅助设计
ORM	obstacle restriction method	障碍限制方法
ORU	orbital replacement unit	轨道更换单元
OSIM	operational-space inertia matrix	操作空间惯性矩阵

P

P&O	prosthetics and orthotics	假肢和矫形器
PAPA	privacy, accuracy, intellectual property, and access	隐私性、准确性、知识产权和可获得性
PAS	pseudo-amplitude scan	伪幅度扫描
PB	parametric bias	参数偏差
PbD	programming by demonstration	演示编程
PC	principal contact	主要接点
PC	Purkinje cells	浦肯野细胞
PCA	principle components analysis	主成分分析
PD	proportional-derivative	比例-微分
PDDL	planning domain description language	规划域描述语言
PEAS	probing environment and adaptive sleeping protocol	探测环境和适应性休眠协议

PET	positron emission tomography	正电子发射 X 光断层扫描
PF	parallel fibers	平行纤维
PFC	prefrontal cortex	前额叶皮层
PFM	potential field method	势场法
pHRI	physical human-robot interaction	人-机器人交互
PI	policy iteration	策略迭代法
PIC	programmable interrupt controller	可编程中断控制器
PIC	programmable intelligent computer	可编程智能计算机
PID	proportional-integral-derivative	比例-积分-微分
PIT	posterior inferotemporal cortex	后部颞下皮层
PKM	parallel kinematic machine	并联机床
PLC	programmable logic controller	可编程逻辑控制器
PLD	programmable logic device	可编程逻辑器件
PLEXIL	plan execution interchange language	计划执行交换语言
PMD	photonic mixer device	光子混音设备
PMMA	polymethyl methacrylate	聚甲基丙烯酸甲酯
PNT	Petri net transducers	Petri 网传感器
POMDP	partially observable MDP	部分可视化模型驱动程序设计
PPRK	palm pilot robot kit	掌上机器人套件
PPS	precise positioning system	精确定位系统
PR	photoresist	光刻胶
PRISMA	Projects of Robotics for Industry and Services, Mechatronics and Automation	工业和服务业机器人、机电与自动化项目
PRM	probabilistic roadmap method	概率图法
PRN	pseudorandom noise	伪随机噪声
PRS	procedural reasoning system	程序推理系统
PS	power source	电源
PTP	point-to-point	点到点
PTU	pan-tilt unit	平移-倾斜单元
PVDF	polyvinyledene fluoride	聚偏二氟乙烯
PwoF	point-contact-without-friction	无摩擦的点接触
PZT	lead zirconate titanate	锆钛酸铅

Q

QD	quantum dot	量子点
QRIO	quest for curiosity	追求好奇
QT	quasistatic telerobotics	准静态遥操作机器人

R

R. U. R.	Rossum's Universal Robots	罗萨姆的万能机器人
RAIM	receiver autonomous integrity monitoring	接收机自主完好性监测
RALPH	rapidly adapting lane position handler	迅速适应行车位置处理
RAM	random-access (volatile) memory	随机存取（挥发性）存储器
RANSAC	random sample consensus	随机抽样一致性
RAP	reactive action packages	反应行动包

RAS	Robotics and Automation Society	机器人与自动化学会（美国）
RBF	radial basis function	径向基函数
RC	radio-controlled	无线电遥控
RCC	remote center of compliance	远程柔顺中心
RCM	remote center of motion	远程运动中心
RCS	real-time control system	实时控制系统
RERC	Rehabilitation Engineering Research Center on Rehabilitation Robotics	康复工程研究中心康复机器人组
RF	radiofrequency	射频
RFID	radiofrequency identification	射频识别
RFWR	receptive field weighted regression	感受域加权回归
RG	rate gyros	速率陀螺仪
RGB	red, green, blue	红、绿、蓝
RIG	rate-integrating gyros	速率整合陀螺仪
RL	reinforcement learning	强化性学习
RLG	random loop generator	随机闭环发电机
RMMS	reconfigurable modular manipulator system	可重构模块化机械臂系统
RNEA	recursive Newton-Euler algorithm	递归牛顿欧拉算法
RNNPB	recurrent neural network with parametric bias	递归神经网络的参数偏差
RNS	reaction null space	反应零空间
ROC	receiver operating curve	接受者操作曲线
ROKVISS	robotic components verification on the ISS	机器人在国际空间站元件核查
ROM	read-only memory	只读存储器
ROTEX	robot technology experiment	机器人技术实验
ROV	remotely operated vehicle	遥控车
RPC	remote procedure call	远程过程调用
RPI	Rensselaer Polytechnic Institute	伦斯勒理工学院（美国）
RPV	remotely piloted vehicle	无人驾驶车/遥控飞行器
RRT	rapid random tree	快速随机树
RSS	realistic robot simulation	真实机器人仿真
RT	reaction time	反应时间
RT	room-temperature	室温
RTCA	Radio Technical Commission for Aeronautics	航空无线电技术委员会（美国）
RTD	resistance temperature device	电阻温度装置
RTI	real-time innovations	即时创新
RTK	real-time kinematics	即时运动学
RTS	real-time system	即时系统
RWI	real-world interface	真实世界接口
RWS	robotic work station	机器人工作站

S

SA	selective availability	选择可用性
SAIC	Science Applications International, Inc.	国际科学应用公司（美国）
SAIL	Stanford Artificial Intelligence Laboratory	斯坦福大学人工智能实验室（美国）
SAN	semiautonomous navigation	半自动导航

SBAS	satellite-based augmentation systems	星基增强系统
SBL	short-baseline system	短基线系统
SCARA	selective compliance assembly robot arm	选择性柔顺装配机器人臂（平面关节型机器人）
SCI	spinal cord injury	脊髓损伤
SDK	standard development kit	标准开发工具包
SDR	software for distributed robotics	分布式机器人软件
SDV	spatial dynamic voting	空间动态投票
SEA	series elastic actuator	弹性驱动器系列
SEE	standard end-effector	标准最终效应
SELF	sensorized environment for life	传感器配置生活环境
SEM	scanning electron microscopes	扫描电子显微镜
SET	single-electron transistors	单电子晶体管
SF	soft-finger	软手指
SfM	structure from motion	来自运动的结构
SFX	sensor fusion effects	传感器融合效果
SGAS	semiglobal asymptotic stability	半球渐进稳定性
SHOP	simple hierarchical ordered planner	简单多层次有序计划器
SIFT	scale-invariant feature transformation	尺度不变特征变换
SIGMOD	Special Interest Group on Management of Data	数据管理特别兴趣小组
SIPE	system for interactive planning and execution monitoring	互动规划和执行监督的系统
SIR	sampling importance resampling	抽样重要性重采样
SISO	single-input single-output	单输入单输出
SKM	serial kinematic machines	串联机床
SLAM	simultaneous localization and mapping	即时定位与地图构建
SLICE	specification language for ICE	ICE 的规格语言
SLRV	surveyor lunar rover vehicle	月球车
SMA	shape-memory alloy	形状记忆合金
SMC	sequential Monte Carlo	序列蒙特卡罗
SNOM	scanning near-field OM	扫描近场光学显微镜
SOI	silicon-on-insulator	硅绝缘体
SOMR	single operator multiple robot	单操作者多机器人
SOSR	single operator single robot	单操作这单机器人
SPA	sense-plan-act	传感-规划-执行
SPDM	special-purpose dexterous manipulator	专用灵巧机械手
SPS	standard position system	标准定位系统
SR	single-robot	单个机器人
SRMS	shuttle remote manipulator system	航天飞机遥控机械手系统
SSRMS	Space shuttle remote manipulator System	航天飞机遥控系统
ST	single-task	单任务
STM	scanning tunneling microscopes	扫描隧道显微镜
STS	superior temporal sulcus	颞上沟
SVD	singular value decomposition	奇异值分解
SWNT	single-walled carbon nanotubes	单壁碳纳米管

T

TA	time-extended assignment	时间延长任务
TAP	test action pairs	测试行动对
TC	technical committee	技术委员会
TCP	transmission control protocol	传输控制协议
TDL	task description language	任务描述语言
TDT	tension differential type	张力差动型
TEM	transmission electron microscopes	透射电子显微镜
TMS	transcranial magnetic stimulation	跨颅电磁波刺激
TOF	time of flight	飞行时间
TPBVP	two-point boundary value problem	两点边界值问题
TSEE	teleoperated small emplacement excavator	遥操作轮式小型掘进机
TSP	telesensor programming	遥传感编程
TTI	thoracic trauma index	胸部创伤指数
TTS	text-to-speech	文本转语音

U

UAS	unmanned aerial systems	无人驾驶飞行系统
UAV	unmanned aerial vehicles	无人驾驶飞行器
UDP	user data protocol	用户数据协议
UGV	unmanned ground vehicle	无人驾驶地面交通工具
UML	unified modeling language	统一建模语言
URL	uniform resource locator	统一资源定位器
US	ultrasound	超声
USBL	ultrashort-baseline system	超短基线系统
USV	unmanned surface vehicle	无人驾驶地面车辆
UUV	unmanned underwater vehicles	无人驾驶水下航行器
UVMS	underwater vehicle manipulator system	水下机器人机械臂系统
UWB	ultra-wideband	超宽带
UXO	unexploded ordnance	未爆炸武器

V

VANET	vehicular ad-hoc network	车载自组网络
VC	viscous injury response	黏性损伤反应
VCR	videocassette recorder	录像机
vdW	van der Waals	范德华
VFH	vector field histogram	向量场直方图
VI	value iteration	值迭代
VIA	variable-impedance actuation	可变阻抗驱动
VLSI	very-large-scale integrated	超大规模集成
VM	virtual manipulator	虚拟机械手
VO	velocity obstacles	速度障碍
VOR	vestibular-ocular reflex	前庭眼反射
VOR	VHF omnidirectional range	特高频全向范围
VR	virtual reality	虚拟现实

VRML	virtual reality modeling language	虚拟现实建模语言
VVV	versatile volumetric vision	通用容积视觉
W		
WABIAN	Waseda bipedal humanoid	早稻田双足仿人
WAM	whole-arm manipulator	全臂机械手
WAN	wide-area network	广域网
WG	world graph	世界图
WMR	wheeled mobile robot	轮式移动机器人
WMSD	work-related musculoskeletal disorders	与工作有关的肌肉骨骼疾病
WTA	winner-take-all	赢家通吃
WWW	world wide web	万维网
X		
XHTML	extensible hyper text markup Language	可扩展超文本标记语言
XML	extensible markup language	可扩展标记语言
Z		
ZMP	zero-moment point	零力矩点
ZP	zona pellucid	透明带

目　　录

第2篇　机器人结构

引　　言

Bruno Siciliano，Oussama Khatib

机器人！火星、海洋、医院、家庭、工厂、学校，机器人无处不在。机器人能够救火，能够制造产品，能够节约时间、挽救生命……现如今，从制造业，到医疗保健、交通运输以及对外层空间和深海的探索，机器人正在对现代生活的许多方面产生着相当大的影响。未来，机器人将会和现在的个人电脑一样普及和私人化。从一开始，人们就梦想着能创造出既有能力又有智慧的机器。现在这个梦想在我们的世界里已经部分成为现实。

从早期文明开始，人类最大的雄心之一就是要创造出他们想象中的物品。将人类从粘土中塑造出来的巨神普罗米修斯或是赫淮斯托斯锻造的青铜奴役巨人泰勒斯（公元前3500年）的传奇，证明了希腊神话的这种追求。埃及人的甲骨文中的神谕（公元前2500年）也许正是现代思维机器的先驱。巴比伦人制造的漏水计时器（公元前1400）是最早的自动机械装置之一。在以后的几个世纪里，人类的创造力造就出许多装置，例如，有自动装置的英雄亚历山大剧院（100年）、加扎里（1200年）的水力灌溉和类人机器，以及莱昂纳多·达芬奇的难以计数的极具创造性的设计（1500年）。在18世纪，自动控制技术继续在欧洲和亚洲蓬勃发展，其中就有诸如Jacquer-Droz的机器人家庭（画家、音乐家和作家）和kara-kuri-ningyo机械木偶（倒茶和射箭）这样的发明。

机器人的概念得以清晰地建立源于许多极具创造力的历史产物。但是，真正的机器人还是要等到20世纪其基础技术发展后才能出现。1920年，英文单词“机器人”（robot）脱胎于斯拉夫语中意思是奴隶的单词“robota”，它第一次被捷克剧作家Karel Capek用在其剧目“罗萨姆的万能机器人”（Rossum's Universal Robots）中。1940年，人类与机器人之间往来的道德准则就被认为是约束在众所周知的机器人三原则之内，这个机器人三原则是美籍俄裔科幻小说家艾萨克·阿西莫夫（Isaac Asimov）在他的小说《Runaround》中提到的。

在20世纪中期，人们进行了对人类智能与机器关联的第一次探索，这标志着在人工智能领域一个多产时代的来临。在这一时期，第一台机器人变为现实，这得益于在机械控制、计算机和电子等领域的科技进步。同往常一样，新的设计会推动新的研究和发现。与此同时，这些新的研究和发现又促使解决问题方案的增加，并由此产生新的概念。这样一个有效的循环逐渐交替演变就催生了机器人领域的知识与认知——更准确地应该称为机器人科学与技术。

早期的机器人出现在20世纪60年代，它的产生主要受到两方面技术的影响：数控机器在精密制造业的应用和对远程放射性材料的遥控操作。这些主从式机械臂设计出来用于重复人手臂所做的“点到点”的机械运动，同时它们具有基本的控制，并对环境几乎没有感知。之后，在20世纪中后期，集成电路、数字计算机和微型元器件的发展使计算机控制机器人的设计和编程成为可能。20世纪70年代，这些机器人，也称为工业机器人，成为了柔性制造系统自动控制的必要组成。它们不只在汽车工业上得到了广泛应用，还被成功应用到其他工业生产中，例如金属制造业、化工业、电子业和食品工业中。最近，机器人还在工厂之外找到了新的用武之地，例如它们在清洁、搜救、水下、太空以及医疗应用等方面均具有广泛的应用。

20世纪80年代，机器人学被定义为研究感知与行动之间智能连接的一门科学。根据这一定义，机器人通过安装移动装置（轮子、履带牵引装置、腿、螺旋桨）来实现在空间中的移动，通过操作装置（悬臂、末端执行器、假肢）来对物体进行加工，其中，一些合适的装置赋予了机器人具有人的灵性。通过分析由传感器得来的机器人的状态参数（位置、速度）以及与周边环境相关的参量（力和触觉、距离和视野），机器人就具有了感觉；而其智能连接是通过一个经过了编程、规划和控制的控制架构来实现的，这种结构依赖于机器人的感觉和动作模式、周围环境，以及自身学习能力和技能习得过程。

在20世纪90年代，人类诉诸机器人的各种需求推动了机器人研究的发展。这些需求包括在危险的时候解决人类的安全问题（野外机器人），或提高人类的操作能力并且降低人类疲劳程度（人类机能增强），或实现一些人在充满潜力的市场里开发产品从而改善生活质量的愿望（服务机器人）。这些应用场景的一个共同之处就是它们必须运作在一个几乎非结构化的环境中，最终达到增加能力和获得更高程度自主权的要求。

在新千年来临之际，机器人技术在范围和维度上经历了重大变革。这种扩张使机器人领域变得成熟，也使其相关技术获得了进步。机器人技术已经从具有主导优势的工业热点开始迅速扩展到成为人类世界的挑战（以人为本和类生命机器人）。人们期望新一代的机器人可以与人安全地、可靠地在家庭、工作场所共处，在社区提供服务，在娱乐业、教育行业、医疗保健行业、制造业等方面提供支持和援助。

除去实体机器人的冲击外，智能机器人的发展揭示了在不同研究领域和学科内可以开发出更为广泛的应用，例如：运动生物力学、触觉学、神经学、模拟仿真学、动画制作、外科手术和传感网络学科等。作为回报，新兴领域的挑战证明了机器人领域具有如此多样化的增产措施和启示。最引人注目的进展往往就诞生于学科的交叉处。

现在，伴随着越来越多的机器人核心连接的研究，以机器人用户和研发者为主的群体正在形成。机器人社会的战略目标就是与这些群体达成拓展与科研合作。而为了达到这个目标，在未来所要进行的发展与可以预期的成果将很大程度上依赖于科研团体的能力。

在过去几十年中，研究结果的推广、文献期刊中记录的发现，以及学术会议上的讨论对机器人的发展起了很重要的作用。有关机器人的科技活动已经引领了专业群体的成立，并且使研究网络开始转向这个领域。世界各地研究机构在机器人学方面的研究生计划的介绍，清晰地展示了在机器人学这一科学领域中科研已经能够达到的完善程度。

机器人学的密集研究情况已经记录在了具有独特价值的参考文献中，这些文献旨在搜集国际机器人科学共同体的意义非凡的成果。

《机器人手册》一书从学科基础说起，从研究领域，直至最新出现的机器人应用，展现了机器人学领域的一幅全景图。本书在逻辑上材料的组织可以分为三个层次，它们分别反映了机器人领域的历史发展，如图 1 所示。

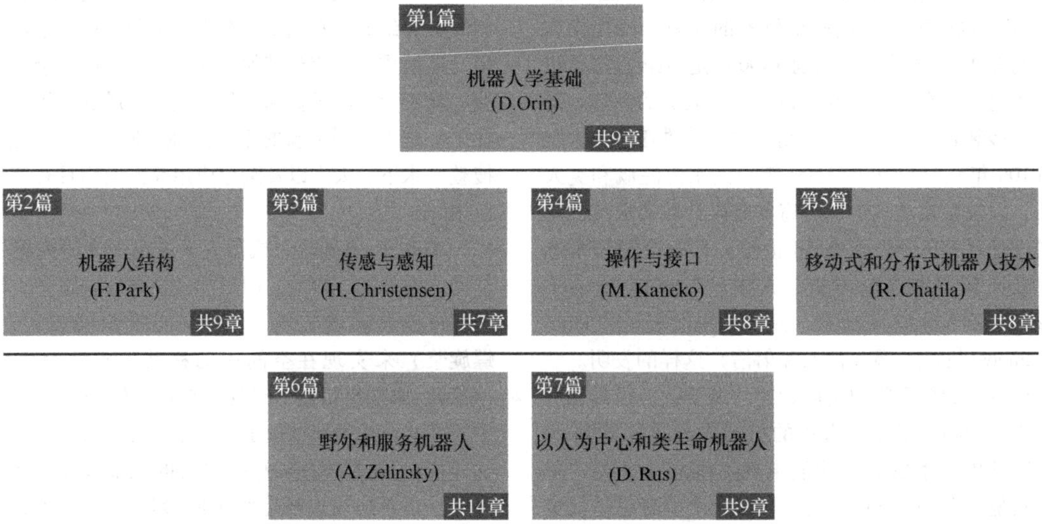

图 1 本手册的结构㊀

第一层（第 1 篇，包含 9 章）：机器人学基础，包括机器人的力学、感觉、设计和控制。第二层包括：统一的方法论和机器人构造技术（第 2 篇，包含 9 章），传感与感知（第 3 篇，包含 7 章），操作与接口（第 4 篇，包含 8 章），移动式和分布式机器人技术（第 5 篇，包含 8 章）。第三层则致力于更先进的应用，比如野外和服务机器人（第 6 篇，包含 14 章）以及以人为中心和类生命机器人（第 7 篇，包含 9 章）。

第 1 篇介绍了在模型、设计和控制机器人系统中用到的基本原则和方法。包括运动学、动力学、力学

㊀ 图 1 为原书结构，翻译成中文后，经重新编排，本手册共分三卷出版，分别为《机器人手册 第 1 卷 机器人基础》《机器人手册 第 2 卷 机器人技术》《机器人手册 第 3 卷 机器人应用》。

设计和驱动、感觉和评价、运动规划、运动控制、力控制、机器人体系结构与程序设计、用于任务规划和学习的机器人智能推理方法。本篇每一章分别阐述了上述的某个主题。在后续部分中，这些主题将被拓展和应用到特殊的机器人结构和系统中。

第2篇涉及机器人在实际物理实现过程中的设计、模型、运动计划和控制等问题。包括一些更加明显的机器人结构，如臂、腿、手，轮式移动机器人和平台，以及一些在毫米、纳米量级的机器人结构。其中一些章节阐述了评价指标和模型辨识，并成功分析了串联冗余度机构、并联机构、柔性机器人、机器手、机器腿，轮式机器人以及微米和纳米尺度机器人。

第3篇涵盖了机器人的不同感觉形态和跨时空传感数据整合。这将用于生成机器人模型及外部环境。机器人学是感知和行动的智能耦合。第3篇内容是对第2篇的补充，着重于继续建立一个系统。本篇包括接触感知、本体感知和外体感知，同时展示了主要的传感器类型，如触觉、视觉里程计、全球定位系统、测距和视觉。还包含了基本的传感器模型和多传感器信息融合。其中关于感觉融合的章节介绍了跨时空感觉信息集成所需的数学工具。

第4篇介绍了机器人与物体之间，机器人与人之间，机器人之间的交互。操作能通过臂或手指的直接接触或仅仅是推动来处理一个物体。接口能使人机交互变得直接或间接。为了提高机器人操作的灵巧度，本篇的前半部分介绍了诸如操作任务的动作、接触模拟和操作、抓取、协同操作等问题。为实现更熟练的操作或更强大的人/机系统，后半部分讨论了触觉理论、遥操作机器人、网络遥控机器人和让人类机能增强的外骨骼系统。

第5篇涵盖了各种问题，介绍了轮式机器人运动规划和控制，同时考虑了运动约束条件、认知和世界模型、同步定位与建图、控制架构方面的集成等的影响。移动机器人确实是复杂集成系统的典范。本篇在移动机器人背景下补充了第1篇的基础原理，给出了感知的角色地位，在传感方面与第3篇紧密联系。另外，还讨论了多机器人交互和系统、模块化、可重构机器人，也介绍了网络机器人。

第6篇介绍野外机器人和可在所有环境中工作的应用型服务机器人。包括工业机器人，各种各样的在海、陆、空、航天领域应用的机器人，直至教学机器人。本篇以第1篇~第5篇的内容为基础，描述了如何令机器人工作。

第7篇介绍了如何创建在以人为中心的环境中工作的机器人，包括仿人（或称为拟人）或者仿其他生物外观的机器人的设计、传感、传动、驱动与控制结构，演示编程和安全性编程的用户界面内容，机器人的社会伦理性启示。

本手册不仅为机器人专家而写，也为将机器人作为扩展领域的初学者（工程师、医师、计算机科学家和设计师）提供了宝贵的资源。尤其要强调的是，第1篇的指导价值对于研究生和博士后很重要，第2篇~第5篇对于机器人领域所覆盖的研究有着很重要的科研价值，第6篇和第7篇对于对新应用感兴趣的工程师和科学家有着很大的附加价值。

本书各章的内容均经过仔细斟酌，待验证的方法和尚未完全成立的方法均未列入。本手册从客观的角度出发，包含多种方法，具有高的收藏价值。每章都有一个简短的摘要，并且在概述部分介绍了相关领域的技术发展水平。主体部分是以一种教学方式来阐述的。尽可能避免冗长的数学推导，方程、表格和算法均以便于使用的形式给出。最后一节给出了结论和题目，以供进一步阅读。

从机器人的基础开始到最后讲述机器人的社会意义和伦理启示，本书的64章全面收集了机器人领域在50年之中的进展。这是对机器人领域取得成就的一种证明，也是将来新的前沿机器人取得更大进展的保证。

第 1 篇　机器人学基础

David E. Orin 编辑

第1篇机器人基础介绍了用于开发机器人系统的基本原理和方法。为了完成关于机器人理论的任务，已经攻破了许多运动学、动力学、设计、驱动、传感、运动规划、控制、程序设计和任务规划中的挑战性难题。本篇章节阐述了上述领域里的最基本的问题。其中关于机器人的一些基本问题概述如下。通常，机器人有多个自由度，所以它可以完成一系列必需的三维运动。为了完成一项任务，关节驱动器的运动和转矩、要求的运动和力的运动学和动力学关系会非常复杂。为了完成要求的动作，连杆、关节结构、驱动的设计也是一项挑战。机器人是非线性耦合系统，其动力学非常复杂，因此难于控制。当环境变得不确定时，控制机器人将会变得更加复杂，所以也就需要精确的传感和估计技术。

除了控制运动，当操控物体或者与人交互时，就需要控制机器人和环境间的相互作用力。一项基本的机器人学任务就是让复杂物体，在充满了障碍物的场地，从出发点运动到目的地而不与任何障碍物发生碰撞，这是一个非常棘手的计算难题。为了达到人类的智能，机器人需要装备一些精密的任务规划控制器，这种装置可以部分感知环境，在动力学方面拥有一些象征性的分析判断能力。机器人的软件构架因为这些需求也相应地会有一些特殊要求。

本篇将详细阐述，以上段落概要介绍的基本问题，但是更加深入的了解需要参照其他相关手册。本篇介绍的运动学、动力学、机械设计、控制原理可以应用到机器人的结构中，这些结构包括臂、手和腿（第2篇），也可以应用到机械臂（第4篇）、轮式机器人（第5篇）、服务机器人（第6篇）。力的控制对于操控器和它的接口（第4篇）来说尤为重要。这里阐述的基本传感和估计技术已经充分发展，而且已经应用到特殊的传感系统中，这将会在第3篇进行介绍。运动规划在操控器（第4篇）和移动式与分布式机器人系统（第5篇）中是一个很重要的方面。

机器人的系统构架和人工智能的推理理论在运动学、机械动力设计、控制原理和分布式机器人学（第5篇）、以人为中心和仿生机器人学（第7篇）中起到特别重要的作用。

了解第1篇的概述后，我们下面提供关于每章的简要概述。

第1章运动学，提供大量的表示法和惯例来描述在机器人装置中物体的运动。其中包括旋转矩阵、欧拉角、四元法、齐次变换、旋转变换、矩阵指数参数化、普吕克坐标系。提供了所有普通的关节类型的运动学表示方法，同时也提供修正形式的D-H参数法。这些坐标表示法会被应用到计算工作空间、正运动学或者逆运动学、正瞬时运动学和逆瞬时运动学、雅可比行列式和静态扭转传动中。

第2章动力学，介绍动力学方程，从而可以得出驱动和作用在机器人上接触力的关系，以及力所导致的加速度运动轨迹。提供了有效的算法，以此来计算重要的运动学问题，包括逆动力学、正动力学、关节空间惯性矩阵和操作空间惯性矩阵。这种算法可能会被应用到固定基座机器人、移动机器人、并联机器人中。这种简洁的表达式算法是由于需要用六维空间运动来描述刚体的速度、加速度、惯性等。

第3章机构与驱动，聚焦于机器人系统的设计和构建的指导原则。用运动学方程和雅可比行列式来描述工作空间和机械性能优点，并以此来指导机器人尺寸和关节布置。串联机器人或相似类型的机器人都可以处理。设计关节结构和选择驱动器、传动机构要考虑到实际情况。还介绍了速度、加速度、可重复性及其他措施方面的机器人性能。

第4章传感与估计，简要介绍了在机器人学中具有广泛适用性的传感理论与估计技术。这些理论和技术提供有关环境和机器人系统状态的信息。主要按照传感、特征提取、数据融合、参数估计和模型集成等来介绍。介绍和描述了多种常规传感形式。在线性和非线性理论系统中讨论了估计理论，包括统计估计、卡尔曼滤波器和基于采样的理论。也介绍了一些常用的估计表示法。

第5章运动规划，在充满了障碍物的地方，对于复杂的机体，完成从出发点到目的地的过程中不碰撞任何物体是机器人的基本任务。介绍基本的路线设计难题（钢琴搬运者难题），这一章仅集中于基于样品的规划理论，因为它具有非常广泛的适用性。根据各种不同的限制条件进行规划是一种缜密的行为，而且对于轮式移动机器人也是非常重要的。相对于基本的运动规划而言，扩展的、变化的，也可以说更加高级的问题将会在章节的末尾讨论。

第6章运动控制，集中于精确的机器人操作器的运动控制。面临的主要挑战是非线性耦合动力学和组织的或非组织的不确定因素。这一章讨论的主题用于解决复杂的动力学问题，包括从独立关节控制和PID（比例-积分-微分）控制到计算转矩控制。适应性和强健控制用于处理系统不确定性问题。这章最后以可重复性运动的数字化实现和认知控制的一些实际思考作为结束。

第7章力控制，集中于机器人系统和它的外在环境的相互作用力的控制。这一章将相互作用力的控制分成两类：间接和直接的力的控制。它们的区别在于完成力的控制不带有（间接）或带有（直接）明确终止力的反馈环路。阻抗控制和混合力或者运动控制分别是这两种控制类型的代表。相互作用任务的基本问题的模型被表达出来，它为力控制策略奠定基础。

第8章机器人体系结构与程序设计，介绍软件架构和用于发展机器人系统的辅助性程序设计工具和环境。机器人架构有特殊的要求，这是不确定、动态的环境和机器人相互作用的必然要求。这一章讨论分层机器人控制构架——行为控制、执行领导和任务计划者——组件的主要类型和相互连接这些组件的常用技术。

第9章机器人智能推理方法，描述了目前在基于符号的推理理论和应用方面的人工智能的工艺水平，这方面的人工智能被认为是和机器人学最为相关的。因为动态的和部分未知的工作环境，所以在移动机器人上推理被认为是极具挑战性的。这一章描述了知识表达和推断，覆盖了逻辑学和概率论的方法。除了推理理论，这一章还考虑了遗传推理应用，即动作规划与机器人学习。

第1章 运 动 学

肯尼思·沃尔德伦，詹姆斯·斯密德勒
（Kenneth Waldron，James Schmiedeler）
徐德 译

运动学涉及机器人机构中物体的运动，但并不考虑引起运动的力/力矩。由于机器人机构是为运动而精心设计的，所以运动学是机器人的设计、分析、控制和仿真的基础。机器人学领域的学者一直致力于运用位置、姿态以及它们对时间导数的不同表示方式，解决基本的运动学问题。

本章将给出物体在空间中的位置和方位的最有用的表示方式、机器人机构中最常见的关节运动学，以及表示机器人机构几何学的常用约定。这些表示工具将被用于计算机器人机构的**工作空间**、**正向和逆向运动学**、**正向和逆向微分运动学**、**静力变换**。简而言之，本章将重点放在用于开链机构的算法。

本章的目的是为读者以列表形式提供一系列通用工具，并简要介绍用于解决特定机器人机构运动学问题的主要算法。

1.1 概述

除非明确说明，否则，机器人机构是指由关节连接的刚体所构成的系统。刚体在空间的位置和姿态统称为位姿。因此，机器人运动学描述的是位姿、速度、加速度，以及构成机构的物体位姿的高阶导数。由于运动学不涉及引起运动的力/力矩，本章重点讨论位姿和速度。这些介绍是动力学（第2章）、运动规划（第5章）、运动控制（第6章）算法的基础。

在物体连接的众多可能拓扑中，有两种拓扑在机器人中特别重要，分别是串联链式机构和全并联机构。若刚体系统中的每一个中间刚体均与其他两个刚体连接，第一个和最后一个刚体只与一个刚体连接，则该刚体系统为串联链式机构。若刚体系统中的两个刚体通过多个关节连接，则该刚体系统为全并联机构。实际上，每一个关节本身就是一个串联链。本章主要着眼于用于串联链的算法，并联机构将在第12章详细讨论。

1.2 位置与姿态表示

在空间上，刚体运动学可以看做是物体位姿不同表示方法的对比研究。平移和旋转，两者结合称为刚体的偏移，也采用这些表示进行表达。没有哪一种方法对所有的问题都是最优的，每一种方法对解决不同的问题各有优势。

在欧几里德空间中，对一个物体定位的最少坐标数量为6。许多空间位姿表示法采用上界坐标集，其中的坐标之间存在辅助关系。独立的辅助关系数量为6，它不同于坐标数量。

本章及后续章节频繁使用参考坐标系或简称坐标系。一个参考坐标系 i 由坐标原点和3个相互正交的基矢量构成，固定于特定的物体上。坐标原点记为 O_i，基矢量记为（$\hat{x}_i \quad \hat{y}_i \quad \hat{z}_i$）。一个物体的位姿总是相对于其他的物体进行表达，故它可以表示为一个坐标系相对于另一个坐标系的位姿。类似地，一个刚体的偏移可以表示为两个坐标系之间的偏移，其中一个刚体可以看做是运动的，另一个刚体看做是固定的。这表示观测者位于固定坐标系下的固定位置，并不存在任何绝对固定的坐标系。

1.2.1 位置与平移

坐标系 i 的原点相对于坐标系 j 的位置可以表示为 3×1 的矢量

$$^{j}\boldsymbol{p}_i=\begin{pmatrix}{}^{j}p_i^{x}\\ {}^{j}p_i^{y}\\ {}^{j}p_i^{z}\end{pmatrix}$$

该矢量中的元素是 $\boldsymbol{O}_i$ 在坐标系 j 中的笛卡儿坐标，是矢量 $^{j}\boldsymbol{p}_i$ 在相应坐标轴上的投影。该矢量中的元素也可以表示为 $\boldsymbol{O}_i$ 在坐标系 j 中的球面或柱面坐标，以有利于分析具有球关节或柱关节的机器人机构。

平移是指这样的偏移，刚体上的任何一点不再处于其初始位置，刚体上的所有直线平行于其初始方向（点和直线不是必须包含在某刚体的边界上，然而，空间中的任何点和直线都可以被认为严格固定在物体上）。一个物体在空间的平移，可以表示为平移前后的位置。相反，一个物体的位置可以表示为平移，即从一个固定于物体的坐标系与固定坐标系一致的位置，移动到当前的固定于物体的坐标系与固定坐标系不一致的位置。因此，任何位置的表示方法均可用于表示平移，反之亦然。

1.2.2 姿态与旋转

与位置相比，姿态的表示方法更加丰富。本节并不罗列所有的姿态表示方法，仅给出机器人中最常用的姿态表示方法。

旋转是指这样的偏移，刚体上至少有一点处于其初始位置，不是刚体上的所有直线平行于其初始方向。例如，一个物体在圆轨道上绕一个过圆心的轴旋转，在旋转轴上的任一点是物体上保持初始位置的点。与表示位置的平移一样，任何表示姿态的方法均可表示旋转，反之亦然。

1. 旋转矩阵

坐标系 i 相对于坐标系 j 的姿态可以利用基矢量（$\hat{x}_i \quad \hat{y}_i \quad \hat{z}_i$）在基矢量（$\hat{x}_j \quad \hat{y}_j \quad \hat{z}_j$）中形成的矢量表示。形成的矢量记为（$^{j}\hat{x}_i \quad ^{j}\hat{y}_i \quad ^{j}\hat{z}_i$），改写成 3×3 矩阵，称为旋转矩阵。$^{j}\boldsymbol{R}_i$ 中的元素是两个坐标系基矢量的点积。

$$^{j}\boldsymbol{R}_i=\begin{pmatrix}\hat{x}_i\cdot\hat{x}_j & \hat{y}_i\cdot\hat{x}_j & \hat{z}_i\cdot\hat{x}_j\\ \hat{x}_i\cdot\hat{y}_j & \hat{y}_i\cdot\hat{y}_j & \hat{z}_i\cdot\hat{y}_j\\ \hat{x}_i\cdot\hat{z}_j & \hat{y}_i\cdot\hat{z}_j & \hat{z}_i\cdot\hat{z}_j\end{pmatrix} \tag{1.1}$$

因为基矢量是单位矢量，而且任何两个单位矢量的点积是其夹角的余弦，所以上述元素被称为方向余弦。

一个基本旋转是坐标系 i 绕 $\hat{z}_j$ 轴旋转角度 θ 形成的矩阵

$$\boldsymbol{R}_Z(\theta)=\begin{pmatrix}\cos\theta & -\sin\theta & 0\\ \sin\theta & \cos\theta & 0\\ 0 & 0 & 1\end{pmatrix} \tag{1.2}$$

绕 $\hat{y}_j$ 轴旋转角度 θ 形成的矩阵

$$\boldsymbol{R}_Y(\theta)=\begin{pmatrix}\cos\theta & 0 & \sin\theta\\ 0 & 1 & 0\\ -\sin\theta & 0 & \cos\theta\end{pmatrix} \tag{1.3}$$

绕 $\hat{x}_j$ 轴旋转角度 θ 形成的矩阵

$$\boldsymbol{R}_X(\theta)=\begin{pmatrix}1 & 0 & 0\\ 0 & \cos\theta & -\sin\theta\\ 0 & \sin\theta & \cos\theta\end{pmatrix} \tag{1.4}$$

旋转矩阵 $^{j}\boldsymbol{R}_i$ 含有9个元素，其中只有3个参数是定义物体在空间的姿态所需要的。因此，旋转矩阵的元素中具有6个辅助关系。因为坐标系 i 的基矢量是相互正交的，坐标系 j 的基矢量也是相互正交的，所以由这些正交矢量的点积形成的 $^{j}\boldsymbol{R}_i$ 的列矢量也是正交的。由正交矢量构成的矩阵称为正交矩阵，它具有一个特性，即其逆矩阵是其转置矩阵。该特性决定了其6个辅助关系，其中3个关系为列矢量具有单位长度，另外3个关系为列矢量相互正交。另外，旋转矩阵的正交性对于逆序坐标系依然成立。坐标系 j 相对于坐标系 i 的姿态为旋转矩阵 $^{i}\boldsymbol{R}_j$，显然，$^{i}\boldsymbol{R}_j$ 的行矢量即为 $^{j}\boldsymbol{R}_i$ 的列矢量。旋转矩阵通过简单的矩阵相乘相结合，可以获得坐标系 i 相对于坐标系 k 的姿态

$$ {}^k\boldsymbol{R}_i = {}^k\boldsymbol{R}_j\ {}^j\boldsymbol{R}_i $$

总之，${}^j\boldsymbol{R}_i$ 是一个将坐标系 i 中表示的矢量转换为坐标系 j 中表示的矢量的旋转矩阵，它提供坐标系 i 相对于坐标系 j 的姿态表示，也可表示为坐标系 i 到坐标系 j 的旋转。表1.1列出了本节中其他姿态表示的等价变换矩阵，表1.2给出了从旋转矩阵到其他姿态表示的转换。

表1.1　其他姿态表示的等价变换矩阵，缩写 $c_\theta=\cos\theta$，$s_\theta=\sin\theta$，$v_\theta=1-\cos\theta$

Z-Y-X 欧拉角（α，β，γ）：

$$ {}^j\boldsymbol{R}_i=\begin{pmatrix} c_\alpha c_\beta & c_\alpha s_\beta s_\gamma - s_\alpha c_\gamma & c_\alpha s_\beta c_\gamma + s_\alpha s_\gamma \\ s_\alpha c_\beta & s_\alpha s_\beta s_\gamma + c_\alpha c_\gamma & s_\alpha s_\beta c_\gamma - c_\alpha c_\gamma \\ -s_\beta & c_\beta s_\gamma & c_\beta c_\gamma \end{pmatrix} $$

X-Y-Z 固定角（ψ，θ，ϕ）：

$$ {}^j\boldsymbol{R}_i=\begin{pmatrix} c_\phi c_\theta & c_\phi s_\theta s_\psi - s_\phi c_\psi & c_\phi s_\theta c_\psi + s_\phi s_\psi \\ s_\phi c_\theta & s_\phi s_\theta s_\psi + c_\phi c_\psi & s_\phi s_\theta c_\psi - c_\phi c_\psi \\ -s_\theta & c_\theta s_\psi & c_\theta c_\psi \end{pmatrix} $$

角-轴 $\theta\hat{w}$：

$$ {}^j\boldsymbol{R}_i=\begin{pmatrix} w_x^2 v_\theta + c_\theta & w_x w_y v_\theta - w_z s_\theta & w_x w_z v_\theta + w_y s_\theta \\ w_x w_y v_\theta + w_z s_\theta & w_y^2 v_\theta + c_\theta & w_y w_z v_\theta - w_x s_\theta \\ w_x w_z v_\theta - w_y s_\theta & w_y w_z v_\theta + w_x s_\theta & w_z^2 v_\theta + c_\theta \end{pmatrix} $$

单位四元数（ε_0，ε_1，ε_2，ε_3）$^{\mathrm T}$：

$$ {}^j\boldsymbol{R}_i=\begin{pmatrix} 1-2(\varepsilon_2^2+\varepsilon_3^2) & 2(\varepsilon_1\varepsilon_2-\varepsilon_0\varepsilon_3) & 2(\varepsilon_1\varepsilon_3+\varepsilon_0\varepsilon_2) \\ 2(\varepsilon_1\varepsilon_2+\varepsilon_0\varepsilon_3) & 1-2(\varepsilon_1^2+\varepsilon_3^2) & 2(\varepsilon_2\varepsilon_3-\varepsilon_0\varepsilon_1) \\ 2(\varepsilon_1\varepsilon_3-\varepsilon_0\varepsilon_2) & 2(\varepsilon_2\varepsilon_3+\varepsilon_0\varepsilon_1) & 1-2(\varepsilon_1^2+\varepsilon_2^2) \end{pmatrix} $$

表1.2　从旋转矩阵到其他姿态表示的转换

旋转矩阵：

$$ {}^j\boldsymbol{R}_i=\begin{pmatrix} r_{11} & r_{12} & r_{13} \\ r_{21} & r_{22} & r_{23} \\ r_{31} & r_{32} & r_{33} \end{pmatrix} $$

Z-Y-X 欧拉角（α，β，γ）：

$$ \beta=\mathrm{Atan2}\left(-r_{31},\ \sqrt{r_{11}^2+r_{21}^2}\right) $$

$$ \alpha=\mathrm{Atan2}\left(\frac{r_{21}}{\cos\beta},\ \frac{r_{11}}{\cos\beta}\right) $$

$$ \gamma=\mathrm{Atan2}\left(\frac{r_{32}}{\cos\beta},\ \frac{r_{33}}{\cos\beta}\right) $$

（续）

X-Y-Z 固定角（ψ，θ，ϕ）：

$$ \theta=\mathrm{Atan2}\left(-r_{31},\ \sqrt{r_{11}^2+r_{21}^2}\right) $$

$$ \phi=\mathrm{Atan2}\left(\frac{r_{21}}{\cos\theta},\ \frac{r_{11}}{\cos\theta}\right) $$

$$ \psi=\mathrm{Atan2}\left(\frac{r_{32}}{\cos\theta},\ \frac{r_{33}}{\cos\theta}\right) $$

角-轴 $\theta\hat{w}$：

$$ \theta=\arccos\left(\frac{r_{11}+r_{22}+r_{33}-1}{2}\right) $$

$$ \hat{w}=\frac{1}{2\sin\theta}\begin{pmatrix} r_{32}-r_{23} \\ r_{13}-r_{31} \\ r_{21}-r_{12} \end{pmatrix} $$

单位四元数（ε_0，ε_1，ε_2，ε_3）$^{\mathrm T}$：

$$ \varepsilon_0=\frac{1}{2}\sqrt{1+r_{11}+r_{22}+r_{33}} $$

$$ \varepsilon_1=\frac{r_{32}-r_{23}}{4\varepsilon_0} $$

$$ \varepsilon_2=\frac{r_{13}-r_{31}}{4\varepsilon_0} $$

$$ \varepsilon_3=\frac{r_{21}-r_{12}}{4\varepsilon_0} $$

2. 欧拉角

作为一个最小表示，坐标系 i 相对于坐标系 j 的姿态可表示为3个角（α，β，γ）的一个矢量。这些角被称为欧拉角，每个角代表绕一个轴的旋转。在这种方式下，每个轴的相继旋转取决于以前的旋转，旋转的顺序需与定义姿态的3个角的顺序一致。例如，本手册使用符号（α，β，γ）表示 Z-Y-X 欧拉角，其含义如下：在初始状态下运动坐标系 i 与固定坐标系 j 重合，α 是坐标系 i 的 $\hat{z}$ 轴的旋转，β 是坐标系 i 的 $\hat{y}$ 轴的旋转，γ 是坐标系 i 的 $\hat{x}$ 轴的旋转。其等价变换矩阵 ${}^j\boldsymbol{R}_i$ 见表1.1。Z-Y-Z 和 Z-X-Z 欧拉角是12种其他顺序旋转中的另外两种常用的表示方式。

无论旋转顺序如何，当第一次和最后一次旋转在同一个轴上时，欧拉角姿态表示会存在奇异问题。由表1.2可知，当 $\beta=\pm90°$ 时，角 α 和 γ 难以区分（对于 Z-Y-Z 和 Z-X-Z 欧拉角，当第2次旋转为0°或180°时，同样存在奇异问题）。这就出现了一个与角速度矢量（即欧拉角对时间的导数）相关的问题，它会在某种程度上限制欧拉角在机器人系统建模上的应用。Z-Y-X 欧拉角的角速度关系为

$$\begin{pmatrix}\dot{\alpha}\\ \dot{\beta}\\ \dot{\gamma}\end{pmatrix}=\begin{pmatrix}-\sin\beta & 0 & 1\\ \cos\beta\sin\gamma & \cos\gamma & 0\\ \cos\beta\cos\gamma & -\sin\beta & 0\end{pmatrix}\begin{pmatrix}\omega_x\\ \omega_y\\ \omega_z\end{pmatrix} \quad (1.5)$$

3. 固定角

坐标系 i 相对于坐标系 j 的姿态也可表示为另外3个角的一个矢量，其中每个角代表绕固定坐标系一个轴的旋转。相应地，这些角被称为固定角，旋转的顺序需与重新定义姿态的3个角的顺序一致。其中，定义为（ψ，θ，ϕ）的 X-Y-Z 固定角，是在12种可能的旋转顺序中常用的一种。运动坐标系 i 与固定坐标系 j 在初始状态下重合，ψ 是绕固定轴 $\hat{x}_j$ 的旋转，称为偏转；θ 是绕固定轴 $\hat{y}_j$ 轴的旋转，称为俯仰；ϕ 是绕固定轴 $\hat{z}_j$ 轴的旋转，称为横滚。

其旋转的顺序根据这些角定义。每个角代表绕一个轴的旋转。比较表1.1中的相应等价旋转变换和表1.2中的相应转换，可以发现，X-Y-Z 固定角与 Z-Y-X 欧拉角是等价的，而且 $\alpha=\phi$，$\beta=\theta$，$\gamma=\psi$。上述结果表明，绕固定坐标系的3个轴旋转定义的姿态，与以相反顺序绕运动坐标系的3个轴旋转定义的姿态相同。同样，所有方式的固定角表示的姿态也像欧拉角表示的姿态那样，具有奇异问题。固定角对时间的导数与角速度矢量之间的关系，也类似于欧拉角对时间的导数与角速度矢量之间的关系。

4. 角-轴

一个角度 θ 与一个单位矢量 $\hat{\boldsymbol{w}}$ 相结合，也可以表示坐标系 i 相对于坐标系 j 的姿态。在这种情况下，坐标系 i 绕相对于坐标系 j 定义的矢量 $\hat{w}=(w_x \quad w_y \quad w_z)^{\mathrm{T}}$ 旋转角度 θ。矢量 $\hat{w}$ 为有限旋转的等价轴。角-轴表示方式常记作 $\theta\hat{w}$ 或（$\theta w_x \quad \theta w_y \quad \theta w_z$）^{T}。角-轴表示方式因采用4个参数，故具有一个冗余参数。辅助关系是矢量 $\hat{w}$ 为单位矢量，即其模长为1。即使存在该辅助关系，角-轴表示方式也不是唯一的，这是因为绕矢量 $-\hat{w}$ 旋转 $-\theta$ 与绕矢量 $\hat{w}$ 旋转 θ 是等价的。表1.3给出了角-轴表示与单位四元数的姿态表示之间的转换。这两种表示与欧拉角或固定角之间的转换见表1.2，与等价旋转矩阵之间的转换见表1.1。利用密切相关的四元数表示，更容易处理速度关系。

5. 四元数

四元数表示姿态起源于Hamilton[1.1]，进而由Gibbs[1.2]和Grassmann[1.3]改进为更简化的矢量，它对于解决机器人学中的矢量/矩阵表示的奇异问题非常有用[1.4]。四元数不像欧拉角那样具有奇异问题。

表1.3 角-轴表示与单位四元数的姿态表示之间的转换

角-轴 $\theta\hat{w}$ 到单位四元数 $(\varepsilon_0,\ \varepsilon_1,\ \varepsilon_2,\ \varepsilon_3)^{\mathrm{T}}$：
$\varepsilon_0=\cos\dfrac{\theta}{2}$
$\varepsilon_1=w_x\sin\dfrac{\theta}{2}$
$\varepsilon_2=w_y\sin\dfrac{\theta}{2}$
$\varepsilon_3=w_z\sin\dfrac{\theta}{2}$
单位四元数 $(\varepsilon_0,\ \varepsilon_1,\ \varepsilon_2,\ \varepsilon_3)^{\mathrm{T}}$ 到角-轴 $\theta\hat{w}$：
$\theta=2\arccos\varepsilon_0$
$w_x=\dfrac{\varepsilon_1}{\sin\dfrac{\theta}{2}}$
$w_y=\dfrac{\varepsilon_2}{\sin\dfrac{\theta}{2}}$
$w_z=\dfrac{\varepsilon_3}{\sin\dfrac{\theta}{2}}$

四元数定义为如下形式：

$$\boldsymbol{\varepsilon}=\varepsilon_0+\varepsilon_1 i+\varepsilon_2 j+\varepsilon_3 k$$

式中，元素 ε_0、ε_1、ε_2、ε_3 是比例因子，有时也称为欧拉参数；i、j、k 是算子。这些算子的定义符合如下规则：

$$ii=jj=kk=-1,\ ij=k,\ jk=i,$$
$$ki=j,\ ji=-k,\ kj=-i,\ ik=-j$$

两个四元数相加时，将对应的元素分别相加。因此，算子的作用像分离器。对于加法，空元素为四元数 $\mathbf{0}=0+0i+0j+0k$。四元数的相加符合结合律、交换律和分配律。对于乘法，空元素为四元数 $\boldsymbol{I}=1+0i+0j+0k$。对于任意四元数 $\boldsymbol{\varepsilon}$，有 $\boldsymbol{I\varepsilon}=\boldsymbol{\varepsilon}$ 成立。四元数的相乘符合结合律和分配律，但不符合交换律。由算子规则和加法，得到四元数的相乘形式：

$$\begin{aligned}\boldsymbol{ab}=&a_0b_0-a_1b_1-a_2b_2-a_3b_3+\\&(a_0b_1+a_1b_0+a_2b_3-a_3b_2)i+\\&(a_0b_2+a_2b_0+a_3b_1-a_1b_3)j+\\&(a_0b_3+a_3b_0+a_1b_2-a_2b_1)k\end{aligned} \quad (1.6)$$

定义四元数的补

$$\tilde{\boldsymbol{\varepsilon}}=\varepsilon_0-\varepsilon_1 i-\varepsilon_2 j-\varepsilon_3 k$$

因此，

$$\boldsymbol{\varepsilon}\tilde{\boldsymbol{\varepsilon}}=\tilde{\boldsymbol{\varepsilon}}\boldsymbol{\varepsilon}=\varepsilon_0^2+\varepsilon_1^2+\varepsilon_2^2+\varepsilon_3^2$$

一个单位四元数定义为$\boldsymbol{\varepsilon}\tilde{\boldsymbol{\varepsilon}}=1$。通常，$\varepsilon_0$称为四元数的比例部分，$(\varepsilon_1 \quad \varepsilon_2 \quad \varepsilon_3)^{\mathrm{T}}$称为矢量部分。

单位四元数用于描述姿态，其单位模长为用于解决冗余坐标（4坐标）的辅助关系。以四元数定义的矢量为$\varepsilon_0=0$的四元数。因此，矢量$\boldsymbol{p}=(p_x \quad p_y \quad p_z)^{\mathrm{T}}$可以表示为四元数$\boldsymbol{p}=p_x i+p_y j+p_z k$。对于任意单位四元数$\boldsymbol{\varepsilon}$，操作$\boldsymbol{\varepsilon p}\tilde{\boldsymbol{\varepsilon}}$执行的是矢量$\boldsymbol{p}$绕$(\varepsilon_1 \quad \varepsilon_2 \quad \varepsilon_3)^{\mathrm{T}}$方向的旋转，这可以通过展开$\boldsymbol{\varepsilon p}\tilde{\boldsymbol{\varepsilon}}$并比较表1.1中的等价旋转矩阵验证。如表1.3所示，单位四元数与角-轴姿态表示密切相关，ε_0代表了转角，而ε_1、ε_2、ε_3代表了转轴。

对于速度分析，四元数对时间的导数可与角速度矢量建立联系：

$$\begin{pmatrix}\dot{\varepsilon}_0\\ \dot{\varepsilon}_1\\ \dot{\varepsilon}_2\\ \dot{\varepsilon}_3\end{pmatrix}=\frac{1}{2}\begin{pmatrix}-\varepsilon_1 & -\varepsilon_2 & -\varepsilon_3\\ \varepsilon_0 & \varepsilon_3 & -\varepsilon_2\\ -\varepsilon_3 & \varepsilon_0 & \varepsilon_1\\ \varepsilon_2 & -\varepsilon_1 & \varepsilon_0\end{pmatrix}\begin{pmatrix}\omega_x\\ \omega_y\\ \omega_z\end{pmatrix} \tag{1.7}$$

当一个单位四元数仅表示一个物体的姿态时，四元数可以被二元化[1.5-7]为一个描述物体空间位置和姿态的代数式。其他复合式表示将在后面介绍。

1.2.3 齐次变换

前面分别介绍了位置和姿态的表示。利用齐次变换，位置矢量和旋转矩阵可以用更加简洁的方式结合在一起。如果i坐标系相对于j坐标系的位置和姿态已知，那么i坐标系中的任一矢量${}^i\boldsymbol{r}$也可以表示为j坐标系中的矢量。利用1.2.1节中的符号，坐标系i的原点相对于坐标系j的位置可表示为矢量${}^j\boldsymbol{p}_i=({}^jp_i^x \quad {}^jp_i^y \quad {}^jp_i^z)^{\mathrm{T}}$。利用1.2.2节中的符号，坐标系$i$相对于坐标系$j$的姿态可用${}^j\boldsymbol{R}_i$表示。这样，

$${}^j\boldsymbol{r}={}^j\boldsymbol{R}_i\,{}^i\boldsymbol{r}+{}^j\boldsymbol{p}_i \tag{1.8}$$

该方程可重写为

$$\begin{pmatrix}{}^jr\\ 1\end{pmatrix}=\begin{pmatrix}{}^jR_i & {}^jp_i\\ 0^{\mathrm{T}} & 1\end{pmatrix}\begin{pmatrix}{}^ir\\ 1\end{pmatrix} \tag{1.9}$$

其中

$${}^j\boldsymbol{T}_i=\begin{pmatrix}{}^jR_i & {}^jp_i\\ 0^{\mathrm{T}} & 1\end{pmatrix} \tag{1.10}$$

是4×4的齐次变换矩阵。$({}^j\boldsymbol{r} \quad 1)^{\mathrm{T}}$和$({}^i\boldsymbol{r} \quad 1)^{\mathrm{T}}$是位置矢量${}^j\boldsymbol{r}$和${}^i\boldsymbol{r}$的齐次表示。矩阵${}^j\boldsymbol{T}_i$将坐标系$i$中的矢量变换为坐标系$j$中的矢量，其逆矩阵${}^j\boldsymbol{T}_i^{-1}$将坐标系$j$中的矢量变换为坐标系$i$中的矢量。

$${}^j\boldsymbol{T}_i^{-1}={}^i\boldsymbol{T}_j=\begin{pmatrix}{}^jR_i^{\mathrm{T}} & -{}^jR_i^{\mathrm{T}}\,{}^jp_i\\ 0^{T} & 1\end{pmatrix} \tag{1.11}$$

4×4齐次变换矩阵的代数运算只是简单的矩阵相乘，正如3×3的旋转矩阵一样。因此，有${}^k\boldsymbol{T}_i={}^k\boldsymbol{T}_j\,{}^j\boldsymbol{T}_i$成立。由于矩阵乘法不能交换，所以其顺序非常重要。

绕一个轴的纯旋转的齐次变换有时记为$\boldsymbol{Rot}$。于是，绕轴$\hat{z}$旋转θ角度记为

$$Rot(\hat{z},\ \theta)=\begin{pmatrix}\cos\theta & -\sin\theta & 0 & 0\\ \sin\theta & \cos\theta & 0 & 0\\ 0 & 0 & 1 & 0\\ 0 & 0 & 0 & 1\end{pmatrix} \tag{1.12}$$

类似地，沿一个轴的纯平移有时记为$\boldsymbol{Trans}$。于是，沿轴$\hat{x}$平移d记为

$$\boldsymbol{Trans}(\hat{x},\ d)=\begin{pmatrix}1 & 0 & 0 & d\\ 0 & 1 & 0 & 0\\ 0 & 0 & 1 & 0\\ 0 & 0 & 0 & 1\end{pmatrix} \tag{1.13}$$

当希望符号简洁时，当编程的容易程度是最需要考虑的因素时，齐次变换是特别具有吸引力的。但是，由于它引入了大量含有0和1的附加乘法运算，所以它并不是一种计算效率好的表示。尽管齐次变换矩阵具有16个元素，但有4个元素被定义为0或1，剩余的元素则包括一个旋转矩阵和一个位置矢量。因此，真正的冗余坐标来自旋转矩阵部分，相应的辅助关系也与旋转矩阵有关。

1.2.4 旋量变换

式（1.8）的变换可以看作是坐标系i和坐标系j之间旋转和偏移的复合变换。从坐标系i变换到坐标系j时，应先进行旋转再进行偏移，反之亦然。再者，除纯平移之外，两个坐标系之间的偏移可以表示为绕特定直线的旋转和沿该直线的纯平移。

1. Chasles 定理

Chirikjian 和 Kyatkin[1.8]给出的 Chasles 定理，由两部分构成。

第一部分为：物体在空间中的任一偏移可以认为由平移和旋转组成，即指定点从初始点到终点的纯平移，以及物体绕指定点使之到达到终点姿态的旋转。

第二部分为：物体在空间中的任一偏移可以表示为绕空间特定直线的旋转和沿该直线的纯平移。该直线称为旋量轴，是 Chasles 定理的第二个结论。

Chasles 定理的第一部分是显而易见的。在欧几里德空间中物体上的任意一个指定点，可以被从一个给定的初始位置转移到一个给定的终点位置。更进一步，物体上的所有点作同样的偏移，则物体进行了平移，指定点也就从其初始位置移动到其终点位置。然后，物体可绕指定点旋转到任意给定的终点姿态。

Chasles 定理的第二部分依赖于空间偏移的表示，需要进行更为复杂的论证。欧拉的一个预备定理可以更加明确地说明物体的旋转：物体保持一点固定的任何偏移，等价于物体绕通过该固定点的一个特定轴的旋转。几何上，在运动物体的三个嵌入点中，若有一点在旋转时是固定点，则其他两点中的任何一点将有初始位置和终点位置。连接其初始位置和终点位置形成一条直线段，该直线段的中垂面必然通过上述固定点。在一个中垂面上的任意一条直线均可能是含有相应点的初始位置和终点位置的旋转的旋转轴。因此，两个中垂面的唯一公共线即为包含物体上任意点的初始位置和终点位置的旋转的旋转轴。刚体的刚性条件，决定了物体上包含上述旋转轴直线的所有平面旋转了相同的角度。

欧拉定理指出，对于由 ${}^j\boldsymbol{R}_i$ 描述的一个刚体的任意旋转，存在唯一的特征矢量使得

$$ {}^j\boldsymbol{R}_i\hat{\boldsymbol{w}} = \hat{\boldsymbol{w}} \tag{1.14} $$

式中，$\hat{\boldsymbol{w}}$ 是一个平行于旋转轴的单位矢量。该表达式说明，${}^j\boldsymbol{R}_i$ 有一个单位特征矢量对应于特征矢量 $\hat{\boldsymbol{w}}$。剩余的两个特征矢量为 $\cos\theta \pm i\sin\theta$，其中 i 是复数操作符，θ 是物体绕旋转轴的旋转角。

结合 Chasles 定理的第一部分和欧拉定理，一个通用的空间偏移可以表示为将一个点从初始位置移动到终点位置的平移，以及将物体从初始姿态运动到终点姿态的、绕着通过该点的特定轴的特定旋转。将平移分解为沿轴向和垂直于轴向的分量，则物体上任一点在轴向上具有相同的偏移量，这是因为旋转不影响轴向分量。向垂直于轴向的平面投影，则偏移的运动几何与该平面的运动相同。正如在平面上有唯一的一个点，使得物体能够绕着该点在两个给定的位置间旋转，在投影平面上也具有唯一的一个这样的点。正如上述定理所言，若旋转轴通过该点移动，则绕该轴的旋转形成的空间偏移叠加了一个沿该轴的平移。

旋转所绕的直线称为偏移的旋量轴。线性位移 d 对旋转角 θ 的比率称为旋量轴的距 h[1.4]。

$$ d = h\theta \tag{1.15} $$

纯平移的旋量轴不是唯一的。由于平移的旋转角为 0°，所以任何平行于平移方向的直线均可认为是旋量轴，其距为无穷大。

利用平行于旋量轴的单位矢量 $\hat{\boldsymbol{w}}$ 和在旋量轴上任意点的位置矢量 $\boldsymbol{\rho}$，可最方便地表示任意参考坐标系中的旋量轴。附加的距 h 和旋转角 θ，完整地定义了第二个坐标系相对于参考坐标系的位姿。因此，共有 8 个坐标定义一个旋量变换，其中两个为冗余的。$\hat{\boldsymbol{w}}$ 的模是一个辅助关系，但通常没有第二个辅助关系。这是由于同一个旋量轴是由在其上面的所有点定义的，或者说矢量 $\boldsymbol{\rho}$ 仅含有一个自由坐标。

代数上，旋量偏移表示为

$$ {}^j\boldsymbol{r} = {}^j\boldsymbol{R}_i({}^i\boldsymbol{r} - \boldsymbol{\rho}) + d\hat{\boldsymbol{w}} + \boldsymbol{\rho} \tag{1.16} $$

比较该式与式（1.8），有

$$ {}^j\boldsymbol{p}_i = d\hat{\boldsymbol{w}} + (\boldsymbol{1}_{3\times3} - {}^j\boldsymbol{R}_i)\boldsymbol{\rho} \tag{1.17} $$

其中，$\boldsymbol{1}_{3\times3}$ 是 3×3 的单位矩阵。方程的两边与 $\hat{\boldsymbol{w}}$ 进行内积，容易得到 d 的表达式。

$$ d = \hat{\boldsymbol{w}}^{\mathrm{T}\,j}\boldsymbol{p}_i \tag{1.18} $$

矩阵 $\boldsymbol{1}_{3\times3} - {}^j\boldsymbol{R}_i$ 是奇异的，故由式（1.17）不能求解出 $\boldsymbol{\rho}$ 的唯一值。但由于 $\boldsymbol{\rho}$ 可表示旋量轴上的任意点，所以情况并非如此。$\boldsymbol{\rho}$ 的一个元素可以任意选择，而且利用分量方程中的任意两个方程，可以求解得到 $\boldsymbol{\rho}$ 的另外两个元素。然后，在旋量轴上的所有其他点可以由 $\boldsymbol{\rho} + k\hat{\boldsymbol{w}}$ 确定，其中 k 取任意值。

表 1.4 给出了旋量变换与齐次变换之间的转换关系。值得注意的是，旋量变换的等价旋转矩阵，与表 1.1 中姿态的角-轴表示的等价旋转矩阵相同。此外，在表 1.4 中，利用矢量 $\boldsymbol{\rho}$ 与旋量轴正交（$\hat{\boldsymbol{w}}^{\mathrm{T}}\boldsymbol{\rho} = 0$）这一辅助关系，以提供齐次变换到旋量变换的唯一转换。其逆变换，即给定旋量偏移求取旋转矩阵 ${}^j\boldsymbol{R}_i$ 和平移 ${}^j\boldsymbol{p}_i$，采用 Rodrigues 方程求取。

表 1.4 旋量变换与齐次变换之间的转换，缩写 $c_\theta = \cos\theta$，$s_\theta = \sin\theta$，$v_\theta = 1 - \cos\theta$

旋量变换到齐次变换：

$$ {}^j\boldsymbol{R}_i = \begin{pmatrix} w_x^2 v_\theta + c_\theta & w_x w_y v_\theta - w_z s_\theta & w_x w_z v_\theta + w_y s_\theta \\ w_x w_y v_\theta + w_z s_\theta & w_y^2 v_\theta + c_\theta & w_y w_z v_\theta - w_x s_\theta \\ w_x w_z v_\theta - w_y s_\theta & w_y w_z v_\theta + w_x s_\theta & w_z^2 v_\theta + c_\theta \end{pmatrix} $$

$$ {}^j\boldsymbol{p}_i = (\boldsymbol{1}_{3\times3} - {}^j\boldsymbol{R}_i)\boldsymbol{\rho} + h\theta\hat{\boldsymbol{w}} $$

齐次变换到旋量变换：

$$ \boldsymbol{l} = \begin{pmatrix} r_{32} - r_{23} \\ r_{13} - r_{31} \\ r_{21} - r_{12} \end{pmatrix} $$

$$ \theta = \mathrm{sign}(\boldsymbol{l}^{\mathrm{T}\,j}\boldsymbol{p}_i) \left| \arccos\left(\frac{r_{11} + r_{22} + r_{33} - 1}{2}\right) \right| $$

$$ h = \frac{\boldsymbol{l}^{\mathrm{T}\,j}\boldsymbol{p}_i}{2\theta\sin\theta} $$

$$ \rho = \frac{(\boldsymbol{1}_{3\times3} - {}^j\boldsymbol{R}_i^{\mathrm{T}})\,{}^j\boldsymbol{p}_i}{2(1-\cos\theta)} $$

$$ \hat{\boldsymbol{w}} = \frac{\boldsymbol{l}}{2\sin\theta} $$

物体上任一点在旋量偏移下的初始和终点位置如图 1.1 所示。

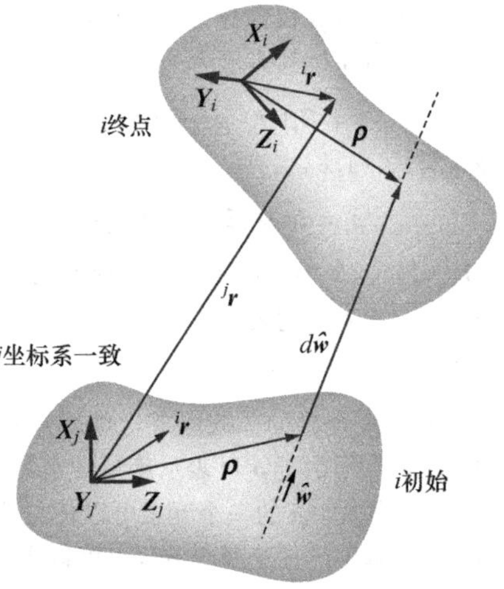

图 1.1 物体上任一点在旋量偏移下的初始和终点位置

图 1.1 中，${}^i\boldsymbol{r}$ 是该点相对于运动坐标系 i 的位置，在初始位置时，运动坐标系与固定参考坐标系 j 一致；${}^j\boldsymbol{r}$ 是运动物体进行旋量偏移后该点相对于固定坐标系 j 的位置

2. Rodrigues 方程

给定一个旋量轴、物体绕该轴的角偏移和物体沿该轴的平移，则物体上任一点的偏移可以求解。若将一个矩阵变换看做是物体偏移的描述，则求解旋量偏移等价于求解与给定旋量偏移等价的矩阵变换。

参见图 1.1，一个点在旋量偏移前后的位置矢量具有以下几何联系

$$ {}^j\boldsymbol{r} = {}^i\boldsymbol{r} + d\hat{\boldsymbol{w}} + \sin\theta\hat{\boldsymbol{w}} \times ({}^i\boldsymbol{r} - \boldsymbol{\rho}) - (1-\cos\theta)({}^i\boldsymbol{r} - \boldsymbol{\rho}) - ({}^i\boldsymbol{r} - \boldsymbol{\rho}) \cdot \hat{\boldsymbol{w}}\hat{\boldsymbol{w}} \tag{1.19} $$

式中，${}^i\boldsymbol{r}$ 和 ${}^j\boldsymbol{r}$ 分别表示该点的初始和终点位置，$\hat{\boldsymbol{w}}$ 和 $\boldsymbol{\rho}$ 表示旋量轴，θ 和 d 给出了其偏移量。该结果称为 Rodrigues 方程[1.9]，可重写为矩阵变换形式[1.10]

$$ {}^j\boldsymbol{r} = {}^j\boldsymbol{R}_i {}^i\boldsymbol{r} + {}^j\boldsymbol{p}_i \tag{1.20} $$

式（1.20）展开后，得到含有 ${}^j\boldsymbol{r}$ 和 ${}^i\boldsymbol{r}$ 的元素的三个线性方程：

$$ {}^j\boldsymbol{R}_i = \begin{pmatrix} w_x^2 v_\theta + c_\theta & w_x w_y v_\theta - w_z s_\theta & w_x w_z v_\theta + w_y s_\theta \\ w_x w_y v_\theta + w_z s_\theta & w_y^2 v_\theta + c_\theta & w_y w_z v_\theta - w_x s_\theta \\ w_x w_z v_\theta - w_y s_\theta & w_y w_z v_\theta + w_x s_\theta & w_z^2 v_\theta + c_\theta \end{pmatrix} $$

$$ {}^j\boldsymbol{p}_i = (\boldsymbol{1}_{3\times3} - {}^j\boldsymbol{R}_i)\boldsymbol{\rho} + h\theta\hat{\boldsymbol{w}} $$

式中，缩写 $c_\theta = \cos\theta$，$s_\theta = \sin\theta$，$v_\theta = 1-\cos\theta$。该形式下的旋转矩阵 ${}^j\boldsymbol{R}_i$ 又称为旋量矩阵，这些方程给出的 ${}^j\boldsymbol{R}_i$ 和 ${}^j\boldsymbol{p}_i$ 的元素称为旋量参数。

纯平移是一种特殊情况，此时 $\theta = 0$，Rodrigues 方程变为

$$ {}^j\boldsymbol{r} = {}^i\boldsymbol{r} + d\hat{\boldsymbol{w}} \tag{1.21} $$

这种情况下，${}^j\boldsymbol{R}_i = \boldsymbol{1}_{3\times3}$，${}^j\boldsymbol{p}_i = d\hat{\boldsymbol{w}}$。

关于旋量理论的进一步信息参见参考文献[1.11-15]。

1.2.5 矩阵指数参数化

物体的位置和姿态也可以用指数表示为统一的格式。该方法首先被引入纯旋转，进而扩展到刚体的运动。该方法的细节参见参考文献［1.16，17］。

1. 旋转的指数坐标

所有行列式为 1 的三阶正交矩阵的集合，即所有旋转矩阵 $\boldsymbol{R}$ 的集合，是矩阵乘法操作的一个群，记为 $SO(3) \subset \mathbb{R}^{3\times3}$[1.18]。它代表特殊的正交，其特殊之处在于 $\boldsymbol{R}$ 的行列式为 $+1$ 而不是 ±1。该旋转矩阵的集合符合一个群的下述 4 个公理：

闭包性：$\boldsymbol{R}_1\boldsymbol{R}_2 \in SO(3) \quad \forall \boldsymbol{R}_1,\ \boldsymbol{R}_2 \in SO(3)$。

一致性：$\boldsymbol{1}_{3\times3}\boldsymbol{R} = \boldsymbol{R}\boldsymbol{1}_{3\times3} = \boldsymbol{R} \quad \forall \boldsymbol{R} \in SO(3)$。

可逆性：$\boldsymbol{R}^{\mathrm{T}} \in SO(3)$ 是 $\boldsymbol{R}$ 的唯一逆 $\forall \boldsymbol{R} \in SO(3)$。

结合性：$(\boldsymbol{R}_1\boldsymbol{R}_2)\boldsymbol{R}_3 = \boldsymbol{R}_1(\boldsymbol{R}_2\boldsymbol{R}_3) \quad \forall \boldsymbol{R}_1,\ \boldsymbol{R}_2,\ \boldsymbol{R}_3 \in SO(3)$。

在 1.2.2 节的角-轴表示中，姿态表示为绕单位矢量 $\hat{\boldsymbol{w}}$ 旋转角度 θ。表 1.1 中的等价旋转矩阵可以表示为指数形式

$$ \boldsymbol{R} = \mathrm{e}^{\boldsymbol{S}(\hat{\boldsymbol{w}})\theta} = \boldsymbol{1}_{3\times3} + \theta\boldsymbol{S}(\hat{\boldsymbol{w}}) + \frac{\theta^2}{2!}\boldsymbol{S}(\hat{\boldsymbol{w}})^2 + \frac{\theta^3}{3!}\boldsymbol{S}(\hat{\boldsymbol{w}})^3 + \cdots \tag{1.22} $$

式中，$\boldsymbol{S}(\hat{\boldsymbol{w}})$ 为斜对称矩阵。

$$ \boldsymbol{S}(\hat{\boldsymbol{w}}) = \begin{pmatrix} 0 & -w_z & w_y \\ w_z & 0 & -w_x \\ -w_y & w_x & 0 \end{pmatrix} \tag{1.23} $$

于是，上述指数表达式将对应于转轴的斜对称矩阵 $\boldsymbol{S}(\hat{\boldsymbol{w}})$ 转换成了对应于绕轴 $\hat{\boldsymbol{w}}$ 旋转角度 θ 的正交矩阵 $\boldsymbol{R}$。更有利于计算的 $\mathrm{e}^{\boldsymbol{S}(\hat{\boldsymbol{w}})\theta}$ 的闭式解为

$$ \mathrm{e}^{\boldsymbol{S}(\hat{\boldsymbol{w}})\theta} = \boldsymbol{1}_{3\times3} + \boldsymbol{S}(\hat{\boldsymbol{w}})\sin\theta + \boldsymbol{S}(\hat{\boldsymbol{w}})^2(1-\cos\theta) \tag{1.24} $$

$(\theta w_x \quad \theta w_y \quad \theta w_z)^{\mathrm{T}}$ 的元素与表 1.2 中旋转矩阵 $\boldsymbol{R}$ 的元素相关，称为 $\boldsymbol{R}$ 的指数坐标。

2. 刚体运动的指数坐标

正如在 1.2.3 节所指出的，物体的位置和姿态可以由位置矢量 $\boldsymbol{p} \in \mathbb{R}^3$ 和旋转矩阵 $\boldsymbol{R} \in SO(3)$ 表示。

$\mathbb{R}^3$ 与 $SO(3)$ 的积空间称为 $SE(3)$ 群，SE 代表特殊欧几里德空间（special Euclidean）。

$$SE(3)=\{(\boldsymbol{p},\boldsymbol{R}):\boldsymbol{p}\in\mathbb{R}^3,\ \boldsymbol{R}\in SO(3)\}$$
$$=\mathbb{R}^3\times SO(3)$$

齐次变换的集合符合一个群的下述4个公理：

闭包性：$\boldsymbol{T}_1\boldsymbol{T}_2\in SE(3)\quad\forall\boldsymbol{T}_1,\ \boldsymbol{T}_2\in SE(3)$；

一致性：$\mathbf{1}_{3\times3}\boldsymbol{T}=\boldsymbol{T}\ \mathbf{1}_{3\times3}=\boldsymbol{T}\quad\forall\boldsymbol{T}\in SE(3)$；

可逆性：$\boldsymbol{T}$ 具有唯一的逆，见式（1.11） $\forall\boldsymbol{T}\in SE(3)$；

结合性：$(\boldsymbol{T}_1\boldsymbol{T}_2)\boldsymbol{T}_3=\boldsymbol{T}_1(\boldsymbol{T}_2\boldsymbol{T}_3)\quad\forall\boldsymbol{T}_1,\ \boldsymbol{T}_2,\ \boldsymbol{T}_3\in SE(3)$。

在1.2.4节的旋量变换表示中，位置和姿态利用绕单位矢量 $\hat{\boldsymbol{w}}$ 定义的旋量轴旋转的角度 θ、在旋量轴上的点 $\boldsymbol{\rho}$ 和旋量轴的距 h 表示，其中 $\hat{\boldsymbol{w}}^{\mathrm{T}}\boldsymbol{\rho}=0$。其等价的齐次变换矩阵，见表1.4，也可表示为指数形式

$$\boldsymbol{T}=\mathrm{e}^{\hat{\boldsymbol{\xi}}\theta}=\mathbf{1}_{4\times4}+\hat{\boldsymbol{\xi}}\theta+\frac{(\hat{\boldsymbol{\xi}}\theta)^2}{2!}+\frac{(\hat{\boldsymbol{\xi}}\theta)^3}{3!}+\cdots\tag{1.25}$$

其中

$$\hat{\boldsymbol{\xi}}=\begin{pmatrix}\boldsymbol{S}(\hat{\boldsymbol{w}}) & \boldsymbol{v}\\ \mathbf{0}^{\mathrm{T}} & 0\end{pmatrix}\tag{1.26}$$

是单位斜对称矩阵的通用化表达式，称为扭曲（twist）。$\hat{\boldsymbol{\xi}}$ 的扭曲坐标记为 $\hat{\boldsymbol{\xi}}=(\hat{\boldsymbol{w}}^{\mathrm{T}}\quad\boldsymbol{v}^{\mathrm{T}})^{\mathrm{T}}$。$\mathrm{e}^{\hat{\boldsymbol{\xi}}\theta}$ 的闭式表达式为

$$\mathrm{e}^{\hat{\boldsymbol{\xi}}\theta}=\begin{pmatrix}\mathrm{e}^{\boldsymbol{S}(\hat{\boldsymbol{w}})\theta} & (\mathbf{1}_{3\times3}-\mathrm{e}^{\boldsymbol{S}(\hat{\boldsymbol{w}})\theta})(\hat{\boldsymbol{w}}\times\boldsymbol{v})+\hat{\boldsymbol{w}}^{\mathrm{T}}\boldsymbol{v}\theta\hat{\boldsymbol{w}}\\ \mathbf{0}^{\mathrm{T}} & 0\end{pmatrix}\tag{1.27}$$

将上述结果与表1.4中的齐次变换和旋量变换之间的转换相比较，有

$$\boldsymbol{v}=\boldsymbol{\rho}\times\hat{\boldsymbol{w}}\tag{1.28}$$

且

$$h=\hat{\boldsymbol{w}}^{\mathrm{T}}\boldsymbol{v}\tag{1.29}$$

于是，利用扭曲的指数形式，将物体的初始姿态变换到了终点姿态。它给出的是刚体的相对运动。矢量 $\boldsymbol{\xi}\theta$ 含有刚体变换的指数坐标。

对于旋量变换，纯平移的情况是独特的。此时，$\hat{\boldsymbol{w}}=0$，于是

$$\mathrm{e}^{\hat{\boldsymbol{\xi}}\theta}=\begin{pmatrix}\mathbf{1}_{3\times3} & \theta\boldsymbol{v}\\ \mathbf{0}^{\mathrm{T}} & 1\end{pmatrix}\tag{1.30}$$

1.2.6 Plücker 坐标

定义一条空间直线最少需要四个坐标。直线的Plücker坐标是一个6维矢量，其冗余数为2。直线的Plücker坐标可以认为是一对3维矢量，一个平行于直线，另一个是矢量对原点的转矩。于是，如果 $\boldsymbol{u}$ 是任一平行于直线的矢量，$\boldsymbol{\rho}$ 是直线上任意点相对于原点的位置，则Plücker坐标（L，M，N，P，Q，R）如下：

$$(\boldsymbol{L},\ \boldsymbol{M},\ \boldsymbol{N})=\boldsymbol{u}^{\mathrm{T}};\ (\boldsymbol{P},\ \boldsymbol{Q},\ \boldsymbol{R})=(\boldsymbol{\rho}\times\boldsymbol{u})^{\mathrm{T}}\tag{1.31}$$

对于简单定义的一条直线，$\boldsymbol{u}$ 的幅值既不唯一，$\boldsymbol{\rho}$ 的分量也不平行于 $\boldsymbol{u}$。两个辅助关系是隐含的，它们将Plücker坐标集降低为4个独立坐标。一个辅助关系为：两个3维矢量的标量积恒等于0。

$$\boldsymbol{LP}+\boldsymbol{MQ}+\boldsymbol{NR}\equiv0\tag{1.32}$$

另一个辅助关系为：所有坐标分量同乘以一个系数时指定直线的不变性。

$$(\boldsymbol{L},\ \boldsymbol{M},\ \boldsymbol{N},\ \boldsymbol{P},\ \boldsymbol{Q},\ \boldsymbol{R})\equiv(k\boldsymbol{L},\ k\boldsymbol{M},\ k\boldsymbol{N},\ k\boldsymbol{P},\ k\boldsymbol{Q},\ k\boldsymbol{R})\tag{1.33}$$

该关系也可采用含有单位模长的 $\boldsymbol{u}$ 的形式，此时 $\boldsymbol{L}$、$\boldsymbol{M}$ 和 $\boldsymbol{N}$ 为方向余弦。

本手册中，常用Plücker坐标表示速度，但与直线的定义不同的是，两个矢量的幅值不是任意的。由此产生了von Mises[1.9,19] 和Everett[1.20] 的矢量符号。对于瞬时一致的两个坐标系，一个为固定坐标系，另一个为附着于运动物体的运动坐标系，以 $\boldsymbol{\omega}$ 表示物体相对于固定坐标系的角速度，以 $\boldsymbol{v}_O$ 表示物体的运动坐标系的原点 O 相对于固定坐标系的速度。这样，就为物体的空间速度 $\boldsymbol{v}$ 提供了Plücker坐标系统。$\boldsymbol{v}$ 的Plücker坐标就是的 $\boldsymbol{\omega}$ 和 $\boldsymbol{v}_O$ 的笛卡儿坐标。

$$\boldsymbol{v}=\begin{pmatrix}\boldsymbol{\omega}\\ \boldsymbol{v}_O\end{pmatrix}\tag{1.34}$$

空间速度从Plücker坐标系统 i 到Plücker坐标系统 j 的变换，由空间变换 ${}^j\boldsymbol{X}_i$ 实现。如果利用 $\boldsymbol{v}_i$ 和 $\boldsymbol{v}_j$ 代表物体相对于坐标系 i 和 j 的空间速度，${}^j\boldsymbol{p}_i$ 和 ${}^j\boldsymbol{R}_i$ 代表坐标系 i 相对于坐标系 j 的位置和姿态，则

$$\boldsymbol{v}_j={}^j\boldsymbol{X}_i\boldsymbol{v}_i\tag{1.35}$$

其中

$${}^j\boldsymbol{X}_i=\begin{pmatrix}{}^j\boldsymbol{R}_i & \mathbf{0}_{3\times3}\\ \boldsymbol{S}({}^j\boldsymbol{p}_i){}^j\boldsymbol{R}_i & {}^j\boldsymbol{R}_i\end{pmatrix}\tag{1.36}$$

于是

$${}^j\boldsymbol{X}_i^{-1}={}^i\boldsymbol{X}_j=\begin{pmatrix}{}^i\boldsymbol{R}_j & \mathbf{0}_{3\times3}\\ -{}^i\boldsymbol{R}_j\boldsymbol{S}({}^j\boldsymbol{p}_i) & {}^i\boldsymbol{R}_j\end{pmatrix}\tag{1.37}$$

且

$${}^k\boldsymbol{X}_i={}^k\boldsymbol{X}_j\ {}^j\boldsymbol{X}_i\tag{1.38}$$

$\boldsymbol{S}({}^j\boldsymbol{p}_i)$ 是斜对称矩阵

$$\begin{pmatrix} 0 & -{}^jp_i^z & {}^jp_i^y \\ {}^jp_i^z & 0 & -{}^jp_i^x \\ -{}^jp_i^y & {}^jp_i^x & 0 \end{pmatrix} \quad (1.39)$$

空间矢量符号，包括此处简要介绍的空间速度和变换，将在2.2节中进行深入探讨。特别地，表2.1给出了一种采用空间变换的高计算效率的算法。

1.3 关节运动学

除非明确指出，否则，机器人机构运动学的描述都进行了一系列的理想化假设。构成机构的连杆，假设是严格的刚体，其表面无论位置还是形状在几何上都是理想的。相应地，这些刚体由关节连接在一起，关节也具有理想化的表面，其接触无间隙。这些接触面的相应几何形状决定了两个连杆间的运动自由度，或者关节运动学。

一个运动学意义上的关节是两个物体之间的连接，它限制了两个物体间的相对运动。相互连接的两个物体构成一个运动关节。两个物体相互接触的表面能够相互运动，从而允许两个物体之间的相对运动。简单运动关节分为两类，分别为面接触的低副关节[1.22]和点或线接触的高副关节。

关节模型描述关节的一个物体上的固定坐标系相对于另一个物体上的固定坐标系之间的运动。该运动用关节运动变量和关节模型的其他元素的函数进行表达，关节模型包括了旋转矩阵、位置矢量、自由模数和受限模数等。一个关节的自由模数是其允许运动的方向数，以 $6\times n_i$ 的矩阵 $\boldsymbol{\Phi}_i$ 表示，其列为允许运动的 Plücker 坐标。该矩阵建立了通过关节的空间速度 v_{rel} 与关节速度 $\dot{\boldsymbol{q}}$ 的联系

$$v_{\text{rel}} = \boldsymbol{\Phi}_i \dot{\boldsymbol{q}} \quad (1.40)$$

相应地，一个关节的受限模数是其不允许运动的方向数，以 $6\times(6-n_i)$ 的 $\boldsymbol{\Phi}_i$ 的补矩阵 $\boldsymbol{\Phi}_i^c$ 表示。表1.5和表1.6给出了本节描述的所有关节的关节模型公式，它们将进一步用于第2章的动力学分析。关于关节的进一步信息参见第3章。

表1.5 单自由度低副关节模型公式（缩写 $c_{\theta i}=\cos\theta_i$，$s_{\theta i}=\sin\theta_i$（部分来源于参考文献［1.21］的表4.1））

关节类型	关节旋转矩阵 ${}^j\boldsymbol{R}_i$	位置矢量 ${}^j\boldsymbol{p}_i$	自由模数 $\boldsymbol{\Phi}_i$	受限模数 $\boldsymbol{\Phi}_i^c$	姿态状态变量	$\dot{\boldsymbol{q}}$
旋转式 R	$\begin{pmatrix} c_{\theta i} & -s_{\theta i} & 0 \\ s_{\theta i} & c_{\theta i} & 0 \\ 0 & 0 & 1 \end{pmatrix}$	$\begin{pmatrix} 0 \\ 0 \\ 0 \end{pmatrix}$	$\begin{pmatrix} 0 \\ 0 \\ 1 \\ 0 \\ 0 \\ 0 \end{pmatrix}$	$\begin{pmatrix} 1&0&0&0&0 \\ 0&1&0&0&0 \\ 0&0&0&0&0 \\ 0&0&1&0&0 \\ 0&0&0&1&0 \\ 0&0&0&0&1 \end{pmatrix}$	θ_i	$\dot{\theta}_i$
棱柱式 P	$1_{3\times3}$	$\begin{pmatrix} 0 \\ 0 \\ d_i \end{pmatrix}$	$\begin{pmatrix} 0 \\ 0 \\ 0 \\ 0 \\ 0 \\ 1 \end{pmatrix}$	$\begin{pmatrix} 1&0&0&0&0 \\ 0&1&0&0&0 \\ 0&0&1&0&0 \\ 0&0&0&1&0 \\ 0&0&0&0&1 \\ 0&0&0&0&0 \end{pmatrix}$	d_i	$\dot{d}_i$
螺旋式 H	$\begin{pmatrix} c_{\theta i} & -s_{\theta i} & 0 \\ s_{\theta i} & c_{\theta i} & 0 \\ 0 & 0 & 1 \end{pmatrix}$	$\begin{pmatrix} 0 \\ 0 \\ h\theta_i \end{pmatrix}$	$\begin{pmatrix} 0 \\ 0 \\ 1 \\ 0 \\ 0 \\ h \end{pmatrix}$	$\begin{pmatrix} 1&0&0&0&0 \\ 0&1&0&0&0 \\ 0&0&0&0&-h \\ 0&0&1&0&0 \\ 0&0&0&1&0 \\ 0&0&0&0&1 \end{pmatrix}$	θ_i	$\dot{\theta}_i$

表 1.6 高自由度低副关节模型公式（缩写 $c_{\theta i}=\cos\theta_i$，$s_{\theta i}=\sin\theta_i$（部分来源于参考文献［1.21］的表4.1），欧拉角 α_i，β_i，γ_i可用于替换单位四元数 ε_i 表示姿态）

关节类型	关节旋转矩阵 ${}^j\boldsymbol{R}_i$	位置矢量 ${}^j\boldsymbol{p}_i$	自由模数 $\boldsymbol{\Phi}_i$	受限模数 $\boldsymbol{\Phi}_i^c$	姿态变量	速度变量 $\dot{\boldsymbol{q}}$
柱面式 C	$\begin{pmatrix} c_{\theta i} & -s_{\theta i} & 0 \\ s_{\theta i} & c_{\theta i} & 0 \\ 0 & 0 & 1 \end{pmatrix}$	$\begin{pmatrix} 0 \\ 0 \\ d_i \end{pmatrix}$	$\begin{pmatrix} 0 & 0 \\ 0 & 0 \\ 1 & 0 \\ 0 & 0 \\ 0 & 0 \\ 0 & 1 \end{pmatrix}$	$\begin{pmatrix} 1 & 0 & 0 & 0 \\ 0 & 1 & 0 & 0 \\ 0 & 0 & 0 & 0 \\ 0 & 0 & 1 & 0 \\ 0 & 0 & 0 & 1 \\ 0 & 0 & 0 & 0 \end{pmatrix}$	θ_i d_i	$\begin{pmatrix} \dot{\theta}_i \\ \dot{d}_i \end{pmatrix}$
球面式 S	见表 1.1	$\begin{pmatrix} 0 \\ 0 \\ 0 \end{pmatrix}$	$\begin{pmatrix} 1 & 0 & 0 \\ 0 & 1 & 0 \\ 0 & 0 & 1 \\ 0 & 0 & 0 \\ 0 & 0 & 0 \\ 0 & 0 & 0 \end{pmatrix}$	$\begin{pmatrix} 0 & 0 & 0 \\ 0 & 0 & 0 \\ 0 & 0 & 0 \\ 1 & 0 & 0 \\ 0 & 1 & 0 \\ 0 & 0 & 1 \end{pmatrix}$	ε_i	$\omega_{i\text{rel}}$
平面式	$\begin{pmatrix} c_{\theta i} & -s_{\theta i} & 0 \\ s_{\theta i} & c_{\theta i} & 0 \\ 0 & 0 & 1 \end{pmatrix}$	$\begin{pmatrix} c_{\theta i}d_{xi}-s_{\theta i}d_{yi} \\ s_{\theta i}d_{xi}+c_{\theta i}d_{yi} \\ 0 \end{pmatrix}$	$\begin{pmatrix} 0 & 0 & 0 \\ 0 & 0 & 0 \\ 1 & 0 & 0 \\ 0 & 1 & 0 \\ 0 & 0 & 1 \\ 0 & 0 & 0 \end{pmatrix}$	$\begin{pmatrix} 1 & 0 & 0 \\ 0 & 1 & 0 \\ 0 & 0 & 0 \\ 0 & 0 & 0 \\ 0 & 0 & 0 \\ 0 & 0 & 1 \end{pmatrix}$	θ_i d_{xi} d_{yi}	$\begin{pmatrix} \dot{\theta}_i \\ \dot{d}_{xi} \\ \dot{d}_{yi} \end{pmatrix}$
平面滚动接触（固定半径 r）	$\begin{pmatrix} c_{\theta i} & -s_{\theta i} & 0 \\ s_{\theta i} & c_{\theta i} & 0 \\ 0 & 0 & 1 \end{pmatrix}$	$\begin{pmatrix} r\theta_i c_{\theta i}-rs_{\theta i} \\ -r\theta_i s_{\theta i}-rc_{\theta i} \\ 0 \end{pmatrix}$	$\begin{pmatrix} 0 \\ 0 \\ 1 \\ r \\ 0 \\ 0 \end{pmatrix}$	$\begin{pmatrix} 1 & 0 & 0 & 0 & 0 \\ 0 & 1 & 0 & 0 & 0 \\ 0 & 0 & -r & 0 & 0 \\ 0 & 0 & 1 & 0 & 0 \\ 0 & 0 & 0 & 1 & 0 \\ 0 & 0 & 0 & 0 & 1 \end{pmatrix}$	θ_i	$\dot{\theta}_i$
万向节 U	$\begin{pmatrix} c_{\alpha i}c_{\beta i} & -s_{\alpha i} & c_{\alpha i}s_{\beta i} \\ s_{\alpha i}c_{\beta i} & c_{\alpha i} & s_{\alpha i}s_{\beta i} \\ -s_{\beta i} & 0 & c_{\beta i} \end{pmatrix}$	$\begin{pmatrix} 0 \\ 0 \\ 0 \end{pmatrix}$	$\begin{pmatrix} -s_{\beta i} & 0 \\ 0 & 1 \\ c_{\beta i} & 0 \\ 0 & 0 \\ 0 & 0 \\ 0 & 0 \end{pmatrix}$	$\begin{pmatrix} c_{\beta i} & 0 & 0 & 0 \\ 0 & 0 & 0 & 0 \\ s_{\beta i} & 0 & 0 & 0 \\ 0 & 1 & 0 & 0 \\ 0 & 0 & 1 & 0 \\ 0 & 0 & 0 & 1 \end{pmatrix}$	α_i β_i	$\begin{pmatrix} \dot{\alpha}_i \\ \dot{\beta}_i \end{pmatrix}$
六自由度	见表 1.1	${}^0p_i$	$1_{6\times 6}$		ε_i ${}^0p_i$	$\begin{pmatrix} \omega_i \\ v_i \end{pmatrix}$

1.3.1 低副关节

低副关节在机械上具有吸引力，因为其磨损分布于整个表面，而且润滑剂被密封于两个表面的小间隙空间（在非理想化的系统中），能够形成相对较好的润滑。由表面接触的需求可以证明[1.23]，低副关节只有6种可能的形式：旋转式的、棱柱式的、螺旋式的、柱面式的、球面式的和平面式的关节。

1. 旋转式

旋转式关节常缩写为“R”，有时也俗称铰链或栓销。其最常见的形式，是由两个全等的旋转表面构成的低副关节。两个旋转表面是相同的，只不过一个为外表面，法线指向转轴的任意面，且是凸的；另一个为内表面，法线指向转轴的任意面，且是凹的。这些表面并非仅仅是圆柱表面，因为仅靠圆柱表面不能提供轴向的滑动限制。旋转式关节仅允许相互连接的一个物体相对于另一个物体旋转。一个物体相对于另一个物体的位置，可以利用指向关节轴的两条法线的夹角表示，其中，每条法线固定于一个物体。因此，该关节具有一个自由度。当旋转关节轴设定为坐标系 i 的 $\hat{z}$ 轴时，旋转关节的模型见表 1.5。

2. 棱柱式

棱柱式关节常缩写为“P”，有时也俗称滑动关节。其最常见的形式，是由两个全等的柱面构成的低副关节。这些表面并非一定是圆柱表面，通常，一个柱面可以由任意曲面沿一定方向挤压而成。同样，棱柱式关节也有一个内表面和一个外表面。棱柱式关节仅允许相互连接的一个物体相对于另一个物体沿挤压方向滑动。沿平行于滑动的方向在两个物体上各选一个固定点，则一个物体相对于另一个物体的位置由这两点间的距离确定。因此，该关节具有一个自由度。当棱柱式关节轴设定为坐标系 i 的 $\hat{z}$ 轴时，棱柱式关节的模型见表 1.5。

3. 螺旋式

螺旋式关节常缩写为“H”，有时也俗称螺杆关节。其最常见的形式，是由两个全等的螺旋面构成的低副关节。螺旋面可以由任意曲面沿螺旋路径挤压而成。最简单的例子是螺杆和螺母，其基本母曲线是一对直线。螺旋角 θ 与一个物体相对于另一个物体沿轴线的偏移量 d 相关，可表示为 $d=h\theta$，常数 h 称为螺距。当螺旋关节轴设定为坐标系 i 的 $\hat{z}$ 轴时，螺旋关节的模型见表 1.5。

4. 柱面式

柱面式关节常缩写为“C”，是由两个全等的圆柱面构成的低副关节，其中一个为内表面，另一个为外表面。柱面式关节允许绕柱面轴的旋转和沿平行于柱面轴的平移。因此，它是一个两自由度关节。在运动学上，多于一个自由度的低副关节可以利用复合关节等价替换（参见 1.3.3 节），即多个单自由度低副关节构成的串联链。在此情况下，柱面式关节可以等价为一个旋转式关节和一个棱柱关节的串联，且棱柱关节的滑动方向平行于旋转轴。采用 1.4 节讨论的几何表示实现简单，但该方法不利于动态仿真。将柱面式关节作为棱柱关节和旋转关节的结合体进行建模时，需要在棱柱关节和旋转关节之间增加虚拟轴，虚拟轴的长度和质量为零。但无质量连杆会产生计算问题。当柱面式关节轴设定为坐标系 i 的 $\hat{z}$ 轴时，柱面式关节的模型见表 1.6。

5. 球面式

球面式关节常缩写为“S”，是由两个全等的球面构成的低副关节。同样，这两个球面的一个为内表面，另一个为外表面。球面式关节允许绕通过球心的任意直线旋转，因此，它允许最多绕 3 个不同方向的独立旋转，具有 3 个自由度。在运动学上，球面式关节可等价为由 3 个旋转式关节构成的复合关节，3 个旋转式关节绕有公共点的 3 个轴旋转。尽管不需要 3 个轴连续正交，但通常是采用 3 个轴连续正交的方式。通常，上述排列与球面关节等价，但在旋转式关节的轴线共面时具有奇异性。这与实际的球面关节形成对比，实际的球面关节从不会具有奇异性。类似地，如果将球面式关节仿真建模为 3 个旋转关节，由于具有 3 个长度和质量为零的虚拟轴，会导致出现计算困难问题。球面式关节的模型见表 1.6。

6. 平面式

平面式由含有表面的平面构成。类似于球面式关节，平面式关节是具有 3 个自由度的低副关节。其运动学等价复合关节，由 3 个绕平行轴旋转的旋转式关节的串联链构成。与球面式关节的情况类似，复合关节在旋转式关节的轴线共面时具有奇异性。当平面式关节的接触平面的法线设定为坐标系 i 的 $\hat{z}$ 轴时，平面式关节的模型见表 1.6。

1.3.2 高副关节

某些高副关节同样具有吸引力，特别是一个物体在另一个物体表面无滑动的滚动副。这在机械上具有吸引力，因为没有滑动意味着没有磨损。但是，理想的接触是一个点或沿着一条线，加载到关节的负载可能会引起很大的局部压力，导致其他形式的材料失效，因而损坏。高副关节可以用于构造具有特殊几何特性的运动关节，如齿轮副或凸轮与从动轮副。

滚动接触实际上包括几种不同的几何形状。平面运动的滚动接触允许一个自由度的相对运动，如滚柱轴承。如上所述，滚动接触具有令人满意的磨损特性，因为没有滑动意味着没有磨损。平面滚动接触为线接触，因此能够稍微分散负载和磨损。三维滚动接触允许绕通过接触点的任意轴旋转，接触点在原理上是唯一的。因此，三维滚动接触副允许 3 个自由度的相对运动。当将过半径为 r 的滚轴中心的滚动轴线设定为坐标系 i 的 $\hat{z}$ 轴时，对于一个在平面上的滚轴，其平面滚动接触关节的模型见表 1.6。

无论滚动接触关节是平面的还是三维的，与滚动接触关节相关的无滑动条件，要求两个物体上相互接触的点之间的相对瞬时速度为0。如果 P 是两个物体 i 和 j 之间的滚动接触点，则

$$\boldsymbol{v}_{p_i/p_j}=0 \tag{1.41}$$

类似地，相对加速度位于接触点的两个表面的公共法线方向上。由于与关节相关的约束以速度的形式表示，因此，该约束为非限定性约束，参见1.3.6节。关于滚动接触的运动学约束的详细讨论，见第17章17.2.2节。

1.3.3 复合关节

复合运动关节是由多个简单运动关节链构成的两个物体间的连接。与简单关节一样，复合关节也可以限制两个物体间的相对运动。在这种情况下，复合关节与简单关节在运动学上是等价的。

万向节常缩写为“U”，又称为卡登或虎克绞，是一个具有两个自由度的关节。它由两轴正交的两个旋转式关节串联链构成。万向节模型见表1.6，其中，欧拉角 α_i 是绕 Z 轴的第一次旋转，β_i 是绕 Y 轴的旋转。对于该关节而言，其矩阵 $\boldsymbol{\Phi}_i$ 和 $\boldsymbol{\Phi}_i^c$ 不是常数，通常 $\dot{\boldsymbol{\Phi}}_i\neq0$，$\dot{\boldsymbol{\Phi}}_i^c\neq0$。在此情况下，外部参考坐标系的姿态随 α_i 而变化。

1.3.4 六自由度关节

两个不连接在一起的物体的运动，可以建模为一个无约束的六自由度关节。这对于移动机器人特别有用，例如航空器，最多间歇接触地面，相对于固定坐标系自由运动的物体称为浮动基座。这样一个自由运动的关节模型可使得浮动基座在空间中的位置和姿态表示成六关节变量。六自由度关节模型见表1.6。

1.3.5 物理实现

在实际的机器人机构中，关节具有物理限制，超出该限制的运动是被禁止的。机器人机构的工作空间（见1.5节），是在考虑到机构中的所有关节的物理限制和自由度的情况下确定的。旋转式关节易于由旋转式电动机驱动，因而在机器人系统中极为常用。关节也可能以被动的、无驱动的形式呈现，这些形式也非常常见，但没有旋转式关节这么常见。棱柱关节相对来说易于由线性驱动器驱动，如液压缸或气动缸、滚珠丝杠、螺旋千斤顶等。它们也具有运动限制，因为单向滑动在理论上可产生无穷大偏移。螺旋关节在机器人机构中也较常见，尽管线性驱动器如螺旋千斤顶、滚珠丝杠等很少用做运动主关节。具有多于一个自由度的关节，在机器人机构中常用做被动关节，这是因为主动关节的每个自由度需要独立驱动。在机器人机构中，被动球面式关节很常见，但被动平面式关节仅偶有所见。驱动式球关节，利用运动学上等价为三个旋转式关节分别驱动实现。万向节在机器人机构中既用于主动关节，又用于被动关节。

串联链常简记为所含关节的顺序。例如，RPR链含有三个连杆，第一个连杆通过旋转式关节与基座连接，第二个连杆带有棱柱式关节，第二个和第三个连杆采用另一个旋转式关节连接。如果所有关节是相同的，则简记为关节数量和关节类型，例如，6R表示含有6个旋转式关节的六轴串联链操作器。

以硬件实现关节，要比1.3.1节和1.3.2节给出的理想化情况复杂得多。例如，一个旋转式关节由滚珠轴承实现，而滚珠轴承则有一系列封闭于两个轴套之间的轴承滚珠构成。滚珠在轴套上作无滑动的理想滚动，充分利用了滚动接触的特殊特性。一个棱柱关节可由滚轴导轨组合构成。

1.3.6 限定性和非限定性约束

除滚动接触之外，上文中讨论的与关节相关的所有约束，可以在数学上表示为仅含有关节位置变量的方程，称为限定性约束。方程的数量即约束的数量为 $6n$，n 为关节自由度的数量。这些约束是轴关节模型的固有部分。

非限定性约束是不能单独利用位置变量表达的约束，但含有一个或多个位置变量对时间的导数。不能通过对这些约束方程积分，以单独获得关节变量之间的关系。机器人系统中，最常见的例子来自于只能滚动不能够滑动的轮子或者滚轴。非限定性约束，特别是其在轮式机器人的应用，将在第17章详细讨论。

1.3.7 广义坐标

在由 N 个物体构成的机器人操作器中，需要 $6N$ 个坐标以便指定所有物体相对于一个坐标系的位置和姿态。由于这些物体中有一些是连接在一起的，所以有一系列的约束方程建立了这些坐标之间的关系。在此情况下，$6N$ 个坐标可以表达为一个较小的独立坐标集合 $\boldsymbol{q}$ 的函数。该集合中的坐标称为广义坐标，而与其相关的运动与所有的约束是一致的。机器人操作器的关节变量 $\boldsymbol{q}$，是广义坐标的一个集合[1.24,25]。

1.4　几何表示

将参考坐标系附着于每一连杆，可以很方便地定义机器人操作器的几何关系。这些坐标系可以任意设置，但坐标系设置在连杆上这一约定有利于连贯性和计算效率。Denavit 和 Hartenberg[1.26]介绍了用于不同方法的基本约定，其中之一是本手册采用的 Khalil 和 Dombre[1.27]提出的约定。在所有的形式中，该约定采用四参数而不是六参数确定一个坐标系相对于另一个坐标系的位姿。这4个参数分别是：连杆长度 a_i，连杆扭转角 α_i，关节偏移量 d_i，关节角 θ_i。上述简约参数集是通过下述方式实现的：通过合理配置参考坐标系的原点和各个轴，使得一个坐标系的 $\hat{x}$ 轴与后续参考坐标系的 $\hat{z}$ 轴相交并垂直。该约定适用于由旋转式关节和棱柱式关节构成的操作器。当存在多自由度关节时，采用旋转式关节和棱柱式关节对其建模，如1.3节所述。

在机器人机构中，主要有4种不同的参考坐标系配置约定，直观上每一种均有其优势。在 Denavit 和 Hartenberg[1.26]的原创约定中，关节 i 位于连杆 i 和 $i+1$ 之间，在连杆 i 的外侧。同样，关节偏移量 d_i 和关节角 θ_i 分别是沿着或绕着 $i-1$ 关节轴的，所以关节参数的下标与关节轴不对应。Waldron[1.28]和 Paul[1.29]修正了原创约定中轴的标号，将关节 i 置于连杆 $i-1$ 和 i 之间，使得串联链的基座标号从0开始。这样，关节 i 配置在连杆 i 的内侧，这也是所有其他修正版本的约定采用的方式。Waldron 和 Paul 将 $\hat{z}_i$轴配置在 $i+1$ 关节轴上，进一步解决了关节参数的下标与关节轴不对应的问题。当然，这也重新配置了相应于关节轴和参考坐标系 $\hat{z}$ 轴的下标不对应问题。Craig[1.30]通过将 $\hat{z}_i$轴配置在关节 i 上，删除了所有的不对应下标，但代价是齐次变换矩阵${}^{i-1}\boldsymbol{T}_i$ 由下标为 i 的关节参数和下标为 $i-1$ 的连杆参数构成。Khalil 和 Dombre[1.27]给出了另一种版本，分别沿着和绕着 $\hat{x}_{i-1}$ 轴定义 a_i 和 α_i，其他类似于 Craig 的版本。在这种情况下，齐次变换矩阵${}^{i-1}\boldsymbol{T}_i$ 完全由下标为 i 的参数构成，但下标的不对应体现为另一种形式，a_i 和 α_i 分别代表连杆 $i-1$ 的连杆长度和扭转角，而不是连杆 i 的连杆长度和扭转角。总之，本手册中用的约定与其他约定相比，其优点是参考坐标系的 $\hat{z}$ 轴与关节轴具有相同下标，定义从参考坐标系 i 到参考坐标系 $i-1$ 的空间变换的四参数具有相同的下标 i。

本手册中，串联链操作器的约定如图1.2所示。

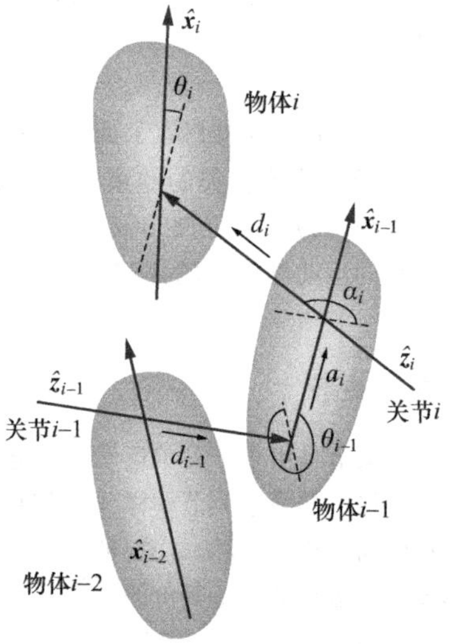

图1.2　机器人机构中的物体与关节的编号，物体上坐标系的约定，以及定位一个坐标系相对于另一个坐标系的四参数 a_i 、α_i 、d_i 和 θ_i 的示意图

物体与关节的编号约定如下：

1）机器人机构中的 N 个运动物体从1到 N 编号，基座编号为0。

2）机器人机构中的 N 个关节从1到 N 编号，关节 i 位于连杆 $i-1$ 和 i 之间。

经上述编号后，参考坐标系约定如下：

1）$\hat{z}_i$轴配置在关节 i 的轴线上。

2）$\hat{x}_{i-1}$轴位于 $\hat{z}_{i-1}$轴和 $\hat{z}_i$轴的公垂线上。

采用上述坐标系后，定位一个坐标系相对于另一个坐标系的四参数定义如下：

1）a_i 是沿着 $\hat{x}_{i-1}$轴从 $\hat{z}_{i-1}$轴到 $\hat{z}_i$轴的距离。

2）α_i 是绕着 $\hat{x}_{i-1}$轴从 $\hat{z}_{i-1}$轴旋转到 $\hat{z}_i$轴的转角。

3）d_i 是沿着 $\hat{z}_i$轴从 $\hat{x}_{i-1}$轴到 $\hat{x}_i$轴的距离。

4）θ_i 是绕着 $\hat{z}_i$轴从 $\hat{x}_{i-1}$轴旋转到 $\hat{x}_i$轴的转角。

图1.3所示的六自由度串联链式操作器实例的几何参数见表1.7。该操作器的所有关节为旋转式关节，关节1垂直向上，关节2与关节1垂直并相交。关节3平行于关节2，连杆2的长度为 a_3。关节4与关节3垂直并相交。关节5与关节4垂直相交，并与关节3有关节偏移量 d_4。最后，关节6与关节5垂直相交。

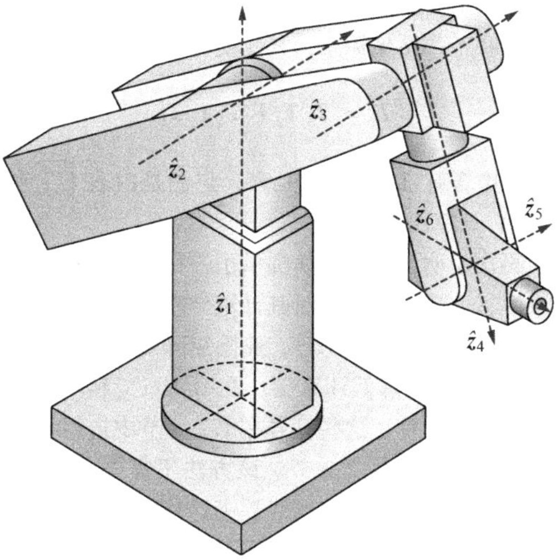

图 1.3 六自由度串联链式操作器实例
（是一个带有无偏移量关节和球面式扭转关节的关节臂）

表 1.7 图 1.3 中串联链式操作器实例的几何参数

i	α_i	a_i	d_i	θ_i
1	0	0	0	θ_1
2	$-\frac{\pi}{2}$	0	0	θ_2
3	0	a_3	0	θ_3
4	$-\frac{\pi}{2}$	0	d_4	θ_4
5	$\frac{\pi}{2}$	0	0	θ_5
6	$-\frac{\pi}{2}$	0	0	θ_6

在该约定下，通过绕 $\hat{x}_{i-1}$ 轴旋转角度 α_i，沿 $\hat{x}_{i-1}$ 轴平移 a_i，绕 $\hat{z}_i$ 轴旋转角度 θ_i，沿 $\hat{z}_i$ 轴平移 d_i，可实现参考坐标系 i 相对于参考坐标系 $i-1$ 的定位。通过这些独立变换的串联，

$\boldsymbol{Rot}(\hat{x}_{i-1},\alpha_i)\boldsymbol{Trans}(\hat{x}_{i-1},a_i)\boldsymbol{Rot}(\hat{z}_i,\theta_i)\boldsymbol{Trans}(\hat{z}_i,d_i)$，得到的等价齐次变换为

$$
{}^{i-1}\boldsymbol{T}_i=\begin{pmatrix}\cos\theta_i & -\sin\theta_i & 0 & a_i\\ \sin\theta_i\cos\alpha_i & \cos\theta_i\cos\alpha_i & -\sin\alpha_i & -\sin\alpha_i d_i\\ \sin\theta_i\sin\alpha_i & \cos\theta_i\sin\alpha_i & \cos\alpha_i & \cos\alpha_i d_i\\ 0 & 0 & 0 & 1\end{pmatrix} \tag{1.42}
$$

上述几何参数的辨识在第 14 章给出。

1.5 工作空间

通常，机器人操作器的工作空间是指操作器执行所有可能的运动时末端扫过的全部体积，是由操作器的几何形状和关节运动的限位决定的。特别地，可达空间定义为末端能够到达的所有点的集合，而灵巧空间[1.31]为末端能够以任意姿态到达的所有点的集合，灵巧空间是可达空间的子集。灵巧空间仅存在于特定的理想几何构型，真正的工业操作器带有关节限位，几乎从来没有灵巧空间。

许多串联链式机器人操作器是如此设计的，其关节分成区域性结构和方向性结构。区域性结构关节实现末端在空间中的位置定位，而方向性结构关节实现末端的姿态。较典型地，串联链式机器人操作器的内关节由区域性结构构成，而外关节由方向性结构构成。此外，棱柱式关节不能提供旋转能力，所以不能用于方向性结构。

区域性工作空间，可由串联链式机器人操作器的已知几何构型和关节运动限位计算获得。在由区域性结构构成的三个内关节中，首先计算外侧的两个关节（关节 2 和 3）的工作空间面积，然后通过对剩余的内关节（关节 1）的关节变量的积分，计算出区域性工作空间的大小。对于棱柱式关节，仅需将面积乘以棱柱式关节的运动长度。对于更为普遍的旋转式关节，它涉及绕关节轴线的全范围旋转运动的面积[1.32]。根据 Pappus 定理，相关的空间体积为

$$
V=A\bar{r}\gamma \tag{1.43}
$$

式中，A 是面积，$\bar{r}$ 是面积的质心到旋转轴线的距离，γ 是该面积旋转的角度。该面积的边界通过跟踪末端一个参考点的运动确定，较典型的是方向性结构腕部的旋转中心。从两个关节的运动限位位置开始，关节 2 锁定，关节 3 一直运动到其第二个限位位置。然后，关节 3 锁定，关节 2 自由运动到其第二个限位位置。关节 2 再次锁定，关节 3 自由运动到其初始限位位置。最后，关节 3 锁定，关节 2 自由运动到其初始限位位置。在这种方式下，参考点的轨迹是一条封闭曲线，其面积和质心可以通过数学方法计算出来。

操作器空间的更多细节参见第 3 章和第 10 章。

1.6 正向运动学

串联链式操作器的正向运动学问题，是在给定所有关节位置和所有连杆几何参数的情况下，求取末端相对于基座的位置和姿态。通常，固定于末端的坐标

系称为工具坐标系，它同时固定于末端连杆 N 上，在位置与姿态上通常与坐标系 N 具有固定偏移。类似地，一个固定坐标系常设置于基座上，以确定被执行任务的位置。该坐标系在位姿上通常相对于坐标系 0 具有固定偏移，坐标系 0 也固定于基座上。

正向运动学问题的更一般性描述是，给定操作器的几何结构，以及与机构自由度数量相等的关节数量的关节位置，求取任意两个指定关节之间的相对位置和姿态。正向运动学对于开发操作器坐标算法十分重要，这是因为关节位置常由安装于关节的传感器测量得到，而且有必要计算关节轴相对于固定参考坐标系的位置。

实践中，正向运动学问题通过计算两个坐标系之间的变换来求解，一个是固定于末端的参考坐标系，另一个是固定于基座的参考坐标系，即工具坐标系和工作站坐标系。对于串联链而言，该变换是前向的，因为描述末端相对于基座位置的变换是从链路中固定于相邻连杆坐标系之间的变换串联得到的。1.4 节给出的操作器几何表示的约定，将上述变换简化为求取 4×4 的等价齐次变换矩阵，该矩阵为末端坐标系相对于基座坐标系的空间偏移。

以图 1.3 所示的串联链式操作器为例，忽略附加的工具和工作站坐标系，其变换为

$$ {}^{0}\boldsymbol{T}_{6} = {}^{0}\boldsymbol{T}_{1}{}^{1}\boldsymbol{T}_{2}{}^{2}\boldsymbol{T}_{3}{}^{3}\boldsymbol{T}_{4}{}^{4}\boldsymbol{T}_{5}{}^{5}\boldsymbol{T}_{6} \tag{1.44}$$

表 1.8 中含有 ${}^{0}\boldsymbol{T}_{6}$ 的各个元素，它们是由表 1.7 和式（1.42）计算出来的。

再次说明，齐次变换提供了一种简洁的符号，但在求解正向运动学问题时其计算效率较低。通过分离变换中的位置和姿态部分，删除矩阵中所有的与 0 和 1 的乘法，可以降低计算量。在第 2 章，利用空间矢量符号进行计算，这些符号在 1.2.6 节中进行了简要介绍，详细解释见 2.2 节。该方法不需要齐次变换，但将旋转矩阵和位置分离以提高计算效率。表 2.1 给出了详细的公式，特别是与正向运动学问题相关的空间变换的积。

运动树是不含闭环的机器人机构的普遍结构，树结构的正向运动学在第 2 章给出。由于附加的约束，闭链的正向运动学问题要复杂得多。闭链的求解方法见第 12 章。

表 1.8 图 1.3 串联链式操作器的正向运动学

${}^{0}\boldsymbol{T}_{6}=\begin{pmatrix} r_{11} & r_{12} & r_{13} & {}^{0}p_{6}^{x} \\ r_{21} & r_{22} & r_{23} & {}^{0}p_{6}^{y} \\ r_{31} & r_{32} & r_{33} & {}^{0}p_{6}^{z} \\ 0 & 0 & 0 & 1 \end{pmatrix}$
$r_{11}=c_{\theta1}(s_{\theta2}s_{\theta3}-c_{\theta2}c_{\theta3})(s_{\theta4}s_{\theta6}-c_{\theta4}c_{\theta5}c_{\theta6})-c_{\theta1}s_{\theta5}c_{\theta6}(c_{\theta2}s_{\theta3}+s_{\theta2}c_{\theta3})+s_{\theta1}(s_{\theta4}c_{\theta5}c_{\theta6}+c_{\theta4}s_{\theta6})$,
$r_{21}=s_{\theta1}(s_{\theta2}s_{\theta3}-c_{\theta2}c_{\theta3})(s_{\theta4}s_{\theta6}-c_{\theta4}c_{\theta5}c_{\theta6})-s_{\theta1}s_{\theta5}c_{\theta6}(c_{\theta2}s_{\theta3}+s_{\theta2}c_{\theta3})-c_{\theta1}(s_{\theta4}c_{\theta5}c_{\theta6}+c_{\theta4}s_{\theta6})$,
$r_{31}=(c_{\theta2}s_{\theta3}+s_{\theta2}c_{\theta3})(s_{\theta4}s_{\theta6}-c_{\theta4}c_{\theta5}c_{\theta6})+s_{\theta5}c_{\theta6}(s_{\theta2}s_{\theta3}-c_{\theta2}c_{\theta3})$,
$r_{12}=c_{\theta1}(s_{\theta2}s_{\theta3}-c_{\theta2}c_{\theta3})(c_{\theta4}c_{\theta5}s_{\theta6}+s_{\theta4}c_{\theta6})+c_{\theta1}s_{\theta5}s_{\theta6}(c_{\theta2}s_{\theta3}+s_{\theta2}c_{\theta3})+s_{\theta1}(c_{\theta4}c_{\theta6}-s_{\theta4}c_{\theta5}s_{\theta6})$,
$r_{22}=s_{\theta1}(s_{\theta2}s_{\theta3}-c_{\theta2}c_{\theta3})(c_{\theta4}c_{\theta5}s_{\theta6}+s_{\theta4}c_{\theta6})+s_{\theta1}s_{\theta5}s_{\theta6}(c_{\theta2}s_{\theta3}+s_{\theta2}c_{\theta3})-c_{\theta1}(c_{\theta4}c_{\theta6}-s_{\theta4}c_{\theta5}s_{\theta6})$,
$r_{32}=(c_{\theta2}s_{\theta3}+s_{\theta2}c_{\theta3})(c_{\theta4}c_{\theta5}s_{\theta6}+s_{\theta4}c_{\theta6})-s_{\theta5}s_{\theta6}(s_{\theta2}s_{\theta3}-c_{\theta2}c_{\theta3})$,
$r_{13}=c_{\theta1}c_{\theta4}s_{\theta5}(s_{\theta2}s_{\theta3}-c_{\theta2}c_{\theta3})-c_{\theta1}c_{\theta5}(c_{\theta2}s_{\theta3}+s_{\theta2}c_{\theta3})-s_{\theta1}s_{\theta4}s_{\theta5}$,
$r_{23}=s_{\theta1}c_{\theta4}s_{\theta5}(s_{\theta2}s_{\theta3}-c_{\theta2}c_{\theta3})-s_{\theta1}c_{\theta5}(c_{\theta2}s_{\theta3}+s_{\theta2}c_{\theta3})+c_{\theta1}s_{\theta4}s_{\theta5}$,
$r_{33}=c_{\theta4}s_{\theta5}(c_{\theta2}s_{\theta3}+s_{\theta2}c_{\theta3})+c_{\theta5}(s_{\theta2}s_{\theta3}-c_{\theta2}c_{\theta3})$,
${}^{0}p_{6}^{x}=a_{3}c_{\theta1}c_{\theta2}-d_{4}c_{\theta1}(c_{\theta2}s_{\theta3}+s_{\theta2}c_{\theta3})$,
${}^{0}p_{6}^{y}=a_{3}s_{\theta1}c_{\theta2}-d_{4}s_{\theta1}(c_{\theta2}s_{\theta3}+s_{\theta2}c_{\theta3})$,
${}^{0}p_{6}^{z}=-a_{3}s_{\theta2}+d_{4}(s_{\theta2}s_{\theta3}-c_{\theta2}c_{\theta3})$.

注：缩写 $c_{\theta i}=\cos\theta_i$，$s_{\theta i}=\sin\theta_i$

1.7 逆向运动学

串联链式操作器的逆向运动学问题，是在给定末端相对于基座的位置和姿态，以及所有连杆几何参数的情况下，求取所有关节的位置。再次声明，这只是对串联链的简单描述。更普遍的描述为：给定一个机构两部分的相对位置和姿态，求解所有关节位置的值。这相当于给定感兴趣的两部分之间的齐次变换，求取所有关节的位置。

在一般情况下，对于六自由度串联链式操作器，已知变换为${}^0\boldsymbol{T}_6$。重新审视 1.6 节中该变换的公式，可以发现串联链式操作器的逆向运动学问题需要求解非线性方程组。对于六自由度操作器，有 3 个方程与其齐次矩阵中的位置矢量有关，另外 3 个与旋转矩阵有关。后者中，由于旋转矩阵的独立性问题，这 3 个方程不能来自相同的行或列。这些非线性方程，可能无解或者存在多解[1.33]。对于一个存在的解，末端的期望位置和姿态一定位于操作器的工作空间。对于确实存在解的情况，这些解常常不能表示为闭式解，所以需要采用数值方法。

1.7.1 闭式解

由于闭式解比数值解速度快，而且容易区分所有可能的解，所以希望得到闭式解。闭式解的缺点是不通用，依赖于机器人。求取闭式解的最有效方法，是充分利用特定机构几何特征的专门技术。通常，对于六自由度机器人，仅带有特定运动结构的、大量几何参数（在 1.4 节定义）为 0 的机器人，能够获得闭式解。大部分工业操作器具有这种结构，因为该结构允许更加有效的坐标软件。六自由度操作器具有逆运动学闭式解的充分条件为[1.34-36]

1）三个连续的旋转式关节的轴线相交于一点，如球面式腕部。

2）三个连续的旋转式关节的轴线平行。

闭式解方法可分为代数法和几何法。

1. 代数法

代数法涉及辨别含有关节变量的有效方程，并将其处理成可解的形式。一种常用的策略是简化为单变量的超越方程，如

$$C_1\cos\theta_i + C_2\sin\theta_i + C_3 = 0 \tag{1.45}$$

式中，C_1、C_2 和 C_3 是常数。式（1.45）的解为

$$\theta_i = 2\arctan\left(\frac{C_2 \pm \sqrt{C_2^2 - C_3^2 + C_1^2}}{C_1 - C_3}\right) \tag{1.46}$$

有一个或多个常数为 0 的特殊情况，也较常见。

简化为具有如下形式的一对方程：

$$\begin{cases} C_1\cos\theta_i + C_2\sin\theta_i + C_3 = 0 \\ C_1\sin\theta_i - C_2\cos\theta_i + C_4 = 0 \end{cases} \tag{1.47}$$

是另一种特别有用的策略，因为它只有一个解

$$\theta_i = \text{Atan2}(-C_1C_4 - C_2C_3,\ C_2C_4 - C_1C_3) \tag{1.48}$$

2. 几何法

几何法涉及辨别末端上的点，其位置和（或）姿态可以表达为关节变量的简约集的函数。这相对于将空间问题分解为分离的平面问题，形成的方程采用代数方法求解。上述的六自由度操作器闭式解存在的两个充分条件，使得逆向运动学问题可分解为逆向位置运动学和逆向姿态运动学。这也是 1.5 节讨论的区域性结构和方向性结构上的分解，重写式（1.44）可获得其解：

$${}^0\boldsymbol{T}_6{}^6\boldsymbol{T}_5{}^5\boldsymbol{T}_4{}^4\boldsymbol{T}_3 = {}^0\boldsymbol{T}_1{}^1\boldsymbol{T}_2{}^2\boldsymbol{T}_3 \tag{1.49}$$

图 1.3 中的操作器具有这种结构，其区域性结构常称为铰链式或人形臂，或者肘式操作器。这种结构的逆向位置运动学的解见表 1.9。由于 θ_1 具有两个解，相应地 θ_2 和 θ_3 对应于每一个 θ_1 具有两个解，所以铰链臂式操作器的逆向位置运动学共有 4 个解。其姿态结构是简单的球式手腕，相应的解见表 1.10。表 1.10 中给出了 θ_5 的两个解，但 θ_4 和 θ_6 对应于每一个 θ_5 只有一个解。因此，球式手腕的逆向姿态运动学具有两个解。结合区域性结构和姿态结构，图 1.3 中操作器的逆向运动学解共有 8 个。

表 1.9 图 1.3 串联链式操作器中的铰链臂的逆向位置运动学

$\theta_1 = \text{Atan2}({}^0p_6^y, {}^0p_6^x)$ 或者 $\text{Atan2}(-{}^0p_6^y, -{}^0p_6^x)$
$\theta_3 = -\text{Atan2}(D, \pm\sqrt{1-D^2})$，其中，$D = \dfrac{({}^0p_6^x)^2 + ({}^0p_6^y)^2 + ({}^0p_6^z)^2 - a_3^2 - d_4^2}{2a_3d_4}$
$\theta_2 = \text{Atan2}({}^0p_6^z, \sqrt{({}^0p_6^x)^2 + ({}^0p_6^y)^2}) - \text{Atan2}(d_4\sin\theta_3, a_3 + d_4\cos\theta_3)$

表 1.10 图 1.3 串联链式操作器中的球式手腕的逆向姿态运动学

$\theta_5 = \text{Atan2}(\pm\sqrt{1-(r_{13}s_{\theta1}-r_{23}c_{\theta1})^2}, r_{13}s_{\theta1}-r_{23}c_{\theta1})$
$\theta_4 = \text{Atan2}(\mp(r_{13}c_{\theta1}+r_{23}s_{\theta1})s_{(\theta2+\theta3)}\mp r_{33}c_{(\theta2+\theta3)}, \pm(r_{13}c_{\theta1}+r_{23}s_{\theta1})c_{(\theta2+\theta3)}\mp r_{33}s_{(\theta2+\theta3)})$
$\theta_6 = \text{Atan2}(\pm(r_{12}s_{\theta1}+r_{22}c_{\theta1}), \pm(r_{11}s_{\theta1}-r_{21}c_{\theta1}))$

注：缩写 $c_{\theta i}=\cos\theta_i$，$s_{\theta i}=\sin\theta_i$

1.7.2 数值法

不同于求取闭式解的代数法和几何法，数值法不依赖于机器人，故可用于任意运动学结构。数值法的缺点是速度较慢，在某些情况下不能计算出所有可能的解。对于一个仅有旋转式关节和棱柱式关节的六自由度串联链式操作器，其平移和旋转方程总能化简为单变量的多项式，其阶次不超过 16 阶[1.37]。因此，这样的一个操作器的逆向运动学问题有 16 个实数解[1.38]。因为只有当一个多项式的阶次不超过 4 阶时其闭式解是可能得到的，所以许多操作器构型是不能获得闭式解的。通常，较多数量的非零几何参数，对应于化简后较高阶次的多项式。对于这样的操作器，最常用的数值解方法分为符号消元法、延拓法和迭代法。

1. 符号消元法

符号消元法涉及从非线性方程系统删除变量的解析操作，以便将其化简为含有较少方程的方程组。Raghavan 和 Roth[1.39]采用析配消元法，将通用六自由度旋转式串联链式操作器的逆向运动学问题化简为一个 16 阶多项式，并求取所有可能的解。多项式的根提供的是其中一个关节变量的解，而其他的变量通过求解线性系统获得。Manocha 和 Canny[1.40]通过将该问题重新形式化为一般的特征值问题，改进了该项技术的数值特性。另一种消元方法是采用 Gröbner 基[1.41,42]。

2. 延拓法

延拓法涉及解的路径跟踪。延拓法从具有已知解的起始系统开始，随起始系统到目标系统的变换，跟踪到求解的目标系统。这些技术已用于逆向运动学问题[1.43]，其多项式系统的特殊特性可用于求取所有可能的解[1.44]。

3. 迭代法

许多不同的迭代法可用于解决逆向运动学问题。基于初始猜测，大部分迭代法能够收敛于一个单解。因此，初始猜测的质量对求解时间具有很大影响。Newton-Raphson 法提供了一种对原始方程进行一阶近似的基本方法。Pieper[1.34]是最早将这种方法用于逆向运动学的人之一，其他人随后[1.45,46]。优化方法将逆向运动学问题形式化为非线性优化问题，并采用搜索技术从初始猜测移动到解。求解运动率控制将上述问题转化为一个微分方程[1.49]，而且一种修正的预测——矫正算法可用于对关节速度积分[1.50]。基于控制理论的方法将微分方程归于控制问题[1.51]。间隔分析[1.52]或许是最有前途的迭代方法之一，因为它可以快速收敛到一个解，并能找到所有的可能解。对于复杂机构，阻尼最小二乘法[1.53]特别具有吸引力，更多细节见第 11 章。

1.8 正向微分运动学

串联链式操作器的正向微分运动学问题是：给定链路中所有单元的位置和所有关节的运动速率，求解末端的合速度。此处的关节运动速率，是绕旋转式关节旋转的角速度，或者沿棱柱关节滑动的平移速度。单元的合速度是固定于单元的参考坐标系原点的速度与单元角速度合成的。换言之，合速度有 6 个独立分量，可以完全代表单元的速度场。值得注意的是，该定义包含了如下假设：机构的姿态是完全已知的。在大部分情况下，这意味着在处理正向微分运动学之前，必须处理正向运动学问题或者逆向运动学问题。在下节中讨论的逆向微分运动学也存在同样情况。当为了研究动力学而进行加速度分析时，正向微分运动学问题是重要的。计算科里奥利（Coriolis）加速度和向心加速度分量，需要单元的合速度。

正向运动学对时间的导数，即为如下形式的方程组

$$\boldsymbol{v}_N = \boldsymbol{J}(\boldsymbol{q})\dot{\boldsymbol{q}} \tag{1.50}$$

式中，$\boldsymbol{v}_N$ 是末端的空间速度，$\dot{\boldsymbol{q}}$ 是由关节速率构成的 N 维矢量，$\boldsymbol{J}(\boldsymbol{q})$ 是 $6\times N$ 的矩阵，其值通常是 $\boldsymbol{q}_1$，…，$\boldsymbol{q}_N$ 的非线性函数。$\boldsymbol{J}(\boldsymbol{q})$ 称为该代数系统的雅可比矩阵，对应于与空间速度 $\boldsymbol{v}_N$ 相同的坐标系[1.54]。如果关节位置已知，则式（1.50）将形成 6 个关节速率的线性代数方程。如果给定关节速率，则式（1.50）的一个解就是正向微分运动学问题的一个解。注意，所有关节位置已知的情况下，$\boldsymbol{J}(\boldsymbol{q})$ 可以认为是一个已知矩阵。

利用在 1.2.6 节简要介绍并将在 2.2 节详细解释

的空间矢量符号，雅可比矩阵可很容易地从关节的自由模数 $\boldsymbol{\Phi}_i$ 和相关的空间变换 ${}^j\boldsymbol{X}_i$ 计算出来。与关节速率 $\dot{\boldsymbol{q}}$ 相关的 $\boldsymbol{J}(\boldsymbol{q})$ 的列为

$$^k\boldsymbol{X}_i\boldsymbol{\Phi}_i$$

式中，k 代表 $\boldsymbol{v}_N$ 所在的任意坐标系。在本手册中，表1.11包含了有效计算雅可比矩阵各列的算法。关于雅可比矩阵的进一步信息参见第11章。

表1.11 从关节的自由模式计算雅可比矩阵列的算法

n_i	关节 i 的自由度的数量
$\boldsymbol{J}$	${}^k\boldsymbol{v}_N=\boldsymbol{J}(\boldsymbol{q})\dot{\boldsymbol{q}}$，$k$ 是任意坐标系
$\boldsymbol{J}_{ni}$	$\boldsymbol{J}$ 的与 $\dot{\boldsymbol{q}}_i$ 相关的 n_i 列
$\boldsymbol{\Phi}_\omega$	$\boldsymbol{\Phi}$ 的前三行
$\boldsymbol{\Phi}_\nu$	$\boldsymbol{\Phi}$ 的后三行
	$\boldsymbol{J}_{ni}={}^k\boldsymbol{X}_i\boldsymbol{\Phi}_i$
表达式	计算值
$\boldsymbol{X}_1\boldsymbol{X}_2$	$(\boldsymbol{R}_1\boldsymbol{R}_2;\ \boldsymbol{p}_2+\boldsymbol{R}_2^{\mathrm{T}}\boldsymbol{p}_1)$
$\boldsymbol{X\Phi}$	$(\boldsymbol{R\Phi}_\omega;\ \boldsymbol{R}(\boldsymbol{\Phi}_\nu-\boldsymbol{p}\times\boldsymbol{\Phi}_\omega))$
$\boldsymbol{X}^{-1}$	$(\boldsymbol{R}^{\mathrm{T}};\ -\boldsymbol{R}p)$
$\boldsymbol{X}^{-1}\boldsymbol{\Phi}$	$(\boldsymbol{R}^{\mathrm{T}}\boldsymbol{\Phi}_\omega;\ \boldsymbol{R}^{\mathrm{T}}\boldsymbol{\Phi}_\nu+\boldsymbol{p}\times\boldsymbol{R}^{\mathrm{T}}\boldsymbol{\Phi}_\omega)$

1.9 逆向微分运动学

从机器人坐标的观点看，逆向微分运动学问题是一个非常重要的问题。关于机器人坐标的更多信息见第5章和第6章。串联链式操作器的逆向微分运动学问题是：给定链路中所有单元的位置和末端的合速度，求解所有关节的运动速率。当控制一台以点对点模式操作的工业机器人的运动时，不仅需要计算与期望的手爪终点位置对应的终点关节位置，而且需要在起点和终点位置之间形成光滑的运动轨迹。当然，会有无限多的可能轨迹符合此要求。但是，最直接最成功的方法采用基于逆向微分运动学问题的解的算法。该项技术起源于 Whitney[1.55] 和 Pieper[1.34] 的工作。

当 $\boldsymbol{v}_N$ 已知时，通过将式（1.50）分解为分量方程，可以获得由含有关节速率的多个方程构成的线性系统。为了求解该线性系统，有必要求取雅可比矩阵的逆。于是，式（1.50）变为

$$\dot{\boldsymbol{q}}=\boldsymbol{J}^{-1}(\boldsymbol{q})\boldsymbol{v}_N \tag{1.51}$$

由于 $\boldsymbol{J}$ 是一个 6×6 的矩阵，所以在必须以100Hz及以上的速度运行的实时软件中，其数值逆不是很有吸引力。更糟的是，$\boldsymbol{J}$ 很可能变成奇异的（$|\mathbf{J}|=0$），其逆不存在。关于奇异性的进一步信息参见第3章和第12章。即使雅可比矩阵不是奇异的，它也可能是病态的，导致在操作器的大部分工作空间中性能退化。大部分工业机器人的构型比较简单，其雅可比矩阵可以解析求逆，形成关节速率的显式方程组[1.56-58]。与数值求逆相比，这样可极大地降低计算量。对于更加复杂的操作器构型，数值求逆是唯一的方法。冗余操作器的雅可比矩阵不是方阵，所以不能求逆。第11章讨论了在这种情况下如何应用各种伪逆。

1.10 静力变换

操作器的静力变换，建立了施加于末端的扭矩与施加于关节的力/力矩之间的关系。这对于控制操作器与其环境的交互作用是十分重要的。交互作用的例子包括涉及固定或伪固定工件的任务，例如，以特定力插件，以特定力矩拧紧螺母等。更多信息见第7章和第27章。利用虚功原理，施加于末端的扭矩与施加于关节的力/力矩之间的关系可表示为

$$\boldsymbol{\tau}=\boldsymbol{J}^{\mathrm{T}}\boldsymbol{f}_e \tag{1.52}$$

式中，$\boldsymbol{\tau}$ 是施加于 n 自由度操作器关节的 n 维力/力矩矢量，$\boldsymbol{f}_e$ 是空间力矢量

$$\boldsymbol{f}_e=\begin{pmatrix}n\\f\end{pmatrix} \tag{1.53}$$

式中，n 和 f 分别是施加于末端的力矩和力矢量，均与雅可比矩阵位于同一个参考坐标系。因此，以与关节速率映射到末端空间速度同样的方式，雅可比矩阵将施加于末端的扭矩映射到施加于关节的力/力矩。在速度方式下，当雅可比矩阵不是方阵时，其逆关系不是唯一的。

1.11 结论与扩展阅读

本章简要回顾了如何将运动学的基本原理应用于机器人机构，内容涉及空间中刚体的位置和姿态的各种表示、关节的运动自由度与相应数学模型、描述机器人机构的几何表示、操作器的工作空间、正向和逆

向运动学问题、正向和逆向微分运动学问题（包括雅可比矩阵的定义）、静力变换。当然，本章不能包罗运动学的全部。幸运的是，大量优秀文献对重点研究运动学的机器人学提供了广泛的介绍[1.17,27,29,30,51,59-63]。从历史上看，机器人学从本质上改变了机构运动学领域的性质。在首次出现关于机器人的坐标方程之前[1.34,55]，机构领域的焦点几乎全部集中于单自由度机构。这就是为什么随着数字计算的来临，机器人学给机构运动学带来了新生。更多的细节见第 3 章。正如该领域从工业机器人的简单串联链的研究（本章分析的重点）中扩展开来一样，该领域还在继续朝着不同方向发展，如并联机器（见第 12 章）、仿人机器手（第 15 章）、机器人运输车（第 16 章和第 17 章），甚至小型机器人（见第 18 章）。

参 考 文 献

1.1 W. R. Hamilton: On quaternions, or on a new system of imaginaries in algebra, Philos. Mag. **18**, installments July 1844 - April 1850, ed. by D. E. Wilkins (2000)

1.2 E.B. Wilson: *Vector Analysis* (Dover, New York 1960), based upon the lectures of J. W. Gibbs, (reprint of the second edn. published by Charles Scribner's Sons, 1909)

1.3 H. Grassman: *Die Wissenschaft der extensiven Grösse oder die Ausdehnungslehre* (Wigand, Leipzig 1844)

1.4 J.M. McCarthy: *Introduction to Theoretical Kinematics* (MIT Press, Cambridge 1990)

1.5 W.K. Clifford: Preliminary sketch of bi-quarternions, Proc. London Math. Soc., Vol. 4 (1873) pp. 381–395

1.6 A. P. Kotelnikov: Screw calculus and some applications to geometry and mechanics, Annal. Imp. Univ. Kazan (1895)

1.7 E. Study: *Geometrie der Dynamen* (Teubner, Leipzig 1901)

1.8 G.S. Chirikjian, A.B. Kyatkln: *Engineering Applications of Noncommutative Harmonic Analysis* (CRC, Boca Raton 2001)

1.9 R. von Mises: Anwendungen der Motorrechnung, Z. Angew. Math. Mech. **4**(3), 193–213 (1924)

1.10 J.E. Baker, I.A. Parkin: *Fundamentals of Screw Motion: Seminal Papers by Michel Chasles and Olinde Rodrigues* (School of Information Technologies, The University of Sydney, Sydney 2003), translated from O. Rodrigues: Des lois géométriques qui régissent les déplacements d'un système dans l'espace, J. Math. Pures Applicqu. Liouville **5**, 380–440 (1840)

1.11 R.S. Ball: *A Treatise on the Theory of Screws* (Cambridge Univ Press, Cambridge 1998)

1.12 J.K. Davidson, K.H. Hunt: *Robots and Screw Theory: Applications of Kinematics and Statics to Robotics* (Oxford Univ Press, Oxford 2004)

1.13 K.H. Hunt: *Kinematic Geometry of Mechanisms* (Clarendon, Oxford 1978)

1.14 J.R. Phillips: *Freedom in Machinery: Volume 1. Introducing Screw Theory* (Cambridge Univ Press, Cambridge 1984)

1.15 J.R. Phillips: *Freedom in Machinery: Volume 2. Screw Theory Exemplified* (Cambridge Univ Press, Cambridge 1990)

1.16 G.S. Chirikjian: Rigid-body kinematics. In: *Robotics and Automation Handbook*, ed. by T. Kurfess (CRC, Boca Raton 2005), Chapt. 2

1.17 R.M. Murray, Z. Li, S.S. Sastry: *A Mathematical Introduction to Robotic Manipulation* (CRC, Boca Raton 1994)

1.18 A. Karger, J. Novak: *Space Kinematics and Lie Groups* (Routledge, New York 1985)

1.19 R. von Mises: Motorrechnung, ein neues Hilfsmittel in der Mechanik, Z. Angew. Math. Mech. **2**(2), 155–181 (1924), [transl. J. E. Baker, K. Wohlhart, Inst. for Mechanics, T. U. Graz (1996)]

1.20 J.D. Everett: On a new method in statics and kinematics, Mess. Math. **45**, 36–37 (1875)

1.21 R. Featherstone: *Rigid Body Dynamics Algorithms* (Kluwer Academic, Boston 2007)

1.22 F. Reuleaux: *Kinematics of Machinery* (Dover, New York 1963), (reprint of *Theoretische Kinematik*, 1875, in German).

1.23 K.J. Waldron: A method of studying joint geometry, Mechan. Machine Theory **7**, 347–353 (1972)

1.24 T.R. Kane, D.A. Levinson: *Dynamics, Theory and Applications* (McGraw-Hill, New York 1985)

1.25 J.L. Lagrange: *Oeuvres de Lagrange* (Gauthier-Villars, Paris 1773)

1.26 J. Denavit, R.S. Hartenberg: A kinematic notation for lower-pair mechanisms based on matrices, J. Appl. Mech. **22**, 215–221 (1955)

1.27 W. Khalil, E. Dombre: *Modeling, Identification and Control of Robots* (Taylor Francis, New York 2002)

1.28 K.J. Waldron: A study of overconstrained linkage geometry by solution of closure equations, Part I: a method of study, Mech. Machine Theory **8**(1), 95–104 (1973)

1.29 R. Paul: *Robot Manipulators: Mathematics, Programming and Control* (MIT Press, Cambridge 1982)

1.30 J.J. Craig: *Introduction to Robotics: Mechanics and Control* (Addison-Wesley, Reading 1986)

1.31 K.J. Waldron, A. Kumar: The Dextrous workspace, ASME Mech. Conf. (Los Angeles 1980), ASME paper No. 80-DETC-108

1.32 R. Vijaykumar, K.J. Waldron, M.J. Tsai: Geometric optimization of manipulator structures for working volume and dexterity, Int. J. Robot. Res. **5**(2), 91–103 (1986)

1.33 J. Duffy: *Analysis of Mechanisms and Robot Manipulators* (Wiley, New York 1980)

1.34 D. Pieper: The Kinematics of Manipulators Under Computer Control. Ph.D. Thesis (Stanford University, Stanford 1968)

1.35 C.S.G. Lee: Robot arm kinematics, dynamics, and control, Computer **15**(12), 62–80 (1982)

1.36 M.T. Mason: *Mechanics of Robotic Manipulation* (MIT Press, Cambridge 2001)

1.37 H.Y. Lee, C.G. Liang: A new vector theory for the analysis of spatial mechanisms, Mechan. Machine Theory **23**(3), 209–217 (1988)

1.38 R. Manseur, K.L. Doty: A robot manipulator with 16 real inverse kinematic solutions, Int. J. Robot. Res.

8(5), 75–79 (1989)
1.39 M. Raghavan, B. Roth: Kinematic analysis of the 6R manipulator of general geometry, 5th Int. Symp. Robot. Res. (1990)
1.40 D. Manocha, J. Canny: *Real Time Inverse Kinematics for General 6R Manipulators* Tech. rep. (University of California, Berkeley 1992)
1.41 B. Buchberger: Applications of Gröbner bases in non-linear computational geometry. In: *Trends in Computer Algebra*, Lect. Notes Comput. Sci., Vol. 296, ed. by R. Janen (Springer, Berlin 1989) pp. 52–80
1.42 P. Kovacs: Minimum degree solutions for the inverse kinematics problem by application of the Buchberger algorithm. In: *Advances in Robot Kinematics*, ed. by S. Stifter, J. Lenarcic (Springer, New York 1991) pp. 326–334
1.43 L.W. Tsai, A.P. Morgan: Solving the kinematics of the most general six- and five-degree-of-freedom manipulators by continuation methods, ASME J. Mechan. Transmission Autom. Design **107**, 189–195 (1985)
1.44 C.W. Wampler, A.P. Morgan, A.J. Sommese: Numerical continuation methods for solving polynomial systems arising in kinematics, ASME J. Mech. Des. **112**, 59–68 (1990)
1.45 R. Manseur, K.L. Doty: Fast inverse kinematics of 5-revolute-axis robot manipulators, Mechan. Machine Theory **27**(5), 587–597 (1992)
1.46 S.C.A. Thomopoulos, R.Y.J. Tam: An iterative solution to the inverse kinematics of robotic manipulators, Mechan. Machine Theory **26**(4), 359–373 (1991)
1.47 J.J. Uicker Jr., J. Denavit, R.S. Hartenberg: An interactive method for the displacement analysis of spatial mechanisms, J. Appl. Mech. **31**, 309–314 (1964)
1.48 J. Zhao, N. Badler: Inverse kinematics positioning using nonlinear programming for highly articulated figures, Trans. Comput. Graph. **13**(4), 313–336 (1994)
1.49 D.E. Whitney: Resolved motion rate control of manipulators and human prostheses, IEEE Trans. Man Mach. Syst. **10**, 47–63 (1969)
1.50 H. Cheng, K. Gupta: A study of robot inverse kinematics based upon the solution of differential equations, J. Robot. Syst. **8**(2), 115–175 (1991)
1.51 L. Sciavicco, B. Siciliano: *Modeling and Control of Robot Manipulators* (Springer, London 2000)
1.52 R.S. Rao, A. Asaithambi, S.K. Agrawal: Inverse Kinematic Solution of Robot Manipulators Using Interval Analysis, ASME J. Mech. Des. **120**(1), 147–150 (1998)
1.53 C.W. Wampler: Manipulator inverse kinematic solutions based on vector formulations and damped least squares methods, IEEE Trans. Syst. Man Cybern. **16**, 93–101 (1986)
1.54 D.E. Orin, W.W. Schrader: Efficient computation of the jacobian for robot manipulators, Int. J. Robot. Res. **3**(4), 66–75 (1984)
1.55 D. E. Whitney: The mathematics of coordinated control of prosthetic arms and manipulators J. Dynamic Sys. Meas. Contr. **122**, 303–309 (1972)
1.56 R.P. Paul, B.E. Shimano, G. Mayer: Kinematic control equations for simple manipulators, IEEE Trans. Syst. Man Cybern. **SMC-11**(6), 339–455 (1981)
1.57 R.P. Paul, C.N. Stephenson: Kinematics of robot wrists, Int. J. Robot. Res. **20**(1), 31–38 (1983)
1.58 R.P. Paul, H. Zhang: Computationally efficient kinematics for manipulators with spherical wrists based on the homogeneous transformation representation, Int. J. Robot. Res. **5**(2), 32–44 (1986)
1.59 H. Asada, J.J.E. Slotine: *Robot Analysis and Control* (Wiley, New York 1986)
1.60 F.L. Lewis, C.T. Abdallah, D.M. Dawson: *Control of Robot Manipulators* (Macmillan, New York 1993)
1.61 R.J. Schilling: *Fundamentals of Robotics: Analysis and Control* (Prentice-Hall, Englewood Cliffs 1990)
1.62 M.W. Spong, M. Vidyasagar: *Robot Dynamics and Control* (Wiley, New York 1989)
1.63 T. Yoshikawa: *Foundations of Robotics* (MIT Press, Cambridge 1990)

第2章 动 力 学

Roy Featherstone，David E. Orin

高发荣 译

刚体的动力学方程提供了机器人机构驱动和作用于其上的接触力之间的关系，以及带来的加速度和运动轨迹的关系。动力学在机械设计、控制和仿真计算中都十分重要。在这些应用中，也有许多重要算法，其中包括下列计算：逆向动力学、正向动力学、关节空间惯性矩阵和操作空间惯性矩阵。本章提供的有效算法，用于机器人机构刚体模型上，实现对上述问题的计算。这些算法采用最通用的形式，适用于具有一般连接性、几何形状和关节类型的机器人机构。这些机构包括：固定基座机器人、移动机器人，以及并联机器人机构。

除了计算效率的需要外，算法还应该公式化为一组紧凑方程，以便于开发和实现。空间记法在这方面非常有效，可用于描述动力学算法。空间矢量代数是一种简洁的矢量记法，它采用6维矢量和张量，来描述刚体的速度、加速度、惯性等。

本章的目的在于向读者介绍机器人动力学，并以紧凑形式提供一组丰富的算法，读者可将其应用到他们的特定机器人机构中。为方便随时查阅，这些算法将采用表格形式。

2.1 概述

机器人动力学提供了驱动和接触力之间的关系，以及带来的加速度和运动轨迹的关系。运动体的动力学方程是许多算法的基础，这些算法可用于机械设计、控制及仿真模拟。目前增长的应用领域主要是移动系统的计算机动画，特别是用于人体及人型模型方面。本章将提出机器人机构的基本动力学关系，以及最常见计算的有效算法。算法将采用简洁的空间矢量记法——一种 6 维的矢量和张量记法。

本章针对四种主要的计算类型，提出相应的有效低阶算法：

1）逆向动力学，即通过指定的机器人轨迹（位置、速度和加速度），来计算关节执行器的力矩/力。

2）正向动力学，即用指定的关节执行器的力矩/力，来确定关节加速度。

3）关节空间惯性矩阵，它将关节加速度映射到关节力矩/力。

4）操作空间惯性矩阵，它在操作空间（或笛卡儿空间）上，将任务加速度映射到任务力上。

逆向动力学用于前馈控制，正向动力学则用于模拟仿真。关节空间惯性（质量）矩阵用于反馈控制中的线性化动力学分析，同时也是正向动力学公式的主要部分。操作空间惯性矩阵主要用于任务控制，或者末端执行器的位控制。

2.1.1 空间矢量记法

2.2 节提出了空间矢量记法，以清楚而简练的方式来表示本章的算法。这种记法最初由 *Featherstone* 提出[2.1]，他采用6 维的矢量和张量形式，用简练的矢量记法来描述刚体的速度、加速度、惯性等。2.2 节中解释了空间矢量和算子的含义，并通过表格形式，详细说明了6 维空间中这些量和算子与标准三维空间的对应关系，以便后面章节中能够理解这些算法。另外还提供了能有效用于计算实现的空间算法公式。作者力图通过空间矢量的讨论，来区别坐标矢量和用它表示的其他量，并阐述空间矢量的一些重要特性。

2.1.2 正则方程

2.3 节中提出了运动体动力学方程的两种基本形式：关节空间公式和操作空间公式。关节空间公式中的各项一般通过拉格朗日（Lagrangian）方法推导，其不依赖于任何参考坐标系。拉格朗日公式用于描述关节执行器力和机构运动之间的关系，以及系统中动能和势能的基本关系。由于关节空间公式具有许多节点属性，因此被证明可用于开发控制算法。此外，本节还提出了关节空间和操作空间公式中相关项的方程，以及碰撞模型。

2.1.3 刚体系统动力学模型

本章中的算法，需要基于这样一种数据结构模型，它能通过其输入参数来描述机器人机构运动。2.4 节提供了这种模型的分量描述方式：连接图、连杆几何参数、连杆惯性参数，以及一组关节模型。连接性描述具有一般性，以便能够涵盖运动树和闭环机构。运动树和用于闭环机构的生成树共用通用记法。为了描述连杆和关节的几何学，每个关节上采用两个关联的坐标系，分别放在*前导杆*和*后继杆*上。后继坐标系可定义为与修正 Denavit Hartenberg 约定兼容[2.2]，用于单自由度关节。前导坐标系可定义为一种便捷方式，用于描述一般的多自由度关节。采用 *Roberson-Schwertassek* 通用关节模型来描述连杆间的连接关系[2.3]。作为示例，本节给出了仿人机器人的连杆和关节编号方式，以及用于描述连杆和关节的坐标系配置。该示例包括浮基（底座）和回转关节、万向节和球关节。

2.1.4 运动树

用2.5 节提出的算法，可对任意机器人机构（即运动树），计算逆向动力学、正向动力学、关节空间惯性矩阵和操作空间惯性矩阵。对于逆向动力学问题采用 $O(n)$ 算法，这里 n 为机构中的自由度数。它利用问题的牛顿-欧拉公式，并基于非常有效的递归牛顿-欧拉算法（RNEA）[2.4]。对于正向运动学问题，主要采用两种算法：一种是 *Featherstone* 提出的 $O(n)$ 关节体算法（ABA）[2.1]，另外一种是 *Walker* 和 *Orin* 提出的 $O(n^2)$ 复合刚体算法（CRBA）[2.5]，用于计算关节空间惯性矩阵（JSIM）。该矩阵连同采用 RNEA 得到的矢量，提供运动方程的系数，用于对加速度的直接求解[2.5]。操作空间惯性矩阵（OSIM）为一类关节体惯量，可采用如下两种算法：第一种方法是采用 OSIM 的基本定义，第二种方法是直接的 $O(n)$算法，它基于正向运动学问题的有效解。为方便随时查阅，对于每一种算法的输入、输出、模型数据及伪代码，都总结在表格中。

2.1.5　运动环

上述算法仅适用于具有运动树连接性、无分支运动链的机构。2.6节给出了最终的算法公式，可用于闭环系统的正向动力学，其中包括并联机器人机构。该算法对闭环系统的生成树运用动力学方程，并补充闭环约束方程。本节简要介绍了用于求解线性系统的三种方法，其中方法二对于 $n >> n^c$ 的情况特别有用，这里 n^c 为闭环关节的约束数。该方法还提出可对生成树运用 $O(n)$ 算法[2.6]。在本节最后，提出了一种通过将变量变换到单一坐标系中，来计算闭环约束的有效算法。因为这里闭环约束方程应用在加速度级别，所以采用标准 *Baumgarte* 稳定性条件[2.7]，防止闭环约束中产生位置和速度误差累积。

本章最后一节进行了总结，提出了延伸阅读的建议。机器人动力学领域已经并将持续成为内容丰富的研究领域，本节概述了本领域已取得的主要成果，以及最常引述的相关工作。由于篇幅所限，不能全方位地对本领域内的众多文献加以评述。

2.2　空间矢量记法

机器人运动学问题的描述，目前还没有一个统一的数学记法。当前使用的包括3维矢量、4×4矩阵，以及几种类型的6维矢量：旋量、对偶矢量、李代数元素和空间矢量。通常认为6维矢量记法最好，它比3维矢量记法紧凑，又比4×4矩阵功能强大，因此我们在本章中全部采用6维矢量记法，并运用参考文献［2.8］中提供的空间矢量代数学方法。此外，4×4矩阵介绍见参考文献［2.9］，其他6维矢量参阅参考文献［2.10-12］。

在本书中，矢量通常采用粗斜体字母（如：$\boldsymbol{f}$、$\boldsymbol{v}$）。然而为了避免命名冲突，我们将采用粗正体字母表示空间矢量（如：**f**、**v**）。注意这种表示仅适用于矢量，而不用于张量。同样，仅在本节中，坐标矢量将采用带下划线字母，以区别于用它们表示的那些矢量（如坐标 $\underline{\boldsymbol{v}}$、$\underline{\mathbf{v}}$ 表示 $\boldsymbol{v}$、$\mathbf{v}$）。

2.2.1　运动和力

出于数学的原因，区分这两类矢量是有益的，即描述刚体运动的矢量和作用于刚体上的力矢量。因此我们将运动矢量放入称之为 M^6 的矢量空间，而将力矢量置入 F^6 空间（这里上标表示维数）。运动矢量用于描述诸如速度、加速度、无穷小位移，以及运动自由的方向，力矢量描述力、动量、接触法线等。

2.2.2　基矢量

设 $\boldsymbol{v}$ 是三维矢量，且 $\underline{\boldsymbol{v}}=(v_x, v_y, v_z)^{\mathrm{T}}$ 是笛卡儿坐标矢量，用于表示在正交基 $\{\hat{x}, \hat{y}, \hat{z}\}$ 中的 $\boldsymbol{v}$，则 $\boldsymbol{v}$ 和 $\underline{\boldsymbol{v}}$ 之间的关系用公式表示为

$$\boldsymbol{v}=\hat{x}v_x+\hat{y}v_y+\hat{z}v_z$$

这一思想也适用于空间矢量，例外的情况是采用Plücker坐标替代笛卡儿坐标，并用Plücker基矢量替代正交基。

Plücker坐标在1.2.6节中已做过介绍，基矢量表示如图2.1所示。图中总共有12个基矢量：6个运动矢量和6个力矢量。给定的一个笛卡儿坐标系 $Oxyz$，Plücker基矢量定义如下：3个关于有向直线 Ox、Oy、Oz 的单位转角，表示为 $\mathbf{d}_{Ox}$、$\mathbf{d}_{Oy}$、$\mathbf{d}_{Oz}$；3个 x、y、z 方向的单位平移，表示为 $\mathbf{d}_x$、$\mathbf{d}_y$、$\mathbf{d}_z$；3个分别关于 x、y、z 方向的单位力偶，表示为 $\mathbf{e}_x$、$\mathbf{e}_y$、$\mathbf{e}_z$；3个沿 Ox、Oy、Oz 方向的单位力，表示为 $\mathbf{e}_{Ox}$、$\mathbf{e}_{Oy}$、$\mathbf{e}_{Oz}$。

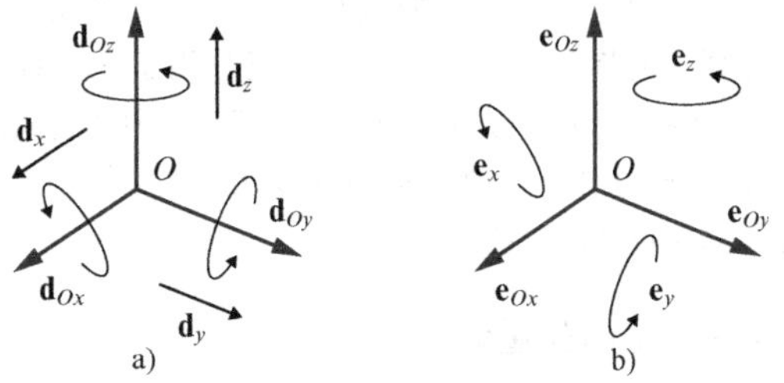

图2.1　Plücker基矢量
a）运动矢量　b）力矢量

2.2.3　空间速度和力

给定任意一点 O，刚体的速度可通过一对三维矢量 $\boldsymbol{\omega}$ 和 $\boldsymbol{v}_O$ 描述，$\boldsymbol{\omega}$ 和 $\boldsymbol{v}_O$ 分别是刚体（构件）上当前位于 O 点的一个固定点的角速度和线速度。注意 $\boldsymbol{v}_O$ 不是 O 点本身的线速度，而是刚体上正好与 O 点重合的、刚体固定点的瞬时速度。

对同一刚体，其速度也可描述为一个空间运动矢量，$\mathbf{v}\in\mathrm{M}^6$。为了通过 $\boldsymbol{\omega}$ 和 $\boldsymbol{v}_O$ 得到 $\mathbf{v}$，我们首先介绍笛卡儿坐标系 $Oxyz$，其原点为 O 点。此构型对 $\boldsymbol{\omega}$ 和 $\boldsymbol{v}_O$ 定义了笛卡儿坐标系，也对 $\mathbf{v}$ 定义了Plücker坐标系，给定这些坐标系，可以表示为

$$\mathbf{v}=\mathbf{d}_{Ox}\omega_x+\mathbf{d}_{Oy}\omega_y+\mathbf{d}_{Oz}\omega_z+\mathbf{d}_x v_{Ox}+\mathbf{d}_y v_{Oy}+\mathbf{d}_z v_{Oz} \tag{2.1}$$

这里 ω_x，…，v_{Oz}是笛卡儿坐标系 $Oxyz$ 中 $\boldsymbol{\omega}$ 和 $\boldsymbol{v}_O$的坐标。这样，$\mathbf{v}$ 的 Plücker 坐标即为 $\boldsymbol{\omega}$ 和$\boldsymbol{v}_O$的笛卡儿坐标。在 $Oxyz$ 中用坐标矢量表示的 $\mathbf{v}$ 可以写成：

$$\underline{\mathbf{v}}_O=\begin{pmatrix}\omega_x\\ \vdots\\ v_{Oz}\end{pmatrix}=\begin{pmatrix}\underline{\boldsymbol{\omega}}\\ \underline{\boldsymbol{v}}_O\end{pmatrix} \tag{2.2}$$

式中最右边项为 Plücker 坐标列的缩写记法。

类似地可以定义空间力：给定任意点 O，作用在刚体上的力系，可等效为沿通过 O 点作用线的一个集中力$\boldsymbol{f}$，再加上一个纯力偶 $\boldsymbol{n}_O$，它是力系关于 O 点的力矩。这样，用两个矢量$\boldsymbol{f}$ 和 $\boldsymbol{n}_O$描述作用于刚体上的力系，这与用 $\boldsymbol{\omega}$ 和 $\boldsymbol{v}_O$描述速度相类似。这个力也可用一个空间力矢量来表述，即 $\mathbf{f}\in \mathrm{F}^6$，引入与前面一样的坐标系 $Oxyz$，可得

$$\mathbf{f}=\mathbf{e}_x n_{Ox}+\mathbf{e}_y n_{Oy}+\mathbf{e}_z n_{Oz}+\mathbf{e}_{Ox}f_x+\mathbf{e}_{Oy}f_y+\mathbf{e}_{Oz}f_z \tag{2.3}$$

式中，n_{Ox}，…，f_z为 $Oxyz$ 中的$\boldsymbol{f}$ 和 $\boldsymbol{n}_O$的笛卡儿坐标。在 $Oxyz$ 中用坐标矢量表示的 $\mathbf{f}$ 为

$$\underline{\mathbf{f}}_O=\begin{pmatrix}n_{Ox}\\ \vdots\\ f_z\end{pmatrix}=\begin{pmatrix}\underline{\mathbf{n}}_O\\ \underline{\mathbf{f}}\end{pmatrix} \tag{2.4}$$

即为 $Oxyz$ 中 $\mathbf{f}$ 的 Plücker 坐标，上式最右边的项为 Plücker 坐标列的简化记法。

2.2.4 加法和数乘

在加法和数乘中，空间矢量表现为显式方式。例如，如果力 $\mathbf{f}_1$ 和 $\mathbf{f}_2$都作用于刚体，则它们的合力为 $\mathbf{f}_1+\mathbf{f}_2$。又如两个不同物体分别具有速度 $\mathbf{v}_1$和 $\mathbf{v}_2$，则第二个刚体相对于第一刚体的速度为 $\mathbf{v}_2-\mathbf{v}_1$。如果 $\mathbf{f}$ 表示空间上 1N 的力沿着某一直线作用，则 $\alpha\mathbf{f}$ 表示 αN 的力作用于同一直线上。

2.2.5 数量积

数量积定义在两个任意的空间矢量上，假设其中一个是运动，另外一个为力，给定任意 $\mathbf{m}\in\mathbf{M}^6$，$\mathbf{f}\in\mathbf{F}^6$，数量积可写成 $\mathbf{m}\cdot\mathbf{f}$ 或者 $\mathbf{f}\cdot\mathbf{m}$ 的形式。这表示作用于刚体的力 $\mathbf{f}$ 使刚体运动 $\mathbf{m}$ 所做的功，像 $\mathbf{m}\cdot\mathbf{m}$ 和 $\mathbf{f}\cdot\mathbf{f}$ 的表达式则无定义。如果 $\underline{\mathbf{m}}$ 和 $\underline{\mathbf{f}}$ 为同一坐标系下，用坐标矢量表示的 $\mathbf{m}$ 和 $\mathbf{f}$，则有

$$\mathbf{m}\cdot\mathbf{f}=\underline{\mathbf{m}}^{\mathrm{T}}\underline{\mathbf{f}} \tag{2.5}$$

2.2.6 坐标变换

运动矢量和力矢量服从不同的变换规则：设 A 和 B 为两个坐标构型，每个定义一个同名坐标系；又令 $\underline{\mathbf{m}}_A$，$\underline{\mathbf{m}}_B$，$\underline{\mathbf{f}}_A$，$\underline{\mathbf{f}}_B$ 为 A 和 B 坐标系下坐标矢量表示的空间矢量，$\mathbf{m}\in\mathbf{M}^6$，$\mathbf{f}\in\mathbf{F}^6$，则变换规则为

$$\underline{\mathbf{m}}_B={}^B\boldsymbol{X}_A\underline{\mathbf{m}}_A \tag{2.6}$$

$$\underline{\mathbf{f}}_B={}^B\boldsymbol{X}_A^F\underline{\mathbf{f}}_A \tag{2.7}$$

式中，${}^B\boldsymbol{X}_A$和${}^B\boldsymbol{X}_A^F$分别为对运动和力矢量从 A 到 B 的坐标变换矩阵。这些矩阵通过恒等式相关联

$${}^B\boldsymbol{X}_A^F\equiv({}^B\boldsymbol{X}_A)^{-\mathrm{T}}\equiv({}^A\boldsymbol{X}_B)^{\mathrm{T}} \tag{2.8}$$

设构型 A 相对于构型 B 的位置和姿态通过一个位置矢量${}^B\underline{\boldsymbol{p}}_A$和一个 4×4 的旋转矩阵${}^B\boldsymbol{R}_A$（见 1.2 节）来描述，则${}^B\boldsymbol{X}_A$为

$$\begin{aligned}{}^B\boldsymbol{X}_A&=\begin{pmatrix}\mathbf{1}&\mathbf{0}\\ \boldsymbol{S}({}^B\boldsymbol{p}_A)&\mathbf{1}\end{pmatrix}\begin{pmatrix}{}^B\boldsymbol{R}_A&\mathbf{0}\\ \mathbf{0}&{}^B\boldsymbol{R}_A\end{pmatrix}\\ &=\begin{pmatrix}{}^B\boldsymbol{R}_A&\mathbf{0}\\ \boldsymbol{S}({}^B\boldsymbol{p}_A){}^B\boldsymbol{R}_A&{}^B\boldsymbol{R}_A\end{pmatrix}\end{aligned} \tag{2.9}$$

它的逆为

$${}^A\boldsymbol{X}_B=\begin{pmatrix}{}^A\boldsymbol{R}_B&\mathbf{0}\\ \mathbf{0}&{}^A\boldsymbol{R}_B\end{pmatrix}\begin{pmatrix}\mathbf{1}&\mathbf{0}\\ -\boldsymbol{S}({}^B\boldsymbol{p}_A)&\mathbf{1}\end{pmatrix} \tag{2.10}$$

$\boldsymbol{S}(\underline{\boldsymbol{p}})$ 为斜对角阵，对于任意的 3 维矢量$\underline{\boldsymbol{v}}$，满足 $\boldsymbol{S}(\underline{\boldsymbol{p}})\underline{\boldsymbol{v}}=\underline{p}\times\underline{\boldsymbol{v}}$，用公式表示为

$$\boldsymbol{S}(\underline{\boldsymbol{p}})=\begin{pmatrix}0&-p_z&p_y\\ p_z&0&-p_x\\ -p_y&p_x&0\end{pmatrix} \tag{2.11}$$

2.2.7 矢量积

空间矢量的矢量积（叉积）有两种定义，第一种是由两个运动矢量变量得到一个运动矢量结果，用公式表示为

$$\begin{aligned}\underline{\mathbf{m}}_1\times\underline{\mathbf{m}}_2&=\begin{pmatrix}\underline{\boldsymbol{m}}_1\\ \underline{\boldsymbol{m}}_{1O}\end{pmatrix}\times\begin{pmatrix}\underline{\boldsymbol{m}}_2\\ \underline{\boldsymbol{m}}_{2O}\end{pmatrix}\\ &=\begin{pmatrix}\underline{\boldsymbol{m}}_1\times\underline{\boldsymbol{m}}_2\\ \underline{\boldsymbol{m}}_1\times\underline{\boldsymbol{m}}_{2O}+\underline{\boldsymbol{m}}_{1O}\times\underline{\boldsymbol{m}}_2\end{pmatrix}\end{aligned} \tag{2.12}$$

第二种是运动矢量为左变量，力矢量为右变量，其积的结果是一个力矢量，即

$$\underline{\mathbf{m}}\times\underline{\mathbf{f}}=\begin{pmatrix}\underline{\boldsymbol{m}}\\ \underline{\boldsymbol{m}}_O\end{pmatrix}\times\begin{pmatrix}\underline{\boldsymbol{f}}_O\\ \underline{\boldsymbol{f}}\end{pmatrix}=\begin{pmatrix}\underline{\boldsymbol{m}}\times\underline{\boldsymbol{f}}_O+\underline{\boldsymbol{m}}_O\times\underline{\boldsymbol{f}}\\ \underline{\boldsymbol{m}}\times\underline{\boldsymbol{f}}\end{pmatrix} \tag{2.13}$$

这些矢量积也可出现在微分公式中。

类似于式（2.11），也可定义这样一个矢量积算子，形式如下：

$$\boldsymbol{S}(\underline{\mathbf{m}})=\begin{pmatrix}\boldsymbol{S}(\underline{\boldsymbol{m}})&\mathbf{0}\\ \boldsymbol{S}(\underline{\boldsymbol{m}}_O)&\boldsymbol{S}(\underline{\boldsymbol{m}})\end{pmatrix} \tag{2.14}$$

在这种情况下，

$$\underline{\mathbf{m}}_1 \times \underline{\mathbf{m}}_2 = S(\underline{\mathbf{m}}_1)\underline{\mathbf{m}}_2 \tag{2.15}$$

而

$$\underline{\mathbf{m}} \times \underline{\mathbf{f}} = -S(\underline{\mathbf{m}})^{\mathrm{T}}\underline{\mathbf{f}} \tag{2.16}$$

可以看出，这里 $S(\underline{\mathbf{m}})$ 映射运动矢量到运动矢量，而 $S(\underline{\mathbf{m}})^{\mathrm{T}}$ 映射力矢量到力矢量。

2.2.8 微分

空间矢量的导数定义如下：

$$\frac{\mathrm{d}}{\mathrm{d}x}\mathbf{s}(x) = \lim_{\delta x \to \infty}\frac{\mathbf{s}(x+\delta x)-\mathbf{s}(x)}{\delta x} \tag{2.17}$$

式中，s 为任意空间矢量。导数就是同类空间矢量（运动或力）求其微分。

在动坐标系中，对空间矢量求微分的公式为

$$\left(\frac{\mathrm{d}}{\mathrm{d}t}\mathbf{s}\right)_A = \frac{\mathrm{d}}{\mathrm{d}t}\underline{\mathbf{s}}_A + \underline{\mathbf{v}}_A \times \underline{\mathbf{s}}_A \tag{2.18}$$

式中，s 是任意空间矢量；$\frac{\mathrm{d}\mathbf{s}}{\mathrm{d}t}$ 表示 s 对时间求导；A 是动坐标系；$\left(\frac{\mathrm{d}\mathbf{s}}{\mathrm{d}t}\right)_A$ 是 A 坐标系下的 $\frac{\mathrm{d}\mathbf{s}}{\mathrm{d}t}$；$\underline{\mathbf{s}}_A$ 是 s 在 A 坐标系中的坐标矢量；$\mathrm{d}\underline{\mathbf{s}}_A/\mathrm{d}t$ 是 $\underline{\mathbf{s}}_A$ 对时间的导数（这里对各分量求导，因为 $\underline{\mathbf{s}}_A$ 是坐标矢量）；$\underline{\mathbf{v}}_A$ 是 A 坐标系下的速度。

对于运动体的空间矢量，其对时间的导数是变化的，给定如下：

$$\frac{\mathrm{d}}{\mathrm{d}t}\mathbf{s} = \mathbf{v} \times \mathbf{s} \tag{2.19}$$

式中，v 是 s 的速度量。此公式适用于自身的微分量没有变化，而它附在运动刚体上的情况（如关节轴矢量）。

2.2.9 加速度

空间加速度定义为空间速度的变化率。然而这里空间加速度的含义不同于传统教科书上的刚体加速度定义（我们称之为经典加速度），其本质差别概括如下：

$$\underline{\mathbf{a}} = \begin{pmatrix}\dot{\boldsymbol{\omega}} \\ \dot{\boldsymbol{v}}_O\end{pmatrix} 与 \underline{\mathbf{a}}' = \begin{pmatrix}\dot{\boldsymbol{\omega}} \\ \dot{\boldsymbol{v}}_O'\end{pmatrix} \tag{2.20}$$

式中，$\underline{\mathbf{a}}$ 是空间加速度；$\underline{\mathbf{a}}'$ 是经典加速度；$\dot{\boldsymbol{v}}_O$ 是将 O 点固定在空间上时对 $\boldsymbol{v}_O$ 的导数；$\dot{\boldsymbol{v}}_O'$ 是将 O 点固定于构件上时对 $\boldsymbol{v}_O$ 的导数，两种加速度的关系为

$$\underline{\mathbf{a}}' = \underline{\mathbf{a}} + \begin{pmatrix}\mathbf{0} \\ \boldsymbol{\omega} \times \boldsymbol{v}_O\end{pmatrix} \tag{2.21}$$

如果 $\boldsymbol{r}$ 是位置矢量，它表示 O 点处刚体固定点相对于任意空间固定点的位置，则

$$\begin{aligned}\boldsymbol{v}_O &= \dot{\boldsymbol{r}} \\ \dot{\boldsymbol{v}}_O' &= \ddot{\boldsymbol{r}} \\ \dot{\boldsymbol{v}}_O &= \ddot{\boldsymbol{r}} - \boldsymbol{\omega} \times \boldsymbol{v}_O\end{aligned} \tag{2.22}$$

两种加速度的实际差别在于，空间加速度使用起来更方便。例如：如果构件 B_1 和 B_2 分别具有速度 $\mathbf{v}_1$ 和 $\mathbf{v}_2$，且 $\mathbf{v}_{\mathrm{rel}}$ 是 B_2 关于 B_1 的相对速度，则

$$\mathbf{v}_2 = \mathbf{v}_1 + \mathbf{v}_{\mathrm{rel}}$$

其空间加速度间的关系，只要对上述速度公式求微分即可得到

$$\frac{\mathrm{d}}{\mathrm{d}t}(\mathbf{v}_2 = \mathbf{v}_1 + \mathbf{v}_{\mathrm{rel}}) \Rightarrow \mathbf{a}_2 = \mathbf{a}_1 + \mathbf{a}_{\mathrm{rel}}$$

可见空间加速度与速度类似，由两项相加构成，不用考虑科氏（Coriolis）项或离心项，这是在公式上对经典加速度的一个重要改进，见参考文献[2.2，13，14]。

2.2.10 空间动量

设刚体质量为 m，质心为 C，且关于 C 点的转动惯量为 $\bar{\boldsymbol{I}}^{\mathrm{cm}}$（如图 2.2 所示）。如果构件运动的空间速度为 $\underline{\mathbf{v}}_C = (\boldsymbol{\omega}^{\mathrm{T}}\ \boldsymbol{v}_C^{\mathrm{T}})^{\mathrm{T}}$，则其线性动量为 $\boldsymbol{h} = m\boldsymbol{v}_C$，固有角动量为 $\boldsymbol{h}_C = \bar{\boldsymbol{I}}^{\mathrm{cm}}\boldsymbol{\omega}$。它关于某一点 O 的动量矩为 $\boldsymbol{h}_O = \boldsymbol{h}_C + \boldsymbol{c} \times \boldsymbol{h}$，这里 $\boldsymbol{c} = \overrightarrow{OC}$。我们将这些矢量组合成一个空间动量矢量的形式，表示如下：

$$\underline{\mathbf{h}}_C = \begin{pmatrix}\boldsymbol{h}_C \\ \boldsymbol{h}\end{pmatrix} = \begin{pmatrix}\bar{\boldsymbol{I}}^{\mathrm{cm}}\boldsymbol{\omega} \\ m\boldsymbol{v}_C\end{pmatrix} \tag{2.23}$$

且

$$\underline{\mathbf{h}}_O = \begin{pmatrix}\boldsymbol{h}_O \\ \boldsymbol{h}\end{pmatrix} = \begin{pmatrix}\mathbf{1} & \mathrm{S}(\underline{\boldsymbol{c}}) \\ \mathbf{0} & \mathbf{1}\end{pmatrix}\underline{\mathbf{h}}_C \tag{2.24}$$

空间动量为力矢量及其相应的变换。

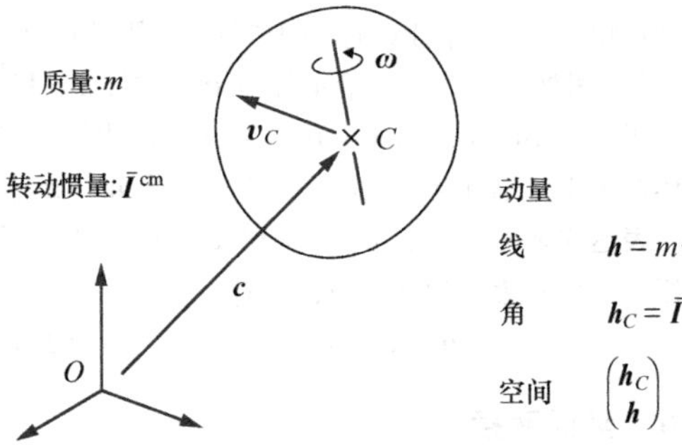

图 2.2 空间动量

2.2.11 空间惯量

刚体的空间动量是其空间惯量和速度的积：

$$\mathbf{h} = \boldsymbol{I}\mathbf{v} \tag{2.25}$$

这里 $\boldsymbol{I}$ 是空间惯量，在 C 点用 Plücker 坐标表示，可得

$$\mathbf{h}_C = \boldsymbol{I}_C\mathbf{v}_C \tag{2.26}$$

其中

$$\boldsymbol{I}_C = \begin{pmatrix} \bar{\boldsymbol{I}}^{\text{cm}} & \mathbf{0} \\ \mathbf{0} & m\mathbf{1} \end{pmatrix} \tag{2.27}$$

这就是质心处刚体空间惯量的一般公式。而对另外一点 O 的惯量表达式，由式（2.21）、式（2.26）和式（2.27），求解如下：

$$\underline{\mathbf{h}}_O = \begin{pmatrix} \mathbf{1} & \boldsymbol{S}(\underline{\boldsymbol{c}}) \\ \mathbf{0} & \mathbf{1} \end{pmatrix}\begin{pmatrix} \bar{\boldsymbol{I}}^{\text{cm}} & \mathbf{0} \\ \mathbf{0} & m\mathbf{1} \end{pmatrix}\underline{\mathbf{v}}_C$$

$$= \begin{pmatrix} \mathbf{1} & \boldsymbol{S}(\underline{\boldsymbol{c}}) \\ \mathbf{0} & \mathbf{1} \end{pmatrix}\begin{pmatrix} \bar{\boldsymbol{I}}^{\text{cm}} & \mathbf{0} \\ \mathbf{0} & m\mathbf{1} \end{pmatrix}\begin{pmatrix} \mathbf{1} & \mathbf{0} \\ \boldsymbol{S}(\underline{\boldsymbol{c}})^{\mathrm{T}} & \mathbf{1} \end{pmatrix}\underline{\mathbf{v}}_O$$

$$= \begin{pmatrix} \bar{\boldsymbol{I}}^{\text{cm}} + m\boldsymbol{S}(\underline{\boldsymbol{c}})\boldsymbol{S}(\underline{\boldsymbol{c}})^{\mathrm{T}} & m\boldsymbol{S}(\underline{\boldsymbol{c}}) \\ m\boldsymbol{S}(\underline{\boldsymbol{c}})^{\mathrm{T}} & m\mathbf{1} \end{pmatrix}\underline{\mathbf{v}}_O$$

而已有 $\underline{\mathbf{h}}_O = \boldsymbol{I}_O\underline{\mathbf{v}}_O$ 故

$$\boldsymbol{I}_O = \begin{pmatrix} \bar{\boldsymbol{I}}^{\text{cm}} + m\boldsymbol{S}(\underline{\boldsymbol{c}})\boldsymbol{S}(\underline{\boldsymbol{c}})^{\mathrm{T}} & m\boldsymbol{S}(\underline{\boldsymbol{c}}) \\ m\boldsymbol{S}(\underline{\boldsymbol{c}})^{\mathrm{T}} & m\mathbf{1} \end{pmatrix} \tag{2.28}$$

这一方程也可写成

$$\boldsymbol{I}_O = \begin{pmatrix} \bar{\boldsymbol{I}}_O & m\boldsymbol{S}(\underline{\boldsymbol{c}}) \\ m\boldsymbol{S}(\underline{\boldsymbol{c}})^{\mathrm{T}} & m\mathbf{1} \end{pmatrix} \tag{2.29}$$

其中

$$\bar{\boldsymbol{I}}_O = \bar{\boldsymbol{I}}^{\text{cm}} + m\boldsymbol{S}(\underline{\boldsymbol{c}})\boldsymbol{S}(\underline{\boldsymbol{c}})^{\mathrm{T}} \tag{2.30}$$

为关于点 O 的刚体转动惯量。

空间惯性矩阵为对称正定矩阵。一般情况下，确定一个空间惯量需要21个数（如：对于关节体或者操作空间惯量）；而刚体惯量只需要10个参数：质量、质心坐标，以及 $\bar{\boldsymbol{I}}^{\text{cm}}$（或 $\bar{\boldsymbol{I}}_O$）的6个独立元素。

空间惯量的变换规则为

$$\boldsymbol{I}_B = {}^B\boldsymbol{X}_A^F\boldsymbol{I}_A^A\boldsymbol{X}_B \tag{2.31}$$

式中，A 和 B 为任意两个坐标系。在实际运用中，经常需要只给定${}^B\boldsymbol{X}_A$，通过 $\boldsymbol{I}_B$来计算 $\boldsymbol{I}_A$，这一变换的公式为

$$\boldsymbol{I}_A = ({}^B\boldsymbol{X}_A)^{\mathrm{T}}\boldsymbol{I}_B^B\boldsymbol{X}_A \tag{2.32}$$

如果两个构件，分别具有惯量 $\boldsymbol{I}_1$和 $\boldsymbol{I}_2$，将其刚性连接成一个复合体，则复合体惯量 $\boldsymbol{I}_{\text{tot}}$等于原来各部分惯量之和：

$$\boldsymbol{I}_{\text{tot}} = \boldsymbol{I}_1 + \boldsymbol{I}_2 \tag{2.33}$$

这个简单的方程代替了传统三维矢量方法中的三个方程：一个计算组合质量，一个计算复合质心，一个计算复合转动惯量。如果刚体具有惯量 $\boldsymbol{I}$ 并以速度 $\mathbf{v}$ 运动，其动能为

$$T = \frac{1}{2}\mathbf{v}\cdot\boldsymbol{I}\mathbf{v} \tag{2.34}$$

如果刚体 B 是大系统的一部分，则可对 B 定义一个表观惯性矩阵，用于描述在考虑系统中其他构件的影响时，作用于 B 上的力与加速度之间的关系，这个量称作关节体惯量。如果 B 正好是机器人末端执行器，则其表观惯量称为操作空间惯量。

2.2.12 运动方程

空间运动方程表明，作用于刚体上的力等于其动量的变化率：

$$\mathbf{f} = \frac{\mathrm{d}}{\mathrm{d}t}(\boldsymbol{I}\mathbf{v}) = \boldsymbol{I}\mathbf{a} + \dot{\boldsymbol{I}}\mathbf{v}$$

可以证明，表达式 $\dot{\boldsymbol{I}}\mathbf{v}$ 的值为（$\mathbf{v}\times\boldsymbol{I}\mathbf{v}$）[2.8,15]，故运动方程可写为

$$\mathbf{f} = \boldsymbol{I}\mathbf{a} + \mathbf{v}\times\boldsymbol{I}\mathbf{v} \tag{2.35}$$

这一单个方程合并了刚体运动的牛顿方程和欧拉方程。为了验证这一点，我们复述如下：构件质心位置表达式见式（2.35），并运用式（2.14）、式（2.16）及式（2.22），可得

$$\begin{pmatrix} \underline{\boldsymbol{n}}_C \\ \underline{\boldsymbol{f}} \end{pmatrix} = \begin{pmatrix} \bar{\boldsymbol{I}}^{\text{cm}} & \mathbf{0} \\ \mathbf{0} & m\mathbf{1} \end{pmatrix}\begin{pmatrix} \dot{\underline{\boldsymbol{\omega}}} \\ \dot{\underline{\boldsymbol{v}}}_C \end{pmatrix} - \begin{pmatrix} \boldsymbol{S}(\underline{\boldsymbol{\omega}})^{\mathrm{T}} & \boldsymbol{S}(\underline{\boldsymbol{v}}_C)^{\mathrm{T}} \\ \mathbf{0} & \boldsymbol{S}(\underline{\boldsymbol{\omega}})^{\mathrm{T}} \end{pmatrix}\begin{pmatrix} \bar{\boldsymbol{I}}^{\text{cm}}\underline{\boldsymbol{\omega}} \\ m\underline{\boldsymbol{v}}_C \end{pmatrix}$$

$$= \begin{pmatrix} \bar{\boldsymbol{I}}^{\text{cm}} & \mathbf{0} \\ \mathbf{0} & m\mathbf{1} \end{pmatrix}\begin{pmatrix} \dot{\underline{\boldsymbol{\omega}}} \\ \ddot{\underline{\boldsymbol{c}}} - \underline{\boldsymbol{\omega}}\times\underline{\boldsymbol{v}}_C \end{pmatrix} + \begin{pmatrix} \underline{\boldsymbol{\omega}}\times\bar{\boldsymbol{I}}^{\text{cm}}\underline{\boldsymbol{\omega}} \\ m\underline{\boldsymbol{\omega}}\times\underline{\boldsymbol{v}}_C \end{pmatrix}$$

$$= \begin{pmatrix} \bar{\boldsymbol{I}}^{\text{cm}}\dot{\underline{\boldsymbol{\omega}}} + \underline{\boldsymbol{\omega}}\times\bar{\boldsymbol{I}}^{\text{cm}}\underline{\boldsymbol{\omega}} \\ m\ddot{\underline{\boldsymbol{c}}} \end{pmatrix} \tag{2.36}$$

2.2.13 计算实现

在计算机上实现空间矢量算法的最简单方法，就是首先利用现有的矩阵运算工具，如 MATLAB®，并按照以下步骤编写程序（或从网上下载）：

1）根据式（2.14），通过 $\mathbf{m}$ 求 $\mathbf{S}(\mathbf{m})$。

2）根据式（2.9），通过 $\boldsymbol{R}$ 和 $\boldsymbol{p}$ 求 $\boldsymbol{X}$。

3）根据式（2.28），通过 $\mathbf{m}$、$\mathbf{c}$ 和 $\bar{\boldsymbol{I}}^{\text{cm}}$求 $\boldsymbol{I}$。

其他空间算述运算，都可以使用标准的矩阵运算程序，另外一些附加程序也可以添加到列表中，如：

1）用于通过各种其他转动表示式，来计算 $\boldsymbol{R}$ 的程序。

2）用于空间和 4×4 矩阵量之间转换的程序。

每逢考虑工作效率比计算效率更为重要时，此方法便值得推荐。

如果需要更高的效率，那么就需要使用一个更精细的空间运算库，包括：

1）对每类空间量定义专门的数据结构。

2）借助效率公式，提供一套计算程序，每个程序实现一种空间算术运算。

表 2.1 中列举了一些合适的数据结构和有效的计算公式。可以看到，用于刚体惯量和 Plücker 变换的建议数据结构，包含的个数仅为 6×6 矩阵表示的三分之一。表 2.1 中列出的效率算法公式，比通常使用的 6×6 和 6×1 矩阵算法计算量节省 1.5～6 倍。更多的效率公式可参阅参考文献［2.16］。

表 2.1　空间矢量记法

空间量	
$\mathbf{v}$	刚体速度
$\mathbf{a}$	刚体的空间加速度（$\mathbf{a}=\dot{\mathbf{v}}$）
$\mathbf{a}'$	6 维矢量表示的刚体经典加速度
$\mathbf{f}$	作用于刚体的力
$\boldsymbol{I}$	刚体惯量
$\boldsymbol{X}$	运动矢量的 Plücker 坐标变换
$\boldsymbol{X}^F$	力矢量的 Plücker 坐标变换（$\boldsymbol{X}^F=\boldsymbol{X}^{-\mathrm{T}}$）
${}^B\boldsymbol{X}_A$	从 A 坐标到 B 坐标的 Plücker 变换
$\mathbf{m}$	通用运动矢量（$\mathbf{M}^6$的任意元素）
3 维量	
O	坐标原点
$\boldsymbol{r}$	O 点处刚体固定点，相对于空间任意固定点的位置
$\boldsymbol{\omega}$	刚体角速度
$\boldsymbol{v}_O$	O 点处刚体固定点的线速度（$\boldsymbol{v}_O=\dot{\boldsymbol{r}}$）
$\dot{\boldsymbol{\omega}}$	刚体角加速度
$\dot{\boldsymbol{v}}_O$	O 点固定于空间上时，$\boldsymbol{v}_O$的导数
$\dot{\boldsymbol{v}}_O'$	O 点固定于刚体上时，$\boldsymbol{v}_O$的导数；O 点处刚体固定点的经典加速度（$\dot{\boldsymbol{v}}_O'=\ddot{\boldsymbol{r}}$）
$\boldsymbol{f}$	作用于刚体的力，或力系的合力
$\boldsymbol{n}_O$	力或力系对 O 点的矩
m	刚体质量

（续）

$\boldsymbol{c}$	刚体质心相对于 O 点的位置
$\boldsymbol{h}$	刚体惯性矩 $\boldsymbol{h}=m\boldsymbol{c}$，也可以表示为线性动量
$\bar{\boldsymbol{I}}^{\mathrm{cm}}$	关于质心的转动惯量
$\bar{\boldsymbol{I}}$	关于 O 点的转动惯量
${}^B\boldsymbol{R}_A$	从坐标系 A 到 B 的正交旋转矩阵变换
${}^A\boldsymbol{p}_B$	B 坐标系原点相对于 A 坐标系原点的位置，用 A 坐标系表示

方程

$$\mathbf{v}=\begin{pmatrix}\boldsymbol{\omega}\\ \boldsymbol{v}_O\end{pmatrix}\quad \mathbf{a}=\begin{pmatrix}\dot{\boldsymbol{\omega}}\\ \dot{\boldsymbol{v}}_O\end{pmatrix}=\begin{pmatrix}\dot{\boldsymbol{\omega}}\\ \ddot{\boldsymbol{r}}-\boldsymbol{\omega}\times\dot{\boldsymbol{r}}\end{pmatrix}$$

$$\mathbf{f}=\begin{pmatrix}\boldsymbol{n}_O\\ \boldsymbol{f}\end{pmatrix}\quad \mathbf{a}'=\begin{pmatrix}\dot{\boldsymbol{\omega}}\\ \dot{\boldsymbol{v}}_O'\end{pmatrix}=\begin{pmatrix}\dot{\boldsymbol{\omega}}\\ \ddot{\boldsymbol{r}}\end{pmatrix}=\mathbf{a}+\begin{pmatrix}\mathbf{0}\\ \boldsymbol{\omega}\times\boldsymbol{v}_O\end{pmatrix}$$

$$\boldsymbol{I}=\begin{pmatrix}\bar{\boldsymbol{I}} & \boldsymbol{S}(\boldsymbol{h})\\ \boldsymbol{S}(\boldsymbol{h})^{\mathrm{T}} & m\mathbf{1}\end{pmatrix}=\begin{pmatrix}\bar{\boldsymbol{I}}^{\mathrm{cm}}+m\boldsymbol{S}(\boldsymbol{c})\boldsymbol{S}(\boldsymbol{c})^{\mathrm{T}} & m\boldsymbol{S}(\boldsymbol{c})\\ m\boldsymbol{S}(\boldsymbol{c})^{\mathrm{T}} & m\mathbf{1}\end{pmatrix}$$

$${}^B\boldsymbol{X}_A=\begin{pmatrix}{}^B\boldsymbol{R}_A & \mathbf{0}\\ {}^B\boldsymbol{R}_A\boldsymbol{S}({}^B\boldsymbol{p}_A)^{\mathrm{T}} & {}^B\boldsymbol{R}_A\end{pmatrix}=\begin{pmatrix}{}^B\boldsymbol{R}_A & \mathbf{0}\\ \boldsymbol{S}({}^B\boldsymbol{p}_A)\,{}^B\boldsymbol{R}_A & {}^B\boldsymbol{R}_A\end{pmatrix}$$

$$\mathbf{v}\cdot\mathbf{f}=\mathbf{f}\cdot\mathbf{v}=\mathbf{v}^{\mathrm{T}}\mathbf{f}=\boldsymbol{\omega}\cdot\boldsymbol{n}_O+\boldsymbol{v}_O\cdot\boldsymbol{f}$$

$$\mathbf{v}\times\mathbf{m}=\begin{pmatrix}\boldsymbol{\omega}\times\boldsymbol{m}\\ \boldsymbol{v}_O\times\boldsymbol{m}+\boldsymbol{\omega}\times\boldsymbol{m}_O\end{pmatrix}=\begin{pmatrix}\boldsymbol{S}(\boldsymbol{\omega}) & \mathbf{0}\\ \boldsymbol{S}(\boldsymbol{v}_O) & \boldsymbol{S}(\boldsymbol{\omega})\end{pmatrix}\begin{pmatrix}\boldsymbol{m}\\ \boldsymbol{m}_O\end{pmatrix}$$

$$\mathbf{v}\times\mathbf{f}=\begin{pmatrix}\boldsymbol{\omega}\times\boldsymbol{n}_O+\boldsymbol{v}_O\times\boldsymbol{f}\\ \boldsymbol{\omega}\times\boldsymbol{f}\end{pmatrix}=\begin{pmatrix}\boldsymbol{S}(\boldsymbol{\omega}) & \boldsymbol{S}(\boldsymbol{v}_O)\\ \mathbf{0} & \boldsymbol{S}(\boldsymbol{\omega})\end{pmatrix}\begin{pmatrix}\boldsymbol{n}_O\\ \boldsymbol{f}\end{pmatrix}$$

紧凑计算表示法

数学对象	尺　度	计算表示法	尺　度
$\begin{pmatrix}\boldsymbol{\omega}\\ \boldsymbol{v}_O\end{pmatrix}$	6×1	$(\boldsymbol{\omega};\ \boldsymbol{v}_O)$	3+3
$\begin{pmatrix}\boldsymbol{n}_O\\ \boldsymbol{f}\end{pmatrix}$	6×1	$(\boldsymbol{n}_O;\ \boldsymbol{f})$	3+3
$\begin{pmatrix}\bar{\boldsymbol{I}} & \boldsymbol{S}(\boldsymbol{h})\\ \boldsymbol{S}(\boldsymbol{h})^{\mathrm{T}} & m\mathbf{1}\end{pmatrix}$	6×6	$(m;\ \boldsymbol{h};\ \bar{\boldsymbol{I}})$	1+3+9
$\begin{pmatrix}\boldsymbol{R} & \mathbf{0}\\ \boldsymbol{R}\boldsymbol{S}(\boldsymbol{p})^{\mathrm{T}} & \boldsymbol{R}\end{pmatrix}$	6×6	$(\boldsymbol{R};\ \boldsymbol{p})$	9+3

（续）

有效空间算术公式	
表 达 式	计 算 值
$X\mathbf{v}$	$(\boldsymbol{R\omega};\ \boldsymbol{R}(\boldsymbol{v}_O-\boldsymbol{p}\times\boldsymbol{\omega}))$
$X^F\mathbf{f}$	$(\boldsymbol{R}(\boldsymbol{n}_O-\boldsymbol{p}\times\boldsymbol{f});\ \boldsymbol{Rf})$
X^{-1}	$(\boldsymbol{R}^{\mathrm{T}};\ -\boldsymbol{Rp})$
$X^{-1}\mathbf{v}$	$(\boldsymbol{R}^{\mathrm{T}}\boldsymbol{\omega};\ \boldsymbol{R}^{\mathrm{T}}\boldsymbol{v}_O+\boldsymbol{p}\times\boldsymbol{R}^{\mathrm{T}}\boldsymbol{\omega})$
$(X^F)^{-1}\mathbf{f}$	$(\boldsymbol{R}^{\mathrm{T}}\boldsymbol{n}_O+\boldsymbol{p}\times\boldsymbol{R}^{\mathrm{T}}\boldsymbol{f};\ \boldsymbol{R}^{\mathrm{T}}\boldsymbol{f})$
X_1X_2	$(\boldsymbol{R}_1\boldsymbol{R}_2;\ \boldsymbol{p}_2+\boldsymbol{R}_2^{\mathrm{T}}\boldsymbol{p}_1)$
I_1+I_2	$(m_1+m_2;\ \boldsymbol{h}_1+\boldsymbol{h}_2;\ \bar{\boldsymbol{I}}_1+\bar{\boldsymbol{I}}_2)$
$I\mathbf{v}$	$(\bar{\boldsymbol{I}}\boldsymbol{\omega}+\boldsymbol{h}\times\boldsymbol{v}_O;\ m\boldsymbol{v}_O-\boldsymbol{h}\times\boldsymbol{\omega})$
$X^{\mathrm{T}}IX$	$(m;\ \boldsymbol{R}^{\mathrm{T}}\boldsymbol{h}+m\boldsymbol{p};\ \boldsymbol{R}^{\mathrm{T}}\bar{\boldsymbol{I}}\boldsymbol{R}-S(\boldsymbol{p})S(\boldsymbol{R}^{\mathrm{T}}\boldsymbol{h})-S(\boldsymbol{R}^{\mathrm{T}}\boldsymbol{h}+m\boldsymbol{p})S(\boldsymbol{p}))$

注：$X^{\mathrm{T}}IX$ 的含义参见式（2.32）。

2.2.14 小结

空间矢量为6维矢量，它合并了刚体运动的线度和角度两个方面，这使得紧凑记法非常适合用于描述动力学算法。为避免名称上的冲突，我们采用粗正体字母表示空间矢量，而张量仍然使用斜体表示。在接下来的几节中，将采用正体字母表示空间矢量，以及相联的其他矢量，如 $\dot{\mathbf{q}}$。

表2.1简要列出了本节介绍的各种空间量和算子，以及按照3维量和算子定义的公式。本节还提出了数据结构和效率公式，用于空间算法的计算实现。此表结合表1.5和表1.6，说明如何计算各种关节类型的姿态、位置和空间速度。注意在读取表2.1时，${}^B\boldsymbol{R}_A^{\mathrm{T}}$和${}^A\boldsymbol{p}_B$分别对应于第1章表中的${}^j\boldsymbol{R}_i$和${}^j\boldsymbol{p}_i$。

2.3 正则方程

机器人机构的运动方程，通常表示为以下两种正则形式：

1）关节空间公式：

$$\boldsymbol{H}(\mathbf{q})\ddot{\mathbf{q}}+\boldsymbol{C}(\mathbf{q},\dot{\mathbf{q}})\dot{\mathbf{q}}+\boldsymbol{\tau}_g(\mathbf{q})=\boldsymbol{\tau} \qquad (2.37)$$

2）操作空间公式：

$$\boldsymbol{\Lambda}(\boldsymbol{x})\dot{\mathbf{v}}+\boldsymbol{\mu}(\boldsymbol{x},\mathbf{v})+\boldsymbol{\rho}(\boldsymbol{x})=\mathbf{f} \qquad (2.38)$$

式（2.37）和式（2.38）给出了显式形式的函数关系：$\boldsymbol{H}$ 是 $\mathbf{q}$ 的函数；$\boldsymbol{\Lambda}$ 是 $\boldsymbol{x}$ 的函数等。一旦明白了这些关系，表述时就可以省略。在式（2.38）中，$\boldsymbol{x}$ 为操作空间坐标中的矢量，其中 $\mathbf{v}$ 和 $\mathbf{f}$ 为空间矢量，分别表示末端执行器的速度和作用于其上的外力。如果机器人是冗余的，则这些方程的系数必须定义为 $\mathbf{q}$ 和 $\dot{\mathbf{q}}$ 的函数，而不是 $\boldsymbol{x}$ 和 $\mathbf{v}$ 的函数。

这两个方程连同式（2.37）的拉格朗日描述，以及碰撞问题的运动方程，在下面会作进一步解释。

2.3.1 关节空间公式

符号 $\mathbf{q}$、$\dot{\mathbf{q}}$、$\ddot{\mathbf{q}}$ 和 $\boldsymbol{\tau}$ 分别表示关节的位置、速度、加速度和力变量的 n 维矢量，这里 n 是机器人机构的运动自由度数；$\boldsymbol{H}$ 为 $n\times n$ 的对称正定矩阵，称为广义（或关节空间）惯性矩阵（JSTM）；$\boldsymbol{C}$ 是 $n\times n$ 矩阵以使 $\boldsymbol{C}\dot{\mathbf{q}}$ 为科氏矢量和离心项（统称为速度积项）；$\boldsymbol{\tau}_g$ 为重力项的矢量。如果需要考虑其他动力学影响（如黏性摩擦），还可以在此方程中加进更多项。在末端执行器上，施加于机构的作用力 $\mathbf{f}$ 的影响，可以考虑为，在式（2.37）的右边加上 $\boldsymbol{J}^{\mathrm{T}}\mathbf{f}$ 项，这里 $\boldsymbol{J}$ 为末端执行器的雅克比矩阵（见1.8节）。

$\mathbf{q}$ 为机构构型空间上一点的坐标，如果机构为一运动树（见2.4节），则 $\mathbf{q}$ 包含机构中的每一个关节变量，否则只包含其中独立的子集。$\mathbf{q}$ 的元素为广义坐标，同样地，$\dot{\mathbf{q}}$、$\ddot{\mathbf{q}}$ 和 $\boldsymbol{\tau}$ 的元素分别为广义速度、加速度和力。

2.3.2 拉格朗日公式

式（2.37）中各项的推导方法很多，在机器人学中最常用的有牛顿-欧拉公式和拉格朗日公式。前者对于刚体直接用牛顿-欧拉方程，它包含在式（2.35）的空间运动方程中。这个公式特别适合开发动力学计算中的有效递归算法，见2.5节和2.6节。

拉格朗日公式通过机器人机构的拉格朗日函数进行计算：

$$L=T-U \qquad (2.39)$$

式中，T 和 U 分别为机构总的动能和势能。动能由下式给出：

$$T=\frac{1}{2}\dot{\mathbf{q}}^{\mathrm{T}}\boldsymbol{H}\dot{\mathbf{q}} \qquad (2.40)$$

则对每个广义坐标，运用拉格朗日方程，动力学方程可展开为

$$\frac{\mathrm{d}}{\mathrm{d}t}\frac{\partial L}{\partial\dot{q}_i}-\frac{\partial L}{\partial q_i}=\tau_i \qquad (2.41)$$

方程结果可写成标量的形式：

$$\sum_{j=1}^{n} H_{ij}\ddot{q}_j + \sum_{j=1}^{n}\sum_{k=1}^{n} C_{ijk}\dot{q}_j\dot{q}_k + \tau_{gi} = \tau_i \quad (2.42)$$

其显示为速度乘积项的结构，C_{ijk} 称为第一类型的Christoffel符号，给定如下：

$$C_{ijk} = \frac{1}{2}\left(\frac{\partial H_{ij}}{\partial q_k} + \frac{\partial H_{ik}}{\partial q_j} - \frac{\partial H_{jk}}{\partial q_i}\right) \quad (2.43)$$

其仅为未知变量 q_i 的函数，式（2.37）中 $\boldsymbol{C}$ 的元素定义为

$$C_{ij} = \sum_{k=1}^{n} C_{ijk}\dot{q}_k \quad (2.44)$$

然而这里对 $\boldsymbol{C}$ 的定义并不唯一，还有其他可能的定义形式。

通过式（2.44）中 $\boldsymbol{C}$ 的选定，矩阵 $\boldsymbol{N}$ 可给定如下：

$$\boldsymbol{N}(\mathbf{q},\dot{\mathbf{q}}) = \dot{\boldsymbol{H}}(\mathbf{q}) - 2\boldsymbol{C}(\mathbf{q},\dot{\mathbf{q}}) \quad (2.45)$$

它是一个反对称矩阵[2.17]，因此对任意 $n\times 1$ 维矢量 α 有

$$\alpha^T \boldsymbol{N}(\mathbf{q},\dot{\mathbf{q}})\alpha = 0 \quad (2.46)$$

这一性质在控制中非常有用，特别是当 $\alpha = \dot{\mathbf{q}}$ 时，有

$$\dot{\mathbf{q}}^T \boldsymbol{N}(\mathbf{q},\dot{\mathbf{q}})\dot{\mathbf{q}} = 0 \quad (2.47)$$

由能量守恒定律可以证明，对于任意选定的矩阵 $\boldsymbol{C}$，式（2.47）均成立[2.17,18]。

2.3.3 操作空间公式

在式（2.38）中，$\boldsymbol{x}$ 为操作空间坐标的6维矢量，它给出了机器人末端执行器的位置和姿态；$\mathbf{v}$ 是末端执行器的速度；$\mathbf{f}$ 为外加的力。$\boldsymbol{x}$ 是典型的笛卡儿坐标列表，也是欧拉角度或四元素分量，且与 $\mathbf{v}$ 有微分关系

$$\dot{\boldsymbol{x}} = \boldsymbol{E}(\boldsymbol{x})\mathbf{v} \quad (2.48)$$

$\boldsymbol{\Lambda}$ 为操作空间惯性矩阵，是末端执行器的表观惯性，它考虑到了机器人机构其余部分的影响（即它为关节体惯性）；$\boldsymbol{\mu}$ 和 $\boldsymbol{\rho}$ 分别为速度积矢量和重力矢量。

操作空间（也称任务空间）中，能发出和执行高级别的运动和力指令，因此其公式在运动和力控制中特别有价值（见6.2节和7.2节）。式（2.38）除了用于6维空间外，也可以推广到操作空间中，并能应用到一个以上的末端执行器的组合运动中[2.19]。

式（2.37）和式（2.38）中的项和下列公式有关：

$$\mathbf{v} = \boldsymbol{J}\dot{\mathbf{q}} \quad (2.49)$$

$$\dot{\mathbf{v}} = \boldsymbol{J}\ddot{\mathbf{q}} + \dot{\boldsymbol{J}}\dot{\mathbf{q}} \quad (2.50)$$

$$\boldsymbol{\tau} = \boldsymbol{J}^{\mathrm{T}}\mathbf{f} \quad (2.51)$$

$$\boldsymbol{\Lambda} = (\boldsymbol{J}\boldsymbol{H}^{-1}\boldsymbol{J}^{\mathrm{T}})^{-1} \quad (2.52)$$

$$\boldsymbol{\mu} = \boldsymbol{\Lambda}(\boldsymbol{J}\boldsymbol{H}^{-1}\boldsymbol{C}\dot{\mathbf{q}} - \dot{\boldsymbol{J}}\dot{\mathbf{q}}) \quad (2.53)$$

$$\boldsymbol{\rho} = \boldsymbol{\Lambda}\boldsymbol{J}\boldsymbol{H}^{-1}\boldsymbol{\tau}_{\mathrm{g}} \quad (2.54)$$

这些方程都假定 $m\leqslant n$（m 是操作空间坐标的维数），且雅可比矩阵 $\boldsymbol{J}$ 为满秩。更多详情参见参考文献［2.20］。

2.3.4 碰撞模型

如果机器人运行中碰撞了外界刚体，那么接触瞬间产生冲击力，就会引起机器人速度的阶跃变化。假设末端执行器和外界刚体发生了碰撞，且瞬间冲击力作用在末端执行器上，这个冲击力使得末端执行器的速度产生了 $\Delta\mathbf{v}$ 的阶跃，两者通过碰撞运动的操作空间方程相关联[2.21]

$$\boldsymbol{\Lambda}\Delta\mathbf{v} = \mathbf{f}' \quad (2.55)$$

在关节空间中，机器人机构的碰撞方程为

$$\boldsymbol{H}\Delta\dot{\mathbf{q}} = \boldsymbol{\tau}' \quad (2.56)$$

式中，$\boldsymbol{\tau}'$ 和 $\Delta\dot{\mathbf{q}}$ 分别表示关节空间中的冲量和速度变化。在涉及机器人末端执行器的碰撞情况下，有

$$\boldsymbol{\tau}' = \boldsymbol{J}^{\mathrm{T}}\mathbf{f}' \quad (2.57)$$

及

$$\Delta\mathbf{v} = \boldsymbol{J}\Delta\dot{\mathbf{q}} \quad (2.58)$$

根据式（2.51）和式（2.49），从式（2.55）~式（2.57）中可得到

$$\Delta\dot{\mathbf{q}} = \bar{\boldsymbol{J}}\Delta\mathbf{v} \quad (2.59)$$

式中，$\bar{\boldsymbol{J}}$ 是 $\boldsymbol{J}$ 的惯性加权伪逆，给定如下：

$$\bar{\boldsymbol{J}} = \boldsymbol{H}^{-1}\boldsymbol{J}^{\mathrm{T}}\boldsymbol{\Lambda} \quad (2.60)$$

$\bar{\boldsymbol{J}}$ 也称为雅可比矩阵的动态相容性逆矩阵[2.20]。注意出现在式（2.53）和式（2.54）中的表达式 $\boldsymbol{\Lambda}\boldsymbol{J}\boldsymbol{H}^{-1}$ 等于 $\bar{\boldsymbol{J}}^{\mathrm{T}}$，因为 $\boldsymbol{H}$ 和 $\boldsymbol{\Lambda}$ 均为对称阵。尽管文中我们是在碰撞动力学问题中引入的 $\bar{\boldsymbol{J}}$，但它亦可用于常规（非碰撞）动力学方程中。

2.4 刚体系统动力学模型

机器人机构的基本刚体动力学模型，由四部分组成：连接图、连杆和关节几何参数、连杆惯性参数，以及一组关节模型。对这个模型，可以加上各种产生力的元件，如弹簧、阻尼器、关节摩擦、执行器和驱动器等。特别是对执行器和驱动器，其具有复杂的动力学模型。在关节轴承和连杆上，可添加额外的运动

自由度来模拟弹性问题（第 13 章）。本节只描述基本模型，关于这一主题的更多内容，可以在一些书中找到，见参考文献［2.3，8，22］。

2.4.1 连接性

连接图是一个无向图，其中每个节点代表一个刚体，每条弧线表示一个关节。该图必须连接，且有一个节点代表固定基或参照系。如果图表示的是移动机器人（即机器人没有连接到固定基上），则需要在固定基和移动机器人任意一个构件间，引入一个虚拟的六自由度关节，选定的构件称为浮基。如果一张图上表示的是多个移动机器人的集合，则每个机器人都有自己的浮基，每个浮基都有自己的六自由度关节。注意这里的六自由度关节，没有在两个连接构件间施加约束，因此它的引入只是改变了图的连接性，而没有改变系统的物理属性。

在图论术语中，环表示一个与自身节点相连的弧，回路表示一条闭合路径且不能穿越任意弧一次以上。在机器人机构的连接图中，环是不允许的，回路称为运动环。包含运动环的机构称为闭环机构，不包含运动环的机构称为开环机构或运动树。每个闭环机构有一个生成树，其定义为开环机构，不在生成树上的关节称为闭环关节，树上的关节称为树关节。

固定基用于运动树的根节点，也是闭环机构任意生成树的根节点。如果至少一个节点具有两个子节点，运动树就称为可分支的，否则称为不可分支的。无分支的运动树称为运动链，有分支的运动树称为分支运动链。典型的工业机器人手臂，没有抓手时是一个运动链，而仿人机器人是带有浮基的运动树。

在一个包含 N_B 个运动构件和 N_J 个关节的系统中，这里 N_J 包括前面提到的六自由度关节。运动构件和关节编号规则如下：首先固定基的编号为构件 0(B0)，其他构件按一定次序从 1 到 N_B 编号，使子构件编号大于其父编号。如果系统包含运动环，则必须首先选择一个生成树，再进行编号选择，因为父构件的识别要由生成树确定。这种编号风格称为规则编号方案。

完成构件的编号后，就要对树关节从 1 到 N_B 进行编号，以便通过关节 i 连接构件 i 到其父构件上。如果有闭环关节，则以任一次序从 N_B+1 到 N_J 进行编号。每个闭环关节 k 闭合一个独立运动环，环编号从 1 到 N_L（这里 $N_L=N_J-N_B$ 为独立的环数），以便环 l 由关节 $k=N_B+l$ 来闭合。在图中运动环 l 是唯一回路，且穿越关节 k，但不穿越其他任何闭环关节。

对于无分支的运动树，这些规则产生唯一的编号方式，构件的编号为从基底到顶部进行连续单一编号，关节要这样进行编号：关节 i 连接构件 i 和 $i-1$。在其他情况下，规则编号均不唯一。

尽管连接图是无向的，但有必要对每个关节指派一个方向，用于定义关节速度和力，这对于树关节和闭环关节都是必需的。具体地讲，关节用于连接一个构件到另一个构件，我们可以将关节 i 连接的两个构件，分别称为前导构件 $p(i)$ 和后继构件 $s(i)$，则关节速度定义为后继件相对于前导构件的速度，关节力定义为作用于后继构件的力。对于所有树关节，标准做法（但非必需）是从父构件向子件连接。

运动树或者闭环机构生成树的连接性，可通过其父构件数的 N_B 个元素数组来描述，其中第 i 个元素 $p(i)$ 为构件 i 的父构件。注意对于构件 i 的父构件 $p(i)$，也是关节 i 的前导构件 $p(i)$，因而是通用的记法。许多算法中借助 $p(i)<i$ 的特性来按正确次序完成计算。对于子构件 i，所有构件编号的集合 $c(i)$，也在许多递归算法中有用。

对于运动环的连接性数据描述，可采用多种方式。能方便用于递归算法中的表述，它包括如下约定：闭环关节 k 与前续构件 $p(k)$ 和后继构件 $s(k)$ 相连，集合 $LR(i)$ 为构件 i 的环编号，这里构件 i 为根环。在生成树中对构件运用 $p(i)<i$ 特性，根环选为具有最小编号的构件，同时构件 i 的集合 $LB(i)$ 给出了环的编号，构件 i 属于环但不是根。

图 2.3 给出了闭环系统的一个例子，该系统由带有拓扑变接点的人形机器人机构组成，分别与外界及内部机构相连，形成闭环。系统有 $N_B=16$ 个运动构件（连杆）和 $N_J=19$ 个关节，以及 $N_L=N_J-N_B=3$ 个环。主构件（1）作为移动机器人系统的浮基，其与固定基（0）通过一个假定的六自由度关节（1）相连。为完成本例，对一个环的闭环关节、构件数 $p(k)$ 和 $s(k)$，以及根构件等都通过表 2.2 给出，基于构件的集合 $c(i)$ 和 $LR(i)$ 在表 2.3 中给出。注意本例中 $LR(0)=\{1, 3\}$、$LR(1)=\{2\}$，其余的 LR 均为零。

2.4.2 连杆几何

当两个构件（连杆）通过关节连接，该连接的完整性描述由关节本身以及两个坐标系的定位来表述，每个构件上有一个坐标系，指出关节定位在构件的什么地方。如果系统中有 N_J 个关节，则总共有 $2N_J$ 个附属的关节坐标系。其中一半的坐标系采用 $1 \sim N_J$

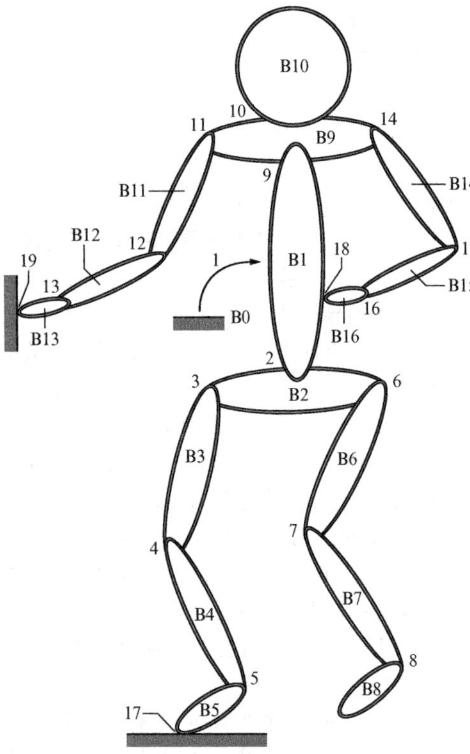

图 2.3 仿人机器人实例

注：图中为了区分构件编号和关节编号，在构件编号前面加上字母“B”

表 2.2 人形机器人算例中的闭环关节及根环

环 l	闭环关节 k	$p(k)$	$s(k)$	根
1	17	0	5	0
2	18	16	1	1
3	19	0	13	0

表 2.3 人形机器人算例中的构件集

构件 i	$c(i)$	$LB(i)$	构件 i	$c(i)$	$LB(i)$
0	1				
1	2，9	1，3	9	10，11，14	2，3
2	3，6	1	10		
3	4	1	11	12	3
4	5	1	12	13	3
5		1	13		3
6	7		14	15	2
7	8		15	16	2
8			16		2

进行编号，其余的标示为 $J1 \sim JN_J$。每个关节 i 由坐标系 Ji 到坐标系 i 进行连接，对于关节 $1 \sim N_B$（即树关节），坐标系 i 刚性放置于构件 i 上。对于关节 N_B+1 到 N_J，用于闭环关节 k 的坐标系 k，将刚性放置于构件 $s(k)$ 上。对每个关节 i，无论是树关节还是闭环关节，第二个坐标系 Ji 放置在前导构件 $p(i)$ 上。坐标系 Ji 为关节 Ji 提供基坐标，相对于此坐标系定义关节的平动和转动。

图 2.4 显示的是系统中的坐标系，以及与每个关节有关的坐标变换。对于树关节，从坐标系 $p(i)$ 到坐标系 i 的坐标变换给定如下：

$$ {}^{i}\boldsymbol{X}_{p(i)} = {}^{i}\boldsymbol{X}_{Ji}\,{}^{Ji}\boldsymbol{X}_{p(i)} = \boldsymbol{X}_J(i)\boldsymbol{X}_L(i) \tag{2.61} $$

式中，变换矩阵 $\boldsymbol{X}_L(i)$ 为固定的连杆变换，它设定为关节 i 的基坐标 Ji，相对于 $p(i)$ 的变换，可用于将空间运动矢量从 $p(i)$ 变换到 Ji 坐标；$\boldsymbol{X}_J(i)$ 为一可变的关节变换矩阵，其用于完成关节 i 从坐标 Ji 到 i 的坐标变换。

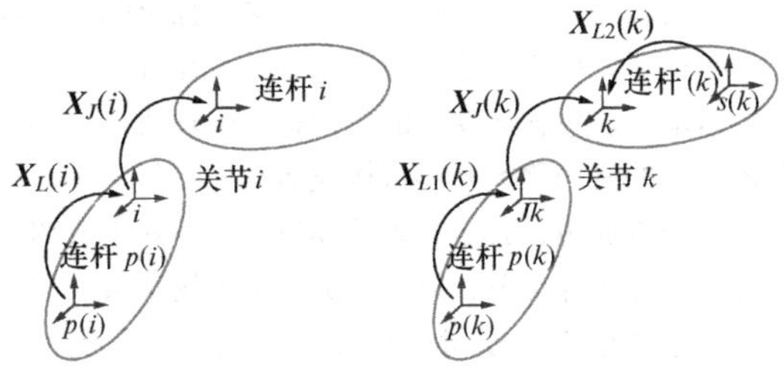

图 2.4 坐标构型和变换

a）树关节 b）闭环关节

类似的，对于闭环关节，从坐标系 $p(k)$ 到坐标系 k 的坐标变换如下：

$$ {}^{k}\boldsymbol{X}_{p(k)} = {}^{k}\boldsymbol{X}_{Jk}\,{}^{Jk}\boldsymbol{X}_{p(k)} = \boldsymbol{X}_J(k)\boldsymbol{X}_{L1}(k) \tag{2.62} $$

附加变换 $\boldsymbol{X}_{L2}(k)$ 定义为从坐标系 $s(k)$ 到坐标系 k 的坐标变换，其表示如下：

$$ \boldsymbol{X}_{L2}(k) = {}^{k}\boldsymbol{X}_{s(k)} \tag{2.63} $$

连杆和关节数据可以通过多种途径来指定，最常用的方法是使用 D-H（Denavit-Hartenberg）参数[2.23]。然而标准的 D-H 参数不完全具有通用性，不足以对几何特性进行完整描述，如有分支的运动树，或者包含有某些多自由度关节类型的机构。本书中采用了修正形式的 D-H 参数[2.2]，用于单自由度关节（见 1.4 节）。这些参数已扩展到有分支的运动树及闭环机构上。

2.4.3 连杆惯量

连杆惯量数据包括机构中各连杆的质量、质心位置和转到惯量。在坐标系 i 中，连杆 i 的惯性参数表达式为常数。

2.4.4 关节模型

两个连杆之间的连接关系，常采用 Roberson-Schwertassek（R-S）广义关节模型描述[2,3]。对于运动树或者闭环机构上的生成树，$n_i \times 1$ 的矢量 $\dot{\boldsymbol{q}}_i$ 表示连杆 i 相对于其父构件 $p(i)$ 的速度，其中 n_i 为连接两个连杆的关节的自由度数。对于闭环机构的闭环关节，为连杆 $s(i)$（后继杆）和连杆 $p(i)$（前导杆）之间的速度关系，在其他情况下为坐标系 i 和 Ji 间的速度关系。

令 $\mathbf{v}_{\rm rel}$ 和 $\mathbf{a}_{\rm rel}$ 为穿过关节 i 的速度和加速度，即 $s(i)$ 相对于 $p(i)$ 的速度和加速度。关节的自由模式用 $6\times n_i$ 的矩阵 $\boldsymbol{\Phi}_i$ 表示，这样 $\mathbf{v}_{\rm rel}$ 和 $\mathbf{a}_{\rm rel}$ 表示如下：

$$\mathbf{v}_{\rm rel} = \boldsymbol{\Phi}_i \dot{\boldsymbol{q}}_i \tag{2.64}$$

$$\mathbf{a}_{\rm rel} = \boldsymbol{\Phi}_i \ddot{\boldsymbol{q}}_i + \dot{\boldsymbol{\Phi}}_i \dot{\boldsymbol{q}}_i \tag{2.65}$$

式中，$\boldsymbol{\Phi}_i$ 和 $\dot{\boldsymbol{\Phi}}_i$ 取决于关节类型[2,3]，矩阵 $\boldsymbol{\Phi}_i$ 为列满秩，故可定义一个互补矩阵 $\boldsymbol{\Phi}_i^{\rm c}$，以使 6×6 的矩阵（$\boldsymbol{\Phi}_i\boldsymbol{\Phi}_i^{\rm c}$）为可逆矩阵，我们可将这个矩阵的列看成 $\mathbf{M}^6$ 上的基，以便将第一个 n_i 基矢量（矩阵第一列）定义为运动的允许方向，且其余的 $6-n_i=n_i^{\rm c}$ 个矢量定义为运动的不允许方向。这样，$\boldsymbol{\Phi}_i^{\rm c}$ 表示关节 i 的约束模式。

通过关节 i，从前导杆向后继杆传递的力 $\mathbf{f}_i$，给定如下：

$$\mathbf{f}_i = (\boldsymbol{\psi}_i \boldsymbol{\psi}_i^{\rm c})\begin{pmatrix}\boldsymbol{\tau}_i\\ \boldsymbol{\lambda}_i\end{pmatrix} \tag{2.66}$$

式中，$\boldsymbol{\tau}_i$ 为沿自由模式的 $n_i\times 1$ 作用力矢量；$\boldsymbol{\lambda}_i$ 为 $(6-n_i)\times 1$ 的约束力矢量；$\boldsymbol{\psi}_i$ 和 $\boldsymbol{\psi}_i^{\rm c}$ 通过下式计算：

$$(\boldsymbol{\psi}_i \boldsymbol{\psi}_i^{\rm c}) = (\boldsymbol{\Phi}_i \boldsymbol{\Phi}_i^{\rm c})^{-\rm T} \tag{2.67}$$

对于大多数常见的关节类型，可通过选择 $\boldsymbol{\Phi}_i$ 和 $\boldsymbol{\Phi}_i^{\rm c}$，以便矩阵（$\boldsymbol{\Phi}_i\boldsymbol{\Phi}_i^{\rm c}$）数值上正交，从而使（$\boldsymbol{\psi}_i\boldsymbol{\psi}_i^{\rm c}$）在数值上与（$\boldsymbol{\Phi}_i\boldsymbol{\Phi}_i^{\rm c}$）相等。注意式（2.67）含有如下关系：$(\boldsymbol{\psi}_i)^{\rm T}\boldsymbol{\Phi}_i = \mathbf{1}_{n_i\times n_i}$，$(\boldsymbol{\psi}_i)^{\rm T}\boldsymbol{\Phi}_i^{\rm c} = \mathbf{0}_{n_i\times(6-n_i)}$，$(\boldsymbol{\psi}_i^{\rm c})^{\rm T}\boldsymbol{\Phi}_i = \mathbf{0}_{(6-n_i)\times n_i}$，$(\boldsymbol{\psi}_i^{\rm c})^{\rm T}\boldsymbol{\psi}_i^{\rm c} = \mathbf{1}_{(6-n_i)\times(6-n_i)}$。当将其应用于式（2.66）时，可得如下结果：

$$\boldsymbol{\tau}_i = \boldsymbol{\Phi}_i^{\rm T}\mathbf{f}_i \tag{2.68}$$

式（2.65）中 $\dot{\boldsymbol{\Phi}}_i$ 的值取决于关节类型，其一般公式为

$$\dot{\boldsymbol{\Phi}}_i = \mathring{\boldsymbol{\Phi}}_i + \mathbf{v}_i \times \boldsymbol{\Phi}_i \tag{2.69}$$

式中，$\mathbf{v}_i$ 是连杆 i 的速度；$\mathring{\boldsymbol{\Phi}}_i$ 是 $\boldsymbol{\Phi}_i$ 的表观导数，即观察者随连杆 i 一起运动时所看到的，$\mathring{\boldsymbol{\Phi}}_i$ 给定如下：

$$\mathring{\boldsymbol{\Phi}}_i = \frac{\partial \boldsymbol{\Phi}_i}{\partial \boldsymbol{q}_i}\dot{\boldsymbol{q}}_i \tag{2.70}$$

对大多数常见关节类型，$\mathring{\boldsymbol{\Phi}}_i = 0$。

采用 D-H 约定时，对单自由度关节（$n_i=1$）就特别简单，运动选择为沿 $\hat{z}_i$ 轴横向平移或绕 $\hat{z}_i$ 轴轴向旋转。在这种情况下，对于平移关节 $\boldsymbol{\Phi}_i=(0\,0\,0\,0\,0\,1)^{\rm T}$，对旋转关节 $\boldsymbol{\Phi}_i=(0\,0\,1\,0\,0\,0)^{\rm T}$，同样 $\mathring{\boldsymbol{\Phi}}_i=\mathbf{0}$。

对于移动机器人浮基的虚拟六自由度关节来说，也很容易作相关的处理，这种情形下 $\boldsymbol{\Phi}_i=\mathbf{1}$（$6\times 6$ 的单位矩阵），且 $\mathring{\boldsymbol{\Phi}}_i=\mathbf{0}$。

旋转关节和浮基关节，以及万向关节（$n_i=2$）和球关节（$n_i=3$），在下一节中将进行举例说明。更多关节运动学的问题，详见 1.3 节。

2.4.5 系统算例

为说明连杆及关节模型的规则约定，人形机器人的坐标系分别放在前五根连杆（构件）和固定基上，如图 2.5 所示。注意对 5 个关节，每个关节的坐标系 Ji 放在连杆 $p(i)=i-1$ 上，本例中 $J1$ 的坐标原点放在与坐标系 0 的原点重合位置，且坐标系 $J2$、$J3$、$J4$、$J5$ 的坐标原点分别与坐标系 2、3、4、5 的原点重合。注意 $J1$ 可以设置为固定基（B0）上的任意位置/姿态，以方便表示浮基（B1）相对于固定基的运动，同样 $J2$ 的原点也可以设在沿 $\hat{z}_2$ 的任意位置。

表 2.4 中给出了本例中每个关节的自由度数、基坐标系 Ji 的固定旋转和位置。旋转矩阵 ${}^{Ji}\boldsymbol{R}_{p(i)}$ 将 $p(i)$ 坐标系中的 3 维矢量变换到 Ji 坐标系中。位置矩阵 ${}^{p(i)}\boldsymbol{p}_{Ji}$ 为原点 O_{Ji} 相对于 $O_{p(i)}$ 的位置，用 $p(i)$ 坐标系表示的矢量。空间变换矩阵 $\boldsymbol{X}_L(i)={}^{Ji}\boldsymbol{X}_{p(i)}$ 可通过表 2.1 中的 3 维量对 ${}^{B}X_{A}$ 变换构成。人形机构具有浮基、躯干、躯干和骨盆间的旋转关节（关于 $\hat{z}_2$）、髋部的球关节、膝部的旋转关节，以及脚踝处的万向关节。如图 2.5 所示，腿部微弯，脚向外面倾斜（髋部 $\hat{z}_3$ 方向有大约 90° 的旋转）。

人形机器人中，对于所有关节类型的自由模式、速度变量，以及位置变量均在表 1.5 和表 1.6 中给出。通过关节变换关系 $\boldsymbol{X}_J(i)={}^{i}\boldsymbol{X}_{Ji}$，可由这些表中的 ${}^{j}\boldsymbol{R}_i$ 和 ${}^{j}\boldsymbol{p}_i$ 分别给出 ${}^{j}\boldsymbol{R}_{Ji}^{T}$ 和 ${}^{Ji}\boldsymbol{p}_i$ 的表达式。旋转关节关于 $\hat{z}_i$ 轴的旋转遵循 D-H 约定，紧随关于 $\hat{\boldsymbol{y}}_5$ 轴的滚动旋转角 β_5，踝关节有关于 $\hat{z}_{J5}$ 轴的俯仰旋转角 α_5（见表 1.1 中的 $Z-Y-X$ 欧拉角定义）。髋关节模拟成球窝状的球铰。为避免与欧拉角产生关联奇异性，可用四

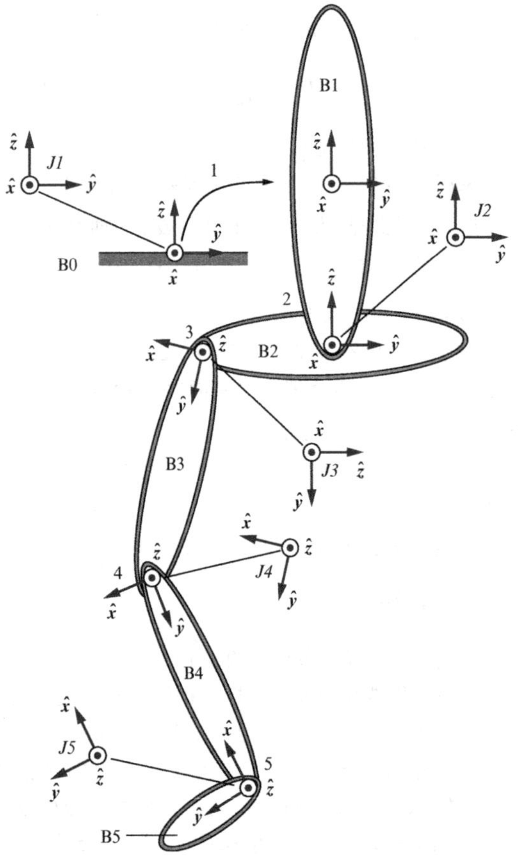

图 2.5 人形机器人示例中前 5 个构件和关节的坐标系示意图

表 2.4 系统算例中，关节自由度数、旋转矩阵和位置矩阵

关节	$\boldsymbol{n}_i$	${}^{Ji}\boldsymbol{R}_{p(i)}$	${}^{p(i)}\boldsymbol{R}_{Ji}$
1	6	$\mathbf{1}_{3\times3}$	$\mathbf{0}_{3\times3}$
2	1	$\mathbf{1}_{3\times3}$	$\begin{pmatrix}0\\0\\-l_1\end{pmatrix}$
3	3	$\begin{pmatrix}1&0&0\\0&0&-1\\0&1&0\end{pmatrix}$	$\begin{pmatrix}0\\-l_2\\0\end{pmatrix}$
4	1	$\mathbf{1}_{3\times3}$	$\begin{pmatrix}0\\2l_3\\0\end{pmatrix}$
5	2	$\begin{pmatrix}0&-1&0\\1&0&0\\0&0&1\end{pmatrix}$	$\begin{pmatrix}0\\2l_4\\0\end{pmatrix}$

元素$\boldsymbol{\epsilon}_i$表示髋部的姿态，四元素率$\dot{\boldsymbol{\epsilon}}_i$和相对转动率$\boldsymbol{\omega}_{i\,\mathrm{rel}}$的关系在本书的 1.7 节已给出。

浮基采用躯干${}^0\boldsymbol{p}_i$的位置和四元素$\boldsymbol{\epsilon}_1$分别作为其位置和姿态变量。躯干的位置可通过对连杆的速度进行积分来计算，在固定基坐标中表示为：${}^0\boldsymbol{v}_1={}^0\boldsymbol{R}_1\boldsymbol{v}_1$，其中，$\boldsymbol{v}_1$为动坐标系中躯干的速度。

注意这里除了万向节外，对于其他关节有$\mathring{\boldsymbol{\Phi}}_i=0$。因为连杆 5 坐标上$\hat{z}_{J5}$的分量随$\beta_5$变化，故$\hat{z}_{J5}\neq0$。更详尽的关节运动学见本书的 1.3 节。

2.5 运动树

与闭环机构的动力学相比，运动树的动力学要简单并易于计算一些。闭环机构的许多算法首先要计算生成树的动力学，然后再加上闭环约束。

本节讲述运动树的如下动力学算法：逆向动力学的递归牛顿-欧拉算法（RNEA）、正向动力学的关节体算法（ABA）、计算关节惯性矩阵（JSIM）的复合刚体算法（CRBA），以及用于计算操作空间惯性矩阵（OSIM）的两种算法。

2.5.1 递归牛顿-欧拉算法

这是一种计算复杂度为 $O(n)$ 的算法，用于计算固定基运动树的逆向动力学，它是基于 Luh 等人的一种非常高效的牛顿-欧拉算法（RNEA）[2.4]。另外有关浮基的算法可在参考文献［2.8，15］中找到。给出关节的位置和速度变量，该算法计算应用关节力矩/力变量时，需要给定一组关节加速度。

首先，连杆的速度和加速度可通过向外递归计算出来，即从固定基向树的叶链（连杆）方向递归。在递归过程中，采用牛顿-欧拉方程式（2.35），计算出每个连杆上的合力。其次，向内递归采用每个连杆上的力平衡方程来计算经过每个关节的空间力，以及每个关节力矩/力变量的值。影响计算效率的关键步骤在于如何把最多的量纳入到连杆局部坐标中。同样，机构向上加速时，每个连杆上的重力影响也应包括在方程中。

计算过程分为如下 4 步，其中两步中，每步有两次递归。

1）第一步。从固定基的已知速度和加速度开始，依次计算每个连杆的速度和加速度，并朝树顶方向进行，即连接图中的叶节点方向。

运动树上每个连杆的速度由递归公式给出

$$\mathbf{v}_i = \mathbf{v}_{p(i)} + \boldsymbol{\Phi}_i \dot{\boldsymbol{q}}_i, \quad (\mathbf{v}_0 = \mathbf{0}) \qquad (2.71)$$

式中，$\mathbf{v}_i$为连杆 i 的速度；$\boldsymbol{\Phi}_i$为关节 i 的运动矩阵；$\dot{\boldsymbol{q}}_i$为关节 i 的关节速度变量的矢量。

加速度的等效换算公式可通过对式（2.71）求微分得到

$$\mathbf{a}_i = \mathbf{a}_{p(i)} + \boldsymbol{\Phi}_i \ddot{\boldsymbol{q}}_i + \dot{\boldsymbol{\Phi}}_i \dot{\boldsymbol{q}}_i, \quad (\mathbf{a}_0 = \mathbf{0}) \qquad (2.72)$$

式中，$\mathbf{a}_i$为连杆 i 的加速度；$\ddot{\boldsymbol{q}}_i$为关节加速度变量的矢量。

机构上均匀重力场的影响，可通过将 $\mathbf{a}_0$ 中的零初始化为 $-\mathbf{a}_g$来模拟实现，这里 $\mathbf{a}_g$ 为重力加速度矢量。在这种情况下，$\mathbf{a}_i$不是连杆的真实加速度，而是真实加速度与 $-\mathbf{a}_g$的和。

2）第二步。计算每个连杆的运动方程。这一步计算力时需要用到上一步计算得到的加速度。连杆 i 的运动方程为

$$\mathbf{f}_i^{a} = \boldsymbol{I}_i \mathbf{a}_i + \mathbf{v}_i \times \boldsymbol{I}_i \mathbf{v}_i \qquad (2.73)$$

式中，$\boldsymbol{I}_i$为连杆 i 的空间惯量；$\mathbf{f}_i^{a}$ 为作用于连杆 i 的力。

3）第三步。计算通过每个关节的空间力。参照图 2.6，作用于连杆 i 上的力为

$$\mathbf{f}_i^{a} = \mathbf{f}_i^{e} + \mathbf{f}_i - \sum_{j \in c(i)} \mathbf{f}_j$$

式中，$\mathbf{f}_i$为通过关节 i 的力；$\mathbf{f}_i^{e}$为作用于连杆 i 上的所有相关外力之和；$c(i)$ 为连杆 i 的子集。重新整理方程，得到计算关节力系的递归公式如下：

$$\mathbf{f}_i = \mathbf{f}_i^{a} - \mathbf{f}_i^{e} + \sum_{j \in c(i)} \mathbf{f}_j \qquad (2.74)$$

式中，i 从 N_B到 1 迭代。

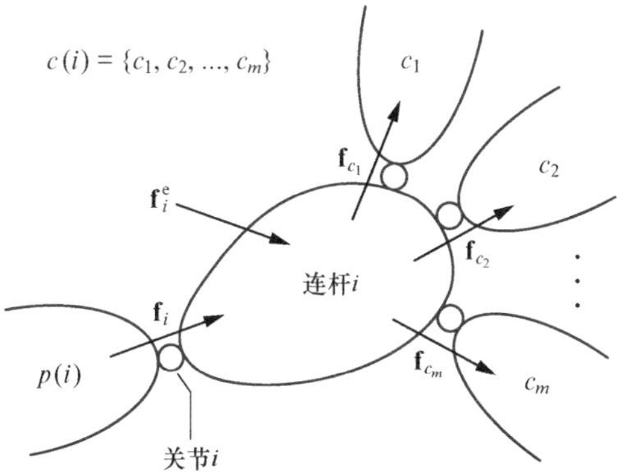

图 2.6　作用于连杆 i 的力系

$\mathbf{f}_i^{e}$可能包括这些因素的贡献，如弹簧、阻尼器、力场、外界接触等，但其值应假设已知，或至少可通过已知量计算出来。如果重力还未通过虚拟基的加速度模拟，则作用于连杆 i 的重力项必须纳入到 $\mathbf{f}_i^{e}$中。

4）第四步。计算关节力变量$\boldsymbol{\tau}_i$。由定义得

$$\boldsymbol{\tau}_i = \boldsymbol{\Phi}_i^{T} \mathbf{f}_i \qquad (2.75)$$

1. 无坐标（Coordinate-Free）算法

表 2.5 表示的是式（2.71）~式（2.75）所包括的算法，它是牛顿-欧拉算法（RNEA）的无坐标形式。这是该算法的最简单形式，适合于数学分析及相关用途，但不适合用于数值计算，因为数值形式的算法必须采用坐标矢量。

表 2.5　用于逆向动力学的无坐标递归牛顿-欧拉算法

$\mathbf{v}_0 = \mathbf{0}$
$\mathbf{a}_0 = -\mathbf{a}_g$
for $i = 1$ **to** N_B **do**
　　$\mathbf{v}_i = \mathbf{v}_{p(i)} + \boldsymbol{\Phi}_i \dot{\boldsymbol{q}}_i$
　　$\mathbf{a}_i = \mathbf{a}_{p(i)} + \boldsymbol{\Phi}_i \ddot{\boldsymbol{q}}_i + \dot{\boldsymbol{\Phi}}_i \dot{\boldsymbol{q}}_i$
　　$\mathbf{f}_i = \boldsymbol{I}_i \mathbf{a}_i + \mathbf{v}_i \times \boldsymbol{I}_i \mathbf{v}_i - \mathbf{f}_i^{e}$
end
for $i = N_B$ **to** 1 **do**
　　$\boldsymbol{\tau}_i = \boldsymbol{\Phi}_i^{T} \mathbf{f}_i$
　　if $p(i) \neq 0$ **then**
　　　　$\mathbf{f}_{p(i)} = \mathbf{f}_{p(i)} + \mathbf{f}_i$
　　end
end

2. 连杆坐标算法

一般情况下，如果对每个连杆定义一个坐标系，我们所说的算法就在连杆坐标系中实现，且对于连杆 i 的计算，就在与连杆 i 相关联的坐标系中完成。替代方案是在绝对坐标系中实现算法，在这种情况下，所有的计算都在单一坐标系（通常为基连杆）中完成。在实际中，采用关节坐标来实现牛顿-欧拉算法（RNEA）效率更高，这点也适用于多数其他动力学算法。

为将 RNEA 转换为连杆坐标，首先要检查方程中哪些量来自一个以上的关节。方程式（2.73）和方程式（2.75）中的每个变量都只属于关节 i，故不用修正。这样的方程称为关节 i 的局部方程。其余方程中的量来自于一个以上的关节，因而需要插入坐标转换矩阵。这样方程式（2.71）、式（2.72）及式（2.74）修正后的形式为

$$\mathbf{v}_i = {}^{i}\boldsymbol{X}_{p(i)} \mathbf{v}_{p(i)} + \boldsymbol{\Phi}_i \dot{\boldsymbol{q}}_i \qquad (2.76)$$

$$\mathbf{a}_i = {}^{i}\boldsymbol{X}_{p(i)} \mathbf{a}_{p(i)} + \boldsymbol{\Phi}_i \ddot{\boldsymbol{q}}_i + \dot{\boldsymbol{\Phi}}_i \dot{\boldsymbol{q}}_i \qquad (2.77)$$

及

$$\mathbf{f}_i = \mathbf{f}_i^{a} - {}^{i}\boldsymbol{X}_0^{F0} \mathbf{f}_i^{e} + \sum_{j \in c(i)} {}^{i}\boldsymbol{X}_j^{F} \mathbf{f}_j \qquad (2.78)$$

方程式（2.78）假设外力都作用在绝对坐标系（即连杆0）上。

完整的算法见表2-6。函数 jtype 返回关节 i 的类型代码；函数 xjcalc 计算指定类型关节的关节变换矩阵；函数 pcalc 和 pdcalc 分别计算 $\boldsymbol{\Phi}_i$ 和 $\mathring{\boldsymbol{\Phi}}_i$。这里函数应用于各种关节类型公式的情况，见表1.5和表1.6。在一般情况下，pcalc 和 pdcalc 都是需要的，然而，对大多数常见的关节类型，$\boldsymbol{\Phi}_i$ 在连杆坐标系中为已知常数，因而 $\mathring{\boldsymbol{\Phi}}_i$ 为零。如果预先知道所有关节都具有这一属性，则可简化相关算法。在关节坐标系中量 $\boldsymbol{I}_i$ 和 $\boldsymbol{X}_L(i)$ 均为已知常数，也都是描述机器人机构数据结构的一部分。

表2.6 空间矢量递归牛顿-欧拉算法

---

inputs: $\mathbf{q}$, $\dot{\mathbf{q}}$, $\ddot{\mathbf{q}}$, *model*, ${}^0\mathbf{f}_i^e$

output: $\boldsymbol{\tau}$

model data: N_B, jtype(i), $p(i)$, $\boldsymbol{X}_L(i)$, $\boldsymbol{I}_i$

$\mathbf{v}_0 = \mathbf{0}$

$\mathbf{a}_0 = -\mathbf{a}_g$

for $i = 1$ **to** N_B **do**

  $\boldsymbol{X}_J(i) = \text{xjcalc}(\text{jtype}(i),\ \boldsymbol{q}_i)$

  ${}^i\boldsymbol{X}_{p(i)} = \boldsymbol{X}_J(i)\ \boldsymbol{X}_L(i)$

  if $p(i) \neq 0$ **then**

    ${}^i\boldsymbol{X}_0 = {}^i\boldsymbol{X}_{p(i)}\,{}^{p(i)}\boldsymbol{X}_0$

  end

  $\boldsymbol{\Phi}_i = \text{pcalc}(\text{jtype}(i),\ \boldsymbol{q}_i)$

  $\mathring{\boldsymbol{\Phi}}_{c_i} = \text{pdcalc}(\text{jtype}(i),\ \boldsymbol{q}_i,\ \dot{\boldsymbol{q}}_i)$

  $\mathbf{v}_i = {}^i\boldsymbol{X}_{p(i)}\mathbf{v}_{p(i)} + \boldsymbol{\Phi}_i\dot{\boldsymbol{q}}_i$

  $\boldsymbol{\zeta}_i = \mathring{\boldsymbol{\Phi}}_{c_i}\dot{\boldsymbol{q}}_i + \mathbf{v}_i \times \boldsymbol{\Phi}_i\dot{\boldsymbol{q}}_i$

  $\mathbf{a}_i = {}^i\boldsymbol{X}_{p(i)}\mathbf{a}_{p(i)} + \boldsymbol{\Phi}_i\ddot{\boldsymbol{q}}_i + \boldsymbol{\zeta}_i$

  $\mathbf{f}_i = \boldsymbol{I}_i\mathbf{a}_i + \mathbf{v}_i \times \boldsymbol{I}_i\mathbf{v}_i - {}^i\boldsymbol{X}_0^{-\mathrm{T}}\ {}^0\mathbf{f}_i^e$

end

for $i = N_B$ **to** 1 **do**

    $\boldsymbol{\tau}_i = \boldsymbol{\Phi}_i^{\mathrm{T}}\mathbf{f}_i$

  if $p(i) \neq 0$ **then**

    $\mathbf{f}_{p(i)} = \mathbf{f}_{p(i)} + {}^i\boldsymbol{X}_{p(i)}^{\mathrm{T}}\mathbf{f}_i$

  end

end

在第1次循环中，最后一项任务是将每个 $\mathbf{f}_i$ 初始化为表达式 $\mathbf{f}_i^a + {}^i\boldsymbol{X}_0^{T0}\mathbf{f}_i^e$（采用恒等式 ${}^i\boldsymbol{X}_0^F = {}^i\boldsymbol{X}_0^{-T}$），式（2.78）右边的求和在第2次循环中完成。此算法包括计算 ${}^i\boldsymbol{X}_0$ 的代码，它用于将外力变换到连杆坐标上；如果没有外力，此代码可以省略。如果仅有一个集中力，例如：一个作用于机械臂末端执行器上的外力，则此代码可由另外的代码来替代，替代代码采用 ${}^i\boldsymbol{X}_{p(i)}$，将外力矢量依次从一个连杆坐标系变换到下一个上。

注意：尽管“连杆坐标”一词表明我们正在使用移动坐标系，事实上算法是在静止坐标系中实现的，它刚好在当前时刻与移动坐标系一致。

3. 三维矢量递归牛顿-欧拉算法（RNEA）

RNEA 的原始版本是采用3维矢量开发和表达的[2.2,4]。表2.7显示了该算法的一个特例，其中关节均假设为旋转关节，且关节轴假设与连杆坐标系的 z 轴一致（没有这些假设，方程会长很多），另外假设外力为零。

表2.7 三维矢量递归牛顿-欧拉算法
（仅对旋转关节）

---

inputs: $\mathbf{q}$, $\dot{\mathbf{q}}$, $\ddot{\mathbf{q}}$, *model*

output: $\boldsymbol{\tau}$

model data: N_B, $p(i)$, $\boldsymbol{R}_L(i)$, ${}^{p(i)}\boldsymbol{p}_i$, m_i, $\boldsymbol{c}_i$, $\bar{\boldsymbol{I}}_i^{\mathrm{cm}}$

$\boldsymbol{\omega}_0 = \mathbf{0}$

$\dot{\boldsymbol{\omega}}_0 = \mathbf{0}$

$\dot{\boldsymbol{v}}_0' = -\dot{\boldsymbol{v}}_g'$

for $i = 1$ **to** N_B **do**

  ${}^i\boldsymbol{R}_{p(i)} = \text{rotz}(\boldsymbol{q}_i)\boldsymbol{R}_L(i)$

  $\boldsymbol{\omega}_i = {}^i\boldsymbol{R}_{p(i)}\boldsymbol{\omega}_{p(i)} + \hat{z}_i\dot{\boldsymbol{q}}_i$

  $\dot{\boldsymbol{\omega}}_i = {}^i\boldsymbol{R}_{p(i)}\dot{\boldsymbol{\omega}}_{p(i)} + ({}^i\boldsymbol{R}_{p(i)}\boldsymbol{\omega}_{p(i)}) \times \hat{z}_i\dot{\boldsymbol{q}}_i + \hat{z}_i\ddot{\boldsymbol{q}}_i$

  $\dot{\boldsymbol{v}}_i' = {}^i\boldsymbol{R}_{p(i)}(\dot{\boldsymbol{v}}_{p(i)}' + \dot{\boldsymbol{\omega}}_{p(i)} \times {}^{p(i)}\boldsymbol{p}_i +$

    $\boldsymbol{\omega}_{p(i)} \times \boldsymbol{\omega}_{p(i)} \times {}^{p(i)}\boldsymbol{p}_i)$

  $\boldsymbol{f}_i = m_i(\dot{\boldsymbol{v}}_i' + \dot{\boldsymbol{\omega}}_i \times \boldsymbol{c}_i + \boldsymbol{\omega}_i \times \boldsymbol{\omega}_i \times \boldsymbol{c}_i)$

  $\boldsymbol{n}_i = \bar{\boldsymbol{I}}_i^{\mathrm{cm}}\dot{\boldsymbol{\omega}}_i + \boldsymbol{\omega}_i \times \bar{\boldsymbol{I}}_i^{\mathrm{cm}}\boldsymbol{\omega}_i + \boldsymbol{c}_i \times \boldsymbol{f}_i$

end

for $i = N_B$ **to** 1 **do**

  $\boldsymbol{\tau}_i = \hat{z}_i^T\boldsymbol{n}_i$

  if $p(i) \neq 0$ **then**

    $\boldsymbol{f}_{p(i)} = \boldsymbol{f}_{p(i)} + {}^i\boldsymbol{R}_{p(i)}^{\mathrm{T}}\boldsymbol{f}_i$

    $\boldsymbol{n}_{p(i)} = \boldsymbol{n}_{p(i)} + {}^i\boldsymbol{R}_{p(i)}^{\mathrm{T}}\boldsymbol{n}_i + {}^{p(i)}\boldsymbol{p}_i \times {}^i\boldsymbol{R}_{p(i)}^{\mathrm{T}}\boldsymbol{f}_i$

  end

end

在本算法中，$\dot{\boldsymbol{v}}_g'$ 是由于重力引起的线加速度，在基坐标系（连杆0）上表示；rotz 计算旋转矩阵，该矩阵表示坐标系沿 z 的旋转；$\boldsymbol{R}_L(i)$ 为 $\boldsymbol{X}_L(i)$ 的

转动分量；${}^{i}\boldsymbol{R}_{p(i)}$ 为 ${}^{i}\boldsymbol{X}_{p(i)}$ 的转动分量；pcalc 和 pdcalc 这里没有用到，因为 $\boldsymbol{\Phi}_i$ 为已知常数 $(\hat{z}^T\boldsymbol{0}^T)^T$；$\dot{\boldsymbol{v}}_i'$ 是连杆 i 坐标原点（O_i）的线加速度，且为关节 i 经典加速度的直线分量；${}^{p(i)}\boldsymbol{p}_i$ 为用 p_i 坐标系表示的，O_i 相当于 $O_{p(i)}$ 的位置。另外 m_i、$\boldsymbol{c}_i$ 和 $\bar{\boldsymbol{I}}_i^{cm}$ 为连杆 i 的惯性参数（见表 2.1 中三维量与空间量关系的相关方程）。

初看起来三维矢量算法明显不同于空间矢量算法。然而可以直接通过空间矢量算法方便得到三维矢量。具体实现方法为：通过扩展空间矢量为三维矢量，将关节类型限定为旋转关节，并将空间加速度转换为经典加速度（即，按照式（2.22）将每个 $\dot{\boldsymbol{v}}_i$ 用 $\dot{\boldsymbol{v}}_i' - \boldsymbol{\omega}_i \times \boldsymbol{v}_i$ 替代），再将某些三维矢量恒等式带入表 2.7 所示的方程中。将空间加速度变换为经典加速度，有一个有趣的效应：$\boldsymbol{v}_i$ 抵偿了运动方程，因而不需要计算。因此，三维算法比空间算法具有微弱的速度优势。

2.5.2 关节体算法

关节体算法（The Articulated-Body Algorithm, ABA）是一种计算复杂度为 $O(N_B)$ 的算法，主要用于计算运动树的正向运动力学问题。而在正常情况下，$O(N_B)=O(n)$，故我们将其归诸于 $O(n)$ 算法。*Featherstone*[2.1] 提出了 ABA，并将其作为约束传播算法的一个例子。给定关节位置、速度和作用力矩/力变量，这种算法就可以计算出关节加速度。随着关节加速度的确定，又可以用数值积分进行机构运动的模拟。

ABA 的重要概念如图 2.7 所示。在连杆 i 处，根子树与运动树 i 上其他部分的作用仅通过经由关节 i 的力 $\mathbf{f}_i$ 来实现。假设我们在这点将树切断，只考虑受到作用于连杆上的未知力 $\mathbf{f}_i$ 时子树的运动情况。可以发现，连杆 i 的加速度与作用力有如下关系

$$\mathbf{f}_i = \boldsymbol{I}_i^A \mathbf{a}_i + \mathbf{p}_i^A \tag{2.79}$$

式中，$\boldsymbol{I}_i^A$ 为子树（现在可称为关节连接体）中连杆 i 的关节体惯量；$\mathbf{p}_i^A$ 为辅助偏置力（bias force），即让连杆 i 出现零加速度的力。注意在关节体中，$\mathbf{p}_i^A$ 与单个构件的速度有关。方程式（2.79）考虑了子树的完整动力学问题，这样只要知道了 $\mathbf{f}_i$ 的值，式（2.79）就会立刻给出连杆 i 的加速度。

我们对 $\boldsymbol{I}_i^A$ 和 $\mathbf{p}_i^A$ 两个量感兴趣的原因在于，可以通过它们从 $\mathbf{a}_{p(i)}$ 计算得到 $\ddot{\boldsymbol{q}}_i$，依次可以计算出 $\mathbf{a}_i$，

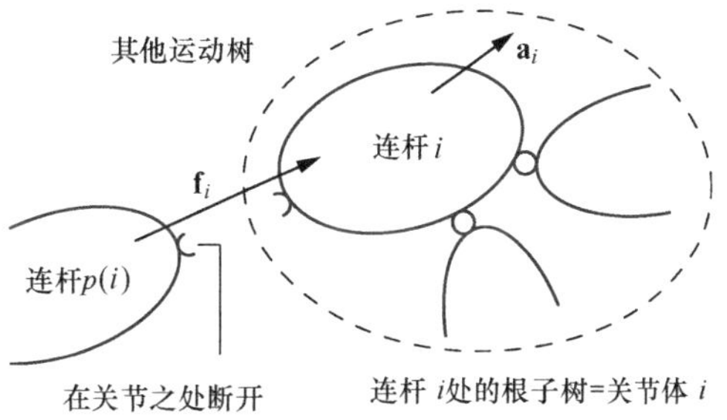

图 2.7 关节体 $\boldsymbol{i}$ 的定义

从而计算出更多关节的加速度。结合式（2.72）、式（2.75）和式（2.79）得到

$$\boldsymbol{\tau}_i = \boldsymbol{\Phi}_i^T \mathbf{f}_i = \boldsymbol{\Phi}_i^T(\boldsymbol{I}_i^A(\mathbf{a}_{p(i)} + \boldsymbol{\Phi}_i \ddot{\boldsymbol{q}}_i + \dot{\boldsymbol{\Phi}}_i \dot{\boldsymbol{q}}_i) + \mathbf{p}_i^A)$$

对 $\ddot{\boldsymbol{q}}_i$ 可由下式求解

$$\ddot{\boldsymbol{q}}_i = \boldsymbol{D}_i(\boldsymbol{u}_i - \boldsymbol{U}_i^T \mathbf{a}_{p(i)}) \tag{2.80}$$

其中

$$\boldsymbol{U}_i = \boldsymbol{I}_i^A \boldsymbol{\Phi}_i$$
$$\boldsymbol{D}_i = (\boldsymbol{\Phi}_i^T \boldsymbol{U}_i)^{-1} = (\boldsymbol{\Phi}_i^T \boldsymbol{I}_i^A \boldsymbol{\Phi}_i)^{-1}$$
$$\boldsymbol{u}_i = \boldsymbol{\tau}_i - \boldsymbol{U}_i^T \zeta_i - \boldsymbol{\Phi}_i^T \mathbf{p}_i^A$$

且

$$\zeta_i = \dot{\boldsymbol{\Phi}}_i \dot{\boldsymbol{q}}_i = \mathring{\boldsymbol{\Phi}}_i \dot{\boldsymbol{q}}_i + \mathbf{v}_i \times \boldsymbol{\Phi}_i \dot{\boldsymbol{q}}_i$$

这样就可通过式（2.72）计算 $\mathbf{a}_i$。

关节体惯量和偏置力都可通过递归公式计算

$$\boldsymbol{I}_i^A = \boldsymbol{I}_i + \sum_{j \in c(i)} (\boldsymbol{I}_j^A - \boldsymbol{U}_j \boldsymbol{D}_j \boldsymbol{U}_j^T) \tag{2.81}$$

和

$$\mathbf{p}_i^A = \mathbf{p}_i + \sum_{j \in c(i)} (\mathbf{p}_j^A + \boldsymbol{I}_j^A \zeta_j + \boldsymbol{U}_j \boldsymbol{D}_j \boldsymbol{u}_j) \tag{2.82}$$

其中

$$\mathbf{p}_i = \mathbf{v}_i \times \boldsymbol{I}_i \mathbf{v}_i - \mathbf{f}_i^e$$

通过检验图 2.7 中 $\mathbf{f}_i$ 和 $\mathbf{a}_i$ 的关系，并在假设 $\boldsymbol{I}_j^A$ 和 $\mathbf{p}_j^A$ 对每个 $j \in c(i)$ 为已知的情况下，就可以得到这些公式。更详细的情况见参考文献［2.1，8，15，24］。

完整的算法见表 2.8。表中采用连杆坐标表示，并按照表 2.6 的牛顿-欧拉算法（RNEA），通过运动树共进行 3 遍迭代计算。第一遍从基座（底部）向末端（顶部）迭代，分别运用式（2.76）计算连杆速度和速度积项 $\boldsymbol{\zeta}_i = \dot{\boldsymbol{\Phi}}_i \dot{\boldsymbol{q}}_i$，并将变量 $\boldsymbol{I}_i^A$ 和 $\mathbf{p}_i^A$ 初始化为值 $\boldsymbol{I}_i$ 和 $\mathbf{p}_i(\boldsymbol{p}_i = \mathbf{v}_i \times \boldsymbol{I}_i \mathbf{v}_i - {}^{i}\boldsymbol{X}_0^{F0} \mathbf{f}_i^e)$；第二遍从顶部反向基底迭代，运用式（2.81）和式（2.82）计算关节体惯量和每个连杆的偏置力；第三遍从基底向顶部迭代，运用式（2.80）和式（2.77）计算连杆和关节的加速度。

表2.8 正向运动学的关节体算法

```
inputs: q, q̇, τ, model, ⁰fᵢᵉ
output: q̈
model data: N_B, jtype(i), p(i), X_L(i), I_i
v_0 = 0
a_0 = -a_g
for i = 1 to N_B do
    X_J(i) = xjcalc(jtype(i), q_i)
    ⁱX_p(i) = X_J(i) X_L(i)
    if p(i) ≠ 0 then
        ⁱX_0 = ⁱX_p(i) ^p(i)X_0
    end
    Φ_i = pcalc(jtype(i), q_i)
    Φ̊_ci = pdcalc(jtype(i), q_i, q̇_i)
    v_i = ⁱX_p(i) v_p(i) + Φ_i q̇_i
    ζ_i = Φ̊_ci q̇_i + v_i × Φ_i q̇_i
    I_i^A = I_i
    p_i^A = v_i × I_i v_i - ⁱX_0^{-T} ⁰f_i^e
end
for i = N_B to 1 do
    U_i = I_i^A Φ_i
    D_i = (Φ_i^T U_i)^{-1}
    u_i = τ_i - U_i^T ζ_i - Φ_i^T p_i^A
    if p(i) ≠ 0 then
        I_p(i)^A = I_p(i)^A + ⁱX_p(i)^T (I_i^A - U_i D_i U_i^T) ⁱX_p(i)
        p_p(i)^A = p_p(i)^A + ⁱX_p(i)^T (p_i^A + I_i^A ζ_i + U_i D_i u_i)
    end
end
for i = 1 to N_B do
    a_i = ⁱX_p(i) a_p(i)
    q̈_i = D_i (u_i - U_i^T a_i)
    a_i = a_i + Φ_i q̈_i + ζ_i
end
```

2.5.3 复合刚体算法

复合刚体算法（CRBA）是用于计算运动树的关节空间惯性矩阵（JSIM）的一种方法。CRBA最常见的应用是作为正向动力学算法的一部分，该方法最先出现在参考文献［2.5］的方法3中。

在关节空间中，正向运动学的任务是通过$\mathbf{q}$、$\dot{\mathbf{q}}$和$\boldsymbol{\tau}$计算$\ddot{\mathbf{q}}$。最常见的进行方式是，从式（2.37）开始，先计算$\boldsymbol{H}$和$\boldsymbol{C}\dot{\mathbf{q}}+\boldsymbol{\tau}_g$，然后对$\ddot{\mathbf{q}}$求解线性方程

$$\boldsymbol{H}\ddot{\mathbf{q}}=\boldsymbol{\tau}-(\boldsymbol{C}\dot{\mathbf{q}}+\boldsymbol{\tau}_g) \tag{2.83}$$

如果机构为运动树，则$\boldsymbol{H}$和$\boldsymbol{C}\dot{\mathbf{q}}+\boldsymbol{\tau}_g$的计算复杂度分别为$O(n^2)$和$O(n)$，且式（2.83）可在$O(n^3)$操作下求解，因而把采用这种方法的算法统称为$O(n^3)$算法。然而$O(n^3)$形式应考虑最坏的计算复杂度，因为实际复杂度取决于树中的分支数。此外，即使在最坏情况下，由于n^3项具有小系数，直到当$n\approx 60$时这项才会起主导作用。

$\boldsymbol{C}\dot{\mathbf{q}}+\boldsymbol{\tau}_g$可通过逆向动力学算法计算，如果$ID(\mathbf{q},\dot{\mathbf{q}},\ddot{\mathbf{q}})$是由自变量$\mathbf{q}$、$\dot{\mathbf{q}}$和$\ddot{\mathbf{q}}$通过逆向动力学计算的结果，则

$$ID(\mathbf{q},\dot{\mathbf{q}},\ddot{\mathbf{q}})=\boldsymbol{\tau}=\mathbf{H}\ddot{\mathbf{q}}+\boldsymbol{C}\dot{\mathbf{q}}+\boldsymbol{\tau}_g$$

故有

$$\boldsymbol{C}\dot{\mathbf{q}}+\boldsymbol{\tau}_g=ID(\mathbf{q},\dot{\mathbf{q}},\mathbf{0}) \tag{2.84}$$

这样对于运动树而言，$\boldsymbol{C}\dot{\mathbf{q}}+\boldsymbol{\tau}_g$的值可用$\ddot{\mathbf{q}}=\mathbf{0}$时的RNEA进行计算。

复合刚体算法（CRBA）的一个重要概念就是要注意JSIM只取决于关节的位置，而不是速度，CRBA所作的简化假设是让每个关节的速度为零。如果也假设重力为零，则可从式（2.83）中消除$\boldsymbol{C}\dot{\mathbf{q}}+\boldsymbol{\tau}_g$。此外对于旋转关节，在第$j$个关节上作用一个单位加速度，就产生JSIM中的第$j$列，这样将机构划分成两个复合刚体，彼此通过第$j$个关节相连，此方法就大大简化了动力学问题。这已使CRBA推广应用到运动树结构的任意关节类型。

可以证明对于运动树，JSIM的一般形式为

$$H_{ij}=\begin{cases}\boldsymbol{\Phi}_i^{\mathrm{T}}\boldsymbol{I}_i^C\boldsymbol{\Phi}_j & \text{如果 } i\in c^*(j)\\ \boldsymbol{\Phi}_i^{\mathrm{T}}\boldsymbol{I}_j^C\boldsymbol{\Phi}_j & \text{如果 } j\in c^*(i)\\ \mathbf{0} & \text{其他}\end{cases} \tag{2.85}$$

式中，$c^*(i)$是连杆i处的根子树上所有连杆集（包括i本身），且

$$\boldsymbol{I}_i^C=\sum_{j\in c^*(i)}\boldsymbol{I}_j \tag{2.86}$$

见参考文献［2.8，15］。事实上，$\boldsymbol{I}_i^C$为复合刚体的惯量。复合刚体由$c^*(i)$上的所有连杆刚性装配而成，该算法由此而得名。

式（2.85）和式（2.86）为表2.9所示算法的基础，它是在连杆坐标系下的复合刚体算法（CRBA）。该算法假定矩阵$^i\boldsymbol{X}_{p(i)}$和$\boldsymbol{\Phi}_i$已经计算出来（如在计算

$\boldsymbol{C}\dot{\mathbf{q}}+\boldsymbol{\tau}_{\mathrm{g}}$时已计算），如果不是这种情况，则可从表 2.6 中相应行中插入第一个循环；矩阵 $\boldsymbol{F}$ 为一局部变量；如果在树上没有分支，$\boldsymbol{H}=\mathbf{0}$，第一步可以省略。

表 2.9　复合刚体算法计算 JSIM

inputs：*model*，*RNEA partial results*

output：$\boldsymbol{H}$

model data：N_B，$p(i)$，$\boldsymbol{I}_i$

RNEA data：$\boldsymbol{\Phi}_i$，${}^{i}\boldsymbol{X}_{p(i)}$

$\boldsymbol{H}=\mathbf{0}$

for $i=1$ **to** N_B **do**

　$\boldsymbol{I}_i^C=\boldsymbol{I}_i$

end

for $i=N_B$ **to** 1 **do**

　$\boldsymbol{F}=\boldsymbol{I}_i^C\boldsymbol{\Phi}_i$

　$\boldsymbol{H}_{ii}=\boldsymbol{\Phi}_i^{\mathrm{T}}\boldsymbol{F}$

　if $p(i)\neq 0$ **then**

　　$\boldsymbol{I}_{p(i)}^C=\boldsymbol{I}_{p(i)}^C+{}^{i}\boldsymbol{X}_{p(i)}^{\mathrm{T}}\boldsymbol{I}_i^{Ci}\boldsymbol{X}_{p(i)}$

　end

　$j=i$

　while $p(j)\neq 0$ **do**

　　$\boldsymbol{F}={}^{i}\boldsymbol{X}_{p(i)}^{\mathrm{T}}\boldsymbol{F}$

　　$j=p(j)$

　　$\boldsymbol{H}_{ij}=\boldsymbol{F}^{\mathrm{T}}\boldsymbol{\Phi}_j$

　　$\boldsymbol{H}_{ji}=\boldsymbol{H}_{ij}^{\mathrm{T}}$

　end

end

计算出 $\boldsymbol{C}\dot{\mathbf{q}}+\boldsymbol{\tau}_{\mathrm{g}}$和 $\boldsymbol{H}$ 后，最后一步是在式（2.83）中对 $\ddot{\mathbf{q}}$ 求解，可采用标准的 Cholesky 分解或 $\boldsymbol{LDL}^{\mathrm{T}}$ 分解来完成。注意 $\boldsymbol{H}$ 可能具有高病态性[2.26]，这反映了运动树本身潜在具有病态性，故推荐在正向动力学计算中，每一步都采用双精度算法（本建议也适用于 ABA）。

式（2.85）表示如果运动树上有分支，则 $\boldsymbol{H}$ 的一些元素自动为零。图 2.8 为这种影响的例子，可以看出近半数的元素为零，因而有可能利用稀疏性进行分解，其算法描述见参考文献［2.25］。根据树的分支量大小，稀疏算法有时会比标准算法快许多倍。

2.5.4　操作空间惯性矩阵

操作空间矩阵（OSIM）可用两种算法计算。第一种是 $O(n^3)$ 算法，它采用 OSIM 的基本定义，随同 JSIM 一起进行有效的分解；第二种是 $O(n)$ 算法，它是基于正向动力学问题的有效解。

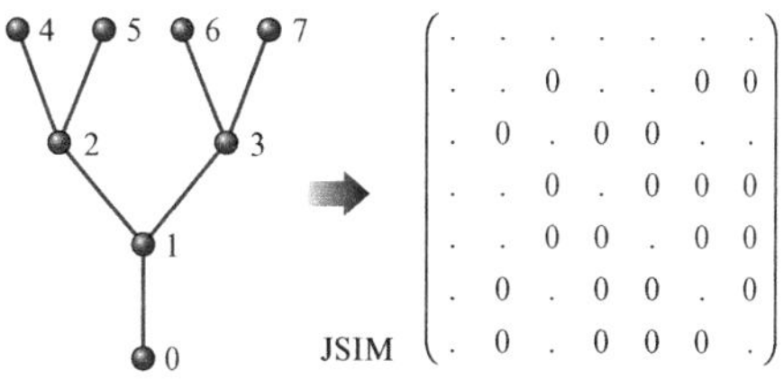

图 2.8　分支引起的稀疏性：运动树上的分支致使 JSIM 的某些元素为 0

1. 采用基本定义的算法

如果机器人具有较少相关自由度（如 6 个），则计算 OSIM 最有效的方法是通过式（2.52）进行，其过程如下：

1）通过 CRBA 计算 $\boldsymbol{H}$。

2）将 $\boldsymbol{H}$ 分解为 $\boldsymbol{H}=\boldsymbol{LL}^{\mathrm{T}}$（Cholesky 分解）。

3）使用回代计算 $\boldsymbol{Y}=\boldsymbol{L}^{-1}\boldsymbol{J}^{\mathrm{T}}$。

4）$\boldsymbol{\Lambda}^{-1}=\boldsymbol{Y}^{\mathrm{T}}\boldsymbol{Y}$。

5）分解 $\boldsymbol{\Lambda}^{-1}$（可选）。

最后一步唯一可能是，末端执行器具有完整的 6 个自由度，且需要用到 $\boldsymbol{\Lambda}$ 而不是 $\boldsymbol{\Lambda}^{-1}$。第二步中，对于有分支的运动树，可用 $\boldsymbol{LDL}^{\mathrm{T}}$分解代替 $\boldsymbol{LL}^{\mathrm{T}}$分解，或者采用参考文献［2.25］中描述的分解方法。

式（2.38）中的其他项可由式（2.53）和式（2.54）计算得到。特别地，式（2.38）可写成如下形式

$$\dot{\boldsymbol{v}}+\boldsymbol{\Lambda}^{-1}(\boldsymbol{x})[\boldsymbol{\mu}(\boldsymbol{x},\mathbf{v})+\boldsymbol{\rho}(\boldsymbol{x})]=\boldsymbol{\Lambda}^{-1}(\boldsymbol{x})\mathbf{f} \tag{2.87}$$

而且，$\boldsymbol{\Lambda}^{-1}(\boldsymbol{\mu}+\boldsymbol{\rho})$ 可通过下述公式计算

$$\boldsymbol{\Lambda}^{-1}(\boldsymbol{\mu}+\boldsymbol{\rho})=\boldsymbol{J}\boldsymbol{H}^{-1}(\boldsymbol{C}\dot{\mathbf{q}}+\boldsymbol{\tau}_{\mathrm{g}})-\dot{\boldsymbol{J}}\dot{\mathbf{q}} \tag{2.88}$$

式中，$\dot{\boldsymbol{J}}\dot{\mathbf{q}}$ 项是式（2.50）中末端执行器的速度积形式的加速度，它可由 RNEA 的式（2.84）计算 $\boldsymbol{C}\dot{\mathbf{q}}+\boldsymbol{\tau}_{\mathrm{g}}$时顺便得到。特别地，$\dot{\boldsymbol{J}}\dot{\mathbf{q}}=\mathbf{a}_{ee}-\mathbf{a}_0$，这里 $\mathbf{a}_{ee}$是计算得到的末端执行器的加速度（在同一个坐标系时用 $\dot{\mathbf{v}}$ 表示），$\mathbf{a}_0$是基加速度 $-\mathbf{a}_g$。

2. $O(n)$ 算法

当 n 值足够大时，采用 $O(n)$ 算法更为有效，这种算法更多详情见参考文献［2.27-29］。本节给出了更简单的算法，它是基于关节空间正向动力学问题的 $O(n)$ 算法（例如通过 ABA）。它是单位力方法[2.28]的一种变体，用于计算 OSIM 的逆。

从式（2.87）中开始，观察到 $\boldsymbol{\Lambda}^{-1}$仅是位置的函数，动力学方程中的一些项可以忽略而不影响其值。

特别是当关节速度 $\dot{\mathbf{q}}$、关节力 $\boldsymbol{\tau}$ 以及重力均设为零时，$\boldsymbol{\Lambda}$ 的值将保持不变，在这种条件下：

$$\dot{\mathbf{v}} = \boldsymbol{\Lambda}^{-1}\mathbf{f} \tag{2.89}$$

我们定义一个六维坐标矢量 $\hat{\mathbf{e}}_i$，令其值在第 i 个坐标时为1，其余地方都为零。如果在式（2.89）中令 $\mathbf{f}=\hat{\mathbf{e}}_i$，则 $\dot{\mathbf{v}}$ 将等于 $\boldsymbol{\Lambda}^{-1}$ 的第 i 列。我们同样定义函数 $FD(i, j, \mathbf{q}, \dot{\mathbf{q}}, \mathbf{a}_0, \boldsymbol{\tau}, \mathbf{f})$，它执行正向动力学计算，并返回连杆 i 的真实加速度（$\mathbf{a}_i - \mathbf{a}_0$），它在同一个坐标系时表示为 $\mathbf{f}$（通常是基坐标）。自变量 $\mathbf{q}$、$\dot{\mathbf{q}}$ 和 $\boldsymbol{\tau}$ 分别设为关节位置、速度和力变量的值。这里 j 和 $\mathbf{f}$ 指施加于连杆 j 的外力 $\mathbf{f}$。自变量 $\mathbf{a}_0$ 为包含重力影响的虚拟基的加速度，其值设为 $\mathbf{0}$ 或 $-\mathbf{a}_g$。

通过上述定义，得到

$$(\boldsymbol{\Lambda}^{-1})^i = FD(ee, ee, \mathbf{q}, \mathbf{0}, \mathbf{0}, \mathbf{0}, \hat{\mathbf{e}}_i) \tag{2.90}$$

及

$$\boldsymbol{\Lambda}^{-1}(\boldsymbol{\mu}+\boldsymbol{\rho}) = -FD(ee, ee, \mathbf{q}, \dot{\mathbf{q}}, -\mathbf{a}_g, \boldsymbol{\tau}, \mathbf{0}), \tag{2.91}$$

式中，$(\boldsymbol{\Lambda}^{-1})^i$ 是 $\boldsymbol{\Lambda}^{-1}$ 的第 i 列，ee 为末端执行器的构件数。因此式（2.87）的系数可以采用表2.10的算法计算出来，此算法复杂度为 $O(n)$。

表2.10 用于计算操作空间惯性矩阵的逆及其他项的算法

for $j=1$ **to** 6 **do**

$\quad \dot{\mathbf{v}}^j = FD(ee, ee, \mathbf{q}, \mathbf{0}, \mathbf{0}, \mathbf{0}, \hat{\mathbf{e}}_j)$

end

$\boldsymbol{\Lambda}^{-1} = [\dot{\mathbf{v}}^1\ \dot{\mathbf{v}}^2 \cdots \dot{\mathbf{v}}^6]$

$\boldsymbol{\Lambda}^{-1}(\boldsymbol{\mu}+\boldsymbol{\rho}) = -FD(ee, ee, \mathbf{q}, \dot{\mathbf{q}}, -\mathbf{a}_g, \boldsymbol{\tau}, \mathbf{0})$

注意当计算 $\boldsymbol{\Lambda}^{-1}$ 有如下情形时，计算效率会显著提高：ABA算法中 $\mathbf{v}_i$、$\boldsymbol{\zeta}_i$ 和 $\boldsymbol{\tau}_i$ 可设为零（见表2.8），且 $\boldsymbol{I}_i^A$ 及一些量（与 $\boldsymbol{U}_i$ 和 $\boldsymbol{D}_i$ 相关）只需计算一次，因为它们不随作用力而改变。此外，该方法可用于多个末端执行器，它通过调节 FD 来接受末端执行器构件数列表，放入第1个自变量中，并返回一个包含所有指定构件加速度的复合矢量。表2.10中的算法附上一个for循环来控制 FD 的第2个自变量，并遍及所有末端执行器构件数进行迭代[2.19]。然而对于只有几个末端执行器的情况，Lilly[2.28]的力传播方法应更适于提高计算效率。如果有 m 个末端执行器，则复杂度为 $O(m\,n)$。

2.6 运动环

上节中所有算法都是用于运动树的，本节将最后提供一种算法，用于闭环系统的正向动力学问题。该算法对于闭环系统的生成树问题补充了运动体的动力学方程，以及闭环约束方程，给出了三种不同的方法来求解由此产生的线性方程组，并给出了一种用于计算闭环约束的有效算法。

与运动树相比，带有封闭运动环的系统，具有更复杂的动力学特性，例如：

1）运动树的运动自由度是固定的，而闭环系统的运动自由度可以变化。

2）运动树中，瞬时运动自由度总是与有限运动自由度相同，但它们在闭环系统中可以不同。

3）运动树中每个力均可确定，而闭环系统中的某些力可为不确定。只要闭环系统是过约束的，这种情况就会出现。

图2.9为这种现象的两个例子。在图2.9a的机构中，没有有限运动自由度，但有两个无限小运动自由度。图2.9b所示的机构，当 $\theta \neq 0$ 时有一个自由度，而如果 $\theta=0$，则两个臂 A 和 B 能独立运动，机构有两个自由度。此外，在这两个运动的状态边界上，机构具有3个无限小运动自由度。这两种机构都是平面的，均为过约束情况，因此关节约束力的面外分量是不确定的。这类不确定性对机构运动无影响，但它使动力学计算变得复杂。

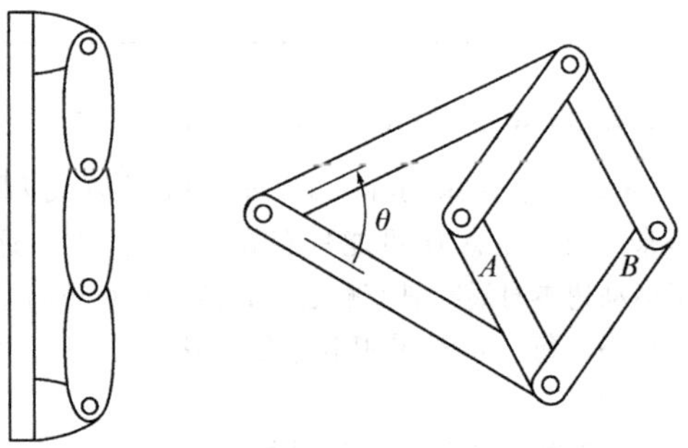

a) b)

图2.9 病态闭环系统

2.6.1 闭环算法公式

一个闭环系统可以模拟为受到一组闭环约束力的生成树，如果

$$\boldsymbol{H}\ddot{\mathbf{q}} + \boldsymbol{C}\dot{\mathbf{q}} + \boldsymbol{\tau}_g = \boldsymbol{\tau}$$

是生成树自身的运动方程，则闭环系统的运动方程为

$$H\ddot{\mathbf{q}} + C\dot{\mathbf{q}} + \boldsymbol{\tau}_g = \boldsymbol{\tau} + \boldsymbol{\tau}^a + \boldsymbol{\tau}^c \tag{2.92}$$

式中，$\boldsymbol{\tau}^a$和$\boldsymbol{\tau}^c$分别为用生成树广义力坐标表示的闭环主动力和约束力矢量。$\boldsymbol{\tau}^a$为已知量，而$\boldsymbol{\tau}^c$未知，$\boldsymbol{\tau}^a$来自作用于闭环关节的力元件（弹簧、阻尼器和驱动器），如果没有这类元件，则$\boldsymbol{\tau}^a = \mathbf{0}$。

闭环约束限制了生成树的运动，在加速度级别，这些约束可以表示为线性方程的形式

$$L\ddot{\mathbf{q}} = \mathbf{l} \tag{2.93}$$

式中，L为$n^c \times n$的矩阵；n^c是缘于闭环关节的约束数，用公式给定如下：

$$n^c = \sum_{k=N_B+1}^{N_J} n_k^c \tag{2.94}$$

式中，n_k^c为关节k施加的约束数。如果$rank(L) < n^c$，则闭环约束线性相关，且闭环机构为过约束。闭环系统的机动性，即它的自由度，由以下公式给出

$$\text{mobility} = n - rank(L) \tag{2.95}$$

给出了式（2.93）形式的约束方程，接下来约束力可表示为

$$\boldsymbol{\tau}^c = L^T\boldsymbol{\lambda} \tag{2.96}$$

式中，$\boldsymbol{\lambda} = (\boldsymbol{\lambda}_{N_B+1}^T \cdots \boldsymbol{\lambda}_{N_J}^T)^T$为$n^c \times 1$的未知约束变量的矢量（或称拉格朗日乘子）。如果机构为过约束，则L^T将为零空间，且$\boldsymbol{\lambda}$位于此零空间的分量将不确定。

通常可以预先确定冗余约束。例如，如果运动环已知为平面，则面外的闭环约束是多余的。在这种情况下，有利于消除相关L的行，以及$\boldsymbol{l}$和$\boldsymbol{\lambda}$的元素，$\boldsymbol{\lambda}$的移除元素可赋值为零。

对于闭环系统，由式（2.92）、式（2.93）及式（2.96）可得如下运动方程

$$\begin{pmatrix} H & L^T \\ L & \mathbf{0} \end{pmatrix}\begin{pmatrix} \ddot{\mathbf{q}} \\ -\boldsymbol{\lambda} \end{pmatrix} = \begin{pmatrix} \boldsymbol{\tau} + \boldsymbol{\tau}^a - (C\dot{\mathbf{q}} + \boldsymbol{\tau}_g) \\ \mathbf{l} \end{pmatrix} \tag{2.97}$$

系统矩阵对称，但为不定。如果L为满秩，则系统矩阵为非奇异矩阵；否则将是奇异的，且$\boldsymbol{\lambda}$的一个或多个元素将不确定。

方程式（2.97）可通过下列任一种方法求解：

1）直接对$\ddot{\mathbf{q}}$和λ求解。

2）先解$\boldsymbol{\lambda}$，再用其结果求解$\ddot{\mathbf{q}}$。

3）由式（2.93）求解$\ddot{\mathbf{q}}$，把结果带入式（2.92），消去未知约束力，再求解剩余的未知量。

方法1）是最简单的，但通常效率最低，此方法适用于当系统矩阵为非奇异的情况。当系统矩阵为$(n+n^c)\times(n+n^c)$时，此方法复杂度为$O((n+n^c)^3)$。

方法2）对于$n >> n^c$的情况特别有用，并可在生成树上采用$O(n)$算法[2.6]，由式（2.97）得

$$LH^{-1}L^T\boldsymbol{\lambda} = \mathbf{l} - LH^{-1}[\boldsymbol{\tau} + \boldsymbol{\tau}^a - (C\dot{\mathbf{q}} + \boldsymbol{\tau}_g)] \tag{2.98}$$

通过$O(n)$算法，方程可在$O(n(n^c)^2)$操作中用公式表示，在$O((n^c)^3)$求解。一旦$\boldsymbol{\lambda}$已知，$\boldsymbol{\tau}^c$可由式（2.96）在$O(n\ n^c)$操作中计算，且通过$O(n)$算法在式（2.96）中求解，故总的复杂度为$O(n(n^c)^2+(n^c)^3)$。如果L欠秩，则$LH^{-1}L^T$将是奇异的，但仍为半正定矩阵。与式（2.97）中的不定系统矩阵的奇异情况相比，提出的分解方法稍微容易些。

方法3）适用于当$n-n^c$值很小，或者当L预期为欠秩的情况。式（2.93）通过高斯消元法的专用版（或类似的程序）求解，它配备了数值秩检验程序，其目的是求解欠确定系统。其解是一个方程的形式

$$\ddot{\mathbf{q}} = Ky + \ddot{\mathbf{q}}_0$$

式中，$\ddot{\mathbf{q}}_0$为式（2.93）的任一特解；K为$n\times(n-rank(L))$矩阵，并有$LK=\mathbf{0}$；y为具有$n-rank(L)$个未知数的矢量（通常，y与$\ddot{\mathbf{q}}$元素的子集线性无关）。将$\ddot{\mathbf{q}}$的表达式带入式（2.92），并两边左乘K^T消去$\boldsymbol{\tau}^c$，得到

$$K^THKy = K^T(\boldsymbol{\tau} + \boldsymbol{\tau}^a - (C\dot{\mathbf{q}} + \boldsymbol{\tau}_g) - H\ddot{\mathbf{q}}_0) \tag{2.99}$$

这种方法也具有立方关系的复杂度，但如果$n-n^c$很小时，此方法是最有效的。有报告称此方法比方法1）更稳定[2.30]。

2.6.2 闭环算法

计算H和$C\dot{\mathbf{q}} + \boldsymbol{\tau}_g$算法可分别在2.5.3节和2.5.1节中找到，这里只剩下L、$\boldsymbol{l}$和$\boldsymbol{\tau}^a$三个待求值。为简单起见，我们假设所有的闭环关节均为零自由度关节。为不失一般性，假设：将连杆切开用关节代替，简单形成开环（见图2.10）。然而这样做可能会导致损失部分效率。在这个假设下，我们只需要计算L和$\boldsymbol{l}$，因为$\boldsymbol{\tau}^a = \mathbf{0}$。

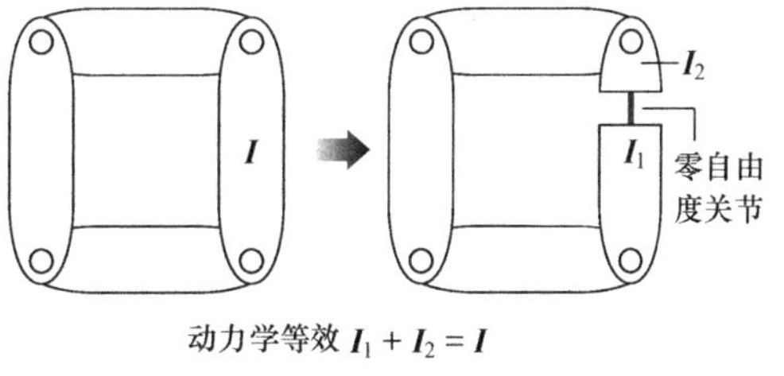

图2.10 在准备将环切开的地方插入一个零自由度关节

1. 环约束

一般情况下对于环 k，速度约束方程为

$$(\boldsymbol{\psi}_k^c)^{\mathrm{T}}(\mathbf{v}_{s(k)}-\mathbf{v}_{p(k)})=\mathbf{0} \tag{2.100}$$

加速度约束为

$$(\boldsymbol{\psi}_k^c)^{\mathrm{T}}(\mathbf{a}_{s(k)}-\mathbf{a}_{p(k)})+(\dot{\boldsymbol{\psi}}_k^c)^{\mathrm{T}}(\mathbf{v}_{s(k)}-\mathbf{v}_{p(k)})=\mathbf{0} \tag{2.101}$$

然而，如果每个闭环关节均为零自由度，则上述方程简化为

$$\mathbf{v}_{s(k)}-\mathbf{v}_{p(k)}=\mathbf{0} \tag{2.102}$$

$$\mathbf{a}_{s(k)}-\mathbf{a}_{p(k)}=\mathbf{0} \tag{2.103}$$

定义一个环雅可比（loop Jacobian）矩阵 $\boldsymbol{J}_k$，它具有以下特性

$$\mathbf{v}_{s(k)}-\mathbf{v}_{p(k)}=\boldsymbol{J}_k\dot{\mathbf{q}} \tag{2.104}$$

式中，$\boldsymbol{J}_k$ 为 $6\times n$ 的矩阵，用公式定义为

$$\boldsymbol{J}_k=(e_{1k}\boldsymbol{\Phi}_1\cdots e_{N_Bk}\boldsymbol{\Phi}_{N_B}) \tag{2.105}$$

其中

$$e_{ik}=\begin{cases}+1 & \text{如果 } s(k)\in c^*(i)\text{，且 } p(k)\notin c^*(i)\\ -1 & \text{如果 } p(k)\in c^*(i)\text{，且 } s(k)\notin c^*(i)\\ 0 & \text{其他}\end{cases}$$

换言之，如果关节 i 取决于路径 $s(k)$ 而不是 $p(k)$，则 $e_{ik}=+1$；如果关节 i 取决于路径而 $p(k)$ 不是 $s(k)$，则 $e_{ik}=-1$；而当关节 i 同时取决于两条路径或者都不是时，则 $e_{ik}=0$。

环加速度约束可记为

$$\begin{aligned}\mathbf{0}&=\mathbf{a}_{s(k)}-\mathbf{a}_{p(k)}\\&=\boldsymbol{J}_k\ddot{\mathbf{q}}+\dot{\boldsymbol{J}}_k\dot{\mathbf{q}}\\&=\boldsymbol{J}_k\ddot{\mathbf{q}}+\mathbf{a}_{s(k)}^{\mathrm{vp}}-\mathbf{a}_{p(k)}^{\mathrm{vp}}\end{aligned} \tag{2.106}$$

式中，$\mathbf{a}_i^{\mathrm{vp}}$ 是连杆 i 的速度积形式的加速度，这是当 $\ddot{\mathbf{q}}$ 为零时连杆可能具有的加速度。每个连杆的速度积加速度在式（2.84）计算 $\boldsymbol{C}\dot{\mathbf{q}}+\boldsymbol{\tau}_g$ 时一并计算。如果用 RNEA 计算 $\boldsymbol{C}\dot{\mathbf{q}}+\boldsymbol{\tau}_g$，则 $\mathbf{a}_i^{\mathrm{vp}}$ 将具有 $\mathbf{a}_i$ 的值，其通过 RNEA 计算时加速度变量设为零。

矩阵 $\boldsymbol{L}$ 和 $\boldsymbol{l}$ 现在可表示为如下形式：

$$\boldsymbol{L}=\begin{pmatrix}\boldsymbol{L}_{N_B+1}\\ \vdots\\ \boldsymbol{L}_{N_J}\end{pmatrix},\quad \boldsymbol{l}=\begin{pmatrix}\boldsymbol{l}_{N_B+1}\\ \vdots\\ \boldsymbol{l}_{N_J}\end{pmatrix} \tag{2.107}$$

其中

$$\boldsymbol{L}_k=\boldsymbol{J}_k \tag{2.108}$$

$$\boldsymbol{l}_k=\mathbf{a}_{s(k)}^{\mathrm{vp}}-\mathbf{a}_{p(k)}^{\mathrm{vp}} \tag{2.109}$$

2. 约束稳定性

在实际中，因为存在数值积分误差，必须控制闭环约束的稳定性，否则模拟计算中就会发散。这项标准技术应归功于 Baumgarte [2,3,7,31]，他将每个约束方程由 $a_e=0$ 形式替换为

$$a_e+K_v\nu_e+K_pp_e=0$$

式中，a_e、ν_e 和 p_e 分别为加速度误差、速度误差和位置误差，且 K_v 和 K_p 为正常数。通常选择一个时间常数 t_c，它主要根据期望多快到该位置和速度误差的衰减来确定，然后由公式 $K_v=2/t_c$、$K_p=1/t_c^2$ 来给定 K_v、K_p。然而，选择 t_c 并没有一个很好的标准。如果 t_c 时间太长，闭环误差的累积快于衰减；如果 t_c 太短，则运动方程变硬，造成数值积分精度损失。对于大而速度慢的工业机器人，合理值取为 $t_c=0.1$，而对于小而快的机器人，可以设为 $t_c=0.01$。

将稳定性项代入约束方程，则式（2.109）替换为

$$\boldsymbol{l}_k=\mathbf{a}_{p(k)}^{\mathrm{vp}}-\mathbf{a}_{s(k)}^{\mathrm{vp}}-K_v(\mathbf{v}_{s(k)}-\mathbf{v}_{s(k)})-K_p\mathbf{p}_{ek} \tag{2.110}$$

式中，$\mathbf{p}_{ek}$ 为矢量，表示环 k 的位置误差。在绝对坐标系下（即连杆0坐标系），$\mathbf{p}_{ek}$ 给定如下：

$$\mathbf{p}_{ek}=\text{x\_to\_vec}({}^0\boldsymbol{X}_{p(k)}\boldsymbol{X}_{L1}^{-1}(k)\boldsymbol{X}_{L2}(k)^{s(k)}\boldsymbol{X}_0) \tag{2.111}$$

式中，$\boldsymbol{X}_{L1}(k)$ 和 $\boldsymbol{X}_{L2}(k)$ 变换在式（2.62）和式（2.63）中定义过，对于关节 k 见图2.4。x_to_vec$({}^B\boldsymbol{X}_A)$ 用于计算从坐标系 A 到 B 的近似位移，假定此位移为无限小。x_to_vec 定义如下：

$$\text{x\_to\_vec}(\boldsymbol{X})=\frac{1}{2}\begin{pmatrix}X_{23}-X_{32}\\X_{31}-X_{13}\\X_{12}-X_{21}\\X_{53}-X_{62}\\X_{61}-X_{43}\\X_{42}-X_{51}\end{pmatrix} \tag{2.112}$$

3. 算法

作为一个特例，即当所有闭环关节都具有零自由度时，表2.11给出了用于计算 $\boldsymbol{L}$ 和 $\mathbf{l}$ 的算法。为实现对每个量进行简单而高效的变换，需要将闭环约束公式放入单一坐标系中。在绝对坐标系下的情形时（连杆0），则不需要进一步变换。

第一个循环计算绝对坐标到连杆坐标的变换，并将 $\boldsymbol{\Phi}_i$ 变换到绝对坐标系下，这里 $\boldsymbol{\Phi}_i$ 仅在闭环约束中才需要变换。

第二个循环根据式（2.105）计算 $\boldsymbol{L}$ 的非零元素，可以为稀疏。内 while 循环在循环的根部终止，它为连杆 $p(k)$ 和 $s(k)$ 的最高编号数（共祖），如果没有其他共祖，则它为固定基。通过方程式（2.110），在绝对坐标系下计算出 $\mathbf{l}$ 后，第二循环终止。

表 2.11 闭环约束算法

inputs: *model*, *RNEA partial results*
output: $\boldsymbol{L}$, $\mathbf{I}$
model data: N_B, $p(i)$, N_J, $p(k)$, $s(k)$, $\boldsymbol{LB}(i)$,
　　$\boldsymbol{X}_{L1}(k)$, $\boldsymbol{X}_{L2}(k)$, $\boldsymbol{K}_{\mathrm{p}}$, $\boldsymbol{K}_{\mathrm{v}}$
RNEA data: $\boldsymbol{\Phi}_i$, ${}^{i}\boldsymbol{X}_{p(i)}$, $\mathbf{v}_{p(k)}$, $\mathbf{v}_{s(k)}$, $\mathbf{a}^{\mathrm{vp}}_{p(k)}$, $\mathbf{a}^{\mathrm{vp}}_{s(k)}$
for $i = 1$ **to** N_B **do**
　if $p(i) \neq 0$ **then**
　　${}^{i}\boldsymbol{X}_0 = {}^{i}\boldsymbol{X}_{p(i)}\,{}^{p(i)}\boldsymbol{X}_0$
　end
　if $LB(i) \neq \mathrm{null}$ **then**
　　${}^{0}\boldsymbol{\Phi}_i = {}^{i}X_0^{-1}\boldsymbol{\Phi}_i$
　end
end
$\boldsymbol{L} = \mathbf{0}$
for $k = N_B + 1$ **to** N_J **do**
　$i = p(k)$
　$j = s(k)$
　while $i \neq j$ **do**
　　if $i > j$ **then**
　　　$\boldsymbol{L}_{k,i} = -{}^{0}\boldsymbol{\Phi}_i$
　　　$i = p(i)$
　　else
　　　$\boldsymbol{L}_{k,j} = {}^{0}\boldsymbol{\Phi}_j$
　　　$j = p(j)$
　　end
　end
　$\mathbf{a}_e = {}^{s(k)}\boldsymbol{X}_0^{-1}\mathbf{a}^{\mathrm{vp}}_{s(k)} - {}^{p(k)}\boldsymbol{X}_0^{-1}\mathbf{a}^{\mathrm{vp}}_{p(k)}$
　$\mathbf{v}_e = {}^{s(k)}\boldsymbol{X}_0^{-1}\mathbf{v}_{s(k)} - {}^{p(k)}\boldsymbol{X}_0^{-1}\mathbf{v}_{p(k)}$
　$\mathbf{p}_e = \mathrm{x\_to\_vec}\ ({}^{p(k)}\boldsymbol{X}_0^{-1}\boldsymbol{X}_{L1}^{-1}(k)\boldsymbol{X}_{L2}(k)\,{}^{s(k)}\boldsymbol{X}_0)$
　$\boldsymbol{l}_k = -\mathbf{a}_e - \boldsymbol{K}_{\mathrm{v}}\mathbf{v}_e - \boldsymbol{K}_{\mathrm{p}}\mathbf{p}_e$
end

2.7 结论与扩展阅读

本章提出了应用于机器人机构的刚体动力学基本原理，主要包含以下主题：空间矢量代数，它提供了用于描述和实现动力学方程及算法的简明记法；机器人学中最常用的运动正则方程；如何构建机器人的动力学模型；几个基于模型的有效算法，用于计算逆向动力学、正向动力学，以及关节空间和操作空间惯性矩阵。

另外还有许多动力学领域的主题本章没有提及，但会在本书后面章节中讲述。有关弹性连杆和关节的机器人动力学问题见第 13 章；动态模型参数识别问题见第 14 章；第 27 章讲述了机器人与外界目标之间物理接触的动力学问题；第 45 章讲述了具有浮基的机器人动力学问题。

在本章结束之际，做一些阅读提示，机器人运动学简史见参考文献［2.32］，更多涉及机器人动力学的问题可以从这些书籍中找到，见参考文献［2.8，10，15，28，33-35］。最后，对扩展阅读提出如下建议。

2.7.1 多体动力学

机器人动力学可视为更为广泛的多体动力学学科的一个子集或一种具体应用。有关多体动力学的书籍包括参考文献［2.3，14，31，3-41］。当然，多体动力学又是经典力学的一个子集，它的数学基础可以在任意一本经典力学的书中找到，如参考文献［2.13］。

2.7.2 替代表示法

本章采用空间矢量来表示运动方程。另外还有各种可选的替代方法用于空间矢量表示，如其他类型的六维矢量、三维矢量、4×4 矩阵以及空间算子代数等。所有的六维矢量形式是相似的，但又不完全相同。主要的供选方案有：旋量[2.10-12]、对偶矢量[2.42]、李代数[2.12,43]，以及一些特别的记法，其中一种特别记法是将三维矢量都组成对，用以减小代数式的体积。三维矢量形式用于大多数经典力学和多体教科书中，它也是六维矢量和 4×4 矩阵的前身。4×4 矩阵在机器人学领域广受欢迎，因为它非常适用于运动学，但对动力学则没那么有用。4×4 矩阵的动力学公式见参考文献［2.33，44，45］。空间矢量代数由 JPL 实验室（Jet Propulsion Laboratory）的 Rodriguez 等人提出，它采用 $6N$ 维矢量和 $6N \times 6N$ 矩阵，后者被当做一个线性算子，这种记法的例子见参考文献［2.46-48］。

2.7.3 替代公式

本章采用的运动方程矢量公式通常称作牛顿-欧拉公式。主要的替代公式为拉格朗日公式，其运动方程通过拉格朗日方程得到，拉格朗日公式的例子见参考文献［2.9，10，17，49，50］。另外，凯恩（Kane）方法也可用于机器人学中[2.51,52]。

2.7.4 效率

因为实时执行，特别是实时控制的需要，机器人界非常关注计算的效率问题。对于逆向动力学，Luh 等人的 $O(n)$ 递归牛顿-欧拉算法（RNEA）仍然是最重要的算法，该算法的进一步改进见参考文献［2.53，54］。对于正向动力学，本章列举的两种算法，仍可作为计算中的重点考虑：Featherstone 提出的 $O(n)$ 关节体算法（ABA）[2.1]，以及 Walker 和 Orin 的基于复合刚体算法（CRBA）的 $O(n^3)$ 算法[2.5]。ABA 方法经过多年改进[2.15,16,24]，对于 n 值很小的情况，它比 CRBA 效率更高。然而，随着近年 CRBA 在有分支的运动树问题[2.25]和机器人运动控制系统的应用[2.55]，CRBA 方法的优势逐渐展现。

对于关节空间惯性矩阵，CRBA 仍是目前最重要的算法[2.5]，多年来也进行了若干改进和修正，以提高计算效率[2.15,56-58]。对于操作空间惯性矩阵，提出了有效的 $O(n)$ 算法[2.27-29]，并应用于日益复杂的系统[2.19]。

2.7.5 精度

精度问题主要涉及动力学算法的数值精度、模拟精度（即数值积分精度），以及动力学模型精度。与效率相比，动力学算法的数值精度很少受到关注。虽然 RNEA、CRBA 和 ABA 都已通过了各种刚体系统的精度测试，但还不能说其他算法都能通过测试。刚体系统经常是病态的，在这个意义上，一个小的外力变化（或者模型参数变化），就会导致加速度的很大变化。Featherstone 研究了这一现象[2.26]，他发现随着构件数的增加，病态情形会变差，在最坏的情况下，病态增长与 $O(n^4)$ 成正比。关于这一主题的其他文献见参考文献［2.8，30，59，60］。

2.7.6 软件包

对于多体系统，特别是机器人系统，已开发了许多软件包，用于动力学问题的仿真。为积分方便，其中一些是用 MATLAB ® 编写的用于分析、控制及仿真的程序。这些程序大多都是开源的，有些则是以很低的价格提供给用户。这些软件能力上的不同主要体现在计算速度、拓扑及关节模型支持、精度、基本的动力学公式及相关的复杂度、用户界面图形支持、数值积分程序、与其他代码的集成、应用支持、价格等。其中常用的软件包有：Adams[2.61]、Autolev[2.62]、DynaMechs[2.63]、Open Dynamics Engine[2.64]、Robotics Studio[2.65]、Robotics Toolbox[2.66]、SD/FAST[2.67]、SimMechanics[2.68]，以及 Webots[2.69]。

2.7.7 符号简化

符号简化技术采用通用的动力学算法，经符号处理后用于具体的动力学模型，其结果为一个任务陈述列表。要是该算法以前曾经执行过，列表就会详细列出算法现在将要如何运行，然后检查和修剪所有不必要的计算，余下的有用程序用计算机源代码形式输出到一个文本文件中。这个生成的代码在运行时比采用原始通用算法的代码要快 10 倍，但这只适用于具体的单个动力学模型。Autolev[2.62]和 S/DFAST[2.67]软件都采用这种技术，其他有关动力学符号简化的出版物包括参考文献［2.70-75］。

2.7.8 并行计算算法

为加快动力学计算速度，开发了许多算法用于并行计算机和流水计算机。对于逆向动力学，早期的工作集中在将 $O(n)$ RNEA 用到 n 个处理器上[2.76,77]，随后出现了 $O(\log_2 n)$ 算法[2.78,79]。对于用 $O(n^2)$ CRBA 计算关节空间惯性矩阵，起初是对 n 个处理器，用 $O(\log_2 n)$ 算法计算复合刚体惯量和矩阵的对角元素[2.80,81]，后来对 $O(n^2)$ 个处理器采用 $O(\log_2 n)$ 算法计算整个矩阵[2.82,83]。对于正向动力学，多机械臂系统的加速，主要依靠并行/流水超级计算机获得[2.84]。这方面起初开发了 n 个处理器的 $O(\log_2 n)$ 算法，用于无分支的串行链[2.85]，最近的研究主要集中在用 $O(\log_2 n)$ 算法处理更为复杂的结构[2.60,86,87]。

2.7.9 变拓扑系统

许多机器人机构，其拓扑结构会随时间变化，因为接触条件（特别是外界环境）发生了变化，如在有腿车中，采用柔性地面接触模型来计算接触力，可将闭环结构简化为树结构[2.88]，然而遇到接触面很坚硬的情况，就会产生数值积分问题。最近的研究工作[2.35,89]，提出了硬接触约束假设。采用这种方法可大大减少坐标变量的个数，而这些变量数在通用运动分析系统中，则可能是必须的[2.38]。同时，当结构变化时，它们能自动识别变量；在构型改变后，能提出相应的方法，用于计算速度边界条件[2.35,89]。

参考文献

2.1 R. Featherstone: The Calculation of Robot Dynamics using Articulated-Body Inertias, Int. J. Robot. Res. **2**(1), 13–30 (1983)

2.2 J.J. Craig: *Introduction to Robotics: Mechanics and Control*, 3rd edn. (Pearson Prentice Hall, Upper Saddle River, NJ 2005)

2.3 R.E. Roberson, R. Schwertassek: *Dynamics of Multibody Systems* (Springer-Verlag, Berlin/Heidelberg/New York 1988)

2.4 J.Y.S. Luh, M.W. Walker, R.P.C. Paul: On-Line Computational Scheme for Mechanical Manipulators, Trans. ASME J. Dyn. Syst. Measur. Control **102**(2), 69–76 (1980)

2.5 M.W. Walker, D.E. Orin: Efficient Dynamic Computer Simulation of Robotic Mechanisms, Trans. ASME J. Dyn. Syst. Measur. Control **104**, 205–211 (1982)

2.6 D. Baraff: Linear-Time Dynamics using Lagrange Multipliers, Proc. SIGGRAPH '96 (New Orleans 1996) pp. 137–146

2.7 J. Baumgarte: Stabilization of Constraints and Integrals of Motion in Dynamical Systems, Comput. Methods Appl. Mech. Eng. **1**, 1–16 (1972)

2.8 R. Featherstone: *Rigid Body Dynamics Algorithms* (Springer, Berlin, Heidelberg 2007)

2.9 R.M. Murray, Z. Li, S.S. Sastry: *A Mathematical Introduction to Robotic Manipulation* (CRC, Boca Raton, FL 1994)

2.10 J. Angeles: *Fundamentals of Robotic Mechanical Systems*, 2nd edn. (Springer-Verlag, New York 2003)

2.11 R.S. Ball: *A Treatise on the Theory of Screws* (Cambridge Univ. Press, London 1900), Republished (1998)

2.12 J.M. Selig: *Geometrical Methods in Robotics* (Springer, New York 1996)

2.13 D.T. Greenwood: *Principles of Dynamics* (Prentice-Hall, Englewood Cliffs, NJ 1988)

2.14 F.C. Moon: *Applied Dynamics* (Wiley, New York 1998)

2.15 R. Featherstone: *Robot Dynamics Algorithms* (Kluwer Academic, Boston 1987)

2.16 S. McMillan, D.E. Orin: Efficient Computation of Articulated-Body Inertias Using Successive Axial Screws, IEEE Trans. Robot. Autom. **11**, 606–611 (1995)

2.17 L. Sciavicco, B. Siciliano: *Modeling and Control of Robot Manipulators*, 2nd edn. (Springer, London 2000)

2.18 J. Slotine, W. Li: On the Adaptive Control of Robot Manipulators, Int. J. Robot. Res. **6**(3), 49–59 (1987)

2.19 K.S. Chang, O. Khatib: Operational Space Dynamics: Efficient Algorithms for Modeling and Control of Branching Mechanisms. In: *Proc. of IEEE International Conference on Robotics and Automation* (San Francisco 2000) pp. 850–856

2.20 O. Khatib: A Unified Approach to Motion and Force Control of Robot Manipulators: The Operational Space Formulation, IEEE J. Robot. Autom. **3**(1), 43–53 (1987)

2.21 Y.F. Zheng, H. Hemami: Mathematical Modeling of a Robot Collision with its Environment, J. Robot. Syst. **2**(3), 289–307 (1985)

2.22 W. Khalil, E. Dombre: *Modeling, Identification and Control of Robots* (Taylor & Francis, New York 2002)

2.23 J. Denavit, R.S. Hartenberg: A Kinematic Notation for Lower-Pair Mechanisms Based on Matrices, J. Appl. Mech. **22**, 215–221 (1955)

2.24 H. Brandl, R. Johanni, M. Otter: A Very Efficient Algorithm for the Simulation of Robots and Similar Multibody Systems Without Inversion of the Mass Matrix. In: *Proc. of IFAC/IFIP/IMACS International Symposium on Theory of Robots*, (Vienna 1986)

2.25 R. Featherstone: Efficient Factorization of the Joint Space Inertia Matrix for Branched Kinematic Trees, Int. J. Robot. Res. **24**(6), 487–500 (2005)

2.26 R. Featherstone: An Empirical Study of the Joint Space Inertia Matrix, Int. J. Robot. Res. **23**(9), 859–871 (2004)

2.27 K. Kreutz-Delgado, A. Jain, G. Rodriguez: Recursive Formulation of Operational Space Control. In: *Proc. of IEEE International Conference on Robotics and Automation* (Sacramento, CA April 1991) pp. 1750–1753

2.28 K.W. Lilly: *Efficient Dynamic Simulation of Robotic Mechanisms* (Kluwer Academic, Norwell, MA 1993)

2.29 K.W. Lilly, D.E. Orin: Efficient O(N) Recursive Computation of the Operational Space Inertia Matrix, IEEE Trans. Syst. Man Cybern. **23**(5), 1384–1391 (1993)

2.30 R.E. Ellis, S.L. Ricker: Two Numerical Issues in Simulating Constrained Robot Dynamics, IEEE Trans. Syst. Man Cybern. **24**(1), 19–27 (1994)

2.31 J. Wittenburg: *Dynamics of Systems of Rigid Bodies* (B.G. Teubner, Stuttgart 1977)

2.32 R. Featherstone, D.E. Orin: Robot Dynamics: Equations and Algorithms. In: *Proc. of IEEE International Conference on Robotics and Automation*, (San Francisco, April 2000) pp. 826–834

2.33 C.A. Balafoutis, R.V. Patel: *Dynamic Analysis of Robot Manipulators: A Cartesian Tensor Approach* (Kluwer Academic, Boston 1991)

2.34 L.W. Tsai: *Robot Analysis and Design: The Mechanics of Serial and Parallel Manipulators* (Wiley, New York 1999)

2.35 K. Yamane: *Simulating and Generating Motions of Human Figures* (Springer, Berlin 2004)

2.36 F.M.L. Amirouche: *Fundamentals of Multibody Dynamics: Theory and Applications* (Birkhäuser, Boston 2006)

2.37 M.G. Coutinho: *Dynamic Simulations of Multibody Systems* (Springer, New York 2001)

2.38 E.J. Haug: *Computer Aided Kinematics and Dynamics of Mechanical Systems* (Allyn and Bacon, Boston, MA 1989)

2.39 R.L. Huston: *Multibody Dynamics* (Butterworths, Boston 1990)

2.40 A.A. Shabana: *Computational Dynamics*, 2nd edn. (Wiley, New York 2001)

2.41 V. Stejskal, M. Valášek: *Kinematics and Dynamics of Machinery* (Marcel Dekker, New York 1996)

2.42 L. Brand: *Vector and Tensor Analysis*, 4th edn. (Wiley/Chapman and Hall, New York/London 1953)

2.43 F.C. Park, J.E. Bobrow, S.R. Ploen: A Lie Group Formulation of Robot Dynamics, Int. J. Robot. Res. **14**(6), 609–618 (1995)

2.44 M.E. Kahn, B. Roth: The Near Minimum-time Control of Open-loop Articulated Kinematic Chains, J. Dyn. Syst. Measur. Control **93**, 164–172 (1971)

2.45 J.J. Uicker: Dynamic Force Analysis of Spatial Linkages, Trans. ASME J. Appl. Mech. **34**, 418–424 (1967)

2.46 A. Jain: Unified Formulation of Dynamics for Serial Rigid Multibody Systems, J. Guid. Control Dyn. **14**(3), 531–542 (1991)
2.47 G. Rodriguez: Kalman Filtering, Smoothing, and Recursive Robot Arm Forward and Inverse Dynamics, IEEE J. Robot. Autom. **RA-3**(6), 624–639 (1987)
2.48 G. Rodriguez, A. Jain, K. Kreutz-Delgado: A Spatial Operator Algebra for Manipulator Modelling and Control, Int. J. Robot. Res. **10**(4), 371–381 (1991)
2.49 J.M. Hollerbach: A Recursive Lagrangian Formulation of Manipulator Dynamics and a Comparative Study of Dynamics Formulation Complexity, IEEE Trans. Syst. Man Cybern. **SMC-10**(11), 730–736 (1980)
2.50 M.W. Spong, S. Hutchinson, M. Vidyasagar: *Robot Modeling and Control* (Wiley, Hoboken, NJ 2006)
2.51 K.W. Buffinton: Kane's Method in Robotics. In: *Robotics and Automation Handbook*, ed. by T.R. Kurfess (CRC, Boca Raton, FL 2005), 6-1 to 6-31
2.52 T.R. Kane, D.A. Levinson: The Use of Kane's Dynamical Equations in Robotics, Int. J. Robot. Res. **2**(3), 3–21 (1983)
2.53 C.A. Balafoutis, R.V. Patel, P. Misra: Efficient Modeling and Computation of Manipulator Dynamics Using Orthogonal Cartesian Tensors, IEEE J. Robot. Autom. **4**, 665–676 (1988)
2.54 X. He, A.A. Goldenberg: An Algorithm for Efficient Computation of Dynamics of Robotic Manipulators. In: *Proc. of Fourth International Conference on Advanced Robotics*, (Columbus, OH, 1989) pp. 175–188
2.55 W. Hu, D.W. Marhefka, D.E. Orin: Hybrid Kinematic and Dynamic Simulation of Running Machines, IEEE Trans. Robot. **21**(3), 490–497 (2005)
2.56 C.A. Balafoutis, R.V. Patel: Efficient Computation of Manipulator Inertia Matrices and the Direct Dynamics Problem, IEEE Trans. Syst. Man Cybern. **19**, 1313–1321 (1989)
2.57 K.W. Lilly, D.E. Orin: Alternate Formulations for the Manipulator Inertia Matrix, Int. J. Robot. Res. **10**, 64–74 (1991)
2.58 S. McMillan, D.E. Orin: Forward dynamics of multilegged vehicles using the composite rigid body method, Proc. IEEE International Conference on Robotics and Automation (1998) pp. 464–470
2.59 U.M. Ascher, D.K. Pai, B.P. Cloutier: Forward Dynamics: Elimination Methods, and Formulation Stiffness in Robot Simulation, Int. J. Robot. Res. **16**(6), 749–758 (1997)
2.60 R. Featherstone: A Divide-and-Conquer Articulated-Body Algorithm for Parallel *O*(log(*n*)) Calculation of Rigid-Body Dynamics. Part 2: Trees, Loops and Accuracy, Int. J. Robot. Res. **18**(9), 876–892 (1999)
2.61 MSC Software Corporation: *Adams*, [On-line] http://www.mscsoftware.com/ (Nov. 12 2007)
2.62 T. Kane, D. Levinson: *Autolev User's Manual* (OnLine Dynamics Inc., 2005)
2.63 S. McMillan, D.E. Orin, R.B. McGhee: DynaMechs: An Object Oriented Software Package for Efficient Dynamic Simulation of Underwater Robotic Vehicles. In: *Underwater Robotic Vehicles: Design and Control*, ed. by J. Yuh (TSI Press, Albuquerque, NM 1995) pp. 73–98
2.64 R. Smith: *Open Dynamics Engine User Guide*, Available online: http://www.ode.org (Nov. 12 2007)
2.65 Microsoft Corporation: *Robotics Studio* [On-line] http:www.microsoft.com/robotics (Nov. 12 2007)
2.66 P.I. Corke: A Robotics Toolbox for MATLAB, IEEE Robot. Autom. Mag. **3**(1), 24–32 (1996)
2.67 M.G. Hollars, D.E. Rosenthal, M.A. Sherman: *SD/FAST User's Manual* (Symbolic Dynamics Inc., 1994)
2.68 G.D. Wood, D.C. Kennedy: *Simulating Mechanical Systems in Simulink with SimMechanics* (MathWorks Inc., 2003)
2.69 Cyberbotics Ltd.: *Webots User Guide*, Available online: http://www.cyberbotics.com (Nov. 8 2007)
2.70 I.C. Brown, P.J. Larcombe: A Survey of Customised Computer Algebra Programs for Multibody Dynamic Modelling. In: *The Use of Symbolic Methods in Control System Analysis and Design*, ed. by N. Munro (The Institute of Engineering and Technology, London 1999) pp. 53–77
2.71 J.J. Murray, C.P. Neuman: ARM: An algebraic robot dynamic modeling program. In: *Proc. of IEEE International Conference on Robotics and Automation*, Atlanta, Georgia, March (1984) pp. 103–114
2.72 J.J. Murray, C.P. Neuman: Organizing Customized Robot Dynamic Algorithms for Efficient Numerical Evaluation, IEEE Trans. Syst. Man Cybern. **18**(1), 115–125 (1988)
2.73 F.C. Park, J. Choi, S.R. Ploen: Symbolic Formulation of Closed Chain Dynamics in Independent Coordinates, Mech. Machine Theory **34**, 731–751 (1999)
2.74 M. Vukobratovic, N. Kircanski: Real-time Dynamics of Manipulation Robots. In: *Scientific Fundamentals of Robotics*, Vol. 4 (Springer-Verlag, New York 1985)
2.75 J. Wittenburg, U. Wolz: Mesa Verde: A Symbolic Program for Nonlinear Articulated-Rigid-Body Dynamics. In: *ASME Design Engineering Division Conference and Exhibit on Mechanical Vibration and Noise*, Cincinnati, Ohio, ASME Paper No. 85-DET-151, 1-8, September (1985)
2.76 J.Y.S. Luh, C.S. Lin: Scheduling of Parallel Computation for a Computer-Controlled Mechanical Manipulator, IEEE Trans. Syst. Man Cybern. **12**(2), 214–234 (1982)
2.77 D.E. Orin: Pipelined Approach to Inverse Plant Plus Jacobian Control of Robot Manipulators. In: *Proc. of IEEE International Conference on Robotics and Automation, Atlanta, Georgia*, 169–175, March (1984)
2.78 R.H. Lathrop: Parallelism in Manipulator Dynamics, Int. J. Robot. Res. **4**(2), 80–102 (1985)
2.79 C.S.G. Lee, P.R. Chang: Efficient Parallel Algorithm for Robot Inverse Dynamics Computation, IEEE Trans. Syst. Man Cybern. **16**(4), 532–542 (1986)
2.80 M. Amin-Javaheri, D.E. Orin: Systolic Architectures for the Manipulator Inertia Matrix, IEEE Trans. Syst. Man Cybern. **18**(6), 939–951 (1988)
2.81 C.S.G. Lee, P.R. Chang: Efficient Parallel Algorithms for Robot Forward Dynamics Computation, IEEE Trans. Syst. Man Cybern. **18**(2), 238–251 (1988)
2.82 M. Amin-Javaheri, D.E. Orin: Parallel Algorithms for Computation of the Manipulator Inertia Matrix, Int. J. Robot. Res. **10**(2), 162–170 (1991)
2.83 A. Fijany, A.K. Bejczy: A Class of Parallel Algorithms for Computation of the Manipulator Inertia Matrix, IEEE Trans. Robot. Autom. **5**(5), 600–615 (1989)
2.84 S. McMillan, P. Sadayappan, D.E. Orin: Parallel Dynamic Simulation of Multiple Manipulator Systems: Temporal Versus Spatial Methods, IEEE Trans. Syst.

Man Cybern. **24**(7), 982–990 (1994)
2.85 A. Fijany, I. Sharf, G.M.T. D'Eleuterio: Parallel $O(\log N)$ Algorithms for Computation of Manipulator Forward Dynamics, IEEE Trans. Robot. Autom. **11**(3), 389–400 (1995)
2.86 R. Featherstone: A Divide-and-Conquer Articulated-Body Algorithm for Parallel $O(\log(n))$ Calculation of Rigid-Body Dynamics. Part 1: Basic Algorithm, Int. J. Robot. Res. **18**(9), 867–875 (1999)
2.87 R. Featherstone, A. Fijany: A Technique for Analyzing Constrained Rigid-Body Systems and Its Application to the Constraint Force Algorithm, IEEE Trans. Robot. Autom. **15**(6), 1140–1144 (1999)
2.88 P.S. Freeman, D.E. Orin: Efficient Dynamic Simulation of a Quadruped Using a Decoupled Tree-Structured Approach, Int. J. Robot. Res. **10**, 619–627 (1991)
2.89 Y. Nakamura, K. Yamane: Dynamics Computation of Structure-Varying Kinematic Chains and Its Application to Human Figures, IEEE Trans. Robot. Autom. **16**(2), 124–134 (2000)

第3章 机构与驱动

Victor Scheinman, J. Michael McCarthy

张文增 译

本章主要关注影响机器人结构设计和制造的指导原则。机器人的运动方程和雅可比矩阵可以描述机器人的运动区间和机械增益，还能影响机器人的尺寸和关节装配。同时，机器人所需要完成的具体任务和运动的综合精度决定了诸如机械结构、传动系统以及驱动系统选择等的具体特性。本文中，我们对在设计机器人结构和原动件形式的过程中所用到的数学工具和实际需要考虑的问题进行了讨论。

本章对影响机器人性能的机构和驱动系统的特性进行了讨论。前面部分介绍了机器人执行部件的基本特性，以及它们与描述机器人运动特征的数学模型之间的关系。之后集中讨论了机器人结构和驱动系统的细节问题，以及它们怎样通过组合来产生不同的机器人种类和形式。最后则将这些设计特性与实际性能联系起来。

3.1 概述

通常把诸如横梁、连杆、铸件、轴、滑轨和轴承等能产生可移动骨架的物理结构，称为一个机器人的机械结构或者机械装置。而电动机、液压活塞或气压活塞以及其他可以使这些机械装置的连接部分运动的元素则称之为驱动装置。在本章中，我们主要考虑机器人机械装置以及驱动装置的多种多样的设计，正是它们实现了一整套可以将电脑命令转化为千变万化的物理运动的功能。

早期设计的机器人都具有一般的运动能力，因为设计者们认为如果一个机器人可完成最多样化的任务类型，那么它可找到的市场也最广。然而这种过于强调市场适应性的设计导致了制造和使用的高成本。现在的机器人更多的是仅仅围绕一个特定系列的任务开始进行设计。

机器人设计关注的是关节的数量、外形大小、负载能力和末端执行器所需的运动条件。运动结构的构造和机器人的总体大小是由其所要完成的任务的需求、工作空间以及其本身的再适应能力决定的。这些特点都影响到了末端执行器路径控制的精度，而此精度在弧焊和喷漆机器人的平滑运动的过程中都需要得到保证。同时，它们也决定了进行装配所必需的完全的定位能力、进行材料处理所必需的可重复能力以及进行精确的、实时的、基于传感装置的运动所必需的高分辨率和精确度。

在进行机器人系统设计时我们所要考虑的一个十分关键的问题就是我们到底想要这个机器人完成多少任务。这个机器人被设计具有的适应性应该可以顺利地完成这一范围内的任务。这决定了这个机器人的机械装置拓扑设计和驱动系统。而几何形状、材料、传感器的选择，包括电缆线路径的设计都要基于这些最根本的决定因素。

3.2 系统特征

工作范围和负载能力是赋予一个机器人各种特质的最主要的特征。

3.2.1 工作范围

机器人工作范围的定义是机器人自己可以进行操作的空间，其中便包含了工作空间的定义。工作空间通常定义了机器人的位置和方向以便其完成指定的任务，而工作范围在此基础上还包括机器人自己运动时所占据的空间体积。这个范围是由关节的类型、关节运动的区间和连接它们的连杆长度所决定的。在设计机器人的机械结构时，工作范围的大小以及机器人上的负载大小是我们首要考虑的问题。

机器人工作范围的设计必须要考虑到机械结构的运动可能会受到限制的部分。这些约束来源于关节运动范围的有限性、连杆长度、轴间夹角或者这些因素的综合作用。一般来说，转动关节机械臂在工作范围的中间会比在其极限位置有更好的工作效果（见图3.1）。机械臂的长度和关节的移动范围之间应该留出一定的空隙，以便在传感器的引导下形成各种各样的移动路径，并且为末端执行器或工具的更换提供方便，否则偏移量和长度的不同将经常改变工作范围。

3.2.2 负载能力

作为机器人最主要的特征之一，负载能力与速度和加速度有着非常密切的关系。对于装配机器人来说，首要任务是保证位置精度，将一个简单的抓取-释放动作循环的时间减到最小，因此机械结构的

图3.1 PUMA 560机器人

加速度和刚度（结构和驱动刚度）与峰值速度和最大负载能力相比往往是更为重要的参数。而弧焊时所需要的是在控制路径上缓慢的移动；同时，速度的细微变化和跟踪焊接路径的准确性都十分重要。因此，人们更应当依据一个操作装置的有效载荷特性，而不是最大载荷，来进行操作装置的设计和确定。

规定负载能力时必须将末端执行器的重力和惯性力列入考虑范围。这些因素将对腕关节、末端执行器的设计和驱动部分产生很大影响。一般情况下，负载能力在机械臂加速度和腕关节扭矩的方面相对其他因素更加重要。负载情况也会影响到机械臂静态结构的变形、电动机转矩的稳定性、系统固有频率、衰减及伺服系统控制变量的选择。这些因素都对机器人是否能够实现最好的运行效果和稳定性起到重要作用。

3.2.3 运动骨架

机械臂的形状和大小是由其工作空间的形状、布局，运动的精确程度，速度和加速度及其结构的需求共同决定的。笛卡儿坐标下的机械臂（腕关节的轴可旋或不可旋）拥有最简单的变形和控制方程。它们移动的（直线运动的）、垂直的轴使运动的规划和计算变得简单且相对直接。因为他们的主运动轴没有进行动力的耦合（在原始设置下），所以他们的控制方程也被大大简化了。具有全部转动关节的机械臂通常更难以控制，但是他们在给定的工作空间中却可使结构更紧凑和高效。一般情况下，设计和制造一个转动关节比一个长时间运动的移动关节更加容易。相比龙门型机器人，具有转动关节机械臂的机器人的工作空间能够更加方便地与经过调节的直角坐标型机器

人装置进行重叠。

机器人结构的最终选择应该基于专门的运动、结构或者任务执行的需要。比如，当需要进行一个非常精确的垂直直线的运动时，我们会选择一个简单的棱柱垂直关节轴而不是两个或三个需要协调控制的转动关节。

想要使一个机器人机械臂的末端执行器能够达到其工作空间中的任意方向和位置，最少需要6个自由度。当然，大多数简单的或预设好的任务所需的自由度也可以少于6个。这是因为他们可以经过精心的设计来减少特定轴的运动，或者这项任务并不需要用到空间中所有的位置。一个典型的例子便是垂直装配机器人使用螺钉旋具时的情况，它仅需要三个自由度。

在有些应用中，我们需要在多于6个自由度的情况下运用机械臂，特别是需要机动性或绕开一些障碍物的时候。例如，一个管道外壁涂料维护机器人不仅需要控制其形状还需要控制末端执行器的精确走位。一般来说，添加自由度会使循环时间增长，减少负载能力并降低给定的机械臂结构和驱动系统的精确程度。

3.3 运动学与动力学

机器人的动力系统可以分为两个部分：一部分依赖于其机械结构的几何特征以及作用在其结构上的力，反映了机器人的运动特质，称为运动学；另一部分则通过力对系统产生作用，称为动力学。动力学中的一条基本法则告诉我们：运动机器人能量的改变和外力在其上做的功之间的差异在运动轨迹的细小变化过程中保持不变。这就是虚功和虚状态原理，它要求在所有的虚位移上功与能量的变化相互抵消[3.1,2]。

由于像机器人这样的机械都尽量设计得使能量损失最小化，其能量损失一般源于关节的摩擦和材料的疲劳，所以我们可以认为能量的变化量是很小的。这就意味着驱动装置所输入的功几乎能够全部转化为输出的力所做的功。

如果在一段微小的时间里考虑这种关系，我们可以得到输入功的速率，即功率，近似等于相应的输出功率。因为功率等于力乘以速度，我们便得到了最基本的关系：输入力与输出力的比值和输入速度与输出速度的比值互为倒数。另一种表述方式为，对于理想的机械，机械增益等于其速度比值的倒数。

3.3.1 机器人拓扑

铰接的或可滑移的关节与连杆组成链状结构，一系列这样的链状结构又组成了机器人的运动骨架。这种骨架一般具有两种基本形式：如果是由单一连续的链状结构组成，就定义为串联机器人（见图3.1）；而如果是多个连续的链状结构共同支持同一个终端控制装置，如图3.2所示，我们称之为并联机器人。机器人经过设计可以实现并联工作，比如一个行走机器人的腿部（见图3.3和图3.4）[3.3]和一个机器人手的多个手指（见图3.5～图3.7）[3.4]。

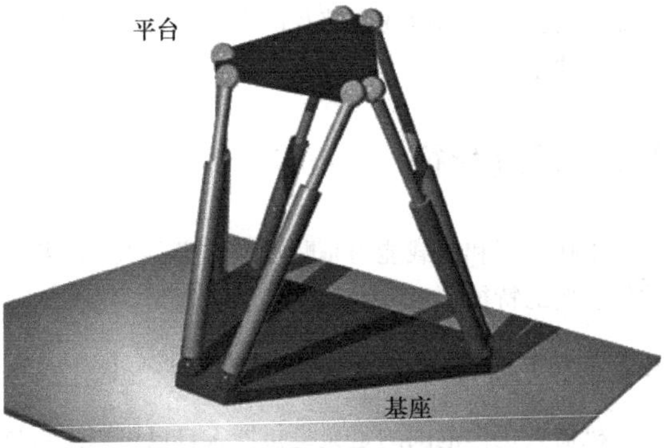

图3.2 一个并联机器人，可以有多达6个串联链将一个末端平台连接到基座

图3.3 有自适应能力的悬挂式车型行走机器人

机器人的末端执行器是与环境进行交互的首选工具，而它的定位和定向则需要依赖于机器人的运动骨架。对于一个普通的串联机器人来说，一个具有六关节的链状结构便可以提供对其终端装置的全部控制。而对于一个普通的并联机器人，6个关节往往不够，同时六个驱动装置还需要通过与关节不同的关联方式来实现对于其终端装置运动的控制。

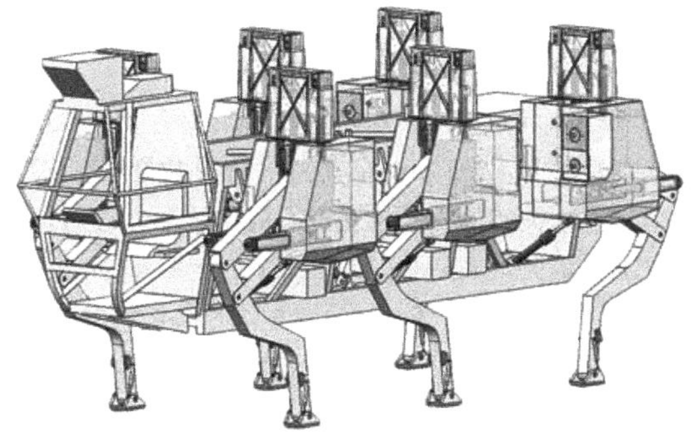

图 3.4　具有自适应能力的悬挂式车型行走机器人

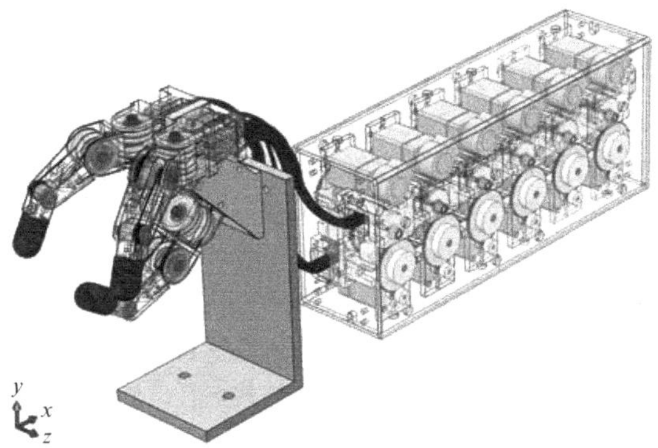

图 3.5　Salisbury 三指机器人手和其电缆结构连接平台与基底

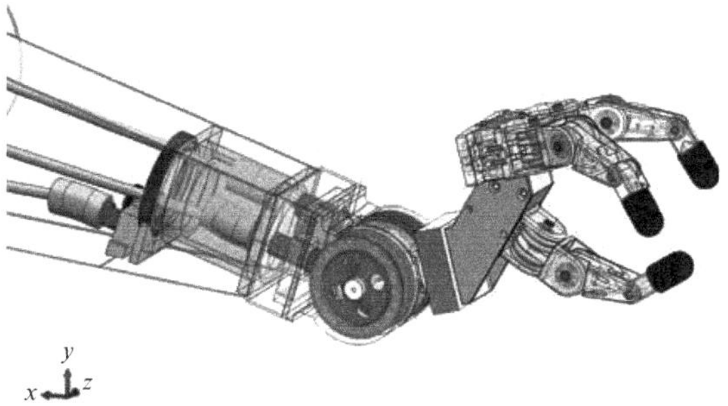

图 3.6　Salisbury 手作为 PUMA 机器人的末端执行器（图上未展示驱动系统）

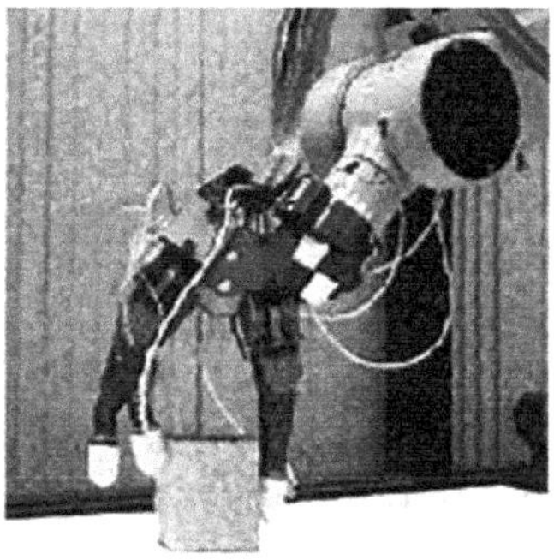

图 3.7　Salisbury 三指手在抓取物体时的照片

3.3.2　运动学方程

通过其运动学方程，机器人可以用它自己各关节的详细参数，比如旋转关节转过的角度和滑动关节移动的距离，来定义一个机械任意组成部分的位置。要做到这点，我们需要用一系列的线条来描述机器人。这些线条代表着相互等价的旋转或者棱形关节的 $\hat{z}_j$ 轴和公垂线 $\hat{x}_j$，而后两者则组成了整个链状结构的运动骨架（见图 3.2）。这样的结构可以使机器人的每个连杆的详细位置信息通过下面的矩阵方程与基准产生联系：

$$\boldsymbol{T} = \boldsymbol{Z}(\theta_1, d_1)\boldsymbol{X}(\alpha_1, a_1)\boldsymbol{Z}(\theta_2, d_2)\ldots \times \boldsymbol{X}(\alpha_{m-1}, a_{m-1})\boldsymbol{Z}(\theta_m, d_m) \tag{3.1}$$

这就是链状结构的运动方程[3.5,6]（参见第 1 章式 (1.44)）。由所有的关节参数所确定的所有末端执行器所能到达的位置 T 的集合被称为机器人的工作空间。

$\boldsymbol{Z}(\theta_j, d_j)$ 和 $\boldsymbol{X}(\alpha_j, a_j)$ 都为 4×4 的矩阵，分别定义了绕着和沿着关节轴 $\hat{z}_j$ 与 $\hat{x}_j$ 的旋转位移量[3.7]。其中的参量 α_j，a_j 确定了链中连杆的维度。θ_j 代表旋转关节的角度变量，而 d_j 则是棱形关节的位置变化量。末端执行器上一点 $^M\boldsymbol{p}$ 的轨迹 $^F\boldsymbol{p}(t)$ 可以通过关节的轨迹获得，满足如下公式：

$$^F\boldsymbol{p}(t) = \boldsymbol{T}(\boldsymbol{q}(t))\,^M\boldsymbol{p} \tag{3.2}$$

式中，$\boldsymbol{q}(t) = (q_1(t), \ldots, q_m(t))^{\mathrm{T}}$，$q_i$ 为 θ_i 还是 d_i 则依照具体关节而定。

如果末端执行器与基准框架是通过多于一个的串联链状结构连接的（见图 3.2），那么对于每一个链结构来说我们都有一套运动方程，

$$\boldsymbol{T} = \boldsymbol{B}_j\boldsymbol{T}(\boldsymbol{q}_j)\boldsymbol{E}_j,\quad j = 1,\ldots,n \tag{3.3}$$

式中，$\boldsymbol{B}_j$ 确定了第 j 个链的基坐标；$\boldsymbol{E}_j$ 定义了它与末端执行器的连接位置。那些能够同时满足所有这些方程的 $\boldsymbol{T}$ 组成的集合就是末端执行器的工作空间。这给关节的变量增加了约束，这些约束必须先被确定下来才能完整地定义末端执行器的工作空间[3.8,9]。

3.3.3　构型空间

一个机器人的构型空间指的是可以使用的关节参数值的范围，而运动方程将它与末端执行器的工作空间联系在了一起。这个构型空间是设计机器人躲避障碍路径的基本工具[3.10]。虽然组成机器人的链状结构中的任何一个连杆都有可能与障碍物发生碰撞，但是只有末端执行器是设计来靠近这些障碍物并实现

其功能的，这些障碍物如支撑机器人的桌子和所要抓取工件的夹具等。由于障碍物的存在，工作空间中出现了一些禁止到达的位置和方向。与其对应，机器人的构型空间中也出现了不能实现的关节夹角。所以，机器人工作路径的设计者就必须要在除了这些关节障碍的其他自由空间中来寻找一条能够到达目的地的路径。

3.3.4 速度比

机器人的速度比将末端执行器上一点$^F\boldsymbol{p}$ 的速度$^F\dot{\boldsymbol{p}}$ 与关节的速率$\dot{\boldsymbol{q}}=(\dot{q}_1,\ \dots,\ \dot{q}_m)^{\mathrm{T}}$建立了联系，方程为：

$$^F\dot{\boldsymbol{p}}=\boldsymbol{v}+\boldsymbol{\omega}\times(^F\boldsymbol{p}-\boldsymbol{d}) \tag{3.4}$$

式中，$\boldsymbol{d}$ 为参考点的位置；$\boldsymbol{v}$ 为参考点的速度；$\boldsymbol{\omega}$ 是末端执行器的角速度。

向量$\boldsymbol{v}$ 与 $\boldsymbol{\omega}$ 可通过下列方程与关节速率 $\dot{q}_j$ 建立联系：

$$\begin{pmatrix}\boldsymbol{v}\\ \boldsymbol{\omega}\end{pmatrix}=\begin{pmatrix}\dfrac{\partial\boldsymbol{v}}{\partial\dot{q}_1} & \dfrac{\partial\boldsymbol{v}}{\partial\dot{q}_2} & \cdots & \dfrac{\partial\boldsymbol{v}}{\partial\dot{q}_m}\\ \dfrac{\partial\omega}{\partial\dot{q}_1} & \dfrac{\partial\omega}{\partial\dot{q}_2} & \cdots & \dfrac{\partial\boldsymbol{\omega}}{\partial\dot{q}_m}\end{pmatrix}\begin{pmatrix}\dot{q}_1\\ \vdots\\ \dot{q}_m\end{pmatrix} \tag{3.5}$$

或

$$\mathbf{v}=\boldsymbol{J}\dot{\boldsymbol{q}} \tag{3.6}$$

式中，系数矩阵$\boldsymbol{J}$称为雅可比矩阵。它作为速度比矩阵，建立起了末端执行器速度与输入的关节旋转速率之间的关系[3.6,9]。

3.3.5 机械增益

如果末端执行器在点$^F\boldsymbol{p}$上作用$\boldsymbol{f}$的力，那么输出功率为：

$$P_{\text{out}}=\boldsymbol{f}\cdot{}^F\dot{\boldsymbol{p}}=\sum_{j=1}^{m}\boldsymbol{f}\cdot\left[\frac{\partial\boldsymbol{v}}{\partial\dot{q}_j}+\frac{\partial\boldsymbol{\omega}}{\partial\dot{q}_j}\times(^F\boldsymbol{p}-\boldsymbol{d})\right]\dot{q}_j \tag{3.7}$$

如果关节$\mathbf{S}_j$处有驱动装置，则上述和式中的每一项都是其中某个驱动装置提供的功率在总输出功率中所占的那部分。

关节 $\mathbf{S}_j$ 处输入的功率是转矩 τ_j 与角速度 $\dot{q}_j$ 的乘积$\tau_j\dot{q}_j$。对每一个关节运用虚功原理，我们可以得到：

$$\tau_j=\boldsymbol{f}\cdot\frac{\partial\boldsymbol{v}}{\partial\dot{q}_j}+(^F\boldsymbol{p}-\boldsymbol{d})\times\boldsymbol{f}\cdot\frac{\partial\boldsymbol{\omega}}{\partial\dot{q}_j},\quad j=1,\cdots,m. \tag{3.8}$$

我们可以利用此公式在参考点$\boldsymbol{d}$引入力矩矢量$\mathbf{f}=(\boldsymbol{f},(^F\boldsymbol{p}-\boldsymbol{d})\times\boldsymbol{f})^{\mathrm{T}}$。

方程式（3.8）可变形为矩阵形式：

$$\boldsymbol{\tau}=\boldsymbol{J}^{\mathrm{T}}\mathbf{f} \tag{3.9}$$

式中，$\boldsymbol{J}$ 为式（3.5）中定义过的雅可比矩阵。对于一个具有六关节的链结构来说，运用这个方程可以解得输出力矩矢量 $\mathbf{f}$，

$$\mathbf{f}=(\boldsymbol{J}^{\mathrm{T}})^{-1}\boldsymbol{\tau} \tag{3.10}$$

因此，用矩阵定义的这个系统的机械增益为速度比矩阵的逆矩阵。

3.4 串联机器人

串联机器人是以底座为开始，以末端执行器为结束的一系列连杆和关节，如图3.8所示。机器人的连杆和关节常常被设计成可以提供独立平移和定方向的结构。通常情况下，前3个关节一般用来在空间定位一个参考点，后3个关节用来组成可以确定这个点附近的末端执行器方向的腕关节[3.12,13]。这个参考点被叫做腕坐标中心。腕坐标中心所能够到达的空间被叫做机器人的可达工作区。到达这些点且可旋转的空间称为灵巧工作空间。

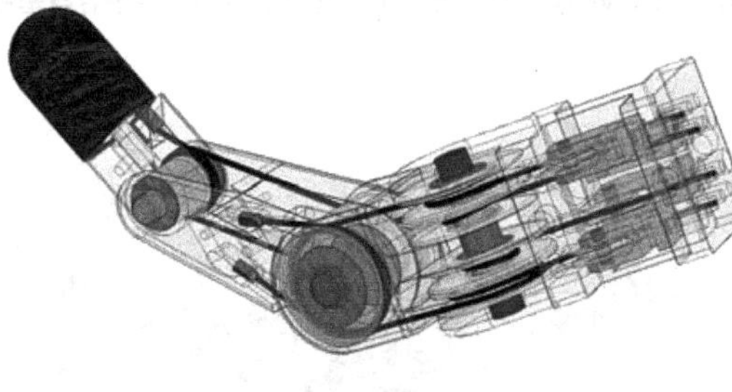

图3.8 Salisbury的一根手指是一个串联机器人

一个机器人往往设计成它的可达工作区是对称的。从这个角度看，有三种基本形状：矩形、圆柱形和球形。矩形工作区是由3个相互垂直的移动（P）关节组成。这些关节点可构成所谓的笛卡儿型机器人的PPPS链，其中S指的是一个允许相对于其中心点所有方向转动的球形铰链的腕关节。旋转的底座和两个移动关节点可构成一个具有圆柱工作区的CPS链，其中C指的是共轴的旋转（R）和滑移（P）关节点。P关节可被一个作为肘关节的、由提供相同径向运动的转动（R）关节所替代。最后，两个相互垂直的旋转关节在机器人的底座上组成一个T形关节，这个关节可支持围绕横向和纵向转轴的旋转。径向移动既可以由P关节点提供也可以由作为肘的R关节点提供，它便构成了一个具有球形工作空间的TPS链

或 TRS 链。

工作区间的完全对称是很少能实现的，因为关节的轴线往往需要为避免连杆的碰撞而偏置，而且还存在与工作区间扭曲变形相关的关节运动限制。

3.4.1 设计优化

另一种设计机器人的方法是用机器人工作区间的直接规格参数作为系统的末端执行器的位置集合，我们称之为任务空间[3.14-17]。一般串联机械臂对于其上的5个连杆的每个连杆就有两个设计参数，连杆偏移和扭转，这5个连杆中，每个都具有4个可以指示机器人底座和其末端执行器上工件位置的参数，所以总共有18个设计变量。连杆参数往往都被给定了，以保证工作链有球形的腕和特定的工作空间。设计目标通常是确定工作空间的体积并且指出底座和工件的框架，以便于工作空间能包含特定的任务空间。

任务空间一般由 4×4 矩阵 $\boldsymbol{D}_i$（$i=1, \cdots, k$）定义。利用迭代的方式，通过选择一个设计，并用联合的运动学方程 $\boldsymbol{T}(\boldsymbol{q})$ 来求得目标方程

$$f(\boldsymbol{r}) = \sum_{i=1}^{k} \|\boldsymbol{D}_i \boldsymbol{T}^{-1}(\boldsymbol{q}_i)\| \qquad (3.11)$$

中相关位移的解。最优化技术可以得到使目标函数最小化的设计参数矢量 $\boldsymbol{r}$。

这种优化取决于末端执行器和理想工作空间之间的距离度量的定义。Park[3.18]、Martinez 和 Duffy[3.19]，Zefra[3.20]，lin，Burdick[3.21] 等人已经告诉我们没有距离度量是坐标的结构不变量。这个也就是说，除非这一目标函数可以被化为零，使工作区完全包含任务空间，那么最终的结果将并不能使设计与坐标的选择相互独立，也因此不能被称为几何的设计。

3.4.2 速度比

依据式（3.5），六轴机器人是一个 6 × 6 的雅可比矩阵，一个由速度比构成的阵列，此速度比的意义便在于将腕中心速度 $\boldsymbol{v}$ 以及末端执行器角速度 $\boldsymbol{\omega}$ 与每个关节的速度联系起来。方程（3.9）表明，从每个驱动器提供的转矩的角度来看，这个雅可比矩阵定义了施加在腕中心的转矩矢量 $\mathbf{f}$。机器人的连杆参数可以用来确定一个具有特定属性的雅可比矩阵。

一个机器人的驱动转矩的平方和通常被用来作为结果的一个测量标准量[3.22,23]。从式（3.9）我们得到

$$\boldsymbol{\tau}^{\mathrm{T}} \boldsymbol{\tau} = \mathbf{f}^{\mathrm{T}} \boldsymbol{J}\boldsymbol{J}^{\mathrm{T}} \mathbf{f} \qquad (3.12)$$

式中，矩阵 $\boldsymbol{J}\boldsymbol{J}^{\mathrm{T}}$ 是正方形的正定矩阵。因此，它可以被看成是在六维空间内对超椭球体的定义。这个椭球体的半径是这个雅可比矩阵特征值的绝对值的相反数。这些特征值可以被看做确定每个关节速度与放大量的模态速度比。其倒数是相关模态的机械增益，所以这个椭球形状说明了机器人的力的增益性能。

最大特征值与最小特征值的比率，即所谓的条件数，给出了关于椭球的各向异性或失圆的尺度。一个球体的条件数为1，称之为各向同性。当一个机器人的末端执行器所处的位置所对应的雅可比矩阵各向同性时，就不存在速度比率的放大或者机械增益。因为误差是不会被扩大的，所以这个模型被认为可以在输入和输出间提供很好的耦合。因此，条件数在机器人设计中也被作为一个评价准则。

这种情况建立在机器人的基本设计工作区间包含了其任务空间的假设之上。参数优化确定了内部的连杆参数，这些参数可以产生一个具有我们所期望的属性的雅可比矩阵。正如我们的设计与理想工作区间之间的差距的最小化过程中，基于雅可比矩阵的优化也取决于一个能够避免坐标相关性的公式化的过程。

3.5 并联机器人

有两个或两个以上串联机器人来支持末端执行器的机器人系统被称作并联机器人。例如，自适应悬架车辆（ASV）（见图3.9），是一种由并联驱动装置驱动的缩放装置。

并联机器人的每一个支撑腿可有多达6个自由度，然而在整个系统中一般只有6个关节受到驱动。一个很好的例子就是 Stewart 平台，它由6个 TPS 机器人组成，而在这些 TPS 机器人的关节中往往只有 P 关节是主动驱动的。

这 TPS 腿的运动学方程是

$$\boldsymbol{T} = \boldsymbol{B}_j \boldsymbol{T}(\boldsymbol{\theta}_j) \boldsymbol{E}_j, \quad j=1, \cdots, 6 \qquad (3.13)$$

式中，$\boldsymbol{B}_j$ 指的是腿的底座；$\boldsymbol{E}_j$ 则定义了底座与末端执行器连接的位置。能同时满足所有这些方程的位置 $\boldsymbol{T}$ 的集合便是并联机器人的工作区。

往往并联机器人的一个工作链可以被几何约束所定义，例如，如果位置 $\boldsymbol{T}$ 满足方程

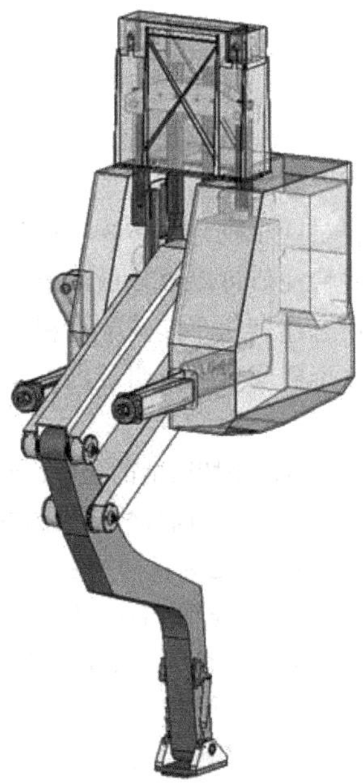

图3.9 ASV步行机器的一条腿就是一个并联机器人

$$(\boldsymbol{T}x_j-\boldsymbol{p}_j)\cdot(\boldsymbol{T}\boldsymbol{x}_j-\boldsymbol{p}_j)=\rho_j^2 \qquad (3.14)$$

那么$\boldsymbol{T}$就是属于第j个TPS支撑腿的工作区。因为ρ_j的长度受到了驱动关节的控制，所以这个方程定义了基础关节$\boldsymbol{p}_j$到平台上连接点的距离。在这种情况下，工作区就是满足所有6个方程的位置$\boldsymbol{T}$的集合，同时，每个腿都具有这样一个工作区。

3.5.1 工作区间

并联机器人的工作区间是单个支撑腿的工作区间的交集。然而，这并不是简单地将可达工作区与灵巧工作区分别独立相交。在并联机器人中，这些工作区都是密切结合的。这些灵巧工作区一般在可达工作区中心附近最大，并且随着参考点向可达工作区的边缘移动而逐渐缩小。通过支撑腿的设计，在运动对称性方面产生了一个新的关注焦点，同时经过很多创新并联设计，这个焦点已经成为一个重要的设计工具[3.30,31]。模拟系统是利用设计参数来评价机器人的工作区间的。

另一种方法是直接指定工作区间中的位置和方向，这些位置和方向均是确定腿的限制的代数方程中的参数，而这些腿的限制又决定了设计参数[3.32,33]。这称为运动合成，同时产生出了不对称并联机器人，但是此机器人具有指定的可达工作区和灵巧工作区，参见*McCarthy*[3.34]。

3.5.2 机械增益

通过考虑单个支撑腿的雅可比矩阵，我们可以得到并联机器人的力的增益特性。利用由6个向量组成的$\mathbf{v}=(\boldsymbol{v}, \boldsymbol{\omega})^{\mathrm{T}}$来定义平台的线速度和角速度，从每个支撑腿的运动学方程可以得到

$$\mathbf{v}=\boldsymbol{J}_1\dot{\boldsymbol{\rho}}_1=\boldsymbol{J}_2\dot{\boldsymbol{\rho}}_2=\cdots=\boldsymbol{J}_6\dot{\boldsymbol{\rho}}_6 \qquad (3.15)$$

在这里假设此平台有6个支撑腿，但也可以更少，比如当机械手的手指抓住一个物体时。

通过虚功原理可得到由每个链提供给平台的力

$$\mathbf{f}_j=(\boldsymbol{J}_j^{\mathrm{T}})^{-1}\boldsymbol{\tau}_j,\quad j=1,\ \cdots,\ 6. \qquad (3.16)$$

在系统中只有6个驱动关节，所以我们把这些相关的力矩都列写到矢量$\boldsymbol{\tau}=(\tau_1,\ \cdots,\ \tau_6)^{\mathrm{T}}$中去。如果$\mathbf{f}_i$是在$\tau_i=1$且富余力矩为0的条件下通过式(3.16)得到的力-力矩矢量，那么最终作用在平台上的力-力矩$\mathbf{w}$为

$$\mathbf{w}=(\mathbf{f}_1,\mathbf{f}_2,\cdots,\mathbf{f}_6)\boldsymbol{\tau} \qquad (3.17)$$

或者

$$\mathbf{w}=\boldsymbol{\Gamma}\boldsymbol{\tau} \qquad (3.18)$$

系数矩阵$\boldsymbol{\Gamma}$的元素决定了每个驱动关节的机械增益。在Stewart平台的例子中，矩阵中的各列便是沿着各条腿线条的Plücker坐标。

利用虚功原理可以得到用关节速率表达的平台速度函数：

$$\boldsymbol{\Gamma}^{\mathrm{T}}\mathbf{v}=\dot{\boldsymbol{\rho}} \qquad (3.19)$$

因此$\boldsymbol{\Gamma}$的逆矩阵确定了驱动关节和末端驱动装置间的速度比。同样的方程可以通过几何约束方程(3.14)的导数的计算得到，并且$\boldsymbol{\Gamma}$是并联机器人系统的雅可比矩阵。

这个雅可比矩阵$\boldsymbol{\Gamma}$被应用在参数优化算法中，以设计出具有各向同性机械增益的并联机器人。行列式$|\boldsymbol{\Gamma}\boldsymbol{\Gamma}^{\mathrm{T}}|$的平方根可测量由列向量$\mathbf{f}_j$限定的六维体积。这个体积与其在工作区间中的最大值的比值的分布也被用作衡量机器人的整体性能[3.37,38]。通过测量可用的最大关节扭矩和最大的期望力和力矩，一个相似的性能衡量方式将雅可比矩阵标准化，然后再寻找一个各向同性的设计。

3.5.3 特殊并联机器人

另一种设计并联机器人的方法是将它的功能分成定位和移动两部分。Tsai、Joshi[3.40]、Jin和Yang[3.41]调查设计了一类只产生移动的并联链。Kong和Gosselin和Hess-Coelho[3.43]做了同样的工作，设计了能在空间中提供旋转运动的并联链。

3.6　机械结构

为了动态建模，机器人的连杆通常被认为是刚性的，但是机器人并不是刚性结构。像所有的结构一样，机器人将在如自身重力和载荷重力等在加载荷的作用下弯曲，见图 3.10 和图 3.11。这种变形是程度的问题。导致连杆弯曲需要的力越大，机器人就越像一个由刚性结构构成的整体。刚性机器人的连杆被设计得具有一定的硬度，以实现负载所造成的弯曲小于其所需完成的各种任务对精确定位的要求。这样就保证了动态建模和控制算法不需要考虑连杆的变形。大多数商用机器人的手臂都是这种类型的（见参考文献［3.44］）。

图 3.10　Skywash 的液压飞机清扫机器人

图 3.11　DeLaval VMS 的挤奶机器人

通过增加控制算法，使其包括由重力产生的连杆变形的模型，我们可以改进一个刚性机器人的定位精度。我们还可以使用压力传感器来衡量载荷和挠度。这些半刚性机器人都假定了小的结构变形与已知的负载呈线性相关的关系。

柔性机器人要求动态模型包括各个关节由重力负载所造成的变形，以及由加速度产生的惯性力带来的载荷，即所谓的惯性负载。机器人控制算法必须同时控制系统的振动以及其总体运动。振动的控制甚至在刚性机器人中也是必需的，以实现高速和对大型有效载荷的操纵。

3.6.1　连杆

工业机器人所关注的重点是在弯曲和扭转时的连杆刚度。为了提供这种刚度，机器人的连杆常设计成梁或壳（单体壳）的结构。单体结构拥有低的质量或者高的强度-质量比，但是更加昂贵，也较难制造。铸造、锻造或加工梁的连杆往往具有更低的成本，见 Juvinall 和 Marshek[3.45] 和 Sigley 和 Mischke[3.46,47]。

另一个重要考虑是连杆结构是否包括用螺栓、焊接或粘合剂连接的组装件，包括铸件，机械加工件以及制造件等。螺钉和螺栓连接看起来似乎简单，价格低廉，易于维护，但即使在制造过程中都会出现的不可避免的连杆变形给这个由多种零件组装而成的装配件引入了塑性变形，这些变形会造成机器人尺寸和功能的变化。而焊接与铸造结构对于塑性变形和滞后形变都更加不敏感，虽然许多情况下，它们还要二级加工，如去除热应力和精加工。

铸件最低的实际壁厚或网格厚度可能会大于保证刚度所需的厚度。薄壁可以通过薄皮结构（单体结构）来实现，但是这种优势可能被潜在凹痕、永久变形和轻微碰撞的损坏所抵消。因此，当选择机器人的机构和制造细节时，必须考虑性能要求。

特种实用材料和几何学都被用于减少连接结构的质量，从而也减少了与之直接相关的重力和惯性载荷。由镁或铝合金构成的横截面恒定的冲压件对于实现直线运动的结构来说非常方便。对于要求高加速度的机器人（喷涂机器人），碳和玻璃纤维合成物使其轻量化。热塑性塑料提供了廉价的连杆结构，虽然它的负载能力会有所降低。不锈钢经常被用于提供医疗和饮食服务的机器人。因为旋转的关节产生的线加速随着其与轴的距离的增加而增加，所以通过设计，常常要减小那些与这种关节相连的连杆的横断面积和壁厚，从而减少相关的惯性负载。

3.6.2 关节

对大多数机器人而言，关节只可以旋转或者平移，对应的，这两种关节被定义为旋转关节和移动关节。其他可用的关节有球槽接合的或者球形的关节，还有胡克型通用关节。

包含驱动器和位置传感器的关节结构的综合机械结构是结构灵活性的来源。关节承载区域的变形可以减少轴和齿轮的预载荷，允许间隙和空转，也就减少了精度。结构的灵活性也可以影响齿轮的中心距，引起力和转矩，同时导致相关的变形，如粘合、堵塞以及磨损。

3.7 关节机构

一个机器人关节至少由四个主要部分构成：关节轴、驱动器、传动系统以及状态传感器（通常作为位置反馈，但是速度传感器、力传感器也是常见的）。

对于最大加速度小于0.5倍重力加速度的低性能操作器，系统惯性并没有重力及其转矩重要。这意味着驱动器可以放置在关节附近，它们的悬浮质量补偿了平衡质量、弹力和气压。

对于最大加速度达到甚至超过3~10个重力加速度的高性能机器人，惯性质量的最小化就非常重要了。为了减小惯性质量，驱动器被放置在系列操作器的第一个关节轴附近，并且通过连杆、带、绳索或者传动装置来驱动关节。

更长的传动距离虽然可以减少质量、重力力矩和惯性，但是也引入了挠度，从而降低了系统的刚度。每个关节的驱动器位置和传动设计与重力、惯性、刚度和复杂性是两组此消彼长的矛盾因素，需要我们在其中做出折衷的选择。这个选择就决定了操作器的主要物理特征。

举例说明，例如Adept 1综合机器人，其有四个自由度，每个都拥有不同的结构。第一个轴是由电动机直接驱动，第二个轴由传动带条驱动，第三个由传动带驱动，最后一个由直线型的滚珠丝杠驱动。关于各种有用的关节操作器，请参看Sclater和Chironis[3.48]。

3.7.1 关节轴结构

1. 旋转轴

旋转关节是被设计用来实现纯旋转。评价一个旋转关节最重要的指标是它的刚度或者说是抵抗其他干扰运动的能力。在刚度设计中所应考虑的关键因素有轴的直径、误差和间隙，轴承的支撑结构，以及在梁上加载合适的预载荷。轴的直径和轴承的尺寸不总是以承载能力为基础的。实际上，它们经常依据刚性的支撑结构而进行选择，并且他们还需要具有一个足够大的可以保证线缆穿过的管道，甚至一个其他单元的控制元件通过的孔洞。因为关节轴经常传递转矩，所以它和它的支撑结构必须被设计用来同时承受弯曲和扭转。PUMA机器人的第一个轴就是一个有大直径管状构造的关节的例子。

选择一个旋转轴的支撑结构是保证刚度的一个重要因素。支撑托架的排列方式和构造必须把制造的偏差、热膨胀以及轴承预紧力考虑在内。通过减少轴承径向和轴向的运动，角接触轴承或圆锥滚子轴承的轴向预紧力提高了系统精确度和刚度。预载荷可以通过选择性的装配、弹性的元件、垫片、垫圈、四点接触轴承、双联式轴承排列、或者紧配合来获得。

2. 移动关节

移动关节有两种基本类型：单级型和伸缩型。单级型关节由一个可沿另外一个固定表面移动的表面组成。伸缩型关节本质上是由单级型关节嵌套或组合成的。单级型关节具有结构简单和高刚度的优点；而伸缩型关节的主要优点是它的连结紧凑，并且有大的伸缩比。对于一些动作来说，伸缩型关节有更小的惯性，因为其关节的某些部分可能没有移动或者以减小的加速度移动。

移动关节中轴承的主要的功能是促进其在某一方向上的移动，同时防止其他方向的运动。防止那些我们所不希望的移动给我们带来更具挑战性的设计问题。结构的变形对轴承表面构造影响很大，而轴承表面的构造又影响到了机器人的性能。在一些情形中，由于载荷引起的圆筒偏差可能导致会妨碍运动的阻塞。对于高精度的移动关节，在长距离下也要保持路径的直线性。在有摩擦的多重表面要达到要求的精度是十分昂贵的。移动关节的轴承和路径都需要被昂贵并且大面积的护罩所覆盖和密封。

评价大量的（接近或者就在腕关节或末端执行器之上）线性移动关节或轴的主要参数是刚度-质量比值。获得一个好的强度-质量比需要使用空心或者薄壁结构，而不是实心的运动元件。

轴承间距在刚度设计时也至关重要。如果间距太短，无论轴承的刚度多高，系统刚度都会不够。移动关节失效的主要原因是混入了杂质以及表面的疲劳磨损，引起这些缺陷的主要原因是大的预载荷、力矩载荷以及冲击载荷在滚动体上产成了过大的负载。

由于具有大面积的暴露在外的精密表面，大多数移动关节相对于转动关节而言对于不合理操作和环境因素更加敏感。同时，移动关节也更加难于制造、装配和校直。

移动关节中滑动元件的常见类型主要有铜或热塑性套管。这些套管有成本低、相对的高承载能力和可在未硬化或微硬化表面工作等优点。因为在移动元件上的压力被分散了，从而数值较小，所以它可以由薄壁套管来做成。另外一种常见的套管是球状套管。相对热塑性套管来说，球状套管有低摩擦和高精度等优点。然而，它们需要接触表面被热处理过或热硬化过（通常需要达到55Rc或更高的硬度），而且需要足够的厚度和框架结构，从而能够承载由球的点接触特性而带来的高应力。

球和滚珠导轨在机器人的移动关节中也很常见。此滑动结构包含两种基本类型：循环和非循环。非循环的球和滚珠导轨主要应用于短位移装置上。它们具有高精度以及低摩擦的优点，但另一方面，也因此导致其对冲击敏感，同时对转矩负载的能力较差。相对来说，循环球和滚珠导轨在一定程度上没有那么精确，但是能承载更高的载荷。它们也可以被用来承载相对较大的载荷，其移动区间也可以有几米之长。商业用的可循环球和滚珠导轨已经大大简化了直线轴的设计和结构，特别是在构架和轨道操纵其方面。

另外一种常见的机器人移动关节是由凸轮附件、滚筒或者滚轮组成的，这些滚动体均是在模压、拔模、机加工或者磨光后的表面上进行滚动的。在大载荷装置中，滚动体滚动所在的表面必须在最终精磨之前进行硬化处理。凸轮附件在购买时会带有独特的安装杆，它可以被用来辅助装配和调整，而弹性套管可以使运行更安静和顺畅。

两种较少见的机器人移动关节是以弯板轴承和空气轴承为特点的。使用弯板轴承的关节的运动是由支撑零件的梁结构的弹性变形提供的，因此，它主要应用在高精度、准线性的短距移动上。空气轴承需要光滑的表面，对公差的近距离控制，以及将经过过滤且无油的压缩气体稳定地通入其中。两个或者三个自由度的空气轴承可以用很少的移动结构实现多轴移动，如图3.12所示。

3. 关节运动

肩部、肘部以及连接件的旋转关节构型决定了机械臂的工作范围。腕部关节构型通常决定了工件在其工作范围内一点处的姿态范围（即灵巧工作空间）。当需要机械臂到达一个在扩大的任务空间中的特定位置时，则关节行程空间会增大，进而将会增加构型参数的范围。比如在可控路径运动，同步运动以及检测运动中，在360°～720°之间的腕部运动范围将能较好地实现功能。在装配旋转机械或者拧螺纹时，连续的末端关节旋转是必需的。

图3.12 Robotworld是一款具有多空气轴承的完整机器人工作单元

附加关节和连接件虽然有时被布置在机器人本体上，但更多情况下是在其末端执行器上，这些关节和连杆是也能够增加任务空间的专用工具。连续型机器人和可控路径机器人的运动都需要考虑能够避开奇异点的运动设置（奇异点即是指有两个或更多关节共线或者接近共线的区域），以及因此而造成的末端执行器的不稳定运动。一个通过精心控制以及工作单元布局的设计而实现的执行器可以增加有效工作空间，同时利用关键路径设置来避开奇异点区域。例如，一个标准的三轴机器人腕部有两个互成180°的奇异点，而这个角度可以通过一个能够减少奇异点的更加复杂的腕部设计增加到360°。这样的腕部被用在剪羊毛的机器人上，以达到复合、长程、连续、光滑、常速以及具有传感器反馈的设计要求。

3.7.2 驱动器

驱动器为机器人提供动力源。大多数机器人驱动器来源于市场上现有的组件，当然，在用于具体的项目时会做出修改以适应要求。三种最常用的驱动器分别为液压式、气动式和电磁式。

1. 液压式驱动器

早期的工业机器人选用的是液压式驱动器，因为它能提供非常大的作用力，并有非常可观的功率-质量比。在液压式驱动器中，能量来自于由电动机或者发动机带动的高压流体泵，见图3.10。驱动器通常有直线气缸，旋转叶轮以及液压电动机三种。驱动控制是通过电磁阀以及一个由低功率的控制电路控制的伺服阀的开闭来实现的。液压式驱动器需要消耗大量的功率，同时快速反应的伺服阀成本也非常高。漏液以及复杂的维护也限制了液压驱动机器人的应用。

2. 气动式驱动器

气动式驱动器起初只应用在简单的执行装置上。通常，它们能在机械极限之内提供无级运动。这种驱动器在点到点的运动中表现尤为出色。它们简单易用且成本低。尽管有些小型驱动器可以在工厂原有气源下工作，但大量地使用这种装置需要安装昂贵的空气压缩系统。同时，气动式驱动器的能效比较低。

均衡式闭环伺服气动控制器已经研制成功，并主要被运用在一些由于安全、环境和应用场所导致电驱动不能满足设计要求的场合。DeLaval International AB Tumba 的主动式挤奶系统（Voluntary Milking System）就是一个例子。其中使用的是具有电-气混合驱动阀门关节控制的气动式驱动（见图3.11）。

3. 电磁式驱动

当今最常见的驱动莫过于电磁式驱动器了。

1）步进电动机。一些诸如台式胶水分配机器人之类的简单的小型机器人通常就使用永磁混合式或是可变磁阻式的步进和脉冲电动机（见图3.13）。这种机器人使用开环的位置及速度控制。它们的成本相对比较低，并且与电子驱动电路的接口比较容易实现。微步进控制可以产生10000或是更多的独立的机器关节位置。在开环步进模式下，电动机以及机器人的运动有很显著的稳定时间，而这种现象可以通过机械的或是控制算法的方式进行抑制。步进电动机的能重比比其他类型的电动机更小。有闭环控制功能的步进电动机与直流或交流的伺服电动机相似（见图3.14）。

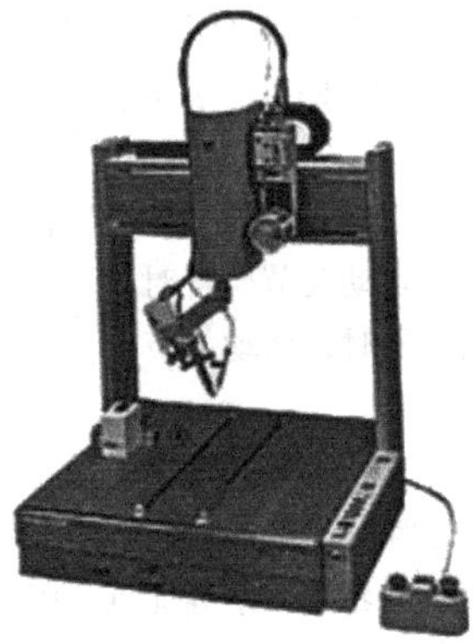

图3.13 Sony机器人使用开环永磁步进电动机

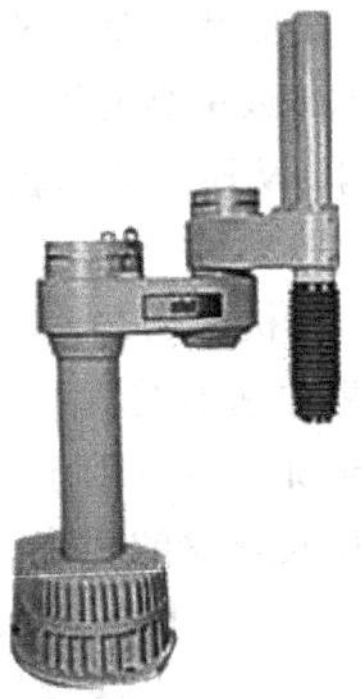

图3.14 Adept机器人使用闭环控制和可变磁阻电动机

2）永磁式直流电动机。永磁式直流换向器电动机有很多不同的类型。低成本的永磁电动机使用陶瓷（铁基）磁铁。玩具机器人和非专业机器人便常常应用这种电动机。钕铁硼由于其最强的磁性，在同等体积下往往可以产生最大的转矩和功率。

无铁心的转子式电动机通常用在小机器人上，其一般具有嵌入环氧树脂的铜导线电容，复合杯状结构或是盘状转子结构。这种电动机有很多优点，比如电感系数很低，摩擦很小，且没有嵌齿转矩。圆盘电枢式电动机也有如下优点，比如它们的总体尺寸较小。同时，由于有很多换向节，其可以产生具有低转矩的平稳输出。无铁心电枢式电动机的缺点在于热容量很低，因为其质量小同时传热的通道受到了限制。所以，在高功率工作负荷下，它们有严格的工作循环间隙限制以及被动空气散热需求。

3）无刷电动机。无刷电动机，也分交流伺服电动机或是无刷直流电动机，通常是应用在工业机器人上（见图3.15及图3.16）。这种电动机使用光学的或者磁场的传感器以及电子换向电路来代替石墨电刷以及铜条式换向器，因此可以减小摩擦、瞬间放电以及换向器的磨损。无刷电动机在低成本的条件下表现突出，主要归功于其降低了电动机的复杂性。但是，其使用的电动机的控制器要比有刷电动机的控制器更复杂，成本也要更高。无刷电动机的被动式多磁极钕磁铁转子以及铁制绕线定子聚有良好的散热性和可靠性。线性无刷电动机的功用与铺展开的回转马达相似。它们通常有一个又长又重的被动式多磁极定子和又短又轻的电子换向式绕线滑块。

图 3.15　Baldor 直流伺服电动机

图 3.16　Anorad 无刷电动机

4. 其他驱动器

各种其他类型的驱动器也已应用于机器人。其中一个范例包括应用了热学、形状记忆合金（SMA）、金属、化学、压电、磁致伸缩、电聚合物（EPAM）、弹性容器和微机电系统（MEMS）的驱动器（见图 3.17 和图 3.18）。大多数这些驱动器已应用于研究具有特殊应用的机器人，而不是大量生产的工业机器人。压电陶瓷驱动的机器人的一个例子是 PI 的压电式六足亚纳米分辨率平台系统（见图 3.19）。

图 3.17　人工肌肉 EPAM 电动机

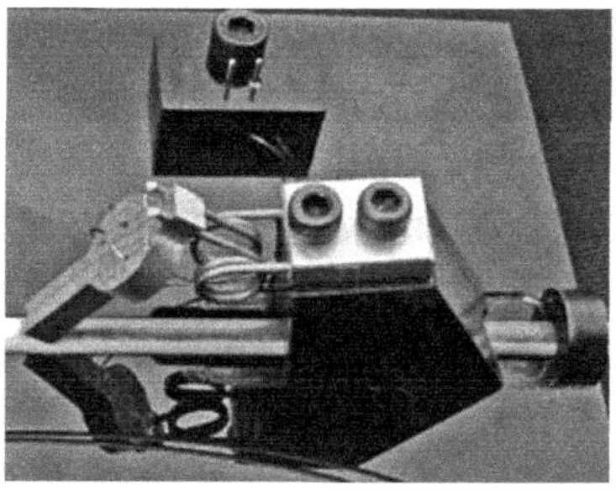

图 3.18　Elliptec 压电电动机

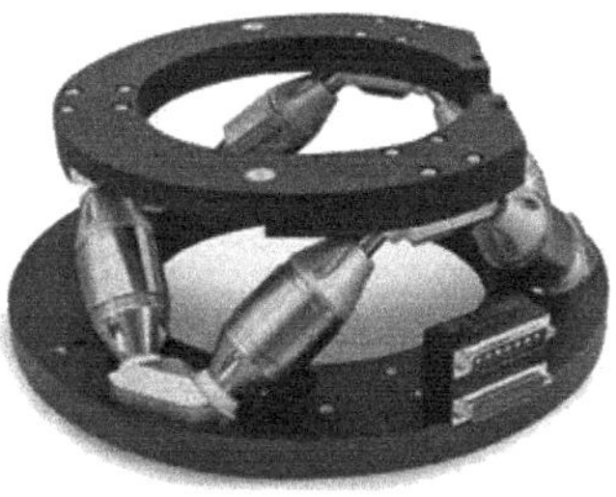

图 3.19　PI 的压电式六足亚纳米分辨率平台系统

3.7.3　变速器

传动器或传动系统的目的是将机械动力从来源转移到受载荷处。设计和选择一个机器人传动机构时，需要考虑机械装置的运动，负载和电源的要求，以及相对于关节的驱动器放置位置。在传动器设计中，首先要考虑的是传动器的刚度、效率和成本。齿隙和扭转都会影响到驱动器刚度，尤其是当机器人应用在具有连续扭转和载荷剧烈变化的场合中。高传动刚度和低齿隙或者无齿隙均会导致更多的摩擦损失。大多数机器人传动系统当工作在接近其额定功率时，具有良好的效率，但在低载荷时便不一定了。过大的传动系统会增加系统的重量、惯性和摩擦损失。不良传动系统设计会有较低的刚度，在持续的或是高负荷的工作循环下快速磨损，或者在偶然的过载下失效。

机器人的关节驱动基本上是由传动装置来实现的，它以一种高能效的方式通过关节将驱动器和机器人连杆结合起来。各种各样的传动系统形式都被实际机器人所应用。传动机构的传动比决定了驱动器到连杆的转矩、速度和惯性之间的关系。传动系统合理的布置，尺寸以及机构设计决定了机器人的刚度、质量和整体操作性能。大多数现代机器人都应用了高效的、抗过载破坏的、可反向的传动装置。

1. 直接驱动

直接驱动是运动学中最简单的驱动机制。对于气动或液压驱动的机器人，驱动器直接连接在连杆之间。直接驱动的电动机器人采用了高转矩、低速的电动机直接连接到连杆。直接驱动是以完全去除了空行程和平稳转矩传动系统为特点的。但是，原动件和连杆间的不良动态匹配（惯性比例）使这种传动方式）需要一个更大的、能源效益较低的驱动器。

2. 带传动器

直接驱动的一个变形是带驱动。薄合金钢或钛制履带被固定在驱动器轴和被驱动的连杆之间，用来产生有限的旋转或直线运动。传动装置的传动比可以高达 10∶1（驱动器转 10 圈，节点转 1 圈）。驱动器质量也从节点处移开了——通常移至基座处，以减少机器人惯性和重力负荷。它相比缆绳或皮带传动而言，是一种更柔顺并且刚性更好的传动系统。

3. 皮带传动器

同步（齿）皮带往往应用于较小的机器人的传动机构和一些大机器人的轴上。其功能大致和带传动相同，但具有连续驱动的能力。多级（两个或三个）皮带传动有时会被用来生产大的传动比（高达100∶1）。张紧力被惰轮或轴距的调整所控制。长皮带的弹性和质量可能导致驱动不稳定，从而增加机器人的稳定时间。

4. 齿轮传动

直齿轮或斜齿轮传动为机器人提供了可靠的、密封的、低维护成本的动力传递。它们应用于机器人手腕，在这些手腕结构中多个轴线的相交和驱动器的紧凑型布置是必需的。大直径的转盘齿轮用于大型机器人的基座关节，用以提供高的刚度来传递高转矩。齿轮传动常用于台座，而且往往与长传动轴联合，实现了驱动器和驱动关节之间的长距离动力传输。例如，驱动器和第一减速器可能被安装在肘部的附近，通过一个长的空心传动轴来驱动另一级布置在腕部的减速器或差速器（见图3.1）。

行星齿轮传动常常被应用在紧凑的齿轮马达中（见图3.20）。为了尽量减少节点齿轮驱动的齿隙游移（空程），齿轮传动系统需要具有仔细的设计、高的精度和刚性的支撑，用来产生一个不以牺牲刚度、效率和精度来实现小时隙的传动机构。机器人的齿隙游移被一些方法所控制，包括选择性装配、齿轮中心调整和专门防游移的设计。

图3.20 航天飞机的机械臂具有行星齿轮驱动器

5. 蜗轮传动

蜗轮蜗杆传动偶尔会被应用于低速机器人。他们的特点是可以使动力正交的偏转或者平移，同时具有高的传动比，机构简单，以及具有良好的刚度和承载能力。另一方面，他们的低效率使他们在大传动比时具有反向自锁特性。这使得在没有动力时，关节会自锁在它们的位置，但另一方面，这也使它们容易在试图手动改变机器人位置的过程中被损坏。

6. 专用传动装置

专用传动装置被广泛应用于标准工业机器人。谐波传动和旋转矢量（RV）传动器就是两个例子，它们具有紧凑、低齿隙滑移、高转矩传递能力等特点，同时，其使用了特殊齿轮、凸轮和轴承（见图3.21和图3.22）。

图3.21 谐波传动

图3.22 Nabtesco旋转矢量传动器

谐波传动器常用在中小型机器人上。这些传动器具有较低的齿隙滑移，但柔轮齿圈在反转运动时会导致弹性翘曲和低的刚度。旋转矢量传动器通常被应用于大型的机器人，特别是受超载和冲击负荷的那些机器人。

7. 线性传动器

直接驱动的线性传动器合并了直线电动机与一个直线轴。这种联系往往只是驱动器和机器人连杆之间的一个刚性或柔性连接。另外，一个由直线电动机和其导轨组成的总成被直接连接到线性轴上。直接线性电磁驱动器的特点是：零齿隙滑移，高刚度，高的速度和优良的性能，但是其质量也较大，效率低，成本比其他类型的线性驱动器更高。

8. 滚珠丝杠

滚珠丝杠的线性传动器有效和平顺地将原动件的

旋转运动变成直线运动。通常情况下，循环球螺母通过与平面和硬化合金钢丝杠的配合来将旋转运动转换成直线运动。滚珠丝杠可以很容易地与线性轴匹配。紧凑型驱动器/传动系统总成，以及其为了客户组装而设计的零件都已经实现。刚度对短距的和中距的行程比较好，但由于丝杠只能在两端被制成，所以它在长行程中的刚度并不好。通过精确的丝杠可以获得很低或为零的齿隙。运行速度被丝杠的力学稳定性所制约，所以采用旋转螺母的方式可以获得更高的速度。低成本机器人可使用普通丝杠传动装置，它的特点是在光滑的轧制丝杠上采用有热塑性塑料的螺母。

9. 齿条和齿轮传动系

这些传统的传动部分在直线，甚至弯曲的导轨上对长距离运动是有益的。刚度是由齿轮/齿条连接处和独立行程长度决定的。齿隙滑移可能难以控制，因为在整个行程长度中控制齿条到齿轮中心的公差。双齿轮驱动有时被用来供主动的预紧力，从而消除齿隙滑移。由于较低的传动比，有效力普遍低于丝杠传动系。小直径（低齿数）齿轮的重合度较低，因而易造成振动。渐开线齿面齿轮需要润滑油来减少磨损。这些列出的台式传动系统经常被应用于大型龙门式机器人和轨道式机器人（见图3.23）。

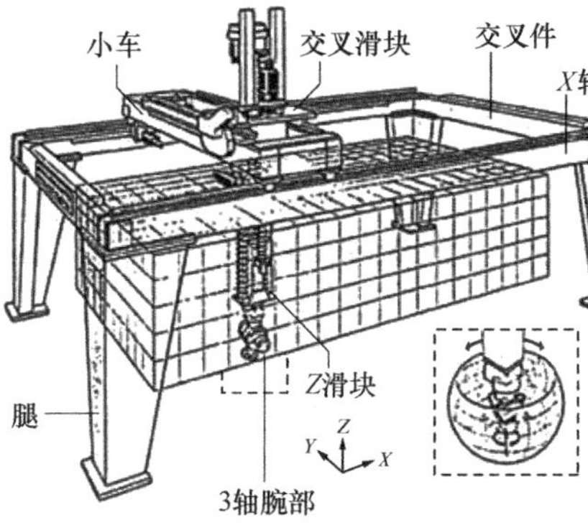

图3.23　NASA龙门式机器人

10. 其他传动系统组件

一些其他机械部件的例子，如花键轴，运动间的连接件（四连杆，曲柄滑块机构等），腱绳，柔性联轴器，离合器，制动器，以及限位装置，它们都被用于机器人传动系统中（见图3.8）。Yaskawa RobotWorld的装配和过程自动化机器人是由磁力所悬置，在一个两自由度的平面空气轴承上移动，同时采用直接驱动平面电磁马达，并且内部没有运动部件（见图3.12）。

3.8　机器人的性能

工业机器人的性能往往用功能运行情况和循环时间来体现。对装配机器人来说，这种评价标准往往是依据每分钟所完成的取放循环次数。弧焊机器人往往被设定了一个缓慢的焊接模式和摆动速度，以及一个快的再定位速度。对于涂装机器人，附着或覆盖的比率和喷雾模式下的速度是很重要的。机器人的峰值速度和加速度列表数据一般只是计算量，由于在机器人移动过程中产生的外形的变化而带来了动态的（惯性）和静态的（重力）耦合，因而其峰值加速度和速度会在工作过程中有所变化。

3.8.1　机器人速度

最大的关节速度（角速度或线速度）并不是一个独立的值。对于更长距离的运动，它往往被伺服电动机的总线电压或最大允许的电动机转速所限制。对于大加速度机器人，甚至短的点对点的运动也可能有速度限制。对于低加速机器人，仅仅总体的运动有速度限制。对于大型机器人，典型的末端执行器峰值速度可高达20m/s。

3.8.2　机器人加速度

在大多数现代的机械手中，因为和机械臂的质量相比，有效载荷的质量较小，因而更多的动力是被用于加速机器人而不是其负载。加速度既影响总体运动时间，也影响运行周期时间（总体运动时间加稳定时间）。能够承受更大加速度的机械臂往往是刚性更好的机械臂。在高性能机械臂上，比起速度或负载能力来说，加速和稳定时间是更重要的设计参数。对于一些装配和物料装卸的机器人而言，其最大加速度比小有效载荷超过了10g。

3.8.3　重复性

这个参量代表了执行器多次返回到同一个位置的能力。由于不同的执行器运行程序设计的影响，大多数制造商更倾向于以一个他们自己定义的参量来评价重复性。这个参量是指，从同样的初始位置开始，采用同样的程序，载荷和安装设定，机械臂能够回到初始位置时的有效运行球形空间的半径。这一空间可能不包括的目标点，因为计算误差、简化的校正、精度的限制、示教和执行模式的不同可能会比摩擦、未解除的关节和传动系空程、伺服系统增益以及结构和机械装配过程中的空隙导致更大的误差。设计者必须认真考虑所需的重复性评价参量。当进行重复的工作，如盲装配或机器载入时，重复性便非常重要。典型重复性参数的范围从对于大型电焊机器人的1～2mm到对于精确机器人的0.005mm（5μm）。

3.8.4 分辨率

这个参数代表的是能够由执行器完成的最小增量距离。在传感器控制的机器人运动和精确定位中，分辨率是很重要的。尽管大多数制造商依据关节位置编码器的分辨率，或伺服电动机和传动装置的步长来计算系统的分辨率，但这是一种误导，因为系统摩擦、扭曲、齿隙游移和运动的配置都影响着系统分辨率。典型的编码器或解析器的分辨率是全轴或节点行程的10^{14}～10^{25}分之一，但实际物理分辨率可能是介于0.001～0.5mm。多节点串联连接机械臂的有效分辨率不如其单个关节。

3.8.5 精度

这个参数代表的是机器人在空间内，将其执行装置定位到程序设定位置的能力。机器人的准确性对于非重复型的任务非常重要，这些任务既可能被数据库中的程序所设定，也可以是一种在安装时已经预设好的，对于可控的变化进行处理的“示教任务”。精度是一个手臂关于运动学模型精确度（节点类型、连杆长度、关节之间的角度，以及所有对于连杆或节点在负载下挠度的核算等），空间、工具、夹具模型的精度，以及机械臂方案解决路径的完整性和准确性的函数。虽然大多数更高级的机器人编程语言支持机械臂解决方案，这些解决方案通常只是建立在简化的刚性结构模型的基础上。因此，机器人精度便成为了一个匹配机器人几何学特性和机器人解决方案的问题，其中，我们需要精确地测量和校准连杆长度、关节角度和安装位置。

典型的工业机器人精度范围从具有低级计算机模型的非标定执行器的±10mm，到精确的机械工具执行器的±0.01mm，此执行器包含了具有精确动态模型和解决方案的控制器、精准的制造工艺，以及动态测量元件。

3.8.6 组件寿命与占空比

一个电动机器人中，有最大的失败问题的三个组件是驱动器（伺服电动机）、传动装置以及电源和信号电缆。平均故障间隔时间（MTBF）应至少在2000h，而最好在主要部件所计划的保养维护之间至少有5000个运行h。

最坏情况下的运动周期被假定为用最新机器人装置完成一般性的重复任务。装配机器人的小行程设计循环寿命（小于5%的关节行程范围）应该达到20～100万次完整的双向循环。大行程循环寿命（大于50%的关节最大行程范围）应通常是5～40万次。

短期的满负荷工作往往被传动系统的最大载荷所限制；而长期、持续的工作性能则被电动机发热所限制。对于某一个期望的占空比进行设计，而不是平等程度的同时追求短期和长期性能，可以节约成本和改进性能。这种方案允许我们使用更小、惯性更低、质量更轻的电动机。工业机器人通常在达到设计循环寿命之前就已经因为过时而被替换。

3.8.7 碰撞

在工作中，意外或突发情况可能偶尔会产生碰撞，涉及机械臂及其工具、工件或工作空间内的其他物体。这些事故可能会导致各种程度的破坏，其破坏的程度在很大一部分取决于机械臂的设计。如果在这类事故中的时间成本和费用损失很大，那么抵抗碰撞的设计方案就应在设计过程中尽早考虑。由事故造成的典型损害包括齿轮或轴的折断或剪切失效，连杆结构的凹陷或弯曲，齿轮的滑动或轴的窜动，电线、腱绳或者软管的断裂，严重磨损或变形，以及连接器，配件，限位器或开关的损坏。柔性的原件，如超载（滑动）离合器，弹性元件和带软垫的表面可以被用来减少发生碰撞的冲击负荷，从而帮助解耦或这在这类碰撞中隔离驱动器和传动系统。

3.9 结论与扩展阅读

机器人的机械设计是一个反复的过程，涉及工程、技术和应用的具体因素的评价和选择。最后的设计方案应反映出对于设计任务的详细要求的仔细考虑，而不是仅仅的广义规范。对于这些设计要求的正确的定义和理解是实现设计目标的一个关键因素。

设计和选择具体的组成部分涉及权衡的考虑。纯静态的，刚体机器人的设计是经常被应用的，但其并不总是充分的。机械系统的刚度、固有频率、控制系统的兼容性，以及期望的机器人应用和安装要求都必须加以考虑。

关于构成机器人系统核心的机构和原动件设计还有许多其他文献。其中一个著名并且正在使用的机器人设计参考资料是Rivin［3.44］。

Craig[3.6]和Tsai[3.9]提供了机器人的机械结构与

其工作空间和机械增益的数学关系。Sclater 和 Chironis[3.48]是对于多种有效的应用装置的宝贵汇编的一次再版，比如关节传动系统和传动装置。McCartney[3.34]包括了设计特定机构的几何技术。

Juvinall 和 Marshek[3.45]，以及 Shigley 和 Mishke[3.46,47]是关于像连杆结构、轴承，以及传动系统这样结构的设计的重要参考资料，而这些都对机器人系统的机械性能效率起到了至关重要的作用。

虽然许多设计决策可以通过应用简单直接的算法和公式获得，但是许多其他重要的因素使得机器人设计成为了一个需要良好的工程判断力的挑战。

参考文献

3.1 D.T. Greenwood: *Classical Dynamics* (Prentice-Hall, Upper Saddle River 1977)

3.2 F.C. Moon: *Applied Dynamics* (Wiley-Interscience, New York 1998)

3.3 S.-M. Song, K.J. Waldron: *Machines that Walk: The Adaptive Suspension Vehicle* (MIT Press, Cambridge 1988)

3.4 M.T. Mason, J.K. Salisbury: *Robot Hands and the Mechanics of Manipulation* (MIT Press, Cambridge 1985)

3.5 R.P. Paul: *Robot Manipulators: Mathematics, Programming, and Control* (MIT Press, Cambridge 1981)

3.6 J.J. Craig: *Introduction to Robotics: Mechanics and Control* (Addison-Wesley, Publ., Reading 1989)

3.7 O. Bottema, B. Roth: *Theoretical Kinematics* (North-Holland, New York 1979), (reprinted by Dover, New York)

3.8 J.M. McCarthy: *An Introduction to Theoretical Kinematics* (MIT Press, Cambridge 1990)

3.9 L.W. Tsai: *Robot Analysis, The Mechanics of Serial and Parallel Manipulators* (Wiley, New York 1999)

3.10 T. Lozano-Perez: Spatial Planning: A configuration space approach, IEEE Trans. Comput. **32**(2), 108–120 (1983)

3.11 J.C. Latombe: *Robot Motion Planning* (Kluwer Academic, Boston 1991)

3.12 R. Vijaykumar, K. Waldron, M.J. Tsai: Geometric optimization of manipulator structures for working volume and dexterity. In: *Kinematics of Robot Manipulators*, ed. by J.M. McCarthy (MIT Press, Cambridge 1987) pp. 99–111

3.13 K. Gupta: On the nature of robot workspace. In: *Kinematics of Robot Manipulators*, ed. by J.M. McCarthy (MIT Press, Cambridge 1987) pp. 120–129

3.14 I. Chen, J. Burdick: Determining task optimal modular robot assembly configurations, Proc. IEEE Robot. Autom. Conf. (1995) pp. 132–137

3.15 P. Chedmail, E. Ramstei: Robot mechanisms synthesis and genetic algorithms, Proc. IEEE Robot. Autom. Conf. (1996) pp. 3466–3471

3.16 P. Chedmail: Optimization of multi-DOF mechanisms. In: *Computational Methods in Mechanical Systems*, ed. by J. Angeles, E. Zakhariev (Springer, Berlin 1998), pp.97–129

3.17 C. Leger, J. Bares: Automated Synthesis and Optimization of Robot Configurations, CD-ROM Proc. ASME DETC'98 (Atlanta 1998), paper no. DETC98/Mech-5945

3.18 F.C. Park: Distance metrics on the rigid body motions with applications to mechanism design, ASME J. Mech. Des. **117**(1), 48–54 (1995)

3.19 J.M.R. Martinez, J. Duffy: On the metrics of rigid body displacements for infinite and finite bodies, ASME J. Mech. Des. **117**(1), 41–47 (1995)

3.20 M. Zefran, V. Kumar, C. Croke: Choice of Riemannian metrics for rigid body kinematics, CD-ROM Proc. ASME DETC'96 (Irvine 1996), paper no. DETC96/Mech-1148

3.21 Q. Lin, J.W. Burdick: On well-defined kinematic metric functions, Proc. Int. Conf. on Robotics and Automation (San Francisco 2000) pp. 170–177

3.22 C. Gosseli: On the design of efficient parallel mechanisms. In: *Computational Methods in Mechanical Systems*, ed. by J. Angeles, E. Zakhariev (Springer, Berlin, Heidelberg 1998), pp.68–96

3.23 J.V. Albro, G.A. Sohl, J.E. Bobrow, F. Park: On the computation of optimal high-dives, Proc. Int. Conf. on Robotics and Automation (San Francisco 2000) pp. 3959–3964

3.24 G.E. Shilov: *An Introduction to the Theory of Linear Spaces* (Dover, New York 1974)

3.25 J.K. Salisbury, J.J. Craig: Articulated hands: Force control and kinematic issues, Int. J. Robot. Res. **1**(1), 4–17 (1982)

3.26 J. Angeles, C.S. Lopez-Cajun: Kinematic isotropy and the conditioning index of serial manipulators, Int. J. Robot. Res. **11**(6), 560–571 (1992)

3.27 J. Angeles, D. Chabla: On isotropic sets of points in the plane. Application to the design of robot architectures. In: *Advances in Robot Kinematics*, ed. by J. Lenarčič, M.M. Stanišić (Kluwer Academic, Dordrecht 2000) pp. 73–82

3.28 E.F. Fichter: A Stewart platform-based manipulator: General theory and practical construction. In: *Kinematics of Robot Manipulators*, ed. by J.M. McCarthy (MIT Press, Cambridge 1987) pp. 165–190

3.29 J.P. Merlet: *Parallel Robots* (Kluwer Academic, Dordrecht 1999)

3.30 J.M. Hervé: Analyse structurelle des méchanismes par groupe des déplacements, Mechanism Machine Theory **13**(4), 437–450 (1978)

3.31 J.M. Hervé: The Lie group of rigid body displacements, a fundamental tool for mechanism design, Mechanism Machine Theory **34**, 719–730 (1999)

3.32 A.P. Murray, F. Pierrot, P. Dauchez, J.M. McCarthy: A planar quaternion approach to the kinematic synthesis of a parallel manipulator, Robotica **15**(4), 361–365 (1997)

3.33 A. Murray, M. Hanchak: Kinematic synthesis of planar platforms with RPR, PRR, and RRR chains. In: *Advances in Robot Kinematics*, ed. by J. Lenarčič, M.M. Stanišić (Kluwer Academic, Dordrecht 2000) pp. 119–126

3.34 J.M. McCarthy: *Geometric Design of Linkages* (Springer, Berlin, Heidelberg 2000)

3.35 V. Kumar: Instantaneous kinematics of parallel-chain robotic mechanisms, J. Mech. Des. **114**(3),

349–358 (1992)
3.36 C. Gosselin, J. Angeles: The optimum kinematic design of a planar three-degree-of-freedom parallel manipulator, ASME J. Mech. Transmiss. Autom. Des. **110**(3), 35–41 (1988)
3.37 J. Lee, J. Duffy, M. Keler: The optimum quality index for the stability of in-parallel planar platform devices, CD-ROM Proc. 1996 ASME Design Engineering Technical Conferences (Irvine 1996), 96-DETC/MECH-1135
3.38 J. Lee, J. Duffy, K. Hunt: A practical quality index based on the octahedral manipulator, Int. J. Robot. Res. **17**(10), 1081–1090 (1998)
3.39 S.E. Salcudean, L. Stocco: Isotropy and actuator optimization in haptic interface design, Proc. Int. Conf. on Robotics and Automation (San Francisco 2000) pp. 763–769
3.40 L.-W. Tsai, S. Joshi: Kinematics and optimization of a spatial 3-UPU parallel manipulator, J. Mech. Des. **122**, 439–446 (2000)
3.41 Q. Jin, T.-L. Yang: Theory for topology synthesis of parallel manipulators and its application to three-dimension-translation parallel manipulators, J. Mech. Des. **126**(3), 625–639 (2004)
3.42 X. Kong, C.M. Gosselin: Type synthesis of three-degree-of-freedom spherical parallel manipulators, Int. J. Robot. Res. **23**, 237–245 (2004)
3.43 T.A. Hess-Coelho: Topological synthesis of a parallel wrist mechanism, J. Mech. Des. **128**(1), 230–235 (2006)
3.44 E.I. Rivin: *Mechanical Design of Robots* (McGraw-Hill, New York 1988) p. 368
3.45 R.C. Juvinall, K.M. Marshek: *Fundamentals of Machine Component Design*, 4th edn. (Wiley, New York 2005) p. 832
3.46 J.E. Shigley, C.R. Mischke: *Mechanical Engineering Design*, 7th edn. (McGraw-Hill, Upper Saddle River 2004) p. 1056
3.47 J.E. Shigley, C.R. Mischke: *Standard Handbook of Machine Design*, 2nd edn. (McGraw-Hill, Upper Saddle River 1996) p. 1700
3.48 N. Sclater, N. Chironis: *Mechanisms and Mechanical Devices Sourcebook*, 4th edn. (McGraw Hill, Upper Saddle River 2007) p. 512
3.49 J.P. Trevelyan: Sensing and control for shearing robots, IEEE Trans. Robot. Autom. **5**(6), 716–727 (1989)
3.50 J.P. Trevelyan, P.D. Kovesi, M. Ong, D. Elford: ET: A wrist mechanism without singulat positions, Int. J. Robot. Res. **4**(4), 71–85 (1986)

第4章　传感与估计

Henrik I. Christensen，Gregory D. Hager
伍小军　译

传感与估计是任何机器人系统设计的核心。在底层，反馈控制必须要估计机器人自身的状态。在高层，传感，此处定义为以任务为导向的传感器数据解释，可以在空间和时间领域融合传感器信息来促进规划。

本章概述了在机器人领域广泛应用的常见传感和估计方法。本章内容按照过程模型来组织，包括传感，特征提取，数据关联，参数估计和模型整合。本章介绍和描述了几种常用的传感模式的特征，并讨论线性和非线性系统中常见的估计方法，包括统计学估计、凯尔曼滤波和采样法。本章也简单介绍了鲁棒估计的策略。最后介绍几种常用的估计表示法。

如果有一个完整的环境模型，并且机器人促动器能够相对于该模型完美地执行运动指令，那么控制机器人系统将变得相对简单。很遗憾的是，大多数时候完整的环境模型并不具备，机械构造的理想控制也从来都不现实。在这种情况下，传感和估计方法被用来弥补完整信息的缺失。它们的功能就是提供环境和机器人系统的状态信息，作为控制，决策以及与环境中其他单元（例如人）进行交互的基础。

为便于讨论，我们区分用于还原机器人自身状态的传感和估计为“本体感受”，并区分用于还原外部世界状态的传感和估计为“外感受”。在实际应用中，绝大多数机器人系统设计有本体感受来估计和控制自身的物理状态。另一方面，通过传感器数据来还原外部环境状态通常是一个更广泛也更复杂的问题。

早期的机器人计算感知研究假定我们可以复原出一个完整通用的环境模型，并用它来进行决策和驱动，参见参考文献［4.1］中的范例。最近，该方法已经很明显地不切实际了。事实上，考虑到基于传感器的机器人已经出现在各种领域，例如移动监控、高性能操作和医疗介入，对于一个给定的系统，适合的传感和估计很明显高度依赖于系统的任务。因此，此处的讨论按照以任务为导向的外部世界传感和估计来组织。

传感和估计可被视为一个将物理数量转换为可用于进一步处理的计算机表达的过程。因此传感与将物理存在转换为可被计算机处理的信号的转换器紧密关联。传感也与感知，即在以任务为导向的环境模型中表征传感器信息这一过程，密切相关。然而，传感器数据通常以不同的方式损坏，导致该过程更加复杂。举例而言，转换器环节产生统计学噪声，数字化过程中引入离散化，传感器选择不良引入模糊量等。因此引入估计方法来支持将信息恰当地融合进环境模型，并提高信噪比。

本章介绍传感与估计的通用特征，而本手册的第3篇提供了部分更深入的主题内容。本章4.1节介绍传感/估计的总体过程。4.2节介绍不同种类的传感器以及它们的关键特性。4.3节讨论环境表征的估计，可利用包括参数化和非参数化途径在内的多种不同方法。4.4节描述多种环境表征方法，适用于基于模型的信息融合。

4.1 感知过程

感知过程的输入通常有两种，①来源于各种传感器/转换器的数字信号，②不完整的环境模型（世界模型），包含机器人和外部世界中其他相关实体的状态信息。传感器数据本身可以是多种不同的格式，例如标量或者是基于时序 $x(t)$ 获取的向量 $\boldsymbol{x}(\alpha,\ \beta)$，扫描量 $x_t(\theta_i)$，向量场 x 或者三维容积 $x(\rho,\ \theta,\ \phi)$。在许多情况下，系统必须融合来自多个传感器的数据，例如，估计移动机器人的位置需要融合来自于转轴编码器、视觉系统、全球定位系统（GPS）和惯性传感器的数据。

为进一步组织本章讨论，我们采用如图4.1所示的感知过程通用模型。在该模型中，包括了适用于利用世界模型融合传感器数据的最常用操作。针对所讨论的任务，某些模块可能缺席，而另外一些模块自身可能包含复杂的结构。但是，所提供的模型足以用来解释传感与预测中的许多问题。接下来本节将通过一个移动机器人定位的范例来解释这个模型。

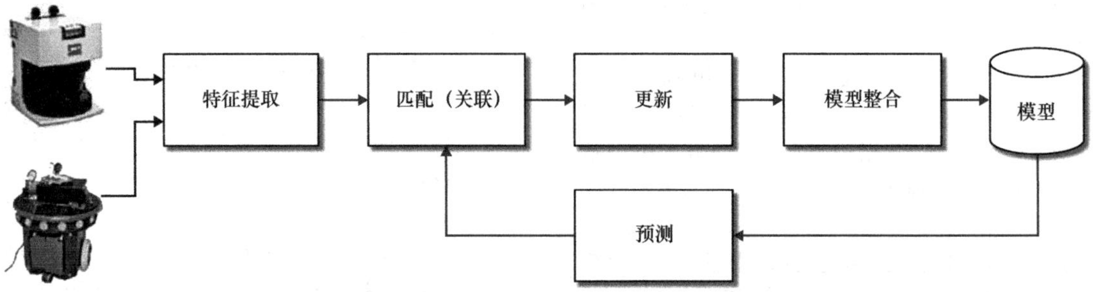

图4.1 本章所讨论的感知过程范例

传感器处理的初始问题是数据预处理和特征提取。预处理的目的是降低转换器的噪声，移除任何系统化误差，优化数据的相关属性。在某些情况下，传感器信息需要在时域或空域进行校准以进行下一步的融合。有很多种方式可用来预处理数据，以优化或者提取特征用于数据融合。常用的一种方法是模型匹配，如图4.2中所示的激光扫描仪。一旦传感器信息可用，通常需要将数据与已有的模型进行匹配（见图4.3）。该模型可能基于一个预知的结构（例如，环境的一个计算机辅助设计（CAD）模型），或者由之前获取的数据所建立。数据关联方法通常用于估计传感器数据与环境模型之间的关系。在我们的移动机

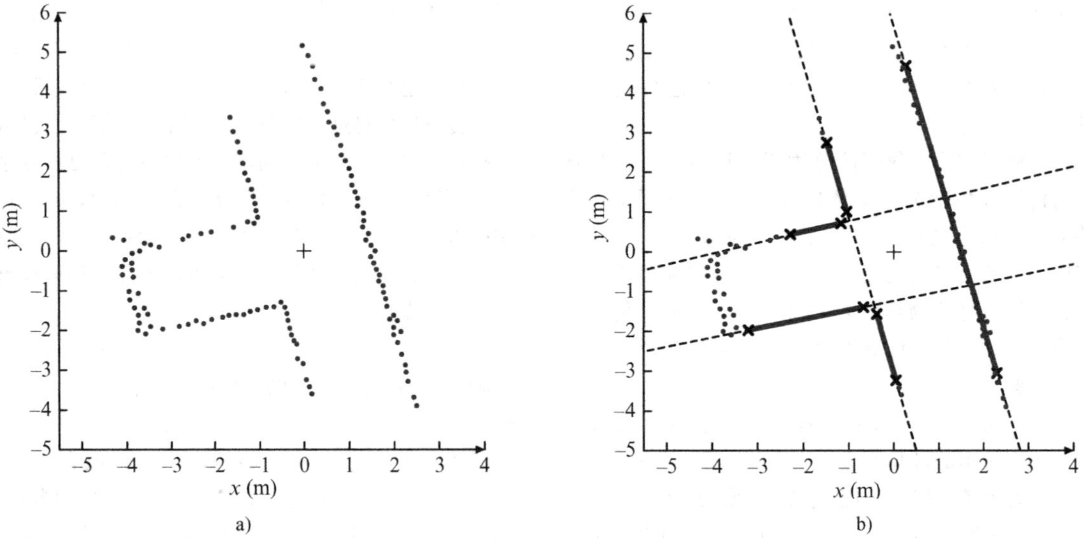

图4.2 从激光扫描进行特征提取的范例（参考文献［4.2］）

器人定位范例中，所提取的直线特征与一个多边形世界模型相匹配。该匹配过程可经由几种不同的方式进行，但是总体上，它是一个以最大化特征与模型之间的校准为目标的优化问题。

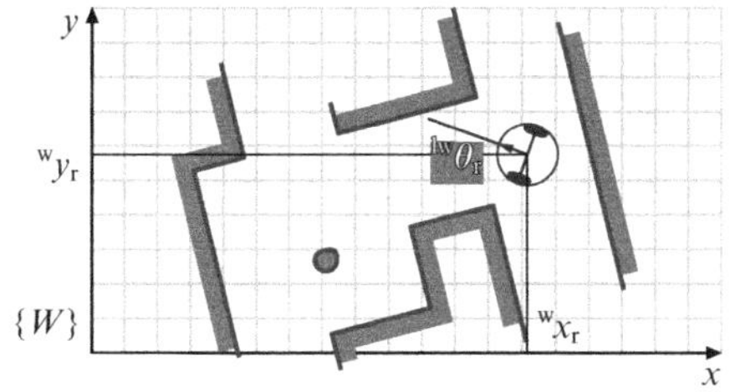

图4.3 用于移动机器人定位的环境模型范例（参考文献[4.2]）

一旦传感器数据与世界模型匹配之后，可利用传感器数据所包含的信息来更新模型。在上述范例中，机器人相对于世界模型的方向和位置可通过匹配的直线段来更新如图4.4所示。

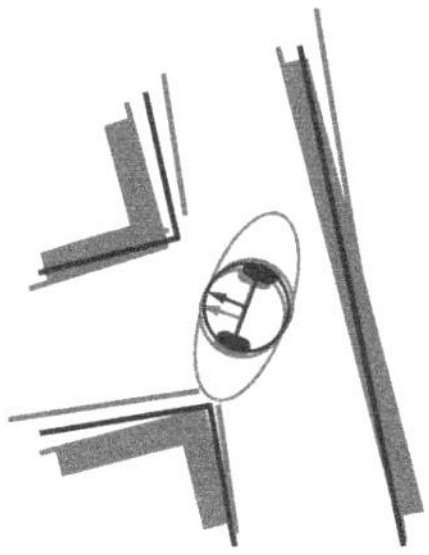

图4.4 估计移动机器人实例的位置和方向（参考文献[4.2]）

最后，设计一个动态系统模型来模拟待估计的相关状态是有可能的。通过这样的系统模型，在获取到新的传感器数据之前预测环境随时间的变化是可能的。该方法可用于前馈型预测过程，并可以反过来简化新的传感器读数的数据关联，见图4.1。

下面我们将详细讨论感知过程的每一个步骤。

4.2 传感器

根据测量的对象以及如何测量，有很多种方式来对传感器进行归类。如前所述，本体感受传感器用来测量机器人的内部状态，包括具有不同自由度的位置、温度、关键部件的电压、电动机电流、促动器受力等等。在另一方面，外感受传感器生成外部环境的有关信息，例如与某物体的距离、相互作用力、组织的密度等。

传感器也可以区分为被动或者是主动类型。总体上，主动型传感器将能量释放到环境中，并基于反应来测量环境属性。被动型传感器则不会主动测量。由于主动型传感器对被测信号施加某种控制，所以它们通常比被动型传感器更具鲁棒性。例如，执行特征匹配以进行三角化时，被动型立体相机系统必须依赖于所观察表面的外观（见第22章），然而结构光系统将某种模式光投射入场景，因此对场景的特征不是很敏感。即使如此，所发射信号的吸收、散射或者干扰会影响主动型传感器的性能。

本体感受传感器通常是被动型，用来测量机器人的物理属性，例如关节位置、速度，或者加速度、马达扭矩等。另一方面，外感受传感器可进一步划分为接触式传感型和非接触式传感型。接触式传感器通常与本体感受所使用的传感器是同一类型，而非接触式传感器包含绝大多数以一定距离估计物理属性的传感类型，包括强度、范围、方向、尺寸等。

表4.1列出了按照使用方法和典型应用对典型传感器进行的分类。有关传感方法，传感器特征和常见应用的更多细节可以在诸如现代传感器手册[4.3]和本手册第3篇找到。

表4.1 根据传感对象（本体感受（PC）/外感受（EC））和使用方法（主动式/被动式）对机器人常用传感器的分类

分　类	传感器类型	传感方式	主动（A）/被动（P）
触压式传感器	开关/缓冲器	EC	P
	光垒	EC	A
	近程传感器	EC	P/A
触觉传感器	接触矩阵	EC	P
	力/扭矩	PC/EC	P
	阻抗式传感器	EC	P

（续）

分　类	传感器类型	传感方式	主动（A）/被动（P）
马达/转轴传感器	电刷编码器	PC	P
	电压计	PC	P
	分解器	PC	A
	光学编码器	PC	A
	磁性编码器	PC	A
	电感式编码器	PC	A
	电容式编码器	EC	A
方位传感器	指南针	EC	P
	陀螺仪	PC	P
	倾斜仪	EC	A/P
基于信标的传感器（相对于某惯性坐标系的位置）	GPS	EC	A
	主动式光学传感器	EC	A
	RF 信标	EC	A
	超声信标	EC	A
	反射式信标	EC	A
范围传感器	电容式传感器	EC	P
	磁性传感器	EC	P/A
	相机	EC	P/A
	声呐	EC	A
	激光测距仪	EC	A
	结构光	EC	A
速度/运动传感器	多普勒雷达	EC	A
	多普勒声波	EC	A
	相机	EC	P
	加速计	EC	P
识别传感器	相机	EC	P
	无线射频识别（RFID）	EC	A
	激光测距仪	EC	A
	雷达	EC	A
	超声	EC	A
	声波	EC	A

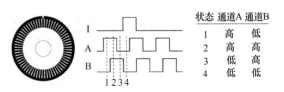

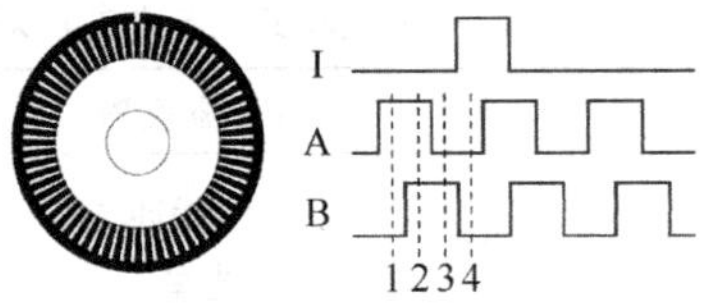

状态	通道A	通道B
1	高	低
2	高	高
3	低	高
4	低	低

图4.5　正交编码器盘片图，以及光侦测器在两种模式下的输出（相应的状态变化示于图右侧）

旋转运动的估计是控制机械手和估计移动系统自主运动的基础。测量旋转运动最常见的传感器是正交编码器。它由一个透明盘片组成，具备两种异相的周期性模态，如图4.5所示。通过计数器，可以直接计算位移和方向（图4.5中传感器A和B之间的相位）。而且，盘片外边缘通常刻有小洞来提供标引（规定零位）。图案的密度决定测量的解析度。将该传感器安装至马达减速齿轮的上游，精确度可轻易超过1/1000°。

末端执行器处的受力和扭矩可以采用压电单元来估计。这些单元产生的电压值与引入的变形量成正比。通过谨慎地布置传感器，可同时测量受力和扭矩。这种传感器用于机器人操纵中估计应力和接触，作为装配系统的一部分，除飞边等，也用于医疗领域。市面上的力/扭矩传感器有着各种尺寸和动态范围，包括新型的可安装在不同末端执行器上的灵活阵列传感器（见图4.6）。力传感器的潜在问题是初始接触存在不工作区，以及基本传感环节产生干扰信号，需要通过信号处理来清除。

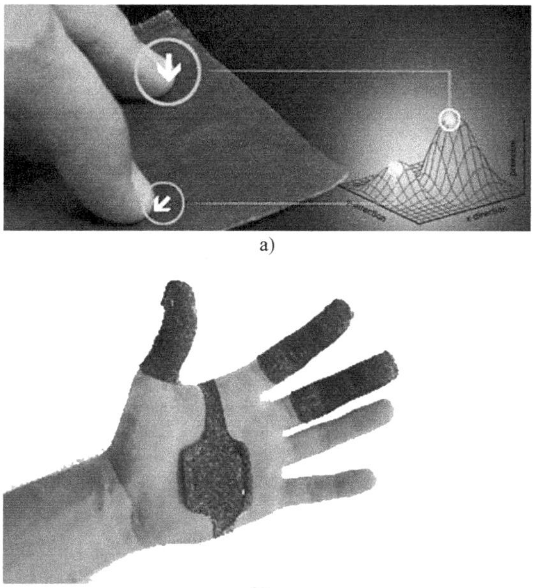

a)

b)

图4.6 灵活阵列传感器

a）触觉阵列（由 Pressure Profile Systems 公司所生产的一种灵活的电容性接触式传感器阵列，适用于滑动状态下的接触位置和区域传感） b）触觉阵列传感器可以舒服的戴在人手或者机器人手上（Pressure Profile Systems 公司许可提供）

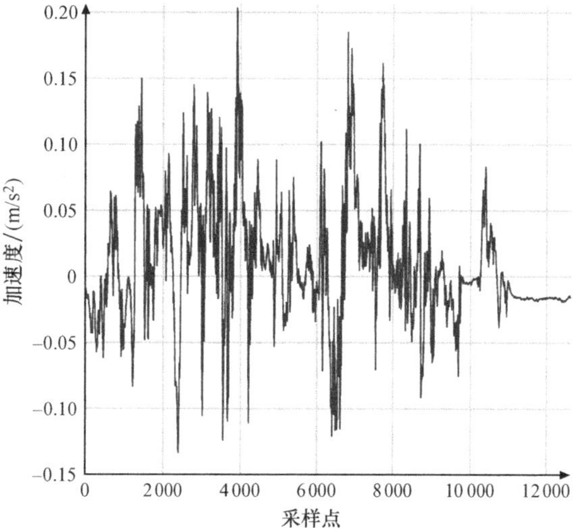

图4.7 用于沙土路面驾驶的IMU单元的数据范例

自主运动的估计是几乎所有机器人系统的重要一环。为此，可应用惯性测量单元（IMU）。IMU 通常包括加速度计和陀螺仪。加速度计对各种类型的加速度都敏感，意味着可一起测量平动和转动（离心力）。IMU 单元可以估计旋转和平动，可通过二重积分来估计系统的速度、方位和位置，参见参考文献［4.4］中的范例。IMU 使用中存在的一个问题是需要进行二重积分。小的偏移和干扰可造成最终结果的严重偏离，因此需要详细的传感器模型，并对传感器进行谨慎矫正和特征识别。图4.7给出了行驶于沙土路面的汽车上所装配的十字弓形 DMU-6x 型单元的数据范例。

最早期的移动机器人、水下机器人以及某些医疗机器人的研究依赖于超声测距。通用的此类传感器常被称为声波导航与测距仪（声呐）。一般原理是系统释放出声波脉冲，并等待其碰到环境中的物体之后反弹回来。已知介质中的传递速度和声波传递所用的时间，可以计算出距离。因为这种低成本的传感器可以提供适中的性能，所以该方法广泛应用于早期机器人。目前，声呐仍然是水下机器人采用的主要传感器类型。第21章将详细讨论这种传感器。

近期的机器人进展，特别是环境模拟和导航，在许多方面都归功于低成本高灵敏度激光扫描系统的出现。SICK 系列激光扫描仪属于渡越时间型扫描仪。扫描仪放出光脉冲，并测量返回所需时间，如图4.8所示。在厘米或者毫米级精确度下，标准扫描仪测量距离可高达80m。扫描仪在一个平面上以0.5°~1°的角分辨率测量距离。可视角度180°，产生181~361次测量。均匀分布干扰会污染传感器数据，这一点在特征识别或者将数据融合为原始传感器地图时必须加以考虑。

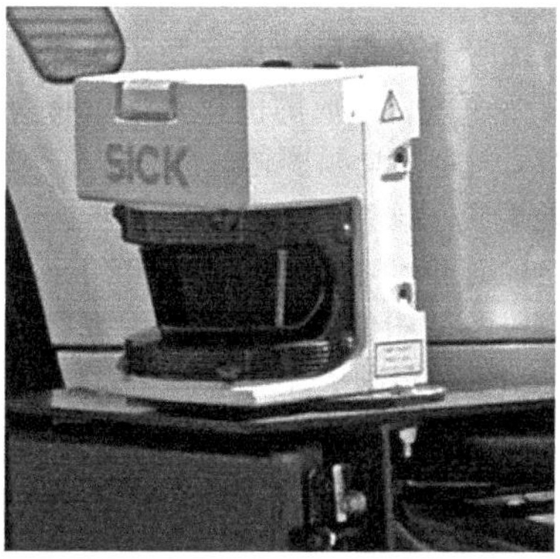

图4.8 广泛用于移动机器人的激光测距传感器示例（SICK LMS291）

对传感和估计来说，图像传感器是丰富的信息来源。图像传感器有多种不同的配置，例如不同的几何成像、图像解析度、传感器技术以及传感频谱。大部分读者一定都很熟悉传统的3CCD透视彩色相机。该设备含有3组电荷耦合探测器（CCD）阵列，分别接受对应人眼视觉的红、绿和蓝色的可见光谱部分。更常见且较便宜的一种替代设备称为单芯片CCD相机。该设备采用一组空间特别排列的滤色镜，通称为拜尔滤镜，因它的发明人布赖斯·拜尔而得名。滤镜组再进一步处理（称为去马赛克处理），以提供每一个像素点的色彩信息。

在美国，根据为电视信号模拟传输制定的NTSC标准，图像传感器传统上包含480行，每行640个像素点。对应的欧洲标准PAL包含576线，每线768个像素点。最近，数字式接口的演化，例如IEEE 1394和USB 2.0已经允许相机系统的解析度达到百万像素的范围。与此同时，成本较低廉的红外（IR）和紫外光（UV）照相机也出现了，因此可以开发更高等的多谱段图像处理系统。

传统图像传感器含有一个光学系统，将光汇聚在一个平面图像阵列上。大多数时候，该系统可以用经典的针孔相机模型（见图4.9）来模拟。给定欧几里德空间中的一个点$(x, y, z)^{\mathrm{T}}$，对应的照相机像素坐标$(u, v)^{\mathrm{T}}$为

$$
\begin{aligned}
(u-u_c) &= \frac{f}{s_x}\frac{x}{z} \\
(v-v_c) &= \frac{f}{s_y}\frac{y}{z}
\end{aligned}
\tag{4.1}
$$

式中，f是镜头系统的焦距；u_c和v_c是投射中心点的像素坐标；s_x和s_y是图像阵列上单个像素点的尺寸。实际应用中，这些模型也可用低阶图像失真模型来加以补充。对于一个给定的相机系统，这些参数值可通过多种试验方法来确定[4.5]。

将传统的透视相机与反光镜组合成所谓的反射折射光学系统，生成的图像几何可将宽度达半球体的视野映射至单幅图像。该系统有很多用处，譬如监控系统，该系统的几何属性可为移动导航提供稳定的定位参考[4.6]。图4.10给出了一幅图像示例，以及该图像映射到圆柱体表面所生成的图像。

上述讨论涉及最常用的机器人传感设备。在特定的应用中会用到很多专用传感器，它们在制药（第52章）领域、超声、X射线、计算机断层扫描和磁共振成像中被广泛应用；在矿坑制图中使用穿地雷达[4.7]。水下机器人利用多种声学传感器。关于这些更具有目标指向性的传感形式的更深层讨论，可以参考本手册第3篇的应用章节。

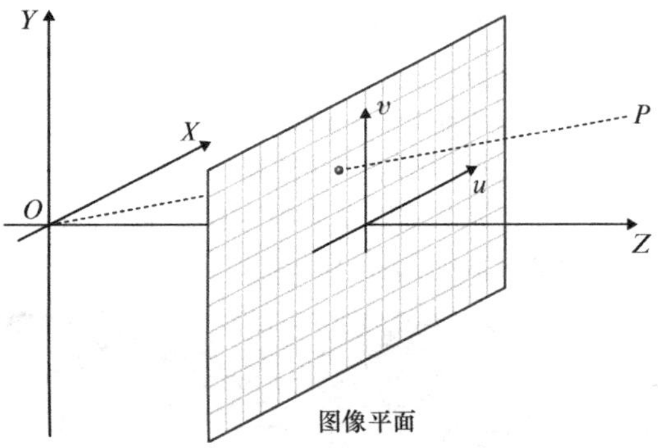

图4.9　针孔相机模型

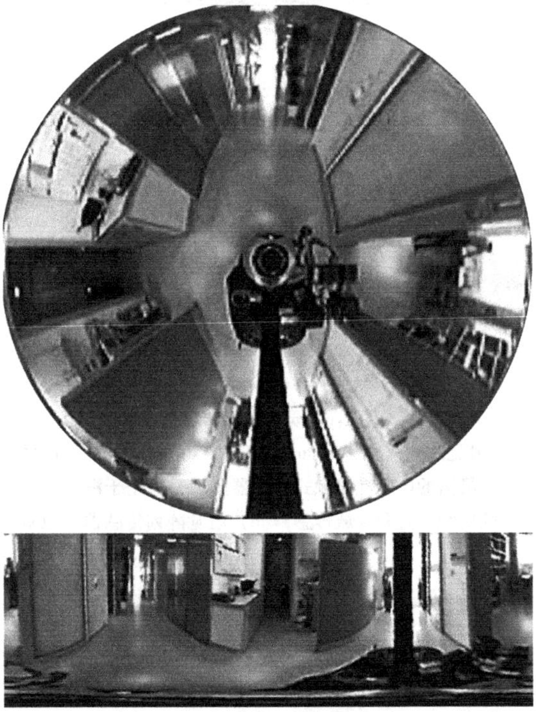

图4.10　反射折射图像和将其映射到圆柱体表面生成的图像

4.3　估计过程

简介部分提到可用多种不同的方法对来自传感器的信息进行综合。哪一种方法更适合很大程度上依赖于对环境的事先了解程度，何种信息是当前任务所必需的，以及哪种模型更适合传感系统。常见方法包括

基于表决的简单方法，参数型和非参数型统计估计法，模糊逻辑系统和Dempster-Shafer证据理论。

为说明这一点，让我们再考虑4.1节介绍的机器人定位问题。如果一开始对环境一无所知，机器人可能接收激光扫描信号并试图用直线段来产生初始环境模型。因为事先一无所知，系统必须估计线段的数量、线段与数据观测值之间的数据关联以及线段本身的参数。这个问题具有挑战性，可采用简单表决技术求解，例如霍夫变换[4.8]或者随机抽样一致（RANSAC）法[4.9]或者更复杂的无监督型集群方法，例如k均值[4.10]，最大期望值（EM）[4.11]，或者全局主成分分析（GPCA）方法[4.12]，在许多情况下，这是一个演算密集的迭代过程。

相反，如果已知环境的CAD模型，问题演变为生成少数几个模型参数（平动和转动）以匹配数据。该问题可通过特征匹配来求解，利用迭代最近点算法（ICP）[4.13]或者其他有效的组合匹配算法例如蒙特卡洛法[4.14]，将观察点与模型比对。何种方法最适合很大程度上仍然依赖于环境的结构和事先所知。

对环境有了初始了解之后，新的数据可以利用这些已有知识。特别是当机器人移动时，传感器数据应该以可预知的方式变化。因此，如果传感系统合适的统计特征可用，可以采用预测修正子方法例如凯尔曼滤波[4.15,16]或者连续关键取样[4.17]。如果存在数据关联问题，可以采用一系列通用技术例如EM[4.10]或者前述的预测修正子方法的变种[4.18]。

偶尔无意义的数值往往造成传感器数据损坏，例如，因为反射的存在，我们范例中的激光测距仪可能偶尔会返回错误的范围度数。许多常用的估计技术对所谓的数据离群值并不具鲁棒性。在这种情况下，鲁棒统计类方法[4.19]可以用来提高传感和估计系统的性能。

最后，我们可能要考虑对当前的任务而言哪些信息是重要的。上述方法中大多数都假定目标是要产生与当前数据本身密切相关的一系列连续参数的准确估计。然而，在某些任务中，我们对参数值本身可能并不感兴趣。例如，假设我们机器人的目标是通过一个门口，虽然这明显取决于估计门宽度（一个连续参数）的能力，最终的决策具有二分性。该问题可整理为一个决策问题。而决策问题可以使用决策理论[4.20]的概念来进行模拟，包括零一损失函数，似然比，或概率比率。例如，在机器人通过门口问题中，如果任务的优先级低，与其试图通过一个太小的缺口（冒着损坏机器人或门，或两者的危险），不通过该特定的门（需要重新寻找替代路线）相对成本可能更低。反之，如果任务紧急，可以容许机器人采取更加危险的行为。

对于任何给定的任务（或决策），决策所需要的信息量可能会有所不同，例如，如果门口很宽，机器人只需要相对少量信息就可以安全地通过。反之，如果门口很窄，机器人作出决定前需要仔细检查。确定作出某项判断所需的信息类型和数量这一问题有不同的称谓，顺序抽样问题[4.20]，传感器控制问题，或传感器规划问题[4.21-23]。

4.3.1　点估计

在我们的机器人定位范例中，有几种情况下问题的关键是要估计出一个可表示为向量空间中的一个点的未知数量。例如二维（2-D）或者三维（3-D）点的位置或者机器人的位置。还有的情况下，问题是确定机器人的姿势（位置和方向），或者一条线段的参数。后者的不同点在于其参数空间不属于向量空间，这会引入一些额外的独特问题。进一步的讨论我们推荐读者阅读文献［4.24，25］，在本章剩余的部分我们将只讨论向量空间上的点估计问题。在我们的讨论中，我们假设读者熟悉多元高斯分布[4.26]和初等线性代数[4.27]。

本节余下部分中，我们考虑如下基本问题。

给定：观察模型：

$$y=f(x,\eta) \tag{4.2}$$

估计：$x\in \mathbf{Re}(n)$，基于观察$y\in \mathbf{Re}(m)$，η为未知干扰，其值为$\mathbf{Re}(k)$；f为从$\mathbf{Re}(k+n)$至$\mathbf{Re}(m)$的已知映射。

我们的讨论分为两个主题区域：

1）当f为线性时，对成批和顺序数据的估计方法。

2）当f为非线性时，对顺序数据的估计方法。

1. 当f为线性时，对成批和顺序数据的估计方法

本节我们讨论对顺序数据的线性和非线性估计方法，包括凯尔曼滤波及其扩展。我们的目的是提供现有方法的概述。更多信息，读者可参考更深入的相关文献，例如文献［4.16，28，29］和第25章。

我们首先考虑式（4.2）中f为线性的情况。在该情况下

$$y=\boldsymbol{F}x+\boldsymbol{B}\eta \tag{4.3}$$

$F\in \mathbf{Re}(m\times n)$定义未知量$x$与观察量$y$之间的（线性）关系，$B\in \mathbf{Re}(m\times n)$。我们暂时略过$\boldsymbol{B}$并假设$\eta$代表系统的完整干扰模型。

用最小二乘方法由y来估计x，需要求解下列优

化问题

$$\min_{x}\|Fx-y\|^2 \tag{4.4}$$

当且仅当矩阵 $\boldsymbol{F}$ 为满秩，该优化问题存在唯一解 $\hat{x}$。此时，求解如下线性系统可得到优化问题的解：

$$\boldsymbol{F}^{\mathrm{T}}\boldsymbol{F}\hat{x}=\boldsymbol{F}^{\mathrm{T}}y \tag{4.5}$$

在某些情况下，有理由相信部分观测元素比另外的元素更可靠，因此对最终的估计应该贡献更多。可以修改式（4.4），包含一个对角正定加权矩阵来整合这类信息

$$\min_{x}(\boldsymbol{F}x-y)^{\mathrm{T}}\boldsymbol{W}(\boldsymbol{F}x-y) \tag{4.6}$$

求解下列等式可得到解

$$(\boldsymbol{F}^{\mathrm{T}}\boldsymbol{W}\boldsymbol{F})\hat{x}=\boldsymbol{F}^{\mathrm{T}}\boldsymbol{W}y \tag{4.7}$$

虽然式（4.3）包含了干扰项（用 $\boldsymbol{\eta}$ 表示），式（4.5）或者式（4.7）并没有直接用到该数量。但是，我们通常可以用统计模型来模拟传感器的噪声特征，调整原本的估计问题来整合该信息。常见的一种方法是极大似然估计（MLE）法，得到的 $\hat{x}$ 值，满足

$$p(y\mid\hat{x})=\max_{x}p(y\mid x) \tag{4.8}$$

对于式（4.3）代表的线性附加模型，似然函数可用特别简单的形式表达。假设 $\boldsymbol{\eta}$ 用固定已知的概率密度函数 D 来表示，似然函数可表示为

$$p(\boldsymbol{y}\mid\boldsymbol{x})=D(\boldsymbol{y}-\boldsymbol{F}\boldsymbol{x}) \tag{4.9}$$

MLE 与前面提到的最小二乘方法相关联。假设 $\boldsymbol{\eta}\sim N(0,\ \boldsymbol{\Lambda})$，$N$ 代表均值为 0，方差为 $\boldsymbol{\Lambda}$ 的多元高斯密度函数。观察可知，最大化似然函数的值等效于最小化似然函数的负自然对数，一系列简短的计算表明，取 $\boldsymbol{W}=\boldsymbol{\Lambda}^{-1}$ 时的加权最小平方可计算得到优化的最大似然估计。

最后，有些参数比其他的更容易预知。例如，当观察一辆汽车在高速公路上行使时，每小时 60mile 的速度比 20mile 或者 300mile 更可能发生。该信息可通过对未知变量 x 的预先统计来获取。

给定 x 上的先验概率密度 $p(x)$，由贝叶斯理论可知

$$p(x\mid y)=\frac{p(y\mid x)p(x)}{p(y)}=\frac{p(y\mid x)p(x)}{\int p(y\mid x)p(x)\,dx} \tag{4.10}$$

最大后验概率（MAP）值 $\hat{x}$ 满足

$$p(\hat{x}\mid y)=\max_{x}p(x\mid y) \tag{4.11}$$

一般而言，该优化问题的解可以非常复杂。与其进一步探求该过程，我们考虑一种替代方案。也就是说，如果 $p(x\mid y)$ 的二阶矩存在，通过求解下列包含未知函数 δ 的优化问题有可能以统计学方式生成最小二乘估计

$$\min_{\delta}E\ \|\delta(y)-x\|^2 \tag{4.12}$$

也就是说，最优函数 δ 是由 y 产生的具有最小均方误差（MMSE）的 x 估计。因此估计子 δ 通常也称为最小均方误差估计子。

可以证明，在一般情况下，优化决策法则 δ^* 为条件均值[4.20]。

$$\delta^*(y)=E[x\mid y] \tag{4.13}$$

遗憾的是，如同上面定义的 MAP 估计，该表达式在一般情况下计算极其困难。稍后我们考虑计算式（4.13）的近似值。现在我们再次考虑之前式（4.3）所代表的线性观察模型（去除 $\boldsymbol{B}$）。并且，我们假设 x 和 $\boldsymbol{\eta}$ 为二阶矩有限的独立随机变量，均值都为 0。请注意后者并不是真正的约束，因为它可以通过简单定义一个新变量 $x'=x-E[x]$ 来实现。最后，我们只考虑线性函数 δ，也就是说，我们可以写 $\hat{x}=\delta(y)=\boldsymbol{K}y$。式（4.12）可以扩展为

$$\begin{aligned}E\|\delta(y)-x\|^2&=E\|\boldsymbol{K}y-x\|^2\\&=E\|\boldsymbol{K}(\boldsymbol{F}x+\eta)-x\|^2\\&=E\|(\boldsymbol{K}\boldsymbol{F}-\boldsymbol{I})x\|^2+E\|\boldsymbol{K}\boldsymbol{\eta}\|^2\\&=\mathrm{tr}[(\boldsymbol{K}\boldsymbol{F}-\boldsymbol{I})\boldsymbol{\Lambda}(\boldsymbol{K}\boldsymbol{F}-\boldsymbol{I})^{\mathrm{T}}+\boldsymbol{K}\sum\boldsymbol{K}^{\mathrm{T}}]\end{aligned} \tag{4.14}$$

此处，因为 x 和 η 彼此独立，并且它们的均值都为零，所以有几项被消除。最后一步推导利用了 $\|x\|^2=tr(xx^{\mathrm{T}})$。

对 $\boldsymbol{K}$ 求导数，并设其等于零，可得以下结果

$$\boldsymbol{K}=\boldsymbol{\Lambda}\boldsymbol{F}^{\mathrm{T}}(\boldsymbol{F}\boldsymbol{\Lambda}\boldsymbol{F}^{\mathrm{T}}+\sum)^{-1} \tag{4.15}$$

因此，在这种情况下，最优估计是观测值的线性函数，线性项只依赖于随机变量以及定义观测系统的线性项的方差。

如果 x 的均值 μ 不为零，不难得到优化估计为

$$\hat{x}=\boldsymbol{K}y+(\boldsymbol{I}-\boldsymbol{K}\boldsymbol{F})\mu \tag{4.16}$$

估计的方差 $\boldsymbol{\Lambda}^+$ 为

$$\boldsymbol{\Lambda}^+=(\boldsymbol{I}-\boldsymbol{K}\boldsymbol{F})\boldsymbol{\Lambda} \tag{4.17}$$

感兴趣的读者可能希望得到一些简化情况下的解，例如，如果 $\boldsymbol{\Lambda}=\sum$，$\boldsymbol{F}=\boldsymbol{I}$，$\boldsymbol{K}=1/2\boldsymbol{I}$，那么 $\hat{x}=y+\mu$ 为简单均值，方差为 $\boldsymbol{\Lambda}^+=1/2\boldsymbol{\Lambda}$。

2. 卡尔曼滤波

有了上述背景，我们接下来定义线性系统的离散时域卡尔曼-布西滤波[4.30]。考虑下述时序模型

$$x_{t+1}=\boldsymbol{G}x_t+w_t \tag{4.18}$$

$$y_t=\boldsymbol{F}x_t+\eta_t \tag{4.19}$$

式中，$\boldsymbol{G}$ 是描述系统时间变化的 $n\times n$ 矩阵；x_0 服从均值为 $\hat{x}_0$，方差为 $\boldsymbol{\Lambda}_0$ 的高斯分布。并且，w_t 和 $\boldsymbol{\eta}_t$ 相

对于所有时间 t 均为零均值高斯独立随机变量，对于所有 $t\neq t'$，w_t 独立于 $w_{t'}$，与之类似，对于所有 $t\neq t'$，η_t 独立于 $\eta_{t'}$。最后，η_t 方差为 Σ_t，w_t 方差为 Ω_t。给定一个观测 y_1，根据前面章节的推导，可以计算出方差为 Λ_1 的新的估计 $\hat{x}_1$。注意，解为两个高斯随机变量的线性组合：观测值 y_1 以及之前的估计值 $\hat{x}_0$。因为任何高斯随机变量的线性组合仍为高斯随机变量，所以更新后的估计仍服从高斯分布。

现在我们通过动态模型进行投影。为便于描述，用上角标减号和加号分别代表估计步骤之前与之后。因此，给定方差为 Λ_t^+ 的估计 $\hat{x}_t^+$，往前一步时间的投影结果为

$$\hat{x}_{t+1}^- = \boldsymbol{G}x_t^+ \tag{4.20}$$

$$\boldsymbol{\Lambda}_{t+1}^- = \boldsymbol{G}\Lambda_t^+\boldsymbol{G}^{\mathrm{T}} + \boldsymbol{\Omega}_t \tag{4.21}$$

此时，系统获取到一次新的观测 y_{t+1}，上述步骤开始循环重复。图4.11总结了线性系统完整的卡尔曼滤波算法。

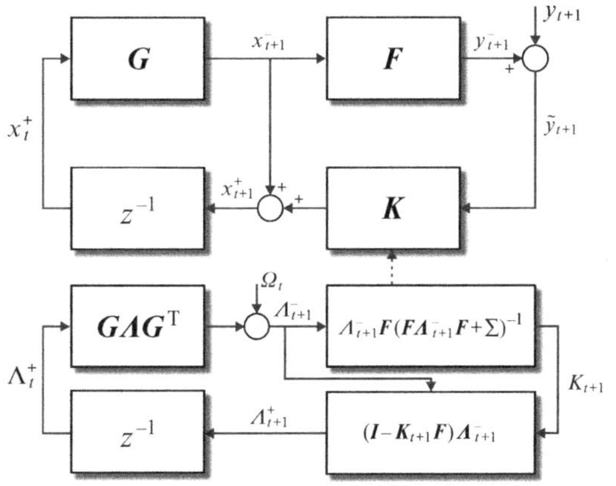

图4.11　卡尔曼滤波算法小结

可以证明在给定假设条件下，卡尔曼滤波为均方优化滤波。在其中一个或者两个高斯分布假设不成立的情况下卡尔曼滤波仍为优化线性滤波。

3. 连续数据的非线性估计方法

上一节的结果假设观测值与系统状态，附加噪声之间的关联为线性形态，系统的状态变化也可用线性关系来表述。并且，对于观测值服从高斯分布，噪声具传递性的系统，该结果为全局最优；如果噪声源为非高斯分布，则该解仅为最优线性估计子。

正如一开始提到的，更通用的非线性（离散时间）系统描述为

$$x_{t+1} = g_t(x_t) + w_t$$
$$y_t = f_t(x_t) + \eta_t \tag{4.22}$$

这里，噪声模型暂为附加项。

虽然该模型含有非线性项，对当前估计的非线性项进行泰勒级数展开，仍可能应用卡尔曼滤波的变体形式，即扩展卡尔曼滤波（EKF）。用 J_f 代表函数 f 的雅可比矩阵。假设时步为 $t-1$ 时估计存在，式（4.22）在该点的一阶扩展为

$$x_{t+1} = g_t(\hat{x}_{t-1}) + J_{g_t}(\hat{x}_{t-1})(x_t - \hat{x}_{t-1}) + w_t \tag{4.23}$$

$$y_t = f_t(\hat{x}_{te-1}) + J_{f_t}(x_t - \hat{x}_{t-1}) + \eta_t \tag{4.24}$$

加以整理可得到适合之前定义的卡尔曼滤波的线性形式

$$\tilde{x}_{t+1} = x_{t+1} - g_t(\hat{x}_{t-1}) + J_{g_t}\hat{x}_{t-1} = J_{g_t}\hat{x}_t + w_t \tag{4.25}$$

$$\tilde{y}_t = y_t - f_t(\hat{x}_{t-1}) + J_{f_t}\hat{x}_{t-1} = J_{f_t}x_t + \eta_t \tag{4.26}$$

式（4.25）和式（4.26）中，$\tilde{x}$ 与 $\tilde{y}$ 为新的合成状态和观测变量，J_{g_t} 扮演 $\boldsymbol{G}$ 的角色，J_{f_t} 扮演 $\boldsymbol{F}$ 的角色。

值得注意的是，EKF迭代在本质上是一种加权牛顿迭代，即一种循环非线性估计方法。因此，保持方差固定，对同一观测进行多次循环是有用的。这样，当大的干扰或者严重的非线性存在时，估计子可以收敛得到解。只有收敛以后，才会更新方差项。这种卡尔曼滤波被称为迭代扩展卡尔曼滤波（IEKF）。

4.3.2　其他估计方法

在前一节，我们回顾了最常见和广泛应用的估计方法。然而，还有几种替代方法可求解参数估计问题。这里我们简单介绍两种：连续关键取样和图形模型。

1. 连续关键取样

在此之前的讨论都集中在用估计的均值和方差来近似计算系统状态。有一种利用贝叶斯定理的替代方法，其一般表达式为

$$p(x_n \mid y_1, y_2\cdots y_n) = \frac{p(y_1, y_2\cdots y_n \mid x_n)p(x_n)}{p(y_1, y_2\cdots y_n)} \tag{4.27}$$

假设 y_n 独立于之前的所有观测与给定的系统状态 x_n，给定 x_{n-1} 的情况下，当 $k>1$，x_n 独立于 x_{n-k}，该表达式可简化为

$$p(x_n \mid x_{n-1}, y_n) = \frac{p(y_n \mid x_n)p(x_n \mid x_{n-1})}{p(y_n \mid x_{n-1})} \tag{4.28}$$

另外，由条件均值可得到最优均方估计，即

$$\delta^*(y_n) = E[x_n \mid y_n] \tag{4.29}$$

实际上，我们充分证明了卡尔曼滤波是该结果在含高斯干扰的线性系统情况下的特例。

通常情况下实现该过程的难点最终转化为在非线性、非高斯形态的情况下进行表征和计算分布的问

题。但是，如果假设之前的连续变量x_n取值仅为离散数集，那么计算贝叶斯定理和其他相关统计量就简化为基于该离散数集的直接计算。这对于任何分布和任意转换都可简单实现。

连续关键取样（也称为粒子滤波，凝聚等其他名字）是用统计学来处理该问题的一种方法。为进行连续关键取样，作如下假设：

1）可从似然函数$p(y_n | x_n)$进行取样。

2）可从动态模型$p(x_n | x_{n-1})$进行取样。

注意取样的重点：不需要显式地展示似然函数或者动态模型的解析形式。

给定以上假设，连续关键取样的最简单形式可以写为：

1）用$\pi_{n-1} = \{<x_{n-1}^k, w_{n-1}^k>, k=1, 2, \cdots N\}$代表一系列样本点$x_{n-1}^k$，权重为$w_{n-1}^k$且满足$\sum w_{n-1}^k = 1$。

2）计算N个新的采样$\pi_{n-1}^- = \{<x_n^k, 1/N>, k=1, 2, \cdots N\}$。

① 按照与权重w^{k-1}成正比的概率选取采样点x_{n-1}^{k-1}。

② 给定x_n^k，权重为$1/N$，从$P(x_n | x_{n-1}^k)$取样。

3）计算$\pi_n = \{<x_n^k, P(y_n | x_n^k)>, k=1, 2, \cdots N\}$。

很容易看出以上步骤为循环滤波的形式。而且，在任意时刻，相关分布的任何统计量可从样本集和相关权重来近似计算。

这种形式的基于取样的滤波广泛应用于用线性估计技术不足以处理的各种挑战性领域。这些线性估计技术对于低状态维度（通常$n \leqslant 3$）和动力学约束完备的问题特别有效。对于高维问题或者展现高动态变化的系统，要获得好的近似所需要的粒子数量会太大以至于实际上不可能实现。然而，即便是这样，有时还是可以应用基于采样的系统来产生可以接受的结果。

2. 图形模型

图形模型代表一系列变量之间依赖与独立关系的一类模型。常见的图形模型范例包括贝叶斯网、影响图和神经网。这里我们以贝叶斯网为特别范例来重点讲述。

贝叶斯网络属于有向无环图，用节点代表随机变量，用有向弧代表随机变量对之间的概率关系。用父节点（X）代表所有弧中止于X的节点集合，并用X_1，X_2，…，X_N代表图中的N个随机变量。我们有以下公式

$$P(X_1, X_2, \cdots, X_N) = \prod_{i=1}^{N} P(X_i | parents(X_i)) \tag{4.30}$$

作为范例，图4.12所示的贝叶斯网络代表一个执行定位任务的移动机器人。该图形模型表征问题的时序形态，因此属于链式网络。有关这类模型的更多讨论，请参考文献[4.31]。

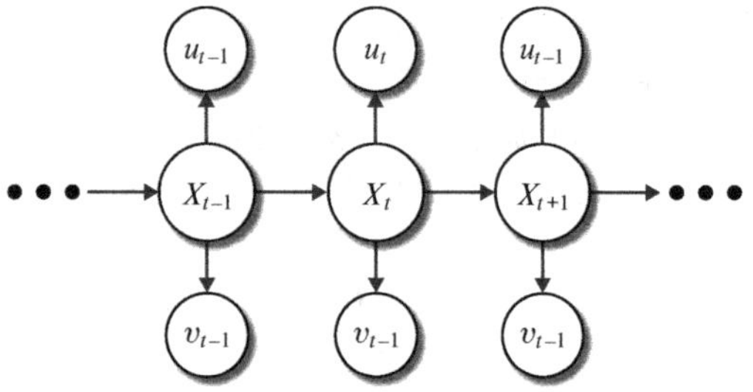

图4.12 表征机器人定位的图形模型示例

贝叶斯网络的结构可代表变量之间的各种独立关系。研究这些独立关系可以设计出有效的推理算法。尤其，无环图即便是采用无向形式（称为多树）时也兼容线性推理算法。更通用的图可用多种循环迭代方法求解。特别是，如果网络中的分布是连续形式，连续关键采样的变体可用近似方法来求解问题[4.32]。

4.3.3 鲁棒估计方法

在前面的论述中，我们一般性地假设所有的数据都是“好的”，意味着数据即便是因干扰而损坏，但最终仍然携带当前问题的信息。然而，在许多情况下，数据可能含有离群值，要么跟典型数据相比损坏严重，要么完全就是可疑的数据。例如，在我们的地图绘制应用中，我们可能偶尔会收到经过了多次反射回来的范围数据。因此，当扫描一道直墙时，大部分的点都会沿一条直线分布，但偶尔会有距离值完全不一致的数据点。

问题在于，许多常见的估计方法对数据离群值非常敏感。考虑一个简单例子，通过一系列观测值X_1，X_2，…，X_N来估计标量x。我们有以下的估计$\hat{x}$

$$\hat{x} = \sum_{i=1}^{N} \frac{X_i}{N} \tag{4.31}$$

不失一般性，假设X_N为离群值。我们可以重写以上表达式

$$\hat{x} = \sum_{i=1}^{N-1} X_i/N + \frac{X_N}{N} \tag{4.32}$$

不难看出，通过改变X_N的值，$\hat{x}$可以取任何值。简而言之，单个离群数据能够产生任意差的估计。更一般地

说，任何最小二乘问题的解，例如从激光距离数据估计一条直线，可用一般形式 $\hat{x}=My$ 表示。基于以上相同的理由，不难得出任何最小二乘解都易受离群值的影响。

鲁棒统计领域研究的是当前数据被离群值污染时的估计或者决策问题。鲁棒统计中有两个重要的概念，屈服点和影响函数。屈服点是在估计过程中估计子不产生任意大误差所能承受的离群值（数据具备任意大误差）的比例。我们认为最小二乘方法的屈服点为0%，因为单个观测的干扰可导致估计的偏差足够远。相比而然，我们也可以取数据的中间值来计算估计，这样屈服点为50%——即使一半的数据为离群值，仍然可以产生有意义的结果。

屈服点确定可以承受的离群值数量，而影响函数确定一个离群值对估计的影响程度。最小二乘情况下，影响函数为线性函数。创建新的更鲁棒性估计子的一种方法是M估计[4.19]。为产生M估计，我们考虑下列最小化问题

$$\min_{\hat{x}}\sum_{i=1}^{N}\rho(\hat{x},\ y_i) \tag{4.33}$$

请注意，定义 $\rho(a,\ b)=(a-b)^2$ 导致最小二乘解。然而，我们可以选择其他对离群值阻抗更好的函数。图4.13给出了3个常见范例。

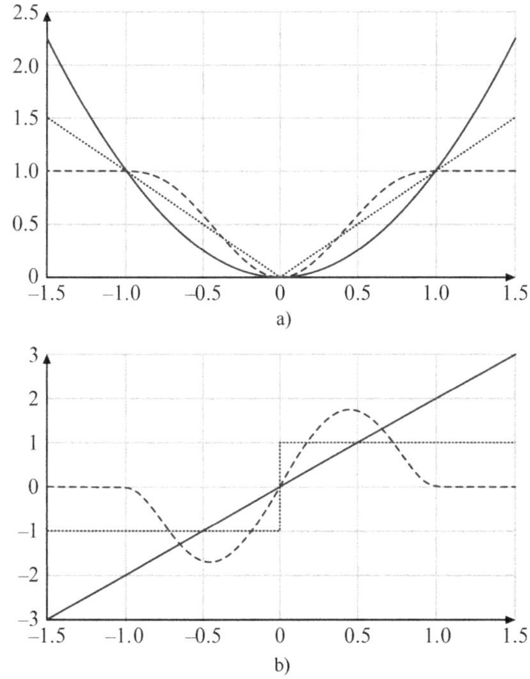

图4.13 3个常见范例

a）三种常见的鲁棒M估计函数、平方函数、绝对值和图基双权重函数 b）相应的影响函数

请注意，一般说来，式（4.33）的优化是非线性的，通常不存在闭合形式解。有趣的是，用重复再加权最小平方法（IRLS）来求解该问题通常是可能的[4.28,34]。IRLS的原理很简单。之前在式（4.7）中我们引入了一个权重矩阵 W。假设我们可以通过某种方式知道哪些数据点是离群值。在这种情况下，我们可以简单地将这些点的权重设为零，得到的结果将是剩余（优良）数据的最小二乘估计。

在IRLS中，我们交替假设离群值（通过再加权）和求解来得到结果（通过最小二乘）。通常，点的权重依赖于估计的残留误差。假设我们计算

$$r=y-F\hat{x} \tag{4.34}$$

令 $\psi(y)=\mathrm{d}\rho/\mathrm{d}x|_{\hat{x}}$，然后我们可以设 $W_{i,i}=\psi(y)/r_i$。可以证明，在许多情况下，这种形式的加权可以收敛。图4.14给出了一个利用IRLS技术进行视频追踪的范例。

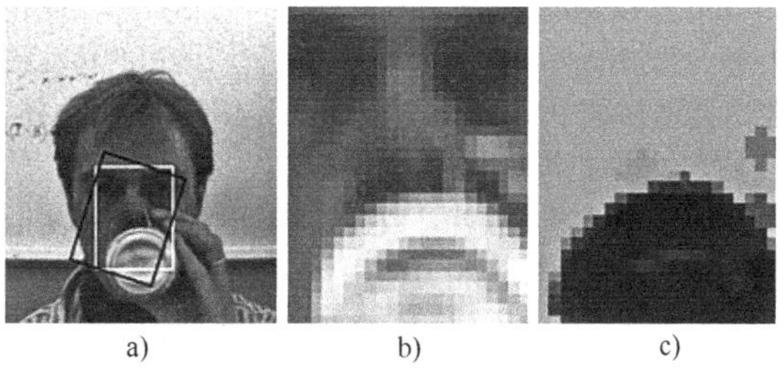

图4.14 用IRLS实现的M估计来进行视频追踪的范例[4.33]

a）单帧视频的人脸追踪结果（黑色边框对应没有剔除离群值的追踪算法，白色边框则对应于剔除了异常值的算法。） b）白色边框内区域的放大图 c）相应的权重矩阵表示（黑色的区域代表异常值。）

另外一种处理离群值的常用方法是基于表决的方法，即选择一系列数据然后对结果进行表决。我们讨论两种常用的方法：RANSAC[4.9]和最小均方（LMedS）[4.35]。

在两种情况下，我们都从这样的一个概念开始，即在所有数据（包括离群值）中，存在一个与好的数据相一致的估计。问题演变为如何选出该估计。考虑我们之前的问题，即从激光数据估计一条直线，并假设我们拥有100个激光点。我们真正需要的是正确选出两个点，匹配出一条直线，然后记录其他点有多少是与该直线相一致的。如果我们（保守地）估计3/4的数据是好的，那么选出两个好的点的几率是9/16，或等效于有一个或两个点为离群值的几率是7/16。如果我们重复该步骤数次（例如10次），那么我们所有的选择均为差的几率是 $(7/16)^{10}=0.025\%$。换种说法，有99.975%的几率我们已经选

择了一个好的点对。

我们如何决定接受一个采样？在 RANSAC 中，我们对在给定的距离临界值内与估计相一致的采样数目进行计数来进行表决。例如，我们选择那些距我们估计出的直线某一固定距离以内的点。在 LMedS 中，我们则计算所有采样点与直线之间的距离中值。然后我们选取具有最小中值的估计。

不难看出 LMedS 有一个屈服点是数据取值的 50%。另一方面，RANSAC 的一个屈服点能够更大，但是这需要选择临界值。RANSAC 还具备这样一项优势，一旦确定了非离群值，可以从非离群值计算最小均方估计，因此可以降低估计中的干扰。

RANSAC 和 LMedS 也可以为鲁棒迭代方法，例如 IRLS，提供好的初始解。

4.3.4 数据关联技术

上一节考虑的情况是在观测值与待估计量之间存在某一已知的关联。然而，正如在我们最初的移动机器人地图问题中所说明的，有的情况下除了估计外，我们需要同时计算这个关联本身。在这种情况下，估计中的一个必要步骤就是数据关联问题：得到观测数据与待估计量之间的相关性。

有很多关于这个问题的文献；这里我们主要讨论几种广泛应用的特定方法。我们的讨论将分为通常用于时序数据滤波的散（或称顺序）关联方法，和有完整的数据可供处理时使用的非散（或称为批）关联方法。后者常用数据分组方法来处理。

在这两种情况下，我们可以向数据源引入不确定度来扩展之前的模型和定义。为此，我们将在数据上用上标来表示观测模型。因此，我们的观测模型变成

$$x_{t+1}^k = g_t(x_t^k) + w_t^k \tag{4.35}$$

$$y_t^k = f_t^k(x_t^k) + \eta_t^k \tag{4.36}$$

此处 $k = 1 \cdots M$。

1. 成批数据分组

按照之前进行点估计的相同步骤，我们首先考虑对数据完全不做任何统计假设，系统动力学也未知的情况。因此，只有观测值 y_1，y_2，…，y_M给定。未知参数为 x_1，x_2，…，x_N（我们暂时认为 N 为已知）。我们的目标是计算关联映射 π，使得当且仅当模型参数 x^k中出现 y_j时，$\pi(j) = k$。

2. *k* 均值聚类

用于分组和数据关联的 k 均值算法简单，且广为接受，因此是我们讨论的一个好的起点。这里，我们假设 $f(x) = x$，也就是说，提供给我们的是当前状态向量的含干扰观测值。然后，如下应用 k 均值算法：

1）选取 N 个数据簇的中心 $\{\hat{x}^i\}$。

2）对于每一观测值 y_j，将它与最临近的簇中心相关联，也就是说，令 $\pi(j) = i$，对某些距离函数 d（通常为欧几里德距离）满足

$$d(\hat{x}^i, y_j) = \min_k d(\hat{x}^k, y_j) \tag{4.37}$$

3）估计与每一簇中心相关联的观测的均值

$$\hat{x}^i = \sum_{j,\ \pi(j)=i} y_j \tag{4.38}$$

4）重复步骤 2）和 3）。

在许多初始化良好的情况下，k 均值工作得很好。但是，该方法不能生成合适的簇，也不能保证能收敛得到解。因此，常见的做法是，以不同的初始条件重复该算法几次再挑取最优的结果。也请注意，通过定义

$$d(\hat{x}^i, y_j) = \| F\hat{x}^i - y_j \| \tag{4.39}$$

在式（4.3）中引入 F，并用相应的最小二乘估计子替换式（4.38）可以直接扩展线性观测模型。进一步说，如果我们有观测数据的统计模型，那么我们可以利用之前定义的似然函数，定义 $d(\hat{x}^i, y_j) = p(y_j \mid \hat{x}^i)$，并利用式（4.38）中的 MLE。

k 均值算法的一个局限是即使我们已知统计模型，也不保证一定收敛。但是，该方法的一个变体，称为期望最大化，可被证明收敛。

3. 数据关联的期望最大化与模拟

期望最大化（EM）算法[4.36]是一种用来处理数据丢失的通用统计技术。在前面的讨论中，给定未知参数集，我们用最大似然估计来最大化观测数据的条件概率。但是，使用 MLE 时我们假设数据完全已知。特别是，我们知道数据成分与模型之间的关联。

现在让我们假设部分数据丢失。为此，分别定义 $\mathcal{Y}_O$和 $\mathcal{Y}_U$为观测数据和非观测数据。然后我们可以写

$$p(\mathcal{Y}_O, \mathcal{Y}_U \mid x) = p(\mathcal{Y}_U \mid \mathcal{Y}_O, x) p(\mathcal{Y}_O \mid x) \tag{4.40}$$

假设现在我们给定猜测 $\hat{x}$，并有关于未知数据 $\mathcal{Y}_U$的一个分布（下面马上将会讨论这一点）。我们可以计算对数似然函数的期望值（之前提到过最大化对数似然值等同于最大化似然值）为

$$Q(x, \hat{x}) = E_{\mathcal{Y}_U}[\log p(\mathcal{Y}_O, \mathcal{Y}_U \mid x) \mid \mathcal{Y}_O, \hat{x}] \tag{4.41}$$

注意我们区分 $\hat{x}$ 为固定量，通常需要定义其在未知数据上的分布，而未知量 x 为对数似然函数。

理想情况下，我们接下来可以选择 x 的数值使得 Q 最大。因此，根据迭代法则，我们可以选择一个新的值：

$$\hat{x}_i = arg\ maxQ(x,\hat{x}_{i-1}) \tag{4.42}$$

可以证明，上述循环将会收敛于目标函数 Q 的局部最大值。但是值得注意的一点是，不能保证该最大值为全局最大值。

如何将其与数据分组相关联？我们考虑观测数据即为已观测到的数据。设未观测到的数据为关联值 $\pi(j)$，$j=1, 2, \cdots M$ 确定观测数据所来自的模型。请注意它是一个离散随机变量。进一步假设有 N 个数据簇服从高斯分布，均值为 x_i，方差为 Λ_i。设一个特定数据项 y_i 来自于第 i 簇的无条件概率为 α_i。未知参数为 $\theta=\{x_1, x_2, \cdots, x_N, \Lambda_1, \Lambda_2, \cdots, \Lambda_N, \alpha_1, \alpha_2, \cdots, \alpha_N\}$。我们用 - 和 + 来分别表示先验参数估计和更新的参数估计。基于简明的目的，我们也定义 $w_{i,j}=p(\pi_j=i \mid y_j, \theta)$，并用下标 + 来表示更新的参数估计。然后，经过一系列计算推导，数据分组的 EM 算法变为

E- 步骤：

$$w_{i,j}=\frac{p(y_j \mid \pi(j)=i,\theta)\alpha_i}{\sum_i p(y_j \mid \pi(j)=i,\theta)\alpha_i} \tag{4.43}$$

M- 步骤：

$$\hat{x}_i^+ = \sum_j y_j w_{i,j} / \sum_j w_{i,j} \tag{4.44}$$

$$\Lambda_i^+ = \sum_j y_j (y_j)^t w_{i,j} / \sum_j w_{i,j} \tag{4.45}$$

$$\alpha_i^+ = \sum_j w_{i,j} / \sum_i \sum_j w_{i,j} \tag{4.46}$$

从上述推导可以看出 EM 算法产生的是一种软分组，相反，k 均值产生的是观测值从属于哪一个数据簇的确定性决策（用 $w_{i,j}$ 表示）。实际上，估计的结果是高斯混合模型的最大似然估计，可如下表示

$$p(y \mid \theta) = \sum_j \alpha_j N(y \mid \hat{x}_j, \Lambda_j) \tag{4.47}$$

此处 N（.）代表一个高斯密度函数。图 4.15 给出了对从高斯混合模型取样的数据执行 EM 算法的结果。

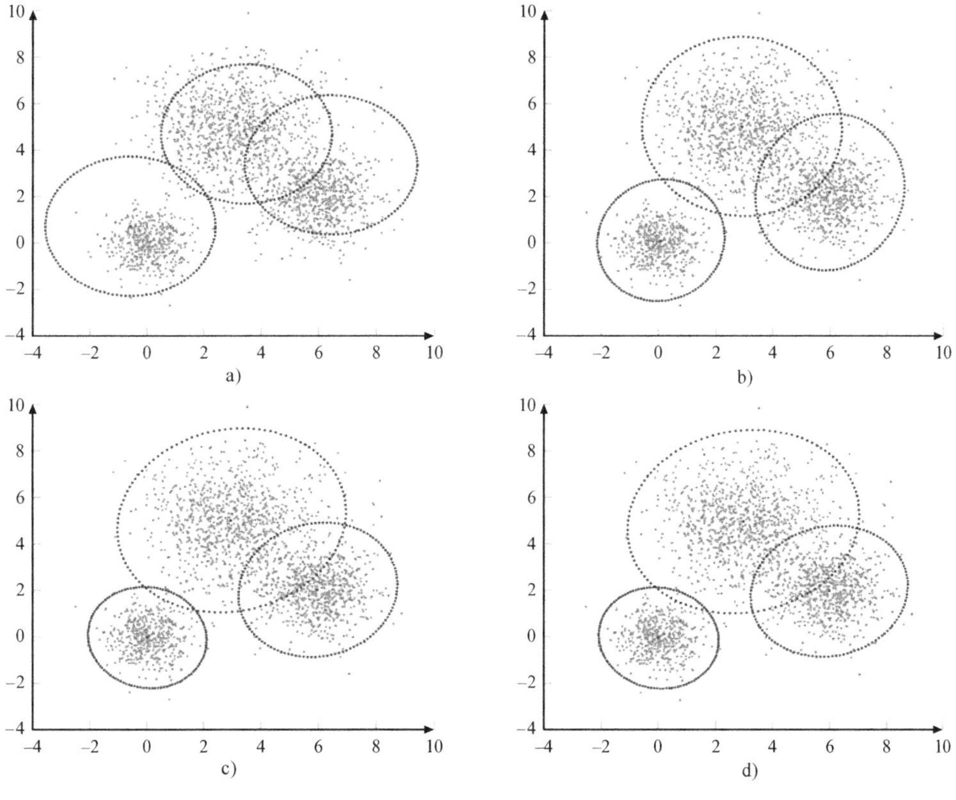

图 4.15a-d　期望最大化分组示例（图例为第 1，第 2，第 5 和第 10 次循环的结果）

4. 递归滤波

在上述的批处理方法中，我们预先并不知道状态参数的信息。进行递归滤波时，有利的是我们在时刻 $t+1$ 已知状态估计 $\hat{x}_t^k$ 和 Λ_i^k。和之前一样，对于数据 y_t^i，$i=1\cdots N$，问题是确定映射 π：$\{1\cdots N\}\rightarrow\{1\cdots M\}$，将数据元素 i 与模型 $k=\pi(i)$ 相关联。在某些

情况下，包含一个离群值过程以处理来自于未知模型的数据是有益的。为此，我们可以在函数范围内包含零值，并把零映射作为离群值。

5. 最近邻关联

类似于 k 均值分组，产生数据关联的一种简单方式是如下计算数据关联值

$$\pi(i) = arg \min_j d(F^j \hat{x}^j, \hat{y}^i) \tag{4.48}$$

然而，最近邻方法并不考虑我们关于传感器数据或者估计的已知信息。也就是说，我们可能对模型 i 有一个非常好的估计，而对另外的模型 j 有一个非常差的估计。如果传感器对两者等距离观测，掷硬币决定会有意义吗？观测来自于模型 j（其方差较大）比模型 i（方差较小）更有可能。

考虑以上因素的一种常用措施是马哈拉诺比斯距离[4.37]。其原理是根据方差来对每个数值进行加权，即

$$m(y_1, y_2) = (y_1 - y_2)(\Lambda_1 + \Lambda_2)^{-1}(y_1 - y_2)^{\mathrm{T}} \tag{4.49}$$

因此，距离按与不确定度成反比缩放。在上述情况下，具有较高方差的观测将产生较小的距离，与我们设想的一致。

即便使用这种加权方法，我们在数据关联中仍然可能犯错。从估计的观点来看，这将在估计过程中引入离群值，如上所述，并可能导致很糟的结果。另外一种方法，类似于 IRLS，基于与模型之间的距离来对数据加权。这就很自然地导致了数据关联滤波的概念。有关这些方法的更广泛讨论，我们推荐读者阅读参考文献［4.18］。

4.3.5 传感器模拟

至此，我们已经介绍了几种传感模式，也讨论了几种估计方法。但是，后者通常依赖于具备前者的统计模型。因此，有关传感器模拟的简短讨论可以令传感与估计章节更加完整。

设计一个传感器模型涉及四个主要部分：①创立一个物理模型；②确定传感器标定；③确定误差模型；④识别失效条件。

物理模型是待测量（x）与可用数据（y）之间的关系 f。在许多情况下，该关系是很明显的，例如，激光传感器与环境中某表面之间的距离。在其他情况下，该关系可能没有如此明显，例如，多幅相机图像中的亮度与相机至观测点之间的距离这两者相关联的正确模型是怎样的？在某些情况下，包含计算过程是必要的，例如传感器模型中的特征检测和相关性。

一旦确定了物理模型，通常有一个传感器标定的步骤。该步骤一般特定于所使用的传感器，例如，透视相机系统的图像几何要求识别两个缩放参数（主体图像尺度）和光学中心（两个额外参数）的位置。通常还有镜头失真参数。这些参数只能通过仔细的标定程序才能确定[4.5]。

一旦标定好的物理传感器模型可用，确定一个误差模型通常包含统计参数的识别。理论上，第一步是确定一个误差的经验分布。但是，这通常是很困难的，因为它需要知道未知参数的精确的地面真值。这通常需要开发一个可模拟所期望的传感情况的实验装置。

给定这样的一个经验分布，还有几个重要的问题，包括：①观测在统计上独立吗？②误差分布是否单峰？③经验误差的关键要素能否用常见的统计量，例如数据方差，来获取？关于该主题的更多信息，我们推荐读者阅读统计与数据模拟方面的书籍（见参考文献［4.38］）。

最后，理解何时传感器能够或不能够提供可靠的数据是很重要的，例如，激光传感器在黑暗的表面上不如在明亮表面上精确，光照太亮或者太暗相机不能生成有意义的数据，等等。有时，有简单迹象可判断这些情况的存在，例如，察看相机图像的强度直方图能够快速断定当前条件是否适合处理。有些情况下，只能在背景下才可能检测到这些状况，例如，两个距离传感器检测到的与某表面的距离不一致。有时失效只能在回溯中才能诊断出来，例如一个三维表面模型建立后，很明显，一个假设的表面被另一个所阻隔，则必定有多重反射存在。在一个真正鲁棒的传感系统中，应该用所有可能的方法来验证传感器操作。

4.3.6 其他不确定性管理方法

鉴于篇幅所限，我们的讨论只局限于最常用的传感和估计方法。值得注意的是已经有许多其他的替代性不确定性管理方法被提出来并成功应用。

例如，如果已知传感误差有界，那么基于约束的方法对点估计很有效[4.39,40]。或者，如果只有部分概率模型能被识别，可用丹普斯特-谢菲方法来做决策[4.41]。

模糊逻辑允许采用集合梯度形成员函数。模糊集合理论使得部分成员成为可能。例如，在数据分类中，在某两个范畴例如“平均”与“高”中选择可

能很困难，但是用逐步切换则行得通。如参考文献［4.42］所述，这类方法已用于DAMN结构的情况评估与导航。

4.4 表示方法

传感器数据可直接用于控制，但也用于估计机器人和（或）环境的状态。状态的定义及适合的估计方法与当前应用所采用的表示方法紧密相关。

有很多种可能的环境表示方法，包括最典型的几何元素，例如点、曲线、表面和容积。机器人的一个基本概念是刚体的姿势。机器人或者实体在环境中的姿势由相对于参考框架的位置与方向来表征。

一般来说，用参数对（R，T）来代表姿势。这里，R是物体的方向，用相对于参考框架的旋转矩阵来表示。类似地，T表示物体相对于参考框架的平移。参考框架之间的变换有多种潜在的表达方式，在运动学章节（第1章）和参考文献［4.43］中有详细表述。

传感器数据在本地传感器参考框架中采集，例如，声纳转换器、雷达扫描仪和立体图像系统都用来测量环境中的表面相对于传感器自身框架的距离。但是，如果目标是将这类信息组合成常见的环境模型，数据必须转换成以机器人为中心的参考框架，或者也可转换成到一个固定世界（惯性）参考框架中。特别地，世界中心参考框架令机器人运动和通信可以简单传递给其他机器人和（或）用户。

为方便讨论，绝大多数集成传感器数据的表示方法可以分为四个通用模型类别：①原始传感器数据模型；②基于网格的模型；③基于特征的模型；④符号或者图形模型。

很自然地，也可以组合这四个类别的元素来获得混合环境模型。

4.4.1 原始传感器表征

对于简单反馈控制[4.44]，常见做法是将原始传感器数据直接整合至控制系统，因为在许多情况下，控制本身并不需要世界模型。例如，常常这样应用本体感受传感：基本的轨迹控制直接利用关节编码器的信息，而力控制直接利用来自力传感器的受力或转矩信息运作。

外感受传感中原始传感器模型没有这样常用，但是有些情况下还是有用的。例如，移动机器人从密集点数据构建地图。这种方法对激光测距仪特别常用，用扫描校准来生成基于点的世界模型。参考文献［4.45，46］证明了多条激光距离扫描能够合成一个环境模型。用公式表达，在时间t的一个环境扫描可表示成点集

$$\mathcal{P}_t=\{p_i=(\rho_i,\theta_i)\mid i\in 1\cdots N\} \tag{4.50}$$

然后通过标准的SE（3）变换来校准两个不同的扫描$\mathcal{P}_t$和$\mathcal{P}_{t+1}$。常用ICP算法[4.13]来估计上述变换：假设$T^{[0]}$为两个点集之间变换的初始估计，并且$\|p_t-p_{t+1}\|$为点集$\mathcal{P}_t$中的一点与点集$\mathcal{P}_{t+1}$中的另外一点之间的欧几里德距离。如果进一步令CP为确定一个点集中与另外一个点集最近的点的函数，令$\mathcal{C}$为两个点集之间的点对集合。通过下述算法的迭代：

1）计算$\mathcal{C}_k=\bigcup_{i=1}^{N}\{p_i,\ CP[T^{[k-1]}(p_i,\ \mathcal{P}_{t+1})]\}$。

2）估计$T^{[k]}$，使得点集$\mathcal{C}_k$中的点之间LSQ误差最小，直到误差收敛。

可以找到扫描校准的估计，并构建环境的合成模型。

模型易于构建并适合单一模态传感器数据的集成。通常模型并不包含不确定度信息，且随着模型增长，复杂度$O(\sum_t\lfloor\mathcal{P}_t\rfloor)$将变成一个问题。

4.4.2 基于网格的表示方法

在一个基于网格的表示方法中，环境被细分为许多单元。单元能容纳环境特征，例如温度、障碍物、力分布等。网格的维度通常为二或者三，随具体的应用而定。网格可以是均匀细分或者是利用四叉树或八叉树的树状划分[4.47]。基于树的方法特别适合处理非均匀及大尺度数据集。在一个网格模型中，每一单元含有一个沿参数集分布的概率。例如，用网格模型来表示物理环境时，单元规定为占用或者空闲，并有概率P（表示占用率）。一开始无已知信息，故网格被初始化为P（占用）$=0.5$来表示其状态未知。进一步假定传感器模型$P(R\mid S_{ij})$可用，即，对给定的传感器和位置检测到物体的概率。通过贝叶斯理论[4.10]，能够根据下式来更新网格模型：

$$p_{ij}(t+1)=\frac{P(R\mid S_{ij}=O)p_{ij}t}{P(R\mid S_{ij}=O)p_{ij}t+P(R\mid S_{ij}=F)(1-p_{ij}t)}$$

此处，每当获取到新数据，就通过网格模型计算p_{ij}。

基于网格的模型已经广泛用于移动机器人[4.48,49]和广泛应用图像容积的医疗图像领域[4.50]。容积模型可以相对很大，例如，解析度为毫米级的人脑网格模型需要4GB的存储空间，因此需要相当多的计算资源来进行维护。

4.4.3 离散特征表示

原始传感器表示和基于网格的模型都包含传感器数据的最小抽象。在许多情况下，我们感兴趣的是从传感器数据提取特征以降低存储的需求，只保留平台运动过程中始终不变的数据或外部对象。特征的范围包括大部分标准几何实体例如点（p），线（l），面（N, p），曲线（$p(s)$）和更通用的表面。为估计外部环境的属性，混合模型是有必要的，即把特征集合整合到一个统一的状态模型中。

通常在三维空间 $\mathcal{R}(3)$ 表征一个点。传感器具有相应的干扰，因此，在大多数情况下，点具有相应的不确定度，一般用均值为 μ，标准偏差为 σ 的高斯变量来模拟。用一阶和二阶矩可求得统计量的估计。

表征直线特征更加困难。数学上的直线可以用向量对（p, t）来表示，即直线上的一点和切向量。在许多实际的应用中，直线为有限长度，故有必要对直线的长度进行编码，这可以用端点、起点、切线和长度来实现。在某些情况下，直线模型的冗余表征更加有利于简化更新和匹配。端点不确定度与其他直线参数之间的关系可以用分析方法加以推导，如文献［4.51］所述。直线参数的估计通常基于之前描述的 RANSAC 方法，通过霍夫变换[4.8]来实现，霍夫变换是另外一种基于表决的方法。

对于更复杂的特征模型，例如曲线或者表面，有必要利用有助于鲁棒特征分离和相关不确定度估计的检测方法。文献［4.36］中有该类方法的完整描述。

4.4.4 符号/基于图的模型

第4.4.1～4.4.3 节所描述的所有代表方法本质上都是参数型，相关的语义有限。用于识别结构，空间，位置和物体的方法近来有很大进展，这要特别归功于统计学习理论的进展[4.10,52]。因此，如今有许多不同方法用于识别传感器数据中的复杂结构，例如标志物、路表面、体结构等。如有识别的构造可用，则可利用前面讨论过的图形模型来表征环境。一般，一张图由一组节点 N 和一组连接节点的边 E 所组成。节点和边都可拥有相关的属性，例如标签和距离。图结构的一个例子是环境拓扑图，如图 4.16 所示。图的表征也可以是环境的语义模型（物体和地点）或者是待组装的物体成分的表征。

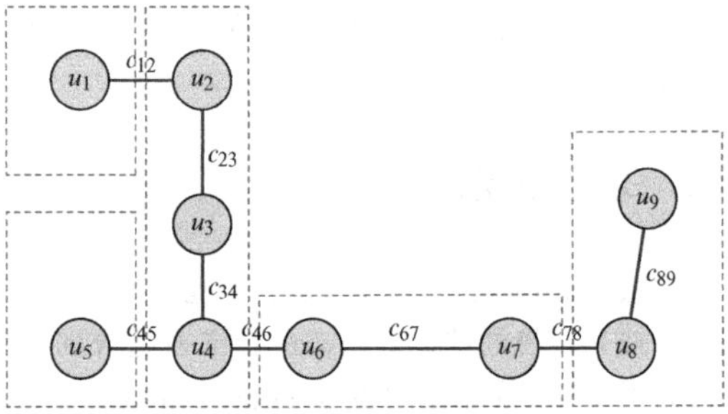

图 4.16 空间环境的拓扑图

关于模型更新，基于语义/图的表征可以利用由 Pearl 所表述的贝叶斯推理方面的最新进展[4.53]，并可在文献［4.54］中找到应用实例。

4.5 结论与扩展阅读

传感和估计仍是机器人研究的挑战性和活跃领域。传感的几个领域，例如计算机视觉和医学图像本身是很大而多样的研究领域。同时，估计中新的基础及应用技术仍将被持续开发。实际上，可以说感觉仍将是机器人研究的最具挑战性领域之一。

基于这样的背景，单个章节不可能涵盖基于传感器的机器人发展中的所有有用材料。但是，本章中所论述的方法代表机器人中的最常用技术。特别是，线性技术例如凯尔曼滤波仍然是感觉机器人的主干。本手册的第 3 篇更深入地涵盖了传感与估计中的数个关键主题。

如果读者希望了解更多，在现代传感器手册中可以找到有关传感器设计、物理学和使用不同传感器的一般讨论[4.3]。在参考文献［4.55］中可找到关于移动机器人传感器的讨论，虽然自该书于十余年前出版后取得了重大进展。参考文献［4.56］和［4.57］中详细描述了利用计算机视觉进行传感与估计。

许多的优秀教科书都涵盖了基本的估计理论。参考文献［4.18］和［4.58］中深入涵盖了检测和线性估计理论的大部分内容。参考文献［4.10］、［4.11］及其最新版本［4.36］中涵盖了通用统计学估计。参考文献［4.19，35］详细描述了鲁棒方法。参考文献［4.31］也深入涵盖了移动机器人的估计方法。

参考文献

4.1 D.C. Marr: *Vision* (Freeman, Bedford 1982)

4.2 R. Siegwart, I.R. Nourbakhsh: Autonomous mobile robots. In: *Intelligent Robotics and Autonomous Systems* (MIT Press, Cambridge 2004)

4.3 J. Fraden: *Handbook of Modern Sensors: Physic, Design and Applications*, 2nd edn. (Springer, New York 1996)

4.4 G. Dissanayaka, S. Sukkarieh, E. Nebot, H. Durrant-Whyte: The aiding of a low-cost strapdown inertial measurement unit using vehicle model constraints for land vehicle applications, IEEE Trans. Robot. Autom. **17**(5), 731–748 (2001)

4.5 Z. Zhang: A flexible new technique for camera calibration, IEEE Trans. Pattern. Anal. Mach. Intell. **22**(11), 1330–1334 (2000)

4.6 D. Burschka, J. Geiman, G.D. Hager: Optimal landmark configuration for vision-based control of mobile robots, Proc. Int. Conf. Robot. Autom. (ICRA 2003) pp. 3917–3922

4.7 J. Baker, N. Anderson, P. Pilles: Ground-penetrating radar surveying in support of archeological site investigations, Comput. Geosci. **23**(10), 1093–1099 (1997)

4.8 P. V. C. Hough: A method and means for recognizing complex patterns, U.S. Patent 3,069,654 (1962)

4.9 M.A. Fischler, R.C. Bolles: Random Sample concensus: A paradigm for model fitting with applications to image analysis and automated cartography, Commun. ACM **24**, 381–395 (1981)

4.10 T. Hastie, R. Tibshirani, J. Friedman: *The Elements of Statistical Learning*, Springer Series in Statistics (Springer, Berlin, Heidelberg 2002)

4.11 R.O. Duda, P.E. Hart: *Pattern Classification and Scene Analysis* (Wiley-Interscience, New York 1973)

4.12 R. Vidal, Y. Ma, J. Piazzi: A new GPCA algorithm for clustering subspaces by fitting, differentiating and dividing polynomials, Proc. Int. Conf. Cumput. Vis. Pattern Recog. **1**, 510–517 (2004)

4.13 P. Besl, N.D. McKay: A method for registration of 3-D shapes, IEEE Trans. Pattern Anal. Mach. Intell. **14**(2), 239–256 (1992)

4.14 F. Dellaert, S. Seitz, C. Thorpe, S. Thrun: Special issue on Markov chain Monte Carlo methods, Mach. Learn. **50**, 45–71 (2003)

4.15 A. Gelb (Ed.): *Applied Optimal Estimation* (MIT Press, Cambridge 1974)

4.16 D. Simon: *Optimal State Estimation: Kalman, H Infinity, and Nonlinear Approaches* (Wiley, New York 2006)

4.17 A. Doucet, N. de Freitas, N. Gordon: *Sequential Monte Carlo Methods in Practice* (Springer, Berlin, Heidelberg 2001)

4.18 Y. Bar-Shalom, T. Fortmann: *Tracking and Data Association* (Academic, New York 1988)

4.19 P.J. Huber: *Robust Statistics* (Wiley, New York 1981)

4.20 J.O. Berger: *Statistical Decision Theory and Bayesian Analysis*, 2nd edn. (Springer, New York 1985)

4.21 G.D. Hager: *Task-Directed Sensor Fusion and Planning* (Kluwer, Boston 1990)

4.22 S. Abrams, P.K. Allen, K. Tarabanis: Computing camera viewpoints in a robot work-cell, Int. J. Robot. Res. **18**(3), 267–285 (1999)

4.23 M. Suppa, P. Wang, K. Gupta, G. Hirzinger: C-space exploration using noisy sensor models, Proc. IEEE Int. Conf. Robot. Autom. (2004) pp. 1927–1932

4.24 G.S. Chirikjian, A.B. Kyatkin: *Engineering Applications of Noncommutative Harmonic Analysis* (CRC, Boca Raton 2000)

4.25 J.C. Kinsey, L.L. Whitcomb: Adaptive identification on the group of rigid body rotations and its application to precision underwater robot navigation, IEEE Trans. Robot. **23**, 124–136 (2007)

4.26 P.J. Bickel, K.A. Doksum: *Mathematical Statistics*, 2nd edn. (Prentice-Hall, Upper Saddle River 2006)

4.27 G. Strang: *Linear Algebra and its Applications*, 4th edn. (Brooks Cole, New York 2005)

4.28 P. McCullagh, J.A. Nelder: *Generalized Linear Models*, 2nd edn. (Chapman Hall, New York 1989)

4.29 E.L. Lehmann, G. Casella: *Theory of Point Estimation* (Springer, New York 1998)

4.30 R.E. Kalman: A new approach to linear filtering and prediction problems, Transactions of the ASME, J. Basic Eng. **82**, 35–45 (1960)

4.31 S. Thrun, D. Fox, W. Burgard: *Probabilistic Robotics, Autonomous Robotics and Intelligent Agents* (MIT Press, Cambridge 2005)

4.32 C. Bishop: *Pattern Recognition and Machine Learning* (Springer, New York 2006)

4.33 G.D. Hager, P.N. Belhumeur: Efficient region tracking of with parametric models of illumination and geometry, IEEE Trans. Pattern Anal. Mach. Intell. **20**(10), 1025–1039 (1998)

4.34 J.W. Hardin, J.M. Hilbe: *Generalized Linear Models and Extensions*, 2nd edn. (Stata, College Station 2007)

4.35 P.J. Rousseauw, A. Leroy: *Robust Regression and Outlier Detection* (Wiley, New York 1987)

4.36 R.O. Duda, P.E. Hart, D.G. Stork: *Pattern Classification*, 2nd edn. (Wiley, New York 2001)

4.37 P.C. Mahalanobis: On the generalised distance in statistics, Proc. Nat. Inst. Sci. India **12**, 49–55 (1936)

4.38 J. Hamilton: *Time Series Analysis* (Princeton Univ. Press, Princeton 1994)

4.39 S. Atiya, G.D. Hager: Real-time vision-based robot localization, IEEE Trans. Robot. Autom. **9**(6), 785–800 (1993)

4.40 G.D. Hager: Task-directed computation of qualitative decisions from sensor data, IEEE Trans. Robot. Autom. **10**(4), 415–429 (1994)

4.41 G. Shafer: *A Mathematical Theory of Evidence* (Princeton Univ. Press, Princeton 1976)

4.42 J. Rosenblatt: DAMN: A distributed architecture for mobile navigation, AAAI 1995 Spring Symposium on Lessons Learned for Implementing Software Architectures for Physical Agents (1995) pp. 167–178

4.43 R.M. Murrey, Z. Li, S. Sastry: *A Mathematical Introduction to Robotic Manipulation* (CRC, Boca Raton 1993)

4.44 K.J. Åström, B. Wittenmark: *Adaptive Control*, 2nd edn. (Addison-Wesley, Reading 1995)

4.45 S. Gutmann, C. Schlegel: AMOS: Comparison of scan-matching approaches for self-localization in

indoor environments, 1st Euromicro Conf. Adv. Mobile Robotics (1996)
4.46 S. Gutmann: Robust Navigation for Autonomous Mobile Systems. Ph.D. Thesis (Alfred Ludwig University, Freiburg 2000)
4.47 H. Samet: The quadtree and related hierarchical data structures, ACM Comput. Surv. **16**(2), 187–260 (1984)
4.48 A. Elfes: Sonar-based real-world mapping and navigation, IEEE Trans. Robot. Autom. **3**(3), 249–265 (1987)
4.49 A. Elfes: A Probabilistic Framework for Robot Perception and Navigation. Ph.D. Thesis (Carnegie Mellon University, Pittsburgh 1989)
4.50 M.R. Stytz, G. Frieder, O. Frieder: Three-dimensional medical imaging: Algorithms and computer systems, ACM Comput. Surv. **23**(4), 421–499 (1991)
4.51 R. Deriche, R. Vaillant, O. Faugeras: From Noisy Edges Points to 3D Reconstruction of a Scene: A robust approach and its uncertainty analysis. In: *Theory and Applications of Image Analysis* (World Scientific Singapore 1992) pp. 71–79
4.52 V.N. Vapnik: *Statistical Learning Theory* (Wiley, New York 1998)
4.53 J. Pearl: *Probabilistic Reasoning in Intelligent Systems* (Morgan Kaufmann, New York 1988)
4.54 M. Paskin: Thin Junction Tree Filters for Simultaneous Localisation and Mapping. Ph.D. Thesis (University of California, Berkley 2002)
4.55 H.R. Everett: *Sensors for Mobile Robots: Theory and Application* (Peters, London 1995)
4.56 D. Forsyth, J. Ponce: *Computer Vision – A Modern Approach* (Prentice-Hall, Upper Saddle River 2003)
4.57 R. Hartley, A. Zisserman: *Multiple View Geometry in Computer Vision* (Cambridge Univ. Press, Cambridge 2000)
4.58 S. Blackman, R. Popoli: *Design and Analysis of Modern Tracking Systems* (Artech House, London 1999)

第5章 运动规划

Lydia E. Kavraki, Steven M. LaValle

高发荣 译

本章首先在5.1节提出了几何路径规划的公式，接着在5.2节介绍了基于抽样的规划算法，这是一种可用于解决许多问题的通用技术，并已成功处理了一些难度很大的规划实例。在5.3节中，介绍了几种其他的规划替代方法，用于一些具体的简单规划情况，这些方法为简单规划问题提供了理论保证，在这点上比基于抽样的规划做得要好。5.4节考虑了微分约束问题。5.5节概述了对基本问题的公式描述和求解方法的扩展。最后在5.6节讨论了运动规划相关的一些重要前沿主题。

机器人的一个根本任务，就是要实现从开始位置到目标位置的无碰撞运动，这需要通过收集障碍物的静态位置，并对复杂组合体进行规划来实现。虽然问题相对简单，但其几何路径规划还是难以计算[5.1]。另外在实际机器人中，由于机械和传感方面的一些限制，需要通过公式的扩展对这些问题加以考虑，如不确定性、反馈和微分约束，后者还涉及更为复杂的自动规划问题。现代算法已经在几何问题上比较成功地解决了一些难点算例，并一直在努力扩展其解决更具挑战性算例的能力。这些算法的应用范围已超出机器人学领域，如用于计算机动画、虚拟样机和计算生物学等。对于现代运动规划技术及其应用，现有的许多研究报告[5.2-4]和专业书籍[5.2-7]，已经涵盖了这一领域。

5.1 运动规划的概念

本节只提出基本运动规划问题（或几何路径规划问题）的描述，至于将这些基本公式扩展到更为复杂的情况，将在后面章节加以讨论，并将贯穿于本书之中。

5.1.1 构型空间

在路径规划中，首先提出机器人$\mathcal{A}$和工作空间$\mathcal{W}$的完整几何描述：工作空间$\mathcal{W}=\mathbb{R}^N$，其中$N=2$或$N=3$，为含有障碍物的静态外部环境。我们的目的是为机器人$\mathcal{A}$找出一条无碰撞路径，使其从初始位姿（位置和姿态）移动到目标位姿。

为实现这一目标，必须提供机器人几何位置上的每一个点（即构型 $\boldsymbol{q}$）的完整说明。这里引入构型空间，也称 C 空间（$\boldsymbol{q}\in\mathcal{C}$），它是所有可能构型所组成的空间。C 空间表示的运动学变换集，能用于第 1 章（运动学）中表述的、所有给出的机器人运动学变换。在运动规划研究中，人们早就认识到 C 空间是一个很有用的途径，它能将各种规划问题抽象为统一的方式。这种抽象的优点在于，具有复杂几何形状的机器人，可以映射到 C 空间的一个点上，机器人系统的自由度数是 C 空间的维数，或者是指定构型所需参数的最小个数。

设闭集 $\mathcal{O}\subset\mathcal{W}$ 表示（工作空间的）障碍区域，通常用多面体、三维（3-D）三角形或分段代数曲面的形式表示。设闭集 $\mathcal{A}(\boldsymbol{q})\subset\mathcal{W}$，表示机器人在构型 $\boldsymbol{q}\in\mathcal{C}$ 上所占据点的集合，它通常采用与 $\mathcal{O}$ 相同的图元来模拟。C 空间障碍区域 $\mathcal{C}_{obs}$ 定义为

$$\mathcal{C}_{obs}=\{\boldsymbol{q}\in\mathcal{C}\mid\mathcal{A}(\boldsymbol{q})\cap\mathcal{O}\neq\emptyset\} \qquad (5.1)$$

由于 $\mathcal{O}$ 和 $\mathcal{A}(\boldsymbol{q})$ 均为 $\mathcal{W}$ 上的闭集，因此障碍区域也是 $\mathcal{C}$ 上的一个闭集。无（避免）碰撞的构型集合 $\mathcal{C}_{free}=\mathcal{C}\setminus\mathcal{C}_{obs}$，称为自由空间。

C 空间简单举例如下。

1）平面刚体的平移。机器人构型可用一个参考点（x，y）来表示，这个点位于相对于某固定坐标的平面刚体上，因此这里 C 空间等效于 $\mathbb{R}^2$。图 5.1 给出了一个三角形机器人和一个多边形障碍物所构成的 C 空间的例子。其中 C 空间内的障碍区域可通过记录机器人在工作空间障碍物周围滑动的轨迹，然后找出所有 $\boldsymbol{q}\in\mathcal{C}$ 上的约束来实现。对机器人的运动规划，就等效为对 C 空间上一个点的运动规划。

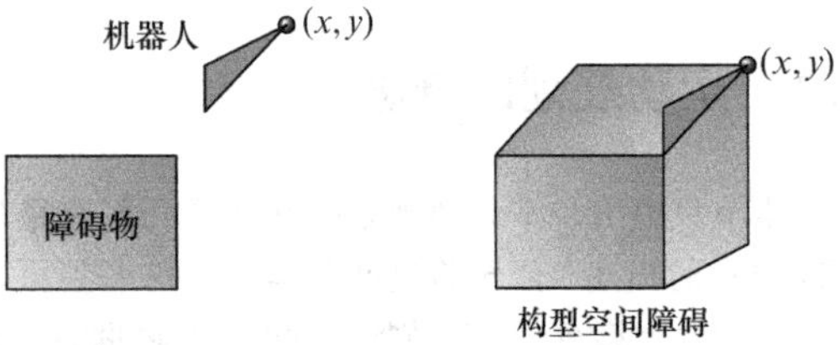

a) b)

图 5.1 平面上的机器人平移

a）三角形机器人在带有单个矩形障碍物的工作空间上移动 b）C 空间障碍

2）平面臂。图 5.2 给出了一个两关节平面臂的例子，两个连杆的底部钉住，因而只能沿关节做无限位的转动。对于这个臂，用参数 θ_1 和 θ_2 来表示构型，每个关节角 θ_i 对应于单位圆 $\mathbb{S}^1$ 的一点，因而 C 空间为 $\mathbb{S}^1\times\mathbb{S}^1=T^2$，其二维圆面环如图 5.2 所示。对于无关节限制连杆数更多的情况，C 空间可类似的定义为：

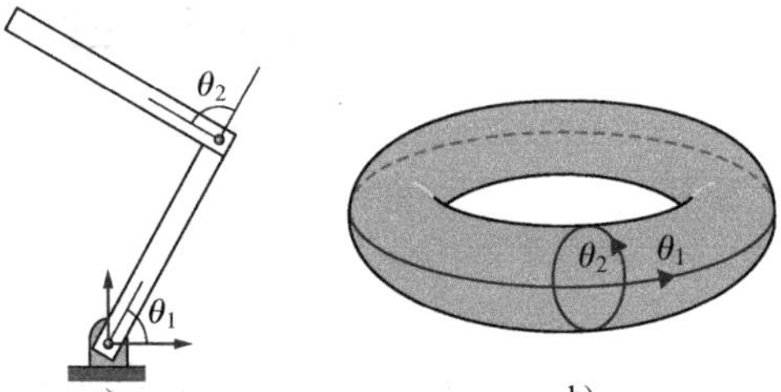

a) b)

图 5.2 二维圆面环

a）两关节平面臂（其中连杆钉住且无关节限制） b）C 空间

$$\mathcal{C}=\mathbb{S}^1\times\mathbb{S}^1\times\cdots\times\mathbb{S}^1 \qquad (5.2)$$

如果关节有限位，通常可用有限区间 $\mathbb{R}$ 来替代相应的 $\mathbb{S}^1$；如果平面臂的底部没有钉住，是可移动的，则需要考虑在臂构型上加上平移参数：

$$\mathcal{C}=\mathbb{R}^2\times\mathbb{S}^1\times\mathbb{S}^1\times\cdots\times\mathbb{S}^1 \qquad (5.3)$$

在后面的 5.6.1 节，我们将讨论构型空间的拓扑属性，并提供了另外一些 C 空间的例子。

5.1.2 几何路径规划问题

基本运动规划问题，又称为钢琴移动问题[5.1]，其定义如下。

已知：

1）工作空间 $\mathcal{W}$，这里 $\mathcal{W}=\mathbb{R}^2$ 或者 $\mathcal{W}=\mathbb{R}^3$。

2）障碍区域 $\mathcal{O}\subset\mathcal{W}$。

3）定义于 $\mathcal{W}$ 的机器人，它为一个刚体 $\mathcal{A}$，或者 m 个构件（连杆）的集合：$\mathcal{A}_1$，$\mathcal{A}_2$，…，$\mathcal{A}_m$。

4）构型空间 $\mathcal{C}$（包括 $\mathcal{C}_{obs}$ 和 $\mathcal{C}_{free}$）。

5）初始构型 $\boldsymbol{q}_I\in\mathcal{C}_{free}$。

6）目标构型 $\boldsymbol{q}_G\in\mathcal{C}_{free}$。初始构型和目标构型常称作查询（$\boldsymbol{q}_I$，$\boldsymbol{q}_G$）。

问题：计算一条（连续）路径 τ：$[0,1]\to\mathcal{C}_{free}$，使得 $\tau(0)=\boldsymbol{q}_I$ 且 $\tau(1)=\boldsymbol{q}_G$。

5.1.3 运动规划的复杂度

运动规划中最主要的复杂因素在于，直接计算 $\mathcal{C}_{obs}$ 和 $\mathcal{C}_{free}$ 不方便，并且 C 空间的维数往往很高。*Reif* 早先研究了钢琴移动问题，根据计算的复杂度分类，这一问题被证明为 PSPACE-hard[5.1]。对于固定维数问题，一些多项式-时间算法指出，问题的难度与维度具有指数相关性[5.10,11]。Canny 提出了在 C 空间维度上的单一指数-时间算法，这一问题被证明为 PSPACE-complete[5.12]。虽然该算法并不实用，但在基本运动规划问题研究中，可作为一般问题的难度

上限。它应用计算代数几何建模技术，对 C 空间进行建模，来构建路线图，即一个具有 $\mathcal{C}_{free}$ 连接性的一维（1-D）子空间。关于这一技术的更多详情，见 5.6.3 节。

问题的复杂度，推动了路径规划问题的研究。其中一个方向是采用多项式-时间算法，研究普遍问题的某些子类[5.13]。但即使是这样一些简单的运动规划特例，仍然被看做是一种挑战，例如 $\mathbb{R}^2$ 中，平行于轴的矩形做有限次平移，这种简单情况，其复杂度也是 PSPACE-hard。对某些运动规划的扩展就更难了，例如，3 维多面体环境中，不确定性下的某种规划形式为 NEXPTIME-hard[5.15]。NEXPTIME 中最大的难题在于需要双倍指数的时间来进行求解。

另外一个方向是替代运动模式的发展，替代模式的假设建立在实际应用的基础上。组合方法能通过特定的二维和三维问题，来有效构建一维线路图；势场法通过定义矢量场，能够跟随机器人朝目标的运动。然而，这两种方法都不能成规模地用于普遍情况，这些将在 5.3 节讲述。基于抽样的规划是另外一种替代模式，它作为一种常用方法，已被证明能成功用于解决实践中的许多难题。此方法虽然避免了 C 空间的精确几何模拟问题，但却不能保证算法的完备性。因为完备、精确的算法能够检测出无路径寻的情况，而基于抽样的规划方法，只能提供较低水平的完备性保证。这种模式将在下面一节讲述。

5.2 基于抽样的规划

本节首先讲述基于抽样的规划，因为对于很多通常类型的问题，都可以选用这种方法，下一节将讲述其他方法，它们中的一些还早于抽样规划架构。基于抽样规划的核心思想，是利用碰撞检测算法的进步，来计算单个构型是否为无碰撞。给出简单图元后，规划器通过对不同构型进行采样并构建数据库，用于存储一维 C 空间曲线，它代表无碰撞路径。在这种方法中，基于抽样的规划器不直接接近 C 空间的障碍，而是通过碰撞探测器和构建数据结构来进行。使用这种抽象层次，对于特定的机器人及其应用，通过合理布置取舍碰撞探测器，规划器能广泛适用于多种问题。

对于基于抽样的规划器而言，其标准是提供一个完备性较弱，但仍值得关注的规划形式：如果解的路径存在，那么规划器就会最终找到它。放弃更强的完备性形式，这也要求在有限时间内能报告失效情况，这项技术能解决三自由度以上完备性方法所不能解决的实际问题。完备性弱形式的更详细介绍，安排在 5.6.2 节。

如何进行抽样构型和构建何种数据结构，不同的规划有不同的方法。5.6.2 节将对抽样问题进行更深入的探讨。对于基于抽样的规划器，典型的分为两类：多查询方法和单查询方法。

在第一类中，首先构建路线图，规划器预先计算一次无向图 G，以便映射出 $\mathcal{C}_{free}$ 空间的连接属性。完成这一步后，相同环境下的多查询回答只需要运用已构建的路线图即可。这类规划器在 5.2.1 节讲述。

第二类规划方法，通过联机给出规划查询的树数据结构，规划器集中搜索 C 空间的一部分，以尽可能快地解答具体的查询问题。这类规划将在 5.2.2 节讲述。

两类方法对于碰撞图元检查的用法是相似的，碰撞探测器的目的就是要报告给定目标几何构型和变换间的所有几何接触[5.16-18]。规划器软件包的实用性在于，能在几分之一秒内完成碰撞查询，这对于基于规划抽样算法的发展至关重要。现代规划采用黑箱（black box）作为碰撞探测器，最初规划器提供所有涉及目标的几何条件，并指出其中哪些是可移动的；然后为验证机器人的构型，向相关的机器人提供运动变换，碰撞探测器回应目标间是否有碰撞。许多软件包对几何模型采用分级表示，以避免计算中全是两个两个地相互作用，并采用二分搜索法来评估碰撞。除了构型外，规划器还必须验证全部路径。一些碰撞探测器返回碰撞距离信息，这可以有效用于推断 C 空间中的全部邻域。这种提取信息的方法代价很高，但如果采用小步长增量或二分搜索方式逐点验证路径，往往代价更高。一些碰撞探测器设计为步进式的，以便它们能重新使用以前的查询信息，因而速度更快[5.16]。

5.2.1 综合查询规划：映射 $\mathcal{C}_{free}$ 的连接性

规划器旨在解答某一静态环境中的多重查询时，在预处理阶段采用将 $\mathcal{C}_{free}$ 的连接性映射到路线图中。该路线具有图 G 的形式，并带有构型顶点和路径边线。如果满足下列性质，则 1 维曲线的并集为路线图 G。

1）可达性。由任意 $\boldsymbol{q}_G \in \mathcal{C}_{free}$，可简单有效地计算一条路径 τ：$[0,1] \to \mathcal{C}_{free}$，以使 $\tau(0)=\boldsymbol{q}$，且 $\tau(1)=\boldsymbol{s}$。其中 $\boldsymbol{s}$ 为 $S(G)$ 中的任意一点，$S(G)$ 是 G 的行迹，为边线和顶点能到达的所有构型合集。这意味着总是可以将规划查询对 $\boldsymbol{q}_I$ 和 $\boldsymbol{q}_G$ 分别与 $S(G)$ 上的某对 $\boldsymbol{S}_I$ 和 $\boldsymbol{S}_G$ 连接起来。

2）连接性保护。第 2 个条件要求：如果存在路径τ：[0，1]→$\mathcal{C}_{free}$使得$\tau(0)=\boldsymbol{q}_I$，且$\tau(1)=\boldsymbol{q}_G$，则也存在路径τ'：[0，1]→$S(G)$，使得$\tau'(0)=\boldsymbol{q}_I$，$\tau'(1)=\boldsymbol{q}_G$，这样就可以避免由于$G$未能捕捉到$\mathcal{C}_{free}$的连接性，而出现解丢失的情况。

概率路线图方法（PRM）[5.19]在计算概率方面，采用的是近似路线图的方式。RPM的预处理阶段，通常可扩展为基于抽样的路线图，步骤如下：

1）初始化。设$G(V, E)$表示一个无向图，初始状态为空。G的顶点将对应于无碰撞构型，连接顶点的边线对应于无碰撞路径。

2）构型采样。将从$\mathcal{C}_{free}$中抽样得到的构型$\alpha(i)$，加入顶点集V中。这$\alpha(\cdot)$表示无限、密集的样本序列，$\alpha(i)$为这个序列中的第i个点。

3）邻域计算。通常在C空间中定义一个度量，$\rho:\mathcal{C}\times\mathcal{C}\rightarrow\mathbb{R}$。存在于$\boldsymbol{V}$中的顶点$\boldsymbol{q}$，如果依照度量$\rho$为小距离，则可选为$\alpha(i)$邻域的一部分。

4）边线考虑。对于不属于G上相同连接分量$\alpha(i)$的那些顶点$\boldsymbol{q}$，该算法通过边线将其相连。

5）局部规划方法。给定$\alpha(i)$和$\boldsymbol{q}\in\mathcal{C}_{free}$，采用模块来构建路径$\boldsymbol{\tau}_s$：[0，1]→$\mathcal{C}_{free}$，使得$\tau(0)=\alpha(i)$，$\tau(1)=\boldsymbol{q}$。采用碰撞检测，$\tau_s$必须通过检查以确保不产生碰撞。

6）边线插入。将τ_s插入$\boldsymbol{E}$，作为由$\alpha(i)$到$\boldsymbol{q}$的边线。

7）终止。通常当预定义的无碰撞顶点数N已加入到路线图中时，算法停止。

算法在本质是增量形式的，计算可从一个已存在的图上重复开始。通用的基于抽样的路线图，总结在算法5.1中。

算法5.1
基于抽样的路线图
N：路线图中包含的节点数

```
G.init() ; i←0;
while i < N do
  if α(i) ∈ C_free then
    G.add_vertex(α(i)) ; i←i+1
    for q ∈ NEIGHBORHOOD(α(i), G) do
        if CONNECT(α(i), q) then
            G.add_edge(α(i), q);
        endif
        end for
    endif
  end while
```

图5.3为算法行为的图形描述。为求解一个查询，将$\boldsymbol{q}_I$和$\boldsymbol{q}_G$连接到路线图，并执行图搜索任务。

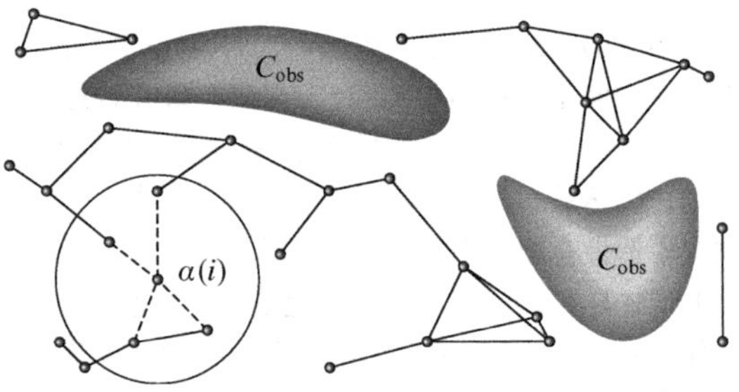

图5.3　通过逐次将单个新样本与邻近顶点相连，递增构建基于抽样的路线图

对于原始PRM[5.19]，构型$\alpha(i)$采用随机抽样产生。对于$\boldsymbol{q}$和$\alpha(i)$之间的连接步，算法中采用C空间上的直线路径。在某些情况下，如果$\boldsymbol{q}$和$\alpha(i)$在相同连接分量上，则不用连接。许多后续工作可用于在更少采样点的情况下提高路线图的质量：在$\mathcal{C}_{free}$的边界点（或靠近）进行集中采样的方法见参考文献[5.20，21]；远离边界点处的移动采样方法见参考文献[5.22，23]；包含网络的确定性抽样技术见参考文献[5.24]；基于交互可视性的顶点剪枝方法，可大为减少路线图的顶点数[5.25]；基于抽样路线图的理论分析见参考文献[5.24，26，27]，并在5.6.2节作了简要论述；文献[5.28]对基于抽样的路线图不同形式进行了实验对比；对于路线图方法中识别狭窄通道的难点问题，有人建议采用网桥测试来进行辨识[5.29]；对于基于概率路径图（PRM）的其他方法见参考文献[5.30-34]。本主题的更多讨论可参阅参考文献[5.5，7]。

5.2.2　单一查询规划：增量搜索

单一查询规划方法集中于一个单一初始目标构型对，通过延伸树型数据结构，探查连续的C空间。数据结构在这些已知构型中初始化，并最终与它们相连。大多数单一查询方法遵循以下步骤：

1）初始化：设$G(V, E)$表示一个无向搜索图，顶点集V包含$\mathcal{C}_{free}$中的一个（常为$\boldsymbol{q}_I$）或多个构型的顶点，且边线集E为空。G的顶点为无碰撞构型，且连接顶点的各边线为无碰撞路径。

2）顶点选择方法：选择一个用于扩展的顶点$\boldsymbol{q}_{cur}\in V$。

3）局部规划方法：对某些 $q_{new}\in\mathcal{C}_{free}$，可对应于一个存在于 V 中的顶点，但在不同的树或样本构型上。构建一条路径 τ_s：$[0,1]\to\mathcal{C}_{free}$，使得 $\tau(0)=q_{cur}$，$\tau(1)=q_{new}$。采用碰撞检测，则 τ_s 必须检查以确保不会引起碰撞。如果这一步未能产生一个无碰撞路径段，则转向第2步。

4）在图中插入边线：将 τ_s 插入 $\boldsymbol{E}$ 中，作为一条从 q_{cur} 到 q_{new} 的边线。如果 q_{new} 还不在 V 中，则它也需要插入。

5）求解检查：确定 G 的编码是否为求解路径。

6）返回第2步：除非满足终止条件，算法将返回第2步继续迭代。这里终止条件一是解已经找到，二是满足设定的终止条件，这种情况下报告算法失败。

在执行过程中，G 可以组织一个或多个树，这会导致：

1）单向方法。它只包含单棵树，通常根在 q_I 处[5.35]。

2）双向方法。它包含两棵树，通常根在 q_I 和 q_G 处[5.35]。

3）多向方法。它可有两棵以上的树[5.36,37]。采用多棵树的动机在于，在通过狭窄通路寻找出口时，单一树可能存在陷阱；而在相反方向返回时，可能会更容易些。

随着所考虑树数的增多，确定树之间如何进行连接，将变得更为复杂。

1. 快速搜索密集树

此类技术的主要想法是，算法应逐渐加强对C空间属性的探测力度。实现这一目标的算法，称为快速搜索随机树（RRT）[5.35]，它可广泛用于快速搜索密集树（RDT），进行任意密度、确定性或随机抽样[5.7]。其基本思想是，通过树上选择的一个扩展点，在搜索过程中引入 Voronoi 偏置。采用随机样本，顶点选择的概率与 Voronoi 区域的体积成正比。其树结构概述如下：

算法5.2

快速搜索密集树

k：算法的搜索步

$G.\,init(q_I)$;

for $i=1$ **to** k **do**

  $G.$add_vertex$(\alpha(i))$;

  $q_n\leftarrow$NEAREST$(S(G),\alpha(i))$;

  $G.$add_edge$(q_n,\alpha(i))$;

end for

树从 q_I 开始，在每次迭代中，加入一个边线和顶点。

到目前为止，还没有说明如何到达 q_G 的问题。采用 RDT 的规划算法有好几种：一种方法是偏置 $\alpha(i)$，以便 q_G 能频繁选择（或许每50次迭代就要选择一次）；另外更有效的方法是通过培育两棵树，开发双向搜索算法，通过彼此的 q_I 和 q_G 进行搜索，这大约有一半时间花费在用常规方式扩展每棵树，而另一半时间则花费在对树的连接上。连接树的最简单方式是，让一棵树的最新顶点在扩展另一棵树时替代 $\alpha(i)$。其技巧是采用基本扩展算法，将一个 RDT 连接到另外一个上[5.38]。RDT 方法经过不断扩展，现已应用到多个方面[5.37,39-42]，更详细的描述见参考文献［5.5，7］。

2. 其他算法

参考文献［5.43-45］中提出了基于扩展空间的规划方法。在这种情况下，由于在顶点周围邻域内的点很少，算法通过选择扩展顶点进行强制搜索。在参考文献［5.46］中，通过自调节随机行走以获取额外性能，其实质是将所有努力集中用于搜索。其他成功的树算法，包括路径定向细分树算法[5.47]及其一些变体[5.48]。在这些文献中，有时很难将基于树的规划器用于普通路径规划中，因为它们中的许多（包括 RDT）需要设计为（或应用于）更复杂的问题（见5.4.4节），其性能对于多种路径规划问题也很出色。

5.3 替代算法

对于基于抽样的算法，替代方法包括基于势场技术方法和组合方法，它也可以生成路线图，例如单元分解。这些算法能有效解决狭窄类型问题，在这些情况下，更优于5.2节的算法。多数组合算法主要用在理论研究方面，而基于抽样算法的主要动机在于解决应用中的性能问题。当然，经过某些抽象，组合算法也能用于解决实际问题，如移动平面机器人的自主导航问题。

5.3.1 组合路线图

有几种算法适用于 $\mathcal{C}=\mathbb{R}^2$，且 $\mathcal{C}_{obs}$ 为多边形的情况。这些算法大多虽不能直接扩展到高维情况，但某些基本原理是相同的。最大间隙路线图（或称收缩方法[5.49]）构建路线图时，它使路径尽可能远离障碍物，其路径通过图5.4所示的三种情况形成路线图，它对应于所有与多边形属性配对的路线。通过生成所有曲线对的可能配对，计算交集并画出路线图，这样就可以在时间 $O(n^4)$ 上构造出路线图（见图5.5）。有些现存的算法能提供更好的渐近运行时间[5.50]，但它们实现起来相当困难。其中最著名的算法运行在 $O(n\ \lg n)$ 时间上，这里 n 为路线图曲线数[5.51]。

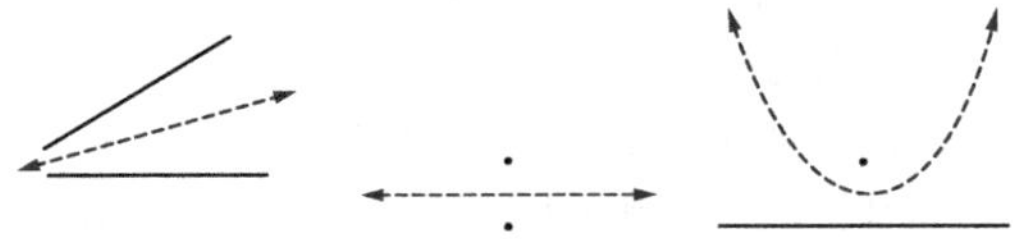

图5.4 Voronoi路线图线段产生的三种可能情况（第三种情况为二次曲线）

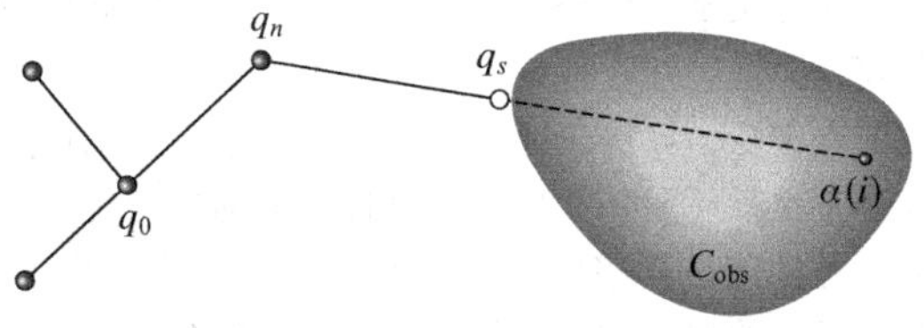

图5.5 如果有障碍物，碰撞检测算法允许边线一直行进到障碍物的边界

如图5.6所示，另一种替代方法是计算最短路径路线图[5.52]。这与上一节提出的路线图不同，因为考虑路径最佳（短），故允许路径可触及至障碍物。顶点的内角大于 π 时，路线图的顶点是 $\mathcal{C}_{obs}$ 的反射顶点，当且仅当一对顶点相互可见时，路径图的边线存在，从每个顶点中伸出一条线（这条线称为双切线），该线通过顶点对伸向 $\mathcal{C}_{free}$。对每个反射角采用径向扫描算法，可形成 $O(n^2\ \lg n)$-时间结构算法。理论上可以在时间 $O(n^2+m)$ 上计算，其中 m 是路线图上边线的总数[5.53]。

图5.7显示的是垂直单元分解方法。其思想是将 $\mathcal{C}_{free}$ 分解为梯形或者三角形单元，每个单元上的规划是平凡的，因为其为凸面。路线图由这样一系列点构成，这些点放置于每个单元及单元间每条边界的中心处。任何一种图搜索算法均可用于快速找到无碰撞路径。采用平面扫描原理[5.45,55]，单元分解可在 $O(n\ \lg n)$ 时间上构建。设想一条垂线从 $x=-\infty$ 到 $x=+\infty$ 进行扫描，当遇到多面体的顶点时停下来，在这种情况下，一个单元的边界可能必定位于顶点的上面/或下面，需要在平衡搜索树上保持垂线段的次序，这样才能在时间

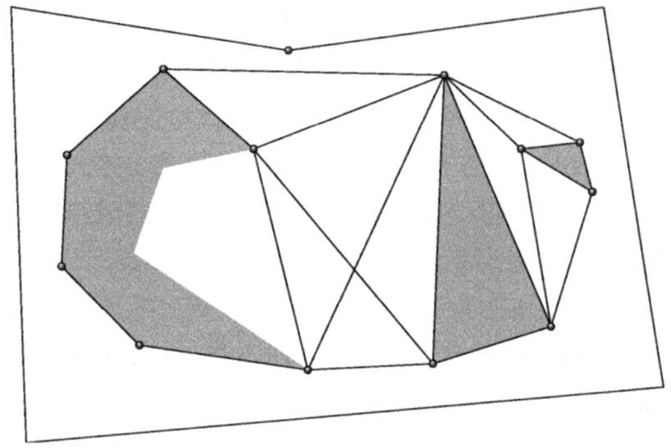

图5.6 最短路径路线图，包括 $\mathcal{C}_{obs}$ 上连续反射顶点间的边及其双切线边

$O(\lg n)$ 内对垂直单元的边界进行限定。整个算法在时间 $O(n\ \lg n)$ 上运行，因为有 $O(n)$ 个顶点，在这些点处能让扫描线停下来。也就是说，顶点需要一开始就进行排序，这需要时间 $O(n\ \lg n)$。

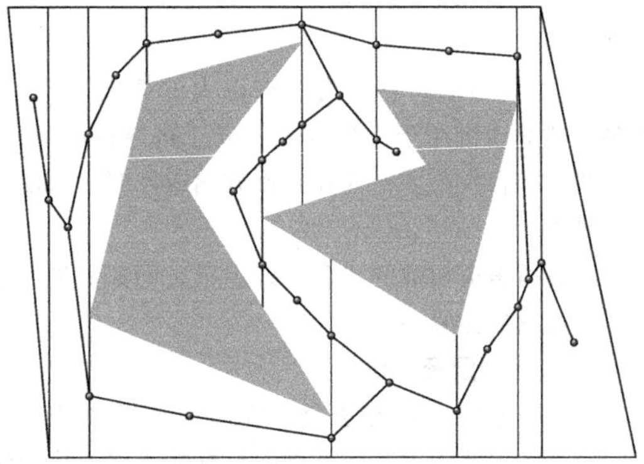

图5.7 垂直单元分解得到的路线图

5.3.2 高维路线图

如果将5.3.1节的方法直接扩展到更高维数，可能会更为方便。尽管很遗憾不会发生这种情况，但还是能够从中扩展一些总体思路。考虑高维情况的单元分解，主要有两条要求：①每个单元应该足够简单，以便单元上的运动规划是平凡的；②单元应能很好地组合在一起。对第一条要求，充分条件是单元为凸面，也可以允许为更一般的形状，但在任何情形下，单元都不能含有孔。对第二条要求，充分条件是单元能被组合成一个奇异复形，这意味着对任意两个 d 维单元（$d \leq n$），如果两单元的边界相交（切），那么共同边界本身必须是一个（低维的）完备单元。

在二维多边形C空间上，三角法定义的好单元

分解可适用于运动规划。如要找到一个好三角形，就要尽量避免薄三角形，这在计算几何中应加以考虑[5.55]。确定带孔多面体障碍区域的分解时，需要用到最小凸单元数，它为 *NP*-hard[5.56]。鉴于此，我们仍乐意采用非最佳分解方式。

在三维 C 空间中，如果$\mathcal{C}_{obs}$是多面体，则可采用平面递归扫描，直接对垂直分解方法进行扩展。例如，临界同相轴可能出现在每个 z 坐标上，对其上的点进行二维垂直分解变化时，x 和 y 坐标保持不变。通过机器人在$\mathbb{R}^3$中多面体障碍物间的平移，可以得到多面体的例子；然而最有趣的问题是$\mathcal{C}_{obs}$变为非线性情况。假设$\mathcal{C}=\mathbb{R}^2\times\mathbb{S}^1$，对应于机器人能够在平面上平动和转动。假设机器人和障碍物都是多边形，对于线段机器人的情形，参考文献［5.57］给出的 $O(n^5)$ 算法能够实现；对于更为一般的模型及 C 空间情况，此方法已很难用于实际问题，而主要用于理论研究，这将在 5.6.3 节进行介绍。

5.3.3 势场

运动规划的不同方法，其灵感均来自于不同的避障技术[5.58]。虽然没有明确构建一个路线图，而是构建一个可微的实值函数 U：$\mathbb{R}^m\rightarrow\mathbb{R}$，称为势函数，由它导出移动目标的运动。如图 5.8 所示，势的典型构造是：它包含一个吸引分量 $U_a(\boldsymbol{q})$，拉着机器人朝目标运动；另外还包括一个排斥分量 $U_r(\boldsymbol{q})$，推动机器人远离障碍。势函数的梯度为一个矢量 $\nabla U(\boldsymbol{q})=DU(\boldsymbol{q})^{\mathrm{T}}=\left[\frac{\partial U}{\partial \boldsymbol{q}_1}(\boldsymbol{q}),\ \cdots,\ \frac{\partial U}{\partial \boldsymbol{q}_m}(\boldsymbol{q})\right]^{\mathrm{T}}$，其指向为 U 的局部最大增加方向。定义 U 之后，从 $\boldsymbol{q}_{\mathrm{I}}$ 开始采用梯度下降法，就能计算出路径：

1）$\boldsymbol{q}(0)=\boldsymbol{q}_{\mathrm{I}}$；$i=0$

2）**while** $\nabla \mathrm{U}(\boldsymbol{q}(i))\neq 0$ **do**

3）$\boldsymbol{q}(i+1)=\boldsymbol{q}(i)+\nabla \mathrm{U}(\boldsymbol{q}(i))$

4）$i=i+1$

然而，这种梯度下降方法并不保证能得到问题的解，因为梯度下降只能到达 $U(\boldsymbol{q})$ 的一个局部最小值，如图 5.9 所示，它可能与目标状态 $\boldsymbol{q}_{\mathrm{G}}$ 并不相符。

既利用势函数，又避免局部最小问题的规划方法，称之为随机势规划[5.59]。其思想是采用多重规划模式，通过随机行走（random walk）来组合势函数。在第 1 重模式中，梯度下降法用至达到一个局部最小值时为止；第 2 重模式是用随机行走来设法避开局部最小值；第 3 重模式是当多次避开局部最小值的努力都已失败时，执行回溯法。这种方法在许多情况下被

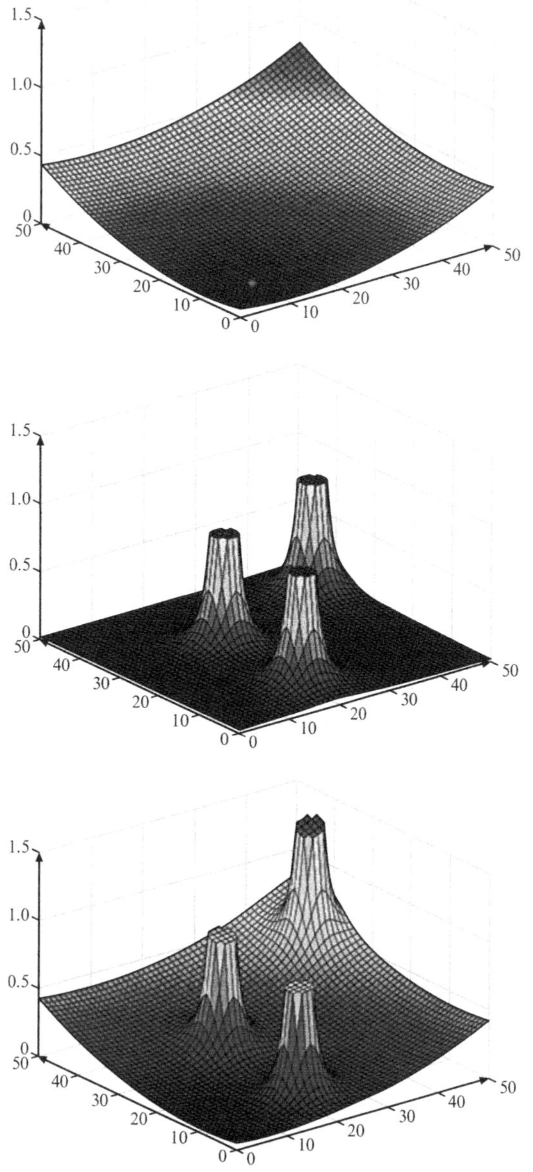

图 5.8　引力和斥力分量定义势函数

看作是基于抽样的规划，它也提供了弱完整性保证，但需要参数调整。近来基于抽样的方法达到了更好的性能，它主要通过花费更多时间进行空间搜索，而不是将重点放在势函数上。

势函数的梯度也能用于定义矢量场，它可在任意构型 $\boldsymbol{q}\in\mathcal{C}$上对机器人指定一个运动。这种方法的主要优点不仅限于其计算效率，因为它不只是一个单一的路径计算，也是一个反馈控制策略，这使得方法更具鲁棒逆向控制和传感误差。反馈运动规划技术大多

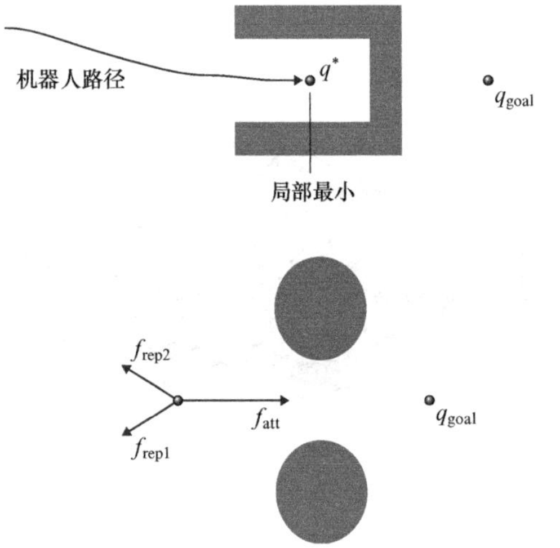

图5.9 势函数求解局部最小问题的两个例子

是基于导航函数的思想[5.60]，即合理构造势函数，使之只有单一最小值。函数 $\Phi: \mathcal{C}_{free} \to [0, 1]$ 称为导航函数，如果它：

1）是平滑的（或至少在 $k \geqslant 2$ 的 C^k 上平滑）。

2）在 $\boldsymbol{q}_G$ 处具有唯一最小值，C 空间的连接分量包含 $\boldsymbol{q}_G$。

3）在 C 空间的边界上具有均匀最大值。

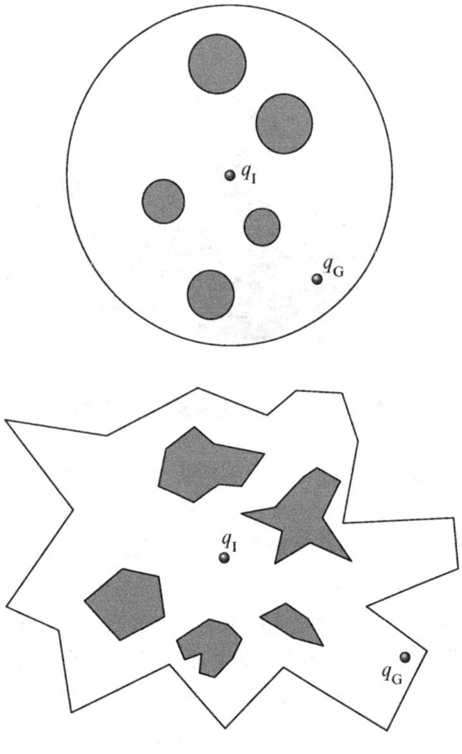

图5.10 球形空间和星形空间示例

4）且为 Morse，即所有的临界点（如鞍点）是孤立的，可通过小随机扰动加以避免。

如图5.10所示，对于只包含球形障碍物的情况，导航函数可以构建成球心为 $\boldsymbol{q}_I$ 的球边界空间。然后它们还可扩展到微分同胚于球空间的大的 C 空间族，例如图5.10所示的星形空间。反馈运动策略的详细阐述见本书的第35、第36和第37章。

除了局部最小问题之外，对于势函数方法，另一个主要的挑战是如何构建并表示 C 空间，这一难题使得在高维问题中，该技术的应用显得过于复杂。

5.4 微分约束

机器人运动通常必须符合全局和局部两种约束，在 $\mathcal{C}$ 上，全局约束以障碍物和关节限位形式加以考虑；局部约束则通过微分方程进行模拟，因而称作微分约束。出于运动学考虑（如轮的接触点）和动力学考虑（如动量矩守恒），约束方程限定了每个点的速度及可能的加速度。

5.4.1 概念和术语

设 $\dot{\boldsymbol{q}}$ 为速度矢量，$\mathcal{C}$ 上的微分方程可表示成隐式形式 $g_i(\boldsymbol{q}, \dot{\boldsymbol{q}})=0$，或者参数形式 $\dot{\boldsymbol{x}}=f(\boldsymbol{q}, \boldsymbol{u})$。隐式形式更为一般，但往往更难于理解和利用。在参数形式中，矢量值方程预示速度要通过给定的 $\boldsymbol{q}$ 和 $\boldsymbol{u}$ 来求，其中 $\boldsymbol{u}$ 为输入，选自于某些输入空间 U。设 T 表示时间间隔，并从 $t=0$ 时刻开始。

为模拟动力学问题，需要将概念扩充到 C 空间的相空间 $\boldsymbol{X}$ 上。通常每个点 $\boldsymbol{x} \in \boldsymbol{X}$ 表示构型和速度，即 $\boldsymbol{x}=(\boldsymbol{q}, \dot{\boldsymbol{q}})$。采用隐式形式和参数形式都可能，分别表示为 $g_i(\boldsymbol{x}, \dot{\boldsymbol{x}})=0$ 和 $\dot{\boldsymbol{x}}=f(\boldsymbol{x}, \boldsymbol{u})$，后者为一种常见的控制系统的定义。注意 $\dot{\boldsymbol{x}}=(\dot{\boldsymbol{q}}, \ddot{\boldsymbol{q}})$，这预示着可以对加速度约束和完整系统动力学进行表达。

在状态空间 $\boldsymbol{X}$ 中进行规划，可引出对 $\boldsymbol{X}_{obs}$ 的直接定义：对于 $\boldsymbol{x}=(\boldsymbol{q}, \dot{\boldsymbol{q}})$，当且仅当 $\boldsymbol{q} \in \mathcal{C}_{obs}$ 时，有 $\boldsymbol{x} \in \boldsymbol{X}_{obs}$。然而，还存在另外一种可能性，它基于必然碰撞区域概念，能直观地反映动力学的规划问题，其定义如下：

$$\boldsymbol{X}_{ric} = \{x(0) \in \boldsymbol{X} \mid \text{for any } \tilde{u} \in \mathcal{U}_\infty, \exists t>0 \text{ such that } \boldsymbol{x}(t) \in \boldsymbol{X}_{obs}\}, \tag{5.4}$$

式中，$\boldsymbol{x}(t)$ 为 t 时刻的状态，可通过控制函数 $\tilde{u}: T\to U$，从 $\boldsymbol{x}(0)$ 积分得到；$\mathcal{U}_\infty$ 为预先确定的所有可能控制函数的集合；$\boldsymbol{X}_{\text{ric}}$ 表示这样一个状态集：在它上面机器人会发生碰撞；或者由于动量的缘故，不能避免发生碰撞，如图5.11所示。它可被视为一种无形的障碍区域，并随速度增大而增长。

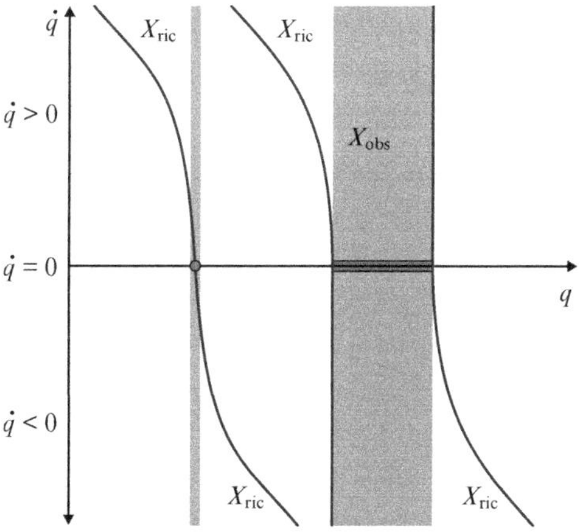

图5.11 必然碰撞区随速度呈平方关系增长

在微分约束规划的总标题下，有许多重要的问题类别，大量研究文献已对此加以关注。在轮式移动机器人的研究中，引入了非完整性规划的术语[5.61]，举个简单的例子：由于汽车不能侧面移动，从而使平行泊停车变得困难。一般情况下，非完整约束为微分等式约束，不能积分成不含导数项的约束形式。机器人学中出现的典型非完整性约束，可以是车轮接触等运动学引起的[5.62]，也可能是起因于动力学。

如果包含约束的规划问题中，至少涉及速度和加速度，该问题常被称为 kinodynamic 规划[5.63]。通常模拟成全驱动系统，表示为 $\ddot{\boldsymbol{q}}=h(\boldsymbol{q},\ \dot{\boldsymbol{q}},\ \boldsymbol{u})$，其中 U 为包括 $\mathbb{R}^n$ 原点的一个开集（这里 n 是 U 和 $\mathcal{C}$ 的维数）。约束问题可能既是非完整的，又是 kinodynamic 问题，或者二者都不是；然而目前该项还没有更精确的表示。

轨迹规划是另外一个重要概念，它主要用于确定机器手的路径和速度函数问题（如PUMA560）。在下面的处理中，所有这些都称作微分约束规划。

5.4.2 约束的离散化

在微分约束下，对有障碍存在的完备性及最优规划问题，仅有的方法是 $X=\mathbb{R}$ [5.64] 和 $X=\mathbb{R}^2$ [5.65] 双积分系统。为研发这方面的算法，通常需要进行一些离散化处理。对于普通运动规划，只有 $\mathcal{C}$ 需要离散；对于微分约束，除了 $\mathcal{C}$（或 $\boldsymbol{X}$）外，T 和 U（可能）也需要离散化。

微分约束的离散化是最重要的问题之一。为了有效地求解具有挑战性的规划问题，通常需要对特定的动力学系统，定义运动图元[5.40,66,67]。对微分约束进行离散，一种最简单的方法是构造离散时间模型，它具有三个方面的特点：

1）将时间区间 T 划分为长度为 Δt 的时间间隔。这样时间就分成多个阶段，其中 k 阶段预示 $(k-1)\Delta t$ 的时间已经过去。

2）选择动作空间 U 的一个有限子集 U_d。如果 U 已经是有限的，则可选择 $U_d=U$。

3）在每个时间步内，动作 $\boldsymbol{u}(t)$ 必须保持为常数。

从初始状态 $\boldsymbol{x}$ 开始，运用离散动作的所有序列，形成可达树。图5.12显示了 Dubins 车上这种树的路径，它是一个小车的运动学模型，该小车以单位速度在平面上行驶，且不能反向运动，树的边线为圆弧和线段。对于常规系统，当 $\boldsymbol{u}$ 给定时，树上的每个轨迹段，可由 $\dot{\boldsymbol{x}}=f(\boldsymbol{x},\ \boldsymbol{u})$ 的数值积分来确定。通常这可视作一个增量模拟器，它获取一个输入后，根据 $\dot{\boldsymbol{x}}=f(\boldsymbol{x},\ \boldsymbol{u})$ 产生一个轨迹段。

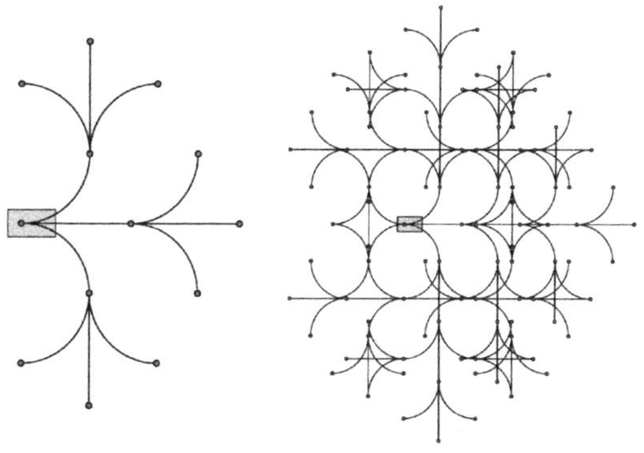

图5.12 三动作 Dubins 车的可达树，第 k 阶段产生 3^k 个新顶点

5.4.3 解耦方法

对于轨迹规划等涉及动力学的问题，流行的算法是先将问题解耦为路径规划，再沿着路径计算计时函数，这一步通过对 $(s,\ \dot{s})$ 空间跨距进行搜索来实现，其中 s 是路径参数，$\dot{s}$ 为其一阶导数。由此可得到图5.13，图的上部S_{obs}区域是必须要避免的，因为其上机械子系统的运动违反了微分约束条件。目前大多数方法都还是基于文献［5.68，69］等早期工作，用来确定bang-bang控制，这意味着要在全速下进行加速和减速的切换。一旦对路径进行约束，该方法可用于确定时间最优轨迹。此外，动力学规划还可用于更为广泛的问题中[5.70]。

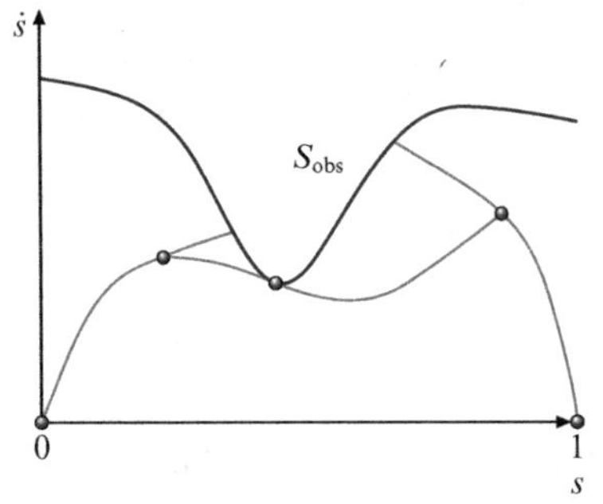

图5.13 bang-bang方法计算时间最优轨迹，通过连接图上的点得到求解轨迹

对某些约束问题和非完整系统，导向法已发展到可用于有效求解两点的边值问题[5.62,71]。这意味着，对于任意的状态对，可以获得一条忽略障碍本身但满足微分约束的运动轨迹。此外，对于某些系统，已经得到了最优轨迹特征的完备集[5.72,73]。这些基于控制的解耦方法，能直接适用于基于抽样的路线图方法[5.74,75]，其中一种解耦方法是：先在忽略微分约束的情况下，规划出一条路径，然后逐渐将它变换为满足约束的形式[5.62,76]。

5.4.4 kinodynamic规划

由于微分约束下的规划难度很大，因此许多成功的基于抽样的规划算法是在相空间$\boldsymbol{X}$上，直接处理kinodynamic问题。

基于抽样的规划算法，通过对一个或多个可达树来进行搜索，在搜索网格时，可画出许多平行线。但对于可达树则更为复杂，因为它们涉及的不一定都是规则的点阵结构。大多数情况下，在可达树的顶点位置处，点会非常密集，因此在固定分辨率下，无法清晰地实现对有界区域的详细搜索。另外也很难设计成这样一种方法，使其成为一个多分辨率网格，其精度可任意调整，以确保分辨率的完备性。

许多算法尝试将可达树转换为点阵形式，这正是原始kinodynamic规划工作的基础[5.63]，其中离散时间的近似二重积分$\ddot{\boldsymbol{q}}=\boldsymbol{u}$，需要加到网格上，如图5.14所示。这使得可开发一种近似算法来求解Kinodynamic规划问题，算法中时间多项式等于近似量$1/\epsilon$，并采用图元数来定义障碍物。对于全驱动系统，普适化的方法描述见参考文献［5.77］。令人惊异的是，该方法对于某些欠驱动的非完整性系统，甚至也能得到点阵结构[5.77]。

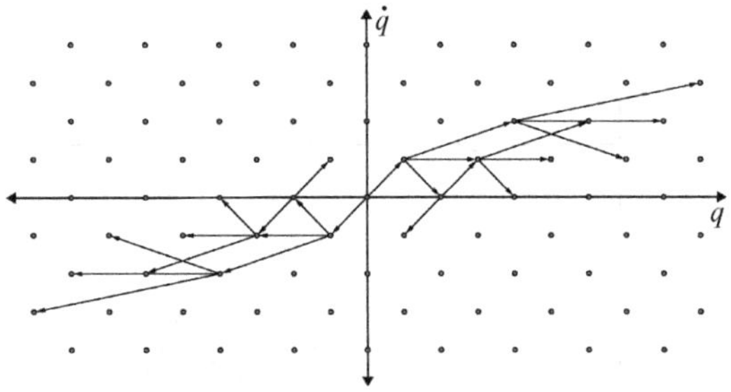

图5.14 从原点开始的可达图，经过3个阶段后的示例（当加速或减速发生时，真实的边线将是抛物线）

（注意虽然得到了点阵结构，但在第一阶段行进距离会随着$|\dot{q}|$的增加而增大）

如果可达树不能形成点阵（网格），一种方法是强制在$\boldsymbol{X}$（或$\mathcal{C}$）上进行规则单元分解，且只允许每个单元的一个点通过可达图进行扩展，如图5.15所示。参考文献［5.78］中介绍了这一思想，他们通过动力学规划，来完成可达图的扩展。每个单元最初标记为有碰撞或无碰撞，但并不访问；当搜索中访问单元时，也要这样进行标记；如果一个新顶点落入到访问过的单元，将不被保存；这具有修剪可达树的效果。

其他相关的方法并不强制可达树形成网格。快速搜索随机树（RRT）方法设计为用这样的方式进行扩展树：在每步迭代中，偏向尽可能多地覆盖新区域[5.79]。基于扩展树概念的规划，力图通过分析邻域来控制树上的顶点密度[5.44]。有向路径细分树规划进行扩展时，同时建立状态空间的自适应分割，以避免在同一空间区域再次采样[5.47,80]。这些方法能偏于加快树向目标的扩展，同时还提供了弱概率完备性保证[5.48]。

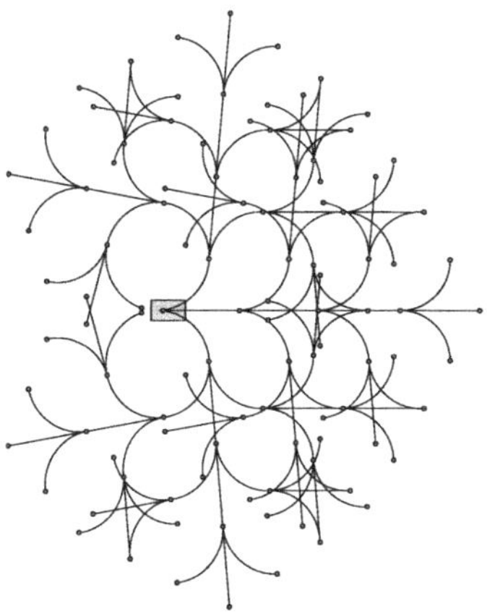

a）

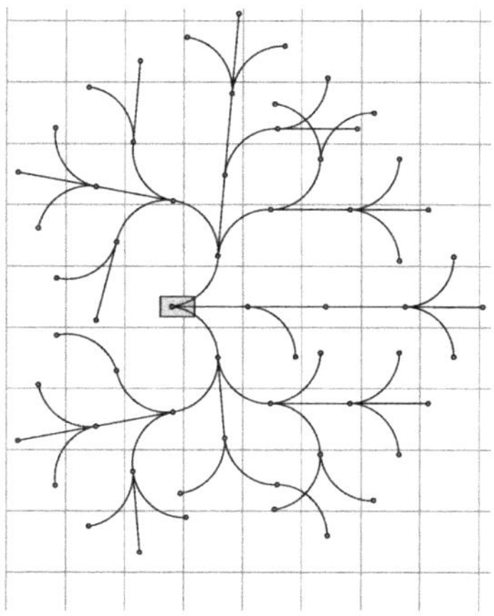

b）

图5.15 规则单元分解

a）Dubins 车最初4个阶段的密集可达图 b）让每个单元至多只有一个顶点，剪掉许多分支后，得到的一个可能搜索图（本例中没有沿 θ 轴的单元分离）

5.5 扩展与变化

本节简要回顾基本运动规划问题的一些其他重要的扩展。

5.5.1 闭式运动链

在许多情况下，机器人可能由连杆通过闭环形式组成。这方面有许多重要应用，如两臂抓住同一个物体，则形成了一个环；又如人形机器人双脚触地，也形成一个环。对于并联机器人，还有意设计成环[5.81]，其经典的例子为 Stewart-Grough 平台。为模拟闭链问题，就要将环打开以便得到连杆的运动树。主要的复杂性是$\mathcal{C}$上引入了 $h(\boldsymbol{q})=0$ 形式的约束，它要求对环进行保留，这对于大多数规划算法来说遇到了很大麻烦，因为没有环的$\mathcal{C}$参数是可用的。闭环约束只能将规划限制在无给出参数的低维$\mathcal{C}$子集上，因为计算参数一般很困难或根本不可能[5.82]，尽管对某些特殊情况，也取得了一定进展[5.83]。

基于抽样方法能广泛适用于处理封闭链问题。其主要困难在于，$\mathcal{C}$上的样本 $\alpha(i)$ 的构型不太容易满足封闭性。在参考文献［5.84］中，RRT 和 PRM 都能适用于封闭链，而 RRT 更好，这是因为在 PRM 中，将样本移到封闭子空间时，要付出较高的优化代价，而 RRT 不需要样本进入子空间。对于参考文献［5.85］中的 PRM 算法，将链路解耦成主动链和被动链，接下来通过逆向动力学计算，能极大地提升该方法的性能。引入随机闭环发生器（RLG）后，该想法得到了进一步的改进。在此基础上，一些更具挑战性的闭链规划问题，其求解方法见参考文献［5.86］。

5.5.2 操作规划

在大多数形式的运动规划中，机器人是不允许接触障碍物的。假设改为期望通过操作对象与环境交互作用，其目标可能是将物体从一个地方转移到另外地方，或者重新对目标进行整理收集，这将导致出现一类混合运动规划问题：它混合了离散空间和连续空间。离散模式对应于机器人是否正在搬运部件（part）[5.87]，在过境模式中，机器人向着部件运动，在转移模式中，机器人搬运部件。两种模式之间的转换需要满足特定的抓取和稳定性条件。装配规划是一种重要的操作规划的变体，其目标是将各个部件安装在一起，使之成为一件装配产品[5.88]。大部分运动规划工艺，都对机器人与对象之间的各种交互作用，作了限制性假设。更为丰富的操作规划模型，参见参考文献［5.89］。

5.5.3 时变问题

假设工作空间包含移动障碍物，其轨迹为时间的函数。设 $T\subset\mathbb{R}$ 表示时间区间，它可能有界，也可能无界。状态 $\boldsymbol{X}$ 定义为 $\boldsymbol{X}=\mathcal{C}\times T$，其中$\mathcal{C}$就是通常的机器人 C 空间。$\boldsymbol{X}$ 中的障碍区域表示为

$$\boldsymbol{X}_{\text{obs}}=\{(\boldsymbol{q},t)\in\boldsymbol{X}\mid\mathcal{A}(\boldsymbol{q})\cap\mathcal{O}(t)\neq\emptyset\}\quad(5.5)$$

式中，$\mathcal{O}(t)$ 为时变障碍。许多规划算法均适用于 $\boldsymbol{X}$，它只比$\mathcal{C}$多一维，问题的主要复杂性在于时间必须始终沿着过 $\boldsymbol{X}$ 的路径增加。

对这个问题最简单的算法版本是对机器人没有速度限制。在这种情况下，几乎所有的基于抽样算法均适用，除了路径是有向的以便安排时间进程外，增量搜索和抽样方法也几乎不加修改就能应用。对于时变问题，采用双向方法则比较困难，因为由于时间的依赖性，目标通常不是一个不动的单一点。基于抽样的路线图虽然也可以使用，但需要采用有向路线图，其中必须对每条边线定向，使其产生时间单调路径。

如果运动模型是代数的（即表达式为多项式），则 $\boldsymbol{X}_{obs}$是半代数的，它可以采用柱形代数分解。如图5.16所示，如果 $\boldsymbol{X}_{obs}$为多面体，则可使用垂直分解。最好是先沿着 T 轴扫描平面，当线性运动改变时，则在临界时间上停止。

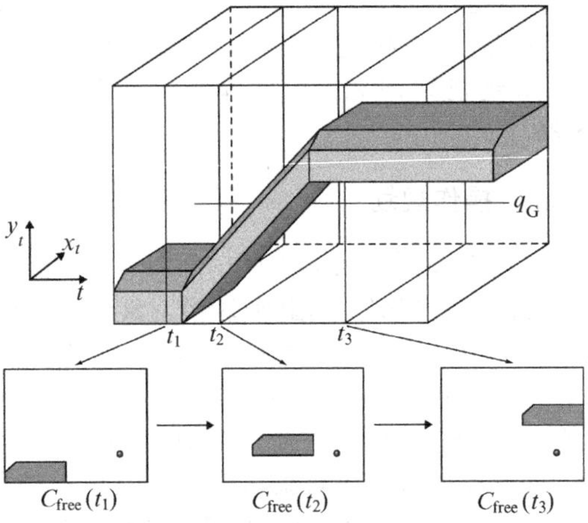

图5.16 线性障碍运动的时变实例

机器人移动避障问题中，迄今为止还没有对速度加以考虑。显然如果求解结果是需要机器人以任意快的速度移动，这在许多应用中并不合切实际。为朝着构造现实模型发展，第一步就是要对机器人的速度做出限制，然而令人遗憾的是，这个问题相当复杂，即便是平面障碍的分段线性运动，这一问题的难度级别已属于 PSPACE-hard[5.90]。此外，参考文献［5.91］提出了基于最短路径路线图的完备性算法。

一种替代方案是将问题定义在$\mathcal{C}\times T$上，并解耦为路径规划部分和运动时序部分。首先计算缺少障碍物时的无碰撞路径规划，然后通过对路径确定计时函数（时间尺度）完成二维空间的搜索。

5.5.4 多机器人系统

对基本运动规划问题做些简单扩展，就能用于处理包括自相交在内的多体机器人问题，然而重要的是要指定刚体对之间哪些碰撞是不能接受的。例如，机械臂的连续连杆则是允许接触的。

多机器人系统的运动规划问题一直倍受关注。假设有 m 个机器人，同时考虑所有机器人的构型，其状态空间定义为：

$$\boldsymbol{X}=\mathcal{C}^1\times\mathcal{C}^2\cdots\times\mathcal{C}^m \tag{5.6}$$

状态 $\boldsymbol{x}\in\boldsymbol{X}$ 指所有机器人的构型，可表示为 $\boldsymbol{x}=(\boldsymbol{q}^1,\boldsymbol{q}^2,\cdots,\boldsymbol{q}^m)$，$\boldsymbol{X}$ 的维数为 N，其中 $N=\sum_{i=1}^{m}\dim(\mathcal{C}^i)$。

在状态空间中，障碍区域的来源有两个：①机器人-障碍物碰撞；②机器人-机器人碰撞。对每个 i，$1\leqslant i\leqslant m$，在与障碍区域$\mathcal{O}$冲突时，对应于机器人$\mathcal{A}^i$的 $\boldsymbol{X}$ 子集为

$$X_{obs}^i=\{\boldsymbol{x}\in X\mid\mathcal{A}^i(\boldsymbol{q}^i)\cap\mathcal{O}\neq\emptyset\} \tag{5.7}$$

此模型属于机器人-障碍物碰撞。

对机器人的每对$\mathcal{A}^i$和$\mathcal{A}^j$，$\mathcal{A}^i$与$\mathcal{A}^j$冲突时，其相应的 $\boldsymbol{X}$ 子集为

$$X_{obs}^{ij}=\{\boldsymbol{x}\in X\mid\mathcal{A}^i(\boldsymbol{q}^i)\cap\mathcal{A}^j(\boldsymbol{q}^j)\neq\emptyset\} \tag{5.8}$$

合并式（5.7）和式（5.8）到式（5.9），可得到 $\boldsymbol{X}$ 中的障碍区域 $\boldsymbol{X}_{obs}$为

$$\boldsymbol{X}_{obs}=\left(\bigcup_{i=1}^{m}X_{obs}^i\right)\cup\left(\bigcup_{ij,i\neq j}X_{obs}^{ij}\right). \tag{5.9}$$

一旦给出了这些定义，任何通用的规划算法都可以使用，因为除了维数 N 可能很高之外，$\boldsymbol{X}$ 和 $\boldsymbol{X}_{obs}$与$\mathcal{C}$和$\mathcal{C}_{obs}$并无不同。直接在 $\boldsymbol{X}$ 上进行规划的方法称为集中。$\boldsymbol{X}$ 的高维问题促进了解耦方法的发展，用于对每个机器人独立规划方面的问题进行处理。解耦方法通常更为有效，但往往以牺牲完备性为代价。早期的解耦方法为优先规划[5.92,93]，其中在对第 i 个机器人计算路径和计时函数时，将前面的 $i-1$ 个机器人处理为沿其路径移动的障碍物。另一种解耦方法是固定路径协调方法，它对每个机器人独立规划路径，然后通过 m 维协调空间计算无碰撞路径，再确定计时函数。在协调空间上，每个轴对应于一个机器人路径定义域，图5.17为一个示例。这一思想已被推广到路线图的协调问题中[5.95,96]。

5.5.5 预报不确定性

如果执行的规划是不可预报的，则需要进行反馈处理。不确定性可模拟为隐式的，意味着规划能对将

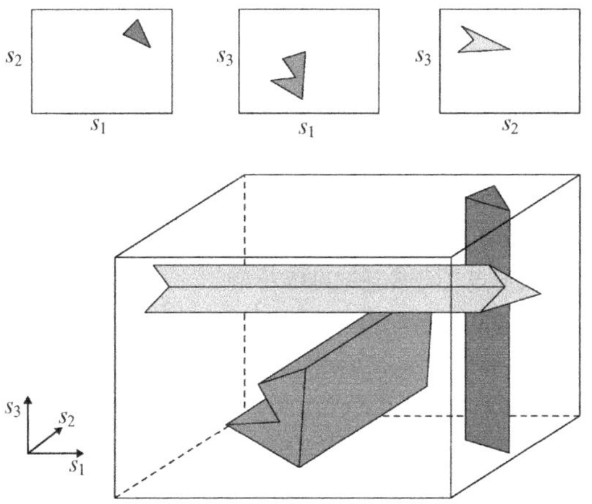

图5.17 坐标数为m的机器人，其障碍空间通常为柱形，全部$\frac{1}{2}m(m+1)$个轴对齐的二维投影集，反映了X_{obs}的完备性特性

来未预料的构型作出响应；或者为显式的，表示不确定性特点已在规划中做了分析。基于势函数的方法，是实现反馈运动规划的一种方式。

规划可表示为$\mathcal{C}_{free}$上的一个矢量场，其中每个矢量表示要求的速度。矢量场的积分曲线在不离开$\mathcal{C}_{obs}$的前提下，应该流入到目标上。如果与动力学有关，则矢量场可由基于加速度的控制模型来追踪：

$$u = K(f(q) - \dot{q}) + \nabla_{\dot{q}} f(q) \quad (5.10)$$

式中，K为标量形式的增益常数（放大系数）。替代地，可在相空间X上直接设计速度场，但在一般条件下，还没有能够有效计算这种场的方法。别处也可以将反馈控制问题考虑为带有隐式的、X上的非线性约束。

如果不确定性模拟为显式的，则可得反自然博弈问题，其中由特别决策者引起的不确定性称为自然，自然的决策可模拟为非定常的，这表示指定了一组可能的动作；或者为概率性的，这表示指定了自然动作的概率分布（或概率密度）。在非定常不确定性下，通常运用最坏情况分析来选择规划；在概率不确定性下，通常运用期望情况分析。对这类问题的分析方法很多，其中包括估值迭代、Dijkstra-like 算法，强化学习算法[5.7]。

5.5.6 传感不确定性

考虑有限传感下解决定位、地图构建、操作、目标跟踪，以及追逃（躲猫猫）等任务。如果在执行过程中，当前构型或状态是未知的，则问题会变得非常困难。从传感器获取信息，问题自然就涉及到信息空间（或I空间，见参考文献［5.7］的第11章）。状态量可能包括构型、速度甚至环境地图（如障碍物）。最基本的I空间就是在执行过程中获得的所有历史数据集，这些数据包括所有传感观测、以前的动作，以及初始条件。本文开展有效算法的目的，是为了确定信息映射，从而减小I空间的尺度和复杂度，以便在采用信息反馈进行规划时便于计算。传统方式采用信息状态来作为估计状态，这对于许多任务的求解是充分的，但通常是不必要的。有可能设计并成功执行一项规划，而甚至不用知道当前的状态，这会导致出现更多的鲁棒性机器人系统，它们由于降低了传感要求，因而制造成本会更便宜。对于与此话题相关的更多材料，可参阅本书第3篇的章节。

5.6 高级问题

本节涵盖了一系列更加高级的问题，例如拓扑结构和抽样理论，以及它们对运动规划器的性能影响。最后一小节将专门讨论代数几何计算技术，用于实现一般情况下的完备性，而不是讨论实用性问题，作为一个上界，用以获取最佳渐进运行时间。

5.6.1 构型空间的拓扑

1. 流形

C空间拓扑重要的一个原因是它影响表示法；另一个原因是，如果路径规划算法能在拓扑空间求解问题，那么该算法可结转到拓扑等价空间上。

为了描述C空间的拓扑，有如下重要定义：映射ϕ：$S \to T$称为同胚（同拓扑），如果ϕ为双射，且ϕ和ϕ^{-1}都连续。当这样一个映射存在时，S和T被称为是同胚的。如果对$\mathbb{R}^n$局部同胚，集合S为一个n维流形，这意味S上的每个点拥有一个邻域，对$\mathbb{R}^n$是同胚的。更多详情参见参考文献［5.97，98］。

在绝大多数运动规划问题中，构型空间是一个流形。C空间不是流形的例子是，封闭的单位正方形：$[0, 1] \times [0, 1] \subset \mathbb{R}^2$，它是通过将一维边界粘贴到二维开集$(0, 1) \times (0, 1)$上，而得到的一个带边流形。当C空间是一个流形时，则恰好可以用n个参数来表示它，其中n是构型空间的维数。尽管一个n维流形可以采用尽可能少的n个参数来表示，但由于约束条件，它可能更方便采用高维参数表示法。例如：单位圆可通过将$\mathbb{S}^1$嵌入$\mathbb{R}^2$，表示为$\mathbb{S}^1 = \{(x,$

$y)x^2+y^2=1\}$。类似的，圆环面 T^2 可嵌入 $\mathbb{R}^3$。

2. 表示法

嵌入到更高维的空间可以方便C空间的许多操作。例如空间中刚体的姿态（方位）可用 $n\times n$ 的实数矩阵表示；n^2 矩阵必定满足一个光滑等式约束数，使得这个矩阵的流形为 $\mathbb{R}^{m^2}$ 的子流形。一个优点是这些矩阵在流形中相乘得到另外一个矩阵，例如，n 维空间（$n=2$ 或 3）中刚体的姿态可用 $SO(n)$ 描述，这里 $SO(n)$ 为所有 $n\times n$ 旋转矩阵的集合。刚体的位姿（位置和姿态）可用 $SE(n)$ 表示，这里 $SE(n)$ 为所有 $n\times n$ 个齐次变换矩阵。这些矩阵群可用于：①表示刚体构型；②改变用于构型表示法的坐标系；③置换构型。

确定 $SO(3)$ 参数的方法很多[5.99]，但当用 $\mathbb{S}'$ 表示二维旋转时，单位四元素保持了C空间的拓扑。四元素已在第一章做过介绍，而这里单位四元素和三维旋转矩阵间有一个2对1的对应关系，这使得拓扑问题类似于二维旋转中0和 2π 等价问题，解决的办法是申明 $\mathbb{S}^3$ 上对极点是等价的。在规划中，只有 $\mathbb{S}^3$ 的上半球是需要的，而且穿越赤道的路径，瞬间会重新出现在 $\mathbb{S}^3$ 的对面，回到北半球。在拓扑当中，这称为实射影空间：$\mathbb{R}\mathbb{P}^3$。因此三维物体的C空间上，只有转动是 $\mathbb{R}\mathbb{P}^3$。如果平动和转动都允许，则为 $SE(3)$，即所有 4×4 齐次变换矩阵，得

$$\mathcal{C}=\mathbb{R}^3\times\mathbb{R}\mathbb{P}^3 \tag{5.11}$$

它是6维的。构型 $\boldsymbol{q}\in\mathcal{C}$ 可采用带有7个坐标（x,y,z,a,b,c,d）的四元素表示，其中 $a^2+b^2+c^2+d^2=1$。

5.6.2 抽样理论

因为现今对于运动规划最成功的算法都是5.2节提出的基于抽样的构架，抽样理论已成为运动规划的相关问题。

1. 构型/状态空间中的矩阵

事实上，所有基于抽样的方法，都需要在 $\mathcal{C}$ 上定义某种距离。例如，基于抽样的路线图方法，给定一个用距离定义的邻域，选择候选顶点去连接一个新构型。类似的，快速搜索密集树方法，从最近的树节点将树扩展到一个新的样本构型。通常，定义一个度量 $\rho:\mathcal{C}\times\mathcal{C}\to\mathbb{R}$，它满足标准公理：非负性、自反性、对称性和三角不等式。

在构建度量时出现了两个难题：①$\mathcal{C}$ 的拓扑结构必须遵守；②个别不同的量，如线位移和角位移，必须以某种方式进行比较。为了说明第二个问题，在 $\boldsymbol{Z}=\boldsymbol{X}\times\boldsymbol{Y}$ 空间上，定义一个度量 ρ_z，

$$\rho_z(z,z')=\rho_z(x,y,x',y')=c_1\rho_x(x,x')+c_2\rho_y(y,y') \tag{5.12}$$

式中，c_1 和 c_2 是任意的正常数，代表两个分量的相关权重。对于二维旋转 θ_i，表示为 $a_i=\cos\theta_i$，$b_i=\sin\theta_i$，则可用的度量为

$$\rho(a_1,b_1,a_2,b_2)=\cos^{-1}(a_1a_2+b_1b_2) \tag{5.13}$$

通过如下定义可得到三维等价量

$$\rho_0(\boldsymbol{h}_1,\boldsymbol{h}_2)=\cos^{-1}(a_1a_2+b_1b_2+c_1c_2+d_1d_2) \tag{5.14}$$

式中，每个 $\boldsymbol{h}_i=(a_i,b_i,c_i,d_i)$ 是一个单位四元素。通过各自的双极点辨识，度量定义为 $\rho(\boldsymbol{h}_1,\boldsymbol{h}_2)=\min(\rho_0(\boldsymbol{h}_1,\boldsymbol{h}_2),\rho_0(\boldsymbol{h}_1,-\boldsymbol{h}_2))$。对于单位球上的路径约束，可在 $\mathbb{R}^4$ 上计算最短距离。

在一些算法中，在 $\mathcal{C}$ 上定义体积可能也很重要。这通常需要引入一个测度空间，对每一个体积函数（称为测度）必须满足类似于概率公理的这样一些公理，但不需要归一化。对于每个变换，必须仔细以这样的方式来定义体积，即它关于变换为不变量，这个体积称作Haar测度。采用度量的定义式（5.13）和式（5.14），通过球来定义的体积，实际上已满足这一关系。

2. 概率抽样与确定性抽样

C空间的抽样可分为概率性和确定性两种。无论哪种方式，通常需要获得一个样本的密集序列 α，这意味着作为样本数的限定值趋于无穷大时，样本任意接近 $\mathcal{C}$ 中的点。对于概率性抽样，这个密集性（以概率1）确保了规划算法的概率完备性。对于确定性抽样，它确保了分辨率完备性。这意味着如果解存在，算法要保证能找到它，否则算法可能会一直运行下去。

对于概率抽样，使用均匀概率密度函数，在 $\mathcal{C}$ 上随机选择样本。要通过有意图的方式获得均匀性，应该采用Haar测度，这在许多情况下是简单直接的，而 $SO(3)$ 则是棘手的。均匀的（关于Haar测度）随机四元素可通过如下方式选择：随机地选择三个点 $u_1,u_2,u_3\in[0,1]$，且令

$$\boldsymbol{h}=\left(\sqrt{1-u_1}\sin2\pi u_2,\ \sqrt{1-u_1}\cos2\pi u_2,\ \sqrt{u_1}\sin2\pi u_3,\ \sqrt{u_1}\cos2\pi u_3\right) \tag{5.15}$$

虽然随机样本在某种意义上是均匀的，但它们也需要有一些不规则性，以满足统计检验。这促进了确定性抽样方案的发展，以提供更好的性能[5.101]。取代随机性的确定性抽样技术旨在优化标准，例如偏差与离差。偏差使采样中的规律性恶化，它的频繁出现会给数值积分带来麻烦；离差给出了最大空球（不

含样本）的半径，这样，离差快速回落表示整个空间迅速搜索。确定性搜索可能是不规则的邻域结构（出现时很像随机抽样），或者为规则的邻域结构，表示点沿网格或格点排列。更详细的运动规划相关介绍，参见参考文献［5.7］。

5.6.3 代数几何计算技术

基于抽样的算法，具有良好的实用性，这只是在付出较弱完备性代价下就实现了。另一方面，完备性算法是本节的焦点，它能推断出规划问题的无解情况。

只要$\mathcal{C}_{obs}$用代数表面的曲面片（patch）来表示，完备性算法就能解决几乎所有的运动规划问题，从形式上讲，该模型必须是半代数的，这意味着它由$\boldsymbol{q}$上变元多项式根的并集和交集组成，且为了可计算性，多项式系数必须为有理数（否则根可能无有限表达）。具有有理系数的多项式，其所有根的集合称为实代数数，它具有很多好的计算性能。关于实代数数的精确表示和计算，更多信息见参考文献［5.12，102-104］，对于代数几何的介绍见参考文献［5.82］。

采用基于代数几何的技术，第一步是将模型转换成为所需的多项式。假如模型中的机器人$\mathcal{A}$和障碍物$\mathcal{O}$都是半代数的（这包括多项式模型），对于任何附加于二维和三维构件数，运动变换可以用多项式表示。由于多项式变换后，产生的还是多项式，故变换后的机器人模型仍为多项式。通过仔细考虑所有的接触类型，计算出由$\mathcal{C}_{obs}$组成的代数表面，这里机器人特征（表面、边线、顶点），要与障碍物特征配对[5.6,7,9,105]，在大多数应用中，这一步往往会产生过多的模型图元。

一旦得到了半代数表示，就能使用来自代数几何的强力技术。其中最知名的算法是柱形代数分解[5.102,106,107]，它提供了求解运动规划问题所需的信息。此方法的最初目的是用来确定是否 Tarski sentences（它们涉及计量和多项式）可以满足并找到一个不涉及计量的等价表达式。柱形代数分解生成的单元有限集，其中多项式的符号保持不变。这种方法系统地实现了条件满足和计量消除，它经过 *schwartz* 和 *sharir*[5.104] 验证，可用于求解运动规划问题。

该方法概念简单，但在技术细节上还有许多困难。称为柱形分解，是因为此处的单元都构织成垂直的立柱单元，其二维例子如图 5.18 所示。如图 5.19 所示，有两种类型的临界同相轴，在临界点上射线束朝两个垂直方向无限延长。这里的分解不同于图 5.7 的垂直分解，因为那里的射线只要延伸至找到下一个障碍物即止，而这里是为了获得单元柱。

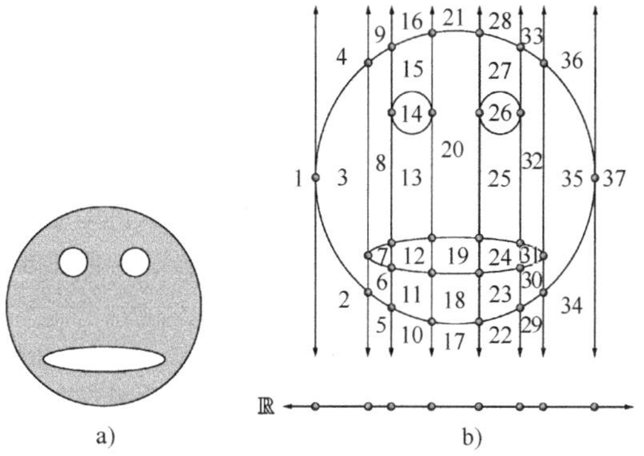

图 5.18 立柱单元的二维例子

a）具有四个图元的人脸模型 b）脸部的柱形代数分解

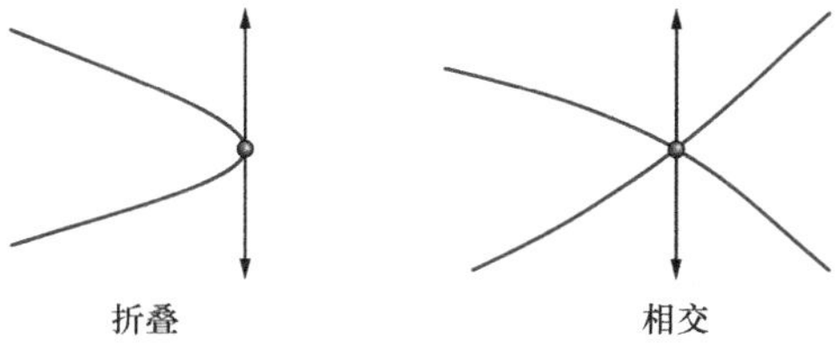

图 5.19 当垂直方向有表面折叠或者表面相交时，就会出现临界点

在n维中，每个柱（列）表示一个单元链，第一个和最后一个单元是n维的且无界，剩余的单元是都有界的，并在$n-1$维和n维间交替。有界n维单元的上下界，由单一多元多项式的根来确定，这使得对单元及其连接性的描述变得简单。为计算这样的单元分解，算法需要构建一个投影的级联链。在第一步，$\mathcal{C}_{obs}$从$\mathbb{R}^n$投影到$\mathbb{R}^{n-1}$，接下来投影到$\mathbb{R}^{n-2}$，这样重复直到得到$\mathbb{R}$，它为带有一个单变量的多项式，并在所有临界边界设置位置编码；在算法的第二阶段，进行一系列的提升，每次提升都在$\mathbb{R}^i$上获取多项式和单元分解，并将其通过单元柱提升到$\mathbb{R}^{i+1}$。单个提升的示例见图 5.18b。整个算法的运行时间，取决于用来执行代数计算的具体方法。总的运行时间，需要对运动规划使用柱形代数分解，边界为$(md)^{O(1)^n}$，其中m为描述$\mathcal{C}_{obs}$的多项式数（一个大数），d为最大代数次数。（它看似对$O(\cdot)$为奇数，并出现在表达式的中间。在本文情况下，它表示存在某个$c\in[0,\infty)$，使运行时间在$(md)^{c^n}$上有界，注意整个公式前面的另外一个O并非必须。）需要记住的最主要一点是，算法在$\mathcal{C}$的维数上是双指数（甚至单元数也是双指数）的。

虽然执行柱形分解对于解决运动规划是充分的，但与必要性相比，它计算了更多的信息，这也促使了Canny 路线图算法的出现[5.12]。该算法直接通过半代数集产生路线图，而不通过沿路构建单元分解，因为在柱形代数分解中，有许多双指数单元，为消除这种结构需要支付代价。而通过 Canny 路线图方法得到的结果，在时间上求解运动规划问题时，无论多项式数还是多项式代数次数，都还是一个多项式，但在维数上仅是单指数的[5.12]。

算法的基本思想是，对$\mathbb{R}^n$中的$\mathcal{C}_{obs}$，找出在$\mathbb{R}^2$上的轮廓线，即通过该方法找到零维的临界点和一维的临界曲线。临界曲线为路线图的边线，临界点为$\mathcal{C}_{obs}$上（$n-1$）维的曲面片，通过递归算法得到的影像点，这样会贡献更多的临界点和临界曲线。该曲线被添加到路线图中，算法再次在临界点上递归，直到递归迭代在$n=2$时中止。Canny 的结果表明，临界曲线的合集，保护了$\mathcal{C}_{obs}$（并因此也保护了$\mathcal{C}_{free}$）的连接性。面临的一些技术问题是：①算法只对$\mathcal{C}_{obs}$的分层进入流形起作用；②算法具有很强的一般位置假设，以至于很难满足；③路径实际上是沿着$\mathcal{C}_{free}$的边界来考虑的；④此方法不能产生参数化的求解路径。对于 Canny 算法及其他重要的细节改进，见参考文献［5.102］。

5.7 结论与扩展阅读

我们在本章简要纵览了运动规划问题，这是一个丰富而活跃的研究领域。更多详情，推荐两本新书供读者参考（参考文献［5.5，7］），也可以查阅一些经典的论文和书籍（参考文献［5.4，6］），以及近来的研究成果（参考文献［5.2，3］），此外还可参考本章罗列的相关手册章节。

参考文献

5.1 J.H. Reif: Complexity of the mover's problem and generalizations, IEEE Symp. Found. Comput. Sci. (1979) pp. 421–427

5.2 H.H. Gonzalez-Banos, D. Hsu, J.C. Latombe: Motion planning: Recent developments. In: *Automous Mobile Robots: Sensing, Control, Decision-Making and Applications*, ed. by S.S. Ge, F.L. Lewis (CRC, Boca Raton 2006)

5.3 S.R. Lindemann, S.M. LaValle: Current issues in sampling-based motion planning. In: *Robotics Research: The Eleventh International Symposium*, ed. by P. Dario, R. Chatila (Springer, Berlin 2005) pp. 36–54

5.4 J.T. Schwartz, M. Sharir: A survey of motion planning and related geometric algorithms, Artif. Intell. J. **37**, 157–169 (1988)

5.5 H. Choset, K.M. Lynch, S. Hutchinson, G. Kantor, W. Burgard, L.E. Kavraki, S. Thrun: *Principles of Robot Motion: Theory, Algorithms, and Implementations* (MIT Press, Cambridge 2005)

5.6 J.C. Latombe: *Robot Motion Planning* (Kluwer, Boston 1991)

5.7 S.M. LaValle: *Planning Algorithms* (Cambridge Univ. Press, Cambridge 2006)

5.8 S. Udupa: Collision detection and avoidance in computer controlled manipulators. Ph.D. Thesis (Dept. of Electical Engineering, California Institute of Technology 1977)

5.9 T. Lozano-Pérez: Spatial planning: A configuration space approach, IEEE Trans. Comput. **C-32**(2), 108–120 (1983)

5.10 J.T. Schwartz, M. Sharir: On the piano movers' problem: III. Coordinating the motion of several independent bodies, Int. J. Robot. Res. **2**(3), 97–140 (1983)

5.11 J.T. Schwartz, M. Sharir: On the piano movers' problem: V. The case of a rod moving in three-dimensional space amidst polyhedral obstacles, Commun. Pure Appl. Math. **37**, 815–848 (1984)

5.12 J.F. Canny: *The Complexity of Robot Motion Planning* (MIT Press, Cambridge 1988)

5.13 D. Halperin, M. Sharir: A near-quadratic algorithm for planning the motion of a polygon in a polygonal environment, Discrete Comput. Geom. **16**, 121–134 (1996)

5.14 J.E. Hopcroft, J.T. Schwartz, M. Sharir: On the complexity of motion planning for multiple independent objects: PSPACE-hardness of the warehouseman's problem, Int. J. Robot. Res. **3**(4), 76–88 (1984)

5.15 J. Canny, J. Reif: New lower bound techniques for robot motion planning problems, IEEE Symp. Found. Comput. Sci. (1987) pp. 49–60

5.16 M.C. Lin, J.F. Canny: Efficient algorithms for incremental distance computation, IEEE Int. Conf. Robot. Autom. (1991)

5.17 P. Jiménez, F. Thomas, C. Torras: Collision detection algorithms for motion planning. In: *Robot Motion Planning and Control*, ed. by J.P. Laumond (Springer, Berlin 1998) pp. 1–53

5.18 M.C. Lin, D. Manocha: Collision and proximity queries. In: *Handbook of Discrete and Computational Geometry, 2nd Ed*, ed. by J.E. Goodman, J. O'Rourke (Chapman Hall/CRC, New York 2004) pp. 787–807

5.19 L.E. Kavraki, P. Svestka, J.C. Latombe, M.H. Overmars: Probabilistic roadmaps for path planning in high-dimensional configuration spaces, IEEE Trans. Robot. Autom. **12**(4), 566–580 (1996)

5.20 N.M. Amato, O.B. Bayazit, L.K. Dale, C. Jones, D. Vallejo: OBPRM: an obstacle-based PRM for 3D workspaces, Workshop Algorith. Found. Robot. (1998) pp. 155–168

5.21 V. Boor, M.H. Overmars, A.F. van der Stappen: The Gaussian sampling strategy for probabilistic roadmap planners, IEEE Int. Conf. Robot. Autom.

(1999) pp.1018–1023
5.22 C. Holleman, L.E. Kavraki: A framework for using the workspace medial axis in PRM planners, IEEE Int. Conf. Robot. Autom. (2000) pp.1408–1413
5.23 J.M. Lien, S.L. Thomas, N.M. Amato: A general framework for sampling on the medial axis of the free space, IEEE Int. Conf. Robot. Autom. (2003)
5.24 S.M. LaValle, M.S. Branicky, S.R. Lindemann: On the relationship between classical grid search and probabilistic roadmaps, Int. J. Robot. Res. **23**(7/8), 673–692 (2004)
5.25 T. Siméon, J.-P. Laumond, C. Nissoux: Visibility based probabilistic roadmaps for motion planning, Adv. Robot. **14**(6), 477–493 (2000)
5.26 J. Barraquand, L. Kavraki, J.-C. Latombe, T.-Y. Li, R. Motwani, P. Raghavan: A random sampling scheme for robot path planning. In: *Proceedings International Symposium on Robotics Research*, ed. by G. Giralt, G. Hirzinger (Springer, New York 1996) pp.249–264
5.27 A. Ladd, L.E. Kavraki: Measure theoretic analysis of probabilistic path planning, IEEE Trans. Robot. Autom. **20**(2), 229–242 (2004)
5.28 R. Geraerts, M. Overmars: Sampling techniques for probabilistic roadmap planners, Int. Conf. Intell. Auton. Syst. (2004)
5.29 D. Hsu, T. Jiang, J. Reif, Z. Sun: The bridge test for sampling narrow passages with probabilistic roadmap planners, IEEE Int. Conf. Robot. Autom. (2003)
5.30 R. Bohlin, L. Kavraki: Path planning using lazy PRM, IEEE Int. Conf. Robot. Autom. (2000)
5.31 B. Burns, O. Brock: Sampling-based motion planning using predictive models, IEEE/RSJ Int. Conf. Intell. Robot. Autom. (2005)
5.32 P. Isto: Constructing probabilistic roadmaps with powerful local planning and path optimization, IEEE/RSJ Int. Conf. Intell. Robot. Syst. (2002) pp.2323–2328
5.33 P. Leven, S.A. Hutchinson: Using manipulability to bias sampling during the construction of probabilistic roadmaps, IEEE Trans. Robot. Autom. **19**(6), 1020–1026 (2003)
5.34 D. Nieuwenhuisen, M.H. Overmars: Useful cycles in probabilistic roadmap graphs, IEEE Int. Conf. Robot. Autom. (2004) pp.446–452
5.35 S.M. LaValle, J.J. Kuffner: Rapidly-exploring random trees: progress and prospects. In: *Algorithmic and Computational Robotics: New Direction*, ed. by B.R. Donald, K.M. Lynch, D. Rus (A. K. Peters, Wellesley 2001) pp.293–308
5.36 K.E. Bekris, B.Y. Chen, A. Ladd, E. Plaku, L.E. Kavraki: Multiple query probabilistic roadmap planning using single query primitives, IEEE/RSJ Int. Conf. Intell. Robot. Syst. (2003)
5.37 M. Strandberg: Augmenting RRT-planners with local trees, IEEE Int. Conf. Robot. Autom. (2004) pp.3258–3262
5.38 J. J. Kuffner, S. M. LaValle: An efficient approach to path planning using balanced bidirectional RRT search, Techn. Rep. CMU-RI-TR-05-34 Robotics Institute, Carnegie Mellon University, Pittsburgh (2005)
5.39 J. Bruce, M. Veloso: Real-time randomized path planning for robot navigation, IEEE/RSJ Int. Conf. Intell. Robot. Autom. (2002)
5.40 E. Frazzoli, M.A. Dahleh, E. Feron: Real-time motion planning for agile autonomous vehicles, AIAA J. Guid. Contr. **25**(1), 116–129 (2002)
5.41 M. Kallmann, M. Mataric: Motion planning using dynamic roadmaps, IEEE Int. Conf. Robot. Autom. (2004)
5.42 A. Yershova, L. Jaillet, T. Simeon, S.M. LaValle: Dynamic-domain RRTs: efficient exploration by controlling the sampling domain, IEEE Int. Conf. Robot. Autom. (2005)
5.43 D. Hsu, J.C. Latombe, R. Motwani: Path planning in expansive configuration spaces, Int. J. Comput. Geom. Appl. **4**, 495–512 (1999)
5.44 D. Hsu, R. Kindel, J.C. Latombe, S. Rock: Randomized kinodynamic motion planning with moving obstacles. In: *Algorithmic and Computational Robotics: New Directions*, ed. by B.R. Donald, K.M. Lynch, D. Rus (A.K. Peters, Wellesley 2001)
5.45 G. Sánchez, J.-C. Latombe: A single-query bidirectional probabilistic roadmap planner with lazy collision checking, ISRR Int. Symp. Robot. Res. (2001)
5.46 S. Carpin, G. Pillonetto: Robot motion planning using adaptive random walks, IEEE Int. Conf. Robot. Autom. (2003) pp.3809–3814
5.47 A. Ladd, L.E. Kavraki: Fast exploration for robots with dynamics, Workshop Algorithm. Found. Robot. (Zeist, Amsterdam 2004)
5.48 K.E. Bekris, L.E. Kavraki: Greedy but safe replanning under differential constraints, IEEE Int. Conf. Robot. Autom. (2007)
5.49 C. O'Dunlaing, C.K. Yap: A retraction method for planning the motion of a disc, J. Algorithms **6**, 104–111 (1982)
5.50 D. Leven, M. Sharir: Planning a purely translational motion for a convex object in two-dimensional space using generalized Voronoi diagrams, Discrete Comput. Geom. **2**, 9–31 (1987)
5.51 M. Sharir: Algorithmic motion planning. In: *Handbook of Discrete and Computational Geometry*, 2nd edn., ed. by J. E. Goodman, J. O'Rourke (Chapman Hall/CRC Press, New York 2004) pp. 1037–1064
5.52 N.J. Nilsson: A mobile automaton: An application of artificial intelligence techniques, 1st Int. Conf. Artif. Intell. (1969) pp.509–520
5.53 J. O'Rourke: Visibility. In: *Handbook of Discrete and Computational Geometry*, 2nd edn., ed. by J. E. Goodman, J. O'Rourke (Chapman Hall/CRC Press, New York 2004) pp. 643–663
5.54 B. Chazelle: Approximation and decomposition of shapes. In: *Algorithmic and Geometric Aspects of Robotics*, ed. by J.T. Schwartz, C.K. Yap (Lawrence Erlbaum, Hillsdale 1987) pp.145–185
5.55 M. de Berg, M. van Kreveld, M. Overmars, O. Schwarzkopf: *Computational Geometry: Algorithms and Applications*, 2nd edn. (Springer, Berlin 2000)
5.56 J.M. Keil: Polygon decomposition. In: *Handbook on Computational Geometry*, ed. by J.R. Sack, J. Urrutia (Elsevier, New York 2000)
5.57 J.T. Schwartz, M. Sharir: On the piano movers' problem: I. The case of a two-dimensional rigid polygonal body moving amidst polygonal barriers,

Commun. Pure Appl. Math. **36**, 345–398 (1983)
5.58 O. Khatib: Real-time obstacle avoidance for manipulators and mobile robots, Int. J. Robot. Res. **5**(1), 90–98 (1986)
5.59 J. Barraquand, J.-C. Latombe: Robot motion planning: A distributed representation approach, Int. J. Robot. Res. **10**(6), 628–649 (1991)
5.60 E. Rimon, D.E. Koditschek: Exact robot navigation using artificial potential fields, IEEE Trans. Robot. Autom. **8**(5), 501–518 (1992)
5.61 J.P. Laumond: Trajectories for mobile robots with kinematic and environment constraints, Int. Conf. Intell. Auton. Syst. (1986) pp. 346–354
5.62 J.P. Laumond, S. Sekhavat, F. Lamiraux: Guidelines in nonholonomic motion planning for mobile robots. In: *Robot Motion Planning and Control*, ed. by J.P. Laumond (Springer, Berlin 1998) pp. 1–53
5.63 B.R. Donald, P.G. Xavier, J. Canny, J. Reif: Kinodynamic planning, J. ACM **40**, 1048–1066 (1993)
5.64 C. O'Dunlaing: Motion planning with inertial constraints, Algorithmica **2**(4), 431–475 (1987)
5.65 J. Canny, A. Rege, J. Reif: An exact algorithm for kinodynamic planning in the plane, Discrete Comput. Geom. **6**, 461–484 (1991)
5.66 J. Go, T. Vu, J.J. Kuffner: Autonomous behaviors for interactive vehicle animations, SIGGRAPH Symp. Comput. Animat. (2004)
5.67 M. Pivtoraiko, A. Kelly: Generating near minimal spanning control sets for constrained motion planning in discrete state spaces, IEEE/RSJ Int. Conf. Intell. Robot. Syst. (2005)
5.68 J. Hollerbach: Dynamic scaling of manipulator trajectories, Tech. Rep. **700** (MIT A.I. Lab Memo, 1983)
5.69 K.G. Shin, N.D. McKay: Minimum-time control of robot manipulators with geometric path constraints, IEEE Trans. Autom. Contr. **30**(6), 531–541 (1985)
5.70 K.G. Shin, N.D. McKay: A dynamic programming approach to trajectory planning of robotic manipulators, IEEE Trans. Autom. Contr. **31**(6), 491–500 (1986)
5.71 S. Sastry: *Nonlinear Systems: Analysis, Stability, and Control* (Springer, Berlin 1999)
5.72 D.J. Balkcom, M.T. Mason: Time optimal trajectories for bounded velocity differential drive vehicles, Int. J. Robot. Res. **21**(3), 199–217 (2002)
5.73 P. Souères, J.-D. Boissonnat: Optimal trajectories for nonholonomic mobile robots. In: *Robot Motion Planning and Control*, ed. by J.P. Laumond (Springer, Berlin 1998) pp. 93–169
5.74 P. Svestka, M.H. Overmars: Coordinated motion planning for multiple car-like robots using probabilistic roadmaps, IEEE Int. Conf. Robot. Autom. (1995) pp. 1631–1636
5.75 S. Sekhavat, P. Svestka, J.-P. Laumond, M.H. Overmars: Multilevel path planning for nonholonomic robots using semiholonomic subsystems, Int. J. Robot. Res. **17**, 840–857 (1998)
5.76 P. Ferbach: A method of progressive constraints for nonholonomic motion planning, IEEE Int. Conf. Robot. Autom. (1996) pp. 2949–2955
5.77 S. Pancanti, L. Pallottino, D. Salvadorini, A. Bicchi: Motion planning through symbols and lattices, IEEE Int. Conf. Robot. Autom. (2004) pp. 3914–3919
5.78 J. Barraquand, J.-C. Latombe: Nonholonomic multibody mobile robots: controllability and motion planning in the presence of obstacles, Algorithmica **10**, 121–155 (1993)
5.79 S.M. LaValle, J.J. Kuffner: Randomized kinodynamic planning, IEEE Int. Conf. Robot. Autom. (1999) pp. 473–479
5.80 A. M. Ladd, L. E. Kavraki: Motion planning in the presence of drift underactuation and discrete system changes. In: *Robotics: Science and Systems I* ed. by (MIT Press, Boston 2005) pp. 233–241
5.81 J.-P. Merlet: *Parallel Robots* (Kluwer, Boston 2000)
5.82 D. Cox, J. Little, D. O'Shea: *Ideals, Varieties, and Algorithms* (Springer, Berlin 1992)
5.83 R.J. Milgram, J.C. Trinkle: The geometry of configuration spaces for closed chains in two and three dimensions, Homol. Homot. Appl. **6**(1), 237–267 (2004)
5.84 J. Yakey, S.M. LaValle, L.E. Kavraki: Randomized path planning for linkages with closed kinematic chains, IEEE Trans. Robot. Autom. **17**(6), 951–958 (2001)
5.85 L. Han, N.M. Amato: A kinematics-based probabilistic roadmap method for closed chain systems. In: *Algorithmic and Computational Robotics: New Directions*, ed. by B.R. Donald, K.M. Lynch, D. Rus (A.K. Peters, Wellesley 2001) pp. 233–246
5.86 J. Cortés: Motion Planning Algorithms for General Closed-Chain Mechanisms. Ph.D. Thesis (Institut National Polytechnique do Toulouse, Toulouse 2003)
5.87 R. Alami, J.-P. Laumond, T. Siméon: Two manipulation planning algorithms. In: *Algorithms for Robotic Motion and Manipulation*, ed. by J.P. Laumond, M. Overmars (A.K. Peters, Wellesley 1997)
5.88 L.E. Kavraki, M. Kolountzakis: Partitioning a planar assembly into two connected parts is NP-complete, Inform. Process. Lett. **55**(3), 159–165 (1995)
5.89 M.T. Mason: *Mechanics of Robotic Manipulation* (MIT Press, Cambridge 2001)
5.90 K. Sutner, W. Maass: Motion planning among time dependent obstacles, Acta Informatica **26**, 93–122 (1988)
5.91 J.H. Reif, M. Sharir: Motion planning in the presence of moving obstacles, J. ACM **41**, 764–790 (1994)
5.92 M.A. Erdmann, T. Lozano-Pérez: On multiple moving objects, Algorithmica **2**, 477–521 (1987)
5.93 J. van den Berg, M. Overmars: Prioritized motion planning for multiple robots, IEEE/RSJ Int. Conf. Intell. Robot. Syst. (2005) pp. 2217–2222
5.94 T. Siméon, S. Leroy, J.-P. Laumond: Path coordination for multiple mobile robots: A resolution complete algorithm, IEEE Trans. Robot. Autom. **18**(1), 42–49 (2002)
5.95 R. Ghrist, J.M. O'Kane, S.M. LaValle: Pareto optimal coordination on roadmaps, Workshop Algorithm. Found. Robot. (2004) pp. 185–200
5.96 S.M. LaValle, S.A. Hutchinson: Optimal motion planning for multiple robots having independent goals, IEEE Trans. Robot. Autom. **14**(6), 912–925 (1998)
5.97 W.M. Boothby: *An Introduction to Differentiable Manifolds and Riemannian Geometry*, 2nd edn. (Academic, New York 2003)
5.98 A. Hatcher: *Algebraic Topology* (Cambridge Univ Press, Cambridge 2002)

5.99 G.S. Chirikjian, A.B. Kyatkin: *Engineering Applications of Noncommutative Harmonic Analysis* (CRC, Boca Raton 2001)

5.100 J. Arvo: Fast random rotation matrices. In: *Graphics Gems III*, ed. by D. Kirk (Academic, New York 1992) pp. 117–120

5.101 H. Niederreiter: *Random Number Generation and Quasi-Monte-Carlo Methods* (Society for Industrial and Applied Mathematics, Philadelphia 1992)

5.102 S. Basu, R. Pollack, M.-F. Roy: *Algorithms in Real Algebraic Geometry* (Springer, Berlin 2003)

5.103 B. Mishra: Computational real algebraic geometry. In: *Handbook of Discrete and Computational Geometry*, ed. by J.E. Goodman, J. O'Rourke (CRC, New York 1997) pp. 537–556

5.104 J.T. Schwartz, M. Sharir: On the piano movers' problem: II. General techniques for computing topological properties of algebraic manifolds, Commun. Pure Appl. Math. **36**, 345–398 (1983)

5.105 B.R. Donald: A search algorithm for motion planning with six degrees of freedom, Artif. Intell. J. **31**, 295–353 (1987)

5.106 D.S. Arnon: Geometric reasoning with logic and algebra, Artif. Intell. J. **37**(1-3), 37–60 (1988)

5.107 G.E. Collins: Quantifier elimination by cylindrical algebraic decomposition–twenty years of progress. In: *Quantifier Elimination and Cylindrical Algebraic Decomposition*, ed. by B.F. Caviness, J.R. Johnson (Springer, Berlin 1998) pp. 8–23

第6章 运动控制

Wankyun Chung，Li-Chen Fu，Su-Hau Hsu
张文增 译

本章将聚焦于机器人刚性机械臂的运动控制。换言之，本章将不考虑移动机器人、柔性机械臂和具有弹性关节的机械臂的运动控制。在刚性机械臂的运动控制问题中，主要的挑战在于动力学和不确定性带来的复杂性。前者是由机器人机械臂中的非线性和耦合引起的；后者有两方面的原因：结构化的和非结构化的不确定性。结构化的不确定性是指动力学参数的不精确性，这部分知识将在本章中涉及。而非结构化的不确定性是由关节和连杆的柔性、驱动器动力学、摩擦、传感器噪声和未知的环境动力学引起的，这部分将在其他章节介绍。

本章我们从机器人机械臂运动控制的基本观点开始，之后简要回顾和介绍相关最新进展。6.1节回顾了机器人机械臂的动力学模型及其重要性质。6.2节比较了关节空间与操作空间的控制方法，这是机器人机械臂控制中两种不同的观点。6.3节和6.4节分别给出了广泛应用于工业机器人领域的独立关节控制和比例-积分-微分（PID）控制。6.5节介绍了基于反馈线性化的跟踪控制。6.6节阐述了计算转矩控制和它的一些变化。6.7节介绍了用于解决结构化不确定性问题的自适应控制，6.8节则介绍了最优化和鲁棒性问题。由于大部分机器人机械臂的控制器是使用微处理器实现的，故6.9节讨论了数字化实现的一些问题。最后，6.10节阐述了实现智能控制的一种普及性方法——学习控制。

6.1 运动控制简介

本章将回顾机械臂的动力学模型，并着重强调它在控制器设计中一些非常有用的重要性质，最后将定义机械臂不同的控制任务。

6.1.1 动力学模型

对于运动控制，刚性机械臂的动力学模型可以由拉格朗日动力学方程简便地表示出来。设机械臂有 n 个连杆，关节变量的（$n\times1$）维向量 $\boldsymbol{q}$ 为 $\boldsymbol{q}=[q_1,\ \cdots,\ q_n]^{\mathrm{T}}$。机器人机械臂的动力学模型可由拉格朗日方程表示[6.1-6]。

$$\boldsymbol{H}(\boldsymbol{q})\ddot{\boldsymbol{q}}+\boldsymbol{C}(\boldsymbol{q},\dot{\boldsymbol{q}})\dot{\boldsymbol{q}}+\boldsymbol{\tau}_{\mathrm{g}}(\boldsymbol{q})=\boldsymbol{\tau} \tag{6.1}$$

式中，$\boldsymbol{H}(q)$ 是（$n\times n$）维的惯性矩阵；$\boldsymbol{C}(\boldsymbol{q},\ \dot{\boldsymbol{q}})\dot{\boldsymbol{q}}$ 是科里奥利力和离心力的（$n\times1$）维向量；$\boldsymbol{\tau}_{\mathrm{g}}(\boldsymbol{q})$ 是重力的（$n\times1$）维向量；$\boldsymbol{\tau}$是待设计的关节控制输入的（$n\times1$）维向量。在此忽略摩擦和扰动输入。

备注：

其他有助于机器人机械臂动力学描述的方面可能还有驱动器动力学、关节和连杆柔性、摩擦、噪声和扰动。这里在不失一般性的情况下，强调了刚性机械臂的情况。

本章我们将介绍基于一些机器人机械臂动力学模型重要性质的控制方案。在详细描述各种不同的控制方案之前，我们先列出这些性质。

1. 性质 6.1

惯性矩阵是一个对称的、正定的矩阵，可表示为：

$$\lambda_{\mathrm{h}}\boldsymbol{I}_n\leqslant\boldsymbol{H}(\boldsymbol{q})\leqslant\lambda_{\mathrm{H}}\boldsymbol{I}_n \tag{6.2}$$

式中，λ_{h} 和 λ_{H} 表示正常数。

2. 性质 6.2

矩阵 $\boldsymbol{N}(\boldsymbol{q},\ \dot{\boldsymbol{q}})=\dot{\boldsymbol{H}}(\boldsymbol{q})-2\boldsymbol{C}(\boldsymbol{q},\ \dot{\boldsymbol{q}})$ 对于一个特定选取的 $\boldsymbol{C}(\boldsymbol{q},\ \dot{\boldsymbol{q}})$（总是可能的）是反对称的。即对于任意一个（$n\times1$）的向量，$z$ 有：

$$z^{\mathrm{T}}\boldsymbol{N}(\boldsymbol{q},\ \dot{\boldsymbol{q}})z=0 \tag{6.3}$$

3. 性质 6.3

对于某个特定的有界常数 c_{o}，（$n\times n$）维矩阵 $\boldsymbol{C}(\boldsymbol{q},\ \dot{\boldsymbol{q}})$ 满足：

$$\|\boldsymbol{C}(\boldsymbol{q},\ \dot{\boldsymbol{q}})\|\leqslant c_{\mathrm{o}}\|\dot{\boldsymbol{q}}\| \tag{6.4}$$

4. 性质 6.4

对于一个特定的有界常数 g_{o}，重力/转矩向量满足：

$$\|\boldsymbol{\tau}_{\mathrm{g}}(\boldsymbol{q})\|\leqslant g_{\mathrm{o}} \tag{6.5}$$

5. 性质 6.5

运动方程在惯性参数中都是线性的，即有一个（$r\times1$）维的常数向量 $\boldsymbol{a}$ 和一个（$n\times r$）维的回归矩阵 $\boldsymbol{Y}(\boldsymbol{q},\ \dot{\boldsymbol{q}},\ \ddot{\boldsymbol{q}})$，使得：

$$\boldsymbol{H}(\boldsymbol{q})\ddot{\boldsymbol{q}}+\boldsymbol{C}(\boldsymbol{q},\ \dot{\boldsymbol{q}})\dot{\boldsymbol{q}}+\boldsymbol{\tau}_{\mathrm{g}}(\boldsymbol{q})=\boldsymbol{Y}(\boldsymbol{q},\ \dot{\boldsymbol{q}},\ \ddot{\boldsymbol{q}})\boldsymbol{a} \tag{6.6}$$

式中，向量 $\boldsymbol{a}$ 是由连杆的质量、惯性矩和连杆的各种组合组成的。

6. 性质 6.6

映射$\boldsymbol{\tau}\rightarrow\dot{\boldsymbol{q}}$ 是被动的；亦即，存在 $\alpha\geqslant0$，使得

$$\int_0^t\dot{\boldsymbol{q}}^{\mathrm{T}}(\beta)\,\boldsymbol{\tau}(\beta)\,\mathrm{d}\beta\geqslant-\alpha,\quad\forall t<\infty \tag{6.7}$$

备注：

1）性质 6.3 和性质 6.4 非常有用，它们让我们可以确定动力学模型中非线性项的上界。正如我们可以进一步看到的，好多控制方案都需要这些关于上界的知识。

2）在性质 6.5 中，参数向量 $\boldsymbol{a}$ 是由多个变量的各种组合构成的。该参数空间的维度不是唯一的，在参数空间中的搜索是一个重要的问题。

3）在这一节里，我们假设机械臂是完全驱动的，这意味着对于每个自由度都有一个独立控制的输入。相反，有柔性关节或者柔性连杆的机械臂不再是完全驱动的，且它们的控制问题一般而言会更加困难。

6.1.2 控制任务

出于比较研究的目的，将控制对象分成以下两类是有益的：

（1）轨迹跟踪　其目的是在一定的工作空间内跟踪关节随时间变化的参考轨迹。一般而言，我们假设期望的轨迹与驱动器的能力范围一致。亦即，与期望的轨迹有关的关节速度与加速度应该分别不超过其机械臂的速度与加速度的极限。在实际情况下，驱动器的能力是由转矩的极限决定的，这使得复杂且状态相关的加速度是有界的。

（2）调节　有时也叫点对点控制。首先在关节空间里指定一个固定的参数设置，目标是使关节的变量能保持在期望的位置，不受转矩扰动的影响而独立于初始状态。一般而言瞬态和超调行为都是无法确定的。

控制器的选择依赖于所要执行的控制任务的

类型。例如，只需要机械臂从一个位置移动到另外一个位置而对这两点间的运动过程的精度没有特别高的要求的控制任务可以由调节来完成，而在一些其他的任务中，如焊接、喷漆等则需要跟踪控制。

备注：

1）调节问题是跟踪问题的一个特例（期望的关节速度和加速度都为零）。

2）在关节空间中给出以上的任务说明，就出现了关节空间控制。这是本章的主要内容。有时，以末端执行器的期望轨迹所做的机器人机械臂的任务说明（如手眼控制）是在任务空间进行的，并引起操作空间的控制，这将在6.2节介绍。

6.1.3 小结

在这一节，我们介绍了机器人机械臂的动力学模型及其重要性质，而且定义了机器人机械臂不同的控制任务。

6.2 关节空间与操作空间控制

在运动控制问题中，机械臂移动到一个位置拿到一个物体，将其运送到另一个位置并放下它，这样一个任务是任何一个更高级别操作任务如喷漆或点焊的一部分。

任务通常是以在任务空间上末端执行器期望的轨迹来指定的，而控制操作是在关节空间进行的，以达到期望的目标。这一事实自然而然地引出了两种一般的控制方法，即关节空间控制和操作空间控制（任务空间控制）。

6.2.1 关节空间控制

关节空间控制的主要目标是设计一种反馈控制器，它使关节坐标系 $\boldsymbol{q}(t)\in R^n$ 尽可能精确地跟踪期望运动 $\boldsymbol{q}_d(t)$。为此，考虑关节空间[6.2,4]中一个 n 个自由度机械臂的运动方程式（6.1）。在这种情况下，机器人机械臂的控制很自然地在关节空间中得到，因为控制输入就是关节的转矩。尽管如此，当使用者以末端执行器坐标系定义一个运动时，仍有必要了解以下方法。

图6.1所示为关节空间控制方法的略图。首先，通过末端执行器坐标系描述的期望运动被转化为对应的关节运动轨迹，这一过程是通过运用机械臂的逆运动学方程实现的。然后，反馈控制器通过测量机械臂当前的关节状态，会确定需要的关节转矩大小，使机械臂沿着关节坐标系中定义的期望轨迹移动[6.1,4,7,8]。

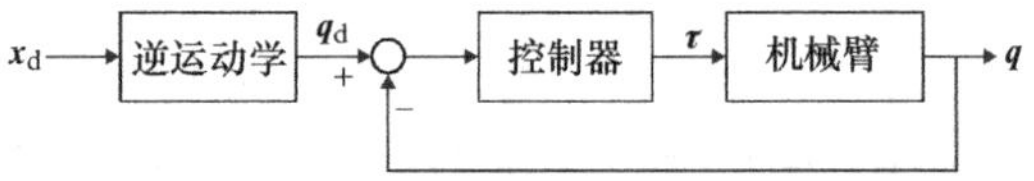

图6.1 关节空间控制的广义概念

由于通常都会假定期望的任务是按关节运动的时间顺序给出的，所以关节空间控制方案在机械臂任务精确计划过，并且很少或者不需要进行在线轨迹调整的情况下就足够了[6.1,4,7,9]。典型地，逆运动学被应用于计算一些中间任务点，并且关节的运动轨迹可以进行中间插补。尽管指令轨迹是在末端执行器坐标系插入点之间的直线运动，但最终的关节运动轨迹是由插入点中符合期望的末端执行器运动轨迹的曲线部分组成。

实际上，关节空间控制包括简单的PD控制、PID控制、逆动力学控制、李雅普诺夫控制和被动控制。这些控制方案都将在下文中进行介绍。

6.2.2 操作空间控制

在更加复杂和确定性较小的环境中，末端执行器的运动会服从在线修正以适应不可预期的情况出现或是对传感器输入进行响应。这类控制问题存在于生产制造过程的各种任务中。尤其是当需要考虑机械臂与工作环境的交互作用时，这类情况都会出现。

由于期望任务通常会在操作空间中定义，并且需要对末端执行器的运动进行精确控制，所以关节空间控制在上述情况下并不合适。这就产生了一种新方法，它可以直接根据操作空间中表示的动力学给出控制方案。

设雅可比矩阵为 $\boldsymbol{J}(\boldsymbol{q})\in R^{n\times n}$，根据式（6.8）将关节速度（$\dot{\boldsymbol{q}}\in R^n$）转化为任务速度（$\dot{\boldsymbol{x}}\in R^n$）。

$$\dot{\boldsymbol{x}}=\boldsymbol{J}(\boldsymbol{q})\dot{\boldsymbol{q}} \tag{6.8}$$

并且，假设它是可逆的。那么，操作空间的动力学就可由下式表示：

$$\boldsymbol{f}_c=\boldsymbol{\Lambda}(\boldsymbol{q})\ddot{\boldsymbol{x}}+\boldsymbol{\Gamma}(\boldsymbol{q},\dot{\boldsymbol{q}})\dot{\boldsymbol{x}}+\boldsymbol{\eta}(\boldsymbol{q}) \tag{6.9}$$

式中，$\boldsymbol{f}_c\in R^n$ 是操作空间的指令力，伪惯性矩阵由下式定义：

$$\boldsymbol{\Lambda}(\boldsymbol{q})=\boldsymbol{J}^{-\mathrm{T}}(\boldsymbol{q})\boldsymbol{H}(\boldsymbol{q})\boldsymbol{J}^{-1}(\boldsymbol{q}) \tag{6.10}$$

并且 $\boldsymbol{\Gamma}(\boldsymbol{q},\ \dot{\boldsymbol{q}})$ 和 $\boldsymbol{\eta}(\boldsymbol{q})$ 由下式给出：

$$\boldsymbol{\Gamma}(\boldsymbol{q},\dot{\boldsymbol{q}})=\boldsymbol{J}^{-\mathrm{T}}(\boldsymbol{q})\boldsymbol{C}(\boldsymbol{q},\dot{\boldsymbol{q}})\boldsymbol{J}^{-1}(\boldsymbol{q})-\boldsymbol{\Lambda}(\boldsymbol{q})\dot{\boldsymbol{J}}(\boldsymbol{q})\boldsymbol{J}^{-1}(\boldsymbol{q})$$

$$\boldsymbol{\eta}(\boldsymbol{q}) = \boldsymbol{J}^{-\mathrm{T}}(\boldsymbol{q})\boldsymbol{\tau}_{\mathrm{g}}(\boldsymbol{q})$$

任务空间变量通常由关节空间变量通过运动学映射重建。事实上，我们很少使用传感器直接测量末端执行器的位置与速度。同时值得注意的是，因为控制方案直接作用于任务空间量，如末端执行器的位姿，此处通常会使用一个分析雅可比矩阵。

操作空间控制的主要目标是设计一种反馈控制器，它可以执行末端执行器的运动 $\boldsymbol{x}(t) \in R^n$，该运动会尽可能准确地跟踪期望的末端执行器运动 $\boldsymbol{x}_{\mathrm{d}}(t)$。为此，考察操作空间下给出的机械臂运动方程（6.9）。对于这种情况，图 6.2 给出了操作空间控制方法的示意图。该方法有不少优点，因为操作空间控制器采用了一个反馈控制闭环，可以直接最大限度地减小任务误差。由于控制算法嵌入了速度级的正运动学式（6.8），因此不需要精确的逆运动学计算。这样，点与点之间的运动就可以表示为任务空间的直线线段。

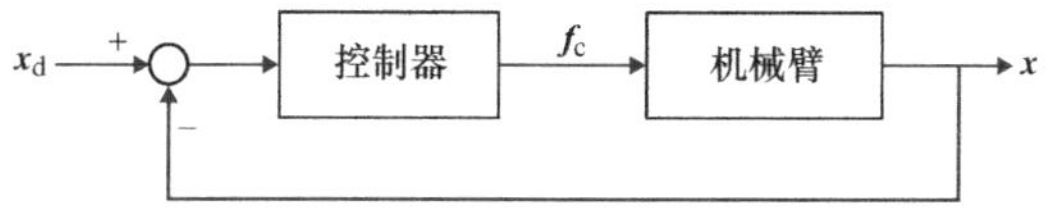

图 6.2　操作空间控制的基本概念

6.3　独立关节控制

独立关节控制（如，分散控制）是指每个关节的控制输入只取决于相应的关节位移与速度大小的控制方式。由于它的简单结构，这种控制方式具有许多优点。例如，通过独立关节控制，可以省去各个关节之间的联系。此外，因为控制器的计算量可以减小，所以在实际应用中低成本的硬件就可以满足要求。由于所有关节的控制器都有相同的构成，因而独立关节控制具有可扩展的特点。本节将介绍两种独立关节控制方法：一种着眼于各关节的运动学模型（如，单关节模型）的分析，另一种着眼于整体运动学模型（如，多关节模型）的分析。

6.3.1　基于单关节模型的控制器设计

最简单的单一关节控制策略就是将每个关节轴作为单入单出（SISO）系统来控制。由于关节运动中不同设置所产生的关节之间的耦合效应可以被视为扰动输入。不失一般性，将驱动器看作是直流旋转电动机。因此，关节 i 的控制方案的框图可在复变函数域中表示，如图 6.3 所示。在这种控制方案中，θ 表示电动机的角变量，J 表示从电动机来看的有效惯性，R_{a} 是电枢电阻（忽略自感），k_{t} 和 k_{v} 分别表示转矩与电动机常数。此外，G_{v} 表示功率放大器的电压增益，这样就确定了参考输入是放大器输入电压值 V_{c} 而不是电枢电压 V_{a}。也可以假定 $F_{\mathrm{m}} \ll k_{\mathrm{v}}k_{\mathrm{t}}/R_{\mathrm{a}}$，即机械（黏性）摩擦系数与电系数相比可以忽略。现在，电动机的输入-输出传递函数可由下式表示：

$$M(s) = \frac{k_{\mathrm{m}}}{s(1+sT_{\mathrm{m}})} \tag{6.11}$$

式中，$k_{\mathrm{m}} = G_{\mathrm{v}}/k_{\mathrm{v}}$ 和 $T_{\mathrm{m}} = R_{\mathrm{a}}J/k_{\mathrm{v}}k_{\mathrm{t}}$ 分别表示电压-速度增益及电动机的时间常数。

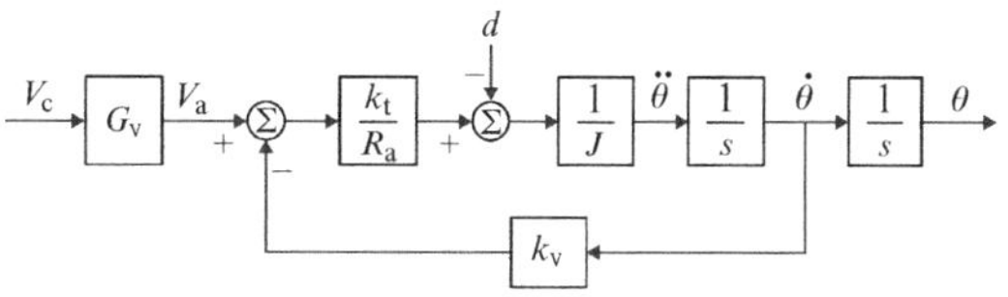

图 6.3　关节驱动系统框图（来自参考文献［6.4］）

要帮助控制结构的选取，首先要注意与输出角 θ 有关的有效抑制扰动 d 由以下两点确定：

1）扰动的插补点前有大的放大器值。

2）控制器中积分作用的存在，用以消除稳定状态时输出的重力分量效应（如，常数 θ）。

这种情况如图 6.4 所示，具有位置和速度反馈的控制操作类型由图 6.4 来表示。

$$G_{\mathrm{p}}(s) = K_{\mathrm{P}}, \quad G_{\mathrm{v}}(s) = K_{\mathrm{V}}\frac{1+sT_{\mathrm{V}}}{s} \tag{6.12}$$

式中，$G_{\mathrm{p}}(s)$ 和 $G_{\mathrm{v}}(s)$ 分别相当于位置与速度的控制操作。值得注意的是，内部控制操作 $G_{\mathrm{v}}(s)$ 是比例积分（PI）控制的一种形式，它是定值扰动为 d 时稳状态中的零误差。此外，k_{TP} 和 k_{TV} 都是传感器常数，并且放大器增益 K_{V} 已被嵌入内部控制器增益。

在图 6.4 中，前向路径和返回路径的传递函数分别为式（6.13）和式（6.14）：

$$P(s) = \frac{k_{\mathrm{m}}K_{\mathrm{P}}K_{\mathrm{V}}(1+sT_{\mathrm{V}})}{s(1+sT_{\mathrm{m}})} \tag{6.13}$$

$$H(s) = k_{\mathrm{TP}}\left(1+s\frac{k_{\mathrm{TV}}}{K_{\mathrm{P}}k_{\mathrm{TP}}}\right) \tag{6.14}$$

在 $s=-1/T_{\mathrm{V}}$ 时，可以选择控制器的零点以消除在 $s=-1/T_{\mathrm{m}}$ 时电动机真正电极的影响。然后，令 $T_{\mathrm{V}} = T_{\mathrm{m}}$，则在根轨迹上移动的闭环系统的极点可以作为闭环增益的函数 $k_{\mathrm{m}}k_{\mathrm{V}}k_{\mathrm{TV}}$。通过增加反馈增益 K_{p}，可以将闭环的极点限制在一个有大的绝对值实部

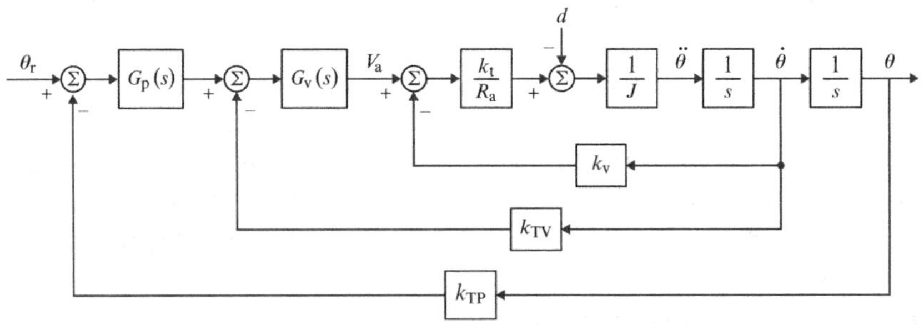

图 6.4 位置与速度反馈框图（来自参考文献 [6.4]）

的复平面域内。这样，通过选择适当的 K_V 就可以确定实际位置。

闭环输入输出传递函数为

$$\frac{\Theta(s)}{\Theta_r(s)}=\frac{\frac{1}{k_{TP}}}{1+\frac{sk_{TP}}{K_P k_{TP}}+\frac{s^2}{k_m K_P k_{TP} K_V}} \tag{6.15}$$

此函数可与典型的二阶系统的传递函数相比

$$W(s)=\frac{\frac{1}{k_{TP}}}{1+\frac{2\zeta s}{\omega_n}+\frac{s^2}{\omega_n^2}} \tag{6.16}$$

可以看出，通过选择适当的增益，可以得到任何自然频率值 ω_n 和阻尼比 ζ。所以，如果给出 ω_n 和 ζ 作为设计规格参数，就可以得到如下关系

$$K_V k_{TV}=\frac{2\zeta\omega_n}{k_m}\quad,\quad K_P k_{TP} K_V=\frac{\omega_n^2}{k_m} \tag{6.17}$$

对于给定的传感器常数 k_{TP} 和 k_{TV}，可以分别得到满足式（6.16）和式（6.17）的 K_V 和 K_P。另一方面，闭环扰动/输出的函数为

$$\frac{\Theta(s)}{D(s)}=\frac{\frac{sR_a}{k_t K_P K_{TP} K_V(1+sT_m)}}{1+\frac{sk_{TV}}{K_P k_{TP}}+\frac{s^2}{k_m K_P k_{TP} K_V}} \tag{6.18}$$

该函数表明扰动抑制因子为 $X_R(s)=K_P k_{TP} K_V$，并且是固定的。关于扰动动力学，应该牢记由 PI 产生的原点处的零值、在 $s=-1/T_m$ 处的真正极点，以及实部为 $-\zeta\omega n$ 的成对共轭复极点。在这种情况下，使控制系统从关节位置的扰动作用中恢复所需的输出恢复时间的估计值 T_R 就可以通过分析上述传递函数的模型得出。这一估计值可以相应地表示为 $T_R=\max\{T_m,\ 1/\zeta\omega\}$。

6.3.2 基于多关节模型的控制器设计

近年来，人们已经提出了许多基于机械臂整体运动学模型的独立关节控制方案（多关节模型）。例如，计算转矩类控制方法，参考文献［6.12］中处理水平运动的调节任务，参考文献［6.13］和［6.14］中处理任意平滑轨迹的跟踪任务。因为考察的是整体运动学模型，所以需要处理关节之间的耦合作用。这样的控制方案将在 6.6 节中详细介绍。

6.3.3 小结和扩展阅读

在本节中，我们已经提出了两个独立的关节控制方案：一个基于单关节模型，另一个基于多关节模型。前者侧重于单一关节的动力学以及关节之间相互作用产生的扰动。这种控制方案简单，但可能不适合高速跟踪。因此，我们介绍了后者，考虑了机器人机械臂的整体动力学模型来处理关节中间的相互作用。

基于单关节模型的独立关节控制中应用了许多不同的反馈类型（如纯位置反馈或位置、速度和加速度反馈）。参考文献［6.4］给出了完整的讨论。当我们需要关节控制伺服来以高速和加速度跟踪参考轨迹时，上述方案的跟踪性能不可避免地会递减。一种可能的补救办法是采用分散前馈补偿来降低跟踪误差[6.4,5]。

6.4 PID 控制

传统上，机器人机械臂的控制方案可以被理解为每个电动机驱动机械臂关节级的 PD 或 PID 补偿器参数整定[6.1]这样一个简单的事实：基本上，当 PD 控制器应用于双积分器系统时，它是一个具有良好闭环性能的位置与速度反馈控制器。自齐格勒-尼柯尔斯的 PID 整定规则于 1942 年出版后[6.15]，PID 控制就有了悠久的历史。实际上，PID 的控制优势在于

其简单性和有明确的物理意义。至少在工业上，如果通过复杂控制获得性能提高是十分不够的，那么简单的控制则优于复杂的控制。PID 控制的物理意义[6.16]如下：P-控制是指由当前状态到期望状态的当前的作用；I-控制是指以往状态经验信息的累积作用；D-控制是指反映未来状态的趋势信息的预期作用。

6.4.1 调节的 PD 控制

机械臂控制的一个简单设计方法是相对于一个操作点的、利用基于系统线性化的线性控制方案。此方法的一个例子是一种具有重力补偿方案的 PD 控制[6.17,18]。重力补偿是一种偏差纠正，仅对引起超调和非对称瞬态行为的力进行补偿。它具有以下形式

$$\boldsymbol{\tau}=\boldsymbol{K}_{\mathrm{P}}(\boldsymbol{q}_{\mathrm{d}}-\boldsymbol{q})-\boldsymbol{K}_{\mathrm{V}}\dot{\boldsymbol{q}}+\boldsymbol{\tau}_{\mathrm{g}}(\boldsymbol{q}) \tag{6.19}$$

式中，$\boldsymbol{K}_{\mathrm{P}}$ 和 $\boldsymbol{K}_{\mathrm{V}}\in R^{n\times n}$是正定增益矩阵。这种控制器对于设定点调节是非常有用的，例如，$\boldsymbol{q}_{\mathrm{d}}$ 是常数[6.7,18]。采用此控制器时（见式（6.1）），闭环方程则变成

$$\boldsymbol{H}(\boldsymbol{q})\ddot{\boldsymbol{q}}+\boldsymbol{C}(\boldsymbol{q},\dot{\boldsymbol{q}})\dot{\boldsymbol{q}}+\boldsymbol{K}_{\mathrm{V}}\dot{\boldsymbol{q}}-\boldsymbol{K}_{\mathrm{P}}\boldsymbol{e}_{\mathrm{q}}=\boldsymbol{0} \tag{6.20}$$

式中，$\boldsymbol{e}_{\mathrm{q}}=\boldsymbol{q}_{\mathrm{d}}-\boldsymbol{q}$，平衡点是 $\boldsymbol{y}=[\boldsymbol{e}_{\mathrm{q}}^{\mathrm{T}},\ \dot{\boldsymbol{q}}^{\mathrm{T}}]^{\mathrm{T}}=\boldsymbol{0}$。现在，由带重力补偿的 PD 控制得到的稳定性可根据闭环动力学进行分析（6.20）。考虑正定函数

$$V=\frac{1}{2}\dot{\boldsymbol{q}}^{\mathrm{T}}\boldsymbol{H}(\boldsymbol{q})\dot{\boldsymbol{q}}+\frac{1}{2}\boldsymbol{e}_{\mathrm{q}}^{\mathrm{T}}\boldsymbol{K}_{\mathrm{V}}\boldsymbol{e}_{\mathrm{q}}$$

然后，通过使用 6.1 节中的性质 6.2，对 $\dot{\boldsymbol{q}}$ 的任意值，函数导数变成半负定的。即

$$\dot{V}=-\dot{\boldsymbol{q}}^{\mathrm{T}}\boldsymbol{K}_{\mathrm{V}}\dot{\boldsymbol{q}}\leqslant-\lambda_{\min}(\boldsymbol{K}_{\mathrm{V}})\|\dot{\boldsymbol{q}}\|^2 \tag{6.21}$$

式中，$\lambda_{\min}(\boldsymbol{K}_{\mathrm{V}})$ 是 $\boldsymbol{K}_{\mathrm{V}}$ 的最小特征值。通过引用李雅普诺夫（Lyapunov）稳定性理论和拉萨尔（LaSalle）定理[6.1]，可以看到，调节误差将逐渐收敛为零，而其高阶导数保持有界。尽管比较简单，但是这种控制器需要重力分量（结构和参数）方面的知识。

现在，考虑简单的无重力补偿的 PD 控制

$$\boldsymbol{\tau}=\boldsymbol{K}_{\mathrm{P}}(\boldsymbol{q}_{\mathrm{d}}-\boldsymbol{q})-\boldsymbol{K}_{\mathrm{V}}\dot{\boldsymbol{q}} \tag{6.22}$$

则闭环动力学方程变成

$$\boldsymbol{H}(\boldsymbol{q})\ddot{\boldsymbol{q}}+\boldsymbol{C}(\boldsymbol{q},\dot{\boldsymbol{q}})\dot{\boldsymbol{q}}+\boldsymbol{\tau}_{\mathrm{g}}(\boldsymbol{q})+\boldsymbol{K}_{\mathrm{V}}\dot{\boldsymbol{q}}-\boldsymbol{K}_{\mathrm{P}}\boldsymbol{e}_{\mathrm{q}}=\boldsymbol{0} \tag{6.23}$$

考虑正定函数

$$V=\frac{1}{2}\dot{\boldsymbol{q}}^{\mathrm{T}}\boldsymbol{H}(\boldsymbol{q})\dot{\boldsymbol{q}}+\frac{1}{2}\boldsymbol{e}_{\mathrm{q}}^{\mathrm{T}}\boldsymbol{K}_{\mathrm{V}}\boldsymbol{e}_{\mathrm{q}}+U(\boldsymbol{q})+U_0$$

式中，$U(\boldsymbol{q})$ 是 $\partial U(\boldsymbol{q})/\partial\boldsymbol{q}=\boldsymbol{\tau}_{\mathrm{g}}(\boldsymbol{q})$ 的势能；U_0是一个合适的常数。V 的时间导数和闭环动力学方程（6.23）给出了与之前利用重力补偿相同的结果式（6.21）。在这种情况下，控制系统必须在李雅普诺夫意义上是稳定的，但它不能得出根据拉萨尔定理[6.1]，调节误差将收敛到零的结论。实际上，该系统精度（调节误差向量的大小）将取决于下面公式中增益矩阵 $\boldsymbol{K}_{\mathrm{P}}$的大小。

$$\|\boldsymbol{e}_{\mathrm{q}}\|\leqslant\|\boldsymbol{K}_{\mathrm{P}}^{-1}\|g_0 \tag{6.24}$$

式中，g_0 在 6.1 节的性质6.4 中。因此，调节误差可以通过增加 $\boldsymbol{K}_{\mathrm{P}}$ 而任意减少；然而，测量噪声和其他未建模的动力学因素，例如驱动器摩擦，将限制高增益在实际中的使用。

6.4.2 调节的 PID 控制

为了处理重力问题，我们将在之前的 PD 控制中增加一种积分作用，在某种程度上，这可以看作是常值扰动（从局部观点看）。PID 调节控制器可以写成以下一般形式

$$\boldsymbol{\tau}=\boldsymbol{K}_{\mathrm{P}}(\boldsymbol{q}_{\mathrm{d}}-\boldsymbol{q})+\boldsymbol{K}_{\mathrm{I}}\int f(\boldsymbol{q}_{\mathrm{d}}-\boldsymbol{q})\mathrm{d}t-\boldsymbol{K}_{\mathrm{V}}\dot{\boldsymbol{q}}$$

式中，$\boldsymbol{K}_{\mathrm{I}}\in R^{n\times n}$是一个正定增益矩阵，并且，若 $f(\boldsymbol{q}_{\mathrm{d}}-\boldsymbol{q})=\boldsymbol{q}_{\mathrm{d}}-\boldsymbol{q}$，我们有 PID 控制；若 $\boldsymbol{K}_{\mathrm{I}}\int(-\dot{\boldsymbol{q}})\mathrm{d}t$ 增加，我们有 PI²D 控制；若$f(\cdot)=\tanh(\cdot)$，我们有 PD + 非线性积分控制。

对于含有外绕的机器人运动控制系统，如库仑摩擦，PID 控制的全局渐近稳定性（GAS）已在参考文献［6.12］中证明。（Tomei）在参考文献［6.19］中也通过对重力项的自适应证明了 PD 控制的全局渐近稳定性。另一方面，（Ortega）等人在参考文献［6.20］中表明，PI²D 控制在存在重力和有限外绕时可能会产生半全局渐近稳定性（SGAS）。

另外，在参考文献［6.21］中，（Angeli）证明 PD 控制对于机器人系统可以实现输入-输出对状态稳定（IOSS）。此外，（Ramirez）等人在参考文献［6.22］中证明了 PID 增益（某些条件下）的半全局渐近稳定性。此外，（Kelly）在参考文献［6.23］中证明了 PD 加非线性积分控制可以实现在重力下的 GAS。

事实上，PID 控制中的一个大的积分作用会造成运动控制系统的不稳定。为了避免这种情况，积分增益应该是以下式为上限的[6.1]：

$$\frac{k_{\mathrm{P}}k_{\mathrm{V}}}{\lambda_{\mathrm{H}}^2}>k_{\mathrm{I}}$$

式中 λ_H 是6.1节的性质6.1中的；$\boldsymbol{K}_P=k_P\boldsymbol{I}$，$\boldsymbol{K}_I=k_I\boldsymbol{I}$ 和 $\boldsymbol{K}_V=k_V\boldsymbol{I}$。这一关系为增益的选择提供了隐含的指导。此外，PID控制产生了大量的PID控制附属物。例如，PID附加摩擦补偿器，PID附加重力补偿器，PID附加扰动观测器。

6.4.3 PID增益整定

PID控制可用于轨迹跟踪和设定点调节。真正的跟踪控制在6.5节后介绍。在本节中，将介绍实际使用中简单且有用的PID增益整定方法。一般PID控制器可以被写成下面一般的形式：

$$\boldsymbol{\tau}=\boldsymbol{K}_V\dot{\boldsymbol{e}}_q+\boldsymbol{K}_P\boldsymbol{e}_q+\boldsymbol{K}_I\int\boldsymbol{e}_q\mathrm{d}t$$

或另一种形式：

$$\boldsymbol{\tau}=\left(\boldsymbol{K}+\frac{1}{\gamma^2}\boldsymbol{I}\right)\left(\dot{\boldsymbol{e}}_q+\boldsymbol{K}_P\boldsymbol{e}_q+\boldsymbol{K}_I\int\boldsymbol{e}_q\mathrm{d}t\right)\tag{6.25}$$

在一个跟踪控制系统的基本稳定性分析中，Qu等人在参考文献［6.24］中证明PD控制可以满足一致最终有界性（UUB）。此外，在参考文献［6.25］中，Berghuis等人提出输出反馈PD控制，该控制方法在重力和有界扰动下满足半全局一致最终有界性（SGUUB）。最近，choi等人提出了逆优化PID控制方法[6.26]，它确保了扩展扰动的输入-状态稳定性（ISS）。

实际上，如果PID控制器式（6.25）被反复应用到同一设定点或期望轨迹，那么，最大误差将与下式中的增益成比例关系：

$$\max_{0\leqslant t\leqslant t_f}\|\boldsymbol{e}_q(t)\|\propto\frac{\gamma^2}{\sqrt{2k\gamma^2+1}}\tag{6.26}$$

式中，t_f指给定任务的最终执行时间，并且 $\boldsymbol{K}=k\boldsymbol{I}$。这种关系可以用来调整一个PID控制器的增益，被称为复合整定规则[6.16]。复合整定规则暗含如下简单的调整规则：

平方整定：对于一个小的 k，$\max\|\boldsymbol{e}_q\|\propto\gamma^2$，

线性整定：对于一个大的 k，$\max\|\boldsymbol{e}_q\|\propto\gamma$。

例如，假设我们选取正的常数对角矩阵 $\boldsymbol{K}_P=k_P\boldsymbol{I}$，$\boldsymbol{K}_I=k_I\boldsymbol{I}$，且满足 $k_P^2>2k_I$. 对于小的 k 值，根据平方整定规则，如果我们减少 γ 为1/2，最大误差将减少1/4。对于大的k值，根据线性整定规则，最大误差将会成比例地随着 γ 而减少。这意味着当其他增益参数被确定后，我们可以仅仅使用一个变量 γ 来调整PID控制器[6.16]。尽管这些规则对调整控制性能是非常有用的，但是它们仅能够使用于相同点设定或期望轨迹的重复实验中，因为调节规则由比例关系构成。

6.4.4 扩展阅读

PID类型的控制器是为了解决调节控制问题而设计出来的。这些控制方法的优点是无须知道模型结构或模型参数。此外，本节介绍了PID类型的控制器所实现的稳定性。读者可以找到很多详细介绍PID控制中的各种调节方法及其具体证明的书籍和论文[6.1,15,16,22,27,28]。

6.5 跟踪控制

独立的PID控制对多数设定点调节问题来说是足够了，但是还有许多任务需要有效的轨迹跟踪能力，比如，等离子焊接、激光切割或者存在障碍物情况下的高速操作等。这些情况中，运用局部方案需要在大量中间设定点中慢速移动，所以大大延迟了任务的完成。因此为了改善轨迹跟踪的效果性能，控制器应该考虑计算转矩类技术的机械臂的动态模型。

在关节或任务空间中的跟踪控制问题包括给定的时变轨迹 $\boldsymbol{q}_d(t)$ 或者 $\boldsymbol{x}_d(t)$、它们的连续微分 $\dot{\boldsymbol{q}}_d(t)$ 或 $\dot{\boldsymbol{x}}_d(t)$，以及 $\ddot{\boldsymbol{q}}_d(t)$ 或 $\ddot{\boldsymbol{x}}_d(t)$，这些参数分别描述的是期望的速度和加速度。为了得到好的性能，必须尽力发展基于模型的控制策略[6.1,2.7]。在文献所报道的控制方法中，典型方法包括逆动力学控制、反馈线性化技术和基于被动性的控制方法。

6.5.1 逆动力学控制

尽管逆动力学控制有理论上的背景，如后面讨论的反馈线性化技术，但是它的起点是基于消除非线性项和解耦每个连杆动力学的机械工程上的直觉。在关节空间中的逆动力学控制有如下公式：

$$\boldsymbol{\tau}=\boldsymbol{H}(\boldsymbol{q})\boldsymbol{v}+\boldsymbol{C}(\boldsymbol{q},\dot{\boldsymbol{q}})\dot{\boldsymbol{q}}+\boldsymbol{\tau}_g(\boldsymbol{q})\tag{6.27}$$

将式代入到式（6.1）中，会得出 n 个解耦的线性系统方程组，例如 $\ddot{\boldsymbol{q}}=\boldsymbol{v}$，其中 $\boldsymbol{v}$ 是一个待设计的辅助控制输入变量。$\boldsymbol{v}$ 的典型选择是

$$\boldsymbol{v}=\ddot{\boldsymbol{q}}_d+\boldsymbol{K}_V(\dot{\boldsymbol{q}}_d-\dot{\boldsymbol{q}})+\boldsymbol{K}_P(\boldsymbol{q}_d-\boldsymbol{q})\tag{6.28}$$

或带有积分分量

$$\boldsymbol{v}=\ddot{\boldsymbol{q}}_d+\boldsymbol{K}_V(\dot{\boldsymbol{q}}_d-\dot{\boldsymbol{q}})+\boldsymbol{K}_P(\boldsymbol{q}_d-\boldsymbol{q})+\boldsymbol{K}_I\int(\boldsymbol{q}_d-\boldsymbol{q})\mathrm{d}t\tag{6.29}$$

推导得到对于辅助控制的输入式（6.28）的误差动力学方程

$$\ddot{\boldsymbol{e}}_{\mathrm{q}}+\boldsymbol{K}_{\mathrm{V}}\dot{\boldsymbol{e}}_{\mathrm{q}}+\boldsymbol{K}_{\mathrm{P}}\boldsymbol{e}_{\mathrm{q}}=\boldsymbol{0}$$

如果使用了辅助控制输入式（6.29），误差动力学方程则为

$$\boldsymbol{e}_{\mathrm{q}}^{(3)}+\boldsymbol{K}_{\mathrm{V}}\ddot{\boldsymbol{e}}_{\mathrm{q}}+\boldsymbol{K}_{\mathrm{P}}\dot{\boldsymbol{e}}_{\mathrm{q}}+\boldsymbol{K}_{\mathrm{I}}\boldsymbol{e}_{\mathrm{q}}=\boldsymbol{0}$$

通过选择合适的增益矩阵 K_{v}、K_{p}（和 K_{I}），两者的误差动力学方程都是呈指数级稳定的。

或者，逆动力学控制可以在操作空间中描述。考虑操作空间动力学式（6.9），如果在操作空间中采用下面的逆动力学控制

$$\boldsymbol{f}_{\mathrm{c}}=\boldsymbol{\Lambda}(\boldsymbol{q})(\ddot{\boldsymbol{x}}_{\mathrm{d}}+\boldsymbol{K}_{\mathrm{V}}\dot{\boldsymbol{e}}_{x}+\boldsymbol{K}_{\mathrm{P}}\boldsymbol{e}_{x})+\boldsymbol{\Gamma}(\boldsymbol{q},\dot{\boldsymbol{q}})\dot{\boldsymbol{x}}+\boldsymbol{\eta}(\boldsymbol{q})$$

式中 $\boldsymbol{e}_{x}=\boldsymbol{x}_{\mathrm{d}}-\boldsymbol{x}$，则产生的误差动力学方程为

$$\ddot{\boldsymbol{e}}_{x}+\boldsymbol{K}_{\mathrm{V}}\dot{\boldsymbol{e}}_{x}+\boldsymbol{K}_{\mathrm{P}}\boldsymbol{e}_{x}=\boldsymbol{0} \qquad (6.30)$$

它也是呈指数稳定的。采用这种控制器的一个明显优点是可以选择在操作空间中有清晰物理意义的 K_{p} 和 K_{v}。但是，如式（6.10）所见，机器人接近奇异位形时，$\boldsymbol{\Lambda}(\boldsymbol{q})$ 值会变得很大。这意味着为了移动机械臂，在某个方向上需要很大的力。

6.5.2 反馈线性化

这种方法是刚性机械臂逆动力学概念的广义化。反馈线性化的基本思想是构造一个所谓的内环控制的变换，它使非线性系统在坐标进行了合适的状态空间变化后能精确地线性化。这样，设计者就能在新的坐标系中设计出第二级或外环控制以满足传统控制方案要求，如轨迹跟踪、抗扰动等[6.5,29]。如果设计者在机械臂的动力学描述中包括了传动动力学，例如轴弯曲引起的弹力，齿轮弹力等，那么，机械臂控制的反馈线性化方案的整个力量就变得显而易见了。

近几年来出现了大量令人印象深刻的关于非线性系统微分几何方法的文献。此领域的大多数结果目的是给出非线性系统各种几何性质的与坐标无关的抽象描述，但这对非数学家来说很难理解。本节的目的是给出反馈线性化方案的基本思想，并介绍这项技术的一个简单版本，以找到机械臂控制问题的直接应用。读者可参考文献 [6.30]，了解采用微分几何方法的反馈线性化技术的综合法。

现在考虑一般的输出 $\boldsymbol{\xi}\in R^{p}$，找到一个简单方法来确定机械臂动力学方程（6.1）的线性化状态空间表述：

$$\boldsymbol{\xi}=\boldsymbol{h}(\boldsymbol{q})+\boldsymbol{r}(t) \qquad (6.31)$$

式中，$\boldsymbol{h}(\boldsymbol{q})$ 是关节坐标 $\boldsymbol{q}\in R^{n}$ 的一个一般的预定函数，而且 $\boldsymbol{r}(t)$ 是一般的预定时间函数。控制目标将是选择关节转矩输入 $\boldsymbol{\tau}$ 值使输出 $\boldsymbol{\xi}(t)$ 变为零。

$\boldsymbol{h}(\boldsymbol{q})$ 和 $\boldsymbol{r}(t)$ 的选择是基于控制目标的。例如，如果我们希望机械臂跟踪的期望关节空间的轨迹满足 $\boldsymbol{h}(\boldsymbol{q})=-\boldsymbol{q}$，并且 $\boldsymbol{r}(t)=\boldsymbol{q}_{\mathrm{d}}(t)$，那么 $\boldsymbol{\xi}(t)=\boldsymbol{q}_{\mathrm{d}}(t)-\boldsymbol{q}(t)\equiv\boldsymbol{e}_{\mathrm{q}}(t)$ 则为关节空间的跟踪误差。在这种情况下，令 $\boldsymbol{\xi}(t)$ 为零，会使关节变量 $\boldsymbol{q}(t)$ 跟踪其期望值 $\boldsymbol{q}_{\mathrm{d}}(t)$，从而产生机械臂轨迹跟踪问题。另外一个例子，$\boldsymbol{\xi}(t)$ 表示操作空间跟踪误差，$\boldsymbol{\xi}(t)=\boldsymbol{x}_{\mathrm{d}}(t)-\boldsymbol{x}(t)\equiv\boldsymbol{e}_{x}(t)$。那么控制 $\boldsymbol{\xi}(t)$ 变为零会在期望运动通常已经指定的操作空间上直接产生轨迹跟踪。

为了得到机械臂控制器设计的线性状态变量模型，就要对输出 $\boldsymbol{\xi}(t)$ 进行二阶微分，可得

$$\dot{\boldsymbol{\xi}}=\frac{\partial\boldsymbol{h}}{\partial\boldsymbol{q}}\dot{\boldsymbol{q}}+\dot{\boldsymbol{r}}=\boldsymbol{T}\dot{\boldsymbol{q}}+\dot{\boldsymbol{r}} \qquad (6.32)$$

$$\ddot{\boldsymbol{\xi}}=\boldsymbol{T}\ddot{\boldsymbol{q}}+\dot{\boldsymbol{T}}\dot{\boldsymbol{q}}+\ddot{\boldsymbol{r}} \qquad (6.33)$$

其中，我们定义一个（$p\times n$）的变换矩阵为

$$\boldsymbol{T}(\boldsymbol{q})=\frac{\partial\boldsymbol{h}(\boldsymbol{q})}{\partial\boldsymbol{q}}=\begin{pmatrix}\frac{\partial\boldsymbol{h}}{\partial q_1} & \frac{\partial h}{\partial q_2} & \cdots & \frac{\partial\boldsymbol{h}}{\partial q_n}\end{pmatrix} \qquad (6.34)$$

给定输出 $\boldsymbol{h}(\boldsymbol{q})$，直接计算与 $\boldsymbol{h}(\boldsymbol{q})$ 相关的变换矩阵 $\boldsymbol{T}(\boldsymbol{q})$。在 $\boldsymbol{\xi}$ 表示为操作空间速度误差的特殊情况下，$\boldsymbol{T}(\boldsymbol{q})$ 表示的是雅可比矩阵 $\boldsymbol{J}(\boldsymbol{q})$。

根据式（6.1），有

$$\ddot{\boldsymbol{q}}=\boldsymbol{H}^{-1}(\boldsymbol{q})[\boldsymbol{\tau}-\boldsymbol{n}(\boldsymbol{q},\dot{\boldsymbol{q}})] \qquad (6.35)$$

有非线性项的表达式为

$$\boldsymbol{n}(\boldsymbol{q},\dot{\boldsymbol{q}})=\boldsymbol{C}(\boldsymbol{q},\dot{\boldsymbol{q}})\dot{\boldsymbol{q}}+\boldsymbol{\tau}_{\mathrm{g}}(\boldsymbol{q}) \qquad (6.36)$$

那么，由式（6.33）推导出

$$\ddot{\boldsymbol{\xi}}=\ddot{\boldsymbol{r}}+\dot{\boldsymbol{T}}\dot{\boldsymbol{q}}+\boldsymbol{T}(\boldsymbol{q})\boldsymbol{H}^{-1}(\boldsymbol{q})[\boldsymbol{\tau}-\boldsymbol{n}(\boldsymbol{q},\dot{\boldsymbol{q}})] \qquad (6.37)$$

定义控制输入函数为

$$\boldsymbol{u}=\ddot{\boldsymbol{r}}+\dot{\boldsymbol{T}}\dot{\boldsymbol{q}}+\boldsymbol{T}(\boldsymbol{q})\boldsymbol{H}^{-1}(\boldsymbol{q})[\boldsymbol{\tau}-\boldsymbol{n}(\boldsymbol{q},\dot{\boldsymbol{q}})] \qquad (6.38)$$

现在可以定义状态 $\boldsymbol{y}(t)\in R^{2p}$，由 $\boldsymbol{y}=(\boldsymbol{\xi}\quad\dot{\boldsymbol{\xi}})$，机械臂动力学方程写为

$$\dot{\boldsymbol{y}}=\begin{pmatrix}\boldsymbol{0} & \boldsymbol{I}_{\mathrm{p}}\\ \boldsymbol{0} & \boldsymbol{0}\end{pmatrix}\boldsymbol{y}+\begin{pmatrix}\boldsymbol{0}\\ \boldsymbol{I}_{\mathrm{p}}\end{pmatrix}\boldsymbol{u} \qquad (6.39)$$

这是线性状态空间系统的表达式

$$\dot{\boldsymbol{y}}=\boldsymbol{A}\boldsymbol{y}+\boldsymbol{B}\boldsymbol{u} \qquad (6.40)$$

由控制输入 u 驱动。由于 A 和 B 的特殊形式，这个系统被看做是布鲁诺夫斯基典型构成，而且总是可控制的，输入为 $\boldsymbol{u}(t)$。

由于式（6.38）被认为是对机械臂动力学方程

的线性化变换，进而通过反变换可以得出关节转矩的表达式为

$$\boldsymbol{\tau}=\boldsymbol{H}(\boldsymbol{q})\boldsymbol{T}^{+}(\boldsymbol{q})(\boldsymbol{u}-\ddot{\boldsymbol{r}}-\dot{\boldsymbol{T}}\dot{\boldsymbol{q}})+\boldsymbol{n}(\boldsymbol{q},\dot{\boldsymbol{q}}) \quad (6.41)$$

式中，T^{+} 是变换矩阵 $T(q)$ 的摩尔-彭罗斯广义逆矩阵。

在特殊情况下 $\boldsymbol{\xi}=e_q(t)$，并且如果根据 PD 反馈方程 $u=-K_P\boldsymbol{\xi}-K_V\boldsymbol{\xi}$，选择 $u(t)$ 使式（6.39）稳定，那么 $T=-I_n$。由式（6.41）定义的控制输入转矩$\boldsymbol{\tau}(t)$ 会使机械臂按照使 $y(t)$ 变为零的方式运动。在这种情况下，反馈线性化控制和逆动力学控制效果相同。

6.5.3 被动控制

这种控制方案明确地使用了拉格朗日系统的被动性性质[6.31,32]。较之逆动力学方法，被动控制器不依赖于对机械臂非线性的准确去除，它比前者具备更好的鲁棒特性。下式给出了被动控制输入。

$$\dot{\boldsymbol{q}}_{\mathrm{r}}=\dot{\boldsymbol{q}}_{\mathrm{d}}+\alpha\boldsymbol{e}_{\mathrm{q}},\ \alpha>0$$

$$\boldsymbol{\tau}=\boldsymbol{H}(\boldsymbol{q})\ddot{\boldsymbol{q}}_{\mathrm{r}}+\boldsymbol{C}(\boldsymbol{q},\dot{\boldsymbol{q}})\dot{\boldsymbol{q}}_{\mathrm{r}}+\boldsymbol{\tau}_{\mathrm{g}}(\boldsymbol{q})+\boldsymbol{K}_{\mathrm{V}}\dot{\boldsymbol{e}}_{\mathrm{q}}+\boldsymbol{K}_{\mathrm{P}}\boldsymbol{e}_{\mathrm{q}} \quad (6.42)$$

通过式（6.42），可以得到下面的闭环系统

$$\boldsymbol{H}(\boldsymbol{q})\dot{\boldsymbol{s}}_{\mathrm{q}}+\boldsymbol{C}(\boldsymbol{q},\dot{\boldsymbol{q}})\boldsymbol{s}_{\mathrm{q}}+\boldsymbol{K}_{\mathrm{V}}\dot{\boldsymbol{e}}_{\mathrm{q}}+\boldsymbol{K}_{\mathrm{P}}\boldsymbol{e}_{\mathrm{q}}=\boldsymbol{0} \quad (6.43)$$

其中，$\boldsymbol{s}_{\mathrm{q}}=\dot{\boldsymbol{e}}_{\mathrm{q}}+\alpha\boldsymbol{e}_{\mathrm{q}}$. 选取李雅普诺夫函数 $V(\boldsymbol{y},t)$ 如下：

$$V=\frac{1}{2}\boldsymbol{y}^{\mathrm{T}}\begin{pmatrix}\alpha\boldsymbol{K}_{\mathrm{V}}+\boldsymbol{K}_{\mathrm{P}}+\alpha^2\boldsymbol{H} & \alpha\boldsymbol{H}\\ \alpha\boldsymbol{H} & \boldsymbol{H}\end{pmatrix}\boldsymbol{y} \quad (6.44)$$

$$=\frac{1}{2}\boldsymbol{y}^{\mathrm{T}}\boldsymbol{P}\boldsymbol{y}$$

由于上述方程是正定的，所以它在原点处平衡，即 $\boldsymbol{y}=(\boldsymbol{e}_{\mathrm{q}}^{\mathrm{T}},\ \dot{\boldsymbol{e}}_{\mathrm{q}}^{\mathrm{T}})^{\mathrm{T}}=0$。此外，$V$ 由下式限定

$$\sigma_{\mathrm{m}}\|\boldsymbol{y}\|^2\leqslant\boldsymbol{y}^{\mathrm{T}}\boldsymbol{P}\boldsymbol{y}\leqslant\sigma_{\mathrm{M}}\|\boldsymbol{y}\|^2,\sigma_{\mathrm{M}}\geqslant\sigma_{\mathrm{m}}>0 \quad (6.45)$$

将 V 对时间求导得到

$$\dot{V}=-\dot{\boldsymbol{e}}_{\mathrm{q}}^{\mathrm{T}}\boldsymbol{K}_{\mathrm{V}}\dot{\boldsymbol{e}}_{\mathrm{q}}-\alpha\boldsymbol{e}_{\mathrm{q}}\boldsymbol{K}_{\mathrm{p}}\boldsymbol{e}_{\mathrm{q}}=-\boldsymbol{y}^{\mathrm{T}}\boldsymbol{Q}\boldsymbol{y}<0 \quad (6.46)$$

上式中 $\boldsymbol{Q}=\mathrm{diag}[\alpha\boldsymbol{K}_{\mathrm{P}},\ \boldsymbol{K}_{\mathrm{V}}]$。由于 $\boldsymbol{Q}$ 是正定的，并且是 $\boldsymbol{y}$ 的二次函数，所以也可以得到下面的限定关系式

$$\kappa_{\mathrm{m}}\|\boldsymbol{y}\|^2\leqslant\boldsymbol{y}^{\mathrm{T}}\boldsymbol{Q}\boldsymbol{y}\leqslant\kappa_{\mathrm{M}}\|\boldsymbol{y}\|^2,\ \kappa_{\mathrm{M}}\geqslant\kappa_{\mathrm{m}}>0 \quad (6.47)$$

然后由李雅普诺夫函数 V 的限定关系得到

$$\dot{V}\leqslant-\kappa_{\mathrm{m}}\|\boldsymbol{y}\|^2=-2\eta V,\ \eta=\frac{\kappa_{\mathrm{m}}}{\sigma_{\mathrm{M}}} \quad (6.48)$$

最终可以得到

$$V(t)\leqslant V(0)\mathrm{e}^{-2\eta t} \quad (6.49)$$

这已经表明 α 的大小会大大影响跟踪结果[6.33]。在 α 取小的数值情况下，机械臂更加容易发生振动。大的 α 值对应着更好的跟踪性能，并且在位置误差较小时，可让 s_q 避免受到速度测量噪声的影响。参考文献［6.34］表明式（6.50）被用于二次优化。

$$\boldsymbol{K}_{\mathrm{P}}=\alpha\boldsymbol{K}_{\mathrm{V}} \quad (6.50)$$

6.5.4 小结

本节回顾了到目前为止提出的一些基于模型的运动控制方法。在这些控制方法中，理论上讲，闭环系统能够提供系统的渐近稳定或者全局指数稳定。然而这些理想的状态在实际情况下并不能达到，这主要由于实际的系统受到采样率、测量噪声、扰动和未建模的动态参数的影响[6.33,35,36]。

6.6 计算转矩控制

多年来，各式各样的机器人控制方案被提出来。它们中的多数可以被视为将线性化的反馈控制方案应用于非线性系统的计算转矩控制类方案的特例（如图 6.5 所示）[6.37,38]。这一节中首先介绍计算矩阵控制的概念，之后将介绍一种它的变形形式，所谓的计算转矩类控制。

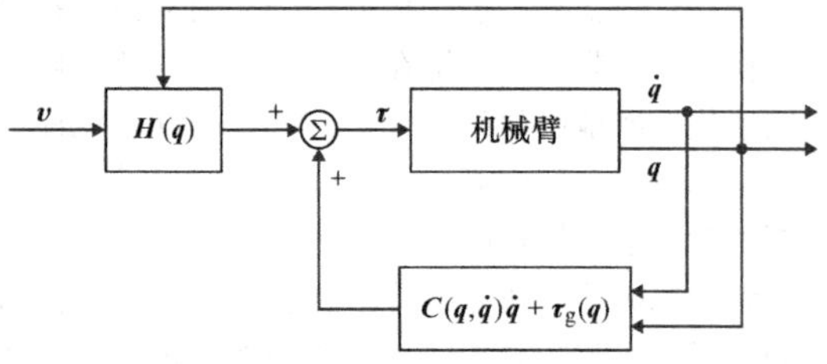

图 6.5 计算转矩控制

6.6.1 计算转矩控制

回顾式（6.27）中的控制系统输入变量

$$\boldsymbol{\tau}=\boldsymbol{H}(\boldsymbol{q})\boldsymbol{v}+\boldsymbol{C}(\boldsymbol{q},\dot{\boldsymbol{q}})\dot{\boldsymbol{q}}+\boldsymbol{\tau}_{\mathrm{g}}(\boldsymbol{q})$$

上式也被称为计算转矩控制。它由一个内在的非线性补偿回路和一个有外生控制信号 v 的外部回路组成。将这种控制方案应用于机器人机械臂的动力学模型，得到

$$\ddot{\boldsymbol{q}}=\boldsymbol{v} \quad (6.51)$$

需要注意的是，这种控制输入将一个复杂的非线性控制器设计问题转化成了一个由 n 个子系统组成的线性系统设计问题。一种外部回路控制 v 是式（6.28）中所示的 PD 反馈：

$$v = \ddot{q}_d + K_V \dot{e}_q + K_P e_q$$

这种情况下，总的控制输入表达式为

$$\tau = H(q)(\ddot{q}_d + K_V \dot{e}_q + K_P e_q) + C(q, \dot{q})\dot{q} + \tau_g(q)$$

并且由此产生的线性误差动力学方程为

$$\ddot{e}_q + K_V \dot{e}_q + K_P e_q = 0 \qquad (6.52)$$

根据线性系统理论，确定跟踪误差收敛到零。

备注：

一般情况下，为了确保误差系统的稳定性，令 K_V 和 K_P 为 $n \times n$ 的对角正定矩阵，即 $K_V = diag(K_{V,1}, \cdots, K_{V,n}) > 0$，$K_P = diag(K_{P,1}, \cdots, K_{P,n}) > 0$。然而，由于外环乘法器 $H(q)$ 和内环完全非线性补偿项 $C(q, \dot{q})\dot{q} + \tau_g(q)$ 扰乱不同控制通路的关节信号，上述控制形式并不能得到关节的独立控制。

6.6.2 计算转矩类控制

值得注意的是，若想应用计算转矩控制，就需要确保动力学模型的各个参数完全已知，并且控制输入信号能够实现实时计算。为了避免这样的问题，提出了一些变化，例如计算转矩类控制。计算转矩类控制器可以通过修正如下计算转矩控制得到：

$$\tau = \hat{H}(q)v + \hat{C}(q, \dot{q})\dot{q} + \tau(q) \qquad (6.53)$$

式中，^代表计算值，并且说明了理论上的精确反馈线性控制不能在实际的不确定性系统中实现。图6.6为该类控制方案的示意图。

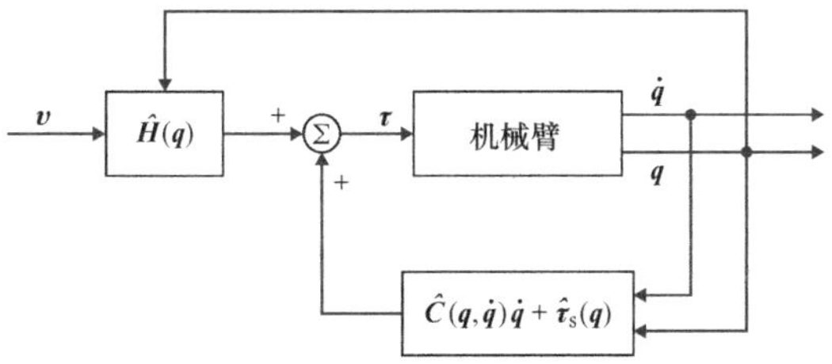

图6.6　计算转矩类控制

1. 具有变结构补偿的计算转矩类控制

由于系统参数的不确定性，为实现轨迹跟踪就需要在外回路设计中设计补偿项。下式为具有变结构补偿的计算转矩类控制方案的表达式。

$$v = \ddot{q}_d + K_V \dot{e}_q + K_P e_q + \Delta v \qquad (6.54)$$

式中，变结构补偿项可以表达为

$$\Delta v = \begin{cases} -\rho(x, t)\dfrac{B^T P x}{\|B^T P x\|}, & \text{if} \|B^T P x\| \neq 0 \\ 0, & \text{if} \|B^T P x\| = 0 \end{cases} \qquad (6.55)$$

式中，$x = (e_q^T, \dot{e}_q^T)^T$，$B = (0, I_n)^T$，$P$ 是一个 $(2n \times 2n)$ 的满足式（6.56）的对称正定矩阵。

$$PA + A^T P = -Q \qquad (6.56)$$

式中，矩阵 A 被定义为

$$A = \begin{pmatrix} 0 & I_n \\ -K_P & -K_V \end{pmatrix} \qquad (6.57)$$

Q 是任意一个合适的对称正定矩阵 $(2n \times 2n)$。

$$\rho(x, t) = \frac{1}{1-\alpha}[\alpha\beta + \|K\|\|x\| + \bar{H}\phi(x, t)] \qquad (6.58)$$

式中，α 和 β 都是正常数；$\|H^{-1}(q)\hat{H}(q) - I_n\| \leqslant \alpha < 1$ 对所有的 $q \in R^n$ 都满足，且 $\sup_{t \in [0,\infty)} \|\ddot{q}_d(t)\| < \beta$；$K$ 是一个 $(n \times 2n)$ 的矩阵，并且 $K = [K_P \quad K_V]$；对 $q \in R^n$，有 $\|H^{-1}(q)\| \leqslant \bar{\lambda}_H$，其中，$\bar{\lambda}_H$ 是一个正常数；此外函数 ϕ 定义为式（6.59）：

$$\|[\hat{C}(q, \dot{q}) - C(q, \dot{q})]\dot{q} + [\hat{\tau}_g(q) - \tau_g(q)]\| \leqslant \phi(x, t) \qquad (6.59)$$

可以看出，使用李雅普诺夫函数式（6.60）可以使式（6.59）的跟踪误差收敛到零。

$$V = x^T P x \qquad (6.60)$$

这由参考文献［6.5，40］中的稳定性分析得出。

注：

1）由6.1节中的性质6.1，存在正的常数 $\bar{\lambda}_H$ 与 $\bar{\lambda}_h$，有 $\bar{\lambda}_h \leqslant \|H^{-1}(q)\| \leqslant \bar{\lambda}_H$，使此不等式对 $q \in R^n$ 成立。如果选择

$$\hat{H} = \frac{1}{c} I_n \qquad (6.61)$$

式中，$c = \dfrac{\bar{\lambda}_H + \bar{\lambda}_h}{2}$。则又有

$$\|H^{-1}(q)\hat{H}(q) - I_n\| \leqslant \frac{\bar{\lambda}_H - \bar{\lambda}_h}{\bar{\lambda}_H + \bar{\lambda}_h} \equiv \alpha < 1 \qquad (6.62)$$

式（6.62）说明，对于相同的 $\alpha < 1$，总是存在至少一个 $\hat{H}$ 满足关系式。

2）由于 Δv 存在的间断点，当运用控制方案时可能会发生抖振现象。值得注意的是，由于控制中高频分量能够激发未建模的动力学作用（例如关节柔性），抖振现象经常是不可预期的[6.6,29,38]。为了避免抖振现象，采用变结构补偿的方法如：

$$\Delta v = \begin{cases} -\rho(x, t)\dfrac{B^T P x}{\|B^T P x\|}, & 当\|B^T P x\| > \varepsilon \\ \dfrac{-\rho(x, t)}{\varepsilon} B^T P x, & 当\|B^T P x\| \leqslant \varepsilon \end{cases} \qquad (6.63)$$

式中，ε 是一个用来作为边界层的正常数。根据这一修正，跟踪误差的收敛性可以被限定在一定的残差集范围内，当 ε 很小的时候便可以得到一个很小的残差

集范围。

2. 具有独立关节补偿的计算转矩类控制

前一种补偿方案是集中的，这就意味着若想实现在线计算需要完成大量的计算任务，并且需要昂贵的硬件作为支持。为了解决这一问题，下面将介绍一种带独立关节补偿的计算转矩类控制方案。在这种计算转矩类控制方案中，通过估计得到下述关系式：

$$\hat{H}(q)=I,\ \hat{C}(\boldsymbol{q},\ \dot{\boldsymbol{q}})=0,\ \hat{\tau}(q)=0 \quad (6.64)$$

使用外环中的变量$\boldsymbol{v}$，得到

$$\boldsymbol{v}=\boldsymbol{K}_{\mathrm{V}}\dot{\boldsymbol{e}}_{\mathrm{q}}+\boldsymbol{K}_{\mathrm{P}}\boldsymbol{e}_{\mathrm{q}}+\Delta\boldsymbol{v} \quad (6.65)$$

式中，正常数选取$\boldsymbol{K}_{\mathrm{V}}$和$\boldsymbol{K}_{\mathrm{P}}$，且足够大；$\Delta\boldsymbol{v}=(\boldsymbol{v}_1,\ \cdots,\ \boldsymbol{v}_n)^{\mathrm{T}}$中的第$i$个分量$\Delta\boldsymbol{v}_i$定义为

$$\Delta\boldsymbol{v}_i=\begin{cases}\text{如果}\,|s_i|\leqslant\dfrac{\varepsilon_i}{\boldsymbol{\beta}^{\mathrm{T}}\boldsymbol{\omega}(\boldsymbol{q}_{\mathrm{d}},\ \dot{\boldsymbol{q}}_{\mathrm{d}})},\ \text{则}-[\boldsymbol{\beta}^{\mathrm{T}}\boldsymbol{\omega}(\boldsymbol{q}_{\mathrm{d}},\ \dot{\boldsymbol{q}}_{\mathrm{d}})]^2\dfrac{s_i}{\varepsilon_i}\\ \text{如果}\,|s_i|>\dfrac{\varepsilon_i}{\boldsymbol{\beta}^{\mathrm{T}}\boldsymbol{\omega}(\boldsymbol{q}_{\mathrm{d}},\ \dot{\boldsymbol{q}}_{\mathrm{d}})},\ \text{则}-\boldsymbol{\beta}^{\mathrm{T}}\boldsymbol{\omega}(\boldsymbol{q}_{\mathrm{d}},\dot{\boldsymbol{q}}_{\mathrm{d}})\dfrac{s_i}{|s_i|}\end{cases} \quad (6.66)$$

在这种补偿中，$s_i=\dot{e}_{q,i}+\lambda_i e_{q,i}$，$i\in\{1,\ \cdots,\ n\}$，并且$\lambda_i$为正常数。进一步根据机械臂的性质，可以得到：

$$\|\boldsymbol{H}(\boldsymbol{q})\ddot{\boldsymbol{q}}_{\mathrm{d}}+\boldsymbol{C}(\boldsymbol{q},\ \dot{\boldsymbol{q}})\dot{\boldsymbol{q}}_{\mathrm{d}}|+\boldsymbol{\tau}_{\mathrm{g}}(\boldsymbol{q})\|\leqslant\beta_1+\beta_2\|\boldsymbol{q}\|+\|\dot{\boldsymbol{q}}\|=\boldsymbol{\beta}^{\mathrm{T}}\boldsymbol{\omega}(\boldsymbol{q},\ \dot{\boldsymbol{q}})$$

并且，$\beta=(\beta_1,\ \beta_2,\ \beta_3)^{\mathrm{T}}$，进而有

$$\omega(q,\ \dot{q})=[1,\ \|q\|,\ \|\dot{q}\|]^{\mathrm{T}} \quad (6.67)$$

最后，ε_i是边界层的可变长度，$i\in\{1,\ \cdots,\ n\}$，并且满足

$$\dot{\varepsilon}_i=-g_i\varepsilon_i,\ \varepsilon(0)>0,\ g_i>0 \quad (6.68)$$

这里值得指出的一点是控制方案中的变量ω被设计为期望补偿而不是反馈。进一步来讲，这种控制方案是之前那种关节独立控制的一种形式，并且具备前面提到的那些优点。通过应用李雅普诺夫函数可以在式（6.69）中体现跟踪误差逐渐趋于零这一特点：

$$V=\frac{1}{2}(e_{\mathrm{q}}^T\dot{e}_{\mathrm{q}}^T)\begin{pmatrix}\lambda K_{\mathrm{P}} & H\\ H & \lambda H\end{pmatrix}\begin{pmatrix}e_{\mathrm{q}}\\ \dot{e}_{\mathrm{q}}\end{pmatrix}+\sum_{i=1}^{n}g_i^{-1}\varepsilon_i \quad (6.69)$$

它沿着闭环系统轨迹的时间导数为

$$\dot{V}=-\alpha\left|\begin{pmatrix}e_{\mathrm{q}}\\ \dot{e}_{\mathrm{q}}\end{pmatrix}\right|^2 \quad (6.70)$$

如果K_{P}和γ足够大，则可以得到α为某一正常数。关于稳定性的详细分析在请参考文献［6.13］。

注：

与具有变结构补偿的计算转矩类控制类似，考虑如下的非零边界层：

$$\dot{\varepsilon}_i=-g_i\varepsilon_i,\ \varepsilon(0)>0,\ g_i,\ \alpha_i>0 \quad (6.71)$$

根据这样的修正，跟踪误差的收敛性可以被限定在一定的残差集范围内，当ε很小的时候便可以得到一个很小的残差集范围。为了完成点到点的控制任务，设计了一个带有重力补偿的PD控制器。

$$\hat{H}(q)=I,\ \hat{\boldsymbol{C}}(\boldsymbol{q},\ \dot{\boldsymbol{q}})=\boldsymbol{0},\ \hat{\tau}_{\mathrm{g}}(q)=\tau_{\mathrm{g}}(q) \quad (6.72)$$

式中，$\tau_{\mathrm{g}}(q)$是机械臂动力学模型的重力项。

使用外环中的变量ν，得到：

$$\nu=K_V\dot{e}_q+K_Pe_q \quad (6.73)$$

在这样的情况下，控制输入变为

$$\boldsymbol{\tau}=\boldsymbol{K}_{\mathrm{V}}\dot{\boldsymbol{e}}_{\mathrm{q}}+\boldsymbol{K}_{\mathrm{P}}\boldsymbol{e}_{\mathrm{q}}+\boldsymbol{\tau}_{\mathrm{g}}(\boldsymbol{q}) \quad (6.74)$$

这种控制方案较之精确地计算转矩控制易于实现。通过应用李雅普诺夫函数可以体现跟踪误差逐渐趋于零这一特点：

$$V=\frac{1}{2}\dot{e}_{\mathrm{q}}^TH(q)\dot{e}_{\mathrm{q}}+\frac{1}{2}e_{\mathrm{q}}^TK_{\mathrm{P}}e_{\mathrm{q}} \quad (6.75)$$

它沿着闭环系统解轨迹的时间导数为

$$\dot{V}=-\dot{e}_{\mathrm{q}}^TK_{\mathrm{V}}\dot{e}_{\mathrm{q}} \quad (6.76)$$

关于稳定性的细节分析在参考文献［6.12］中叙述。需要注意的一点是，由于前一种控制方案基于拉萨尔不变集引理而要求系统是自主的（不随时间变化），这一结果适用于调节情况而不是轨迹跟踪情况。

注：

如果忽略机械臂动力学模型中的重力因素，即$\hat{\tau}_g(q)=0$，那么控制法则变为

$$\boldsymbol{\tau}=\boldsymbol{v}=\boldsymbol{K}_{\mathrm{V}}\dot{\boldsymbol{e}}_{\mathrm{q}}+\boldsymbol{K}_{\mathrm{P}}\boldsymbol{e}_{\mathrm{q}} \quad (6.77)$$

上式可以引出纯PD控制。增益矩阵K_P和K_V可以选取对角线型，从而使PD控制成为基于多关节动力学模型的独立关节控制的形式。

6.6.3 小结和扩展阅读

本节提出了两种控制方案：计算矩阵控制和计算矩阵类控制。前一种将多输入多输出（MIMO）的非线性机器人系统转化成了一个非常简单的解耦的线性闭环系统。因为前一种控制方案的实际运用需要事先知道所有的机械臂控制参数和它的有效载荷，使它显得不太可行。而后一种方案放宽了上述的约束，且仍旧可以实现目标系统

的不确定性跟踪。

参考文献［6.43］研究了几种具备前馈补偿的跟踪系统。参考文献［6.19］中介绍了一种基于P—D控制的自适应控制方案。

6.7　自适应控制

自适应控制与普通控制的最大差别是自适应控制有一些与时间相关的参数，并且它具有根据闭环系统中某些信号进行在线调整这些参数的机制。即使设备中参数不确定，这种控制方案仍然可以达到控制目标。本节中我们介绍几种在机器人机械臂动力学参数信息不完全的情况下的自适应控制方案。这些自适应控制方案的控制性能基本上是从性质6.5得出的，包括自适应计算转矩控制、自适应惯性相关控制、被动自适应控制，以及具有期望补偿的自适应控制。最后，将强调在参数收敛中很重要的持续激励条件。

6.7.1　自适应计算转矩控制

计算转矩控制的设计很有吸引力，是因为它允许设计者把MIMO高度耦合非线性系统转换成十分简单的解耦线性系统，它的控制方案已为大家所接受。但是这种反馈线性化方法依赖于完全的系统参数信息，并且得不到这些信息会引起错误的参数估计，导致误差系统的闭环模型中产生不匹配项。该项可以理解为在闭环系统输入处的非线性扰动作用。为了解决参数不确定的问题，我们考虑下式有参数估计的逆动力学方法：

$$\boldsymbol{\tau}=\hat{\boldsymbol{H}}(\boldsymbol{q})(\ddot{\boldsymbol{q}}_{\mathrm{d}}+\boldsymbol{K}_{\mathrm{V}}\dot{\boldsymbol{e}}_{\mathrm{q}}+\boldsymbol{K}_{\mathrm{P}}\boldsymbol{e}_{\mathrm{q}})+\hat{\boldsymbol{C}}(\boldsymbol{q},\dot{\boldsymbol{q}})\dot{\boldsymbol{q}}+\hat{\boldsymbol{\tau}}_{\mathrm{g}}(\boldsymbol{q}) \tag{6.78}$$

式中，$\hat{\boldsymbol{H}}$、$\hat{\boldsymbol{C}}$、$\hat{\boldsymbol{\tau}}_{\mathrm{g}}$ 有和 $\boldsymbol{H}$，$\boldsymbol{C}$，$\boldsymbol{\tau}_{\mathrm{g}}$ 同样的函数式。由动力学模型的性质6.5有

$$\hat{\boldsymbol{H}}(\boldsymbol{q})\ddot{\boldsymbol{q}}+\hat{\boldsymbol{C}}(\boldsymbol{q},\dot{\boldsymbol{q}})\dot{\boldsymbol{q}}+\hat{\boldsymbol{\tau}}_{\mathrm{g}}(\boldsymbol{q})=\boldsymbol{Y}(\boldsymbol{q},\dot{\boldsymbol{q}},\ddot{\boldsymbol{q}})\hat{\boldsymbol{a}} \tag{6.79}$$

式中，$\boldsymbol{Y}(\boldsymbol{q},\dot{\boldsymbol{q}},\ddot{\boldsymbol{q}})$ 是回归量，是一个已知的 $(n\times r)$ 函数矩阵；$\boldsymbol{a}$ 是简化所有估计参数的 $(r\times 1)$ 向量。把控制输入τ代入械臂动力学方程，得到闭环误差模型

$$\hat{\boldsymbol{H}}(\boldsymbol{q})(\ddot{\boldsymbol{e}}_{\mathrm{q}}+\boldsymbol{K}_{\mathrm{V}}\dot{\boldsymbol{e}}_{\mathrm{q}}+\boldsymbol{K}_{\mathrm{P}}\boldsymbol{e}_{\mathrm{q}})=\boldsymbol{Y}(\boldsymbol{q},\dot{\boldsymbol{q}},\ddot{\boldsymbol{q}})\tilde{\boldsymbol{a}} \tag{6.80}$$

式中，$\tilde{\boldsymbol{a}}=\hat{\boldsymbol{a}}-\boldsymbol{a}$。为了得到合适的自适应法则，先假设加速度项 $\ddot{\boldsymbol{q}}$ 是可测量的，而且估计惯性矩阵 $\hat{\boldsymbol{H}}(\boldsymbol{q})$ 不是奇异的。为方便起见，误差方程重写为

$$\dot{\boldsymbol{x}}=\boldsymbol{A}\boldsymbol{x}+\boldsymbol{B}\hat{\boldsymbol{H}}^{-1}(\boldsymbol{q})\boldsymbol{Y}(\boldsymbol{q},\dot{\boldsymbol{q}},\ddot{\boldsymbol{q}})\tilde{\boldsymbol{a}} \tag{6.81}$$

式中 $\boldsymbol{x}=(\boldsymbol{e}_{\mathrm{q}}^{\mathrm{T}},\ \dot{\boldsymbol{e}}_{\mathrm{q}}^{\mathrm{T}})^{\mathrm{T}}$，$\boldsymbol{A}=\begin{pmatrix}\boldsymbol{0}_n & \boldsymbol{I}_n\\ -\boldsymbol{K}_{\mathrm{P}} & -\boldsymbol{K}_{\mathrm{V}}\end{pmatrix}$，$\boldsymbol{B}=\begin{pmatrix}\boldsymbol{0}_n\\ \boldsymbol{I}_n\end{pmatrix}$

(6.82)

自适应法则可以认为是

$$\dot{\hat{\boldsymbol{a}}}=-\boldsymbol{\Gamma}^{-1}\boldsymbol{Y}^{\mathrm{T}}(\boldsymbol{q},\dot{\boldsymbol{q}},\ddot{\boldsymbol{q}})\hat{\boldsymbol{H}}^{-1}(\boldsymbol{q})\boldsymbol{B}^{\mathrm{T}}\boldsymbol{P}\boldsymbol{x} \tag{6.83}$$

式中，$\boldsymbol{\Gamma}$ 是一个 $(r\times r)$ 的正定常数矩阵；$\mathbf{P}$ 是 $(2n\times 2n)$ 的对称正定常数矩阵，且满足：

$$\boldsymbol{P}\boldsymbol{A}+\boldsymbol{A}^{\mathrm{T}}\boldsymbol{P}=-\boldsymbol{Q} \tag{6.84}$$

式中，$\boldsymbol{Q}$ 是有相同维度的对称正定常数矩阵。该自适应法则有两个假定：

1）关节加速度 $\ddot{\boldsymbol{q}}$ 是可测量的。

2）未知参数的边界范围是有效的。

第一个假定是为了确定回归量 $\boldsymbol{Y}(\boldsymbol{q},\dot{\boldsymbol{q}},\ddot{\boldsymbol{q}})$ 是已知的先验，而第二个假定是通过将估计参数 $\hat{\boldsymbol{a}}$ 限制在真实参数值范围内，以保持估计量 $\hat{\boldsymbol{H}}(\boldsymbol{q})$ 非奇异。

实际上，李雅普诺夫稳定性理论和李雅普诺夫函数（见下式）能确定跟踪误差的收敛和保持所有内部信号有界。

$$\dot{V}=-\boldsymbol{x}^{\mathrm{T}}\boldsymbol{Q}\boldsymbol{x} \tag{6.85}$$

具体的稳定性分析在参考文献［6.2］中详述。

注：

由于实际和理论上的原因，上述的第一条假定是很难使用的。在多数情况下不容易做到加速度的精确测量；但必须确定关于这个扰动的上述自适应控制方案的鲁棒性。此外，从纯理论的角度看，测量 $\boldsymbol{q}$，$\dot{\boldsymbol{q}}$，$\ddot{\boldsymbol{q}}$ 意味着我们不仅需要整个系统的状态向量，还需要它的导数。

6.7.2　自适应惯性相关控制

这里介绍另外一种自适应控制方案。本节提出的方案不需要机械臂加速度的测量值，也不需要估计惯性矩阵的转置，因此能避免自适应计算转矩控制方案的不足。我们先看控制输入

$$\boldsymbol{\tau}=\hat{\boldsymbol{H}}(\boldsymbol{q})\dot{\boldsymbol{v}}+\hat{\boldsymbol{C}}(\boldsymbol{q},\dot{\boldsymbol{q}})\boldsymbol{v}+\hat{\boldsymbol{\tau}}_{\mathrm{g}}(\boldsymbol{q})+\boldsymbol{K}_{\mathrm{D}}\boldsymbol{s} \tag{6.86}$$

式中，辅助信号$\boldsymbol{v}$ 和 $\boldsymbol{s}$ 定义为 $\boldsymbol{v}=\dot{\boldsymbol{q}}_{\mathrm{d}}+\boldsymbol{\Lambda}\boldsymbol{e}_{\mathrm{q}}$ 和 $\boldsymbol{s}=\boldsymbol{v}-\dot{\boldsymbol{q}}=\dot{\boldsymbol{e}}_{\mathrm{q}}+\boldsymbol{\Lambda}\boldsymbol{e}_{\mathrm{q}}$，且 $\boldsymbol{\Lambda}$ 表示 $(n\times n)$ 的正定矩阵。根

据动态模型的性质6.5，有

$$\boldsymbol{H}(\boldsymbol{q})\dot{\boldsymbol{v}}+\boldsymbol{C}(\boldsymbol{q},\dot{\boldsymbol{q}})\boldsymbol{v}+\boldsymbol{\tau}_{g}(\boldsymbol{q})=\overline{\boldsymbol{Y}}(\boldsymbol{q},\dot{\boldsymbol{q}},\boldsymbol{v},\dot{\boldsymbol{v}})\boldsymbol{a} \tag{6.87}$$

式中，$\overline{\boldsymbol{Y}}(\cdot,\cdot,\cdot,\cdot)$ 是一个已知时间函数的 $(n\times r)$ 矩阵。式（6.87）和自适应计算转矩控制的参数分离方法的公式是同类型的。注意，$\overline{\boldsymbol{Y}}(\boldsymbol{q},\dot{\boldsymbol{q}},\boldsymbol{v},\dot{\boldsymbol{v}})$ 是独立于关节加速度的。类似式（6.87），我们得到

$$\hat{\boldsymbol{H}}(\boldsymbol{q})\dot{\boldsymbol{v}}+\hat{\boldsymbol{C}}(\boldsymbol{q},\dot{\boldsymbol{q}})\boldsymbol{v}+\hat{\boldsymbol{\tau}}_{g}(\boldsymbol{q})=\overline{\boldsymbol{Y}}(\boldsymbol{q},\dot{\boldsymbol{q}},\boldsymbol{v},\dot{\boldsymbol{v}})\hat{\boldsymbol{a}} \tag{6.88}$$

把控制输入代入运动方程，得到

$$\boldsymbol{H}(\boldsymbol{q})\ddot{\boldsymbol{q}}+\boldsymbol{C}(\boldsymbol{q},\dot{\boldsymbol{q}})\dot{\boldsymbol{q}}+\boldsymbol{\tau}_{g}(\boldsymbol{p})=$$
$$\hat{\boldsymbol{H}}(\boldsymbol{q})\dot{\boldsymbol{v}}+\hat{\boldsymbol{C}}(\boldsymbol{q},\dot{\boldsymbol{q}})\boldsymbol{v}+\hat{\boldsymbol{\tau}}_{g}(\boldsymbol{q})+\boldsymbol{K}_{D}\boldsymbol{s}$$

由于 $\ddot{\boldsymbol{q}}=\dot{\boldsymbol{v}}-\dot{\boldsymbol{s}}$，$\dot{\boldsymbol{q}}=\boldsymbol{v}-\boldsymbol{s}$，前面的结果能重写成

$$\boldsymbol{H}(\boldsymbol{q})\dot{\boldsymbol{s}}+\boldsymbol{C}(\boldsymbol{q},\dot{\boldsymbol{q}})\boldsymbol{s}+\boldsymbol{K}_{D}\boldsymbol{s}=\overline{\boldsymbol{Y}}(\boldsymbol{q},\dot{\boldsymbol{q}},\boldsymbol{v},\dot{\boldsymbol{v}})\tilde{\boldsymbol{a}} \tag{6.89}$$

式中，$\tilde{\boldsymbol{a}}=\hat{\boldsymbol{a}}-\boldsymbol{a}$。自适应法则认为是

$$\dot{\hat{\boldsymbol{a}}}=-\boldsymbol{\Gamma}\overline{\boldsymbol{Y}}^{\mathrm{T}}(\boldsymbol{q},\dot{\boldsymbol{q}},\boldsymbol{v},\dot{\boldsymbol{v}})\boldsymbol{s} \tag{6.90}$$

跟踪误差收敛到零的边界上所有内部信号可以通过李雅普诺夫稳定性理论表示，使用下面类似李雅普诺夫函数的函数

$$V=\frac{1}{2}\boldsymbol{s}^{\mathrm{T}}\boldsymbol{H}(\boldsymbol{q})\boldsymbol{s}+\frac{1}{2}\tilde{\boldsymbol{a}}^{\mathrm{T}}\boldsymbol{\Gamma}^{-1}\tilde{\boldsymbol{a}} \tag{6.91}$$

它沿闭环系统的轨迹的时间导数为

$$\dot{V}=-\boldsymbol{s}^{\mathrm{T}}\boldsymbol{K}_{D}\boldsymbol{s} \tag{6.92}$$

详细的稳定性分析参见参考文献［6.32］。

注：

1）之前学到的自适应计算转矩控制的限制在这里被去除了。

2）$\boldsymbol{K}_{D}\boldsymbol{s}$ 项给误差系统模型引入了 PD 型线性稳定控制作用。

3）如果参考轨迹满足以下持续激励条件，则参考轨迹的估计参数收敛于真实参数。

$$\alpha_1\boldsymbol{I}_r\leqslant\int_{t_0}^{t_0+t}\boldsymbol{Y}^{\mathrm{T}}(\boldsymbol{q}_{d},\dot{\boldsymbol{q}}_{d},\boldsymbol{v},\dot{\boldsymbol{v}})\boldsymbol{Y}(\boldsymbol{q}_{d},\dot{\boldsymbol{q}}_{d},\boldsymbol{v},\dot{\boldsymbol{v}})\mathrm{d}t$$
$$\leqslant\alpha_2\boldsymbol{I}_r,$$

其中，所有的 t_0，α_1，α_2，和 t 都是正常数。

6.7.3 被动自适应控制

从控制的物理学角度我们能看到，由于自适应控制方案的发展，被动性的概念变得很普及。在这里会说明被动性的概念是怎样运用到设计一种机器人机械臂自适应控制法则类型中的。首先要定义一个辅助滤波跟踪误差信号 $\boldsymbol{r}$ 为

$$\boldsymbol{r}=\boldsymbol{F}^{-1}(s)\boldsymbol{e}_{q} \tag{6.93}$$

其中，

$$\boldsymbol{F}^{-1}(s)=\left[s\boldsymbol{I}_n+\frac{1}{s}\boldsymbol{K}(s)\right] \tag{6.94}$$

式中，$\boldsymbol{s}$ 是拉普拉斯变换变量。选择 $(n\times n)$ 的矩阵 $K(s)$，使 $F(s)$ 是一个完全合适、稳定的传递函数矩阵。如之前的方案，自适应控制策略和将已知函数从未知常数参数中分离出来的能力有密切的关系。使用上述的公式定义

$$\boldsymbol{Z\varphi}=\boldsymbol{H}(\boldsymbol{q})[\ddot{\boldsymbol{q}}_{d}+\boldsymbol{K}(s)\boldsymbol{e}_{q}]+\boldsymbol{V}(\boldsymbol{q},\dot{\boldsymbol{q}})$$
$$\left[\dot{\boldsymbol{q}}_{n}+\frac{1}{s}\boldsymbol{K}(s)\boldsymbol{e}_{q}\right]+\boldsymbol{\tau}_{g}(\boldsymbol{q})$$

式中，$\boldsymbol{Z}$ 是已知的 $(n\times r)$ 回归矩阵；$\boldsymbol{\varphi}$ 是自适应环境中未知系统参数的一个向量。注意到上式可以改写，使 $\boldsymbol{Z}$ 和 $\boldsymbol{r}$ 能不依赖于关节加速度 $\ddot{\boldsymbol{q}}$ 是很重要的。这里的自适应控制方案称为被动性方法，是因为 $-\boldsymbol{r}\rightarrow\boldsymbol{Z}\tilde{\boldsymbol{\varphi}}$ 的映射被构造为被动映射。即，我们得到了一个自适应法则，有

$$\int_0^t-\boldsymbol{r}^{\mathrm{T}}(\sigma)Z(\sigma)\tilde{\boldsymbol{\varphi}}(\sigma)\mathrm{d}\sigma\geqslant-\beta \tag{6.95}$$

总是满足某个正纯量常数 β。这类自适应控制器的控制输入为

$$\boldsymbol{\tau}=\boldsymbol{Z}\hat{\boldsymbol{\varphi}}+\boldsymbol{K}_{D}\boldsymbol{r} \tag{6.96}$$

详细的稳定性分析参见参考文献［6.44］。

备注

1）如果选取 $\boldsymbol{K}(s)$，那么 $\boldsymbol{H}(s)$ 有一个相对度，$\boldsymbol{Z}$ 和 $\boldsymbol{r}$ 将不依赖于 $\ddot{\boldsymbol{q}}$。

2）通过在定义 $\boldsymbol{r}$ 中选择不同的传递函数矩阵 $\boldsymbol{K}(s)$，可以由自适应被动控制方法产生多种控制方案的类型。

3）注意，定义 $\boldsymbol{K}(s)=s\boldsymbol{\Lambda}$，使 $\boldsymbol{F}(s)=(s\,\boldsymbol{I}n+\boldsymbol{\Lambda})^{-1}$，控制输入为

$$\boldsymbol{\tau}=\boldsymbol{Z}\hat{\boldsymbol{\varphi}}-\boldsymbol{K}_{D}\boldsymbol{r}$$

且

$$\boldsymbol{Z}\hat{\boldsymbol{\varphi}}=\hat{\boldsymbol{H}}(\boldsymbol{q})(\ddot{\boldsymbol{q}}_{d}+\boldsymbol{\Lambda}\dot{\boldsymbol{e}}_{q})+\hat{\boldsymbol{C}}(\boldsymbol{q},\dot{\boldsymbol{q}})(\dot{\boldsymbol{q}}_{d}+\boldsymbol{\Lambda}\boldsymbol{e}_{q})+\hat{\boldsymbol{\tau}}_{g}(\boldsymbol{q})$$

自适应法则可能被选取为

$$\dot{\hat{\boldsymbol{\varphi}}}=\boldsymbol{\Gamma}\boldsymbol{Z}^{\mathrm{T}}(\dot{\boldsymbol{e}}_{q}+\boldsymbol{\Lambda}\boldsymbol{e}_{q})$$

以满足被动映射条件。这表明自适应惯性相关控制可以看作是自适应被动控制的特例。

6.7.4　具有期望补偿的自适应控制

为了实现自适应控制方案，需要实时计算 $\boldsymbol{Y}(\boldsymbol{q}, \dot{\boldsymbol{q}}, \ddot{\boldsymbol{q}})$ 的元素。然而，这个过程会非常浪费时间，因为它涉及关节位置和速度的高次非线性函数的计算，因此，这种方案的实时实现是相当困难的。为了克服这些困难，这里提出并讨论了带期望补偿的自适应控制。换言之，用期望变量替换变量 $\boldsymbol{q}$，$\dot{\boldsymbol{q}}$ 和 $\ddot{\boldsymbol{q}}$，即，$\boldsymbol{q}_{\mathrm{d}}$，$\dot{\boldsymbol{q}}_{\mathrm{d}}$ 和 $\ddot{\boldsymbol{q}}_{\mathrm{d}}$。因为期望量是之前已知的，所以它们相应的计算可以离线进行，使得实时实现似乎更可行。我们考虑控制输入

$$\boldsymbol{\tau} = \boldsymbol{Y}(\boldsymbol{q}_{\mathrm{d}}, \dot{\boldsymbol{q}}_{\mathrm{d}}, \ddot{\boldsymbol{q}}_{\mathrm{d}})\hat{\boldsymbol{a}} + k_{\mathrm{a}}\boldsymbol{s} + k_{\mathrm{p}}\boldsymbol{e}_{\mathrm{q}} + k_{n}\|\boldsymbol{e}_{\mathrm{q}}\|^2\boldsymbol{s} \tag{6.97}$$

式中，正常数 k_{a}，k_{p}，和 k_n 足够大；辅助信号 s 定义为 $\boldsymbol{s} = \dot{\boldsymbol{e}}_{\mathrm{q}} + \boldsymbol{e}_{\mathrm{q}}$。自适应法则认为是

$$\dot{\hat{\boldsymbol{a}}} = -\boldsymbol{\Gamma}\boldsymbol{Y}^{\mathrm{T}}(\boldsymbol{q}_{\mathrm{d}}, \dot{\boldsymbol{q}}_{\mathrm{d}}, \ddot{\boldsymbol{q}}_{\mathrm{d}})\boldsymbol{s} \tag{6.98}$$

值得注意的是，在控制和自适应法则中采用了期望补偿，使计算负荷大大减少。便于分析起见，我们注意到

$$\|\boldsymbol{Y}(\boldsymbol{q}, \dot{\boldsymbol{q}}, \ddot{\boldsymbol{q}})\boldsymbol{a} - \boldsymbol{Y}(\boldsymbol{q}_{\mathrm{d}}, \dot{\boldsymbol{q}}_{\mathrm{d}}, \ddot{\boldsymbol{q}}_{\mathrm{d}})\hat{\boldsymbol{a}}\| \leqslant$$
$$\zeta_1\|\boldsymbol{e}_{\mathrm{q}}\| + \zeta_2\|\boldsymbol{e}_{\mathrm{q}}\|^2 + \zeta_3\|\boldsymbol{s}\| + \zeta_4\|\boldsymbol{s}\|\|\boldsymbol{e}_{\mathrm{q}}\|$$

式中，ζ_1，ζ_2，ζ_3，和 ζ_4 是正常数。为了实现轨迹跟踪，需要：

$$k_{\mathrm{a}} > \zeta_2 + \zeta_4$$
$$k_{\mathrm{p}} > \frac{\zeta_1}{2} + \frac{\zeta_2}{4}$$
$$k_{\mathrm{v}} > \frac{\zeta_1}{2} + \zeta_3 + \frac{\zeta_2}{4}$$

（例如，增益 k_{a}，k_{p}，和 k_{v} 值应该足够大）。李雅普诺夫稳定性理论和下面的与李雅普诺夫方程类似的方程能证明内部信号的边界内的跟踪误差收敛于零。

$$V = \frac{1}{2}\boldsymbol{s}^{\mathrm{T}}\boldsymbol{H}(\boldsymbol{q})\boldsymbol{s} + \frac{1}{2}k_{\mathrm{p}}\boldsymbol{e}_{\mathrm{q}}^{\mathrm{T}}\boldsymbol{e}_{\mathrm{q}} + \frac{1}{2}\tilde{\boldsymbol{a}}^{\mathrm{T}}\boldsymbol{\Gamma}^{-1}\tilde{\boldsymbol{a}} \tag{6.99}$$

其中，沿着闭环系统的轨迹的时间导数推导为

$$\dot{V} \leqslant -\boldsymbol{x}^{\mathrm{T}}\boldsymbol{Q}\boldsymbol{x} \tag{6.100}$$

其中，

$$\boldsymbol{x} = \begin{pmatrix} \|\boldsymbol{e}_{\mathrm{q}}\| \\ \|\boldsymbol{s}\| \end{pmatrix},\ \boldsymbol{Q} = \begin{pmatrix} k_{\mathrm{p}} - \zeta_2/4 & -\zeta_1/2 \\ -\zeta_1/2 & k_{\mathrm{v}} - \zeta_3 - \zeta_4/4 \end{pmatrix}。$$

详细的稳定性分析参加参考文献［6.45］。

6.7.5　小结和扩展阅读

由于计算转矩控制容许参数的不确定性，因此提出了多种自适应控制方案。首先介绍了基于计算转矩控制的自适应控制方案。然后为克服之前提及的不足，如关节加速度的可测量性和估计惯性矩阵的可逆性，我们介绍了一种没有这些不足的替代的自适应控制方案。最近，控制中吸收了物理学的观点，自适应被动控制变得普及了，所以在这里介绍和讨论一下。最后，为了减少自适应方案的计算负荷，我们介绍了带期望补偿的自适应控制。

参考文献［6.46］中提出了一种处理刚性机械臂问题的自适应控制的快速计算方案。通过假定关节动力学是解耦的（如每个关节被认为是一个独立的二阶线性系统），完成稳定性分析。这一领域的其他开创性的工作可以找到，比如，在参考文献［6.47，48］中，尽管基础的动力学模型性质一个也没使用，却还是考虑到了完整的动力学，但是控制输入是不连续的，会引起抖振。虽然假定自适应中某个时变量保持为常数，在参考文献［6.49］节中明确使用了惯性矩阵的正定性。很有意思的是所有的这些方案都是基于参考文献［6.50］中为线性系统提出的模型参考自适应控制（MRAC）概念。因此，概念上它们与本节所介绍的真实非线性方案十分不同。

参考文献［6.51］和［6.52］中，提出了一种基于被动性的修正版的最小二乘估计方案，它确定了方案的闭环稳定性。在参考文献［6.53］能找到其他方案，其中没有用到反对称性质。在参考文献［6.54］中，递归的牛顿-欧拉方程用来代替拉格朗日方程推导机械臂的动力学方程，因此，简化的计算帮助了实际应用。

虽然自适应控制提出了解决参数不确定性问题的方法，但是自适应控制器的鲁棒性问题在这一领域仍是一个非常有趣的课题。确实，测量噪声或未建模动力学（如，柔性）会产生无界的闭环信号。特别地，估计参数会发散——这是自适应控制中一种众所周知的现象，称为参数漂移。参考文献［6.55］和［6.56］中研究了由线性系统自适应控制得出的方法，其中修正的估计值确定估计值的边界。在参考文献［6.57］中，为了加强鲁棒性，修正了参考文献［6.32］中的控制器。

6.8　最优和鲁棒控制

已知一个非线性系统，例如机器人机械臂，人

们能够设计许多稳定化的控制器[6.29,41]。换言之，控制系统的稳定性不能确定一个唯一的控制器。很自然地，人们在许多的控制器中寻找一个最优的控制器。然而，只有在有目标系统相当精确的信息情况下，例如精确的系统模型，一个最优的控制器设计才是有可能的[6.34,58]。当存在实际系统与其数学模型之间的不一致时，一个设计的最优控制器就不再是最优的，甚至可能在真实系统中最终是不稳定的。一般来说，最优控制设计架构并不是解决系统不确定性最好的一个。为了处理控制设计阶段的系统不确定性，需要一个鲁棒控制设计架构[6.59]。鲁棒控制的主要目标之一是即使数学模型或未建模的动力学等中存在不确定性，也要保持所控制系统的稳定性。

考虑一个由如下非线性时变微分方程描述的仿射非线性系统，其中

$$\boldsymbol{x}=(x_1, x_2, \cdots, x_n)^{\mathrm{T}} \in R^n$$

$$\dot{\boldsymbol{x}}(t)=\boldsymbol{f}(\boldsymbol{x}, t)+\boldsymbol{G}(\boldsymbol{x}, t)\boldsymbol{u}+\boldsymbol{P}(\boldsymbol{x}, t)\boldsymbol{w} \quad (6.101)$$

式中，$\boldsymbol{u} \in R^m$ 是控制输入；$\boldsymbol{w} \in R^w$ 是扰动。不考虑扰动或未建模动力学，系统简化为

$$\dot{\boldsymbol{x}}(t)=\boldsymbol{f}(\boldsymbol{x}, t)+\boldsymbol{G}(\boldsymbol{x}, t)\boldsymbol{u} \quad (6.102)$$

实际上，根据控制目标存在许多种描述非线性系统的方法[6.1,16.21,23,34,53]。

6.8.1 二次型最优控制

每一个最优控制器都是基于它自己的成本函数[6.60,61]。我们可以这样定义它的成本函数[6.62,63]

$$z=\boldsymbol{H}(\boldsymbol{x}, t)\boldsymbol{x}+\boldsymbol{K}(\boldsymbol{x}, t)\boldsymbol{u}$$

有 $\boldsymbol{H}^{\mathrm{T}}(\boldsymbol{x}, t)\boldsymbol{K}(\boldsymbol{x}, t)=\boldsymbol{0}$，$\boldsymbol{K}^{\mathrm{T}}(\boldsymbol{x}, t)\boldsymbol{K}(\boldsymbol{x}, t)=\boldsymbol{R}(\boldsymbol{x}, t)>\boldsymbol{0}$，并且 $\boldsymbol{H}^{\mathrm{T}}(\boldsymbol{x}, t)\boldsymbol{H}(\boldsymbol{x}, t)=\boldsymbol{Q}(\boldsymbol{x}, t)>\boldsymbol{0}$，于是有

$$\frac{1}{2}z^{\mathrm{T}}z=\frac{1}{2}\boldsymbol{x}^{\mathrm{T}}\boldsymbol{Q}(\boldsymbol{x}, t)\boldsymbol{x}+\frac{1}{2}\boldsymbol{u}^{\mathrm{T}}\boldsymbol{R}(\boldsymbol{x}, t)\boldsymbol{u}$$

对于一个一阶可微正定函数，通过解以下汉密尔顿-雅可比-贝尔曼（HJB）方程[6.34,58]，从而找到系统的二次最优控制式（6.102）。

$$\begin{aligned}0=\mathrm{HJB}(\boldsymbol{x}, t; V)&=V_t(\boldsymbol{x}, t)+\boldsymbol{V}_x(\boldsymbol{x}, t)\boldsymbol{f}(\boldsymbol{x}, t)\\&-\frac{1}{2}\boldsymbol{V}_x(\boldsymbol{x}, t)\boldsymbol{G}(\boldsymbol{x}, t)\boldsymbol{R}^{-1}(\boldsymbol{x}, t)\\&\boldsymbol{G}^{\mathrm{T}}(\boldsymbol{x}, t)\boldsymbol{V}_x^{\mathrm{T}}(\boldsymbol{x}, t)+\frac{1}{2}\boldsymbol{Q}(\boldsymbol{x}, t)\end{aligned}$$

式中，$V_t=\dfrac{\partial V}{\partial t}$；$\boldsymbol{V}_x=\dfrac{\partial V}{\partial \boldsymbol{x}^{\mathrm{T}}}$。

于是这个二次最优控制可定义为

$$\boldsymbol{u}=-\boldsymbol{R}^{-1}(\boldsymbol{x}, t)\boldsymbol{G}^{\mathrm{T}}(\boldsymbol{x}, t)\boldsymbol{V}_x^{\mathrm{T}}(\boldsymbol{x}, t) \quad (6.103)$$

注意 HJB 方程是一个非线性二阶偏微分方程。

不像之前提过的最优控制问题那样，所谓的逆二次最优控制是为了找到一组 $\boldsymbol{Q}(\boldsymbol{x}, t)$ 和 $\boldsymbol{R}(\boldsymbol{x}, t)$，使得 HJB 方程有解 $\boldsymbol{V}(\boldsymbol{x}, t)$。逆二次最优控制于是可以定义为式（6.103）。

6.8.2 非线性 $\mathcal{H}_\infty$ 控制

当扰动无法忽略的时候，可以这样来处理扰动作用

$$\int_0^t z^{\mathrm{T}}(\boldsymbol{x}, \tau)z(\boldsymbol{x}, \tau)\mathrm{d}\tau \leqslant \gamma^2\int_0^t \boldsymbol{w}^{\mathrm{T}}\boldsymbol{w}\mathrm{d}\tau \quad (6.104)$$

式中，$\gamma>0$ 给定了从扰动输入 $\boldsymbol{w}$ 到成本变量 $\boldsymbol{z}$ 的闭环系统的 L_2 增益。这被称为 L_2 增益的衰减要求。非线性 $\mathcal{H}_\infty$ 最优控制给出了一种设计最优和鲁棒控制的系统化方法。令 $\gamma>0$ 已知，解以下方程：

$$\begin{aligned}HJI_\gamma(\boldsymbol{x}, t; V)&=\boldsymbol{V}_t(\boldsymbol{x}, t)+\boldsymbol{V}_x(\boldsymbol{x}, t)\boldsymbol{f}(\boldsymbol{x}, t)\\&-\frac{1}{2}\boldsymbol{V}_x(\boldsymbol{x}, t)\{\boldsymbol{G}(\boldsymbol{x}, t)\boldsymbol{R}^{-1}\\&(\boldsymbol{x}, t)\boldsymbol{G}^{\mathrm{T}}(\boldsymbol{x}, t)-\gamma^{-2}\boldsymbol{P}(\boldsymbol{x}, t)\\&\boldsymbol{P}^{\mathrm{T}}(\boldsymbol{x}, t)\}\boldsymbol{V}_x^{\mathrm{T}}(\boldsymbol{x}, t)+\frac{1}{2}\boldsymbol{Q}(\boldsymbol{x}, t)\leqslant 0\end{aligned} \quad (6.105)$$

于是控制定义为：

$$\boldsymbol{u}=-\boldsymbol{R}^{-1}(\boldsymbol{x}, t)\boldsymbol{G}^{\mathrm{T}}(\boldsymbol{x}, t)\boldsymbol{V}_x^{\mathrm{T}}(\boldsymbol{x}, t) \quad (6.106)$$

这个偏微分不等式被称为汉密尔顿-雅克比-艾萨克（HJI）不等式。那么，可以定义逆非线性 $\mathcal{H}_\infty$ 最优控制问题，该问题可以找到一组 $\boldsymbol{Q}(\boldsymbol{x}, t)$ 和 $\boldsymbol{R}(\boldsymbol{x}, t)$，使得对一个指定的 L_2 增益 γ，达到了 L_2 增益要求[6.65]。

有两件事值得进一步讨论。第一，L_2 增益要求只对 L_2 范数（欧几里德距离）是有界的扰动信号 $\boldsymbol{w}$ 有效。第二，$\mathcal{H}_\infty$ 最优控制的定义不是唯一的。因此，我们可以从众多的 $\mathcal{H}_\infty$ 最优控制器中选出一个二次最优的。准确地说，由于期望的 L_2 增益是指定的先验，那么这个控制（6.106）应该被称作 $\mathcal{H}_\infty$ 的次优控制。一个真正的 $\mathcal{H}_\infty$ 最优控制是找到使 L_2 增益要求实现的 γ 为最小值。

6.8.3 非线性 $\mathcal{H}_\infty$ 控制的被动设计

有许多设计最优和（或）鲁棒控制的方法。其中，被动控制可以充分利用上面所描述到的性质[6.31]。它包括两部分：一个来自保留了系统被动性的参考运动补偿，另一个则要达到稳定性、鲁棒性和（或）最优性[6.65,66]。

假设，动力学参数被确定为 $\hat{H}(q)$，$\hat{C}(q, \dot{q})$ 和 $\hat{\tau}_g(q)$，它们的对应部分分别是 $H(q)$，$C(q, \dot{q})$ 和 $\tau_g(q)$。那么，被动控制会产生下面的跟踪控制法则：

$$\tau = \hat{H}(q)\ddot{q}_{ref} + \hat{C}(q, \dot{q})\dot{q}_{ref} + \hat{\tau}_g(q) - u \tag{6.107}$$

式中，$\ddot{q}_{ref}$ 是参考加速度，定义为：

$$\ddot{q}_{ref} = \ddot{q}_d + K_V \dot{e}_q + K_P e_q \tag{6.108}$$

式中，$K_V = \mathrm{diag}\{k_V, i\} > 0$；$K_P = \mathrm{diag}\{k_P, i\} > 0$。参考加速度产生中涉及两个参数。有时可以采用下面的替代方法：

$$\ddot{q}_{ref} = \ddot{q}_d + K_V \dot{e}_q$$

这减少了闭环系统的阶数，因为当式（6.108）的定义要求状态 $x = \left(\int e_q^T, e_q^T, \dot{e}_q^T\right)^T$ 时，状态 $x = (e_q^T, \dot{e}_q^T)^T$ 对于系统描述是充分的，控制下的闭环动力学由下式给出

$$H(q)\ddot{e}_{ref} + C(q, \dot{q})\dot{e}_{ref} = u + w \tag{6.109}$$

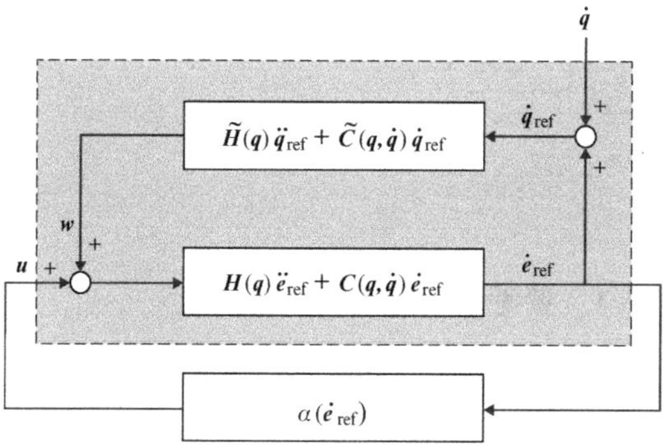

图 6.7　根据公式（6.109）的闭环系统

其中，

$$\ddot{e}_{ref} = \ddot{e}_q + K_V \dot{e}_q + K_P e_q$$
$$\dot{e}_{ref} = \dot{e}_q + K_V e_q + K_P \int e_q$$

如果 $d(t) = 0$，且 $\hat{H} = H$，$\hat{C} = C$，$\hat{\tau}_g = \tau_g$，则 $w = 0$。否则，扰动定义为

$$w = \tilde{H}(q)\ddot{q}_{ref} + \tilde{C}(q, \dot{q})\dot{q}_{ref} + \tau_g(q) + \mathrm{d}(t) \tag{6.110}$$

式中，$\tilde{H} = H - \hat{H}$；$\tilde{C} = C - \hat{C}$；$\tilde{\tau}_g = \hat{\tau}_g - \tau_g$。特别有意思的是，该系统（6.109）定义了从 $u + w$ 到 $\dot{e}_{ref}$ 的被动映射。

根据这种方法，辅助控制输入 u 是指定的，被动控制可实现稳定性、鲁棒性和（或）最优性。

6.8.4　逆非线性 $\mathcal{H}_\infty$ 控制问题的解决方案

通过参考误差反馈定义辅助控制输入

$$u = -\alpha R^{-1}(x, t)\dot{e}_{ref} \tag{6.111}$$

其中，$\alpha > 1$ 是任意的。那么，控制提供了逆非线性 $\mathcal{H}_\infty$ 最优性。

定理 6.1：逆非线性 $\mathcal{H}_\infty$ 最优性[6.65]。

使参考加速度产生增益矩阵 K_V 和 K_P，且满足

$$K_V^2 > 2K_P \tag{6.112}$$

那么，对于一个给定的 $\gamma > 0$，参考误差反馈

$$u = -K\dot{e}_{ref} = -K\left(\dot{e}_q + K_V e_q + K_P \int e_q\right) \tag{6.113}$$

对于

$$Q = \begin{pmatrix} K_P^2 K_\gamma & 0 & 0 \\ 0 & (K_V^2 - 2K_P)K_\gamma & 0 \\ 0 & 0 & K_\gamma \end{pmatrix} \tag{6.114}$$

$$R = K^{-1} \tag{6.115}$$

满足 L_2 增益衰减要求。

其中

$$K_\gamma = K - \frac{1}{\gamma^2} I > 0 \tag{6.116}$$

给定 γ，可以设 $K = \alpha \frac{1}{\gamma^2} I$，且 $\alpha > 1$，得到 $K_\gamma = (\alpha - 1)\frac{1}{\gamma^2} I$

当惯性矩阵被确定为对角常数矩阵后，如 $\hat{H} = \mathrm{diag}\{\hat{m}_i\}$，应该设 $\hat{C} = 0$。此外，可以设 $\hat{\tau}_g = \mathbf{0}$。则推出了解耦的 PID 控制的表达式：

$$\tau_i = \hat{m}_i(\ddot{q}_{d,i} + k_{V,i}\dot{e}_{q,i} + k_{P,i}e_{q,i}) + \alpha \frac{1}{\gamma^2}\left(\dot{e}_{q,i} + k_{V,i}e_{q,i} + k_{P,i}\int e_{q,i}\right)$$

当 $\alpha > 1$ 时，上式可以重写为

$$\tau_i = \hat{m}_i \ddot{q}_{d,i} + \left(\hat{m}_i k_{V,i} + \alpha \frac{1}{\gamma^2}\right)\dot{e}_{q,i} + \left(\hat{m}_i k_{P,i} + \alpha \frac{k_{V,i}}{\gamma^2}\right)e_{q,i} + \alpha \frac{k_{P,i}}{\gamma^2}\int e_{q,i} \tag{6.117}$$

这就推出了具有期望加速度前馈的 PID 控制[6.67]：

$$\tau_i = \hat{m}_i \ddot{q}_{d,i} + k_{V,i}^* \dot{e}_{q,i} + k_{P,i}^* e_{q,i} + k_{I,i}^* \int e_{q,i} \tag{6.118a}$$

其中，

$$k_{V,i}^{*}=\hat{m}_i k_{V,i}+\alpha\frac{1}{\gamma^2} \tag{6.118b}$$

$$k_{P,i}^{*}=\hat{m}_i k_{P,i}+\alpha\frac{k_{V,i}}{\gamma^2} \tag{6.118c}$$

$$k_{I,i}^{*}=\alpha\frac{k_{P,i}}{\gamma^2} \tag{6.118d}$$

6.9 数字化实现

前面介绍过的控制器，大多数都可以在微处理器上数字化地实现。本节讨论基本但是实质的计算机实现相关的实践问题。当控制器是在计算机控制系统中完成的时候，读取的是模拟输入，输出为一个特定采样周期下的输出。由于采样会在控制闭环中引入时间延迟，因而这是与模拟实现相比的一个不足之处。图6.8展示了有数字化实现的控制系统的总框图。当用数字计算机实现控制法则的时候，很方便使用中断程序将代码序列分成四个过程程序，如图6.9所示。以正确的频率从传感器读取输入信号，同步将控制信号写到数模（D/A）转换器是非常重要的。因此，这些过程放在第一个程序中。在存储了计数器的值并提取了D/A值后（这些值已经在上一步计算过），下一步程序将产生参考值。带滤波的控制程序遵循并产生纯量或向量的控制输出。最后，给出检查参数值的用户接口，并被用来调节和调试。

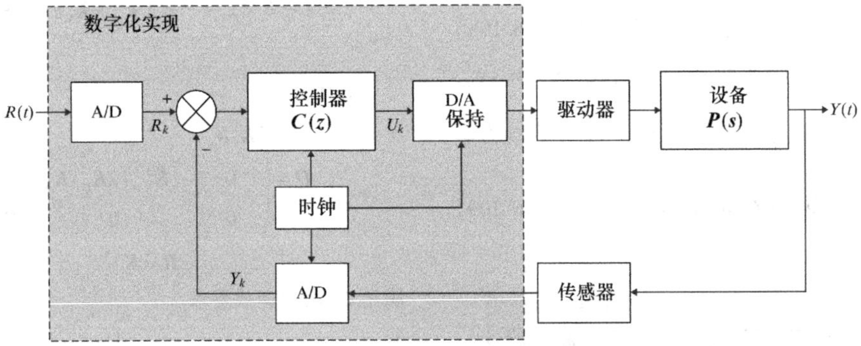

图6.8 系统控制的数字化实现

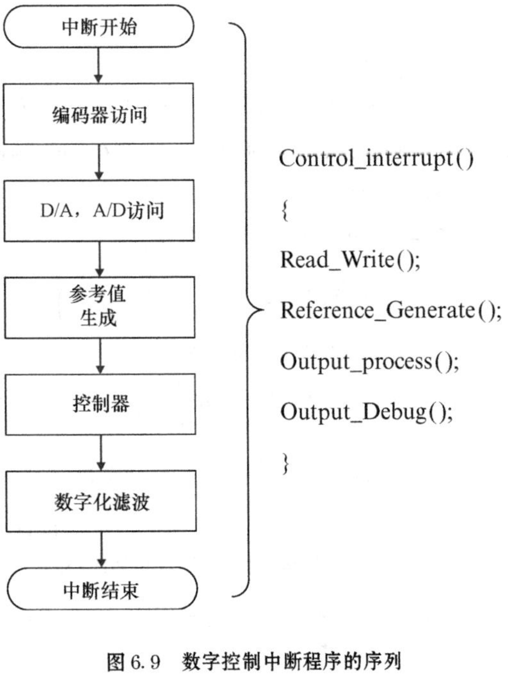

图6.9 数字控制中断程序的序列

6.9.1 参考轨迹生成

参考轨迹生成是一个起点，用做控制的目标值。它是一组在控制处理器中每个中断的设定点的值，所以被称作运动轮廓。既然实际上此时伺服控制的目标不是点对点控制，而是轨迹跟踪，那么设计好这个轮廓就非常重要了，因为跟踪和定位误差对此十分敏感。一般梯形轮廓是很好计算的，在加速和减速期间需要恒定电流。然而，运动两端发生大的抖动会引起振动。大的抖动（加速度的迅速改变，及相应的力的迅速改变）可能会对动力学系统造成实质性损害和引起不希望的振动。因此，需要平滑的轮廓，尽管这需要更多的计算时间。一个使用三次多项式的简单运动轮廓如下：

$$y(t)=a+bt+ct^2+dt^3$$

$$\dot{y}(t)=b+2ct+3dt^2$$

$$\ddot{y}(t)=2c+6dt$$

实际上，运动轮廓方程是标准化的，并且可以编程为函数，且约束为：

$$y(0)=0,\quad y(1)=1$$

$$\dot{y}(0)=0,\quad \dot{y}(1)=0$$

当运动时间和距离是标准化的时候，程序代码采用式（6.119）中所示的式子。

$$\begin{aligned} y\left(\frac{t}{T}\right) &= \left[3\left(\frac{t}{T}\right)^2-2\left(\frac{t}{T}\right)^3\right]S, \\ \dot{y}\left(\frac{t}{T}\right) &= \left[\frac{6}{T}\left(\frac{t}{T}\right)-\frac{6}{T}\left(\frac{t}{T}\right)^2\right]S, \\ \ddot{y}\left(\frac{t}{T}\right) &= \left[\frac{6}{T^2}-\frac{12}{T^2}\left(\frac{t}{T}\right)\right]S, \\ \dddot{y}\left(\frac{t}{T}\right) &= -\frac{12}{T^3}S, \end{aligned} \tag{6.119}$$

式中，S 代表距离，T 代表运动时间。

对于高速伺服系统，抖动轮廓在运行的开始和结束是不变的。这意味着需要很高的机械刚度。即使计算负荷增加了，15 甚至 17 次多项式也可以设计来满足加速度或抖动约束。

运动轮廓经常以表格或中断程序“Reference_Generate（）”的形式保存在只读存储器（ROM）中，如图 6.9 所示。在大多数跟踪伺服控制问题中，需要生成位置轮廓。但是，速度和加速度也在中断程序中实时计算，用做前馈控制的输入。这些方法改善了跟踪性能，其算法如下：

$$\begin{aligned} Pos_{\text{ref}} &= PosTable(\text{pointer})\times Distance; \\ Vel_{\text{ref}} &= Pos_{\text{ref}}-Pos_{\text{ref,OLD}} \\ Acc_{\text{ref}} &= Vel_{\text{ref}}-Vel_{\text{ref,OLD}} \\ &\vdots \end{aligned} \tag{6.120}$$

式中，Vel_{ref} 和 Acc_{ref} 并不是实际参考速度和加速度，它们分别表示在实际使用中与中断时间间隔成比例的参考速度以及与中断时间间隔的平方成比例的加速度。此外，当使用在式（6.120）中的简单差分公式从位置轮廓计算速度轮廓时，由于重要数字信号的丢失，数字信号处理器（DSP）或处理器的有限的寄存器大小可能引起误差。这意味着，速度轮廓中含有周期性的噪声信号。当速度、加速度和抖动的轮廓用做高速跟踪的前馈控制系统的输入时，这种数字误差将在运动中产生真实的噪声，并且降低控制系统的性能。

可以使用数值微分方程，而不用式（6.120）中的简单差分。方程（6.121）给出了一阶向后-差分方程的最简形式：

$$\begin{aligned} \dot{y}_k &= \frac{y_k-y_{k-1}}{\Delta t}, \\ \ddot{y}_k &= \frac{y_k-2y_{k-1}+y_{k-2}}{\Delta t^2}, \\ \dddot{y}_k &= \frac{y_k-3y_{k-1}+3y_{k-2}-y_{k-3}}{\Delta t^3} \end{aligned} \tag{6.121}$$

如果存储容量足够大，以表格的形式保存每个轮廓可能是另一种好方法。

重要的是，所控制的系统运动的最大的规格参数，如，速度或加速度，或者甚至是抖动，应该在轮廓设计步骤中予以考虑。如果轮廓强迫系统超出最大规格参数值，由于编码器脉冲值的丢失，会大大增加系统发生碰撞事故的可能性。

6.9.2 代码的 Z 变换

通过使用 Z 变换可以将连续时间系统变换到离散时间系统。尽管物理过程仍然是一个连续时间系统，但是，离散时间系统用于获取采样点处给出物理过程行为的数学模型。拉普拉斯变换用于分析在 S 域上的控制系统。在大多数情况下，控制器和滤波器的设计都使用了在 S 域上的工具来完成。为了使用程序代码来实现这些结果，了解 Z 变换是必不可少的。所有在 S 域上设计的控制器和滤波器都可以容易地通过 Z 变换编译成为一段程序代码，这是因为它有数字化的差分序列公式。

以一个编码的 PID 控制器为例。在传递函数的式中，这种控制器的基本结构是

$$\frac{Y(s)}{E(s)}=K_{\text{P}}+\frac{K_{\text{I}}}{s}+sK_{\text{V}} \tag{6.122}$$

从频域到离散域的转换有几种不同的方式。为了保持稳定性，经常使用向后欧拉算法和塔斯汀算法。虽然塔斯汀算法被认为是一种更为准确的算法，但是下面采用了向后欧拉算法。

把向后欧拉方程代入式（6.122），有

$$s\cong\frac{z-1}{zT}$$

得到下面的离散式

$$\frac{Y(z)}{E(z)}=\frac{\alpha+\beta z^{-1}+\gamma z^{-2}}{T(1-z^{-1})} \tag{6.123}$$

其中，

$$\alpha=K_{\text{I}}T^2+K_{\text{P}}T+K_{\text{V}};$$

$$\beta=-K_{\text{P}}T-2K_{\text{V}};$$

$$\gamma=K_{\text{V}}。$$

现在，可以用差分方程重新整理为：

$$T(y_k-y_{k-1})=\alpha e_k+\beta e_{k-1}+\gamma e_{k-2}$$

$$y_k = y_{k-1} + \frac{1}{T}(\alpha e_k + \beta e_{k-1} + \gamma e_{k-2})$$

$$y_k - y_{k-1} = +\frac{\alpha}{T}e_k + \frac{\beta}{T}e_{k-1} + \frac{\gamma}{T}e_{k-2} \quad (6.124)$$

这个公式可以直接被编译为代码：

$$e_k = p_{k,\text{ref}} - p_k$$

$$\begin{aligned} e_k^v &= v_{k,\text{ref}} - v_k \\ &= (p_{k,\text{ref}} - p_{k-1,\text{ref}}) - (p_k - p_{k-1}) \\ &= e_k - e_{k-1} \end{aligned}$$

$$\text{sum}_k = \text{sun}_{k-1} + e_k = \sum_{j=0}^{k} e_k$$

$$y_k = K_{\text{P,c}}e_k + K_{\text{V,c}}(e_k - e_{k-1}) + K_{\text{I,c}}\text{sum}_k$$

$$\begin{aligned} y_k - y_{k-1} &= (K_{\text{P,c}}e_k - K_{\text{P,c}}e_{k-1}) \\ &\quad + [K_{\text{V,c}}(e_k - e_{k-1})] \\ &\quad - [K_{\text{V,c}}(e_{k-1} - e_{k-2})] \\ &\quad + (K_{\text{I,c}}\text{sum}_k - K_{\text{I,c}}\text{sum}_{k-1}) \\ &= (K_{\text{P,c}} + K_{\text{V,c}} + K_{\text{I,c}})e_k \\ &\quad - (K_{\text{P,c}} + 2K_{\text{V,c}})e_{k-1} + K_{\text{V,c}}e_{k-2} \end{aligned} \quad (6.125)$$

式中，p_k是现在的位置；v_k是当前速度；下标 ref 代表参考；下标 c 代表代码。比较式（6.124）和式（6.125）的参数，可得

$$\frac{\alpha}{T} = K_{\text{P}} + \frac{K_{\text{V}}}{T} + K_{\text{I}}T = (K_{\text{P,c}} + K_{\text{V,c}} + K_{\text{I,c}})$$

$$\frac{\beta}{T} = -K_{\text{P}} - \frac{2K_{\text{V}}}{T} = -(K_{\text{P,c}} + 2K_{\text{V,c}})$$

$$\frac{\gamma}{T} = \frac{K_{\text{V}}}{T} = K_{\text{V,c}}$$

这表明在增益的设计和编码的式子之间存在关联：

$$K_{\text{P,c}} = K_{\text{P}}$$

$$K_{\text{V,c}} = \frac{K_{\text{V}}}{T}$$

$$K_{\text{I,c}} = K_{\text{I}}T \quad (6.126)$$

随着同一系统中采样频率的增加，编码的 K_{V} 增益应该增加，同时编码的 K_{I} 增益应该降低。使用这种方法所设计的控制器可以在 DSP 或微处理器中进行编译。尽管如此，对于控制算法的分析和仿真应该事先充分演算，才能得到控制系统的优异表现。

6.10　学习控制

由于许多机器人应用，比如拾取与放置操作、喷漆、电路板组装等等，都涉及重复性的运动，人们自然会考虑利用以往周期中收集的数据来改善机械臂在随后周期中的性能。这就是“重复控制”或“学习控制”的基本理念。考虑在6.1节中给出的机器人模型，并假设给定一个在有限的时间间隔 $0 \leqslant t \leqslant T$ 内的期望的关节轨迹 $\boldsymbol{q}_{\text{d}}(t)$。参考轨迹 $\boldsymbol{q}_{\text{d}}$ 被用在机械臂的重复轨迹中，这里或者假设运动轨迹是周期性的，$\boldsymbol{q}_{\text{d}}(\text{T}) = \boldsymbol{q}_{\text{d}}(0)$（即重复控制），或者假设机器人在每次轨迹的开始都被重新初始化，使之位于期望轨迹上（亦即学习控制）。下文中，我们将用“学习控制”这个词代表“重复控制”或者“学习控制”。

6.10.1　纯P型学习控制

用 $\boldsymbol{\tau}_{\text{k}}$ 表示第 k 个周期中的输入转矩，并产生输出 $\boldsymbol{q}_{\text{k}}(t)$，其中 $0 < \boldsymbol{t} < \boldsymbol{T}_{\text{bnd}}$。现在我们考虑如下假设：

1）假设1：每次实验都在固定的时间期限 $\text{T}_{bnd} > 0$ 时结束。

2）假设2：满足初始设置的重复性。

3）假设3：整个重复轨迹中系统的动力学不变性是确定的。

4）假设4：每个输出 $\boldsymbol{q}_k$ 都是可测量的，从而误差信号 $\Delta\boldsymbol{q}_k = \boldsymbol{q}_k - \boldsymbol{q}_d$ 可以用来构造下一个输入 $\boldsymbol{\tau}_{k+1}$。

5）假设5：机器人机械臂的动力学是可逆的。

由此学习控制问题被归结为确定一个递归学习法则 $\boldsymbol{L}$

$$\boldsymbol{\tau}_{k+1} = \boldsymbol{L}[\boldsymbol{\tau}_k(t), \Delta\boldsymbol{q}_k(t)], 0 \leqslant t \leqslant T_{\text{bnd}} \quad (6.127)$$

式中，$\Delta\boldsymbol{q}_k(\boldsymbol{t}) = \boldsymbol{q}_k(\boldsymbol{t}) - \boldsymbol{q}_d(\boldsymbol{t})$，使得在某些适当定义的函数范数中 $\|\cdot\|$，当 $k \to \infty$ 时，$\|\Delta\boldsymbol{q}_k\| \to 0$。初始控制输入可以是任何一个能够产生稳定输出的控制输入，比如 PD 控制。这样的学习控制方案之所以有吸引力，是因为动力学的精确模型不需要是先验的。

已经有几种方法用来得出一个适当的学习法则 $\boldsymbol{L}$，以及证明输出误差的收敛性。纯P型学习法则是其形式之一：

$$\boldsymbol{\tau}_{k+1}(t) = \boldsymbol{\tau}_k(t) - \boldsymbol{\Phi}\Delta\boldsymbol{q}_k(t) \quad (6.128)$$

之所以起了这个名字，是因为在每次迭代的过程中，输入转矩的修正项都是和误差 $\Delta\boldsymbol{q}_k$ 成正比的。现在让 $\boldsymbol{\tau}_d$ 用计算转矩控制来定义，亦即，

$$\begin{aligned} \boldsymbol{\tau}_d(t) = \boldsymbol{H}[\boldsymbol{q}_{\text{d}}(t)]\ddot{\boldsymbol{q}}_{\text{d}}(t) + \boldsymbol{C}[\boldsymbol{q}_{\text{d}}(t), \\ \dot{\boldsymbol{q}}_{\text{d}}(t)]\dot{\boldsymbol{q}}_{\text{d}}(t) + \boldsymbol{\tau}_{\text{g}}[\boldsymbol{q}_{\text{d}}(t)] \end{aligned} \quad (6.129)$$

应该记得，函数 $\boldsymbol{\tau}_k$ 实际不需要计算的，只需要知道它存在即可。对于P型学习控制法则，我们有

$$\Delta\boldsymbol{\tau}_{k+1}(t) = \Delta\boldsymbol{\tau}_k(t) - \boldsymbol{\Phi}\Delta\boldsymbol{q}_k(t) \quad (6.130)$$

其中，$\Delta\boldsymbol{\tau}_k(t) = \boldsymbol{\tau}_k(t) - \boldsymbol{\tau}_d(t)$，使得

$$\|\Delta\boldsymbol{\tau}_{k+1}(t)\|^2 \leqslant \|\Delta\boldsymbol{\tau}_k(t)\|^2 - \beta\|\boldsymbol{\Phi}\Delta\boldsymbol{q}_k(t)\|^2 \quad (6.131)$$

如果存在正常数 λ 和 β，那么对于任意的 k，有

$$\int_0^{T_{\text{bnd}}} e^{-\lambda t} \Delta \boldsymbol{q}_k^{\mathrm{T}} \Delta \boldsymbol{\tau}_k(t)\,\mathrm{d}t \geqslant \frac{1+\beta}{2} \| \boldsymbol{\Phi} \Delta \boldsymbol{q}_k(t) \|^2 \tag{6.132}$$

接下来它遵循不等式（6.132），并在范数意义上，当 $k \to \infty$，$\Delta q_k \to 0$。这种控制方案的详细稳定性分析在参考文献［6.68，69］中给出。

6.10.2 带遗忘因子的 P 型学习控制

虽然纯 P 型学习控制已经达到了预期的目标，但是在实际情况下一些严格的假设可能是不成立的，例如，可能有初始设置错误。此外，还有可能有虽然小但是不可重复的动力学波动。最终，有可能返回一个（有界的）测量噪声 ξ_k，比如

$$\Delta \boldsymbol{q}_k(t) + \boldsymbol{\xi}_k(t) = [\boldsymbol{q}_k(t) + \boldsymbol{\xi}_k(t)] - \boldsymbol{q}_{\mathrm{d}}(t) \tag{6.133}$$

因此，学习控制方案可能会无效。为了提高 P 型学习控制的鲁棒性，在递推式中引入一个遗忘因子

$$\boldsymbol{\tau}_{k+1}(t) = (1-\alpha)\boldsymbol{\tau}_k(t) + \alpha \boldsymbol{\tau}_0(t) - \boldsymbol{\Phi}[\Delta \boldsymbol{q}_k(t) + \boldsymbol{\xi}_k(t)] \tag{6.134}$$

最初将遗忘因子引入学习控制的想法来源于参考文献［6.70］。

已严格证明了，带有遗忘因子的 P 型学习控制可以确定函数收敛到一个期望的大小为 $O(\alpha)$ 的邻域。此外，如果长期记忆的内容在每 k 次试验后都被刷新，其中 k 为 $O(1/\alpha)$，那么轨迹就会收敛于一个期望控制目标的 ε 邻域。ε 的大小依赖于初始设置误差的幅度、动力学的不可重复波动以及测量噪声。详细的稳定性研究，请参考文献［6.71，72］。

6.10.3 小结与扩展阅读

应用学习控制，通过利用以往周期中收集到的数据，重复性任务（例如喷漆或拾取-放置操作）的执行得到了改善。在本节中，我们介绍了两种学习控制方案。首先是纯 P 型学习控制，并对其鲁棒性问题进行了阐述。接下来介绍了带遗忘因子的 P 型学习控制，这种方法提高了学习控制的鲁棒性。

对于学习控制的严格和完备的探究首先在参考文献［6.2，12］中独立地进行了讨论。

参考文献

6.1 C. Canudas de Wit, B. Siciliano, G. Bastin: *Theory of Robot Control* (Springer, London 1996)

6.2 J.J. Craig: Adaptive Control of Mechanical Manipulators. Ph.D. Thesis (UMI Dissertation Information Service, Ann Arbor 1986)

6.3 R.J. Schilling: *Fundametals of Robotics: Analysis and Control* (Prentice-Hall, Upper Saddle River 1989)

6.4 L. Sciavicco, B. Siciliano: *Modeling and Control of Robot Manipulator* (McGraw-Hill, New York 1996)

6.5 M.W. Spong, M. Vidyasagar: *Robot Dynamics and Control* (Wiley, New York 1989)

6.6 M.W. Spong, F.L. Lewis, C.T. Abdallah (Eds.): *Robot Control* (IEEE, New York 1989)

6.7 C.H. An, C.G. Atkeson, J.M. Hollerbach: *Model-Based Control of a Robot Manipulator* (MIT Press, Cambridge, 1988)

6.8 R.M. Murray, Z. Xi, S.S. Sastry: *A Mathematical Introduction to Robotic Manipulation* (CRC Press, Boca Raton 1994)

6.9 T. Yoshikawa: *Foundations of Robotics* (MIT Press, Cambridge 1990)

6.10 O. Khatib: A unified approach for motion and force control of robot manipulators: The operational space formulation, IEEE J. Robot. Autom. **3**(1), 43–53 (1987)

6.11 J.Y.S. Luh, M.W. Walker, R.P.C. Paul: Resolved-acceleration control of mechanical manipulator, IEEE Trans. Autom. Contr. **25**(3), 468–474 (1980)

6.12 S. Arimoto, F. Miyazaki: Stability and robustness of PID feedback control for robot manipulators of sensory capability. In: *Robotics Research*, ed. by M. Brady, R. Paul (MIT Press, Cambridge 1984) pp. 783–799

6.13 L.C. Fu: Robust adaptive decentralized control of robot manipulators, IEEE Trans. Autom. Contr. **37**(1), 106–110 (1992)

6.14 H. Seraji: Decentralized adaptive control of manipulators: Theory, simulation, and experimentation, IEEE Trans. Robot. Autom. **5**(2), 183–201 (1989)

6.15 J.G. Ziegler, N.B. Nichols: Optimum settings for automatic controllers, ASME Trans. **64**, 759–768 (1942)

6.16 Y. Choi, W.K. Chung: *PID Trajectory Tracking Control for Mechanical Systems*, Lecture Notes in Control and Information Sciences, Vol. 289 (Springer, New York 2004)

6.17 R. Kelly: PD control with desired gravity compensation of robot manipulators: A review, Int. J. Robot. Res. **16**(5), 660–672 (1997)

6.18 M. Takegaki, S. Arimoto: A new feedback method for dynamic control of manipulators, Trans. ASME J. Dyn. Syst. Meas. Contr. **102**, 119–125 (1981)

6.19 P. Tomei: Adaptive PD controller for robot manipulators, IEEE Trans. Robot. Autom. **7**(4), 565–570 (1991)

6.20 R. Ortega, A. Loria, R. Kelly: A semi-globally stable output feedback PI^2 D regulator for robot manipulators, IEEE Trans. Autom. Contr. **40**(8), 1432–1436 (1995)

6.21 D. Angeli: Input-to-State stability of PD-controlled robotic systems, Automatica **35**, 1285–1290 (1999)

6.22 J.A. Ramirez, I. Cervantes, R. Kelly: PID regulation of robot manipulators: stability and performance, Sys. Contr. Lett. **41**, 73–83 (2000)

6.23 R. Kelly: Global positioning of robot manipulators via PD control plus a class of nonlinear integral actions, IEEE Trans. Autom. Contr. **43**(7), 934–937 (1998)

6.24 Z. Qu, J. Dorsey: Robust tracking control of robots by a linear feedback law, IEEE Trans. Autom. Contr.

36(9), 1081–1084 (1991)
6.25 H. Berghuis, H. Nijmeijer: Robust control of robots via linear estimated state feedback, IEEE Trans. Autom. Contr. **39**(10), 2159–2162 (1994)
6.26 Y. Choi, W.K. Chung, I.H. Suh: Performance and $\mathcal{H}_\infty$ optimality of PID trajectory tracking controller for Lagrangian systems, IEEE Trans. Robot. Autom. **17**(6), 857–869 (2001)
6.27 K. Aström, T. Hagglund: *PID Controllers: Theory, Design, and Tuning* (Instrument Society of America, Research Triangle Park 1995)
6.28 C.C. Yu: *Autotuning of PID Controllers: Relay Feedback Approach* (Springer, London 1999)
6.29 F.L. Lewis, C.T. Abdallah, D.M. Dawson: *Control of Robot Manipulators* (Macmillan, New York 1993)
6.30 A. Isidori: *Nonlinear Control Systems: An Introduction*, Lecture Notes in Control and Information Sciences, Vol. 72 (Springer, New York 1985)
6.31 H. Berghuis, H. Nijmeijer: A passivity approach to controller–observer design for robots, IEEE Trans. Robot. Autom. **9**, 740–754 (1993)
6.32 J.J. Slotine, W. Li: On the adaptive control of robot manipulators, Int. J. Robot. Res. **6**(3), 49–59 (1987)
6.33 G. Liu, A.A. Goldenberg: Comparative study of robust saturation–based control of robot manipulators: analysis and experiments, Int. J. Robot. Res. **15**(5), 473–491 (1996)
6.34 D.M. Dawson, M. Grabbe, F.L. Lewis: Optimal control of a modified computed–torque controller for a robot manipulator, Int. J. Robot. Autom. **6**(3), 161–165 (1991)
6.35 D.M. Dawson, Z. Qu, J. Duffie: Robust tracking control for robot manipulators: theory, simulation and implementation, Robotica **11**, 201–208 (1993)
6.36 A. Jaritz, M.W. Spong: An experimental comparison of robust control algorithms on a direct drive manipulator, IEEE Trans. Contr. Syst. Technol. **4**(6), 627–640 (1996)
6.37 A. Isidori: *Nonlinear Control Systems*, 3rd edn. (Springer, New York 1995)
6.38 J.J. Slotine, W. Li: *Applied Nonlinear Control* (Prentice-Hall, Englewood Cliffs 1991)
6.39 W.J. Rugh: *Linear System Theory*, 2nd edn. (Prentice-Hall, Upper Saddle River 1996)
6.40 M.W. Spong, M. Vidyasagar: Robust microprocessor control of robot manipulators, Automatica **23**(3), 373–379 (1987)
6.41 H.K. Khalil: *Nonlinear Systems*, 3rd edn. (Prentice-Hall, Upper Saddle River 2002)
6.42 M. Vidysagar: *Nonlinear Systems Analysis*, 2nd edn. (Prentice-Hall, Englewood Ciffs 1993)
6.43 J.T. Wen: A unified perspective on robot control: The energy Lyapunov function approach, Int. J. Adapt. Contr. Signal Proc. **4**, 487–500 (1990)
6.44 R. Ortega, M.W. Spong: Adaptive motion control of rigid robots: A tutorial, Automatica **25**(6), 877–888 (1989)
6.45 N. Sadegh, R. Horowitz: Stability and robustness analysis of a class of adaptive contollers for robotic manipulators, Int. J. Robot. Res. **9**(3), 74–92 (1990)
6.46 S. Dubowsky, D.T. DesForges: The application of model-reference adaptive control to robotic manipulators, ASME J. Dyn. Syst. Meas. Control. **37**(1), 106–110 (1992)
6.47 A. Balestrino, G. de Maria, L. Sciavicco: An adaptive model following control for robotic manipulators, ASME J. Dyn. Syst. Meas. Control. **105**, 143–151 (1983)
6.48 S. Nicosia, P. Tomei: Model reference adaptive control algorithms for industrial robots, Automatica **20**, 635–644 (1984)
6.49 R. Horowitz, M. Tomizuka: An adaptive control scheme for mechanical manipulators-Compensation of nonlinearity and decoupling control, ASME J. Dyn. Syst. Meas. Contr. **108**, 127–135 (1986)
6.50 I.D. Laudau: *Adaptive Control: The Model Reference Approach* (Dekker, New York 1979)
6.51 R. Lozano, C. Canudas de Wit: Passivity based adaptive control for mechanical manipulators using LS type estimation, IEEE Trans. Autom. Contr. **35**(12), 1363–1365 (1990)
6.52 B. Brogliato, I.D. Laudau, R. Lozano: Passive least squares type estimation algorithm for direct adaptive control, Int. J. Adapt. Contr. Signal Process. **6**, 35–44 (1992)
6.53 R. Johansson: Adaptive control of robot manipulator motion, IEEE Trans. Robot. Autom. **6**(4), 483–490 (1990)
6.54 M.W. Walker: Adaptive control of manipulators containing closed kinematic loops, IEEE Trans. Robot. Autom. **6**(1), 10–19 (1990)
6.55 J.S. Reed, P.A. Ioannou: Instability analysis and robust adaptive control of robotic manipulators, IEEE Trans. Autom. Contr. **5**(3), 74–92 (1989)
6.56 G. Tao: On robust adaptive control of robot manipulators, Automatica **28**(4), 803–807 (1992)
6.57 H. Berghuis, R. Ogata, H. Nijmeijer: A robust adaptive controller for robot manipulators, Proc. IEEE Int. Conf. Robot. Autom. (1992) pp. 1876–1881
6.58 R. Johansson: Quadratic optimization of motion coordination and control, IEEE Trans. Autom. Contr. **35**(11), 1197–1208 (1990)
6.59 Z. Qu, D.M. Dawson: *Robust Tracking Control of Robot Manipulators* (IEEE, Piscataway 1996)
6.60 P. Dorato, C. Abdallah, V. Cerone: *Linear-Quadratic Control* (Prentice-Hall, Upper Saddle River 1995)
6.61 A. Locatelli: *Optimal Control: An Introduction* (Birkhäuser, Basel 2001)
6.62 A. Isidori: Feedback control of nonlinear systems, Int. J. Robust Nonlin. Contr. **2**, 291–311 (1992)
6.63 A.J. Van Der Schaft: Nonlinear state space $\mathcal{H}_\infty$ control theory. In: *Essays on Control: Perspective in Theory and its Applications*, ed. by H.L. Trentelman, J.C. Willems (Birkhäuser, Basel 1993) pp. 153–190
6.64 A.J. Van Der Schaft: $L_2$9-gain analysis of nonlinear systems and nonlinear state feedback $\mathcal{H}_\infty$ control, IEEE Trans. Autom. Contr. **37**(6), 770–784 (1992)
6.65 J. Park, W.K. Chung, Y. Youm: Analytic nonlinear $\mathcal{H}_\infty$ inverse-optimal control for Euler-Lagrange system, IEEE Trans. Robot. Autom. **16**(6), 847–854 (2000)
6.66 B.S. Chen, T.S. Lee, J.H. Feng: A nonlinear $\mathcal{H}_\infty$ control design in robotics systems under parametric perturbation and external disturbance, Int. J. Contr. **59**(12), 439–461 (1994)
6.67 J. Park, W.K. Chung: Design of a robust $\mathcal{H}_\infty$ PID control for industrial manipulators, ASME J. Dyn. Syst. Meas. Contr. **122**(4), 803–812 (2000)
6.68 S. Arimoto: Mathematical theory or learning with

application to robot control. In: *Adaptive and Learning Control*, ed. by K.S. Narendra (Plenum, New York 1986) pp. 379–388
6.69 S. Kawamura, F. Miyazaki, S. Arimoto: Realization of robot motion based on a learning method, IEEE Trans. Syst. Man. Cybern. **18**(1), 126–134 (1988)
6.70 G. Heinzinger, D. Frewick, B. Paden, F. Miyazaki: Robust learning control, Proc. IEEE Int. Conf. Dec. Contr. (1989)
6.71 S. Arimoto: Robustness of learning control for robot manipulators, Proc. IEEE Int. Conf. Dec. Contr. (Bellingham 1990) pp. 1523–1528
6.72 S. Arimoto, T. Naiwa, H. Suzuki: Selective learning with a forgetting factor for robotic motion control, Proc. IEEE Int. Conf. Dec. Contr. (Bellingham 1991) pp. 728–733

第7章　力　控　制

Luigi Villani, Joris De Schutter

孟明　译

处理好机器人与周围环境之间的接触是成功完成作业任务的一个基本要求。纯运动控制被证明是难以胜任的，这是因为不可避免的建模误差和不确定性可能引起接触力增大，并最终导致相互作用过程中的不稳定现象，特别是在刚性环境的场合中。机器人系统在弱结构化环境中要实现鲁棒和通用的行为，并能够像有人现场操作一样安全和可靠，力反馈和力控制是不可或缺的。本章首先分析了间接力控制策略，该策略设想通过确保适当的末端操作器的柔顺行为来保持一定限度的接触力，而不需要对环境的精确建模。然后分析了交互作业的建模问题，考虑了刚性环境和柔顺环境两种情况。对于交互作业的规范，相对合适的作业框架，建立了依据作业几何设定的自然约束和依据控制策略设定的人为约束。这种公式表示是综合力/运动混合控制方案的基本前提。

7.1　背景

在过去的三十年，机器人力控制的研究蓬勃发展。如此广泛关注的动机，来自于对为机器人系统提供增强的感知能力的普遍期望。期待具有力、触觉、距离和视觉反馈的机器人，能在不同于典型工业车间场合的非结构化环境中自主操作。

在遥操作早期的研究工作中，就设想利用力反馈来辅助人类操作者使用从机械手来远程操作物体。最近开发的协作机器人系统中，控制两个或多个机械手（即灵巧机器人手的手指）以限制其相互作用力和避免挤压共同夹持的物体。通过在无法预料情形下提供智能响应和增强人-机器人交互，力控制对于在开放环境中实现机器人系统的鲁棒和通用行为也发挥着根本性的作用。

7.1.1　从运动控制到交互控制

许多实际的作业需要机器人末端执行器操作一个对象或在某个表面上执行一些操作。对于这些作业的成功完成，控制机器人与周围环境的物理接触是非常关键的。工业生产中的典型例子包括打磨、去毛刺、机加工或装配。如果再考虑非工业应用，由于可能出现的状况是多种多样的，因此对可能的机器人作业进行完整分类实际上是不可行的。而且这样的分类对于去寻找一个与环境交互的通用控制策略也并不是真正有用的。

在接触过程中，环境会在末端执行器所跟随的几何路径上设置一些约束，称为运动学约束。对应与硬表面接触的情况通常称为约束运动。其他的接触作业情形可采用机器人与环境之间的动态交互来描述，可以是惯性的（比如在推木块）、耗散的（比如在有摩擦表面滑动）或弹性的（比如在推撞一个弹性柔顺墙面）。在所有这些情形下，使用单纯的运动控制策略来控制交互是很容易失败的，下面将进行解释。

若在与环境交互的作业中采用运动控制的方法，只有作业被精确地规划时才能成功执行。这将需要机器人操作手（运动学和动力学）和环境（几何和机械特性）的精确模型。一个具有足够精度的机械手模型可以得到，但得到对环境的详细描述却是非常难的。

为了采用定位方法完成机械零件的配合，零件的相对定位精度要保证比零件机械公差还高一个数量级。通过这一观察就足以理解作业规划精度的重要性了。一旦已经准确得到一个零件的绝对位置，机械手就应该以同样的精度操纵其他零件运动。

实际上，规划误差可能引起接触力和力矩的增大，导致末端执行器偏离期望轨迹。另一方面，控制系统做出反应来减小这种偏离。这最终使接触力逐渐增强直到关节驱动器达到饱和或零件在接触部位发生破裂。

越高的环境刚度和位置控制精度，越容易使上面描述的某种情况发生。如果在相互作用过程中保证柔顺行为，就可以克服这个缺陷。柔顺行为可以被动或主动方式实现。

1. 被动交互控制

在被动交互控制中，由于机器人固有的柔顺，机器人末端执行器的轨迹被相互作用力所修正。柔顺可能来自于连杆、关节和末端执行器的结构性柔顺，或位置伺服系统的柔顺。具有弹性关节或连杆的柔性机器人手臂就是为了与人固有地安全交互所专门设计的。在工业应用中一种具有被动柔顺的机械装置已被广泛采用，它就是被称为远中心柔顺（RCC）的装置[7.1]。RCC是一个安装在刚性机器人上的柔顺末端执行器，专门为轴孔装配操作所设计和优化。

被动方法的交互控制是非常简单和廉价的，因为它不需要力/力矩传感器，并且预设的末端执行器轨迹在执行期间也不需要改变。此外，被动柔顺结构的响应远快于利用计算机控制算法实现的主动重定位。但是，由于对每个机器人作业都必须设计和安装一个专用的柔顺末端执行器，因此在工业应用中使用被动柔顺就缺乏灵活性。它也只能处理程序设定轨迹上小的位置和姿态偏离。最后，由于没有力的测量，它也不能确保很大的接触力永远不会出现。

2. 主动交互控制

在主动交互控制中，机器人系统的柔顺主要通过特意设计的控制系统来获得。这种方法通常需要测量接触力和力矩，它们反馈到控制器中用于修正甚至在线生成机器人末端执行器的期望轨迹。

主动交互控制可以克服前面提到的被动交互控制缺陷，但是它通常更慢、更昂贵、更复杂。要获得合理的作业执行速度和抗干扰能力，主动交互控制需要与一定程度的被动柔顺联合使用[7.2]。从定义可以看出，反馈只能在运动和力误差发生后才能产生，因此需要被动柔顺来保持反作用力低于一个可以接受的阈值。

3. 力测量

对于一般的力控制作业，需要六个力分量来提供完整的接触力信息，即三个平移力分量和三个力矩。通常，力/力矩传感器安装在机器人腕部[7.3]。但也有例外情况，比如力传感器可以安装在机器人手的指尖上[7.4]，外部的力和力矩也可以通过关节力矩传感器对轴转矩的测量来估计[7.5,6]。但是，大多数的力控制应用（包括工业应用）还是采用腕部力/力矩传感器。在这种情形中，通常假设安装在传感器与环境之间的工具（即机器人末端执行器）的重量和惯性是可以忽略的，或者是可以从力/力矩测量中适当地补偿。力信号可以通过应变的测量获得，即是刚性传感器。或者通过变形的测量（比如光学方式）来获得，即是柔顺传感器。如果希望增加被动柔顺，则后面一种方法更具优势。

7.1.2 从间接力控制到力/运动混合控制

主动交互控制策略可以分为两种类型，间接力控制和直接力控制。两种类型之间的主要区别在于前者没有直接的力反馈回路闭环，通过运动控制来实现力控制；而后者由于具有力反馈回路闭环，使控制接触力和力矩达到一个期望的值成为可能。

第一种类型属于阻抗控制（或导纳控制）[7.7,8]，其中由于与环境相互作用会导致末端执行器运动对于期望运动产生偏差，这种偏差被认为是通过带可调参数的力学阻抗/导纳而与接触力相关。采用阻抗（或导纳）控制的机器人操作手可以使用一个具有可调参数的等效质量-弹簧-阻尼器系统来描述。如果机器人控制通过产生力来对运动偏差作出反应，这种关系就是阻抗。而如果机器人控制通过施加一个期望运动的偏差来对相互作用力作出反应，就相当于导纳。阻抗控制和导纳控制的特例分别是刚性控制和柔顺控制[7.9]，这里只考虑了末端执行器对于期望运动的位置和姿态偏差与接触力和力矩之间的静态关系。需要注意的是，在机器人控制的文献中，术语阻抗控制和导纳控制常常用来指同一控制方案，对于刚性控制和柔顺控制也有相同的情况。此外，如果仅仅关心接触力和力矩与末端执行器的线速度和角速度之间的关系，相应的控制方案称为阻尼控制[7.10]。

一般而言，间接力控制方案不需要测量接触力和力矩，得到的阻抗或导纳往往是非线性和耦合的。但是，如果有力/力矩传感器可用，把力测量值用于控制方案中就能得到线性和解耦的情况。

与间接力控制不同，直接力控制需要交互作业的显式模型。事实上，使用者必须相对于环境所施加的约束，按一致的方式指定期望的运动和期望的接触力和力矩。一个在该类别中被广泛采用的策略是力/运动混合控制，它的目的在于沿着非约束的作业方向控制运动和沿着约束的作业方向控制力（和力矩）。出发点是考虑对于许多机器人作业，引入称为柔顺坐标系[7.11]（或作业坐标系[7.12]）的正交参考坐标系是可行的，它允许以沿着和围绕该坐标系的三个正交轴作用的自然约束和人为约束的形式来指定作业任务。基于这样的分解，力/运动混合控制允许同时在两个互相独立的子空间中控制接触力和末端执行器的运动。对于平面接触表面[7.13]，作用于期望量和反馈量的简单选择矩阵可用来满足这个目标。然而，对于一般的接触作业，合适的投影矩阵是必须使用的，它也可以由显式约束方程得到[7.14-16]。可以提供几个混合运动控制方案的实现，比如在操作空间的基于逆动力学控制[7.17]、基于无源性的控制[7.18]或者内部为运动环的外部力控制环，这通常用在工业机器人中[7.2]。

如果不能获得精确的环境模型，力控制作用和运动控制作用可以被叠加在一起，得到的就是并行力/位置控制方案。在这个方法中，力控制器被设计的能够支配运动控制器。因此，为了确保力的调整，沿着约束的作业方向的位置误差是容许的[7.19]。

7.2 间接力控制

为了深入了解机器人操作手的末端执行器与环境之间相互作用时所出现的问题，有必要分析在存在接触力和力矩情况下运动控制策略的效果。为此，假设有一个参考坐标系Σ_e固连于末端执行器，并将原点的位置矢量记为$\boldsymbol{p}_e$，相对固定基坐标系的旋转矩阵记为$\boldsymbol{R}_e$。末端执行器的速度采用6×1的扭矢量$\boldsymbol{v}_e = (\dot{\boldsymbol{p}}_e^{\mathrm{T}}\boldsymbol{\omega}_e^{\mathrm{T}})^{\mathrm{T}}$来表示，其中$\dot{\boldsymbol{p}}_e$是平移速度，$\boldsymbol{\omega}_e$是角速度。该速度可以由$n\times1$关节速度矢量$\dot{\boldsymbol{q}}$，利用如下线性变换计算得到

$$\boldsymbol{v}_e = \boldsymbol{J}(\boldsymbol{q})\dot{\boldsymbol{q}} \tag{7.1}$$

式中，矩阵$\boldsymbol{J}$是$6\times n$的末端执行器几何雅可比矩阵。为简单起见，只考虑非冗余非奇异机械手的情况。因此，$n=6$，并且雅可比矩阵是一个非奇异方阵。末端执行器作用于环境的力$\boldsymbol{f}_e$和力矩$\boldsymbol{m}_e$是力螺旋$\boldsymbol{h}_e = (\boldsymbol{f}_e^{\mathrm{T}}\boldsymbol{m}_e^{\mathrm{T}})^{\mathrm{T}}$的分量。

有必要考虑刚性机器人操作手在与环境接触情况下的操作空间动力学模型公式

$$\boldsymbol{\Lambda}(\boldsymbol{q})\dot{\boldsymbol{v}}_e + \boldsymbol{\Gamma}(\boldsymbol{q},\dot{\boldsymbol{q}})\boldsymbol{v}_e + \boldsymbol{\eta}(\boldsymbol{q}) = \boldsymbol{h}_c - \boldsymbol{h}_e \tag{7.2}$$

式中，$\boldsymbol{\Lambda}(\boldsymbol{q}) = (\boldsymbol{J}\boldsymbol{H}(\boldsymbol{q})^{-1}\boldsymbol{J}^{\mathrm{T}})^{-1}$是6×6操作空间惯性矩阵，$\boldsymbol{\Gamma}(\boldsymbol{q},\dot{\boldsymbol{q}}) = \boldsymbol{J}^{-\mathrm{T}}\boldsymbol{C}(\boldsymbol{q},\dot{\boldsymbol{q}})\boldsymbol{J}^{-1} - \boldsymbol{\Lambda}(\boldsymbol{q})\dot{\boldsymbol{J}}\boldsymbol{J}^{-1}$是包含离心力和科氏效应的力螺旋，$\boldsymbol{\eta}(\boldsymbol{q}) = \boldsymbol{J}^{-\mathrm{T}}\boldsymbol{g}(\boldsymbol{q})$是重力效应的力螺旋，则$\boldsymbol{H}(\boldsymbol{q})$、$\boldsymbol{C}(\boldsymbol{q},\dot{\boldsymbol{q}})$和$\boldsymbol{g}(\boldsymbol{q})$是在关节空间里所定义的对应的量。矢量$\boldsymbol{h}_c = \boldsymbol{J}^{-\mathrm{T}}\boldsymbol{\tau}$是与输入关节力矩$\boldsymbol{\tau}$对应的等效末端执行器力螺旋。

7.2.1 刚性控制

在经典操作空间公式中，末端执行器的位置和姿态由6×1的矢量$\boldsymbol{x}_e = (\boldsymbol{p}_e^{\mathrm{T}}\boldsymbol{\varphi}_e^{\mathrm{T}})^{\mathrm{T}}$来描述，其中$\boldsymbol{\varphi}_e$是从$\boldsymbol{R}_e$中推算出的一组欧拉角。因此，相对于期望坐标系$\Sigma_d$的原点的位置$\boldsymbol{p}_d$和旋转矩阵$\boldsymbol{R}_d$，末端执行器的期望位置和姿态可以用一个矢量$\boldsymbol{x}_d$来表示。末端执行器的误差可记为$\Delta\boldsymbol{x}_{de} = \boldsymbol{x}_d - \boldsymbol{x}_e$，在假设$\boldsymbol{x}_d$为常数的情况下，对应的速度误差可表示为$\Delta\dot{\boldsymbol{x}}_{de} = -\dot{\boldsymbol{x}}_e = -\boldsymbol{A}^{-1}(\boldsymbol{\varphi}_e)\boldsymbol{v}_e$，这里

$$\boldsymbol{A}(\boldsymbol{\varphi}_e) = \begin{pmatrix} \boldsymbol{I} & \boldsymbol{0} \\ \boldsymbol{0} & \boldsymbol{T}(\boldsymbol{\varphi}_e) \end{pmatrix}$$

式中，$\boldsymbol{I}$是3×3单位矩阵；$\boldsymbol{0}$是3×3零矩阵；$\boldsymbol{T}$是关于变换$\boldsymbol{\omega}_e = \boldsymbol{T}(\boldsymbol{\varphi}_e)\dot{\boldsymbol{\varphi}}_e$的3×3矩阵，取决于欧拉角的具体选择。

考虑在操作空间简单PD＋重力补偿控制所对应的运动控制律

$$\boldsymbol{h}_c = \boldsymbol{A}^{-\mathrm{T}}(\boldsymbol{\varphi}_e)\boldsymbol{K}_P\Delta\boldsymbol{x}_{de} - \boldsymbol{K}_D\boldsymbol{v}_e + \boldsymbol{\eta}(\boldsymbol{q}) \tag{7.3}$$

式中，$\boldsymbol{K}_P$和$\boldsymbol{K}_D$是对称正定的6×6矩阵。

当不存在与环境的相互作用时（即当$\boldsymbol{h}_e = \boldsymbol{0}$时），与末端执行器期望位置与姿态对应，闭环系统的平衡$\boldsymbol{v}_e = \boldsymbol{0}$、$\Delta\boldsymbol{x}_{de} = \boldsymbol{0}$是渐近稳定的。稳定性判据是基于正定李雅普诺夫函数

$$V = \frac{1}{2}\boldsymbol{v}_e^{\mathrm{T}}\boldsymbol{\Lambda}(\boldsymbol{q})\boldsymbol{v}_e + \frac{1}{2}\Delta\boldsymbol{x}_{de}\boldsymbol{K}_P\Delta\boldsymbol{x}_{de}$$

它沿着闭环系统轨迹的时间导数是负半定函数

$$\dot{V} = -\boldsymbol{v}_e^{\mathrm{T}}\boldsymbol{K}_D\boldsymbol{v}_e \tag{7.4}$$

在存在常量力螺旋$\boldsymbol{h}_e$的情况下，使用类似的李雅普诺夫判据可以得到一个不同的具有非零$\Delta\boldsymbol{x}_{de}$的渐近稳定平衡。这个新的平衡是下面方程的解

$$\boldsymbol{A}^{-\mathrm{T}}(\boldsymbol{\varphi}_{\mathrm{e}})\boldsymbol{K}_{\mathrm{P}}\Delta\boldsymbol{x}_{\mathrm{de}}-\boldsymbol{h}_{\mathrm{e}}=\boldsymbol{0}$$

它也可以写成如下形式

$$\Delta\boldsymbol{x}_{\mathrm{de}}=\boldsymbol{K}_{\mathrm{P}}^{-1}\boldsymbol{A}^{\mathrm{T}}(\boldsymbol{\varphi}_{\mathrm{e}})\boldsymbol{h}_{\mathrm{e}} \tag{7.5}$$

或者等价地写为

$$\boldsymbol{h}_{\mathrm{e}}=\boldsymbol{A}^{-\mathrm{T}}(\boldsymbol{\varphi}_{\mathrm{e}})\boldsymbol{K}_{\mathrm{P}}\Delta\boldsymbol{x}_{\mathrm{de}} \tag{7.6}$$

式（7.6）表明在稳定状态下，比例控制作用于位置和姿态误差，末端执行器表现得像一个关于外部力和力矩 $\boldsymbol{h}_{\mathrm{e}}$的六自由度弹簧。因此，矩阵 $\boldsymbol{K}_{\mathrm{P}}$起到一个主动刚性的作用，这意味着有可能通过调整 $\boldsymbol{K}_{\mathrm{P}}$的元素来确保末端执行器在交互作用过程中具有适当的弹性表现。类似地，式（7.5）表示一种柔顺关系，其中矩阵 $\boldsymbol{K}_{\mathrm{P}}^{-1}$起到主动柔顺的作用。这种方法设定期望位置和姿态以及末端执行器相对期望运动的位置和姿态偏差与施加于环境的力之间的适当静态关系，被称为刚性控制。

刚度/柔顺参数的选取并不容易，并且严重地依赖于所执行的作业。主动刚性的值越大意味着较高的位置控制精度是以更大的交互作用力为代价的。因此，如果希望在个别方向上满足一些物理约束，末端执行器在这个方向上的刚度就要表现得比较低以确保较小的交互作用力。反之，沿着没有物理约束的方向，末端执行器的刚度则应该表现得比较高以便精确地跟随期望位置。这允许不用过大的接触力和力矩就能解决期望位置与可达到的位置之间的偏差，这个偏差是由于环境所施加的约束导致的。

但是，必须指出的是，在基于式（7.6）的实际应用中不能有效地设定沿着不同方向选择的刚度特性。对由一个六自由度弹簧所连接的两个刚体，从以在无负荷平衡和弹性力螺旋两种情况下两个刚体无穷小扭转位移之间的线性变换形式表示的其机械刚度的经典定义来看，就能很容易地理解这个问题了。

在主动刚性情况下，这两个刚体分别是固连有坐标系Σ_{e}的末端执行器和固连有期望坐标系Σ_{d}的虚拟刚体。因此，在如下定义的无穷小扭转位移情况下

$$\delta\boldsymbol{x}_{\mathrm{de}}=\begin{pmatrix}\delta\boldsymbol{p}_{\mathrm{de}}\\ \delta\boldsymbol{\theta}_{\mathrm{de}}\end{pmatrix}=\begin{pmatrix}\Delta\dot{\boldsymbol{p}}_{\mathrm{de}}\\ \Delta\boldsymbol{\omega}_{\mathrm{de}}\end{pmatrix}\mathrm{d}t=-\begin{pmatrix}\dot{\boldsymbol{p}}_{\mathrm{e}}\\ \boldsymbol{\omega}_{\mathrm{e}}\end{pmatrix}\mathrm{d}t$$

由式（7.6）可以导出如下的变换

$$\boldsymbol{h}_{\mathrm{e}}=\boldsymbol{A}^{-\mathrm{T}}(\boldsymbol{\varphi}_{\mathrm{e}})\boldsymbol{K}_{\mathrm{P}}\boldsymbol{A}^{-1}(\boldsymbol{\varphi}_{\mathrm{e}})\delta\boldsymbol{x}_{\mathrm{de}} \tag{7.7}$$

式中，$\Delta\dot{\boldsymbol{p}}_{\mathrm{de}}=\dot{\boldsymbol{p}}_{\mathrm{d}}-\dot{\boldsymbol{p}}_{\mathrm{e}}$是位置误差 $\Delta\boldsymbol{p}_{\mathrm{de}}=\boldsymbol{p}_{\mathrm{d}}-\boldsymbol{p}_{\mathrm{e}}$的时间导数；$\Delta\boldsymbol{\omega}_{\mathrm{de}}=\boldsymbol{\omega}_{\mathrm{d}}-\boldsymbol{\omega}_{\mathrm{e}}$是角速度误差。方程（7.7）表明实际刚度矩阵是$\boldsymbol{A}^{-\mathrm{T}}(\boldsymbol{\varphi}_{\mathrm{e}})\boldsymbol{K}_{\mathrm{P}}\boldsymbol{A}^{-1}(\boldsymbol{\varphi}_{\mathrm{e}})$，它取决于由矢量 $\boldsymbol{\varphi}_{\mathrm{e}}$表示的末端执行器的姿态。所以，在实际应用中选择刚性参数是非常困难的。

这个问题可以通过定义一个具有与理想机械弹簧相同的结构和特性的几何一致主动刚性来解决。

1. 机械弹簧

考虑两个弹性耦合的刚体 A 和 B，以及分别固连于 A 和 B 上两个参考坐标系Σ_{a}和Σ_{b}。假设在平衡状态时坐标系Σ_{a}和Σ_{b}是重合的，平衡状态附近的柔顺特性可以表示为线性变换

$$\boldsymbol{h}_{\mathrm{b}}^{\mathrm{b}}=\boldsymbol{K}\delta\boldsymbol{x}_{\mathrm{ab}}^{\mathrm{b}}=\begin{pmatrix}\boldsymbol{K}_{\mathrm{t}} & \boldsymbol{K}_{\mathrm{c}}\\ \boldsymbol{K}_{\mathrm{c}}^{\mathrm{T}} & \boldsymbol{K}_{\mathrm{o}}\end{pmatrix}\delta\boldsymbol{x}_{\mathrm{ab}}^{\mathrm{b}} \tag{7.8}$$

式中，$\boldsymbol{h}_{\mathrm{b}}^{\mathrm{b}}$是在坐标系 B 中表示的作用于刚体 B 的弹性力螺旋，出现于坐标系Σ_{a}相对坐标系Σ_{b}存在一个无穷小扭转位移 $\delta\boldsymbol{x}_{\mathrm{ab}}^{\mathrm{b}}$的情况下，该位移也是在坐标系 B 中表示的。由于Σ_{a}和Σ_{b}在平衡状态时是重合的，所以式（7.8）中的弹性力螺旋和无穷小扭转位移也可以等效地在坐标系Σ_{a}中表示。也就是，$\boldsymbol{h}_{\mathrm{b}}^{\mathrm{b}}=\boldsymbol{h}_{\mathrm{b}}^{\mathrm{a}}$和$\delta\boldsymbol{x}_{\mathrm{ab}}^{\mathrm{b}}=\delta\boldsymbol{x}_{\mathrm{ab}}^{\mathrm{a}}$。此外，对于作用于刚体 A 上的弹性力螺旋，由于 $\delta\boldsymbol{x}_{\mathrm{ba}}^{\mathrm{a}}=-\delta\boldsymbol{x}_{\mathrm{ab}}^{\mathrm{b}}$有 $\boldsymbol{h}_{\mathrm{a}}^{\mathrm{a}}=\boldsymbol{K}_{\mathrm{t}}\delta\boldsymbol{x}_{\mathrm{ba}}^{\mathrm{a}}=-\boldsymbol{h}_{\mathrm{b}}^{\mathrm{b}}$。变换（7.8）的这种性质称为端对称。

在式（7.8）中，$\boldsymbol{K}$是 6×6 对称正半定刚度矩阵。3×3 矩阵 $\boldsymbol{K}_{\mathrm{t}}$和 $\boldsymbol{K}_{\mathrm{o}}$分别称为平移刚度和旋转刚度，也是对称的。可以看出，如果称为耦合刚度的 3×3 矩阵 $\boldsymbol{K}_{\mathrm{c}}$是对称的，旋转和平移之间有最大程度的解耦。这种情况下，坐标系Σ_{a}和Σ_{b}的重合原点所对应的点称为刚度中心。对于柔顺矩阵也有类似的定义和结果的表达式。尤其是，在柔顺矩阵 $\boldsymbol{C}=\boldsymbol{K}^{-1}$的非对角块是对称的情况下可以定义柔顺中心。刚度中心和柔顺中心不一定是重合的。

这里有一些平移和旋转之间不存在耦合的特殊情况，比如，刚体的相对平移引起一个沿一个过刚度中心轴的纯力所对应的力螺旋，还有刚体的相对旋转引起一个等价于绕一个过刚度中心轴的纯力矩的力螺旋。在这些情况中，刚度中心和柔顺中心相重合。具有完全解耦特性的机械系统例子有比如远中心柔顺（RCC）装置。

由于 $\boldsymbol{K}_{\mathrm{t}}$是对称的，在平衡状态存在相对于坐标系$\Sigma_{a}=\Sigma_{b}$的旋转矩阵 $\boldsymbol{R}_{\mathrm{t}}$，因此 $\boldsymbol{K}_{\mathrm{t}}=\boldsymbol{R}_{\mathrm{t}}\boldsymbol{\Gamma}_{\mathrm{t}}\boldsymbol{R}_{\mathrm{t}}^{\mathrm{T}}$，并且 $\boldsymbol{\Gamma}_{\mathrm{t}}$是一个对角阵，其对角元素是旋转矩阵 $\boldsymbol{R}_{\mathrm{t}}$的列所对应方向上的主平移刚度，这个方向称为平移刚度主轴。类似地，$\boldsymbol{K}_{\mathrm{o}}$可以表示为 $\boldsymbol{K}_{\mathrm{o}}=\boldsymbol{R}_{\mathrm{o}}\boldsymbol{\Gamma}_{\mathrm{o}}\boldsymbol{R}_{\mathrm{o}}^{\mathrm{T}}$，其中 $\boldsymbol{\Gamma}_{\mathrm{o}}$的对角元素是绕旋转矩阵 $\boldsymbol{R}_{\mathrm{o}}$的列所对应轴的主旋转刚度，这个轴称为旋转刚度主轴。此外，假设在平衡状态Σ_{a}和Σ_{b}的原点与刚度中心重合，可以得到表达式 $\boldsymbol{K}_{\mathrm{c}}=\boldsymbol{R}_{\mathrm{c}}\boldsymbol{\Gamma}_{\mathrm{c}}\boldsymbol{R}_{\mathrm{c}}^{\mathrm{T}}$，其中 $\boldsymbol{\Gamma}_{\mathrm{c}}$的对角元素是沿旋转矩阵 $\boldsymbol{R}_{\mathrm{c}}$的列所对应方向的主耦合刚度，这个方向称为耦合刚度

主轴。总而言之，相对于原点为刚度中心的坐标系，6×6 的刚度矩阵可以根据主刚度参数和主轴来设定。

要注意的是式（7.8）所定义的机械刚度是描述存储势能的理想六自由度弹簧的特性。理想刚度的势能函数仅仅取决于连接的两个刚体的相对位置和姿态，并且是端对称的。实际的六自由度弹簧具有与理想弹簧类似的主要特性，但仍然总是具有引起能量耗散的寄生效应。

2. 几何一致主动刚度

为了实现几何一致的六自由度主动刚度，需要在控制律式（7.3）中适当地定义比例控制作用。在理想坐标系 Σ_d 相对末端执行器坐标系 Σ_e 存在有限位移的情况下，这个控制作用可以表示为作用在末端执行器上的弹性力螺旋。因此，微小位移下理想机械刚度的性质可以扩展到有限位移的情况。此外，为了保证李雅普诺夫意义上的渐近稳定性，必须定义一个合适的弹性势能函数。

简单起见，假设耦合刚度矩阵为零。因此，可以求和平移势能和旋转势能来计算弹性势能。

平移势能可以用

$$\boldsymbol{K}'_{\mathrm{Pt}}=\frac{1}{2}\boldsymbol{R}_{\mathrm{d}}\boldsymbol{K}_{\mathrm{Pt}}\boldsymbol{R}_{\mathrm{d}}^{\mathrm{T}}+\frac{1}{2}\boldsymbol{R}_{\mathrm{e}}\boldsymbol{K}_{\mathrm{Pt}}\boldsymbol{R}_{\mathrm{e}}^{\mathrm{T}}$$

定义为

$$V_{\mathrm{t}}=\frac{1}{2}\Delta\boldsymbol{p}_{\mathrm{de}}^{\mathrm{T}}\boldsymbol{K}'_{\mathrm{Pt}}\Delta\boldsymbol{p}_{\mathrm{de}} \tag{7.9}$$

式中，$\boldsymbol{K}_{\mathrm{Pt}}$ 是 3×3 对称正定矩阵。在式（7.9）中使用 $\boldsymbol{K}'_{\mathrm{Pt}}$ 代替 $\boldsymbol{K}_{\mathrm{Pt}}$ 保证势能在有限位移情况下也是端对称的。在平衡状态（即 $\boldsymbol{R}_{\mathrm{d}}=\boldsymbol{R}_{\mathrm{e}}$ 时）和具有各向同性平移刚度（即 $\boldsymbol{K}_{\mathrm{Pt}}=K_{\mathrm{Pt}}\boldsymbol{I}$ 时）的情况下矩阵 $\boldsymbol{K}'_{\mathrm{Pt}}$ 和 $\boldsymbol{K}_{\mathrm{Pt}}$ 是一致的。

计算功 $\dot{V}_{\mathrm{t}}$ 得到

$$\dot{V}_{\mathrm{t}}=\Delta\dot{\boldsymbol{p}}_{\mathrm{de}}^{\mathrm{eT}}\boldsymbol{f}_{\Delta\mathrm{t}}^{\mathrm{e}}+\Delta\boldsymbol{\omega}_{\mathrm{de}}^{\mathrm{eT}}\boldsymbol{m}_{\Delta\mathrm{t}}^{\mathrm{e}}$$

式中，$\Delta\dot{\boldsymbol{p}}_{\mathrm{de}}^{\mathrm{e}}$ 是位置位移 $\Delta\boldsymbol{p}_{\mathrm{de}}^{\mathrm{e}}=\boldsymbol{R}_{\mathrm{e}}^{\mathrm{T}}(\boldsymbol{p}_{\mathrm{d}}-\boldsymbol{p}_{\mathrm{e}})$ 的时间导数；$\Delta\boldsymbol{\omega}_{\mathrm{de}}^{\mathrm{e}}=\boldsymbol{R}_{\mathrm{e}}^{\mathrm{T}}(\boldsymbol{\omega}_{\mathrm{d}}-\boldsymbol{\omega}_{\mathrm{e}})$。矢量 $\boldsymbol{f}_{\Delta}^{\mathrm{e}}$ 和 $\boldsymbol{\mu}_{\Delta}^{\mathrm{e}}$ 分别是在存在有限位置位移 $\Delta\boldsymbol{p}_{\mathrm{de}}^{\mathrm{e}}$ 情况下作用于末端执行器的力和力矩。当在基坐标系中计算时，这些矢量具有如下表达式

$$\boldsymbol{f}_{\Delta\mathrm{t}}=\boldsymbol{K}'_{\mathrm{Pt}}\Delta\boldsymbol{p}_{\mathrm{de}}\quad \boldsymbol{m}_{\Delta\mathrm{t}}=\boldsymbol{K}''_{\mathrm{Pt}}\Delta\boldsymbol{p}_{\mathrm{de}} \tag{7.10}$$

这里

$$\boldsymbol{K}''_{\mathrm{Pt}}=\frac{1}{2}\boldsymbol{S}(\Delta\boldsymbol{p}_{\mathrm{de}})\boldsymbol{R}_{\mathrm{d}}\boldsymbol{K}_{\mathrm{Pt}}\boldsymbol{R}_{\mathrm{d}}^{\mathrm{T}}$$

其中，$\boldsymbol{S}(\cdot)$ 是计算矢量积的反对称算子。矢量 $\boldsymbol{h}_{\Delta\mathrm{t}}=(\boldsymbol{f}_{\Delta\mathrm{t}}^{\mathrm{T}}\quad \boldsymbol{m}_{\Delta\mathrm{t}}^{\mathrm{T}})^{\mathrm{T}}$ 是在存在有限位置位移 $\Delta\boldsymbol{p}_{\mathrm{de}}$ 和零旋转位移情况下作用在末端执行器上的弹性力螺旋。在具有各向同性平移刚度的情况下力矩 $\boldsymbol{m}_{\Delta\mathrm{t}}$ 为零。

要定义旋转势能，必须对坐标系 Σ_{d} 和 Σ_{e} 之间的姿态位移采用一个适当的定义。一个可能的选择是从矩阵 $\boldsymbol{R}_{\mathrm{d}}^{\mathrm{e}}=\boldsymbol{R}_{\mathrm{e}}^{\mathrm{T}}\boldsymbol{R}_{\mathrm{d}}$ 提取得到的单位四元组 $\{\eta_{\mathrm{de}},\ \boldsymbol{\epsilon}_{\mathrm{de}}^{\mathrm{e}}\}$ 的矢量部分。因此，姿态势能具有形式

$$V_{\mathrm{o}}=2\,\boldsymbol{\epsilon}_{\mathrm{de}}^{\mathrm{eT}}\boldsymbol{K}_{\mathrm{Po}}\boldsymbol{\epsilon}_{\mathrm{de}}^{\mathrm{e}} \tag{7.11}$$

式中，$\boldsymbol{K}_{\mathrm{Po}}$ 是 3×3 对称正定矩阵。由于 $\boldsymbol{\epsilon}_{\mathrm{de}}^{\mathrm{e}}=-\boldsymbol{\epsilon}_{\mathrm{ed}}^{\mathrm{d}}$，所以函数 V_{o} 是端对称的。

计算功 $\dot{V}_{\mathrm{o}}$ 得到

$$\dot{V}_{\mathrm{o}}=\boldsymbol{\omega}_{\mathrm{de}}^{\mathrm{eT}}\boldsymbol{m}_{\Delta\mathrm{o}}^{\mathrm{e}}$$

其中

$$\boldsymbol{m}_{\Delta\mathrm{o}}=\boldsymbol{K}'_{\mathrm{Po}}\boldsymbol{\epsilon}_{\mathrm{de}} \tag{7.12}$$

这里

$$\boldsymbol{K}'_{\mathrm{Po}}=2\boldsymbol{E}^{\mathrm{T}}(\eta_{\mathrm{de}},\boldsymbol{\epsilon}_{\mathrm{de}})\boldsymbol{R}_{\mathrm{e}}\boldsymbol{K}_{\mathrm{Po}}\boldsymbol{R}_{\mathrm{e}}^{\mathrm{T}}$$

并且 $\boldsymbol{E}(\eta_{\mathrm{de}},\ \boldsymbol{\epsilon}_{\mathrm{de}})=\eta_{\mathrm{de}}\boldsymbol{I}-\boldsymbol{S}(\boldsymbol{\epsilon}_{\mathrm{de}})$。以上方程表明有限姿态位移 $\boldsymbol{\epsilon}_{\mathrm{de}}=\boldsymbol{R}_{\mathrm{e}}^{\mathrm{T}}\boldsymbol{\epsilon}_{\mathrm{de}}^{\mathrm{e}}$ 产生一个与纯力矩等效的弹性力螺旋 $\boldsymbol{h}_{\Delta\mathrm{o}}=(\boldsymbol{0}^{\mathrm{T}}\quad \boldsymbol{m}_{\Delta\mathrm{o}}^{\mathrm{T}})^{\mathrm{T}}$。

因而，在期望坐标系 Σ_d 相对末端执行器坐标系 Σ_e 存在有限位置和姿态位移情况下，整个弹性力螺旋在基坐标系中可定义为

$$\boldsymbol{h}_{\Delta}=\boldsymbol{h}_{\Delta\mathrm{t}}+\boldsymbol{h}_{\Delta\mathrm{o}} \tag{7.13}$$

其中，$\boldsymbol{h}_{\Delta\mathrm{t}}$ 和 $\boldsymbol{h}_{\Delta\mathrm{o}}$ 分别按照式（7.10）和式（7.12）计算。

在平衡状态附近的无穷小扭转位移 $\delta\boldsymbol{x}_{\mathrm{de}}^{\mathrm{e}}$ 情况下，使用式（7.13）来计算弹性力螺旋，并舍弃高阶无穷小项得到线性变换

$$\boldsymbol{h}_{\mathrm{e}}^{\mathrm{e}}=\boldsymbol{K}_{\mathrm{P}}\delta\boldsymbol{x}_{\mathrm{de}}^{\mathrm{e}}=\begin{pmatrix}\boldsymbol{K}_{\mathrm{Pt}} & \boldsymbol{0}\\ \boldsymbol{0} & \boldsymbol{K}_{\mathrm{Po}}\end{pmatrix}\delta\boldsymbol{x}_{\mathrm{de}}^{\mathrm{e}} \tag{7.14}$$

因此，$\boldsymbol{K}_{\mathrm{P}}$ 表示理想弹簧相对于原点在刚度中心的坐标系 Σ_{e}（平衡状态下与 Σ_{d} 重合）的刚度矩阵。此外，由式（7.13）的定义可以看出，在大位移情况下矩阵 $\boldsymbol{K}_{\mathrm{Pt}}$ 和 $\boldsymbol{K}_{\mathrm{Po}}$ 的主刚度和主轴的物理/几何意义仍然保持不变。

上述结果意味着对于当前的作业，主动刚度矩阵 $\boldsymbol{K}_{\mathrm{P}}$ 可以按几何一致的方式来设置。

注意到几何一致性也可以由对式（7.11）姿态势能中姿态误差的不同定义来保证。例如，可以采用任何基于 $\boldsymbol{R}_{\mathrm{d}}^{\mathrm{e}}$ 的角度/轴表示的误差（单位四元组属于这种类型），或者更一般地，采用齐次矩阵或指数坐标（对于具有位置和姿态误差的情况）。而且，由矩阵 $\boldsymbol{R}_{\mathrm{d}}^{\mathrm{e}}$ 提取得到的 *XYZ* 欧拉角也可以使用。但是，在这种情况下可以看出旋转刚度的主轴不能任意地设置，而是必须与末端执行器坐标系的轴重合。

采用几何一致主动刚度的柔顺控制可以使用如下

控制律来定义

$$h_C = h_\Delta - K_D v_e + \eta(q)$$

这里使用的是式（7.13）中的 h_Δ。在 $h_e=0$ 时平衡状态的渐近稳定性可以使用李雅普诺夫函数来证明

$$V=\frac{1}{2}v_e^{\mathrm{T}}\Lambda(q)v_e+V_t+V_o$$

这里的 V_t 和 V_o 分别是在式（7.9）和式（7.11）中给出的，在坐标系 Σ_d 静止的情况下，它们沿着闭环系统轨迹的时间导数具有与式（7.4）中一样的表达式。当 $h_e\neq 0$ 时，对应于期望坐标系 Σ_d 相对于末端执行器坐标系 Σ_e 的非零位移，可以得到不同的渐近稳定平衡。这个新的平衡是方程 $h_\Delta=h_e$ 的解。

通过适当选取刚度矩阵，刚度控制以末端执行器的位置和姿态误差为代价，使得交互作用力和力矩保持在有限范围内而不需要力/力矩传感器。但是，在出现能够建模为等效末端执行器力螺旋的扰动（比如关节摩擦）的情况下，采用值比较低的主动刚度可能导致相对于末端执行器期望位置和姿态的较大偏差。在没有与环境相互作用时也会出现这种情况。

7.2.2 阻抗控制

刚度控制是设计来实现交互作用时的理想静态特性的。事实上，控制系统的动态特性取决于机器人操作手的动态特性，而它是非线性和耦合的。一个要求更高的目标可能是实现末端执行器的理想动态特性。例如，具有6个自由度的二阶机械系统的动态特性，可以用给定的质量、阻尼和刚度来描述，称为机械阻抗。

要实现这个目标的出发点可能是用于运动控制的分解加速度方法，它的目的是利用逆动力学控制律在加速度层次上对非线性的机器人动力学进行解耦和线性化。存在与环境的相互作用情况下，将控制律

$$h_C=\Lambda(q)\alpha+\Gamma(q,\dot{q})\dot{q}+h_e \tag{7.15}$$

代入动力学模型式（7.2）得到

$$\dot{v}_e=\alpha \tag{7.16}$$

式中，α 是一个相对于基坐标系的加速度意义上适当设计的控制输入。考虑等式 $\dot{v}_e=\bar{R}_e^{\mathrm{T}}\dot{v}_e^e+\dot{\bar{R}}_e^{\mathrm{T}}v_e^e$，这里

$$\bar{R}_e=\begin{pmatrix}R_e & 0\\ 0 & R_e\end{pmatrix}$$

选取

$$\alpha=\bar{R}_e^{\mathrm{T}}\alpha^e+\dot{\bar{R}}_e^{\mathrm{T}}v_e^e \tag{7.17}$$

得到

$$\dot{v}_e^e=\alpha^e \tag{7.18}$$

式中，控制输入 α^e 具有相对于末端执行器坐标系的加速度的意义。因此，设定

$$\alpha^e=K_M^{-1}(\dot{v}_d^e+K_D\Delta v_{de}^e+h_\Delta^e-h_e^e) \tag{7.19}$$

对于闭环系统可以得到下面的表达式

$$K_M\Delta\dot{v}_{de}^e+K_D\Delta v_{de}^e+h_\Delta^e=h_e^e \tag{7.20}$$

式中，K_M 和 K_D 是 6×6 对称正定矩阵；$\Delta\dot{v}_{de}^e=\dot{v}_d^e-\dot{v}_e^e$；$\Delta v_{de}^e=v_d^e-v_e^e$；$\dot{v}_d^e$ 和 v_d^e 分别是期望坐标系 Σ_d 的加速度和速度；h_Δ^e 是弹性力螺旋。这里所有的量都是以末端执行器坐标系 Σ_e 为参考的。

上面描述受控制的末端执行器的动态特性的方程可以看做是推广的机械阻抗。在 $h_e=0$ 时的平衡状态的渐近稳定性可以通过考虑李雅普诺夫函数来证明

$$V=\frac{1}{2}\Delta v_{de}^{e\,\mathrm{T}}K_M\Delta v_{de}^e+V_t+V_o \tag{7.21}$$

式中，V_t 和 V_o 分别在式（7.9）和式（7.11）中定义，并且它们沿系统（7.20）的轨迹的时间导数是负半定函数

$$\dot{V}=-\Delta v_{de}^{e\,\mathrm{T}}K_D\Delta v_{de}^e$$

当 $h_e\neq0$ 时，对应于期望坐标系 Σ_d 相对于末端执行器坐标系 Σ_e 的非零位移，可以得到一个不同的渐近稳定平衡。这个新的平衡是方程 $h_\Delta^e=h^e$ 的解。

在 Σ_d 不变的情况下，如果选取 K_M 为

$$K_M=\begin{pmatrix}mI & 0\\ 0 & M\end{pmatrix}$$

式（7.20）具有真正六自由度机械阻抗的意义，其中，m 是质量，M 是 3×3 惯性张量，K_D 被选取作为具有 3×3 块的对角分块矩阵。物理等价系统是质量为 m 的刚体，具有相对于固连在刚体上的坐标系 Σ_e 的惯性张量 M，并受到外部力螺旋 h^e 的作用。这个刚体通过一个具有刚度矩阵 K_P 的六自由度理想弹簧与一个固连在坐标系 Σ_d 上的虚拟刚体相连接，还受到阻尼为 K_D 的黏滞力和力矩的作用。式（7.21）中的函数 V 表示刚体的总能：动能和弹性势能的和。

图7.1简略给出了阻抗控制的框图。阻抗控制基于位置和姿态反馈以及力和力矩测量，如式（7.17）和式（7.19）中那样计算加速度输入。然后，逆动力学控制律利用式（7.15）中的 h_c 计算关节驱动器转矩 $\tau=J^{\mathrm{T}}h_c$。在没有交互作用情况下，这个控制方案保证末端执行器坐标系 Σ_e 渐近地跟随期望坐标系 Σ_d。在与环境接触的情况下，按照阻抗（7.20）对

末端执行器施加柔顺动态特性，并且以Σ_d和Σ_e之间有限的位置和姿态位移为代价使接触力螺旋有界。与刚性控制不同，用于测量接触力和力矩的力/力矩传感器是必需的。

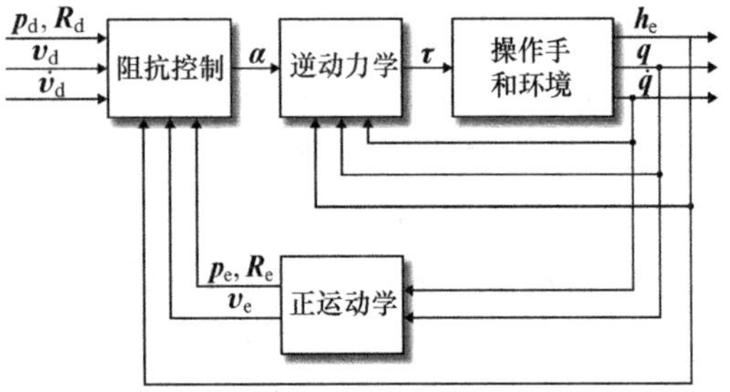

图 7.1 阻抗控制

1. 实现问题

选择好的阻抗参数以获得令人满意的特性并不是一件容易的任务。事实上，闭环系统的动态特性在自由空间中与在交互作用过程中是不同的。由于在自由空间中必须保证运动跟踪和扰动抑制，而在交互作用过程中主要目标是实现适当的末端执行器柔顺动态特性，它们的控制目标也是不同的。还要注意在交互作用中控制系统的动态取决于环境的动态。

为了深入理解这些问题，假设末端执行器与环境相互作用可以被由一个连接末端执行器坐标系Σ_e与环境坐标系Σ_o的六自由度理想弹簧所得到的作用来近似。由此，根据式（7.8），在Σ_e相对Σ_o存在无穷小扭位移的情况下，末端执行器作用于环境的弹性力螺旋可以计算得到为

$$\boldsymbol{h}_e^e = \boldsymbol{K}\delta\boldsymbol{x}_{eo}^e \tag{7.22}$$

其中，在平衡状态Σ_e和Σ_o相重合，$\boldsymbol{K}$是刚度矩阵。上面的模型仅在交互作用情况下成立，而当末端执行器在自由空间中运动时接触力螺旋为零。

通过在机器人操作手动态模型（7.2）的右侧引入一个对应于作用在末端执行器上的等效扰动力螺旋的附加项，可以把作用于机器人操作手的扰动和未建模动态（关节摩擦力、建模误差等）考虑进去。这个附加项在式（7.18）的右侧产生一个附加加速度扰动$\boldsymbol{\gamma}^e$。因此，使用控制律式（7.19），可以得到下面的闭环阻抗方程

$$\boldsymbol{K}_M\Delta\dot{\boldsymbol{v}}_{de}^e + \boldsymbol{K}_D\Delta\boldsymbol{v}_{de}^e + \boldsymbol{h}_\Delta^e = \boldsymbol{h}_e^e + \boldsymbol{K}_M\boldsymbol{\gamma}^e \tag{7.23}$$

阻抗参数的整定过程可以从线性化的模型开始，在无穷小位移情况下该模型可以由式（7.23）计算得到，即

$$\boldsymbol{K}_M\delta\ddot{\boldsymbol{x}}_{de}^e + \boldsymbol{K}_D\delta\dot{\boldsymbol{x}}_{de}^e + (\boldsymbol{K}_P + \boldsymbol{K})\delta\boldsymbol{x}_{de}^e = \boldsymbol{K}\delta\boldsymbol{x}_{eo}^e + \boldsymbol{K}_M\boldsymbol{\gamma}^e \tag{7.24}$$

这里使用了式（7.22）和等式$\delta\boldsymbol{x}_{eo}^e = -\delta\boldsymbol{x}_{de}^e + \delta\boldsymbol{x}_{do}^e$。上面的方程对于有约束（$\boldsymbol{K}\neq\boldsymbol{0}$）和自由运动（$\boldsymbol{K}=\boldsymbol{0}$）都是成立的。

很明显，适当的位置和姿态误差动态可以通过适当地选取增益矩阵$\boldsymbol{K}_M$、$\boldsymbol{K}_D$和$\boldsymbol{K}_P$来设定。在所有矩阵都是对角阵的假设下，使无穷小扭转位移的六个分量具有解耦性质，这个任务是很容易的。在这种情况下，每个分量的瞬变特性可以通过使用关系式

$$\omega_n = \sqrt{\frac{k_P + k}{k_M}}, \qquad \zeta = \frac{1}{2}\frac{k_D}{\sqrt{k_M(k_P + k)}}$$

指定固有频率和阻尼率来设定。因此，如果选取的增益在相互作用（即$k\neq0$）过程中确保获得给定的固有频率和阻尼率，当末端执行器在自由空间（即$k=0$）中运动时将得到更低的固有频率和更高的阻尼率。至于稳态特性，末端执行器一般分量的误差为

$$\delta x_{de} = \frac{k}{(k_P + k)}\delta x_{do} + \frac{k_M}{k_P + k}\gamma$$

并且相应的交互作用力为

$$h = \frac{k_P k}{k_P + k}\delta x_{do} - \frac{k_M k}{k_P + k}\gamma$$

上述关系式表明，在相互作用过程中，只要相对于环境刚度k设定低的主动刚度k_P，以大的稳态位置误差为代价就可以使接触力很小，反之亦然。然而，接触力和位置误差又都取决于外界扰动$\boldsymbol{\gamma}$。尤其是，k_P越低，$\boldsymbol{\gamma}$对δx_{de}和h两者的影响越大。此外，在没有交互作用情况下（即$k=0$时）低的主动刚度k_P也可能导致大的位置误差。

2. 导纳控制

这个问题的解决方法可以按下面把运动控制从阻抗控制中分离出来的方式来构想。运动控制作用特意设定为刚性以便增强扰动抑制，来确保跟踪由阻抗控制作用得到参考位置和姿态，而不是保证跟踪末端执行器的期望位置和姿态。也就是说，期望位置和姿态与测量的接触力螺旋一起输入到阻抗方程，通过适当的积分产生用于运动控制作为参考的位置和姿态。

要实现这个解决方法，有必要引入一个不同于期望坐标系Σ_d的参考坐标系。这个坐标系称为柔顺坐标系Σ_c，由量p_c、$\boldsymbol{R}_c$、$\dot{\boldsymbol{v}}_c$和$\dot{\boldsymbol{v}}_c$所确定，这些量由p_d、$\boldsymbol{R}_d$、$\dot{\boldsymbol{v}}_d$和$\dot{\boldsymbol{v}}_d$以及测量得到的力螺旋$\boldsymbol{h}_c$通过积分下面方程计算得到

$$\boldsymbol{K}_M\Delta\dot{\boldsymbol{v}}_{dc}^c + \boldsymbol{K}_D\Delta\boldsymbol{v}_{dc}^c + \boldsymbol{h}_\Delta^c = \boldsymbol{h}_c \tag{7.25}$$

式中，$\boldsymbol{h}_{\Delta}^{c}$是期望坐标系$\Sigma_{d}$和柔顺坐标系$\Sigma_{c}$之间存在有限位移情况下的弹性力螺旋。这样，就得到了一个基于逆动力学的运动控制策略，以使末端执行器坐标系Σ_{e}与柔顺坐标系Σ_{c}相重合。为了保证整个系统的稳定性，运动控制器的带宽应该高于阻抗控制器的带宽。

图7.2给出了所设计的控制方案的框图。很明显，在没有相互作用时，柔顺坐标系Σ_{c}与期望坐标系Σ_{d}重合，并且位置与姿态误差动态和扰动抑制能力仅取决于内部运动控制环的增益。另一方面，存在交互作用的情况下，动态特性受阻抗增益（7.25）的作用影响。

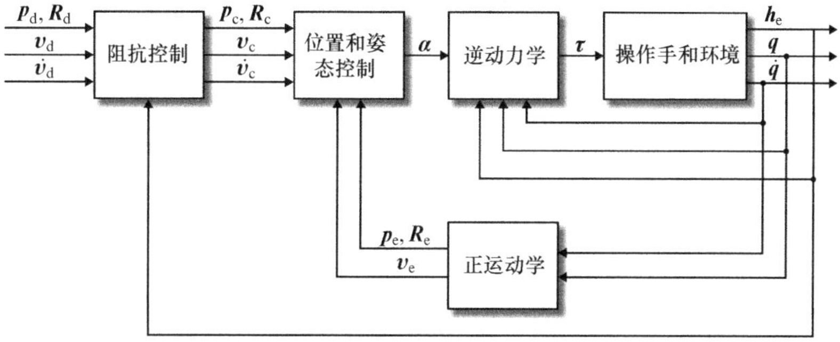

图7.2　带有内部运动控制环的阻抗控制（导纳控制）

由于在式（7.25）中，给定期望坐标系的运动，测量的力（输入）用于计算柔顺坐标系的运动（输出），力作为输入而位置或速度作为输出的变换相当于机械导纳，所以图7.2中的控制方案也称为导纳控制。反之，式（7.20）中将由期望运动轨迹得到的末端执行器位移（输入）变换到接触力螺旋（输出），则具有机械阻抗的意义。

3. 简化方案

逆动力学控制是基于模型的，并且需要修改当前工业机器人控制器，控制器通常配备有具有很高带宽的独立PI关节速度控制器。如果环境足够柔顺，这些控制器能够在很大程度上解耦机器人动力学，特别是在慢速运动情况下，来减轻外部作用力对操作手的影响。因此，被控制机器人的闭环动态可以在关节空间由

$$\dot{\boldsymbol{q}} = \dot{\boldsymbol{q}}_{r}$$

来近似，或者在操作空间等价为

$$\dot{\boldsymbol{v}}_{e} = \boldsymbol{v}_{r} \tag{7.26}$$

其中$\dot{\boldsymbol{q}}_{r}$和$\boldsymbol{v}_{r}$是由适当设计的外控制回路所产生的控制信号，用于内部速度运动控制回路。这些控制信号之间的关系为

$$\dot{\boldsymbol{q}}_{r} = \boldsymbol{J}^{-1}(\boldsymbol{q})\boldsymbol{v}_{r}$$

对应于分解速度控制，速度$\boldsymbol{v}_{r}$可以按照下式计算

$$\boldsymbol{v}_{r}^{e} = \boldsymbol{v}_{d}^{e} + \boldsymbol{K}_{D}^{-1}(\boldsymbol{h}_{\Delta}^{e} - \boldsymbol{h}_{e}^{e})$$

式中，控制输入是以末端执行器坐标系为参考的；$\boldsymbol{K}_{D}$是一个6×6正定矩阵；$\boldsymbol{h}_{\Delta}$是具有刚度矩阵$\boldsymbol{K}_{P}$的弹性力螺旋式（7.13）。这样，相对应由阻尼$\boldsymbol{K}_{D}$和刚度$\boldsymbol{K}_{P}$所描述的末端执行器的柔顺特性，得到闭环方程为

$$\boldsymbol{K}_{D}\Delta\boldsymbol{v}_{de}^{e} + \boldsymbol{h}_{\Delta}^{e} = \boldsymbol{h}_{e}^{e}$$

在$\boldsymbol{K}_{P} = \boldsymbol{0}$情况下，得到的方案称为阻尼控制。

作为另一种选择，可以采用导纳类型的控制方案，这里柔顺坐标系Σ_{c}的运动可以按照位置p_{c}、姿态$\boldsymbol{R}_{c}$和速度扭矢量$\boldsymbol{v}_{c}$，以微分方程

$$\boldsymbol{K}_{D}\Delta\boldsymbol{v}_{dc}^{c} + \boldsymbol{h}_{\Delta}^{c} = \boldsymbol{h}_{e}^{c}$$

的解来计算，其中的输入是期望坐标系Σ_{d}的运动变量和接触力螺旋$\boldsymbol{h}_{e}^{c}$。然后，Σ_{c}的运动变量输入到内部的位置和速度控制器。在$\boldsymbol{K}_{D} = \boldsymbol{0}$情况下，得到的方案称为柔顺控制。

7.3　交互作业

尽管要达到满意的动态特性，控制参数必须针对单独的作业任务进行整定，但间接力控制不需要明确的环境知识。另一方面，对于直接力控制算法的合成，一个交互作业的模型是必须的。

交互作业是由操作手与环境之间复杂的接触状况来描述的。要保证作业正确地执行，对相互作用力和力矩的解析描述是必要的，从建模的角度来看这是非常苛刻的要求。

实际的接触状况是一种自然地分布的现象，涉及接触表面的局部特性以及操作手与环境的全局动态。具体为：

1）由于一个或多个不同类型的接触，环境对末端执行器运动施加运动学约束，并且当末端执行器趋向于违反约束时会产生反作用力螺旋，例如，机器人使刚性工具在无摩擦刚性表面上滑动。

2）在存在环境动态情况下，当末端执行器受到运动学约束制约时，也可能对环境施加一个动态力螺旋，例如，机器人转动曲柄，与曲柄的动态是有关的，或者机器人推挤一个柔顺表面。

3）由于操作手的关节和连杆，以及腕部力/力矩传感器或工具的有限刚度，接触力螺旋可能取决于机器人结构性柔顺，例如，安装在 RCC 装置上的末端执行器。

4）在相互作用过程中接触表面可能产生局部变形，从而产生分散的接触区域，例如，工具或环境的软接触表面的情况。

5）在非理想光滑接触表面情况下，可能产生静摩擦和动摩擦。

通常在简化的假设下进行交互控制的设计和性能分析。考虑下面两种情况：

1）机器人和环境都是完全刚性的，环境所施加的仅仅是运动学约束。

2）机器人是完全刚性的，系统中所有的柔顺局限于环境中，并且接触力螺旋可以由线性弹性模型近似。

在这两种情况中，都是假设无摩擦接触。很明显这些状况都只是理想的。但是，控制的鲁棒性应该能够处理一些对理论假设放松的情况。在那些情况下，控制率可以改变以适应于处理非理想的特性。

7.3.1 刚性环境

环境所施加的运动学约束可以由一组方程表示，方程的变量描述必须满足的末端执行器位置和姿态。由于通过正运动学方程可知这些变量由关节变量确定，因此约束方程也可以在关节空间表示为

$$\boldsymbol{\phi}(\boldsymbol{q})=\mathbf{0} \tag{7.27}$$

向量 $\boldsymbol{\phi}$ 是 $m\times1$ 的函数，且 $m<n$，其中 n 是操作手的关节数，假设是非冗余的。不是一般性，这里考虑 $n=6$ 的情况。只涉及系统广义坐标，形如（7.27）的约束称为完整性约束。形如 $\boldsymbol{\phi}(\boldsymbol{q},\ t)=\mathbf{0}$ 的时变约束情况这里不考虑，但也可以采用类似的方法分析。此外，仅仅关注形如（7.27）等式所表示的双侧约束；这意味着末端执行器与环境一直保持接触。这里给出的分析称为动态静力分析。

假设向量（7.27）是二阶可微，并且它的 m 个分量至少在操作点的邻域是局部地线性无关的。因此，将式（7.27）微分，得到

$$\boldsymbol{J}_{\phi}(\boldsymbol{q})\dot{\boldsymbol{q}}=\mathbf{0} \tag{7.28}$$

式中，$\boldsymbol{J}_{\phi}(\boldsymbol{q})=\partial\boldsymbol{\phi}/\partial\boldsymbol{q}$ 是 $\boldsymbol{\phi}(\boldsymbol{q})$ 的 $m\times6$ 雅可比矩阵，称为约束雅可比。根据以上假设，至少局部地在操作点的邻域内 $\boldsymbol{J}_{\phi}(\boldsymbol{q})$ 的秩为 m。

不考虑摩擦的情况下，广义相互作用力由趋于违反约束的反作用力螺旋来表示。这个末端执行器力螺旋在关节上产生的反作用力矩可以使用虚功原理计算为

$$\boldsymbol{\tau}_{\mathrm{e}}=\boldsymbol{J}_{\phi}^{\mathrm{T}}(\boldsymbol{q})\boldsymbol{\lambda}$$

式中，$\boldsymbol{\lambda}$ 是 $m\times1$ 的拉格朗日乘子向量。对应的末端执行器力螺旋可以计算为

$$\boldsymbol{h}_{\mathrm{e}}=\boldsymbol{J}^{-\mathrm{T}}(\boldsymbol{q})\boldsymbol{\tau}_{\mathrm{e}}=\boldsymbol{S}_{\mathrm{f}}(\boldsymbol{q})\boldsymbol{\lambda} \tag{7.29}$$

其中

$$\boldsymbol{S}_{\mathrm{f}}=\boldsymbol{J}^{-\mathrm{T}}(\boldsymbol{q})\boldsymbol{J}_{\phi}^{\mathrm{T}}(\boldsymbol{q}) \tag{7.30}$$

从式（7.29）可以得出 $\boldsymbol{h}_{\mathrm{e}}$属于由 $6\times m$ 矩阵 $\boldsymbol{S}_{\mathrm{f}}$的列所张成的 m 维向量空间。线性变换（7.29）的逆为

$$\boldsymbol{\lambda}=\boldsymbol{S}_{\mathrm{f}}^{\dagger}(\boldsymbol{q})\boldsymbol{h}_{\mathrm{e}} \tag{7.31}$$

式中，$\boldsymbol{S}_{\mathrm{f}}^{\dagger}$表示矩阵 $\boldsymbol{S}_{\mathrm{f}}$的加权伪逆，即

$$\boldsymbol{S}_{\mathrm{f}}^{\dagger}=(\boldsymbol{S}_{\mathrm{f}}^{\mathrm{T}}\boldsymbol{W}\boldsymbol{S}_{\mathrm{f}})^{-1}\boldsymbol{S}_{\mathrm{f}}^{\mathrm{T}}\boldsymbol{W} \tag{7.32}$$

式中，$\boldsymbol{W}$ 为适当的加权矩阵。

注意，尽管式（7.30）中矩阵 $\boldsymbol{S}_{\mathrm{f}}$的值域是由接触的几何形状唯一定义的，矩阵 $\boldsymbol{S}_{\mathrm{f}}$自身却不是唯一的；并且约束方程（7.27）、相应的雅可比矩阵 $\boldsymbol{J}_{\phi}$和伪逆 $\boldsymbol{S}_{\mathrm{f}}^{\dagger}$，以及向量 $\boldsymbol{\lambda}$ 也不是唯一定义的。

通常，对 $\boldsymbol{\lambda}$ 的元素测量的物理单位不是同类的，矩阵 $\boldsymbol{S}_{\mathrm{f}}$和矩阵 $\boldsymbol{S}_{\mathrm{f}}^{\dagger}$ 的列也不一定要表示同质的实体。这可能在变换（7.31）中产生不变性的问题。如果 $\boldsymbol{h}_{\mathrm{e}}$表示一个受到干扰的测量的力螺旋，作为结果，可能有分量在 $\boldsymbol{S}_{\mathrm{f}}$的值域范围之外。如果物理单位或参考坐标系改变了，矩阵 $\boldsymbol{S}_{\mathrm{f}}$要进行变换；但是带有变换的伪逆的式（7.31）的结果一般而言是取决于所采用的物理单位或取决于参考坐标系。原因在于伪逆是基于向量 $\boldsymbol{h}_{\mathrm{e}}-\boldsymbol{S}_{\mathrm{f}}(\boldsymbol{q})\boldsymbol{\lambda}$ 的范数的最小化问题的加权最小二乘解，并且只有使用这个向量的物理一致的范数才能保证不变性。在 $\boldsymbol{h}_{\mathrm{e}}$ 在 $\boldsymbol{S}_{\mathrm{f}}$的值域内的理想情况下，式（7.31）中的 $\boldsymbol{\lambda}$ 有唯一解，并且不考虑加权矩阵，这样就不会出现不变性的问题。

一个可能的解决方法在于选取以使它自身的列表示线性无关的力螺旋。这意味着式（7.29）使 $\boldsymbol{h}_{\mathrm{e}}$成为力螺旋的线性组合，并且 $\boldsymbol{\lambda}$ 是无量纲的向量。在力螺旋空间物理一致的范数可以基于二次型 $\boldsymbol{h}_{\mathrm{e}}^{\mathrm{T}}\boldsymbol{K}^{-1}\boldsymbol{h}_{\mathrm{e}}$ 来定义，如果 $\boldsymbol{K}$ 是一个对应刚度的正定矩阵，其具有弹性性能的意义。因此，可以选取 $\boldsymbol{W}=\boldsymbol{K}^{-1}$ 作为伪逆的加权矩阵。

注意，对于给定的 S_f，约束雅可比可以由式（7.30）计算为 $J_\phi(q)=S_f^T J(q)$；此外，可以通过积分（7.28）得到约束方程。

使用式（7.1）和式（7.30），等式（7.28）可以重写形为

$$J_\phi(q)J^{-1}(q)J(q)\dot{q}=S_f^T v_e=0 \qquad (7.33)$$

根据式（7.29）的假设，其等价于

$$h_e^T v_e=0 \qquad (7.34)$$

式（7.34）表示理想反作用力螺旋（属于所谓的力控制子空间）和服从约束的末端执行器扭矢（属于所谓的速度控制子空间）之间的动态静力关系，称为互反性。在刚性和无摩擦接触的假设条件下，互反性的概念表达这样的物理事实，即力螺旋克服扭矢不做任何功。互反性经常会与正交性的概念混淆，由于扭矢和力螺旋属于不同的空间，所有后者在这里没有任何意义。

式（7.33）和式（7.34）意味着速度控制子空间是 m 维力控制子空间的互反补，由矩阵的值域确定。因此，速度控制子空间的维数是 $6-m$，可以定义一个 $6\times(6-m)$ 的矩阵 S_v，它的列张成速度控制子空间，即

$$v_e=S_v(q)\nu \qquad (7.35)$$

式中，ν 是适当的 $(6-m)\times 1$ 的向量。由式（7.33）和式（7.35）可知，下面的等式成立

$$S_f^T(q)S_v(q)=0 \qquad (7.36)$$

此外，线性变换（7.35）的逆可以计算为

$$\nu=S_v^\dagger(q)v_e \qquad (7.37)$$

式中，$S_v^\dagger$ 表示矩阵 S_v 的适当的加权伪逆，与式（7.32）中的计算一样。

注意，与 S_f 的情况一样，尽管矩阵 S_v 的值域是唯一定义的，矩阵 S_v 自身的选取却不是唯一的。此外，S_v 的列也不一定要是扭矢，标量 ν 也可以具有不同种的物理量纲。但是，为了避免类似于 S_f 情况中考虑的不变性问题，可以简便地选择 S_v 的列作为扭矢以使向量 ν 是无量纲的。此外，式（7.37）中用于计算伪逆的加权矩阵可以设定为 $W=M$，而 M 是 6×6 的惯性矩阵，这相当于在扭矢空间基于动能定义范数。有必要注意，对应参考坐标系的改变，扭矢和力螺旋的变换矩阵是不同的。然而，如果扭矢定义为角速度在上平移速度在下，那么它们的变换矩阵和力螺旋是一样的。

矩阵 S_v 也有使用雅可比的表达形式，与式（7.30）中的 S_f 一样。由于存在 m 个独立几何约束（7.27），可以用一个为独立变量的 $(6-m)\times1$ 的向量 r 来描述与环境接触时机器人的构型。根据隐函数定理，这个向量可以定义为

$$r=\psi(q) \qquad (7.38)$$

式中，$\psi(q)$ 是任意 $(6-m)\times1$ 的二阶可微向量函数，使得 $\phi(q)$ 的 m 个分量和 $\psi(q)$ 的 $n-m$ 个分量至少在操作点的邻域是局部地线性无关的。这意味着映射（7.38）与约束（7.27）一起是局部可逆的，它的逆定义为

$$q=\rho(r) \qquad (7.39)$$

式中，$\rho(r)$ 是 6×1 的二阶可微向量函数。方程（7.39）显式地给出了所有满足约束（7.27）的关节向量。此外，满足式（7.28）的关节速度向量可以计算为

$$\dot{q}=J_\rho(r)\dot{r}$$

式中，$J_\rho(r)=\partial\rho/\partial r$ 是 $6\times(6-m)$ 的满秩雅可比矩阵。所以，下面的等式成立

$$J_\phi(q)J_\rho(r)=0$$

它可以看作是由矩阵 J_ϕ^T 的列所张成的反作用力矩子空间与由矩阵 J_ρ 的列所张成的带约束的关节速度子空间之间的互反性条件。

重写上面的方程为

$$J_\phi(q)J(q)^{-1}J(q)J_\rho(q)=0$$

并把式（7.30）和式（7.36）考虑进去，矩阵 S_v 可以表示为

$$S_v=J(q)J_\rho(r) \qquad (7.40)$$

根据式（7.38）和式（7.39），可以等价地表示为 q 或 r 的函数。

矩阵 S_f 和 S_v 以及它们的伪逆 $S_f^\dagger$ 和 $S_v^\dagger$ 称为选择矩阵。它们除了在控制综合中，在作业规范中也起着重要作用，即期望的末端执行器的运动和相互作用力与力矩的规范。

7.3.2 柔顺环境

在很多应用中，末端执行器与柔顺环境之间的相互作用力螺旋可以使用形如（7.22）的理想弹性模型来近似。但是，由于刚度矩阵 K 是正定的，当环境变形与末端执行器无穷小扭转位移重合时，这个模型描述的是完全约束的情况。但是，一般来说末端执行器的运动只是受到环境的部分约束，这种情况可以通过引入合适的半正定刚度矩阵来建模。

可以通过将环境建模为一对刚体 S 和 O，并由一个柔顺为 $C=K^{-1}$ 的理想六自由度弹簧连接，来计算描述末端执行器与环境之间部分约束的相互作用的刚度矩阵。刚体 S 与坐标系 Σ_S 固连，并与末端执行器

接触；刚体 O 与坐标系 Σ_0固连，这个坐标系在平衡状态与坐标系 Σ_S重合。存在力螺旋 $\boldsymbol{h}_S$的情况下，环境在平衡状态附近的变形可以由坐标系 Σ_S和 Σ_0之间的无穷小扭转位移 $\delta\boldsymbol{x}_{S0}$来表示，其可以计算为

$$\delta\boldsymbol{x}_{S0}=\boldsymbol{C}\boldsymbol{h}_S \tag{7.41}$$

为了简便起见，后面所有参考坐标系 Σ_S的量都省略上标 S。

对于所考虑的接触状况，因为环境可以变形，末端执行器的扭矢不是完全属于对应于刚性环境的理想速度子空间。因此，末端执行器坐标系 Σ_e相对于 Σ_0的无穷小扭转位移可以分解为

$$\delta\boldsymbol{x}_{eo}=\delta\boldsymbol{x}_v+\delta\boldsymbol{x}_f \tag{7.42}$$

式中，$\delta\boldsymbol{x}_v$是末端执行器在速度控制子空间的无穷小扭转位移，定义为力控制子空间的 $6-m$ 维互反补，而 $\delta\boldsymbol{x}_f$则是对应于环境变形的末端执行器的无穷小扭转位移。因此：

$$\delta\boldsymbol{x}_v=\boldsymbol{P}_v\delta\boldsymbol{x}_{eo} \tag{7.43}$$

$$\delta\boldsymbol{x}_f=(\boldsymbol{I}-\boldsymbol{P}_v)\delta\boldsymbol{x}_{eo}=(\boldsymbol{I}-\boldsymbol{P}_v)\delta\boldsymbol{x}_{so} \tag{7.44}$$

式中，$\boldsymbol{P}_v=\boldsymbol{S}_v\boldsymbol{S}_v^{\dagger}$、$\boldsymbol{S}_v$和 $\boldsymbol{S}_v^{\dagger}$是与在刚性环境情况下一样定义的。矩阵 $\boldsymbol{P}_v$是滤除所有不在 $\boldsymbol{S}_v$值域内的末端执行器的扭矢（和无穷小扭转位移）的投影矩阵，而 $\boldsymbol{I}-\boldsymbol{P}_v$是滤除所有在 $\boldsymbol{S}_v$值域内的末端执行器的扭矢（和无穷小扭转位移）的投影矩阵。扭矢 $\boldsymbol{P}_v\boldsymbol{v}$ 表示自由度扭矢，而扭矢 $(\boldsymbol{I}-\boldsymbol{P}_v)\boldsymbol{v}$ 表示约束扭矢。

在无摩擦接触假设条件下，和刚性环境情况下一样，末端执行器与环境之间的相互作用力螺旋被局限于由矩阵 $\boldsymbol{S}_f$的 m 维值域所定义的力控制子空间内，即

$$\boldsymbol{h}_e=\boldsymbol{S}_f\boldsymbol{\lambda}=\boldsymbol{h}_s \tag{7.45}$$

式中，$\boldsymbol{\lambda}$ 是 $m\times1$ 的无量纲向量。式（7.42）的两边都左乘 $\boldsymbol{S}_f^{\mathrm{T}}$，并利用式（7.41）、式（7.43）、式（7.44）和式（7.45）得到

$$\boldsymbol{S}_f^{\mathrm{T}}\delta\boldsymbol{x}_{eo}=\boldsymbol{S}_f^{\mathrm{T}}\boldsymbol{C}\boldsymbol{S}_f\boldsymbol{\lambda}$$

这里利用了等式 $\boldsymbol{S}_f^{\mathrm{T}}\boldsymbol{P}_v=\boldsymbol{0}$。因此，可以得到如下的弹性模型：

$$\boldsymbol{h}_e=\boldsymbol{S}_f\boldsymbol{\lambda}=\boldsymbol{K}'\delta\boldsymbol{x}_{eo} \tag{7.46}$$

式中，$\boldsymbol{K}'=\boldsymbol{S}_f(\boldsymbol{S}_f^{\mathrm{T}}\boldsymbol{C}\boldsymbol{S}_f)^{-1}\boldsymbol{S}_f^{\mathrm{T}}$是半正定的刚度矩阵，对应于部分约束的交互。

如果采用柔顺矩阵 $\boldsymbol{C}$ 作为计算 $\boldsymbol{S}_f^{\dagger}$的加权矩阵，则 $\boldsymbol{K}'$可以表示为

$$\boldsymbol{K}'=\boldsymbol{P}_f\boldsymbol{K} \tag{7.47}$$

式中，$\boldsymbol{P}_f=\boldsymbol{S}_f\boldsymbol{S}_f^{\dagger}$是滤除不在 $\boldsymbol{S}_f$的值域内的所有末端执行器的力螺旋的投影矩阵。

因为用于部分约束交互的柔顺矩阵的秩 $m<6$，所以这个矩阵不能计算作为 $\boldsymbol{K}'$的逆。但是，利用式（7.44）、式（7.41）和式（7.45），可以得到下面的等式

$$\delta\boldsymbol{x}_f=\boldsymbol{C}'\boldsymbol{h}_e$$

其中矩阵

$$\boldsymbol{C}'=(\boldsymbol{I}-\boldsymbol{P}_v)\boldsymbol{C} \tag{7.48}$$

是秩为 $6-m$ 的半正定矩阵。如果采用刚度矩阵 $\boldsymbol{K}$ 作为计算 $\boldsymbol{S}_v^{\dagger}$的加权矩阵，则矩阵 $\boldsymbol{C}'$具有值得注意的表达式 $\boldsymbol{C}'=\boldsymbol{C}-\boldsymbol{S}_v(\boldsymbol{S}_v^{\mathrm{T}}\boldsymbol{K}\boldsymbol{S}_v)^{-1}\boldsymbol{S}_v^{\mathrm{T}}$，表明 $\boldsymbol{C}'$是对称的。

7.3.3 作业规范

交互作业可以利用期望的末端执行器力螺旋 $\boldsymbol{h}_d$和扭矢量 $\boldsymbol{v}_d$来指定。为了与约束一致，这些向量必须分别属于力控制和速度控制子空间。这可以通过指定向量 $\boldsymbol{\lambda}_d$和 $\boldsymbol{\nu}_d$来保证，并计算 $\boldsymbol{h}_d$和 $\boldsymbol{v}_d$为

$$\boldsymbol{h}_d=\boldsymbol{S}_f\boldsymbol{\lambda}_d,\quad \boldsymbol{v}_d=\boldsymbol{S}_v\boldsymbol{\nu}_d$$

式中，$\boldsymbol{S}_f$和 $\boldsymbol{S}_v$必须在作业几何的基础上适当地定义，以保证考虑到选取参考坐标系和改变物理单位的不变性。

很多机器人作业具有一组正交参考坐标系，在这些坐标系里作业规范是非常容易和直观的。这样的坐标系称为作业坐标系或柔顺坐标系。交互作业可以通过设定沿/绕着每个坐标系轴的期望力/力矩或期望线/角速度来指定。由于这些期望的量是由控制器所施加，所以称之为人为约束；在刚性接触情况下，这些约束是那些由环境施加并称为自然约束的补充。

下面给出一些作业坐标系定义和作业规范的例子。

1. 销孔装配

这个作业的目的是把销推入到孔中，同时避免楔紧和卡阻现象。销具有两个运动自由度，因此速度控制子空间的维数是 $6-m=2$，而力控制子空间的维数是 $m=4$。作业坐标系可以如图 7.3 中所示那样选取，并通过指定下面的期望力和力矩以及期望的速度来完成作业

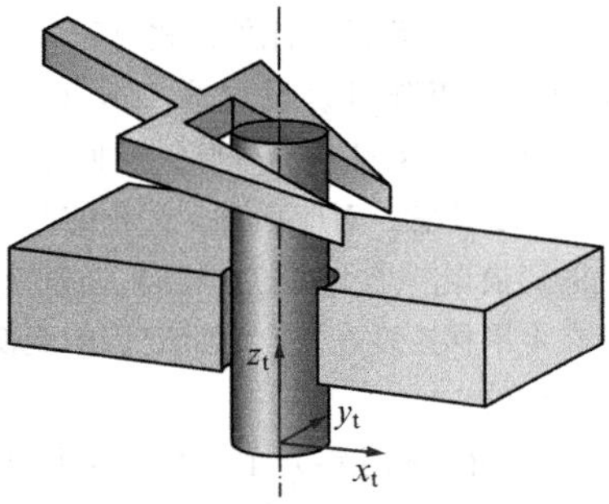

图 7.3 圆柱销插入到孔中

1）沿着 x_t 和 y_t 轴的零力。

2）绕 x_t 和 y_t 轴的零力矩。

期望速度：

1）沿着 z_t 轴的非零线速度。

2）绕 z_t 轴的任意角速度。

作业持续直到在 z_t 方向测量到很大的反作用力，表明销已经碰到孔的底部，这在图中没有表示出来。因此，矩阵 $\boldsymbol{S}_f$ 和 $\boldsymbol{S}_v$ 可以选取为

$$\boldsymbol{S}_f=\begin{pmatrix}1&0&0&0\\0&1&0&0\\0&0&0&0\\0&0&1&0\\0&0&0&1\\0&0&0&0\end{pmatrix},\quad \boldsymbol{S}_v=\begin{pmatrix}0&0\\0&0\\1&0\\0&0\\0&0\\0&1\end{pmatrix}$$

式中，$\boldsymbol{S}_f$ 的列具有力螺旋的维数，$\boldsymbol{S}_v$ 的列具有扭矢的维数，如作业坐标系中所定义的。当参考坐标系改变时，它们相应地变换。作业坐标系既可以选择固连于末端执行器，也可以固连于环境。

2. 旋转曲柄

这个作业的目的是旋转具有自由转动手柄的曲柄。手柄具有两个运动自由度，对应于绕 z_t 轴的转动和绕曲柄转轴的转动。因此速度控制子空间的维数是 $6-m=2$，而力控制子空间的维数是 $m=4$。作业坐标系可以如图7.4中所示那样选取，固连于曲柄。

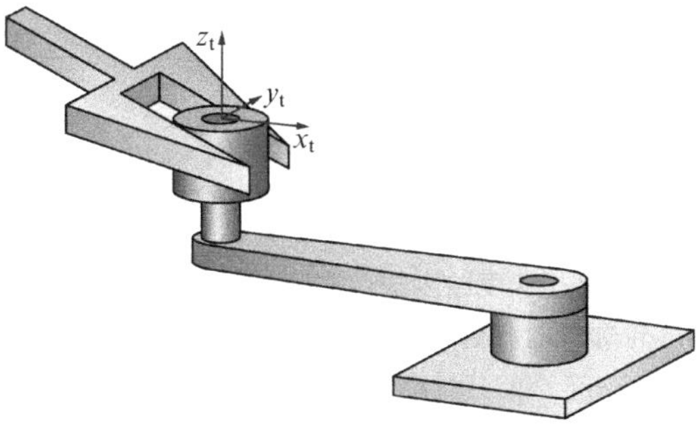

图7.4　旋转具有空转手柄的曲柄

通过指定下面的期望力和力矩以及期望的速度来完成作业：

1）沿着 x_t 和 z_t 轴的零力。

2）绕 x_t 和 y_t 轴的零力矩。

期望速度：

1）沿着 y_t 轴的非零线速度。

2）绕 z_t 轴的任意角速度。

因此，参考作业坐标系，矩阵 $\boldsymbol{S}_f$ 和 $\boldsymbol{S}_v$ 可以选取为

$$\boldsymbol{S}_f=\begin{pmatrix}1&0&0&0\\0&0&0&0\\0&1&0&0\\0&0&1&0\\0&0&0&1\\0&0&0&0\end{pmatrix},\quad \boldsymbol{S}_v=\begin{pmatrix}0&0\\1&0\\0&0\\0&0\\0&0\\0&1\end{pmatrix}$$

在这种情况下，作业坐标系相对于曲柄是固定的，但相对于末端执行器坐标系（固定于手柄）和机器人基坐标系都是运动的。因此，当参考末端执行器坐标系或者基坐标系时，矩阵 $\boldsymbol{S}_f$ 和 $\boldsymbol{S}_v$ 都是时变的。

3. 在平面弹性表面上滑动方块

这个作业的目的是在平面表面上沿着 x_t 轴滑动一个方块，同时用一个作用于弹性平面表面的给定力推它。物体具有3个运动自由度，因此速度控制子空间的维数是 $6-m=3$，而力控制子空间的维数是 $m=3$。作业坐标系可以选取固连于环境，如图7.5中所示。

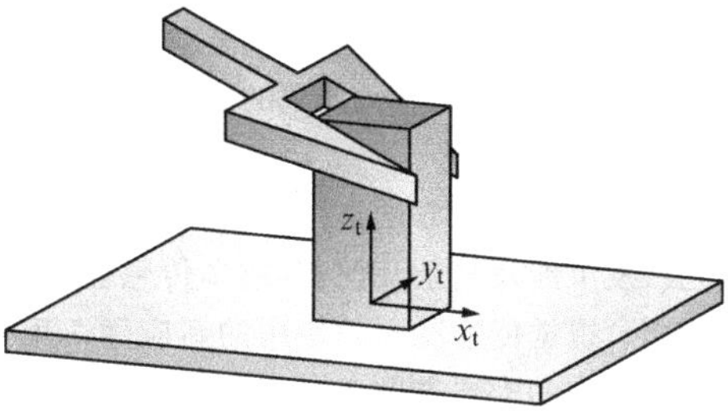

图7.5　在平面弹性表面上滑动块状物体

通过指定期望速度以及期望力和力矩来完成作业：

1）沿着 x_t 轴的非零速度。

2）沿着 y_t 轴的零速度。

3）绕 z_t 轴的零角速度。

期望力和力矩：

1）沿着 z_t 轴的非零力。

2）绕 x_t 和 y_t 轴的零力矩。

因此，矩阵 $\boldsymbol{S}_f$ 和 $\boldsymbol{S}_v$ 可以选取为

$$\boldsymbol{S}_f=\begin{pmatrix}0&0&0\\0&0&0\\1&0&0\\0&1&0\\0&0&1\\0&0&0\end{pmatrix}\quad \boldsymbol{S}_v=\begin{pmatrix}1&0&0\\0&1&0\\0&0&0\\0&0&0\\0&0&0\\0&0&1\end{pmatrix}$$

6×6 的刚度矩阵 $\boldsymbol{K}'$ 对应于末端执行器与环境之间部分约束的相互作用，除了 3×3 主子式 $\boldsymbol{K}'_m$ 的元素，

$\boldsymbol{K}'$的元素都是零。主子式由$\boldsymbol{K}'$的第3、4、5行和第3、4、5列构成，可以表示为

$$\boldsymbol{K}'_{\mathrm{m}}=\begin{pmatrix} c_{3,3} & c_{3,4} & c_{3,5} \\ c_{4,3} & c_{4,4} & c_{4,5} \\ c_{5,3} & c_{5,4} & c_{5,5} \end{pmatrix}^{-1}$$

式中，$c_{i,j}=c_{j,i}$是柔顺矩阵$\boldsymbol{C}$的元素。

4. 一般接触模型

对于各种实际机器人作业的规范，作业坐标系的概念被证明是非常有用的。但是，它只适用于那些复杂度有限的作业几何，并且其分离的控制模式可以独立地分配到沿着单个坐标系的轴的3个纯平移和3个纯转动方向。对于更复杂的状况，比如多点接触的情况，作业坐标系就不存在了，必须采用更为复杂的模型。一个合适的解决方法是使用虚拟接触操作手模型，其中使用一个被操作物体与环境之间的虚拟运动学链来建模每个单独的接触，并且当接触时赋予被操作物体（瞬时地）相同的运动自由度。所有单独接触的虚拟操作手形成了并行操作手，其速度和力运动学方程可以利用真实操作手的标准运动学方程步骤得到，并且允许构建所有运动约束的扭矢量和力螺旋空间的基。

一个更为一般的方法，称为基于约束的作业规范。它开发了涉及复杂几何和/或多传感器（力/力矩、距离、视觉传感器）的使用的新应用，用于同时控制空间中的不同方向。作业坐标系的概念扩展到多个特征坐标系。每个特征坐标系可以使用沿着坐标系轴的平移和转动方向来对作业几何的一部分进行建模；约束的一部分也可以在每个特征坐标系中指定。通过合并在每个在单独特征坐标系中表示的部分的作业和约束规范，可以得到总的模型和总的约束集合。

7.3.4 基于传感器的接触模型估计

在假设精确的接触模型是一直可以得到的条件下，作业规范取决于对速度控制子空间和力控制子空间的定义。另一方面，在大多数实际执行中，选择矩阵$\boldsymbol{S}_{\mathrm{f}}$和$\boldsymbol{S}_{\mathrm{v}}$并不是已知的。但是许多交互控制策略是相当鲁棒的，可以克服建模误差。事实上，可靠地处理这些状况正是使用力控制的原因。在作业执行过程中，如果矩阵$\boldsymbol{S}_{\mathrm{f}}$和$\boldsymbol{S}_{\mathrm{v}}$可以使用运动和/或力测量来连续更新，力控制器的鲁棒性就会提高。

具体来说，假设一个名义模型是可以得到的。当接触状况进展不同于模型所预测的那样，测量的运动和力开始与预测的偏离。这些小的不一致可以被测量并用于在线调整模型，所使用的算法可以由像卡尔曼滤波这样的经典状态-空间预测-校正估计得到。

图7.6给出了一个名义的运动和力变量与测量的运动和力变量之间误差的例子，这是二维轮廓跟踪作业的典型情况。如果环境不是平面，接触法向的姿态会改变。因此，在名义接触法向和实际接触法向之间出现了一个角度误差θ。名义接触法向对齐到作业坐标系（轴为x_{t}和y_{t}的坐标系）的y_{t}轴，而实际接触法向对齐到实际作业坐标系（轴为x_{r}和y_{r}的坐标系）的y_{r}轴。这个角度可以只通过速度或力的测量来估计。

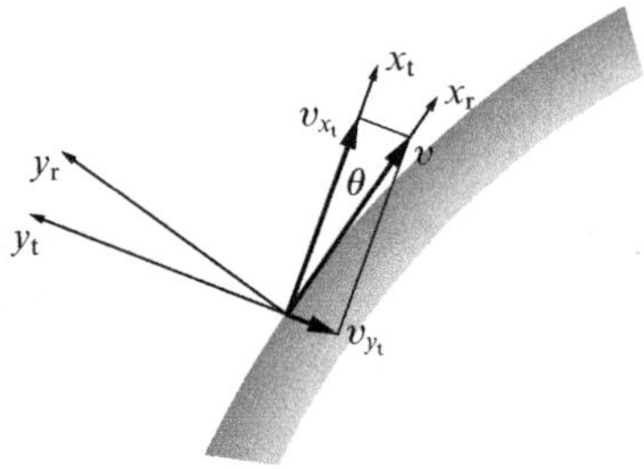

a)

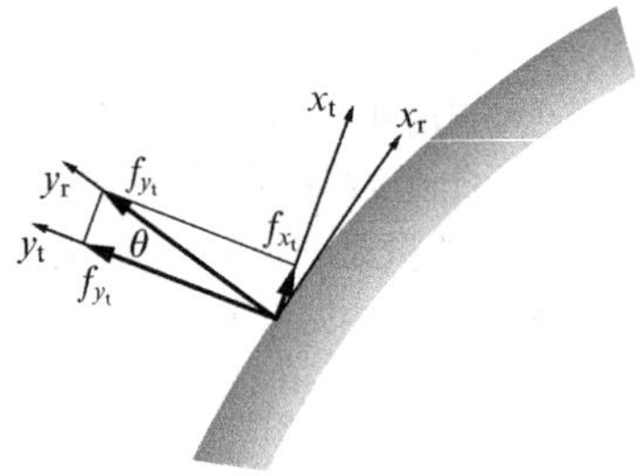

b)

图7.6 姿态误差的估计

a）基于速度的方法 b）基于力的方法

1）基于速度的方法：实际执行的线性速度$\boldsymbol{v}$与实际轮廓（对齐到x_{r}轴）相切，而不是完全沿着x_{t}轴，有一个小的分量沿着y_{t}轴。于是姿态误差θ可以由$\theta=\tan^{-1}(\boldsymbol{v}_{y_{\mathrm{t}}}/\boldsymbol{v}_{x_{\mathrm{t}}})$来近似。

2）基于力的方法：测量的（理想的）接触力$\boldsymbol{f}$不是完全沿着名义法向方向对齐到y_{t}轴，而是沿着x_{t}轴有一个小的分量$f_{x_{\mathrm{t}}}$。于是姿态误差θ可以由$\theta=\tan^{-1}(f_{y_{\mathrm{t}}}/f_{x_{\mathrm{t}}})$来近似。

基于速度的方法会受到系统机械柔顺的干扰；基于力的方法会受到接触摩擦的干扰。

7.4 力/运动混合控制

力/运动混合控制的目的是将对末端执行器运动

和接触力的同时控制分成两个解耦的单独子问题。在接下来的部分，对刚性环境和柔顺环境两种情况，给出了混合框架下的主要控制方法。

7.4.1 分解加速度方法

与运动控制情况一样，分解加速度方法的目的是通过逆动力学控制律，在加速度层次对非线性的机器人动力学进行解耦和线性化。在与环境存在相互作用的情况下，寻找力控制子空间和速度控制子空间之间的完全解耦。基本的想法是设计一个基于模型的内控制环来补偿机器人操作手的非线性动态以及解耦力和速度子空间；然后设计一个外控制环来保证扰动抑制和末端执行器期望力与运动的跟踪。

1. 刚性环境

对于刚性环境，外部力螺旋可以写成 $\boldsymbol{h}_e=\boldsymbol{S}_f\boldsymbol{\lambda}$ 的形式。通过求解式（7.2）得到 $\dot{\boldsymbol{v}}_e$ 并将其代入到式（7.33）的后一个等式的时间导数中，可以从式（7.2）中消去力乘子 $\boldsymbol{\lambda}$。这样可以得到

$$\boldsymbol{\lambda}=\boldsymbol{\Lambda}_f(\boldsymbol{q})\{\boldsymbol{S}_f^{\mathrm{T}}\boldsymbol{\Lambda}^{-1}(\boldsymbol{q})[\boldsymbol{h}_c-\boldsymbol{\mu}(\boldsymbol{q},\dot{\boldsymbol{q}})]+\dot{\boldsymbol{S}}_f^{\mathrm{T}}\boldsymbol{v}_e\} \tag{7.49}$$

式中，$\boldsymbol{\Lambda}_f(\boldsymbol{q})=(\boldsymbol{S}_f^{\mathrm{T}}\boldsymbol{\Lambda}^{-1}\boldsymbol{S}_f)^{-1}$ 和 $\boldsymbol{\mu}(\boldsymbol{q},\ \dot{\boldsymbol{q}})=\boldsymbol{\Gamma}\dot{\boldsymbol{q}}+\boldsymbol{\eta}$。因此，约束动态可以重写为

$$\boldsymbol{\Lambda}(\boldsymbol{q})\dot{\boldsymbol{v}}_e+\boldsymbol{S}_f\boldsymbol{\Lambda}_f(\boldsymbol{q})\dot{\boldsymbol{S}}_f^{\mathrm{T}}\boldsymbol{v}_e=\boldsymbol{P}(\boldsymbol{q})[\boldsymbol{h}_c-\boldsymbol{\mu}(\boldsymbol{q},\dot{\boldsymbol{q}})] \tag{7.50}$$

式中，$\boldsymbol{P}=\boldsymbol{I}-\boldsymbol{S}_f\boldsymbol{\Lambda}_f\boldsymbol{S}_f^{\mathrm{T}}\boldsymbol{\Lambda}^{-1}$。注意，$\boldsymbol{P}\boldsymbol{S}_f=\boldsymbol{0}$，因此 6×6 的矩阵 $\boldsymbol{P}$ 是滤除所有在 $\boldsymbol{S}_f$ 的值域内的末端执行器力螺旋的投影矩阵。它们对应于那些趋于违反约束的力螺旋。

式（7.49）说明力乘子向量 $\boldsymbol{\lambda}$ 也瞬时地取决于施加的输入力螺旋 $\boldsymbol{h}_c$。因此，通过适当选取 $\boldsymbol{h}_c$，有可能直接控制那些趋于违反约束的力螺旋的 m 个独立分量；这些分量可以利用式（7.29）由 m 个力乘子计算得到。另一方面，式（7.50）表示的一组 6 个二阶微分方程，如果初始化到约束上，则方程的解一直自动地满足式（7.27）。

约束系统的降阶动态特性可由 $6-m$ 个二阶方程描述，这些方程通过在式（7.50）两边都左乘矩阵 $\boldsymbol{S}_f^{\mathrm{T}}$ 并利用

$$\dot{\boldsymbol{v}}_e=\boldsymbol{S}_v\dot{\boldsymbol{\nu}}+\dot{\boldsymbol{S}}_v\boldsymbol{\nu}$$

替换加速度 $\dot{\boldsymbol{v}}_e$ 得到。最后得到方程为

$$\boldsymbol{\Lambda}_v(\boldsymbol{q})\dot{\boldsymbol{\nu}}+\boldsymbol{S}_f\boldsymbol{\Lambda}_f(\boldsymbol{q})\dot{\boldsymbol{S}}_f^{\mathrm{T}}\boldsymbol{v}_e=\boldsymbol{S}_v^{\mathrm{T}}[\boldsymbol{h}_c-\boldsymbol{\mu}(\boldsymbol{q},\dot{\boldsymbol{q}})-\boldsymbol{\Lambda}(\boldsymbol{q})\dot{\boldsymbol{S}}_v\boldsymbol{\nu}] \tag{7.51}$$

这里利用了 $\boldsymbol{\Lambda}_v=\boldsymbol{S}_v^{\mathrm{T}}\boldsymbol{\Lambda}\boldsymbol{S}_v$、式（7.36）和 $\boldsymbol{S}_v^{\mathrm{T}}\boldsymbol{P}=\boldsymbol{S}_v$。此外，表达式（7.49）可以重写为

$$\boldsymbol{\lambda}=\boldsymbol{\Lambda}_f(\boldsymbol{q})\boldsymbol{S}_f^{\mathrm{T}}\boldsymbol{\Lambda}^{-1}(\boldsymbol{q})[\boldsymbol{h}_c-\boldsymbol{\mu}(\boldsymbol{q},\dot{\boldsymbol{q}})-\boldsymbol{\Lambda}(\boldsymbol{q})\dot{\boldsymbol{S}}_v\boldsymbol{\nu}]$$

这里利用了等式 $\dot{\boldsymbol{S}}_f^{\mathrm{T}}\boldsymbol{S}_v=-\boldsymbol{S}_f^{\mathrm{T}}\dot{\boldsymbol{S}}_v$。

通过选取控制力螺旋 $\boldsymbol{h}_c$ 如下，可以设计一个逆动力学内控制环

$$\boldsymbol{h}_c=\boldsymbol{\Lambda}(\boldsymbol{q})\boldsymbol{S}_v\boldsymbol{\alpha}_v+\boldsymbol{S}_f\boldsymbol{f}_\lambda+\boldsymbol{\mu}(\boldsymbol{q},\dot{\boldsymbol{q}})+\boldsymbol{\Lambda}(\boldsymbol{q})\dot{\boldsymbol{S}}_v\boldsymbol{\nu} \tag{7.52}$$

式中，$\boldsymbol{\alpha}_v$ 和 $\boldsymbol{f}_\lambda$ 是适当设计的控制输入。

把式（7.52）代入到式（7.51）和式（7.49）得到

$$\dot{\boldsymbol{\nu}}=\boldsymbol{\alpha}_v$$
$$\boldsymbol{\lambda}=\boldsymbol{f}_\lambda$$

表明控制律（7.52）能使力控制和速度控制子空间之间完全解耦。

值得注意的是，假如矩阵 $\boldsymbol{S}_f$ 和 $\boldsymbol{S}_v$ 已知或在线估计，对于控制律（7.52）的执行，定义用于约束系统的构型变量向量的约束（7.27）和（7.38）是不需要的。在这些情况中，通过用向量 $\boldsymbol{\lambda}_d(t)$ 指定期望力和用向量 $\boldsymbol{\nu}_d(t)$ 指定期望速度，可以很容易地分配作业任务；而且，实现了力/速度控制。

期望力 $\boldsymbol{\lambda}_d(t)$ 可以通过设定

$$\boldsymbol{f}_\lambda=\boldsymbol{\lambda}_d(t) \tag{7.53}$$

获得，但是由于它不包含力反馈，这样选取对干扰力非常敏感。另外可以替代的选取为

$$\boldsymbol{f}_\lambda=\boldsymbol{\lambda}_d(t)+\boldsymbol{K}_{P\lambda}[\boldsymbol{\lambda}_d(t)-\boldsymbol{\lambda}(t)] \tag{7.54}$$

或者

$$\boldsymbol{f}_\lambda=\boldsymbol{\lambda}_d(t)+\boldsymbol{K}_{I\lambda}\int_0^t[\boldsymbol{\lambda}_d(\tau)-\boldsymbol{\lambda}(\tau)]\mathrm{d}\tau \tag{7.55}$$

式中，$\boldsymbol{K}_{P\lambda}$ 和 $\boldsymbol{K}_{I\lambda}$ 是合适的正定矩阵增益。比例反馈可以减小干扰力导致的力误差，而积分作用能够补偿常量扰动偏差。

力反馈的实现需要从对末端执行器力螺旋 $\boldsymbol{h}_e$ 的测量值中计算力乘子 λ，这可以利用式（7.31）来得到。

速度控制可以通过下面的设定来得到

$$\boldsymbol{\alpha}_\nu=\dot{\boldsymbol{\nu}}_d(t)+\boldsymbol{K}_{P\nu}[\boldsymbol{\nu}_d(t)-\boldsymbol{\nu}(t)]+\boldsymbol{K}_{I\nu}\int_0^t[\boldsymbol{\nu}_d(\tau)-\boldsymbol{\nu}(\tau)]\mathrm{d}\tau \tag{7.56}$$

式中，$\boldsymbol{K}_{P\nu}$ 和 $\boldsymbol{K}_{I\nu}$ 是合适的矩阵增益。可以明显看出，对于任意选取的正定矩阵 $\boldsymbol{K}_{P\nu}$ 和 $\boldsymbol{K}_{I\nu}$，$\boldsymbol{\nu}_d(t)$ 和 $\dot{\boldsymbol{\nu}}_d(t)$ 的渐近跟踪都保证是以指数收敛的。

向量 $\boldsymbol{\nu}$ 的计算可以利用式（7.31）从可用的测

量得到，其中利用式（7.1）从对关节位置和速度的测量值可以计算出末端执行器的扭矢。

式（7.54）或式（7.55）与式（7.56）表示外控制环，它保证了力/速度控制和扰动抑制。

当式（7.27）和式（7.38）已知，按照式（7.30）和式（7.40）可以计算出矩阵 $\boldsymbol{S}_f$ 和 $\boldsymbol{S}_v$，并且通过指定期望力 $\boldsymbol{\lambda}_d(t)$ 和期望位置 $\boldsymbol{r}_d(t)$ 可以设计出力/位置控制。

力控制可以像上面那样设计，而位置控制可以通过设定

$$\boldsymbol{\alpha}_\nu = \ddot{\boldsymbol{r}}_d(t) + \boldsymbol{K}_{Dr}[\dot{\boldsymbol{r}}_d(t) - \boldsymbol{\nu}(t)] + \boldsymbol{K}_{Pr}[\boldsymbol{r}_d(t) - \boldsymbol{r}(t)]$$

得到。对于任意选取的正定矩阵 $\boldsymbol{K}_{Dr}$ 和 $\boldsymbol{K}_{Pr}$，$\boldsymbol{r}_d(t)$、$\dot{\boldsymbol{r}}_d(t)$ 和 $\ddot{\boldsymbol{r}}_d(t)$ 的渐近跟踪都保证是以指数收敛的。利用式（7.38）从关节位置测量值可以计算得到位置反馈所需要的向量 $\boldsymbol{r}$。

2. 柔顺环境

在柔顺环境情况下，按照对末端执行器位移的分解（7.42），末端执行器的扭矢可以分解为

$$\boldsymbol{v}_e = \boldsymbol{S}_v\boldsymbol{\nu} + \boldsymbol{C}'\boldsymbol{S}_f\dot{\boldsymbol{\lambda}} \tag{7.57}$$

式中，第一项是自由扭矢；第二项是约束扭矢；向量 $\boldsymbol{\nu}$ 与式（7.40）中的定义一样；$\boldsymbol{C}'$ 在式（7.48）中定义。假设接触几何和柔顺是不变的，即 $\dot{\boldsymbol{S}}_v = \boldsymbol{0}$、$\dot{\boldsymbol{C}}' = \boldsymbol{0}$ 和 $\dot{\boldsymbol{S}}_f = \boldsymbol{0}$，对于加速度也有类似的分解成立

$$\dot{\boldsymbol{v}}_e = \boldsymbol{S}_v\dot{\boldsymbol{\nu}} + \boldsymbol{C}'\boldsymbol{S}_f\ddot{\boldsymbol{\lambda}} \tag{7.58}$$

可以采用逆动力学控制率（7.15），并得到闭环（7.16），其中 $\boldsymbol{\alpha}$ 是适当设计的控制输入。

考虑到加速度分解（7.58），选取

$$\boldsymbol{\alpha} = \boldsymbol{S}_v\boldsymbol{\alpha}_\nu + \boldsymbol{C}'\boldsymbol{S}_f\boldsymbol{f}_\lambda \tag{7.59}$$

可以使力控制从速度控制中解耦。实际上，将式（7.58）和式（7.59）代入到式（7.16）中，并在所得到的方程两边都各左乘一次 $\boldsymbol{S}_v^\dagger$ 和一次 $\boldsymbol{S}_f^T$，可以得到下面解耦的方程

$$\dot{\boldsymbol{\nu}} = \boldsymbol{\alpha}_\nu \tag{7.60}$$

$$\ddot{\boldsymbol{\lambda}} = \boldsymbol{f}_\lambda \tag{7.61}$$

因此，通过像刚性环境情况那样按照式（7.56）选取 $\boldsymbol{\alpha}_\nu$，对期望速度 $\boldsymbol{\nu}_d(t)$ 和加速度 $\dot{\boldsymbol{\nu}}_d(t)$ 的渐近跟踪都是以指数收敛保证的。控制输入 $\boldsymbol{f}_\lambda$ 可以选取为

$$\boldsymbol{f}_\lambda = \ddot{\boldsymbol{\lambda}}_d(t) + \boldsymbol{K}_{D\lambda}[\dot{\boldsymbol{\lambda}}_d(t) - \dot{\boldsymbol{\lambda}}(t)] + \boldsymbol{K}_{P\lambda}[\boldsymbol{\lambda}_d(t) - \boldsymbol{\lambda}(t)] \tag{7.62}$$

对于任意选取的正定矩阵 $\boldsymbol{K}_{D\lambda}$ 和 $\boldsymbol{K}_{P\lambda}$，都保证期望力轨迹（$\boldsymbol{\lambda}_d(t)$，$\dot{\boldsymbol{\lambda}}_d(t)$，$\ddot{\boldsymbol{\lambda}}_d(t)$）的渐近跟踪是以指数收敛的。

与刚性环境情况不同，对于力控制律（7.62）的实现反馈 $\dot{\boldsymbol{\lambda}}$ 是必需的。这个量可以由末端执行器力螺旋的测量值 $\boldsymbol{h}_e$ 计算得到为

$$\dot{\boldsymbol{\lambda}} = \boldsymbol{S}_f^\dagger\dot{\boldsymbol{h}}_e$$

然而，由于力螺旋的测量信号往往是带有噪声的，反馈 $\dot{\boldsymbol{\lambda}}$ 经常会替换为

$$\dot{\boldsymbol{\lambda}} = \boldsymbol{S}_f^\dagger\boldsymbol{K}'\boldsymbol{J}(\boldsymbol{q})\dot{\boldsymbol{q}} \tag{7.63}$$

其中关节速度是采用转速计测量或对关节位置进行数值微分计算得到的，$\boldsymbol{K}'$ 是描述部分约束的相互作用的半正定刚度矩阵（7.47）。对于式（7.63）的计算，只有 $\boldsymbol{K}'$ 的知识（或估计）是必需的，并不需要刚度矩阵 $\boldsymbol{K}$。并且，控制律（7.59）的实现也是需要部分约束相互作用的柔顺矩阵 $\boldsymbol{C}'$ 的知识（或估计），而不需要完整的柔顺矩阵 $\boldsymbol{C}$。

如果接触几何是已知的，但只有环境刚度/柔顺的估计是可用的情况下，如果指定一个不变的期望力 $\boldsymbol{\lambda}_d$，控制律（7.59）与式（7.62）一起仍可以保证力误差的收敛。对于这种情况，控制律（7.59）具有形式

$$\boldsymbol{\alpha} = \boldsymbol{S}_v\boldsymbol{\alpha}_\nu + \hat{\boldsymbol{C}}'\boldsymbol{S}_f\boldsymbol{f}_\lambda$$

式中，$\hat{\boldsymbol{C}}' = (\boldsymbol{I} - \boldsymbol{P}_v)\hat{\boldsymbol{C}}$，$\hat{\boldsymbol{C}}$ 是柔顺矩阵的一个估计。因此，式（7.60）仍然成立，而作为替代式（7.61），可以得到下面的等式

$$\ddot{\boldsymbol{\lambda}} = \boldsymbol{L}_f\boldsymbol{f}_\lambda$$

式中，$\boldsymbol{L}_f = (\boldsymbol{S}_f^T\boldsymbol{C}\boldsymbol{S}_f)^{-1}\boldsymbol{S}_f^T\hat{\boldsymbol{C}}\boldsymbol{S}_f$ 是一个非奇异矩阵。因此，力控制和速度控制子空间仍保持解耦，并且速度控制律（7.56）不需要修改。另一方面，如果使用式（7.63）计算 $\boldsymbol{\lambda}$ 的时间导数作为反馈，只能得到估计 $\hat{\dot{\boldsymbol{\lambda}}}$。利用式（7.63）、式（7.57）和式（7.46），可以得到下面的等式

$$\hat{\dot{\boldsymbol{\lambda}}} = \boldsymbol{L}_f^{-1}\dot{\boldsymbol{\lambda}}$$

所以，使用常量 $\boldsymbol{\lambda}_d$、作为 $\dot{\boldsymbol{\lambda}}$ 的替代的 $\hat{\dot{\boldsymbol{\lambda}}}$ 和 $\boldsymbol{K}_{D\lambda} = K_{D\lambda}\boldsymbol{I}$，以式（7.62）计算力控制律 $\boldsymbol{f}_\lambda$，闭环系统的动力学方程为

$$\ddot{\boldsymbol{\lambda}} + K_{D\lambda}\dot{\boldsymbol{\lambda}} + \boldsymbol{L}_f\boldsymbol{K}_{P\lambda}\boldsymbol{\lambda} = \boldsymbol{L}_f\boldsymbol{K}_{P\lambda}\boldsymbol{\lambda}_d$$

表明在存在不确定矩阵 $\boldsymbol{L}_f$ 情况下，通过适当选取增益 $K_{D\lambda}$ 和 $\boldsymbol{K}_{P\lambda}$，也可以保证平衡状态 $\boldsymbol{\lambda} = \boldsymbol{\lambda}_d$ 具有指数渐近稳定性。

7.4.2 基于无源性的方法

基于无源性的方法利用了操作手动力学模型的无源特性，其对于有约束的动力学模型式（7.2）也是成立的。很容易看出对能在关节空间保证矩阵 $\dot{\boldsymbol{H}}(\boldsymbol{q})-2\boldsymbol{C}(\boldsymbol{q},\dot{\boldsymbol{q}})$ 的反对称性的矩阵 $\boldsymbol{C}(\boldsymbol{q},\dot{\boldsymbol{q}})$ 的选取，也会使矩阵 $\dot{\boldsymbol{\Lambda}}(\boldsymbol{q})-2\boldsymbol{\Gamma}(\boldsymbol{q},\dot{\boldsymbol{q}})$ 为反对称。这是在无源性控制算法基础上的拉格朗日系统基本特性。

1. 刚性环境

控制力螺旋 $\boldsymbol{h}_c$ 可以选取为

$$\boldsymbol{h}_c=\boldsymbol{\Lambda}(\boldsymbol{q})\boldsymbol{S}_v\dot{\boldsymbol{\nu}}_r+\boldsymbol{\Gamma}'(\boldsymbol{q},\dot{\boldsymbol{q}})\boldsymbol{\nu}_r+(\boldsymbol{S}_v^{\dagger})^{\mathrm{T}}\boldsymbol{K}_\nu(\boldsymbol{\nu}_r-\boldsymbol{\nu})+\boldsymbol{\eta}(\boldsymbol{q})+\boldsymbol{S}_f\boldsymbol{f}_\lambda \tag{7.64}$$

式中，$\boldsymbol{\Gamma}'(\boldsymbol{q},\dot{\boldsymbol{q}})=\boldsymbol{\Gamma}\boldsymbol{S}_v+\boldsymbol{\Lambda}\dot{\boldsymbol{S}}_v$；$\boldsymbol{K}_\nu$ 是合适的对称正定矩阵；$\boldsymbol{\nu}_r$ 和 $\boldsymbol{f}_\lambda$ 是适当设计的控制输入。

把式（7.64）代入式（7.2）中得到

$$\boldsymbol{\Lambda}(\boldsymbol{q})\boldsymbol{S}_v\dot{\boldsymbol{s}}_\nu+\boldsymbol{\Gamma}'(\boldsymbol{q},\dot{\boldsymbol{q}})\boldsymbol{s}_\nu+(\boldsymbol{S}_v^{\dagger})^{\mathrm{T}}\boldsymbol{K}_\nu\boldsymbol{s}_\nu+\boldsymbol{S}_f(\boldsymbol{f}_\lambda-\boldsymbol{\lambda})=\boldsymbol{0} \tag{7.65}$$

其中 $\dot{\boldsymbol{s}}_\nu=\dot{\boldsymbol{\nu}}_r-\dot{\boldsymbol{\nu}}$ 和 $\boldsymbol{s}_\nu=\boldsymbol{\nu}_r-\boldsymbol{\nu}$，表明闭环系统仍保留非线性和耦合。

式（7.65）两边都左乘矩阵 $\boldsymbol{S}_v$，可以得到下面的降阶动力学表达式

$$\boldsymbol{\Lambda}_v(\boldsymbol{q})\dot{\boldsymbol{s}}_\nu+\boldsymbol{\Gamma}_v(\boldsymbol{q},\dot{\boldsymbol{q}})\boldsymbol{s}_\nu+\boldsymbol{K}_\nu\boldsymbol{s}_\nu=\boldsymbol{0} \tag{7.66}$$

其中 $\boldsymbol{\Gamma}_v=\boldsymbol{S}_v^{\mathrm{T}}\boldsymbol{\Gamma}(\boldsymbol{q},\dot{\boldsymbol{q}})\boldsymbol{S}_v+\boldsymbol{S}_v^{\mathrm{T}}\boldsymbol{\Lambda}(\boldsymbol{q})\dot{\boldsymbol{S}}_v$。可以很容易看出矩阵 $\dot{\boldsymbol{\Lambda}}(\boldsymbol{q})-2\boldsymbol{\Gamma}(\boldsymbol{q},\dot{\boldsymbol{q}})$ 的反对称性意味着矩阵 $\dot{\boldsymbol{\Lambda}}_v(\boldsymbol{q})-2\boldsymbol{\Gamma}_v(\boldsymbol{q},\dot{\boldsymbol{q}})$ 也是反对称的。

另一方面，将式（7.65）两边都左乘矩阵 $\boldsymbol{S}_f^{\mathrm{T}}\boldsymbol{\Lambda}^{-1}(\boldsymbol{q})$，可以得到下面的力动态表达式

$$\boldsymbol{f}_\lambda-\boldsymbol{\lambda}=-\boldsymbol{\Lambda}_f(\boldsymbol{q})\boldsymbol{S}_f^{\mathrm{T}}\cdot\boldsymbol{\Lambda}^{-1}(\boldsymbol{q})[\boldsymbol{\Gamma}'(\boldsymbol{q},\dot{\boldsymbol{q}})+(\boldsymbol{S}_v^{\dagger})^{\mathrm{T}}\boldsymbol{K}_\nu]\boldsymbol{s}_\nu \tag{7.67}$$

表明力乘子 $\boldsymbol{\lambda}$ 瞬时地取决于控制输入 $\boldsymbol{f}_\lambda$，但也在速度控制子空间取决于误差 $\boldsymbol{s}_v$。

按以下选取，可以保证降阶系统（7.66）的渐近稳定性

$$\dot{\boldsymbol{\nu}}_r=\dot{\boldsymbol{\nu}}_d+\boldsymbol{\alpha}\Delta\boldsymbol{\nu} \tag{7.68}$$

$$\boldsymbol{\nu}_r=\boldsymbol{\nu}_d+\boldsymbol{\alpha}\Delta\boldsymbol{x}_v \tag{7.69}$$

式中，$\boldsymbol{\alpha}$ 是正增益；$\dot{\boldsymbol{\nu}}_d$ 和 $\boldsymbol{\nu}_d$ 分别是期望加速度和速度；$\Delta\boldsymbol{\nu}=\boldsymbol{\nu}_d-\boldsymbol{\nu}$，以及 $\Delta\boldsymbol{x}_\nu=\int_0^t\Delta\boldsymbol{\nu}(\tau)\mathrm{d}\tau$。

稳定性判据基于正定李雅普诺夫函数

$$V=\frac{1}{2}\boldsymbol{s}_\nu^{\mathrm{T}}\boldsymbol{\Lambda}_v(\boldsymbol{q})\boldsymbol{s}_\nu+\boldsymbol{\alpha}\Delta\boldsymbol{x}_\nu^{\mathrm{T}}\boldsymbol{K}_\nu\Delta\boldsymbol{x}_\nu$$

沿着式（7.66）的轨迹，其时间导数为

$$\dot{V}=-\Delta\boldsymbol{\nu}^{\mathrm{T}}\boldsymbol{K}_\nu\Delta\boldsymbol{\nu}-\boldsymbol{\alpha}^2\Delta\boldsymbol{x}_\nu^{\mathrm{T}}\boldsymbol{K}_\nu\Delta\boldsymbol{x}_\nu$$

是一个半负定函数。因此，渐近地 $\Delta\boldsymbol{\nu}=\boldsymbol{0}$、$\Delta\boldsymbol{x}_\nu=\boldsymbol{0}$ 和 $\boldsymbol{s}_\nu=\boldsymbol{0}$。所以，保证了对期望速度 $\boldsymbol{\nu}_d(t)$ 的跟踪。而且，式（7.67）的右侧保持有界并逐渐为零。所以，按照式（7.53）、式（7.54）或式（7.55）的选取，通过像分解加速度方法中那样设定 $\boldsymbol{f}_\lambda$，就可以保证对期望力 $\boldsymbol{\lambda}_d(t)$ 的跟踪。

注意，假如按照式（7.30）和式（7.40）来计算矩阵 $\boldsymbol{S}_f$ 和 $\boldsymbol{S}_v$，并且在式（7.68）和式（7.69）中使用向量 $\dot{\boldsymbol{\nu}}_d=\ddot{\boldsymbol{r}}_d$、$\boldsymbol{\nu}_d=\dot{\boldsymbol{r}}_d$ 和 $\Delta\boldsymbol{x}_\nu=\boldsymbol{r}_d-\boldsymbol{r}$，如果式（7.38）中的向量 $\boldsymbol{r}$ 指定为期望位置 $\boldsymbol{r}_d(t)$，可以得到位置控制。

2. 柔顺环境

控制力螺旋 $\boldsymbol{h}_c$ 可以选取为

$$\boldsymbol{h}_c=\boldsymbol{\Lambda}(\boldsymbol{q})\dot{\boldsymbol{v}}_r+\boldsymbol{\Gamma}(\boldsymbol{q},\dot{\boldsymbol{q}})\boldsymbol{v}_r+\boldsymbol{K}_S(\boldsymbol{v}_r-\boldsymbol{v}_e)+\boldsymbol{h}_e+\boldsymbol{\eta}(\boldsymbol{q}) \tag{7.70}$$

式中，$\boldsymbol{K}_S$ 是合适的对称正定矩阵，而 $\boldsymbol{v}_r$ 及其时间导数 $\dot{\boldsymbol{v}}_r$ 则选取为

$$\boldsymbol{v}_r=\boldsymbol{v}_d+\boldsymbol{\alpha}\Delta\boldsymbol{x}$$

$$\dot{\boldsymbol{v}}_r=\dot{\boldsymbol{v}}_d+\boldsymbol{\alpha}\Delta\boldsymbol{v}$$

式中，$\boldsymbol{\alpha}$ 是正增益；$\boldsymbol{v}_d$ 及其时间导数 $\dot{\boldsymbol{v}}_d$ 是适当地设计的控制输入；$\Delta\boldsymbol{v}=\boldsymbol{v}_d-\boldsymbol{v}_e$，并且 $\Delta\boldsymbol{x}=\int_0^t\Delta\boldsymbol{v}\mathrm{d}\tau$。

把式（7.70）代入式（7.2）中得到

$$\boldsymbol{\Lambda}(\boldsymbol{q})\dot{\boldsymbol{s}}+\boldsymbol{\Gamma}(\boldsymbol{q},\dot{\boldsymbol{q}})\boldsymbol{s}+\boldsymbol{K}_S\boldsymbol{s}=\boldsymbol{0} \tag{7.71}$$

其中 $\dot{\boldsymbol{s}}=\dot{\boldsymbol{v}}_r-\dot{\boldsymbol{v}}_e$ 和 $\boldsymbol{s}=\boldsymbol{v}_r-\boldsymbol{v}_e$。

通过以下设定，可以保证系统（7.71）的渐近稳定性：

$$\boldsymbol{v}_d=\boldsymbol{S}_v\boldsymbol{\nu}_d+\boldsymbol{C}'\boldsymbol{S}_f\dot{\boldsymbol{\lambda}}_d$$

式中，$\boldsymbol{\nu}_d(t)$ 是期望速度轨迹；$\boldsymbol{\lambda}_d(t)$ 是期望力轨迹。稳定性判据基于正定李雅普诺夫函数

$$V=\frac{1}{2}\boldsymbol{s}^{\mathrm{T}}\boldsymbol{\Lambda}(\boldsymbol{q})\boldsymbol{s}+\boldsymbol{\alpha}\Delta\boldsymbol{x}^{\mathrm{T}}\boldsymbol{K}_S\Delta\boldsymbol{x}$$

沿着式（7.71）的轨迹，其时间导数为，

$$\dot{V}=-\Delta\boldsymbol{v}^{\mathrm{T}}\boldsymbol{K}_S\Delta\boldsymbol{v}-\boldsymbol{a}^2\Delta\boldsymbol{x}^{\mathrm{T}}\boldsymbol{K}_S\Delta\boldsymbol{x}$$

是一个负定函数。因此，渐近地 $\Delta\boldsymbol{v}=\boldsymbol{0}$ 和 $\Delta\boldsymbol{x}=\boldsymbol{0}$。在接触几何和刚度不变的情况下，下面的等式成立

$$\Delta \boldsymbol{v} = \boldsymbol{S}_{\mathrm{v}}(\boldsymbol{\nu}_{\mathrm{d}} - \boldsymbol{\nu}) + \boldsymbol{C}'\boldsymbol{S}_{\mathrm{f}}(\dot{\boldsymbol{\lambda}}_{\mathrm{d}} - \dot{\boldsymbol{\lambda}})$$

$$\Delta \boldsymbol{x} = \boldsymbol{S}_{\mathrm{v}}\int_0^t (\boldsymbol{\nu}_{\mathrm{d}} - \boldsymbol{\nu})\mathrm{d}\tau + \boldsymbol{C}'\boldsymbol{S}_{\mathrm{f}}(\boldsymbol{\lambda}_{\mathrm{d}} - \boldsymbol{\lambda})$$

表明属于互反子空间的速度和力跟踪误差，都渐近地收敛到零。

7.4.3 分解速度方法

分解加速度方法以及基于无源性的方法都需要改造现有工业机器人控制器。像阻抗控制那样，如果接触足够柔顺，运动控制的机器人闭环动态可以由对应于速度分解控制的式（7.26）近似。

按照末端执行器扭矢分解（7.57），要实现力和速度控制，控制输入 $\boldsymbol{v}_{\mathrm{r}}$ 可以选取为

$$\boldsymbol{v}_{\mathrm{r}} = \boldsymbol{S}_{\mathrm{v}}\boldsymbol{v}_{\nu} + \boldsymbol{C}'\boldsymbol{S}_{\mathrm{f}}\boldsymbol{f}_{\lambda} \tag{7.72}$$

其中

$$\boldsymbol{v}_{\nu} = \boldsymbol{\nu}_{\mathrm{d}}(t) + \boldsymbol{K}_{\mathrm{I}\nu}\int_0^t [\boldsymbol{\nu}_{\mathrm{d}}(\tau) - \boldsymbol{\nu}(\tau)]\mathrm{d}\tau \tag{7.73}$$

以及

$$\boldsymbol{f}_{\lambda} = \dot{\boldsymbol{\lambda}}_{\mathrm{d}}(t) + \boldsymbol{K}_{\mathrm{P}\lambda}[\boldsymbol{\lambda}_{\mathrm{d}}(t) - \boldsymbol{\lambda}(t)] \tag{7.74}$$

式中，$\boldsymbol{K}_{\mathrm{I}\nu}$ 和 $\boldsymbol{K}_{\mathrm{P}\lambda}$ 是合适的对称正定矩阵增益。速度控制和力控制子空间之间的解耦，以及闭环系统的指数渐近稳定性可以像分解加速度方法中一样证明。而且，由于力误差具有二阶动态，可以在式（7.74）上增加一个积分作用来提高扰动抑制能力，即

$$\begin{aligned}\boldsymbol{f}_{\lambda} = {} & \dot{\boldsymbol{\lambda}}_{\mathrm{d}}(t) + \boldsymbol{K}_{\mathrm{P}\lambda}[\boldsymbol{\lambda}_{\mathrm{d}}(t) - \boldsymbol{\lambda}(t)] \\ & + \boldsymbol{K}_{\mathrm{I}\lambda}\int_0^t [\boldsymbol{\lambda}_{\mathrm{d}}(\tau) - \boldsymbol{\lambda}(\tau)]\mathrm{d}\tau\end{aligned} \tag{7.75}$$

并且如果矩阵 $\boldsymbol{K}_{\mathrm{P}\lambda}$ 和 $\boldsymbol{K}_{\mathrm{I}\lambda}$ 是对称正定的，可以保证指数渐近稳定性。

与分解加速度方法中一样，如果在式（7.72）中使用环境刚度矩阵的估计 $\hat{\boldsymbol{C}}$，对于式（7.74）和式（7.75）仍然还能保证 $\boldsymbol{\lambda}$ 指数收敛到常量 $\boldsymbol{\lambda}_{\mathrm{d}}$。

在有些应用中，除了刚度矩阵，环境几何也是不确定的。在这些情况中，可以不使用选择矩阵 $\boldsymbol{S}_{\mathrm{f}}$ 和 $\boldsymbol{S}_{\mathrm{v}}$ 把力控制子空间从速度控制子空间中分离出来，就能实现类似式（7.72）的力/运动控制律。使用完整速度反馈，运动控制律可以设定为式（7.73）。同样，使用完整的力和运动反馈，力控制律可以设定为式（7.75）。也就是说，在六维（6-D）空间的所有方向上都既施加了运动控制又施加了力控制。所得到的控制，称为带运动前馈的力控制或力/位置并行控制。由于存在力误差的积分作用，保证了力控制相对位置控制的主导地位。进而，以沿有约束作业方向的位置误差为代价保证了力的调节。

7.5 结论与扩展阅读

本章从一个统一的角度概述了力控制的主要方法。但是，还是有许多没有考虑到的方面，在处理交互的机器人作业时必须把它们仔细地考虑进去。力控制的两种主要模式（阻抗控制和力/运动混合控制）是基于几个简化假设的，它们在实际执行中仅仅部分地满足。事实上，力控制的机器人系统的性能取决于同变化的环境之间的相互作用，这种变化的环境是非常难以建模和正确辨识的。不仅在定量上而且在定性上，一般的接触状况远不是可以完全预测的：接触构型可能突然地改变，或者是不同于预期的类型。因此，用于评价一个控制系统的标准性能指标，比如稳定性、带宽、精度和鲁棒性，就不能像机器人运动控制那样只考虑机器人系统来定义，而必须一直参考当时特别的接触状况。而且，对所有这些不同状况进行分类也是不容易的，尤其是在动态环境情况下和涉及并行施加的多个接触的作业任务。

由于力控制问题固有的复杂性，在过去的三十年中有大量关于这个主题的研究论文发表。参考文献［7.20］提供了对第一个十年的发展现状的描述，而第二个十年的进展则在参考文献［7.21］和参考文献［7.22］中作了概述。最近，出版了两部关于力控制的专著参考文献［7.23，24］。在下文中提供了参考文献列表，本章所给出推导的更多细节以及这里没有覆盖到的主题都能在里面找到。

7.5.1 间接力控制

用于关节坐标系下的力控制的广义弹簧和阻尼的概念最初是在参考文献［7.3］中提出的，并在参考文献［7.10］中讨论了实现问题。参考文献［7.9］则提出了笛卡儿坐标系下的刚性控制。参考文献［7.25］中讨论了成功进行刚性零件装配的基于远中心柔顺的装置。参考文献［7.7］提出了机械阻抗模型的最初想法，用于控制操作手和环境之间的相互作用，并在参考文献［7.8］中给出了类似的公式。参考文献［7.26］分析了阻抗控制的稳定性，并在参考文献［7.27］中考虑了与刚性环境的相互作用问题。

为克服机器人操作手动态参数的不确定性，提出

了自适应阻抗控制算法[7.28,29]，而在参考文献［7.30］中则给出了鲁棒控制方案。阻抗控制还曾用于力/运动混合控制框架中[7.31]。

参考文献［7.32］是一个关于六自由度（空间的）刚度建模的参考工作，而在参考文献［7.33-35］中则详细地分析了空间柔顺的特性；参考文献［7.36］给出一个六自由度可变柔顺手腕，同时参考文献［7.37，38］给出一些关于构建为特定作业优化的可编程柔顺的研究。参考文献［7.39］介绍了利用旋转矩阵导出空间柔顺的基于能的方法；基于对末端执行器姿态的不同表示形式，包括单位四元组在内，各种六自由度阻抗控制方案在参考文献［7.40］中都能找到。在参考文献［7.41］中基于四元组的公式被推广到非对角分块刚度矩阵的情况。在无源性框架下对空间阻抗控制的一个严密的处理可见于参考文献［7.42］。

7.5.2 作业规范

参考文献［7.11］中介绍了自然和人为约束以及柔顺坐标系的概念。在作业坐标系形式体系下，参考文献［7.12，43］系统地发展了这些想法。参考文献［7.44，45］讨论了关于广义力和速度方向的互反性的理论问题，同时在参考文献［7.46］中论述了机器人学中广义逆的计算中的不变性。参考文献［7.47］中考虑了部分约束作业的问题，建立了半正定刚度和柔顺矩阵模型。在参考文献［7.48，49］中考虑了几何不确定性的估计问题，以及基于约束的作业规范与实时作业执行控制的连接问题。这个方法在参考文献［7.50］中得到推广，提出了一种用于指定复杂作业的基于约束的系统方法。

7.5.3 力/运动混合控制

关于力控制的早期研究可见于参考文献［7.10］。基于自然和人为约束作业的公式表示[7.11]，参考文献［7.13］介绍了最初的力/位置混合控制的概念。在参考文献［7.17］中给出了对操作手动态模型的显示包含，而在参考文献［7.51］中开发了一种对与动态环境相互作用建模的系统方法。采用逆动力学控制器的有约束公式表示在笛卡儿空间[7.14,52]以及在关节空间[7.15]进行了论述。与基于线性化方程的控制器一起，在参考文献［7.16］中也使用了有约束的方法。在参考文献［7.45］中所指出的不变性问题在其他的论文[7.44,53]中被正确地处理了。在参考文献［7.18，54，55］中针对自适应控制和在参考文献［7.56］中针对鲁棒控制，实现了从无约束运动控制到有约束情况下基于模型的方案的变换。

由于对于力误差施加积分作用，力控制相对运动控制占主导地位。基于这样的观念，为处理环境几何不确定性设计的方法有采用前馈运动方案的力控制[7.2]和并行力/位置控制[7.19]。在参考文献［7.57］中开发了一个并行力/位置校准器。积分作用来消除稳态力误差是传统的用法；其稳定性在参考文献［7.57］中得到证明，同时参考文献［7.59，60］对关于力测量时延的鲁棒性进行了研究。

在与环境接触过程中力控制可能引起不稳定表现已经被普遍地意识到了。在参考文献［7.61］中介绍了解释这个现象的动态模型，而实验研究可见于参考文献［7.62］和［7.63］。此外，控制方案通常是在操作手末端执行器正在与环境接触并且这个接触不会失去的假设下得到的。冲击现象可能会出现并应该得到仔细的考虑，而且对控制方案的整体分析也是需要的，包括从非接触到接触状况的转变，反之亦然，可参见例子[7.64-66]。

参考文献

7.1 T.L. De Fazio, D.S. Seltzer, D.E. Whitney: The instrumented remote center of compliance, Ind. Robot **11**(4), 238–242 (1984)

7.2 J. De Schutter, H. Van Brussel: Compliant robot motion II. A control approach based on external control loops, Int. J. Robot. Res. **7**(4), 18–33 (1988)

7.3 I. Nevins, D.E. Whitney: The force vector assembler concept, First CISM-IFToMM Symp. Theory Pract. Robot. Manip. (Udine 1973)

7.4 M.T. Mason, J.K. Salisbury: *Robot Hands and Mechanics of Manipulation* (MIT Press, Cambridge 1985)

7.5 J.Y.S. Luh, W.D. Fisher, R.P.C. Paul: Joint torque control by direct feedback for industrial robots, IEEE Trans. Autom. Contr. **28**, 153–161 (1983)

7.6 G. Hirzinger, N. Sporer, A. Albu-Shäffer, M. Hähnle, R. Krenn, A. Pascucci, R. Schedl: DLR's torque-controlled light weight robot III – are we reaching the technological limits now?, IEEE Int. Conf. Robot. Autom. (Washington 2002) pp. 1710–1716

7.7 N. Hogan: Impedance control: an approach to manipulation: parts I–III, ASME J. Dyn. Syst. Meas. Contr. **107**, 1–24 (1985)

7.8 H. Kazerooni, T.B. Sheridan, P.K. Houpt: Robust compliant motion for manipulators. Part I: the fundamental concepts of compliant motion, IEEE J. Robot. Autom. **2**, 83–92 (1986)

7.9 J.K. Salisbury: Active stiffness control of a manipulator in Cartesian coordinates, 19th IEEE Conf. Decis. Contr. (Albuquerque, 1980) pp. 95–100

7.10 D.E. Whitney: Force feedback control of manipulator fine motions, ASME J. Dyn. Syst. Meas. Contr. **99**, 91–97 (1977)
7.11 M.T. Mason: Compliance and force control for computer controlled manipulators, IEEE Trans. Syst. Man Cybern. **11**, 418–432 (1981)
7.12 J. De Schutter, H. Van Brussel: Compliant robot motion I. A formalism for specifying compliant motion tasks, Int. J. Robot. Res. **7**(4), 3–17 (1988)
7.13 M.H. Raibert, J.J. Craig: Hybrid position/force control of manipulators, ASME J. Dyn. Syst. Meas. Contr. **103**, 126–133 (1981)
7.14 T. Yoshikawa: Dynamic hybrid position/force control of robot manipulators – description of hand constraints and calculation of joint driving force, IEEE J. Robot. Autom. **3**, 386–392 (1987)
7.15 N.H. McClamroch, D. Wang: Feedback stabilization and tracking of constrained robots, IEEE Trans. Autom. Contr. **33**, 419–426 (1988)
7.16 J.K. Mills, A.A. Goldenberg: Force and position control of manipulators during constrained motion tasks, IEEE Trans. Robot. Autom. **5**, 30–46 (1989)
7.17 O. Khatib: A unified approach for motion and force control of robot manipulators: the operational space formulation, IEEE J. Robot. Autom. **3**, 43–53 (1987)
7.18 L. Villani, C. Canudas de Wit, B. Brogliato: An exponentially stable adaptive control for force and position tracking of robot manipulators, IEEE Trans. Autom. Contr. **44**, 798–802 (1999)
7.19 S. Chiaverini, L. Sciavicco: The parallel approach to force/position control of robotic manipulators, IEEE Trans. Robot. Autom. **9**, 361–373 (1993)
7.20 D.E. Whitney: Historical perspective and state of the art in robot force control, Int. J. Robot. Res. **6**(1), 3–14 (1987)
7.21 M. Vukobratović, Y. Nakamura: Force and contact control in robotic systems., Tutorial IEEE Int. Conf. Robot. Autom. (Atlanta 1993)
7.22 J. De Schutter, H. Bruyninckx, W.H. Zhu, M.W. Spong: Force control: a bird's eye view. In: *Control Problems in Robotics and Automation*, ed. by K.P. Valavanis, B. Siciliano (Springer, Berlin, Heidelberg 1998) pp. 1–17
7.23 D.M. Gorinevski, A.M. Formalsky, A.Yu. Schneider: *Force Control of Robotics Systems* (CRC Press, Boca Raton 1997)
7.24 B. Siciliano, L. Villani: *Robot Force Control* (Kluwer Academic Publishers, Boston 1999)
7.25 D.E. Whitney: Quasi-static assembly of compliantly supported rigid parts, ASME J. Dyn. Syst. Meas. Contr. **104**, 65–77 (1982)
7.26 N. Hogan: On the stability of manipulators performing contact tasks, IEEE J. Robot. Autom. **4**, 677–686 (1988)
7.27 H. Kazerooni: Contact instability of the direct drive robot when constrained by a rigid environment, IEEE Trans. Autom. Contr. **35**, 710–714 (1990)
7.28 R. Kelly, R. Carelli, M. Amestegui, R. Ortega: Adaptive impedance control of robot manipulators, IASTED Int. J. Robot. Autom. **4**(3), 134–141 (1989)
7.29 R. Colbaugh, H. Seraji, K. Glass: Direct adaptive impedance control of robot manipulators, J. Robot. Syst. **10**, 217–248 (1993)
7.30 Z. Lu, A.A. Goldenberg: Robust impedance control and force regulation: theory and experiments, Int. J. Robot. Res. **14**, 225–254 (1995)
7.31 R.J. Anderson, M.W. Spong: Hybrid impedance control of robotic manipulators, IEEE J. Robot. Autom. **4**, 549–556 (1988)
7.32 J. Lončarić: Normal forms of stiffness and compliance matrices, IEEE J. Robot. Autom. **3**, 567–572 (1987)
7.33 T. Patterson, H. Lipkin: Structure of robot compliance, ASME J. Mech. Design **115**, 576–580 (1993)
7.34 E.D. Fasse, P.C. Breedveld: Modelling of elastically coupled bodies: part I – General theory and geometric potential function method, ASME J. Dyn. Syst. Meas. Contr. **120**, 496–500 (1998)
7.35 E.D. Fasse, P.C. Breedveld: Modelling of elastically coupled bodies: part II – Exponential and generalized coordinate method, ASME J. Dyn. Syst. Meas. Contr. **120**, 501–506 (1998)
7.36 R.L. Hollis, S.E. Salcudean, A.P. Allan: A six-degree-of-freedom magnetically levitated variable compliance fine-motion wrist: design, modeling and control, IEEE Trans. Robot. Autom. **7**, 320–333 (1991)
7.37 M.A. Peshkin: Programmed compliance for error corrective assembly, IEEE Trans. Robot. Autom. **6**, 473–482 (1990)
7.38 J.M. Shimmels, M.A. Peshkin: Admittance matrix design for force-guided assembly, IEEE Trans. Robot. Autom. **8**, 213–227 (1992)
7.39 E.D. Fasse, J.F. Broenink: A spatial impedance controller for robotic manipulation, IEEE Trans. Robot. Autom. **13**, 546–556 (1997)
7.40 F. Caccavale, C. Natale, B. Siciliano, L. Villani: Six-DOF impedance control based on angle/axis representations, IEEE Trans. Robot. Autom. **15**, 289–300 (1999)
7.41 F. Caccavale, C. Natale, B. Siciliano, L. Villani: Robot impedance control with nondiagonal stiffness, IEEE Trans. Autom. Contr. **44**, 1943–1946 (1999)
7.42 S. Stramigioli: *Modeling and IPC Control of Interactive Mechanical Systems – A Coordinate Free Approach*, Lecture Notes in Control and Information Sciences (Springer, London 2001)
7.43 H. Bruyninckx, J. De Schutter: Specification of Force-controlled actions in the "task frame formalism" – a synthesis, IEEE Trans. Robot. Autom. **12**, 581–589 (1996)
7.44 H. Lipkin, J. Duffy: Hybrid twist and wrench control for a robotic manipulator, ASME J. Mech. Trans. Autom. Des. **110**, 138–144 (1988)
7.45 J. Duffy: The fallacy of modern hybrid control theory that is based on 'orthogonal complements' of twist and wrench spaces, J. Robot. Syst. **7**, 139–144 (1990)
7.46 K.L. Doty, C. Melchiorri, C. Bonivento: A theory of generalized inverses applied to robotics, Int. J. Robot. Res. **12**, 1–19 (1993)
7.47 T. Patterson, H. Lipkin: Duality of constrained elastic manipulation, IEEE Conf. Robot. Autom. (Sacramento 1991) pp. 2820–2825
7.48 J. De Schutter, H. Bruyninckx, S. Dutré, J. De Geeter, J. Katupitiya, S. Demey, T. Lefebvre: Estimation first-order geometric parameters and monitoring contact transitions during force-controlled compliant motions, Int. J. Robot. Res. **18**(12), 1161–1184 (1999)

7.49 T. Lefebvre, H. Bruyninckx, J. De Schutter: Polyedral contact formation identification for auntonomous compliant motion, IEEE Trans. Robot. Autom. **19**, 26–41 (2007)

7.50 J. De Schutter, T. De Laet, J. Rutgeerts, W. Decré, R. Smits, E. Aerbeliën, K. Claes, H. Bruyninckx: Constraint-based task specification and estimation for sensor-based robot systems in the presence of geometric uncertainty, Int. J. Robot. Res. **26**(5), 433–455 (2007)

7.51 A. De Luca, C. Manes: Modeling robots in contact with a dynamic environment, IEEE Trans. Robot. Autom. **10**, 542–548 (1994)

7.52 T. Yoshikawa, T. Sugie, N. Tanaka: Dynamic hybrid position/force control of robot manipulators – controller design and experiment, IEEE J. Robot. Autom. **4**, 699–705 (1988)

7.53 J. De Schutter, D. Torfs, H. Bruyninckx, S. Dutré: Invariant hybrid force/position control of a velocity controlled robot with compliant end effector using modal decoupling, Int. J. Robot. Res. **16**(3), 340–356 (1997)

7.54 R. Lozano, B. Brogliato: Adaptive hybrid force-position control for redundant manipulators, IEEE Trans. Autom. Contr. **37**, 1501–1505 (1992)

7.55 L.L. Whitcomb, S. Arimoto, T. Naniwa, F. Ozaki: Adaptive model-based hybrid control if geometrically constrained robots, IEEE Trans. Robot. Autom. **13**, 105–116 (1997)

7.56 B. Yao, S.P. Chan, D. Wang: Unified formulation of variable structure control schemes for robot manipulators, IEEE Trans. Autom. Contr. **39**, 371–376 (1992)

7.57 S. Chiaverini, B. Siciliano, L. Villani: Force/position regulation of compliant robot manipulators, IEEE Trans. Autom. Contr. **39**, 647–652 (1994)

7.58 J.T.-Y. Wen, S. Murphy: Stability analysis of position and force control for robot arms, IEEE Trans. Autom. Contr. **36**, 365–371 (1991)

7.59 R. Volpe, P. Khosla: A theoretical and experimental investigation of explicit force control strategies for manipulators, IEEE Trans. Autom. Contr. **38**, 1634–1650 (1993)

7.60 L.S. Wilfinger, J.T. Wen, S.H. Murphy: Integral force control with robustness enhancement, IEEE Contr. Syst. Mag. **14**(1), 31–40 (1994)

7.61 S.D. Eppinger, W.P. Seering: Introduction to dynamic models for robot force control, IEEE Contr. Syst. Mag. **7**(2), 48–52 (1987)

7.62 C.H. An, J.M. Hollerbach: The role of dynamic models in Cartesian force control of manipulators, Int. J. Robot. Res. **8**(4), 51–72 (1989)

7.63 R. Volpe, P. Khosla: A theoretical and experimental investigation of impact control for manipulators, Int. J. Robot. Res. **12**, 351–365 (1993)

7.64 J.K. Mills, D.M. Lokhorst: Control of robotic manipulators during general task execution: a discontinuous control approach, Int. J. Robot. Res. **12**, 146–163 (1993)

7.65 T.-J. Tarn, Y. Wu, N. Xi, A. Isidori: Force regulation and contact transition control, IEEE Contr. Syst. Mag. **16**(1), 32–40 (1996)

7.66 B. Brogliato, S. Niculescu, P. Orhant: On the control of finite dimensional mechanical systems with unilateral constraints, IEEE Trans. Autom. Contr. **42**, 200–215 (1997)

第8章　机器人体系结构与程序设计

David Kortenkamp，Reid Simmons
刘海波　沈晶　译

机器人软件系统日趋复杂，这种复杂性主要源自种类繁多的传感器和执行器的实时控制的需求，同时还要面对不可忽视的不确定性因素和各种噪声。机器人系统需要在不可预知的情境下完成任务，既要监测这些情境的变化，又要作出适当的响应。所有这些任务都需要并发地、异步地执行，这无疑会大大增加系统的复杂性。

采用精心构思的体系结构，再加上支持该体系结构的编程工具，则有助于解决这些复杂性问题。目前，还没有哪一种体系结构是万能的，尺有所短寸有所长，每种体系结构都有着不同的适用领域。针对特定应用进行体系结构选型时，要深入了解各种体系结构的优缺点，这一点非常重要。

本章详述建立机器人体系结构的各种方法。首先介绍基本术语及相关概念（包括机器人体系结构的发展历程），然后深入探讨目前的体系结构中常用的几种组件，包括行为控制（详见第38章）、执行、任务规划（详见第9章）以及这些组件互连的常用技术。作为重点，支持这些体系结构的编程工具和开发环境贯穿全文。接下来给出一个体系结构实例，最后进行扼要的总结，并介绍一些可供扩展阅读的文献资料。

8.1　概述

机器人体系结构这一术语常包括两层含义，既相联系又有区别。一是“结构”之意，指一个系统如何划分为子系统以及这些子系统之间如何相互作用。机器人系统的结构常用框图进行形式化表示，或者更正式一些采用统一建模语言（UML）技术来描述[8.1]。二是“风格”之意，指支撑特定系统的计算模式。譬如，有的机器人系统采用发布/订阅进行消息传递的通信模式，而有的则采用更加同步的客户机/服务器模式。

所有机器人系统都要采用某种体系结构和计算模式，但是很难精确地说现有的系统具体用的是哪一种。实际上，就算是单个的机器人系统，往往也揉合了若干种计算模式。这是因为，系统实现时可能无法清晰界定子系统的边界，从而很难明确地说它确属哪种结构，同样，体系结构又与特定领域的实现紧密联系在一起，其设计风格上也没有清晰的界线。

上述情况很令人遗憾。因为一个精心设计的、清晰的体系结构特别有利于机器人系统的规格说明、执行和验证。一般情况下，机器人的体系结构可以对机器人系统的设计和实现施加恰当的（不能过于严格）约束条件，从而有助于加速开发进程。例如，将行为组件划分成模块单元，便有助于增加其可理解性和可重用性，且便于单元测试与验证。

8.1.1　机器人体系结构的特殊需求

从某种意义来讲，机器人体系结构设计可以被看成是软件工程。但机器人体系结构又因机器人系统的特殊需求而有别于其他软件体系结构。从体系结构的视角看，这些需求中最主要的是机器人系统要与不确定的、又经常是动态的环境进行异步的、实时的交互。此外，很多机器人系统还需要在各种时间尺度上做出响应，从毫秒级反馈控制到分钟级、小时级的复杂任务处理。

为了满足上述需求，很多机器人的体系结构都包含了实时行动、执行器及传感器控制、并发支持、异常情况检测与响应、不确定性处理、高级（符号级）规划与低级（数值级）控制集成等多种能力。

尽管同样的能力可以采用不同的结构模式来实现，但采用某种特定的模式可能会好于其他模式。举个例子，现在来看看机器人系统的通信模式能如何影响其可靠性。很多机器人系统都被设计成消息传递的异步通信过程。客户机/服务器是一种常用的通信模式，在该模式中，来自客户机的每个消息请求都与来自服务器的响应相对应。发布/订阅是另一种通信模式，其中消息都是被异步地广播出去的，所有此前提出过对这些消息感兴趣的通信模块都能收到消息的副本。采用客户机/服务器模式进行消息传递，通信模块发送一个请求后就进入阻塞状态，以等待响应。如果所期待的响应望穿秋水也等不来（如服务器模块崩溃了），则会发生死锁。即使请求模块不阻塞，其控制流依然会期待着响应。如果响应永不到达或者其他请求的响应不期而至，则会发生无法预料的结果。相反，采用发布/订阅模式的系统则更可靠一些，因为消息都已被假定为异步到达的，控制流不会再假设按哪种特定顺序处理消息，所以，消息丢失或者乱序产生的影响就比较小。

8.1.2　模块化与层次化

机器人体系结构的一个重要作用就是将系统分解成更简单的、在很大程度上比较独立的模块。正如前面讲过的，机器人系统经常被设计成通信过程，其通信接口很少且带宽相对较低。如此设计能使通信模块异步地处理与环境的交互过程，且最小化与其他模块的交互。显然，这样可以降低整个系统的复杂性，增加整个系统的可靠性。

通常，系统的分解是分层次的——一些模块组件建立在另一些模块组件之上。显式地支持此类分层分解的体系结构通过抽象技术来降低系统的复杂度。然而，尽管机器人系统的分层分解已是众望所归，但是究竟沿着哪一个维度进行分解还是众说纷纭、百花齐放。有些体系结构沿着时间维进行分解——每层操作的响应频率都比其下一层低一个数量级[8.2]。而有些体系结构则基于任务抽象进行分层——每层的任务通过调用其下一层的一组任务来完成[8.3-6]。在某些情况下，基于空间抽象进行分解会更好，比如既要处理局部导航又要处理全局导航的时候[8.7]。最主要的一点是，不同的应用场合需要用不同的分解方式，而采用的结构模式则要与之相适应。

8.1.3　软件开发工具

采用明确定义的结构模式来设计系统其好处是很明显的，同时，许多结构模式也有相关的软件工具为实现这种模式提供有力的支持。这些工具以多种形式存在，如函数库、专用编程语言或图形编辑器。这些工具屏蔽了概念上的复杂性，对结构模式的约束更清晰。

例如，进程间通信库（如通用对象请求代理体系结构 CORBA）[8.8]和进程间通信包（IPC）[8.9]，使得消息传递模式（如客户机/服务器和发布/订阅模式）实现起来非常轻松。诸如 Subsumption[8.10]和 Skills[8.11]等语言则有助于开发数据驱动的、实时行为，而 ESL（执行支持语言）[8.12]和 PLEXIL（规划执行交换语言）[8.13]等语言则为可靠实现高级任务提供支持。对于图形编辑器，如 ControlShell[8.14]、Labview[8.15]和 ORCCAD（开放机器人控制器计算机辅助设计）[8.6]等，则为系统集成提供了约束方式，并可自动生成支持该结构模式的代码。

无论哪种情况，这些工具都可以使特定模式的软件开发变得很容易。更重要的是，它们可以确保不（至少是很难）违背结构模式的约束条件。于是，用这些工具开发的系统更易于实现、理解、调试、验证和维护。同时这些系统也更可靠，因为这些软件工具为控制结构的一般需求提供了良好的设计能力，如消息传递、与执行器和传感器的接口以及并发任务处理等。

8.2　发展历程

机器人体系结构和程序设计始于20世纪60年代末斯坦福大学的 Shakey 机器人[8.16]（如图8.1所示）。Shakey 装配有1台摄像机、1台测距仪和碰撞检测传感器，并通过无线和视频链路连接到 DEC PDP10 和 PDP-15 计算机。Shakey 的体系结构被分解为3个功能单元：感知、规划和执行[8.17]。感知系统将摄像机采集的图像转换为内部环境模型。规划器接受根据内部环境模型和目标生成一个可以达到目标的规划（即动作序列）。执行器接收规划结果并给机器人发出动作指令。上述方法被称为感知-规划-动作（SPA）范型（如图8.2所示）。这种体系结构的主要特点是：感知数据被转换为一个环境模型，该模型为规划器所用，规划执行时不再直接与传感器打交道。其后很多年，机器人的控制结构和程序设计几乎无一例外地都采用了SPA范型。

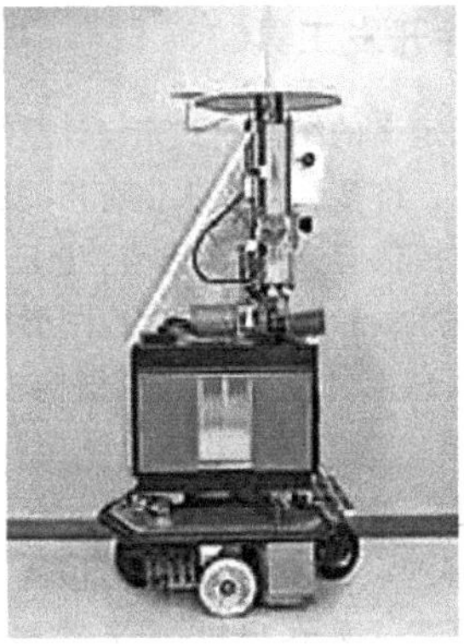

图8.1 Shakey（蒙sri.com惠允）

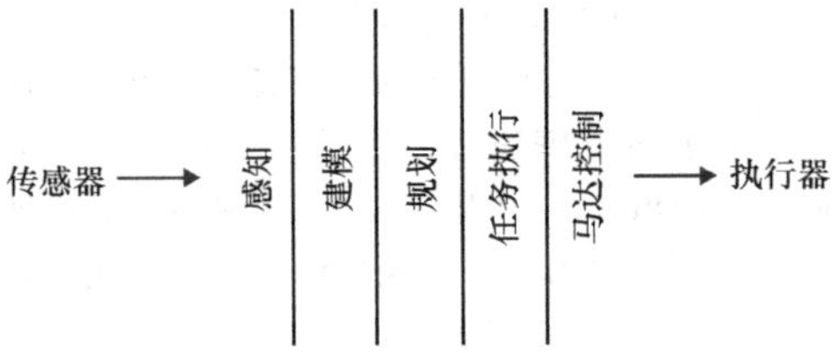

图8.2 感知-规划-动作（SPA）范型（引自文献［8.3］，许可使用）

8.2.1 包容结构

20世纪80年代初，SPA范型的问题逐渐暴露出来。第一，在真实环境中进行规划耗时太长，机器人此时处于阻塞状态等待规划结果。第二，也是更重要的一点，规划执行时不再处理感知信息，这在动态环境中是很危险的。于是一些新型的机器人控制结构范型开始崭露头角，其中包括反应型规划，可以快速生成规划结果，且规划过程更直接地依赖于感知信息而不是内部模型[8.4,18]。最有影响力的一项成果是Brooks提出的包容结构[8.3]。包容结构由相互作用的有限状态机分层构成——每层都是把传感器和执行器直接连接起来（如图8.3所示）。这些有限状态机被称为行为（有人因此将包容结构称为基于行为的机器人或者行为机器人技术[8.19]，参见第38章）。因为任一时刻都能有多种行为被激活，所以包容结构设计了仲裁机制，使得高级行为能够抑制低级行为。例如，机器人可以有一种简单地随机游走的行为，这种行为总是处于激活状态，于是机器人总是这儿走走那儿走走。片刻之后，高级行为接收到传感器的输入信息，检测到有障碍物，于是操纵机器人远离障碍物。高级行为也总是处于激活状态。在没有障碍物的环境中，高级行为从不生成信号，但若检测到障碍物，它便抑制低级行为而操纵机器人离开。一旦障碍物消失（高级行为停止发送信号），低级行为便重新获得控制权。增加行为交互层就可以构建出越来越复杂的机器人。

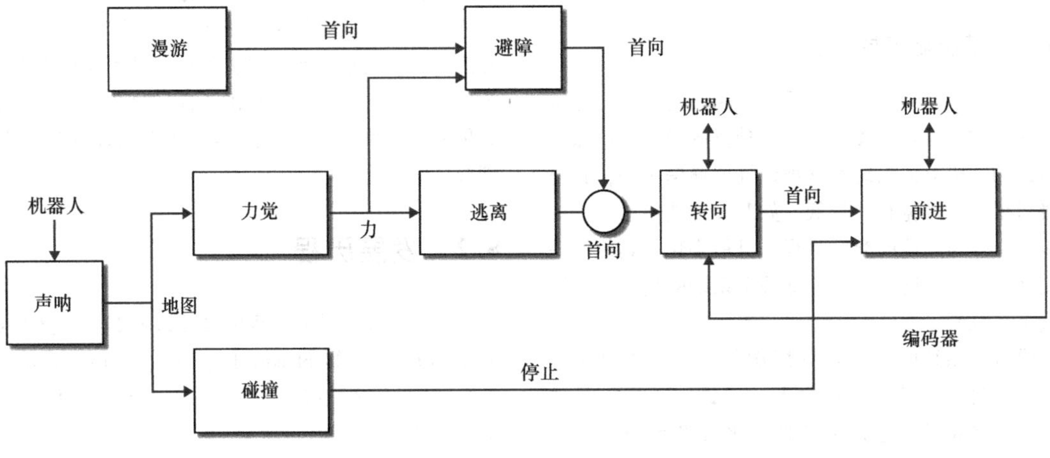

图8.3 包容结构实例（引自参考文献［8.3］，许可使用）

有不少机器人是采用包容方法构建的，且大部分都在MIT[8.20-22]，均相当成功。相比SPA机器人的反应迟钝、动作笨拙，包容机器人则反应灵敏、动作迅捷。它们不会被动态变化的环境所困扰，因为它们持续地感知环境并做出反应。这些机器人能像昆虫或小型啮齿动物一样跑来跑去。除了包容结构，还有另外几种行为结构，通常都有不同的仲裁方案来融合行为输出结果[8.23,24]。

Arkin 提出的马达-控制图式[8.25]也是一种常见的基于行为的体系结构。在这种生物启发的方法中，马达与知觉图式[8.26]被动态地互连起来。马达图式基于知觉图式生成响应向量，然后用与势场法[8.27]相似的方式组合起来。为了完成更复杂的任务，自主机器人体系结构（AuRA）[8.28,29]中还将基于有限状态接收器（FSA）的导航规划器和规划序列器加入到反应图式中。

然而好景不长，基于行为的机器人不久就暴露出了能力上的局限。它很难把行为组合起来去实现长远目标，它也几乎不可能对机器人的行为进行优化。例如，想造一台能在办公楼里投递信件的基于行为的机器人很容易，只要能进行简单的办公楼漫游，并设计一个搜索房间的行为通过抑制漫游即可进入办公室。但如果用行为结构模式去设计一个系统，能根据当天的邮件进行推理，按照最优顺序进入办公室从而最小化投递时间，则难于上青天。其实，机器人最需要的是将早期体系结构的规划能力与基于行为的体系结构的反应能力紧密结合起来，这便催生了机器人的分层或分级控制结构。

8.2.2 分层控制结构

Firby 开发的反应动作包（RAP）系统是向反应与慎思相集成而迈出第一步后所取得的成果之一。在 Firby 的论文[8.30]中，可以看到第一个集成方案——三层结构。其中的中间层即 RAP 系统，是论文的核心内容。Firby 也构思了其他两层的形式和功能，尤其想到要把传统的慎思方法与当时初露端倪的情境推理技术结合起来，可惜未能实现。后来，Firby 将 RAP 与低级的控制层集成到了一起[8.31]。

与此同时，MITRE㊀的 Bonasso 也独立设计出了一种体系结构，底层用 Rex 语言将机器人行为编程为同步回路[8.33]，这些被称为 Rex 机的回路能够确保 Agent 内部状态与所处环境的语义一致性。中间层是采用 GAPPS 语言[8.34]实现的条件序列器，能够不断地激活和抑制 Rex 技能直到机器人完成任务。基于 GAPPS 的序列器很受青睐，因为它综合了众多的传统规划技术[8.35]。这项成果在 3T 结构（因其集成了规划、序列化和实时控制这 3 个控制过程并构成 3 个层级而得名）中登峰造极，已被用在几代机器人上[8.36]。

随后，人们又开发了不少与 3T 结构（如图 8.4 所示）类似的体系结构。ATLANTIS[8.37]便是一例，它将更多的控制功能留给了序列层。在该体系结构中，慎思层必须明确地被序列层调用。Saridis 提出的智能控制结构[8.38]也是一例，它使用 Vxwork 操作系统和 VME 总线，底层是伺服系统，并将上一层的执行算法也集成进来。上一层由一组能对低层子系统（如视觉、手臂运动和导航）进行协调的例程构成，采用 Petri 网转换器（PNT）实现（PNT 是一种调度机制），由与组织层相连接的调度器来激活。组织层是一个用 Boltzmann 神经网络实现的规划器，神经网络主要用来计算满足要求（这些要求是以文本格式输入进来的）的动作序列，然后，调度器通过 PNT 协调器来逐步执行规划结果。

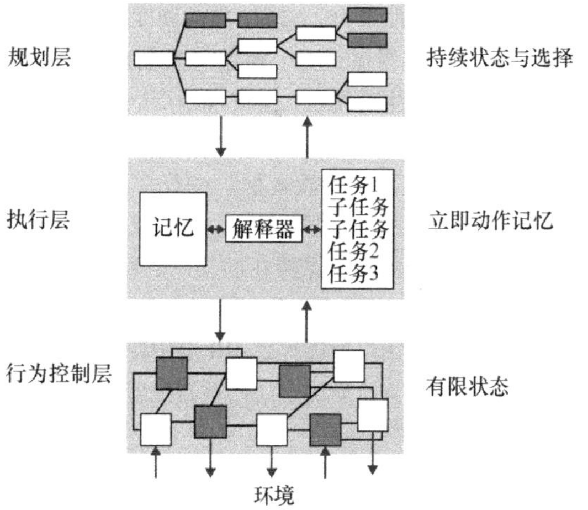

图 8.4 三层结构原型

自主系统体系结构 LAAS 是一种每层都有软件工具支持开发的体系结构[8.39]。最底层（功能层）由模块网络构成，这些模块都是由动态参数控制的感知算法，采用 GenoM（模块生成器）语言写成，GenoM 能生成标准模板以便于模块集成。与其他多大数三层结构都不同，LAAS 的执行层相当简单，只有纯粹的反射，而不对任务做任何分解，它只是起到一个桥梁作用——从高层接收任务序列，做出选择和参数化处理后送到功能层。执行层由 Kheops 语言写成，该语言能够自动生成可以被形式化验证的决策网。最上面的决策层由规划器和监督器构成，规划器是用 IxTeT（索引时间表）时序规划器[8.40,41]实现的，监督器是用 PRS（过程推理系统）[8.42,43]实现的。监督器与其

㊀ 译者注：美国的一个非盈利性研发机构。

他类型三层结构的执行层类似，能对任务进行分解、对可互换方法进行选择、对执行进行监测。通过将规划器和监督器集于一层，LAAS 使这二者结合更紧密，在何时重规划、如何重规划方面就有了更大的灵活性。实际上，LAAS 体系结构允许在较高级的抽象层上有多个决策层，如较高级的使命层和较低级的任务层。

遥控 Agent 是飞船自主控制的体系结构[8.44]，它实际上是由 4 层构成，即控制层（也称行为层）、执行层、规划层（或调度层）以及 MIR（模式鉴别与恢复）层，MIR 层包括故障检测与恢复功能。控制层就是传统的飞船实时控制系统。执行层是该体系结构的核心，它能分解、选择和监测任务的执行，能执行故障恢复以及资源管理（适时地启动和关闭设备以节约有限的飞船电力）。规划器（调度器）是一个批处理过程，它根据目标、初始（发射时的）状态和当前计划活动生成规划。这些规划可以是从任务启动到结束之间任一时段。规划中也可以包含“重新调用规划器生成下一阶段规划”的任务。配置管理是遥控 Agent 中的一个重要部分，它可以配置硬件以支持任务，并监测硬件保持在已知的、稳定的状态。配置管理的角色被划分到执行层和 MIR 层两层中，执行层中主要使用反射过程，MIR 层中使用飞船已声明的模块和慎思算法来确定如何重新配置硬件以响应检测到的故障[8.45]。

联合体系结构[8.47]将 3T 模式拓展到多机器人协调领域（见第 40 章）。在该体系结构中，每层不仅与上下层有接口，还与其他机器人的同一层次有接口，如图 8.5 所示。这样一来，分布式控制环可以设计在多个抽象级别上。参考文献［8.48］中的联合体系结构，其规划器使用基于分布式市场的方法进行任务分配。

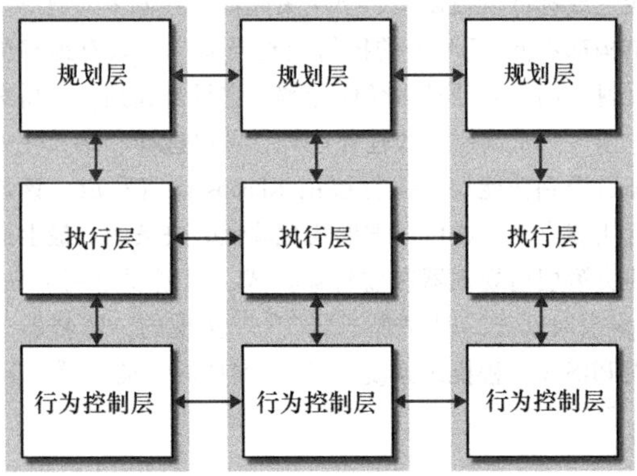

图 8.5 联合多机器人体系结构

文献中还有一些值得注意的多层体系结构。由美国国家标准局（NBS）为美国航空航天局（NASA）开发的 NASA/NBS 标准参考模型（NASREM）[8.2,49]就是早期的遥操作机器人参考模型，如图 8.6 所示，后来被称为实时控制系统（RCS）。它是一个多层模型，每层都采用相同的通用结构，从伺服层到推理层，随着抽象程度的升高，操作频率不断降低。除维护全局环境模型外，NASREM 和 3T 结构一样一开始就提供了所有数据和控制路径。但 NASREM 只是个参考模型，并非具体实现。NASREM 后来的实现基本都是遵从 SPA 方法做的，且主要应用在遥操作机器人（而不是自主机器人）上，但 Blidberg 早期的工作[8.50]是个例外。

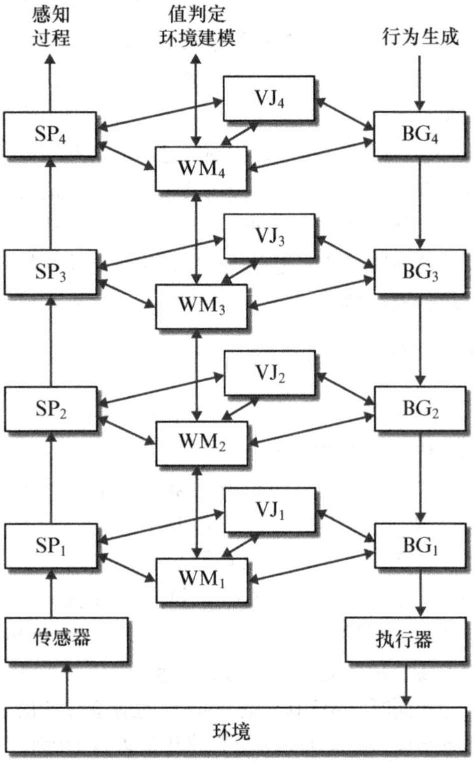

图 8.6 实施控制系统（RCS）参考体系结构
（引自参考文献［8.46］，许可使用）

在机器人三层体系结构争奇斗艳的时候，各种双层体系结构也在悄然绽放。自主机器人双层体系结构（CLARAty）就是被设计成用来支持 NASA 空间机器人（特别是行星漫步者机器人[8.51,52]）的软件可重用的。CLARAty 由一个功能层和一个决策层构成。功能层是一个面向对象算法层，能提供众多到机器人的抽象接口，如马达控制、载体控制、基于传感器的导航和移动操作等。每个对象都提供一般的（不依赖于硬件的）接口，因此相同的算法可以运行在不同的硬件上。决策层融合了规划和执行能力，与 LAAS 体系结构一样，可以紧密协调规划和执行，使得为响应动态的偶然事件而连续进行重规划成为可能。

CLARAty 的决策层具体说就是个 CLEaR（闭环执行与恢复）[8.53]，它将基于修复的规划器 CASPER（连续动作调度、规划、执行与重规划）[8.54] 和 TDL（任务描述语言）[8.55] 组合起来。CLEaR 为目标驱动的行为和事件驱动的行为提供了一种紧耦合方法。根据执行监测进行高频度的状态与资源更新，然后快速处理、连续重规划的能力，是 CLEaR 的核心内容。这使得规划器可以处理很多异常情况，这在任务多、资源少、不确定性强的情况下尤为重要。在 CLEaR 中，规划和执行组件都能处理资源冲突和异常情况，在特定的情况下，采用启发式方法来确定该调用哪个组件。OASIS（机载自主科考系统）[8.56] 对 CLEaR 进行了拓展，将科学数据分析功能也纳入其中，于是，这种体系结构还可以由带有机缘巧合性质的科学目标来驱动，如寻找特殊的岩石或构造。OASIS 是以规划器为中心的，在任务调度开始前仅需几秒钟就可以将任务发送到执行组件。

协作智能实时控制体系结构（CIRCA）也是一种双层结构，它关注的是如何确保可靠行为[8.57,58]。它实现了有界反应，这是一种机器人资源不总是那么充足时为保证完成所有任务而采取的响应。CIRCA 由实时系统（RTS）和相当独立的人工智能系统（AIS）构成。RTS 执行测试动作对（TAP）周期调度，TAP 已经根据感知到的环境信息和有条件的响应动作确保了最坏情况下的行为。AIS 的职责是创建调度，且确保在实时执行期间不出现灾难性故障。AIS 是通过在状态转移图上的规划来做到这一点的，状态转移图中包括动作、外部事件和时间流逝（机器人等待时间太久也会发生不测）造成的状态转移。AIS 测试每一个规划（TAP 集），看其是否能被实际调度。如果不能，则调换一个规划模型——或者剔除任务（根据目标优先级），或者调整行为参数（如降低机器人速度）。AIS 如此往复，直到找到一个可以成功调度的规划为止，然后便将这个新规划在一个原子操作步骤内下载到 RTS 中。

和 CIRCA 一样，前面提到过的 ORCCAD 也是一个确保可靠性的双层体系结构[8.6,59]，不同的是，ORCCAD 是通过形式化验证技术来实现这种保证的。机器人任务（低级行为）和机器人过程（高级动作）都是由高级语言定义的，然后再翻译成 Esterel 语言[8.60]㊀进行逻辑验证，或者翻译成时控 Argus 语言[8.61]㊁进行时序验证。这些验证方法要做些调整，以适应生存性、安全性以及资源冲突的验证。

8.3 体系结构组件

本章以三层结构为原型探讨体系结构组件。图 8.4 给出了一种典型的三层体系结构。其底层为行为控制层，与传感器和执行器紧密相连。第二层为执行层，负责选择机器人当前行为以完成任务。最高层是任务规划层，负责在资源约束条件下实现机器人的长远目标。以办公室投递机器人为例，行为层负责机器人在房间和走廊中的移动、避障和开门等，执行层协调行为层以完成任务，如离开房间、进入办公室等，任务规划层负责确定最省时间的投递顺序、考虑投递优先级、调度、充电等，并将任务（如退出房间、进入 110 室）发送到执行层。上述各层需要协同工作并且交换信息。下一节先研究各组件的连接问题，然后逐一探讨三层结构中的各个组件。

8.3.1 连接组件

本章探讨过的所有体系结构组件之间都需要通信，包括交换数据和发送指令。组件通信（常称为中间件）模式的选择是机器人体系结构设计者做很多决策时必须考虑的最重要的、约束性最强的问题之一。根据以往的经验，开发机器人体系结构时，很多问题都与组件间的通信有关，且大量的调试时间也花在这里。此外，一旦选定了某种通信机制，再就极难更改，因此初期的决策多少年都不再改变。很多开发者使用他们自己的通信协议，这些协议通常是基于 Unix 套接字开发的。尽管这样做可以对消息进行定制，但是可靠性、高效性和外部通信包的易用性等优势将难以发挥出来。目前有两种基本的通信方法——客户机/服务器和发布/订阅。

㊀ 译者注：Esterel 语言是一种用于开发复杂反应系统的同步程序设计语言。

㊁ 译者注：一种用于开发分布式程序的语言。

1. 客户机/服务器

在客户机/服务器（也称点对点）通信协议中，组件之间直接对话。远程过程调用（RPC）协议便是一个很好的例子，RPC中一个组件（作为客户机）可以调用另一个组件（作为服务器）的函数和过程。目前很流行的一种形式是通用对象请求代理体系结构（CORBA）。CORBA允许一个组件调用另一个组件实现的对象方法，所有的方法调用都在一个不依赖于编程语言的IDL（接口定义语言）文件中定义，每个组件都使用相同的IDL来生成代码，并与组件一起编译用以处理通信事务。这样做的好处是，当IDL文件改变时，使用该IDL的所有组件可以自动地被重新编译（使用make或类似的代码配置工具）。CORBA对象请求代理（ORB）在很多主流面向对象语言中都可以使用。尽管有免费的ORB可用，但依然有许多商用ORB存在，它们能提供更多的功能和更好的技术支持。CORBA的不足之处是使应用程序额外增加了一些代码。一些竞争者已经在努力解决这个问题，如ICE（Internet通信引擎）开发了自己的IDL文件版本，称作SLICE（ICE规格说明语言）。客户机/服务器协议最大的优点是事先将接口定义得非常清晰，当接口改变时，大家都能知道。另一个优点是在无中心模块又需要分发数据时它允许分布式通信方法。客户机/服务器协议的缺点是通信开销大，尤其在许多组件需要相同信息时。需要指出的是，CORBA和ICE还具有广播机制（在CORBA中称为事件通道或通知服务）。

2. 发布/订阅

在发布/订阅（也称广播）协议中，一个组件发布数据，其他任何组件都可以订阅这些数据。典型地，一个中央处理程序在发布者和订阅者之间发送数据。在一个典型的体系结构中，大部分组件既发布信息也订阅其他组件发布的信息。现存多种发布/订阅中间件解决方案，机器人中常用的是RTI公司的DDS（数据分布式服务），以前叫NDDS（网络数据分布式服务）[8.62]。另一种常用的发布/订阅范型是卡内基梅隆大学开发的IPC[8.9]。很多发布/订阅协议都使用XML（扩展标识语言）定义发布的数据，以图通过HTTP传输XML的便利性，这样便允许基于Web的应用程序之间的互操作。发布/订阅协议有一个很大的优点是简单易用且开销低。当不知道有多少组件需要一个数据块时（如多用户接口）发布/订阅协议就特别有用了。再有，组件也不会被陷入到对许多不同来源的信息重复请求的困境之中。发布/订阅协议通常很难调试，因为消息的语法经常隐藏在一个简单的字符串类型中，往往都是到运行时组件尝试解析一个接收到的消息失败时问题才能暴露出来。发布/订阅协议在用于由一个模块向另一个模块发送命令时可读性也不好，命令不是调用显式的方法或函数（含参数），而是通过发布消息的方式发出，消息中包含命令和参数，这些消息由订阅者去解析。最后，发布/订阅协议常用单一的中央服务器给所有订阅者分发消息，存在单点失效和瓶颈问题。

3. JAUS

近年来，在国防机器人技术领域浮现出一套标准，不仅对通信协议作了规范，而且对经由通信协议传递的消息的定义也作了规范。JAUS（无人系统联合体系结构）定义了一套可重用的消息与接口，可用在命令自主系统上[8.63-65]。这些可重用的组件降低了将新的硬件组件集成到自主系统中的开销。可重用技术还允许把为一套自主系统开发的组件拿到另一套自主系统上去用。JAUS有两个组件：一个领域模型和一个参考体系结构。领域模型是无人系统功能与信息的表示，包含对系统功能和信息能力的描述。前者包括系统的机动、导航、感知、负载和操作等能力的模型，后者包括系统的内部数据模型，如地图和系统状态。参考体系结构提供一个明确定义的消息集，这些消息引发动作的执行、消息的交换和事件的触发。JAUS系统中发生的每件事情都是由消息触发的，这种策略使得JAUS称为一种基于组件的、消息传递式的体系结构。

JAUS参考体系结构定义了系统的层次（如图8.7所示），层次拓扑将系统定义为实现机器人全部能力所必需的机器人本体、操作控制单元（OCU）和基础结构的集合。系统中的子系统是一些独立的单元（如机器人本体或OCU）。节点定义体系结构中各种处理能力并将JAUS消息路由到组件。组件提供各种执行能力并直接响应命令消息。组件可是传感器（如SICK激光传感器或视觉传感器）、执行器（如操作机构或运动机构）或机载设备（如武器或任务传感器），所谓拓扑（特定系统、子系统、节点和组件的布局）是在系统实现时根据任务需求确定的。

JAUS的内核是一个明确定义的消息集合。JAUS支持的消息类型有：①命令：引起模式改变或启动动作。②查询：用于从组件中请求信息。③告知：响应查询。④事件设置：传递参数以对事件进行设置。⑤事件通知：当时间发生时发送通知。

JAUS有大约30条预定义消息可供机器人控制之用。有控制机器人本体的消息，如“全局向量驱动器消息”执行移动机器人期望全局首向、高度和速度

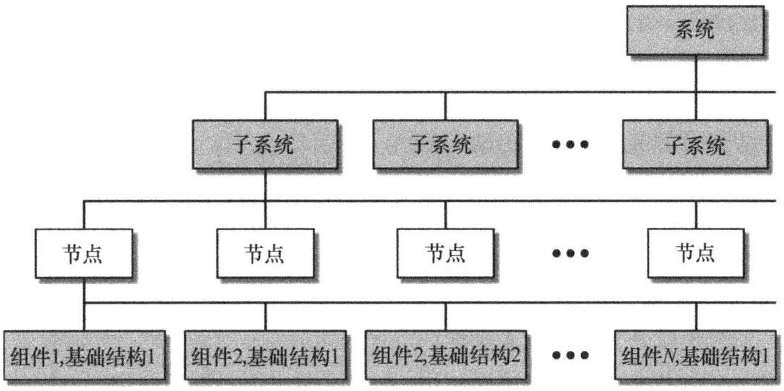

图8.7　JAUS参考体系结构拓扑（引自JAUS参考体系结构文档[8.63]）

的闭环控制。也有传感器消息，如“全局位姿传感器消息”发布机器人本体的全局位置和朝向数据。JAUS中还有操作消息，如“设置关节位置消息”会设置预期的关节位置值，“设置工具点消息”会在末端执行器的坐标系统中设定末端执行器工具点的坐标。

JAUS也有用户自定义消息，由消息头和跟随的特定格式构成，其中包含消息类型、目的地址（如系统、子系统、节点和组件）、优先级等。虽然JAUS主要是点对点的，JAUS消息也可以打上广播标记分发到所有组件。JAUS还为导航和操作定义了坐标系统以确保所有组件能知悉发送给它们的坐标。

8.3.2　行为控制

行为控制在机器人体系结构中表示控制的最底级别，它直接连接传感器与执行器。尽管这些行为控制大多都是用C或C++语言手工写成的函数，但人们还是开发了一些行为控制专用语言，包括ALFA[8.66]、行为语言[8.67]和Rex[8.68]。传统的控制理论（如PID函数、Kalman滤波器等）也归于这一级。在如3T这样的体系结构中，行为层像Brooks机一样运行，亦即由少数几个能感知环境并执行机器人动作的行为（也称技能）构成。

1. 实例

下面来看一个在办公楼中工作的投递机器人，其行为控制层包含了在楼中移动并执行投递任务所必需的控制功能。假定此机器人已知该楼地图，那么，它可能包含如下行为：①避障移动到一个位置；②避障沿着走廊移动；③找到一扇门；④找到门把手；⑤抓住门把手；⑥拧开门把手；⑦从门通过；⑧确定位置；⑨查看门牌号；⑩通知投递。

上述每个行为都将传感器（视觉、距离感知等）与执行器（轮子马达、操作马达等）紧密联系在一个反射环中。在如包容结构这样的体系结构中，所有行为都在一个分层控制方案中并发运行，其中某些行为会受到抑制。在AuRA[8.29]中，行为由势函数组合而成。其他体系结构[8.24,68]则使用显式的仲裁机制从潜在的冲突行为中进行选择执行。

在如3T[8.36]这样的体系结构中，并不是所有的行为都同时处于活动状态。典型地，只有少数不冲突的行为才能同时处于活动状态（如上例中的行为2和9）。执行层（见8.3.3节）的职责是激活或者抑制行为以完成高级任务并避免两个行为竞争同一资源（如一个执行器）的冲突。

2. 情境行为

这些行为有一个重要特点就是情境性，也就是说每个行为仅在其特定的场景中工作。例如，上述的行为②是沿着走廊移动，但此行为仅当机器人身处走廊时才适用。类似地，行为⑤抓住门把手，也仅当机器人处于能抓到门把手的距离范围内时才适用。将机器人放在某一情境时此行为会没有反应，但它能识别出该情境是不适合的，也能看出信号是不对的。

3. 失败觉察

对行为的一项关键要求是它们在不工作的时候应该能觉察到，这称为失败觉察[8.69]。例如，实例中的行为⑤（抓住门把手）抓一次失败后就不应该在空气中连续瞎抓，或者更简单地说，不能在撞了南墙后还不回头。早期的包容机器人有一个共性的问题，即行为不知道已经失败而还在继续采取动作，结果自然没有进展。在失败的情况下决策该做什么不是行为层的任务，行为层只需要宣告行为失败、停止活动。

4. 实现约束

行为控制层设计的主要目的是让机器人控制能实现包容结构的快速性和反应性。为此，行为控制层的行为需要遵循包容结构的套路，尤其行为使用的算法要受状态和时间复杂度的约束。在行为控制层应该很少有或者没有搜索过程，很少有迭代运算。行为应该就是简单的传递函数，从传感器或者其他行为输入信号，向执行器或者其他行为输出信号，每秒重复这些动作若干次，这样在面对环境改变时才能表现出反应性。争议较多的是在行为层究竟设置多少个状态为宜。Brooks 几年前有一个非常经典的说法“最好以世界本身作为模型”[8.67]，也就是说，机器人无需维护和查询环境的内部模型，取而代之的是直接感知环境以获取数据。诸如地图、模型等状态在三层体系结构中均包含在高层中而不在行为控制层中。有些例外情况（如维护数据滤波计算的状态）则具体问题具体分析。Gat[8.70]认为行为层保持的任何状态都应该是短暂的、有限的。

8.3.3 执行

执行层是行为控制层（数值运算）与规划层（符号运算）之间的接口。执行层负责将高级规划翻译成低级行为、在适当的时候调用行为、监测执行并处理异常。有些执行层也分配资源并监测其使用情况，尽管这些任务从功能上大多是该由规划层执行的。

1. 实例

继续以办公室投递机器人为例。其高级任务主要是把邮件投递到一个指定的房间，执行层将此任务分解成一个子任务集。它可能使用几何规划器来确定要走过的走廊和要转弯的路口序列，如果沿线有门口，则还会插入一个任务去打开并穿过此门。在最后一段走廊中，执行层还要增加一个查看门牌号的并发任务。最后的子任务是告知屋里的人有信件，同时监测该信件是否被拿走。如果过了一段时间信件未被取走，将触发一个异常以调用一些恢复性动作，可能是再次告知，可能是检查是否走对屋了，也可能是通知规划器稍后重新调度投递任务。

2. 能力

上例中描述了很多执行层的能力。一开始，执行层就将高级任务（目标）分解成低级任务（行为），这典型的做法就是以过程的方式来完成。尽管有时执行层也可以使用专门的规划技术，如上例中使用的路线规划器，但被编码在执行器中的知识一般还是直接描述如何完成任务，而不是先描述需要做什么再由执行层自己规划出怎么做。典型的分解是一棵分层的任务树，如图 8.8 所示，任务树的叶节点是行为的参数化调用。

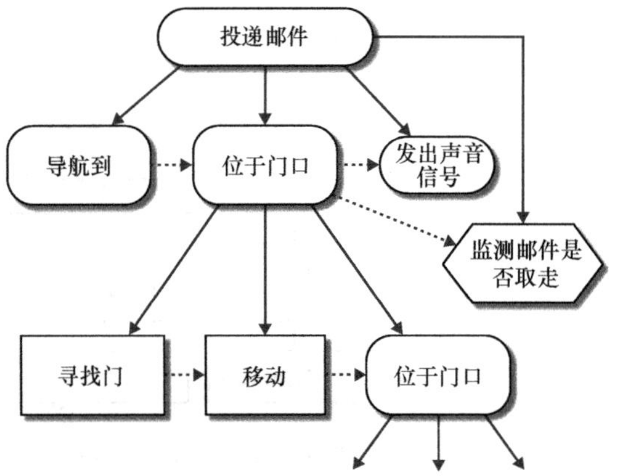

（圆角框为内部节点，矩形为叶子节点，六角形节点为执行监测器，实线箭头是父子节点关系，虚线箭头是时序约束）

图 8.8 邮件投递任务的分层任务树

除了将任务分解成子任务，执行层还要在任务之间添加和维护时间约束，通常只在同一层任务之间才加，但也有一些执行层语言允许在任意任务对之间加上时间约束。最常见的约束是串行和并发，但大多数执行层支持更有表现力的约束语言，如一个任务要在另一个任务开始 10s 后开始，或者一个任务要在另一个任务结束时结束。

当任务的时间约束条件满足时，执行层负责派发这些任务。在有些执行层中，任务也可以指定资源，如机器人的马达或者摄像机，这些资源在任务被派发前必须可用。和行为一样，在冲突的任务之间进行仲裁也是一个问题。但在执行层中，这种仲裁要么显式地编程实现（如用规则规定机器人在试图避障而偏离首选路线的情况下该做什么），要么采用优先级来处理（如充电比投递邮件更重要）。

执行层的最后两个重要的能力是执行监测和错误恢复。有人可能会迷惑，底层的行为都那么可靠了，还要这些能力干什么？原因有二：其一，如 8.3.2 节所述，行为是具有情境性的，而情境会不可预期的变化，例如，实现一个行为时可以假定有人能取走邮件，但是事实未必总是如此；其二，要试图达到某些目标，行为层可能会将机器人移动到一个执行层无法预期的状态，例如，人们可以利用机器人的避障行为将机器人赶到厕所里。尽管事实上行为层可以在这样的情境中保持机器人的安全，但执行层还是需要对情境进行检测，以便使机器人回到原来的路线上。

典型地，执行监测被实现成并发任务，或者直接分析传感器数据，或者在监测的情境出现时激活一个行为向执行层发送信号，这些分别对应轮询与中断驱动两种监测方式。

执行层支持被触发的对监测器的各种响应。监测器可以生成子任务来处理某个情境，它可以终止已经生成的子任务，可以引起父任务的失败，或者也可以产生一个异常。后两种响应涉及错误恢复（也称异常处理）能力。很多执行层要求任务返回状态值（成功或失败），并允许父任务基于返回值有条件地执行。还有一些执行层使用分层异常机制抛出命名异常以定位在任务树中的节点。最近的注册了该异常处理器的子任务会尝试处理这个异常，如果处理不了，它会将此异常向任务树的上一层再次抛出。这种机制是受C++、Java和Lisp的异常处理机制启发而来的，它比返回值机制更具有表达能力，但由于控制流的非局部性特点，使得采用这种方法设计系统的难度要大得多。

3. 实现约束

大多数执行层的主要形式是分层有限状态控制器。Petri网[8.71]常用来表示执行层函数。此外，人们还开发了各种语言专门来辅助程序员实现执行层的各种能力。我们就几个方面扼要讨论一下以下几种语言：反应动作包（RAP）[8.4,30]、过程推理系统（PRS）[8.42,43]、执行支持语言（ESL）[8.12]、任务描述语言（TDL）[8.55]和规划执行交换语言（PLEXIL）[8.13]。

这些语言既有共性，又有不同。区别之一，语言是独立的（RAP、PRS、PLEXIL）还是现有语言的扩展（ESL是通用Lisp的扩展，TDL是C++的扩展）。独立语言总是易于分析和验证的，但扩展语言灵活性更好，尤其与已有软件集成时更见优势。尽管独立的执行层语言也都支持用户自定义函数接口，但这些接口在能力上（如都有什么类型的数据结构可以传递）往往是有限的。

所有这些执行层语言都对任务到子任务的分层分解提供支持。除PLEXIL外所有语言都允许任务的递归调用。RAP、TDL和PLEXIL在语法上能区别任务树（图）的叶节点和内部节点。

所有语言都提供了表示条件和迭代的能力，尽管在RAP和PLEXIL中这些不是核心语言结构，而必须通过其他结构的组合来表示。除了TDL，这些语言均对任务的前提条件和后续条件的编码以及成功条件的指定提供显式的支持。在TDL中，这些概念必须用更基本的结构编程实现。独立语言都允许在任务描述中定义局部变量，但对这些变量仅提供有限的计算处理。显然，在扩展语言中，其基础语言的全部能力都可以用来定义任务。

所有语言支持任务间简单的串行（序列）的和并发（并行）的时序约束，也支持超时设定，在等待指定的一段时间后触发。此外，TDL直接支持宽范围的时序约束——可以在任务的开始和结束之间设定约束（如，任务B在任务A开始后开始，或任务C在任务D开始后结束），也可以指定度量约束（如，任务B在任务A结束10s后开始，或任务C在下午1：00开始）。ESL和PLEXIL支持事件（如任务转移到新状态时）信令，可以类似地实现约束的表示类型。此外，ESL和TDL支持基于事件发生的任务终止，如当任务A开始时任务B终止。

在异常监测和异常处理方面，各种语言有着不同的考虑。ESL和TDL都提供显式的异常监测结构，并支持抛出异常和由注册处理器捕获异常的分层处理方式。这种异常处理方式与C++、Java和Lisp中使用的方式类似。ESL和TDL也支持清除过程，在任务终止时可以调用。RAP和PLEXIL并没有分层异常处理机制，而是使用返回值来指示失败。但PLEXIL支持清除过程，当任务失败时运行该过程。PRS支持执行监测，但不支持异常处理。ESL和PRS支持资源共享，并都对自动阻止任务间到资源的连接提供支持。在其他执行语言中，这项功能是需要分别实现的，尽管有规划在这方面扩展PLEXIL。

最后，RAP、PRS和ESL均包含符号数据库（环境模型），该数据库或者直接连接传感器或者连接行为层以保持与真实环境的同步。通过数据库查询可以确定前提条件是否为真、哪种方法可用等。PLEXIL使用查找表实现类似的功能，不过它的实现方式（比如，是通过数据库查找还是通过调用行为层函数）对任务是透明的。TDL则将这项工作留给了程序员，由程序员来确定这些任务如何与环境进行关联。

8.3.4 规划

分层结构中的规划组件负责根据高级目标确定机器人的长远活动计划。行为控制组件关注的是眼皮底下的事儿，执行组件关注的是刚刚发生的和即将发生的事儿，而规划组件则是面向未来的。在办公室投递机器人的实例中，规划组件要考虑一天的投递、机器人的资源、地图、确定最优投递路线和调度，包括机器人什么时候应该充电。当情境改变时，规划组件也负责重新规划。例如，如果赶上办公室锁门，规划组件将确定一个新的投递计划，而将锁门办公室的投递任务安排到当天稍晚些时候。

1. 规划类型

第9章将详细描述机器人规划的方法，本章概述与规划器不同类型有关的一些问题，因为它们都与分层结构有关。

最常用的两种方法是分层任务网（HTN）规划器和规划器/调度器。HTN 规划器[8.72,73]将任务分解成子任务，其分解方式与执行层类似。主要的不同是，HTN 规划器总是在较高的抽象级别进行操作、会考虑到资源的利用且具有处理任务间冲突的方法，如，多个任务需要相同的资源，或者一个任务否定了另一个任务所需的前提条件。HTN 规划器所需的知识通常相当容易确定，因为它直接指明任务如何完成。

规划器/调度器[8.74,75]在时间和资源有限的领域很有用。它们创建高级规划，在任务应该发生时进行调度，但通常留给执行层去确定具体如何实现任务。规划器/调度器的工作通常是将任务布置在时间线上，对机器人上可用的各种资源（如马达、电力、通信等）分别采用不同的时间线。规划器/调度器所需的知识包括任务要完成的目标、所需的资源、持续时间和任务间的约束。

很多体系结构提供专门的规划专家系统，能高效地求解特定的问题，特别地，还包括运动规划器，如路径规划器和轨迹规划器。有时，体系结构的规划层直接调用这些专门的规划器，而在其他体系结构模式中，运动规划器是体系结构中较低层（执行层甚至行为层）的一部分。把这些专门的规划器放在哪儿通常属于选型问题或者性能问题（参见 8.5 节）。

此外，有些体系结构提供多个规划层[8.39,44,76]。通常，最顶层有一个使命规划层，它在很抽象的层次上对相对较长的一段时间进行规划。这层主要负责选择在下一段时间内要实现哪个高级目标（并且有时需要确定按什么顺序实现这些目标），以最大化某个目标函数，如净盈利。稍低一些的任务规划层负责确定怎样和何时完成每个目标。这样细分通常是出于对效率的考虑，因为同时进行既长期又细致的规划是很困难的。

2. 规划与执行的集成

在机器人体系结构中将规划与执行组件集成到一起有两种主要方法。一种方法是规划组件由执行组件按需调用，并返回一个规划，然后规划组件进入休眠状态，直到再次被调用。ATLANTIS [8.70]和遥控 Agent[8.44]等体系结构都使用这种方法，这要求执行组件要么给规划组件留下足够的时间完成规划，要么在规划完成前对系统的安全负责。例如，在遥控 Agent 中，会显式调度一个专门的规划任务。第二种方法是规划组件根据需要将高级任务向下发送到执行组件，并监测这些任务的进展情况。如果任务失败，则立即重新规划。在这种方法中，规划组件始终运行，并一直进行着规划、重规划。信号必须在规划器和执行组件之间实时传递以使它们保证同步。如 3T[8.36]等体系结构采用的就是第二种方法。第一种方法在系统处于相对静态的环境时适用，规划次数很少，相对可预期。第二种方法更适用于动态环境，重规划很频繁且难以预期。

在规划与执行集成时还需要做的决策是到何时停止任务分解、在何处监测规划执行以及如何处理异常。如果一直规划到基本动作或行为，规划器对于执行期间将会发生什么会有很好把握，但这是以更多的计算为代价的。再有，有些任务分解很容易进行过程描述（采用执行语言），而非声明描述（采用规划语言）。同样，执行层的监测效率更高些，因为监测点靠近机器人的传感器，而规划器可能会利用更多的全局知识更早和（或）更精确地检测到异常。关于处理异常，执行层自己能够处理很多异常，其代价只是破坏了规划器在调度任务时的预期结果，而另一方面，若由规划器处理异常通常会涉及到重规划，其计算代价是高昂的。

然而，对于所有这些集成问题通常有一种折中方案。例如，可以只将某一部分任务进行更深层次的分解；或者一部分异常放在执行层处理，而另一部分异常交由规划器处理。一般来讲，恰当的方法都需要折中考虑，并需要具体问题具体分析（参见 8.5 节）。

8.4 案例研究——GRACE

本节介绍一个相当复杂的自主移动机器人的体系结构。机器人 GRACE（Graduate Robot Attending Conference，出席会议的研究生机器人）是 5 家研究机构（卡内基梅隆大学、海军研究实验室、西北大学、Metrica 公司和 Swarthmore 学院）共同努力的成果，设计用于参加 AAAI（美国人工智能学会）的机器人挑战赛。挑战赛要求机器人作为与会者参加 AAAI 举办的全国人工智能大会，机器人必须要找到注册台（预先不知道会议中心的布置），并注册会议，然后根据会议提供的地图找到路线并及时到达指定地点进行技术交流。

在给定了任务的复杂性和技术集成的需求后，机器人的体系结构设计尤为重要。这些技术已由上述 5 家机构先期开发过，包括动态环境中的定位、在行人面前的安全导航、路径规划、动态重规划、人体视觉跟踪、告示牌、标记、手势和人脸的识别、语音识别与自然语言理解、语音合成、知识表示以及与人社交等技术。

GRACE以RWI（Real World Interface）[⊖]的B21机器人为基础，配有一个由平板液晶显示器（LCD）显示的表情丰富的计算机动画人脸（如图8.9所示）。B21上配备触觉、红外和声纳等传感器，最靠近底座的是一个SICK激光扫描测距仪，具有180度的视野。此外，GRACE还装配了几台摄像机，包括一台由Metrica TRACLabs制造的云台立体摄像机、一台Canon产的云台变焦单色摄像机。GRACE借助高品质语音合成软件Festival讲话，使用无线耳麦（Shure TC的计算机无线收发套件）接收语音信息。

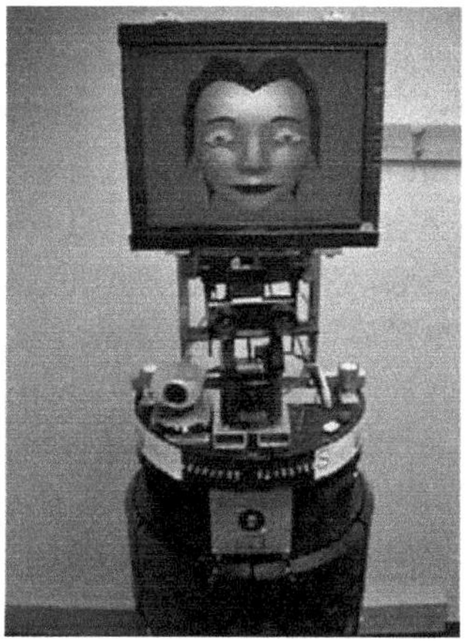

图8.9 机器人GRACE

GRACE体系结构的行为层由一些控制特定硬件部件的独立进程构成，这些程序提供抽象接口，或用于硬件控制，或用于从传感器返回信息。为了使用各种设备不同的编码类型，大部分接口既支持同步的、阻塞的调用，也支持异步的、非阻塞的调用（对于非阻塞调用，接口允许程序员指定数据返回时的回调函数）。行为层包括机器人运动和定位（也提供激光测距信息）、语音识别、语音合成、面部动画、彩色视觉与立体视觉（如图8.10所示）等接口。

该体系结构中对执行层的每项能力都采用独立的进程实现，这么做主要是由于底层代码都是由不同公司开发的，尽管让大量进程并发运行可能会效率很低，但要想把所有功能都放在单个进程中完成，则实在太难。此外，使用分离的进程还便于开发和调试，因为每次只需要与系统中需要测试的部分打交道。

执行层由完成挑战赛每个子任务的独立程序构成，包括寻找注册台、乘电梯、排队、与注册人员交流、走到报告区和作报告，如图8.10所示。与很多已实现的机器人系统一样，GRACE体系结构没有规划层，因为这里涉及的高级规划任务要么是一成不变的，要么是很简单易行的，直接编程即可。有些执行层程序采用TDL（参见8.3.3节）写成，这样便于并发控制和各种任务的监测。

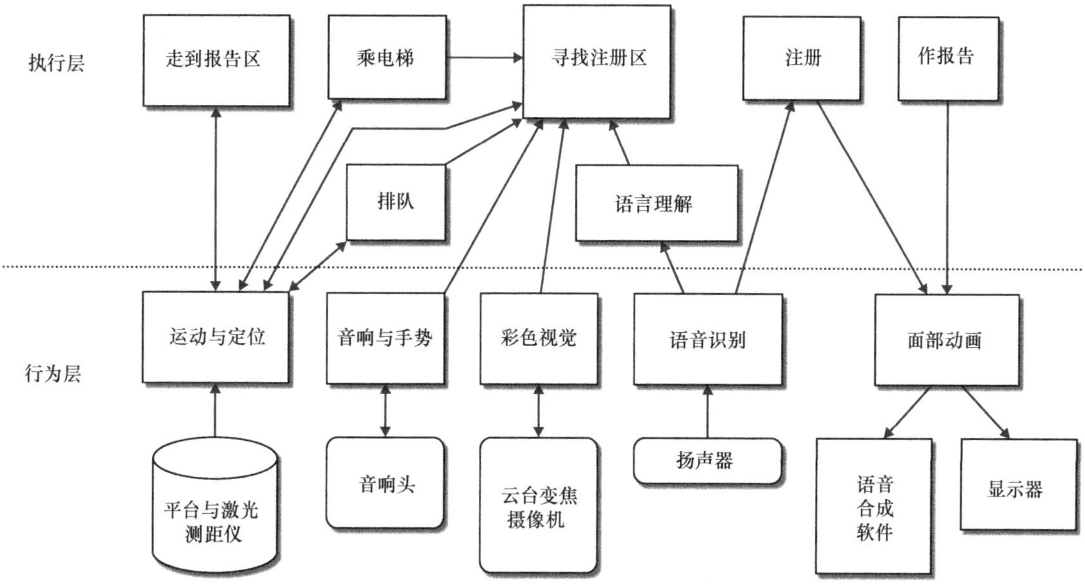

图8.10 GRACE的体系结构

⊖ 译者注：RWI目前是iRobot公司的一个分部。

寻找注册台是必不可少的一项任务（前已述及，GRACE并不知道注册台在哪儿，也不知道会议中心长什么样）。GRACE采用TDL构造了有限状态机，这样它就可以维护多个目标，如利用电梯到达某一楼层、按照指南找到电梯（如图8.11所示），最顶级的目标是找到注册台。当GRACE与人交互拿到了去注册台的指南时，一些中间目标就创建出来了。如果没有指南可用，GRACE就随机逛一逛，直到用激光扫描仪探测到人，它便会和人交流以得到指南。GRACE可以处理简单的命令，如左转、向前5m，也能处理一些高级指令，如乘电梯、下一路口左转。此外，GRACE还会提问，如“我这是走到注册台了吗？”、“这是电梯吗？”GRACE在各个时刻都使用基于TDL的有限状态机来确定如何交互最恰当，这样可以防止“思维”混乱。

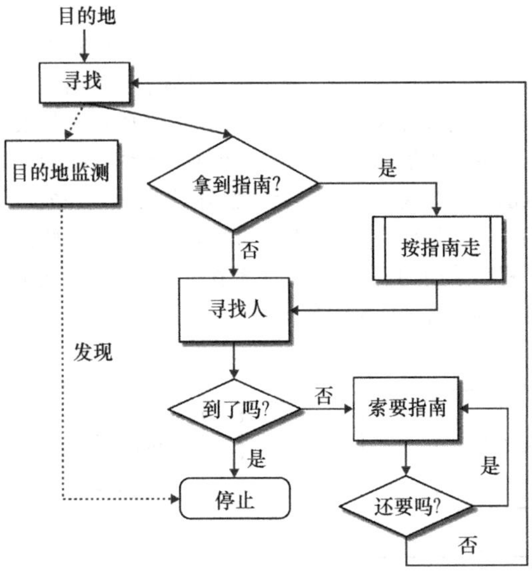

图8.11 GRACE按照指南走到注册台的有限状态机

进程间通信采用IPC消息包[8.9,77]。IPC支持发布/订阅和客户机/服务器两种消息机制，能在进程间透明传递复杂的数据结构。使用IPC进行进程间通信的一个好处是能够记录下所有的消息通信信息，既能记录消息名称，也能记录数据内容。事实证明，有时要弄清楚系统为什么没能按照预期动作执行，非这些记录不可。是进程发送了无效数据？还是没有及时发出消息？是接收进程因故阻塞了？还是时间上的问题？尽管分析这些消息日志往往令人乏味，但某些时候这也是找到那些间歇性故障的唯一手段。

2002年7月，GRACE成功地完成了在加拿大埃德蒙顿的Shaw会议中心的挑战。行为层的进程总的来说是如预期那样工作的，这要归功于这些模块都是从以前开发的系统中移植过来的（也就是说已经过很好的测试）。而执行层的进程在非标称情境下则出了不少问题。问题主要出在传感数据的理解上以及对会议中心看起来会是什么样的错误假定，例如，有些隔断是玻璃的，而激光传感器几乎检测不到。不过总而言之，该体系结构还是不负众望，把一大堆复杂的软件相当快地集成起来并能高效地一起运行。

8.5 机器人体系结构设计艺术

设计机器人体系结构说是科学，但更是艺术。体系结构设计的目标是使得编程实现一个机器人更容易、更安全、更灵活。因而，一个机器人体系结构开发者所做的决策会受到其个人经验（如熟悉哪些程序设计语言）、机器人与环境以及要执行的任务等多方面影响。体系结构的选型不可轻视，因为根据创造者的经验，一旦选定体系结构，那就是多少年都不动摇的。改变机器人的体系结构是个难题，且当大量代码已经实现时再改体系结构会使开发进度倒退。

机器人体系结构设计艺术始于设计者要问的一系列问题，这些问题包括：

● 机器人要执行什么任务？是长期任务还是短期任务？是用户发起的还是机器人发起的？任务是重复性的还是随着时间总在变化的？

● 执行任务需要哪些动作？那些动作如何表示？动作之间如何协调？执行时需要用多快的速度选择和改变动作？为了保证机器人安全，每个动作以什么样的速度执行？

● 任务需要处理什么数据？机器人如何从环境或者用户获取数据？用什么传感器来获取这些数据？数据如何表示？用什么处理方法将传感器数据抽象成体系结构内部表示？数据所需的更新频率如何？数据能够更新的频率又如何？

● 机器人需要什么样的计算能力？这些计算能力要输出什么样的数据，又要输入什么样的数据？机器人的这些计算能力如何进行划分和结构化处理，又如何互连？计算能力的最佳分解（粒度）是什么？每项计算能力要对其他计算能力知晓多少？有可重用（来自其他机器人或者其他项目等）的计算能力吗？不同的计算能力驻留在何处（如板载或者板外）？

● 机器人的用户是什么人？他们要用机器人做什么？他们需要对机器人的计算能力有什么样的理解？用户怎么了解机器人在做什么？用户的交互是对

等的、监管的还是旁观性质的？

● 如何评价这个机器人？成功的标准是什么？失败的模式又有哪些？如何规避失败？

● 用一种机器人的体系结构处理不止一套任务？还是用不止一种机器人去处理？需要不止一班开发人马吗？

一旦设计者对所有（或大部分）问题有了答案，便可以开始针对想让机器人执行的操作的类型和想让用户如何与之交互的方式设计一些用例。这些用例应该详细说明机器人与环境和用户有关的外部行为。从这些用例，可以逐步开始机器人功能的初始划分。划分的同时应该画出序列图，以便显示信息和控制流随着时间推移在机器人体系结构各种组件间的传递情况[8.78]。此后，可以开发一个更正式的体系结构组件间的接口规格说明。这项工作可以借助诸如 CORBA 的 IDL（接口定义语言）这样的语言来完成，也可以采用发布/订阅协议定义要分发的消息来完成。这是至关重要的一步，因为一旦开始实施再想更改，代价可就大了。如果接口要修改，就要通知到所有用此接口的组件与改后接口的保持一致。机器人体系结构集成时最常见的问题是组件预期的数据与其正在收到数据不匹配。

接口定义清晰的分层体系结构有个好处就是各层可以并行开发。行为控制层拿人当成执行层就可以开始在机器人上实现和测试了。执行层采用状态机桩㊀模拟机器人上的预期行为就可以开始实现和测试了。这些桩仅仅是响应调用适时地答个到而已。然后，各层就可以集成测试时序和其他运行时问题了。只有在组件的角色和接口都被定义和考虑清楚的情况下，这种并行方法才能加速机器人体系结构的开发进程。做集成时，实时调试问题也需要考虑。根据我们的经验，机器人体系结构的大部分开发时间还是花在行为控制层，也就是说，与执行和规划相比，感知和行动依然是机器人的“硬件”。做出一个良好的、鲁棒的行为控制层，就等于向合格的机器人体系结构迈出了一大步。

8.6 结论与扩展阅读

设计机器人体系结构有助于使完成任务的行为并发执行，能让机器人系统控制执行器、解译传感器、规划、监测执行并处理意外事件和把握良机。体系结构给出了领域相关的软件开发的概念框架，还常常提供一些编程工具以便于开发软件。

然而，没有万能的体系结构。研究人员已经开发了各种各样的体系结构可用于不同的应用场合，但还没有明确的规则能确定在给定应用场合下选哪种体系结构最适用，本章给出了一些指导方针以助于开发人员在工作中选择恰当的体系结构。可以说，分层体系结构已经越来越普及，这要归功于他们的灵活性及其在多个抽象级别上同时操作的能力。

《AI and Mobile Robots》[8.79]一书中有若干关于体系结构的章节（本章参考了不少）。大多数机器人教材[8.19,80,81]中都有机器人体系结构的章节。20 世纪 90 年代中期，AAAI 举办的人工智能春季研讨会上连续几年都有机器人体系结构议题，但该研讨会的论文集并未广泛发行。关于 GRACE 的更多信息可以查阅参考文献［8.82-84］。

参考文献

8.1 I. Jacobson, G. Booch, J. Rumbaugh: *The Unified Software Development Process* (Addison Wesley Longman, Reading 1998)

8.2 J.S. Albus: RCS: A reference model architecture for intelligent systems, Working Notes: AAAI 1995 Spring Symposium on Lessons Learned from Implemented Software Architectures for Physical Agents (1995)

8.3 R.A. Brooks: A robust layered control system for a mobile robot, IEEE J. Robot. Autom. **2**(1), 14–23 (1986)

8.4 R.J. Firby: An Investigation into Reactive Planning in Complex Domains, Proc. of the Fifth National Conference on Artificial Intelligence (1987)

8.5 R. Simmons: Structured control for autonomous robots, IEEE Trans. Robot. Autom. **10**(1), 34–43 (1994)

8.6 J.J. Borrelly, E. Coste-Maniere, B. Espiau, K. Kapelos, R. Pissard-Gibollet, D. Simon, N. Turro: The ORCCAD architecture, Int. J. Robot. Res. **17**(4), 338–359 (1998)

8.7 B. Kuipers: The spatial semantic hierarchy, Artif. Intell. **119**, 191–233 (2000)

8.8 R. Orfali, D. Harkey: *Client/Server Programming with JAVA and CORBA* (Wiley, New York 1997)

8.9 R. Simmons, G. Whelan: Visualization Tools for Validating Software of Autonomous Spacecraft, Proc. of International Symposium on Artificial Intelligence, Robotics and Automation in Space (Tokyo 1997)

㊀ 译者注：状态机桩就是一种模拟的状态机的函数。

8.10 R. A. Brooks: The Behavior Language: User's Guide, Technical Report AIM-1227, MIT Artificial Intelligence Lab (1990)
8.11 R.J. Firby, M.G. Slack: Task execution: Interfacing to reactive skill networks, Working Notes: AAAI Spring Symposium on Lessons Learned from Implemented Architecture for Physical Agents (Stanford 1995)
8.12 E. Gat: ESL: A Language for Supporting Robust Plan Execution in Embedded Autonomous Agents, Proc. of the IEEE Aerospace Conference (1997)
8.13 V. Verma, T. Estlin, A. Jónsson, C. Pasareanu, R. Simmons, K. Tso: Plan Execution Interchange Language (PLEXIL) for Executable Plans and Command Sequences, Proc. 8th International Symposium on Artificial Intelligence, Robotics and Automation in Space (Munich 2005)
8.14 S.A. Schneider, V.W. Chen, G. Pardo-Castellote, H.H. Wang: ControlShell: A Software Architecture for Complex Electromechanical Systems, Int. J. Robot. Res. **17**(4), 360–380 (1998)
8.15 National Instruments: *LabVIEW* (National Instruments, Austin 2007), http://www.ni.com/labview/
8.16 N.J. Nilsson: A Mobile Automaton: An Application of AI Techniques, Proc. of the First International Joint Conference on Artificial Intelligence (Morgan Kaufmann Publishers, San Francisco 1969) pp. 509–520
8.17 N.J. Nilsson: *Principles of Artificial Intelligence* (Tioga, Palo Alto 1980)
8.18 P.E. Agre, D. Chapman: Pengi: An implementation of a theory of activity, Proc. of the Fifth National Conference on Artificial Intelligence (1987)
8.19 R.C. Arkin: *Behavior-Based Robotics* (MIT Press, Cambridge 1998)
8.20 J.H. Connell: SSS: A Hybrid Architecture Applied to Robot Navigation, Proc. IEEE International Conference on Robotics and Automation (1992) pp. 2719–2724
8.21 M. Mataric: Integration of Representation into Goal-Driven Behavior-Based Robots, Proc. IEEE International Conference on Robotics and Automation (1992)
8.22 I. Horswill: Polly: A Vision-Based Artificial Agent, Proc. of the National Conference on Artificial Intelligence (AAAI) (1993)
8.23 D.W. Payton: An Architecture for Reflexive Autonomous Vehicle Control, Proc. IEEE International Conference on Robotics and Automation (1986)
8.24 J.K. Rosenblatt: DAMN: A Distributed Architecture for Mobile Robot Navigation. Ph.D. Thesis (Carnegie Mellon Univ., Pittsburgh 1997)
8.25 R.C. Arkin: Motor schema-based mobile robot navigation, Int. J. Robot. Res. **8**(4), 92–112 (1989)
8.26 M. Arbib: Schema Theory. In: *Encyclopedia of Artificial Intelligence*, ed. by S. Shapiro (Wiley, New York 1992) pp. 1427–1443
8.27 O. Khatib: Real-time obstacle avoidance for manipulators and mobile robots, Proc. of the IEEE International Conference on Robotics and Automation (1985) pp. 500–505
8.28 R.C. Arkin: Integrating behavioral, perceptual, and world knowledge in reactive navigation, Robot. Autonom. Syst. **6**, 105–122 (1990)
8.29 R.C. Arkin, T. Balch: AuRA: Principles and practice in review, J. Exp. Theor. Artif. Intell. **9**(2/3), 175–188 (1997)
8.30 R.J. Firby: Adaptive Execution in Complex Dynamic Worlds. Ph.D. Thesis (Yale Univ., New Haven 1989)
8.31 R.J. Firby: Task Networks for Controlling Continuous Processes, Proc. of the Second International Conference on AI Planning Systems (1994)
8.32 R.P. Bonasso: Integrating Reaction Plans and layered competences through synchronous control, Proc. International Joint Conferences on Artificial Intelligence (1991)
8.33 S.J. Rosenschein, L.P. Kaelbling: The synthesis of digital machines with provable epistemic properties, Proc. of the Conference on Theoretical Aspects of Reasoning About Knowledge (1998)
8.34 L.P. Kaelbling: Goals as parallel program specifications, Proc. of the Sixth National Conference on Artificial Intelligence (1988)
8.35 L. P. Kaelbling: Compiling Operator Descriptions into Reactive Strategies Using Goal Regression, Technical Report, Teleos Research, TR90-10, (1990)
8.36 R.P. Bonasso, R.J. Firby, E. Gat, D. Kortenkamp, D.P. Miller, M.G. Slack: Experiences with an architecture for intelligent, reactive agents, J. Exp. Theor. Artif. Intell. **9**(2/3), 237–256 (1997)
8.37 E. Gat: Integrating Planning and reacting in a heterogeneous asynchronous architecture for controlling real-world mobile robots, Proc. of the National Conference on Artificial Intelligence (AAAI) (1992)
8.38 G.N. Saridis: Architectures for Intelligent Controls. In: *Intelligent Control Systems: Theory and Applications*, ed. by Gupta, Sinhm (IEEE Press, Piscataway 1995)
8.39 R. Alami, R. Chatila, S. Fleury, M. Ghallab, F. Ingrand: An architecture for autonomy, Int. J. Robot. Res. **17**(4), 315–337 (1998)
8.40 M. Ghallab, H. Laruelle: Representation and control in IxTeT, a temporal planner, Proc. of AIPS-94 (1994)
8.41 P. Laborie, M. Ghallab: Planning with sharable resource constraints, Proc. of the International Joint Conference on Artificial Intelligence (1995)
8.42 M.P. Georgeff, F.F. Ingrand: Decision-Making in an Embedded Reasoning System, Proc. of International Joint Conference on Artificial Intelligence (1989) pp. 972–978
8.43 F. Ingrand, R. Chatila, R. Alami, F. Robert: PRS: A high level supervision and control language for autonomous mobile robots, Proc. of the IEEE International Conference On Robotics and Automation (1996)
8.44 N.P. Muscettola, P. Nayak, B. Pell, B.C. Williams: Remote agent: To boldly go where no AI system has gone before, Artif. Intell. **103**(1), 5–47 (1998)
8.45 B.C. Williams, P.P. Nayak: A Model-based Approach to Reactive Self-Configuring Systems, Proc. of AAAI (1996)
8.46 J.S. Albus: Outline for a theory of intelligence, IEEE Trans. Syst. Man Cybernet. **21**(3), 473–509 (1991)
8.47 B. Sellner, F.W. Heger, L.M. Hiatt, R. Simmons, S. Singh: Coordinated Multi-Agent Teams and Sliding Autonomy for Large-Scale Assembly, Proc IEEE **94**(7), 1425–1444 (2006), special issue on multi-agent systems
8.48 D. Goldberg, V. Cicirello, M.B. Dias, R. Simmons,

S. Smith, A. Stentz: Market-Based Multi-Robot Planning in a Distributed Layered Architecture. In: *Multi-Robot Systems: From Swarms to Intelligent Automata*, Vol. II, ed. by A. Schultz, L. Parker, F.E. Schneider (Kluwer, Dordrecht 2003)
8.49 J.S. Albus, R. Lumia, H.G. McCain: NASA/NBS Standard Reference model for Telerobot Control System Architecture (NASREM), National Bureau of Standards, Tech Note #1235, NASA SS-GFSC-0027 (1986)
8.50 D.R. Blidberg, S.G. Chappell: Guidance and control architecture for the EAVE vehicle, IEEE J. Ocean Eng. **11**(4), 449–461 (1986)
8.51 R. Volpe, I. Nesnas, T. Estlin, D. Mutz, R. Petras, H. Das: The CLARAty architecture for robotic autonomy, Proc. of the IEEE Aerospace Conference (Big Sky 2001)
8.52 I.A. Nesnas, R. Simmons, D. Gaines, C. Kunz, A. Diaz-Calderon, T. Estlin, R. Madison, J. Guineau, M. McHenry, I. Shu, D. Apfelbaum: CLARAty: Challenges and steps toward reusable robotic software, Int. J. Adv. Robot. Syst. **3**(1), 023–030 (2006)
8.53 T. Estlin, D. Gaines, C. Chouinard, F. Fisher, R. Castaño, M. Judd, R. Anderson, I. Nesnas: Enabling Autonomous Rover Science Through Dynamic Planning and Scheduling, Proc. of IEEE Aerospace Conference (Big Sky 2005)
8.54 R. Knight, G. Rabideau, S. Chien, B. Engelhardt, R. Sherwood: CASPER: Space Exploration through Continuous Planning, IEEE Intell. Syst. **16**(5), 70–75 (2001)
8.55 R. Simmons, D. Apfelbaum: A Task Description Language for Robot Control, Proc. of Conference on Intelligent Robotics and Systems (Vancouver 1998)
8.56 T.A. Estlin, D. Gaines, C. Chouinard, R. Castaño, B. Bornstein, M. Judd, I.A.D. Nesnas, R. Anderson: Increased Mars Rover Autonomy using AI Planning, Scheduling and Execution, Proc. of the International Conference On Robotics and Automation (2007) pp. 4911–4918
8.57 D. Musliner, E. Durfee, K. Shin: World modeling for dynamic construction of real-time control plans, Artif. Intell. **74**(1), 83–127 (1995)
8.58 D.J. Musliner, R.P. Goldman, M.J. Pelican: Using Model Checking to Guarantee Safety in Automatically-Synthesized Real-Time Controllers, Proc. of International Conference on Robotics and Automation (2000)
8.59 B. Espiau, K. Kapellos, M. Jourdan: Formal Verification in Robotics: Why and How?, Proc. International Symposium on Robotics Research (Herrsching 1995)
8.60 G. Berry, G. Gonthier: The Esterel synchronous programming language: Design, semantics, implementation, Sci. Comput. Program. **19**(2), 87–152 (1992)
8.61 M. Jourdan, F. Maraninchi, A. Olivero: Verifying quantitative real-time properties of synchronous programs, Proc. 5th International Conference on Computer-aided Verification (Springer, Elounda 1993), LNCS 697
8.62 G. Pardo-Castellote, S.A. Schneider: The Network Data Delivery Service: Real-Time Data Connectivity for Distributed Control Applications, Proc. of International Conference on Robotics and Automation (1994) pp. 2870–2876
8.63 JAUS Reference Architecture Specification, Volume II, Part 1 Version 3.2 (available at http://www.jauswg.org/baseline/refarch.html)
8.64 JAUS Tutorial Powerpoint slides (available at: http://www.jauswg.org/)
8.65 JAUS Domain Model Volume I, Version 3.2 (available at http://www.jauswg.org/baseline/current_baseline.shtml)
8.66 E. Gat: ALFA: A Language for Programming Reactive Robotic Control Systems, Proc. IEEE International Conference on Robotics and Automation (1991) pp. 116–1121
8.67 R.A. Brooks: Elephants don't play chess, J. Robot. Autonom. Syst. **6**, 3–15 (1990)
8.68 L.P. Kaelbling: Rex- A symbolic language for the design and parallel implementation of embedded systems, Proc. of the 6th AIAA Computers in Aerospace Conference (Wakefield 1987)
8.69 E. Gat: Non-Linear Sequencing and Cognizant Failure, Proc. AIP Conference (1999)
8.70 E. Gat: On the role of stored internal state in the control of autonomous mobile robots, AI Mag. **14**(1), 64–73 (1993)
8.71 J.L. Peterson: *Petri Net Theory and the Modeling of Systems* (Prentice Hall, Upper Saddle River 1981)
8.72 K. Currie, A. Tate: O-Plan: The open planning architecture, Artif. Intell. **52**(1), 49–86 (1991)
8.73 D.S. Nau, Y. Cao, A. Lotem, H. Muñoz-Avila: SHOP: Simple hierarchical ordered planner, Proc. of the International Joint Conference on Artificial Intelligence (1999) pp. 968–973
8.74 S. Chien, R. Knight, A. Stechert, R. Sherwood, G. Rabideau: Using iterative repair to improve the responsiveness of planning and scheduling, Proc. of the International Conference on AI Planning and Scheduling (2000) pp. 300–307
8.75 N. Muscettola: HSTS: Integrating planning and scheduling. In: *Intelligent Scheduling*, ed. by M. Fox, M. Zweben (Morgan Kaufmann, San Francisco 1994)
8.76 R. Simmons, J. Fernandez, R. Goodwin, S. Koenig, J. O'Sullivan: Lessons Learned From Xavier, IEEE Robot. Autom. Mag. **7**(2), 33–39 (2000)
8.77 R. Simmons: *Inter Process Communication* (Carnegie Mellon Univ., Pittsburgh 2007), www.cs.cmu.edu/IPC
8.78 S.W. Ambler: *UML 2 Sequence Diagramms* (Ambisoft, Toronto 2007), www.agilemodeling.com/artifacts/sequenceDiagram.htm
8.79 D. Kortenkamp, R.P. Bonasso, R. Murphy: *Artificial Intelligence and Mobile Robots* (AAAI Press/The MIT Press, Cambridge 1998)
8.80 R. Murphy: *Introduction to AI Robotics* (MIT Press, Cambridge 2000)
8.81 R. Siegwart, I.R. Nourbakhsh: *Introduction to Autonomous Mobile Robots* (MIT Press, Cambridge 2004)
8.82 R. Simmons, D. Goldberg, A. Goode, M. Montemerlo, N. Roy, B. Sellner, C. Urmson, A. Schultz, M. Abramson, W. Adams, A. Atrash, M. Bugajska, M. Coblenz, M. MacMahon, D. Perzanowski, I. Horswill, R. Zubek, D. Kortenkamp, B. Wolfe, T. Milam, B. Maxwell: GRACE: An autonomous robot for the AAAI Robot Challenge, AAAI Mag. **24**(2), 51–72 (2003)

8.83 R. Gockley, R. Simmons, J. Wang, D. Busquets, C. DiSalvo, K. Caffrey, S. Rosenthal, J. Mink, S. Thomas, W. Adams, T. Lauducci, M. Bugajska, D. Perzanowski, A. Schultz: Grace and George: Social Robots at AAAI, AAAI 2004 Mobile Robot Competition Workshop (AAAI Press, 2004), Technical Report WS-04-11, pp. 15–20

8.84 M.P. Michalowski, S. Sabanovic, C. DiSalvo, D. Busquets, L.M. Hiatt, N.A. Melchior, R. Simmons. Socially: Distributed Perception: GRACE plays social tag at AAAI 2005, Auton. Robot. **22**(4), 385–397 (2007)

第9章 机器人智能推理方法

Joachim Hertzberg，Raja Chatila

沈晶 刘海波 译

人工智能（AI）推理技术涉及推理、规划和学习，已有大量成功应用的记录。那么，它能作为自主移动机器人的方法工具箱吗？未必！因为移动机器人关于动态的、部分可知的环境的推理与基于知识的纯软件系统（其中多数著名成果已记录在案）中的推理可能有着本质的不同。

本章主要探讨基于符号的人工智能推理中与机器人有关的内容。先一般性介绍知识表示与推理的基本方法，包括基于逻辑的方法和基于概率的方法。然后专门探讨与机器人有关的一些特殊问题，包括基于逻辑的高级机器人控制、模糊逻辑以及时间约束推理的问题。最后，详细介绍推理的两种一般性应用——动作规划和学习。

一般性的推理目前还不是自主移动机器人配备的标准功能。本章除了介绍与机器人有关的人工智能推理的研究现状外，还会指出为实现机器人智能推理而有待进一步研究解决的问题。

本章首先在9.1节总体上回顾一下知识表示和演绎推理，然后在9.2节较为详细地探讨专门考虑机器人相关应用的推理问题。介绍完推理的方法后，再介绍推理的一般性应用，即9.3节的动作规划和9.4节的机器学习，9.5节进行总结。

尽管关于移动机器人中使用符号推理的必要性和明智性有过争论，但目前在机器人的控制系统的某个部分或某层中应该或者可以包含推理这一点上似乎达成了共识。将推理功能融入控制器的其他部分并保证控制周期时间足够短（以使机器人能在动态环境中安全地行动）是个难题，混合控制体系结构（参见第8章）将成为解决这个难题的典型软件结构。

符号推理在这里是按照经典人工智能（AI）中的含义来理解的，即基于符号的慎思，如一阶谓词逻辑（FOPL）或贝叶斯概率理论，但其中通常有些限制或扩展，并需要在表达能力与推理速度之间进行权衡，以求二者的最佳组合。

9.1 知识表示与推理

推理时要求推理器（这里就是指机器人）对要推理的环境的某些部分（或某些方面）有一个明确的表示，这就立即引出两个问题：什么样的格式适用于这种明确的表示？要表示的知识来自哪里？

第二个问题是指基于先前的符号描述和从传感器或与其他Agent通信获取的环境信息对机器人的环境（至少是环境的一部分）实时地生成并维护一种符号描述的问题。总的来说，这个问题迄今尚未解决。它涉及人工智能的基础理论，如符号接地[9.1]和对象锚定[9.2]问题㊀，因此，机器人中实际的符号推理仅限

㊀ 译者注：即符号与真实对象之间的对应关系问题。

于能被保持到最近的那部分知识。显然，这包括关于环境的静态知识（如建筑物中的拓扑环境及其相互关系）、符号表中可用的临时知识（如设备管理数据库中的知识）以及最富挑战性的从传感器数据中提取的符号数据。通过摄像机数据进行目标识别（参见第23章）就是一个与这里探讨的问题有关的方法。

本节探讨第一个问题的答案，即适用于知识表示的形式化问题。这里的适用性必须同时考虑到两个方面（恰如硬币的两个面）：一方面是认知适用性——这种形式能将环境的目标侧面简洁准确地表达出来吗？另一方面是计算适用性——这种形式能将典型的推理结果切实高效地推导出来吗？二者之间需要权衡。很丰富、很有表现力从而在认识论上很有吸引力的形式，却往往伴随着难于处理甚至逻辑上不可判定的问题，反之亦然。于是，知识表示（KR）可以定位为“AI的一个研究领域，致力于设计表示特定领域的知识”[9.3]。

本节着力探讨两类形式化方法，即逻辑和概率理论及各自的推理过程。要想了解关于KR领域的介绍和最近的研究成果，我们推荐读者阅读本章后面给出的一般性AI和KR文献。此外，还有个知识表示国际会议——*International Conference on Knowledge Representation*（KR），两年一次，每逢偶数年召开。

9.1.1 逻辑

一阶谓词逻辑（FOPL）是AI领域中知识表示形式化方法的原型。但必须得说明，它并不能同时满足前已述及的可认知性和可计算性要求，在很多情况下，甚至两个都不能满足。然而，它是从概念上和数学上理解用确定知识进行表示和推理的形式化方法的基础。

这里假定读者都已了解FOPL的基本概念，不再赘述，大家可以参阅众多的AI教材和介绍。每一部经典AI教材都会介绍FOPL，参考文献［9.4，5］亦不例外。参考文献［9.6］、［9.7］和［9.8］分别介绍了逻辑的原理、应用和数学方法。

在逻辑系统中，对知识进行形式化表示便于从该知识得出推论（利用已经证明为完备可靠的逻辑演算进行推理）。自动演绎是逻辑和AI的一个分支领域，已经实现了大量很有力的演绎系统可供使用（参见参考文献［9.4］第9章的介绍，参考文献［9.9］是较新的、综合性的汇编）。

依靠逻辑推理，机器人能推断出大量很难或不可能获取的事实。例如，假定机器人通过获取和解译传感数据，感知到办公楼中的D_{509}号门现在是关着的，在有些专门的FOPL语言中用$Closed(D_{509})$表示，假定是符号的直觉的解译。进一步假设机器人关于办公楼的静态知识库包括以下语句：

$$Connects(D_{509},C_5,R_{509}),$$
$$Connects(D_{508},C_5,R_{508}),$$
$$Connects(D_{508a},R_{508},R_{509}),$$
$$\forall d,l_1,l_2[Connects(d,l_1,l_2)\leftrightarrow Connects(d,l_2,l_1)],$$
$$\forall d.[Closed(d)\leftrightarrow\neg Open(d)],$$
$$\forall l.[At(l)\rightarrow Accessible(l)],$$
$$\forall l_1,l_2.[Accessible(l_1)\rightarrow(\exists d.[Connects(d,l_1,l_2)\wedge Open(d)]\rightarrow Accessible(l_2))]$$

常量D_i和变量d表示门，R_i表示房间，C_i表示走廊，变量l和l_i表示位置，即房间和走廊。假定机器人的定位系统告诉它当前房间或走廊的位置就用$At(\cdot)$。

那么，假定机器人知道它自己$At(C_5)$，观察到$Closed(D_{509})$意味着$\neg Open(D_{509})$，更有趣的是，仅当$Open(D_{508})\wedge Open(D_{508a})$为真时才有$Accessible(R_{509})$，这样，比如执行一项到$R_{509}$房间的投递任务，机器人可以重规划经过$R_{508}$的路线，除非已知$D_{508}$和$D_{508a}$中至少有一扇是关着的，如果其中一扇或两扇的状态都不知道（根据当前的知识库，就意味着既不是Open(·)也不是Closed(·)。那么，R_{509}的可达性既不能被证明为可行也不能被证明为不可行，于是规划通过D_{508}和D_{508a}将作为可选项保留，同时现场收集它们必要的状态信息。

如这个小例子所示，FOPL是一个有力的表示与推理工具，而且，其理论也易于理解。不过，众所周知FOPL中的结果一般是不可判定的，这就意味着一个可靠的、完备的演绎算法在一些特定推理情况下甚至不能保证终止，就更不用说迅速得出结果了。

然而，这并不意味着逻辑就完全不能作为表示和推理的工具。很多应用并不需要FOPL完全的表达性，此外，有很多有趣的FOPL语言子集是可判定的，并在很多实际情况中可由算法高效地处理。于是，为了更广泛的应用，KR研究人员一直在努力寻找FOPL子集及适用的推理过程，可以胜任可认知性和可计算性需求。下面详细探讨其中的命题逻辑和描述逻辑。

1. 命题系统

在相当多的实际情况中，FOPL理论（公式集）实际表示有限域。从逻辑上讲，它们具有有限的海伯伦域，或至少能改写成具有有限海伯伦域的形式。在这种情况下，用 FOPL 语法表示域理论可能依然是最得心应手的。但所有超越纯命题系统的表示仅仅是为了符号上的方便。例如，一条陈述机器人在一个时刻只能处于一个位置（房间或走廊）的公理：

$$\forall l_1, l_2. [At(l_1) \rightarrow (\neg At(l_2) \vee l_1 = l_2)]$$

对于有限的建筑物，可以展开为一种冗长但却等价的形式，这种形式可以明确地处理所有位置。例如，在一个六层楼中；

$$At(R_{001}) \rightarrow [\neg At(R_{002}) \wedge \neg At(R_{003}) \wedge \cdots \neg At(R_{514}) \wedge \neg At(C_{0a}) \wedge \neg At(C_{0b}) \wedge \cdots \wedge \neg At(C_5)],$$

$$At(R_{002}) \rightarrow [\neg At(R_{001}) \wedge \neg At(R_{003}) \wedge \cdots \neg At(R_{514}) \wedge \neg At(C_{0a}) \wedge \neg At(C_{0b}) \wedge \cdots \wedge \neg At(C_5)],$$

…

其中，一个谓词（如上面的 At）的每一个自由变元都取值后，字面上即被看作命题变量。

这里有个好消息，FOPL 理论在有限海伯伦域上对应的展开理论是命题性的，因此是可判定的，而且，在一些实际条件下，如 FOPL 中的变元是很清楚的（即如涉及房间和走廊的变元 l_1 和 l_2 的信息可用），则可以用更精简的 FOPL 语法机械地生成。

潜在的坏消息是，现在的命题系统可以由大量命题语句构成，一般情况下，需要生成所有 FOPL 语句中的变元置换的所有组合，这会导致计算复杂度随着 FOPL 变元的域的尺寸呈指数级增长。

不过，命题可满足性检查或模型检查技术正在突飞猛进，能使有成千上万个变元要处理的命题系统在常规硬件上以秒级的计算时间进行处理。当存在可满足性命题公式模型或很多事实的真假性已知时（如通过独立定位已知机器人 $At(C_5)$），这些方法会特别有效，而这两种都是实际知识表示中常见的情况。

参考文献［9.4］第7章介绍了模型检查。有一类算法都是基于经典的 Davis-Putnam（DPLL）算法[9.10]，它试图系统地构建一个给定理论的命题模型，有效地传播变元的解释约束。另一类算法应用局部搜索技术，试图使用随机（Monte Carlo）变元指派生成解释。参考文献［9.11］收录了近来的论文并总结了研究现状，其中有一篇介绍 SAT2002 竞赛结果的论文，详细讨论了最近可满足性检查器关于综合问题（非同一般的难）的性能。

2. 描述逻辑

20世纪70年代出现了描述逻辑（DL），这是 AI 领域知识表示中的一种严格的形式化方法，它包括语义网络和框架系统。从逻辑上讲，DL 有很多变种，形成一类 FOPL 的可判定子集。

使用 DL 语言表示某特定领域的知识需要两个部分。首先，领域的顶层本体要形式化，它引入一般性的领域概念及概念间的关系。所有本体中有一个特别有趣的关系类型是超类-子类关系。DL（某种意义上是强制可判定性）严格禁止在概念间设定循环关系。超类关系隐含着概念上的层次关系，可以定义属性继承，很多地方类似于面向对象程序设计。由于历史原因，基于描述逻辑的领域知识表示中，这第一部分常被称作 TBox（或术语知识）。

DL 语言中的概念与一元谓词相关。举个例子，一个机器人导航领域的本体可以包括 *Door*、*Location* 等概念，概念的层次是通过定义概念相等（=）或子概念属性（如，$Room \subseteq Location$ 和 $Corridor \subseteq Location$）来建立的。概念可以用概念合取、析取和否定（分别用∩、∪和¬表示）组合而成，如，可以将概念如此定义：$Location = Room \cup Corridor$、$Door = Closed \cup Open$ 和 $Open = \neg\ Closed$。

DL 语言中的任务与二元谓词对应，如引向（*leadsTo*）门和某个位置。任务的逆、交和并可以如预期的一样定义，如 $leadsTo = leadsFrom^{-1}$ 就是定义逆任务的一例。任务可以复合，如定义 $adjacent = leadsFrom \circ leadsTo$（位置 l 邻接 m 当且仅当通过某个门能从 l 到 m）。最后，概念与任务可以组合起来定义新的概念和任务。特别地，也可以用量词限定任务填充算子，即，可以用个体对象（参见后面的内容）连续替换任务参数，例如，可以定义 $BlockedLoc = Location \cap \neg\ \exists leadsFrom.Open$（假定了算子的直觉绑定规则）。不同的 DL 变种中，其他可用的算子有所不同，详见参考文献［9.3］。

作为用 DL 表示领域知识的第二部分，需要给概念和任务引入个体对象，领域知识表示的这一部分称作 ABox 或断言知识，如，可以断言 $Room(R_{509})$、$leadsTo(D_{509}, R_{509})$ 和 $Closed(D_{509})$。

DL 提供大量推理服务，都是基于已知的 TBox 和 ABox 中的逻辑推理，它们包含概念定义的一致性、概念的包容与分离、ABox 关于 TBox 的一致性以及概念与任务实例，在 DL 中所有这些都是可判定的。例如，给定了 TBox 和 ABox 的上述基本内容，就可以推断出每一项都是一致的，且有 $BlockedLoc(R_{509})$（请注意，这里只有 D_{509} 号门能通向房间 R_{509}）。这些 DL 推理在理论上很难处理，但在很多实际情况中运行效率还是很高的。

参考文献［9.3］全面综述了 DL 研究现状。

2004年，WWW联盟（W3C）定义了Web本体语言（OWL）[9.12]，作为语义网络的技术基础。该语言中有一部分是OWL-DL，从某种意义上就是前已述及的经典的DL。OWL-DL本体已经可以通过Web公开使用，参见参考文献［9.13］中的入门介绍。

9.1.2 概率理论

无论什么时候要表示实际知识，基于逻辑的KR形式化方法都是值得考虑的，由此可以进行演绎推理。但机器人要用到的关于环境的部分知识，并不真正具备这一特点。选择一种KR形式化方法（就如同选择一种程序设计语言），从某种程度上是一种尝试、经验、熟悉度或集成考虑。KR术语中，某些领域形式化方法的认知适用性已经不再是可以精确判定的问题。

然而，逻辑（至少其经典变种）不能满足某些应用类型的知识表示需求。处理不确定性问题便是其一，甚至可以说是全部，因为不确定性本质上就是个超载的概念。知识不足是其一个方面，这种情况逻辑方法可以处理，因为一些事实的真假值可以保持在未确定状态。但若知识库中如有太多的未确定知识，逻辑方法便无法进行令人感兴趣的演绎推理，因为这时候在逻辑上一切皆有可能。不过，直觉上不同的可能结果在“可能性”上会有显著区别。

KR领域中采用贝叶斯概率作为表示和推理此类不确定性问题的手段，它利用的是事实间的相关性而不是严格蕴含。需要注意的是，这种方法融合了缺少精确的、完备的知识的各种来源。有些知识是未知的，要么从原理上就是不可知的，要么就是建立精确理论或确定进行可靠演绎推理相关的全部信息的代价太高。无论哪种情况，用概率（而不是用二值真值）都可以求得近似结果。需要注意的是，这里真值的概念与经典逻辑中的是相同的，客观地，一个事实被假定要么为真，要么为假，概率就是对相信事实为真的主观程度进行建模。需要注意的是，这与模糊逻辑不同，后面会简要讲解（参见9.2.2节）。

与9.1.1节类似，这里假定对概率论的基本概念都熟悉。参考文献［9.4］中的第13章有很好的基础性介绍。想再深入了解，还有大量的各种导论教材。参考文献［9.14］是其中较新出版的一部。

贝叶斯概率理论中的推理其要义是：已知其他先验概率及所依赖的相关概率，来推断一些感兴趣事件的概率。实际上，有一种重要的概率推理叫诊断推理，即，已知因果规则（指定从因到果的条件概率），从观察到的结果倒推回隐含在背后的原因。于是，对于潜在的原因C和观察到的结果E，问题表述为：已知先验概率$P(C)$和$P(E)$，确定后验概率$P(C \mid E)$。解当然是由贝叶斯规则给出如下：

$$P(C \mid E)=\frac{P(E \mid C)P(C)}{P(E)}$$

然而，和逻辑推理一样，这个理论上很有吸引力的原理已经被证明：如果只是朴素地应用则是不实用的。考虑到可能不只有1个结果E被观察到，而是n个，而且并不都是条件独立的。用贝叶斯规则的一般形式，计算正确的后验概率是很简单的，但谁能指定所涉及的所有概率呢？最坏情况是$O(2^n)$，其中n在实际中轻而易举就会达到几百。

直到20世纪80年代末期，这个问题才或多或少地解决了。一种方式是将E_i故意看成是独立的，然后简单地用n个独立条件概率$P(E_i \mid C)$近似完全的联合概率分布。参考文献［9.4］第14.7节对此及其他同类方法进行了综述。

贝叶斯网络（BN）从其问世[9.15]一直沿用至今。其思想是在有向循环图中表示出随机变量，其中，当且仅当一个节点直接条件依赖于对应的父节点变量时，该节点就是父节点集的直接前驱。于是，巨大的完全概率分布就被无损地分解成通常很小的局部联合概率，其诀窍是使用许多已知的变量间的条件独立来大大降低表示和推理的难度。

图9.1给出了一个简单的贝叶斯网络，表示D由B和C引起，由条件概率表给出的概率指定局部的联合概率分布。此外，图中的结构表明，知道了B和C，D就独立于A（知道了父节点时，该节点便独立于其祖先），知道了A，B便独立于C，即，$P(C \mid A, B)=P(C \mid A)$和$P(B \mid A, C)=P(B \mid A)$。网络可以双向利用：自底向上，可以使用已知的条件概率去解释观察到的现象（诊断），例如，如果观察到D，可以推断出更有可能的原因（B或C）；自顶向下，可以传播证据来计算现象出现的概率，如，已知A（原因）计算D的概率。

对于随着时间演化的系统，使用贝叶斯网络的不变结构以便使用相同的推理过程更新变量值这一点很重要。这样的网络称为动态贝叶斯网络（DBN）。图9.2给出了一个这样的网络，从时刻T到时刻$T+1$。

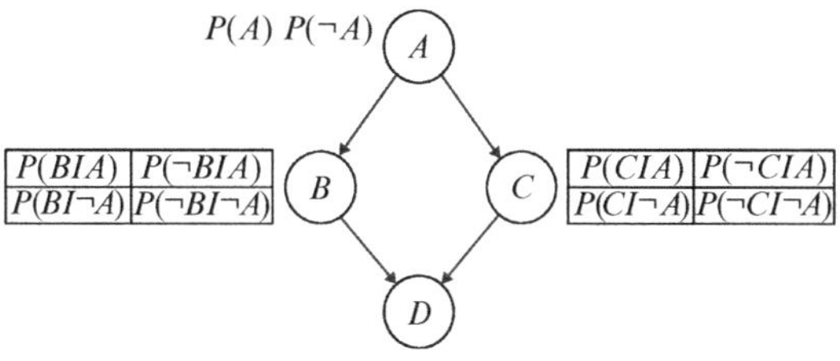

图 9.1　附带条件概率表的简单贝叶斯网络结构（*D* 的条件概率表依赖于 *B* 和 *C*，此处省略。）

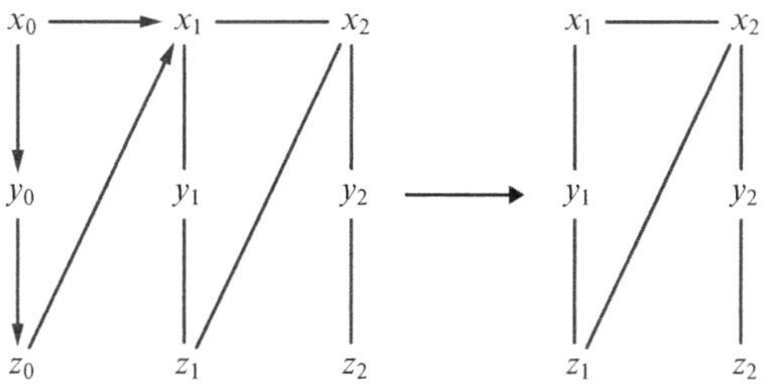

图 9.2　两个相继时间步的动态贝叶斯网络实例（其结构不随时间改变）

在 9.3.3 节中，还会看到专门用于不确定性规划的概率技术，如马尔可夫决策过程。

9.2　机器人的知识表示问题

本章余下内容中的推理方法与一般应用均使用（从某种程度上讲）逻辑的基本形式化方法的变种或贝叶斯概率理论。两种形式化方法（特别是当包含变种时）都如此通用和有力，以至于可以在任何 KR 应用中有所贡献。

然而，机器人控制系统的推理与其他基于知识的系统中的推理在很多方面都有所不同。基于知识的机器人是一个嵌入式系统，工作在闭环控制中，通常是在资源相当有限的动态环境中，它必须解译自己的传感器输入，至少要自主执行一部分判断为适当的动作。因此，基于知识的机器人控制有特殊需要，可以说，这些需要在离线的专家系统中是没有的，专家系统通过提示专业领域中有经验的人来输入信息，然后将输出结果写入到文档中，给更有经验的人去分析，如果他们感觉正确，还可能去执行。自然地，这种区别形成了机器人控制对 KR 的特殊需要，这种特殊需要可能许多其他 KR 用户都不感兴趣，处于主流领域之外。本节简要地探讨三个问题。

正式开始之前，先说几句知识表示在设计智能机器人或智慧机器人时的作用问题。已有确凿的证据表明，一些无需表示的智能形式[9.16]已在机器人中得以实现。本书第 38 章会介绍一些这方面的背景知识。显然，如果根据符号进行的推理不能以真实传感数据和执行器控制为基础，那最复杂的表示和推理系统对机器人也毫无用处。再者，表示与推理还能对机器人性能改善、软件设计和用户接口开发大有裨益，例如，野外机器人、服务机器人和介入机器人等应用（见 Part F）。混合机器人控制系统（见第 8 章）是当前常用的一种方式，它将 KR 技术实例与机器人中的反应控制组件融合在一起。

9.2.1　高级机器人控制逻辑

机器人领域本质上是动态的，包括至少一个物理 Agent，即机器人。用基于逻辑的形式化方法进行表示，会产生一些概念上和技术上的问题，参考文献［9.4］的第 10.3 节对此进行了介绍。

很简单，这些来自于动作逻辑模型的精确表示和高效推理的需要。从逻辑上讲，一个独立动作改变有限数量事实的真值，而保持其他的不变。例如，在某抽象级别上将从一处走到另一处的动作建模成原子动作，它在执行前后会改变机器人的位置。依靠模型化，它可以改变电池状态和里程数，但不改变建筑物的布局和总统的名字。用逻辑语言精确地形式化动作以使事实（应用动作序列后可能改变也可能不变）可被有效推理的问题，已经形成了一个术语，称为“框架问题”。文献中已对此多有关注，也有大量实际的解决方案。

另一个问题涉及由独立变化的事实做出的必要的基于知识的更新。例如，考虑一个机器人坐在某扇门 *D* 之前（由自定位系统告知其位置）相信门 *D* 是开着的，但机器人感知到的是一扇关着的门。逻辑上，这是一个矛盾。目前从理论上有几种方法可以使知识与感知一致。一种方法是假定 *D* 是从学习到它是开着的之后关上的，这可能是最直观的解释。逻辑上，恰如预期的一样，例如，或者感知失效，或者机器人是被时空挪移到本就关着的门前。在这些解释中，有些在表面上看起来更合理，有些在逻辑上需要取消更少的基于知识的公式从而成为首选。理想状态下，在用新信息替换旧信息时，必须确认已经取消的公式的推论不再可信。

理论上，这些问题要多难有多难。实际上，它们可以被充分限定在一个精确的逻辑框架内求解。根据情境演算的经典范例[9.17]，典型的求解方案会在公式中采用一些情境或保持时间的概念，这使得变化可以被跟踪。典型的求解方案也会放弃推理的完备性，而采用类似 PROLOG 的推理引擎。这样的解决方案在机器人控制中已见报道的应用有三个案例，即GOLOG[9.18]、事件演算[9.19]和FLUX[9.20]。

9.2.2 模糊逻辑方法

由于历史原因，处理经典AI问题的大量方法和技术已经超出了AI的核心范围，这些方法在不同的领域中有时被称作软计算，有时被称作计算智能，其中就包括模糊逻辑。模糊逻辑显然也是一种符号推理方法，而且，它与模糊控制有着共同的理论基础。因为模糊控制已经以这样或那样的方式大量应用在机器人控制器中，所以模糊逻辑也理所当然地成为机器人知识表示的一种形式化方法。

首先，模糊逻辑的本体论基础与FOPL和概率理论的有所不同，后者假定谓词客观上或为真或为假，可能不知道其真值，但它确实存在。模糊逻辑则假定真值客观上以某种程度呈现。许多自然语言范畴具有模糊特点，如，说某人“大”，可以解释为在某些极端情况下客观上是真或假，但如何客观地说一个高185cm重80kg的男人算不算大呢?

模糊逻辑被看成是命题逻辑（在此领域中常被称作清晰逻辑）的推广。因此，模糊逻辑使用规范的联结词∧、∨、¬等，但要将其真值函数的定义从集合{0，1}推广到[0，1]区间。有几种看起来挺合理的推广方法，常用的一种是定义：

$$\text{value}(\neg P) = 1 - \text{value}(P)$$

$$\text{value}(P \vee Q) = \max\{\text{value}(P), \text{value}(Q)\}$$

其他联结词的定义可以如法炮制，已有大量不同的定义付诸应用。

模糊演绎推理与命题演绎推理目的典型地不同，因此推理机制也不同。一些模糊逻辑理论中的可满足性通常已经不再是人们感兴趣的问题，因为它也只是在某种程度上的可满足，而大多数模糊系统通常都能至少有点儿可满足性。模糊逻辑知识库通常用在模糊推理规则集上的前向链推理方式中，从其他已知的模糊值推断出模糊变量的模糊值，这就是模糊知识库成功应用于机器人控制器的方式，如用在Saphira控制结构中[9.21]。举例来说，用如下规则确定移动机器人的转向角是有意义的：

if(freeRange *right is_narrow*) ∧ (freeRange *front is_medium*) ∧ (freeRange *left is_wide*)

then set angle *medium_left*

其中，斜体部分（*right*、*is_narrow*等）是模糊变量。在某特定时刻，前提变量的模糊真值可通过定义变量映射然后读取距离传感器数据来确定，如将*is_medium*映射到均值为2m的正态分布上，设置角度为*medium_left*可以映射为以向左30°为均值的正态分布上，而实际设置的角度最终将通过去模糊化来计算，即，将最适用的规则或规则集的模糊变量组合起来，一个看起来比较合理的标量值可能是结果模糊值的重心。

尽管在软计算与核心AI之间存在着世界观上的争论，但模糊推理组件与其他AI组件还是能很好地共处于一个机器人控制器中，各司其职，Saphira体系结构便是一例。

9.2.3 时间约束推理

与很多一般的AI系统不同，为了应对环境的动态性，机器人必须基于传感数据实时进行决策，因此它们的决策应该在有限的时间内生成。如果这些决策需要考虑未来计划，即如果需要规划，问题就来了——实时决策实际上与规划的无界性并不兼容（规划的通用形式是个很难处理的问题），再加上基于FOPL推理机制又只是半可判定的。

为了考虑实时约束，人们提出了反应规划等方法[9.22]，均放弃了太多的超前规划（一次只规划一步）。然后，时间约束的解决方案通常来自机器人系统的体系结构设计（参见第8章），它集成决策层和反应层（可以在有限时间内做出反应）。决策层常包含规划器和监控系统，用预定义的过程或脚本确保任务执行监视。该监视组件必须既是目标驱动的又是事件驱动的，目标驱动用以完成任务，事件驱动用以对环境变化做出反应。过程推理系统（PRS[9.23,24]）便是这样的一个例子，它包括一个过程集、一个由感知和系统状态演化来更新的数据库以及一个解释器，解释器用以根据数据库的内容启动适用的过程。

随时算法[9.25,26]㊀都被开发成对时间约束的可能响应。其基本思想是，算法操作时间越长，其解越接近最优。然而，如果缩短时间，算法也能产生一个解，可能远未达到最优，但可使系统继续执行而不用被阻塞等待决策结果。随时算法评价解的质量，并用性能配置文件预测该质量如何随着时间的推移而被改善。

㊀ 译者注：一类随时可以中断执行并输出近似最优解的算法。

9.3 动作规划

本章余下的内容将从推理方法转向两类推理应用，即动作规划与学习。

从传统AI的意义上讲，规划意味着Agent对要达到给定目标集所要采取的一系列动作进行慎思，调度意味着给动作集分配时间和其他潜在的资源，以使满足给定的时限并遵守时间约束。这两个活动在概念上是不同的，并在历史上常被以级联方式处理——先规划，再调度。不过，最近随着更多高效时序推理方法和规划算法的出现，有将二者以集成方式处理的趋势。这是因为，先根据一些指标生成最优规划，再为此规划设计最优调度，可能无法产生一个时间和资源上都是最优的调度。但将二者分开考虑也是有意义的，因为它们并不总是需要组合起来。总之，本书将跳过调度的集成，参考文献［9.27］第Ⅳ部分有一个全面的综述。

机器人控制已在规划的最先应用之列，如STRIPS系统[9.28,29]就已被用来为SHAKEY[9.30]机器人生成规划（即待执行的抽象级动作序列）。在机器人控制体系结构中，包含抽象动作的规划要被分解成物理操作，这些物理操作要有足够的柔性，除了应对偶然性、意外性和失效外还要能实现规划，这正如人对规划的智能用法的直观期望一样。业已证明，设计这样一种机器人控制体系结构是非常重要的。

本部分内容从如何为规划器的规划域建模入手，然后在9.3.2节介绍在很多简化假设下高效工作的规划算法，9.3.3节松弛这些假设，处理不确定性（如可观测性缺失）问题，9.3.4节收篇简要探讨机器人规划。

想全面了解动作规划有关内容，推荐阅读参考文献［9.27］。在AI教科书（如参考文献［9.4］中的第11、12、16和17等章节）中会有关于动作规划的简介。参考文献［9.31］对规划方法的最新进展有简要的综述。*International Conference on Automated Planning and Scheduling*（*ICAPS*）是目前本领域最主要的国际会议，每年召开一次。PLANET在线研究数据库[9.32]中包含一系列持续更新的体现目前发展水平的规划器、调度器和相关工具的链接。参考文献［9.33］中包含一个当前现状的应用前景展望以及一个2003年末时对这一领域的前景展望。

9.3.1 规划域描述

Agent对行动过程的慎思需要将它的可能动作都表示出来，包括动作执行效果、对环境随时间变化保持跟踪并合理处理任何不确定性和缺少信息的情况。从这个意义上讲，规划涵盖了本章中前面介绍的各种推理方法。

慎思的极端形式是事前进行环境仿真，涉及Agent的各种可能动作，然后从中选择出看起来最好的动作予以执行。实际上，至少有两个理由可以说明这是不可能的。首先，通常并非真实仿真所需的全部信息都是可用的，规划是为了真实环境，其中许多参数都是未知或不可知的，且不在Agent控制之下；其次，即使完全仿真的全部信息都是已知的，但是很有可能因为计算复杂度高而使得真实环境总是超前于仿真。因此，规划域表示要故意抽象掉很多或大部分细节，以便使得有效规划成为可能。正如在KR的所有形式中一样，域模型的精确性和完备性需要对推理速度进行折中。

究竟有多少细节和哪些细节要表示，这是建立规划系统时要做出的工程决策。因此，对域可能要做些简化假设，主要包括：有限性（域只有有限个对象、动作和状态）；信息完备性（规划器在规划时具备所有相关信息）；确定性（每个动作的执行结果都是确定的）；瞬时性（动作没有持续时间）；停滞性（规划期间环境不发生改变）。

通常，限制性假设可以提高算法效率，但在执行时当简化解遭遇真实环境时便可能出现问题。值得注意的是，使用简化域模型绝不意味着假定环境客观上就是如此。举例来说，仅对标准情况（假定最简情况）进行规划然后处理执行时发生的各种异常是有意义的。在机器人规划中，这种思想可以追溯到SHAKEY[9.29]。

目前常用的域表示法主要有两类。稍后会介绍PDDL型的描述，9.3.3节将对不确定域表示法进行粗略介绍。此外，与这两类域表示法正交的演绎规划有多种形式，它们使用纯逻辑表示法的一些变种，有关介绍内容可参见参考文献［9.27］中的第12章。

秉承上述所有假设的简单特点，域描述主要包含两部分。第一部分是一个受限一阶谓词语言$\mathcal{L}$的规格说明，由与环境建模有关的表示关系的谓词符号和表示对象的常量构成；第二部分是一个动作描述集$\mathcal{A}$，对于每个动作$a \in \mathcal{A}$，都由前件pre(a)和后件post(a)构成，前件即$\mathcal{L}$中的事实集，当其值为真时a方可执行；后件也是$\mathcal{L}$中的事实集（正的或负的），执行a后其值变为真。

举个简单的例子（源自参考文献［9.27］第35

页），表9.1给出了在相邻接的位置 l 到位置 m 移动机器人 r 的动作图式。在规划过程中，通过用常量对象代换变量，动作图式被实例化成规划中发生的动作。

表9.1　相邻接的位置 l 到位置 m 移动机器人 r 动作图式

```
(:action move
:parameters (? r-robot ? l ? m-location)
:precondition(and(adjacent ? l ? m)
(at ? r ? l)
(not(occupied ? m)))
:effect(and(at ? r ? m)(occupied ? m)
(not(occupied ? l))(not(at ? r ? l))))
```

给定一个域，那么一个具体的规划问题就用$\mathcal{L}$语言由下列组件确定：

1）初始状态 I，是$\mathcal{L}$语言中在开始执行之前即为真的所有事实的集合。

2）目标条件 G，是$\mathcal{L}$语言中由执行一个规划所诱导的事实集。

在该框架下的规划是典型的实际动作（自由变量）的偏序集，这些实际动作是要按照顺序执行的。

规划域描述语言（PDDL）[9.34]是目前用于描述规划域的事实上的标准。实际上，PDDL代表着一整类语言，允许或禁止诸如参数类型、恒等处理、条件动作效果以及一些FOPL语句的限制形式等特征。举一个条件结果的例子，考虑机器人在 *move* 动作中可不可以加载一些容器“? c”，那么，作为一个附加结果指定“? c”将随机器人移动：

```
(when(loaded ? r ? c)
                              % condition
(and(at ? c ? m)(not(at ? c ? l))))
                              % effect.
```

除了上述形式，原始的PDDL还有些扩展版本，其中PDDL2.1[9.35]是最值得一提的，它允许信息被表示成时序规划，如，允许动作有持续时间。

规划是计算困难的。对于PDDL型问题的命题变种（即用有限的语言$\mathcal{L}$），规划的存在性当然是可判定的，但求解规划问题是P空间完全的[9.36]。

9.3.2　偏序规划生成

许多规划系统及其基础规划算法都接受前已述及的限制性假设，即信息的完备性、确定性、瞬时性和停滞性，因此，刚才给出的规划问题的定义都适用。于是，要找的那种规划就是一个动作集，通过执行这些动作可将初始情境变换到目标条件为真的情境（目标情境不必唯一）。对此规划模型不必做有限性假设，但为简化起见我们还是要这样做，这意味着所有动作实例可以被假设为是真实的。

通常，规划中的动作不能以任意顺序随意执行，但也必须按一定的顺序执行，以确保每个动作的所有前件在该动作执行的一刻为真。这个顺序不必是全序的或线性的，但可以是偏序的或非线性的。相应类型的规划被称为非线性或偏序规划，总之，定义为一个动作实例集 A 和偏序关系 $<$ 对 $<A, <>$。无序动作可以以任意顺序执行，考虑到动作建模，它们也可以并发执行，这意味着在同一个原子时间步内执行（假设具备瞬时性）。

对于一个规划，作为给定规划问题的一个解，每个动作 $a \in A$，在每个与 $<$ 兼容的可能执行顺序中都需要其前件为真，按任何一种可能顺序执行之后，目标条件必须为真。

自20世纪七八十年代的一阶偏序规划方法开始，到SNLP（系统非线性规划）算法[9.37]及其衍生算法达到巅峰状态，一系列高效的偏序规划算法应运而生，这些算法通过各种技术来提高效率，如系统化、反向链、最小承诺、密集推理等。参考文献［9.4］中的第11.3节对此作了介绍，并提供了一些参考文献。按这条线下来的方法通常被称为传统规划。

下面是生成一个解规划的算法思想：从仅包含初始事实和目标条件的空规划开始，迭代检查在当前规划中出现的所有条件在所有 $<$ 允许的执行顺序中是否为真，如果发现某条件 c 还不满足，可以通过以下两种方法来处理：或者插入一个新的动作作为结果生成 c，或者调整规划中已有的一个动作使 c 在需要的时候变为真。如果所有动作彼此独立，这样工作起来效率会很高，但通常它们并不独立——一个 c 一旦在规划中实现，它就会由于某个动作结果中包括 $\neg c$ 而威胁到其后的条件。传统规划系统中，人们在算法规则或启发式方面做了不少努力，探究了如何有效阻止或处理规划中的子目标相互作用。

将子规划预定义为宏是很多应用系统中都采用的技术，宏在规划内形成一种分层结构，由此得名分层任务网络（HTN），参考文献［9.27］中第11章对此有介绍。形式上，子规划可以表示成任务，即带有前件和后件的动作，规划时可以拓展到其底层子规划。任务可以分层。只要还包含未扩展的任务，规划就没有完成。之所以使用HTN是由于规划域建模者知道，通常（实际上，在所有的实际应用中）反复使用的子规划不必由规划器每次从头开始构造。而且，HTN的分层特性可以使更大规模的规划以易于人管理的方式展现出来。HTN已被用了很长时间，效果甚佳。SIPE（交互规划与执行监控系统）[9.38]是其中适用于实际应用的首选规划器，最近的SHOP（简单分层有序规划器）[9.39]是其中的佼佼者。

从GRAPHPLAN[9.40]开始，这一领域便致力于开发偏序规划算法（被参考文献［9.27］称为新传统规划）的相关技术，偏序规划算法背离了传统算法，而保持生成顶级性能规划器。下面将详细介绍其中的两个方法，即规划图和变换成可满足性问题。

近来对规划器性能的改善大部分都归功于把规划形式化为一类特殊的搜索问题，于是强有力的启发式方法便可派上用场，详见参考文献［9.27］第Ⅲ部分。

1. 规划图

GRAPHPLAN的关键思想之一是从预处理阶段开始构建规划，即：

1）确定在n个时间步内可解的必要条件（其中n在找到解之前一直递增）。

2）输出一个结构化表示，如果存在一个n时间步偏序规划，便可基于此结构将其相对高效地抽取出来。

这种结构便是规划图（PG），即一个真实事实节点和真实动作节点的分层有向无环二部图，其中事实节点和动作节点的层次可以互换。图9.3给出了有3个接续层的示意图。

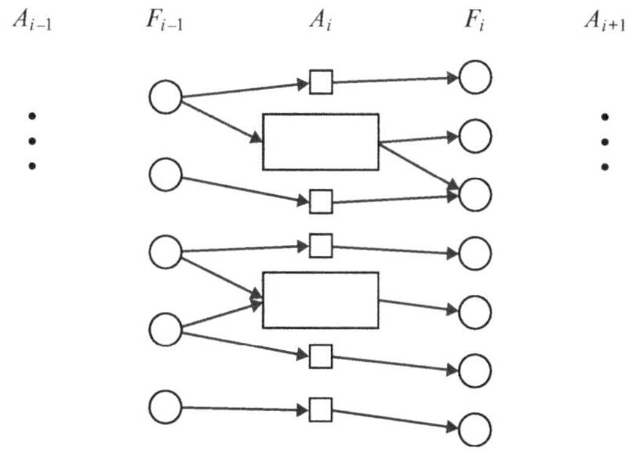

图9.3　一个规划图结构（圆圈代表事实节点，矩形框代表动作节点，小方框代表伪算子）

第一层F_0由代表问题完全初始情境的全部事实节点构成，最后一层也是事实层。当且仅当事实在动作前件之中时，用边连接相应事实节点和动作节点；当且仅当事实在动作结果中时，将动作节点与事实节点相连。除了域描述的动作集A，PG还包括伪动作用于将事实层的每个事实复制到下一个事实层（在语法上，f的伪动作与f具有完全一样的前件和结果）。PG在任一A_i层中包含动作节点（对应可用的全部动作），给定F_{i-1}的事实，F_i包含所有A_i动作后件中包含的全部事实。

对于一个给定的有限的规划问题，PG是由层内节点序列唯一确定的。它无需搜索就可扩展，只需从最后一个事实层向前链接，把所有适用的动作插入到下一个动作层，将这些动作的结果插入到下一个事实层。动作和事实集随着层数单调增长，因此PG的生成可以在有限域内终止。

规划问题可解的必要条件是存在一个事实层包含所有目标事实。如果能在n个时间步发现该层，PG暂停扩展并尝试提取规划，向后收集解规划。从F_n层中的目标事实开始，追溯F_{i-1}层中的动作A_i的前件，从生成F_i中事实所需的每个动作A_i中选出一系列动作。

规划的提取不一定能成功，因为所需动作可能在共同的动作层中相互排斥——与传统规划中的子目标相互作用类似。因此，某F_n中的目标条件只是可解的必要条件，而非充分条件。一般情况下，从PG中提取规划要用到搜索，尽管比传统规划算法中的搜索空间要小得多，但通常远远超过最初构建PG。

PG的主要缺点是它们要求域有限的（即命题的），而且，其语言$\mathcal{L}$必须大小有限，因为所有的事实和动作实例都要为扩展PG而明确地构建出来。

2. 作为可满足性问题的规划

从规划研究的早期开始，人们就已经尝试把规划生成问题表示成传统逻辑中的推理问题[9.41]。这样做因为两个原因也许很有用：首先，已有有效的逻辑推理器对规划可能有用，节省了研究专门规划算法的气力；其次，域中的逻辑推理将被无缝集成到规划中，从而可以白白得到一种强有力的域表示法。

FOPL中对变化与不变的有效表示已经被归为框架问题㊀，详见参考文献［9.4］的第10.3节的介绍。

㊀ 译者注：框架问题主要研究情境演算中不变的事物如何表示。

同时，有若干种方法以各种逻辑形式来表示规划问题，并有一些演绎规划器在那个时代达到了顶级性能。例如，TALplanner[9.42]采用了时序逻辑表示法，Blackbox[9.43]采用命题逻辑编码，其规划算法结合了PG。命题逻辑编码为使用有效的模型检查器（参见9.1节）进行推理提供了选择。这对PG任何时候都是适用的。参考文献［9.27］中的第7章对此进行了介绍。

有限规划问题的命题表示法可以从给定域和问题描述比照先验图式得出，如同为Blackbox开发的方法一样。事实被指定附加的情境参数，带有在情境间迁移的动作。初始事实、目标事实和动作结果的命题逻辑表示很简单。令人感兴趣的部分（参见9.2.1节）由解释性框架公理构成，即一个形式化公理集，两种情境间事实真值的任何变化都需要应用动作做出解释，在该动作的结果中具有改变的事实值。

9.3.3 不确定性规划

虽然信息完备性、确定性和停滞性在某个抽象级对规划域通常是有用的近似，但在其他情形却未必有用，而这绝不意味着正好相反的情形就是对的，这种情况下，规划几乎也就没什么意义了。很多域表现出未知的、随机的和动态的一面，但依然提供一定程度的信息和控制，利用这个来弥补信息和控制的不足便是不确定性规划的思想，根据域模型不完整性的内容和程度，有不同的形式，本节扼要介绍其中的一种，详细介绍可以参见参考文献［9.27］的第Ⅴ部分和参考文献［9.4］的第12、16和17章。参考文献［9.44］第Ⅳ部分介绍了机器人环境中的概率规划技术。参考文献［9.45］建立了前述的传统规划和各种不确定性规划的统一视图。

假定某些动作可能具有不确定性结果，且这些结果出现的相对频率信息（近似的或估计的）可用。在这种情况下，概率框架下的表示法便应运而生，如马尔可夫决策过程（MDP）。MDP用有限状态集S、有限动作集A和动作模型表示域。动作模型设定：对于每个$a \in A$，在状态s执行a终止于状态s'的条件概率分布为$P_a(s' \mid s)$。例如，假定机器人的当前位置是状态描述的一部分，从当前位置l移动到邻接的自由位置m的高层动作成功移动到m的情况占95%，未指定（可能是未知）的条件使机器人留在位置l的情况占剩下的5%。

状态伴随着效用，动作的耗费可以建模成结果状态的负效用。在这种框架下的规划意味着要寻找一个动作序列，不仅考虑到每个算子的惟一标准结果，而且考虑到所有可能的结果，包括那些不太可能但会产生很大耗费的结果（考虑在一个陡峭的楼梯附近轮式平台可能的运动误差）。

在此框架下的规划就是决策论中的策略，即从状态映射到动作的函数。基本规划算法有值迭代（VI）和策略迭代（PI，见参考文献［9.4］第17章）。对有限状态集，二者都收敛到最优策略。其差别是VI是通过逼近给定状态最优策略的真实效用来实现的，而PI只寻找最优策略，节省了确定其精确效用值的气力。

MDP还假设状态在执行时是可观察的，即Agent能够确切知道自己处于什么状态，并能在策略中确切地选取相应的分支，这在一些机器人应用中可能不方便。进一步跳过可观测性假设，便引出了部分可观测MDP（POMDP）。POMDP在MDP中增加一个观测模型，由Agent进行的可能观测的有限集O及在状态s观察o的条件概率$P(o \mid s)$构成。POMDP也被用于移动机器人定位与标图的形式模型（见第37章）。

POMDP的最优策略是仿照MDP来定义的，但人们发现它们计算困难。一种常用的方法是考虑信念空间而不是状态空间，即状态空间上的概率分布空间，对应Agent在执行一个动作或观测之后对自己可能处于状态空间中的位置的信念。信念空间是完全可观测的（Agent确切知道其信念），因此POMDP可以变换成信念空间上的MDP，于是VI和PI算法便可用了。信念空间以指数级大于状态空间，且是连续的。因此，只有小状态空间上的POMDP可以用这种方式有效处理。还有些逼近方法，见参考文献［9.4］的第17章。

9.3.4 机器人规划

机器人规划（或基于规划的机器人控制）一词在AI领域中是指在机器人（通常指自主移动机器人）控制软件中使用前述规划方法，并非意味着要替换机器人技术中现有的运动或路径规划方法（参见第5章、第26章和第35章），而是对更一般的动作规划做些补充。在机器人控制中使用规划有若干目的，无论这些规划是由机器人在线自动生成的，还是从规划库中取出的。提供一种高度细化的机器人操作描述，可用于优化全部行为，可用于如任务级遥操作一样与人交互，可用于如多机器人协调（参见第40章）中的一样与伙伴机器人通信，可用于在高粒度块中学习复杂的动作结构，可用于根据环境变化自适应行为，也可在不同的应用规模上通过为程序员提供一种有意义的抽象层而用于机器人控制编码工程。参考文献［9.27］第20章阐述了这些目的，参考文献［9.46］收集了跨越这些目的的研究论文，参考文献［9.33］第5章对本领域最近的应用前景进行了展望。

由于机器人动作规划的目的和抽象级别多种多样，没有哪一种单一的规划方法能与之完全对应上，当然任何一种规划方法又都有用。于是，机器人规划一词通常被按照参考文献［9.47］中表述的宽泛含义使用，即“是机器人程序的一部分，机器人对其未来的执行进行显示的推理”。无论机器人采用哪种规划，对闭环执行和监控都有需求，从规划方法学的角度看，机器人规划的内容就源自这些需求。从技术上讲，这些需求形成了对机器人规划的约束，尤其是对域语言、动作形式化及机器人控制体系结构的约束。

给定规划域的域语言$\mathcal{L}$通常是精心地手工构建的，因为糟糕的设计决策可能使同样规划器的规划时间有着天壤之别。对于机器人规划，还有另外一个问题：命题（至少那些为规划生成和执行监控而需观测的命题）需要完全依靠传感器数据来有效确定。一般而言，这便是AI中符号接地问题[9.1,2]（参见9.1节）。目前解决此问题最务实的做法是将域语言的动态部分限制到可以被有效监控的命题上。

动作形式化最好应支持规划生成和执行监控，因此要有足够的表达能力，比如类似于实时规划语言，此外还要有足够的限制以对规划进行有效推理。参考文献［9.48］讨论了这些问题，并对已有方法进行了较小范围的综述。

最后，机器人控制体系结构必须确定规划过程和规划结果要被适当地集成到整个机器人控制中。特别是来自新近规划（如果有）的建议与来自其他控制组件（如并发反应行为组件）的任何活动必须能有效协商，详见第8章。

9.4　机器人学习

机器学习是AI研究领域中最受关注的问题之一，学习与智能之间的联系是显而易见的。学习程序的首例是1959年Samuel编写的西洋棋程序。学习的定义本身与智能的定义一样具有一般性，它基本上可以表述为基于经验改善系统自身性能或知识的能力。在AI中，典型的学习方法主要是通过演绎、归纳或类比方法操作符号表示以产生新知识。统计学习涵盖了数据分类方法（即从样本推导模型），这是在机器人技术及其他领域中广泛使用的学习方法。如果表示法是概率的，就采用贝叶斯推理。神经网络（基于生物神经元的形式模型）涵盖了与统计学习相关的数据分类技术。

强化学习是另一种在机器人中比较流行的学习方法，它与MDP和动态规划密切相关。它主要是采用与每个机器人动作关联的强化信号（奖赏）来对正确响应进行强化。

学习也可以根据系统动作后是否有教师能显式提供正确答案（即，能对系统进行奖惩或只有系统自身性能可用。）而分成有监督和无监督两类。

本节综述了机器人领域感兴趣的最重要的学习方法。学习在机器人控制中的应用贯穿本书始终，如第37章学习标图、第60章学习复杂的马达协调模式以及第61章的演化学习。

9.4.1　归纳逻辑学习

归纳逻辑规划（ILP）[9.49]是主要的有监督符号学习方法之一，它是基于逻辑表示法和一阶逻辑推理的，并使用上下文知识，即已经获得的知识。ILP的目标是给定返回真或假值变量集和所谓的背景知识来综合（或学习）逻辑程序，程序对观测形成一个解释。这些程序当然不是唯一的。因此，其难点在于寻找与数据兼容的最小（充分必要的）程序，即对正变量返回真、对负变量返回假。该程序也必须能被泛化，即应用到新的实例上时能产生正确答案。一般而言，IPL并不容易处理。参考文献［9.4］中的第19.5节对此作了介绍。

9.4.2　统计学习与神经网络

统计学习被广泛用于机器人和计算机视觉领域，涵盖了诸如贝叶斯学习、核方法和神经网络等若干技术。它以从数据中学习模型为目标将模式划分到类别中，数据被看成随机变量，数据的值为模型提供了采样。首先要有一个训练阶段，此阶段中将数据集及关联标签提呈给算法（有监督学习）。然后算法会自己对数据进行标注。训练阶段的目标是最小化分类误差（或风险，或期望损失）。推荐阅读参考文献［9.4］第20章进行一般了解。

贝叶斯学习是贝叶斯规则的一种应用——根据给定数据计算给定假设（数据所属的类别标签）的概率。训练阶段提供数据对每一类的似然程度$P(d \mid C_i)$。分类还需要类分布的先验知识$P(C_i)$，这样才能应用贝叶斯规则。贝叶斯学习有若干变种，如极大似然法（ML）和期望最大化算法（EM）。贝叶斯技术具有中等计算耗费，易于实现，但不能在线学习。

神经网络（NN）由加权连接的基本计算单元（神经元）构成。每个单元计算其输入的加权和，如果大于给定阈值（常用 Sigmoid 函数）则激活或点火，这便具备了分类器的基础。最常用的前馈网络的基本结构包括一个输入层、一个或多个隐层以及一个输出层。通过连接权重，NN 的输出便构成其输入的函数。NN 的训练就是调整权重以对数据正确分类（有监督学习）。与贝叶斯学习相比，神经网络没有洞察分类器的内部，但可以在线学习。

9.4.3 强化学习

强化学习（RL）是一种通过对环境施加动作并由环境反馈奖赏信号的无监督学习方法。参考文献［9.50］是很重要 RL 文献，参考文献［9.4］中的第21章也有一般性介绍。在 RL 中，机器人或 Agent 的目标是学习最佳策略，即达到给定目标的动作序列。为此，必须最大化累积奖赏值，RL 的形式框架因此与 MDP 的相同。机器人在集合 S 中感知（有时是部分感知）环境状态，并能完成集合 A 中动作，这些动作的序列便形成策略 π。从一个状态执行一个给定动作到下一个状态有一个转移概率 $P(s_{t+1}=s' \mid s_t, a)$。机器人努力最大化一个值函数 V，V 表示奖赏值 r_t 随时间累积的期望。Bellman 方程是表达值函数并使最优策略 π^* 能够学习的基本方程。

$$V^{\pi^*}(s) = \max_a\left[r(s,a) + \gamma \sum_{s'} P(s' \mid s,a) V^{\pi^*}(s')\right] \tag{9.1}$$

其中，$r(s, a)$ 为立即奖赏，折扣因子 γ 将未来的预期奖赏纳入考虑范围。Q-学习[9.51]是计算最优策略的一个变种，其思想是学习动作的值而不是状态的值。

大部分 RL 研究工作都假定动作空间是离散的，已给出的学习过程本身的形式并不能直接应用于连续动作空间。要将 RL 应用于连续空间，一种常用的做法是采样。

9.5 结论与扩展阅读

自从 AI 崭露头角那天起，便将自主机器人列入其研究日程。在20世纪90年代，当移动机器人平台广泛使用且价格可以接受时，很多实验室完成了最初的实验。AI 对待机器人技术的态度非常明确，就是为Agent的计算模型（包括感知、推理和动作执行）提供一个有用的试验床，因为机器人能在完整的集成中检验这些模型。

这与 AI 对机器人技术的长远观点相似，都是要开发能为智能自主机器人闭环控制器有点贡献的方法和工具。但如今 AI 推理方法对机器人技术的贡献是什么呢？

这里已经学到了两点体会。第一，已经介绍过的推理方法十分易懂且高效，目前已能够安全且有用地用作机器人 Agent 闭环控制的一部分。RoboCup 中型足球联赛便是很壮观的一个例子，美国国家航空航天局（NASA）远程 Agent 任务[9.52]自主控制功能是另外一例。

第二，感知、（基于符号的）推理和动作执行的完全闭环集成需要解决符号接地问题[9.1]（其中的真实部分）。即，必须理解机器人如何能按照用于推理和动作规划的语义范畴去感知环境。理解符号接地的过程完全处于 AI 及与此有关的所有认知科学的大问题之中。因此机器人技术最好别再等待 AI 先行找到一般的解决方案。这期间，机器人可以在闭环控制中使用 AI 推理方法，只要有用就行，别管所需的数据在哪里可以得到。

为总结本章，我们回到机器人控制体系结构的问题上，突出功能集成与物理集成的基本观点。为了这一回顾之目的，我们将推理看成是一种或一套必须依赖以下来源提供信息的方法：第一，域建模者（人）；第二，为以符号形式提供域当前状态的最新信息而进行的在线感知，（可能还会有）第三，泛化既往经验帮助对自身进行识别或推理的学习器。这种观点实际上有点鼠目寸光。一个完全集成的机器人推理器应该通过提供假设来帮助其他模块，如，感知模块可能正在其传感数据中找什么（如果你告诉我你已经确定了水槽和洗碗机，那么我告诉你，我们可能会在厨房里，你可以密切注意冰箱）。推理和感知的双向集成目前已经超越了最先进的机器人技术，正在成为研究热点，其灵感可能源自认知视觉的相关工作，参考文献［9.53］收集了这方面近年发表的论文。

为了更全面地了解本章提到的各种方法及 AI 中的其余方法，推荐阅读 AI 教材，其中由 Russell 和 Norvig 的著作[9.4]目前正被广泛使用。参考文献［9.5］专门介绍了近年的知识表示方法及相关问题，推荐一读。在第一手资料来源中，特别要提一下两部期刊，*Artificial Intelligence* 和 *Journal of Artificial Intelligence Research*（*JAIR*）[9.54]，其内容均能很好地覆盖这里探讨的话题。*International Joint Conferences on*

Artificial Intelligence（*IJCAI*）是 AI 领域最主要的国际会议，两年一次，每逢奇数年召开。

参 考 文 献

9.1 S. Harnad: The symbol grounding problem, Physica D **42**, 335–346 (1990)

9.2 S. Coradeschi, A. Saffiotti: An introduction to the anchoring problem, Robot. Auton. Syst. **43**(2–3), 85–96 (2003)

9.3 F. Baader, D. Calvanese, D. McGuinness, D. Nardi, P. Patel-Schneider (Eds.): *The Description Logic Handbook* (Cambridge Univ. Press, Cambridge 2003)

9.4 S. Russell, P. Norvig: *Artificial Intelligence: A Modern Approach*, 2nd edn. (Prentice Hall, Englewood Cliffs 2003)

9.5 R.J. Brachman, H.J. Levesque: *Knowledge Representation and Reasoning* (Morgan Kaufmann, San Francisco 2004)

9.6 W.V.O. Quine: *Methods of Logic*, 4th edn. (Harvard Univ. Press, Cambridge 1955)

9.7 Z. Manna, R. Waldinger: *The Deductive Foundations of Computer Programming: A One-Volume Version of "The Logical Basis for Computer Programming"* (Addison-Wesley, Reading 1993)

9.8 W. Hodges: Elementary predicate logic. In: *Handbook of Philosophical Logic*, Vol. I, ed. by D. Gabbay, F. Guenthner (D. Reidel, Dordrecht 1983)

9.9 A. Robinson, A. Voronkov (Eds.): *Handbook of Automated Reasoning* (Elsevier Science, Amsterdam 2001)

9.10 M. Davis, G. Logemann, D. Loveland: A machine program for theorem proving, Commun. ACM **5**(7), 394–397 (1962)

9.11 J. Franco, H. Kautz, H. Kleine Büning, H. v. Maaren, E. Speckenmeyer, B. Selman (Eds.): Special issue: theory and applications of satisfiability testing, Ann. Math. Artif. Intell. **43**, 1–365 (2005)

9.12 The Web Ontology Language OWL. http://www.w3.org/TR/owl-features/

9.13 G. Antoniou, F. v.Harmelen: *A Semantic Web Primer* (MIT Press, Cambridge 2004)

9.14 K.L. Chung, F. AitSahila: *Elementary Probability Theory* (Springer, Berlin 2003)

9.15 J. Pearl: *Probabilistic Reasoning in Intelligent Systems* (Morgan Kaufmann, San Mateo 1988)

9.16 R. Brooks: Intelligence without representation, Artif. Intell. **47**, 139–159 (1991)

9.17 J. McCarthy, P. Hayes: Some philosophical problems from the standpoint of artificial intelligence, Machine Intell. **4**, 463–507 (1969)

9.18 H. Levesque, R. Reiter, Y. Lespérance, F. Lin, R. Scherl: Golog: a logic programming language for dynamic domains, J. Logic Programm. **31**, 59–83 (1997)

9.19 M. Shanahan, M. Witkowski: High-level robot control through logic, ATAL '00, 7th Intl. Workshop Intell. Agents VII. Agent Theories Architectures and Languages 2000 (Springer, Berlin 2001) pp. 104–121

9.20 M. Thielscher: *Reasoning Robots. The Art and Science of Programming Robotic Agents* (Springer, Berlin 2005)

9.21 A. Saffiotti, K. Konolige, E.H. Ruspini: A multivalued logic approach to integrating planning and control, J. Artif. Intell. **76**, 481–526 (1995)

9.22 R.J. Firby: An investigation into reactive planning in complex domains, AAAI 1987 (Morgan Kaufmann, San Mateo 1987) pp. 202–206

9.23 M.P. Georgeff, A.L. Lansky: Reactive Reasoning and Planning, AAAI 1987 (Morgan Kaufmann, San Mateo 1987)

9.24 M.P. Georgeff, F.F. Ingrand: Decision-making in an embedded reasoning system, IJCAI 1989 (Morgan Kaufmann, San Mateo 1989)

9.25 M. Boddy, T.L. Dean: Solving time-dependent planning problems, IJCAI 1989 (Morgan Kaufmann, San Mateo 1989)

9.26 S. Zilberstein: Operational rationality through compilation of anytime algorithms, AI Mag. **16**(2), 79–80 (1995)

9.27 M. Ghallab, D. Nau, P. Traverso: *Automated Planning: Theory and Practice* (Morgan Kaufmann, San Francisco 2004)

9.28 R.E. Fikes, N.J. Nilsson: strips: a new approach to theorem proving in problem solving, J. Artif. Intell. **2**, 189–208 (1971)

9.29 R.E. Fikes, P.E. Hart, N.J. Nilsson: Learning and executing generalized robot plans, J. Artif. Intell. **3**, 251–288 (1972)

9.30 N.J. Nilsson: Shakey the Robot. SRI International, Tech. Note TN 323, 1984. www.ai.sri.com/shakey/

9.31 J. Rintanen, J. Hoffmann: An overview of recent algorithms for AI planning, KI **15**(2), 5–11 (2001)

9.32 PLANET: Euopean Network of Excellence in AI Planning. http://www.planet-noe.org/

9.33 PLANET Technological Roadmap on AI Planning and Scheduling. http: //www.planet-noe.org/service/Resources/Roadmap/Roadmap2.pdf. 2003

9.34 D. McDermott, M. Ghallab, A. Howe, A. Ram, M. Veloso, D. S. Weld, D. E. Wilkins: *PDDL – The Planning Domain Definition Language*, Tech Report, Vol. CVC TR-98-003/DCS TR-1165 (Yale Center for Computational Vision and Control, New Haven 1998)

9.35 M. Fox, D. Long: PDDL2.1: an extension to PDDL for expressing temporal planning domains, J. Artif. Intell. Res. **20**, 61–124 (2003)

9.36 T. Bylander: The computational complexity of propositional strips planning, J. Artif. Intell. **69**, 165–204 (1994)

9.37 D. McAllester, D. Rosenblitt: Systematic nonlinear planning, AAAI 1991 (Morgan Kaufmann, San Mateo 1991)

9.38 D. Wilkins: Domain-independent planning: representation and plan generation, J. Artif. Intell. **22**, 269–301 (1984)

9.39 D.S. Nau, T.C. Au, O. Ilghami, U. Kuter, M. Murdock, D. Wu, F. Yaman: Shop2: an HTN planning system, J. Artif. Intell. Res. **20**, 379–404 (2003)

9.40 A.L. Blum, M.L. Furst: Fast planning through plan graph analysis, J. Artif. Intell. **90**, 281–300 (1997)

9.41 C. Green: Application of theorem proving to problem solving, IJCAI 1969 (Morgan Kaufmann, San Mateo 1969)

9.42 P. Doherty, J. Kvarnström: TALplanner: a temporal

logic based planner, AI Mag. **22**(3), 95–102 (2001)
9.43 H. Kautz, B. Selman: Unifying SAT-based and graph-based planning, IJCAI, Stockholm 1999 (Morgan Kaufmann, San Mateo 1999)
9.44 S. Thrun, W. Burgard, D. Fox: *Probabilistic Robotics* (MIT Press, Cambridge 2005)
9.45 B. Bonet, H. Geffner: Planning with incomplete information as heuristic search in belief space, AIPS 2000 (AAAI, Menlo Park 2000)
9.46 M. Beetz, J. Hertzberg, M. Ghallab, M.E. Pollack (Eds.): *Advances in Plan-Based Control of Robotic Agents*, Vol. 2466 (Springer, Berlin 2002)
9.47 D. McDermott: Robot planning, AI Mag. **13**(2), 55–79 (1992)
9.48 M. Beetz: Plan representation for robotic agents, AIPS, Toulouse 2002 (AAAI, Menlo Park 2002)
9.49 N. Lavrac, S. Dzeroski: *Inductive Logic Programming: Techniques and Applications* (Ellis Horwood, New York 1994)
9.50 R.S. Sutton, A.G. Barto: *Reinforcement Learning: An Introduction* (MIT Press, Cambridge 1998)
9.51 C.J. Watkins: Models of Delayed Reinforcement Learning. Ph.D. Thesis (Cambridge Univ., Cambridge 1989)
9.52 N. Muscettola, P. Nayak, B. Pell, B.C. Williams: Remote Agent: to boldly go where no AI system has gone before, J. Artif. Intell. **103**, 5–47 (1998)
9.53 H.I. Christensen, H.H. Nagel (Eds.): *Cognitive Vision Systems – Sampling the Spectrum of Approaches LNCS* (Springer, Berlin 2006)
9.54 J. Artif. Intell. Res. http://www.jair.org

第 2 篇　机器人结构

Frank C. Park 编辑

第 10 章　性能评价与设计标准

Jorge Angeles，加拿大蒙特利尔

Frank C. Park，韩国首尔

第 11 章　运动学冗余机械臂

Stefano Chiaverini，意大利卡西诺

Giuseppe Oriolo，意大利罗马

Ian D. Walker，美国克莱姆森

第 12 章　并联机器人

Jean-Pierre Merlet，法国苏菲亚-安提波利斯

Clément Gosselin，加拿大魁北克

第 13 章　具有柔性元件的机器人

Alessandro De Luca，意大利罗马

Wayne Book，美国亚特兰大

第 14 章　模型识别

John Hollerbach，美国盐湖城

Wisama Khalil，法国南特

Maxime Gautier，法国南特

第 15 章　机器人手

Claudio Melchiorri，意大利博洛尼亚

Makoto Kaneko，日本大阪

第 16 章　有腿机器人

Shuuji Kajita，日本筑波

Bernard Espiau，法国圣伊斯米尔

第 17 章　轮式机器人

Guy Campion，比利时鲁汶

Woojin Chung，韩国首尔

第 18 章　微型和纳米机器人

Bradley J. Nelson，瑞士苏黎世

Lixin Dong，瑞士苏黎世

Fumihito Arai，日本仙台

本篇介绍机器人结构，主要关注于机器人的设计、建模、动作规划，以及对于机器人物理运动的控制。我们首先会想到那些带有臂、腿以及手的机器人结构，与此同时，还会想到轮式的车辆和平台，并将微米和纳米级的机器人也加入到机器人结构中。即使是对于像手臂一样的最简单的机器人部件，考虑到大量的连杆和传动机构形式，在运动机构中存在着各种各样的封闭运动链，以及关节连接的灵活性，那么让人惊奇的形形色色的设计方案也是完全有可能的。对于这些结构的有效模型和规划控制算法将是更加具有挑战性的问题。

本篇的主题不仅仅对于建立机器人本身尤为重要，对于建立设计和控制动作，按照指令进行操纵方面也至关重要。因此，本篇与机器人学基础（第1篇）的联系是显然的，尤其是第1篇中关于运动学（第1章）、动力学（第2章），以及机构与驱动（第3章）的章节。将机器人与其他研究智能的学科最终区别开的因素就机器人定义方面而言，是机器人本身需要一种运动表现；在机器人拓展应用方面，是机器人需要与环境交互来产生它的动作。本篇所处理的问题可以被认为是组成机器人整体研究的一个最基础层次。

正如仅仅通过简化后的模型去了解人类的智力和对人类身体的远距离探知一样，分解开那些结构的各个零件而不去讨论其内部的连接和相互影响是非常困难的。比如说，关于怎样设置坐标系以及描述运动（第3篇），怎样抓取和控制物体（第4篇），以及怎样教会复杂的机器人去学习（第5篇）都不可避免的需要考虑到机器人的物理结构。专门为多种用途和环境所设计的机器人（第6篇），尤其是那些专门针对直接与人接触的那些机器人（第7篇），也自然需要考虑到机器人的物理结构。

本篇各章的主要内容包括：

第10章性能评价与设计标准，提供了一个关于机器人设计过程的简洁概述，以及关于设计结构工具的评价标准和机器人运动表现的评价体系的简单调研。例如工作空间、局部和全局灵活性，以及弹性静力学和弹性动力学的表现评价，它们不仅决定了机器人的拓扑结构以及物理维度，而且还能对诸如工件放置和动态冗余自由度解决方案起到一定的作用。

第11章运动学冗余机械臂，处理了冗余自由度的运动的产生和控制的问题。运动学的冗余使机器人具有更高程度的灵活性，这样的灵活性可以用于避免奇异点、关节限制和工作空间障碍等方面，同时还能够最小化驱动转矩、能量以及其他适应性运动执行标准。本章主要对控制区间的逆向运动冗余解决方案进行了讨论，其中涉及了从仅有少数运动冗余自由度到可以被运动模型认为是连续曲线的大量的冗余控制情况。

第12章并联机器人，介绍了仿真机械运动学和动力学，例如著名的Stewart-Gough平台。并联机构包含闭环的运动结构，还有诸如那些与研究串联机构相差很大的研究方法。本章主要讨论了多种主题，从并联机构的运动合成、正向和逆向运动学，到对于其特殊行为、工作位置特性、静态和动态分析以及实际涉及问题的探究。

第13章具有柔性元件的机器人，讨论了动态模型和对于由柔性关节和连杆组成的机器人的控制。因为对于柔性关节和柔性连杆，两者研究方法在结构上是不同的，所以这一章主要建立在这两种柔性模式的相互独立研究基础上。这种方法可以扩展到关节和连杆都具有柔性的机器人中，甚至是两者同时在相互动态影响的实例中。本章中还给出了工业机器人中柔性的典型来源。

第14章模型识别，讨论了确定机器人控制系统的动态内部参数设定的方法。对于动态的测量，首要目的是确定几何的D-H参数或者运动学方程，主要通过测量关节的组合以及不同姿势下的运动极限点。另一方面的内部参数是通过在执行一段轨迹过程中测量一个或多个关节的力和力矩的方式进行分析的。这样的动态和内部参数定义可以被转换为对于常规结构的最小二乘法分析，也就是说常规结构的关于定义的参数、测量方式的充分性，以及数值鲁棒性都是由动态和内部参数所确定和影响的。本章将就这些问题展开讨论。

第15章机器人手，介绍机器人手设计、建模和控制背后所涉及的主要原理问题。从讨论拟人化程度和机械手灵巧性特点开始，本章分析了机器人手相关设计问题、驱动、传动架构，以及可行的传感技术等。机器人手控制和动态建模之所以困难，不仅仅是因为复杂的运动学结构，还有那些柔性传动元件。本章对这些问题也作了专门的介绍。

第16章有腿机器人，主要讨论了关于设计、分析、控制有腿机器人方面的大量问题。以有腿机器人发展的历史作为开端，本章提供了回转行走分析，以及建立在前进动力和ZMP（零力矩点）基础上的双足机器人的控制。与此同时，例如模拟哺乳动物的四足机器人这样的多足机器人也在本章中进行了讨论。更进一步，混合的由腿、手和轮式结构共同组成的机器人、绳索行走机器人，甚至是能够攀爬墙壁的有腿机器人都将在本章中进行讨论。

第 17 章轮式机器人，提供了一个关于轮式机器人普遍且便于理解的描述。这一章首先讨论了基于轮式结构的机器人的运动性，以及其运动约束的特性。本章还论述了运动和动力状态的空间模型，以及轮式机器人的结构特点。这些特点主要包括：控制能力、非完整性以及稳定性。本章还讨论了在非线性控制中的反馈线性化，以及基于车轮个数和形式的不同的机器人结构分类等方面的问题。

第 18 章微型和纳米机器人，提供了一个关于当前微型和纳米机器人的现状的概述。前一部分具体描述了在毫米和微米级别的机器人对于物体的控制，以及在这一个尺度空间内对于自主机器人结构的设计和实现（纳米机器人也是应用同样的定义，只是其尺寸维度被限制在纳米的程度以内）。概述了尺度效应、驱动，以及在此尺寸级别内的传感和制造问题。同时，还论述了微型结构、生物科学以及对于微米和纳米级的电子机械系统的制造和特性在现实中的应用问题。

第 10 章　性能评价与设计标准

Jorge Angeles，Frank C. Park

纪军红　译

本章主要介绍机器人的设计，重点是串联结构机器人。在开始部分提出一个分阶段的设计流程，然后介绍机器人设计中需考虑的主要因素，包括工作空间几何特性、动态静力学、动力学、静弹性和动弹性指标。为此，这些概念所需的数学知识也被简要地介绍以使本章更易理解。

我们总结部分在机器人机械设计和性能评价中用到的工具和指标。重点关注主要用于操作任务的机器人和串联链结构。并联机器人的运动学在第12章中介绍，轮式、行走机器人、多指手和其他特殊结构在各自相应的章中介绍。

本章介绍的指标和工具的最主要用途是机器人的机械结构设计。机器人设计和普通的单自由度机构设计的差别在于，后者只完成一个特定的任务，如从传送带上拾起一个工件并把它放到托盘上，传送带是与机构同步的，托盘是静止的，工件应放到何处已经被明确定义。与此不同，机械手不只完成一个特定的任务，而是一类任务，可能是平面、球面、直线，或如选择柔性装配机械臂（SCARA）能够完成的动作，也被称为 Schönflies 位移[10.1]等。机器人设计者面临的挑战是机器人将执行的任务的不确定性。设计标准将有助于设计者处理这些不确定性。

10.1　机器人设计流程

给定一系列的任务，如功能要求和更具体的设计要求，设计者需要设计一台机器人满足上述所有要求。设计过程包括以下阶段：

1）确定机械结构对应的运动链的拓扑结构。我们将机器人分为三类：串联、并联和混合结构。然后确定各子链间的关节连接形式，最常用的是转动式和棱柱式。近年来，一种新的形式也被广泛使用，*Π*-关节，两杆绕平行的轴转动相同的角位移，导致耦合的两杆实现平移，这四个杆构成了一个平行四边形结构[10.2]。

2）确定各杆件的几何尺寸以定义机器人结构，即填写 Denavit-Hatenberg 参数表[10.3]来满足工作空间要求。尽管通常关节变量也被包含在上述参数中，但关节变量并不影响机器人结构，而是确定机器人姿态。

3）确定各杆件和关节的结构参数以满足静态负载要求，负载包括力和力矩。要求即可以定义为最大负载情况，也可以定义为最常见工作状态，这取决于所采用的设计思路。

4）确定各杆件和关节的结构参数来满足动态负载要求，负载包括杆件和操作对象共同的惯性效应。

5）确定整体机械结构的动弹性参数，包括执行器的动态特性，以避免最大负载条件或最常见工作条件下的特定共振频率。

6）针对设计中确定的工作条件选择执行器和相应的机械传动形式，来适应任务的不确定性。

上述过程应依次执行：①首先，基于任务系列和工作空间的形状（见 10.2.2 节）确定拓扑结构。

②基于对工作空间的要求，包括最大可达位置和前一阶段定义的拓扑结构，确定杆件的几何尺寸。③基于上述杆件几何尺寸确定各杆件和关节的结构参数以达到满足支撑静态负载要求（除并联机器人外，其他类型机器人的所有关节都是主动驱动的，并联机器人不在本章的讨论范围内）。④基于上述由静态负载条件确定的杆件和关节结构参数，确定杆件的质心和转动惯量矩阵来初步评价电动机力矩需求（这种评价是初步的，因为执行器的动态特性没有被考虑，这种负载变化是显著的，即使对所有执行器都安装在机座上的并联机器人）。⑤假设杆件是刚性的，关节具有柔性，根据经验或由类似的机器人得到的数据，可以得到机器人的动弹性模型，其在一系列选择的姿态下的自然模态和频率（结构的动态行为受机器人姿态影响）可以由科学编程语言如 Matlab 或计算机辅助工程（CAE）语言如 Pro/Engineer 或 ANSYS 获得。⑥如果机器人结构的频率谱可以被接受，设计者可以开始选择电动机，否则需要重新进行参数选择，即返回步骤 3）。

尽管一个设计周期可以按上述过程完成，设计者现在必须协调动弹性模型和电动机制造商提供的结构和惯量数据。这要求返回阶段 5）并进行新一轮的动弹性分析。显然，机器人设计过程和普遍的工程设计过程有一个共同点：它们都是迭代进行的[10.4]。值得注意的是，不同的设计阶段中有不同的主导因素，在很大程度上，这些因素是相互独立的。例如，拓扑结构和几何特性可以独立于电动机选择。当然，所有的因素都在整体设计过程中相互影响，但在相当多的设计实例中，不同的因素并不相互影响，因此不必须采用多目标设计方法。换言之，串联机器人的最优设计可以通过一系列的单目标最优设计来实现。再次重申，最后的结果，电动机的选择，必须被集成到整体数学模型中以验证整体的性能。一个工业机器人的最优设计的范例见参考文献［10.5］。

只有当部件的物理极限被突破的时候才需要返回阶段 1 进行彻底的重设计。SCARA 系统就是这种情况。当前工业机器人大多采用串联的拓扑结构，除了少量例外，如 Konig & Hartman RP-AH 系列并联结构机器人[10.6]，其由两台串联的 SCARA 系统共用一个末端执行器。对更短的往复运动时间（如工业测试周期，见 10.2.1 节）的需求，促使工业界寻求新的结构形式。现在 ABB 机器人公司在市场上推出并联机器人 FlexPicker，基于 Clavel's Delta 机器人[10.7]，在前三个自由度之外串联添加了第四个自由度。FlexPicker 整体采用并联结构保证 Delta 机器人的运动平台能够进行纯平动。Adept 技术公司报告的最短往复运动周期是 420ms，负载为 2kg（以 Adept Cobra s600 串联机器人实现），其他制造商还报告过更短的时间。

本章按照上述机器人设计过程的不同阶段的次序安排。注意到拓扑结构和几何尺寸的选择在运动学设计过程中紧密相关，我们以测试工作空间要求开始：回顾确定运动链拓扑结构的方法，以及为满足工作空间要求的几何尺寸。然后详细回顾为评价机器人的操作能力而提出的各种标准，重点是基于运动学和动力学模型的关于灵活性的定量描述。随后检验为满足静态和动态负载要求确定杆件和关节结构参数的方法。最后讨论动弹性特征，执行器和齿轮的尺寸，其中考虑到机器人的固有频率特性，力和加速度要求。

10.2 工作空间标准

机器人的设计过程中一个首要的考虑是它的工作空间需要满足一系列特性要求，随之而来的问题是用户如何指定这些特性。

上述因素基本可以归于 Vijaykumar 等人提出的机械手区域结构[10.8]。将机械手视为解耦的结构，最后三个转动关节的轴线交于一点，构成一个球形腕，轴的交点被称为腕中心。对于这种结构的机械手，一个操作任务可以被分解为位置和姿态子任务：由前 3 个关节构成的机器人的区域结构负责将腕中心放置到指定点 $C(x, y, z)$；随后，局部结构，即腕部，保证末端操作手（EE）获得相对机座坐标系用一旋转矩阵描述的指定姿态。

文献中大部分确定工作空间的算法都采用区域结构。在此，我们需要指出不考虑物理可实现性的运动链的工作空间和实际机器人的工作空间之间的区别。对于前者，所有的转动关节都可以不受限制地绕其轴线转动；对于后者，关节限制是存在的，如为防止导线缠绕。在机器人设计的前期，可以暂不考虑关节限制，工作空间的对称性由关节类型决定。如果第一个关节是转动关节，整个工作空间绕该关节的轴线对称；如果第一个关节是棱柱关节，工作空间具有延伸对称性，延伸的方向由该关节的运动方向决定。理论上棱柱关节可以无限延伸，具有棱柱关节的机器人的工作空间也是无限延伸的。实际中机器人的工作空间是其一个子空间。

对于并联机器人（将在 14 章详细阐述），总体上，区域结构的意义不那么清晰。显示其工作空间的一个常用方法是保持其运动平台（相当于串联机器人的末端操作手）在一个固定的姿态[10.9]。在设计阶段，并联机器人结构常采用的一个共同特性是，用相同结构且对称放置的腿联结机座和动平台。每条腿是具有一或两个主动自由度的串联运动链，其余的自由度均为被动自由度。这类机器人的工作空间也具有对称性，但不是轴对称。对称性由腿的数目和驱动关节的类型确定。

回到串联机器人的情况，工作空间可以被定义为下列两种情况之一，除了在一些 Lebesgue 测量值为零[10.10]的点处，几乎处处连续的拓扑空间簇或表面。一般地说，在表面上这样的点构成一条曲线，例如球面上的子午线，或直线上一些孤立点构成一个集合，例如实轴上的有理数。一个表面型工作空间的例子是 Puma 机器人，它的运动链如图 10.1 所示。在图中，区域和局部结构可以被很容易地分辨，前者处于完全展开状态。机器人的工作空间可以按下列步骤获得：首先，当机器人处于图 10.1 所示的姿态时，锁定除关节 2 以外所有关节，然后令关节 2 绕其轴线充分旋转，腕的中心 C 构成一个半径为 R 的圆周，也就是 C 和直线 L_2 之间的距离。圆周所在的平面垂直于直线 L_2，与关节 1 的轴线 L_1 之间的距离是 b_3，这个距离也被称为肩部偏移。现在锁定除关节 1 以外所有关节，然后机器人绕轴线 L_1 转动，结果如图 10.2 中的环形。这个表面包围的内部就是布尔操作 $\mathcal{S}-\mathcal{C}$ 的结果，其中 $\mathcal{S}$ 是中心在 O_2 半径为 R 的球体，见图 10.1，$\mathcal{C}$ 是半径为 b_3 轴线为 Z_1 的无限圆柱体。需要指出的是，尽管这个工作空间可以用简单的布尔操作产生，却不能由形如 $f(x, y, z)=0$ 的隐函数产生，因为表面不是一个拓扑空间簇。

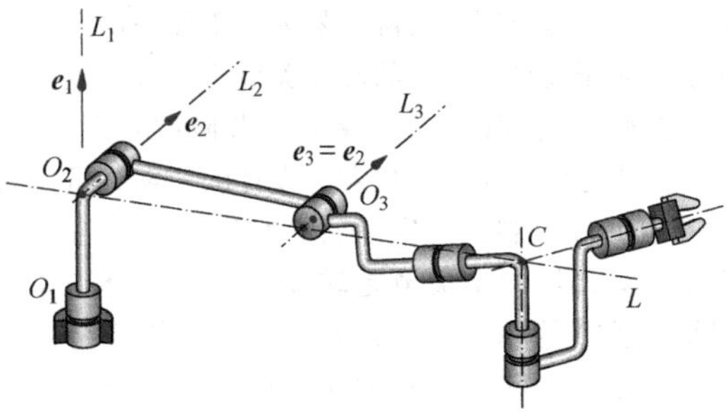

图 10.1　一台处于完全展开姿态的 Puma 机器人（引自参考文献［10.11］）

具有拓扑空间簇工作空间的工业机器人并不常见。图 10.3 所示是一个满足区域结构的六轴解耦机器人，它的相邻轴线相互垂直，之间的距离都是 a。两轴的公法线与两轴的交点之间的距离也是 a，如 X_2 和 X_3，X_4 和 X_3，以及 C 和 Z_3 之间的距离也是一样。点 C 是球形腕的中心，腕结构没有在图中显示。机器人的工作空间可以用 $f(x, y, z)=0$ 形式的函数表示[10.11]，对应图 10.4 所示的拓扑空间簇。图中工作空间内部的深色区域对应在该处逆运动学存在四个实数解的所有点的集合，其他点处只存在两个解。

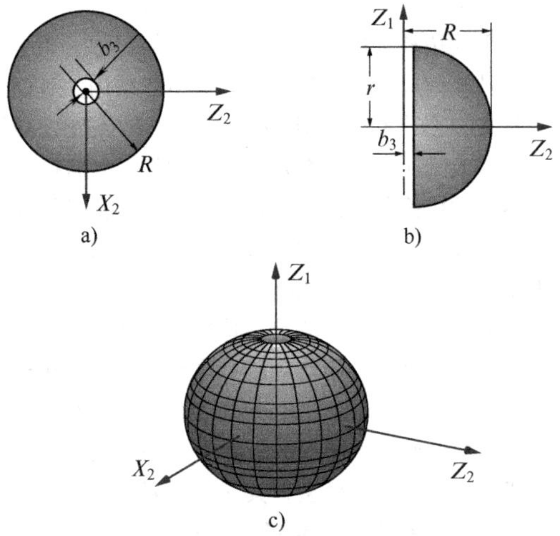

图 10.2　Puma 机器人的工作空间（引自参考文献［10.11］）

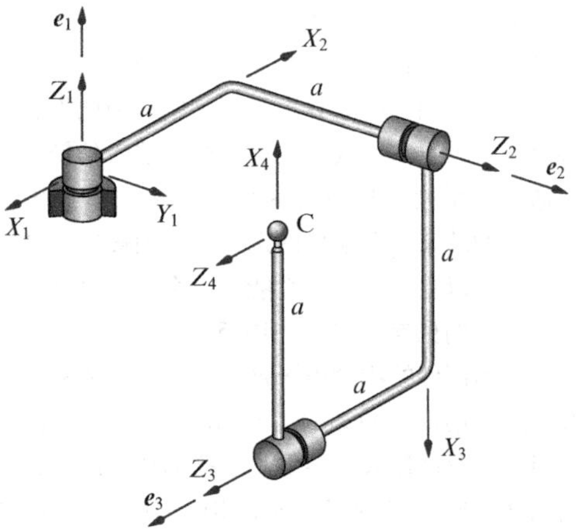

图 10.3　一台包括三个正交的转动关节的机器人（引自参考文献［10.11］）

工作空间边界上的任意点意味着位置奇异，与姿态奇异不同，工作空间不是拓扑空间簇的机器人在工作空间边界上的棱线处表现出两种奇异，除位置奇异外还包括姿态奇异。在棱线处雅可比矩阵的秩减少

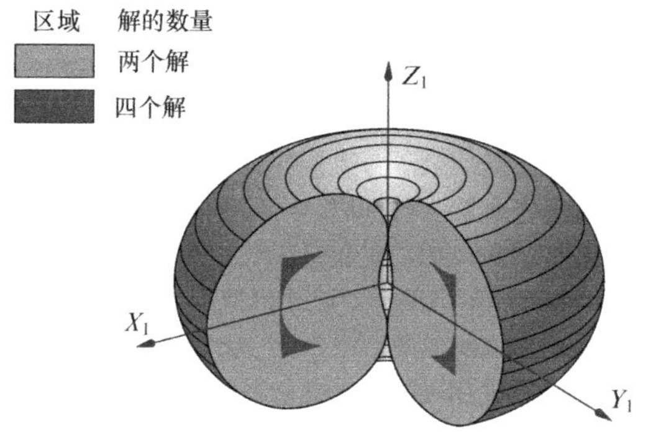

图 10.4　图 10.3 中的正交机器人的工作空间（引自参考文献［10.11］）

2，在边界上的其他点处秩减少 1。

现在可以概括出基于工作空间形状的设计准则：

1）如果要求工作空间是轴对称的，且容积有限，选用具有区域结构的串联构型，且只选用转动关节。

2）如果要求工作空间是棱柱形且容积无限，选用具有区域结构的串联构型，第一个关节选用棱柱关节。在此，无限的真正意义是沿某一方向远远大于其他方向。另外，如果要求只沿一个方向远远大于其他方向，可棱柱关节即可以选用地面上的轨道，也可以选用空中的悬架。如果要求沿两个方向远远大于其他方向，则选用轮式移动机器人携带机械手，最著名的例子是美国航空航天局在 1997 年寻找到火星路线计划中采用的 Sojourner。

3）如果不要求工作空间具有轴对称结构，但要求若干共面的对称轴，类似于正多边形结构，选用并联机器人。

10.2.1　到达一系列目标坐标系

与工作空间要求密切相关的一个问题是任务要求。在机械设计中的一个常用做法是在空间中指定一系列坐标系，然是设计一个能够到达所有这些坐标系的符合预设拓扑结构的机构。到达各坐标系的次序必须被指定。如果不是所有的坐标系都能被到达，那么寻求一个能够在某种意义上最接近这些坐标系的机构。关于这个经典机构设计问题的文献有许多，可以参考文献［10.1，12，13］及其引用的参考文献。在此指出应用这种目标坐标系方法设计机器人时需注意的几点：

1）并不总需要精确地达到期望的坐标系，有时候甚至是不可能的：某些情况下更好的选择是采用某种优化方法获得到达期望位姿的最小误差（保证误差的模满足工程要求）。

2）参考文献［10.9］中指出，通过区间分析，考虑到制造误差因素，不仅是一系列离散的姿态，而是整个六维工作空间都可以到达。

3）单自由度结构设计中的分支问题在机器人设计中也有可能出现：基于通过点的设计结果可以到达所有的期望位姿，但有可能不能在一个特定的运动模式中实现所有的位姿。这个问题在机器人设计中变得更为明显，给定一个末段操作手的姿态，转动解耦的六自由度串联机器人可以产生最多 16 个可能解，即 16 个分支[10.14,15]。

4）为机器人提出设计任务，即要求其末端操作手能够到达一系列位姿时，不应忘记使用机器人的目的不是完成一个特定的任务，而是一系列任务。选择的目标姿态应该能够反映这些任务。

结合上述各点，我们可以介绍 SCARA 系统的设计或评价过程。SCARA 系统是一个四自由度的串联机器人，可以在通用刚体位移集合的 Schönflies 子集内完成若干任务[10.16,17]，也就是除三维的平移运动外增加一个绕固定轴的转动。在这类系统中，手部的任务是一段长 300mm 的水平线段联结的两段长 25mm 的垂直线段。末端操作手可以垂直运动，同时绕垂直轴在 180° 范围内转动。SCARA 制造商采用的任务规范中没有说明如何处理角落的问题，这个问题留给机器人工程师自由发挥。

10.2.2　工作空间容积和拓扑结构

1. 可达和灵活工作空间

自 Roth 的早期工作[10.18]开始，关于机械手运动学几何特性和其工作空间之间的关系已经进行了许多研究。大部分研究中都将工作空间分为两部分：可达空间和灵活空间[10.19]。为末端操作手指定一个参考点 P，例如球形腕的中心或末端操作手上的其他点，可达空间被定义为 P 点在物理上可到达的空间点的集合。灵活空间被定义为 P 点可以以任意末端操作手姿态到达的点的集合。

关于工作空间的早期文献主要集中于用数值或代数方法描述工作空间。可达空间和灵活空间被分别被 Kumar 和 Walron[10.19]，Yang 和 Lee[10.20]以及 Tsai 和 Soni[10.21]利用数值方法进行了分析。与代数方法相比，这种方法的主要优点是可以方便地引入运动约束。但应用这种方法却难以获得通用的设计准则。在表征工作空间的代数方法中，Gupta 和 Roth[10.22]以及 Gupta[10.23]中采用了拓扑分析方法，并提出了工作空间中的孔和空洞的概念，并验证了其存在条件。可达空间和灵活空间的形状也被表述为 P 的函数。

Freudenstein 和 Promrose[10.24]，Lin[10.25]进行了更深入的研究，建立了运动学参数和工作空间之间的精确关系，并对一类三关节机械手针对工作空间的容积进行了优化。Vijaykumar 等人对工作空间优化进行了更通用的分析。根据灵活空间定义了机械手的性能指标，即给出一个机械手满足若干关于其 Denavit-Hartenberg 参数的约束条件，结果显示最优的 6R 设计是肘式机械手形式。

机器人区域结构的一种典型设计是正交形式，包括一个沿垂直轴转动的关节和两个沿水平轴转动的关节，其中一条水平轴与垂直轴相交。常用的结构还包括长度相等的中间和远端杆件。这种结构的工作空间是一个半径为两倍上述长度的球体。其容积自然由该长度决定。如参考文献 Yoshikawa ［10.26］ 中指出的，由上述区域结构的最后两个杆件构成的平面两连杆机械手的工作空间是所有具有同样杆件长度的结构中最大的。具有同样区域机构的机械手的工作空间也几乎是在同类机器人中最大的。

2. 微分几何工作空间表征

如果将机器人末端操作手的配置空间视为一个特定的欧几里德集合 SE（3）的子集，工作空间也可以通过微分几何方法求解。在定义空间机构的工作空间容积时需要考虑的一个重要原则是其应不受选择的参考坐标系的影响。这个要求的一个不很直观的表述形式是：容积不应受末端操作手坐标系被定义在最后一个杆件上的哪一点的影响。这个条件有下述物理意义：无论操作手变大或变小，机器人都应拥有同样的工作空间容积，其只取决于关节轴线位置。

如将 SE（3）视为一个 Riemanian 拓扑空间簇，则工作空间的容积就是 SE（3）的容积经运动学映射 f 得到的像的容积。SE（3）有一个双重不变特性，即其容积既不受静坐标系（机座坐标系），又不受动坐标系（末端操作手坐标系）的选择的影响，见参考文献 Loncaric ［10.27］。Peden 和 Sastry 在参考文献 ［10.28］ 中给出了一个直观的例子。假设一架飞机被限制在一个边长 1km 的空间立方体内飞行，在这个范围的任意一点，飞机可以将其自身指向 4π 的固态角范围内的任意一个方向，并可绕其指向的方向在 2π 角度范围内横滚，在每一点处飞机的姿态容积是 $4\pi\times2\pi=8\pi^2\text{rad}^3$，乘以位置容积得到飞机在自由配置空间内的容积是 $8\pi^2\text{rad}^3\cdot\text{km}^3$。

工作空间的这种描述方式在机器人学中得到广泛应用，主要优点是不同于灵活空间的常规定义，这种方式可以协调处理位置自由度和姿态自由度。需要指出，得到的实际数值受对物理空间采用的长度比例的影响；这点对工作空间容积本身不是个严重的问题，比较不同工作空间时如果采用相同的长度比例也不是问题。

在参考文献 ［10.28］ 中，Paden 和 Sastry 采用上述几何架构证明满足运动学长度约束，拥有最大工作空间的 6R 机械手是肘式机械手，这与 Vijaykumar 等人的早期成果[10.8]一致。此外，获得结果过程中，没有采用 Vijaykumar 所做的关于运动学结构的假设。

10.3 灵巧性指标

10.3.1 开链结构的局部灵巧性

灵巧性可以被定义为沿任意方向同样容易地运动并施加力和力矩的能力，这个概念属于动态静力学的范畴，即研究多肢体机械系统中静态保守条件下，可行复合速度和约束复合力之间的相互作用关系。这里，复合速度是一个六维的刚体速度矢量，包括参考点的 3 个速度分量和刚体整体的 3 个角速度分量。复合力是作用在刚体上的一个六维静态矢量，包括作用在参考点的合力的 3 个分量和作用在物体上的伴随力矩的 3 个分量。

Salisbury 和 Craig[10.29]介绍了关节手臂设计过程中的灵巧性概念，将其视为由输入关节速度误差到指尖处的输出速度之间的传递关系。为说明这一概念，用 $J(\theta)$ 代表正运动学映射的雅可比矩阵，即

$$\boldsymbol{t}=\boldsymbol{J}(\boldsymbol{\theta})\dot{\boldsymbol{\theta}} \tag{10.1}$$

式中，$\boldsymbol{\theta}$ 和 $\dot{\boldsymbol{\theta}}$ 分别代表关节变量和关节速度矢量，$\boldsymbol{t}$ 是末端操作手的复合速度，被定义为

$$\boldsymbol{t}=\begin{pmatrix}\boldsymbol{\omega}\\ \dot{\boldsymbol{p}}\end{pmatrix} \tag{10.2}$$

式中，$\boldsymbol{\omega}$ 代表末端操作手的角速度，$\dot{\boldsymbol{p}}$ 是末端操作手的操作点 P 的速度，即定义任务时的参考点。

以 n 和 m 分别代表关节空间$\mathcal{J}$和末端操作手配置空间$\mathcal{G}$的维数，总有 $n\geqslant m$。单位球面 $\{\boldsymbol{\theta}\mid\|\dot{\boldsymbol{\theta}}\|=1\}$ 经过映射 $\boldsymbol{J}(\boldsymbol{\theta})$ 的像是复合速度空间 $\boldsymbol{t}$ 内的一个椭球面。事实上，即使我们假定 $n=m$ 得出的结论，也能适应更通用的情况 $n\neq m$。我们在此保留完整的假设是为了以后讨论的简化。对 J 进行极值分解[10.30]得到：

$$\boldsymbol{J}=\boldsymbol{RU}=\boldsymbol{VR} \tag{10.3}$$

式中，$\boldsymbol{R}$ 是一个正交矩阵，既可以是有理的，也可以是无理的。有理情况下，$\boldsymbol{R}$ 代表旋转，无理情况下，$\boldsymbol{R}$ 代表反射。$\boldsymbol{U}$ 和 $\boldsymbol{V}$ 是对称，至少为半正定阵。如果 $\boldsymbol{J}$ 为非奇异，则 $\boldsymbol{U}$ 和 $\boldsymbol{V}$ 均为正定阵，且上述分解方式唯一。这两个矩阵总可以通过相似变换联系在一起

$$\boldsymbol{V}=\boldsymbol{R}\boldsymbol{U}\boldsymbol{R}^{\mathrm{T}} \tag{10.4}$$

也就是说这两个矩阵具有相同的非负实特征值。这些特征值同时也是 $\boldsymbol{J}$ 的奇异值。如果用 $\boldsymbol{\Sigma}$ 代表 $\boldsymbol{U}$ 的对角表述形式，其中第 i 个对角元素是 $\boldsymbol{U}$ 的第 i 个特征值，则 $\boldsymbol{U}$ 的特征值分解是

$$\boldsymbol{U}=\boldsymbol{E}\boldsymbol{\Sigma}\boldsymbol{E}^{\mathrm{T}} \tag{10.5}$$

式中，$\boldsymbol{E}$ 是一个正交矩阵，其第 i 列 $\boldsymbol{e}_i$ 代表 $\boldsymbol{U}$ 的第 i 个特征向量，$\boldsymbol{V}$ 的第 i 个特征向量用 $\boldsymbol{R}\boldsymbol{e}_i$ 表示。如果将 $\boldsymbol{U}$ 的特征值分解带入到 $\boldsymbol{J}$ 的极值分解式（10.3）中，得到

$$\boldsymbol{J}=\boldsymbol{R}\boldsymbol{E}\boldsymbol{\Sigma}\boldsymbol{E}^{\mathrm{T}} \tag{10.6}$$

也就是 $\boldsymbol{J}$ 的奇异值分解，$\boldsymbol{\Sigma}$ 的各对角线元素也就是 $\boldsymbol{J}$ 的奇异值。

现在可以给出正运动学映射，式（10.1）的几何解释，为此将其改写为

$$\boldsymbol{t}=\boldsymbol{R}\boldsymbol{U}\dot{\boldsymbol{\theta}} \tag{10.7}$$

对于一个非奇异姿态，雅可比矩阵式可逆，同理 $\boldsymbol{U}$ 也可逆，由上式可得到

$$\dot{\boldsymbol{\theta}}=\boldsymbol{U}^{-1}\boldsymbol{R}^{\mathrm{T}}\boldsymbol{t} \tag{10.8}$$

进一步，如果假定复合速度向量 $\boldsymbol{t}$ 和关节速度向量 $\dot{\boldsymbol{\theta}}$ 的所有元素都有同样的物理单位，即纯平动或纯转动机器人的情况，则可以对（10.8）取两端取欧几里德模数，得到

$$\|\dot{\boldsymbol{\theta}}\|^2=\boldsymbol{t}^{\mathrm{T}}\boldsymbol{R}\boldsymbol{U}^{-2}\boldsymbol{R}^{\mathrm{T}}\boldsymbol{t} \tag{10.9}$$

将 $\boldsymbol{U}$ 用它的特征值分解，式（10.5）代替，得到

$$\|\dot{\boldsymbol{\theta}}\|^2=\boldsymbol{t}^{\mathrm{T}}\boldsymbol{R}\boldsymbol{E}\boldsymbol{\Sigma}^{-2}\boldsymbol{E}^{\mathrm{T}}\boldsymbol{R}^{\mathrm{T}}\boldsymbol{t}$$

如果定义

$$\boldsymbol{v}=\boldsymbol{E}^{\mathrm{T}}\boldsymbol{R}^{\mathrm{T}}\boldsymbol{t} \tag{10.10}$$

则上式变为

$$\boldsymbol{v}^{\mathrm{T}}\boldsymbol{\Sigma}^{-2}\boldsymbol{v}=\|\dot{\boldsymbol{\theta}}\|^2 \tag{10.11}$$

如果 $\boldsymbol{v}$ 的第 i 个元素记作 $\boldsymbol{\nu}_i$，$i=1$，…，n，对于 $\mathcal{J}$ 内的单位球 $\|\dot{\boldsymbol{\theta}}\|^2=1$，式（10.11）变为

$$\frac{\nu_1}{\sigma_1^2}+\frac{\nu_2}{\sigma_2^2}+\cdots\frac{\nu_n}{\sigma_n^2}=1 \tag{10.12}$$

即 $\mathcal{G}$ 空间，或笛卡儿速度空间中半轴分别是 $\{\sigma_i\}_1^n$ 的椭球的标准方程。需要指出，该椭球只有在特定的坐标系内才能表述为标准形式，即坐标轴的方向与 $\boldsymbol{U}$ 的特征向量的方向一致。椭球在 $\mathcal{G}$ 空间内的通用表达式是

$$\boldsymbol{t}^{\mathrm{T}}\boldsymbol{R}\boldsymbol{E}\boldsymbol{\Sigma}^{-2}\boldsymbol{E}^{\mathrm{T}}\boldsymbol{R}^{\mathrm{T}}\boldsymbol{t}=1 \tag{10.13}$$

总之，关节空间的一个单位球被逆雅可比矩阵 $\boldsymbol{J}^{-1}$ 映射为一个椭球，其半轴长度是 $\boldsymbol{J}$ 的奇异值。即 $\boldsymbol{J}$ 将关节速度空间的单位球扭曲为末端操作手复合速度空间的一个椭球。这种扭曲可以作为由机器人结构决定的运动和力传递质量的一个度量；扭曲越小，传递的质量越高。

由雅可比矩阵导致的扭曲的度量还可以被定义为 $\boldsymbol{J}$ 的最大奇异值 σ_M 和最小奇异值 σ_m 之间的比例，也被称为 $\boldsymbol{J}$ 的条件数 $\boldsymbol{\kappa}_2$，利用矩阵的 2 范数[10.31]得到

$$\boldsymbol{\kappa}_2=\frac{\sigma_M}{\sigma_m} \tag{10.14}$$

实际上，式（10.14）只是计算 $\boldsymbol{J}$ 或任意 $m\times n$ 维矩阵的条件数的可能方法之一，而不是效率最高的。这种定义中要求已知雅可比矩阵的奇异值。但是，奇异值和特征值的计算量都很大，再加上极值分解的计算量，这样做的计算量只是略小于奇异值分解的计算量[10.32]。对于一个 $n\times n$ 维的矩阵，条件数的更通用的定义是[10.31]：

$$\kappa(\boldsymbol{A})=\|\boldsymbol{A}\|\|\boldsymbol{A}^{-1}\| \tag{10.15}$$

如上所述，式（10.14）是在（10.15）式中采用矩阵 2 范数获得的。矩阵的 2 范数定义为

$$\|\boldsymbol{A}\|_2\equiv\max_i\{\sigma_i\} \tag{10.16}$$

另一方面，可以采用矩阵的加权 Frobenius 范数，定义如下

$$\|\boldsymbol{A}\|_{\mathrm{F}}\equiv\sqrt{\frac{1}{n}tr(\boldsymbol{A}\boldsymbol{A}^{\mathrm{T}})}\equiv\sqrt{\frac{1}{n}tr(\boldsymbol{A}^{\mathrm{T}}\boldsymbol{A})} \tag{10.17}$$

显然，奇异值的计算被避免了。如果在上述定义中省略权值 $\frac{1}{n}$，就得到标准的 Frobenius 范数。在工程中加权 Frobenius 范数应用更为广泛，因为它不取决于矩阵的行和列数。加权 Frobenius 范数实际上得到奇异值的均方根值（rms）。

基于矩阵的 Frobenius 范数，可以得到雅可比矩阵 $\boldsymbol{J}$ 的 Frobenius 条件数 $\boldsymbol{\kappa}_{\mathrm{F}}$

$$\begin{aligned}\boldsymbol{\kappa}_{\mathrm{F}}(\boldsymbol{J})&=\frac{1}{n}\sqrt{tr(\boldsymbol{J}\boldsymbol{J}^{\mathrm{T}})}\sqrt{tr[(\boldsymbol{J}\boldsymbol{J}^{\mathrm{T}})^{-1}]}\\&=\frac{1}{n}\sqrt{tr(\boldsymbol{J}^{\mathrm{T}}\boldsymbol{J})}\sqrt{tr[(\boldsymbol{J}^{\mathrm{T}}\boldsymbol{J})^{-1}]}\end{aligned} \tag{10.18}$$

上述两种计算矩阵的条件数的方法之间还有一点重要差别：$\boldsymbol{\kappa}_{\mathrm{F}}(\cdot)$ 是它的自变量矩阵的解析函数，

$\boldsymbol{\kappa}_2(\cdot)$ 则不是。因此基于 Frobenius 范数得到的条件数在机器人结构设计中拥有巨大的优势。$\boldsymbol{\kappa}_F(\cdot)$ 是可微的，可用于基于梯度的优化方法，运行远远快于仅依靠函数评价的直接方法。在要求实时计算的机器人控制中，$\boldsymbol{\kappa}_F(\cdot)$ 也体现出优势，因为在计算过程中不需要计算奇异值，只需要进行矩阵求逆，所以速度更快。

我们注意到条件数的概念来源于由线性系统方程（10.1）求解 $\dot{\boldsymbol{\theta}}$ 的过程，这有助于更好地理解条件数在机器人设计和控制中的重要性。$\boldsymbol{J}$ 是结构参数和姿态变量 θ 的函数，其中必然包含已知等级的误差。结构参数，也就是 Denavit-Hartenberg 表中的常数，被存储在向量 $\boldsymbol{p}$ 中，$\boldsymbol{p}$ 和 $\boldsymbol{\theta}$ 中必然包括各自的误差 $\delta\boldsymbol{p}$ 和 $\delta\boldsymbol{\theta}$。此外，机器人控制软件的输入，复合速度 $\boldsymbol{t}$ 也不可避免地含有误差 $\delta\boldsymbol{t}$。

采用浮点数求解式（10.1）得到 $\dot{\boldsymbol{\theta}}$ 的过程中，得到的结果必然包含截尾误差 $\delta\dot{\theta}$。$\dot{\theta}$ 中的相对误差受结构参数和姿态变量的相对误差影响[10.31]

$$\frac{\|\delta\dot{\boldsymbol{\theta}}\|}{\|\dot{\boldsymbol{\theta}}\|}\leqslant\boldsymbol{\kappa}(\boldsymbol{J})\left(\frac{\|\delta\boldsymbol{p}\|}{\|\boldsymbol{p}\|}+\frac{\|\delta\boldsymbol{\theta}\|}{\|\boldsymbol{\theta}\|}+\frac{\|\delta\boldsymbol{t}\|}{\|\boldsymbol{t}\|}\right) \tag{10.19}$$

式中，$\boldsymbol{p}$ 和 $\boldsymbol{\theta}$ 代表各自（未知的）实际值；$\boldsymbol{t}$ 代表复合速度的名义值。

然而，上述讨论中的任务包括位置或姿态要求，但不同时包括两者。现实中，大多机器人任务既包括位置，又包括姿态要求，这样雅可比矩阵的不同元素具有不同的单位，从而其奇异值也具有不同的单位。和位置相关的奇异值具有长度单位，和姿态相关的是无量纲的。这样，就不可能对所有奇异值排序或求和。

为处理这一问题，并计算雅可比矩阵的条件数，特征长度的概念被提出[10.11]。特征长度 L 被定义为在某个最优姿态下，雅可比矩阵的带有长度单位的元素被分离出来使得雅可比矩阵的条件数达到最小值的长度。因为定义的方式非常抽象，缺乏清晰的几何意义，使其在机器人领域的应用非常困难。为提供明确的几何意义，最近齐次空间的概念被提出[10.33]。利用这一概念，机器人结构在一无量纲空间中设计，所有点的坐标都是无量纲实数。这样做，一条直线的六个 Plücker 坐标[10.34]也都是无量纲的。机器人的雅可比矩阵的每一列对应转动轴线的 Plücker 坐标，也是无量纲的。雅可比矩阵的奇异值也是无量纲的，则其条件数可以被定义。对应最小条件数，确定机器人的结构时，若满足若干几何约束，如杆件长度比例和相邻关节轴线间的角度，可以得到机器人的最大可达范围。这个最大可达范围 r 是一个无量纲数，将其与规定的拥有长度单位的最大可达范围 R 相比较，特征长度就是比例 $L=R/r$。

10.3.2 基于动力学的局部性能评价

既然运动是由力或力矩作用在刚体上造成的，一个自然的想法是定义考虑机构的惯性特性的性能指标。Asada[10.35]定义了广义惯量椭球（GIE），即对应 $\boldsymbol{G}=\boldsymbol{J}^{-\mathrm{T}}\boldsymbol{M}\boldsymbol{J}^{-1}$ 的椭球，其中 $\boldsymbol{M}$ 是机械手的惯量矩阵。这个椭球的半轴是上文介绍的奇异值。Yoshikawa[10.36]定义了相应的动态操作性度量为 $\det[\boldsymbol{J}\boldsymbol{M}^{-1}(\boldsymbol{J}\boldsymbol{M}^{-1})^{\mathrm{T}}]$。从物理角度看，这些概念对应两种现象。若将机器人视为一个输入-输出设备，即给定关节力矩，产生末端操作手处的加速度。Yoshikawa 的指标反映这种力矩-加速度增益的一致性，Asada 的广义惯量椭球表征这个增益的逆。如果一个操作者握住机器人的末端操作手尝试移动机器人，广义惯量椭球将反映机器人对这种末端操作手运动的阻抗。

其他将机器人的性能视为动力学的函数的度量包括：Voglewede 和 Ebert-Uphoff[10.37]提出的基于关节刚度和杆件惯量的性能指标，其目的是确定由机器人的任意姿态到奇异状态之间的距离。Bowling 和 Khatib[10.38]提出了广义坐标系来评价一个广义机械手的动态能力，其中包括了末端操作手的速度和加速度，还考虑了力矩和执行器所受的速度限制。

10.3.3 全局灵巧性度量

上述度量值都只具有局部意义因为它们都只针对给定的姿态。局部度量对很多应用具有意义，如冗余求解和工件定位。为了设计目的，更需要一种全局的度量。将局部度量推广到全局的一个直观方法是将局部度量在整个可行的关节空间积分。在参考文献［10.39］中，Gosselin 和 Angeles 将雅可比条件数在整个工作空间上积分来定义一种全局度量，被称为全局条件指标。对于简单的情况，如平面定位和球形机械手，全局条件指标和对应的局部度量完全吻合。

10.3.4 闭链灵巧性指标

建立闭链的灵巧性具有若干不同点。第一个明显的差别是闭链的关节配置空间不再是平坦的，一般情况下是高维空间内的曲面。此外，与开链情况不同，闭链的正运动学问题比逆运动学问题更困难，有可能存在多个解。另一个重要区别是尽管只有部分关节是可以主动驱动的，这个数目仍然可能超过机器人的自由度数目。

一些针对特定机构[10.40]和所有关节都可被驱动的协作机器人系统[10.41,42]的基于坐标的闭链灵巧性度量已经被提出，部分方法得到的结果相互矛盾[10.43,44]。由于上文介绍的闭链机构独有的非线性特性，为它们建立基于坐标的灵巧性度量时需要特别关注。

另一个新近的研究方向是为闭链结构的灵巧性建立不随坐标系变化的微分几何表达式。在这个框架下关节和末端操作手配置空间被视为通过适当选择的 Riemannian 度量的 Riemannian 拓扑空间簇，其中关节空间度量的选择反映关节执行器的特性。为串联结构开发的椭球概念也可以被推广到通用的闭链情况，可以包括主动和被动关节，包括冗余驱动情况[10.45,46]。

10.3.5 修正的类灵巧性度量

上述对灵巧性的不同定义都定性地反映机器人沿任意方向运动和施加力的能力。Liegeois[10.47]和 Klein，Huang[10.48]的工作中，采用了不同的视角，其中灵巧性通过关节范围的可实行性来定量地描述。这样做的动机是因为大部分机器人关节都存在限制，因此应将关节到达停止位置的可能性降到最低。

Hollerbach[10.49]采用了一种修正的方法来设计一个冗余的 7R 机械手，考虑的因素包括：①避免内部奇异点；②工作空间中的避障能力；③运动学方程的可解性；④机械的可构建性。基于这四条准则，他得到了一种特定的 7R 设计，和人类手臂具有相同的形态构型，两个球关节相当于肩关节和腕关节，以及一个转动关节相当于肘关节。通常情况下，锁定冗余机器人的一个关节，机器人仍然可以完成普通的六自由度任务，对于该结构，如果锁定肘关节，该机器人将失去这种操作能力。

从控制角度出发，Spong[10.50]指出，如果机械手的惯量矩阵具有消失的 Riemannian 弯曲，则存在一系列坐标系，在其中运动方式可以具有特别的简化形式。惯量矩阵的弯曲也反映了动力学特性对某些机器人参数的敏感度。最小化这种弯曲，是另一种可能的机器人设计标准。

10.4 其他性能指标

10.4.1 加速度半径

另一种表征机械手动态能力的度量是加速度半径，最初由 Graettinger 和 Krogh 在参考文献［10.51］中提出，其意义是给定执行器所受的力矩限制，反映末端操作手在任意方向上的最小加速度能力。特别地，给定一个串联链的动力学方程

$$\boldsymbol{\tau} = \boldsymbol{M}(\boldsymbol{\theta})\ddot{\boldsymbol{\theta}} + \boldsymbol{C}(\boldsymbol{\theta},\dot{\boldsymbol{\theta}})\dot{\boldsymbol{\theta}} \tag{10.20}$$

式中，$\boldsymbol{M}$ 是机器人的质量矩阵，也被称为关节空间中的惯量矩阵；$\boldsymbol{C}(\boldsymbol{\theta},\dot{\boldsymbol{\theta}})$ 是由关节速度向量到科氏力和离心力矢量的映射矩阵。执行器受到力矩限制，形如

$$\boldsymbol{\tau}_{\min} \leqslant \boldsymbol{\tau} \leqslant \boldsymbol{\tau}_{\max} \tag{10.21}$$

此处下限和上限力矩 $\boldsymbol{\tau}_{\min}$，$\boldsymbol{\tau}_{\max} \in \mathbb{R}^n$ 是常数或机械手姿态 $\boldsymbol{\theta}$ 的函数。末端操作手复合速度的变化率 $\dot{t}$ 为

$$\dot{t} = \boldsymbol{J}(\boldsymbol{\theta})\ddot{\boldsymbol{\theta}} + \dot{\boldsymbol{J}}(\boldsymbol{\theta},\dot{\boldsymbol{\theta}})\dot{\boldsymbol{\theta}} \tag{10.22}$$

式中，$\dot{\boldsymbol{J}}(\boldsymbol{\theta},\dot{\boldsymbol{\theta}})$ 是雅可比矩阵的时间导数。假设 $\boldsymbol{J}(\boldsymbol{\theta})$ 是非奇异的，可以得到

$$\ddot{\boldsymbol{\theta}} = \boldsymbol{J}(\boldsymbol{\theta})^{-1}\dot{t} - \boldsymbol{J}(\boldsymbol{\theta})^{-1}\dot{\boldsymbol{J}}(\boldsymbol{\theta},t) \tag{10.23}$$

将上式代入动力学方程（10.20），得到

$$\boldsymbol{\tau}(\boldsymbol{\theta},t,\dot{t}) = \boldsymbol{M}'(\boldsymbol{\theta})\dot{t} + \boldsymbol{C}'(\boldsymbol{\theta},t) \tag{10.24}$$

其中

$$\boldsymbol{M}'(\boldsymbol{\theta}) = \boldsymbol{M}(\boldsymbol{\theta})\boldsymbol{J}(\boldsymbol{\theta})^{-1}$$

$$\boldsymbol{C}'(\boldsymbol{\theta},t) = [\boldsymbol{C}(\boldsymbol{\theta},t) - \boldsymbol{M}(\boldsymbol{\theta})\boldsymbol{J}(\boldsymbol{\theta})^{-1}\dot{\boldsymbol{J}}(\boldsymbol{\theta},t)]\boldsymbol{J}^{-1}(\boldsymbol{\theta})$$

对于给定的状态（$\boldsymbol{\theta}$，$\dot{\boldsymbol{\theta}}$），线性力矩限制（10.21）定义了一个复合加速度空间内的多面体。Greaetinger 和 Krogh[10.51]将加速度半径定义为中心在原点，完全包含在这个多面体内的球的最大半径。其代表末端操作手在任意方向的最小加速度。这个概念被用来衡量机械手的加速度能力，也被用来确定执行器的尺寸来获得期望的加速度半径。Bowling 和 Khatib[10.38]将这一概念推广以衡量末端操作手的力和加速度能力，定量描述机械手的最差动态表现。

10.4.2 静弹性性能

静弹性性能反映机器人在静平衡条件下对外加负载-力和力矩的响应。这种响应体现为机械手的刚度，即末端操作手受外加复合力时的位移和角度形变。

机器人形变有两个来源：杆件和关节形变。对应杆件很长的情况，如空间机器人-加拿大手臂 2 型，杆件柔性是形变的主要来源。对于当今大多数串联机器人，形变主要出现在关节处。

在本章中，我们认为机器人杆件是刚性的，关节模型是线弹性扭转弹簧。更复杂的杆件柔性问题将在

第13章中深入介绍。关于静弹性模型，我们的分析建立在一下假设基础上：对于定位任务，关节锁定在某一姿态$\boldsymbol{\theta}_0$处，末端操作手受到复合力扰动$\Delta\boldsymbol{w}$作用，其被弹性关节力矩$\Delta\boldsymbol{\tau}$所平衡。在该条件下，$\Delta\boldsymbol{\theta}$和$\Delta\boldsymbol{\tau}$之间服从著名的线性关系

$$\boldsymbol{K}\Delta\boldsymbol{\theta}=\Delta\boldsymbol{\tau} \tag{10.25}$$

式中，$\boldsymbol{K}$是关节空间中对应给定姿态处的刚度矩阵，是一个对角阵，各对角线元素分别对应各关节的扭转刚度，因此$\boldsymbol{K}$是姿态独立的，即在整个机器人工作空间内为常数矩阵。另外，因为所有关节都具有有限的非零刚度，因此$\boldsymbol{K}$是可逆的，其逆阵$\boldsymbol{C}$被称为柔顺矩阵。可以将（10.25）式的逆表示为

$$\Delta\boldsymbol{\theta}=\boldsymbol{C}\Delta\boldsymbol{\tau} \tag{10.26}$$

显然$\Delta\boldsymbol{\theta}$和$\Delta\boldsymbol{\tau}$都具有增量的本质，都由平衡姿态处开始测量，在平衡姿态处，二者均为0。

关于刚度矩阵，Griffis和Duffy[10.52]提出了一种由刚体位移增量$\Delta\boldsymbol{x}$到复合力增量$\Delta\boldsymbol{w}$的不具有对称性的映射。映射背后的概念是Howard等人在参考文献［10.53］中利用Lie代数方式提出的。但在上述文章中，Δx和Δw是不匹配的，它们的乘积并不代表功的增量，因为Δx并不出现在Δw的作用点，因此，上述映射的矩阵形式并不代表刚度矩阵。

给定相同幅值的$\Delta\boldsymbol{\tau}$，变形在与$\boldsymbol{C}$的最大特征值，即$\boldsymbol{K}$的最小特征值（表示为$\kappa_{\min}$），对应的特征向量方向上的形变最大。关于静弹性性能，我们的目标是：①最小化最大形变，即最大化$\kappa_{\min}$；②使形变的幅值$\|\Delta\boldsymbol{\theta}\|$尽可能关于负载$\Delta\boldsymbol{\tau}$的作用方向不敏感。可以通过使$K_{\min}$尽可能接近$K_{\max}$来实现。第一个目标与刚度常数相关，该常数越大，形变越小。第二个目标涉及各向同性，最理想的情况是K的所有特征值都相等，即K本身是各向同性的。由于串联机器人的金字塔效应，即靠近机座的电动机需要支撑其后所有部分，整体的刚度由靠近机座的关节决定，因此，串联机械手不可能具有各向同性的刚度矩阵。

式（10.25）和式（10.26）也可以在任务空间中表述为

$$\boldsymbol{K}_{\mathrm{C}}\Delta\boldsymbol{x}=\Delta\boldsymbol{w} \tag{10.27}$$

式中，$\Delta\boldsymbol{x}\equiv\boldsymbol{t}\Delta t$，$\Delta t$代表一个时间间隔微量，在此期间内末端操作手的姿态变化微量是Δx，即

$$\Delta\boldsymbol{x}=\boldsymbol{J}\dot{\boldsymbol{\theta}}\Delta t=\boldsymbol{J}\Delta\boldsymbol{\theta} \tag{10.28}$$

是一个由关节增量向量到位姿增量向量的线性变换。下面我们将说明刚度矩阵不是坐标系不变的，即在由关节空间到笛卡儿空间的线性变换中，刚度矩阵不满足相似变换。我们首先简要回顾相似变换的定义：如果$\boldsymbol{y}=\boldsymbol{L}\boldsymbol{x}$是一个由$\boldsymbol{R}^n$空间到其自身的线性变换，引入向量基的变化，$\boldsymbol{x}'=\boldsymbol{A}\boldsymbol{x}$，$\boldsymbol{y}'=\boldsymbol{A}\boldsymbol{y}$，则$\boldsymbol{L}$变成$\boldsymbol{L}'$，即满足下式

$$\boldsymbol{L}'=\boldsymbol{A}\boldsymbol{L}\boldsymbol{A}^{-1} \tag{10.29}$$

上述变换将$\boldsymbol{R}^n$空间内的任意向量变换为同一空间内的另一向量，将矩阵$\boldsymbol{L}$变换为$\boldsymbol{L}'$，如式（10.29）所示，称为相似变换。因为$\boldsymbol{A}$代表坐标系之间的转换，所以其必然可逆。

现在，由式（10.28）和式（10.27）给出的坐标变换，可以得到

$$\boldsymbol{K}_{\mathrm{C}}\boldsymbol{J}\Delta\boldsymbol{\theta}=\boldsymbol{J}^{-\mathrm{T}}\Delta\boldsymbol{\tau} \tag{10.30}$$

其中我们需要利用动态静力学关系[10.11]

$$\boldsymbol{J}^{\mathrm{T}}\Delta\boldsymbol{w}=\Delta\boldsymbol{\tau}$$

在此，指数项-T意味着逆的转置，或转置的逆。在式（10.30）两端同时左乘$\boldsymbol{J}^{\mathrm{T}}$，可以得到：

$$\boldsymbol{J}^{\mathrm{T}}\boldsymbol{K}_{\mathrm{C}}\boldsymbol{J}\Delta\boldsymbol{\theta}=\Delta\boldsymbol{\tau} \tag{10.31}$$

比较式（10.25）和式（10.31），可以得到关节空间的刚度矩阵$\boldsymbol{K}$和笛卡儿空间的刚度矩阵$\boldsymbol{K}_{\mathrm{C}}$之间的关系

$$\boldsymbol{K}=\boldsymbol{J}^{\mathrm{T}}\boldsymbol{K}_{\mathrm{C}}\boldsymbol{J}\ \text{或}\ \boldsymbol{K}_{\mathrm{C}}=\boldsymbol{J}^{-\mathrm{T}}\boldsymbol{K}\boldsymbol{J}^{-1} \tag{10.32}$$

显然$\boldsymbol{K}$和$\boldsymbol{K}_{\mathrm{C}}$之间不满足相似变换。意味着这两个矩阵不会具有完全相同的特征值，它们的特征向量也不能通过式（10.28）描述的线性关系相关联。事实上，如果机器人是转动耦合的，它的刚度矩阵$\boldsymbol{K}$的元素都具有单位N·m，即扭转刚度，而$\boldsymbol{K}_{\mathrm{C}}$的元素具有不同的单位。为说明这点，将雅可比矩阵和其逆，以及两个刚度矩阵都分解为四个3×3的子块，即

$$\boldsymbol{J}=\begin{pmatrix}\boldsymbol{J}_{11} & \boldsymbol{J}_{12}\\ \boldsymbol{J}_{21} & \boldsymbol{J}_{22}\end{pmatrix}\qquad \boldsymbol{J}^{-1}=\begin{pmatrix}\boldsymbol{J}'_{11} & \boldsymbol{J}'_{12}\\ \boldsymbol{J}'_{21} & \boldsymbol{J}'_{22}\end{pmatrix}$$

$$\boldsymbol{K}=\begin{pmatrix}\boldsymbol{K}_{11} & \boldsymbol{K}_{12}\\ \boldsymbol{K}_{21}^{\mathrm{T}} & \boldsymbol{K}_{22}\end{pmatrix}\qquad \boldsymbol{K}_{\mathrm{C}}=\begin{pmatrix}\boldsymbol{K}_{\mathrm{C}11} & \boldsymbol{K}_{\mathrm{C}12}\\ \boldsymbol{K}_{\mathrm{C}21}^{\mathrm{T}} & \boldsymbol{K}_{\mathrm{C}22}\end{pmatrix}$$

由复合速度的定义式（10.2）可知，$\boldsymbol{J}$的上半部分的两个子块是无量纲的，它的下半部分的两个子块具有长度单位[10.11]。因此，$\boldsymbol{J}^{-1}$左侧的两个子块是无量纲的，其右侧的两个子块具有逆长度单位。$\boldsymbol{K}_{\mathrm{C}}$的各子块可由式（10.32）所示的关系得出：

$$\boldsymbol{K}_{\mathrm{C}11}=\boldsymbol{J}'^{\mathrm{T}}_{11}(\boldsymbol{K}_{11}\boldsymbol{J}'_{11}+\boldsymbol{K}_{12}\boldsymbol{J}'_{21})+\boldsymbol{J}'^{\mathrm{T}}_{21}(\boldsymbol{K}_{12}^{\mathrm{T}}\boldsymbol{J}'_{11}+\boldsymbol{K}_{22}\boldsymbol{J}'_{21})$$

$$\boldsymbol{K}_{\mathrm{C}12}=\boldsymbol{J}'^{\mathrm{T}}_{11}(\boldsymbol{K}_{11}\boldsymbol{J}'_{12}+\boldsymbol{K}_{12}\boldsymbol{J}'_{22})+\boldsymbol{J}'^{\mathrm{T}}_{21}(\boldsymbol{K}_{12}^{\mathrm{T}}\boldsymbol{J}'_{12}+\boldsymbol{K}_{22}\boldsymbol{J}'_{22})$$

$$\boldsymbol{K}_{\mathrm{C}21}=\boldsymbol{K}_{\mathrm{C}12}^{\mathrm{T}}$$

$$\boldsymbol{K}_{\mathrm{C}22}=\boldsymbol{J}'^{\mathrm{T}}_{12}(\boldsymbol{K}_{11}\boldsymbol{J}'_{12}+\boldsymbol{K}_{12}\boldsymbol{J}'_{22})+\boldsymbol{J}'^{\mathrm{T}}_{22}(\boldsymbol{K}_{12}^{\mathrm{T}}\boldsymbol{J}'_{12}+\boldsymbol{K}_{22}\boldsymbol{J}'_{22})$$

显然，K_{C11}的元素的单位是N·m，即扭转刚度，K_{C12}和K_{C21}的元素的单位是N，K_{C11}的元素的单位是N/m，即平移刚度。

上述讨论的结论是可以得到K的范数，但不能直接得到K_C的范数，除了引入特征长度使得K_C的所有元素成为齐次无量纲的。矩阵的范数是有用的工具，因为它表征矩阵的元素有多大。我们希望确定机器人在关节空间和笛卡儿空间的刚度如何，在关节空间，我们可以采用任何范数，需要指出，式（10.3）介绍的2范数并不适合，因为它会把最强的关节的刚度赋予整个机器人系统，更合适的方式是采用式（10.17）描述的加权Frobenius范数，它采用各关节刚度的均方根值。

为实现机器人的最优设计，我们将力求获得在关节空间的刚度矩阵的Frobenius范数的最大值，同时兼顾机器人重量的约束。因为如果所有的关节都选用同样的材料，刚度越大意味着关节越重。

10.4.3 动弹性性能

对于一个通用的设计问题，不仅动态静力学和静弹性性能，还需要考虑动弹性性能。因此，我们在10.4.2节介绍的假设的基础上，增加一个条件，即考虑由杆件质量和转动惯量导致的惯性力。

在给定的姿态$\boldsymbol{\theta}_0$，忽略阻尼项，一个串联机器人的线性化模型可写成

$$\boldsymbol{M}\Delta\ddot{\boldsymbol{\theta}}+\boldsymbol{K}\Delta\boldsymbol{\theta}=\Delta\tau \tag{10.33}$$

式中，$\boldsymbol{M}$是10.4.1节中介绍的$n\times n$维正定质量阵，$\boldsymbol{K}$是10.4.2节中介绍的关节空间中的$n\times n$维正定刚度矩阵。$\boldsymbol{M}$和$\boldsymbol{K}$都在关节空间坐标系内定义，$\Delta\boldsymbol{\theta}$代表关节变量弹性位移向量。这些位移产生的前提是各关节被锁定在位置$\boldsymbol{\theta}_0$处，具有理想的线弹性特性。机器人受到扰动$\Delta\boldsymbol{\tau}$的作用，或存在一个不为零的初始条件，或二者皆存在。

在自由振动情况下，即系统（10.33）的运动由非零初始条件导致，扰动$\Delta\tau$为零，则可由上述方程求解出$\Delta\ddot{\boldsymbol{\theta}}$：

$$\Delta\ddot{\boldsymbol{\theta}}=-\boldsymbol{D}\Delta\boldsymbol{\theta},\boldsymbol{D}\equiv\boldsymbol{M}^{-1}\boldsymbol{K} \tag{10.34}$$

式中，$\boldsymbol{D}$被定义为动力学矩阵。其决定被考虑的系统的行为，因为它的特征值就是系统的固有频率，而其特征向量对应系统的模态向量。以$\{\omega_i\}_1^n$和$\{\boldsymbol{f}_i\}_1^n$分别代表$\boldsymbol{D}$的特征值和特征向量的集合。在初始条件$[\Delta\boldsymbol{\theta}(0),\ \Delta\dot{\boldsymbol{\theta}}(0)]^{\mathrm{T}}$情况下，其中$\Delta\boldsymbol{\theta}(0)$与$\boldsymbol{D}$的第$i$个特征向量成比例，且$\Delta\dot{\boldsymbol{\theta}}(0)=0$，则系统的运动形式为$\Delta\boldsymbol{\theta}(t)=\Delta\boldsymbol{\theta}(0)\cos\omega_i t$[10.54]。

进一步，在式（10.28）描述的变化情况下，模型（10.33）变化为

$$\boldsymbol{M}\boldsymbol{J}^{-1}\Delta\ddot{\boldsymbol{x}}+\boldsymbol{K}\boldsymbol{J}^{-1}\Delta\boldsymbol{x}=\boldsymbol{J}^{\mathrm{T}}\Delta\boldsymbol{w}$$

在上式等号两端都乘以$\boldsymbol{J}^{-\mathrm{T}}$，可以得到模型（10.33）在笛卡儿坐标系下的动弹性模型

$$\boldsymbol{J}^{-\mathrm{T}}\boldsymbol{M}\boldsymbol{J}^{-1}\Delta\ddot{\boldsymbol{x}}+\boldsymbol{J}^{-\mathrm{T}}\boldsymbol{K}\boldsymbol{J}^{-1}\Delta\boldsymbol{x}=\Delta\boldsymbol{w}$$

其中第一个矩阵系数是笛卡儿坐标系下的质量矩阵

$$\boldsymbol{M}_{\mathrm{C}}\equiv\boldsymbol{J}^{-\mathrm{T}}\boldsymbol{M}\boldsymbol{J}^{-1} \tag{10.35}$$

第二个系数是式（10.32）中定义的$\boldsymbol{K}_{\mathrm{C}}$。在笛卡儿坐标系下的动弹性模型可以写为

$$\boldsymbol{M}_{\mathrm{C}}\Delta\ddot{\boldsymbol{x}}+\boldsymbol{K}_{\mathrm{C}}\Delta\boldsymbol{x}=\Delta\boldsymbol{w} \tag{10.36}$$

再次重申，由变换（10.35）可知，与刚度矩阵类似，质量矩阵同样不具有在不同坐标系下的不变性。对于转动耦合型机器人，$\boldsymbol{M}$的所有元素的单位都是kg·m^2，但$\boldsymbol{M}_{\mathrm{C}}$的元素具有不同的单位。与10.4.2节中对笛卡儿空间中的刚度矩阵进行的类似的分析表明，如果将M_{C}分解为4个3×3的子块，则它的左上子块具有转动惯量单位，它的右下子块具有质量单位，其他非对角块的单位是kg. m。

笛卡儿空间中的动力学矩阵相应变化为

$$\boldsymbol{D}_{\mathrm{C}}=\boldsymbol{M}_{\mathrm{C}}^{-1}\boldsymbol{K}_{\mathrm{C}} \tag{10.37}$$

证明动力学矩阵具有相对坐标系的不变性非常简单。将变换（10.32）和（10.35）代入式（10.37），可以得到

$$\boldsymbol{D}_{\mathrm{C}}=\boldsymbol{J}\boldsymbol{M}^{-1}\boldsymbol{J}^{\mathrm{T}}\boldsymbol{J}^{-\mathrm{T}}\boldsymbol{K}\boldsymbol{J}^{-1}=\boldsymbol{J}\boldsymbol{M}^{-1}\boldsymbol{K}\boldsymbol{J}^{-1}$$

其中可以发现关节坐标系中的动力学矩阵$\boldsymbol{D}$的表达式，因此有

$$\boldsymbol{D}_{\mathrm{C}}=\boldsymbol{J}\boldsymbol{D}\boldsymbol{J}^{-1} \tag{10.38}$$

也就意味着$\boldsymbol{D}_{\mathrm{C}}$是$\boldsymbol{D}$的相似变换。从而，动力学矩阵在坐标系改变时具有不变性，即两个矩阵具有相同的特征值集合，它们的特征向量之间满足同样的相似变换。如果$\boldsymbol{D}$在关节空间中的模态向量记为$\{\boldsymbol{f}_i\}_1^n$，对应笛卡儿空间内的模态向量记为$\{\boldsymbol{g}_i\}_1^n$，则这两个集合之间的相互关系是

$$\boldsymbol{g}_i=\boldsymbol{J}\boldsymbol{f}_i \quad i=1,\cdots,n \tag{10.39}$$

因此，无论在哪个空间中计算，动弹性模型的固有频率总是相同的，振动的自然模态的变换符合相似变换。

在零初始条件下，受到形如$\Delta\boldsymbol{\tau}=\boldsymbol{\theta}_0\cos\omega t$的激励作用时，系统的响应将是频率为$\omega$的简谐运动，其幅值将同时取决于$\omega$和系统的频率谱$\{\omega_i\}_1^n$[10.54]。当$\omega$等于系统的自然频率时，响应的幅值将无限地增大，即出现共振现象。由于这个原因，在

设计机器人时，需要严格地保证它的频率谱不包含任何期望的工作频率。这点可以通过调整机器人的质量和刚度矩阵来使得机器人的频率谱处于所有工作条件的频率范围之外来实现。

设计不是一个直截了当的任务。事实上，在关节空间中刚度矩阵是常数矩阵，而质量矩阵则取决于当前的姿态，即 $\boldsymbol{M}=\boldsymbol{M}(\boldsymbol{\theta})$。因为这一特性，机器人的动弹性设计是个迭代的过程：设计过程如同一个稻草人任务。给定一个典型的任务，包括一系列的姿态，对应存在一系列的质量矩阵。随后，对应所有这些姿态的频率谱将被设计处于稻草人任务的频率范围之外。鉴于机器人终究将执行与稻草人任务不同的任务，需要进行针对不同任务的仿真由共振角度来确保设计的安全性。

参考文献

10.1 O. Bottema, B. Roth: *Theoretical Kinematics* (North-Holland, Amsterdam 1979), Also available by Dover Publishing, New York 1990

10.2 J. Angeles: The qualitative synthesis of parallel manipulators, ASME J. Mech. Des. **126**(4), 617–624 (2004)

10.3 J. Denavit, R.S. Hartenberg: A kinematic notation for lower-pair mechanisms based on matrices, ASME J. Appl. Mech. **77**, 215–221 (1955)

10.4 G. Pahl, W. Beitz: *Engineering Design. A Systematic Approach*, 3rd edn. (Springer, London 2007), Translated from the original Sixth Edition in German

10.5 M. Petterson, J. Andersson, P. Krus, X. Feng, D. Wappling: Industrial Robot Design Optimization in the Conceptual Design Phase, Proc. Mechatron. Robot., Vol. 2, ed. by P. Drews (APS-European Centre for Mechatronics, Aachen 2004) pp. 125–130

10.6 Koning & Hartman, Amsterdam, The Netherlands, http://www.koningenhartman.com/nl/producten/aandrijven_en_besturen/robots/ir_rp_ah/ (November 23, 2007)

10.7 R. Clavel: Device for the movement and positioning of an element in space, Patent 4976582 (1990)

10.8 R. Vijaykumar, K.J. Waldron, M.J. Tsai: Geometric optimization of serial chain manipulator structures for working volume and dexterity, Int. J. Robot. Res. **5**(2), 91–103 (1986)

10.9 J.P. Merlet: *Parallel Robots* (Springer, Dordrecht 2006)

10.10 K. Hoffman: *Analysis in Euclidean Space* (Prentice-Hall, Englewood Cliffs 1975)

10.11 J. Angeles: *Fundamentals of Robotic Mechanical Systems*, 3rd edn. (Springer, New York 2007)

10.12 L. Burmester: *Lehrbuch der Kinematik* (Arthur Felix, Leipzig 1886), in German

10.13 J.M. McCarthy: *Geometric Design of Linkages* (Springer, New York 2000)

10.14 H. Li: Ein Verfahren zur vollständigen Lösung der Rückwärtstransformation für Industrieroboter mit allegemeiner Geometrie. Ph.D. Thesis (Universität-Gesamthochscule Duisburg, Duisburg 1990)

10.15 M. Raghavan, B. Roth: Kinematic analysis of the 6R manipulator of general geometry, Proc. 5th Int. Symp. Robot. Res., ed. by H. Miura, S. Arimoto (MIT Press, Cambridge 1990)

10.16 J. Angeles: The degree of freedom of parallel robots: a group-theoretic approach, Proc. IEEE Int. Conf. Robot. Autom. (Barcelona 2005) pp. 1017–1024

10.17 C.C. Lee, J.M. Hervé: Translational parallel manipulators with doubly planar limbs, Mechanism Machine Theory **41**, 433–455 (2006)

10.18 B. Roth: Performance evaluation of manipulators from a kinematic viewpoint, National Bureau of Standards - NBS SP **495**, 39–61 (1976)

10.19 A. Kumar, K.J. Waldron: The workspaces of a mechanical manipulator, ASME J. Mech. Des. **103**, 665–672 (1981)

10.20 D.C.H. Yang, T.W. Lee: On the workspace of mechanical manipulators, ASME J. Mech. Trans. Autom. Des. **105**, 62–69 (1983)

10.21 Y.C. Tsai, A.H. Soni: An algorithm for the workspace of a general n-R robot, ASME J. Mech. Trans. Autom. Des. **105**, 52–57 (1985)

10.22 K.C. Gupta, B. Roth: Design considerations for manipulator workspace, ASME J. Mech. Des. **104**, 704–711 (1982)

10.23 K.C. Gupta: On the nature of robot workspace, Int. J. Robot. Res. **5**(2), 112–121 (1986)

10.24 F. Freudenstein, E. Primrose: On the analysis and synthesis of the workspace of a three-link, turning-pair connected robot arm, ASME J. Mech. Trans. Autom. Des. **106**, 365–370 (1984)

10.25 C.C. Lin, F. Freudenstein: Optimization of the workspace of a three-link turning-pair connected robot arm, Int. J. Robot. Res. **5**(2), 91–103 (1986)

10.26 T. Yoshikawa: Manipulability of robotic mechanisms, Int. J. Robot. Res. **4**(2), 3–9 (1985)

10.27 J. Loncaric: Geometric Analysis of Compliant Mechanisms in Robotics. Ph.D. Thesis (Harvard University, Harvard 1985)

10.28 B. Paden, S. Sastry: Optimal kinematic design of 6R manipulators, Int. J. Robot. Res. **7**(2), 43–61 (1988)

10.29 J.K. Salisbury, J.J. Craig: Articulated hands: force control and kinematic issues, Int. J. Robot. Res. **1**(1), 4–17 (1982)

10.30 G. Strang: *Linear Algebra and Its Applications*, 3rd edn. (Harcourt Brace Jovanovich College Publishers, New York 1988)

10.31 G.H. Golub, C.F. Van Loan: *Matrix Computations* (The Johns Hopkins Univ. Press, Baltimore 1989)

10.32 A. Dubrulle: An optimum iteration for the matrix polar decomposition, Electron. Trans. Numer. Anal. **8**, 21–25 (1999)

10.33 W.A. Khan, J. Angeles: The Kinetostatic Optimization of Robotic Manipulators: The Inverse and the Direct Problems, ASME J. Mech. Des. **128**, 168–178 (2006)

10.34 H. Pottmann, J. Wallner: *Computational Line Geometry* (Springer, Berlin, Heidelberg, New York 2001)

10.35 H. Asada: A geometrical representation of manip-

ulator dynamics and its application to arm design, Trans. ASME J. Dyn. Sys. Meas. Contr. **105**(3), 131–135 (1983)
10.36 T. Yoshikawa: Dynamic manipulability of robot manipulators, Proc. IEEE Int. Conf. Robot. Autom. (1985) pp. 1033–1038
10.37 P.A. Voglewede, I. Ebert-Uphoff: Measuring closeness to singularities for parallel manipulators, Proc. IEEE Int. Conf. Robot. Autom. (New Orleans 2004) pp. 4539–4544
10.38 A. Bowling, O. Khatib: The dynamic capability equations: a new tool for analyzing robotic manipulator performance, IEEE Trans. Robot. **21**(1), 115–123 (2005)
10.39 C.M. Gosselin, J. Angeles: A new performance index for the kinematic optimization of robotic manipulators, Proc. 20th ASME Mech. Conf. (Kissimmee 1988) pp. 441–447
10.40 C. Gosselin, J. Angeles: The optimum kinematic design of a planar three-degree-of-freedom parallel manipulator, ASME J. Mech. Trans. Autom. Des. **110**, 35–41 (1988)
10.41 A. Bicchi, C. Melchiorri, D. Balluchi: On the mobility and manipulability of general multiple limb robots, IEEE Trans. Robot. Autom. **11**(2), 232–235 (1995)
10.42 P. Chiacchio, S. Chiaverini, L. Sciavicco, B. Siciliano: Global task space manipulability ellipsoids for multiple-arm systems, IEEE Trans. Robot. Autom. **7**, 678–685 (1991)
10.43 C. Melchiorri: Comments on Global task space manipulability ellipsoids for multiple-arm systems and further considerations, IEEE Trans. Robot. Autom. **9**, 232–235 (1993)
10.44 P. Chiacchio, S. Chiaverini, L. Sciavicco, B. Siciliano: Reply to comments on Global task space manipulability ellipsoids for multiple-arm systems' and further considerations, IEEE Trans. Robot. Autom. **9**, 235–236 (1993)
10.45 F.C. Park: Optimal robot design and differential geometry, ASME Special 50th Anniv. Design Issue **117**(B), 87–92 (1995)
10.46 F.C. Park, J. Kim: Manipulability of closed kinematic chains, ASME J. Mech. Des. **120**(4), 542–548 (1998)
10.47 A. Liégeois: Automatic supervisory control for the configuration and behavior of multibody mechanisms, IEEE Trans. Sys. Man. Cyber. **7**(12), 842–868 (1977)
10.48 C.A. Klein, C.H. Huang: Review of pseudo-inverse control for use with kinematically redundant manipulators, IEEE Trans. Sys. Man. Cyber. **13**(2), 245–250 (1983)
10.49 J.M. Hollerbach: Optimum kinematic design of a seven degree of freedom manipulator. In: *Robotics Research: The Second International Symposium*, ed. by H. Hanafusa, H. Inoue (MIT Press, Cambridge 1985)
10.50 M.W. Spong: Remarks on robot dynamics: canonical transformations and riemannian geometry, Proc. IEEE Int. Conf. Robot. Autom. (1992) pp. 454–472
10.51 T.J. Graettinger, B.H. Krogh: The acceleration radius: a global performance measure for robotic manipulators, IEEE J. Robot. Autom. **4**(11), 60–69 (1988)
10.52 M. Griffis, J. Duffy: Global stiffness modeling of a class of simple compliant couplings, Mechanism Machine Theory **28**, 207–224 (1993)
10.53 S. Howard, M.J. Zefran Kumar: On the 6× 6 cartesian stiffness matrix for three-dimensional motions, Mechanism and Machine Theory **33**, 389–408 (1998)
10.54 L. Meirovitch: *Fundamentals of vibrations* (McGraw-Hill, Boston-London 2001)

第 11 章　运动学冗余机械臂

Stefano Chiaverini，Giuseppe Oriolo，Ian D. Walker
吴立成　译

本章主要讨论冗余度求解的方法，即在求解逆运动学问题时利用冗余自由度的技巧。显然，这是一个与运动规划和控制密切相关的问题。

本章首先特别回顾了面向任务的运动学及其速度级（一阶微分）求逆的基本方法，并讨论了处理运动学奇异的主要方法。其次，把不同的求解运动学冗余的一阶方法分成两大类，即基于适当性能指标的优化方法和基于任务空间增广的方法。为考虑例如力矩最小化这样的动力学问题，随后讨论了加速度级（二阶微分）的冗余度求解方法。还讨论了由关节的循环运动产生循环的任务空间运动的条件，这是一个重要的问题，比如在工业上应用一个冗余机械臂完成重复性任务这样的场合。同时还详细分析了超冗余度这种特殊类型的机械臂。最后一节对进一步学习所需的参考读物进行了推荐。

运动学冗余的机械臂具有比完成任务所需要的更多的关节，这使机器人拥有更多的灵巧性，这不仅可用于实现避奇异、避关节超限和任务空间避障，还可用于最小化关节力矩、最小化能量消耗，或者一般而言，优化某种适当的性能指标。

11.1　概述

当机械臂具有比刚好能完成给定任务所需要的自由度更多的自由度时侯，就具有了运动学冗余度。这意味着，原则上没有什么机械臂是本质上冗余的。更准确地说，是存在某些任务，机械臂针对这样的任务时就成了冗余的。因为众所周知，一般的任务要求末端执行器跟踪一个运动轨迹，这需要 6 个自由度，所以具有 7 个或更多关节的机械臂被当成是本质上冗余的机械臂的典型例子。但具有更少自由度的机器人，比如传统的六关节工业机械臂，对于某些任务而言也可能成为运动学冗余的，例如，只是简单要求末端执行器的位置而对姿态没有约束的任务。

传统工业设计中利用冗余是为了增加对故障的鲁棒性以提高可靠性（比如处理器或传感器冗余），在机械臂的机械结构上引入运动学冗余的目的不止于此。实际上，使机械臂具有运动学冗余的主要目的是增加灵活性。

早期机械臂设计方法的特点是具有最小的复杂性，设计目标是最低的成本和维护。比如用于完成拾-放操作的平面关节型机械臂（SCARA）㊀就是这种

㊀ 译者注：Selective Compliance Assembly Robot Arm，有时也直译为选择顺应性装配机械手臂。

设计理念的产物。可是让机械臂只具有能完成任务的最少关节会在实际应用中导致严重的局限性，除了奇异，还会遇到关节超限或工作空间障碍问题。这些问题都将使关节空间中的禁区增大，以便在操作过程中回避。这就需要有一个仔细构造的且是静态的工作空间，机械臂的运动可以事先在该空间中进行规划，机器人设备在传统工业应用中的情况就是这样的。

另一方面，具有比执行任务所需更多的自由度使机械臂能进行所谓的自运动或内运动，即不改变末端执行器位姿的机械臂运动。这意味着末端执行器执行同样的任务时，关节可以选择多种不同的运动方式，有可能避开禁区，最终提高设备的通用性。这种特性是在非结构化或动态环境中进行操作的关键，而非结构化或动态环境正是先进工业应用和服务机器人的工作环境。

实际上，如果规划得当，以增加了灵巧性为特色的运动学冗余机械臂有可能实现避奇异、避关节超限和工作空间避障，以及针对特定任务最小化力矩/能耗，本质上意味着机器人机械臂能达到较高的自治程度。

运动学冗余机械臂的生物原型是人类的手臂，不用惊讶，手臂也是术语学上命名串联结构机械臂的灵感来源。实际上，人类手臂的肩部有3个自由度，肘部和腕部各有一个和三个自由度。固定你的腕部，比如把手腕搁在桌子上并在肩部不动的情况下移动手肘，就可以很容易地验证手臂具有有效的冗余度。许多机器人模仿了人类手臂的运动学配置，并被称为类人机械臂。包括DLR轻型机器人（见图11.1）和三菱的PA-10机器人（见图11.2）在内的机器人，形成了一个七自由度机械臂的家族。而Scienzia Machinale公司的DEXTER（参见图11.3）则是一个八自由度机器人的例子。有大量关节的机械臂常常被称为“超冗余度”机器人，包括文献中描述的许多蛇形机器人。

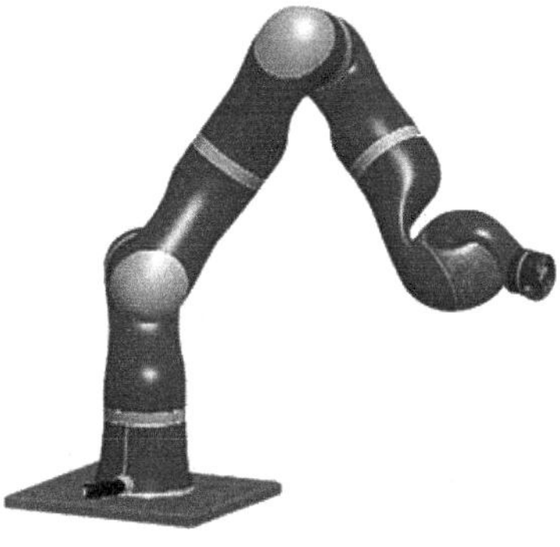

图11.1 七自由度DLR轻型机器人

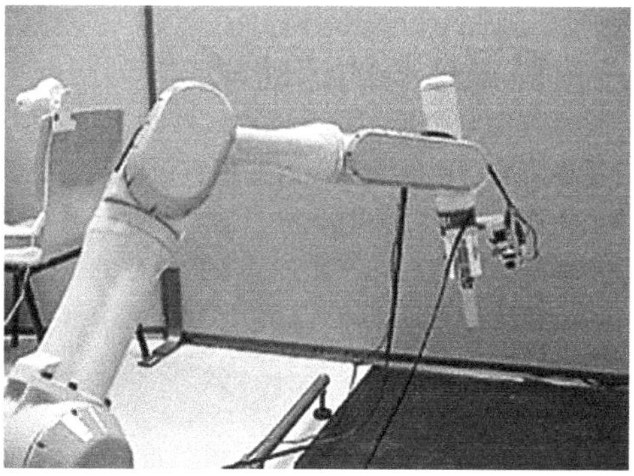

图11.2 七自由度三菱PA-10机械臂

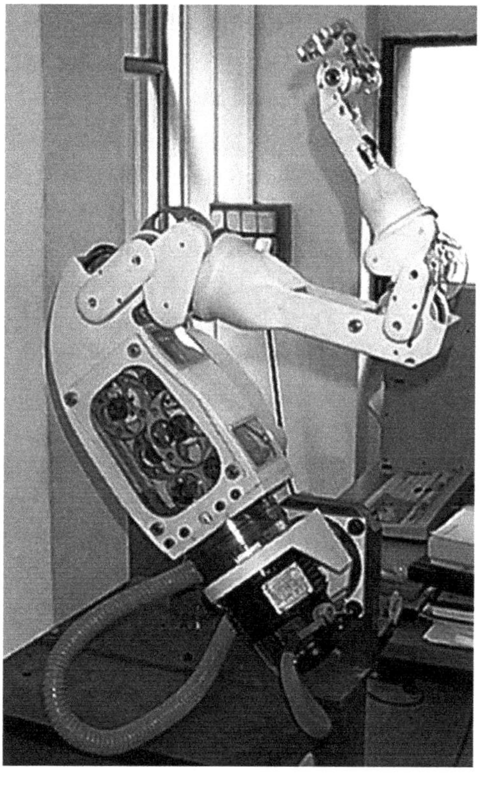

图11.3 Scienzia Machinale公司的八自由度机械臂DEXTER

使用两个及以上机器人设备共同执行同一项任务，比如多机械臂协调和多指手，也会形成运动学冗余。冗余装置还包括车辆-机械臂系统，不过这种情况下冗余度的准确计算还必须考虑车辆本体运动可能出现的非完整约束。

虽然要制造运动学冗余的设备在机械设计方面也会出现一些问题，但本章专注于讨论冗余度求解方法，即在求解逆运动学问题时利用冗余自由度的技巧。这是一个与运动规划和控制密切相关的问题。

11.2 面向任务的运动学

描述关节型机械臂形态的变量和在适当空间中描述给定任务的变量之间的坐标关系、速度关系和加速度关系都是可以建立的。尤其是考虑任务的一阶运动学还可导出任务雅可比矩阵，它是冗余度求解方法研究的主要对象。

11.2.1 任务空间方程

机械臂是一个由关节连接的刚体链。令 q_i 为刚体 i 相对于刚体 $i-1$ 的位置变量，向量 $\boldsymbol{q}=(q_1\cdots q_N)^{\mathrm{T}}$ 就唯一地表示了 N 关节串联机械臂的形态。关节 i 可以是滑移关节或者是转动关节，q_i 根据情况分别表示相邻连杆的位移或转角。

虽然机械臂在"关节空间"中进行表示和驱动比较自然，但要方便地表示它的操作却要用向量 $\boldsymbol{t}=(t_1\cdots t_M)^{\mathrm{T}}$，典型的情况是该向量表示了机械臂末端执行器在一个适当定义的任务空间中的位置。一般情况下，$M=6$，而且 $\boldsymbol{t}$ 的前三个元素表示末端执行期位置，而后三个元素则是末端执行器姿态的某种最小描述（比如欧拉角或 RPY 角表示），也即

$$\boldsymbol{t}=[p_x \quad p_y \quad p_z \quad \alpha \quad \beta \quad \gamma]^{\mathrm{T}}$$

典型的情况是 $N \geqslant M$，因而关节能提供的自由度数不少于末端执行器任务所需要的。如果严格满足 $N>M$，机械臂就是运动学冗余的。

关节空间坐标向量 $\boldsymbol{q}$ 与任务空间坐标向量 $\boldsymbol{t}$ 的关系可以表示为正向运动方程

$$\boldsymbol{t}=\boldsymbol{k}_{\mathrm{t}}(\boldsymbol{q}) \tag{11.1}$$

式中，$\boldsymbol{k}_{\mathrm{t}}$ 是一个非线性向量函数。

1. 任务雅可比和几何雅可比

考虑一阶微分运动学方程[11.1]

$$\dot{\boldsymbol{t}}=\boldsymbol{J}_{\mathrm{t}}(\boldsymbol{q})\dot{\boldsymbol{q}} \tag{11.2}$$

式（11.2）可由（11.1）对时间求导得到。在式（11.2）中，$\dot{\boldsymbol{t}}$ 是任务空间速度向量；$\dot{\boldsymbol{q}}$ 是关节空间速度向量；$\boldsymbol{J}_{\mathrm{t}}(\boldsymbol{q})=\partial \boldsymbol{k}_{\mathrm{t}}/\partial \boldsymbol{q}$ 是 $M\times N$ 的任务雅可比矩阵（也称为解析雅可比）。

值得注意的是，$\dot{\boldsymbol{t}}$ 中关于末端执行器姿态的元素表示了用于描述姿态的参数的变化速率，而不是末端执行器的角速度向量。其实，令 $\boldsymbol{v}_N$ 表示末端执行器的 3×1 平动速度向量，$\boldsymbol{\omega}_N$ 表示 3×1 角速度向量，并定义末端执行器的速度 $\boldsymbol{v}_N$ 为

$$\boldsymbol{v}_N=\begin{pmatrix}\boldsymbol{v}_N\\ \boldsymbol{\omega}_N\end{pmatrix} \tag{11.3}$$

则下面的关系式成立

$$\dot{\boldsymbol{t}}=\boldsymbol{T}(t)\boldsymbol{v}_N \tag{11.4}$$

式中，$\boldsymbol{T}$ 是一个 $M\times6$ 的变换矩阵，它只是 t 的函数。当 $M=6$ 时，变换矩阵 $\boldsymbol{T}$ 的形式为

$$\boldsymbol{T}=\begin{pmatrix}\boldsymbol{I} & \boldsymbol{0}\\ \boldsymbol{0} & \boldsymbol{R}\end{pmatrix} \tag{11.5}$$

式中，$\boldsymbol{I}$ 和 $\boldsymbol{0}$ 分别是适当维数的单位矩阵和零矩阵；$\boldsymbol{R}$ 是一个 3×3 的特定矩阵，由描述末端执行器姿态的表示方式决定。

对一个特定的机械臂，映射

$$\boldsymbol{v}_N=\boldsymbol{J}(\boldsymbol{q})\dot{\boldsymbol{q}} \tag{11.6}$$

通过 $6\times N$ 的几何雅可比矩阵 $\boldsymbol{J}$ 把关节空间速度和相应的末端执行器速度联系起来了。几何雅可比矩阵是机械臂运动学分析主要的研究对象，因为可以通过它根据当前形态下的关节速度控制量，得出末端执行器的运动（表示为它的刚体自由空间速度）。

对比式（11.2）、式（11.4）和式（11.6），可得几何雅可比和任务雅可比之间的关系为

$$\boldsymbol{J}_{\mathrm{t}}(\boldsymbol{q})=\boldsymbol{T}(t)\boldsymbol{J}(\boldsymbol{q}) \tag{11.7}$$

2. 二阶微分运动学

一阶微分运动学式（11.2）表示了任务空间和关节空间速度之间的关系，进一步求它对时间的导数可以得到加速度的类似关系

$$\ddot{\boldsymbol{t}}=\boldsymbol{J}_{\mathrm{t}}(\boldsymbol{q})\ddot{\boldsymbol{q}}+\dot{\boldsymbol{J}}_{\mathrm{t}}(\boldsymbol{q},\dot{\boldsymbol{q}})\dot{\boldsymbol{q}} \tag{11.8}$$

上式也被称为二阶微分运动学。

11.2.2 奇异

本节通过考虑奇异位形的产生原因来分析它在运动学逆解中的作用。

1. 表示法奇异与运动学奇异

如果任务雅可比矩阵 $\boldsymbol{J}_{\mathrm{t}}$ 在某个位形下是降秩的，则这个机器人位形 $\boldsymbol{q}$ 是奇异的。考虑 $\boldsymbol{J}_{\mathrm{t}}$ 在式（11.2）和式（11.8）中的作用，容易理解处于奇异位形时无法产生末端执行器在某些方向上的速度或加速度。观察式（11.7）可发现更深层次的问题，奇异可能是因为变换矩阵 $\boldsymbol{T}$ 和几何雅可比矩阵 $\boldsymbol{J}$ 有一个不满秩，或者都不满秩。

$\boldsymbol{T}$ 矩阵的不满秩只与 $\boldsymbol{R}$ 建立的末端执行器角速度向量和 $\dot{\boldsymbol{t}}$ 中关于末端姿态的分量之间的数学关系有关。因为 $\boldsymbol{R}$ 的表达式决定于所用的姿态表示法，导致 $\boldsymbol{T}$ 奇异的位形因而被认为是表示法奇异点。值得注意的是，任何一种末端执行器姿态的最小表示都会产生表示法奇异。当然对于一个特定的位形而言，会

不会产生表示法奇异是由所采用的姿态表示方法决定的。

表示法奇异与机械臂的真实运动能力并没有直接关系，真实运动能力可以改用几何雅可比矩阵 $\boldsymbol{J}$ 来分析。该矩阵的降秩实际上是与机械臂末端执行器运动能力的缺失相关的。确切地说，此时某些末端执行器速度是用任何关节速度都无法实现的。使得 $\boldsymbol{J}$ 奇异的位形称为运动学奇异点。

因为本章主要关注微分运动学方程（11.2）和式（11.8）的求逆，接下来详细研究任务雅可比矩阵和它的奇异（包括表示法奇异和运动学奇异）。考虑 $N \geqslant M$ 的情况，以涵盖常规机械臂和冗余机械臂。

2. 雅可比矩阵的奇异值分解

为了分析式（11.2）表示的线性映射，可对雅可比矩阵进行奇异值分解（SVD）。值得注意的是，奇异值分解是一个强有力的数学工具，在计算矩阵的秩和分析近乎奇异的线性映射时，它是唯一可靠的方法。经典的 Golub-Reinsch 算法[11.2]是计算任意矩阵奇异值分解最有效率和数值最稳定的算法，但可能还是难以达到实时应用的计算要求。参考文献[11.3]提出了一种利用机器人矩阵计算特点的更快算法，有可能用于提高运动学实时控制方法的性能。

任务雅可比矩阵的 SVD 可以写为如下形式

$$\boldsymbol{J}_t = \boldsymbol{U\Sigma V}^{\mathrm{T}} = \sum_{i=1}^{M} \sigma_i \boldsymbol{u}_i \boldsymbol{v}_i^{\mathrm{T}} \tag{11.9}$$

式中，$\boldsymbol{U}$ 是输出奇异向量 $\boldsymbol{u}_i$ 的 $M \times M$ 维正交矩阵；$\boldsymbol{V}$ 是输出奇异向量 $\boldsymbol{v}_i$ 的 $N \times N$ 维正交矩阵；$\boldsymbol{\Sigma} = (\boldsymbol{S}\quad \boldsymbol{0})$ 是一个 $M \times N$ 维的矩阵。它的 $M \times M$ 维对角线子矩阵 $\boldsymbol{S}$ 包含矩阵 $\boldsymbol{J}_t$ 的奇异值 σ_i。请注意 SVD 是其矩阵变量的连续乘函数，因此当机器人处于当前位形附近时，输入和输出奇异向量以及奇异值的差别也不大。令矩阵的秩 $\mathrm{rank}(\boldsymbol{J}_t) = R$，则有

$$\sigma_1 \geqslant \sigma_2 \geqslant \cdots \geqslant \sigma_R > \sigma_{R+1} = \cdots = 0$$

$$\Re(\boldsymbol{J}_t) = \mathrm{span}\{\boldsymbol{u}_1, \cdots, \boldsymbol{u}_R\}$$

$$\aleph(\boldsymbol{J}_t) = \mathrm{span}\{\boldsymbol{v}_{R+1}, \cdots, \boldsymbol{v}_N\}$$

如果任务雅可比矩阵是满秩的（$R = M$），所有的奇异值都非零，$\boldsymbol{J}_t$ 的值空间就是整个的 $\mathbb{R}^M$，$\boldsymbol{J}_t$ 的零空间的维数为 $N\text{-}M$。而在奇异位形处，$R < M$，因此最后 $M\text{-}R$ 个奇异值等于零，$\boldsymbol{J}_t$ 的值空间是 $\mathbb{R}^M$ 的 R 维子空间，$\boldsymbol{J}_t$ 的零空间的维数减少为 $N\text{-}R$。下面从运动学角度对此给出一种解释。

（1）可达速度　当机器人处于某一个位形时，$\boldsymbol{J}_t$ 的值空间是可以由所有可能的关节空间速度 $\dot{\boldsymbol{q}}$ 计算得到的任务空间速度的集合。因此，值空间就组成了所谓的末端执行器任务的可达速度子空间。前 R 个输出奇异向量就构成了值空间 $\mathscr{R}(\boldsymbol{J}_t)$ 的一个基底。因此，奇异的效果是从可达速度空间中抹去了一些任务速度的线性组合，从而减少了 $\boldsymbol{J}_t$ 的值空间的维数。

（2）零空间速度　在每个位形处，$\boldsymbol{J}_t$ 的零空间则是那些不产生任务速度的关节空间速度的集合。这样的关节速度因此被简称为零空间速度。后 $N\text{-}R$ 个输入奇异向量构成了零空间 $\mathscr{N}(\boldsymbol{J}_t)$ 的一个基底，这些向量表示每个关节速度的线性无关组合。从这种意义上说，奇异的效果是因为引入了更多的不产生任务速度的关节速度线性无关组合，增加了 $\boldsymbol{J}_t$ 的零空间的维数。

由式（11.2）和式（11.9）可知，平行于第 i 个输入奇异向量的关节速度所产生的任务速度与第 i 个输出奇异向量平行：

$\forall \rho \in \mathbb{R} \quad \dot{\boldsymbol{q}} = \rho \boldsymbol{v}_i \Rightarrow \boldsymbol{t} = \sigma_i \rho \boldsymbol{u}_i$（译者注：此公式中的 $\boldsymbol{t}$ 应为 $\boldsymbol{t}$ 的导数 $\dot{\boldsymbol{t}}$ 。原文有误）

因此，$\boldsymbol{J}_t$ 的第 i 个奇异值可以看成是一个增益系数，$\boldsymbol{v}_i$ 方向的关节速度空间运动到所产生的 $\boldsymbol{u}_i$ 方向任务速度空间运动之间的一个系数。当机器人靠近某个奇异位形时，第 R 个奇异值 σ_R 趋近于零，由沿着 $\boldsymbol{v}_R$ 方向的给定大小关节速度所产生的任务速度也按比例下降。当机器人处于某个奇异位形时，沿着 $\boldsymbol{v}_R$ 方向的关节速度属于零空间速度，沿着 $\boldsymbol{u}_R$ 方向的任务空间速度变得无法实现。

一般情况下，关节空间速度 $\dot{\boldsymbol{q}}$ 是在所有 $\boldsymbol{v}_i$ 方向上都含有非零分量的各关节速度的一个任意的线性组合。总的效果可以通过合并单个上述分量的效果来分析。值得注意的是，$\dot{\boldsymbol{q}}$ 的属于 $\boldsymbol{J}_t$ 零空间的部分会引起机械臂位形的变化，却不改变任务空间速度。这种运动可以用于在实现期望的任务运动的同时实现附加的目标，比如壁障或避奇异。这正是冗余度求解算法研究的核心内容。

3. 到奇异点的距离

奇异不仅在奇异点，而且在奇异点相邻的位形处都会造成影响，这在实际经验中确定无疑。因此，根据某种适当的标准来表示一个位形与奇异点的距离就非常重要，可以用来避免不良影响。

因为每个奇异点都与 $\boldsymbol{J}_t$ 的降秩相关，当雅可比矩阵为方阵（$M = N$）时，一种概念上很简单的可能方法就是计算它的行列式。可操作性指标[11.4]就是这一思路对非方阵雅可比的一个推广，其定义为

$$\mu = \sqrt{|\boldsymbol{J}_t \boldsymbol{J}_t^{\mathrm{T}}|}$$

众所周知，可操作性等价于 $\boldsymbol{J}_t$ 的奇异值的乘积，即

$$\mu = \prod_{i=1}^{M} \sigma_i$$

因此，它的零值就对应着奇异。

另一种到奇异点距离的合理指标是雅可比矩阵的条件数[11.5]，定义为

$$\kappa = \frac{\sigma_1}{\sigma_M}$$

条件数的取值范围是 $1 \sim \infty$。在奇异值都相等的位形处，取值为1。在奇异位形处取值为∞。请注意当 $\kappa = 1$ 时，所有奇异值都是相等的，因此末端执行器在任务空间的所有方向上的运动能力都是一样的，即机械臂处于一种各向同性的位形，而在奇异点处则在任务空间的某些方向上丧失了活动能力。

一种更直接的描述与奇异位形的距离的指标是雅可比矩阵的最小奇异值[11.5]，即

$$\sigma_{\min} = \sigma_M$$

最小奇异值可以通过计算量较小的方法进行估计，包括数值方法[11.3,6,7]或基于机器人结构运动学分析的方法[11.8]。

必须注意，条件数或 $\boldsymbol{J}_t$ 的最小奇异值差别很大的时候，可操作性指标却可能保持不变。另一方面，因为在奇异点附近最小奇异值的变化比其他奇异值更快，它会对雅可比矩阵行列式和条件数的变化起主导作用。因此，描述到奇异位形距离的最有效指标就是 $\boldsymbol{J}_t$ 的最小奇异值[11.5]。

11.3 微分逆运动学

为完成一项任务，必须控制机械臂关节作适当的运动。因此，推导出可根据给定的任务空间量计算出关节空间量的数学关系非常必要。这也正是逆运动学问题研究的目标。

逆运动学问题可以通过正运动学方程（11.1），一阶微分运动学（11.2）或二阶微分运动学方程（11.8）求逆来求解。如果任务是时变的（即如果给定了形式为 $\boldsymbol{t}(t)$ 的期望轨迹），则因为微分运动学关系表示为以任务雅可比为系数矩阵的线性方程组，可以方便地求解[11.9]。

11.3.1 通解

假设机械臂是运动学冗余的（即 $M < N$），式（11.2）或式（11.8）的通解可以借助任务雅可比矩阵的伪逆 $\boldsymbol{J}_t^{\dagger}$ 来表示[11.1,10]，伪逆是指满足如下 Moore-Penrose 条件的唯一矩阵

$$\begin{aligned} \boldsymbol{J}_t\boldsymbol{J}_t^{\dagger}\boldsymbol{J}_t &= \boldsymbol{J}_t \\ \boldsymbol{J}_t^{\dagger}\boldsymbol{J}_t\boldsymbol{J}_t^{\dagger} &= \boldsymbol{J}_t^{\dagger} \\ (\boldsymbol{J}_t\boldsymbol{J}_t^{\dagger})^{\mathrm{T}} &= \boldsymbol{J}_t\boldsymbol{J}_t^{\dagger} \\ (\boldsymbol{J}_t^{\dagger}\boldsymbol{J}_t)^{\mathrm{T}} &= \boldsymbol{J}_t^{\dagger}\boldsymbol{J}_t \end{aligned} \tag{11.10}$$

如果 $\boldsymbol{J}_t$ 是长方矩阵并且满秩，则其伪逆可由下式计算

$$\boldsymbol{J}_t^{\dagger} = \boldsymbol{J}_t^{\mathrm{T}}(\boldsymbol{J}_t\boldsymbol{J}_t^{\mathrm{T}})^{-1} \tag{11.11}$$

如果 $\boldsymbol{J}_t$ 是方阵，式（11.11）退化为标准的逆矩阵。

式（11.2）的通解可以写为

$$\dot{\boldsymbol{q}} = \boldsymbol{J}_t^{\dagger}\dot{\boldsymbol{t}} + (\boldsymbol{I} - \boldsymbol{J}_t^{\dagger}\boldsymbol{J}_t)\dot{\boldsymbol{q}}_0 \tag{11.12}$$

式中，$\boldsymbol{I} - \boldsymbol{J}_t^{\dagger}\boldsymbol{J}_t$ 是 $\boldsymbol{J}_t$ 零空间中的正交映射；$\dot{\boldsymbol{q}}_0$ 是一个任意的关节空间速度。因此解的第二部分是一个零空间速度。式（11.12）给出了满足末端执行器任务约束（11.2）的所有最小二乘解，即最小化 $\|\dot{\boldsymbol{t}} - \boldsymbol{J}\dot{\boldsymbol{q}}\|$ 的解。尤其当 $\boldsymbol{J}_t$ 是满秩长方矩阵时，式（11.12）表示的所有关节速度都能正确实现给定的任务速度。通过调节 $\dot{\boldsymbol{q}}_0$，还可以得到能产生相同末端执行器任务速度的不同关节速度。因此，就像后面将详细讨论的那样，冗余度求解的相关文献一般都采用式（11.12）形式的解。

在式（11.12）中，令 $\dot{\boldsymbol{q}}_0 = 0$ 可以得到特解

$$\dot{\boldsymbol{q}} = \boldsymbol{J}_t^{\dagger}\dot{\boldsymbol{t}} \tag{11.13}$$

该特解是式（11.2）的最小范数的最小二乘解，被称为伪逆解。对于逆微分运动学问题，最小二乘特性保证了末端执行器任务实现的精度，而最小范数可能与关节空间速度的可行性相关。

对于二阶运动学方程（11.8），它的最小二乘解可以表示为如下的一般形式

$$\ddot{\boldsymbol{q}} = \boldsymbol{J}_t^{\dagger}(\ddot{\boldsymbol{t}} - \dot{\boldsymbol{J}}_t\dot{\boldsymbol{q}}) + (\boldsymbol{I} - \boldsymbol{J}_t^{\dagger}\boldsymbol{J}_t)\ddot{\boldsymbol{q}}_0 \tag{11.14}$$

式中，$\ddot{\boldsymbol{q}}_0$ 是一个任意的关节空间加速度。如上所述，在式（11.14）中，令 $\ddot{\boldsymbol{q}}_0 = 0$ 可以得到最小范数加速度解

$$\ddot{\boldsymbol{q}} = \boldsymbol{J}_t^{\dagger}(\ddot{\boldsymbol{t}} - \dot{\boldsymbol{J}}_t\dot{\boldsymbol{q}}) \tag{11.15}$$

11.3.2 奇异点的鲁棒性

现在来研究一阶逆映射（11.12）和（11.13）与奇异点处理所涉及的运动学方面的问题。参考式（11.9）中 $\boldsymbol{J}_t$ 的奇异值分解，考虑矩阵 $\boldsymbol{J}_t^{\dagger}$ 的以下分解

$$\boldsymbol{J}_t^{\dagger} = \boldsymbol{V}\boldsymbol{\Sigma}^{\dagger}\boldsymbol{U}^{\mathrm{T}} = \sum_{i=1}^{R}\frac{1}{\sigma_i}\boldsymbol{v}_i\boldsymbol{u}_i^{\mathrm{T}} \tag{11.16}$$

式中，R 是如上所述表示任务雅可比矩阵的秩。类似

式（11.9），有以下式子：

$$\sigma_1 \geqslant \sigma_2 \geqslant \cdots \geqslant \sigma_R > \sigma_{R+1} = \cdots = 0$$
$$\mathscr{R}(\boldsymbol{J}_t^\dagger) = \mathscr{N}^\perp(\boldsymbol{J}_t) = \mathrm{span}\{\boldsymbol{v}_1, \cdots, \boldsymbol{v}_R\}$$
$$\mathscr{N}(\boldsymbol{J}_t^\dagger) = \mathscr{R}^\perp(\boldsymbol{J}_t) = \mathrm{span}\{\boldsymbol{u}_{R+1}, \cdots, \boldsymbol{u}_M\}$$

请注意，如果雅可比矩阵满秩，$\boldsymbol{J}_t^\dagger$的值空间是$\mathbb{R}^N$中的一个M维子空间，$\boldsymbol{J}_t^\dagger$的零空间是空的。而在奇异位形处（$R<M$），$\boldsymbol{J}_t^\dagger$的值空间是$\mathbb{R}^N$中的一个R维子空间，$\boldsymbol{J}_t^\dagger$存在一个$M-R$维的零空间。

$\boldsymbol{J}_t^\dagger$的值空间是关节空间速度$\dot{\boldsymbol{q}}$的一个集合，可以根据所有可能的任务速度$\dot{\boldsymbol{t}}$，由逆运动学映射（11.13）计算得到。因为这些$\dot{\boldsymbol{q}}$属于$\boldsymbol{J}_t$的零空间的正交补，正如所希望的那样，伪逆解（11.13）满足最小二乘条件。

$\boldsymbol{J}_t^\dagger$的零空间是一个在当前位形产生零关节空间速度的任务速度$\dot{\boldsymbol{t}}$的集合。另一方面，这些$\dot{\boldsymbol{t}}$属于可达任务速度空间的正交补。因此，伪逆解（11.13）的一个效果是滤除任务速度指令中不可实现的分量，而留下可精确跟踪的可达分量，这是和伪逆解的最小范数最小二乘特性相关联的。

如果给定的任务速度是沿着$\boldsymbol{u}_i$方向的，则相应的关节空间速度（由式（11.13）计算得到的）平行于$\boldsymbol{v}_i$，并且长度乘以系数$1/\sigma_i$。接近奇异点时，第R个奇异值趋于零，$\boldsymbol{u}_R$方向一定大小的任务速度所需要的$\boldsymbol{v}_R$方向的关节空间速度大小与系数$1/\sigma_R$与成比例，将无限增大。处于奇异点时，$\boldsymbol{u}_R$方向对任务变量来说不可实现，$\boldsymbol{v}_R$成了机械臂的零空间速度之一。

由以上分析可知，有两个主要问题与基本的微分逆运动学解（11.13）有着本质上的联系，即：

1）接近奇异位形时，可能需要超大的关节空间速度，原因是$\dot{\boldsymbol{t}}$的一些分量处于这样的方向上，即在奇异点处不可实现的方向。

2）处于奇异位形时，如果$\dot{\boldsymbol{t}}$包含非零的不可达分量，则关节空间解将不存在。

这两点对于完整的逆解（11.12）显然也是一样的。

上述两个问题都是机械臂运动学控制主要关心的问题，控制中要求计算出的关节空间速度必须是机器人手臂能够实际实现的才行。针对上述问题，发展出了改进的微分逆映射，以确保机械臂在整个工作空间中行为适当。一种合理的方法是远离奇异点时仍然使用映射（11.13），只在奇异位形附近的区域内对该映射进行改动。区域的定义则要靠描述到奇异点距离的适当指标来实现，而且改进的映射必须保证关节速度是连续的和可实现的。

1. 规划轨迹修正

处理奇异点问题的一种方法是在规划阶段就让轨迹避开无法消除的奇异点，或者说只赋给机器人手臂可实现的任务空间运动指令。然而，这种方法依赖于理想的轨迹规划，无法在实时的传感控制中应用，因为实时控制时运动指令是在线生成的。

对于任务空间中固定的奇异点，比如类人手臂的肩部奇异，在运动规划阶段避开奇异位形相对简单。但是，对于那些有可能在工作空间的任何地方出现的奇异，比如腕部奇异，这种方法就难以实现。

解决奇异问题的另一种可能的方法是当机械臂接近奇异点时进行关节空间插值[11.14]。不过，这种方法有可能在跟踪之前指定的任务空间运动时产生很大的误差。

参考文献［11.5］提出了一种作用在任务空间的、基于时间尺度变换的方法。这种方法令机械臂在接近奇异点时降低运动速度。但当机器人处于奇异点时，这种方法就失效了。

因为基于任务空间的机器人控制系统必须能控制机械臂安全地通过奇异点，大量研究转向了推导定义明确的连续的逆运动学映射。

2. 消除雅可比矩阵中线性相关的行/列

求解式（11.13）首先要求当雅可比奇异时，计算$\boldsymbol{J}_t$的伪逆的一般算法是有效的。文献中提出了一些算法属于这样一种模式，消除不可实现的末端参考运动分量[11.16]，或是使用雅可比矩阵的非奇异分块[11.10]。这类方法的主要问题是要用一种系统性的方法求出不可达速度的方向，以及需要在常规的和用于奇异点附近的逆运动学算法之间进行平滑切换。

一种计算雅可比矩阵伪逆的系统性方法可以利用对机械臂结构的运动学分析来建立，因为对于典型的机械臂，有可能在适当地与连杆固接的动坐标系中辨识和描述奇异位形的类别。参考文献［11.17，18］针对六自由度肘关节形式的机械臂描述了这种方法。

要在穿越奇异点时保持解的连贯性，需要注意的是，机械臂在奇异点附近时奇异向量变化非常小，但在奇异位形处时R变得比M小，$\frac{1}{\sigma_M}\boldsymbol{v}_M\boldsymbol{u}_M^{\mathrm{T}}\dot{\boldsymbol{t}}$项突然从式（11.16）中消失了。

一种可能的避免这一问题的方法是在奇异点附近

令 $\boldsymbol{u}_M^{\mathrm{T}}\dot{\boldsymbol{t}}\approx 0$，这意味着去除奇异时不可达的方向上的任务速度指令。不过，如 11.3.2 节所述，这种方法只有在针对任务空间中固定的奇异点的轨迹预先规划时，才可以合理运用。

无论给定的 $\dot{\boldsymbol{t}}$ 是什么，伪逆解的连贯性都可以这样来确保：在适当定义的奇异点邻域内将机械臂视为奇异，将雅可比修改为 $\bar{\boldsymbol{J}}_{\mathrm{t}}$，因而可得 M-R 个额外的自由度[11.17~19]。这不会对末端执行器速度有太大影响，因为修正的雅可比 $\bar{\boldsymbol{J}}_{\mathrm{t}}$ 在领域内趋近于 $\boldsymbol{J}_{\mathrm{t}}$。当然这种方法难以用于多重奇异点。但对于典型的类人结构的工业机械臂，需要主要关心的只有腕部奇异，因为腕部奇异可能在工作空间的任何地方出现，而肘部和肩部奇异在任务空间中是固定的，因而可以通过规划来避开。

3. 正则化/阻尼最小二乘法

参考文献［11.9，20］各自独立地提出了将阻尼最小二乘法用于微分逆运动学问题的方法。这种方法相当于求解方程

$$\boldsymbol{J}_{\mathrm{t}}\dot{\boldsymbol{t}}=(\boldsymbol{J}_{\mathrm{t}}^{\dagger}\boldsymbol{J}_{\mathrm{t}}+\lambda^2\boldsymbol{I})\dot{\boldsymbol{q}} \tag{11.17}$$

而不是式（11.2）。式中，$\lambda\in\mathbb{R}$ 为阻尼系数。可以验证，当 λ 为零时，式（11.17）和式（11.2）就是一样的了。

式（11.17）的解可以写为两种等价的形式：

$$\dot{\boldsymbol{q}}=\boldsymbol{J}_{\mathrm{t}}^{\mathrm{T}}(\boldsymbol{J}_{\mathrm{t}}^{\mathrm{T}}\boldsymbol{J}_{\mathrm{t}}+\lambda^2\boldsymbol{I})\dot{\boldsymbol{t}} \tag{11.18}$$

$$\dot{\boldsymbol{q}}=(\boldsymbol{J}_{\mathrm{t}}^{\mathrm{T}}\boldsymbol{J}_{\mathrm{t}}+\lambda^2\boldsymbol{I})^{-1}\boldsymbol{J}_{\mathrm{t}}^{\mathrm{T}}\dot{\boldsymbol{t}} \tag{11.19}$$

式（11.18）的计算量小于式（11.19）的，因为一般而言 $N\geqslant M$。下文在不需要显性描述计算过程的地方，将把阻尼最小二乘解归结为

$$\dot{\boldsymbol{q}}=\boldsymbol{J}_{\mathrm{t}}^{*}(\boldsymbol{q})\dot{\boldsymbol{t}} \tag{11.20}$$

解式（11.20）满足以下条件

$$\min_{\dot{\boldsymbol{q}}}=(\|\dot{\boldsymbol{t}}-\boldsymbol{J}_{\mathrm{t}}\dot{\boldsymbol{q}}\|^2+\lambda^2\|\dot{\boldsymbol{q}}\|^2) \tag{11.21}$$

该条件实现了最小二乘特性和最小范数特性的折中。条件（11.21）意味着在求给定 $\dot{\boldsymbol{t}}$ 所需要的关节空间速度时，同时考虑精度和可实现性。在这点上，适当选择阻尼系数非常关键：较小的 λ 值能给出精确解，但对奇异点和近奇异点位形的鲁棒性较差；较大的 λ 值会导致跟踪精度较低，即使是在精确可行解可能存的时候。

按照奇异值分解的模式，解（11.20）可以写为

$$\dot{\boldsymbol{q}}=\sum_{i=1}^{R}\frac{\sigma_i}{\sigma_i^2+\lambda^2}\boldsymbol{v}_i\boldsymbol{u}_i^{\mathrm{T}}\dot{\boldsymbol{t}} \tag{11.22}$$

请注意，下式成立

$$\Re(\boldsymbol{J}_{\mathrm{t}}^{*})=\Re(\boldsymbol{J}_{\mathrm{t}}^{\dagger})=\mathscr{N}^{\perp}(\boldsymbol{J}_{\mathrm{t}})=\operatorname{span}\{\boldsymbol{v}_1,\cdots,\boldsymbol{v}_R\};$$

$$\mathscr{N}(\boldsymbol{J}_{\mathrm{t}}^{*})=\mathscr{N}(\boldsymbol{J}_{\mathrm{t}}^{\dagger})=\Re^{\perp}(\boldsymbol{J}_{\mathrm{t}})=\operatorname{span}\{\boldsymbol{u}_{R+1},\cdots,\boldsymbol{u}_M\}。$$

类似于 $\boldsymbol{J}_{\mathrm{t}}^{\dagger}$，如果雅可比矩阵满秩，$\boldsymbol{J}_{\mathrm{t}}^{*}$ 的值空间是 $\mathbb{R}^N$ 中的 M 维子空间，并且 $\boldsymbol{J}_{\mathrm{t}}^{*}$ 的零空间是空的；而在奇异位形处，$\boldsymbol{J}_{\mathrm{t}}^{*}$ 的值空间是 $\mathbb{R}^N$ 中的 R 维子空间，并且存在一个 M-R 维的零空间。

显然，相比于纯粹的最小二乘解（11.13），解（11.22）中满足 $\sigma_i\gg\lambda$ 的部分受阻尼系数的影响较小，因为此时有

$$\frac{\sigma_i}{\sigma_i^2+\lambda^2}\approx\frac{1}{\sigma_i}$$

另一方面，当遇到奇异点时，最小奇异值趋于零，而解的相关部分被系数 σ_i/λ^2 强制为零；这就逐渐减少了为实现期望 $\dot{\boldsymbol{t}}$ 中接近退化的部分所需的关节速度。在奇异点，只要剩余奇异值比阻尼系数大得多，解（11.20）和解（11.13）的行为就是一致的。请注意，归因于阻尼系数，$1/(2\lambda)$ 的上界依赖于一个增益系数，第 i 个系数是 $\boldsymbol{u}_i$ 方向的任务速度分量和它产生的 $\boldsymbol{v}_i$ 方向关节速度之间的系数；当 $\sigma_i=\lambda$ 时，达到该上界。

（1）阻尼系数选取　由上所述，选取的阻尼系数值给定了当前位形与奇异点的接近程度；而且，λ 决定了与伪逆给出的纯最小二乘解的相似程度。λ 的优化选取需要考虑给定轨迹上的最小非零奇异值，并考虑确保可实现关节速度的最小阻尼。

为了在机械臂的整个工作空间中实现出良好的性能，参考文献［11.9］提出让阻尼系数随位形变化。普通的方法是把 λ 作为机器人手臂当前位形到奇异点距离的一个函数来调节。远离奇异位形时解出的关节速度是可达的；因此精度要求占主导，应使用较小的阻尼。接近奇异点时，不可达方向的任务速度指令将导出很大的关节速度，因此精度要求应该放松；在这种情况下，需要使用较大的阻尼。

参考文献［11.9］提出把阻尼系数当成可操作性指标的函数来调节。因为雅可比矩阵的最小奇异值是描述到奇异点位形距离更有效的指标［11.5］，下文将考虑用它来构造可变的阻尼系数。

如果能得到最小奇异值的估计值 $\hat{\sigma}_M$，阻尼系数可选为下式[11.21]

$$\lambda^2=\begin{cases}0 & \text{当 }\hat{\sigma}_M\geqslant\varepsilon\text{ 时}\\ [1-(\hat{\sigma}_M/\varepsilon)^2]\lambda_{\max}^2 & \text{其他}\end{cases} \tag{11.23}$$

上述阻尼系数能确保解的连续性和良好形态。在式

(11.23) 中，ε 定义了奇异区域的大小，在此区域内施加阻尼；λ_{max} 则设定了阻尼系数的最大值，在奇异点处取得该值。

(2) 数字滤波　由式 (11.22) 可知，阻尼系数在所有末端执行器速度分量上都影响解的精度，但其实末端执行器速度只有在不可达方向上的分量才导致跟踪能力的损失。为了克服这个问题，参考文献 [11.6] 提出了对末端执行器速度分量进行选择性滤波的方法。方法可如下推导：如果可以得到输出奇异向量的一个估计 $\hat{\boldsymbol{u}}_i$，此处的输出奇异向量是与形成不可达分量的最小的 M-K 个奇异值相关的，解就可以写为如下形式

$$\dot{\boldsymbol{q}} = \boldsymbol{J}_t^{\mathrm{T}}(\boldsymbol{J}_t^{\mathrm{T}}\boldsymbol{J}_t + \lambda^2\boldsymbol{I} + \beta^2\sum_{i=k+1}^{M}\hat{\boldsymbol{u}}_i\hat{\boldsymbol{u}}_i^{\mathrm{T}})^{-1}\dot{\boldsymbol{t}} \quad (11.24)$$

式中，β 只沿着不可达分量方向给出阻尼的最大分量。这也可以由下式来验证

$$\dot{\boldsymbol{q}} \approx \sum_{i=1}^{K}\frac{\sigma_i}{\sigma_i^2+\lambda^2}\boldsymbol{v}_i\boldsymbol{u}_i^{\mathrm{T}}\dot{\boldsymbol{t}} + \sum_{i=K+1}^{R}\frac{\sigma_i}{\sigma_i^2+\lambda^2+\beta^2}\boldsymbol{v}_i\boldsymbol{u}_i^{\mathrm{T}}\dot{\boldsymbol{t}} \quad (11.25)$$

其中的近似是因为式 (11.24) 使用的是估计值 $\hat{\boldsymbol{u}}_i$。请注意 $K \leqslant R$；但哪怕输出奇异向量的估计不正确，λ 也要保持非零值以保证满足映射 (11.24) 的条件。

同样地，对于由与最小奇异值相关的输入奇异向量生成的关节速度分量，可以施加附加的阻尼。因为这样的速度分量接近于零空间速度[11.22]。解的一般形式为

$$\dot{\boldsymbol{q}} = (\boldsymbol{J}_t^{\mathrm{T}}\boldsymbol{J}_t + \lambda^2\boldsymbol{I} + \beta^2\sum_{i=k+1}^{N}\hat{\boldsymbol{v}}_i\hat{\boldsymbol{v}}_i^{\mathrm{T}})^{-1}\boldsymbol{J}_t^{\mathrm{T}}\dot{\boldsymbol{t}} \quad (11.26)$$

式中，β 只沿着 N-K 个零空间速度分量的估计值 $\hat{\boldsymbol{v}}_i$ 给出阻尼的最大分量。这也可以由下式来验证

$$\dot{\boldsymbol{q}} \approx \sum_{i=1}^{K}\frac{\sigma_i}{\sigma_i^2+\lambda^2}\boldsymbol{v}_i\boldsymbol{u}_i^{\mathrm{T}}\dot{\boldsymbol{t}} + \sum_{i=K+1}^{R}\frac{\sigma_i}{\sigma_i^2+\lambda^2+\beta^2}\boldsymbol{v}_i\boldsymbol{u}_i^{\mathrm{T}}\dot{\boldsymbol{t}} \quad (11.27)$$

其中的近似也是因为式 (11.26) 使用了估计值 $\hat{\boldsymbol{v}}_i$。同样，在这种情况下，即使输入奇异向量的估计不正确，λ 也要保持非零值以保证满足映射 (11.26) 的条件。

对比式 (11.27) 和式 (11.25) 可以看出，在奇异向量估计精确的情况下，解 (11.24) 和解 (11.26) 相等。

11.3.3　关节轨迹重构

在求解一阶微分逆运动学时，可得到与给定的末端执行器任务速度曲线 $\dot{\boldsymbol{t}}(t)$ 相应的关节速度曲线 $\dot{\boldsymbol{q}}(t)$，但是，机器人运动控制器除了参考关节速度还需要参考位置轨迹。根据由末端执行器速度曲线 $\dot{\boldsymbol{t}}(t)$ 得到的关节速度曲线重构出关节位置曲线，就实现了运动学求逆，这可以看成是一种逆运动学算法。

如果关节速度曲线完全确定（比如通过它的解析式确定），相应的关节位置曲线可以通过对时间积分来得到，即

$$\boldsymbol{q}(t) = \boldsymbol{q}(t_0) + \int_{t_0}^{t}\dot{\boldsymbol{q}}(\tau)\mathrm{d}\tau \quad (11.28)$$

不过，机器人控制系统的数字化实现使得得到关节速度的离散序列 $\dot{\boldsymbol{q}}_k$ 更有可能，$\dot{\boldsymbol{q}}_k$ 为 t_k 时刻对计算得到的关节速度的采样，即

$$\dot{\boldsymbol{q}}_k = \dot{\boldsymbol{q}}(t_k)$$

由于这一原因，必须提出连续时间积分 (11.28) 的离散时间近似方法。

连续时间积分准确的离散时间近似通常需要在插值算法的复杂性和时间步长之间进行折中。在实时应用场合，比如机器人运动控制，高阶插值会造成大的时延，降低控制回路的动态性能。这种时延可以通过适当缩短时间步长来减少。无论如何，如果低阶插值也能得到可以接受的数字积分精度，时间步长也就足够短了。典型的情况是一阶插值，比如欧拉前向积分法把积分 (11.28) 转化为

$$\boldsymbol{q}_k = \boldsymbol{q}_0 + \sum_{h=0}^{k-1}\dot{\boldsymbol{q}}_h\Delta t \quad (11.29)$$

式中，Δt 是时间步长。方程 (11.29) 一般写为更有效率的递推形式

$$\boldsymbol{q}_k = \boldsymbol{q}_{k-1} + \dot{\boldsymbol{q}}_{k-1}\Delta t$$

不论使用哪种插值法，每一步数值积分都存在虽然很小但却避免不了的误差，误差还会累积，导致重构曲线与精确的关节位置曲线之间的长期漂移。影响所有积分重构方法的另一个误差源是关节位置初始值可能有误差。

克服这些问题的计算方法基于反馈修正项的使用，被称为闭环逆运动学（CLIK：closed-loop inverse kinematics）。例如一阶运动学的情况，k 时刻关节速度可由下式计算（对比式 (11.12)）

$$\dot{\boldsymbol{q}}_k = \boldsymbol{J}_t^{\dagger}(\boldsymbol{q}_k)\{\dot{\boldsymbol{t}}_k + \boldsymbol{K}[\boldsymbol{t}_k - k_t(\boldsymbol{q}_k)]\} + [\boldsymbol{I} - \boldsymbol{J}_t^{\dagger}(\boldsymbol{q}_k)\boldsymbol{J}_t(\boldsymbol{q}_k)]\dot{\boldsymbol{q}}_{0k} \quad (11.30)$$

式中，$\boldsymbol{K}$ 是一个正定常数增益矩阵。

二阶 CLIK 算法也能用于求解关节位置、速度和

加速度[11.24,25]。CLIK 算法最初是在参考文献[11.26]和[11.27]中提出的，方法用雅可比的转置代替了伪逆，这可以显著减少计算量并可用于固有奇异点[11.28]。

11.4 冗余度求解的优化法

对于运动学冗余的机械臂，逆运动学问题可以有无穷多解，因此需要一个对解进行选择的指标。本节考虑在一阶微分运动学层次上的冗余度求解的优化法。在讨论关节速度计算的算法性策略之前，先简单回顾一下可能的性能指标。

11.4.1 性能指标

具有比完成给定任务所需自由度更多的自由度的能力，可以用于在运动过程中提高性能指标。这样的指标可能只依赖于机器人关节位形，或者还与速度或加速度有关。

在能够通过定义适当指标来追求的附加目标中，最重要的可能是避奇异。实际上，引入运动学冗余的一个主要原因就是要减少工作空间中，机械臂必须处于奇异位形才能达到的区域，这样的奇异位形被称为不可避奇异点。冗余机械臂中的可避和不可避奇异点的讨论可参见参考文献[11.29]。如果给定的末端执行器任务不经过不可避奇异点，原则上总是有可能算出一条关节轨迹，任务雅可比 $\boldsymbol{J}_t$ 沿着这条轨迹是连续满秩的。为实现这一目标，可能的性能指标就是 11.2.2 节介绍的描述到奇异点距离的那些独立于位形的函数，即可操作性、条件数和 $\boldsymbol{J}_t$ 的最小奇异值。在运动过程中使这些函数最大化（或保持尽可能大的值）是在运动中避开奇异位形的合理方案。

因为运动学求逆在奇异位形的邻域内会产生趋于无穷大的关节速度，一种概念上有所不同的方法就是最小化冗余度求解所生成的关节速度的范数。不过，只有当该范数在机械臂的所有运动中都最小化时，这种方法才能保证避开奇异点。范数的局部极小[11.10]对于避奇异没有任何实际意义[11.29]。

冗余度还可以用于使机械臂连杆机构避开一些不受欢迎的关节空间，比如机械性的关节限制，这是机器人机械臂典型存在的，可以通过最小化如下代价函数来避开[11.30]

$$\boldsymbol{H}(\boldsymbol{q}) = \frac{1}{2}\sum_{i=1}^{N}\left(\frac{q_i - q_{i,\mathrm{mid}}}{q_{i,\max} - q_{i,\min}}\right)^2$$

式中，$[q_{i,\min}, q_{i,\max}]$ 是关节 i 的有效活动范围；$q_{i,\mathrm{mid}}$ 是该范围的中点。壁障是冗余度的另一项有意思的应用，它可以通过最小化适当的人工势场来实现，人工势场函数基于障碍区域在位形空间中的投影来定义[11.31,32]。

文献中还提出了很多其他的性能指标，其中一些将在 11.6 节和 11.9 节中提到。

11.4.2 局部优化

局部优化的最简单形式可以用伪逆解（11.13）来表示。它给出了满足任务约束的关节速度中范数最小的那个。显然，由局部最优解生成的关节运动不是机械臂所有可能的运动中速度最小的。这意味着，尽管局部最小化了关节速度，还是不能确保避开奇异[11.29]。

使用通解（11.12）的另一种可能方法是选取需要最小化的性能指标 $\boldsymbol{H}(\boldsymbol{q})$，在它的反梯度方向上选取任意的关节速度 $\dot{\boldsymbol{q}}_0$：

$$\dot{\boldsymbol{q}}_0 = -k_H \nabla \boldsymbol{H}(\boldsymbol{q}) \tag{11.31}$$

式中，k_H 是一个步长标量；$\nabla \boldsymbol{H}(\boldsymbol{q})$ 是指 $\boldsymbol{H}$ 在当前关节位形的梯度。这种方法可引出下面的冗余度求解方法[11.30]

$$\dot{\boldsymbol{q}} = \boldsymbol{J}_t^{\dagger}\dot{\boldsymbol{t}} - k_H(\boldsymbol{I} - \boldsymbol{J}_t^{\dagger}\boldsymbol{J}_t)\nabla \boldsymbol{H}(\boldsymbol{q}) \tag{11.32}$$

因为式（11.32）的第二项是 $\boldsymbol{H}$ 的反梯度在雅可比矩阵零空间中的投影，上式让人想起了约束最小化问题中的梯度投影法[11.33]。尤其是参考文献[11.34]显示，逆运动学解（11.32）在当前位形 $\boldsymbol{q}$ 处，最小化了完全二次方程

$$L(\boldsymbol{q}, \dot{\boldsymbol{q}}) = \frac{1}{2}\dot{\boldsymbol{q}}^{\mathrm{T}}\dot{\boldsymbol{q}} - k_H\dot{\boldsymbol{q}}^{\mathrm{T}}\nabla \boldsymbol{H}(\boldsymbol{q})$$

因此，式（11.32）代表了性能指标 $\boldsymbol{H}$ 的无约束局部最小化（这将导致选取 $\dot{\boldsymbol{q}} = -k_H\nabla \boldsymbol{H}(\boldsymbol{q})$），和通过最小范数关节速度来满足约束（11.2）之间的折中。

步长 k_H 的选择对于冗余度求解算法（11.32）的性能非常关键。特别是，较小的步长值可能降低性能指标最小化的速度，但另一方面，较大的值甚至可能导致 $\boldsymbol{H}$ 反而增加（回想一下，反梯度只是局部的最快下降方向）。实际上，要为每个位形在适当的时间内确定一个 k_H 值，可以使用简化的线搜索技术，比如 Armijo 规则[11.33]。

11.4.3 全局优化

冗余度解法（11.32）的主要优点是简单：如果 $\nabla \boldsymbol{H}(\boldsymbol{q})$ 和 k_H 的计算是有效率的，它就是实时运动学求逆可以实际采用的一种方法。它的缺点在于优化

过程的局部性，这可能在较长时间的任务中造成不令人满意的性能，比如，使用式（11.32）时取 $\boldsymbol{H}=-\mu$（可操作性）将比简单的伪逆解表现更好，但还是不能保证避开奇异。

因此很自然地会去考虑在式（11.12）中对 $\dot{\boldsymbol{q}}_0$ 进行选择，以便最小化积分指标 $\int_{t_i}^{t_f}\boldsymbol{H}(\boldsymbol{q})\,\mathrm{d}t$ 的可能性。

该指标定义在整个任务的时间域 $[t_i,\ t_f]$ 上（比如随着运动对可操作性积分）。不幸的是，这个问题的解（自然地会表示为变分形式的式子）可能不存在，并且在任何情况下，通常都没有封闭形式。值得注意的是，使该问题必然可解的一种方法是在积分中加入关节速度或加速度的二次齐式。不过，这在二阶运动学层面上更容易实现（参见 11.6 节）。

11.5 冗余度求解的任务增广法

另一种冗余度求解的方法是增广任务向量以便处理表示为约束的附加目标。在本节中，将回顾用于求解一阶微分运动学方程（11.2）的基本的任务增广技术。

11.5.1 扩展雅可比矩阵

扩展雅可比技术是由 Baillieul[11.35] 提出、并在后来由 Chang[11.36] 再次提出的。这种方法在原始的末端执行器任务上添加适当数量的函数约束，从而可以在满足末端执行器任务的无穷多解中得出确定的一个。

考虑一个优化的目标函数 $g(\boldsymbol{q})$，并令 $\boldsymbol{N}_{J_t}(\boldsymbol{q})$ 为在非奇异位形 $\boldsymbol{q}$ 处张成 $\boldsymbol{J}_t$ 的零空间的矩阵，比如，

$$\boldsymbol{N}_{J_t}=\boldsymbol{I}-\boldsymbol{J}_t^{\dagger}\boldsymbol{J}_t$$

可以验证，对于一个给定的 $\boldsymbol{t}_0$，如果 $\boldsymbol{q}_0$ 是这样一个位形，它使函数 $g(\boldsymbol{q})$ 在约束 $\boldsymbol{t}_0=\boldsymbol{k}_t(\boldsymbol{q}_0)$ 之下取得极值，则有

$$\left.\frac{\partial g(\boldsymbol{q})}{\partial \boldsymbol{q}}\right|_{\boldsymbol{q}=\boldsymbol{q}_0}\boldsymbol{N}_{J_t}(\boldsymbol{q}_0)=0^{\mathrm{T}} \tag{11.33}$$

如果雅可比 $\boldsymbol{J}_t$ 满秩，秩为 M，则 $\boldsymbol{N}_{J_t}$ 的秩为 $N\text{-}M$。因此，方程（11.33）生成一组独立的 $N\text{-}M$ 个约束，可写为如下向量形式

$$\boldsymbol{h}(\boldsymbol{q})=\boldsymbol{0}$$

比如，可以通过逐个求梯度 $\partial g(\boldsymbol{q})/\partial\boldsymbol{q}$ 与 $N\text{-}M$ 个向量的标量积来得到，而这 $N\text{-}M$ 个向量是 $\boldsymbol{J}_t$ 零空间的一个基底，即

$$\boldsymbol{h}(\boldsymbol{q})=\left(\frac{\partial g(\boldsymbol{q})}{\partial \boldsymbol{q}}(\boldsymbol{v}_{M+1}(\boldsymbol{q})\cdots\boldsymbol{v}_N(\boldsymbol{q}))\right)^{\mathrm{T}}$$

在这一点上，条件（11.33）意味着满足方程

$$\begin{pmatrix}\boldsymbol{k}_t(\boldsymbol{q}_0)\\ \boldsymbol{h}(\boldsymbol{q}_0)\end{pmatrix}=\begin{pmatrix}\boldsymbol{t}_0\\ \boldsymbol{0}\end{pmatrix}$$

对于以 $\boldsymbol{t}_0$ 和位姿 $\boldsymbol{q}_0$ 为起始点的运动，通过在每个时刻都令 $g(\boldsymbol{q})$ 取极值来跟踪轨迹 $\boldsymbol{t}(t)$ 的运动，则有

$$\begin{pmatrix}\boldsymbol{k}_t(\boldsymbol{q}(t))\\ \boldsymbol{h}(\boldsymbol{q}(t))\end{pmatrix}=\begin{pmatrix}\boldsymbol{t}(t)\\ \boldsymbol{0}\end{pmatrix}$$

两边同时对时间求导可得

$$\begin{pmatrix}\boldsymbol{J}_t(\boldsymbol{q}_0)\\ \dfrac{\partial \boldsymbol{h}(\boldsymbol{q})}{\partial \boldsymbol{q}}\end{pmatrix}\dot{\boldsymbol{q}}=\begin{pmatrix}\dot{\boldsymbol{t}}\\ \boldsymbol{0}\end{pmatrix} \tag{11.34}$$

式中，左乘向量 $\dot{\boldsymbol{q}}$ 的矩阵是个方阵，被称为扩展雅可比 $\boldsymbol{J}_{\mathrm{ext}}$ 矩阵。

因此，如果初始位形 $\boldsymbol{q}_0$ 使 $g(\boldsymbol{q})$ 取得极值，并假设 $\boldsymbol{J}_{\mathrm{ext}}$ 不会奇异，则逆映射

$$\dot{\boldsymbol{q}}=\boldsymbol{J}_{\mathrm{ext}}^{-1}(\boldsymbol{q})\begin{pmatrix}\dot{\boldsymbol{t}}\\ \boldsymbol{0}\end{pmatrix} \tag{11.35}$$

的时间积分可生成使 $g(\boldsymbol{q})$ 取极值的关节位形，从而跟踪给定的某端执行器轨迹 $\dot{\boldsymbol{t}}(t)$。

扩展雅可比方法相比于式（11.13）形式的伪逆法有一个主要的优点就是它是循环的（见 11.7 节）。此外，通过适当选取向量 $\dot{\boldsymbol{q}}_0$，解（11.35）就可等价于解（11.12）[11.35,37]。

11.5.2 增广雅可比矩阵

另一种方法，即所谓的任务空间增广法，先引入一个与末端执行器任务一起执行的约束任务。然后，建立一个增广雅可比矩阵，由它的逆给出搜索到的关节速度解。Sciavicco、Siciliano[11.28,38,39] 和 Egeland[11.40] 分别独立提出了任务空间增广的概念，随后 Seraji 又在位形控制法的架构中再次提出这一概念[11.41]。

详细来说，考虑向量 $\boldsymbol{t}_c=(\boldsymbol{t}_{c,1}\cdots\boldsymbol{t}_{c,P})^{\mathrm{T}}$，它描述了需和 M 维末端执行器任务 $\boldsymbol{t}$ 一起执行的附加任务。虽然完全利用冗余度意味着所考虑的附加任务要正好和冗余自由度一样多，即 $P=N\text{-}M$，一般情况下取 $P\leqslant N\text{-}M$。

关节空间坐标向量 $\boldsymbol{q}$ 和约束任务向量 $\boldsymbol{t}_c$ 之间的关系，可以考虑为正向运动学方程

$$\boldsymbol{t}_c=\boldsymbol{k}_c(\boldsymbol{q}) \tag{11.36}$$

其中 $\boldsymbol{k}_c$ 是一个连续的非线性向量函数。

因此，考虑如下映射是有益的

$$\dot{\boldsymbol{t}}_c = \boldsymbol{J}_c(\boldsymbol{q})\dot{\boldsymbol{q}} \tag{11.37}$$

该映射可由方程（11.36）微分得到。在式（11.37）中，$\dot{\boldsymbol{t}}_c$是约束任务速度向量，并且 $\boldsymbol{J}_c(\boldsymbol{q}) = \partial \boldsymbol{k}_c / \partial \boldsymbol{q}$ 是 $P \times N$ 维的约束任务雅可比矩阵。

至此，增广任务向量可以通过拼接末端执行器任务向量和约束任务向量定义为

$$\boldsymbol{t}_a = \begin{pmatrix} \boldsymbol{t} \\ \boldsymbol{t}_c \end{pmatrix} = \begin{pmatrix} \boldsymbol{k}_t(\boldsymbol{q}) \\ \boldsymbol{k}_c(\boldsymbol{q}) \end{pmatrix}$$

根据这一定义，寻找使 $\boldsymbol{t}_a$ 取某些期望值的关节位形 $\boldsymbol{q}$，就意味着同时满足末端执行器任务和约束任务。

这个问题的解可以通过在微分层面上反求下面的映射关系来得到

$$\boldsymbol{t}_a = \boldsymbol{J}_a(\boldsymbol{q})\dot{\boldsymbol{q}} \tag{11.38}$$

其中矩阵

$$\boldsymbol{J}_a = \begin{pmatrix} \boldsymbol{J}_t \\ \boldsymbol{J}_c \end{pmatrix}$$

被称为增广雅可比矩阵。

一种约束任务向量的特殊选择是 $\boldsymbol{t}_c = \boldsymbol{h}(\boldsymbol{q})$，其中 $\boldsymbol{h}$ 就像在11.5.1节中所描述的那样定义，这就可以使增广雅可比法包含了扩展雅可比法。

11.5.3 算法性奇异

在跟踪末端执行器之外定义附加目标增加了这样的可能性：存在使增广运动学问题奇异，而单纯的末端执行器任务运动学并不奇异的位形。这种位形因而被称为算法性奇异[11.35]。参见速度关系式（11.34）和式（11.38），算法性奇异位形使扩展雅可比矩阵和增广雅可比矩阵分别是奇异的，而 $\boldsymbol{J}_t$ 却是满秩的。

最初的任务增广冗余度解法提出之后，Baillieul指出算法性奇异点不是扩展雅可比方法特有的问题，但扩展雅可比法会造成约束任务与末端执行器任务的冲突[11.35,37]。这在简单情况下很容易理解，比如包含避障问题的轨迹跟踪的时候：如果期望轨迹经过一个障碍，那就要么跟踪轨迹，要么避开障碍，两个目标不可能同时实现。如果两种任务之间的冲突来源有一个清晰的含义，那么算法性奇异就有可能根据具体情况，通过机敏地定制约束任务来避免（例如，参考文献［11.23］）。在更一般的情况下，一些分析工具可能在寻找算法性奇异和指导约束函数的选取时有用[11.42]，或在寻找更好地调和两种任务的位形时有用[11.43]。

考虑式（11.2）和式（11.37）定义的任务，通过考虑它们的逆映射可以看到当有

$$\mathcal{R}\ (\boldsymbol{J}_c^{\mathrm{T}}) \cap \mathcal{R}\ (\boldsymbol{J}_t^{\mathrm{T}}) \neq \{\boldsymbol{0}\} \tag{11.39}$$

时，两种任务是冲突的，因此这是出现算法性奇异的条件。另一方面，当有

$$\mathcal{R}\ (\boldsymbol{J}_c^{\mathrm{T}}) \cap \mathcal{R}\ (\boldsymbol{J}_t^{\mathrm{T}}) = \{\boldsymbol{0}\}$$

时，因为两个逆映射线性无关，两种任务是不冲突的。有一种任务不冲突的特殊情况是

$$\mathcal{R}\ (\boldsymbol{J}_c^{\mathrm{T}}) \equiv \mathcal{R}^{\perp}(\boldsymbol{J}_t^{\mathrm{T}}) \tag{11.40}$$

并且两个映射相互正交。

在算法性奇异点处，增广雅可比矩阵不可逆，但可以采用奇异点鲁棒技术。因为不存在精确解，会有重构误差，而且这对两种任务向量都会有影响。要抵消这个问题，参考文献［11.44，45］考虑用加权阻尼最小二乘法来对增广雅可比矩阵求逆。另一种不同的方法是所谓的任务优先级逆运动学。

11.5.4 任务优先级

在任务优先级策略框架下，是通过给期望任务分配适当的优先级，然后只在高优先级任务的零空间中去满足低优先级任务，来处理末端执行器任务与约束任务之间的冲突[11.46,47]。典型情况下，末端执行器任务被认为是主要任务，虽然有时它是次要任务[11.23]。该方法的思想是当精确解不存在时，重构误差只会影响低优先级的任务。

参见解（11.12），任务优先级方法计算出适当的 $\dot{\boldsymbol{q}}_0$，以实现 P 维的约束任务 $\dot{\boldsymbol{t}}_c$。值得注意的是，将 $\dot{\boldsymbol{q}}_0$投影到 $\boldsymbol{J}_t$ 的零空间保证了约束任务比末端执行器任务的优先级低，因为投影结果是一个零空间速度[11.48]。

当次要任务 $\dot{\boldsymbol{t}}_c$与主要任务 $\dot{\boldsymbol{t}}$ 正交（即满足方程（11.40））时，关节速度

$$\dot{\boldsymbol{q}}_0 = \boldsymbol{J}_c^{\dagger}(\boldsymbol{q})\dot{\boldsymbol{t}}_c \tag{11.41}$$

可以很容易地解决问题，而且主要任务速度映射式（11.2）的零空间速度也有了（即不需要 $\boldsymbol{N}_{J_t}$的投影项了）。不过，通常两类任务可能不冲突但也不是正交的，或者有冲突，不存在同时实现 $\dot{\boldsymbol{t}}$ 和 $\dot{\boldsymbol{t}}_c$的关节速度解。方法与两种任务所定义的优先顺序相关，一种合理的选择是保证精确跟踪主要任务速度的同时，最小化约束任务速度的重构误差 $\dot{\boldsymbol{t}}_c - \boldsymbol{J}_c\dot{\boldsymbol{q}}$，因此给出[11.49]

$$\dot{q}_0 = [J_c(I - J_t^{\dagger}J_t)]^{\dagger}(\dot{t}_c - J_cJ_t^{\dagger}\dot{t}) \quad (11.42)$$

最后，观察到零空间投影算子是幂等的厄密矩阵，所以式（11.12）和式（11.42）的解可以简化为[11.46]

$$\dot{q} = J_t^{\dagger}\dot{t} + [J_c(I - J_t^{\dagger}J_t)]^{\dagger}(\dot{t}_c - J_cJ_t^{\dagger}\dot{t}) \quad (11.43)$$

可以验证，算法性奇异的问题还是存在。实际上，当条件（11.39）成立时，对于满秩的 J_t 和 J_c，矩阵 J_c（$I - J_t^{\dagger}J_t$）也会降秩。不过，与任务空间增广法不同，只要主要任务雅可比矩阵满秩就可以得到正确的主要任务解。另一方面，在算法性奇异点之外，任务优先级方法给出的解和任务空间增广法是一样的。而接近算法性奇异点时，解的品质变坏，可能造成很大的关节速度。这个问题可以通过考虑有关矩阵的因子秩，并根据适当的阈值把矩阵当成奇异的，在一定程度上解决[11.46]。这样所得到的关节速度是有限大小的，前提是必须保证零空间分量的连续性。

另一种方法是放宽次要任务速度重构约束的最低限度，只去跟踪式（11.41）中不与主要任务冲突的部分[11.50,51]，即

$$\dot{q} = J_t^{\dagger}\dot{t} + (I - J_t^{\dagger}J_t)J_c^{\dagger}\dot{t}_c \quad (11.44)$$

这种解的一个直观依据可以这样得到：伪逆 $J_t^{\dagger}$ 和 $J_c^{\dagger}$ 分别用于求解各自任务速度的关节速度，然后把相应于约束任务（次要的）的关节速度投影到 J_t 的零空间，以消除将引起与末端执行器任务（主要的）冲突的部分，最后把它和相应于末端执行器任务的关节速度叠加。其结果，解（11.44）有一个优良特性，即算法性奇异点与 J_c 的奇异点是解耦的。

可以推断，解（11.44）的约束任务重构误差比解（11.43）的更大。这是在跟踪有冲突的任务时，使给出的关节速度轨迹光滑可行的代价。不过，对于可以在算法性奇异点之外修复次要任务跟踪误差的 CLIK 应用，解（11.44）更好。在这种情况下有

$$\dot{q} = J_t^{\dagger}\omega_t + (I - J_t^{\dagger}J_t)J_c^{\dagger}\omega_c$$

其中

$$\omega_t = \dot{t} + K_t(t - k_t(q))$$

$$\omega_c = \dot{t} + K_c(t_c - k_c(q))$$

11.6　二阶冗余度求解

在加速度级求解冗余度可以考虑机械臂运动过程的动力学性能。而且，得到的加速度曲线可以直接作为任务空间动力学控制器的参考信号（与相应的位置和速度信号一起）。但另一方面，二阶冗余度求解算法在计算量方面总是要求更高。

最简单的加速度级算法是式（11.15）中提出的，即给出实现任务约束（11.8）的最小范数解。与速度级伪逆解一样，这种局部优化解生成的关节运动无法在机械臂整个的运动过程中使加速度全局最小。不过值得注意的是，使用式（11.15）可在［t_i，t_f］内最小化积分指标 $\int_{t_i}^{t_f}\dot{q}^{\mathrm{T}}\dot{q}\mathrm{d}t$，前提是满足适当的边界条件[11.52]，比如在端点自由的情况下（t_i 和 t_f 时刻的关节位置和速度都没有指定），需要满足的边界条件可以分开，并表示为

$$\dot{q}(\bar{t}) = J_t^{\dagger}\dot{t}(\bar{t}) \quad \bar{t} = t_i, t_f$$

因此，虽然解（11.15）表面上简单而优雅，实际上最小化上述积分代价需要求解一个两点边界值问题（TPBVP），这是个运算量很大的过程，对于实时运动学控制是不可行的。不过，对于工业调试中的离线冗余度求解，却是非常令人满意的。

通过考虑全部的二阶解（11.14），可以更灵活地选择（局部的或全局的）性能指标。将机械臂动力学模型表示为

$$\tau = H(q)\ddot{q} + c(q,\dot{q}) + \tau_g(q) \quad (11.45)$$

式中，τ为驱动力矩向量；H 为机械臂惯性矩阵；c 为离心力/哥氏力项；τ_g为重力项。取式（11.14）的零空间加速度为

$$\dot{q}_0 = -[H(I - J_t^{\dagger}J_t)]^{\dagger}\tilde{\tau} \quad (11.46)$$

其中

$$\tilde{\tau} = HJ_t^{\dagger}(\ddot{t} - \dot{J}_t\dot{q}) + c + \tau_g$$

这可以局部最小化驱动力矩范数$\tau^{\mathrm{T}}\tau$[11.53]。这种特殊的冗余度求解方法对于短时间的任务表现很好，但在长时间的运行中可能会不稳定（更准确地说，是关节力矩会非常大），本质原因是零空间关节速度的增大。还要注意，式（11.46）中的矩阵积 $H(I - J_t^{\dagger}J_t)$ 是不满秩的，因此它的伪逆必须通过一个 SVD 过程来计算。整体上最小化关节力矩也是有可能的[11.54]，这种解显然避开了不稳定问题，但又需要求解一个 TPBVP。

另一种有趣的逆解如下

$$\ddot{q} = J_{t,H}^{\dagger}(\ddot{t} - \dot{J}_t\dot{q}) + (I - J_{t,H}^{\dagger}\dot{J}_t)H^{-1}c \quad (11.47)$$

从使用加权伪逆的角度来看，它是通解（11.14）的

轻微改动。详细地说，$J_{t,H}^{\dagger}$是惯性加权的任务雅可比伪逆，惯性矩阵满秩时可以表示为下式

$$J_{t,H}^{\dagger}=H^{-1}J_t^{T}\ (J_tH^{-1}J_t^{T})^{-1}$$

解（11.47）最小化了

$$\int_{t_i}^{t_f}\frac{1}{2}\dot{q}^{T}H(q)\dot{q}\mathrm{d}t$$

即机械臂动能在［t_i，t_f］上的积分[11.52]。这又必须要用到正确的边界条件，比如端点自由时有

$$\dot{q}(\bar{t})=J_{t,H}^{\dagger}\dot{t}(\bar{t})\qquad \bar{t}=t_i,t_f$$

11.7 循环性

基于微分运动学的冗余度求解算法的共有缺点是缺少循环性（也称为可重复性）：通常，一个循环的任务空间轨迹对应的关节空间轨迹本身却不是循环的（即关节的最终位置和初始位置不一致）。这种现象显然是不希望的，因为这基本上意味着在反复重复周期性任务时，机械臂行为是不可预知的。

对于一类特殊的冗余度解法，存在一个循环性能否满足的数学条件[11.55]。特别地，考虑如下形式的任意解法

$$\dot{q}=G_t(q)\dot{t}\qquad(11.48)$$

式中，G_t是任务雅可比矩阵J_t的任意一种广义逆，即满足$J_tG_tJ_t=J_t$的一个$N\times M$矩阵（式（11.13）中的伪逆矩阵$J_t^{\dagger}$就是一种特殊的广义逆）。设给定任务$t(t)$在任务空间的一个简单连通域中描述了一个循环轨迹，并令$g_{ti}(q)$表示G_t的第i列。式（11.48）生成循环的关节轨迹的一个充要条件是，分布

$$\Delta G_t(q)=\mathrm{span}\{g_{t1}(q)\cdots g_{tM}(q)\}$$

是对合的（即，它对于李（Lie）括号操作是封闭的）。

需要强调的是，ΔG_t的对合性是一个强条件，因为必须在所有位形都满足它。这意味着多数广义逆都不是循环的。还要注意，上述对于循环性的条件不仅取决于选取的广义逆（即伪逆、加权伪逆等），还取决于J_t的形式，它又与机械臂的机械结构相关。这意味着循环性必须根据个体情况分别建立。

至于非（11.48）类的冗余度求解法，即通解（11.12）衍生的那些解法，通常都不是循环的。尤其是当局部优化法用于求解冗余度时，比如式（11.32），更是如此。值得注意的是，扩展雅可比法是一个例外，它总是循环的。

11.8 超冗余机械臂

研究运动学冗余时产生的一个自然问题就是：当关节数（而且因此冗余度数）远大于任务空间维数时会怎样，最终趋于无穷时会如何呢？自然界存在具有许多关节的串联刚性连杆系统的例子（比如蛇、哺乳动物和鱼的脊椎），这种生物学上的存在性证据启发和吸引了机器人研究者和设计者许多年。在这种兴趣之下发展出了几种特殊类型的冗余度机械臂，一起被称为超冗余度机械臂。本节对这个令人感兴趣的领域的基本问题和现状进行综述。

通常如果一个机械臂可控的位形（关节）空间自由度，比得上或超过了它的任务空间自由度，就被认为是超冗余的。（因此，七或八自由度的空间刚性杆机械臂一般不被认为是超冗余的。）超冗余机械臂提高了利用其额外的关节进行手臂抓持/操作，和在障碍密集区域机动的潜力。因此预期的应用包括拥挤环境下的工作（灾难救援、医疗应用等）。

就像所观察到的那样，（任何）冗余度的增加都将增加新的基本能力（自运动、子任务执行能力），所以直觉上认为增加大量的自由度有可能继续增加新的和复杂的行为。不过，详细观察发现，许多引起人兴趣的生物超冗余系统实际上只做相对有限的运动，由非常简单的算法控制。例如，（生物）蛇的脊椎有非常多的关节，然而蛇的运动是典型的由近似正弦曲线限定的运动，由简单的参数（幅度，频率）决定。因此，设计者和算法开发人员找到了许多关键性的简化，并用于了超冗余机械臂的开发，如11.8.3节的讨论。

在硬件开发方面，该领域发展出了两个主要方向：类脊椎动物的刚性杆设计和类无脊椎动物的连续体机械臂。本节下面的两个单元概述了这两个方向的历史和现状，随后讨论了超冗余机器人系统所需要的和所发展出的独特分析技术。总之，关键的问题是以这样或那样的形式处理复杂性。

11.8.1 刚性杆超冗余设计

按照从传统的串联刚性连杆机械臂（冗余或非冗余的）往上进化的逻辑，这一类超冗余度机械臂可能是最自然的。这种机器人的设计特色是有超级多的刚性杆结构的关节（通常是串联的）。这类机器人设备一个很好的早期实例是JPL蛇形机器人[11.56]，

其特色是模块化设计了 12 个自由度。

设计方面的一般趋势是减少连杆的尺寸，以便把机器人结构像生物脊椎那样组装起来。这种方法从概念上来说能够开发出具有非常高自由度的机器人，比如加州理工开发的三十自由度的平面机械臂[11.57]，它可能一直是最著名的超冗余度机器人。十七自由度机器人见图 11.4。

图 11.4　十七自由度机器人（感谢美国机器人研究公司（Robotics Research Corporation）提供照片）

请注意，多种不同类型的非传统刚性连杆机器人系统都可以归为此类超冗余系统。新型象鼻是以特殊的三十二自由度脊柱为基础设计的[11.58]。一些双臂/躯干的设计[11.59]，包括 NASA 的专用灵巧机械手（SPDM：Special-Purpose Dextrous Manipulator）[11.60]（见图 11.5），可以归为这一类超冗余机械臂。而且人形机器人领域的研究者在理论和硬件上都在这一领域上作出了贡献。

此类机器人中另一种特别重要的特殊类型是机器人蛇。这方面许多开创性的工作要归功于 Hirose[11.61]，他分析了（生物）蛇的运动，并把所理解到的知识用于一系列创新性的蛇形机器人的设计和控制。其中尤其令人感兴趣的是 Hirose 的研究组团队开发的超冗余度主动索机构（ACM：Active Cord Mechanism）（见图 11.6）机器人系列。

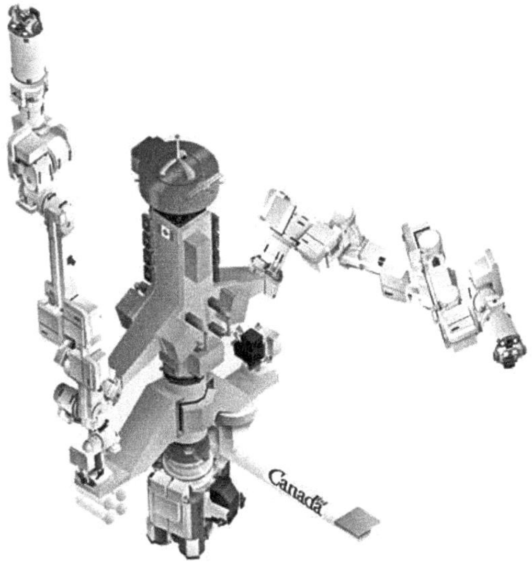

图 11.5　NASA 专用灵巧机械手（SPDM）（感谢 MDA Federal 公司提供照片）

图 11.6　主动索机构（ACM：Active Cord Mechanism）（感谢 S. Hirose 提供照片）

这么多年有许多其他的蛇形机器人设计被提出来了，而且这一领域依旧是高度活跃的。

刚性杆超冗余设计概念上的关键性优点在于继承了与之类似的传统工业机械臂的运动学。因此，所有的传统建模技术（比如基于 D-H 法的前向运动学建模和机器人雅可比推导）都还适用。因此，理论上所有本章之前讨论的方法都可以直接应用于此类超冗余机器人（虽然所得模型的复杂性会是分析和理解的一个关键障碍）。不过，第二种主要类型（将在下一单元进行概述），把超冗余度发挥到了逻辑上的极致，却没有继承这些特殊的优点。

11.8.2 连续体机器人设计

连续体机械臂这一术语首次出现在参考文献[11.62]中，它把超冗余机器人概念推向了极致。换句话说，概念上这种机器人达到了脊椎结构的极限，关节数趋于无穷，而连杆长度趋于零。当这种概念最初看上去是空想的、复杂并且不可能实现的时候，其极限形式（光滑的连续曲线外形，可以在脊椎的任何一点弯曲）在硬件上却相当容易实现。从20世纪60年代早期以来，提出了很多种连续体设计[11.62,63]。关键的设计问题在于怎样驱动（弯曲以及可能的拉伸和压缩）这样的脊椎。出现了两种基本的设计方法：①体外驱动，驱动器分开在脊椎结构之外[11.64]。②内驱动，驱动器表现为脊椎结构的一个基本部分，参见参考文献[11.65]。腱驱动被证明是一种流行的和通常很成功的内驱动连续体设计[11.58,64]。人工肌肉技术，特别是McKibben肌肉，也被证明对于内驱动硬件实现是有效[11.65]。OctArm连续体机械臂见图11.7。

图11.7 OctArm连续体机械臂（感谢I. Walker提供照片）

目前，英国的OCR机器人公司制造和销售了一组商业上取得了成功的外驱动连续体机械臂[11.64]。图11.8为其中一种。

图11.8 连续体机械臂（感谢OC Robotics公司提供照片）

就在连续体机械臂被看成是超冗余度的极限形态的时候，它迅速地描绘出了本质上全新的一类机械臂[11.62]。连续的柔性脊椎，至少在理论上，以无穷多自由度为特色。因此，用于刚性连杆链建模的机器人学传统方法就不再适用了。此外，显然实际上也无法驱动数量无穷多的自由度。连续体机械臂硬件的特点通常是拥有有限数量的驱动器，只在事先设定的一系列固定位置上施加驱动力/力矩。连续体机器人因此本质上既是超冗余的又是欠驱动的，这就造成了分析中很重要的复杂性。不过，相关研究已经取得了重大成果，连续体运动学分析得出的知识无论是对连续体还是对非连续体超冗余机械臂，都已经有了有益的应用，下面一个单元将对此进行讨论。

11.8.3 超冗余机械臂建模

显然，连续体机械臂的正确建模需要有连续脊椎的模型。有趣的是，连续脊椎模型也被证实是刚性杆超冗余系统运动规划的关键性理论基础。正如前面所提到的，理论上离散连杆超冗余机械臂的建模可以用传统的机械臂建模方法来进行，而且其规划也可以基于这些方法。不过，人们很快就发现这些方法的计算复杂性使它们难以实现，而且相应的模型很难得到。另一种可供选择（而且实践中更为成功）的策略是采用基于连续体机械臂运动学的方法。下面，概述一下连续体机械臂运动学的最新发展情况。然后讨论现有的离散连杆和连续体模型是怎样提高每种超冗余系统的运动规划的性能的。

连续体系统没有明显的连杆，而标准的机器人机械臂建模方法基于有限数量的坐标系（每个连杆固接一个），因此不适于它们的建模。作为替代，自然的方法是建立一个沿着脊椎、以弧长 s 为参数的坐标系，通过它来进行连续体运动学建模。脊椎在点 s 处的局部运动用局部坐标系来建模。这种方法使得前向运动学的计算量，以及连续体雅可比的建立，都和刚性杆系统相类似[11.65,66]。

许多选择脊椎坐标系的不同方法已经被提出来了[11.67,68]。一种流行的方法是著名的Serret-Frenet坐标系[11.66]，它由下式来表示脊椎

$$\frac{d\boldsymbol{t}}{ds}=\kappa\boldsymbol{n}$$

$$\frac{d\boldsymbol{n}}{ds}=-\kappa\boldsymbol{t}+\boldsymbol{\tau}\boldsymbol{b}^{㊀}$$

$$\frac{d\boldsymbol{b}}{ds}=-\boldsymbol{\tau}\boldsymbol{n}^{㊀}$$

上面的坐标中，坐标原点由 $\boldsymbol{x}$ 给定，曲线的单位切线为 $\boldsymbol{t}=d\boldsymbol{x}/ds$，构成一个坐标轴。其他坐标轴定义为它的法线 $(\boldsymbol{t}\cdot\boldsymbol{n})=0$ 和次法线 $\boldsymbol{b}=\boldsymbol{t}\times\boldsymbol{n}$。曲率 κ 和挠率τ决定曲线的形状。Serret-Frenet坐标系的坐标轴给出了局部运动的一种直观描述：两维可能的弯曲，对应于绕法线和次法线轴的旋转，以及一个维度的伸长/压缩（一些连续体机器人已有并可控），对应于沿着切线轴的平移。Serret-Frenet模型的优点在于它是一种被广泛认可了的连续空间曲线建模方法。连续体机器人文献中的另一种坐标表示法选择的坐标轴与特定硬件的受控运动轴一致[11.68]。不论用哪种方式确定了坐标系，关键问题都是怎样利用所得到的模型来规划超冗余机器人的运动。一个基本的问题是连续体运动学模型的基本形式是以有无穷多自由度为特征的（这是任意空间曲线建模所必需的）。然而，超冗余机器人（离散关节或连续体）能够仅以有限自由度的方式来控制，因而可以使用物理解的一个简化集。因此，超冗余机械臂方向上的研究集中在了怎样使连续体模型能最好地描述机器人硬件上。

超冗余臂运动规划方面最初的主要突破是在一系列里程碑式的论文[11.57,67,69]中做出的，即引入了连续体运动学，并将其用于对刚性杆超冗余系统进行近似[11.67]。基本的思路是使用一条（理论上的）曲线来对超冗余机器人的脊椎实体进行建模。先进行运动规划，得出一条曲线，然后让（离散的）机器人脊椎去拟合所产生的（连续的）曲线。这种方法被证明是非常有效的，而且相关的研究为本领域引入了一些关键性的理论概念。尤其是模态法[11.69]（将允许解的集合限制在由模态的简单线性组合生产的形态内）的使用，该方法导出了超冗余机械臂的冗余度解法。这个有影响的概念可以看成是建立通用模型，并（通过模态选择和曲线拟合）让模型顺应硬件的一种自顶向下的方法。

更新一些的研究集中在与前文对偶的思路上，利用特定类型的连续体机器人脊椎硬件所具有的物理约束来构建连续体运动学。这可以看成是自底向上的方法，关注特定的硬件类型，以硬件的高效建模为主要目标，避免运动规划时进行近似。参考文献［11.65，68］给出了这种方法的实例，在该方法中，施加在一般连续体运动学模型上的关键性约束来源于这样的观察，即许多连续体的硬件实体都由有限个常数曲率的分段组成的。（这自然是因为必须用有限数量的输入力/力矩作用于坚硬的连续体脊椎。）值得注意的是，参考文献［11.65］所得出的常曲率模型可以被看成是参考文献［11.69］所述的一般性模态方法的一种特定情况。

上述方法参考文献［11.65］包含一些转换，即通过节空间来转换任务空间和驱动器空间之间的映射。这种转换的一个关键部分，是用传统的（理论上的）刚体模型来对机械臂的每一节建模。因此刚体运动学已被证实是连续体机械臂冗余度求解的关键，同样，连续体运动学是刚性连杆超冗余手臂的冗余度求解的一个关键部分。最终，将建立一系列雅可比矩阵。区别是连续体雅可比矩阵是描述节的形态的局部意义变量（挠曲角、曲率和拉伸），或决定这些变量值的驱动器的直接变量的函数。设有连续体的雅可比矩阵，则冗余度通常可以解为

$$\dot{\boldsymbol{l}}=\boldsymbol{J}_{\mathrm{E}}^{\dagger}\dot{\boldsymbol{t}}_{\mathrm{E}}+(\boldsymbol{I}-\boldsymbol{J}_{\mathrm{E}}^{\dagger}\boldsymbol{J}_{\mathrm{E}})\dot{\boldsymbol{l}}_{0}$$

求解方法与本章前面已经讨论了的，传统冗余度机械臂所用的方法一样（相应的优点和问题也是一样的）。

11.9　结论与扩展阅读

运动学冗余机器人的大量研究已经有二十多年了，现在仍然非常活跃。这方面的文章数量因此非常巨大。下面引用的少量文章只不过是对之前已经引用了的基本文献的一个小小的补充，绝对不是详尽无遗的。

㊀ 译者注：此公式中的$\boldsymbol{\tau}$应为τ，原文有误。

运动学冗余机械臂的机械设计已有很多文章进行了研究，比如可参见参考文献［11.70～74］。特别推荐的是，参考文献［11.75］首次指出了类人手臂的机械臂相比于传统的六自由度机器人所具有的优越性。参考文献［11.76，77］研究了通过手臂形态的重新配置确保在整个工作空间中的最大灵活性的问题。

参考文献［11.78］全面分析了冗余机械臂的逆运动学问题。特别推荐的是，参考文献［11.79］分析了自运动的几何结构。

参考文献［11.9，21，80］提出了在不同性质的末端执行器任务中，能保证避开奇异的加权阻尼最小二乘解。

除了避开奇异，冗余度还被用于实现壁障[11.37,46,81,82]、最小化关节的弹性效应[11.83]、容错[11.84]、减小冲击力[11.85,86]，以及各种灵巧性指标的最大化[11.4,5,43,87]。参考文献［11.88］提出了一种完全不同的冗余度机器人壁障方法。

参考文献［11.89］综述了冗余度求解的局部优化法。参考文献［11.90］提出了一种计算效率不一样的局部优化冗余度求解方法。参考文献［11.91］提出了一种基于介于局部和全局优化之间的某种中间性质的冗余度求解方法。二阶冗余度求解的其他方法也有讨论，比如参考文献［11.92］中所述。同样值得引用的还有关于动态相容广义逆的[11.93]。

循环性问题由参考文献［11.94］首次指出，并得到了进一步的研究[11.95,96]。参考文献［11.97，98］阐述了受到非完整约束的小车-机械臂系统的冗余度求解的一般形式。

参考文献

11.1 D.E. Whitney: Resolved motion rate control of manipulators and human prostheses, IEEE Trans. Man-Mach. Syst. **10**(2), 47–53 (1969)

11.2 G.H. Golub, C. Reinsch: Singular value decomposition and least-squares solutions, Numer. Math. **14**, 403–420 (1970)

11.3 A.A. Maciejewski, C.A. Klein: The singular value decomposition: computation and applications to robotics, Int. J. Robot. Res. **8**(6), 63–79 (1989)

11.4 T. Yoshikawa: Manipulability of robotic mechanisms, Int. J. Robot. Res. **4**(2), 3–9 (1985)

11.5 C.A. Klein, B.E. Blaho: Dexterity measures for the design and control of kinematically redundant manipulators, Int. J. Robot. Res. **6**(2), 72–83 (1987)

11.6 A.A. Maciejewski, C.A. Klein: Numerical filtering for the operation of robotic manipulators through kinematically singular configurations, J. Robot. Syst. **5**, 527–552 (1988)

11.7 S. Chiaverini: Estimate of the two smallest singular values of the Jacobian matrix: application to damped least-squares inverse kinematics, J. Robot. Syst. **10**, 991–1008 (1993)

11.8 O. Egeland, M. Ebdrup, S. Chiaverini: Sensory control in singular configurations – application to visual servoing, IEEE Int. Workshop Intell. Motion Contr. (Istanbul 1990) pp. 401–405

11.9 Y. Nakamura, H. Hanafusa: Inverse kinematic solutions with singularity robustness for robot manipulator control, Trans. ASME – J. Dyn. Syst. Meas. Contr. **108**, 163–171 (1986)

11.10 D.E. Whitney: The mathematics of coordinated control of prosthetic arms and manipulators, Trans. ASME – J. Dyn. Syst. Meas. Contr. **94**, 303–309 (1972)

11.11 T.L. Boullion, P.L. Odell: *Generalized Inverse Matrices* (Wiley-Interscience, New York 1971)

11.12 C.R. Rao, S.K. Mitra: *Generalized Inverse of Matrices and its Applications* (Wiley, New York 1971)

11.13 A. Ben-Israel, T.N.E. Greville: *Generalized Inverses: Theory and Applications* (Wiley, New York 1974)

11.14 R.H. Taylor: Planning and execution of straight-line manipulator trajectories, IBM J. Res. Dev. **23**, 424–436 (1979)

11.15 M. Sampei, K. Furuta: Robot control in the neighborhood of singular points, IEEE J. Robot. Autom. **4**, 303–309 (1988)

11.16 E.W. Aboaf, R.P. Paul: Living with the singularity of robot wrists, IEEE Int. Conf. Robot. Autom. (Raleigh 1987) pp. 1713–1717

11.17 S. Chiaverini, O. Egeland: A solution to the singularity problem for six-joint manipulators, IEEE Int. Conf. Robot. Autom. (Cincinnati 1990) pp. 644–649

11.18 S. Chiaverini, O. Egeland: An efficient pseudo-inverse solution to the inverse kinematic problem for six-joint manipulators, Model. Identif. Contr. **11**(4), 201–222 (1990)

11.19 O. Khatib: A unified approach for motion and force control of robot manipulators: the operational space formulation, IEEE J. Robot. Autom. **3**, 43–53 (1987)

11.20 C.W. Wampler II: Manipulator inverse kinematic solutions based on vector formulations and damped least-squares methods, IEEE Trans. Syst. Man Cybern. **16**, 93–101 (1986)

11.21 S. Chiaverini, O. Egeland, R.K. Kanestrøm: Achieving user-defined accuracy with damped least-squares inverse kinematics, 5th Int. Conf. Adv. Robot. ('91 ICAR) (Pisa 1991) pp. 672–677

11.22 J.R. Sagli: Coordination of Motion in Manipulators with Redundant Degrees of Freedom. Ph.D. Thesis (Institutt for Teknisk Kibernetikk, Norges Tekniske Høgskole, Trondheim, N 1991)

11.23 P. Chiacchio, S. Chiaverini, L. Sciavicco, B. Siciliano: Closed-loop inverse kinematics schemes for constrained redundant manipulators with task space augmentation and task priority strategy, Int. J. Robot. Res. **10**(4), 410–425 (1991)

11.24 B. Siciliano: A closed-loop inverse kinematic scheme for on-line joint-based robot control, Robotica **8**, 231–243 (1990)

11.25 Z.R. Novaković, B. Siciliano: A new second-order inverse kinematics solution for redundant ma-

nipulators. In: *Advances in Robot Kinematics*, ed. by S. Stifter, J. Lenarčič (Springer-Verlag, Vienna, Austria 1991) pp. 408–415
11.26 A. Balestrino, G. De Maria, L. Sciavicco: Robust control of robotic manipulators, 9th IFAC World Congress (Budapest 1984) pp. 80–85
11.27 W.A. Wolovich, H. Elliott: A computational technique for inverse kinematics, 23rd IEEE Conf. Decis. Contr. (Las Vegas 1984) pp. 1359–1363
11.28 L. Sciavicco, B. Siciliano: A solution algorithm to the inverse kinematic problem for redundant manipulators, IEEE J. Robot. Autom. **4**, 403–410 (1988)
11.29 J. Baillieul, J. Hollerbach, R.W. Brockett: Programming and control of kinematically redundant manipulators, 23th IEEE Conf. Decis. Contr. (Las Vegas 1984) pp. 768–774
11.30 A. Liégeois: Automatic supervisory control of the configuration and behavior of multibody mechanisms, IEEE Trans. Syst. Man Cybern. **7**, 868–871 (1977)
11.31 O. Khatib: Real-time obstacle avoidance for manipulators and mobile robots, IEEE Int. Conf. Robot. Autom. (St. Louis 1985) pp. 500–505
11.32 J.C. Latombe: *Robot Motion Planning* (Kluwer Academic, Boston 1991)
11.33 D.G. Luenberger: *Linear and Nonlinear Programming* (Addison-Wesley, Reading 1984)
11.34 A. De Luca, G. Oriolo: Issues in acceleration resolution of robot redundancy, 3rd IFAC Symp. Robot Contr. (Vienna 1991) pp. 665–670
11.35 J. Baillieul: Kinematic programming alternatives for redundant manipulators, IEEE Int. Conf. Robot. Autom. (St. Louis 1985) pp. 722–728
11.36 P.H. Chang: A closed-form solution for inverse kinematics of robot manipulators with redundancy, IEEE J. Robot. Autom. **3**, 393–403 (1987)
11.37 J. Baillieul: Avoiding obstacles and resolving kinematic redundancy, IEEE Int. Conf. Robot. Autom. (San Francisco 1986) pp. 1698–1704
11.38 L. Sciavicco, B. Siciliano: Solving the inverse kinematic problem for robotic manipulators, 6th CISM-IFToMM Symp. Theory Practice Robots Manip. (Kraków 1986) pp. 107–114
11.39 L. Sciavicco, B. Siciliano: A dynamic solution to the inverse kinematic problem for redundant manipulators, IEEE Int. Conf. Robot. Autom. (Raleigh 1987) pp. 1081–1087
11.40 O. Egeland: Task-space tracking with redundant manipulators, IEEE J. Robot. Autom. **3**, 471–475 (1987)
11.41 H. Seraji: Configuration control of redundant manipulators: theory and implementation, IEEE J. Robot. Autom. **5**, 472–490 (1989)
11.42 J. Baillieul: A constraint oriented approach to inverse problems for kinematically redundant manipulators, IEEE Int. Conf. Robot. Autom. (Raleigh 1987) pp. 1827–1833
11.43 S.L. Chiu: Control of redundant manipulators for task compatibility, IEEE Int. Conf. Robot. Autom. (Raleigh 1987) pp. 1718–1724
11.44 H. Seraji, R. Colbaugh: Improved configuration control for redundant robots, J. Robot. Syst. **7**, 897–928 (1990)
11.45 O. Egeland, J.R. Sagli, I. Spangelo, S. Chiaverini: A damped least-squares solution to redundancy resolution, IEEE Int. Conf. Robot. Autom. (Sacramento 1991) pp. 945–950
11.46 A.A. Maciejewski, C.A. Klein: Obstacle avoidance for kinematically redundant manipulators in dynamically varying environments, Int. J. Robot. Res. **4**(3), 109–117 (1985)
11.47 Y. Nakamura, H. Hanafusa, T. Yoshikawa: Task-priority based redundancy control of robot manipulators, Int. J. Robot. Res. **6**(2), 3–15 (1987)
11.48 H. Hanafusa, T. Yoshikawa, Y. Nakamura: Analysis and control of articulated robot arms with redundancy, IFAC 8th Triennal World Congress (Kyoto 1981) pp. 78–83
11.49 Y. Nakamura, H. Hanafusa: Task priority based redundancy control of robot manipulators. In: *Robotics Research – The Second International Symposium*, ed. by H. Hanafusa, H. Hinoue (MIT Press, Cambridge 1985) pp. 155–162
11.50 S. Chiaverini: Task-priority redundancy resolution with robustness to algorithmic singularities, 4th IFAC Symp. Robot Contr. (Capri 1994) pp. 393–399
11.51 S. Chiaverini: Singularity-robust task-priority redundancy resolution for real-time kinematic control of robot manipulators, IEEE Trans. Robot. Autom. **13**, 398–410 (1997)
11.52 K. Kazerounian, Z. Wang: Global versus local optimization in redundancy resolution of robotic manipulators, Int. J. Robot. Res. **7**(5), 312 (1988)
11.53 J.M. Hollerbach, K.C. Suh: Redundancy resolution of manipulators through torque optimization, IEEE J. Robot. Autom. **3**, 308–316 (1987)
11.54 J.M. Hollerbach, K.C. Suh: Local versus global torque optimization of redundant manipulators, IEEE Int. Conf. Robot. Autom. (Raleigh 1987) pp. 619–624
11.55 T. Shamir, Y. Yomdin: Repeatability of redundant manipulators: Mathematical solution of the problem, IEEE Trans. Autom. Contr. **33**, 1004–1009 (1988)
11.56 E. Paljug, T. Ohm, S. Hayati: The JPL serpentine robot: a 12-DoF system for inspection, IEEE Int. Conf. Robot. Autom. (1995) pp. 3143–3148
11.57 G.S. Chirikjian, J.W. Burdick: Design and experiments with a 30 DoF robot, IEEE Int. Conf. Robot. Autom. (1993) pp. 113–117
11.58 M.W. Hannan, I.D. Walker: Kinematics and the implementation of an elephant's trunk manipulator and other continuum style robots, J. Robot. Syst. **20**(2), 45–63 (2003)
11.59 J.P. Karlen, J.M. Thompson, H.I. Vold, J.D. Farrell, P.H. Eismann: A dual-arm dexterous manipulator system with anthropomorphic kinematics, IEEE Int. Conf. Robot. Autom. (1990) pp. 368–373
11.60 G. Hirzinger, B. Brunner, R. Lampariello, J. Schott, B.M. Steinmetz: Advances in orbital robotics, IEEE Int. Conf. Robot. Autom. (2000) pp. 898–907
11.61 S. Hirose: *Biologically inspired robots* (Oxford Univ. Press, Oxford 1993)
11.62 G. Robinson, J.B.C. Davies: Continuum robots – a state of the art, IEEE Int. Conf. Robot. Autom. (Detroit 1999) pp. 2849–2854
11.63 V.C. Anderson, R.C. Horn: Tensor arm manipulator design, Trans. ASME **67-DE-57**, 1–12 (1967)

11.64 R. Buckingham: Snake arm robots, Ind. Robot Int. J. **29**(3), 242–245 (2002)
11.65 B.A. Jones, I.D. Walker: Kinematics for multisection continuum robots, IEEE Trans. Robot. **22**(1), 43–55 (2006)
11.66 H. Mochiyama, E. Shimemura, H. Kobayashi: Shape correspondence between a spatial curve and a manipulator with hyper degrees of freedom, IEEE Int. Conf. Robot. Autom. (1998) pp. 161–166
11.67 G.S. Chrikjian: Theory and Applications of Hyperredundant Robotic Mechanisms. Ph.D. Thesis (Department of Applied Mechanics, California Institute of Technology 1992)
11.68 I.A. Gravagne, I.D. Walker: Manipulability, force, and compliance analysis for planar continuum manipulators, IEEE Trans. Robot. Autom. **18**(3), 263–273 (2002)
11.69 G.S. Chirikjian, J.W. Burdick: A modal approach to hyper-redundant manipulator kinematics, IEEE Trans. Robot. Autom. **10**(3), 343–354 (1994)
11.70 J. Salisbury, J. Abramowitz: Design and control of a redundant mechanism for small motion, IEEE Int. Conf. Robot. Autom. (St. Louis 1985) pp. 323–328
11.71 J. Baillieul: Design of kinematically redundant mechanisms, 24th IEEE Conf. Decis. Contr. (Ft. Lauderdale 1985) pp. 18–21
11.72 G.S. Chirikjian, J.W. Burdick: Design and experiments with a 30 DoF robot, IEEE Int. Conf. Robot. Autom. (Atlanta 1993) pp. 113–119
11.73 J. Angeles: The design of isotropic manipulator architectures in the presence of redundancies, Int. J. Robot. Res. **11**(3), 196–201 (1992)
11.74 A. Bowling, O. Khatib: Design of macro/mini manipulators for optimal dynamic performance, IEEE Int. Conf. Robot. Autom. (Albuquerqe 1997) pp. 449–454
11.75 J.M. Hollerbach: Optimum kinematic design for a seven degree of freedom manipulator. In: *Robotics Research – The Second International Symposium*, ed. by H. Hanafusa, H. Hinoue (MIT Press, Cambridge 1985) pp. 216–222
11.76 O. Egeland, J.R. Sagli, S. Hendseth, F. Wilhelmsen: Dynamic coordination in a manipulator with seven joints, IEEE Int. Conf. Robot. Autom. (Scottsdale 1989) pp. 125–130
11.77 S. Chiaverini, B. Siciliano, O. Egeland: Kinematic analysis and singularity avoidance for a seven-joint manipulator, Am. Contr. Conf. (San Diego 1990) pp. 2300–2305
11.78 D.R. Baker, C.W. Wampler: On the inverse kinematics of redundant manipulators, Int. J. Robot. Res. **7**(2), 3–21 (1988)
11.79 J.W. Burdick: On the inverse kinematics of redundant manipulators: characterization of the self-motion manifolds, IEEE Int. Conf. Robot. Autom. (Scottsdale 1989) pp. 264–270
11.80 S. Chiaverini, O. Egeland, R.K. Kanestrøm: Weighted damped least-squares in kinematic control of robotic manipulators, Adv. Robot. **7**, 201–218 (1993)
11.81 M. Kirćanski, M. Vukobratović: Trajectory planning for redundant manipulators in presence of obstacles, 5th CISM-IFToMM Symp. Theors Pract. Robots Manip. (Udine 1984) pp. 43–58
11.82 C.A. Klein: Use of redundancy in the design of robotic systems. In: *Robotics Research – The Second International Symposium*, ed. by H. Hanafusa, H. Hinoue (MIT Press, Cambridge 1985) pp. 207–214
11.83 J. Baillieul: Kinematic redundancy and the control of robots with flexible components, IEEE Int. Conf. Robot. Autom. (Nice 1992) pp. 715–721
11.84 J.D. English, A.A. Maciejewski: Fault tolerance for kinematically redundant manipulators: anticipating free-swinging joint failures, **14**, 566–575 (1998)
11.85 I.D. Walker: The use of kinematic redundancy in reducing impact and contact effects in manipulation, IEEE Int. Conf. Robot. Autom. (Cincinnati 1990) pp. 434–439
11.86 M.W. Gertz, J.O. Kim, P.K. Khosla: Exploiting redundancy to reduce impact force, IEEE/RSJ Int. Workshop Intell. Robot. Syst. (Osaka 1991) pp. 179–184
11.87 T. Yoshikawa: Dynamic manipulability of robot manipulators, J. Robot. Syst. **2**(1), 113–124 (1985)
11.88 G. Oriolo, M. Ottavi, M. Vendittelli: Probabilistic motion planning for redundant robots along given end-effector paths, IEEE/RSJ Int. Conf. Intell. Robot. Syst. (Lausanne 2002) pp. 1657–1662
11.89 D.N. Nenchev: Redundancy resolution through local optimization: a review, J. Robot. Syst. **6**, 6 (1989)
11.90 A. De Luca, G. Oriolo: The reduced gradient method for solving redundancy in robot arms, Robotersysteme **7**(2), 117–122 (1991)
11.91 S. Seereeram, J.T. Wen: A global approach to path planning for redundant manipulators, IEEE Trans. Robot. Autom. **11**(1), 152–160 (1995)
11.92 A. De Luca, G. Oriolo, B. Siciliano: Robot redundancy resolution at the acceleration level, Lab. Robot. Autom. **4**(2), 97–106 (1992)
11.93 O. Khatib: Inertial properties in robotics manipulation: an object-level framework, Int. J. Robot. Res. **14**(1), 19–36 (1995)
11.94 C.A. Klein, C.H. Huang: Review of pseudoinverse control for use with kinematically redundant manipulators, IEEE Trans. Syst. Man Cybern. **13**, 245–250 (1983)
11.95 R. Mukherjee: Design of holonomic loops for repeatability in redundant manipulators, IEEE Int. Conf. Robot. Autom. (Nagoya 1985) pp. 2785–2790
11.96 A. De Luca, G. Oriolo: Nonholonomic behavior in redundant robots under kinematic control, IEEE Trans. Robot. Autom. **13**(5), 776–782 (1997)
11.97 B. Bayle, J.Y. Fourquet, M. Renaud: Manipulability of wheeled-mobile manipulators: application to motion generation, Int. J. Robot. Res. **22**(7–8), 565–581 (2003)
11.98 A. De Luca, G. Oriolo, P.R. Giordano: Kinematic modeling and redundancy resolution for nonholonomic mobile manipulators, IEEE Int. Conf. Robot. Autom. (Orlando 2006) pp. 1867–1873

第 12 章　并联机器人

Jean-Pierre Merlet，Clément Gosselin
杨东超　译

本章介绍并联机构（亦被称作并联机器人）的运动学与动力学。与传统的串联机器人不同，并联机器人的运动结构中包含闭链，因此二者的分析大不相同。本章将介绍并联机器人分析中的基本公式和技巧。

12.1　定义

闭环运动链是包含了至少 1 个由连杆和运动副组成的闭环的运动链，而复杂的闭环运动链是指除了基座以外的某个连杆的连接度大于等于 3，也就是说，该连杆通过运动副同时与至少 3 个连杆相连。并联机械手可被定义为包含基座以及 1 个具有 n 个自由度的机械手的闭链机构，且与基座相连的独立支链数不小于 2。

1928 年由 Gwinnett[12.1] 申请的用作电影院平台的专利便是 1 个并联机器人的例子。1947 年 Gough[12.2] 设计了一种并联机构（见图 12.1）并提出了调整其动平台的位置和方向的基本原理以实现检测轮胎磨损的目的。1955 年 Gough 制造了样机，动平台为六边形，每个顶点通过球铰与 1 条支链相连，而支链的另一端通过虎克铰与静平台相连。支链中的线性驱动器可以改变支链的长度，因此该样机是由 6 个线性驱动器驱动的并联机构。

1965 年 Stewart[12.3] 建议将此机构用于飞行模拟器，因此 Gough 平台有时亦被称作 Stewart 平台。近来此机构又被 Kappel 建议用作运动仿真平台[12.4]。今天 Gough 平台已成为飞行模拟器的首选。这项应用也说明了并联机构的一个明显优点，即承载能力强。对六个转动自由度串联组成的工业机械手来说，负载

图 12.1　Gough 平台（1947）

与自重的比例基本上小于 0.15，而对并联机构，此比例可大于 10。Gough 平台的另一个优点是定位精度

很高，因为每条支链本质上只受到拉力或压力而几乎不产生弯曲，所以变形很小。此外机构内部传感器误差（Gough 平台支链长度的测量误差）几乎不影响平台的定位误差。此外并联机构对尺度不甚敏感（同样的构型可同时用于大型和小型机器人），而且几乎所有的驱动器和传动方式都可用于开发并联机器人，比如线传动（参见 *Robocrane*[12.5]）。并联机器人主要的缺点是工作空间较小且工作空间内可能存在奇异位形。

除了 Gough 平台，设计最成功的并联机器人是 Clavel[12.6]设计的 Delta 机器人（见图 12.2）以及一些平面并联机器人。最常见的平面并联机器人有 3 条完全一样的 *RPR* 或 *RRR* 支链，有下划线的运动副为驱动副。这些机器人常被表示为 3-*RPR*（见图 12.3）或 3-*RRR*。

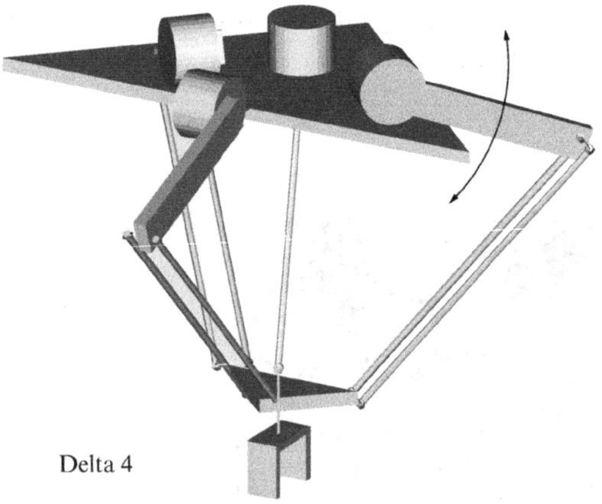

图 12.2 Delta 机器人

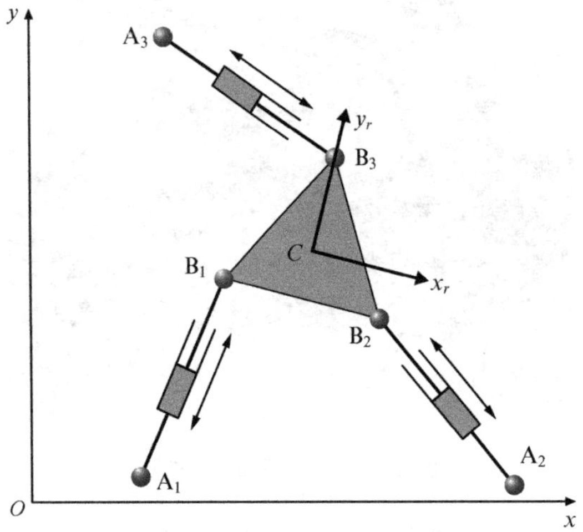

图 12.3 平面并联机构（3-*RPR*）

Delta 机器人支链中连杆与运动副的几何分布决定了动平台具有 3 个移动自由度。近年来很多新的并联机器人被设计了出来，尽管大多数已有的结构都是基于设计者的灵感，但并联机构的型综合可以系统地加以实现。下一节将概述并联机构型综合的主要方法。

12.2 并联机构的型综合

根据动平台给定的运动模式设计出所有可行的并联结构是个具有挑战性的难题。一些学者致力于研究这个问题，并称其为型综合。该领域内所提出的方法可分为 3 类：

1）基于图论的方法：列举出具有一定数目自由度的所有可能的构型的依据在于：运动副的种类和数量是有限的，因此可能构型的数量尽管可能很大，但毕竟也是有限的（例如参考文献［12.7］）。经典的自由度计算公式，比如 Chebychev-Grübler-Kutzbach 公式，可被用于计算构型的自由度数目。遗憾的是，这些公式没有考虑构型的几何特性可能会引发平台自由度数目的改变。因此，严格基于图论的型综合方法只能得到有限的结果，其基本上已被其他两种方法所取代。

2）基于群论的方法：刚体的运动具有位移群的独特结构。位移群的子群，比如说平移或所有平行于某已知矢量的运动（Schönflies 运动）都是很重要的，因为当子群中的元素作用于同一刚体上时利用取交集运算[12.8]可将其合并。型综合主要就是确定可用作机器人“腿”的不同的支链所属的所有可能的子群，且这些子群的交集就是期望的动平台的运动模式。这种基于群论的型综合方法发现了许多可能的构型。不过位移群的某些独特特性并不能仅通过群的结构来反映，且这种方法仅适用于能被位移群子群所描述的运动模式。

3）基于螺旋理论的方法：此法的第一步是确定与期望的动平台速度运动螺旋互逆的力螺旋系 S。然后就可得到运动支链的力螺旋，这些力螺旋的并集可张成力螺旋系 S（根据力螺旋系可确定所有可能的对应相应力螺旋的支链结构）。还有一点就是既然所涉及的运动螺旋和力螺旋都是瞬时的，所以有必要核实动平台的运动是否为全周期而不是瞬时的。参考文献［12.9］演示了该法系统的应用过程。

利用这些型综合方法设计出了本书难以一一列举的大量的构型，在 Merlet[12.10]的网站中对大量构型进行了综合的描述。此外近几年还提出了一些引人注目的完全或部分运动解耦的构型，动平台的运动是平动或Schönflies运动（见参考文献［12.9］及其参考文献）。

还需指出的是对于少于六自由度的并联机器人，型综合的结果往往是几何约束苛刻的构型（比如Delta机器人，平行四边形的轴线需平行且边长相等）。这些约束在现实中很难完全满足，因此末端执行器将表现出一些伴随运动，即不期望的运动。目前未解决的问题有：

1）对给定的机器人而言如何确定其工作空间内伴随运动的最大幅值。

2）如何确定给定构型的几何参数以使伴随运动的最大幅值小于给定的阈值。

12.3 运动学

12.3.1 逆运动学

对并联机器人来说，逆运动学的解往往简单明了。这一点可通过Gough平台来加以说明。求解逆运动学的关键问题在于确定某一给定平台位姿所对应的腿长$\boldsymbol{q}$，而平台的位姿是由平台上的某一给定点相对固定坐标系的位置矢量$\boldsymbol{p}$以及动平台相对固定坐标系的旋转矩阵$\boldsymbol{R}$共同确定的。令$\boldsymbol{a}_i$表示支链i与静平台的交点相对固定坐标系的位置矢量，$\boldsymbol{b}_i$表示支链i与动平台的交点相对固联在动平台上的某一坐标系的位置矢量，支链i的长度即为两点间矢量的模，将两点间的矢量记作$\boldsymbol{s}_i$，可写为

$$\boldsymbol{s}_i=\boldsymbol{p}+\boldsymbol{R}\boldsymbol{b}_i-\boldsymbol{a}_i, i=1,\cdots,6 \tag{12.1}$$

若已知动平台的位姿（即已知矢量$\boldsymbol{p}$和$\boldsymbol{R}$），即可利用式（12.1）方便地算出矢量$\boldsymbol{s}_i$，则即可获知腿长。

12.3.2 正运动学

求解正运动学问题的关键在于利用给定的驱动关节广义坐标（给定的矢量$\boldsymbol{q}$）确定动平台的位姿。要实现对并联机器人的控制、标定以及运动规划就必须求解正运动学问题。

求解并联机构的正运动学问题往往比求解逆运动学问题要复杂得多。式（12.1）这样封闭的方程是典型的关于动平台位姿变量的高度非线性的表达式。式（12.1）组成的非线性方程组一般都有多解（例如Gough平台最多会有40个解[12.11~13]，参考文献［12.14］提供了一个具有独特几何特性的Gough平台的解的个数的表格）。求解正运动学问题时可能会遇到两种情况，一是动平台当前的位姿未知（比如启动机构时），一是已知相对准确的平台位姿（比如在实时控制中，正运动学问题已在上一次采样时得到了解决）。第一种情况时唯一的已知方法是确定逆运动学的所有解，虽然还没有已知的算法来拣选所得到的解。确定实数解的数量的上限往往是可以做到的，比如考虑平面3-$R\underline{P}R$机构（见图12.3），如果将点B_3处的关节拆开，将得到两个分离的机构，一个是四杆机构，一个是旋转机构。根据四杆机构的运动学可知点B_3的运动轨迹是一个6次的代数曲线。同时可知旋转机构上的点B_3的运动轨迹是一个圆，即2次代数曲线。对一组给定的驱动关节广义坐标，如果两曲线相交，即机构可被组合，则正运动学有解。由贝祖定理（Bezout's theorem）可知两条分别为m次和n次的代数曲线将有nm个交点，即两曲线次数之积。对平面3－$R\underline{P}R$机构而言，两条轨迹曲线将有12个交点。但12个点中包括两个虚圆点，它们位于四杆机构的耦合曲线以及任一圆上，因此也属于交点。依据贝祖定理这两个点被计算了3次，故正运动学问题至多有6个实数解，分别对应6个交点。

求运动学正解已有多种方法：消元法[12.15]、连续法[12.13]、Gröbner基法[12.16]以及区间算法[12.17]。消元法往往不稳定（可能产生伪解或遗漏解），除非在解单变量方程以及消元时特别小心，比如把多项式解转化为特征值问题[12.18]。而多项式连续法则稳定得多，因为其具有成熟的算法[12.19]。最快的方法——但也达不到实时应用的要求——是Gröbner基法和区间算法。可被数值证明是它们的一个优势（不会遗漏解，还可以任意精度来求解）。

其实对最简单的算例，消元法往往也很稳定。比如平面3-$R\underline{P}R$机构（见图12.3），其固定坐标系以点A_1为原点，且x轴通过点A_2。类似地，运动坐标系的原点为点B_1，x轴通过点B_2。则动平台的位姿可利用点B_1相对固定坐标系的坐标（x，y）以及两个坐标系的x轴的夹角θ来确定。则杆1的长度q_1可被简单表示为

$$q_1^2=x^2+y^2 \tag{12.2}$$

其他连杆的长度q_i可被表示为

$$q_i^2=x^2+y^2+g_i(x,y,\theta), i=2,3 \tag{12.3}$$

式中，g_i是x和y的线性表达式。用式（12.3）减去杆1的长度则得到关于x和y的1个线性的二元一次方程组。解方程组则可得到x和y关于θ的解析式。再将x和y关于θ的解析式代入式（12.2）则可得未知变量θ的一元方程。该方程中未知变量θ是以正弦和余弦的形式出现的，通过Weierstrass

变换方程将变为1个关于变量$T(T=\tan(\theta/2))$的6阶方程。解此方程即可获得所有可能的θ，进一步即可计算出x和y。注意该方程是最低的次数，因为实数解的个数不可能超过6。这也表明机构存在正运动学的6个实数解所对应的位姿。最后需要指出的是3-$\underline{R}RR$机构的正运动学问题在数学上是与前述的3-$R\underline{P}R$机构一致的。这对并联机构来说是很典型的。

如果已知一个先验值（解的预测值），则常利用Newton-Raphson迭代法或Newton-Gauss迭代法来解决正运动学问题。逆运动学问题的解可写作

$$\boldsymbol{q}=\boldsymbol{f}(\boldsymbol{x}) \tag{12.4}$$

*Newton-Raphson*法的第k次迭代可写作

$$\boldsymbol{x}_{k+1}=\boldsymbol{x}_k+\boldsymbol{A}(\boldsymbol{q}-\boldsymbol{f}(\boldsymbol{x}_k)) \tag{12.5}$$

式中，$\boldsymbol{q}$是指定的关节变量。矩阵$\boldsymbol{A}$通常为$(\partial f/\partial q)^{-1}(\boldsymbol{x}_k)$（并非每步迭代都要计算逆矩阵，亦可被取作常数）。当矢量之差$(\boldsymbol{q}-\boldsymbol{f}(xk))$的模小于选定的阈值时迭代将终止。

逆运动学方程的选择在很大程度上将决定该法能否收敛[12.20]。比如对1个Gough平台来说可使用最少数量的方程（包含6个变量的6个方程：3个平动变量和3个转角变量），不过也可用其他形式的方程组。比如动平台上3个锚点（支链与动平台的交点）的位置坐标——相对固定坐标系——可被用作未知量（很容易计算剩余的3个锚点的坐标）。应用这样的表达形式则需要9个方程。其中6个方程可根据动、静平台之间锚点的已知长度写出，另3个方程可根据被选择作为未知量的动平台上的3个锚点之间的已知距离关系写出。

如有1个好的先验值，Newton-Raphson的计算速度通常还是很快的。然而程序有可能不收敛，或者更糟，收敛于一个错误的平台位姿，即收敛于另一种构型所对应的平台位姿。这种情况即使在先验值接近正确位姿时也会发生。如果将所得到的结果直接用于控制则后果会很严重。好在可利用结合了诸如Kantorovitch定理之类的数学工具的区间算法来判断Newton-Raphson法的解是否为机构正确的位姿，尽管利用了更多的机时来验证结果，不过依然还是实时计算[12.17]。

另一种可行的求解正运动学问题的方法是给被动关节（比如Gough平台中的虎克铰）添加传感器或者增加关节具有传感功能的被动支链。该法主要的问题一方面是确定能计算出动平台唯一位姿的传感器的数量及其安装位置[12.21,22]，另一方面是确定传感器的误差对平台定位误差的影响。比如Stoughton就提到对于在虎克铰上安装了传感器的Gough平台来说，仍然有必要使用Newton-Raphson方法以提高解的精度，因为利用传感器数据所计算得到的平台位姿对测量噪声非常敏感[12.23]。

12.4　速度和精度分析

与串联机构类似，并联机构驱动副的速度矢量$\dot{\boldsymbol{q}}$与动平台的移动和转动速度线性相关（为简单起见，动平台的速度矢量在此被表示为$\dot{\boldsymbol{p}}$，尽管平台角速度不是任何角度的时间导数）。两矢量之间的线性映射关系可用雅可比矩阵表示为

$$\dot{\boldsymbol{p}}=\boldsymbol{J}(p)\dot{\boldsymbol{q}} \tag{12.6}$$

然而对于并联机构来说，封闭形式的雅可比矩阵的逆矩阵$\boldsymbol{J}^{-1}$往往是可以写出的，但要写出封闭形式的雅可比矩阵$\boldsymbol{J}$却要困难得多（更确切地说，大多数六自由度的并联机构封闭形式的雅可比矩阵的形式是如此繁杂以至于在现实中根本无法应用）。比如在*Gough*平台简单的静力学分析中雅可比矩阵的逆矩阵$\boldsymbol{J}^{-1}$的第i行，即$\boldsymbol{J}_i^{-1}$，可写作

$$\boldsymbol{J}_i^{-1}=\boldsymbol{n}_i^{\mathrm{T}}(\boldsymbol{c}_i\times\boldsymbol{n}_i)^{\mathrm{T}} \tag{12.7}$$

式中，$\boldsymbol{n}_i$为沿支链i方向的单位矢量，$\boldsymbol{c}_i$是固联在动平台上的运动坐标系的原点与动平台上第i个锚点之间的矢量。

关节传感误差$\Delta\boldsymbol{q}$对定位误差$\Delta\boldsymbol{p}$的影响也符合这样的关系，即

$$\Delta\boldsymbol{p}=\boldsymbol{J}(\boldsymbol{p})\Delta\boldsymbol{q} \tag{12.8}$$

因为雅可比矩阵$\boldsymbol{J}$的封闭形式很难得到，并联机构的精度分析（即在给定的工作空间内由关节传感误差确定最大的定位误差）的难度也比串联机构大得多[12.20,24]。抛开测量误差不谈，并联机构中还有一些误差源：被动副的间隙、制造公差、热误差以及重力引发的动态误差[12.25,26]。参考文献[12.27~29]研究了串联机构和并联机构的关节间隙对路径跟踪的影响。这些研究表明不可能确定几何误差的影响趋势：因为影响程度高度依赖于机构的结构、尺寸以及工作空间，所以必须一对一进行分析。虽然很少有实例能够证实该结论[12.30]，且冷却也能稍微降低一些热的影响[12.31]，但发热有时被视作可能的误差源。

正如第3章中谈到的那样，标定是提高并联机构精度的另一种方法。不过并联机构标定的方法和过程与串联机构还是略有不同，因为一方面对并联机构来说只有逆运动学方程是已知的，另一方面并

联机构的定位精度对几何误差的敏感程度也远没有串联机构那么高[12.32,33]。而标定时产生的测量噪声影响巨大甚至会导致令人吃惊的结果。比如即使考虑了测量噪声[12.34]，经典的最小二乘法也可能会得到不满足某些约束方程的参数。一些实验数据还表明经典的并联机构的模型会导致约束方程不存在任何与测量噪声无关的解[12.35]。此外，标定还对位姿十分敏感[12.36]：看上去位于工作空间边界上的位姿是最佳的选择[12.37,38]。

12.5 奇异分析

12.5.1 通用公式

并联机构的奇异分析最早是由 Gosselin 和 Angeles 开始研究的[12.39]。在下面的式子中，运动学方程被简化为了驱动关节广义坐标 $\boldsymbol{q}$ 与动平台笛卡儿坐标矢量 $\boldsymbol{p}$ 的输入输出关系

$$f(\boldsymbol{q},\boldsymbol{p})=0 \tag{12.9}$$

将式（12.9）关于时间求导，得

$$\boldsymbol{B}\dot{\boldsymbol{q}}+\boldsymbol{A}\dot{\boldsymbol{p}}=\boldsymbol{0} \tag{12.10}$$

由此可定义 3 种奇异：

1）矩阵 $\boldsymbol{B}$ 奇异（称作串联奇异）。

2）矩阵 $\boldsymbol{A}$ 奇异（称作并联奇异）。

3）输入输出方程退化（称作结构奇异），此时矩阵 $\boldsymbol{B}$ 和矩阵 $\boldsymbol{A}$ 可能会同时奇异。

发生串联奇异时，驱动关节的输出不为零，但动平台处于静止状态。发生并联奇异时，驱动关节的输出为零，但动平台可能处于运动状态。在奇异位姿的邻域内，锁定所有驱动器时动平台还可能会有微小的运动。当驱动器被锁定时末端执行器的自由度本应该为零，但机构处于奇异位姿时就好像又获得了一些无法被控制自由度，这是一个大问题。

Zlatanov[12.40]对奇异位形进行了更为广泛的研究。他应用了包含末端执行器的全部的运动旋量以及所有关节（主动副和被动副）速度的速度方程来进行研究。利用这种方法不仅提出了更详细的奇异分类，后来还被用于研究使用参考文献［12.39］中的方法无法发现的特殊奇异（称作约束奇异）[12.41]。

上述的奇异分析都是一阶的，当然也可以进行二阶（以及更高阶）的奇异分析，但这些分析就要复杂得多了[12.29,42]。

12.5.2 并联奇异分析

这种奇异对并联机构来说特别重要，因为此时将失去对机器人的控制。在奇异位形的邻域内关节力/力矩还可能会变得很大，有可能会造成机器人的损坏。本节拟讨论的主要话题是：

1）奇异的特性。

2）表征位姿接近奇异的程度的性能指标定义。

3）在给定工作空间内或运动轨迹上判断是否存在奇异位姿的算法的研究进展。

当 6×6 阶的雅可比矩阵的逆矩阵（动平台的运动螺旋与主动副（最终还包括被动副的输出速度之间的映射矩阵）奇异时，即其行列式 det（$\boldsymbol{J}_f$）为零时，并联机器人将发生奇异。要指出的是之所以有时必须要考虑被动副的输出速度的原因是：仅限于考虑主动副的输出速度可能会导致无法确定机器人所有的奇异位姿（示例参见 3-$U\underline{P}U$ 机构[12.43]）。通常进行恰当的速度分析后便可得到封闭形式的矩阵，但计算其行列式的值却有可能是很困难的，即使是使用软件的符号求解功能（示例参见 Gough 平台[12.44,45]）。本法的优势在于一旦得到了矩阵行列式的解析表达式就可画出工作空间内奇异位姿的轨迹，而且这种图形化的表示方法有助于机构的设计。然而行列式的解析表达式往往本身就很复杂，以至于无法通过它获悉机构发生奇异的几何条件。

另一种方法是利用线素几何学：对于部分并联机构（尽管不是全部），$\boldsymbol{J}_f$ 的行元素对应 1 个由定义在机构连杆上的某条直线的 Plücker 坐标所确定的矢量。比如 Gough 平台，$\boldsymbol{J}_f$ 的行元素就对应与支链相关联的直线的规格化 Plücker 坐标。仅在这些矢量所对应的直线满足某种独特的几何约束时才会发生奇异[12.46]（比如 3 个 Plücker 矢量所对应的相交且共面的直线当且仅当它们交于一点时才会线性相关），而矩阵 $\boldsymbol{J}_f$ 的奇异就意味着这些矢量之间线性相关（它们组成了一个线性线丛）。Grassmann 已给出了 3、4、5、6 个矢量相关的几何约束。由此奇异分析就蜕变成了判定位姿参数是否满足了一些约束条件，并给出奇异簇的几何信息。封闭形式的奇异条件可被代入雅可比矩阵，并通过计算矩阵的核来判定奇异运动[12.47]。

判别某一位姿与奇异位姿的接近程度是一个难题：目前还没有任何可定义某一位姿与给定的奇异位姿之间距离的数学度量。因此在定义与奇异位姿的距离时就难免会有些主观，已有的指标也均不完美。比如将矩阵 $\boldsymbol{J}_f$ 的行列式值作为指标：其不妥之处在于当动平台既平动又转动时，如果旋转变换矩阵的量纲不一致，则行列式的值将会依据描述机器人几何参数的物理单位的不同而发生变化。11 章中定义的灵巧度（尽管提到灵巧度时更多的是针对串联机构而

言[12.24]）也可被用作接近程度的指标，还有一些其他独特的指标用于表征接近程度[12.48,49]。

大多数基于以上指标的分析都是局部的，也就是说仅对某一位姿是有效的，但实际应用中却需要在给定的工作空间内或路径上判定是否会发生奇异。幸运的是，有一种算法可做到这一点，即使机器人的几何模型并不确定[12.50]。但也需要指出的是对并联机器人来说无奇异的工作空间并不总是最优的。其他的性能要求可能会在工作空间内引入奇异，或者机器人的部分工作空间内无奇异点（比如其实际工作区域），而奇异点仅出现在工作区域之外。因此规划一条避免奇异同时又靠近给定路径的运动轨迹是可行的，针对此问题也已提出了不同的方法[12.51,52]。

最后要注意的是在某些场合机器人的位姿接近于奇异位形时反而可能是有利的。比如提高工作空间狭小的并联机器人的定位精度以及提高被用作力传感器的并联机器人在某一测量方向上的灵敏度[12.53]时，末端执行器与主动关节的速度之比越大越有利。还需注意的是长期处于奇异位姿的并联机构非常有趣，因为它们仅用一个驱动器就能产生复杂的运动[12.54~56]。

12.6 工作空间分析

如前所述并联机构主要的缺点之一就是工作空间较小。相对串联机构，并联机构的工作空间分析也要复杂得多，尤其是在动平台的自由度数目大于3时。动平台的运动常常存在耦合，这更加剧了简单图形化表示工作空间的困难。解耦并联机构尽管已被设计出来[12.57~59]，但它们的承载能力不及传统并联机构。一般地，并联机构的工作空间受到以下因素的限制：

1）驱动关节变量的限制：比如Gough平台的支链长度必有一个范围。

2）被动关节的运动范围限制：比如Gough平台的球铰和虎克铰都会限制平台的转动范围。

3）机器人内部（支链、静平台和动平台）的干涉限制。

工作空间可进一步被定义为灵巧工作空间（平台上某一参考点可以从任何方向到达的点的集合）、最大可达工作空间（平台上某一参考点可以达到的所有点的集合）以及定向工作空间（动平台在固定位姿时执行器端点可达的点的集合）。

确定自由度大于3的并联机器人的工作空间的一个方法是固定$n-3$个位姿参数而只绘制剩余的3个自由度所确定的工作空间。如果所剩余的3个自由度均为移动自由度，则利用几何方法可快速地绘制出工作空间，因为几何的方法往往便于研究工作空间边界的特性（可参阅参考文献［12.60，61］中固定平台姿态后对Gough平台工作空间的计算）。该法的另一个优点是在计算工作空间的表面积与体积时非常节省存储空间。然而一旦涉及转动，几何方法就会变得相当复杂。此时替代方法有：

1）离散化方法：检验若干个n维点对应的位姿，如果该位姿满足所有运动约束则该点对应一个工作空间内的位姿。该法计算量很大因为随着检测点的增多所需要的机时将呈现指数级的增长，同时还需要具备较大的存储空间。但另一方面，离散化方法具有简单可行的优点，且便于考虑所有的约束，因为对某一确定的平台位姿来说运动约束往往是容易确定的。

2）可确定工作空间边界的数值计算方法[12.62,63]。

3）基于区间算法的数值计算方法，可以任何精度来确定工作空间的体积[12.64]。该法也适用于解决运动规划问题。

奇异可将利用运动学约束计算得到的工作空间分隔成基本的单元，Wenger称其为片（aspect）[12.65]。然而对于空间并联机构来说如何确定片仍未得到解决。并联机构也并不是总能从某一片移动到另一片（至少没考虑机构的动力学特性[12.66]），因此有效的工作空间会变小。

与工作空间分析相关的一个问题是运动规划问题，而并联机器人的运动规划问题与串联机器人还是有些不同。对于并联机器人来说，规划问题并是在工作空间中避障，而是要确定某条路径是否完全位于工作空间内或者确定两位姿之间的路径上是否不存在奇异位形。检查路径是否可行的算法是现成的[12.67]但确定这样的路径却很困难。经典串联机器人的运动规划是在关节空间内进行的，并假定关节空间与作业空间之间存在一一对应的关系。基于该假定，就有可能在关节空间内确定一个不发生干涉碰撞的点集，进而再规划出连接两位姿的不发生干涉碰撞的路径。然而这个假定对并联机器人来说并不适用，因为关节空间与作业空间之间的映射并不是一对一的：关节空间的一个点既有可能对应作业空间中的多个点，也有可能因为封闭方程得不到满足而不存在对应的点。对并联机器人来说最有效的运动规划方法看起来应该是考虑——或在一定程度上考虑——封闭方程的随机运动规划的自适应算法[12.68,69]。

并联机器人的另一个运动规划问题是只使用部分自由度完成作业。比如当一台六自由度的并联机器人在进行加工作业时，绕刀具轴线转动的平台运动就不必参与其中，因为驱动器输出轴的转动可确保刀具的转动。因此不参与作业的自由度便可用于扩大作业空间、避开奇异位形或者优化机构的某些性能指标[12.70,71]。进而可定义部件定位问题[12.72]，即在机器人的工作空间内确定部件的位姿以使部件的位姿满足某些约束，例如部件应整体位于工作空间之内，且在其表面上的每一点上机器人都具有一定的转动能力。

12.7 静力学分析和静平衡

与串联机器人类似，利用雅可比矩阵易实现并联机器人的静力学分析。主动副的驱动力/力矩 $\boldsymbol{\tau}$ 与施加在动平台上的力螺旋 $\boldsymbol{f}$ 之间的映射可写作：

$$\boldsymbol{\tau}=\boldsymbol{J}^{\mathrm{T}}\boldsymbol{f} \tag{12.11}$$

式中，$\boldsymbol{J}^{\mathrm{T}}$ 是机器人雅可比矩阵的转置矩阵。式（12.11）可用于多种场合：

1）在设计过程中可确定驱动力/力矩（以完成驱动器选型）。此时，设计者感兴趣的是寻找机器人在整个工作空间内所需的最大驱动力/力矩。然而这是一个复杂的问题因为并不知道封闭形式的 $\boldsymbol{J}^{\mathrm{T}}$。

2）当机器人被用作力传感器时：如果 $\boldsymbol{\tau}$ 已被检测出且动平台的位姿是已知的，则据式（12.11）即可算出 $\boldsymbol{f}$，这样机器人既是运动平台也是传感平台[12.73~75]。

与串联机器人类似，并联机器人的刚度矩阵 $\boldsymbol{K}$ 被定义为：

$$\boldsymbol{K}=\boldsymbol{J}^{-\mathrm{T}}\boldsymbol{K}_j\boldsymbol{J}^{-1} \tag{12.12}$$

式中，$\boldsymbol{K}_j$ 是驱动副刚度组成的对角矩阵。但 Duffy[12.76]指出该式在普遍意义上来看并不完整。比如说对于 Gough 平台，该式假定连杆的弹性元件上的初始载荷为零。假定未施加载荷时连杆的长度为 q_i^0，则

$$\Delta\boldsymbol{f}=\sum_{i=1}^{i=6}k\Delta q_i\boldsymbol{n}_i+k_i(q_i-q_i^0)\Delta\boldsymbol{n}_i$$

$$\Delta\boldsymbol{m}=\sum_{i=1}^{i=6}k\Delta q_i\boldsymbol{c}_i\times\boldsymbol{n}_i+k_i(q_i-q_i^0)\Delta(\boldsymbol{c}_i\times\boldsymbol{n}_i)$$

式中 k_i，是支链的轴向刚度；$\boldsymbol{n}_i$ 是沿第 i 条支链方向的单位矢量；$\boldsymbol{c}_i$ 是运动参考坐标系的原点和动平台上第 i 个锚点之间的矢量；$\boldsymbol{f}$ 和 $\boldsymbol{m}$ 分别是施加在动平台上的外力和外力矩。因此式（12.12）中的刚度矩阵仅在 $q_i=q_i^0$ 时才是正确的，故被称为被动刚度。

此外，参考文献［12.77］也指出式（12.12）只有在外力螺旋为零时才是正确的。上式其实与雅可比矩阵取决于机器人的位姿且随所施加的外部载荷的改变而改变的事实不符。参考文献［12.77］中提出的公式，即 CCT（Conservative Congruence Transformation），考虑了这些变化，并定义刚度矩阵如下：

$$\boldsymbol{K}_C=\boldsymbol{J}^{-\mathrm{T}}\boldsymbol{K}_j\boldsymbol{J}^{-1}+(\partial\boldsymbol{J}^{-\mathrm{T}}\boldsymbol{\tau}/\partial\boldsymbol{p}) \tag{12.13}$$

式中，$\boldsymbol{p}$ 为动平台在笛卡儿坐标系中的位移矢量，$\boldsymbol{\tau}$ 是驱动力/力矩矢量。应尽可能使用式（12.13）而不是式（12.12），因为前者与实际机构更为吻合。

另一个有趣的静态问题是并联机器人的静平衡。几十年来有关机器人静平衡的研究一直都是重要的内容（比如参考文献［12.78］介绍了静平衡的研究进展及最新的研究成果）。只要连杆的重力在静止状态下不产生作用力/力矩于驱动器上，则不论并联机器人处于任何位姿其都被认为会处于静平衡。这一条件也被称作重力补偿。Dunlop[12.79]在研究并联机器人的重力补偿时曾建议使用配重来平衡一个用于调整天线方向的2自由度并联机器人，Jean[12.80]则研究了平面并联机器人的重力补偿问题，并提出了简单有效的平衡条件。

一般来说可利用配重或弹簧来实现静平衡。如果使用弹簧，则静平衡可被定义为任何位姿时机构中势能之和（包括重力势能和弹簧中储存的弹性势能）保持常数的一组条件。如果不用弹簧或其他储存弹性势能的元件，则机器人保持静平衡的条件是：无论机器人如何运动，其重心位置均保持在同一水平高度。

考虑一个 n 个自由度的普通的空间并联机器人，其包含 n_{b} 个运动部件和一个固定的基座。若用 c_i 表示第 i 个活动部件的重心相对固定坐标系的位置矢量，用 m_i 表示第 i 个活动部件的质量，用 c 表示机器人总重心相对固定坐标系的位置矢量，则有

$$\boldsymbol{c}=\frac{1}{M}\sum_{i=1}^{n_b}m_i\boldsymbol{c}_i \tag{12.14}$$

式中，M 是所有运动部件质量的总和，即

$$M=\sum_{i=1}^{n_b}m_i \tag{12.15}$$

一般地，矢量 c 是机器人位姿的函数，即

$$\boldsymbol{c}=\boldsymbol{c}(\boldsymbol{\theta}) \tag{12.16}$$

式中，$\boldsymbol{\theta}$ 是机器人所有关节广义坐标组成的矢量。

若机器人未使用弹性元件，则静平衡的条件可写作

$$\boldsymbol{e}_z^{\mathrm{T}}\boldsymbol{c}=\boldsymbol{C}_{\mathrm{t}} \tag{12.17}$$

式中，C_{t} 是一个随机常数；$\boldsymbol{e}_z$ 是沿重力方向的单位矢量。

如果机器人使用了弹性元件，则重力势能和弹性势能之和，记作 V，可写作

$$V=g\boldsymbol{e}_z^{\mathrm{T}}\sum_{i=1}^{n_b}m_i\boldsymbol{c}_i+\frac{1}{2}\sum_{j=1}^{n_s}k_j(s_j-s_j^0)^2 \tag{12.18}$$

式中，g 是重力加速度常数；n_s 是线性弹性元件的数量；k_j是第 j 个弹性元件的弹性系数；s_j 是第 j 个弹性元件的长度；s_j^0 是其未变形时的原始长度。如前所述，如使用了弹性元件，静平衡的条件是势能之和为常数，即

$$V = V_C \tag{12.19}$$

式中，V_C 是一个随机常数。

利用上面给出的通式可获得指定机器人处于静平衡的条件。尽管利用该方程一般均可得到充足的静平衡条件，但对于空间并联机器人来说，求解静平衡条件的过程往往十分繁琐。一些近期发表的文献也探讨了这个问题[12.81,82]。另外一些研究[12.83]指出仅使用配重是无法保证 6-*UPS* 并联机器人在任何位姿下都能实现静平衡的。而参考文献[12.81,84,85]推荐了一些仅使用弹簧即可实现静平衡的替代构型（含有平行四边形）。

静平衡的后续研究自然是动平衡。动平衡的研究目的是实现基座在机器人工作过程中不会受到运动部件的冲击。动平衡问题可分为平面并联机器人的动平衡问题以及空间并联机器人的动平衡问题。参考文献［12.86］认为可对自由度数目不多于 6 的动平衡的并联机器人进行型综合，虽然最终得到的构型可能会很复杂。

12.8　动力学分析

并联机器人的动力学模型在形式上与串联机器人（参见第 2 章）很相似，即

$$\boldsymbol{M}(\boldsymbol{x})\ddot{\boldsymbol{p}} + \boldsymbol{C}(\dot{\boldsymbol{p}},\boldsymbol{q},\dot{\boldsymbol{p}},\boldsymbol{q}) + \boldsymbol{G}(\boldsymbol{p},\boldsymbol{q}) = \boldsymbol{\tau} \tag{12.20}$$

式中，$\boldsymbol{M}$ 是正定的广义惯量矩阵；$\boldsymbol{G}$ 是重力项；$\boldsymbol{C}$ 是离心力和科氏力项。但并联机器人此模型的建立则要困难得多，因为需满足封闭方程。并联机器人动力学建模的经典方法是先找到 1 个等效的树型结构，然后再利用拉格朗日乘子或已被参考文献［12.89］所证明了的阿尔伯特原理添加运动学约束[12.87,88]。其他的一些方法主要基于虚功原理[12.90～93]、拉格朗日方程[12.94～96]、哈密尔顿原理[12.97]以及牛顿-欧拉方程[12.98～103]等。

并联机器人动力学模型往往十分复杂，因为建模过程中需要确定一些不易精确量化的动力学参数，此外建模还涉及正运动学的求解。因此动力学建模的计算量很大，但同时又必须满足实时性要求。

参考文献［12.104，105］讨论了如何利用动力学模型来辅助实现对机器人的控制，多是在自适应控制过程中在线地利用跟踪误差来修正动力学方程中的参数[12.106,107]。虽然在普通的六自由度并联机器人[12.111,112]和振动平台[12.113]上也有一些应用，但控制律主要还是用于平面并联机器人以及 Delta 机器人[12.108～110]。然而对六自由度并联机器人来说，利用动力学模型来提高运动速度的做法往往收效甚微，因为动力学模型的计算量太大了。

并联机器人能以比串联机器人大得多的速度和加速度进行作业，比如有些 Delta 机器人的加速度可达 $500\mathrm{m/s^2}$，而线驱动机器人的加速度甚至会更大。

最后，减小工作空间内机器人惯量的波动将有助于优化并联机器人的动力学性能[12.114]。

12.9　设计

机器人的结构设计可分为两个主要的阶段：

1）结构综合：确定机器人所要采用的构型。

2）尺度综合：确定构型的几何参数值（此处的几何参数是广义的，比如可能涉及的质量和惯量）。

12.2 讨论过结构综合（型综合）的问题。然而除了运动形式以外还要在设计阶段考虑性能要求。串联机器人的优势在于可能的构型数量相对较少，而其中的一些构型在某些性能方面又比其他构型具有明显的优势（比如 3 个转动副串联而成的关节式机器人的工作空间就比外形尺寸差不多的直角坐标式机器人的工作空间大得多）。

遗憾的是并联机器人并不是这样，不仅存在大量可能的构型设计方案，而且构型的性能还对几何参数十分敏感。比如说在指定的工作空间内，平台半径 10% 的变化就可能使 Gough 平台的极值刚度变为原来的 700%。因此，结构综合与尺度综合密不可分。事实上据推测，构型不是最优但参数设计合理的机器人完成任务时的表现一般也会比看起来构型优异但参数设计不合理的机器人要好。

通常设计过程常被看作优化问题。每一个特定的性能要求均与某一项性能指标相关联，该指标会随着性能要求不被满足的程度的加剧而升高。这些性能指标全都被归纳在一个加权的且被称作成本函数的实数函数里，该函数本质上是几何参数的函数，然后利用一个数值计算的优化程序寻找使函数取极小值的几何参数值（因此该法就是优化设计）[12.115～117]。但此法也有很多缺陷：成本函数中的权重系数的大小和效果很难确定；必要的要求很难被导入函数且会使优化过程非常复杂；定义性能指标也很重要等等，以上仅列举几项。主要的问题可表述如下：

1）谈到最终设计中的不确定因素就不能不考虑使用成本函数而得到的设计方案的鲁棒性。因为存在制造误差以及一些机械系统内在的不确定因素，最终的样机总会与原理设计方案有所差异。

2）性能要求有时也是互相矛盾的（例如工作空间和精度），优化设计也仅能采取折中，而权重系数的调整又很难把握。

优化设计的一个替代方法是适当设计（appropriate design），它不考虑最优化，而是确保期望的性能要求都得到满足。该法的基础是参数空间的概念，空间的每一维都与一个设计参数相关联。设计时依次考虑每一个性能要求并计算满足要求的空间大小，最终所得到的设计方案就是若干个空间的交集。

由于制造总是存在误差因此很难制造出与靠近区域边界的值一致的机器人，所以实际操作中仅仅需要确定大概的空间区域即可。在实际计算中，区间算法已被成功应用于很多不同的应用中[12.20,118]。

适当设计方法的应用比成本函数方法要复杂得多，但它的优势在于它能够得到所有的可行方案，包括考虑了制造误差进而能够确保机器人满足所有期望要求的设计方案。

12.10　应用实例

并联机构已被成功用于许多应用，此处将简介几例。近年来几乎所有陆基的天文望远镜都采用了并联机构，要么是用作副镜校准系统（比如亚利桑那大学的MMT天文台或者欧洲天文研究机构（ESO）设于南半球的可视与红外天文观测望远镜（VISTA）），要么是用作主镜的定向系统。1995年2月执行*STS*-63任务的航天飞机中使用了线驱动的并联机器人，同时有1个八腿并联机器人（具有八条支链的并联机器人）被用于从振动中分离飞船的有效载荷。美国Motek公司开发的*Caren*计算机辅助康复系统也采用了并联机构。已被所有飞行模拟器采用的并联机构目前也被用于开发驾驶模拟器[12.119]。在工业应用方面，已设计出了许多款并联加工设备，其中的一些还找到了令人满意的销售市场（比如Tricept），可以预计一旦设计出了并联机构专用的控制器（目前并联机构使用的控制器与串联机构无异，无法充分发挥并联机构的潜力），则将来必会出现更多的并联加工设备（尤其是高速加工设备）。Physik Instrumente、Micos和Alio正在研发基于并联机构的超精确定位设备。在食品加工业，*SIG-Demaurex*公司设计的Delta机器人已被广泛用于快速包装。此外，Adept等公司正在研发三或四自由度的高速并联机器人。

12.11　结论与扩展阅读

本手册的其他章节也介绍了一些分析并联机器人的方法：

1）运动学：第1章中介绍了运动学研究的背景资料。

2）动力学：第2章介绍了动力学计算的一般方法，而第14章中则介绍了识别动力学参数的方法。

3）设计：第10章介绍了一整套设计方法。

4）控制：第5、6和7章都谈到了机器人的控制，但并联机器人的闭环运动链导致其控制方案有些与众不同。

必须强调的是，对很多并联机器人的算法来说数值分析的效率是最关键的。基于Gröbner基法、连续法以及区间算法来研究运动学、作业空间以及奇异是很有效的。

有关并联机器人更多的信息以及更新的扩展参考可在参考文献［12.120，121］两网站中寻找。

参考文献［12.9，122，123］是关于并联机器人的不错的补充文献。

并联机器人的应用日益广泛，正像本手册的第6篇讨论的那样，除了工业并联机器人，野外并联机器人和服务并联机器人也已出现。当然与串联机器人相比，并联机器人的研究还远未完善。

参考文献

12.1　J.E. Gwinnett: Amusement device, Patent 1789680 (1931)

12.2　V.E. Gough: Contribution to discussion of papers on research in automobile stability, control and tyre performance, 1956–1957. Proc. Auto Div. Inst. Mech. Eng

12.3　D. Stewart: A platform with 6 degrees of freedom, Proc. Inst. Mech. Eng. **180**(1,15), 371–386 (1965)

12.4　I.A. Bonev: The true origins of parallel robots. http://www.parallemic.org/Reviews/Review007.html , (2003)

12.5　J. Albus, R. Bostelman, N. Dagalakis: The NIST ROBOCRANE, J. Robot. Syst. **10**(5), 709–724 (1993)

12.6　R. Clavel: DELTA, a fast robot with parallel geometry. In: *18th Int. Symp. on Industrial Robots (ISIR)*, Lausanne, (1988) pp. 91–100

12.7　K.H. Hunt: Structural kinematics of in parallel actuated robot arms, J. Mech. Transmiss. Automation Design **105**(4), 705–712 (1983)

12.8　J.M. Hervé: Group mathematics and parallel link mechanisms. In: *9th IFToMM World Congress on the Theory of Machines and Mechanisms*, Milan, (1995) pp. 2079–2082

12.9 X. Kong, C.M. Gosselin: *Type synthesis of parallel mechanisms* (Springer Tracts in Advanced Robotics, Heidelberg 2007), Vol. 33
12.10 www-sop.inria.fr/coprin/equipe/merlet/Archi/archirobot.html
12.11 P. Dietmaier: The Stewart-Gough platform of general geometry can have 40 real postures. In: *ARK*, Strobl, (1998) pp. 7–16
12.12 M.L. Husty: An algorithm for solving the direct kinematic of Stewart-Gough-type platforms, Mechanism Machine Theory **31**(4), 365–380 (1996)
12.13 M. Raghavan: The Stewart platform of general geometry has 40 configurations, ASME J. Mech. Des. **115**(2), 277–282 (1993)
12.14 J.C. Faugère, D. Lazard: The combinatorial classes of parallel manipulators, Mechanism Machine Theory **30**(6), 765–776 (1995)
12.15 T.-Y. Lee, J.-K. Shim: Improved dyalitic elimination algorithm for the forward kinematics of the general Stewart-Gough platform, Mechanism Machine Theory **38**(6), 563–577 (2003)
12.16 F. Rouillier: Real roots counting for some robotics problems. In: *Computational Kinematics*, ed. by J.-P. Merlet, B. Ravani (Kluwer, Dordrecht 1995) pp. 73–82
12.17 J.-P. Merlet: Solving the forward kinematics of a Gough-type parallel manipulator with interval analysis, Int. J. Robot. Res. **23**(3), 221–236 (2004)
12.18 D. Manocha: Algebraic and Numeric Techniques for Modeling and Robotics. Ph.D. Thesis (University of California, Berkeley 1992)
12.19 A.J. Sommese, C.W. Wampler: *Numerical Solutions of Polynomial Systems Arising in Engineering and Science* (World Scientific, Singapore 2005)
12.20 J-P. Merlet, D. Daney: Dimensional synthesis of parallel robots with a guaranteed given accuracy over a specific workspace. In: *IEEE Int. Conf. on Robotics and Automation*, Barcelona, (2005)
12.21 L. Baron, J. Angeles: The direct kinematics of parallel manipulators under joint-sensor redundancy, IEEE Trans. Robot. Automat. **16**(1), 12–19 (2000)
12.22 J-P. Merlet: Closed-form resolution of the direct kinematics of parallel manipulators using extra sensors data. In: *IEEE Int. Conf. on Robotics and Automation*, Atlanta, (1993) pp. 200–204
12.23 R. Stoughton, T. Arai: Kinematic optimization of a chopsticks-type micro-manipulator. In: *Japan-USA Symp. on Flexible Automation*, San Fransisco, (1993) pp. 151–157
12.24 J.-P. Merlet: Jacobian, manipulability,condition number, and accuracy of parallel robots. ASME J. Mech. Design **128**(1), 199–206 (2006)
12.25 F-T. Niaritsiry, N. Fazenda, R. Clavel: Study of the source of inaccuracy of a 3 dof flexure hinge-based parallel manipulator. In: *IEEE Int. Conf. on Robotics and Automation*, New Orleans, (2004) pp. 4091–4096
12.26 G. Pritschow, C. Eppler, T. Garber: Influence of the dynamic stiffness on the accuracy of PKM. In: *3rd Chemnitzer Parallelkinematik Seminar*, Chemnitz, (2002) pp. 313–333
12.27 V. Parenti-Castelli, S. Venanzi: On the joint clearance effects in serial and parallel manipulators. In: *Workshop on Fundamental Issues and Future Research Directions for Parallel Mechanisms and Manipulators*, Québec, (2002) pp. 215–223
12.28 A. Pott, M. Hiller: A new approach to error analysis in parallel kinematic structures. In: *ARK*, Sestri-Levante, (2004)
12.29 K. Wohlhart: Degrees of shakiness, Mechanism Machine Theory **34**(7), 1103–1126 (1999)
12.30 K. Tönshoff, B. Denkena, G. Günther, H.-C. Möhring: Modelling of error effects on the new hybrid kinematic DUMBO structure. In: *3rd Chemnitzer Parallelkinematik Seminar*, Chemnitz, (2002) pp. 639–653
12.31 U. Sellgren: Modeling of mechanical interfaces in a systems context. In: *Int. ANSYS Conf.*, Pittsburgh, (2002)
12.32 W. Khalil, S. Besnard: Identificable parameters for the geometric calibration of parallel robots, Arch. Control Sci. **11**(3–4), 263–277 (2001)
12.33 C.W. Wampler, J.M. Hollerbach, T. Arai: An implicit loop method for kinematic calibration and its application to closed-chain mechanisms, IEEE Trans. Robot. Autom. **11**(5), 710–724 (1995)
12.34 D. Daney, Y. Papegay, A. Neumaier: Interval methods for certification of the kinematic calibration of parallel robots. In: *IEEE Int. Conf. on Robotics and Automation*, New Orleans, (2004) pp. 1913–1918
12.35 D. Daney, N. Andreff, Y. Papegay: Interval method for calibration of parallel robots: a vision-based experimentation. In: *Computational Kinematics*, Cassino, (2005)
12.36 A. Nahvi, J.M. Hollerbach: The noise amplification index for optimal pose selection in robot calibration. In: *IEEE Int. Conf. on Robotics and Automation*, Minneapolis, (1996) pp. 647–654
12.37 G. Meng, L. Tiemin, Y. Wensheng: Calibration method and experiment of Stewart platform using a laser tracker. In: *Int. Conf on Systems, Man and Cybernetics*, The Hague, (2003) pp. 2797–2802
12.38 D. Daney: Optimal measurement configurations for Gough platform calibration. In: *IEEE Int. Conf. on Robotics and Automation*, Washington, (2002) pp. 147–152
12.39 C. Gosselin, J. Angeles: Singularity analysis of closed-loop kinematic chains, IEEE Trans. Robot. Automation **6**(3), 281–290 (1990)
12.40 D. Zlatanov, R.G. Fenton, B. Benhabib: A unifying framework for classification and interpretation of mechanism singularities, ASME J. Mech. Des. **117**(4), 566–572 (1995)
12.41 D. Zlatanov, I.A. Bonev, C.M. Gosselin: Constraint singularities of parallel mechanisms. In: *IEEE Int. Conf. on Robotics and Automation*, Washington, (2002) pp. 496–502
12.42 G. Liu, Y. Lou, Z. Li: Singularities of parallel manipulators: a geometric treatment, IEEE Trans. Robot. Autom. **19**(4), 579–594 (2003)
12.43 I.A. Bonev, D. Zlatanov: The mystery of the singular SNU translational parallel robot. www.parallemic.org/Reviews/Review004.html, (2001)
12.44 H. Li., C.M. Gosselin, M.J. Richard, B. St-Onge

Mayer: Analytic form of the six-dimensional singularity locus of the general Gough-Stewart platform, ASME J. Mech. Des. **128**(1), 279–287 (2006)
12.45 B. St-Onge Mayer, C.M. Gosselin: Singularity analysis and representation of the general Gough-Stewart platform, Int. J. Robot. Res. **19**(3), 271–288 (2000)
12.46 J.-P. Merlet: Singular configurations of parallel manipulators and Grassmann geometry, Int. J. Robot. Res. **8**(5), 45–56 (1989)
12.47 J-P. Merlet: On the infinitesimal motion of a parallel manipulator in singular configurations. In: *IEEE Int. Conf. on Robotics and Automation*, Nice, (1992) pp. 320–325
12.48 H. Pottmann, M. Peternell, B. Ravani: Approximation in line space. Applications in robot kinematics. In: *ARK*, Strobl, (1998) pp. 403–412
12.49 P.A. Voglewede, I. Ebert-Uphoff: Measuring "closeness" to singularities for parallel manipulators. In: *IEEE Int. Conf. on Robotics and Automation*, New Orleans, (2004) pp. 4539–4544
12.50 J.-P. Merlet, D. Daney: A formal-numerical approach to determine the presence of singularity within the workspace of a parallel robot. In: *Computational Kinematics*, ed. by F.C. Park, C.C. Iurascu (EJCK, Seoul 2001) pp. 167–176
12.51 S. Bhattacharya, H. Hatwal, A. Ghosh: Comparison of an exact and an approximate method of singularity avoidance in platform type parallel manipulators, Mechanism Machine Theory **33**(7), 965–974 (1998)
12.52 D.N. Nenchev, M. Uchiyama: Singularity-consistent path planning and control of parallel robot motion through instantaneous-self-motion type. In: *IEEE Int. Conf. on Robotics and Automation*, Minneapolis, (1996) pp. 1864–1870
12.53 R. Ranganath, P.S. Nair, T.S. Mruthyunjaya, A. Ghosal: A force-torque sensor based on a Stewart platform in a near-singular configuration, Mechanism Machine Theory **39**(9), 971–998 (2004)
12.54 M.L. Husty, A. Karger: Architecture singular parallel manipulators and their self-motions. In: *ARK*, Piran, (2000) pp. 355–364
12.55 A. Karger: Architecture singular planar parallel manipulators, Mechanism Machine Theory **38**(11), 1149–1164 (2003)
12.56 K. Wohlhart: Mobile 6-SPS parallel manipulators, J. Robot. Syst. **20**(8), 509–516 (2003)
12.57 C. Innocenti, V. Parenti-Castelli: Direct kinematics of the 6-4 fully parallel manipulator with position and orientation uncoupled. In: *European Robotics and Intelligent Systems Conf.*, Corfou, (1991)
12.58 G. Gogu: Mobility of mechanisms: a critical review, Mechanism Machine Theory **40**(10), 1068–1097 (2005)
12.59 I. Zabalza, J. Ros, J.J. Gil, J.M. Pintor, J.M. Jimemenz: Tri-Scott. A new kinematic structure for a 6-dof decoupled parallel manipulator. In: *Workshop on Fundamental Issues and Future Research Directions for Parallel Mechanisms and Manipulators*, Québec, (2002) pp. 12–15
12.60 C. Gosselin: Determination of the workspace of 6-dof parallel manipulators, ASME J. Mech. Des. **112**(3), 331–336 (1990)
12.61 J-P. Merlet: Geometrical determination of the workspace of a constrained parallel manipulator. In: *ARK*, Ferrare, (1992) pp. 326–329
12.62 F.A. Adkins, E.J. Haug: Operational envelope of a spatial Stewart platform, ASME J. Mech. Des. **119**(2), 330–332 (1997)
12.63 E.J. Haugh, F.A. Adkins, C.M. Luh: Operational envelopes for working bodies of mechanisms and manipulators, ASME J. Mech. Des. **120**(1), 84–91 (1998)
12.64 J.-P. Merlet: Determination of 6D workspaces of Gough-type parallel manipulator and comparison between different geometries, Int. J. Robot. Res. **18**(9), 902–916 (1999)
12.65 P. Wenger, D. Chablat: Workspace and assembly modes in fully parallel manipulators: a descriptive study. In: *ARK*, Strobl, (1998) pp. 117–126
12.66 J. Hesselbach, C. Bier, A. Campos, H. Löwe: Parallel robot specific control fonctionalities. In: *2nd Int. Colloquium, Collaborative Research Centre 562*, Braunschweig, (2005) pp. 93–108
12.67 J-P. Merlet: An efficient trajectory verifier for motion planning of parallel machine. In: *Parallel Kinematic Machines Int. Conf.*, Ann Arbor, (2000)
12.68 J. Cortés, T. Siméon: Probabilistic motion planning for parallel mechanisms. In: *IEEE Int. Conf. on Robotics and Automation*, Taipei, (2003) pp. 4354–4359
12.69 J.H. Yakey, S.M. LaValle, L.E. Kavraki: Randomized path planning for linkages with closed kinematic chains, IEEE Trans. Robot. Autom. **17**(6), 951–958 (2001)
12.70 J-P. Merlet, M-W. Perng, D. Daney: Optimal trajectory planning of a 5-axis machine tool based on a 6-axis parallel manipulator. In: *ARK*, Piran, (2000) pp. 315–322
12.71 D. Shaw, Chen Y-S. Cutting path generation of the Stewart platform-based milling machine using an end-mill, Int. J. Prod. Res. **39**(7), 1367–1383 (2001)
12.72 Z. Wang, Z. Wang, W. Liu, Y. Lei: A study on workspace, boundary workspace analysis and workpiece positioning for parallel machine tools, Mechanism Machine Theory **36**(6), 605–622 (2001)
12.73 D.R. Kerr: Analysis, properties, and design of a Stewart-platform transducer, J. Mech. Transmiss. Autom. Des. **111**(1), 25–28 (1989)
12.74 C.C. Nguyen, S.S. Antrazi, Z.L. Zhou: Analysis and experimentation of a Stewart platform-based force/torque sensor, Int. J. Robot. Autom. **7**(3), 133–141 (1992)
12.75 C. Reboulet, A. Robert: Hybrid control of a manipulator with an active compliant wrist. In: *3rd ISRR*, Gouvieux, France, (1985) pp. 76–80
12.76 J. Duffy: *Statics and Kinematics with Applications to Robotics* (Cambridge University Press, New-York 1996)
12.77 C. Huang, W-H. Hung, I. Kao: New conservative stiffness mapping for the Stewart-Gough platform. In: *IEEE Int. Conf. on Robotics and Automation*, Washington, (2002) pp. 823–828
12.78 J.L. Herder: *Energy-Free Systems: Theory, Conception and Design of Statically Balanced Spring*

Mechanisms. Ph.D. Thesis, Delft University of Technology, Delft, (2001)
12.79 G.R. Dunlop, T.P. Jones: Gravity counter balancing of a parallel robot for antenna aiming. In: *6th ISRAM*, Montpellier, (1996) pp. 153–158
12.80 M. Jean, C. Gosselin: Static balancing of planar parallel manipulators. In: *IEEE Int. Conf. on Robotics and Automation*, Minneapolis, (1996) pp. 3732–3737
12.81 I. Ebert-Uphoff, C.M. Gosselin, T. Laliberté: Static balancing of spatial parallel platform-revisited, ASME J. Mech. Des. **122**(1), 43–51 (2000)
12.82 C.M. Gosselin, J. Wang: Static balancing of spatial six-degree-of-freedom parallel mechanisms with revolute actuators, J. Robot. Syst. **17**(3), 159–170 (2000)
12.83 M. Leblond, C.M. Gosselin: Static balancing of spatial and planar parallel manipulators with prismatic actuators. In: *ASME Design Engineering Technical Conferences*, Atlanta, (1998)
12.84 B. Monsarrat, C.M. Gosselin: Workspace analysis and optimal design of a 3-leg 6-DOF parallel platform mechanism, IEEE Trans. Robot. Autom. **19**(6), 954–966 (2003)
12.85 J. Wang, C.M. Gosselin: Static balancing of spatial three-degree-of-freedom parallel mechanisms, Mechanism Machine Theory **34**(3), 437–452 (1999)
12.86 Y. Wu, C.M. Gosselin: Synthesis of reactionless spatial 3-dof and 6-dof mechanisms without separate counter-rotations, Int. J. Robot. Res. **23**(6), 625–642 (2004)
12.87 M. Ait-Ahmed: Contribution à la modélisation géométrique et dynamique des robots parallèles. Ph.D. Thesis (Université Paul Sabatier, Toulouse 1993)
12.88 M.-J. Liu, C.-X. Li, C.-N. Li: Dynamics analysis of the Gough-Stewart platform manipulator, IEEE Trans. Robot. Autom. **16**(1), 94–98 (2000)
12.89 G.F. Liu, X.Z. Wu, Z.X. Li: Inertial equivalence principle and adaptive control of redundant parallel manipulators. In: *IEEE Int. Conf. on Robotics and Automation*, Washington, (2002) pp. 835–840
12.90 R. Clavel: Conception d'un robot parallèle rapide à 4 degrés de liberté. Ph.D. Thesis (EPFL, Lausanne 1991), n° 925
12.91 J. Gallardo, J.M. Rico, A. Frisoli, D. Checcacci, M. Bergamasco: Dynamics of parallel manipulators by means of screw theory, Mechanism Machine Theory **38**(11), 1113–1131 (2003)
12.92 L.-W. Tsai: Solving the inverse dynamics of a Stewart-Gough manipulator by the principle of virtual work, ASME J. Mech. Des. **122**(1), 3–9 (2000)
12.93 J. Wang, C.M. Gosselin: A new approach for the dynamic analysis of parallel manipulators, Multibody Syst. Dyn. **2**(3), 317–334 (1998)
12.94 Z. Geng, L.S. Haynes: On the dynamic model and kinematic analysis of a class of Stewart platforms, Robot. Auton. Syst. **9**(4), 237–254 (1992)
12.95 K. Liu, F. Lewis, G. Lebret, D. Taylor: The singularities and dynamics of a Stewart platform manipulator, J. Intell. Robot. Syst. **8**, 287–308 (1993)
12.96 K. Miller, R. Clavel: The Lagrange-based model of Delta-4 robot dynamics, Robotersysteme **8**(1), 49–54 (1992)
12.97 K. Miller: Optimal design and modeling of spatial parallel manipulators, Int. J. Robot. Res. **23**(2), 127–140 (2004)
12.98 A. Codourey, E. Burdet A body oriented method for finding a linear form of the dynamic equations of fully parallel robot. In: *IEEE Int. Conf. on Robotics and Automation*, Albuquerque, (1997) pp. 1612–1618
12.99 B. Dasgupta, P. Choudhury: A general strategy based on the Newton-Euler approach for the dynamic formulation of parallel manipulators, Mechanism Machine Theory **34**(6), 801–824 (1999)
12.100 P. Guglielmetti: Model-Based control of fast parallel robots: a global approach in operational space. Ph.D. Thesis (EPFL, Lausanne 1994)
12.101 K. Harib, K. Srinivasan: Kinematic and dynamic analysis of Stewart platform-based machine tool structures, Robotica **21**(5), 541–554 (2003)
12.102 W. Khalil, O. Ibrahim: General solution for the dynamic modeling of parallel robots. In: *IEEE Int. Conf. on Robotics and Automation*, New Orleans, (2004) pp. 3665–3670
12.103 C. Reboulet, T. Berthomieu: Dynamic model of a six degree of freedom parallel manipulator. In: *ICAR*, Pise, (1991) pp. 1153–1157
12.104 H. Abdellatif, B. Heimann: Adapted time-optimal trajectory planning for parallel with full dynamic modelling. In: *IEEE Int. Conf. on Robotics and Automation*, Barcelona, (2005) pp. 413–418
12.105 S. Tadokoro: Control of parallel mechanisms, Adv. Robot. **8**(6), 559–571 (1994)
12.106 M. Honegger, A. Codourey, E. Burdet: Adaptive control of the Hexaglide, a 6 dof parallel manipulator. In: *IEEE Int. Conf. on Robotics and Automation*, Albuquerque, (1997) pp. 543–548
12.107 S. Bhattacharya, H. Hatwal, A. Ghosh: An on-line estimation scheme for generalized Stewart platform type parallel manipulators, Mechanism Machine Theory **32**(1), 79–89 (1997)
12.108 J. Hesselbach, O. Becker, M. Krefft, I. Pietsch, N. Plitea: Dynamic modelling of plane parallel robot for control purposes. In: *3rd Chemnitzer Parallelkinematik Seminar*, Chemnitz, (2002) pp. 391–409
12.109 P. Guglielmetti, R. Longchamp: A closed-form inverse dynamics model of the Delta parallel robot. In: *4th IFAC Symp. on Robot Control, Syroco*, Capri, (1994) pp. 51–56
12.110 K. Miller: Modeling of dynamics and model-based control of DELTA direct-drive parallel robot, J. Robot. Mechatron. **17**(4), 344–352 (1995)
12.111 E. Burdet, M. Honegger, A. Codourey: Controllers with desired dynamic compensation and their implementation on a 6 dof parallel manipulator. In: *IEEE Int. Conf. on Intelligent Robots and Systems (IROS)*, Takamatsu, (2000)
12.112 K. Yamane, M. Okada, N. Komine, Y. Nakamura: Parallel dynamics computation and h_∞ acceleration control of parallel manipulators for acceleration display, J. Dyn. Syst. Meas. Control **127**(2), 185–191 (2005)
12.113 J.E. McInroy: Modeling and design of flexure jointed Stewart platforms for control purposes,

IEEE/ASME Trans. Mechatron. **7**(1), 95–99 (2002)
12.114 F. Xi: Dynamic balancing of hexapods for high-speed applications, Robotica **17**(3), 335–342 (1999)
12.115 J. Angeles The robust design of parallel manipulators. In: *1st Int. Colloquium, Collaborative Research Centre 562*, Braunschweig, (2002) pp. 9–30
12.116 S. Bhattacharya, H. Hatwal, A. Ghosh: On the optimum design of a Stewart platform type parallel manipulators, Robotica **13**(2), 133–140 (1995)
12.117 K.E. Zanganeh, J. Angeles: Kinematic isotropy and the optimum design of parallel manipulators, Int. J. Robot. Res. **16**(2), 185–197 (1997)
12.118 H. Fang, J.-P. Merlet: Multi-criteria optimal design of parallel manipulators based on interval analysis, Mechanism Machine Theory **40**(2), 151–171 (2005)
12.119 www-nads-sc.uiowa.edu
12.120 www.sop.inria.fr/coprin/equipe/merlet/merlet_eng.html
12.121 www.parallemic.org
12.122 J.-P. Merlet: *Parallel Robots* (Springer, Heidelberg 2006)
12.123 L.-W. Tsai: *Robot Analysis: The Mechanics of Serial and Parallel Manipulators* (Wiley, Hoboken 1999)

第 13 章　具有柔性元件的机器人

Alessandro De Luca，Wayne Book

张文增　译

针对带有柔性元件的机器人机械臂，无论柔性是集中于关节上还是沿着连杆分布，本章介绍其设计、动态建模、轨迹规划和反馈控制问题。因此本章分为两个主要部分。在适当的地方将指出两类柔性之间的相似性或差异。

对于带有柔性关节的机器人，本章通过拉格朗日方法详细推导了动力学模型，对尽量简化的版本进行了讨论。从而可以计算产生所需机器人运动的额定转矩。通过线性和非线性反馈控制设计介绍了校准及轨迹跟踪任务。

对于带有柔性连杆的机器人，本章分析了用于考虑分布式柔性所需的相关因素。针对柔性问题，通过集中元件、传递矩阵或者假设模式，给出了动力学模型。接着我们强调了几个具体问题，包括传感器的选择、用于控制设计的模型阶数，以及减少或消除间歇性动作中残余振动的有效指令的生成。最后，本章还讨论了反馈控制的选择。

本章的两个部分中均有一节用于阐述原始文献以及该主题的扩展阅读。

在机器人运动学、动力学及控制设计中的标准假设是执行器仅由刚体构成（连杆及运动传递组件）。然而，这种理想状态只在慢速运动以及较小相互作用力下才能被视为成立。实际上，机械臂的机械柔性由两个主要原因得以体现：柔顺传递元件的运用，以及为了减少移动连杆的质量而采用的轻型材料和细长型设计。这两种柔性引入了驱动执行机构的位置和机械臂末端执行器位置之间的静态和动态挠度。当我们讨论机器人的设计与控制时如果没有考虑柔性，我们所能期望的机器人整体性能将会降低。

从建模的角度来看，柔性可以被假定为集中在机器人关节上或者（以不同的方式）分布在机器人的连杆上。动态建模步骤是相似的，在用以描述机器人手臂的刚体运动的坐标之外都需要引入额外的广义坐标。然而，从控制的角度来看，所得到的模型属性却十分不同。因此，在本章中，具有柔性关节的机器人和具有柔性连杆的机器人这两种情况大多是作为单独项目分开讨论的，并在适当之处指出相似点或者结构上的不同点。对这两种类别的柔性机器人，我们将讨论相关设计问题、动态建模、逆运动学算法以及对给定点调节的控制规律和轨迹跟踪问题。事实上，关节和连杆的柔性可能会同时体现出来并产生动态交互。很多已得到的结果也可以扩展到这种情况下。

在以下的部分，我们假定读者对机器人的运动学、动力学和刚体控制的一些基本问题已经有了较好的了解（第1、第2和第6章）。

13.1　具有柔性关节的机器人

在当前的工业机器人中，关节存在柔性是十分常见的。在这些工业机器人的传动/减速元件中，使用皮带（如选择性柔顺机器人（SCARA）家族），长轴（如 UNIMATION 公司 PUMA 机器人）、缆绳、谐波减速器或摆线针轮。这些部件的作用就是使驱动器可以布置在机器人基座附近，从而提高动力学效率，或者采用紧凑排列装置保证高减速比的同时具有较好的传动效率。

然而当驱动力或力矩在正常机器人操作中增大

时，这些零件本质上是弹性的（例如谐波减速器中的柔轮，见图 13.1），它们会在驱动器输出轴的位置和所驱动连杆的位置之间引入一个时变位移。在没有特别的控制行为的情况下，我们可以观察到机器人末端执行器在自由运动的情况下会产生一个振幅较小但是相对高频的振动。另外，在一些涉及与外界环境接触的任务中也可能会产生某种形式的不稳定（如卡嗒作响）。

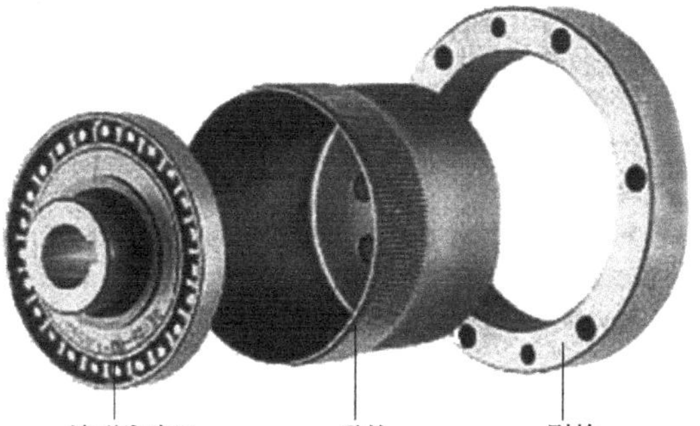

图 13.1　谐波减速器的组成

最近，柔性驱动/传动元件被特意选用于机器人中，以适用于物理人机交互。事实上，这种形式的机械柔顺性保证了传动装置与（可能的话，轻质量）连杆之间的惯性解耦，从而减少了与人类意外碰撞时的动能。这样一种旨在安全的机械设计应该有一种更为复杂的控制设计来进行平衡，以达到保证刚性机器人在速度及末端执行器运动精度两方面性能的要求（第 57 章）。

图 13.2 和图 13.3 展示了两例具有柔性关节的机械臂，8R（8 个旋转关节）机器人 Dexter 与 7R 轻型机械臂 DLR LWR-Ⅲ。第一个机器人中，第 3 ~ 第 8 个电动机布置在第二连杆中，通过钢缆及滑轮将运动传递到末端。第二个机器人具有模块化结构，每个电动机整合在相关关节中，并用一个谐波传动装置传动。Dexter 机器人的关节刚度根据关节的不同从 120N · m/rad 至 6300N · m/rad 变化，而 DLR LWR-Ⅲ机械臂的范围为 6000 ~ 15000N · m/rad。这些数值都与减速齿轮传动后的挠度和相关扭矩的评估有关。

柔性传动元件的挠度可以被建模成集中于机器人关节上，从而降低相关运动方程的复杂性。和刚体情况相比，具有柔性关节（和刚性连杆）的机器人的动力学模型需要的广义坐标数量是完全确定特征量的刚性体（电动机及连杆）的两倍。

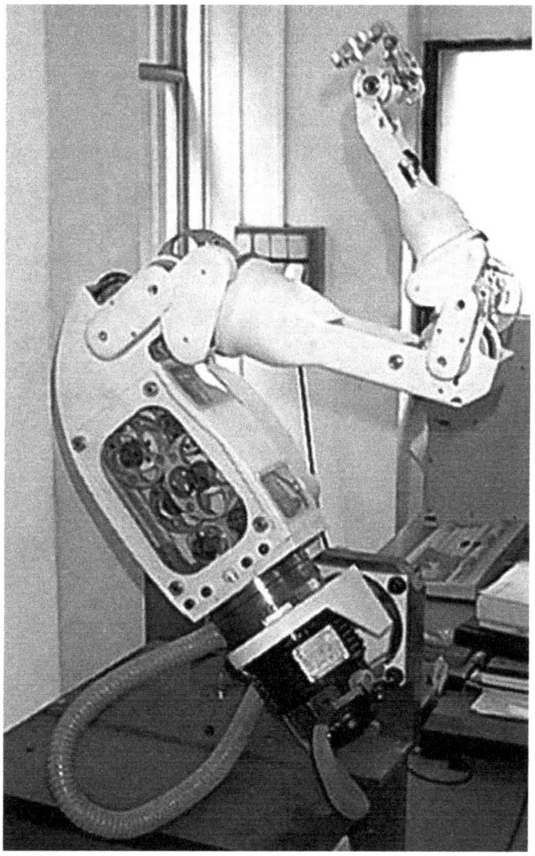

图 13.2　Scienzia Machinale 的缆绳驱动机器人 Dexter

综上所述，具有柔性关节的机器人是一种控制输入的数量严格小于机械自由度的数量的实例。这表明了柔性机器人实现标准运动任务的控制方案设计要远比刚性机器人困难得多。此外，完成完整的状态反馈法则需要两倍数量的传感器用来测量关节变形前后（或过程中）的参量。另一方面，用于控制机器人的电动机转矩与由于关节柔性引起的扰动力矩作用在同一个关节轴上（它们物理上是并列的）。值得注意的是，这是一个与分布在连杆上的柔性所不同的情况。这个特性十分有利于消除振动以及控制整个机器人的运动。大概来说，我们将能够使用输入指令通过在柔性源之前动作，以达到确保那些定义在期望的柔性行为之上的输出变量。

13.1.1　动力学模型

明确包含了弹性关节的动力学模型被用以定量评估刚体运动的振动效应、验证刚性关节假设下的控制法则是否仍然适用于实际情况（或其应该被修正到什么程度），并使得设计新的基于模型的前馈和反馈

图 13.3 德国宇航中心的轻型机械臂 DLR LWR-Ⅲ

控制器成为可能。

我们可以将一个含有柔性关节的机器人看作是由 $N+1$ 个刚体组成的开放运动链：基座以及 N 个连杆，由 N 个发生了变形的（旋转的或平移的）关节互相连接，并由 N 个电动机驱动。从机械的角度来看，每一个电动机（包括其定子和转子）都是一个具有惯性特性的附加刚体。尽管由于不同传动装置的运用可能会遇到混合情况，我们仍将所有的关节视为柔性的。当减速齿轮组存在时，它们被建模在位于关节变形发生之前。从而可以得到如下标准假设。

A1. 关节变形小，因而柔性作用仅限于线性弹性域。

A2. 驱动器的转子被建模为质心位于旋转轴上的统一整体。

A3. 每个电动机都位于机器人臂上所驱动的连杆之前。（这可以被推广到多个电动机同时驱动多个末端连杆的情况。）

第一个假设支持具有柔性关节机器人的术语，这些术语在文献中经常被用到。关节 i 处的弹性被建模为一个刚度系数 $K_i>0$ 的弹簧，对旋转关节为扭转弹簧，而对于平移关节为线性弹簧。图 13.4 显示了一个由电动机通过旋转柔性关节驱动的独立连杆。柔性关节的非线性刚度特性也可以被考虑进来，如果从挠度到力之间映射是光滑和可逆的话。A2 这条假设是电动机长久使用的一项基本要求，因此是非常合理的。正如我们将看到的，这意味着机器人动力学模型中的惯性矩阵和重力项与电动机转角位置是相互独立的。图 13.5 展示了一个满足假设 A3 的典型电动机布置例子。最简单的情况是：第 i 个电动机连接在第 i-1 个连杆上，通过 i-1 连杆与第 i 个连杆相连的轴驱动第 i 个连杆。例如 LWR-Ⅲ的机械臂就是这种情况。这种电动机沿着结构的错位布置对运动的动力学方程的结构具有很大影响。

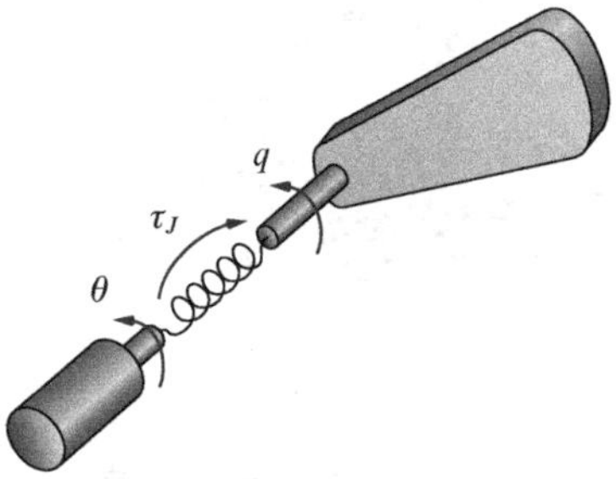

图 13.4 弹性关节示意图

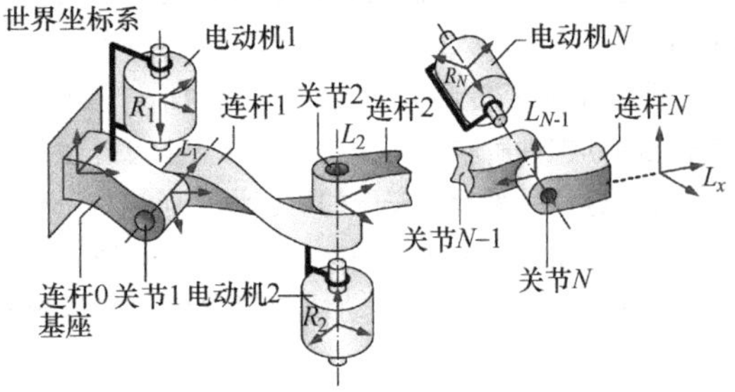

图 13.5 开式运动链中电动机和连杆的布置

为了运动学和动力学分析，$2N$ 个坐标系被固接在机器人链中的 $2N$ 个运动刚体上（连杆和电动机）：连杆坐标系 L_i 和电动机坐标系 R_i，其中 $i=1$，$2\cdots N$（见图 13.5）。为了定义连杆坐标系 L_i，可以使用标准 Denavit-Hartenberg 约定方法。坐标系 R_i 被固接在电动机的定子上，与电动机的对称轴对齐，带有一个沿着转子旋转方向的 z 轴。

相应地，需要定义 $2N$ 个广义坐标。下式给出了一组可能的坐标集合：

$$\boldsymbol{\Theta}=\begin{pmatrix}\boldsymbol{q}\\\boldsymbol{\theta}\end{pmatrix}\in\mathbb{R}^{2N}$$

式中，$\boldsymbol{q}$ 是连杆位置的 N 维矢量；$\boldsymbol{\theta}$ 是电动机（即转子）位置的 N 维矢量，它可通过传动/减速齿轮箱的情况反映出来。这组变量的选择非常方便，因为：

1）该模型形式上与减速比相互独立。

2）这些位置变量有一个相似的动态范围。

3）该机器人的运动学将仅是连杆变量 $\boldsymbol{q}$（这些变量已经超出了关节柔性）的一个函数，从而与机器人正/逆运动学相关的所有问题都和全刚性机器人的情况相同。

对于一些问题，定义变量 $\boldsymbol{\theta}_m$（即减速前电动机位置的 N 维矢量）是很有用的，这些数据可以由安装在电动机上的编码器直接测量得到。在电动机被直接放置在第 i 个关节轴上的情况下，我们可以得到 $\boldsymbol{\theta}_{m,i}=\boldsymbol{n}_i\boldsymbol{\theta}_i$，其中 $\boldsymbol{n}_i\geqslant 1$ 为第 i 个关节的减速比。另外，当 $i=1,\cdots,N$ 时，不同之处 $\delta_i=q_i-\theta_i$ 是在第 i 个关节的挠度，而 $\tau_{J,i}=K_i(\theta_i-q_i)$ 是通过相应弹簧（见图13.4）传递到第 i 个连杆的转矩——其值由各处的关节力矩传感器测量得到。注意，对于具有柔性连杆的机器人，集合（$\boldsymbol{\theta}$，$\boldsymbol{\delta}$）通常被用在动态建模中，其中 δ 是连杆挠度坐标的矢量。

根据拉格朗日方法，下面将推导得出影响拉格朗日算符 $\mathscr{L}=\mathscr{T}(\boldsymbol{\Theta},\dot{\boldsymbol{\Theta}})-\mathscr{U}(\boldsymbol{\Theta})$ 的唯一能量。

该机器人的势能由重力势能和关节弹性势能组成。重力势能部分与连杆的质心（m_i）位置和电动机的质心（m_{ri}）位置有关。由于假设A2，电动机质心位置与 θ 无关，因此

$$\mathscr{U}_{\text{grav}}=\mathscr{U}_{\text{grav,link}}(\boldsymbol{q})+\mathscr{U}_{\text{grav,motor}}(\boldsymbol{q})$$

对于可能的弹性部分，由于假设A1，我们有

$$\mathscr{U}_{\text{elas}}=\frac{1}{2}(\boldsymbol{q}-\boldsymbol{\theta})^{\mathrm{T}}\boldsymbol{K}(\boldsymbol{q}-\boldsymbol{\theta})$$

$$\boldsymbol{K}=\operatorname{diag}(\boldsymbol{K}_1,\cdots,\boldsymbol{K}_N)$$

由上可得：$\mathscr{U}(\boldsymbol{\Theta})=\mathscr{U}_{\text{grav}}(\boldsymbol{q})+\mathscr{U}_{\text{elas}}(\boldsymbol{q}-\boldsymbol{\theta})$

该机器人的动能是连杆和电动机转子动能的总和。对于连杆，计算方法和标准的刚性机器人的情况没有区别，它完全可以写成一般形式：

$$\mathscr{T}_{\text{link}}=\frac{1}{2}\dot{\boldsymbol{q}}^{\mathrm{T}}\boldsymbol{M}_{\mathrm{L}}(\boldsymbol{q})\dot{\boldsymbol{q}} \tag{13.1}$$

式中，$\boldsymbol{M}_{\mathrm{L}}(q)$ 为连杆惯性的正定对称矩阵。对于转子来说，还需要一些详细说明：

$$\mathscr{T}_{\text{rotor}}=\sum_{i=1}^{N}\mathscr{T}_{\text{rotor}_i}=\sum_{i=1}^{N}\left(\frac{1}{2}m_{ri}\boldsymbol{v}_{ri}^{\mathrm{T}}\boldsymbol{v}_{ri}+\frac{1}{2}{}^{Ri}\boldsymbol{\omega}_{ri}^{\mathrm{T}}\,{}^{Ri}\boldsymbol{I}_{ri}\,{}^{Ri}\boldsymbol{\omega}_{ri}\right) \tag{13.2}$$

式中，$\boldsymbol{v}_{ri}$ 是第 i 个转子质心位置的线速度；$\boldsymbol{\omega}_{ri}$ 是第 i 个转子的角速度。式（13.2）中所有角度方面的量都可以在本地坐标系 R_i 中很容易地表达出来。根据假设A2，可知转子的惯性矩阵是对角阵

$${}^{Ri}\boldsymbol{I}_{ri}=\operatorname{diag}(\boldsymbol{I}_{rixx},\boldsymbol{I}_{riyy},\boldsymbol{I}_{rizz}),$$

式中，$\boldsymbol{I}_{rixx}=\boldsymbol{I}_{riyy}$，并且 v_{ri} 可以被表达成只包含 $\dot{\boldsymbol{q}}$ 和 $\boldsymbol{q}$ 两个变量的函数。此外，由于假设A3，第 i 个转子的角速度一般可表示为

$${}^{Ri}\boldsymbol{\omega}_{ri}=\sum_{j=1}^{i-1}\boldsymbol{J}_{ri,j}(\boldsymbol{q})\dot{q}_j+\begin{pmatrix}0\\0\\\dot{\theta}_{m,i}\end{pmatrix} \tag{13.3}$$

式中，$\boldsymbol{J}_{ri,j}(\boldsymbol{q})$ 是雅可比矩阵中的第 j 列，它将机器人链中的连杆速度 $\dot{\boldsymbol{q}}$ 与第 i 个转子的角速度联系了起来。通过将式（13.3）代入式（13.2）中，并将 $\dot{\boldsymbol{\theta}}_m$ 用 $\dot{\boldsymbol{\theta}}$ 表示，它可以被写成

$$\mathscr{T}_{\text{rotor}}=\frac{1}{2}\dot{\boldsymbol{q}}^{\mathrm{T}}[\boldsymbol{M}_{\mathrm{R}}(\boldsymbol{q})+\boldsymbol{S}(\boldsymbol{q})\boldsymbol{B}^{-1}\boldsymbol{S}^{\mathrm{T}}(\boldsymbol{q})]\dot{\boldsymbol{q}}+\dot{\boldsymbol{q}}^{\mathrm{T}}\boldsymbol{S}(\boldsymbol{q})\dot{\boldsymbol{\theta}}+\frac{1}{2}\dot{\boldsymbol{\theta}}^{\mathrm{T}}\boldsymbol{B}\dot{\boldsymbol{\theta}} \tag{13.4}$$

式中，$\boldsymbol{B}$ 是包含了转子转轴周围的惯性部分 $\boldsymbol{I}_{rizz}$ 的一个常数对角惯性矩阵；$\boldsymbol{M}_{\mathrm{R}}(\boldsymbol{q})$ 包含了转子质量（也可能包含了绕其他主轴的转子惯性部分），而且方阵 $\boldsymbol{S}(\boldsymbol{q})$ 表示转子和之前的机器人链中连杆的惯性耦合关系。

一个简单的例子阐明了式（13.4）中的推导及其实例。我们的讨论也包括了减速元件以说明转轴周围的转子惯性组件在不同减速比情况下的动能变化。我们考虑一个具有两个转动柔性关节的平面机器人，其中第一个连杆长度为 ℓ_1，并且电动机直接安装在关节轴上。两个转子的动能是：

$$\mathscr{T}_{\text{rotor}_1}=\frac{1}{2}\boldsymbol{I}_{r1zz}\dot{\boldsymbol{\theta}}_{m,1}^2=\frac{1}{2}\boldsymbol{I}_{r1zz}\boldsymbol{n}_1^2\dot{\boldsymbol{\theta}}_1^2$$

$$\begin{aligned}\mathscr{T}_{\text{rotor}_2}&=\frac{1}{2}\boldsymbol{m}_{r2}\ell_1^2\dot{\boldsymbol{q}}_1^2+\frac{1}{2}\boldsymbol{I}_{r2zz}\ (\dot{\boldsymbol{q}}_1+\dot{\boldsymbol{\theta}}_{m,2})^2\\&=\frac{1}{2}\boldsymbol{m}_{r2}\ell_1^2\dot{\boldsymbol{q}}_1^2+\frac{1}{2}\boldsymbol{I}_{r2zz}\ (\dot{\boldsymbol{q}}_1^2+2\boldsymbol{n}_2\dot{\boldsymbol{q}}_1\dot{\boldsymbol{\theta}}_2+\boldsymbol{n}_2^2\dot{\boldsymbol{\theta}}_2^2)\end{aligned}$$

从而得到：

$$\boldsymbol{B}=\begin{pmatrix}I_{r1zz}n_1^2&0\\0&I_{r2zz}n_2^2\end{pmatrix},\qquad \boldsymbol{S}=\begin{pmatrix}0&I_{r2zz}n^2\\0&0\end{pmatrix}$$

$$\boldsymbol{M}_{\mathrm{R}}=\begin{pmatrix}m_{r2}\ell_1^2&0\\0&0\end{pmatrix},\qquad \boldsymbol{S}\boldsymbol{B}^{-1}\boldsymbol{S}^{\mathrm{T}}=\begin{pmatrix}I_{r2zz}&0\\0&0\end{pmatrix}$$

在这种情况下，矩阵 $\boldsymbol{S}$（以及 $\boldsymbol{M}_{\mathrm{R}}$）是常矩阵。请注意，对大减速比 n_i，矩阵 $\boldsymbol{B}$ 给出了由转子引起的主要惯性效果。并且，如果第二个电动机被安装在远离第一个关节处（这常常是SCARA机械臂这类情况），或者虽然仍非常接近第二个关节，但旋转轴正交于该关节轴，那么矩阵 S 将为零。

一般来说，作为A3假设的结果，矩阵 $\boldsymbol{S}(q)$ 常

会有一个严格的上三角结构，并且其非零项是级联相关的：

$$S(q)=\begin{pmatrix} 0 & S_{12} & S_{13}(q_2) & S_{14}(q_2,q_3) & \cdots & \cdots & S_{1N}(q_2,\cdots,q_{N-1}) \\ 0 & 0 & S_{23} & S_{24}(q_3) & \cdots & \cdots & S_{2N}(q_3,\cdots,q_{N-1}) \\ 0 & 0 & 0 & S_{34} & \cdots & \cdots & S_{3N}(q_4,\cdots,q_{N-1}) \\ \vdots & \vdots & \vdots & \ddots & \ddots & \vdots & \vdots \\ 0 & 0 & 0 & \cdots & 0 & S_{N-2,N-1} & S_{N-2,N}(q_{N-1}) \\ 0 & 0 & 0 & \cdots & 0 & 0 & S_{N-1,N} \\ 0 & 0 & 0 & \cdots & 0 & 0 & 0 \end{pmatrix} \tag{13.5}$$

综上所述，该机器人的总动能为

$$\mathscr{T}=\frac{1}{2}\dot{\boldsymbol{\Theta}}^{\mathrm{T}}\mathscr{M}(\boldsymbol{\Theta})\dot{\boldsymbol{\Theta}}$$

$$=\frac{1}{2}(\dot{\boldsymbol{q}}^{\mathrm{T}}\dot{\boldsymbol{\theta}}^{\mathrm{T}})\begin{pmatrix} \boldsymbol{M}(\boldsymbol{q}) & \boldsymbol{S}(\boldsymbol{q}) \\ \boldsymbol{S}^{\mathrm{T}}(\boldsymbol{q}) & \boldsymbol{B}\end{pmatrix}\begin{pmatrix}\dot{\boldsymbol{q}} \\ \dot{\boldsymbol{\theta}}\end{pmatrix}$$

式中，$\boldsymbol{M}(\boldsymbol{q})=\boldsymbol{M}_{\mathrm{L}}(\boldsymbol{q})+\boldsymbol{M}_{\mathrm{R}}(\boldsymbol{q})+\boldsymbol{S}(\boldsymbol{q})\boldsymbol{B}^{-1}\boldsymbol{S}^{\mathrm{T}}(q)$ (13.6)

正如预期的那样，机器人的总惯性矩阵 $\boldsymbol{M}$ 只依赖于 $\boldsymbol{q}$。

利用拉格朗日方程得到最终完整的动力学模型

$$\begin{pmatrix} \boldsymbol{M}(\boldsymbol{q}) & \boldsymbol{S}(\boldsymbol{q}) \\ \boldsymbol{S}^{\mathrm{T}}(\boldsymbol{q}) & \boldsymbol{B}\end{pmatrix}\begin{pmatrix}\ddot{\boldsymbol{q}} \\ \ddot{\boldsymbol{\theta}}\end{pmatrix}+\begin{pmatrix}\boldsymbol{c}(\boldsymbol{q},\dot{\boldsymbol{q}})+\boldsymbol{c}_1(\boldsymbol{q},\dot{\boldsymbol{q}},\dot{\boldsymbol{\theta}}) \\ \boldsymbol{c}_2(\boldsymbol{q},\dot{\boldsymbol{q}})\end{pmatrix}+\begin{pmatrix}\boldsymbol{g}(\boldsymbol{q})+\boldsymbol{K}(\boldsymbol{q}-\boldsymbol{\theta}) \\ \boldsymbol{K}(\boldsymbol{\theta}-\boldsymbol{q})\end{pmatrix}=\begin{pmatrix}\boldsymbol{0} \\ \boldsymbol{\tau}\end{pmatrix} \tag{13.7}$$

式中，惯性项（与总惯性矩阵 $\boldsymbol{M}(\boldsymbol{q})$ 相关）、科式力和离心力（统一表达为 $\boldsymbol{c}_{\mathrm{tot}}(\boldsymbol{\Theta},\dot{\boldsymbol{\Theta}})$）和潜在项 $(\partial\mathscr{U}(\boldsymbol{\Theta})/\partial\boldsymbol{\Theta})^{\mathrm{T}}$ 已被分开表达。特别要指出的是 $\boldsymbol{g}(\boldsymbol{q})=(\partial\mathscr{U}_{\mathrm{grav}}(\boldsymbol{q})/\partial\boldsymbol{q})^{\mathrm{T}}$，而 $\boldsymbol{\tau}_{\mathrm{J}}=\boldsymbol{K}(\boldsymbol{\theta}-\boldsymbol{q})$ 是通过关节传递的柔性扭矩。

前 N 个和最后 N 个动力学模型方程（13.7）分别对应了连杆和电动机方程组。

式（13.7）右边，所有非保守广义力都应该有所体现。当不考虑能量耗散影响时，电动机方程组中只描述了电动机转矩 $\boldsymbol{\tau}$ 对 $\boldsymbol{\theta}$ 所做的功（即经过减速比平方放大后作用在电动机输出轴上的转矩）。如果机器人的末端执行器与环境相互作用，则连杆方程组右边的零应改为 $\boldsymbol{\tau}_{\mathrm{ext}}=\boldsymbol{J}^{\mathrm{T}}(\boldsymbol{q})\boldsymbol{F}$，其中 $\boldsymbol{J}(\boldsymbol{q})$ 是机器人雅可比矩阵；$\boldsymbol{F}$ 是环境作用于机器人上的力/转矩。

在能量耗散效果存在的情况下，式（13.7）的右边增添了附加项。例如，变速器两侧的黏性摩擦和（黏性）柔性关节上弹簧的阻尼会产生矢量

$$\begin{pmatrix}-\boldsymbol{F}_q\dot{\boldsymbol{q}}-\boldsymbol{D}(\dot{\boldsymbol{q}}-\dot{\boldsymbol{\theta}}) \\ -\boldsymbol{F}_\theta\dot{\boldsymbol{\theta}}-\boldsymbol{D}(\dot{\boldsymbol{\theta}}-\dot{\boldsymbol{q}})\end{pmatrix} \tag{13.8}$$

式中，对角正定矩阵 $\boldsymbol{F}_q$、$\boldsymbol{F}_\theta$ 和 $\boldsymbol{D}$ 分别对应包含了连杆部分黏性系数、电动机部分黏性系数和关节处的弹簧阻尼。同时，更一般情况下的非线性摩擦力 $\boldsymbol{\tau}_{\mathrm{F}}$ 也应该被考虑。我们应当注意到，在原则上，通过选择合适的控制力矩 $\boldsymbol{\tau}$，可以使得作用在电机上的摩擦力得到完全抵消，然而由于不对齐的原因，这样的方式不能消除连杆部分的摩擦作用。

1. 模型性质

在式（13.7）中，有关速度的 $2N$ 维向量 $\boldsymbol{c}_{\mathrm{tot}}(\boldsymbol{\Theta},\dot{\boldsymbol{\Theta}})$ 中的所有元素均和电动机的位置 $\boldsymbol{\theta}$ 无关。N 维向量 $\boldsymbol{c}$，$\boldsymbol{c}_1$ 和 $\boldsymbol{c}_2$ 中的具体相关量都遵循基于克里斯托尔符号 $\boldsymbol{c}_{\mathrm{tot}}$ 元素的一般表达式：

$$c_{\mathrm{tot},i}(\boldsymbol{\Theta},\dot{\boldsymbol{\Theta}})=\frac{1}{2}\dot{\boldsymbol{\Theta}}^{\mathrm{T}}\left[\frac{\partial\mathscr{M}_i}{\partial\boldsymbol{\Theta}}+\left(\frac{\partial\mathscr{M}_i}{\partial\boldsymbol{\Theta}}\right)^{\mathrm{T}}-\frac{\partial\mathscr{M}}{\partial\boldsymbol{\Theta}_i}\right]\dot{\Theta}$$

式中，$i=1$，2……，$2N$；$\mathscr{M}_i$ 是总惯性矩阵 $M(\Theta)$ 的第 i 列。特别要指出的是，速度矢量 $\boldsymbol{c}_1$ 和 $\boldsymbol{c}_2$ 中包含从矩阵 $\boldsymbol{S}(\boldsymbol{q})$ 得到的一些变量。计算结果表明：

1）$\boldsymbol{c}_1$ 向量不包含 $\dot{\boldsymbol{q}}$、$\dot{\boldsymbol{\theta}}$ 中的二次速度项，仅包含 $\dot{\theta}_i\dot{q}_j$ 中的量。

2）当矩阵 $\boldsymbol{S}$ 是常数时，$\boldsymbol{c}_1$ 和 $\boldsymbol{c}_2$ 便均为0。

动力学模型（13.7）也符合刚体模型情况下的一些特性，例如：

1）在一组合适的动态系数情况下，模型方程组满足一个线性的参数化过程，包括关节刚度和电动机惯性，这些对于模型辨识和自适应控制都是有益的。

2）科式力和离心力总可以分解为 $\boldsymbol{c}_{\mathrm{tot}}(\boldsymbol{\Theta},\dot{\boldsymbol{\Theta}})=\mathscr{C}(\boldsymbol{\Theta},\dot{\boldsymbol{\Theta}})\dot{\boldsymbol{\Theta}}$，用这种方法，$\dot{\mathscr{M}}-2\mathscr{C}$ 矩阵便是反对称的，该属性可被应用于控制分析。

3）对于只有旋转关节的机器人，重力矢量 $g(q)$ 的斜率总体上乘一个常数是有界的。

4）最后，当关节刚度极大时（K 趋向于正无穷），则 $\boldsymbol{\theta}$ 趋向于 $\boldsymbol{q}$，并且 τ_J 趋向于 $\boldsymbol{\tau}$。很容易验证动力学模型（13.7）在该限定条件下，转化为全刚性机器人（包括连杆和电动机）的标准模型。

2. 简化模型

通常，连杆和电动机方程组（13.7）不仅通过关节处的弹性扭矩 $\boldsymbol{\tau}_{\mathrm{J}}$ 实现动态耦合，还（在加速度方面）通过矩阵 $\boldsymbol{S}(\boldsymbol{q})$ 中的惯性项进行耦合——通常是一种低能量转移路径。这些惯性耦合的存在和实际关联取决于机械臂的运动学布置，尤其是电动机和

传动装置的具体位置安排。在某些情况下，矩阵 $\boldsymbol{S}$ 是常数矩阵（例如前例中带有任意连杆数的平面情况）或零矩阵（例如带有柔性关节的独立连杆，或拥有 $N=2$ 个连杆、两关节轴正交并且电动机布置在关节处的机器人）。因此将大大简化其动力学方程。

对于具有柔性关节的一般机器人，我们可以利用大减速比（n_i 为 100 ~ 150），同时简单的忽略连杆和电动机之间由于惯性耦合引起的能量变化（再次参见 2R 平面的例子）。这相当于考虑以下简化假设：

A4. 转子的角速度只受其自转的影响，即：

$$^{R_i}\boldsymbol{\omega}_{r_i}=\begin{pmatrix}0 & 0 & \dot{\theta}_{m,i}\end{pmatrix}^{\mathrm{T}},\quad i=1,\ \cdots,\ N$$

取代式（13.3）的完全形式。

因此，转子的总角动能仅为 $\frac{1}{2}\dot{\boldsymbol{\theta}}^{\mathrm{T}}\boldsymbol{B}\dot{\boldsymbol{\theta}}$（或 $\boldsymbol{S}\equiv\boldsymbol{0}$），则动力学模型（13.7）可简化为

$$\boldsymbol{M}(\boldsymbol{q})\ddot{\boldsymbol{q}}+\boldsymbol{c}(\boldsymbol{q},\dot{\boldsymbol{q}})+\boldsymbol{g}(\boldsymbol{q})+\boldsymbol{K}(\boldsymbol{q}-\boldsymbol{\theta})=\boldsymbol{0}$$

$$\boldsymbol{B}\ddot{\boldsymbol{\theta}}+\boldsymbol{K}(\boldsymbol{\theta}-\boldsymbol{q})=\boldsymbol{\tau}\qquad(13.9)$$

式中，$\boldsymbol{M}(\boldsymbol{q})=\boldsymbol{M}_{\mathrm{L}}(\boldsymbol{q})+\boldsymbol{M}_{\mathrm{R}}(\boldsymbol{q})$。这个模型的主要特点是连杆和电动机方程仅通过弹性转矩 $\boldsymbol{\tau}_J$ 进行动态耦合。此外，电动机方程组完全线性化。

我们注意到完整模型（13.7）和简化模型（13.9）表现出了相应于不同控制问题的不同特点。事实上，简化模型总能由静态反馈使反馈线性化，然而只要耦合参数 $\boldsymbol{S}\neq\boldsymbol{0}$，对于完整模型来说这种线性化永远无法成立。

3. 奇异摄动模型

模型中的一个有趣的现象是存在两个时间标度的动态行为，这是在柔性关节的机器人的关节刚度 $\boldsymbol{K}$ 相对较大但仍有限的情况下产生的。这种行为可由一个简单的坐标线性变换阐明，即以关节力矩 $\boldsymbol{\tau}_J$ 取代 $\boldsymbol{\theta}$。为简单起见，只举简化模型（无耗散）为例。

由于关节刚度的对角矩阵被假定为具有很大但相似的元素，普通公因子 $1/\epsilon^2\gg1$ 可以被提取为

$$\boldsymbol{K}=\frac{1}{\epsilon^2}\hat{\boldsymbol{K}}=\frac{1}{\epsilon^2}\mathrm{diag}\ (\hat{\boldsymbol{K}}_1,\ \cdots,\ \hat{\boldsymbol{K}}_N)$$

然后由连杆方程组给出了慢速子系统，它们被改写为

$$\boldsymbol{M}(\boldsymbol{q})\ddot{\boldsymbol{q}}+\boldsymbol{c}(\boldsymbol{q},\dot{\boldsymbol{q}})+\boldsymbol{g}(\boldsymbol{q})=\boldsymbol{\tau}_{\mathbf{J}}\qquad(13.10)$$

为了得到快速子系统的动力学模型，我们将关节转矩二次微分，电动机和连杆加速度由式（13.9）代入，同时还用到了上述定义的 $\hat{\boldsymbol{K}}$。从而得到

$$\epsilon^2\ddot{\boldsymbol{\tau}}_{\mathbf{J}}=\hat{\boldsymbol{K}}\{\boldsymbol{B}^{-1}\boldsymbol{\tau}-[\boldsymbol{B}^{-1}+\boldsymbol{M}^{-1}(\boldsymbol{q})]\boldsymbol{\tau}_{\mathbf{J}}+\boldsymbol{M}^{-1}(\boldsymbol{q})[\boldsymbol{c}(\boldsymbol{q},\dot{\boldsymbol{q}})+\boldsymbol{g}(\boldsymbol{q})]\}\qquad(13.11)$$

对于小的 ϵ，式（13.10）和式（13.11）描述了一个奇异摄动系统。两个分别作用在慢速和快速动态中的时间坐标为 $\boldsymbol{t}$ 和 $\sigma=t/\epsilon$，因为

$$\epsilon^2\ddot{\boldsymbol{\tau}}_{\mathbf{J}}=\epsilon^2\frac{\mathrm{d}^2\boldsymbol{\tau}_{\mathbf{J}}}{\mathrm{d}t^2}=\frac{\mathrm{d}^2\boldsymbol{\tau}_{\mathbf{J}}}{\mathrm{d}\sigma^2}$$

这个模型是复合控制方案的基础，其中控制转矩的一般形式为

$$\boldsymbol{\tau}=\boldsymbol{\tau}_{\mathrm{s}}(\boldsymbol{q},\dot{\boldsymbol{q}},t)+\epsilon\boldsymbol{\tau}_{\mathrm{f}}(\boldsymbol{q},\dot{\boldsymbol{q}},\boldsymbol{\tau}_{\mathbf{J}},\dot{\boldsymbol{\tau}}_{\mathbf{J}})\qquad(13.12)$$

这包括了一个在忽略关节弹性的条件下得到的缓慢作用量 $\boldsymbol{\tau}_{\mathrm{s}}$，以及一个将状态空间中快速柔性动态达到局部稳定的附加作用量 $\boldsymbol{\tau}_{\mathrm{f}}$。我们可以验证，当式（13.10）、式（13.11）和式（13.12）中 $\epsilon=0$ 时，等效刚体机器人模型便恢复为

$$[\boldsymbol{M}(\boldsymbol{q})+\boldsymbol{B}]\ddot{\boldsymbol{q}}+\boldsymbol{c}(\boldsymbol{q},\dot{\boldsymbol{q}})+\boldsymbol{g}(\boldsymbol{q})=\boldsymbol{\tau}_{\mathrm{s}}$$

具有柔性连杆的机器人执行器也可以推导出类似的奇异摄动模型（和控制设计）。

13.1.2 逆动力学

给定一个机器人的期望运动，我们希望计算出在理想条件下精确重现这个运动所需的额定转矩（逆动力学问题）。该额定转矩可被用做轨迹跟踪控制律中的一个前馈项。

对于刚性机器人来说，逆动力学是一个通过在动态模型中用广义坐标替代期望运动所获得的简明代数运算。为了达到精确重现该运动的最低要求，设计的运动有连续可微的期望速度。对于带有柔性关节的机器人来说，运动任务可以通过一个期望的连杆轨迹项 $\boldsymbol{q}=\boldsymbol{q}_{\mathrm{d}}(t)$ 来方便地表达（可能从笛卡儿空间中一个期望运动的运动学逆解而求得）。附加的复杂性在于这样的事实，并非所有的机器人坐标都可以用这种方式直接给定，因此我们需要更多的推导。这将要求期望轨迹 $\boldsymbol{q}_{\mathrm{d}}(t)\in[0,T]$）有更高的平滑度，其中最终时间 $\boldsymbol{T}$ 可能是有限的，也可能不是。

1. 简化模型

首先考虑简化模型（13.7），为了紧凑，令 $\boldsymbol{n}(\boldsymbol{q},\dot{\boldsymbol{q}})=\boldsymbol{c}(\boldsymbol{q},\dot{\boldsymbol{q}})+\boldsymbol{g}(\boldsymbol{q})$。在期望连杆运动上考察连杆方程

$$\boldsymbol{M}(\boldsymbol{q}_{\mathrm{d}})\ddot{\boldsymbol{q}}_{\mathrm{d}}+\boldsymbol{n}(\boldsymbol{q}_{\mathrm{d}},\dot{\boldsymbol{q}}_{\mathrm{d}})+\boldsymbol{K}\boldsymbol{q}_{\mathrm{d}}=\boldsymbol{K}\boldsymbol{\theta}_{\mathrm{d}}\qquad(13.13)$$

与期望连杆运动相关的电动机的额定位置 $\boldsymbol{\theta}_{\mathrm{d}}$ 很容易获得。在关节处的额定弹性转矩为 $\boldsymbol{\tau}_{\mathrm{J,d}}=\boldsymbol{K}(\boldsymbol{\theta}_{\mathrm{d}}-\boldsymbol{q}_{\mathrm{d}})$，（注意，从式（13.13）中看出，这个量可以表示为一个关于 $\boldsymbol{q}_{\mathrm{d}}$，$\dot{\boldsymbol{q}}_{\mathrm{d}}$ 和 $\ddot{\boldsymbol{q}}_{\mathrm{d}}$ 的函数，它与 $\boldsymbol{K}$ 是无关的）。

对式（13.13）进行微分得到电动机额定速度 $\dot{\boldsymbol{\theta}}_{\mathrm{d}}$ 的表达式：

$$\boldsymbol{M}(\boldsymbol{q}_d)\boldsymbol{q}_d^{[3]}+\dot{\boldsymbol{M}}(\boldsymbol{q}_d)\ddot{\boldsymbol{q}}_d+\dot{\boldsymbol{n}}(\boldsymbol{q}_d,\dot{\boldsymbol{q}}_d)+\boldsymbol{K}\dot{\boldsymbol{q}}_d=\boldsymbol{K}\dot{\boldsymbol{\theta}}_d \tag{13.14}$$

其中用到了符号 $y^{[i]}=\mathrm{d}^iy/\mathrm{d}t^i$。再次进行微分，我们得到

$$\boldsymbol{M}(\boldsymbol{q}_d)\boldsymbol{q}_d^{[4]}+2\dot{\boldsymbol{M}}(\boldsymbol{q}_d)\boldsymbol{q}_d^{[3]}+\ddot{\boldsymbol{n}}(\boldsymbol{q}_d,\dot{\boldsymbol{q}}_d)+[\ddot{\boldsymbol{M}}(\boldsymbol{q}_d)+\boldsymbol{K}]\ddot{\boldsymbol{q}}_d=\boldsymbol{K}\ddot{\boldsymbol{\theta}}_d \tag{13.15}$$

该式被用于沿着期望运动所评估的电动机方程中。简化后，得到额定转矩

$$\boldsymbol{\tau}_d=[\boldsymbol{M}(\boldsymbol{q}_d)+\boldsymbol{B}]\ddot{\boldsymbol{q}}_d+\boldsymbol{n}(\boldsymbol{q}_d,\dot{\boldsymbol{q}}_d)+\boldsymbol{B}\boldsymbol{K}^{-1}\{\boldsymbol{M}(\boldsymbol{q}_d)\boldsymbol{q}_d^{[4]}+2\dot{\boldsymbol{M}}(\boldsymbol{q}_d)\boldsymbol{q}_d^{[3]}+\ddot{\boldsymbol{n}}(\boldsymbol{q}_d,\dot{\boldsymbol{q}}_d)+\ddot{\boldsymbol{M}}(\boldsymbol{q}_d)+\boldsymbol{K}\ddot{\boldsymbol{q}}_d\} \tag{13.16}$$

其中可以清楚地看到相对于刚性情况下的额定转矩，由于关节的柔性而有附加项存在于式中。对 $\boldsymbol{\tau}_d$ 的赋值涉及动力学模型的一阶和二阶偏导数的计算。例如，我们需要计算

$$\dot{\boldsymbol{M}}[\boldsymbol{q}_d(t)]=\sum_{i=1}^{N}\left.\frac{\partial \boldsymbol{M}_i(\boldsymbol{q})}{\partial \boldsymbol{q}}\right|_{\boldsymbol{q}=\boldsymbol{q}_d(t)}\dot{\boldsymbol{q}}_d(t)\boldsymbol{e}_i^{\mathrm{T}}$$

式中，e_i 是第 i 个单位矢量，它和其他类似表达式可以通过符号运算软件获得。从式（13.16）可以得出结论，精确重现期望运动的最低要求是 $\boldsymbol{q}_d(t)$ 保证连续可微（即，$\boldsymbol{q}_d^{[4]}(t)$ 在时间区间［0，T］内存在）。从系统的柔性特性来看，这样一个较高的平滑性要求并不难保证。

2. 完整模型

模型（13.9）还需要进一步分析。为了便于论述，并不失一般性，对一个常数矩阵 $\boldsymbol{S}$ 进行考虑。当评估所期望的连杆运动的运动方程

$$\boldsymbol{M}(\boldsymbol{q}_d)\ddot{\boldsymbol{q}}_d+\boldsymbol{S}\ddot{\boldsymbol{\theta}}_d+\boldsymbol{n}(\boldsymbol{q}_d,\dot{\boldsymbol{q}}_d)+\boldsymbol{K}\boldsymbol{q}_d=\boldsymbol{K}\boldsymbol{\theta}_d \tag{13.17}$$

时，左侧的电动机额外加速度使得电动机位置 $\boldsymbol{\theta}_d$ 不能被直接表达为一个只以（$\boldsymbol{q}_d$，$\dot{\boldsymbol{q}}_d$，$\ddot{\boldsymbol{q}}_d$）为自变量的函数。但是，如式（13.5）所示的具有严格上三角结构的矩阵 $\boldsymbol{S}$ 定义了一个 $\boldsymbol{\theta}_d$ 的分量，其利用标量方程（13.17）进行递归。事实上，第 N 个方程关于 $\ddot{\theta}_d$ 是独立的，

$$\boldsymbol{M}_N^{\mathrm{T}}(\boldsymbol{q}_d)\ddot{\boldsymbol{q}}_d+\boldsymbol{0}^{\mathrm{T}}\ddot{\boldsymbol{\theta}}_d+n_N(\boldsymbol{q}_d,\dot{\boldsymbol{q}}_d)+\boldsymbol{K}_Nq_{d,N}=\boldsymbol{K}_N\theta_{d,N}$$

因此，该等式可用于定义

$$\theta_{d,N}=f_N(\boldsymbol{q}_d,\dot{\boldsymbol{q}}_d,\ddot{\boldsymbol{q}}_d)$$

经过两次微分后，其二次时间导数为

$$\ddot{\theta}_{d,N}=f_N''(\boldsymbol{q}_d,\dot{\boldsymbol{q}}_d,\cdots,\boldsymbol{q}_d^{[4]})$$

在第（$N-1$）个方程中

$$\boldsymbol{M}_{N-1}^{\mathrm{T}}(\boldsymbol{q}_d)\ddot{\boldsymbol{q}}_d+S_{N-1,N}\ddot{\theta}_{d,N}+n_{N-1}(\boldsymbol{q}_d,\dot{\boldsymbol{q}}_d)+\boldsymbol{K}_{N-1}q_{d,N-1}=\boldsymbol{K}_{N-1}\theta_{d,N-1}$$

加速度 $\ddot{\theta}_{d,N}$ 在之前步骤中已被确定。因此，该方程可类似的用于定义

$$\theta_{d,N-1}=f_{N-1}(\boldsymbol{q}_d,\dot{\boldsymbol{q}}_d,\cdots,\boldsymbol{q}_d^{[4]})$$

经过两次微分，同样可得

$$\ddot{\theta}_{d,N-1}=f_{N-1}''(\boldsymbol{q}_d,\dot{\boldsymbol{q}}_d,\cdots,\boldsymbol{q}_d^{[6]})$$

请注意每当 $\boldsymbol{S}_{N-1,N}=0$ 时，$\boldsymbol{q}_d$ 关于 $\theta_{d,N-1}$ 导数的最高阶数便没有增加。这个结论也适用于递归以下步骤。从连杆方程组的最后一项开始向后迭代，标量计算最后得到如下定义

$$\theta_{d,1}=f_1(\boldsymbol{q}_d,\dot{\boldsymbol{q}}_d,\cdots,\boldsymbol{q}_d^{[2N]})$$

和

$$\ddot{\theta}_{d,1}=f_1''(\boldsymbol{q}_d,\dot{\boldsymbol{q}}_d,\cdots,\boldsymbol{q}_d^{[2(N+1)]})$$

可见其与 $\boldsymbol{q}_d$ 所能进行的最高微分阶数有关。用这种计算方式算得的 $\ddot{\theta}_d=f''(\cdot)$，额定转矩最终可由电动机方程组计算得到，同时可以对比期望运动来进行评价。将式（13.17）取代 $\boldsymbol{K}$（$\boldsymbol{\theta}_d-\boldsymbol{q}_d$），得到

$$\boldsymbol{\tau}_d=[\boldsymbol{M}(\boldsymbol{q}_d)+\boldsymbol{S}^{\mathrm{T}}]\ddot{\boldsymbol{q}}_d+\boldsymbol{n}(\boldsymbol{q}_d,\dot{\boldsymbol{q}}_d)+(\boldsymbol{B}+\boldsymbol{S})\ddot{\boldsymbol{\theta}}_d(\boldsymbol{q}_d,\dot{\boldsymbol{q}}_d,\cdots,\boldsymbol{q}_d^{[2(N+1)]}) \tag{13.18}$$

因此，电动机-连杆惯性耦合的存在大大增加了求解该逆运动学问题的复杂性。为了精确再现式（13.18）中额定转矩所对应的所需连杆轨迹，$\boldsymbol{q}_d(t)$ 需要满足（$2N+1$）阶连续可微，即 $\boldsymbol{q}_d^{[2(N+1)]}$ 在时间区间［0，T］上存在。

最后我们注意到，能否将系统状态和输入量的发展用代数方法表达，其可能性取决于所谓的平滑特性，此代数表达式是通过对输出变量（即本例中的 $\boldsymbol{q}$）和其微分后的有限量的分析而得。以上的逆动力学分析表明，$\boldsymbol{q}$ 是具有柔性关节机器人模型（无论用式（13.7）或式（13.9））的一个平特性输出。

还要注意的是当 $\boldsymbol{q}_d$ 被视为常数时，这些计算都对相关电动机位置提供了相同的条件

$$\boldsymbol{\theta}_d=\boldsymbol{q}_d+\boldsymbol{K}^{-1}\boldsymbol{g}(\boldsymbol{q}_d) \tag{13.19}$$

和额定静态转矩

$$\boldsymbol{\tau}_d=\boldsymbol{g}(\boldsymbol{q}_d) \tag{13.20}$$

3. 存在的耗散项

在逆动力学中引入耗散项后，我们需要一些补充条件。传输过程中作用于电动机侧的任何模型的摩擦效应都无需引入额外条件进行计算。然而连杆侧的摩擦则需要一个平滑模型来描述，因为需要对连杆方程进行微分。因此，在式（13.13）或式（13.17）引

入之前，我们需要考虑一些近似函数（如用双曲正切函数取代不连续符号函数）。

另一方面，不可忽视的弹簧阻尼 $\boldsymbol{D}$ 式（13.8）的存在改变了计算结构。虽然这降低了 $\boldsymbol{q}_{\mathrm{d}}$ 的微分阶数，但这个问题将变为非代数的；事实上，逆系统需要利用动态系统的解，虽然只是简单的一个。

例如考虑模型（13.9），包括式（13.8）给出的所有的耗散项。当评估连杆方程

$$\boldsymbol{M}(\boldsymbol{q}_{\mathrm{d}})\ddot{\boldsymbol{q}}_{\mathrm{d}}+\boldsymbol{n}(\boldsymbol{q}_{\mathrm{d}},\dot{\boldsymbol{q}}_{\mathrm{d}})+(\boldsymbol{D}+\boldsymbol{F}_{\mathrm{q}})\dot{\boldsymbol{q}}_{\mathrm{d}}+\boldsymbol{K}\boldsymbol{q}_{\mathrm{d}}=\boldsymbol{D}\dot{\boldsymbol{\theta}}_{\mathrm{d}}+\boldsymbol{K}\boldsymbol{\theta}_{\mathrm{d}} \tag{13.21}$$

电动机速度 $\dot{\boldsymbol{\theta}}_{\mathrm{d}}$ 也同时出现在了等式右边。对式（13.12）微分得到

$$\boldsymbol{D}\ddot{\boldsymbol{\theta}}_{\mathrm{d}}+\boldsymbol{K}\dot{\boldsymbol{\theta}}_{\mathrm{d}}=\boldsymbol{w}_{\mathrm{d}} \tag{13.22}$$

和

$$\boldsymbol{w}_{\mathrm{d}}=\boldsymbol{M}(\boldsymbol{q}_{\mathrm{d}})\boldsymbol{q}_{\mathrm{d}}^{[3]}+[\dot{\boldsymbol{M}}(\boldsymbol{q}_{\mathrm{d}})+\boldsymbol{D}+\boldsymbol{F}_{\mathrm{q}}]\ddot{\boldsymbol{q}}_{\mathrm{d}}+\dot{\boldsymbol{n}}(\boldsymbol{q}_{\mathrm{d}},\dot{\boldsymbol{q}}_{\mathrm{d}})+\boldsymbol{K}\dot{\boldsymbol{q}}_{\mathrm{d}}$$

方程（13.22）是一个由状态量 $\dot{\boldsymbol{\theta}}_{\mathrm{d}}$ 和力的信号 $\boldsymbol{w}_{\mathrm{d}}(t)$ 构成的一阶线性渐进稳定的动态系统（内部动态）。对于一个给定的 $\dot{\boldsymbol{\theta}}_{\mathrm{d}}(0)$，我们需要用方程的解 $\dot{\boldsymbol{\theta}}_{\mathrm{d}}(t)$ 及其相关微分 $\ddot{\boldsymbol{\theta}}_{\mathrm{d}}(t)$ 来计算电动机方程组中的额定转矩。这就产生了

$$\boldsymbol{\tau}_{\mathrm{d}}=\boldsymbol{M}(\boldsymbol{q}_{\mathrm{d}})\ddot{\boldsymbol{q}}_{\mathrm{d}}+\boldsymbol{n}(\boldsymbol{q}_{\mathrm{d}},\dot{\boldsymbol{q}}_{\mathrm{d}})+\boldsymbol{F}_{\mathrm{q}}\dot{\boldsymbol{q}}_{\mathrm{d}}+\boldsymbol{B}\ddot{\boldsymbol{\theta}}_{\mathrm{d}}+\boldsymbol{F}_{\theta}\dot{\boldsymbol{\theta}}_{\mathrm{d}}$$

其中式（13.21）已被用来取代 $\boldsymbol{D}(\dot{\boldsymbol{\theta}}_{\mathrm{d}}-\dot{\boldsymbol{q}}_{\mathrm{d}})+\boldsymbol{K}(\boldsymbol{\theta}_{\mathrm{d}}-\boldsymbol{q}_{\mathrm{d}})$ 这一项。在这种情况下，期望的连杆轨迹 $\boldsymbol{q}_{\mathrm{d}}(t)$ 应该有一个连续可微的加速度（$\boldsymbol{q}_{\mathrm{d}}^{[3]}$ 应该存在，因为它被用于定义 $\boldsymbol{w}_{\mathrm{d}}$）。请注意，任何内部动力学方程（13.22）的初始化值 $\dot{\boldsymbol{\theta}}_{\mathrm{d}}(0)$ 都适用于从式（13.21）初始化得到的相关电动机位置 $\boldsymbol{\theta}_{\mathrm{d}}(0)$，也就是说，它产生了一个具体的转矩配置 $\boldsymbol{\tau}_{\mathrm{d}}(t)$，并得到相同的连杆运动 $\boldsymbol{q}_{\mathrm{d}}(t)$。然而，我们应该联系实际的机器人手臂的初始状态。例如，从一个平衡状态开始意味着 $\dot{\boldsymbol{\theta}}_{\mathrm{d}}(0)=\boldsymbol{0}$ 的唯一性。

一种类似的程序也同样适用于到具有弹簧阻尼的完整模型（13.7）。同样，动态逆系统也是必需的。然而在这种情况下，对与 $\boldsymbol{q}_{\mathrm{d}}(t)$ 的平滑性要求甚至会大幅降低。

总结而言，对于具有柔性连杆的机器人，逆动力学问题也引出了内部动力学问题，和模态阻尼的存在与否无关。当指定一个要求的柔性手臂末端运动时，相关的内部动态变得不稳定，这一关键问题必须被解决，从而能得到一个适合的解。

13.1.3　调节控制

我们接着考虑以下问题：控制具有弹性关节的机器人运动使其达到一个固定的形态。在这个问题中，没有涉及轨迹规划，但应该建立一种反馈法则，以达到一种理想的闭环平衡的渐进稳定。优先考虑广义解，即从任意初始状态开始便有效的量。

根据上一节的分析，显然，只需要对连杆坐标定义唯一常量 $\boldsymbol{q}_{\mathrm{d}}(\dot{\boldsymbol{q}}_{\mathrm{d}}(t)\equiv\boldsymbol{0})$。在式（13.19）中，一个电动机的唯一参考变量 $\boldsymbol{\theta}_{\mathrm{d}}$ 其实是与期望的 $\boldsymbol{q}_{\mathrm{d}}$ 相关的（反之，其可能会导致机器人末端执行器的理想姿态）。此外，式（13.20）给出了任何合适的控制器所提供的达到稳定状态所需的静态转矩。

关节弹性存在的一个重要方面是，每个关节的控制法则中的反馈部分一般取决于四个变量：电动机和连杆的位置，以及电动机和连杆的速度。然而，在大多数机器人中关节弹性并没有在系统设计时考虑清楚，最多只有两个传感器用于测量关节参量：一个位置传感器（比如编码器），在某些情况下还有一个用做速度传感器的测速计。当没有速度传感器时，速度通常是通过对合适的高分辨率位置测量进行数值微分来得到的。由于关节弹性的存在，实际测得的位置/速度数值取决于这些传感器安装在电动机/传动机构组件上的位置。

一个通过弹性关节驱动的独立连杆可以被作为典型例子，用于研究使用不同部分状态测量时产生的不同结果。这提供了如何处理普遍性的多重问题的一个指导。

在没有重力的情况下，我们可以发现一个仅基于电动机尺寸的比例微分（PD）控制器便足以达到期望的调控任务。在存在重力的条件下，各种重力的补偿方案可以被添加到 PD 反馈控制器中。只要这些应用在反馈中的参考量被确定了，便能仿照刚性关节机器人的情况进行控制。

1. 单弹性关节的例子

分析一个在水平面上的旋转的独立连杆（因此没有重力作用），由一个电动机通过弹性关节耦合来驱动（见图 13.4）。当电动机和连杆侧的黏性摩擦以及弹簧的阻尼同时作用时，动力学模型为

$$M\ddot{q}+D(\dot{q}-\dot{\theta})+K(q-\theta)+F_q\dot{q}=0$$

$$B\ddot{\theta}+D(\dot{\theta}-\dot{q})+K(\theta-q)+F_\theta\dot{\theta}=\tau$$

其中用到与 13.1.1 中相同的符号，这里是标量。由于该系统是用线性方程组描述的，所以可用拉普拉斯变换来计算传递函数，即从输入转矩到电动机位置

$$\frac{\theta(s)}{\tau(s)}=\frac{Ms^2+(D+F_q)s+K}{\mathrm{den}(s)}$$

以及从输入转矩到连杆位置

$$\frac{q(s)}{\tau(s)}=\frac{Ds+K}{\mathrm{den}(s)}$$

其具有共同的分母 den（s），由下式给出

$$\mathrm{den}(s)=\{MBs^3+[M(D+F_\theta)+B(D+F_q)]s^2+[(M+B)K+(F_q+F_\theta)D+F_qF_\theta]s+(F_q+F_\theta)K\}s$$

在连杆位置作为输出的情况下，传递函数有较大的相关度（或零极点过剩）。图 13.6 和图 13.7 为以上两个传递函数的典型频响特性曲线。为清楚起见，设定速度为输出量。在电动机输出速度的幅频波特图中，注意存在一个反共振/共振现象。类似的，在连杆速度输出中有一个纯共振（当弹簧阻尼 D 较小或为零时更为显著）。图 13.7 中的相位具有高达 270°的相位滞后，也表明了将连杆参量进行闭环反馈控制将遇到更大的控制困难。在对机器人关节进行的实验测试中，这种图样在关节柔性集中存在时是很典型的，因而可以被用来评估这一现象的相关性以及用来确定模型参数。

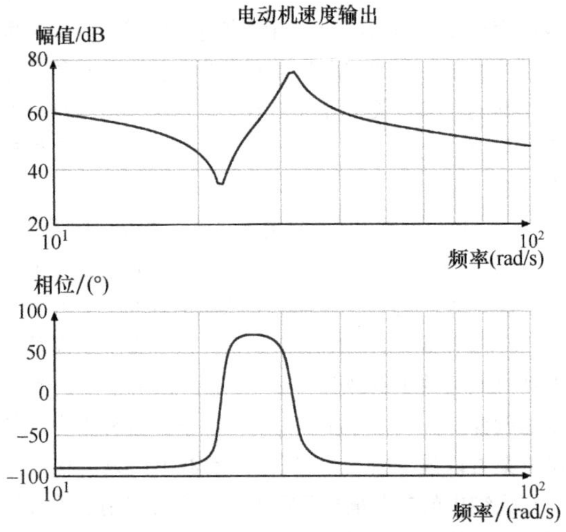

图 13.6 电动机传输速度-转矩波特图

为了分析不同反馈形式的稳定性，忽略所有的耗散效应（最坏情况下 $D=F_q=F_\theta=0$）。首先考虑电动机位置作为输出的传递函数：

$$\left.\frac{\theta(s)}{\tau(s)}\right|_{\text{no diss}}=\frac{Ms^2+K}{[MBs^2+(M+B)K]s^2} \quad (13.23)$$

这个传递函数有一对虚零点和极点，以及原点处的一个二重极点，其零点即为截止频率 $\omega_1=\sqrt{K/M}$，它的特点是当电动机被锁定时（$\theta\equiv 0$）会发生振荡，例如通过一个高增益的位置反馈。这个频率是用来评

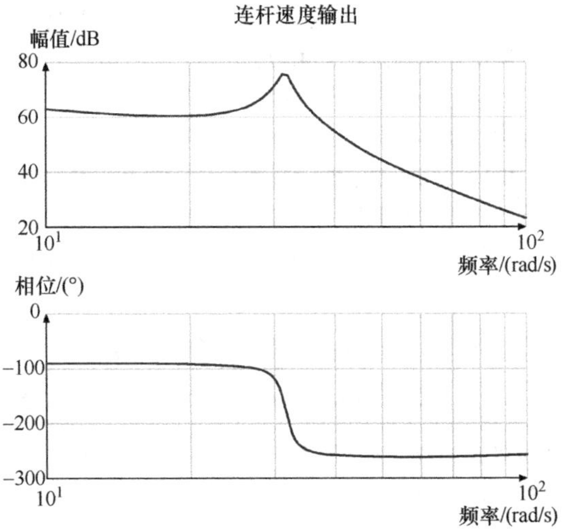

图 13.7 转矩-连杆速度波特图

估一个对电动机变量的简单 PD 控制的极限性能。为了使闭环系统有足够的阻尼，带宽就应该是有限的，根据一般规律，应为 ω_1 的三分之一。只有在综合考虑弹性关节的四阶动态时，才可能达到更快的瞬态。同时注意到，这些零点的频率始终低于式（13.23）中极点的频率。这与电动机转矩到速度的映射被动性有关，这种特性有益于稳定性和自适应控制或鲁棒控制的设计。

由于控制目标在于规范连杆位置输出，我们也对开环传递函数感兴趣

$$\left.\frac{q(s)}{\tau(s)}\right|_{\text{no diss}}=\frac{K}{[MBs^2+(M+B)K]s^2} \quad (13.24)$$

该传递函数没有零点（事实上，这足以使得有 $\boldsymbol{D=0}$），所以目前最大可能的相对次数是 4。我们应当注意到式（13.24）中缺失零点的非线性部分也将对有多连杆的柔性连接机器人的轨迹控制发挥相应的作用。

还值得一提的是，这种情况与将弹簧从关节处移除并布置在连杆上任意他处的情况完全不同——后者只是对连杆弹性模型的一个简单的单模式近似。在这种情况下，类似的传递函数将拥有两个对称的实零点（非最小相位系统），指示出为实现期望连杆轨迹，系统输入-输出映射直接反演的临界状态。

有了通过连杆参数 q_d 给出的期望位置，用单位置变量和单速度变量的来设计线性稳定反馈的最自然的选择是使用连杆参数的 PD 闭环控制

$$\tau=u_q-(K_{P,q}q+K_{D,q}\dot{q}) \quad (13.25)$$

式中，$K_{P,q}$ 和 $K_{D,q}$ 分别为位置和速度的增益，并且 $u_q=K_{P,q}q_d$ 作为外部输入用于定义调整点。很容易发

现的是，无论增益如何选择，闭环的极点都是不稳定的，所以要避免仅来源于连杆参量的误差反馈。与此相似，电动机位置与连杆速率的反馈组合也常常是不稳定的。

另一种混合反馈策略是利用连杆位置和电动机速度：

$$\tau = u_q - (K_{\mathrm{P},q} q + K_{\mathrm{D,m}} \dot{\theta}) \tag{13.26}$$

这个组合适用于例如将转速传感器集成在直流电动机上的情况，以及把光电编码器安装在负载轴上来测定位置的情况（不需要任何关于关节柔性的信息）。利用式（13.26）就能导出闭环特征方程

$$BMs^4 + MK_{\mathrm{D,m}} s^3 + (B+M)Ks^2 + KK_{\mathrm{D,m}} s + KK_{\mathrm{P},q} = 0$$

利用Routh判据，当且仅当电动机速度增益 $K_{\mathrm{D,m}} > 0$，且连杆位置增益满足 $0 < K_{\mathrm{P},q} < K$ 时，系统才会达到渐近稳定，即比例反馈不超过弹簧刚度的限度。这种上界的存在限制了这种方案的可用性。

最后，电动机变量的性能反馈

$$\tau = u_\theta - (K_{\mathrm{P,m}} \theta + K_{\mathrm{D,m}} \dot{\theta}) \tag{13.27}$$

只要 $\boldsymbol{K}_{\mathrm{P,m}}$ 和 $\boldsymbol{K}_{\mathrm{D,m}}$ 都严格为正（或者无穷大），该闭环系统就会达到渐近稳定。这种有利特性使其也能被方便的推广适用于多连杆的情况。

请注意，其他部分状态反馈组合合也是有可能的，它取决于可用的传感设备。例如，安装在传动轴上的应变仪能够直接测量出弹性转矩 $\tau_J = K(\theta - q)$ 用于控制。应变仪对于柔性连杆而言也是十分有用的传感器。事实上，可以设计全状态反馈来保证渐近稳定，并大大改善系统的瞬态特性。但是，这将增加额外的传感器成本，并且需要适当调整四个增益。

2. 仅使用电动机变量的PD控制

对于在无重力作用的普通多连杆情况，我们分析基于电动机位置和速度反馈的PD控制

$$\boldsymbol{\tau} = \boldsymbol{K}_P(\boldsymbol{\theta}_{\mathrm{d}} - \boldsymbol{\theta}) - \boldsymbol{K}_D \dot{\boldsymbol{\theta}} \tag{13.28}$$

式中的增益矩阵 $\boldsymbol{K}_{\mathrm{P}}$ 和 $\boldsymbol{K}_{\mathrm{D}}$ 是对称的（典型，对角）正定矩阵。由于 $\boldsymbol{g}(\boldsymbol{q}) \equiv \boldsymbol{0}$，它遵循式（13.19），电动机位置的参考值是 $\boldsymbol{\theta}_{\mathrm{d}} = \boldsymbol{q}_{\mathrm{d}}$（稳定状态下无关节偏转，不需要转矩输入）。

控制规律（13.28）总体上渐近稳定了期望的平衡状态 $\boldsymbol{q} = \boldsymbol{\theta} = \boldsymbol{q}_{\mathrm{d}}$，$\dot{\boldsymbol{q}} = \dot{\boldsymbol{\theta}} = \boldsymbol{0}$。这可以通过李雅普诺夫理论证明，并通过拉萨尔定理完善。事实上，该系统的总能量（动能加弹性势能）和由比例项引起的控制能（虚拟弹性势能）的总能量和给出了一个候选的李雅普诺夫函数：

$$V = \frac{1}{2}\dot{\boldsymbol{\Theta}}^{\mathrm{T}} \mathscr{M}(\boldsymbol{\Theta}) \dot{\boldsymbol{\Theta}} + \frac{1}{2}(\boldsymbol{q} - \boldsymbol{\theta})^{\mathrm{T}} \boldsymbol{K} (\boldsymbol{q} - \boldsymbol{\theta}) +$$

$$\frac{1}{2}(\boldsymbol{\theta}_{\mathrm{d}} - \boldsymbol{\theta})^{\mathrm{T}} \boldsymbol{K}_P (\boldsymbol{\theta}_{\mathrm{d}} - \boldsymbol{\theta}) \geqslant 0 \tag{13.29}$$

在由式（13.7）（或式（13.9））及式（13.28）提供的闭环系统的轨迹上计算 V 的时间倒数，并考虑斜对称的 $\mathscr{M} - 2\mathscr{C}$，可推出

$$\dot{V} = -\dot{\boldsymbol{\theta}}^{\mathrm{T}} \boldsymbol{K}_D \dot{\boldsymbol{\theta}} \leqslant 0$$

耗散项（黏性摩擦和弹簧阻尼）的引入会使 $\dot{V}$ 更趋向于半负定。通过验证包含于状态集合中的最大不变集在 $\dot{V} = 0$（即 $\dot{\boldsymbol{\theta}} = 0$ 时得到的）简化为期望的独特平衡状态，这个分析便完整了。

我们发现，在不考虑重力的情况下，可以使用一项相同的控制法则，将柔性连杆机器人的情况普遍地调整到期望的关节结构。在这情况下，式（13.28）中的 $\boldsymbol{\theta}$ 是指在柔性连杆机器人基座上的刚性坐标。

3. 常重力补偿的PD控制

由于重力的存在，需要在PD控制式（13.28）中增加一些形式的重力补偿项。此外，还需要一个额外的结构假设，和在选择控制增益时的谨慎考虑。

在开始之前，我们回顾一下重力矢量 $\boldsymbol{g}(\boldsymbol{q})$（在A2假设下，式（13.7）中的重力矢量是与等效刚性机器人动力学中的重力矢量相同）的一个基本属性：对于具有旋转关节的机器人，无论是否为柔性，都存在正常数 α 使得

$$\left\| \frac{\partial \boldsymbol{g}(\boldsymbol{q})}{\partial \boldsymbol{q}} \right\| \leqslant \alpha, \qquad \forall \boldsymbol{q} \in \mathbb{R}^N \tag{13.30}$$

矩阵 $\boldsymbol{A}(\boldsymbol{q})$ 的范数是通过欧式范数诱导得到的，即 $\|\boldsymbol{A}\| = \sqrt{\lambda_{\max}(\boldsymbol{A}^{\mathrm{T}}\boldsymbol{A})}$。不等式（13.30）可推得

$$\|\boldsymbol{g}(\boldsymbol{q}_1) - \boldsymbol{g}(\boldsymbol{q}_2)\| \leqslant \alpha \|\boldsymbol{q}_1 - \boldsymbol{q}_2\|, \quad \forall \boldsymbol{q}_1, \boldsymbol{q}_2 \in \mathbb{R}^N \tag{13.31}$$

在常见的做法中，机器人关节不可能超出实际情况无限柔软。更确切地说，根据机器人自重的负荷，他们有足够的刚度来支持一个特定的连杆平衡位置 $\boldsymbol{q}_{\mathrm{e}}$，这个平衡位置与任意指定的固定电动机位置 $\boldsymbol{\theta}_{\mathrm{e}}$ 有关——式（13.19）给出了这种关系的反向表达。这种情况并不是一种限制，反而可以作为进一步的模型假设：

A5. 最低关节刚度要大于作用于机器人上的重力载荷上界，或写成

$$\min_{i=1,\ldots,N} K_i > \alpha$$

处理存在重力的情况的最简单修正方法是考虑增加一个常数项，使其在期望的稳定状态下完全抵消重力载荷。根据式（13.19）和式（13.20），控制规律（13.28）可以被修改为

$$\boldsymbol{\tau}=\boldsymbol{K}_P(\boldsymbol{\theta}_{\rm d}-\boldsymbol{\theta})-\boldsymbol{K}_D\dot{\boldsymbol{\theta}}+\boldsymbol{g}(\boldsymbol{q}_{\rm d}) \tag{13.32}$$

式中 $\boldsymbol{K}_P>\boldsymbol{0}$（作为最小值），为典型对角的对称阵；同时 $\boldsymbol{K}_D>\boldsymbol{0}$；且 $\boldsymbol{\theta}_{\rm d}=\boldsymbol{q}_{\rm d}+\boldsymbol{K}^{-1}\boldsymbol{g}(\boldsymbol{q}_{\rm d})$ 给出了电动机参数。

一个保证 $\boldsymbol{q}=\boldsymbol{q}_{\rm d}$，$\boldsymbol{\theta}=\boldsymbol{\theta}_{\rm d}$，$\dot{\boldsymbol{q}}=\dot{\boldsymbol{\theta}}=\boldsymbol{0}$ 是系统（13.7）在控制法则（13.32）下达到全局渐进稳定平衡的充分条件是：

$$\lambda_{\min}\left[\begin{pmatrix}\boldsymbol{K} & -\boldsymbol{K}\\ -\boldsymbol{K} & \boldsymbol{K}+\boldsymbol{K}_P\end{pmatrix}\right]>\alpha \tag{13.33}$$

式中，α 在式（13.30）中被定义。考虑到 $\boldsymbol{K}$ 和 $\boldsymbol{K}_P$ 的对角结构，且由于 A5 假设，通过增加控制器的最小比例增益（若矩阵 $\boldsymbol{K}_P$ 不为对角阵时，即为增加 $\boldsymbol{K}_P$ 的最小特征值），我们总能够满足这个条件。

下面，我们将简述一下该条件的目的及渐近稳定性的相关证明。闭环系统的平衡位置是以下方程组的解

$$\boldsymbol{K}(\boldsymbol{q}-\boldsymbol{\theta})+\boldsymbol{g}(\boldsymbol{q})=\boldsymbol{0}$$

$$\boldsymbol{K}(\boldsymbol{\theta}-\boldsymbol{q})-\boldsymbol{K}_P(\boldsymbol{\theta}_{\rm d}-\boldsymbol{\theta})-\boldsymbol{g}(\boldsymbol{q}_{\rm d})=\boldsymbol{0}$$

事实上，数组（$\boldsymbol{q}_{\rm d}$，$\boldsymbol{\theta}_{\rm d}$）满足以上方程组。然而为了获得方程组的通解，需要保证此数组为方程组的特解。因此，回顾式（13.19），可在两个方程中加上或减去空项 $\boldsymbol{K}(\boldsymbol{\theta}_{\rm d}-\boldsymbol{q}_{\rm d})-\boldsymbol{g}(\boldsymbol{q}_{\rm d})$ 以得到

$$\boldsymbol{K}(\boldsymbol{q}-\boldsymbol{q}_{\rm d})-\boldsymbol{K}(\boldsymbol{\theta}-\boldsymbol{\theta}_{\rm d})=\boldsymbol{g}(\boldsymbol{q}_{\rm d})-\boldsymbol{g}(\boldsymbol{q})$$

$$-\boldsymbol{K}(\boldsymbol{q}-\boldsymbol{q}_{\rm d})+(\boldsymbol{K}+\boldsymbol{K}_P)(\boldsymbol{\theta}-\boldsymbol{\theta}_{\rm d})=\boldsymbol{0}$$

其中可以容易发现条件（13.33）中的矩阵。对等式两边取范数，同时用式（13.31）限定重力项，则引入的条件（13.33）表明，数组（$\boldsymbol{q}_{\rm d}$，$\boldsymbol{\theta}_{\rm d}$）事实上就是平衡的特解。为了表示渐近稳定性，基于无重力的情况（13.29），我们可以构造一个候选的李雅普诺夫函数：

$$V_{\rm g1}=V+\mathscr{U}_{\rm grav}(\boldsymbol{q})-\mathscr{U}_{\rm grav}(\boldsymbol{q}_{\rm d})-(\boldsymbol{q}-\boldsymbol{q}_{\rm d})^{\rm T}g(\boldsymbol{q}_{\rm d})-\frac{1}{2}\boldsymbol{g}^{\rm T}(\boldsymbol{q}_{\rm d})\boldsymbol{K}^{-1}\boldsymbol{g}(\boldsymbol{q}_{\rm d})\geqslant 0 \tag{13.34}$$

最后一个常数项是在期望平衡下用于设定 $V_{\rm g1}$ 的最小值为零。$V_{\rm g1}$ 的正定性及其特定最小值正处于期望状态下的特性再次被条件（13.33）所证实。通过一般的计算，应用拉萨尔定理可以得出结论：$\dot{V}_{\rm g1}=-\dot{\boldsymbol{\theta}}^{\rm T}\boldsymbol{K}_D\dot{\boldsymbol{\theta}}\leqslant 0$。

控制规律（13.32）只基于重力项 $\boldsymbol{g}(\boldsymbol{q}_{\rm d})$ 和关节刚度 $\boldsymbol{K}$。后者还出现在电动机参量 $\boldsymbol{\theta}_{\rm d}$ 的定义中。重力项 $\boldsymbol{g}(\boldsymbol{q}_{\rm d})$ 和关节刚度 $\boldsymbol{K}$ 的不确定性会影响控制器的性能。尽管如此，仍然存在一个独特的闭环平衡，且它的渐进稳定性在当重力被 α 约束时存在，并且条件（13.33）中存在真正的刚度值。事实上，机器人将会收敛到一个不同于期望情况的平衡点上，越精确地估计 $\boldsymbol{K}$ 和 $\boldsymbol{g}(\boldsymbol{q}_{\rm d})$，真实平衡点便越接近于期望值。

4. 在线重力补偿 PD 控制

与刚性机器人的情况类似，如果运动过程中重力补偿（或更精确的，完全抵消重力作用）被应用于所有结构中，便可以期待产生更好的瞬态过程。但是，式（13.7）中的重力向量取决于连杆参数 $\boldsymbol{q}$，而它目前被认为是不可测的。很容易发现，利用 $\boldsymbol{g}(\boldsymbol{\theta})$ 以及用测得的电动机位置来取代连杆位置，一般会导致错误的闭环平衡。此外，即使 $\boldsymbol{q}$ 可测，将 $\boldsymbol{g}(\boldsymbol{q})$ 添到一个电动机 PD 误差反馈中并不能保证成功控制，因为这种出现在电动机方程中的补偿并不能立即消除作用在连杆上的重力载荷。

考虑到这一点，我们可以引入如下的在线重力补偿 PD 控制。定义变量

$$\tilde{\boldsymbol{\theta}}=\boldsymbol{\theta}-\boldsymbol{K}^{-1}g(\boldsymbol{q}_{\rm d}) \tag{13.35}$$

为测定的电动机位置 $\boldsymbol{\theta}$ 的一个重力偏差修正量，并令

$$\boldsymbol{\tau}=\boldsymbol{K}_P(\boldsymbol{\theta}_{\rm d}-\boldsymbol{\theta})-\boldsymbol{K}_D\dot{\boldsymbol{\theta}}+\boldsymbol{g}(\tilde{\boldsymbol{\theta}}) \tag{13.36}$$

式中，$\boldsymbol{K}_P>0$ 和 $\boldsymbol{K}_D>\boldsymbol{0}$ 都是对称矩阵（典型对角矩阵）。控制法则（13.36）在只运用电动机变量的条件下仍然有效。$\boldsymbol{g}(\tilde{\boldsymbol{\theta}})$ 项只是近似抵消了运动过程中的重力（虽然是很大一部分），但导致了稳定状态下正确的重力补偿。事实上，通过式（13.19）和式（13.35），可得出

$$\tilde{\boldsymbol{\theta}}_{\rm d}:=\boldsymbol{\theta}_{\rm d}-\boldsymbol{K}^{-1}\boldsymbol{g}(\boldsymbol{q}_{\rm d})=\boldsymbol{q}_{\rm d}$$

因此 $\boldsymbol{g}(\tilde{\boldsymbol{\theta}}_{\rm d})=\boldsymbol{g}(\boldsymbol{q}_{\rm d})$

在用于常重力补偿的相同条件（13.33）情况下，也能保证期望平衡状态的全局渐进稳定性。定义一个稍微不同的候选方程——李雅普诺夫函数，从式（13.29）开始重新推导如下

$$V_{g2}=V+\mathscr{U}_{\rm grav}(\boldsymbol{q})-\mathscr{U}_{\rm grav}(\tilde{\boldsymbol{\theta}})-\frac{1}{2}\boldsymbol{g}^{\rm T}(\boldsymbol{q}_{\rm d})\boldsymbol{K}^{-1}\boldsymbol{g}(\boldsymbol{q}_{\rm d})\geqslant 0$$

与式（13.34）进行对比。

在线重力补偿法的应用通常提供了一个更平滑的时间过程以及位置瞬态误差的显著减少，并且没有增加额外的峰值转矩和平均转矩的控制任务。我们注意到，即使极大违反了稳定性的充分条件（13.33），选择低位置增益可能仍然适用，这与常重力补偿的情况相反。然而同样的增加关节刚度值，在 $\boldsymbol{K}\to\infty$ 时，确保精确调控的 $\boldsymbol{K}_P$ 的可行值范围并不会降低到零。

一种同样基于电动机位置测量的在线重力补偿方案的可能改进方法是通过应用一种快速迭代算法，详细计算 $\boldsymbol{\theta}$ 值来生成即时（不可测的）$\boldsymbol{q}$ 的准静态估计值 $\bar{\boldsymbol{q}}(\boldsymbol{\theta})$。事实上，在任何稳态结构（$\boldsymbol{q}_s$，$\boldsymbol{\theta}_s$）下，从 $\boldsymbol{q}_s$ 到 $\boldsymbol{\theta}_s$ 定义了一个直接映射：

$$\boldsymbol{\theta}_s = \boldsymbol{h}_g(\boldsymbol{q}_s) := \boldsymbol{q}_s + \boldsymbol{K}^{-1}\boldsymbol{g}(\boldsymbol{q}_s)$$

A5 假设足以保证逆映射 $\boldsymbol{q}_s = \boldsymbol{h}_g^{-1}(\boldsymbol{\theta}_s)$ 的存在性和唯一性。对于一个测得的 $\boldsymbol{\theta}$，函数

$$\boldsymbol{q} = \boldsymbol{T}(\boldsymbol{q}) := \boldsymbol{\theta} - \boldsymbol{K}^{-1}\boldsymbol{g}(\boldsymbol{q})$$

成为一个收缩映射，而如下迭代

$$\boldsymbol{q}_{i+1} = \boldsymbol{T}(\boldsymbol{q}_i), i = 0,1,2\cdots$$

将收敛到这个映射的不动点上，恰为 $\bar{\boldsymbol{q}}(\boldsymbol{\theta}) = \boldsymbol{h}_g^{-1}(\boldsymbol{\theta})$。$\boldsymbol{q}_0$ 的一个合适的初始量是测量值 $\boldsymbol{\theta}$ 或在之前采样时刻中计算得到的 $\bar{\boldsymbol{q}}$。用这种方法，只需要经过两三次迭代便能获得足够的精度，而且这个过程足够快速，足以在数字机器人控制器的一个传感/控制采样间隔内完成。

有了这个在后台运行的迭代方法，调控方法变成

$$\boldsymbol{\tau} = \boldsymbol{K}_P(\boldsymbol{\theta}_d - \boldsymbol{\theta}) - \boldsymbol{K}_D\dot{\boldsymbol{\theta}} + \boldsymbol{g}[\bar{\boldsymbol{q}}(\boldsymbol{\theta})] \qquad (13.37)$$

其中对称（对角）矩阵 $\boldsymbol{K}_P > \boldsymbol{0}$，且 $\boldsymbol{K}_D > \boldsymbol{0}$。通过进一步修证之前的李雅普诺夫候选值，我们可以证明该控制方案的总体渐近稳定性。式（13.37）的优势在于其允许任意正的反馈增益 $\boldsymbol{K}_P$ 值，如此便涵盖了完全抵消重力作用的刚性条件下的整个工作空间。

在线重力补偿计划（13.36）及（13.37）都实现了关节空间内只有电动机参量情况下的柔顺控制。同样的想法还可以扩展到笛卡儿柔顺控制，通过评估机器臂的直接运动学和雅可比（变换），其中用 $\tilde{\boldsymbol{\theta}}$ 或分别使用 $\bar{\boldsymbol{q}}(\boldsymbol{\theta})$ 来替代 $\boldsymbol{q}$。

5. 全状态反馈

当反馈法则基于对机器人状态的全部测量值时，调控法则的瞬态性能将会有所改善。利用一个关节力矩传感器，我们可以得到柔性关节机器人简化模型的一种方便设计，其包含了弹簧阻尼作为耗散项。全状态反馈可通过将初步转矩反馈和式（13.28）中的电动机反馈法则相结合，从而分为两个阶段实现。

用 $\boldsymbol{\tau}_J = \boldsymbol{K}(\boldsymbol{\theta} - \boldsymbol{q})$ 可将电动机方程改写为

$$\boldsymbol{B}\ddot{\boldsymbol{\theta}} + \boldsymbol{\tau}_J + \boldsymbol{D}\boldsymbol{K}^{-1}\dot{\boldsymbol{\tau}}_J = \boldsymbol{\tau}$$

关节力矩反馈为

$$\boldsymbol{\tau} = \boldsymbol{B}\boldsymbol{B}_\theta^{-1}\boldsymbol{u} + (\boldsymbol{I} - \boldsymbol{B}\boldsymbol{B}_\theta^{-1})(\boldsymbol{\tau}_J + \boldsymbol{D}\boldsymbol{K}^{-1}\dot{\boldsymbol{\tau}}_J) \quad (13.38)$$

式中，$\boldsymbol{u}$ 是一个设计辅助输入，将电动机方程组变形为 $\boldsymbol{B}_\theta\ddot{\boldsymbol{\theta}} + \boldsymbol{\tau}_J + \boldsymbol{D}\boldsymbol{K}^{-1}\dot{\boldsymbol{\tau}}_J = \boldsymbol{u}$，通过这种方式，可以将电动机的明显惯性降低至一个期望的任意小的值 $\boldsymbol{B}_\theta$，这在存在振动阻尼的情况下有明显好处。例如在线性和标量情况下，一个很小的 B 将式（13.23）中的一对复杂极点转移到一个非常高的频率处，同时关节运动几乎是刚性的。

设定式（13.38）中

$$\boldsymbol{u} = \boldsymbol{K}_{P,\theta}(\boldsymbol{\theta}_d - \boldsymbol{\theta}) - \boldsymbol{K}_{D,\theta}\dot{\boldsymbol{\theta}} + \boldsymbol{g}(\boldsymbol{q}_d)$$

导致状态反馈控制器

$$\boldsymbol{\tau} = \boldsymbol{K}_P(\boldsymbol{\theta}_d - \boldsymbol{\theta}) - \boldsymbol{K}_D\dot{\boldsymbol{\theta}} + \boldsymbol{K}_T[\boldsymbol{g}(\boldsymbol{q}_d) - \boldsymbol{\tau}_J] - \boldsymbol{K}_S\dot{\boldsymbol{\tau}}_J + \boldsymbol{g}(\boldsymbol{q}_d) \qquad (13.39)$$

其增益为

$$\boldsymbol{K}_P = \boldsymbol{B}\boldsymbol{B}_\theta^{-1}\boldsymbol{K}_{P,\theta}$$
$$\boldsymbol{K}_D = \boldsymbol{B}\boldsymbol{B}_\theta^{-1}\boldsymbol{K}_{D,\theta}$$
$$\boldsymbol{K}_T = \boldsymbol{B}\boldsymbol{B}_\theta^{-1} - \boldsymbol{I}$$

且

$$\boldsymbol{K}_S = (\boldsymbol{B}\boldsymbol{B}_\theta^{-1} - \boldsymbol{I})\boldsymbol{D}\boldsymbol{K}^{-1}$$

事实上，如果转矩传感器不可用，法则（13.39）也可以用（$\boldsymbol{\theta}$，$\boldsymbol{q}$，$\boldsymbol{\theta}$，$\dot{\boldsymbol{q}}$）参数来改写。但是，保持增益的这种结构，能够保留全状态反馈控制器实现了什么的有趣物理解释。

13.1.4 轨迹跟踪

对于刚性机械臂来说，柔性关节机器人跟踪期望的时间变化轨迹的问题难于实现恒定调控。通常，解决这个问题需要利用全状态反馈以及动力学模型中所有变量的信息。

在这些条件下，我们应该重点考虑反馈的线性化方法，即一个非线性状态反馈法则，它能使机器人的全部 N 个自由度（事实上，即连杆变量 $\boldsymbol{q}$）情况下闭环系统具有解耦和严格线性行为。沿着参考轨迹的跟踪误差必须为全局指数性稳定，具有可以通过控制器中标量反馈增益的选择来直接指定的衰减率。这一根本性的结果便是用于刚性机器人的知名力矩计算方法的直接延伸。因为其相关的特性，反馈的线性化可以被作为评价其他任何轨迹跟踪控制规则性能的一个参考，这也许能运用较少/近似模型信息及/或仅部分状态反馈来设计得到。

然而，由于关节柔性的存在，反馈线性化法则的设计并不能直接获得。此外，只要 $\boldsymbol{S} \neq \boldsymbol{0}$，动态模型（13.7）将无法满足对精确线性化（或输入-输出去耦）的现有必要条件，当全状态中只有一个稳态（或瞬态）反馈法则可用。因此，我们将把我们的注意力限制在更容易处理的简化动力学模型（13.9），仅大致的描述一下总体情况。

至于第二个更简单的轨迹跟踪方法，我们也提出了一个利用基于模型的前馈命令和预先计算的状态参考轨迹的线性控制设计，它从13.1.12的逆动力学计算中获得，在全状态中增加了一个线性反馈。在这种情况下，收敛到期望轨迹只是局部被保证，即跟踪误差应足够小，但控制的实现很简单且大大减轻了实时计算负担。

1. 反馈线性化

考虑简化模型（13.9），并用期望的光滑连杆运动 $\boldsymbol{q}_{\mathrm{d}}(t)$ 来指定参考轨迹。该控制设计将从系统反演开始，用类似13.1.12中的逆动力学运算方法，但使用状态参量的即时测定值（$\boldsymbol{q}$，$\boldsymbol{\theta}$，$\dot{\boldsymbol{q}}$，$\dot{\boldsymbol{\theta}}$）取代参考状态测量值（$\boldsymbol{q}_{\mathrm{d}}$，$\boldsymbol{\theta}_{\mathrm{d}}$，$\dot{\boldsymbol{q}}_{\mathrm{d}}$，$\dot{\boldsymbol{\theta}}_{\mathrm{d}}$）。值得注意的是，有没有必要将机器人方程转组化为他们的状态-空间描述，虽然这种描述是一般非线性系统控制设计的标准形式；我们将直接使用机器人模型的二阶微分形式（机械系统的典型方法）。

逆运算过程的结果将以静态状态反馈控制法则的形式作为力矩 τ 的定义，这种形式取消了原始的机器人动力学，并用一个具有合适微分阶数的期望的线性解耦动力学替代了它。从这个意义上来说，这种控制理论使得具有弹性关节的机器人动力学的刚性变大。在不引起稳定性问题的前提下将系统从选定的输出 $\boldsymbol{q}$ 进行逆变的可行性（涉及抵消后的闭环控制系统中存在不可观测的动态过程），是弹性关节机器人的一个相关特性。事实上，这是对于非线性多输入多输出系统（MIMO）情况下，在缺失零点时标量传递函数进行逆变的可能性的直接推广。（参见式（13.24）中所作的分析）。

用简洁的形式重写连杆方程如下

$$\boldsymbol{M}(\boldsymbol{q})\ddot{\boldsymbol{q}}+\boldsymbol{n}(\boldsymbol{q},\dot{\boldsymbol{q}})+\boldsymbol{K}(\boldsymbol{q}-\boldsymbol{\theta})=\boldsymbol{0} \quad (13.40)$$

其中仍令 $\boldsymbol{n}(\boldsymbol{q},\dot{\boldsymbol{q}})=\boldsymbol{c}(\boldsymbol{q},\dot{\boldsymbol{q}})+\boldsymbol{g}(\boldsymbol{q})$

上述数量都不取决于瞬间的输入转矩 $\boldsymbol{\tau}$。因此，我们可以求一次微分，得到

$$\boldsymbol{M}(\boldsymbol{q})\boldsymbol{q}^{[3]}+\dot{\boldsymbol{M}}(\boldsymbol{q})\ddot{\boldsymbol{q}}+\dot{\boldsymbol{n}}(\boldsymbol{q},\dot{\boldsymbol{q}})+\boldsymbol{K}(\dot{\boldsymbol{q}}-\dot{\boldsymbol{\theta}})=\boldsymbol{0} \quad (13.41)$$

再求一次微分得到

$$\boldsymbol{M}(\boldsymbol{q})\boldsymbol{q}^{[4]}+2\dot{\boldsymbol{M}}(\boldsymbol{q})\boldsymbol{q}^{[3]}+\ddot{\boldsymbol{M}}(\boldsymbol{q})\ddot{\boldsymbol{q}}+\ddot{\boldsymbol{n}}(\boldsymbol{q},\dot{\boldsymbol{q}})+\boldsymbol{K}(\ddot{\boldsymbol{q}}-\ddot{\boldsymbol{\theta}})=\boldsymbol{0} \quad (13.42)$$

其中出现了 $\ddot{\boldsymbol{\theta}}$。电动机加速度和 τ 在电动机方程中是同阶的

$$\boldsymbol{B}\ddot{\boldsymbol{\theta}}+\boldsymbol{K}(\boldsymbol{\theta}-\boldsymbol{q})=\boldsymbol{\tau} \quad (13.43)$$

从而，替换式（13.43）中的 $\ddot{\boldsymbol{\theta}}$，我们得到

$$\boldsymbol{M}(\boldsymbol{q})\boldsymbol{q}^{[4]}+2\dot{\boldsymbol{M}}(\boldsymbol{q})\boldsymbol{q}^{[3]}+\ddot{\boldsymbol{M}}(\boldsymbol{q})\ddot{\boldsymbol{q}}+\ddot{\boldsymbol{n}}(\boldsymbol{q},\dot{\boldsymbol{q}})+\boldsymbol{K}\ddot{\boldsymbol{q}}=\boldsymbol{K}\boldsymbol{B}^{-1}[\boldsymbol{\tau}-\boldsymbol{K}(\boldsymbol{\theta}-\boldsymbol{q})] \quad (13.44)$$

我们注意到利用式（13.40），式（13.44）的最后一项 $\boldsymbol{K}(\boldsymbol{\theta}-\boldsymbol{q})$ 也可以用 $\boldsymbol{M}(\boldsymbol{q})\ddot{\boldsymbol{q}}+\boldsymbol{n}(\boldsymbol{q},\dot{\boldsymbol{q}})$ 来替换。

由于矩阵 $\boldsymbol{A}(\boldsymbol{q})=\boldsymbol{M}^{-1}(\boldsymbol{q})\boldsymbol{K}\boldsymbol{B}^{-1}$ 总是非奇异的，通过合适选择输入转矩 τ，一个任意值 $\boldsymbol{v}$ 都可以被分配到 $\boldsymbol{q}$ 的第四阶导数中。矩阵 $\boldsymbol{A}(\boldsymbol{q})$ 就是所谓的系统去耦矩阵，而它的非奇异性是通过非线性静态反馈得到一个解耦的输入输出-特性的充要条件。另外，式（13.44）表明，$\boldsymbol{q}$ 的每个元素 q_i 都需要被微分 $r_i=4$ 次，从而能够在代数上与输入转矩 τ 联系起来（当被选定为系统输出时，r_i 是 q_i 的相关度，）。因为有 N 个连杆变量，关联度的总和是 $4N$，与具有弹性关节的机器人的状态维度相等。综合考虑所有这些事实会得到如下结论：当逆转式（13.44）来确定产生 $\boldsymbol{q}^{[4]}=\bar{\boldsymbol{v}}$ 的输入量 τ 时，除了那个出现在输入输出闭环映射中的动力学参量以外，将没有其他动力学参量剩下了。

因此，选择

$$\boldsymbol{\tau}=\boldsymbol{B}\boldsymbol{K}^{-1}[\boldsymbol{M}(\boldsymbol{q})\boldsymbol{v}+\boldsymbol{\alpha}(\boldsymbol{q},\dot{\boldsymbol{q}},\ddot{\boldsymbol{q}},\boldsymbol{q}^{[3]})]+[\boldsymbol{M}(\boldsymbol{q})+\boldsymbol{B}]\ddot{\boldsymbol{q}}+\boldsymbol{n}(\boldsymbol{q},\dot{\boldsymbol{q}}) \quad (13.45)$$

其中

$$\boldsymbol{\alpha}(\boldsymbol{q},\dot{\boldsymbol{q}},\ddot{\boldsymbol{q}},\boldsymbol{q}^{[3]})=\ddot{\boldsymbol{M}}(\boldsymbol{q})\ddot{\boldsymbol{q}}+2\dot{\boldsymbol{M}}(\boldsymbol{q})\boldsymbol{q}^{[3]}+\ddot{\boldsymbol{n}}(\boldsymbol{q},\dot{\boldsymbol{q}})$$

式中，α 中的各项按照 $\boldsymbol{q}$ 的微分阶数的增序排列。控制法则（13.45）引出了一个闭环系统，可用

$$\boldsymbol{q}^{[4]}=\boldsymbol{v} \quad (13.46)$$

充分描述。即从每个辅助输入量 v_i 到每个连杆位置输出量 q_i 的四个输入-输出的集成链，其中 $i=1$，…，N。因此该机器人系统已经被非线性反馈法则（13.45）完全线性化和解耦了。

完整的控制法则（13.45）仅仅是所谓的线性坐标（$\boldsymbol{q}$，$\dot{\boldsymbol{q}}$，$\ddot{\boldsymbol{q}}$，$\boldsymbol{q}^{[3]}$）的函数表达。这曾经导致了一些误解，因为看起来似乎柔性关节机器人的反馈线性化途径需要直接测得连杆加速度 $\ddot{\boldsymbol{q}}$ 和急动度 $q^{[3]}$，但这些量用现有传感器是不可能测得的（或需要实时位置测量值的多重数值微分，并带来严重的噪声问题）。

当考虑到该领域的最新技术时，现在有一套精确可靠的传感器可用于测量柔性关节的电动机位置 $\boldsymbol{\theta}$（也可能是其速度 $\dot{\boldsymbol{\theta}}$），关节转矩 $\boldsymbol{\tau}_{\mathrm{J}}=\boldsymbol{K}(\boldsymbol{\theta}-\boldsymbol{q})$ 以及连杆位置 $\boldsymbol{q}$。例如，LWR-Ⅲ轻质量机械臂每个关节上的传感器布置如下，其中霍尔传感器用于测量电动

机位置，关节力矩传感是基于应变传感器的，同时高端电容式传感器用于测量连杆位置（见图13.8）。因此，只需要一项数值微分便可以很好地估计 $\dot{\boldsymbol{q}}$ 和/或 $\dot{\boldsymbol{\tau}}_J$。注意，根据具体的传感器分辨率，利用测得的 $\boldsymbol{\theta}$ 和 $\boldsymbol{\tau}_J$ 转化为 $\boldsymbol{\theta}-\boldsymbol{K}^{-1}\boldsymbol{\tau}_J$，来评估 $\boldsymbol{q}$ 也是很方便的。

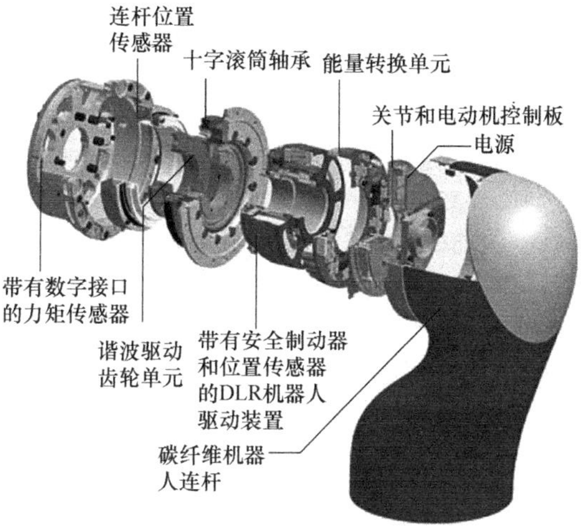

图13.8 DLR LWR-Ⅲ轻量型机械手及其传感器组件爆炸图

考虑到这一点，很容易发现下面三组 $4N$ 变量

$$(\boldsymbol{q},\dot{\boldsymbol{q}},\ddot{\boldsymbol{q}},\boldsymbol{q}^{[3]}),(\boldsymbol{q},\boldsymbol{\theta},\dot{\boldsymbol{q}},\dot{\boldsymbol{\theta}}),(\boldsymbol{q},\boldsymbol{\tau}_J,\dot{\boldsymbol{q}},\dot{\boldsymbol{\tau}}_J)$$

都是具有弹性关节机器人的等效状态变量，其均与整体逆变换相关。

因此，在该动力学模型可用的假设下，我们完全可以用更传统的状态参量（$\boldsymbol{q}$，$\boldsymbol{\theta}$，$\dot{\boldsymbol{q}}$，$\dot{\boldsymbol{\theta}}$）来改写线性化反馈控制法则（13.45），或者，利用关节转矩传感器，用（$\boldsymbol{q}$，$\boldsymbol{\tau}_J$，$\dot{\boldsymbol{q}}$，$\dot{\boldsymbol{\tau}}_J$）来改写。特别的是，作为式（13.40）和式（13.41）的副产物，我们有

$$\begin{aligned}\ddot{\boldsymbol{q}}&=\boldsymbol{M}^{-1}(\boldsymbol{q})[\boldsymbol{K}(\boldsymbol{\theta}-\boldsymbol{q})-\boldsymbol{n}(\boldsymbol{q},\dot{\boldsymbol{q}})]\\&=\boldsymbol{M}^{-1}(\boldsymbol{q})[\boldsymbol{\tau}_J-\boldsymbol{n}(\boldsymbol{q},\dot{\boldsymbol{q}})]\end{aligned}\qquad(13.47)$$

和

$$\begin{aligned}\boldsymbol{q}^{[3]}&=\boldsymbol{M}^{-1}(\boldsymbol{q})[\boldsymbol{K}(\dot{\boldsymbol{\theta}}-\dot{\boldsymbol{q}})-\dot{\boldsymbol{M}}(\boldsymbol{q})\ddot{\boldsymbol{q}}-\dot{\boldsymbol{n}}(\boldsymbol{q},\dot{\boldsymbol{q}})]\\&=\boldsymbol{M}^{-1}(\boldsymbol{q})[\dot{\boldsymbol{\tau}}_J-\dot{\boldsymbol{M}}(\boldsymbol{q})\ddot{\boldsymbol{q}}-\dot{\boldsymbol{n}}(\boldsymbol{q},\dot{\boldsymbol{q}})]\end{aligned}\qquad(13.48)$$

其中，出现在式（13.48）中的加速度 $\ddot{\boldsymbol{q}}$ 已通过式（13.4）解出。因此，精确线性化和解耦控制法则可以用静态状态反馈法则 $\boldsymbol{\tau}=\boldsymbol{\tau}(\boldsymbol{q},\boldsymbol{\theta},\dot{\boldsymbol{q}},\dot{\boldsymbol{\theta}},\boldsymbol{v})$ 或 $\boldsymbol{\tau}=\boldsymbol{\tau}(\boldsymbol{q},\boldsymbol{\tau}_J,\dot{\boldsymbol{q}},\dot{\boldsymbol{\tau}}_J,\boldsymbol{v})$ 的形式被改写。事实上，为了节约计算时间，出现在这些表达式中的动态模型参量的各种微分形式都需要被合理组织。

基于结果（13.46），轨迹跟踪问题的解决是通过设置

$$\begin{aligned}\boldsymbol{v}=\boldsymbol{q}_d^{[4]}+\boldsymbol{K}_3(\boldsymbol{q}_d^{[3]}-\boldsymbol{q}^{[3]})+\boldsymbol{K}_2(\ddot{\boldsymbol{q}}_d-\ddot{\boldsymbol{q}})+\\\boldsymbol{K}_1(\dot{\boldsymbol{q}}_d-\dot{\boldsymbol{q}})+\boldsymbol{K}_0(\boldsymbol{q}_d-\boldsymbol{q})\end{aligned}\qquad(13.49)$$

式中，假定参考轨迹 $\boldsymbol{q}_d(t)$（至少）三阶连续可导（即四阶导数 $\boldsymbol{q}_d^{[4]}$ 存在）。并且对角矩阵 $\boldsymbol{K}_0$，…，$\boldsymbol{K}_3$ 有元素使得

$$s^4+K_{3,i}s^3+K_{2,i}s^2+K_{1,i}s+K_{0,i}\quad i=1,\cdots,N$$

是赫维茨（Hurwitz）多项式。考虑到已完成去耦，第 i 个连杆的轨迹位置误差 $e_i(t)=q_{d,i}(t)-q_i(t)$ 满足

$$e_i^{[4]}+K_{3,i}e_i^{[3]}+K_{2,i}\ddot{e}_i+K_{1,i}\dot{e}_i+K_{0,i}e_i=0$$

对任何初始状态，$e_i(t)\to 0$ 以全局指数型的方式成立。一系列的结论如下所示

1）当初始状态（$\boldsymbol{q}(0)$，$\boldsymbol{\theta}(0)$，$\dot{\boldsymbol{q}}(0)$，$\dot{\boldsymbol{\theta}}(0)$）与参考轨迹以及 $t=0$ 时刻它的前三阶微分相匹配时（13.47、13.48 用于检查），始终都能精确再现参考轨迹。

2）在参考位置轨迹或其前三阶微分中有任何一个不连续的情况下，对于时间 $t^*\in[0,T]$，轨迹误差将在 $t=t^*$ 时刻出现并再次以规定的指数比例衰减到零，与每个连杆之间都独立。

3）增益 $K_{3,i}$，…，$K_{0,i}$ 的选择可由极点配置来确定（相当于特征值分配情况）。令 λ_1，…，λ_4 为四个具有负实部的极点，其可能是成对出现以及/或者重合，并且指定了该轨迹误差的期望瞬态。这些闭环极点可以通过正的实增益的唯一选择来分配。

$$\begin{aligned}K_{3,i}&=-(\lambda_1+\lambda_2+\lambda_3+\lambda_4)\\K_{2,i}&=\lambda_1(\lambda_2+\lambda_3+\lambda_4)+\lambda_2(\lambda_3+\lambda_4)+\lambda_3\lambda_4\\K_{1,i}&=-[\lambda_1\lambda_2(\lambda_3+\lambda_4)+\lambda_3\lambda_4(\lambda_1+\lambda_2)]\\K_{0,i}&=\lambda_1\lambda_2\lambda_3\lambda_4\end{aligned}$$

当连杆惯性和电动机惯性值有很大差别时，或当关节刚度非常大时，上述固定增益的选择有导致过大控制工作量的缺点。在这些情况下，一组更适合的特征值可以调整它们的位置以形成一个关于机器人惯性和关节刚度的物理数据的函数。

4）与刚性机器人力矩计算方法相比，由式（13.45）式（13.47）~式（13.49）给出的轨迹跟踪线性化控制反馈需要惯性矩阵 $\boldsymbol{M}(\boldsymbol{q})$ 的逆矩阵，以对该惯性矩阵和动力学模型中其他参量微分的额外评估。

5）反馈线性化方法无需任何变化，同样可应用于电动机和连杆侧无黏性摩擦（或其他摩擦）的情况。弹簧阻尼的引入导致了一个辅助输入 $\boldsymbol{v}$ 与 $\boldsymbol{q}$ 之间

的三阶解耦微分关系，因此在闭环系统中产生了一个不可见但渐进稳定的 N 维动态。在这种情况下，只有输入-输出（而非全状态）线性化和解耦可以实现。

最后，我们考虑弹性关节机器人的一般模型（13.7）的精确线性化/去耦。不幸的是，由于连杆与转子之间存在惯性耦合矩阵 $\boldsymbol{S}(\boldsymbol{q})$，上述的控制设计无法继续应用。以式（13.7）中具有相关模型简化的常数 $\boldsymbol{S}$ 为例。从电动机方程组 $\ddot{\boldsymbol{\theta}}=\boldsymbol{B}^{-1}(\boldsymbol{\tau}-\boldsymbol{\tau}_{\mathrm{J}}-\tilde{\boldsymbol{S}}^{\mathrm{T}}\ddot{\boldsymbol{q}})$ 中解出 $\ddot{\boldsymbol{\theta}}$，并代入连杆方程组，得出

$$[\boldsymbol{M}(\boldsymbol{q})-\boldsymbol{S}\boldsymbol{B}^{-1}\boldsymbol{S}^{\mathrm{T}}]\ddot{\boldsymbol{q}}+\boldsymbol{n}(\boldsymbol{q},\dot{\boldsymbol{q}})-(\boldsymbol{I}+\boldsymbol{S}\boldsymbol{B}^{-1})\boldsymbol{\tau}_{\mathrm{J}}=-\boldsymbol{S}\boldsymbol{B}^{-1}\boldsymbol{\tau}$$

在这种情况下，输入转矩 $\boldsymbol{\tau}$ 已经在连杆加速度 $\ddot{\boldsymbol{q}}$ 的表达式中出现了。利用式（13.6），解耦矩阵的表达式为

$$\boldsymbol{A}(\boldsymbol{q})=-[\boldsymbol{M}_{\mathrm{L}}(\boldsymbol{q})+\boldsymbol{M}_{\mathrm{R}}(\boldsymbol{q})]^{-1}\boldsymbol{S}\boldsymbol{B}^{-1}$$

由于13.5中 $\boldsymbol{S}$ 的结构，$\boldsymbol{A}(\boldsymbol{q})$ 不会满秩。因此，无法获得（至少）输入-输出线性化和静态反馈解耦的必要条件。

然而，通过使用更大类的控制法则，仍有可能获得一个精确的线性化和解耦结果。为此，考虑如下形式的动力学状态反馈控制器

$$\begin{aligned}\boldsymbol{\tau}&=\boldsymbol{\alpha}(\boldsymbol{q},\dot{\boldsymbol{q}},\boldsymbol{\theta},\dot{\boldsymbol{\theta}},\boldsymbol{\xi})+\boldsymbol{\beta}(\boldsymbol{q},\dot{\boldsymbol{q}},\boldsymbol{\theta},\dot{\boldsymbol{\theta}},\boldsymbol{\xi})\boldsymbol{v}\\ \dot{\boldsymbol{\xi}}&=\boldsymbol{\gamma}(\boldsymbol{q},\dot{\boldsymbol{q}},\boldsymbol{\theta},\dot{\boldsymbol{\theta}},\boldsymbol{\xi})+\boldsymbol{\delta}(\boldsymbol{q},\dot{\boldsymbol{q}},\boldsymbol{\theta},\dot{\boldsymbol{\theta}},\boldsymbol{\xi})\boldsymbol{v}\end{aligned}\tag{13.50}$$

式中，$\boldsymbol{\xi}\in\mathbb{R}^{v}$ 是动态补偿器的状态；$\boldsymbol{\alpha}$，$\boldsymbol{\beta}$，$\boldsymbol{\gamma}$，$\boldsymbol{\delta}$ 是合适的非线性向量函数；$\boldsymbol{v}\in\mathbb{R}^{N}$ 是（同前）用于轨迹跟踪的外部输入。一般情况下，可以设计一个最高阶数是 $v=2N(N-1)$ 的动态补偿器式（13.50），以便获得一个用 $\boldsymbol{q}^{[2(N+1)]}=v$ 替代式（13.46）来进行全局描述的闭环系统。我们发现，此处微分阶数与13.1.2中期望轨迹的精确重现 $\boldsymbol{q}_{\mathrm{d}}(t)$ 的阶数恰巧相同。这样，跟踪问题就可以通过对式（13.49）的线性稳定性设计进行直接归纳来解决。

给这种控制结果一个物理解释是很有意思的。模型（13.7）的输入-输出解耦的结构性障碍是连接在弹性关节上的连杆的运动被来自于其他弹性关节的转矩影响过早（在二阶微分层面上）。这是由于电动机和连杆之间存在的惯性耦合。控制器中的附加动力学元件（即积分器）减缓了这些低能量路径，并允许所处关节处（四阶微分路径）弹性转矩的高能效应发挥作用。这种动态平衡允许（带有机器人和控制器状态的）扩展系统同时实现输入-输出解耦以及精确线性化。

2. 线性控制设计

轨迹跟踪的线性化反馈法带来了一个相当复杂的非线性控制法则。它的主要优势是在整体范围内迫使轨迹误差动态上的线性解耦行为能够被一个作用于参考轨迹上只能达到局部稳定的控制设计所交换，但更容易实现（且有可能在更高采样频率上运行）。

为此，13.1.2中的逆动力学结果可以被应用，无论是简化的还是完整的机器人模型，也无论是否有耗散项。只要给定一个有足够光滑的期望连杆轨迹 $\boldsymbol{q}_{\mathrm{d}}(t)$，总能得到以下相关要素：精确再现所需的额定转矩 $\boldsymbol{\tau}_{\mathrm{d}}(t)$，以及所有其他状态参量的参考演变（即13.13给出的 $\boldsymbol{\theta}_{\mathrm{d}}(t)$ 或 $\boldsymbol{\tau}_{\mathrm{J},d}(t)$）。这些信号为系统定义了一种稳态运行。

一个更简单的轨迹控制器结合了一个基于模型的前馈系统和利用轨迹误差的线性反馈系统：线性反馈使系统在参考状态轨迹周围局部稳定，而前馈扭矩则负责当错误消失时维持机器人沿着期望的动作来运动。

运用全状态反馈，该类型中两种可能的控制器为：

$$\begin{aligned}\boldsymbol{\tau}=\boldsymbol{\tau}_{\mathrm{d}}&+\boldsymbol{K}_{P,\theta}(\boldsymbol{\theta}_{\mathrm{d}}-\boldsymbol{\theta})+\boldsymbol{K}_{D,\theta}(\dot{\boldsymbol{\theta}}_{\mathrm{d}}-\dot{\boldsymbol{\theta}})+\\ &\boldsymbol{K}_{P,q}(\boldsymbol{q}_{\mathrm{d}}-\boldsymbol{q})+\boldsymbol{K}_{D,q}(\dot{\boldsymbol{q}}_{\mathrm{d}}-\dot{\boldsymbol{q}})\end{aligned}\tag{13.51}$$

以及

$$\begin{aligned}\boldsymbol{\tau}=\boldsymbol{\tau}_{\mathrm{d}}&+\boldsymbol{K}_{P,\theta}(\boldsymbol{\theta}_{\mathrm{d}}-\boldsymbol{\theta})+\boldsymbol{K}_{D,\theta}(\dot{\boldsymbol{\theta}}_{\mathrm{d}}-\dot{\boldsymbol{\theta}})+\\ &\boldsymbol{K}_{P,J}(\boldsymbol{\tau}_{\mathrm{J},d}-\boldsymbol{\tau}_{\mathrm{J}})+\boldsymbol{K}_{D,J}(\dot{\boldsymbol{\tau}}_{\mathrm{J},d}-\dot{\boldsymbol{\tau}}_{\mathrm{J}})\end{aligned}\tag{13.52}$$

这些轨迹跟踪方案在具有弹性关节的机器的控制实例中是最常见的。在缺少全状态测量时，可以与某些未测量参量的观察相结合。这样可以获得更简单的式子：

$$\boldsymbol{\tau}=\boldsymbol{\tau}_{\mathrm{d}}+\boldsymbol{K}_{P}(\boldsymbol{\theta}_{\mathrm{d}}-\boldsymbol{\theta})+\boldsymbol{K}_{D}(\dot{\boldsymbol{\theta}}_{\mathrm{d}}-\dot{\boldsymbol{\theta}})\tag{13.53}$$

这个方法仅仅只用到了电动机的测量，并且只依赖于规定情况下获得的结果。

用于式（13.51，13.52，13.53）中的不同的增益矩阵必须用机器人系统的线性近似进行调整。这个近似可以在固定的平衡点上或者实际参考轨迹附近获得，分别产生了一个线性时不变或者线性时变系统。虽然（可能时变的）稳定反馈矩阵的存在性由这些线性近似的可控性得到保证，该方法的有效性实际上只是局部的，且其收敛区域同时依赖于给定的轨迹以

及所设计的线性反馈的鲁棒性。

这里还应该指出，这样一种轨迹跟踪问题的控制方法也适用于具有柔性连杆的机器人。一旦逆运动学问题得到解决（对柔性连杆情况来说，这通常导致一个无关的解），形如式（13.53）（或分别用连杆挠度 $\boldsymbol{\delta}$ 和挠率 $\dot{\boldsymbol{\delta}}$ 替代 $\boldsymbol{q}$ 和 $\dot{\boldsymbol{q}}$ 得到的式（13.51））的控制器可被直接应用。

13.1.5 扩展阅读

这一部分包括了本章中关于机器人柔性部分的主要参考书目。除此之外，我们还列举出了更多关于这个话题本书中所没有提到的参考书目。

早期对于从机械手柔性传动装置存在性中引起的问题的研究可以追溯到参考文献［13.1，2］，首个实验结果来自GE P-50机械臂。涉及机械臂设计及其柔性元素评价的相关机械考虑可以在参考文献［13.3］中找到。

关于机械臂动力学建模中包含关节柔性的最早研究之一来自于参考文献［13.4］。13.1.1中对模型结构的详细分析来源于参考文献［13.5］，一些更新来源于参考文献［13.6］。参考文献［13.7］介绍了推导出简化模型的简化假设。参考文献［13.8］分析了安装在驱动连杆上的特殊电动机。有限弹性关节导致奇异摄动的动力学模型的观察是在参考文献［13，9］中被首次提到。自动生成弹性关节机器人的动力学模型的符号操作程序很早在参考文献［13.10］中被提出。

在13.1.2节中提到的逆动力学计算可以追溯到参考文献［13.11］。参考文献［13.6］强调了如Modelica等程序在逆动力学数值计算中的运用。

最初的特殊控制设计是基于离散的线性控制器的，参见参考文献［13.12］和［13.13］中的例子，其中用到了每个弹性关节上的四阶动力学。但是，具有被证明的全局收敛特性的方案后来才出现。

在13.1.3节中具有常重力补偿的PD控制器出现在参考文献［13.14］中。这个方法也适用于参考文献［13.15］中具有柔性连杆的机器人的情况。参考文献［13.16］和［13.17］分别提出了具有在线重力补偿的调节控制的两种形式。这两种控制法则都可以扩展到参考文献［13.18］和［13.19］中的笛卡儿柔顺方案中去。参考文献［13.20］提出了一种基于能量成型的一般校准方程组。在缺乏重力信息时，参考文献［13.21］提出了一种具有半全局稳定性的PID调节器，而参考文献［13.22］提出了一种全局方案。

一种用于校准（和跟踪）的全状态反馈设计的展示用到了参考文献［13.23］中的观点。这些年来关节转矩反馈尤其被关注，通过传动轴上的扭转传感器的布置[13.24]，或从谐波驱动[13.25]到它们在实现鲁棒控制性能中的运用[13.26]。

参考文献［13.7］首次提出了弹性关节机器人的简化模型总可以通过静态状态反馈实现反馈线性化。一个更早的关于具体机器人运动学的类似结果可以在参考文献［13.27］中找到。参考文献［13.28］探究了反馈线性化方法的离散时间的实现，而它的鲁棒性由参考文献［13.29］分析。参考文献［13.30］分析了黏弹性关节情况下的反馈线性化以及输入-输出解耦，而参考文献［13.31］则讨论了具有混合类型关节（一些为刚性一些为弹性）的机器人的情况。相同的导致输入-输出解耦和线性化的逆控制观点已经被成功运用到解决柔性连杆机器人的关节轨迹追踪问题中了[13.32]。

对于具有弹性关节的机器人的一般模型来说，动态反馈的运用在参考文献［13.33］中首次被提出。一项对于因为忽略电动机-连杆惯性耦合（即没有通过静态反馈被线性化的机器人）而引入的误差的比较研究在参考文献［13.34］中被提到了。参考文献［13.35］提出了构建动态线性反馈的一般性算法。

其他可用于轨迹追踪的控制方案设计（在13.1.4节中都没有被提及），是基于反推或者被动的奇异摄动。参考文献［13.36］和参考文献［13.37］提出了基于双时间尺度分离特性的非线性控制器。这些修正控制器是奇异摄动模型形式的结果，且在关节刚度较大的情形下应当作为首选，因为它们在极限情况下不会产生高增益效应。反推是建立在认为关节弹性转矩[13.38]或者电动机位置[13.39]是一个被用于控制连杆方程组的中间虚构输入的基础上的，然后设计出在电动机方程组中的真实转矩输入，从而实现之前中间输入的参考行为。这种设计的主要优点是它可以较容易地转换成自适应形式。对于弹性关节机器人自适应控制的结果包括了高增益（近似）方案[13.40]和参考文献［13.41］中得到的整体（但非常复杂的）解，二者都仅使用简化动力学模型进行分析。而且，基于滑移模式技术的鲁棒控制方案在参考文献［13.42］中被提出，而基于对重复任务的迭代学习方法在参考文献［13.43］提出。

不同的状态观测装置已经被列出，从参考文献［13.44］中的近似观测器到参考文献［13.45］和

[13.5] 中的精确观测装置，其中一种基于估计状态的跟踪控制器也被测试了。在所有的实例中，连杆位置或连杆位置及速度参数都是假定的。最近，在稳健状态建立中，电动机位置以及连杆加速度的运用已经成为了一个可行的替代方案[13.46]。

最后，具有弹性关节的机器人的约束任务中的力控制问题已经通过运用一种奇异摄动技术[13.47,13.48]，逆动力学方法[13.49]或者一种自适应策略[13.50]得到了解决。

13.2 具有柔性连杆的机器人

手臂的柔性是一个动力学行为，在其中动能和弹性势能进行相互转换。动能是存储于运动惯性中，而势能则存储于变形组件中。柔性连杆的所有组件既具有惯性特征，又具有柔顺特征。柔性的表现形式是机械振动以及静态挠度，使得机械臂的运动控制变得极其复杂。如果用于解决震荡所花的时间相对于总体任务周期所占比例较大，那么柔性在手臂设计中将作为一个主要考虑因素。

13.2.1 设计问题

我们将用模块化方法来解决这些问题，将连杆柔性和关节柔性区别开来。连杆柔性的首要问题是解决柔度和惯性的固有空间分布问题，这两种效应可能同时作用于材料的同一部位。机械臂的连杆通常可以通过增加结构质量或者通过提高材料的性能或在连杆上的分布来得到强化。在某些点连杆可以被当做刚体处理。设计者必须认识到由沉重的刚性连杆和柔性关节组成机械臂可能比带有更高连杆柔度和更少惯性的轻质量手臂更具有动态柔性。这个结论是由关节驱动器被锁定情况下运动第一个柔性运动模式的固有频率来预测的，该频率可近似表达为：

$$\omega_1=\sqrt{\frac{k_{\text{eff}}}{I_{\text{eff}}}} \tag{13.54}$$

式中，k_{eff}为等效弹簧常数；I_{eff}表示等效惯性矩。在弹性关节的情况下，k_{eff}和I_{eff}可以通过手臂的关节弹性参数和质量特性直接获得。这些等效量适用于一个简单的弯曲梁，例如，将导致一端固支另一端自由的边界条件，并将被选为生成固有频率的一个很好的近似值。固有频率可以通过查阅振动手册获得，在该例中 $\omega_1=3.52\sqrt{EI/ml^4}$。（这些变量在式（13.55）和式（13.56）中用到，其定义在后文中。）几何尺寸更复杂的组件可以通过多种方法计算获得固有频率，包括在13.2.2部分中讨论过的建模的传递矩阵法。当固有频率足够低以至于它将干扰基于刚体模型假设的控制器的设计时，机械臂就应当被视为柔性的。当闭环极点的幅值小于约$\frac{1}{3}\omega_1$时，用于柔性连杆上单关节的常见的比例-微分（PD）控制法只能在闭环设计中获得足够的阻尼[13.51]。

材料机械性能的关键之处现在是有序的。在某些情况下静态形变的影响充分表现在一个组件上，然而在另外一些情况下变形和质量的真实分布特性及其动力学特性必须被加以考虑。一个被垂直于长轴的力f以及力矩M作用的长条形结构件会受到弯曲。静态弯曲将轴向位置x处的力矩和位移w联系起来

$$M(x)=EI(x)\frac{\partial^2 w}{\partial x^2} \tag{13.55}$$

式中，E是材料的弹性模量；$I(x)$是横截面中性轴的面积惯性矩。任何一点处的挠度可以通过对该等式从参考点到期望点进行积分来获得，比如说连杆末端。

这是当质量和弹性相互独立时柔顺度的一个描述。如果质量分布在整个梁上，其材料质量密度每单位体积为ρ，则必须合并时间t，因此

$$m(x)\frac{\partial^2 w(x,t)}{\partial t^2}+\frac{\partial^2}{\partial x}\left(EI(x)\frac{\partial^2 w(x,t)}{\partial x^2}\right)=0 \tag{13.56}$$

这里$m(x)$代表的是单位长度的质量密度，综合了x处的材料特性以及横断面积。假设在这个被称作伯努利-欧拉方程的等式中，包含了该梁横截面处切形变及转动惯量的最小的影响，这些对于长梁来说是有效的。铁木辛柯（Timoshenko）梁模型放宽了这些假设，但本文并不做讨论。

如果长梁轴上作用了转矩T的话，扭转角为θ的扭转变形就会出现，在静态条件下有

$$\theta=\frac{Tl}{JG}=\alpha_{\theta T}T \tag{13.57}$$

式中，G为材料的剪切模量；J为相对梁中性轴的极惯性矩。同样，分布质量的增加以及考虑到动力学，产生了一个具有时间和空间独立变量的偏微分方程

$$\mu\frac{\partial^2\theta}{\partial t^2}=GJ\frac{\partial^2\theta}{\partial x^2} \tag{13.58}$$

式中，μ（x）表示单位长度轴上的转动惯性矩。式（13.58）还适用于连杆，相对于比连杆拥有更小转动惯性矩的细长轴来说，最重要的是它导致了由式（13.57）给出的扭转的静态柔顺效应。

拉伸和压缩效果也应该被承认，尽管他们往往是

最次要的。这里，伴随着沿 x 方向的挠曲，部件长轴将会产生形变

$$\delta = \frac{F_a L}{AE} = \alpha_{XF} F_a \tag{13.59}$$

以及动力学柔性方程

$$\rho \frac{\partial^2 \xi}{\partial t^2} = E \frac{\partial^2 \xi}{\partial x^2} \tag{13.60}$$

注意到这些效应都是特例，其更为普遍的情况是弹性组件受到加速度和外载荷影响，尤其对于长轴类组件。同样的普遍现象适用于关节结构（例如轴承和联轴器）以及传动系统组件（如齿轮和缆线）。这些组件在结构设计上的功能约束可能更加严格，因而会限制设计者使用更多材料以提高组件的刚性。在这些约束下，固定关节设计以及刚性连杆设计中的复合变形将会导致该组合的性能较差。具有较少惯性及较低刚性的连杆将会提高最低固有频率。因此连杆和关节的设计必须相互结合起来。

柔性仅仅只是连杆设计的若干约束其中之一。通过上述讨论可看出，静态柔顺度也是一项约束。屈曲和强度是限制某些设计参数的两项更需要考虑的问题。已经表明柔性是典型手臂设计制度中的首要约束[13.52]，管状梁弯曲刚度的一个简单优化阐明了忽略屈曲的错误做法。如果在总质量不变的约束下，将管子半径改变以至弯曲刚度达到最大值，那么半径将无限增大，从而产生一个缺乏稳健性的具有无穷小厚度和无穷大半径的薄壳结构。真正的限制条件变成了在外加载荷的微扰情况下管子的局部屈曲。一片薄金属片在受到挤压时可以解释这种行为。强度是另外一个适用约束。不同材料的强度不同，尤其表现在其应力作用下的弹性极限或疲劳强度上。一个刚性足够的组件可能由于应力而损坏，尤其在应力集中点处。

在克服柔性尤其是连杆柔性的方法介绍中，完全不同的操作和设计方法也需要被考虑进来，尽管它们并不是处理问题的核心。弹性模量将应力和应变联系起来，但实际上应变率有时候是一个相对概念，它会提供增大关节阻尼或者基于控制的阻尼的结构阻尼。复合材料本质上有更大的固有阻尼。阻尼可以通过被动减震处理来增大，通过约束层阻尼有特别明显的效果[13.53]。智能材料也可以用来提高阻尼[13.54]。一种可行的办法被称为撑臂，可以结合冗余驱动来为柔性臂提供大工作空间，这种方法在确定大机械臂的固定结构之后可以提供总运动和较小的精确工作空间，如参考文献［13.55］所述。

上述内容暗示了柔性总是由手臂的运动部位产生的。但是，手臂基座本身也可能是柔性的重要来源。如果基座是固定的，那么基座柔性的分析几乎和手臂上弹性连杆的分析同等重要。但是如果手臂是安装在运动物件上，轮子或者轨道就可能是柔性的来源，那么对这些新组件的经验分析可能是最好的解决办法。这种运动物件还可能是船、飞机或者空间飞行器。这样就不会有和惯性参考系的弹性连接，这就需要对方法进行一些根本改变。这些改变并不是未经考察的，某些情况下仅仅是以下几种方法的简单扩展。

13.2.2　柔性连杆臂的建模

杆件柔性的数学建模以牺牲精确度来获得使用的简便性。因此关键点是确定那些需要被精确表达的重要效应。这里采用的方法是假定具有小阻尼的线性弹性。旋转运动必须具有合适的角速度以便离心刚度可以被忽略。一般会假定具有小挠度。对于绝大部分机器人装置来说这些假设都是合理的，但是更多特殊情况下这些假定不成立，因此需要重新评估假设，以及更复杂的建模方法。

考察四种模型类型：

1）集总元件模型，具有柔顺度或惯性，但在同一组件中二者不兼具。

2）有限元模型，仅将简要讨论。

3）假设模态模型，将包括非线性动力学行为。

4）传递矩阵模型，混合了柔顺度及惯性的真实分布，因此为无限维的柔性连杆臂。

由于篇幅有限，这里只进行初步讨论，但应使读者能够了解其中的一个或多个选择。

对于集总元件，我们可以基于运动学基础（第一章）中的刚体变换矩阵 $\boldsymbol{A}_i$ 建立刚体运动学的模型。这个 4×4 阶用来描述位置的齐次变换矩阵同样可被用来描述挠度。假定微小运动以及静态行为（或忽略组件质量），则这个由弹性弯曲、扭转和压缩所引起的变换矩阵为

$$E_i = \begin{pmatrix} 1 & -\alpha_{\theta Fi} F^i_{Yi} - \alpha_{\theta Mi} M^i_{Zi} & -\alpha_{\theta Fi} F^i_{Zi} + \alpha_{\theta Mi} M^i_{Yi} & \alpha_{Ci} F^i_{Xi} \\ \alpha_{\theta Fi} F^i_{Yi} + \alpha_{\theta Mi} M^i_{Zi} & 1 & -\alpha_{Ti} M_{Xii} & \alpha_{XFi} F^i_{Yi} + \alpha_{XMi} M^i_{Zi} \\ \alpha_{\theta Fi} F^i_{Zi} - \alpha_{\theta Mi} M^i_{Yi} & \alpha_{Ti} M^i_{Xi} & 1 & \alpha_{XFi} F^i_{Zi} + \alpha_{XMi} M^i_{Yi} \\ 0 & 0 & 0 & 1 \end{pmatrix} \tag{13.61}$$

式中，α_{Ci} 是压缩系数，位移/力；α_{Ti} 是扭转系数，角

度/力矩；$\alpha_{\theta Fi}$是弯曲系数，角度/力；$\alpha_{\theta Mi}$是弯曲系数，角度/力矩；α_{XFi}是弯曲系数，位移/力；α_{XMi}是弯曲系数，位移/运动；F^j_{Xi}是在坐标系 j 中沿 X 方向连杆 i 末端所受的力；F^j_{Yi}是在坐标系 j 中沿 Y 方向连杆 i 末端所受的力；F^j_{Zi}是在坐标系 j 中沿 Z 方向连杆 i 末端所受的力；M^j_{Xi}是在坐标系 j 中沿 X 方向连杆 i 末端所受的力矩；M^j_{Yi}是在坐标系 j 中沿 Y 方向连杆 i 末端所受的力矩；M^j_{Zi}是在坐标系 j 中沿 Z 方向连杆 i 末端所受的力矩。

上面所例举的系数依赖于组件的结构，且对于具有简单材料强度的细长梁来说很容易得到。在另外一些情况下，有限元模型或者经验数据可能更加适用。

对于 N 个组件（连杆或者关节）变形部分或者非变形部分的交替变换将生成一个手臂末端的位置矢量（EOA）：

$$\boldsymbol{p}^0=(\boldsymbol{A}_1\boldsymbol{E}_1\boldsymbol{A}_2\boldsymbol{E}_2\cdots\boldsymbol{A}_i\boldsymbol{E}_i\boldsymbol{A}_{i+1}\boldsymbol{E}_{i+1}\cdots\boldsymbol{A}_N\boldsymbol{E}_N)\begin{pmatrix}0\\0\\0\\1\end{pmatrix}\tag{13.62}$$

如果无质量元件连接了刚性集中质量，那么我们便可以得到一个线性空间模型，正如参考文献[13.56]中所描述。伺服控制关节也可以加入到这个模型中。这个分析接下来要考察由关节运动产生的弹性组件的变形以及在运动链末端由于刚体惯性引起的力和力矩。参考资料主要关注于仅有两个惯量作用于链的每个末端的特殊情况，但事实上这种方法也可以很容易地扩展到惯量存在于链中部的情况。该结果将被表达为关于每个惯量的六个线性二阶方程组，以及关于每个关节的一个一阶方程。

如果柔顺性和惯性特性均被认为是在遍布于同一元件中的，那么在前章所提到的关于弯曲、扭转和压缩的偏微分方程就必须被引入使用。仍考虑线性情况，这些方程组的通解可以在每个和其他组件毗邻的组件中得到，即偏微分方程的边界条件。对这些线性方程组进行简单的拉普拉斯变换至频域，然后将边界条件分解为矩阵向量积，这样就获得了所谓的传递矩阵法（TMM）[13.57]。这个方法可以有效地应用于一般的弹性力学问题中，尤其可以解决柔性臂问题[13.58]。

变换矩阵可以将手臂上两个位置处的变量与基于模型复杂性的变量数量联系起来。对于图 13.9 中所示梁的平面弯曲变形来说

$$z_1=\begin{pmatrix}-W\\\psi\\M\\V\end{pmatrix}_1=\begin{pmatrix}\text{负位移}\\\text{角度}\\\text{力矩}\\\text{剪力}\end{pmatrix}_{\text{位置1处}},z_0=\boldsymbol{T}z_1\tag{13.63}$$

式中 $\boldsymbol{T}$ 是一个合适的元件传递矩阵。

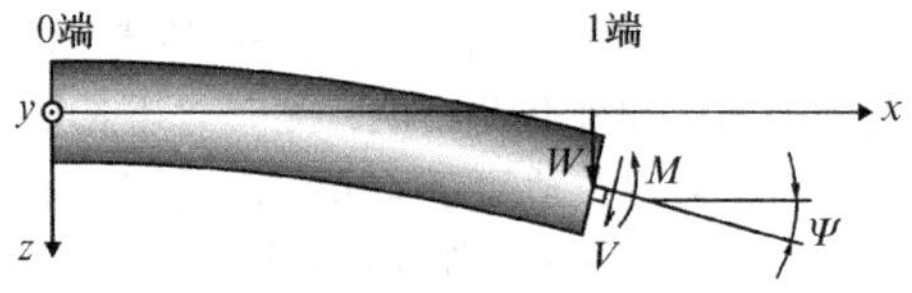

图 13.9　弯曲转移矩阵的状态矢量

如果这个元件是简单的旋转弹簧，其弹簧常数是 k，阻尼常数是 b，那么旋转角 θ 就与力矩有关，这个关系可以通过一个微分方程确定，其拉普拉斯域可表达为：

$$M=-L(k\theta+b\dot{\theta})=k\Theta(s)+bs\Theta(s)=M_0=M_1$$

$$W_0=W_1$$

$$V_0=V_1$$

$$\Psi_0=\psi_1-\Theta(s)=\psi_1-\frac{1}{k+bs}M_1$$

注意到组件中唯一的变量是与力矩有关的角度。变换矩阵通常用零初始条件表达，并利用

$$T=C(\mathrm{i}\omega)=\begin{pmatrix}1&0&0&0\\0&1&\dfrac{1}{k+b(\mathrm{i}\omega)}&0\\0&0&1&0\\0&0&0&1\end{pmatrix}$$

此函数与方程（13.64）中的关节控制器具有相同形式。

梁模型复杂得多，欧拉-伯努利模型给出了

$$B=\begin{pmatrix}c_0&lc_1&ac_2&alc_3\\\beta^4c_3/l&c_0&ac_1/l&ac_2\\\beta^4c_2/a&\beta^4lc_3/a&c_0&lc_1\\\beta^4c_1/al&\beta^4c_2/a&\beta^4c_3/l&c_0\end{pmatrix}\tag{13.64}$$

式中，β^4是$\omega^2l^4\mu/(EI)$；a 是$l^2/(EI)$；c_0是（$\cosh\beta+\cos\beta$）/2；c_1是（$\sinh\beta+\sin\beta$）/(2β)；c_2是（$\cosh\beta-\cos\beta$）/($2\beta^2$)；c_3是（$\sinh\beta-\sin\beta$）/($2\beta^3$)；μ 是线密度；ω 是振动圆频率；E 是弹性模量；I 是横截面的惯性矩。

其中空间变量已经转变为拉普拉斯空间变量，但不再明确出现。拉普拉斯时间变量还继续存在，并且被表示为 s，或者被表示为频率变量 $\omega=-is$，其中 $i=\sqrt{-1}$。另一个简单的平面模型所需要的传递矩阵

如下。

对于一个旋转了 φ 角度的平面

$$A=\begin{pmatrix}1/\cos\varphi & 0 & 0 & 0\\ 0 & 1 & 0 & 0\\ 0 & 0 & 0 & 0\\ m_s\omega^2\sin\varphi\tan\varphi & 0 & 0 & \cos\varphi\end{pmatrix} \tag{13.65}$$

式中，m_s是从弯折角到手臂末端的所有外部质量之和。这是忽略了压缩弹性模量所得到的一个近似结果。当这些元件被压缩时，它们在一定程度上相当于增加了质量。

对于刚体质量来说，只需使用牛顿定律得到：

$$R=\begin{pmatrix}1 & l & 0 & 0\\ 0 & 1 & 0 & 0\\ -m\omega^2 l/2 & -I\omega^2+m\omega^2 l/2 & 1 & l\\ m\omega^2 & -m\omega^2 l/2 & 0 & 1\end{pmatrix} \tag{13.66}$$

式中，m 表示物体质量，I 表示对一条通过质心并且垂直于手臂平面的轴的转动惯量，l 表示质量的长度（连接点位置 i 和位置 $i+1$ 之间的距离），$l/2$ 表示从位置 i 到物体质心的距离。

对于一个受到控制器控制的关节来说，传递函数为（关节转矩/关节角度）$=k(i\omega)$。

$$C=\begin{pmatrix}1 & 0 & 0 & 0\\ 0 & 1 & 1/k(\mathrm{i}\omega) & 0\\ 0 & 0 & 1 & 0\\ 0 & 0 & 0 & 1\end{pmatrix} \tag{13.67}$$

当结合起来表示图13.10中所示的具有双关节的平面手臂时，这个分析将会生成一个复合传递矩阵，它将手臂两末端的四个状态参量联系起来。如果知道了两末端的边界条件，就将可以进行深入的分析。

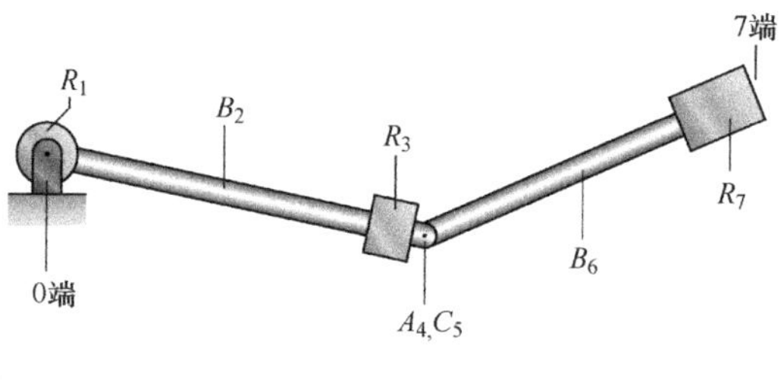

图13.10　手臂的传递矩阵表示

这个传递矩阵代表了参考文献［13.59］中所展示的手臂，图13.10所示关系式见式（13.68）。

$$\begin{pmatrix}-W\\ \Psi\\ M\\ V\end{pmatrix}_0 = R_1B_2R_3A_4C_5B_6R_7\begin{pmatrix}-W\\ \Psi\\ M\\ V\end{pmatrix}_7 \tag{13.68}$$

在本例中，连杆左端是固定的，右端是自由的，产生如下关系式：

$$z_0=\begin{pmatrix}-W\\ \Psi\\ M\\ V\end{pmatrix}_0=\begin{pmatrix}u_{11} & u_{12} & u_{13} & u_{14}\\ u_{21} & u_{22} & u_{23} & u_{24}\\ u_{31} & u_{32} & u_{33} & u_{34}\\ u_{41} & u_{42} & u_{43} & u_{44}\end{pmatrix}\begin{pmatrix}-W\\ \Psi\\ M\\ V\end{pmatrix}_7$$

$$\begin{pmatrix}u_{11} & u_{12}\\ u_{31} & u_{32}\end{pmatrix}\begin{pmatrix}-W\\ \Psi\end{pmatrix}_7=\begin{pmatrix}0\\ 0\end{pmatrix} \tag{13.69}$$

当 ω 为固有频率，或者若矩阵较复杂则为系统特征值时，这个 2×2 矩阵的行列式必须等于零。这个结论可以通过数值研究给出。考察沿手臂长度方向的变量（位置、角度、剪切和力矩），并将特征值作为 ω 的值从而得到的特征函数。如果边界条件不为零，而是已知的频率，这样就可以得到系统的频率响应。因此波特图可以通过边界条件受力得到。内部力可以通过一个如参考文献［13.57］所述的扩展状态矢量来处理，该矢量被应用于参考文献［13.51］所述的手臂中，且最近通过参考文献［13.58］中的现代程序技术得到更新。快速傅里叶逆变换（FFT）将从频率响应中得到一个时域响应。

在时域内创建一个状态空间模型很有吸引力，因为它使得我们能够运用有效的状态空间设计技术，且它和进行着大范围运动，并受到离心力和科里奥利力作用的手臂的非线性行为相兼容。假设模态法使得这样一个模型可以被有效地构建起来。这里所讨论的都是根据先前引入的递归方法，对参考文献［13.60］中所介绍的方程组进行计算而得到的。连杆的柔性运动必须被表示为一组基函数的和，该基函数也被称为具有时变幅值 $\delta_i(t)$ 的假设模态（形状）$\phi_i(x)$

$$w(x,t)=\sum_{i=1}^{\infty}\delta_i(t)\phi_i(x) \tag{13.70}$$

这些幅值函数及其导数便成为了模型的状态参数。兼容关节角度可变，且它们的导数也同样包含其中作为刚体状态参数。柔性连杆末端的关节角切线与基于一端为固定边界条件另一端为自由边界条件的模态相兼容。这个方法通常用于数值模拟，且刚体坐标可以通过标准关节角度传感器直接测得。如果刚体坐标系是通过测量连续关节轴之间的连线而获得的角度，那么手臂末端单独作为刚体坐标系，且符合双固支边界条件。可见这有利于逆动力学计算。

柔性运动学和刚性运动学相结合描述了手臂上每个点的位置和速度，并且可以用来表达动能 $\mathscr{T}$ 和势能 $\mathscr{V}$。这些表达式被用于保守形式的拉格朗日方程中：

$$\frac{\mathrm{d}}{\mathrm{d}t}\frac{\partial\mathscr{T}}{\partial\dot{q}_i}-\frac{\partial\mathscr{T}}{\partial q_i}+\frac{\partial\mathscr{V}}{\partial q_i}=F_i \tag{13.71}$$

式中，F_i是当q_i改变时做功的力。

偏转的运动学同样可用4×4阶传递矩阵描述，但这次假定模态j被求和，以给出连杆i的位置。

$$\boldsymbol{h}_i^i(\eta)=\begin{pmatrix}\eta\\0\\0\\1\end{pmatrix}+\sum_{j=i}^{m_i}\delta_{ij}\begin{pmatrix}x_{ij}(\eta)\\y_{ij}(\eta)\\z_{ij}(\eta)\\0\end{pmatrix} \qquad (13.72)$$

式中，x_{ij}，y_{ij}，z_{ij}是连杆i的挠度对应的模态j分别在x_i、y_i、z_i方向上的位移；δ_{ij}是连杆i的模态j的时变幅值；m_i是用来描述连杆i挠度的模态数目。

$$\boldsymbol{E}_i=\left(H_i+\sum_{j=i}^{m_i}\delta_{ij}M_{ij}\right) \qquad (13.73)$$

其中

$$\boldsymbol{H}_i=\begin{pmatrix}1&0&0&l_i\\0&1&0&0\\0&0&1&0\\0&0&0&1\end{pmatrix} \qquad (13.74)$$

并且

$$\boldsymbol{M}_{ij}=\begin{pmatrix}0&-\theta_{zij}&\theta_{yij}&x_{ij}\\\theta_{zij}&0&-\theta_{xij}&y_{ij}\\-\theta_{yij}&\theta_{xij}&0&z_{ij}\\0&0&0&0\end{pmatrix} \qquad (13.75)$$

这个表达式被用于构成每个质点的动能和势能。对连杆进行积分可以计算出杆件的总能量，对所有的连杆求和便可以得到手臂系统的总能量。交换积分和求和的顺序可以鉴别关键的不变参数，例如和模态振幅的二阶导数相乘的模态质量以及和模态振幅本身相乘的模态刚度。中间过程旨在解决拉格朗日方程，其被分离成与刚性变量和柔性变量相关的微分方程。如果刚性变量θ是关节变量，那么就可以得到两组方程组：

$$\frac{\mathrm{d}}{\mathrm{d}t}\left(\frac{\partial\mathscr{K}}{\partial\dot{\theta}_j}\right)-\frac{\partial\mathscr{K}}{\partial\theta_j}+\frac{\partial\mathscr{V}_e}{\partial\theta_j}+\frac{\partial\mathscr{V}_g}{\partial\theta_j}=F_j \qquad (13.76)$$

$$\frac{\mathrm{d}}{\mathrm{d}t}\left(\frac{\partial\mathscr{K}}{\partial\dot{\delta}_{jf}}\right)-\frac{\partial\mathscr{K}}{\partial\theta_{jf}}+\frac{\partial\mathscr{V}_e}{\partial\delta_{jf}}+\frac{\partial\mathscr{V}_g}{\partial\theta_{jf}}=0 \qquad (13.77)$$

式中，下脚标e表示弹性；g表示重力；δ表示一个模态形状的振幅。

方程组的模拟形式是通过组合刚性和柔性坐标的所有二阶导数而得到的，表示为：

$$\begin{pmatrix}\boldsymbol{M}_{rr}(\boldsymbol{q})&\boldsymbol{M}_{rf}(\boldsymbol{q})\\\boldsymbol{M}_{fr}(\boldsymbol{q})&\boldsymbol{M}_{ff}\end{pmatrix}\begin{pmatrix}\ddot{\boldsymbol{\theta}}\\\ddot{\boldsymbol{\delta}}\end{pmatrix}=-\begin{pmatrix}0&0\\0&\boldsymbol{K}_s\end{pmatrix}\begin{pmatrix}\boldsymbol{\theta}\\\boldsymbol{\delta}\end{pmatrix}+\boldsymbol{N}(\boldsymbol{q},\dot{\boldsymbol{q}})+\boldsymbol{G}(\boldsymbol{q})=\boldsymbol{R}(\boldsymbol{q},\dot{\boldsymbol{q}},\boldsymbol{Q}), \qquad (13.78)$$

式中，$\boldsymbol{\theta}$是刚性坐标系中的一个向量，通常是关节变量；δ是柔性坐标系；$q=[\theta^{\mathrm{T}}\delta^{\mathrm{T}}]^{\mathrm{T}}$；$\boldsymbol{M}_{ij}$是刚性与柔性坐标中与刚性（$i$，$j=r$）或柔性（$i$，$j=f$）坐标和等式相一致的质量矩阵；$\boldsymbol{N}(\boldsymbol{q},\dot{\boldsymbol{q}})$包含非线性的科里奥利力和离心力项；$\boldsymbol{G}(\boldsymbol{q})$是重力效应；$\boldsymbol{Q}$是施加的外力，$\boldsymbol{R}$是外力与所有其他非保守力如摩擦力的效果。

另一方面，方程的逆动力学形式为：

$$\boldsymbol{Q}=\begin{pmatrix}\boldsymbol{M}_{rr}(\boldsymbol{q})&\boldsymbol{M}_{rf}(\boldsymbol{q})\\\boldsymbol{M}_{fr}(\boldsymbol{q})&\boldsymbol{M}_{ff}\end{pmatrix}\begin{pmatrix}\ddot{\boldsymbol{\theta}}\\\ddot{\boldsymbol{\delta}}\end{pmatrix}+\begin{pmatrix}0&0\\0&\boldsymbol{K}_s\end{pmatrix}\begin{pmatrix}\boldsymbol{\theta}\\\boldsymbol{\delta}\end{pmatrix}-\boldsymbol{N}(\boldsymbol{q},\dot{\boldsymbol{q}})-\boldsymbol{G}(\boldsymbol{q}) \qquad (13.79)$$

一般说来，$\boldsymbol{Q}$依赖于关节处的向量$\boldsymbol{T}$或电动机转矩，这些效果的分布形式为：

$$\boldsymbol{Q}=\begin{pmatrix}\boldsymbol{B}_r\\\boldsymbol{B}_f\end{pmatrix}\boldsymbol{T} \qquad (13.80)$$

式中，$\boldsymbol{T}$与$\boldsymbol{q}_r$同维度。通过对逆动力学方程进行重新排序我们得到：

$$\begin{pmatrix}\boldsymbol{B}_r&-\boldsymbol{M}_{rf}\\\boldsymbol{B}_f&-\boldsymbol{M}_{ff}\end{pmatrix}\begin{pmatrix}\boldsymbol{T}\\\ddot{\boldsymbol{\delta}}\end{pmatrix}=\begin{pmatrix}\boldsymbol{M}_{rr}\\\boldsymbol{M}_{rf}\end{pmatrix}\ddot{\boldsymbol{\theta}}+\boldsymbol{N}(\boldsymbol{q},\dot{\boldsymbol{q}})+\boldsymbol{G}(\boldsymbol{q}) \qquad (13.81)$$

方程由等式左边的一个未知向量和等式右边预先指定的刚性可解柔性坐标量排列而成。当假定非线性条件与重力条件对这个即时柔性坐标系的影响很小时，这个方程至少近似正确，虽然这两者不能同时得知，但可以在下一步中估计得到。

离散化柔性的一个结果就是产生非最小相位系统特性。当质量和柔性使激励与输出点相互独立时，即所谓的非匹配情况时，这种现象也可能发生。这些系统的特征在于初始运动与最终运动在一个阶跃响应中是符号相反的。这就是线性系统的一个简单特征，即传递函数在坐标系右半平面中有一个零点。

13.2.3 控制

1. 柔性控制传感器

柔性动力学的正确反应需要合适的传感器。虽然理论上卡尔曼滤波器通过关节测量可以观测到柔性连杆的状态，但它建立在柔性动力学的多种模型的反向驱动关节的基础上。柔性更可靠的观测包括应变计、加速度计和光学传感器。

梁结构单元的应变是弯曲的直接表现，它是梁挠度的二阶空间导数，如式（13.55）中所示。现代化的半导体应变计有高测量精度，并能产生一个很好的信噪比。二阶空间导数关系意味着一个微小的位置变化将导致读数上的很大改变，但是一旦安装在手臂上后，这便不再是问题了。更主要的问题在于如果没有妥善保护的话，应变计受到磨损将会有相对较短的寿命。通过合适地放置应变计，多种假定模式的测量都是可行的。

挠度的光学测量十分通用，但是受限于目标测量点与传感器之间的干扰，特别当传感器固定不动时。如果传感器安装在连杆上，这个难度将会降低，但是这样的话光学测量值通常会变为传感器光轴转动量与目标挠度的复杂组合。机器视觉能够感应一个宽视场但精度通常很低。可以有多个点被检测，这个在测量多种模式上是很有用途的。机器视觉需要相当大的处理过程，甚至需要增强目标或反光基准，因此采样率相对于其他控制模式就显得较慢。

加速度计也是很有吸引力的传感器，因为它们不需要被明确固结到一个固定支架上。微机电系统（MEMS）加速度计提供了所需的低频灵敏度，并且价格低廉。然而，它们受限于重力场中方向的影响，这些影响必须通过了解传感器的方向来补偿。如果我们需要测量位置，那么加速度计需要进行两次积分因而受到位置测量值偏移的影响。因此，传感器的组合应用是更有效的。例如，视觉传感器，虽然相对较慢，但是却能给一个柔性物体末端位置的直接信息，其可以与加速度计相结合，其中加速度计以高采样率给出同样点的信息，但带有噪声与偏移问题。这两种传感器的读数可以与卡尔曼滤波器或其他的组合方案相结合。

2. 有关模型阶次问题

我们发现一个柔性手臂理论上是无穷阶的，我们应该准备好处理一些有关模型阶次的特定问题。首要问题可能是由于有限的采样频率导致的图形失真问题。我们应当使用抗锯齿滤波器，更加有效的是使用模拟阻尼，其可通过材料，阻尼处理或者电动机的反电动势来为数字控制系统提供一个固有阻尼。而一个更加微妙的问题是测量与控制的溢出。

3. 特殊结构的控制：宏观/微观冗余

若干特殊装置已经被提出来了，以提高柔性连杆机械臂的控制性能。如上述的非并列问题就是一个恰当的例子。在某些情况下，仅使用一套简单的电动机并不能实现大范围的运动与高精度。冗余自由度可被用于宏观自由度，这种自由度能够提供大范围运动，但缺乏内在精度或准确度。对于一个较长的手臂，振动是很难被消除的，并且结构精度甚至是热漂移都可能超出极限。如果总体运动很快完成，残余振动可能保持下来并且衰减的很慢。为大型轴的总体运动而建造的驱动器并没有能够有效衰减这些振动的带宽能力，但是为小运动轴建造的驱动器通常可以做到。当探索核废料清理方案时[13.61~64]，这个结论已经在若干长距离操纵器的例子中得到证实。利用手臂末端产生的惯性力也同样有利于构建与用于控制的测量值相匹配的力，假定微手臂的基座处于微手臂与传感器位置的末端。Loper[13.63]和George[13.65]已经表明基于多自由度加速度计的控制是可行的。它同样可能激发那些没有研究的非预期模式。如果所有的6个自由度都被使用，那么基于简单被动类比的稳定性是有可能实现的。在铰接式微操作机器人的基座上生成指定的力是一项很富有挑战性的任务，其需要一种新形式逆动力学问题的解，该逆运动学问题解决了产生规定的基座力和力矩所需的运动或关节转矩。

4. 柔性连杆臂的命令生成

一个柔性手臂的运动轨迹可以显著影响其柔性结果。对于柔性动力学的纯开环预期已经被用于创造运动轨迹，在其中运动消除了那些由于早期运动造成的初期震荡。这种策略被称为命令塑造。一个更加复杂的实现方法是一条基于逆动力学的真实轨迹，其中刚性和柔性状态都相互协调来达到状态空间中的期望点，通常是一个静态平衡点。弹性模型的高阶由于非并列系统的非最小相位特性而被进一步复杂化，且无关的逆运算对于产生可物理实现的运动轨迹是必要的。

时间延时命令塑造是参考文献［13.66.67］中介绍的无差拍控制的另一种形式。它可以被描述为一个由图13.11中所描述的简单脉冲响应构成的有限脉冲响应滤波器，它可以由一个单脉冲输入生成具有合适的时长和振幅的少量（通常为两个或四个）输出脉冲。Singer和Seering[13.68]以及Singhose[13.69]的扩展，在商标Input Shaping下已经产生了稳健性更好的种类。稳健性是通过采用更多的输出脉冲和对输入脉冲间隔的合适选择而得到增强的。最佳任意延时（OAT）滤波器[13.70,71]将这种选择简化为一个关于线性振动的简单公式，线性振动取决于这些模式的固有频率和阻尼比以从响应中被消除。图13.12说明了其实施的简便性，其中滤波器参数和模式参数之间的关系为

$$系数1 = 1/M$$

$$系数2 = -(2\cos\omega_d T_d e^{-\zeta\omega_n T_d})/M$$

$$系数3 = (e^{-2\zeta\omega_n T_d})/M$$

$$M = 1 - 2\cos\omega_d T_d e^{-\zeta\omega_n T_d} + e^{-2\zeta\omega_n T_d}$$

$$\omega_d = \omega_n \sqrt{1-\zeta^2} = 阻尼固有频率$$

$$\omega_n = 无阻尼固有频率$$
$$\zeta = 阻尼比$$
$$T_d = 时间延迟选择,采样整数 = \Delta \quad (13.82)$$

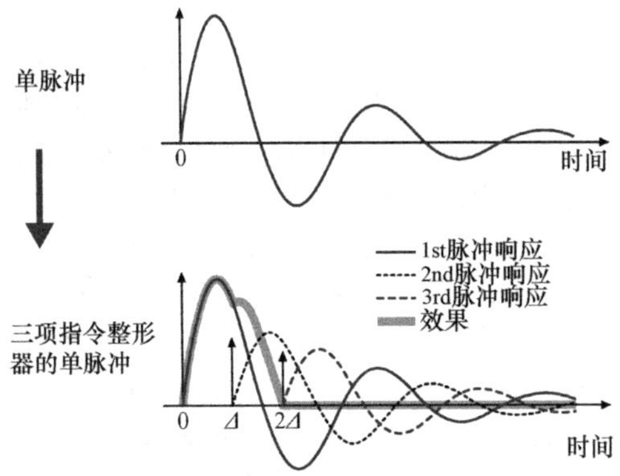

图 13.11 振动系统中整形器的脉冲响应及效果。时间由内采样时间 T_s 和 T_d 进行标准化，使得 $\Delta = T_d/T_s$ 为整数

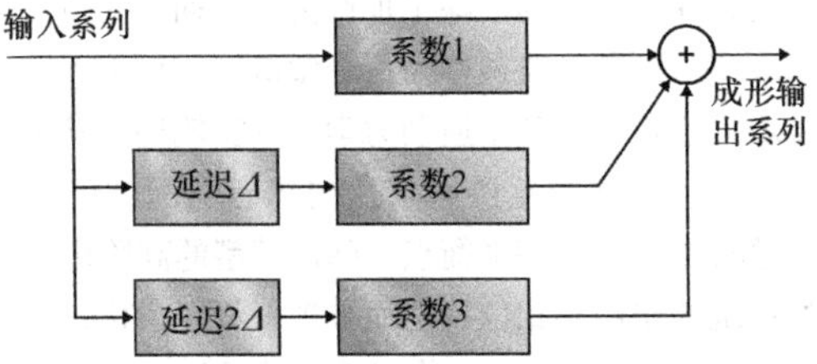

图 13.12 命令成形算法方块图

我们注意到，这里的等式是面向于固定采样间隔的数字系统，从而滤波器的时间延迟被调整到采样间隔的一个整数倍。命令塑造已经被广泛应用于柔性系统中，包括磁盘驱动器、起重机，以及大型的机器人手臂，例如图 13.13 中所示的 CAMotion 等。注意到这个例子包含了一个柔性的传动皮带，有效的柔性关节，以及遵守最低模式准则的柔性连杆，此模式由 OAT 滤波器抑制。

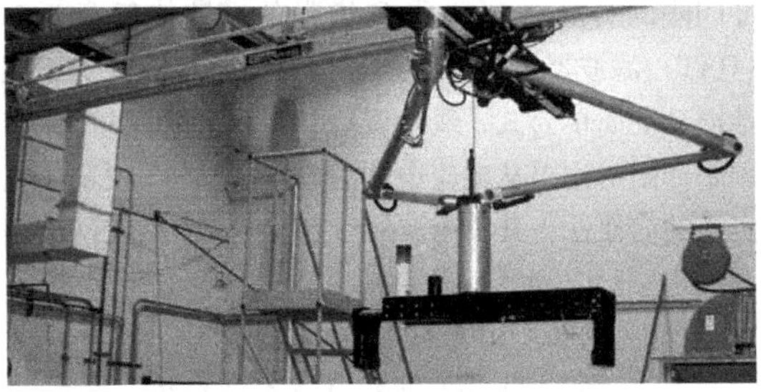

图 13.13 命令成形的大型柔性连杆臂

命令塑造的自适应形式也已经得到了证实。参考文献［13.72］展示了一个面向重复动作的应用形式。与命令塑形不需要充分的系统知识相反，柔性手臂的逆动力学需要大量系统知识。一个合适模型的设计已经在上面讨论过了。例如一个假设模态模型，如果刚性坐标系不是关节角度，而是连接关节轴的直线之间的角度（这里假定关节是旋转的），则其能够很好地适应这个逆动力学过程。在这种情况下，手臂末端的预期运动可以仅用刚性变量来表达，即柔性关节情况下用到的相同变量 $\boldsymbol{q}_d$，同时，期望的柔性变量能够从由已知刚体位置与速度所驱动的二阶方程组中获得。余下的困难则是系统的不稳定零动态。

为了介绍的目的，这里仅对线性情况仿照参考文献［13.73］进行处理。首先，刚性坐标系和它们的微分可以从期望的手臂末端运动轨迹中得到。柔性方程被分为因果稳定零点与非因果的不稳定零点，而稳定的逆问题已经及时得到了解决。实际上运动响应在力矩输入之后做出响应。然而计算输入是响应量而力矩被作为输出量进行计算，因此在解决逆因果部分时没有违反物理定律，该逆因果部分在最后时刻开始，此时弹性坐标系已经被指定为零，并延续至初始时间以及之前。事实上准确的解由负无穷大（在此处逆因果解退化）延伸到正无穷大（在此处因果解退化）。对于真实的动力学问题，必要的输入时间仅比手臂末端的运动时间略多一些，因为在两个方向上零点通常都远离原点。如果手臂末端运动在零时刻开始，稍稍在这之前，关节力矩开始对柔性连接预变形但并不移动手臂末端。类似的，当手臂末端到达它的最终位置时，关节力矩必须以一种在手臂末端（或者其他选定输出位置）不可见的方式消除手臂变形。图 13.14 展示了来自 Kwon［13.74］的单连杆手臂的例子。

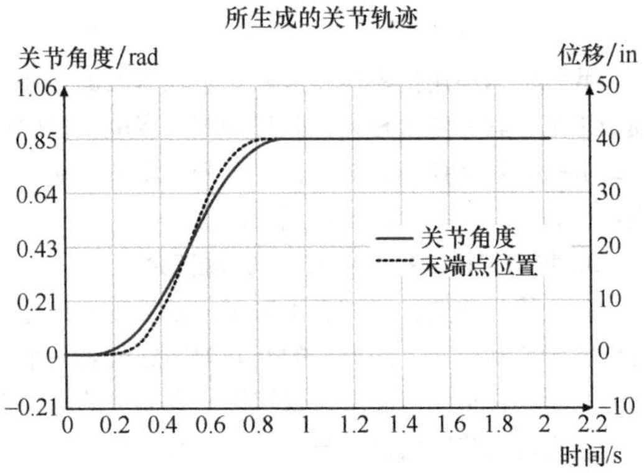

图 13.14 单连杆柔性臂的逆动力学受迫运动

5. 柔性连杆反馈控制

连杆中的柔性在某些情况下使用与集中柔性关节相同的方式进行控制。此处重点讨论的是特别适用于

连杆柔性的方法；因此利用卡尔曼滤波器来估计顶端位置和其他广泛应用的技术都不再进行讨论。关于这个课题的研究已经有很长的一段历史了。Cannon 和 Schmitz[13.75]，Truckenbrot[13.76] 和其他人表明这些技术适用于柔性连杆手臂，并且系统的非并列特性增强了对模型误差的敏感度。

应变测量提供了柔性连杆状态的一个有价值的表达，并且通过对典型嘈杂的应变信号进行过滤分化得到的应变率已经被 Hastings[13.77] 展示，成为一个克服纯关节反馈控制带来的制约因素的有效方法。Yuan[13.78] 提供了一个应变率反馈的自适应版本。

应变测量很容易便被运用到模态幅值的计算当中，并且合理放置的应变仪测量值 N 的数量等同于待分析的模态振幅的数量。在这种情况下，估计算法是不必要的，尽管滤波器常常会被用到。如果一个杆件的模态 φ_i 是已知的，应变就与 φ_i 的二次导数成正比，即

$$\alpha_{ij} = \frac{\partial^2 \phi_i}{\partial x^2}\bigg|_{xj} \tag{13.83}$$

通过对系数矩阵进行转置，很容易得到 N 个模态的振幅。如果梁扭转在模态的变形中占据了很大一部分，我们需要额外注意，但是原理仍然适用。高频模态下的主动控制可能不能得到保证，但是一或两个最低频模态的反馈可以通过传统或状态空间设计技术以增加模态阻尼来实现。

$$\begin{pmatrix} \delta_1 \\ \delta_2 \\ \vdots \\ \delta_N \end{pmatrix} = \begin{pmatrix} \alpha_{11} & \alpha_{12} & \cdots & \alpha_{1N} \\ \alpha_{21} & \alpha_{22} & \cdots & \alpha_{2N} \\ \vdots & \vdots & \ddots & \vdots \\ \alpha_{N1} & \alpha_{N2} & \cdots & \alpha_{NN} \end{pmatrix}^{-1} \begin{pmatrix} \varepsilon_1 \\ \varepsilon_2 \\ \vdots \\ \varepsilon_N \end{pmatrix} \tag{13.84}$$

手臂末端位置测量的运用永远有吸引力，且对于刚性手臂消除由于手臂扭曲和时变的手臂校准而引起的变化性十分有效。机器视觉能够消除目标位置以及手臂位置的不确定性。然而，这些方法受到连杆柔性非并列因而非最小相位动力学的困扰，因此可能需要特别注意。Wang[13.79] 提出了一个控制方程中 EOA 测量的替代公式，他称之为反映的尖端位置。对于一个角度 θ 和长度 l 的转动连杆，偏转位置是 $l\theta+\delta$，而反映的尖端位置 $l\theta-\delta$ 是最小相位。这个关节与尖端测量的组合产生了期望的未偏离位置，但不适用于 EOA 跟踪控制。Obergfell[13.80] 合成了一个了基于应变反馈的输出，结合了同样允许轨迹控制的 EOA 位置。他首先用从连杆变形的光学测量中获得的变形反馈建立了一个被动系统，然后设计了一个尖端位置的传统反馈控制，该位置通过图 13.15 所示的两个大连杆臂的机器视觉测量获得。图 13.16 与 13.17 比较了一个大范围内的一个平面上的只有偏转反馈的路径和同时具有偏转及 EOA 位置反馈的路径。

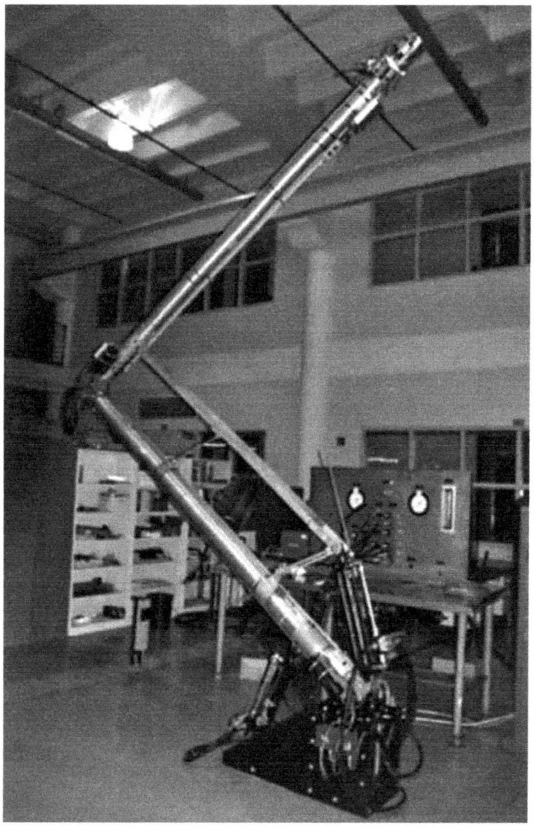

图 13.15 在 EOA 反馈实验中使用的大型灵活机械臂 (RALF)

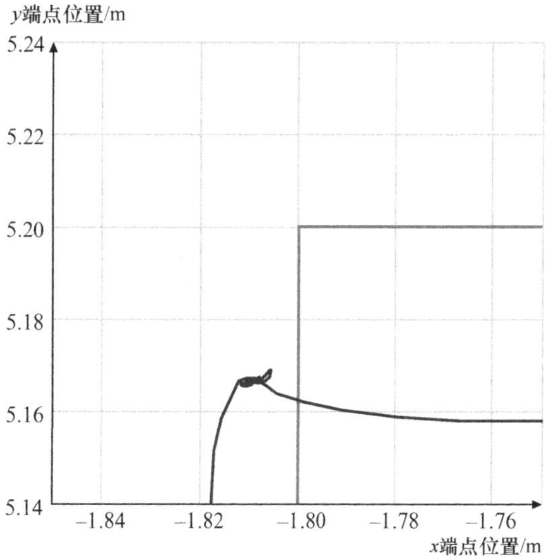

图 13.16 无 EOA 位置反馈时的路径
(命令轨迹的一部分由浅色的矩形轨迹表示，实际轨迹用深色表示)

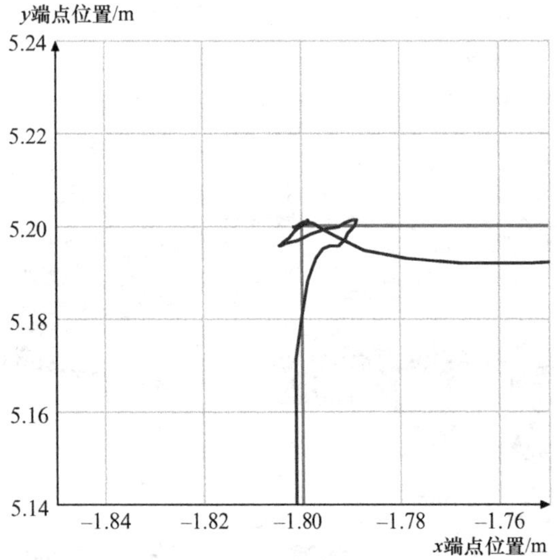

图 13.17 有 EOA 反馈时相机拍摄路径（命令轨迹的一部分由浅色的矩形轨迹表示，实际轨迹用深色表示）

13.2.4 扩展阅读

关于柔性连杆机器人控制的话题广泛出现在有关建模和控制的论文中。想要进一步探讨的读者可能会希望从在问题本质上给出一些观点的论文开始着手。这就是 Book 在参考文献［13.81］中的目标。在该领域中迄今为止从理论角度取得的进展十分显著，已由 Canudas de Witt 等收录在参考文献［13.82］中。该文献包含了各种研究方法，但是有关理论的实际应用的例子十分有限。德国航空航天中心已经制造出了轻量化太空手臂[13.83]并且已将它们部署在太空中。The startup CAMotion 公司[13.84]已经运用命令塑造方法生产了大型的轻量化工业机器人来缩短周期。因为它们的平行结构，像 FlexPicker[13.85]这样的高速手臂实现了轻量化，并且避免了柔性，但是却有并行驱动中常见的缺点：考虑到机器人结构占用的空间，其工作空间受到限制。

Trautt 和 Bayo 的关于非最小相位系统逆过程的早期研究在参考文献［13.86］中有所描述。这是对 Kwon[13.73,74]工作的一个非常有趣的变化，其中它使用了频域并且应用了非零的初始条件。利用两个时间尺度的概念，一个用于柔性动力学的快时间尺度和一个用于刚性动力学的慢时间尺度，可以在 Siciliano 和 Book 的研究[13.87]中找到。关于弹性关节手臂的奇异摄动方法更早被 Spong 所应用。Ghorbel 和 Spong 也在参考文献［13.88］中考虑到了柔性连杆及与刚性环境的联系。获得稳健性也是一个问题，特别是对于末端传感器而言。滑动模式控制[13.89]与被动控制[13.90]为解决这个问题提供了有效但差别极大的方法。尽管这些看起来似乎都是控制的更有前景的方法，我们还将找到更多解决这个具有挑战性的控制问题的方法。H_∞ 控制，自适应控制，模糊控制和其他控制方法都不同程度地得到了成功应用。

参考文献

13.1 L.M. Sweet, M.C. Good: Redefinition of the robot motion control problem, IEEE Control Syst. Mag. **5**(3), 18–24 (1985)
13.2 M.C. Good, L.M. Sweet, K.L. Strobel: Dynamic models for control system design of integrated robot and drive systems, ASME J. Dyn. Syst. Meas. Contr. **107**, 53–59 (1985)
13.3 E. Rivin: *Mechanical Design of Robots* (McGraw-Hill, New York 1988)
13.4 S. Nicosia, F. Nicolò, D. Lentini: Dynamical control of industrial robots with elastic and dissipative joints, 8th IFAC World Congr. (Kyoto 1981) pp. 1933–1939
13.5 P. Tomei: An observer for flexible joint robots, IEEE Trans. Autom. Control **35**(6), 739–743 (1990)
13.6 R. Höpler, M. Thümmel: Symbolic computation of the inverse dynamics of elastic joint robots, IEEE Int. Conf. Robot. Autom. (New Orleans 2004) pp. 4314–4319
13.7 M.W. Spong: Modeling and control of elastic joint robots, ASME J. Dyn. Syst. Meas. Control **109**, 310–319 (1987)
13.8 S.H. Murphy, J.T. Wen, G.N. Saridis: Simulation and analysis of flexibly jointed manipulators, 29th IEEE Conf. Decis. Control (Honolulu 1990) pp. 545–550
13.9 R. Marino, S. Nicosia: *On the Feedback Control of Industrial Robots with Elastic Joints: A Singular Perturbation Approach* (Dipartimento di Ingegneria Elettronica, Univ. Rome Tor Vergata, Rome 1984), Rep. R-84.01
13.10 G. Cesareo, F. Nicolò, S. Nicosia: DYMIR: A code for generating dynamic model of robots, IEEE Int. Conf. Robot. Autom. (Atlanta 1984) pp. 115–120
13.11 A. De Luca: Feedforward/feedback laws for the control of flexible robots, IEEE Int. Conf. Robot. Autom. (San Francisco 2000) pp. 233–240
13.12 H.B. Kuntze, A.H.K. Jacubasch: Control algorithms for stiffening an elastic industrial robot, IEEE J. Robot. Autom. **1**(2), 71–78 (1985)
13.13 S.H. Lin, S. Tosunoglu, D. Tesar: Control of a six-degree-of-freedom flexible industrial manipulator, IEEE Control Syst. Mag. **11**(2), 24–30 (1991)
13.14 P. Tomei: A simple PD controller for robots with elastic joints, IEEE Trans. Autom. Control **36**(10), 1208–1213 (1991)
13.15 A. De Luca, B. Siciliano: Regulation of flexible arms under gravity, IEEE Trans. Robot. Autom. **9**(4), 463–467 (1993)
13.16 A. De Luca, B. Siciliano, L. Zollo: PD control with on-line gravity compensation for robots with elastic joints: Theory and experiments, Automatica **41**(10),

13.17 C. Ott, A. Albu-Schäffer, A. Kugi, S. Stramigioli, G. Hirzinger: A passivity based Cartesian impedance controller for flexible joint robots – Part I: Torque feedback and gravity compensation, IEEE Int. Conf. Robot. Autom. (New Orleans 2004) pp. 2659–2665
13.18 L. Zollo, B. Siciliano, A. De Luca, E. Guglielmelli, P. Dario: Compliance control for an anthropomorphic robot with elastic joints: Theory and experiments, ASME J. Dyn. Syst. Meas. Control **127**(3), 321–328 (2005)
13.19 A. Albu-Schäffer, C. Ott, G. Hirzinger: A passivity based Cartesian impedance controller for flexible joint robots – Part II: Full state feedback, impedance design and experiments, IEEE Int. Conf. Robot. Autom. (New Orleans 2004) pp. 2666–2672
13.20 R. Kelly, V. Santibanez: Global regulation of elastic joint robots based on energy shaping, IEEE Trans. Autom. Control **43**(10), 1451–1456 (1998)
13.21 J. Alvarez-Ramirez, I. Cervantes: PID regulation of robot manipulators with elastic joints, Asian J. Control **5**(1), 32–38 (2003)
13.22 A. De Luca, S. Panzieri: Learning gravity compensation in robots: Rigid arms, elastic joints, flexible links, Int. J. Adapt. Contr. Signal Process. **7**(5), 417–433 (1993)
13.23 A. Albu-Schäffer, G. Hirzinger: A globally stable state feedback controller for flexible joint robots, Adv. Robot. **15**(8), 799–814 (2001)
13.24 L.E. Pfeffer, O. Khatib, J. Hake: Joint torque sensory feedback in the control of a PUMA manipulator, IEEE Trans. Robot. Autom. **5**(4), 418–425 (1989)
13.25 M. Hashimoto, Y. Kiyosawa, R.P. Paul: A torque sensing technique for robots with harmonic drives, IEEE Trans. Robot. Autom. **9**(1), 108–116 (1993)
13.26 T. Lin, A.A. Goldenberg: Robust adaptive control of flexible joint robots with joint torque feedback, IEEE Int. Conf. Robot. Autom. (Nagoya 1995) pp. 1229–1234
13.27 M.G. Forrest-Barlach, S.M. Babcock: Inverse dynamics position control of a compliant manipulator, IEEE J. Robot. Autom. **3**(1), 75–83 (1987)
13.28 K.P. Jankowski, H. Van Brussel: An approach to discrete inverse dynamics control of flexible-joint robots, IEEE Trans. Robot. Autom. **8**(5), 651–658 (1992)
13.29 W.M. Grimm: Robustness analysis of nonlinear decoupling for elastic-joint robots, IEEE Trans. Robot. Autom. **6**(3), 373–377 (1990)
13.30 A. De Luca, R. Farina, P. Lucibello: On the control of robots with visco-elastic joints, IEEE Int. Conf. Robot. Autom. (Barcelona 2005) pp. 4297–4302
13.31 A. De Luca: Decoupling and feedback linearization of robots with mixed rigid/elastic joints, Int. J. Robust Nonlin. Contr. **8**(11), 965–977 (1998)
13.32 A. De Luca, B. Siciliano: Inversion-based nonlinear control of robot arms with flexible links, AIAA J. Guid. Control Dyn. **16**(6), 1169–1176 (1993)
13.33 A. De Luca: Dynamic control of robots with joint elasticity, IEEE Int. Conf. Robot. Autom. (Philadelphia 1988) pp. 152–158
13.34 S. Nicosia, P. Tomei: On the feedback linearization of robots with elastic joints, 27th IEEE Conf. Decis. Control (Austin 1988) pp. 180–185
13.35 A. De Luca, P. Lucibello: A general algorithm for dynamic feedback linearization of robots with elastic joints, IEEE Int. Conf. Robot. Autom. (Leuven 1998) pp. 504–510
13.36 K. Khorasani, P.V. Kokotovic: Feedback linearization of a flexible manipulator near its rigid body manifold, Syst. Control Lett. **6**, 187–192 (1985)
13.37 M.W. Spong, K. Khorasani, P.V. Kokotovic: An integral manifold approach to the feedback control of flexible joint robots, IEEE J. Robot. Autom. **3**(4), 291–300 (1987)
13.38 S. Nicosia, P. Tomei: Design of global tracking controllers for flexible-joint robots, J. Robot. Syst. **10**(6), 835–846 (1993)
13.39 B. Brogliato, R. Ortega, R. Lozano: Global tracking controllers for flexible-joint manipulators: A comparative study, Automatica **31**(7), 941–956 (1995)
13.40 M.W. Spong: Adaptive control of flexible joint manipulators, Syst. Control Lett. **13**(1), 15–21 (1989)
13.41 R. Lozano, B. Brogliato: Adaptive control of robot manipulators with flexible joints, IEEE Trans. Autom. Control **37**(2), 174–181 (1992)
13.42 H. Sira-Ramirez, M.W. Spong: Variable structure control of flexible joint manipulators, Int. Robot. Autom. **3**(2), 57–64 (1988)
13.43 A. De Luca, G. Ulivi: Iterative learning control of robots with elastic joints, IEEE Int. Conf. Robot. Autom. (Nice 1992) pp. 1920–1926
13.44 S. Nicosia, P. Tomei, A. Tornambè: A nonlinear observer for elastic robots, IEEE J. Robot. Autom. **4**(1), 45–52 (1988)
13.45 S. Nicosia, P. Tomei: A method for the state estimation of elastic joint robots by global position measurements, Int. J. Adapt. Contr. Signal Process. **4**(6), 475–486 (1990)
13.46 A. De Luca, D. Schröder, M. Thümmel: An acceleration-based state observer for robot manipulators with elastic joints, IEEE Int. Conf. Robot. Autom. (Rome 2007) pp. 3817–3823
13.47 M.W. Spong: On the force control problem for flexible joint manipulators, IEEE Trans. Autom. Control **34**(1), 107–111 (1989)
13.48 J.K. Mills: Stability and control of elastic-joint robotic manipulators during constrained-motion tasks, IEEE Trans. Robot. Autom. **8**(1), 119–126 (1992)
13.49 K.P. Jankowski, H.A. El Maraghy: Dynamic decoupling for hybrid control of rigid-/flexible-joint robots interacting with the environment, IEEE Trans. Robot. Autom. **8**(5), 519–534 (1992)
13.50 T. Lin, A.A. Goldenberg: A unified approach to motion and force control of flexible joint robots, IEEE Int. Conf. Robot. Autom. (Minneapolis 1996) pp. 1115–1120
13.51 W. Book, O. Maizza-Neto, D.E. Whitney: Feedback Control of Two Beam, Two Joint Systems with Distributed Flexibility, ASME J. Dyn. Syst. Meas. Control **97**(4), 424–431 (1975)
13.52 W. Book: Characterization of Strength and Stiffness Constraints on Manipulator Control, In: Theory and Practice of Robots and Manipulators (Elsevier, Amsterdam 1977) pp. 37–45
13.53 T.E. Alberts, W. Book, S. Dickerson: Experiments in Augmenting Active Control of a Flexible Structure with Passive Damping, AIAA 24th Aerospace

Sciences Meeting (Reno 1986)
13.54 T. Bailey, J.E. Hubbard Jr.: Distributed piezoelectric-polymer active vibration control of a cantilever beam, J. Guid. Control Dyn. **8**(5), 605–611 (1985)
13.55 W. Book, V. Sangveraphunsiri, S. Le: The Bracing Strategy for Robot Operation, Joint IFToMM-CISM Symposium on the Theory of Robots and Manipulators (RoManSy) (Udine 1984)
13.56 W. Book: Analysis of Massless Elastic Chains with Servo Controlled Joints, ASME J. Dyn. Syst. Meas. Control **101**(3), 187–192 (1979)
13.57 E.C. Pestel, F.A. Leckie: *Matrix Methods in Elastomechanics* (McGraw Hill, New York 1963)
13.58 R. Krauss: Transfer Matrix Modeling. Ph.D. Thesis (School of Mechanical Engineering, Georgia Institute of Technology 2006)
13.59 W.J. Book: Modeling, Design and Control of Flexible Manipulator Arms. Ph.D. Thesis (Department of Mechanical Engineering, Massachusetts Institute of Technology 1974)
13.60 W. Book: Recursive Lagrangian Dynamics of Flexible Manipulators, Int. J. Robot. Res. **3**(3), 87–106 (1984)
13.61 W.J. Book, S.H. Lee: Vibration Control of a Large Flexible Manipulator by a Small Robotic Arm, Proc. Am. Contr. Conf. (Pittsburgh 1989) pp. 1377–1380
13.62 J. Lew, S.-M. Moon: A Simple Active Damping Control for Compliant Base Manipulators, IEEE/ASME Trans. Mechatronics **2**, 707–714 (1995)
13.63 W.J. Book, J.C. Loper: Inverse Dynamics for Commanding Micromanipulator Inertial Forces to Damp Macromanipulator Vibration, IEEE, Robot Society of Japan International Conference on Intelligent Robots and Systems (Kyongju 1999)
13.64 I. Sharf: Active Damping of a Large Flexible Manipulator with a Short-Reach Robot, Proc. Of the American Control Conference (Seattle 1995) pp. 3329–3333
13.65 L. George, W.J. Book: Inertial Vibration Damping Control of a Flexible Base Manipulator, IEEE/ASME Transactions on Mechatronics (2003)
13.66 J.F. Calvert, D.J. Gimpel: Method and Apparatus for Control of System Output in Response to System Input, Patent 2801351 (1957)
13.67 O.J.M. Smith: *Feedback Control Systems* (McGraw Hill, New York 1958)
13.68 N. Singer, W.P. Seering: Preshaping Command Inputs to Reduce System Vibration, ASME J. Dyn. Syst. Meas. Contr. **112**(1), 76–82 (1990)
13.69 W. Singhose, W. Seering, N. Singer: Residual Vibration Reduction Using Vector Diagrams to Generate Shaped Inputs, J. Mech. Des. **2**, 654–659 (1994)
13.70 D.P. Magee, W.J. Book: The Application of Input Shaping to a System with Varying Parameters, Proceedings of the 1992 Japan-U.S.A. Symposium on Flexible Automation (San Francisco 1992) pp. 519–526
13.71 D.P. Magee, W.J. Book: Optimal Arbitrary Time-delay (OAT) Filter and Method to Minimize Unwanted System Dynamics, Patent 6078844 (2000)
13.72 S. Rhim, W.J. Book: Noise Effect on Time-domain Adaptive Command Shaping Methods for Flexible Manipulator Control, IEEE Trans. Control Syst. Technol. **9**(1), 84–92 (2001)
13.73 D.-S. Kwon, W.J. Book: A Time-Domain Inverse Dynamic Tracking Control of a Single-Link Flexible Manipulator, J. Dyn. Syst. Meas. Control **116**, 193–200 (1994)
13.74 D.S. Kwon: An Inverse Dynamic Tracking Control for a Bracing Flexible Manipulator. Ph.D. Thesis (School of Mechanical Engineering, Georgia Institute of Technology 1991)
13.75 R.H. Cannon, E. Schmitz: Initial Experiments on the End-Point Control of a Flexible One-Link Robot, Int. J. Robot. Res. **3**(3), 62–75 (1984)
13.76 A. Truckenbrot: Modeling and Control of Flexible Manipulator Structures, Proc. 4th CISM-IFToMM Ro.Man.Sy. (Zaborow 1981) pp. 90–101
13.77 G.G. Hastings, W.J. Book: Reconstruction and Robust Reduced-Order Observation of Flexible Variables, ASME Winter Annual Meeting (Anaheim 1986)
13.78 B.S. Yuan, J.D. Huggins, W.J. Book: Small Motion Experiments with a Large Flexible Arm with Strain Feedback, Proceedings of the 1989 American Control Conference (Pittsburgh 1989) pp. 2091–2095
13.79 D. Wang, M. Vidyasagar: Passive Control of a Stiff Flexible Link, Int. J. Robot. Res. **11**, 572–578 (1992)
13.80 K. Obergfell, W.J. Book: Control of Flexible Manipulators Using Vision and Modal Feedback, Proceedings of the ICRAM (Istanbul 1995)
13.81 W.J. Book: Controlled Motion in an Elastic World, ASME J. Dyn. Syst. Meas. Control **2B**, 252–261 (1993), 50th Anniversary Issue
13.82 C. Canudas-de-Wit, B. Siciliano, G. Bastin (eds.): *Theory of Robot Control* (Springer, Berlin, Heidelberg 1996)
13.83 G. Hirzinger, N. Sporer, J. Butterfass, M. Grebenstein: Torque-Controlled Lightweight Arms and Articulated Hands: Do We Reach Technological Limits Now?, Int. J. Robot. Res. **23**(4,5), 331–340 (2004)
13.84 Camotion Inc.: http://www.camotion.com (Camotion Inc., Atlanta 2007)
13.85 B. Rooks: High Speed Delivery and Low Cost from New ABB Packaging Robot, Ind. Robot. Int. J. **26**(4), 267–275 (1999)
13.86 T. Trautt, E. Bayo: Inverse Dynamics of Non-Minimum Phase Systems with Non-Zero Initial Conditions, Dyn. Control **7**(1), 49–71 (1997)
13.87 B. Siciliano, W. Book: A Singular Perturbation Approach to Control of Lightweight Flexible Manipulators, Int. J. Robot. Res. **7**(4), 79–90 (1988)
13.88 F. Ghorbel, M.W. Spong: Singular Perturbation Model of Robots with Elastic Joints and Elastic Links Constrained by a Rigid Environment, J. Intell. Robot. Syst. **22**(2), 143–152 (1998)
13.89 J. Guldner, J. Shi, V. Utkin: *Sliding Mode Control in Electromechanical Systems* (Taylor Francis, London, Philadelphia 1999)
13.90 J.-H. Ryu, D.-S. Kwon, B. Hannaford: Control of a Flexible Manipulator with Noncollocated Feedback: Time-domain Passivity Approach, IEEE Trans. Robot. **20**(4), 776–780 (2004)

第 14 章　模型识别

John Hollerbach, Wisama Khalil, Maxime Gautier

潘耀章　译

本章讨论了如何确定机器操作手的运动学参数和惯性参数。模型识别的两个实例被转换成一个最小二乘参数估计的共同框架，并且在参数的可辨识性、充分性、测量集和数值鲁棒性相关的数值问题上具有共性。这里的讨论对任何参数估计问题是通用的，并且可以适用于其他场合。

对于运动学标定，虽然与检测和传输元件有关的联合参数也可以识别，但其主要目的是确定几何 Denavit-Hartenberg（DH）参数。端点检测或端点约束可以提供同样的校正方程。通过把所有的标定方法连接成一个闭环标定系统，标定指标根据每一个位置产生多少个方程来归类。

惯性参数可通过运行轨迹和一个或者几个关节处的力/力矩元素来估计。手柄的负载估计是最简单的，因为它各个关节具有全移动性和全力/力矩感应器。对于连杆惯性参数估计，邻近基座的连杆动作受限而且只能检测力矩，所以不是所有惯性参数都可以确定。可以确定的是影响关节力矩的参数，虽然它们可能会出现复杂的线性组合。

14.1　概述

机器人研究中有许多不同类型的模型，为了对其进行精确控制，我们需要对模型进行准确识别。前面章节提到的例子包括传感器模型、执行器模型、运动学模型、动态模型和柔性模型。系统识别是关于从观测识别模型的过程的领域。一般来说，有两种模型：参数模型和非参数模型。参数模型由一些参数来描述，这些参数足够描绘模型在其工作范围内的精确度。例如传感器增益和偏移量、连杆的 DH 参数和刚体惯性参数。参数模型特别适合机器人，因为机器人的组成部分是人造的，其属性是可控和可知的。

非参数模型包括脉冲响应和线性系统的波特图，以及非线性系统的 Wiener 和 Volterra[14.1]。非参数模型可作为确定一个参数模型的基础，例如，波特图（相位和幅度对应输入频率的图形）经常被用来决定模型的阶数，如一个执行器应该被模拟成二阶还是三阶系统。除此以外，当系统的性质复杂到几个参数的集合不能描述时，也需要使用非参数模型。尤其在生物系统中就是这种情况。本章将介绍以下几种模型的参数标定。

1）运动学参数。运动学标定是指对象之间基于坐标进行定位。这些对象可能是分开的，也可能是通过关节连接起来的。例子包括：相对于全球坐标定位机器人、相对于机器人定位它的立体视觉系统、相对于机器操作手的抓手定位被抓的物体和定位机器操作手关节的邻近坐标系统。

2）刚体惯性参数。这个参数在预测移动对象或机器操作手的驱动力和力矩时需要。

假设有 N_{par} 个参数组成 $N_{par}\times 1$ 参数向量 $\boldsymbol{\phi}=\{\phi_1,\cdots,\phi_{N_{par}}\}$。这些参数可能线性或者非线性的在模型中出现。

线性模型

$$y^l = A^l\phi \tag{14.1}$$

非线性模型1

$$y^l = f(x^l, \phi) \tag{14.2}$$

式中，$y^l = \{y_1^l, \cdots, y_M^l\}$，是 $M\times1$ 的输出变量；$x^l = \{x_1^l, \cdots, x_n^l\}$ 是输入变量。对于线性模型，A^l 是一个 $M\times N_{par}$ 的矩阵，它的元素 A_{ij}^l 是输入变量 x^l 的函数。任意元素 A_{ij}^l 可能是一个关于 x^l 复杂的非线性函数，但是仅用一个数字来估计。对于非线性模型，输入变量出现在一个非线性函数里 $f = \{f_1, \cdots, f_M\}$，用显性的方程表示。隐性的非线性模型 $f(y^l, x^l, \phi) = 0$ 也可能在标定里出现[14.2]；它们的处理方式与显性的非线性模型类似（见14.2.2节）。有 P 个不同的观测，其中每一个用上标 $l = 1, \cdots, P$ 标明。对于线性模型，不同观测的信息通过堆砌 P 个方程（14.1）结合起来

$$y = A\phi \tag{14.3}$$

式中，$y = \{y^1, \cdots, y^l\}$ 是一个 $MP\times1$ 的观测向量；$A = \{A^1, \cdots, A^l\}$ 是 $MP\times N_{par}$ 维的。这些参数可用普通的最小二乘法估计

$$\phi = (A^{T}A)^{-1}A^{T}y \tag{14.4}$$

在统计学里，矩阵 A 被称为回归矩阵，最小二乘的解决被称为回归[14.3]。一个线性模型的例子是刚体模型的惯性参数。

一般采用Gauss－Newton方法[14.3]估计非线性模型（14.2）。首先将变量 x^l（可被视为一些常数）并入非线性方程 f^l。模型通过 k 次迭代当前估计 ϕ^k 进行泰勒展开来得到线性化

$$\begin{aligned} y_c^l &= f^l(\phi^k + \Delta\phi) \\ &= f^l(\phi^k) + \left.\frac{\partial f^l(\phi)}{\partial \phi}\right|_{\phi=\phi^k}\Delta\phi \quad +\text{高阶项} \\ &\approx f^l(\phi^k) + A^l\Delta\phi \end{aligned} \tag{14.5}$$

式中，y_c^l 是输出变量的计算值；$A^l = \partial f^l/\partial\phi$ 是在 ϕ^k 估计的雅可比矩阵。忽略泰勒级数的高阶项，产生了线性化的形式（14.5）。我们现在作出一个大胆的假设，对于参数估计 ϕ^k 的修正 $\Delta\phi$ 使输出变量的计算值与测量值相同，即：$y_c^l = y^l$。定义 $\Delta y^l = y^l - f^l(\phi^k)$ 为当前模型 ϕ^k 下测量输出和预测输出之间的误差，线性化的方程（14.5）变成

$$\Delta y^l = A^l\Delta\phi \tag{14.6}$$

然后，将 P 次测量的线性化的方程堆砌起来得到估计形式

$$\Delta y = A\Delta\phi \tag{14.7}$$

参数估计的修正项 $\Delta\phi$ 现在可以通过一般的最小二乘法来获得

$$\Delta\phi = (A^{T}A)^{-1}A^{T}\Delta y \tag{14.8}$$

这个过程不断重复获得新的估计 $\phi^{k+1} = \phi^k + \Delta\phi$，直到 $\Delta\phi$ 变得足够小。Gauss-Newton方法是二次收敛的，在给定一个好的初值 ϕ^0 并且非线性不是很严重的情况下收敛速度很快。一个非线性模型的例子是包含DH参数的动力学模型。它由于正弦和余弦产生的非线性是轻微的，因此Gauss-Newton方法通常能很好地收敛。

然而，不管是线性还是非线性估计，不满秩和数值病态的情况使 $A^{T}A$ 中的求逆出现问题。不满秩可能是由于两种问题：

1）数据不足。参数估计需要的数据数量可以用可观测性指标来量化，例如回归矩阵 A 的条件数[14.4]。利用数据选择来最大化可观测性指标也可能获得更具鲁棒性的估计。例如在动力学标注中选择不同的位置，或在惯性参数估计中选择不同的轨迹。

2）无法辨识的参数。也许有一些参数没有任何一组实验数据可以辨识。必须找出一个消去或者避开这些无法辨识的参数的方法。通常用奇异值分解（SVD）的方法来消去参数；而避开这些参数则可以使用先验值或者岭回归的方法。这不是意味着这些参数本质上是不可辨识的，只是实验设定导致了它们的不确定。例如，如果机器操作手的基座是固定的，它第一个关节的十个惯性参数中只有一个能被辨识。而另一种实验设定，一个加速的基座加上测量基座的反作用力和力矩使得十个参数中的其他参数能够被辨识了[14.5]。

病态可能由于测量或参数的不当缩放造成。

1）最小二乘估计最小化输出预测值和测量值之间的误差。输出向量 y^l 的元素 y_j^l 可能有不同的单位和幅度，比如在动力学标定的位置测量中的弧度和米。此外，不是所用的测量都有同样程度的精确度。选择一个适当的加权矩阵对输出向量归一化可以得到更好的估计。

2）各个参数可能有不同的单位和幅度。这可能在收敛性判别和决定消去哪个参数时带来问题。再次，对参数进行加权也可以改进。

这些数值问题对任何参数估计问题是通用的，我们将在本章的末尾详细讨论。下一节将分别讨论各个机器人模型和如何将它们变成参数估计问题的形式。

14.2 运动学标定

通常，坐标系里的相对位置的确定需要6个几何参数（位置加上方向）。如果坐标系里的相对运动有机械约束，如关节的连接，则需要的参数会减少。对于旋转关节连接的两个连杆，它的轴是一个行约束向量，需要4个参数。对于移动关节，它的轴是一个自由向量，只需要两个描述方向的几何参数。

此外，在感应器和机械偏转的建模力还需要非几何参数。

1）关节角度传感器需要确定增益和偏移量。

2）相机标定使用不失真针孔相机模型需要确定焦长和图像感应偏移。

3）关节齿轮柔性由于负载和机器操作手本身重力引起的角度变化。

4）由于机器人在工作环境里非刚性固定造成的基座柔性。其造成的结果是，机器人不同的伸展方式对末端位置产生不同的效果。

5）在精细的位置控制中，振动的热效应也需要建模。

本节的重点是几何参数和基于感应器的非几何参数的确定。

14.2.1 串联机器人

把改进 Denavit-Hartenberg（DH）参数（见图14.1）作为一个主要的几何参数（见1.4节）。

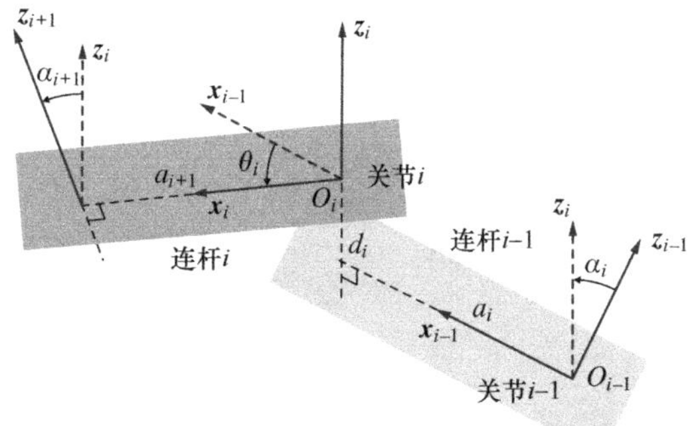

图14.1 修正DH参数

连杆变换矩阵是

$$^{i-1}\boldsymbol{T}_i=\mathrm{Rot}(\boldsymbol{x},\alpha_i)\mathrm{Trans}(\boldsymbol{x},\alpha_i)\mathrm{Trans}(z,d_i)\mathrm{Rot}(z,\theta_i) \tag{14.9}$$

1）对于一个旋转关节为 $i=1$，…，n 的 n 关节操作，其 z_i 轴是空间中的一条直线，必须校准全部4个参数 a_i，d_i，α_i 和 θ_i。

2）对于一个移动关节，其 z_i 轴是一个自由矢量，只需要两个描述方向（α_i 和 θ_i）的参数。概括地说，z_i 轴可以放在空间中的任何位置，这意味着两个DH参数是任意的。一个可能性是让 z_i 轴与 O_{i+1}[14.6,7] 交叉，设置 $d_{i+1}=0$ 和 $a_{i+1}=0$。尽管运动学上是正确的，但是这样的设置是不直观的，因为它不符合棱柱结构的物理位置。可以根据 a_i 或 θ_i 的值设定 a_{i+1}，使 z_i 的位置在棱柱关节的机械结构的中央。

在相邻的轴近乎平行的情况下，正常态定义不清，校准是病态的。在这种情况下，Hayati[14.7] 引入了关于轴 y_{i-1} 的一个额外的转动参数 β_i（见图14.2）。

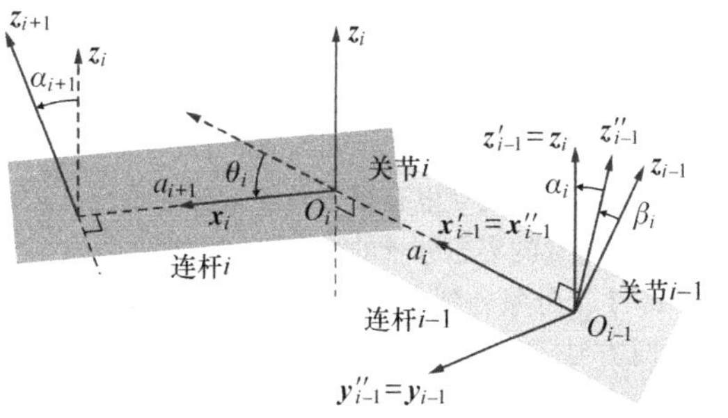

图14.2 对近似平行的轴采用额外的关于 y_{i-1} 的参数 β_i

让 x'_{i-1} 在沿着 O_i 到轴 z_{i-1} 的直线上，这样使得 x'_{i-1} 垂直于 z_i，它们的交点定义为原点 O_{i-1}。将 z_{i-1} 与 $z_i=z'_{i-1}$ 关联起来需要两个旋转量：对于 x'_{i-1}，旋转 α_i 将 z''_{i-1} 映射到 z_i；对于 $y_{i-1}=y''_{i-1}$，旋转 β_i，将 z_{i-1} 映射到 z''_{i-1}。现在角度 θ_i 是对于 z_i 从 x'_{i-1} 到 x_i 的角度。这样，连杆变换矩阵为

$$^{i-1}\boldsymbol{T}_i=\mathrm{Rot}(\boldsymbol{y},\beta_i)\mathrm{Rot}(\boldsymbol{x},\alpha_i)\mathrm{Trans}(\boldsymbol{x},\alpha_i)\mathrm{Rot}(z,\theta_i) \tag{14.10}$$

1）对于转动关节，参数 β_i 取代 d_i。

2）对于移动关节，关节变量 d_i 要保留。如前，通过确定两个与坐标系 $i+1$ 相关的坐标将 z_i 放置在连杆合适的位置。然后对 $d_i=0$ 构造 Hayati 参数。随着 d_i 的改变，轴 $\boldsymbol{x}_i$ 依次被 z_i 取代相对于 $\boldsymbol{x}'_{i-1}$（未写出）。连杆变换方程变为

$$^{i-1}\boldsymbol{T}_i=\mathrm{Rot}(\boldsymbol{y},\beta_i)\mathrm{Rot}(\boldsymbol{x},\alpha_i)\mathrm{Trans}(\boldsymbol{x},a_i)\mathrm{Trans}(z,d_i)\mathrm{Rot}(z,\theta_i) \tag{14.11}$$

尽管这个变换中有5个参数，设定 Hayati 参数的过程相当于设定 d_{i-1} 的值来定位 O_{i-1}，所以参数的数目没有净增。

上述的过程在一个串联机器人中设定了中间的连杆为坐标系。基座和端点的坐标系也必须设定，但是这一过程由外部度量系统和端点的物理约束决定。最后的结构可能是 n 或 $n+1$，而第一个结构是0或 -1

（为了使数目连续）。例子如下所示。将未知动力学参数向量 $\boldsymbol{a}$，$\boldsymbol{d}$，$\boldsymbol{\alpha}$，$\boldsymbol{\theta}$，和 $\boldsymbol{\beta}$ 集中到参数向量 $\boldsymbol{\phi}=\{\boldsymbol{a}, \boldsymbol{d}, \boldsymbol{\alpha}, \boldsymbol{\theta}, \boldsymbol{\beta}\}$ 中。参数 $\boldsymbol{\phi}$ 预测最后一个坐标系相对于第一个的位置和方向，如 $^{0}T_{n,c}$。

不是所有6个位置相关参数都必须用来标定，标定所需参数由1到6不等。标定通过观察某个参数的预测值的误差，然后采用非线性标定方法（14.7）。检查误差一般有两个方法：

1）开环标定使用外部测量方法来检测位置参数。因为机器人在这一过程中与环境无关，这个方法被称为开环的。

2）闭环标定使用端点的物理约束来检测。物理约束的偏差值代表了预测误差。因为与物理约束有关，机器操作手与地面形成了闭环。

1. 开环运动学标定

关于标定的文献里有很多种度量标准系统，它们可以基于测量的姿态分量的个数来归类[14.8]。

1）1个分量：到末端连杆任意一点的距离可以用不同方法来测量，如球棍仪表[14.9]，滑线电位器[14.10]，或激光位移测量计[14.11]。

2）两个分量：使用单个经纬仪来提供两个方向的测量[14.12]。相对长度需要缩放。

3）3个分量：激光跟踪系统通过反射末端受动器上安装的发射器发出的激光射线来提供准确的三维测量。射线可以提供长度信息，同时激光舵的万向驱动能提供两个方向的测量[14.13]。由于这种设定最不准确的部分是角度感应，另一种方法采用三个激光跟踪系统仅使用长度信息。商业化的3-D立体相机运动跟踪系统也提供位置的高精度的测量。

4）5个分量：Lau et al.[14.14]提出了带有可转向反射器的可转向激光干涉仪。通过测量俯仰和偏航，可转向激光干涉仪产生了位置的三个参数，同时可转向的反射器产生方向的两个参数。

5）6个分量：完整的姿态可以通过末端连杆上多个点的3-D位置推断，可用立体相机系统来测量。与这些点对应的坐标系可以产生位置和方向分量[14.15]。Vincze et al.[14.16]用单光线激光跟踪系统测量完整的姿态，通过给机器人装配安装在万向关节的回反射器上。仍然用干涉测量法测量位置。新颖的地方在于其方向是用回反射器边缘的不同成像模式来测量的。

我们给出测量三个姿态分量和所有6个姿态分量的例子。

（1）点式测量　终端连杆上某个点的3-D位置可以通过立体相机系统方便的定位。相机系统定义了一个全局坐标系，机器人的第一个参照系相对它定位。为了提供足够的参数，需要引入一个中间坐标系；这个中间坐标系序号是0，而相机系统的序号是 -1，这样能保持数字的连续。8个参数中的两个是任意的。图14.3展示了一种可能的情况：z_0 与 $\boldsymbol{z}_{-1}$ 平行（$\alpha_0=0$）且重合（$a_0=0$）。较准参数是 d_0，θ_0，a_1，d_1，α_1 和 θ_1。在 z_0 与 $\boldsymbol{z}_{-1}$ 接近平行的情况下，测量坐标系可以简单的重新定义来避免使用Hayati参数；例如，可以把 $\boldsymbol{y}_{-1}$ 重新定义成 $\boldsymbol{z}_{-1}$。

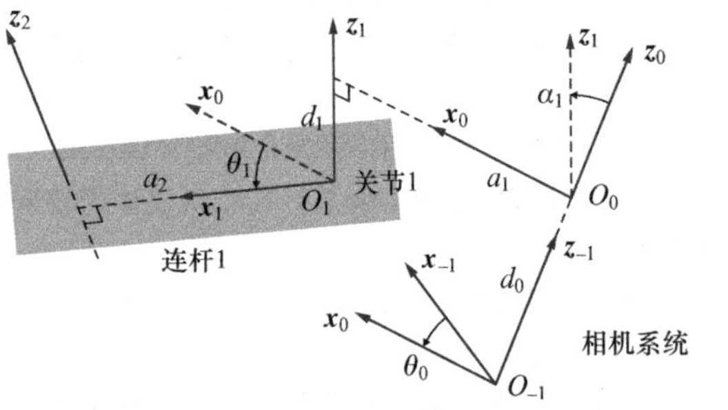

图14.3　相机系统（序号 -1）相对于机器人的坐标系1通过一个中间坐标系0放置

在终端连杆，原点 O_n 和轴 $\boldsymbol{x}_n$ 是不确定的，所以相关的参数 d_n 和 θ_n 也不确定。定位测量点仅需要三个参数，所以为了提供一个额外的参数，需要一个额外的坐标系 $n+1$。测量点定义为新坐标系的原点 O_{n+1}，而用 z_n 的法线与 O_{n+1} 交叉可定义轴 $\boldsymbol{x}_n$（见图14.4）。三个参数是任意的；一个简单的选择是使 $\boldsymbol{z}_{n+1}$ 与 z_n（$\alpha_{n+1}=0$）平行，且 $\boldsymbol{x}_{n+1}$ 与 $\boldsymbol{x}_n$ 共线（$\theta_{n+1}=0$ 和 $d_{n+1}=0$）。标定参数是 a_{n+1}，d_n 和 θ_n。

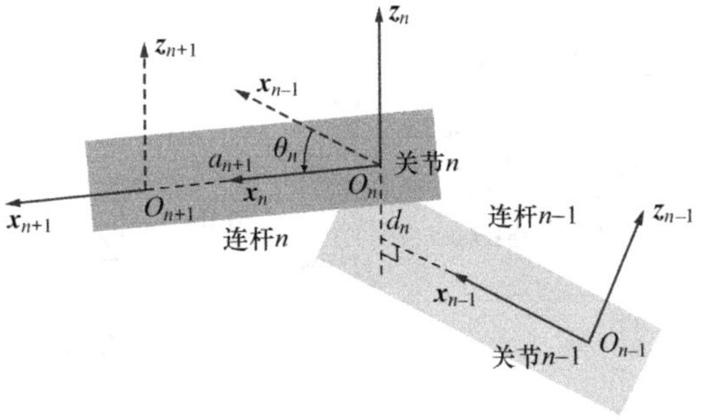

图14.4　已测点 O_{n+1} 通过增加坐标系 $n+1$ 定位在末端

通过变换 $^{-1}\boldsymbol{T}_{n+1}={}^{-1}\boldsymbol{T}_0\cdots{}^{n}\boldsymbol{T}_{n+1}$，测量点的位置 $^{-1}\boldsymbol{p}_{n+1}$ 相对相机的坐标被提取出来。将各个未知运动学参数集合成向量 $\boldsymbol{a}$，$\boldsymbol{d}$，$\boldsymbol{\alpha}$，$\boldsymbol{\theta}$ 和 $\boldsymbol{\beta}$，合并成参数向量 $\boldsymbol{\phi}=\{\boldsymbol{a}, \boldsymbol{d}, \boldsymbol{\alpha}, \boldsymbol{\theta}, \boldsymbol{\beta}\}$。非线性运动学模型与式（14.2）类似

$$^{-1}\boldsymbol{p}_{n+1}^{l}=\boldsymbol{f}(\boldsymbol{q}^{l},\boldsymbol{\phi}),l=1,\cdots,P \qquad (14.12)$$

式中，$\boldsymbol{q}^l$ 是姿态 l 关节变量向量。为了把这个方程线性化成式（14.6）的形式，计算出相关的雅可比方程为

$$\Delta{}^{-1}\boldsymbol{p}^l_{n+1} = {}^{-1}\boldsymbol{p}^l_{n+1} - {}^{-1}\boldsymbol{p}^l_{n+1,c} = \boldsymbol{J}^l\Delta\boldsymbol{\phi}$$
$$= (\boldsymbol{J}^l_a\ \boldsymbol{J}^l_d\ \boldsymbol{J}^l_\alpha\ \boldsymbol{J}^l_\theta\ \boldsymbol{J}^l_\beta)\begin{pmatrix}\Delta\boldsymbol{a}\\ \Delta\boldsymbol{d}\\ \Delta\boldsymbol{\alpha}\\ \Delta\boldsymbol{\theta}\\ \Delta\boldsymbol{\beta}\end{pmatrix} \tag{14.13}$$

式中，每个参数的雅可比矩阵一个典型的列 I 是从螺杆参数得到的，就像其他每一个参数代表了一个主动关节（见1.8.1节）。

$$\boldsymbol{J}^l_{a_i} = \begin{cases} {}^{-1}\boldsymbol{x}^l_{i-1} & \text{DH} \\ {}^{-1}\boldsymbol{x}'^l_{i-1} & \text{Hayati}\end{cases} \tag{14.14}$$

$$\boldsymbol{J}^l_{d_i} = {}^{-1}\boldsymbol{z}^l_i \tag{14.15}$$

$$\boldsymbol{J}^l_{\alpha_i} = \begin{cases} {}^{-1}\boldsymbol{x}^l_{i-1} \times {}^{-1}\boldsymbol{d}^l_{i-1,n+1} & \text{DH} \\ {}^{-1}\boldsymbol{x}'^l_{i-1} \times {}^{-1}\boldsymbol{d}^l_{i-1,n+1} & \text{Hayati}\end{cases} \tag{14.16}$$

$$\boldsymbol{J}^l_{\theta_i} = {}^{-1}\boldsymbol{z}^l_i \times {}^{-1}\boldsymbol{d}^l_{i,n+1} \tag{14.17}$$

$$\boldsymbol{J}^l_{\beta_i} = {}^{-1}\boldsymbol{y}^l_{i-1} \times {}^{-1}\boldsymbol{d}^l_{i-1,n+1} \tag{14.18}$$

式中，${}^{-1}\boldsymbol{d}^{\ l}_{i,n+1} = {}^{-1}\boldsymbol{R}^l_i\,\boldsymbol{p}_{n+1}$ 是坐标系 -1 的原点。将所有姿态下的方程（14.13）排列起来得到最终的估计形式

$$\Delta{}^{-1}\boldsymbol{p}_{n+1} = \boldsymbol{J}\Delta\boldsymbol{\phi} \tag{14.19}$$

它对应式（14.7），并由最小二乘求解 $\Delta\boldsymbol{\phi}$，通过迭代求解 $\boldsymbol{\phi}$。

（2）全位姿测量　假设测量了连杆 n 中的坐标系 $n+1$（见图14.5）。坐标系 n 通常是完整的，6个来定位坐标系 $n+1$ 的已标定的参数是 d_n，α_n，θ_n，a_{n+1}，d_{n+1} 和 θ_{n+1}。如果 $\boldsymbol{z}_{n+1}$ 是几乎与 $\boldsymbol{z}_n$ 平行的，这个轴可以简单的变换到其他的轴，如 $\boldsymbol{y}_{n+1}$，来避免使用 Hayati 参数。

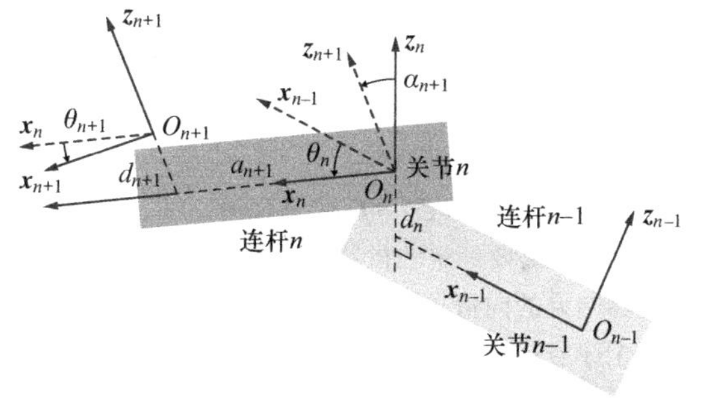

图14.5　末端连杆坐标系 $n+1$ 的全位姿测量

除了位置方程（14.12）以外，坐标系 $n+1$ 的方向方程

$${}^{-1}\boldsymbol{R}^l_{n+1} = \boldsymbol{F}(\boldsymbol{q}^l,\boldsymbol{\phi}),\ l = 1,\cdots,P \tag{14.20}$$

由 ${}^{-1}\boldsymbol{T}_{n+1}$ 提取，其中 $\boldsymbol{F}$ 是一个矩阵。将这个方程线性化可以得到

$$\Delta{}^{-1}\boldsymbol{R}^l_{n+1} = {}^{-1}\boldsymbol{R}^l_{n+1} - {}^{-1}\boldsymbol{R}^l_{n+1,c}$$
$$= \Delta{}^{-1}\boldsymbol{\rho}^l_{n+1} \times {}^{-1}\boldsymbol{R}^l_{n+1,c}$$
$$S(\Delta{}^{-1}\boldsymbol{\rho}^l_{n+1}) = ({}^{-1}\boldsymbol{R}^l_{n+1} - {}^{-1}\boldsymbol{R}^l_{n+1,c})({}^{-1}\boldsymbol{R}^l_{n+1,c})^{\mathrm{T}} \tag{14.21}$$

式中，$\Delta{}^{-1}\boldsymbol{\rho}^l_{n+1}$ 是差分的正交旋转，它是对应角速度向量的有限差分。继续这样的推导，与之前空间速度（见1.8节）的雅可比矩阵类似，雅可比矩阵用来表示参数变化 $\Delta\boldsymbol{\phi}$ 对于位置 $\Delta{}^{-1}\boldsymbol{p}^l_{n+1}$ 和方向 $\Delta{}^{-1}\boldsymbol{\rho}^l_{n+1}$ 的混合效果：

$$\begin{pmatrix}\Delta{}^{-1}\boldsymbol{p}^l_{n+1}\\ \Delta{}^{-1}\boldsymbol{\rho}^l_{n+1}\end{pmatrix} = \boldsymbol{J}^l\Delta\boldsymbol{\phi} \tag{14.22}$$

与式（14.13）相比，雅可比矩阵 $\boldsymbol{J}^l$ 现在有6行，每个参数的 Jacobians 是：

$$\boldsymbol{J}^l_{a_i} = \begin{cases} \begin{pmatrix}{}^{-1}\boldsymbol{x}^l_{i-1}\\ \boldsymbol{0}\end{pmatrix} & \text{DH} \\ \begin{pmatrix}{}^{-1}\boldsymbol{x}'^l_{i-1}\\ \boldsymbol{0}\end{pmatrix} & \text{Hayati}\end{cases} \tag{14.23}$$

$$\boldsymbol{J}^l_{d_i} = \begin{pmatrix}{}^{-1}\boldsymbol{z}^l_i\\ \boldsymbol{0}\end{pmatrix} \tag{14.24}$$

$$\boldsymbol{J}^l_{\alpha_i} = \begin{cases} \begin{pmatrix}{}^{-1}\boldsymbol{x}^l_{i-1} \times {}^{-1}\boldsymbol{d}^l_{i-1,n+1}\\ {}^{-1}\boldsymbol{x}^l_{i-1}\end{pmatrix} & \text{DH} \\ \begin{pmatrix}{}^{-1}\boldsymbol{x}'^l_{i-1} \times {}^{-1}\boldsymbol{d}^l_{i-1,n+1}\\ {}^{-1}\boldsymbol{x}'^l_{i-1}\end{pmatrix} & \text{Hayati}\end{cases} \tag{14.25}$$

$$\boldsymbol{J}^l_{\theta_i} = \begin{pmatrix}{}^{-1}\boldsymbol{z}^l_i \times {}^{-1}\boldsymbol{d}^l_{i,n+1}\\ {}^{-1}\boldsymbol{z}^l_i\end{pmatrix} \tag{14.26}$$

$$\boldsymbol{J}^l_{\beta_i} = \begin{pmatrix}{}^{-1}\boldsymbol{y}^l_{i-1} \times {}^{-1}\boldsymbol{d}^l_{i-1,n+1}\\ {}^{-1}\boldsymbol{y}^l_{i-1}\end{pmatrix} \tag{14.27}$$

跟上面一样，$\Delta\boldsymbol{\phi}$ 用最小二乘法获得，$\boldsymbol{\phi}$ 通过迭代求得。

2. 闭环检测

末端执行器位置和方向的物理约束可以代替测量。物理约束的位置定义了参照坐标系；末端位置或方向的测量因此可以定义为零。由于错误运动学模型引起的物理约束的偏差表现为参照坐标系上的移位。类似于点式测量和全位姿测量，闭环方法也有点约束和全位姿约束。

（1）点约束　假设末端执行器有一个尖头与环境中的一个固定的点接触。尖头的方向能通过改变关节的角度来改变，只要接触点不改变。前文中，点式测

量的测量系统定义了参照坐标系 -1（见图 14.3），末端执行器坐标系 $n+1$ 原点 O_{n+1} 已测知（见图 14.4）。现在参照坐标系的原点 O_0 标记为 0 且与 O_{n+1} 重合（见图 14.6）。因为一个点相对于坐标系 1 定位仅需三个参数：a_1，d_1，和 θ_1，所以不需要额外的坐标系 -1。任意选择 $\alpha_1=0$，就是说，z_0 与 z_1 平行。

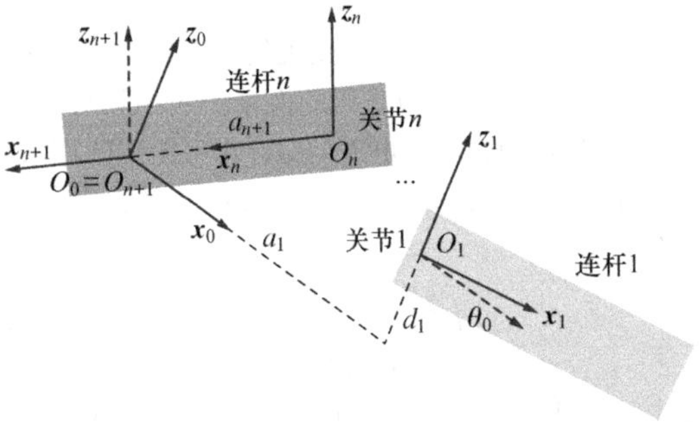

图 14.6　固定点接触（设定 $\boldsymbol{O}_0=\boldsymbol{O}_{n+1}$）

不同的可以维持点接触的姿态可以手动产生，或者使用动力控制自动产生。与式（14.13）相比，测量的位置定义为${}^0\boldsymbol{p}^l_{n+1}=0$，线性化的标定方程可以简单的写成：

$$\Delta\,{}^{-1}\boldsymbol{p}^l_{n+1}=-{}^{-1}\boldsymbol{p}^l_{n+1,c}=\boldsymbol{J}^l\Delta\boldsymbol{\phi} \qquad (14.28)$$

可产生的姿态总数由于开环标定影响可辨识性而受限。

（2）全位姿约束　与全位姿测量（见图 14.5）类似，末端连杆可能完全受限与环境紧密贴合。如果机器人是冗余的（第 11 章），姿态能通过本身的动作产生。产生这样的姿态要求完成末端力/力矩传感或者关节力矩传感。

由于跟地面严密的接触，末端连杆可以被视为地面的一部分，因此该系统比点固定的情况需要更少的坐标系。图 14.7 显示了一个设置坐标系的方法，设定了坐标系 0 和 n。轴 $\boldsymbol{z}_0$ 与轴 $\boldsymbol{z}_n$ 相等且重合。$\boldsymbol{z}_0$ 和 $\boldsymbol{z}_1$ 的相同标准设定了原点 O_0 和轴 $\boldsymbol{x}_0$。坐标系 n 通过定义 $O_n=O_0$ 和 $\boldsymbol{x}_n=\boldsymbol{x}_0$ 完成。为了标定产生了 6 个参数结果，它们必须联系坐标系 n 和坐标系 0：θ_n，d_n，α_1，a_1，d_1，和 θ_1。

与式（14.28）类似，在序号调整之后，定义已测量的位置${}^0\boldsymbol{p}^l_n=0$，则线性化的位置标定方程为

$$\Delta^0\boldsymbol{p}^l_n=-{}^0\boldsymbol{p}^l_{n,c} \qquad (14.29)$$

注意到方向的误差式（14.21），已测量的方向${}^0\boldsymbol{R}^l_n=\boldsymbol{I}$ 单位矩阵，在序号调整之后。

$$\boldsymbol{S}(\Delta^0\boldsymbol{\rho}^l_n)=(\boldsymbol{I}-{}^0\boldsymbol{R}^l_{n,c})({}^0\boldsymbol{R}^l_{n,c})^{\mathrm{T}}=({}^0\boldsymbol{R}^l_{n,c})^{\mathrm{T}}-\boldsymbol{I} \qquad (14.30)$$

然后像在全位姿测量中一样应用误差方程（14.22），

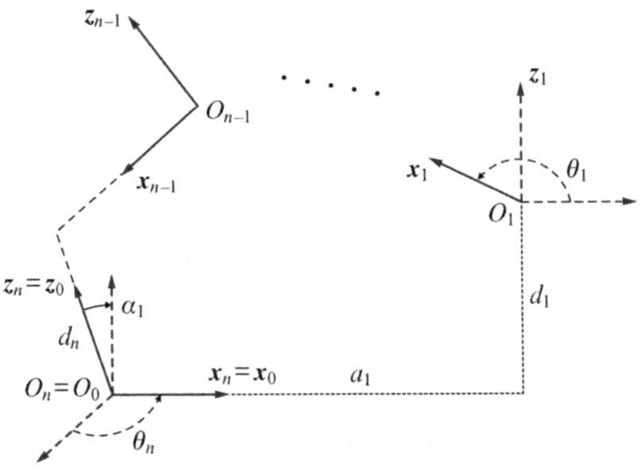

图 14.7　全约束的末端连杆（设定$\boldsymbol{O}_0=\boldsymbol{O}_n$）

在序号调整之后。可产生的姿态总数由于开环标定影响可辨识性而受限。

14.2.2　并联机器操作手标定

并联机器操作手由多个闭环组成，前面一节所述方法可以直接扩展到标定并联机器人。比起对并联合串联机器人用不同的方法，对不同的情况和不同环节安排的标定方程重新进行复杂的推导，*Hollerbach* 和 *Wampler*[14.8] 提出了一种统一的方法叫做标定指数，它把所有的标定问题视为闭环标定问题。通过把末端执行器测量视为一个关节，可以把开环标定包括在闭环标定之内。所有的测量，从关节到测量系统，都使用同样的脚标，都看作没有检测的关节，包括没有检测的姿态成分、被动的环境约束，或者链中没有传感器的关节。在平行连杆机构中，列出足够数量的闭环方程来描绘运动学性质，并且在每个姿态合并起来。因为闭环方程是所有测量的隐函数，*Wampler* 等[14.2] 把这种标定方法叫做隐含环路方法。

图 14.8 阐明了这个方法应用在一个立体相机测量系统中测量一个未标定的机器人的末端执行器上的一个 3-D 坐标。右边是相机系统用棱柱支架代替，代表一个六自由度的关节，提供了等效 3-D 坐标测量。结果是一个闭环机构。第 $i(i=1,\cdots,P)$ 个姿态的运动学闭环方程 $\boldsymbol{f}$ 为：

$$\boldsymbol{f}^i(\boldsymbol{\phi})\equiv\boldsymbol{f}(\boldsymbol{x}^i,\boldsymbol{\phi})=\boldsymbol{0} \qquad (14.31)$$

式中，$\boldsymbol{\phi}$ 是需要标定的机器人参数的向量；$\boldsymbol{x}^i$ 是关节传感器结果的向量；$\boldsymbol{f}^i$ 包含了传感器读数 $\boldsymbol{x}^i$ 所以被给定一个序号；联合 P 个位姿的式（14.31）写成一个矩阵形式

$$\boldsymbol{f}(\boldsymbol{\phi})=(\boldsymbol{f}^{1\mathrm{T}}\cdots\boldsymbol{f}^{P\mathrm{T}})^{\mathrm{T}}=\boldsymbol{0} \qquad (14.32)$$

围绕参数标称值线性化（14.32）

$$\Delta\boldsymbol{f}=\frac{\partial\boldsymbol{f}}{\partial\boldsymbol{\phi}}\Delta\boldsymbol{\phi}=\boldsymbol{A}\Delta\boldsymbol{\phi} \qquad (14.33)$$

式中，$\Delta \boldsymbol{f}$ 是计算的闭环方程的对零的偏差；$\boldsymbol{A}$ 是单位雅可比矩阵，$\Delta \boldsymbol{\phi}$ 是要用于当前参数估计的修正值。标定问题可通过使用迭代最小二乘来最小化 $\Delta \boldsymbol{f}$ 求解。

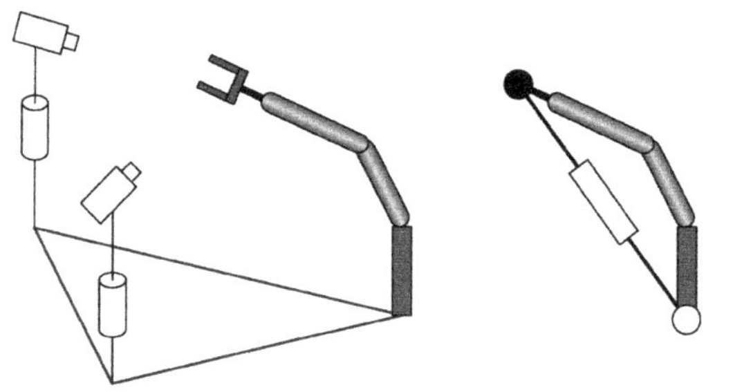

图 14.8　外部测量系统用六自由度的关节模拟

1. 标定指数

运动学标定的基础是计算使用运动学模型定位一个机器操作手的误差。此误差可能与外部计量系统的测量有关（开环方法），或者与物理约束（如与平面接触）有关（闭环方法）。外部计量系统可以测量位姿的所有 6 个分量或者其中几个，如末端的一个点（3 个分量）。同样，物理约束可以限制位姿的 1～6 个分量。约束和测量可能混合出现。约束和测量的数目决定了每个位姿可获得多少可用来标定的标量方程。

标定参数 C 确定了每个位姿的方程个数。这种分析对串行联动是很直接的，但是对平行联动来说推出每个位姿的方程个数比较困难。

$$C = S - M \tag{14.34}$$

式中，S 是传感器指数；M 是活动性指数。活动性指数[14.17]描述了标定设定中的自由度。

$$M = 6n - \sum_{i=1}^{N_J} n_i^c \tag{14.35}$$

式中，n 是连杆的个数；N_J 是关节的个数；n_i^c 是关节 i 的约束的个数。n 包括了任意额外连接到机器人的连杆，限制或者测量它的运动。N_J 包括任何为了标定附加联动的关节。对于转动或者棱柱关节，$n_i^c = 5$；然而对于球状关节，$n_i^c = 3$。对一个测量自由移动的末端执行器的外部测量系统 $n_{NJ}^c = 0$，末端的刚性附件 $n_{NJ}^c = 6$。一般而言式（14.35）是准确的，但是也有一些例外，特殊或者退化机制引起的必须具体分析的个例（见第 12 章）。

传感器指数 S 是关节上所有传感器的个数

$$S = \sum_{i=1}^{N_J} S_i \tag{14.36}$$

式中，S_i 是关节 i 上感测的自由度个数。通常驱动关节的 $S_i = 1$，而全位姿测量的末段关节 N_J 的 $S_{NJ} = 6$。对于没有感测的关节，如被动环境运动，$S_i = 0$。

如果 P 是位姿的个数，CP 就是标定过程中的方程总数。很清楚地，较大的 C 意味着需要较少的位姿，其他的不变。对于单链的情况，包含了一系列感知的低阶机器关节（$S_i = 1$，$n_i^c = 5$，$i = 1, \cdots, N_J - 1$）和连接末端执行器到地面的末端关节（S_{NJ}，n_{NJ}^c），由式 14.34 和式 14.35 可得到

$$C = S_{NJ} + n_{NJ}^c \tag{14.37}$$

根据标定指数，使用末端全约束与全位姿测量是等效的运动标定。有一个潜在的问题是末端约束系统可用的位姿范围比较小，除此，两者的机制是一样的。

2. 串联标定方法的分类

基于不同的位姿测量或末端约束有很多种标定方法。这些方法根据标定指数 C、n_{NJ}^c 和 S_{NJ} 的值分类如下：

1）$C = 6$。$n_{NJ}^c = 0$，$S_{NJ} = 6$ 对应全位姿测量。$n_{NJ}^c = 6$，$S_{NJ} = 0$ 对应末端附件严格固定的情况，即全约束。

2）$C = 5$。$n_{NJ}^c = 0$，$S_{NJ} = 5$ 对应 5 个自由度的位姿测量[14.14]。$n_{NJ}^c = 5$，$S_{NJ} = 0$ 对应 5 个自由度的末端约束，例如未感知的被动铰链关节机器人[14.18]。

3）$C = 4$。关于 $C = 4$ 的情况尚无发表的方法。

4）$C = 3$。$n_{NJ}^c = 0$，$S_{NJ} = 3$ 对应 3 个自由度的位姿测量。$n_{NJ}^c = 3$，$S_{NJ} = 0$ 对应 3 个自由度的末端约束。

5）$C = 2$。$n_{NJ}^c = 0$，$S_{NJ} = 2$ 对应两个自由度的位姿测量，如单个经纬仪 [14.12]。$n_{NJ}^c = 2$，$S_{NJ} = 0$ 对应两个自由度的末端约束。沿着直线的运动提供了两个自由度的约束[14.19]。

6）$C = 1$。$n_{NJ}^c = 1$，$S_{NJ} = 0$ 对应仅有一个自由度的测量，线性换能器如线性差动变压器（LVDT）[14.9]或者滑线电位计[14.10]。$n_{NJ}^c = 1$，$S_{NJ} = 0$ 对应平面约束[14.20]。

3. 并联标定方法的分类

要标定并联机器人，需要给每个环路 j 写一个闭环方程：

$$\boldsymbol{0} = \boldsymbol{f}_j(\boldsymbol{\phi}) \tag{14.38}$$

将所有环路的方程合并。问题是要消去未感测的自由度。基于环路的个数应用标定指数的方法。

1）两个环路。两个环路的机制包含三个臂或轴，连接到一个公共的平台上。例如 RSI Research Ltd. 的手动控制器[14.21]，应用了三个六自由度的臂，每个臂有三个感测的关节。这种机制的活动性是 $M = 6$。由于 $S = 9$，所以 $C = 3$，闭环检测是可能的。

2）4 个环路。*Nahvi* 等[14.22]标定了一个球形肩

关节，由四个柱形轴冗余地驱动（见图14.9）。

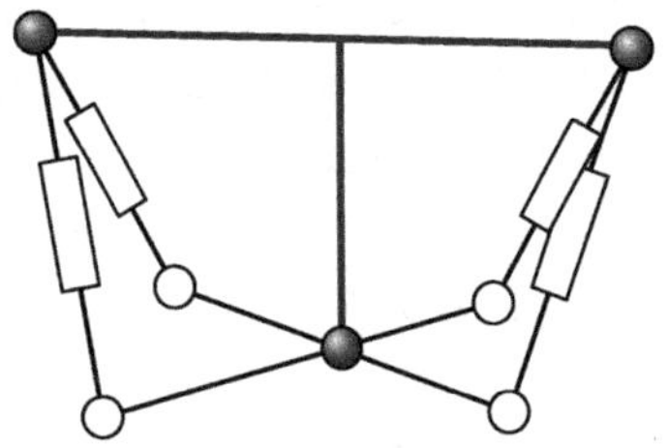

图14.9　冗余的平行驱动肩关节

此外，平台约束为绕球转动。对应4条轴，形成了4个运动环路。对于这个系统，$M=3$，$S=4$，所以$C=1$。因此自标定是可以的。如果没有额外的那条腿和它所提供的传感，$C=0$则不能进行标定。

3）5个环路。*Wampler*等[14.2]使用闭环方法标定了六轴运动平台（$M=6$）。除了轴的长度，一个轴的所有角度也测量了（$S=11$）。增加额外传感是为了产生一个唯一的正向运动解。然而另一个好处是，由于$C=5$，可以进行闭环标定。对于一个没有安装传感器的普通的六轴运动平台，$S=6$，所以$C=0$，需要外部位姿测量。例如，通过全位姿测量$S=12$，$C=6$。参考文献［14.23］中使用了全位姿测量。

14.3　惯性参数估计

一个刚体i有10个惯性参数：质量m_i、相对于原点O_0的质心$\boldsymbol{r}_{0i}$和相对于原点O_i的对称惯性矩阵$\boldsymbol{I}_i$（见图14.10）。刚体可以是末端执行器的负载，或者机器人自身的一个连杆。通过产生一个轨迹以及测量力或者力矩并结合速度和加速度，一部分或者所有的惯性参数可以估计出来。

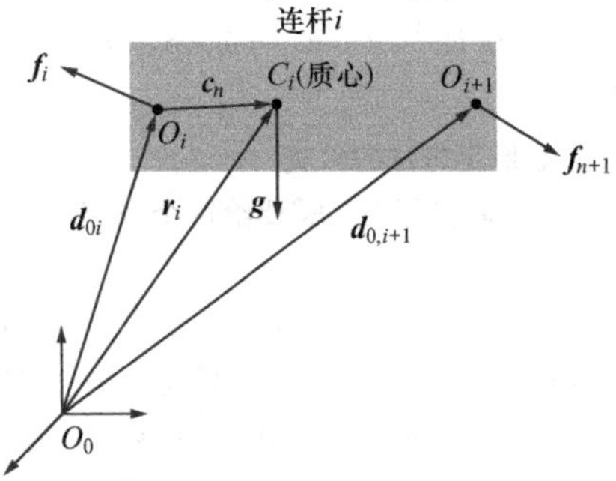

图14.10　一个中间连杆i重心的位置和力/力矩约束

14.3.1　负载惯性参数估计

从负载惯性参数估计开始，为连杆惯性参数估计设定了平台。假设有一个腕安装的六轴力/力矩传感器，并且设计了合适的滤波器来估计每个关节i的速度$\dot{\theta}_i$和加速度$\ddot{\theta}_i$。

参数估计的过程包括：

1）构造负载动态的Newton-Euler方程来揭示与惯性参数的线性相关，

2）使用一般的最小二乘法估计参数。

1. 负载动态

运动学上，力矩传感器是末端连杆n的一部份，安装在关节轴z_n和原点O_n附近。传感器提供了相对于本身坐标系$n+1$的读数（见图14.11）。末端连杆的其他部分附在力矩传感器的柄上，所以力矩传感器测量末端连杆的负载，但是不包括连杆本身。力矩传感器参照系的加速度必须基于对原点O_n的偏移量来计算，但是我们忽略复杂性而假设传感器的原点O_{n+1}与点O_n重合。

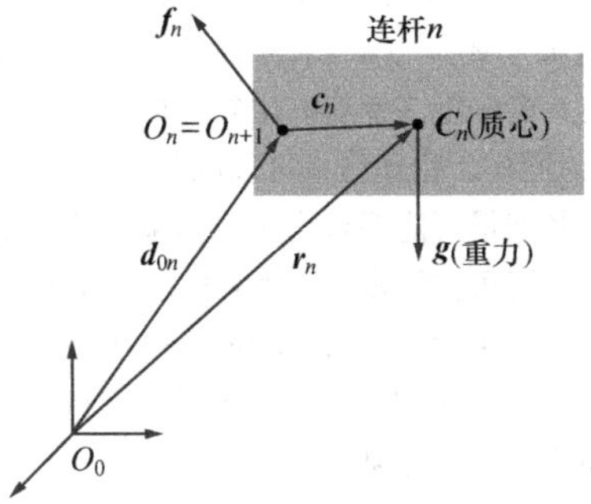

图14.11　末端连杆的动态特性

连杆n的质心定义为C_n，相对于基座原点O_0定位为$\boldsymbol{r}_n=C_n-O_0$，以及相对于连杆n的原点O_n定位为$\boldsymbol{c}_n=C_n-O_n$。所有向量和矩阵在坐标系n中表达。坐标系n相对原点O_n的质心位置$\boldsymbol{c}_n$和惯性矩阵$\boldsymbol{I}_n$是常数。力矩传感器测量传感器坐标系原点O_n处空间的力$\boldsymbol{f}_n$，但是读数假定为变换到连杆n坐标系。

从第2章式（2.33）可得，关于O_n的Newton-Euler方程为

$$\boldsymbol{f}_n=\boldsymbol{I}_n\boldsymbol{a}_n+\boldsymbol{v}_n\times\boldsymbol{I}_n\boldsymbol{v}_n \tag{14.39}$$

将空间惯性$\boldsymbol{I}_n$，空间加速度$\boldsymbol{a}_n$和空间速度$\boldsymbol{v}_n$代入式（14.39），则右边的第一项变为：

$$\boldsymbol{I}_n\boldsymbol{a}_n=\begin{pmatrix}\bar{\boldsymbol{I}}_n & m_n\boldsymbol{S}(\boldsymbol{c}_n)\\ m_n\boldsymbol{S}(\boldsymbol{c}_n)^{\mathrm{T}} & m_n\boldsymbol{1}\end{pmatrix}\begin{pmatrix}\dot{\boldsymbol{\omega}}_n\\ \dot{\boldsymbol{v}}_n\end{pmatrix}$$

$$=\begin{pmatrix}\bar{\boldsymbol{I}}_n\dot{\boldsymbol{\omega}}_n+m_n\boldsymbol{S}(\boldsymbol{c}_n)(\ddot{\boldsymbol{d}}_{0n}-\boldsymbol{\omega}_n\times\boldsymbol{v}_n)\\ m_n\boldsymbol{S}(\boldsymbol{c}_n)^{\mathrm{T}}\dot{\boldsymbol{\omega}}_n+m_n(\ddot{\boldsymbol{d}}_{0n}-\boldsymbol{\omega}_n\times\boldsymbol{v}_n)\end{pmatrix}$$

代入$\dot{\boldsymbol{v}}_n=\ddot{\boldsymbol{d}}_{0n}-\boldsymbol{\omega}_n\times\boldsymbol{v}_n$，右边第二项变为：

$$\boldsymbol{v}_n \times \boldsymbol{I}_n \boldsymbol{v}_n = \begin{pmatrix} S(\boldsymbol{\omega}_n) & S(\boldsymbol{v}_n) \\ 0 & S(\boldsymbol{\omega}_n) \end{pmatrix} \times \begin{pmatrix} \bar{\boldsymbol{I}}_n & m_n S(\boldsymbol{c}_n) \\ m_n S(\boldsymbol{c}_n)^{\mathrm{T}} & m_n \boldsymbol{1} \end{pmatrix} \begin{pmatrix} \boldsymbol{\omega}_n \\ \boldsymbol{v}_n \end{pmatrix} = \begin{pmatrix} S(\boldsymbol{\omega}_n)\bar{\boldsymbol{I}}_n \boldsymbol{\omega}_n + m_n S(\boldsymbol{c}_n) S(\boldsymbol{\omega}_n) \boldsymbol{v}_n \\ S(\boldsymbol{\omega}_n) m_n S(\boldsymbol{c}_n)^{\mathrm{T}} \boldsymbol{\omega}_n + S(\boldsymbol{\omega}_n) m_n \boldsymbol{v}_n \end{pmatrix}$$

合并，并简化得到

$$\boldsymbol{f}_n = \begin{pmatrix} \bar{\boldsymbol{I}}_n \dot{\boldsymbol{\omega}}_n + S(\boldsymbol{\omega}_n)\bar{\boldsymbol{I}}_n \boldsymbol{\omega}_n - S(\ddot{\boldsymbol{d}}_{0n}) m_n \boldsymbol{c}_n \\ m_n \ddot{\boldsymbol{d}}_{0n} + S(\dot{\boldsymbol{\omega}}_n) m_n \boldsymbol{c}_n + S(\boldsymbol{\omega}_n) S(\boldsymbol{\omega}_n) m_n \boldsymbol{c}_n \end{pmatrix} \tag{14.40}$$

式中，质量矩 $m_n\boldsymbol{c}_n$ 作为合并中需要估计的数量出现。然而，因为质量 m_n 是分别地从 $m_n\ddot{\boldsymbol{d}}_{0n}$ 这项估计的，质心 $\boldsymbol{c}_n$ 可以提取出来。明确考虑重力 $\boldsymbol{g}$，我们随后将 $\ddot{\boldsymbol{d}}_{0n}-\boldsymbol{g}$ 代入 $\ddot{\boldsymbol{d}}_{0n}$。

为了制定估计算法，通过腕式传感器测量的力和力矩必需在几何参数和未知的惯性参数的乘积里表达。根据以下符号，惯性矩阵的元素矢量化为 $\boldsymbol{l}(\bar{\boldsymbol{I}}_n)$：

$$\bar{\boldsymbol{I}}_n \boldsymbol{\omega}_n = \begin{pmatrix} \omega_1 & \omega_2 & \omega_3 & 0 & 0 & 0 \\ 0 & \omega_1 & 0 & \omega_2 & \omega_3 & 0 \\ 0 & 0 & \omega_1 & 0 & \omega_2 & \omega_3 \end{pmatrix} \begin{pmatrix} I_{11} \\ I_{12} \\ I_{13} \\ I_{22} \\ I_{23} \\ I_{33} \end{pmatrix} \equiv \boldsymbol{L}(\omega_n)\boldsymbol{l}(\bar{\boldsymbol{I}}_n)$$

其中，$\boldsymbol{L}(\boldsymbol{\omega}_n)$ 是 3×6 的角速度矩阵，且

$$\bar{\boldsymbol{I}}_n = \begin{pmatrix} I_{11} & I_{12} & I_{13} \\ I_{12} & I_{22} & I_{23} \\ I_{13} & I_{23} & I_{33} \end{pmatrix}$$

用这些表达式，式（14.40）可以写为

$$\boldsymbol{f}_n = \begin{pmatrix} \boldsymbol{0} & -S(\ddot{\boldsymbol{d}}_{0n}) & \boldsymbol{L}(\dot{\omega}_n) + S(\omega_n)\boldsymbol{L}(\omega_n) \\ \ddot{\boldsymbol{d}}_{0n} & S(\dot{\omega}_n) + S(\omega_n)S(\omega_n) & \boldsymbol{0} \end{pmatrix} \times \begin{pmatrix} m_n \\ m_n\boldsymbol{c}_n \\ \boldsymbol{l}(\bar{\boldsymbol{I}}_n) \end{pmatrix}$$

或更简洁地

$$\boldsymbol{f}_n = \boldsymbol{A}_n \boldsymbol{\phi}_n \tag{14.41}$$

式中，$\boldsymbol{A}_n$ 是一个 6×10 的矩阵；$\boldsymbol{\phi}_n$ 是10个线性出现的未知惯性参数的向量。

2. 参数估计

矩阵 $\boldsymbol{A}_n$ 里的元素直接通过从测量到的关节角度、估计的关节速度和加速度进行运动学计算得到。关节速度和加速度的估计值通过关节角度数据进行带通滤波得到[14.24]。向量 $\boldsymbol{f}_n$ 的元素直接用腕式力传感器测量得到。为了在有噪声的情况下进行稳定的估计，大量的数据点通过沿着适当的轨迹移动机器操作手获得。增广矩转 $\boldsymbol{f}_n$ 和 $\boldsymbol{A}_n$ 为

$$\boldsymbol{A} = \begin{pmatrix} \boldsymbol{A}_n^1 \\ \vdots \\ \boldsymbol{A}_n^P \end{pmatrix} \quad \boldsymbol{f} = \begin{pmatrix} \boldsymbol{f}_n^1 \\ \vdots \\ \boldsymbol{f}_n^P \end{pmatrix} \tag{14.42}$$

式中，P 是数据的数目。

$\boldsymbol{\phi}$ 的最小二乘估计为

$$\hat{\boldsymbol{\phi}} = (\boldsymbol{A}^{\mathrm{T}}\boldsymbol{A})^{-1}\boldsymbol{A}^{\mathrm{T}}\boldsymbol{f} \tag{14.43}$$

式（14.43）也可以以递归的形式表达并进行在线估计。为了识别物体，得到关于质心的惯性是很理想的，这可以通过平行移轴定理实现。特征值分析可以把惯性矩阵对角化来揭示主要的轴和惯性。

14.3.2 连杆惯性参数估计

通过把每个连杆 i 作为负载对待，前面的公式可以延伸到连杆惯性参数估计问题。不像负载估计，唯一的传感是关节转矩。缺少全部的力/力矩感应，且基座附近的运动受限，使得找到所有的近端连杆的惯性参数变得不可能。缺少的参数不重要，因为它们没有控制机器手臂的效果。

对于用齿轮连接的电力驱动，关节力矩可以由关节力矩传感器测量（见19.2.4节），或用电动机模型（见6.3节）从电动机的电流估计。大多数机器人没有关节转矩传感器，这种情况下需要关节摩擦。关节摩擦消耗了电动机产生的大部分的转矩。库仑和黏性摩擦是摩擦模型中最重要的组成部分，尽管在关节低转速下 Stribeck 摩擦也必须建模[14.25,26]。

摩擦模型通过一次移动一个关节和关联电动机转矩和转速来估计。由于电动机磁场的未补偿和不均匀[14.27,28]，或者由于齿轮互动的位置互相影响[14.25]，纹波转矩可能也需要建模。

考虑一个有 n 个关节的机器操作手（见图14.10）（只有具有转动关节的机器操作手被考虑，因为柱状关节的处理仅需要对算法进行细微的修改。）。定义 $\boldsymbol{f}_{ij}$ 为仅移动连杆 j 对关节 i 产生的空间力。于是，$\boldsymbol{f}_{ii}$ 是移动关节 i 所在连杆对关节产生的空间力，与式（14.41）相同，只是在矩阵 $\boldsymbol{A}_n$ 中用 i 取代 n

$${}^{i}\boldsymbol{f}_{ii} = {}^{i}\boldsymbol{A}_i \boldsymbol{\phi}_i \tag{14.44}$$

式中，$\boldsymbol{\phi}_i$ 是未知的连杆 i 的惯性参数向量。增加上标 i 表示向量在连杆 i 的坐标系里表示，所以质心 ${}^i\boldsymbol{c}_i$ 和惯性矩阵 ${}^i\boldsymbol{I}_i$ 是常数。

关节 i 全部的空间力 ${}^i\boldsymbol{f}_i$ 是到关节的所有远端连杆的空间力 ${}^i\boldsymbol{f}_{ij}$ 的总和

$$ {}^i\boldsymbol{f}_i = \sum_{j=i}^{n} {}^i\boldsymbol{f}_{ij} \tag{14.45} $$

关节 i 的每个空间力 ${}^i\boldsymbol{f}_{ij}$ 通过转递跨越中间关节远端的空间力 ${}^j\boldsymbol{f}_{jj}$ 确定。使用空间力变换矩阵 ${}^i\boldsymbol{X}_j^{\mathrm{F}}$

$$ {}^i\boldsymbol{f}_{i,i+1} = {}^i\boldsymbol{X}_{i+1}^{\mathrm{F}}\,{}^{i+1}\boldsymbol{f}_{i+1,i+1} = {}^i\boldsymbol{X}_{i+1}^{\mathrm{F}}\,{}^{i+1}\boldsymbol{A}_{i+1}\boldsymbol{\phi}_{i+1} \tag{14.46} $$

为了方便，我们注意到 ${}^i\boldsymbol{X}_i^{\mathrm{F}} = I_{6\times 6}$。为了获得由于第 j 连杆运动产生的第 i 个关节的力和力矩，这些矩阵可以连乘：

$$ {}^i\boldsymbol{f}_{ij} = {}^i\boldsymbol{X}_{i+1}^{\mathrm{F}}\,{}^{i+1}\boldsymbol{X}_{i+2}^{\mathrm{F}}\cdots{}^{j-1}\boldsymbol{X}_j^{\mathrm{F}j}\boldsymbol{f}_{jj} = {}^i\boldsymbol{X}_j^{\mathrm{F}j}\boldsymbol{A}_j\boldsymbol{\phi}_j \tag{14.47} $$

一种串联运动链的上三角矩阵表达可以由式（14.45）和式（14.47）导出

$$ \begin{pmatrix} {}^1\boldsymbol{f}_1 \\ {}^2\boldsymbol{f}_2 \\ \vdots \\ {}^n\boldsymbol{f}_n \end{pmatrix} = \begin{pmatrix} {}^1\boldsymbol{X}_1^{\mathrm{F1}}\boldsymbol{A}_1 & {}^1\boldsymbol{X}_2^{\mathrm{F2}}\boldsymbol{A}_2 & \cdots & {}^1\boldsymbol{X}_n^{\mathrm{F}n}\boldsymbol{A}_n \\ \boldsymbol{0} & {}^2\boldsymbol{X}_2^{\mathrm{F2}}\boldsymbol{A}_2 & \cdots & {}^2\boldsymbol{X}_n^{\mathrm{F}n}\boldsymbol{A}_n \\ \vdots & \vdots & \ddots & \vdots \\ \boldsymbol{0} & \boldsymbol{0} & \cdots & {}^n\boldsymbol{X}_n^{\mathrm{F}n}\boldsymbol{A}_n \end{pmatrix} \begin{pmatrix} \boldsymbol{\phi}_1 \\ \boldsymbol{\phi}_2 \\ \vdots \\ \boldsymbol{\phi}_n \end{pmatrix} \tag{14.48} $$

方程的未知参数是线性的，但是左边由每个关节的全部力-力矩向量组成。因为通常只有关节旋转轴 z_i 的转矩 $\boldsymbol{\tau}_i$ 可以测量，每个空间力 ${}^i\boldsymbol{f}_i$ 必须投影到关节旋转轴，（14.48）简化为

$$ \boldsymbol{\tau} = \boldsymbol{K}\boldsymbol{\phi} \tag{14.49} $$

其中

$$ \tau_i = \begin{pmatrix} z_i \\ \boldsymbol{0} \end{pmatrix} \cdot \boldsymbol{f}_i \qquad \boldsymbol{K}_{ij} = \begin{pmatrix} z_i \\ \boldsymbol{0} \end{pmatrix} \cdot {}^i\boldsymbol{X}_j^{\mathrm{F}j}\boldsymbol{A}_j \qquad \boldsymbol{\phi} = \begin{pmatrix} \boldsymbol{\phi}_1 \\ \vdots \\ \boldsymbol{\phi}_n \end{pmatrix} $$

而且，若 $i>j$，$\boldsymbol{K}_{ij} = \boldsymbol{0}_{1\times 10}$ 对一个 n 连杆的机器操作手，$\boldsymbol{\tau}$ 是一个 $n\times 1$ 的向量，$\boldsymbol{\phi}$ 是一个 $10n\times 1$ 的向量，$\boldsymbol{K}$ 是一个 $n\times 10n$ 的矩阵。

式（14.49）表示了机器操作手在某采样点的动态。有了负载识别，式（14.49）用 P 个数据点增广：

$$ \boldsymbol{K} = \begin{pmatrix} \boldsymbol{K}^1 \\ \vdots \\ \boldsymbol{K}^P \end{pmatrix}, \quad \boldsymbol{\tau} = \begin{pmatrix} \boldsymbol{\tau}^1 \\ \vdots \\ \boldsymbol{\tau}^P \end{pmatrix} $$

式中，$\boldsymbol{\tau}$ 是一个 $nP\times 1$ 的向量；$\boldsymbol{K}$ 是 $nP\times 10n$ 的矩阵。

不幸的是我们不能应用简单的最小二乘估计，因为 $\boldsymbol{K}^{\mathrm{T}}\boldsymbol{K}$ 由于临近连杆自由度的限制和缺少全部力-转矩的传感而导致的失秩变得不可逆。一些惯性参数完全不可辨识，同时另外一些仅能以线性组合的方式被辨识。参数的可辨识性和怎样处理不可辨识的参数将在接下来的内容里讨论。

齿轮式电动机驱动的一个问题是转子惯性。如果未知，转子惯性可以添加到连杆的 10 个需要辨识的惯性参数的名单里[14.29]。对于大的齿轮转子，转子惯性在连杆的惯性成分里占主导地位。

14.3.3 更复杂结构的连杆参数估计

在这节里，我们介绍运动树（生成树）机器人和运动闭环机器人（包括并联机器人）的动态辨识模型。这些模型在惯性参数上是线性的，并且可以用类似于式（14.49）的模型表示，因此这些参数可以用类似的方法进行辨识。

1. 树结构机器人

对于一个具有运动树型结构的 n 连杆的机器人，考虑连杆 j 的惯性参数对不属于基座到该连杆的其他连杆的动态没有影响，动态辨识模型方程（14.48）必须做出修正。对这种结构，与连杆 j 铰接的连杆记为 $p(j)$（j 的母体见第 2 章）。它可能是一个编号为 i 的连杆，$i<j$。这样式（14.48）中矩阵的列里的非零元素代表连杆 j 的惯性参数的系数为

$$ {}^j\boldsymbol{X}_j^{\mathrm{F}j}\boldsymbol{A}_j,\ {}^{p(j)}\boldsymbol{X}_j^{\mathrm{F}j}\boldsymbol{A}_j,\ {}^{p(p(j))}\boldsymbol{X}_j^{\mathrm{F}j}\boldsymbol{A}_j,\cdots,{}^b\boldsymbol{X}_j^{\mathrm{F}j}\boldsymbol{A}_j \tag{14.50} $$

式中，b 是连接连杆 0 到连杆 j 的链上的第一个连杆，因此 $p(b)=0$。

由此，在树型机器人的式（14.49）中有：$\boldsymbol{K}_{ij} = \boldsymbol{0}_{1\times 10}$（如果 $i>j$），或者如果连杆 i 不属于连接连杆 0 到 link$j$ 的集团。这意味着矩阵 $\boldsymbol{K}$ 的右上子阵有一些零的元素。

我们注意到串联结构是树型结构的一个特殊情况，$p(j)=j-1$。因此任意连杆 m，$m<j$ 将属于基座到连杆 j 的链里。

2. 闭环机器人

闭环结构的动态模型可以使用一个等效的生成树得到，打开每个环路的一个关节，然后利用虚功原理：

$$ \boldsymbol{\tau} = \boldsymbol{G}^{\mathrm{T}}\boldsymbol{K}_{\mathrm{tr}}\boldsymbol{\phi}, \quad \boldsymbol{G} = \left(\frac{\partial \boldsymbol{q}_{\mathrm{tr}}}{\partial \boldsymbol{q}_{\mathrm{a}}}\right) \tag{14.51} $$

式中，$\boldsymbol{q}_{\mathrm{a}}$ 是一个 $N\times 1$ 的向量，有 N 个主动关节角度（N 跟 n 不同，是关节的总数）；$\boldsymbol{q}_{\mathrm{tr}}$ 是一个关于生成树结构关节的 $n\times 1$ 的向量。

3. 并联机器人

并联机器人是闭环机器人的特殊情况（见第12章）。它由移动的平台组成，代表终端连杆，用 m 个平行的腿与基座连接。并联机器人的动态模型可以表示为[14.30]：

$$\boldsymbol{\tau} = \boldsymbol{J}^{\mathrm{T}}\boldsymbol{A}_p\boldsymbol{\phi}_p + \sum_{i=1}^{m}\left(\frac{\partial \boldsymbol{q}_i}{\partial \boldsymbol{q}_{\mathrm{a}}}\right)^{\mathrm{T}}\boldsymbol{K}_i\boldsymbol{\phi}_i \qquad (14.52)$$

式中，$\boldsymbol{K}_i\boldsymbol{\phi}_i$ 代表腿 i 的动态模型；$\boldsymbol{K}_i$ 是关于（$\boldsymbol{q}_i$，$\dot{\boldsymbol{q}}_i$，$\ddot{\boldsymbol{q}}_i$），$\boldsymbol{q}_i$ 的函数；$\boldsymbol{q}_i$ 是腿关节 i 角度向量；$\boldsymbol{A}_p\boldsymbol{\phi}_p$ 是平台的 Newton-Euler 空间力依据笛卡儿移动平台变量用式（14.41）计算；$\boldsymbol{J}$ 是并联机器操作手的雅可比矩阵。通过假设生成树结构可以从式（14.51）获得式（14.52）（生成树结构是通过将移动平台从腿上分离来得到的）。

式（14.52）可以重写成

$$\boldsymbol{\tau} = (\boldsymbol{J}^{\mathrm{T}}\boldsymbol{A}_p(\partial \boldsymbol{q}_1/\partial \boldsymbol{q}_{\mathrm{a}})^{\mathrm{T}}\boldsymbol{K}_1\cdots(\partial \boldsymbol{q}_m/\partial \boldsymbol{q}_{\mathrm{a}})^{\mathrm{T}}\boldsymbol{K}_m)\boldsymbol{\phi}_{\mathrm{par}}$$

$$\boldsymbol{\tau} = \boldsymbol{K}_{\mathrm{par}}(\boldsymbol{\omega}_p, \dot{\boldsymbol{v}}_p, \dot{\boldsymbol{\omega}}_p, \boldsymbol{q}_i, \dot{\boldsymbol{q}}_i, \ddot{\boldsymbol{q}}_i)\boldsymbol{\phi}_{\mathrm{par}} \qquad (14.53)$$

其中，$\boldsymbol{\phi}_{\mathrm{par}}$是机器人的惯性参数向量（腿和平台）。

$$\boldsymbol{\phi}_{\mathrm{par}} = \begin{pmatrix} \boldsymbol{\phi}_p \\ \boldsymbol{\phi}_1 \\ \vdots \\ \boldsymbol{\phi}_m \end{pmatrix}$$

通常的情况下机器人的腿是相同的，他们的惯性参数用 $\boldsymbol{\phi}_{\mathrm{leg}}$表示。辨识模型可以重写成如下等式，它极大地减少了需要辨识的惯性参数的数量：

$$\boldsymbol{\tau} = \left(\boldsymbol{J}^{\mathrm{T}}\boldsymbol{A}_p \sum_{i=1}^{m}(\partial \boldsymbol{q}_i/\partial \boldsymbol{q}_{\mathrm{a}})^{\mathrm{T}}\boldsymbol{K}_i\right)\begin{pmatrix} \boldsymbol{\phi}_p \\ \boldsymbol{\phi}_{\mathrm{leg}} \end{pmatrix} \qquad (14.54)$$

直滑翔的并联机器人的辨识参见参考文献［14.31］。

14.4 可辨识性和数值调整

式（14.49）中的一些惯性参数不可辨识不是说它们本质上不可辨识，只是试验设置使得它们不可被辨识。基座附近有限的运动可能通过将整个机器放置到一个六轴移动平台（例如 Stewart-Gough 平台）而被固定。事实上，对于安装在高机动性飞行器（如卫星）上的移动机器人，可能有必要知道全部的惯性模型。可以增加一个额外的传感器，例如加在机器人基座上的一个六轴力/力矩传感器[14.5]，来辨识一些额外（但不是全部）的惯性参数。

一个相似的情况是运动学标定。例如关节模型需要增广来包含齿轮的偏心率、齿轮传输和耦合系数、关节弹性、链接弹性和基座偏差[14.32]。通过使用额外的传感器来测量机器人，例如，在齿轮前后放置关节角度传感器来测量关节的偏差，就可以辨识额外的感兴趣的参数。额外的经纬仪传感可以用来测量基座偏移[14.12]。

试验设置已定，测量结果不可改变的情况，我们不可以追索未知数据，只能想办法解决不可辨识参数的问题，我们在下一节里谈到。另一个问题是参数可能大部分可以辨识，但是数值情况阻碍了它们的准确确定。因此处理一些问题，比如采集数据是否足够，不同单位和幅值的影响等。

14.4.1 可辨识性

根据目标是一个结构化模型还是一个预测模型，有两个主要的处理不可辨识参数的方法。对一个结构化的模型，目标是找到最少的参数集来提供一个有意义的对系统的物理描述，通过消去参数直到所有参数是可辨识的为止。这是通过对原始模型的每个参数的效果做出仔细的评估来实现的。对一个预测模型，目标是匹配输出和输入，这更多的是一个曲线拟合过程。这样最后得到的参数值不一定是有物理意义和准确的。

1. 结构化模型

在开始建模的时候可能可以避免冗余和不可辨识参数。其他时候，不可能提前决定最小参数集时什么，因为系统的复杂性或者数值问题如测量错误或者采集的数据受限。

（1）预先参数消去法 开始建模的时候，选择的参数代表立刻显示模型是否冗余或者最小。对于运动学标定，最小参数集包括转动关节的4个参数和柱状关节的两个参数。关于如何给不同的运动学和传感装置设置 DH/Hayati 参数已在14.2.1节中详述，它还有一个优势是参数集是最小化的（除了关节模型）。一旦完成，可以公式化的应用于任意机器人系统。5个或6个参数的关节模型也被提出，或者为了方便定位连杆坐标系统，或者为了容易建模[14.13,29,33]。有这样的冗余参数设定，必须有额外的步骤来解决冗余引起的数值问题，例如通过减少参数的数目。当有复杂的关节模型包括了之前提到的齿轮效应，导致的大量参数使参数消去问题变得更困难。确定惯性参数最小集也造成了另一种复杂，因为大量的参数不可辨识或者仅以线性组合的方式辨识。此外，模型降阶也是解决此类问题的一个方法。

确定一个最小或基本参数集的两个方法是：

1）不可辨识参数或线性组合参数的数值辨识。

2）象征性测定。

数值辨识包括用回归矩阵运算降阶，通过完整的

QR 分解或者奇异值分解[14.4]。如果运动学或动力学模型是确知的，那么用实际产生的数据进行的模拟会产生一个没有噪声的式（14.3）中的回归矩阵 $\boldsymbol{A}$。对 QR 分解，回归矩阵分解为：

$$\boldsymbol{A}=\boldsymbol{Q}\begin{pmatrix}\boldsymbol{R}\\ \boldsymbol{0}_{MP-N_{\text{par}},N_{\text{par}}}\end{pmatrix} \tag{14.55}$$

式中，$\boldsymbol{Q}$ 是一个 $M\times MP$ 的正交矩阵；$\boldsymbol{R}$ 是 $N_{\text{par}}\times N_{\text{par}}$ 的上三角矩阵；$\boldsymbol{0}_{MP-N\text{par},N\text{par}}$ 是维度为 $MP-N_{\text{par}}\times N_{\text{par}}$ 的零矩阵。理论上，不可辨识参数 ϕ_i 对应矩阵 $\boldsymbol{R}$ 中对角元素 R_{ii} 为零的情况。实际上 $|R_{ii}|$ 被认为是零，如果它小于一个极小值 ζ：

$$\zeta=MP\,\epsilon\max_i|R_{ii}| \tag{14.56}$$

式中，ϵ 是计算机精度[14.34]。其他参数可能以线性组合出现，根据 $\boldsymbol{R}$ 的第 j 行有多少非零元素决定。这些线性组合的解是任意的。一种方法是将线性组合中所有元素变成零而只保留一个，这样结果就是一个预测模型而不是结构化模型了。

基座惯性参数的象征性测定在参考文献[14.35，36]中提出。是用能量计算方法，连杆 j 的总能量用 $\boldsymbol{h}_j\phi_j$ 表达，其中 $\boldsymbol{h}_j$ 是一个行向量，称为总能量函数，它的元素是连杆 j 的角速度和线速度加上重力的运动学表示。邻近连杆的递归关系可写成

$$\boldsymbol{h}_j=\boldsymbol{h}_{j-1}{}^{j-1}\boldsymbol{\lambda}_j+\dot{q}_j\boldsymbol{\eta}_j \tag{14.57}$$

式中，10×10 的矩阵 ${}^{j-1}\boldsymbol{\lambda}_j$ 中的元素是关于定义框架 j 的 DH 参数的函数，而 1×10 行向量 $\boldsymbol{\eta}_j$ 的元素由线速度和角速度决定。这些表达式的详细情况可以在参考文献［14.35，36］中找到。然后建立分组规则来寻找准确的参数线性组合。

树形结构的最小惯性参数集可以使用类似于串联结构的闭环方案获得[14.36]。

式（14.51）中的 $\boldsymbol{K}_{\text{tr}}\boldsymbol{\phi}$ 显示生成树结构的最少参数可以用来计算闭环结果的动态。最少参数通过惯性参数的减少和分组获得。然而，考虑矩阵 $\boldsymbol{G}$，还可以消去或组合额外的参数。平行四边形环的结构可以用闭环形式象征化解决[14.36]。对于一般的闭环，最少参数用数值方法例如 QR 分解来确定。

并联机器人的情况，我们从式（14.52）推论出腿的最少参数可以用来计算 $\boldsymbol{Ki\phi i}$，通过惯性参数的减少和分组获得。然而一些其他参数可以与平台的参数组合。Gough-Stewart 机器人的最小参数在参考文献［14.37］里给出。

（2）数据驱动的参数估计　奇异值分解回归矩阵的方法可以显示哪个参数是不可辨识的，哪个是弱辨识的，哪个是仅可辨识为线性组合的。对 N_{par} 个参数，P 个数据点和每个数据点的 M 维输出测量，回归矩阵 $\boldsymbol{A}$（14.3）或式（14.7）可以分解为：

$$\boldsymbol{A}=\boldsymbol{U\Sigma V}^{\text{T}} \tag{14.58}$$

式中，$\boldsymbol{U}$ 是一个 $MP\times MP$ 正交矩阵；$\boldsymbol{V}$ 是一个 $N_{\text{par}}\times N_{\text{par}}$ 的正交矩阵；$\boldsymbol{\Sigma}$ 是 $MP\times N_{\text{par}}$ 的奇异值矩阵。

$$\boldsymbol{\Sigma}=\begin{pmatrix}\boldsymbol{S}\\ \boldsymbol{0}_{MP-N_{\text{par}},N_{\text{par}}}\end{pmatrix} \tag{14.59}$$

式中，$\boldsymbol{S}=\text{diag}(\mu_1,\cdots,\mu_r,0,\cdots,0)$，是 $N_{\text{par}}\times N_{\text{par}}$ 排序奇异矩阵；μ_1 是最大非零奇异值；μ_r 是最小非零奇异值。可能有 $N_{\text{par}}-r$ 个为零的奇异值 $\mu_{r+1}=\cdots=\mu_{N\text{par}}=0$。

特别是当使用复杂的关节模型包含了灵活度、间隙，以及齿轮偏心时，不清楚是否所有的参数都可以被估计。保持不好的辨识参数将降低标定的鲁棒性；这些参数由为零或者非常小的奇异值指出。式（14.7）在式（14.58）上的扩展为：

$$\Delta\boldsymbol{y}=\sum_{j=1}^{r}\mu_j(\boldsymbol{v}_j^{\text{T}}\Delta\boldsymbol{\phi})\boldsymbol{u}_j \tag{14.60}$$

式中，$\boldsymbol{u}_j$ 和 $\boldsymbol{v}_j$ 是矩阵 $\boldsymbol{U}$ 和 $\boldsymbol{V}$ 的第 j 行。对于零和小的奇异值 μ_j，投影 $\boldsymbol{v}_j^{\text{T}}\Delta\boldsymbol{\phi}$ 表示参数的线性组合。投影的结果只有一个参数也是可能的。

处理的第一步是缩放参数和输出测量使奇异值互相可比。缩放已经在 14.4.3 节中进行了讨论。小的奇异值信号代表有一些不充分辨识的参数需要被消去。*Schröer*[14.32]启发式的建议一个良态的回归矩阵的条件数不应该超过 100：

$$\kappa(\boldsymbol{A})=\frac{\mu_1}{\mu_r}<100 \tag{14.61}$$

这是从统计团体的经验得出的。如果条件数超过 100，从最小的开始检查奇异值，它可能为零。

如果条件数大于 100，检查对应最小奇异值 μ_r 的线性和式（14.60）。列 v_r 的元素与 $\Delta\boldsymbol{\phi}$ 的元素一一对应。v_r 如果有一个元素 j 远大于其他，则对应此列元素的参数 ϕ_j 候选被消去。这个过程趋于查明完全不可辨识的参数。分离出 v_r 的最大元素仅仅在参数预先缩放了的情况下有意义。

一旦参数被消去，再次计算降阶的回归矩阵的条件数。这个过程重复多次直到回归矩阵的条件数小于 100。

前面的过程可以用 QR 分解来进行，通过更换式（14.55）中的计算精度 ε 为噪声水平的值函数。

2. 预测模型

如果 v_r 有多个最大元素，它们的幅值基本接近，则这些参数可能只能在线性组合中估计。也会有同样

多的太小的奇异值。通过检查对应较小的奇异值的列 v_j，这些线性组合会变得明显。线性组合可以有任意解，也就是说可以把一个元素设为1，其他都设为0。设定一些参数为0的结果是模型不再是一个结构化模型，而是一个预测模型。这也可以直接在没有消去参数的情况下进行。带入奇异值分解显示为：

$$(\boldsymbol{A}^{\mathrm{T}}\boldsymbol{A})^{-1}\boldsymbol{A}^{\mathrm{T}} = \boldsymbol{V}(\boldsymbol{S}^{-1}\boldsymbol{0}_{N_{\mathrm{par}}}, MP - N_{\mathrm{par}})\boldsymbol{U}^{\mathrm{T}} \quad (14.62)$$

这样式（14.8）的解可以表达为[14.38]：

$$\Delta\boldsymbol{\phi} = \sum_{j=1}^{N_{\mathrm{par}}} \frac{\boldsymbol{u}_j^{\mathrm{T}}\Delta\boldsymbol{y}}{\mu_j}\boldsymbol{v}_j \quad (14.63)$$

可以看到对应小的奇异值的不充分辨识的参数极大地扰乱了估计，因为它的权值是 $1/\mu_j$。策略是除去它们的影响。如果 μ_j 是零或者比起最大奇异值 μ_1 来非常小的奇异值，设 $1/\mu_j=0$。

不能被很好地辨识的参数在这个过程中简单的忽略了，它们会收敛到可辨识的参数集里。然后得到的参数可以在模型中使用。这种方法的一个缺点是得到的参数不一定与真实模型参数对应。

3. 合并预先参数估计

最小二乘将参数值视为完全未知，就是它们可以是 $-\infty \sim +\infty$ 的任何范围。然而经常有一个很好的估计初值，例如，从制造商的性能描述或者在重标定的情况。混合这些预先的参考信息到最小二乘优化过程是有意义的[14.39]。

假设优化的解有 $\boldsymbol{\phi}=\boldsymbol{\phi}_0$ 的先验值，将此先验表达为 $\boldsymbol{I}\boldsymbol{\phi}=\boldsymbol{\phi}_0$，其中 $\boldsymbol{I}$ 是单位矩阵，把它附加到式（14.3）作为额外的一行，反映这个先验为

$$\begin{pmatrix}\boldsymbol{A}\\ \boldsymbol{I}\end{pmatrix}\boldsymbol{\phi} = \begin{pmatrix}\boldsymbol{y}\\ \boldsymbol{\phi}_0\end{pmatrix} \quad (14.64)$$

继续求解过程，我们将 $\boldsymbol{\phi}_0$ 看做常数。重新定义参数向量为 $\tilde{\boldsymbol{\phi}}=\boldsymbol{\phi}-\boldsymbol{\phi}_0$，我们期望它接近零。有

$$\begin{pmatrix}\boldsymbol{A}\\ \boldsymbol{I}\end{pmatrix}\tilde{\boldsymbol{\phi}} = \begin{pmatrix}\tilde{\boldsymbol{y}}\\ \boldsymbol{0}\end{pmatrix} \quad (14.65)$$

式中，$\tilde{\boldsymbol{y}}=\boldsymbol{y}-\boldsymbol{A}\boldsymbol{\phi}_0$。可能不能确切地知道 $\boldsymbol{\phi}_0$，所以增加了一个加权参数 λ 来表示对这个值的置信度，则

$$\begin{pmatrix}\boldsymbol{A}\\ \lambda\boldsymbol{I}\end{pmatrix}\tilde{\boldsymbol{\phi}} = \begin{pmatrix}\tilde{\boldsymbol{y}}\\ \boldsymbol{0}\end{pmatrix} \quad (14.66)$$

式中，λ 越大，我们对先验估计越有信心。最小二乘的解为

$$\tilde{\boldsymbol{\phi}} = \left((\boldsymbol{A}^{\mathrm{T}} \quad \lambda\boldsymbol{I})\begin{pmatrix}\boldsymbol{A}\\ \lambda\boldsymbol{I}\end{pmatrix}\right)^{-1}(\boldsymbol{A}^{\mathrm{T}}\lambda\boldsymbol{I})^{\mathrm{T}}\begin{pmatrix}\tilde{\boldsymbol{y}}\\ \boldsymbol{0}\end{pmatrix}$$
$$= (\boldsymbol{A}^{\mathrm{T}}\boldsymbol{A}+\lambda^2\boldsymbol{I})^{-1}\boldsymbol{A}^{\mathrm{T}}\tilde{\boldsymbol{y}} \quad (14.67)$$

这个解被称为阻尼最小二乘法，λ 是阻尼因子。根据奇异值分解扩展该解为

$$\tilde{\boldsymbol{\phi}} = \sum_{j=1}^{N_{\mathrm{par}}}(\boldsymbol{u}_j^{\mathrm{T}}\tilde{\boldsymbol{y}})\frac{\mu_j}{\mu_j^2+\lambda^2}\boldsymbol{v}_j \quad (14.68)$$

因此一个非常小的 μ_j 被大的 λ 抵消；参数值的先验信息在数据的信息里占主导地位，就是数据被忽略了。因此对阻尼最小二乘法，不需要对奇异值做明显的处理，因为阻尼因子修正了奇异值。普通的最小二乘法里，求解可能被选择的 λ 幅值扰乱。

4. 参数估计的置信度

标定之后，参数估计的协方差的估计值 $\hat{\boldsymbol{M}}$ 可以从数据里得到[14.3]。假设任务变量 $\Delta\boldsymbol{y}$ 之前被缩放，这是为了平等的不确定性，没有偏移，误差之间是不相关的。则

$$\boldsymbol{M} = \sigma^2(\boldsymbol{A}^{\mathrm{T}}\boldsymbol{A})^{-1} \quad (14.69)$$

标准偏差 σ 的估计值在执行标定过程后，通过 χ^2 统计获得[14.38,40]：

$$\chi^2 = (\Delta\boldsymbol{y}-\boldsymbol{A}\Delta\hat{\boldsymbol{\phi}})^{\mathrm{T}}(\Delta\boldsymbol{y}-\boldsymbol{A}\Delta\hat{\boldsymbol{\phi}}) \quad (14.70)$$

σ^2 的无偏差估计是 $\hat{\sigma}^2=\chi^2/\nu$，其中 $\nu=MP-N_{\mathrm{par}}$ 称为统计学的自由度；ν 是用测量的总个数 MP 减去估计参数 N_{par}，因为一些测量将决定 $\boldsymbol{\phi}$。

估计值 $\hat{\boldsymbol{M}}$ 可以被当做消去参数的基础，通过选择那些最大的协方差。

14.4.2 可观测性

测量将影响参数估计的准确性。在运动学标定里，位姿组合的特性可以用可观测性指数来衡量。在惯性参数估计中，辨识轨迹的特性叫做持续激励[14.41]。不管数据是在运动学标定中静态的采集还是在惯性参数估计中动态的采集，结果就是一堆放入回归矩阵的数字，所以最好使用共同的用语。在统计学里，优化实验设计理论引起几种数据测量叫做alphabet最佳性[14.42]。其中最著名有：

1）A 最佳：最小化 $(\boldsymbol{A}^{\mathrm{T}}\boldsymbol{A})^{-1}$ 的迹来得到回归设计。

2）D 最佳：最大化 $(\boldsymbol{A}^{\mathrm{T}}\boldsymbol{A})^{-1}$ 的行列式。

3）E 最佳：最大化 $(\boldsymbol{A}^{\mathrm{T}}\boldsymbol{A})^{-1}$ 的最小奇异值

4）G 最佳：最小化最大预测协方差，并且没有奇异值形式的简单表达。

尽管依据实验设计文献还没有正式提出[14.43]，一些提出的用于机器人标定的可观测性指数已经有alphabet 最佳性相似的思想。A-最佳在机器人标定中没有对应的方法，相反，一些提出的可观测性指数也没有 alphabet 最佳性对应部分。在参考文献［14.43］

中，E-最佳和G-最佳被证明对准确设计作用等效。

Borm 和 *Menq*[14.44,45]提出了一个观测性指数（这里称为 O_1，并且在下面列举）最大化所有奇异值的乘积：

$$O_1 = \frac{\sqrt[r]{\mu_1 \cdots \mu_r}}{\sqrt{P}} \tag{14.71}$$

这跟D-最佳相似。基本原理是 O_1 表示 $\Delta\boldsymbol{y}$ 上超椭圆体的体积，由式（14.7）定义。当 $\Delta\boldsymbol{\phi}$ 定义一个超球体时，奇异值代表轴线的长度。因此最大化 O_1 给出最大的超椭球体体积，因此奇异值很好的聚合增加。也可以从广为人知的关系式 $\det(\boldsymbol{A}^{\mathrm{T}}\boldsymbol{A}) = \mu_1 \cdots \mu_r$ 得到 O_1。

最小化 $\boldsymbol{A}$ 的条件数作为可观测性的一个测量在参考文献［14.35，46，47］中被提出：

$$O_2 = \frac{\mu_1}{\mu_r} \tag{14.72}$$

O_2 测量超椭球体的离心率，而不是它的体积。不考虑中间量奇异值，因为最小化条件数自动使所有的奇异值变得幅值相似，而超椭球体接近超球体。

Nahvi 等[14.22]论证了最大化奇异值 μ_r 作为可观测性测量：

$$O_3 = \mu_r \tag{14.73}$$

这跟E-最优类似。其基本原理是使最短轴尽量长，而忽略其他轴，也就是说，优化最差情况。考虑到下面的标准结果[14.4]：

$$\mu_r \leqslant \frac{\|\Delta\boldsymbol{y}\|}{\|\Delta\boldsymbol{\phi}\|} \leqslant \mu_1 \tag{14.74}$$

或更特殊的：

$$\mu_r \|\Delta\boldsymbol{\phi}\| \leqslant \|\Delta\boldsymbol{y}\| \tag{14.75}$$

这样最大化 μ_r 确保给定的参数误差 $\|\Delta\boldsymbol{\phi}\|$ 对位姿误差 $\|\Delta\boldsymbol{y}\|$ 有最大的可能影响。

Nahvi 和 *Hollerbach*[14.48]提出了噪声放大指数 O_4，这可以看做是条件数 O_2 和最小奇异值 O_3 的结合：

$$O_4 = \frac{\sigma_r^2}{\sigma_1} \tag{14.76}$$

其原理是测量通过 O_2 的椭圆和通过 O_3 的椭圆的离心率。噪声放大指数被论证为对测量误差和模型误差最敏感的指数。

Hollerbach 和 *Lokhorst*[14.21]发现实践上条件数和最小化奇异值给出了差不多同样好的结果：它们的相对幅值几乎与最终参数的方均根（RMS）误差成正比。可观测性指数 O_1 没有这么敏感也不是与参数误差直接相关。参考文献［14.43］中推导出一个可观测性指数和alphabet最佳性的一般关系：

$$O_1 \geqslant \text{A-optimality} \geqslant O_3 \tag{14.77}$$

他们进一步表明如果 $\mu_1 \geqslant 1$，那么 $O_3 \geqslant O_2$；并且如果 $\mu_r \leqslant 1$，那么 $O_2 \geqslant O_4$。他们也论证了 O_3（D-最佳）一般而言是最佳指数，因为它最小化参数的协方差，同时也最小化了末端位姿的不确定性。

1. 最佳实验设计

可观测性指数一般用来决定需要采集多少数据。开始增加数据点时，可观测性增加，然后饱和停滞。之后再增加数据不再改进估计的质量。对于运动学标定，数据可能随机的选择，或者采用优化设计方法极大地减少需要的数据的数目[14.49,50]。优化实验设计通过测量增加或更换数据点带来的影响[14.51]。

2. 激励轨迹

对于惯性参数估计，数据点不是独立的，因为它们从一个运动轨迹得到而不是分离的位姿。因此问题是产生什么样的轨迹类型。工业机器人经常有关节位置点到点的轨迹。通过对这些点的插值可得到一个连续而平滑的轨迹。插值中假设了每个点的零初值和最终速度及加速度，并且使用多项式插值。通过最小化观测指数，在关节位置、速度、加速度的限制条件下，使用非线性优化技术计算多项式的系数就得到激励估计[14.46]。

使用顺序激励过程有可能促进优化结果。结构化地激励小部分参数的特别的轨迹，比较容易被优化。例如，在速度限制下一次移动一个关节激励了摩擦力和重力参数。在这种方法里，避免了顺序辨识。然而，还是采集所有的数据进行一个全局的加权最小二乘估计更好[14.24]。这个过程避免了估计误差的累积，并且可以计算置信区间（见式14.69）。

有一些特殊的轨迹被提出，比如正弦插值[14.52]；或者从参数的贡献函数的频谱分析获得的周期性轨迹[14.53]。这是一个一般性的轨迹设计策略，对获得正确的实验辨识非常重要[14.54]。

14.4.3　缩放

参数估计的数值条件可以通过缩放输出测量（任务变量缩放）和参数来改善。

1. 任务变量缩放

当对末端位姿误差进行最小二乘分析的时候，位置误差和方向误差必须混合考虑式（14.22）：

$$\|\Delta\boldsymbol{y}^i\|^2 = \|\Delta^{-1}\boldsymbol{p}_{n+1}^l\|^2 + \|\Delta^{-1}\boldsymbol{\rho}_{n+1}^l\|^2 \tag{14.78}$$

然而，位置误差和方向误差有不同的单位，所以不能比较。此外，并非所有的位置或方向的组成部分都具有同等的测量精度。

普通的最小二乘法式（14.8）平等的加权所有变量。为了对这些变量不同的加权，一般的解决方法是式（14.7）左乘一个缩放矩阵 $\boldsymbol{G}$[14.39]：

$$\boldsymbol{G}\Delta\boldsymbol{y} = \boldsymbol{G}\boldsymbol{A}\Delta\boldsymbol{\phi}$$

$$\Delta\tilde{y} \equiv \tilde{A}\Delta\boldsymbol{\phi} \quad (14.79)$$

式中，$\Delta\tilde{y} = G\Delta y$ 是缩放后的输出向量；$\tilde{A} = GA$ 是缩放过的回归矩阵。加权最小二乘法的解为

$$\Delta\boldsymbol{\phi} = (\tilde{A}^{\mathrm{T}}\tilde{A})^{-1}\tilde{A}^{\mathrm{T}}\Delta\tilde{y} = (A^{\mathrm{T}}WA)^{-1}A^{\mathrm{T}}W\Delta y \quad (14.80)$$

式中，$W = G^{\mathrm{T}}G$。通常，W 是一个对角矩阵。

缩放相对位置误差和方向误差的一个方法是使参数误差 $\Delta\phi_i$ 对位置误差或者方向误差的效果相等。令人惊讶的是，对于人体尺寸的机器手臂，公制单位下不用缩放就能获得均等的效果。如果 θ 是关节角度，则 $s = r\theta$ 是末端位置。对于人体尺寸的机器手臂，$r = 1\mathrm{m}$，所以 $s = \theta$。这样米和弧度就直接可比了，不需要缩放系数使位姿参数有意义。这也可以解释为什么机器人学领域里一般不考虑缩放也没有带来什么后果。如果连杆很短（如手指大小）或很长（如挖掘机），情况就不同了。

选择加权矩阵 W 更普遍的方法是使用可接受相对误差的先验信息。这样的信息由于测量设备的特性引起。假设输出变量属于独立高斯噪声，这样 σ_j^y 是任务变量测量成分 Δy_j^i，$j = 1, \cdots, m$ 的标准偏差。则单个对角加权为 $w_{jj} = 1/\sigma_j^y$，且定义

$$R^i = \mathrm{diag}[(\sigma_1^y)^2, \cdots, (\sigma_m^y)^2]$$

$$R = \mathrm{diag}(R^1, \cdots, R^P)$$

其中，加权矩阵 $W = R^{-1}$，R 被称为协方差矩阵。

加权最小二乘估计的解是

$$\Delta\boldsymbol{\phi} = (A^{\mathrm{T}}R^{-1}A)^{-1}A^{\mathrm{T}}R^{-1}\Delta y \quad (14.81)$$

得到的缩放输出变量 $\Delta\tilde{y}_j^l = \Delta y_j^l/\sigma_j^y$ 是无穷小量。不确定性 σ_j^y 越大，该变量相对其他变量对最小二乘的解影响越小。标准偏差 σ_j^y 不一定与末端测量精度相同，因为模型误差和输入噪声也对输出误差有影响。

使用标准偏差的加权最小二乘解又被称为 Gauss-Markov 估计、推广的最小二乘估计，或者最佳线性无偏差估计（BLUE）[14.3]。它是所有无偏移估计值的最小协方差估计（参数误差）。重要的一点是 $\Delta\tilde{y}$ 缩放成分的标准方差具有相同的尺寸，或者协方差矩阵 $\tilde{R} = \mathrm{cov}(\Delta\tilde{y}) = I$ 为单位矩阵。因此误差向量 $\Delta\tilde{y}$ 的欧几里德范数是它的尺寸的一个合理测量。

我们经常不那么清楚知道协方差矩阵 R。在标定过程后，标准偏差的一个估计用 χ^2 统计获得[14.38,40]：

$$\chi^2 = (\Delta y - A\Delta\boldsymbol{\phi})^{\mathrm{T}}R^{-1}(\Delta y - A\Delta\boldsymbol{\phi}) \quad (14.82)$$

这个方程与残留误差方程（14.79）一样，代入 $W = R^{-1}$。χ^2 在标定后就是加权残差。χ^2 的期望值是

$$E(\chi^2) \equiv \nu = PK - R \quad (14.83)$$

式中，E 是期望值算子。也就是说，未加权残差 $(\Delta y - A\Delta\boldsymbol{\phi})^2$ 在足够测量的情况下应该接近真实的协方差。我们可以基于 χ^2 的值在预备的校准后统一的缩放 R 的初步估计

$$\hat{R} = \frac{\chi^2}{\nu}R \quad (14.84)$$

式中，$\hat{R}$ 是协方差矩阵的修正估计。

2. 参数缩放

参数缩放对非线性优化和奇异值分解的适当收敛很重要。如果参数的幅值很不同，那么奇异值很难直接比较。同样，参数缩放能改善回归矩阵 A 的条件，避免不可逆问题。

在式（14.79）左乘 A 得到任务变量缩放，对 A 右乘加权矩阵 H 得到参数缩放[14.39]：

$$\Delta y = (AH)(H^{-1}\Delta\boldsymbol{\phi}) \equiv \bar{A}\Delta\tilde{\boldsymbol{\phi}} \quad (14.85)$$

式中，缩放雅可比和参数是 $\bar{A} = AH$ 和 $\Delta\tilde{\boldsymbol{\phi}} = H^{-1}\Delta\boldsymbol{\phi}$，最小二乘的解不被参数缩放所改变，但是会被任务变量缩放改变。

参数加权最常用的方法是列缩放，它不需要预先的统计信息。定义一个对角矩阵 $H = \mathrm{diag}(h_1, \cdots, h_{N_{\mathrm{par}}})$，其中元素为

$$h_j = \begin{cases} \|a_j\|^{-1} & \text{if}\|a_j\| \neq 0 \\ 1 & \text{if}\|a_j\| = 0 \end{cases} \quad (14.86)$$

式中，a_j 是 A 的第 j 列。则式（14.85）变成

$$\Delta y = \sum_{j=1}^{N_{\mathrm{par}}} \frac{a_j}{\|a_j\|}\Delta\phi_j\|a_j\| \quad (14.87)$$

假设 Δyhas 曾经归一化；则这个值是有意义的。每个 $a_j/\|a_j\|$是单位向量，因此每个缩放参数 $\Delta\phi_j\|a_j\|$有同样的大小，对 Δy 有同样的影响。

Schröer[14.32] 对一个列缩放的问题进行了辨识，称作参数不良辨识，导致非常小的欧几里德范数。而小的欧几里德范数会导致大的缩放系数。这些导致了 A 的不确定性被放大了。Schröer 提出了基于机器人的期望误差的缩放（像之前在任务变量缩放里讨论过的）。

在理想的情况下，有参数向量 $\boldsymbol{\phi}_0$ 的期望值和每个参数向量元素的标准方差 σ_j^ϕ 的先验信息。更一般的情况，参数分布用协方差矩阵 M 描述，但是具体的信息未知，可以使用式（14.69）中的协方差的估计值 $\hat{M}$。

如果输出测量协方差 R^{-1} 和参数误差协方差 M 都已知，可以定义一个新的最小二乘最优标准，结合

输出误差和参数误差产生新的χ^2统计：

$$\chi^2 = (\Delta \boldsymbol{y} - \boldsymbol{A}\Delta\boldsymbol{\phi})^{\mathrm{T}}\boldsymbol{R}^{-1}(\Delta \boldsymbol{y} - \boldsymbol{A}\Delta\boldsymbol{\phi}) + \Delta\boldsymbol{\phi}^{\mathrm{T}}\boldsymbol{M}^{-1}\Delta\boldsymbol{\phi} \tag{14.88}$$

它的解是最小协方差估计，但不像式（14.81）是有偏移的

$$\Delta\boldsymbol{\phi} = (\boldsymbol{A}^{\mathrm{T}}\boldsymbol{R}^{-1}\boldsymbol{A} + \boldsymbol{M}^{-1})^{-1}\boldsymbol{A}^{\mathrm{T}}\boldsymbol{R}^{-1}\Delta\boldsymbol{y} \tag{14.89}$$

Kalman 滤波器用递归的方法解决了同样的问题[14.55,56]。当状态不变时，有一个恒定的过程，并且没有处理误差[14.13,57]。Gauss-Markov 估计是$\boldsymbol{M}^{-1}$的极限状况，就是没有关于参数的先验信息的情况。再一次的，确定协方差是一个问题。像 Gauss-Markov 估计一样，χ^2的期望值可以在事后用来一致缩放$\boldsymbol{R}$和$\boldsymbol{M}$[14.58]。

14.5 结论与扩展阅读

本章阐述了标定机器人的运动学参数和惯性参数的一些方法。两个参数估计实例采用了最小二乘法。惯性参数在运动方程里以线性方式出现，可以使用普通的最小二乘法。运动参数因为正弦和余弦的影响呈非线性，所以需要采用非线性估计 Gauss-Newton 方法。

设定校准方程有特定领域的问题。对于运动学标定，Hayati 参数不得不与 Denavit-Hartenberg 参数混合来处理近于平行的关节轴的情况。校准方程必须考虑端点的测量和约束情况。在详细研究可能的关节序列后，包括平行或棱形关节，一个排除了可辨识性问题的最小参数化可以实现。

提出了校准指标作为运动学标定方法分类。这个指标通过计算相对移动性过剩的传感计算每个位姿产生的方程个数。关键是所有的校准方法可被看做闭环方法，在任何端点传感系统可以看做是一个关节。并联机器人用合并多个闭环的方式处理。

对于惯性参数估计，连杆估计问题一直被看做是一个有着限制了传感和运动的关节的负载估计。递归 Newton-Euler 方程引出了上三角矩阵形式的回归矩阵。对于串联和拉线机器人，可以直接使用最小参数化。数值方法的提出解决了最小参数化不能达到时的不可辨识参数问题。这些方法依靠回归矩阵的奇异值或者 QR 分解。奇异值可以用来确定哪个参数不可辨识应该被消去。作为一种选择，小的奇异值可以简单地调零来消去不良参数辨识的影响，而不用明显地消去它们。前者产生一个结构化的模型，后者产生预测模型。参数的提前估计也可以被考虑进来，这就是阻尼最小二乘法。

测量集对于参数估计是否足够的问题作为可观测性指数提出。可观测性指数与实验设计中的 alphabet 最优问题有关。

最后，测量或参数的缩放对于一个良态的数值估计是很重要的，而且为了比较奇异值是很关键的。当将测量和参数的不确定性作为权重时，可以找到优化最小协方差估计，这与 Kalman 滤波有关。如果这些不确定性未知，则可以通过数据进行估计。

14.5.1 与其他章节的关系

与最小二乘和 Kalman 滤波有关的估计第 4 章中已进行过讨论。通过传感器估计环境的性质与模型辨识非常类似。递归地估计方法在机器人需要递增地更新它的世界模型的情况下非常适合。对于模型辨识，使用递归的方法并不是特别有用，因为递归更新的机制掩盖了总体数据数值问题。

奇异值分解在第 10 章和第 11 章中出现。通过类似于可观测性指数的方法分析不同方向的等效运动能力：O_1对应可操作性，O_2对应条件数，O_3对应最小奇异值。相比之下，标定关注的是奇异值捕获的各个方向的好的数据。第 11 章采用奇异值分解的方法分析冗余机构。然而参数估计一般是一个过约束的最小二乘问题（测量多过参数），冗余结构是没有约束的（关节角度多过任务变量）。代替信号传递辨识问题，零奇异值指示了雅可比矩阵的零空间。阻尼最小二乘法在第 11 章中用来避免奇异性。就像真实的参数被标定中的阻尼最小二乘扰乱，轨迹被扰乱以绕过数值条件问题。

与机器人定位有关的传感器也有传感器模型标定的问题，例如电位计的增益。相机校正在第 23 章和 24 章中讨论。相机模型能跟运动学模型同时确定[14.33,59]，包括相机固有参数，如针孔模型（第 4 章）和与相机安放位置有关的外部参数。

14.5.2 扩展阅读

1. 螺旋轴测量

一种替代非线性最小二乘法用来估计运动学参数的方法是一类将关节轴作为空间中的线来测量的方法，称作螺旋轴测量[14.8]。一种方法是圆点分析，一次移动一个关节来产生远端测量点处的一个圆圈[14.13]。另一些方法测量雅可比矩阵，将关节螺旋作为矩阵的列[14.60]。有了关节轴的信息，运动学参数可以直接提取，而不需要非线性搜索。这类方法的准确率可能没有非线性最小二乘法那么高。

2. 总体最小二乘

一般的最小二乘假设只有输出测量有噪声，但是输入也经常有噪声。已知输入噪声会导致偏移误差[14.3]。一个同时解决输入和输出噪声的框架是总体最小二乘法[14.61]，也叫做正交距离回归[14.62]或者变量误差回归[14.63]。非线性总体最小二乘法被应用在机器人标定中[14.2,64,65]。在隐回路方法中[14.2]，通过对末端和关节测量值的同等操作，输入和输出误差没有明显区别。

参考文献

14.1 P.Z. Marmarelis, V.Z. Marmarelis: *Analysis of Physiological Systems* (Plenum, London 1978)

14.2 C.W. Wampler, J.M. Hollerbach, T. Arai: An implicit loop method for kinematic calibration and its application to closed-chain mechanisms, IEEE Trans. Robot. Autom. **11**, 710–724 (1995)

14.3 J.P. Norton: *An Introduction to Identification* (Academic, London 1986)

14.4 G.H. Golub, C.F. Van Loan: *Matrix Computations* (Johns Hopkins Univ. Press, Baltimore 1989)

14.5 H. West, E. Papadopoulos, S. Dubowsky, H. Cheah: A method for estimating the mass properties of a manipulator by measuring the reaction moments at its base, Proc. IEEE Int. Conf. Robot. Autom., Scottsdale (IEEE Computer Society Press, Washington 1989) pp. 1510–1516

14.6 R.P. Paul: *Robot Manipulators: Mathematics, Programming, and Control* (MIT Press, Cambridge 1981)

14.7 S.A. Hayati, M. Mirmirani: Improving the absolute positioning accuracy of robot manipulators, J. Robot. Syst. **2**, 397–413 (1985)

14.8 J.M. Hollerbach, C.W. Wampler: The calibration index and taxonomy of kinematic calibration methods, Int. J. Robot. Res. **15**, 573–591 (1996)

14.9 A. Goswami, A. Quaid, M. Peshkin: Identifying robot parameters using partial pose information, IEEE Contr. Syst. **13**, 6–14 (1993)

14.10 M.R. Driels, W.E. Swayze: Automated partial pose measurement system for manipulator calibration experiments, IEEE Trans. Robot. Autom. **10**, 430–440 (1994)

14.11 G.-R. Tang, L.-S. Liu: Robot calibration using a single laser displacement meter, Mechatronics **3**, 503–516 (1993)

14.12 D.E. Whitney, C.A. Lozinski, J.M. Rourke: Industrial robot forward calibration method and results, ASME J. Dyn. Syst. Meas. Contr. **108**, 1–8 (1986)

14.13 B.W. Mooring, Z.S. Roth, M.R. Driels: *Fundamentals of Manipulator Calibration* (Wiley Interscience, New York 1991)

14.14 K. Lau, R. Hocken, L. Haynes: Robot performance measurements using automatic laser tracking techniques, Robot. Comput.-Integr. Manuf. **2**, 227–236 (1985)

14.15 C.H. An, C.H. Atkeson, J.M. Hollerbach: *Model-Based Control of a Robot Manipulator* (MIT Press, Cambridge 1988)

14.16 M. Vincze, J.P. Prenninger, H. Gander: A laser tracking system to measure position and orientation of robot end effectors under motion, Int. J. Robot. Res. **13**, 305–314 (1994)

14.17 J.M. McCarthy: *Introduction to Theoretical Kinematics* (MIT Press, Cambridge 1990)

14.18 D.J. Bennet, J.M. Hollerbach: Autonomous calibration of single-loop closed kinematic chains formed by manipulators with passive endpoint constraints, IEEE Trans. Robot. Autom. **7**, 597–606 (1991)

14.19 W.S. Newman, D.W. Osborn: A new method for kinematic parameter calibration via laser line tracking, Proc. IEEE Int. Conf. Robot. Autom., Atlanta, Vol. 2 (IEEE Computer Society Press, Washington 1993) pp. 160–165

14.20 X.-L. Zhong, J.M. Lewis: A new method for autonomous robot calibration, Proc. IEEE Int. Conf. Robot. Autom., Nagoya (IEEE Computer Society Press, Washington 1995) pp. 1790–1795

14.21 J.M. Hollerbach, D.M. Lokhorst: Closed-loop kinematic calibration of the RSI 6-DOF hand controller, IEEE Trans. Robot. Autom. **11**, 352–359 (1995)

14.22 A. Nahvi, J.M. Hollerbach, V. Hayward: Closed-loop kinematic calibration of a parallel-drive shoulder joint, Proc. IEEE Int. Conf. Robot. Autom., San Diego (IEEE Computer Society Press, Washington 1994) pp. 407–412

14.23 O. Masory, J. Wang, H. Zhuang: On the accuracy of a Stewart platform – part II Kinematic calibration and compensation, Proc. IEEE Int. Conf. Robot. Autom., Atlanta (IEEE Computer Society Press, Washington 1994) pp. 725–731

14.24 M. Gautier: Dynamic identification of robots with power model, Proc. IEEE Int. Conf. Robot. Autom. (Albuquerque 1997) pp. 1922–1927

14.25 B. Armstrong-Helouvry: *Control of Machines with Friction* (Kluwer Academic, Boston 1991)

14.26 B. Armstrong-Helouvry, P. Dupont, C. Canudas de Wit: A survey of models, analysis tools and compensation methods for the control of machines with friction, Automatica **30**, 1083–1138 (1994)

14.27 F. Aghili, J.M. Hollerbach, M. Buehler: A modular and high-precision motion control system with an integrated motor, IEEE/ASME Trans. Mechatron. **12**, 317–329 (2007)

14.28 W.S. Newman, J.J. Patel: Experiments in torque control of the Adept One robot, Proc. IEEE Int. Conf. Robot. Autom. (Sacramento 1991) pp. 1867–1872

14.29 W. Khalil, E. Dombre: *Modeling, Identification and Control of Robots* (Taylor Francis, New York 2002)

14.30 W. Khalil, O. Ibrahim: General solution for the dynamic modeling of parallel robots, J. Intell. Robot. Syst. **49**, 19–37 (2007)

14.31 S. Guegan, W. Khalil, P. Lemoine: Identification of the dynamic parameters of the Orthoglide, Proc. IEEE Int. Conf. Robot. Autom. (Taiwan 2003) pp. 3272–3277

14.32 K. Schroer: Theory of kinematic modelling and numerical procedures for robot calibration. In: *Robot Calibration*, ed. by R. Bernhardt, S.L. Albright (Chapman Hall, London 1993) pp. 157–196

14.33 H. Zhuang, Z.S. Roth: *Camera-Aided Robot Calibra-*

tion (CRC, Boca Raton 1996)

14.34 J.J. Dongarra, C.B. Mohler, J.R. Bunch, G.W. Stewart: *LINPACK User's Guide* (SIAM, Philadelphia 1979)

14.35 M. Gautier, W. Khalil: Direct calculation of minimum set of inertial parameters of serial robots, IEEE Trans. Robot. Autom. **RA-6**, 368–373 (1990)

14.36 W. Khalil, F. Bennis: Symbolic calculation of the base inertial parameters of closed-loop robots, Int. J. Robot. Res. **14**, 112–128 (1995)

14.37 W. Khalil, S. Guegan: Inverse and direct dynamic modeling of Gough–Stewart robots, Trans. Robot. Autom. **20**, 754–762 (2004)

14.38 W.H. Press, S.A. Teukolsky, W.T. Vetterling, B.P. Flannery: *Numerical Recipes in C* (Cambridge Univ. Press, Cambridge 1992)

14.39 C.L. Lawson, R.J. Hanson: *Solving Least Squares Problems* (Prentice Hall, Englewood Cliffs 1974)

14.40 P.R. Bevington, D.K. Robinson: *Data Reduction and Error Analysis for the Physical Sciences* (McGraw-Hill, New York 1992)

14.41 B. Armstrong: On finding exciting trajectories for identification experiments involving systems with nonlinear dynamics, Int. J. Robot. Res. **8**, 28–48 (1989)

14.42 J. Fiefer, J. Wolfowitz: Optimum designs in regression problems, Ann. Math. Stat. **30**, 271–294 (1959)

14.43 Y. Sun, J.M. Hollerbach: Observability index selection for robot calibration, Proc. IEEE Int. Conf. Robot. Autom. (Pasadena 2008), submitted

14.44 J.H. Borm, C.H. Menq: Determination of optimal measurement configurations for robot calibration based on observability measure, Int. J. Robot. Res. **10**, 51–63 (1991)

14.45 C.H. Menq, J.H. Borm, J.Z. Lai: Identification and observability measure of a basis set of error parameters in robot calibration, ASME J. Mechamissions Autom. Des. **111**(4), 513–518 (1989)

14.46 M. Gautier, W. Khalil: Exciting trajectories for inertial parameter identification, Int. J. Robot. Res. **11**, 362–375 (1992)

14.47 M.R. Driels, U.S. Pathre: Significance of observation strategy on the design of robot, J. Robot. Syst. **7**, 197–223 (1990)

14.48 A. Nahvi, J.M. Hollerbach: The noise amplification index for optimal pose selection in robot calibration, Proc. IEEE Int. Conf. Robot. Autom. (1996) pp. 647–654

14.49 D. Daney, B. Madeline, Y. Papegay: Choosing measurement poses for robot calibration with local convergence method and Tabu search, Int. J. Robot. Res. **24**(6), 501–518 (2005)

14.50 Y. Sun, J.M. Hollerbach: Active robot calibration algorithm, Proc. IEEE Int. Conf. Robot. Autom. (Pasadena 2008), submitted

14.51 T.J. Mitchell: An algorithm for the construction of D-Optimal experimental designs, Technometrics **16**(2), 203–210 (1974)

14.52 J. Swevers, C. Ganseman, D.B. Tukel, J. De Schutter, H. Van Brussel: Optimal robot excitation and identification, IEEE Trans. Robot. Autom. **13**, 730–740 (1997)

14.53 P.O. Vandanjon, M. Gautier, P. Desbats: Identification of robots inertial parameters by means of spectrum analysis, Proc. IEEE Int. Conf. Robot. Autom. (Nagoya 1995) pp. 3033–3038

14.54 E. Walter, L. Pronzato: *Identification of Parametric Models from Experimental Data* (Springer, London 1997)

14.55 D.G. Luenberger: *Optimization by Vector Space Methods* (Wiley, New York 1969)

14.56 H.W. Sorenson: Least-squares estimation: from Gauss to Kalman, IEEE Spectrum **7**, 63–68 (1970)

14.57 Z. Roth, B.W. Mooring, B. Ravani: An overview of robot calibration, IEEE J. Robot. Autom. **3**, 377–386 (1987)

14.58 A.E. Bryson Jr., Y.-C. Ho: *Applied Optimal Control* (Hemisphere, Washington 1975)

14.59 D.J. Bennet, J.M. Hollerbach, D. Geiger: Autonomous robot calibration for hand-eye coordination, Int. J. Robot. Res. **10**, 550–559 (1991)

14.60 D.J. Bennet, J.M. Hollerbach, P.D. Henri: Kinematic calibration by direct estimation of the Jacobian matrix, Proc. IEEE Int. Conf. Robot. Autom. (Nice 1992) pp. 351–357

14.61 S. Van Huffel, J. Vandewalle: *The Total Least Squares Problem: Computational Aspects and Analysis* (SIAM, Philadelphia 1991)

14.62 P.T. Boggs, R.H. Byrd, R.B. Schnabel: A stable and efficient algorithm for nonlinear orthogonal distance regression, SIAM J. Sci. Stat. Comput. **8**, 1052–1078 (1987)

14.63 W.A. Fuller: *Measurement Error Models* (Wiley, New York 1987)

14.64 J.-M. Renders, E. Rossignol, M. Becquet, R. Hanus: Kinematic calibration and geometrical parameter identification for robots, IEEE Trans. Robot. Autom. **7**, 721–732 (1991)

14.65 G. Zak, B. Benhabib, R.G. Fenton, I. Saban: Application of the weighted least squares parameter estimation method for robot calibration, J. Mech. Des. **116**, 890–893 (1994)

第15章 机器人手

Claudio Melchiorri, Makoto Kaneko
张文增 译

多指机器人手能够利用旋转和平移运动来实现对所抓取物体的灵巧操作。本章将介绍多指机器人手的设计、驱动、传感和控制。从设计观点上看，由于每个关节的空间限制，多指机器人手在驱动方面受到很大的约束。15.1节中简要介绍了仿人末端执行器及其灵巧性，15.2节中给出了不同驱动方法的优缺点。重要的内容有：远程驱动或内置驱动，以及关节数量与驱动器数量的关系。15.3节介绍多指机器人手使用的驱动器和传感器。15.4节介绍了考虑了动态效果和摩擦的建模与控制。15.5给出了多指机器人手的应用和发展趋势。章节的最后给出了结论和扩展阅读推荐。

人手不仅能够以各种姿势抓取不同形状和大小的物体，而且能够灵巧地抓住目标物体并进行各种操作。例如通过一定程度的训练，一个人可以用手操作棒状物体进行杂耍、转笔或者对较小的物体进行需要良好控制的精确操作。显然，仅能够实现简单的张开与闭合动作的抓持器不可能做到上面所提到的各种高难度动作。类似人手的具有多个手指的机器人手在完成上述灵巧动作方面具有很大的潜力。此外，人手不仅能够抓持物体并且对之进行各种操作，还对物体的表面情况、温度和重量等特点具有感知能力。与真实的人手进行类比，我们希望机器人手也具有类似的对环境的感知功能。通过在机器人手上应用先进的传感装置，再结合适当的机器人手控制算法，或许能够提高机器人手与周围环境的交互能力，使它能主动地探索周围环境，采集到有关周围事物的各种信息，完成简单的工业夹持器几乎不可能实现的工作。由于上面所提到的各种原因以及其他一些因素的影响，近些年来，多指机器人手的研究已经成为了科研领域内的一大热点。

20世纪70年代晚期，Okada基于由腱绳组成的传动系统研制出了一种多指机器人手，这种机器人手能够实现开合螺母的动作[15.1]。20世纪80年代早期，两款经典的多指机器人手问世，它们分别是由Stanford研制的JPL手和由MIT研制的Utah/MIT手。这两款手至今仍被看做是多指机器人手研究领域的里程碑。自那以后，世界各地的很多研究机构相继设计研发了各式各样的多指机器人手。这中间，颇具名气的有DLR手、MEL手、ETL手、Darmstadt手、Karlsruhe手、Bologna手、Barrett手、Yasukawa手、Gifu手、U-Tokyo手和Hiroshima手等。

在研制多指机器人手的时候，不可避免地会遇到以下的问题：手指的自由度及运动学结构、手部动作的拟人程度、手部驱动方式的选择、传动系统的设计、传感器的使用与布置、控制算法以及手部与上肢的结合等。这些问题都会在本章提及。

15.1 基本概念

在讲述机器人手的设计和使用之前，有必要对有关于机器人手的一些基本概念进行说明。特别是要讲清如“灵巧性”和“拟人程度”这样的术语在机器人手研究领域的特定含义。

15.1.1 仿人末端执行器

在机器人手研究领域中拟人程度这个术语是指机器人手在形状、大小、颜色和手部温度等方面与真实人手的相似程度。从字面意思上理解，拟人程度这个概念只涉及手的外部特征而并不要求手具备强大的抓持功能。而灵巧性则特指手部具有的实际功能而不涉及手的外观或者美学特征。所以，拟人程度和灵巧性在机器人领域是两个完全独立的概念。

实际上，存在着灵巧性很低但具有一定拟人程度的机器人手，但利用它们只能完成一些简单的抓持任务[15.9]。类似地，也存在灵巧程度很高、能够完成高难度动作的机器人手，但是它的外观却根本不像人手[15.10]。所以对机器人手的拟人性来说，它的灵巧程度既不充分也不必要，但具备很高的灵巧性的人手为机器人手的设计提供了很好的外观蓝本。

由于诸多原因，很多科研人员将拟人性作为机器人手的设计目标之一，现将各类原因总结如下：

1）在很多只有机器人或者人类才能进行工作的环境中，具有一定拟人程度的机器人手能够代替人手进行工作。

2）机器人手能够为工作人员遥控、模仿操作者的动作进而开展工作。

3）出于娱乐等目的，通常需要机器人具有与人类似的形态及动作。

4）在假肢制作领域，假肢外观上的拟人性也是必不可少的。近些年来，机器人手在假肢制作领域也取得了一些成就，如今的假肢已经能够被看成是一个完整的机器人系统。

由于机器人手灵巧程度这个概念的抽象性，很难对某个机器人系统的灵巧程度进行量化或有效的测定，但机器人手的拟人程度却能通过一些客观的比较进行度量。影响机器人手拟人程度的因素主要有：

1）运动学特点：主要形态元素（手指、可侧摆的拇指和手掌）的形态。

2）表面特征：接触表面的延展性和光滑程度，这反映了机器人手通过可用关节的表面与物体实现接触的能力以及其表面的形态。

3）尺寸：既包括手的整体大小也包括手指各个关节间长度的比例关系。

15.1.2 机器人手的灵巧性

较之机器人手对真实人手的外观方面的模仿，其对人手功能性的模仿更为重要。

下面的两个指标用来评估机器人手的灵巧程度的高低：

1）抓持能力：机器人手抓持不同大小和形状的物体的能力。

2）理解能力：机器人手在抓持物体的过程中通过与周围环境的接触，准确获得有关周围环境信息的能力。

从这个意义上来讲，人手既是一个输出装置也是一个输入装置。当机器人手作为输出装置时，它能够提供足够的抓持力抓持物体，进而抓住物体并对之进行操作。而作为一个输入装置，机器人手能够对某个未知的环境进行探索并获得与之相关的信息。通过设计，机器人手也可以具有与人手相似的功能特点。事实上，要想让机器人手也能在一个未知的环境中完成复杂的任务需要具有灵巧控制功能的机器人系统作它的“大脑”。

一种被广泛接受的定义认为，机器人手的灵巧性指的是它能够根据所处工作环境的需要主观地改变被操作物体的形貌、位置等特征的程度。大体来说，由一个合适的机器人控制系统操纵的具有一定灵巧程度的机器人手便能够自动地完成具有一定复杂程度的任务。在一些文献中也对机器人手的灵巧性做出了完整科学的论述[15.14]。

虽然灵巧性这个词自身拥有非常明确的定义，根据能够完成任务的复杂程度及危险性对机器人手的灵巧程度进行分级也是有必要的。机器人手的灵巧性可大致分为抓持动作灵巧性和内部操纵灵巧性两个方面。

抓持动作灵巧性指的是机器人手抓持形状不变的物体的能力。

内部操纵灵巧性是指形状可变的被抓持物体在机器人手的工作空间内的受约束的运动。

一些文献中论述了对以上两个大分支的进一步划分[15.14,15]。

虽然科学界对机器人手的灵巧性已经有了明确的定义，但是如何将其量化仍旧是科学家们争论的焦点。影响机器人手灵巧性的因素很多，这中间包括手的外部特征、应用的传感器、控制算法、任务执行策略等。

15.2 机器人手的设计

即使在机器人手的运动学结构、形状和尺寸已经确定的情况下，不同人设计出的机器人手也会由于设计理念的不同而不同。机器人手设计过程中的一个关键问题就是驱动系统与传动系统的设计。由于机器人手内部空间的有限性，这个问题显得尤为重要，总的来说，拟人的形态及大小将是设计追求的主要目标。

需要指出的是，由于机器人手的机械装置设计方案层出不穷，本文中所介绍的也只是这一系列设计方案中相对重要的几个方案，因此本节并不是对所有机器人手机械装置的完整综合性论述。

15.2.1 驱动器布置与传动

为了驱动机器人手部关节，需要在其中放置一定数量的驱动器，驱动器的放置方式通常有以下两种：

1）在手部关节周围就近安置驱动器，可以将驱动器设置在手指中或者直接将驱动器与关节连接。

2）将驱动电动机设置在手掌中或者前臂上，这种情况下电动机的运动须通过传动系统传递到手部关节。

1. 内置驱动方案

驱动器内置情况下，电动机被直接设置在手指关节中或者设置在与被驱动关节相连的两个指段之一中，所以驱动器内置方案可以被归结为两种：

1）直接驱动式：电动机直接安放在手指关节中，电动机与手指关节之间没有传动元件。

2）内置于指段：电动机被设置在与被驱动关节相连的两个指段之一中。

驱动器内置方案简化了手指关节部位的机械结构，从而降低了整个手部传动装置的复杂程度。更加值得一提的是这种方案使得各手指关节在运动学上相互独立。通常情况下，手指的尺寸会受到驱动器大小的影响，并且由于各种技术上的原因，很难使机器人手同时具有人手的尺寸和人手强大的抓持能力。而且，由于驱动器会占据手指中的很大一部分空间，其他的像传感器和外壳层这类元件也很难再放入手指中。此外，驱动器内置方案中电动机的存在加大了手指的重量，这一点也必将降低手指的灵活度和敏捷度。

然而，近来驱动器技术方面取得的进展使得科学家能够直接将一个大小合适、并且输出力矩足够的电动机设置在手指关节。采用驱动器内置方式的机器人手有 DLR 手[15.4、16]，ETL 手、Karlsruhe 手、Yasukawa 手、Barrett 手、Gifu 手、U-Tokyo 手和 Hiroshima 手。由于这种驱动器设置形式中驱动器部分并不包括柔性的类似腱绳的传动件，所以可以使用非柔性的传动系统使得传动过程稳定从而实现有效的抓持[15.4]。这类驱动器设置形式存在的一个问题是机器人手中电源线和信号导线的布线。由于位于手指远关节的导线的影响，使得它在抓持过程中相对于基部关节的力矩减小，最终导致控制系统对远关节控制精度和有效性降低。由此可见，手指中导线的影响对远关节的影响要比对近关节的大。

2. 远程驱动方案

远程驱动是不同于驱动器内置方案的另一种驱动器设置方式。远程驱动方案中驱动器位于与被驱动关节直接相连的指段外部。这种方案需要一个传动装置，在机器人手抓持物体的过程中它将驱动器的运动传递到被驱动关节。值得注意的是，这种方案中必须考虑的另一个问题是各驱动关节之间的运动耦合。手部的远程驱动方案在生物体较为普遍，人手的运动就属于这种驱动方式。人的手指关节被位于手掌或者前臂中的肌肉驱动做出各种动作。这种类似人手的驱动方案在 UB 手和 Robonaut 手中被采用[15.17、18]。

机器人手远程驱动系统可以根据所采用的传动件的特点分为两种：柔性件传动与非柔性件传动。

1）柔性件传动。柔性件传动基于传动元件之间柔性的连接，即线性形变式的或者旋转式的连接，通过改变传动路径适应手在运动过程中动作的改变。线性形变式柔性件传动利用既能承受拉力（较常见）又能够承受压力的柔性元件实现传递运动的目的。这种传动形式还可以被进一步划分为传动轮-柔性件（例如腱绳、链条和同步带）传动和套接件-柔性件（主要是与腱绳类似的传动件）传动。可旋转式柔性传动系统利用旋转轴将驱动器的运动传递给手指关节，最终通过位于关节附近的传动结构（锥齿轮或者涡轮）驱动关节转动。

2）非柔性件传动。非柔性件传动系统主要由连杆或齿轮这类元件构成。这种传动形式可以依据传动轴之间的平行或垂直关系进行进一步的划分，例如蜗轮蜗杆传动、锥齿轮传动等。

15.2.2 驱动架构

内置和远程驱动器都可以应用于不同形式的机构上，例如在手指的一个关节上采用一个或者多个驱动器并且让这些驱动器以不同的方式工作。

用 N 来代表机器人手拥有的关节总数（不包括腕部关节)，用 M 代表用于直接或者间接的方式驱动手指关节的驱动器数目。根据驱动装置与传动装置之间的关系，机器人手的驱动方案可以被划分为三种：

1）$M<N$：机器人手中某些关节是被动的、耦合

的或者欠驱动的。

2）$M=N$：每个关节都拥有只属于自己的驱动器，手部没有被动的、耦合的、或者欠驱动的关节。

3）$M>N$：某些手部关节拥有不止一个驱动器。

驱动装置结构很大程度上决定于机器人手所使用的电机的类型。特别地，说一说以下两种主要的驱动器形式：

1）单向驱动。这种驱动器每个电动机只能够产生朝着一个方向的转动，驱动手指朝着一个方向运动。而手指另一个方向的运动需要外围的被动系统（例如弹簧）或者主动系统（例如驱动器）提供，基于腱绳传动系统的机器人手就属于这种形式；

2）双向驱动。这种驱动器每个电动机能够朝着正反两个方向转动，可以单独地驱动一个手指关节也可以与其他驱动器配合完成驱动手指关节的目的。这种情况下可以利用功能性的冗余驱动器来实现手部的高难度驱动技术，例如推拉结合驱动。

以上的每一种形式都可以被进一步地细分，下面将简要地叙述一些常用的驱动装置和传动装置类型。

1. 单向驱动与被动回复元件结合式

如图15.1a所示，像弹簧这样的被动元件，能够在机器人手被驱动实现抓持物体的过程中储存能量，并在手部松开物体过程中将这部分能量释放。这种结构简化了手部在抓持物体时的驱动装置，但同时又需要另外的电动机为手部松开物体这一动作提供动力。它的另一个缺点在于抓取过程中电动机能量的损耗以及弹簧硬度较低时回应的带宽受到限制。

2. 对抗型单向驱动式

如图15.2b所示，图中两个驱动器朝着不同的方向拉动同一点。这种方案中被驱动的机器人手如果含有N个关节，那么需要$2N$个驱动器提供动力。这种方案中电动机数目繁多导致了手部结构的复杂。但另一方面，由于驱动同一个关节的一对驱动器能够以不同的拉力的同时拉动关节，因此能够实现在关节上产生驱动力矩的同时进行预加载，这种特点可以使手部完成复杂的动作。

1）优点：能够根据抓持过程调整手指关节刚度，从而减小摩擦力在手部快速抓持过程中对抓持过程的影响；对每个关节独立的位置和拉力控制，能够补偿不同的驱动路径的长度；这种形式是驱动关节的最灵活的解决方案。

2）缺点：需要用于反向拉动关节的驱动器；不论采取何种驱动器布置方案，都很难为每一个关节在手中设置两个驱动器；控制系统复杂；花费更多。

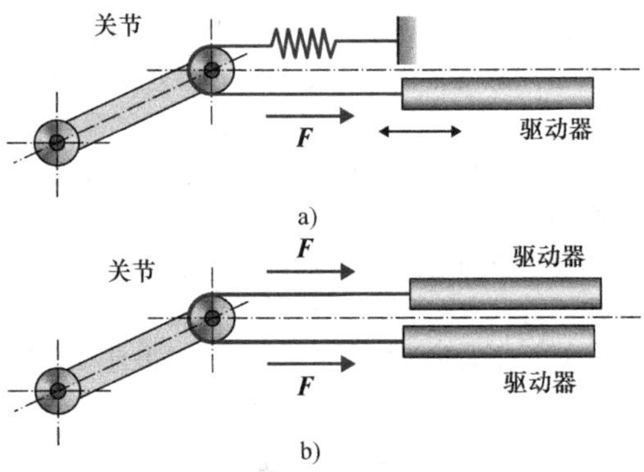

图15.1　两种驱动方式

a）单向驱动与被动回复元件结合式

b）对抗型单向驱动式

3. 依据驱动网概念的单向驱动式

这种形式源自生物系统，迄今为止仅有一些初步的研究，尚未成功地应用于机器人手上。这种类型的机器人手中，N个关节由M个驱动器带动，N和M的关系为：$N<M<2N$。借由适宜的驱动网，每个驱动器驱动多余一个的手指关节。

1）优点：能够根据抓持过程调整手指关节刚度，从而减小摩擦力在手部快速抓持过程中对抓持过程的影响；相对于有$2N$个驱动器的方案，电动机的数目有所减少。

2）缺点：需要用于反向拉动关节的驱动器；手部的动力学结构复杂进而导致手指控制系统复杂化。

图15.2中显示了最简单的$N+1$型的驱动网络结构。这个实例中，所有的电动机都是相互耦合的，它们中间任意一个电动机的损坏都会导致整个系统的瘫痪。

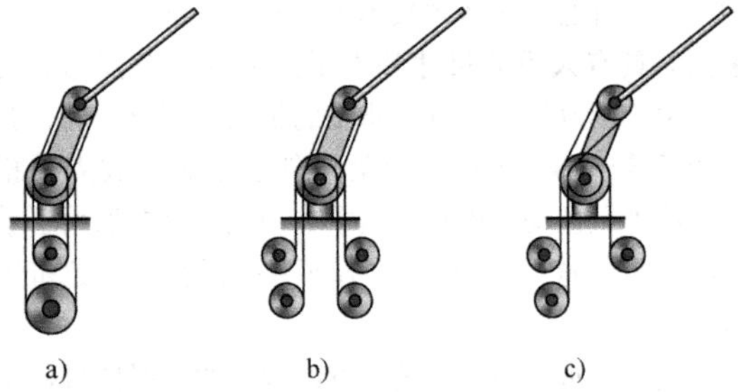

图15.2　远程驱动

a）N型　b）$2N$型　c）$N+1$型

4. $M<N$的双向驱动式

这种情况下，驱动器的数目少于手部关节的数目。这一类驱动模式可分为下面两个子类：

1）所有的关节都是耦合的，这种情况下该子系统的自由度为1。

2）根据主动或被动的选择性子系统，电动机选择性地驱动关节转动。

第一种子类还可以被进一步细分：

① 固定式耦合关节。在这种类型的手指中，一个电动机能够驱动多个关节转动，这些多个关节之间通过非柔性的传动装置连接，它们之间保持一定的传动比。利用齿轮传动可以实现耦合功能，具体实现方式叙述如下：如图15.3a所示，电动机直接驱动第一指段运动，主动轮固接于基座，从动轮和第二指段固接于第二关节轴，主动轮与从动轮之间为齿轮传动机构。另外一种常见的能实现耦合运动的装置是腱绳传动装置，如图15.3b所示。

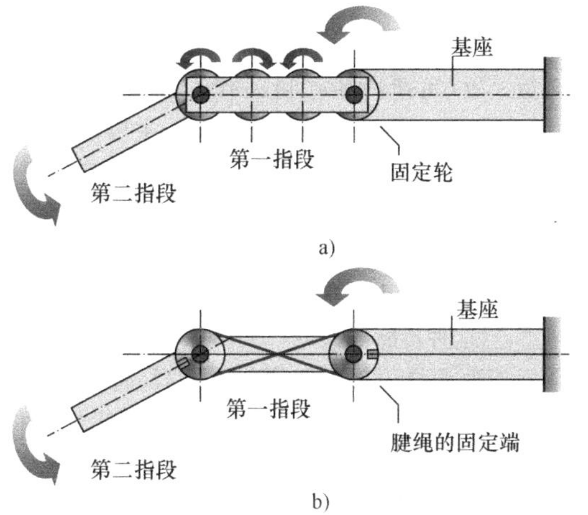

图15.3 固定式耦合关节

a）齿轮构成的双向转动电动机 $N=M$ 型传动机构

b）腱绳构成的双向转动电动机 $N=M$ 型传动机构

在机器人手的设计中使用耦合传动机构的最大的优点在于能够事先确定并控制手指第二指段的位置和运动。耦合型手的最大缺点在于不能够适应被抓持物体的形状，这会导致耦合型手在一些情况下抓取过程不够稳定。

② 非固定式耦合关节。这种方案需要欠驱动机构以及可形变的被驱动关节。欠驱动机构是指驱动器数目小于自由度的机构。应用在机器人手指上，欠驱动通常意味着与被抓持物的形状相适应，例如欠驱动手指可以包围被抓持物体并且通过较少的驱动器便能适应其形状。为确保系统的稳定性，欠驱动系统中需引入弹性元件（常用弹簧）及机械约束。对于一个正在接近物体的手指，其形态决定于物体相关的外部约束。图15.4为一种双自由度欠驱动手指，这种手指由底部连杆驱动，用弹簧保持手指处于完全伸展状态。机械约束用于使弹簧作用下的各指段在没有外力时保持平衡。因为各关节不能独立控制，手指的行为就决定于最初的设计参数（几何或刚度特性）。因此，设计参数的选定尤为重要。

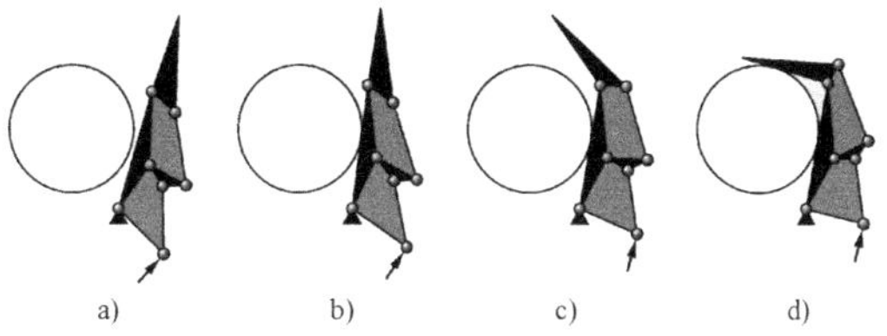

图15.4 欠驱动手指抓取过程

另一种方式是通过各种可变形的连接来耦合两个相邻关节的运动。其特点在于引入了有一定柔性的运动链系以适应抓取物体的形式。图15.5就是一个基于此方式运作的机构的简单实例。从结构上来看，它类似于基于固定耦合式关节，主要的不同仅在于它添加了一个弹簧以增加腱绳的延展性。外力作用于末端连杆时，弹簧使得第一根和第二根连杆之间能够进行相对运动。这种方式应用广泛，如广为人知的DLR手。这种方式的优势主要在于它对于物体形状的适应性。如何确定可变形构件的刚度以同时保证较强的抓取力与较好的形状匹配是设计中的主要问题。

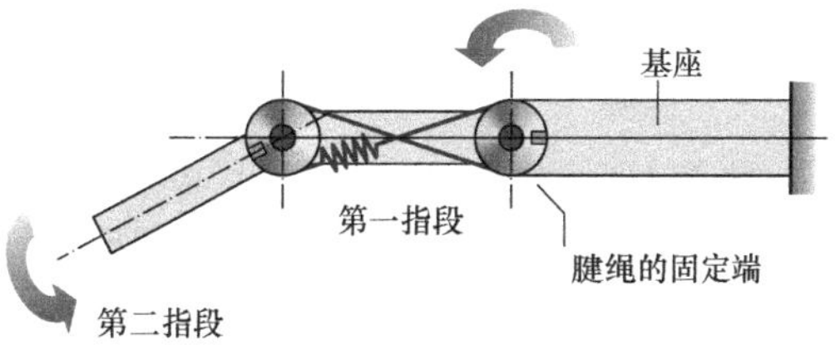

图15.5 非固定式耦合关节

③ 单电动机选择性驱动关节。通过这种方式，由一个（较大的）电动机产生的运动传递并分配到多个关节。各关节的驱动和控制通过一种类似自动或受控离合器的可插入离合装置实现的。

5. $M=N$ 的双向驱动式

这是一个非常普遍的情形：每个关节各个方向上的运动由同一个驱动器驱动。这种方式在各方向是相似（甚至相同）的，但必须注意回程间隙的影响，同时一般有必要对传动系统进行预加载。对于有腱绳之类的弹性构件构成的传动装置，预加载是必需的。此外，由于卷绕在电动机带轮上的腱绳与未卷绕的腱绳长度相同，闭环传动系统要求腱绳路径总长为常数。这涉及长度补偿机制（如滑轮组、凸轮等），因为每次手指的几何位置的变化都会引起腱绳的差动位移。尽管有上述复杂性的限制，这种通过简单的带轮-腱绳（UB 手，Okada 手等）或是套管-腱绳（Salisbury 手，DIST 手等）作用的驱动方式仍被广泛运用，这种方式原理简单，但存在腱绳与鞘套之间有摩擦等问题，在这种情形下，过高的预加载是很困难的。

15.3 驱动与传感技术

本节将对机器人手驱动与传感技术方面的主要问题进行简要介绍。进一步详细的介绍参见本书的第3、第4章和第19章。

15.3.1 驱动

电气驱动器无疑是机器人手驱动的最普遍的选择。事实上，电动机对位置和速度的控制良好，单位功率比较合理，并且无须添加液压或气动驱动器等其他驱动器所需的附加装置。当然也存在其他形式的驱动器，如超声驱动器（(Keio 手[15.20]）、化学驱动器、气动驱动器（McKibben 用于 Shadow 手[15.21]）、弹簧驱动器（100G 抓取机器人[15.22]）等。

特别地，需获取快速响应时，气动驱动器或弹簧驱动器都是较好的选择，尽管这些驱动器必须匹配能够快速响应的制动系统以保证较好的位置控制。

15.3.2 传感

在机器人手或其他机器人机构中，传感器可分为两大类：内部传感器和外部传感器。前者测量的是与装置本身相关的物理状态信息（如位置、速度），而后者则测量物体相关的反应或环境变量（如外力/力矩、摩擦、形变）。

1. 关节位置/速度传感器

为实现对关节的控制，测量被驱动关节的位置与速度是必要的，主要的问题在于传感器及导线的可用空间是有限的。我们可以采用不同的技术方案，但比较常规的选择是采用霍尔效应传感器，这种传感器体积足够小，测量结果足够精准可信。在远程驱动的情况下，一个关节可以用到两个位置/速度传感器：一个在驱动器上（如解码器），另一个在关节本身。这通常是非常有必要的，因为传动系统中会引入一些非线性因素（形变，摩擦等）。通常上述安装在关节上的传感器是为给定的机器人手特别设计的，因为常用的传感器体积较大不适合安装在关节处。

2. 腱绳张力传感器与关节力矩传感器

众所周知，人能够通过控制相关肌肉来控制手指的动作与力度。在远程驱动的情况下，由于要补偿传动系统中的摩擦并测量外部作用力，测量腱绳的张力是非常有必要的。图 15.6 中就是一种测量腱绳张力的方式，它通过压在腱绳上的可测量应变的柔性板实现对腱绳张力的测量。当有张力作用在腱绳上时，传感器测量的力由轴向分量和切向分量合成。由于轴向力产生的位移相对于切向力产生的位移足够小，故可将其忽略。于是切向分量使柔性板产生弯曲应变，同时附着在板上的应变测量仪将应变转变为电信号。现在考虑一个带两个传感器的 N 型驱动器，如图 15.7 所示，其中关节力矩 τ 已经给定。由于 $\tau = r(T_1 - T_2)$，其中 τ、T_1、T_2 分别是带轮的半径及腱绳的紧边与松边的张力。而 T_1 和 T_2 可表示为 e_1 和 e_2 的函数，故 τ 可通过将 e_1 和 e_2 代入不同的回路来获得。然而，这种方法存在很多问题。主要的问题是传感器的柔性板在较大的预应力作用下会产生塑性变形使传感器无法继续工作。另一个问题是测量一个关节的力矩通常需要两个传感器。为应对这些问题，我们可以应用如图 15.8 所示的张力差动式传感器[15.22]。这种传感器只有一个简单机体，还包含一个附有应变测量仪的弹性部分。图 15.8a 反映了这种传感器的工作原理。力矩作用在关节上时，T_1、T_2 的值不同，这将导致应变测量器上存在切向力。在极大的张力作用下，切向分力会像没加力矩时一样保持为 0。这样，预应力造成的弹性板塑性变形的问题就不存在了。此外，这类传感器的构建仅需要一个基座。此类力矩传感器存在一些变体。当减小图 15.8a 中滑轮的距离，传感器就变成了零距离的单滑轮形式，如图 15.8b 中所示。这种装置已应用于 Darmstadt 手[15.23]和 MEL 手[15.24]。若这类传感器通过相应的腱绳连接在手指连杆处，则传感器和腱绳之间没有相互作用，我们便可像图 15.8c 中那样移动滑轮。这种结构被称作滑轮缺失模式，已经在 Hiroshima 手上得以应用。对于测量腱绳驱动的关节，这种应力差动式传感器无疑是一种强有力的工具。

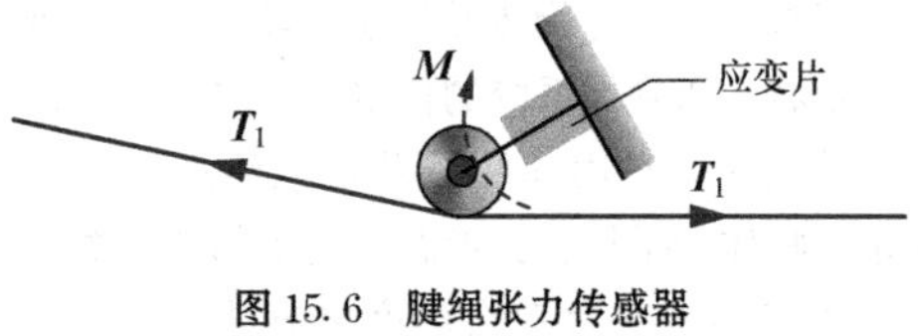

图 15.6 腱绳张力传感器

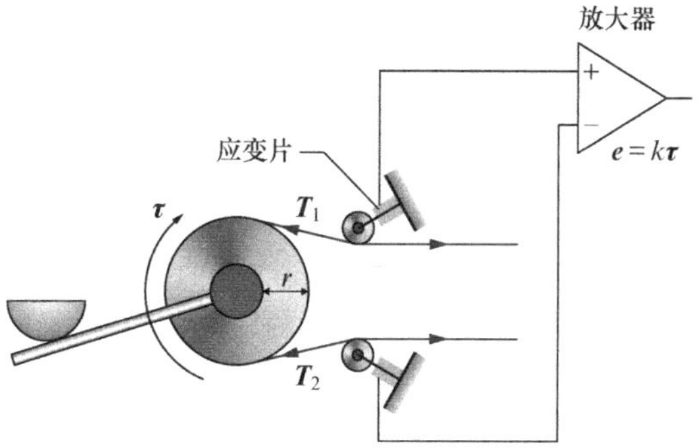

图 15.7 基于腱绳的力矩传感器

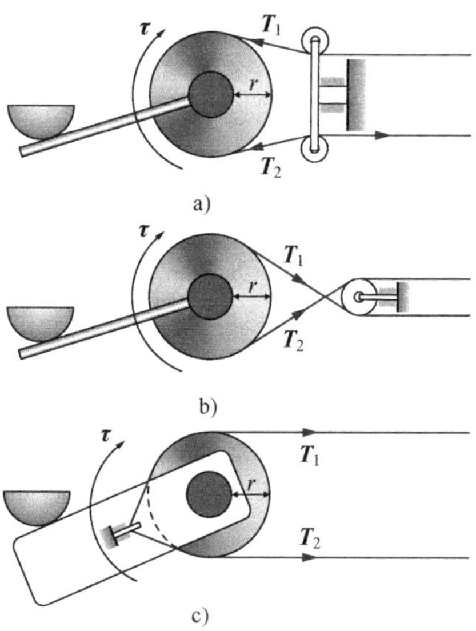

图 15.8 应力差动式传感器

a）双滑轮模式 b）单滑轮模式 c）滑轮缺乏模式

3. 指尖触觉（或力）传感器

大多数机器人的操纵及装配中都会用到触觉传感器。举起一个物体时，触觉传感器能够及时侦测出滑动的发生并采取有效措施进行阻止。除了指尖与物体的接触点之外，指尖触觉（或力）传感器还能测定物体的一些性质，如表面的摩擦系数、表面质地及重量等。在单一接触力作用下，六轴的力学传感器可以测出手指与环境指尖的接触点以及相互作用力的大小。对于图 15.9 所示的手指结构，力的大小与传感器输出关系如下

$$F_s = f \tag{15.1}$$

$$M_s = x_c \times f \tag{15.2}$$

式中，$f \in \mathbb{R}^3$、$F_s \in \mathbb{R}^3$、$M_s \in \mathbb{R}^3$ 和 $x_c \in \mathbb{R}^3$ 分别是六轴力传感器测出的外力矢量、相互作用力矢量、力矩矢量以及表征接触位置的位置矢量。由式(15.1)，我们可以直接解相互作用力。将 F_s 代入第二个方程可解得满足条件的 x_c。如图 15.10a 所示，对于有凸面的物体，一般可以得到两个解，其中方程满足 $f^t n > 0$ 的解是有意义的（手指只能推物体）。而对于凹面物体，我们至少可以得到 4 个解，如图 15.10b 所示，其中两个是有意义的。如图 15.10c 所示，位于指尖的六轴力传感器很好的避免了多元方程组，同时只有指尖作用力才会被表征。因此，如果有多个连杆同时与物体接触，则有必要在每根连杆上都加一个力/力矩传感器。

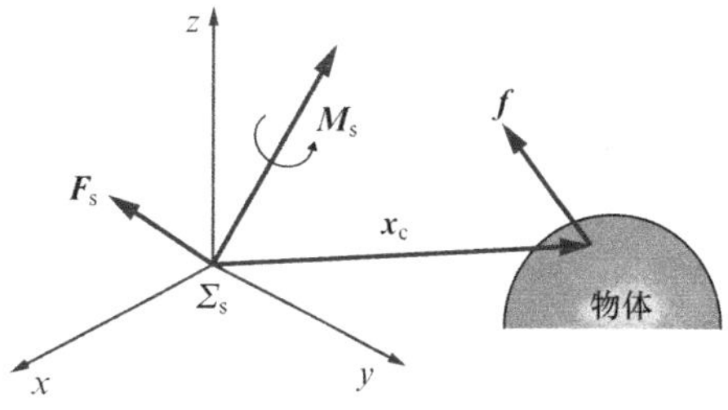

图 15.9 传感器坐标系

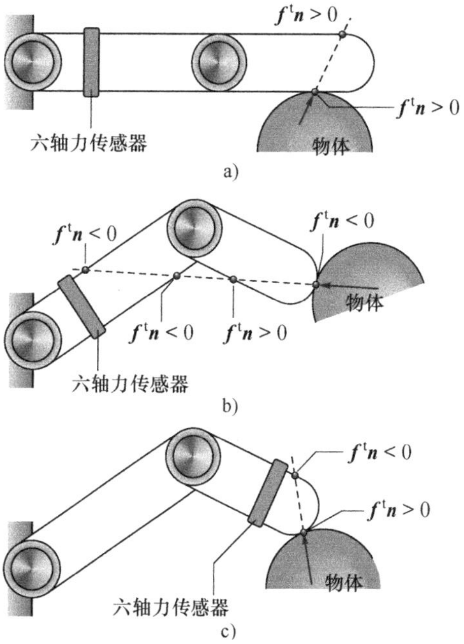

图 15.10 解的说明

a）凸面物体 b）凹面物体 c）六轴力传感器

这种用一个多轴传感器同时探测力和力矩大小以及接触点位置的方式，被称作内部触觉（IT）原理[15.25]。一般来说，与下文所述的传统的触觉传感器相比，由于传感器上的电路与连接较少，这种方式使得设计更为简化。

4. 触觉传感器

还有一类很重要的传感设备由触觉传感器组成，

这类传感器常用于测量像物体形状、接触点位置与压力等目的。文献中提出过很多触觉传感器，其中很多原理上都是可实现的：光学的、压阻的、压电的等。要总览这方面的技术及应用可参阅参考文献［15.26］和［15.27］。

触觉传感器开始引入机器人是在20世纪70年代。现在，与力传感器一样，触觉传感器也已得到很好的商业化应用。可以说，它们是工业传感器应用的代表，尽管很多时候它们仅仅作为一个用于检测一次抓取或者接触是否发生的比较高级的设备。

通常，触觉传感器由感性元件的矩阵（数列）组成，每个传感元件都被看作一个触元（taxel，由触觉元件而来），全部信息被称作是触觉图像（见图15.11）。这种传感器的用于测量面上的应力分布。

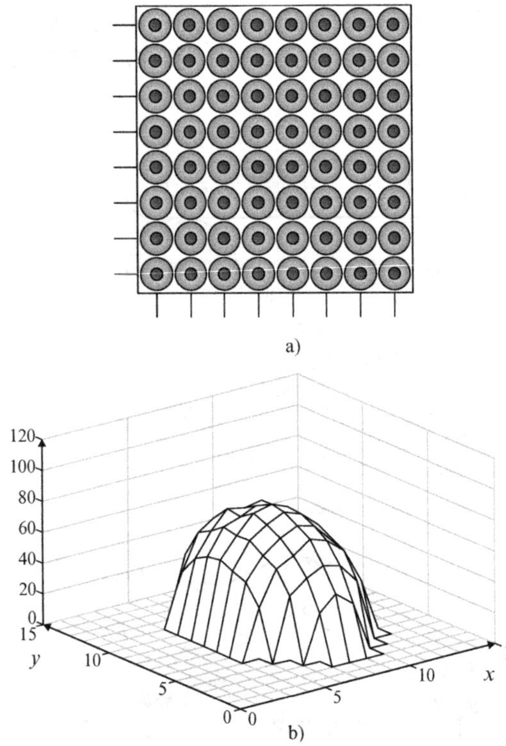

图15.11　触觉传感器
a）结构　b）数据

一般来说，通过触觉传感器能获得的信息有：

接触：这是这类传感器能获取的最简单信息，即接触有没有发生。

力：每个传感元件都可给出局部所加的力的相关信息，可以以多种方式被用于高精度的连续计算。

简单的几何信息：接触区域的位置、接触面的几何形状（平面，圆面等）。

物体的主要几何特性：通过传感器给出的适当精度的与物体三维形状相关的数据可推断出物体的形状，如球体或圆柱体。

机械特性：摩擦系数和刚度等，也可以测量物体的温度特性。

滑动状况：在物体与传感器之间的有关运动。

很多新技术已被用于设计触觉传感器的过程中，从压阻式到电磁式再到光电式等。最常用到的触觉传感器工作原理主要有下列几种：

半导体式、电磁感应式、电容式、压阻式、光电式、机械式。

上面的每种技术都存在各自的优势与不足。然而，这些传感器的体积一般相对于可用空间是较大的，而且需要大量的导线连接。

15.4　机器人手的建模与控制

内置驱动式机器人手动态模型与传统形式的工业机器人手是很像的，也能够进行一系列的操作。而远程驱动方式会引入一些值得我们好好考虑的因素。特别当存在一些非线性因素（如摩擦与反向间隙）时，传输系统的稳定性、非固定连接的传感器及驱动器都将成为机器人控制系统设计的重中之重。此外，单向驱动器，如腱绳驱动系统，需要合适的控制技术保证各个关节的设定力矩在相互耦合后还可以有一定的附加效果。

15.4.1　柔性传动系统的动态效应

远程驱动式机器人手的传动系统往往存在很大的摩擦，同时，不可忽视的动态效应更增加了问题的复杂性。一个简单的表现就是由弹性传动元件连接的两个惯性元件的单轴移动。这是弹性关节的典型表现形式，前一个元件表征电动机的惯性，而后一个与驱动关节/连杆的惯性相关，如图15.12所示。复杂的情况，考虑传动系统的动态模型，即将腱绳经典表示为一系列由弹簧/阻尼器连接的质量，如图15.12b所示。由于驱动系统和驱动元件处在不同位置，且运动是通过一个不理想（不绝对静止）元件传输的，这种简单的模型对于理解这些因素造成的缺点和局限是很有帮助的。当我们考虑手指关节承受外力的能力时，图15.12a中所示的传动系统所模拟的开环系统会有明显的带宽减小和输入F_a（电动机作用力）与输出F_c（接触引起的力的改变）的延时，如15.13所示，开环传递函数

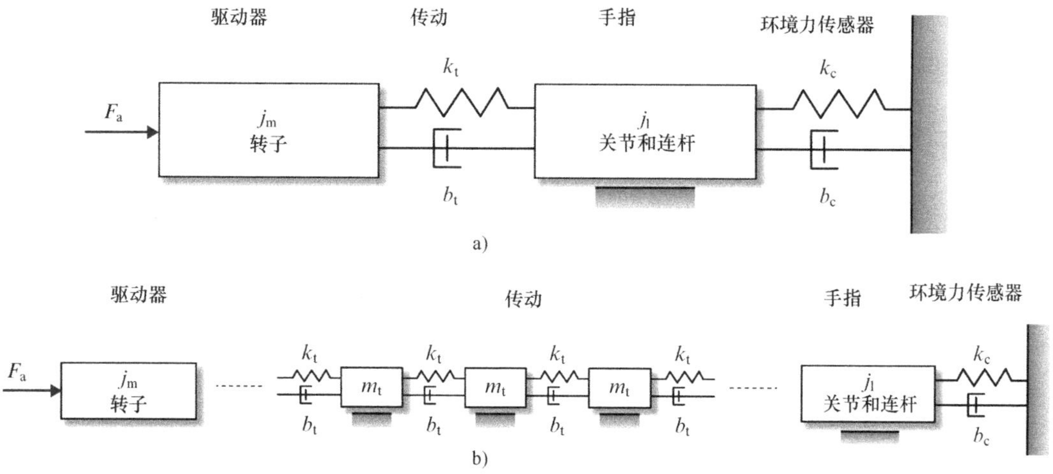

图 15.12 弹性关节的典型表现形式

a）带有弹性传动的机器人关节模型 b）基于腱绳传动的模型

$$\frac{F_a}{F_c}=\frac{(b_c s+k_c)(b_t s+k_t)}{[j_l s^2+(b_t+b_c)s+k_t+k_c](j_m s^2+b_t s+k_t)-(b_t s+k_t)^2} \tag{15.3}$$

有四个极点，增加传动刚度 k_s 的值，各极点将在绝对刚性（k_c 趋于无穷，两个极点趋于无穷远点）的传动和电动机与连杆的惯性作用下，从初始位置（由物理量 j_l、j_m 等参数决定；当 $k_s=0$ 时，至少有一个极点处于高斯平面原点的位置）向系统的两极移动。此时的传递函数为

$$\frac{F_a}{F_c}=\frac{(b_c s+k_c)}{(j_l+j_m)s^2+b_c s+k_c} \tag{15.4}$$

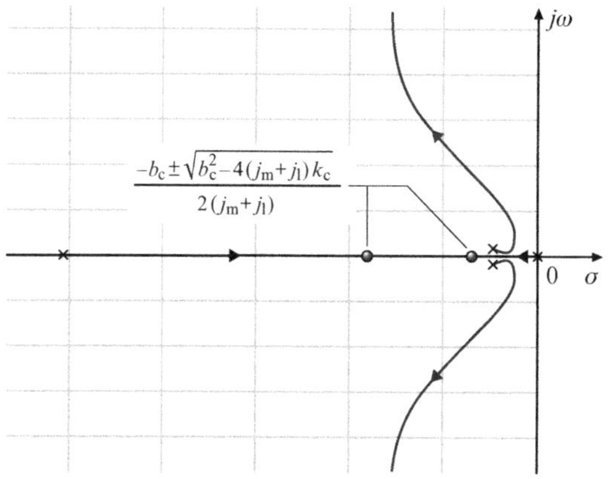

图 15.13 带变量 k_t 的传递函数（15.3）的根轨迹图

结果是，当系统的柔性不可忽略时，柔性传动系统的带宽将会减小，如图 15.14 中波特图所示。柔性传动系统的带宽受减速器位置的影响很大：当减速器安装在关节处，带宽会是减速器直接安装在电动机[15.28]上时的 K_r 倍（如图 15.15 所示，K_r 是减速比）。更有意义的情况是，在刚度 K_t 较小的情况下，弹性模式下系统的频率会有一个骤降，因此，电动机上施加的力频率值会较低，并且通过关节上传感器的测量所得的量是完全反相的。这些会使整个系统在力控制下（或者说阻抗控制）的不稳定效果被称为不匹配性。一般来说，驱动器和传感器安装在弹性结构（或带有柔性传动的结构）的不同点时，闭环系统会不稳定[15.15]。

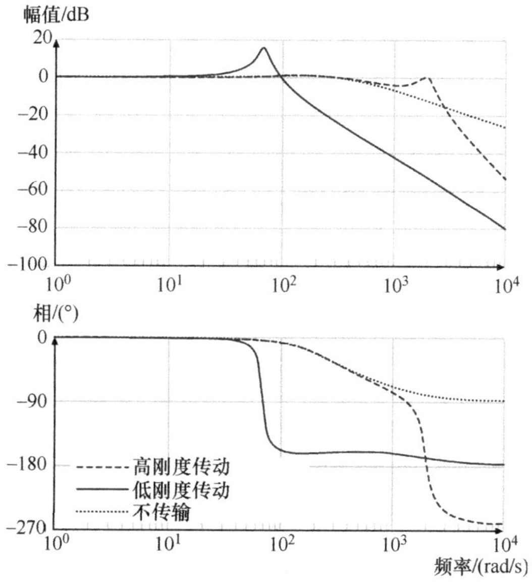

图 15.14 开环传递函数（15.3）的波特图

从机器人控制上来看，由机械传动的柔性对于驱动器和运动传递的影响要远远超过非线性摩擦现象。事实上，在图 15.12 中，由阻尼系数 b_t 表征的线性黏性

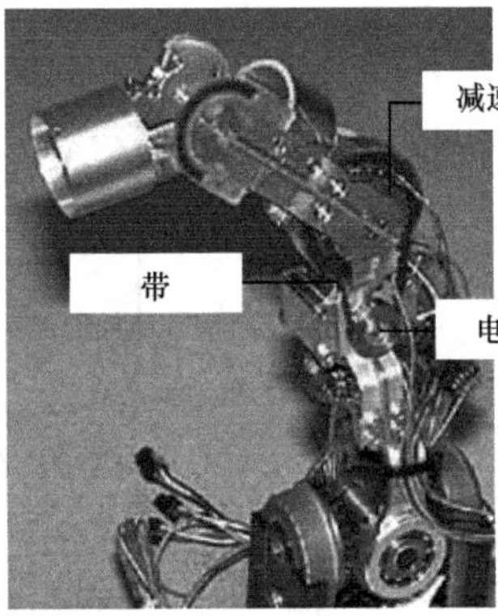

图 15.15　DLR-Ⅱ手中间指关节上减速器的位置

摩擦力，伴随着静摩擦和库仑摩擦，两者在速度为零的情况下都是不连续的，如图 15.16 所示。这些非线性因素会产生极限环和输入依赖型稳定性。因此在设计机械人手和它的控制结构的时候，这些因素必须仔细考虑[15.30]。例如在 Utah/MIT 手的设计中（如图 15.17 所示），为减小静摩擦，设计者用滑轮组取代了腱绳套[15.3]。为了得到机械布局的复杂性、可靠性以及良好的摩擦水平最优化的折中解，设计者们采用了一系列的方法将腱绳套与滑轮组结合起来共同用于

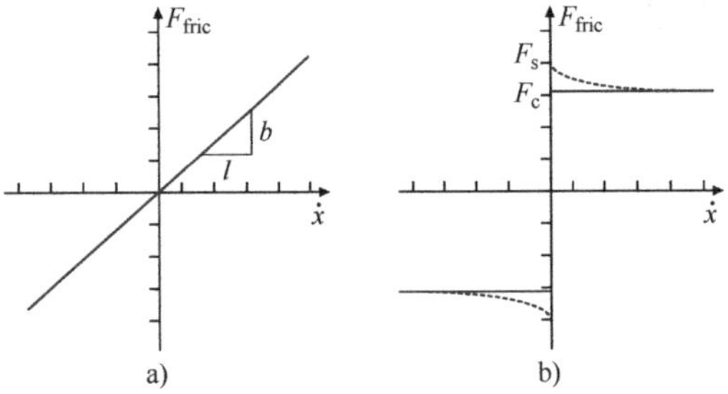

图 15.16　摩擦现象

a）黏性摩擦　b）静摩擦或库仑摩擦

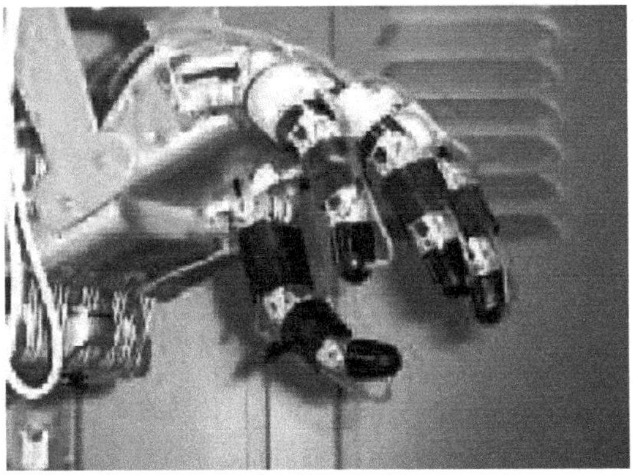

图 15.17　Utah/MIT 机器人手

将腱绳由驱动器引至手指关节处，例如图 15.18 中所示的 Stanford 手和 UB-3 手。UB 手结构极其简单，其腱绳完全位于腱绳套中，然而，为达到控制目的，摩擦不能被绝对忽略且需要腱绳与管壁相互作用的精确模型。

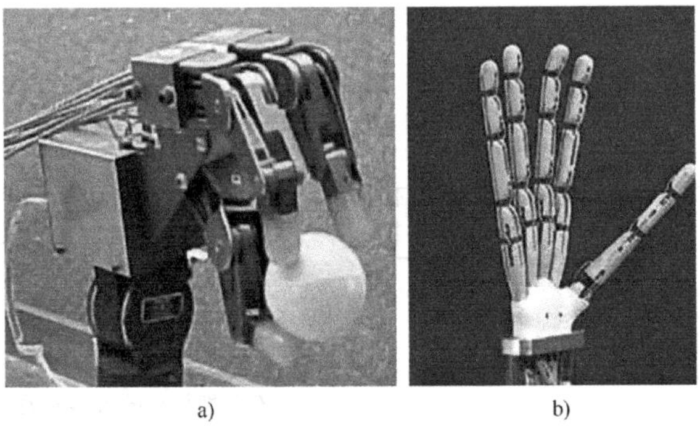

图 15.18　a）Stanford/JPL 手　b）UB-3 手

15.4.2　套管腱绳系统的传动模型

这种系统的模型如图 15.19 所示，其中 T_{in}，T_{out}，T_0，ξ_{in}，ξ_{out}，R_i，x，L 分别为输入端和输出端张力，初始张力，输入端和输出端应变，管路半径沿，导线方向的坐标和腱绳长度。输出端张力与输入端位移关系为[15.31]

$$T_{out}-T_{in}=K_t(\xi_{in}\phi_B) \tag{15.5}$$

式中，K_t 与 ϕ_B 分别为总刚度和反作用力，由下列一组公式求出

$$\frac{1}{K_t}=\frac{1}{K_e}+\frac{1}{K_s}+\frac{1}{K_{ap}} \tag{15.6}$$

$$K_{ap}=K_w\frac{\lambda}{e^{\lambda}-1} \tag{15.7}$$

$$\phi_B=\frac{T_0L}{EA}\cdot\frac{e^{\lambda}-\lambda-1}{\lambda} \tag{15.8}$$

$$\lambda=\sum\left|\beta_i\right|\mu\operatorname{sgn}\xi_{in} \tag{15.9}$$

式中，K_e，K_s，K_w，K_{ap}，μ，E，A，β_i 分别为环境刚度、力传感器刚度、腱绳的等效刚度，摩擦系数、杨氏模量、横截面积以及每段腱绳的挠度。图 15.19 所示情况中 $\sum\left|\beta_i\right|=2\pi$。可以看出，当管路严重弯曲时，与摩擦有关的参数 λ 急剧增加。

尽管选用自由路径传递功率具有很大的优势，这也会导致传动系统具有很大程度的非线性。值得注意的是，虽然腱绳的等效刚度和反作用力均随曲率函数 λ 及摩擦因数的变化而变化，当 $\mu=0$ 时，$\phi_B=0$，$K_{ap}=K_w$。从控制的角度上看，这样的滞后现象显然不是我们希望看到的结果。为应对这样的问题，腱绳

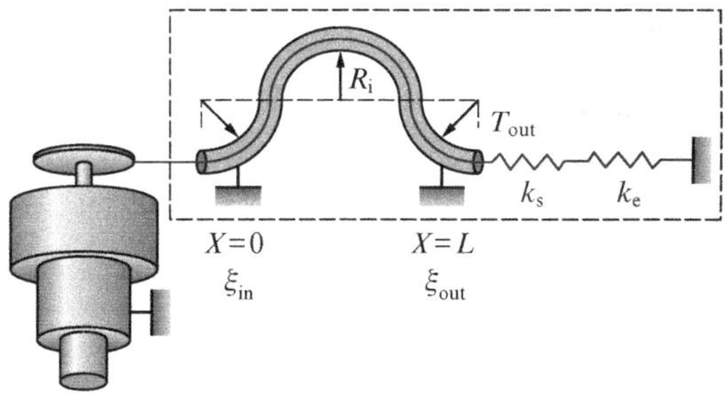

图 15.19 套管腱绳传动模型

应当被设计成尽可能的短，这样我们就可以在传动系统中保持较高的刚度和较小的回程间隙。

15.4.3 通过单向驱动器的控制

单向驱动器（即使用腱绳传动的标准电动机）应用于远程驱动装置中，这类驱动器的使用需要采取特殊的控制技术以保证关节上所受的力矩并保持腱绳的正压力。为了这个目的，腱绳被看做无弹性无阻尼元件，问题也被认为与之前讨论过的系统的稳定性完全无关。

通过腱绳或滑轮分布在手指结构中的腱绳可以通过将关节形态与腱绳延伸率联系起来的延展函数 $l_i(\boldsymbol{\theta})$[15.32] 表示。对于图 15.2 中的腱绳网络，三条腱绳的延展函数为

$$l_i(\boldsymbol{\theta}) = l_{0i} \pm R\theta_1 \pm R\theta_2$$

式中，R 为滑轮盘半径，$\boldsymbol{\theta} = [\theta_1 \quad \theta_2]^{\mathrm{T}}$ 为关节变量矢量。一旦延展函数确定，腱绳力与关节转矩的关系就很容易确定。事实上，关节转速 $\dot{\theta}$ 与腱绳速度 $\dot{l}$ 可用延展方程的微分表示

$$\dot{\boldsymbol{l}} = \frac{\partial \boldsymbol{l}}{\partial \boldsymbol{\theta}}(\boldsymbol{\theta})\dot{\boldsymbol{\theta}} = \boldsymbol{P}(\boldsymbol{\theta})\dot{\boldsymbol{\theta}} \qquad (15.10)$$

为避免功率损失，由式（15.10）可得

$$\boldsymbol{\tau} = \boldsymbol{P}^{\mathrm{T}}(\boldsymbol{\theta})\boldsymbol{f} \qquad (15.11)$$

式中，τ 为施加在关节处的力矩，$\boldsymbol{f}$ 为腱绳作用力。式（15.11）表明一条腱绳传递的力将作用于不止一个关节。

为保证在纯拉力的约束下在各方向上对关节施加力矩，对于任意的 $\boldsymbol{\tau} \in R^n$，存在一系列的力 $\boldsymbol{f}_i \in \mathbb{R}^m$ 使得

$$\boldsymbol{\tau} = \boldsymbol{P}^{\mathrm{T}}(\boldsymbol{\theta})\boldsymbol{f} \text{ 且 } f_i > 0, i = 1,2,\cdots,m \qquad (15.12)$$

式中，n 与 m 分别是关节与腱绳的数目。此时，腱绳网络被称为力封闭。如果式（15.12）成立，给定力矩向量时驱动器必须向腱绳提供的力的大小可由如下公式计算出

$$\boldsymbol{f} = \boldsymbol{P}^{\dagger}(\boldsymbol{\theta})\boldsymbol{\tau} + \boldsymbol{f}_N \qquad (15.13)$$

式中，$\boldsymbol{P}^{\dagger} = \boldsymbol{P}(\boldsymbol{P}^{\mathrm{T}} - \boldsymbol{P})^{-1}$ 为耦合矩阵 $\boldsymbol{P}^{\mathrm{T}}$ 的虚拟逆矩阵；$\boldsymbol{f}_N \in \mathscr{N}(\boldsymbol{P}^{\mathrm{T}})$ 确保所有腱绳作用力为正的内力向量。一般地，内力应尽可能的小使得腱绳总处于张紧状态但又不至于屈服。

15.4.4 机器人手的控制

之前章节中讨论的模型与控制方面的问题非常重要也非常基础，但在机器人手控制上这些都是较低层次上的问题，因为它们都与设备自身的特性相关。

要想以正确的方式操作多指机器人手，必须去面对并解决另外一些问题。为解决这些问题，需设计机器人手的高级控制方式，这必须考虑到手与物体及环境的相互作用。在这种背景下，必须考虑的方面有：施加在关节处的力与力矩的控制，对屈服及摩擦建模的必要性，手指及接触点的运动形式（滚动，滑动等），抓取并（或）熟练操作物体的程序算法等。这些问题将在第 26 章、第 27 章和第 28 章详细阐明。

15.5 应用与发展趋势

工业环境下，简单化与低成本是设计执行器的准则，因此，诸如开闭夹持器之类的简单设备应用非常普遍。这种情况使得多年来一些专用设备已经发展为只能执行单一的特定操作而不适用于其他任务。此时，灵巧型多指机器人手由于其可靠性、复杂性和成本等问题尚未被应用与任何主要的生产领域。

另一方面，如今越来越多的操作被设计成由人类操控的机器人在特定的工作环境下工作。娱乐、维修、空间探测、帮助残疾人都是机器人系统应用的典型例子，这些例子中，机器人需要操作为人设计的工具或物体（或者人类自身）。这种情况下，机器人必须能抓取并熟练操作尺寸、形状、质量等不同的物体，因此，具有合适数目手指及高度拟人化外表的机器人手是最佳的选择。

此时，一系列致力于研发高度拟人化机器人的工程已经相继启动。其中较为著名的有 NASA/JPL 的 Robonaut[15.18]（见图 15.20），DLR 的设备以及许多正在开发的拟人机器人。

图 15.20 NASA/JPL 的 Robonaut 机器人

15.6 结论与扩展阅读

自从机器人技术发展早期开始，多指机器人手的设计便吸引了许多研究机构的兴趣，不只是由于技术性的挑战本身，更在于拟人化的诱惑以及对人类自身身体知识的渴求。近 10 年来，许多重要的工程业已开展，一些典型的机器人手范例已经问世。然而目前，可靠的柔性的灵巧手依然无法在实际领域中得以应用。由于这些原因，很容易设想，随着技术（传感器，驱动器，材料等）水平和方法学（控制，编程等）水平的不断发展，机器人手领域始终将存在大量的研究活动。机器人手与其他科技领域（如认知科学）的结合也是值得期待的。

由于此研究十分广泛，很难再给读者推荐更深入的阅读资料，除了参考文献［15.32-34］所列的专业书籍。事实上，在专业研究领域，科技期刊及会议文献中的技术论文等资料也是可用的。而且，如今每年都有数百篇涵盖机器人领域各个方面的论文出版，给出特别的推荐阅读材料很困难。因此，我们仅向大家推荐章后的参考书目。

参考文献

15.1 T. Okada: Object-handling system for manual industry, IEEE Trans. Syst. Man Cybern. **2**, 79–86 (1979)

15.2 K.S. Salisbury, B. Roth: Kinematics and force analysis of articulated mechanical hands, J. Mechan. Trans. Actuat. Des. **105**, 35–41 (1983)

15.3 S.C. Jacobsen, E.K. Lversen, D.F. Knutti, R.T. Lohnsan, K.B. Biggers: Design of the Utah/MIT dexterous hand, Proc. IEEE Int. Conf. Robot. Autom. ICRA86 (1986)

15.4 J. Butterfass, G. Hirzinger, S. Knoch, H. Liu: DLR's multisensory articulated hand. Part I: Hard- and software architecture, Proc. IEEE Int. Conf. Robot. Autom. ICRA99 (1999)

15.5 C. Melchiorri, G. Vassura: Mechanical and control features of the university of Bologna hand version 2, Proc. IEEE/RSJ Int. Conf. Int. Robot. Syst. IROS'92 (Raleigh 1992) pp. 187–193

15.6 W.T. Townsend: MCB – industrial robot feature article- Barrett hand grasper, Ind. Robot. **27**(3), 181–188 (2000)

15.7 H. Kawasaki, T. Komatsu, K. Uchiyama: Dexterous anthropomophic robot hand with distributed tactile sensor: Gifu hand II, IEEE/ASME Trans. Mechatron. **7**(3), 296–303 (2002)

15.8 T.J. Doll, H.J. Scneebeli: The Karlsruhe hand, Preprint IFAC Symp. Robot Contr. SYROCO (1988) pp. 1–6

15.9 N. Fukaya, S. Toyama, T. Asfour, R. Dillmann: Design of the TUAT/Karlsruhe humanoid Hand, Intell. Robot. Syst. **3**, 1754–1759 (2000)

15.10 A. Bicchi, A. Marigo: Dexterous grippers: putting nonholonomy to work for fine manipulation, Int. J. Robot. Res. **21**(5-6), 427–442 (2002)

15.11 M.C. Carrozza, C. Suppo, F. Sebastiani, B. Massa, F. Vecchi, R. Lazzarini, M.R. Cutkosky, P. Dario: The SPRING hand: development of a self-adaptive prosthesis for restoring natural grasping, Auton. Robots **16**(2), 125–141 (2004)

15.12 J.L. Pons, E. Rocon, R. Ceres, D. Reynaerts, B. Saro, S. Levin, W. Van Moorleghem: The MANUS-hand dextrous robotics upper limb prosthesis: mechanical and manipulation aspects, Auton. Robots **16**(2), 143–163 (2004)

15.13 T. Iberall, C.L. MacKenzie: Opposition space and human prehension. In: *Dextrous Robot Hands*, ed. by T. Iberall, S.T. Venkataraman (Springer, New York 1990)

15.14 A. Bicchi: Hands for dexterous manipulation and robust grasping: a difficult road toward simplicity, IEEE Trans. Robot. Autom. **16**(6), 652–662 (2000)

15.15 M.R. Cutkosky: On grasp choice, grasp models, and the design of hands for manufacturing tasks, IEEE Trans. Robot. Autom. **5**(3), 269–279 (1989)

15.16 J. Butterfass, M. Grebenstein, H. Liu, G. Hirzinger: DLR-hand ii: next generation of a dextrous robot hand, Proc. IEEE Int. Conf. Robot. Autom. ICRA01 (Seoul 2001)

15.17 C. Melchiorri, G. Vassura: Mechanical and control features of the UB hand version II, Proc. IEEE/RSJ Int. Conf. Int. Robot. Syst. IROS'92 (1992)

15.18 R.O. Ambrose, H. Aldridge, R.S. Askew, R.R. Burridge, W. Bluethmann, M. Diftler, C. Lovchik, D. Magruder, F. Rehnmark: Robonaut: NASA's space humanoid, IEEE Int. Syst. (2000)

15.19 L. Birglen, C.M. Gosselin: Kinetostatic analysis of underactuated fingers, IEEE Trans. Robot. Autom. **20**(2), 211 (2004)

15.20 I. Yamano, T. Maeno: Five-fingered robot hand using ultrasonic motors and elastic elements, Proc. IEEE Int. Conf. Robot. Autom. (2005) pp. 2684–2689

15.21 Shadow Dexterous Hand, (Shadow Robot Ltd., London 2007) http://www.shadow.org.uk/

15.22 M. Kaneko, M. Higashimori, R. Takenaka, A. Namiki, M. Ishikawa: The 100G capturing robot -too fast to see, Proc. 8th Int. Symp. Artif. Life Robot. (2003) pp. 291–296

15.23 W. Paetsch, M. Kaneko: A three fingered multijointed gripper for experimental use, Proc. IEEE Int. Workshop Int. Robot. Syst. IROS'90 (1990) pp. 853–858

15.24 H. Maekawa, K. Yokoi, K. Tanie, M. Kaneko, N. Kimura, N. Imamura: Development of a three-fingerd robot hand with stiffness control capability, Mechatronics **2**(5), 483–494 (1992)

15.25 A. Bicchi: A Criterion for optimal design of multiaxis force sensors, J. Robot. Auton. Syst. **10**(4), 269–286 (1992)

15.26 A. Pugh: *Robot Sensors: Tactile and Non-Vision*, Vol. 2 (Springer, Berlin, Heidelberg 1986)

15.27 H.R. Nicholls, M.H. Lee: A survey of robot tactile sensing technology, Int. J. Robot. Res., **8**(3), 3–30 (1989)

15.28 W.T. Townsend, J.K. Salisbury: Mechanical bandwidth as a guideline to high-performance manipulator design, Proc. IEEE Int. Conf. Robot. Autom. ICRA89 (1989)

15.29 S.D. Eppinger, W.P. Seering: Three dynamic problems in robot force control, IEEE Trans. Robot. Autom. **8**(6), 751–758 (1992)

15.30 W.T. Townsend, J.K. Salisbury: The effect of coulomb friction and stiction on force control, Proc. IEEE Int. Conf. Robot. Autom. ICRA87 (1987)

15.31 M. Kaneko, T. Yamashita, K. Tanie: Basic considerations on transmission characteristics for tendon drive robots, Proc. 5th Int. Conf. Adv. Robot. (1991), 827–832

15.32 R.M. Murray, Z. Li, S.S. Sastry: *A Mathematical Introduction to Robotic Manipulation* (CRC, Boca Raton 1994)

15.33 J. Mason, J.K. Salisbury: *Robot Hands and the Mechanics of Manipulation* (MIT Press, Cambridge 1985)

15.34 M.R. Cutkosky: *Robotic Grasping and Fine Manipulation* (Springer, New York 1985)

第 16 章　有腿机器人

Shuuji Kajita，Bernard Espiau

赵明国　译

本章我们介绍有腿机器人。16.1 节介绍有腿机器人的研究历史，16.2 节讨论跳跃机器人，同时分析了一个简单的被动行走器，并把它作为周期性行走机器人的范例；庞加莱映射是分析它的动力学和稳定性的最重要工具之一。16.3 节讨论了一般双足机器人的动力学与控制。关键问题是服从脚与地面之间的单边约束的正动力学。正规的处理会导致行走轨迹生成和多种控制方法。零力矩点（ZMP）是控制双足机器人的一种实用方法，我们会在 16.4 节中讨论它的定义、物理含义、测量、计算与应用。在 16.5 节我们将话题转移到多腿机器人。步态和稳定性之间的关系是这一领域最重要的主题。我们还会介绍一些在该领域有重要影响的机器人。16.6 节概括地介绍了有腿机器人的分类。可以看到腿-轮混合机器人、腿-臂混合机器人、绳索行走机器人和爬壁机器人。为了比较这些具有不同结构的有腿机器人，我们在 16.7 节中介绍了一些实用的性能指标，例如弗劳德数和阻力系数。16.8 节对本章进行了总结，并展望了未来的发展趋势。

设计和实现人造机器的想法几乎和人类的历史一样久远。在 Leonardo Da Vinci 的一些奇妙却徒有其表的研究之后，出现了被称作自动机的第一代人造机器，它们主要由 Jacquard、Jacquet-Droz、Vaucanson 等于 18 世纪前后在法国制作完成（包括著名的自动鸭子）。随后，从 1850 年到第一次世界大战之间人们实现了一系列的自动机械装置。这一领域经历了一段漫长的萧条岁月，直到 20 世纪 70 年代初才得以复苏。值得一提的是，它的复苏是由科学家们所推动，而不像前些世纪那样，由天才的工程师、艺术家和魔术师们来完成。

16.1　历史概述

有腿机器人领域的开创性工作始于 1970 年前后，由两位著名的研究人员 Kato 和 Vukobratovic 完成。他们工作的共同特色是设计了相关的实验系统。在日本，Kato 和他的小组于 1973 年在早稻田大学展示了第一台仿人机器人 WABOT 1 号。它采用了一种非常简单的控制策略，以静态平衡的方式实现了几步缓慢的行走。这一成就是日本有腿机器人辉煌时代的开端。

与此同时，M. Vukobratovic 和他的研究小组正在研究功能康复中的一些问题。在斯洛文尼亚贝尔格莱德的米哈伊洛普平学院，他们设计出了世界上第一台主动式外骨骼和一些其他设备，如贝尔格莱德手。但他们最著名的成果却是关于运动稳定性的分析，即于1970年前后所提出的零力矩点（ZMP）的概念，这个概念从那时起就被广泛地采用[16.3]。零力矩点首次形式化地提出了有腿机器人对动态稳定性的要求；它的思想是用动态转矩来扩展传统的静态平衡准则（质心投影必须处于接触点所形成的凸多边形内部）。这一重要内容，将在本章中进行详细的论述。

在接下来的十年里，突破性的进展来自美国。R. McGhee 于20世纪60年代在 USC（南加州大学）和70年代在 OSU（俄亥俄州立大学）的早期研究工作，使得第一台计算机控制的行走机器人面世。M. Raibert 开始在卡内基梅隆大学研究动态稳定的跑步机器人，后来他在麻省理工学院建立了腿实验室。在这个实验室他设计了一系列主动的跳跃机器人，包括一条腿、两条腿和四条腿机器人。在所取得的显著成果中，最著名的是一个两腿跳跃机器实现了空翻动作。同时，R. McGhee 和 K. Waldron 在制造了一些原型样机之后，成功地设计出了世界上最大的六足机器人。这个被叫做自适应悬架车的家伙，实际上是一个由人控制的可以在自然的无规则地型上行走的准工业系统（见16.5.2节）。

有腿机器人研究的第三个重要时期是20世纪90年代早期。毫无疑问，研究纯被动机械系统的想法由 McGeer 开创[16.4]。McGeer 在他的论文中介绍了自然的周期性运动的概念。对于一类非常简单的系统：倾斜平面上的一个圆规模型，其稳定的行走来自斜坡下降所增加的能量和碰撞损失的能量之间的平衡。本文特别强调，McGeer 在机器人研究者中普及了用庞加莱映射分析这类系统轨道稳定性的方法。一些研究者沿着 McGeer 开创的道路继续前进，进行了许多拓展（见图16.1）：增加了躯干、脚和膝关节[16.1]、半被动控制和类似机器人 Rabbit 一样能行走/跑步的全驱动系统[16.2]等。

新千年结束前是一个技术活动频繁的时期。工业上的突破性进展向世界展示了现在已能够制造出真正的仿人机器人。在日本，Honda（本田）公司

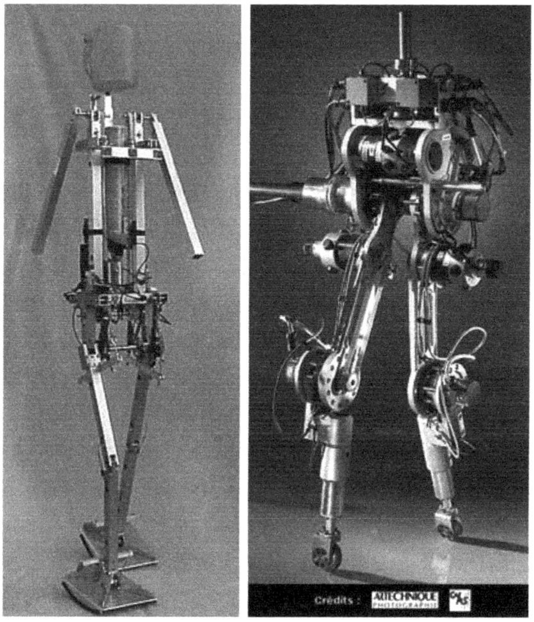

a) b)

图16.1 有驱动的双足机器人[16.1, 2]

a）Denise(2004) b）Rabbit(2003)

于1996年展示了第一个仿人机器人P2，紧跟其后诞生了很多仿人机器人。现在，最激动人心的技术成果还是由工业界实现的：ASIMO（Honda），QRIO（Sony），HRP（Kawada）是当今众多仿人机器人中的代表。同时，应该注意到主要面向娱乐的小型仿人机器人的市场，在过去的十年里一直在稳定地增长。

当我们审视过往的历史和当前的现状时，会很明显地感到机器人科学家们正面临着一个挑战。优秀的技术成果已经实现了，特别是双足机器人。但是，这些系统真正自主地在不平整和多样的地面上行走的能力还有待验证，特别是在人类的日常生活环境里。因此，本章的目的是在建模与控制的最新进展方面介绍一些要点，以便在需要时可以设计出充足且有效的控制算法。我们以两类主要的方法为基础：一种方法采用所谓的正动力学，另一种采用ZMP（零力矩点）。本章的结构如下：在简短地概述了用于跳跃和被动机器人的控制原理之后，我们会聚焦于基于动力学模型的双足机器人的控制问题：建模、稳定性、轨迹生成与控制。然后我们会深入阐述ZMP（零力矩点）的概念以及它在控制算法中的应用。因为前几部分主要涉及双足机器人，这一章以专门介绍多腿机器人的小节作为结尾。

16.2 周期性行走的分析

16.2.1 有关跳跃机器人的几点

周期性有腿机器人是指那些自然地或者在控制的作用下可以进入一个稳定行为状态的系统，其特征是在相平面上具有一个封闭的环。隐含的假设是这种系统在某种意义上或多或少地隐含着一些优化的自然行为。在此类机器人中，跳跃机器人是非常吸引人的，因为它们通常是不稳定的，但就速度而言却具有很高的性能。

如前所述，麻省理工学院的腿实验室已经对这些机器进行了深入研究。这一章的目的并不是要深入地阐述相关的设计方法和控制技术。关于这一方向，我们向读者推荐一本 Mark Raibert 所著的很出色但已很古老的书[16.5]。这里我们仅参考该书对 Raibert 的成果作简短的介绍。

实际上，他的工作始于平面的单腿跳跃机器人。Raibert 说明了这种系统的控制可以分解为三个独立的部分：第一部分是在每一个周期内提供一个固定的推力来控制高度；第二部分是在脚着地时控制它相对于髋部的距离来控制整个系统向前的速度；最后一部分是在站立阶段通过伺服髋部轨迹来控制身体的姿态。这些算法非常简单且能够实时实现。有趣的是这种简单的方法几乎可以直接用于三维（3-D）单腿跳跃的机器人（见图 16.2a（原文有误））。此外，这种由三部分组成的控制方法同样可以拓展到双足（见图 16.2b（原文有误））或者四足机器人，仅要增加腿运动次序的控制技术以及双腿协同运动时的虚拟腿概念。

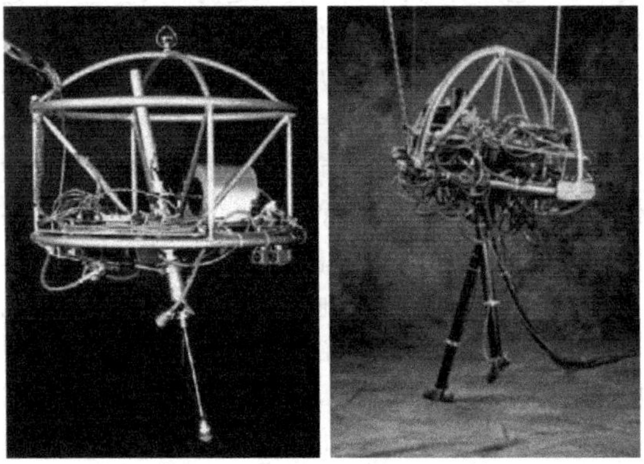

a) b)

图 16.2 Raibert 的跳跃机器人[16.5]

a）三维单足跳跃机器人（1983）

b）三维双足机器人（1989）

实际上，这项有趣的工作并没有继续下去，但是它启发了许多周期系统的研究。在这些系统中纯被动机器人已经受到广泛的关注，我们现在将深入到这一领域。

16.2.2 被动行走的稳定性

这一小节的目的是介绍一些与被动行走相关的基本事实和概念。更多的细节可以在相关文献中找到，例如参考文献［16.1，4，6］。本文涉及的内容主要来自参考文献［16.7］。我们采用最简单的模型（见图 16.3），一个没有驱动的平面对称圆规模型从倾角为 ϕ 的斜坡上向下走。所有质量都是点状的，无质量的伸缩腿用来保证腿摆动时不刮地。这个模型以一些假设为基础。我们仅提及其中的一点，即假设摆动过程中不会产生滑动，并且双脚支撑阶段，也就是摆动腿和支撑腿互换的过程是瞬间完成的。相关的碰撞是无滑动和非弹性的。我们定义（根据图 16.3 中的符号）

$$\begin{cases}\mu = \dfrac{m_H}{m};\beta = \dfrac{b}{a} \\ x = [\boldsymbol{q}, \dot{\boldsymbol{q}}]^{\mathrm{T}} = [q_{ns}, q_s, \dot{q}_{ns}, \dot{q}_s]^{\mathrm{T}}\end{cases} \tag{16.1}$$

机器人摆动阶段的方程类似于无摩擦双摆的方程，可以用拉格朗日动力学方程的形式表述如下

$$\boldsymbol{H}(\boldsymbol{q})\ddot{\boldsymbol{q}} + \boldsymbol{C}(\boldsymbol{q}, \dot{\boldsymbol{q}})\dot{\boldsymbol{q}} + \frac{1}{a}\boldsymbol{\tau}_g(\boldsymbol{q}) = 0, \tag{16.2}$$

式中

$$\boldsymbol{H}(\boldsymbol{q}) = \begin{pmatrix} \beta^2 & -(1+\beta)\beta\cos 2\alpha \\ -(1+\beta)\beta\cos 2\alpha & (1+\beta)^2(\mu+1) = 1 \end{pmatrix}$$

$$\boldsymbol{C}(\boldsymbol{q}, \dot{\boldsymbol{q}}) = \begin{pmatrix} 0 & (1+\beta)\beta\dot{q}_s\sin(q_s - q_{ns}) \\ -(1+\beta)\beta\dot{q}_{ns}\sin(q_s - q_{ns}) & 0 \end{pmatrix}$$

$$\boldsymbol{\tau}_g(\boldsymbol{q}) = \begin{pmatrix} g\beta\sin q_{ns} \\ -[(\mu+1)(1+\beta)+1]g\sin q_s \end{pmatrix}$$

式中，2α 是髋部两腿的夹角。

与操作机器人相比，这个系统的特点是我们必须在连续的动态学方程之外增加描述步间变换的方程。我们将在介绍双足行走系统的动力学时再次遇到同样的要求，即腿的运动在不同阶段需要分别建模（见 16.3.2 节）。

机器人落地碰撞前后的构型可以用如下关系描述：

$$\boldsymbol{q}^+ = \boldsymbol{S}\boldsymbol{q}^-$$

式中，$\boldsymbol{S}$ 是一个 2×2 的归一化的反对称矩阵。对模

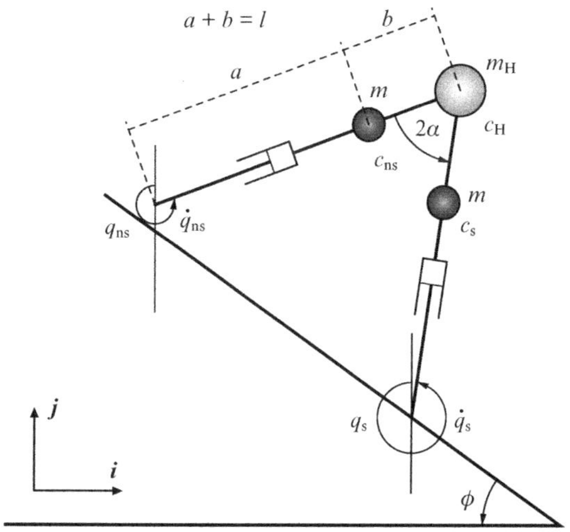

图 16.3　圆规模型

型应用角动量守恒原理可以得到 $Q^-(\alpha)\dot{q}^- = Q^+(\alpha)\dot{q}^+$，从中我们可以得到关节速度的关系 $\dot{q}^+ = [Q^+(\alpha)]^{-1}Q^-(\alpha)\dot{q}^- = A(\alpha)\dot{q}^-$，其中

$$Q^-(\alpha)=\begin{pmatrix} -\beta & -\beta+[\mu(1+\beta)^2+2(1+\beta)]\cos2\alpha \\ 0 & -\beta \end{pmatrix}$$

$$Q^+(\alpha)=\begin{pmatrix} \beta[\beta-(1+\beta)\cos2\alpha] & (1+\beta)[(1+\beta)-\beta\cos2\alpha] \cdots +1+\mu(1+\beta)^2 -\beta(1+\beta)\cos2\alpha \\ \beta^2 & \end{pmatrix}$$

碰撞前和碰撞后完整的状态向量 x 可以写成

$$x^+ = W(\alpha)x^- \tag{16.3}$$

式中，$W(\alpha)=\begin{pmatrix} S & 0 \\ 0 & A(\alpha) \end{pmatrix}$。

这个系统的周期性动力学行为可以概括为图 16.4 所示的相平面图，其中不连续的相轨迹由碰撞所产生。这个系统的稳定性可以用轨道稳定性来分析，其理论定义可参见［16.7］。直观上，它的意思是当系统在相平面上的某一个区域（吸引域）内偏离它的轨迹，它的自然行为是回到这个称为极限环的相平面轨迹上。

轨道稳定性的概念非常适合于分析周期系统，例如进入稳态后的行走运动。由此，这些步态的鲁棒性可以用吸引域的大小来衡量。但是，对于一般的非线性系统，证明极限环的存在、分析轨道的局部稳定性、计算其周期以及吸引域的过程通常都很困难。例如，在上述例子中，分析过程中要对摆动过程的动力学方程进行显式积分。无论如何，一旦找到了一个极限环，要分析它的局部稳定性还是可能的。一种确定机器人步态稳定性的方法是对其庞加莱映射进行的数值计算[16.4]。极限环就是这个映射的不动点，此映射在双足运动分析中被称为跨步方程[16.4]。本质上这些步骤包括在极限环周围的对状态施加小的扰动，然后计算敏感度矩阵的特征值。对于一个轨道稳定的环，它的所有特征值都位于单位圆内。一种自然的庞加莱截面选取方法是取摆动腿着地时的状态。由此对系统动力学方程进行了自然的离散化。对同一只腿的相邻两次着地，机器人状态之间的关系可表示为

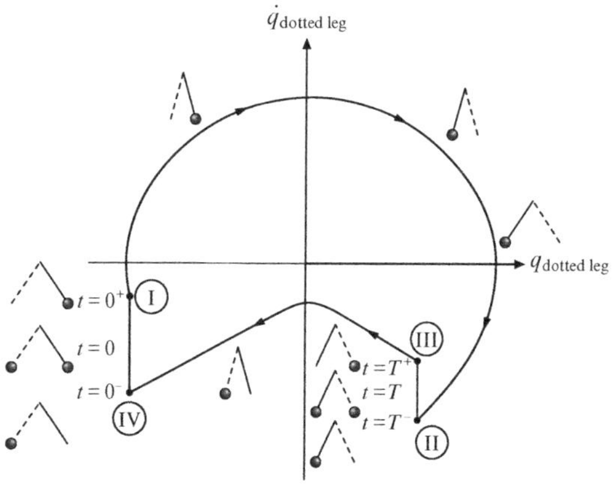

图 16.4　典型极限环

$$x_k = F(x_{k-1})^{\ominus} \tag{16.4}$$

平衡点就是 $x^* = F(x^*)$ 的解。对它进行一阶展开，我们得到

$$F(x^*+\Delta x^*) \approx x^* + (\nabla F)\Delta x^* \tag{16.5}$$

由此，$(\nabla F)\Delta x^* \approx F(x^*+\Delta x^*) - x^*$，并且可以用一种数值计算的方法来检查 (∇F) 的特征根的模是否严格小于 1。一种方法是对每一个状态变量分别施加一个很小的扰动，并观察它们的首次映射，然后对方程 $(\nabla F)\tau = \psi$ 进行数值解，其中 4×4 的对角阵 τ 是对状态变量的扰动，ψ 是首次映射后测量出来的状态变化。这种方法是很通用的，而且在其他具有周期性行为的机械系统中也可以应用。

已经证明被动行走机器人具有稳定的极限环。通常，对一个特定范围内的斜坡角度 ϕ，这种稳定行为只有一个。有趣的是，增大 ϕ 会导致倍周期的出现，如果 ϕ 太大还会演变成混沌现象，如图 16.5 所示。

⊖　式（16.4）原书是 $F(x_{k+1})$，有误，应为 $F(x_{k-1})$。

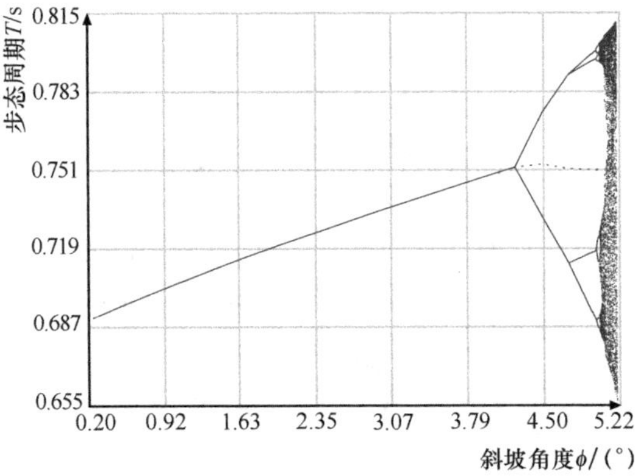

图 16.5 分叉与混沌

总之，应该强调的是这类机器人已经启发了一些简单高效率双足机器人的设计。的确，从某种能量的角度来说呈现出自然的被动步态的系统是最优的。一个极限环对应于舒适的人类行走步态，在这种步态下，每单位距离所消耗的新陈代谢能量是最小的。因此一个有趣的想法是在一个被动系统中加入一组数量最少的驱动器来补偿当系统不在斜坡上行走时所损失的能量。一些实验室的机器人就是基于这个原理，但是这一思想还有待于向可实际应用的有腿机器人上开拓。

16.3 采用正动力学的双足机器人控制

本节描述了正动力学框架下双足机器人的建模与控制的研究现状。由于篇幅的限制，这里不允许详细描述方程的细节和推导过程。因此，我们向读者给出基本内容的同时还列出了完整的参考文献，例如参考文献 [16.8，9]，相关的深入分析可主要参考文献 [16.10，11]。

16.3.1 构型空间

双足机器人通常被建模成一个刚性树状的三维铰链结构。基本上，关节间的参数用 q_1 表示，所形成的关节空间为 Q。如果认为机器人的脚在摆动过程中是不运动的，那么这个模型就与经典的操作臂相同。如果其所有关节都有驱动，那么在站立阶段（双脚都在地上），封闭的方程组就造成机器人的冗余驱动。然而更正确且通用的方法是把机器人看做空间中的一个自由系统，但受到非定常的单边约束。因此其构型空间是 $\{\{Q\}\oplus R^3\oplus SO(3)\}$，其中一个给定物体的六维位移用参数 q_2 表示。

16.3.2 动力学

基本的建模方法把动力学方程分成三部分：完整空间内的拉格朗日动力学方程、接触力产生的约束方程和碰撞引起的变换方程。

1. 连续动力学与接触力

在机器人是刚性结构的假设下，连续动力学可以表示成拉格朗日方程的形式

$$\boldsymbol{H}(\boldsymbol{q})\ddot{\boldsymbol{q}}+\boldsymbol{C}(\boldsymbol{q},\dot{\boldsymbol{q}})\dot{\boldsymbol{q}}+\boldsymbol{G}(\boldsymbol{q})=\boldsymbol{\Gamma}+\boldsymbol{\Gamma}_{\text{ext}} \quad (16.6)$$

式中，$\boldsymbol{q}=(q_1,q_2)\in\mathscr{R}^n$，其定义见 16.3.1 节；$\boldsymbol{\Gamma}=[0,\ \tau]^{\mathrm{T}}\in\mathscr{R}^n$是广义力向量，其中包括关节驱动力矩（通常是有界的）；$\tau\in\mathscr{R}^m$；$\boldsymbol{H}$ 是惯性矩阵；$\boldsymbol{C}$ 是离心、回转和科氏作用的矩阵；$\boldsymbol{\tau}_{\mathrm{g}}$是广义重力向量。集合（$q$，$\dot{q}$）构成机器人的状态。

机器人与地面的接触点满足以下形式的封闭方程

$$\boldsymbol{\phi}(\boldsymbol{q})=\begin{pmatrix}\boldsymbol{\phi}_n(\boldsymbol{q})\\ \boldsymbol{\phi}_t(\boldsymbol{q})\end{pmatrix}=0$$

$\boldsymbol{\Gamma}_{\text{ext}}$是由地面接触所产生的力矩，可以表示成

$$\boldsymbol{\Gamma}_{\text{ext}}=\boldsymbol{J}(\boldsymbol{q})^{\mathrm{T}}\boldsymbol{\lambda}(\boldsymbol{q},\ \dot{\boldsymbol{q}})$$

式中，$\boldsymbol{J}(\boldsymbol{q})=\dfrac{\partial\boldsymbol{\phi}(\boldsymbol{q})^{\mathrm{T}}}{\partial\boldsymbol{q}}$是机器人在接触点的雅可比矩阵，这个点也是外力施加作用的点。$\boldsymbol{\lambda}(\boldsymbol{q},\ \dot{\boldsymbol{q}})$ 是拉格朗日乘子，我们可以把这个表达式分成两部分

$$\boldsymbol{\Gamma}_{\text{ext}}=\boldsymbol{J}_n(\boldsymbol{q})^{\mathrm{T}}\boldsymbol{\lambda}_n(\boldsymbol{q},\dot{\boldsymbol{q}})+\boldsymbol{J}_t(\boldsymbol{q})^{\mathrm{T}}\boldsymbol{\lambda}_t(\boldsymbol{q},\dot{\boldsymbol{q}})$$

下标 n 和 t 分别代表地面的法向和切线方向。拉格朗日乘子 λ_n和 λ_t表示这些方向上作用力的幅值。

目前，对与地面接触的建模有两种主要的方法。首先，可以采用黏弹性模型，但是可能会遇到物理分析和数值积分的困难。其次，我们会采用相反的做法：认为与地面的接触是刚性的，这会导致增加一组约束，即所谓的单边约束，例如脚不会陷入地面。因此，接触点非负的法向作用力和加速度就可以通过补充条件联系起来[16.10,12]。

$$\boldsymbol{\lambda}_n^{\mathrm{T}}(\boldsymbol{q},\dot{\boldsymbol{q}})\ddot{\boldsymbol{\phi}}_n(\boldsymbol{q})=0,\boldsymbol{\lambda}_n(\boldsymbol{q},\dot{\boldsymbol{q}})\geqslant 0,\ddot{\boldsymbol{\phi}}_n(\boldsymbol{q})\geqslant 0$$

把系统滑动的情况排除在外，切向力的约束可以写成

$$\ddot{\boldsymbol{\phi}}_t(\boldsymbol{q})=0$$

最终，因为存在的摩擦力限制了允许的切向力，那么只要下面的不等式存在就会满足不滑动的条件

$$\|\boldsymbol{\lambda}_t\|\leqslant\mu_0\boldsymbol{\lambda}_n$$

式中，μ_0是由相接触的材料所决定的摩擦系数。

2. 碰撞

如 16.2.2 节所述，如果碰撞被假设成非弹性且无滑动的，那么根据以下的碰撞方程，系统的速度会

从 $\dot{\boldsymbol{q}}^{-}$ 跳变到 $\dot{\boldsymbol{q}}^{+}$

$$\boldsymbol{H}(\boldsymbol{q})(\dot{\boldsymbol{q}}^{+}-\dot{\boldsymbol{q}}^{-})=\boldsymbol{J}_n(\boldsymbol{q})^{\mathrm{T}}\boldsymbol{\Lambda}_n(\boldsymbol{q},\dot{\boldsymbol{q}})+\boldsymbol{J}_t(\boldsymbol{q})^{\mathrm{T}}\boldsymbol{\Lambda}_t(\boldsymbol{q},\dot{\boldsymbol{q}})$$

式中，$\boldsymbol{\Lambda}(\boldsymbol{q},\dot{\boldsymbol{q}})=[\boldsymbol{\Lambda}_n(\boldsymbol{q},\dot{\boldsymbol{q}}),\ \boldsymbol{\Lambda}_t(\boldsymbol{q},\dot{\boldsymbol{q}})]^{\mathrm{T}}$ 是冲击力。

在假设碰撞后接触点不移动的情况下，我们可以写出

$$\dot{\boldsymbol{\phi}}_n(\boldsymbol{q})=\boldsymbol{J}_n(\boldsymbol{q})\dot{\boldsymbol{q}}^{+}=0 \text{ 和 } \dot{\boldsymbol{\phi}}_t(\boldsymbol{q})=\boldsymbol{J}_t(\boldsymbol{q})\dot{\boldsymbol{q}}^{+}=0$$

3. 动态平衡

本质上，如果一个双足机器人能维持行走而不跌倒，它就处于平衡。在机器人技术的初期，步态是静态的。这就意味着当速度和加速度很小、并且假设接触点在一步中的任何时候都是不动的，那么平衡的条件就简化为一个经典的条件：机器人质心的投影位于接触点所形成的凸多边形内。因此，静态行走可以定义为一个连续的构型序列，这个序列既保证机器人向前的行进，同时又维持系统竖直的姿态，使机器人在每一瞬间都满足静态平衡条件。后面我们会看到，很容易设计相关的控制算法。

但是，真正有趣的问题是动态平衡。这个问题已在16.2.2节中Raibert的跳跃机器人或轨道稳定的被动机器人中进行了很好地论述。其他双足机器人中的稳定性和平衡问题需要更深入的分析，正如参考文献［16.11］中所描述的工作。

对于一个双足机器人，动态平衡可以直观地与可能运动的思想联系起来。我们先回到动力学方程；将方程按与构型空间的两部分相一致的方式分解，动力学方程（16.6）就可以重写成：

$$\begin{cases}\boldsymbol{H}_1(\boldsymbol{q})\ddot{\boldsymbol{q}}+\boldsymbol{C}_1(\boldsymbol{q},\dot{\boldsymbol{q}})\dot{\boldsymbol{q}}=\boldsymbol{\tau}+\boldsymbol{J}_1(\boldsymbol{q})^{\mathrm{T}}\boldsymbol{\lambda}-\boldsymbol{\tau}_{g1}(\boldsymbol{q})\\ \boldsymbol{H}_2(\boldsymbol{q})\ddot{\boldsymbol{q}}+\boldsymbol{C}_2(\boldsymbol{q},\dot{\boldsymbol{q}})\dot{\boldsymbol{q}}=0+\boldsymbol{J}_2(\boldsymbol{q})^{\mathrm{T}}\boldsymbol{\lambda}-\boldsymbol{\tau}_{g2}(\boldsymbol{q})\end{cases} \tag{16.7}$$

式中的 $\boldsymbol{\tau}$ 是一组驱动力矩。

参考文献［16.11］指出式（16.7）的第二个方程左边部分等效于系统动态转矩，而右边部分与接触力和重力所产生的转矩等价。该方程以牛顿-欧拉方程的形式给出，其中牛顿部分可以容易地用机器人质心处的加速度表示。其根本问题是：机器人的全局位置和方向只能通过接触力来实现。进而，这个运动必须和姿势的改变相联系。更一般地，当且仅当重力和接触力与机器人的动态转矩相等时，这个系统才能实现所要求的运动。对于一个给定的控制算法，问题就变成检验机器人在控制的作用下是否满足这个条件。

当所有接触点都在同一个平面时，可以证明在这个平面上存在这样一个点，重力和动态力相对该点都没有水平方向的力矩。这个点就是著名的零力矩点（ZMP），它也是压力的中心点（CoP）。在16.4节中可以看到这个概念是如何得到有效的控制策略的。

另外一种解决行走机器动态平衡问题的方法考虑了非水平力和切向力，其表述如下。一个行走系统在给定的时间内要实现一个特定轨迹 $q(t)$ 所指定运动的必要条件是存在一个接触力 $\boldsymbol{\lambda}(t)$，使得

$$\begin{cases}\boldsymbol{H}_2(\boldsymbol{q})\ddot{\boldsymbol{q}}+\boldsymbol{C}_2(\boldsymbol{q},\dot{\boldsymbol{q}})\dot{\boldsymbol{q}}+\boldsymbol{\tau}_{g2}(\boldsymbol{q})=\boldsymbol{J}_2(\boldsymbol{q})^{\mathrm{T}}\boldsymbol{\lambda}\\ \boldsymbol{A}(\boldsymbol{\lambda})\geqslant 0\end{cases} \tag{16.8}$$

其中的向量不等式 $\boldsymbol{A}(\boldsymbol{\lambda})\geqslant 0$ 包含了所有法向（单边）约束和切向力（科氏力）。最终，当驱动力与式（16.7）的第一个方程的动态要求相一致时，这种运动就一定会实现。在接下来的这一节，我们会提出一种与此相关的控制算法，来展现这种方法。

16.3.3　轨迹生成

设计完整的双足行走控制策略的一种常用方法包括两部分：预先定义的期望运动轨迹，采用经典控制就可以实现对这些轨迹的跟踪；解决模型的不确定性、障碍和干扰的专用在线调节技术，来防止机器人摔倒。计算期望（也称为参考）轨迹的方法主要有两种：既可以来源于人类运动的捕捉，也可以纯粹由计算机生成。对于后者，通常的做法包括两步：首先，要选择一组适当维数的输出变量。它们通常从一些机器人上选定点的三维坐标中获得。其次，在参数化之后（例如，以样条的形式），就可以用这些参量计算一步所有阶段的轨迹，包括：站立、摆动、向左和向右等，这就允许把障碍或者台阶考虑在内了。这些轨迹可以是时间上同步的，也可以是仅以时间为参考坐标的函数。完成这种计算最有趣的方法是使用一个基于动力学的优化算法，这个算法同时考虑了各种约束。轨迹可以保持在特定的输出空间，也可以变换成关节空间中的关节轨迹 $q_d(t)$。最后，这些轨迹是由一个控制器来跟踪的，后面会有所解释；通常还会加入一个在线稳定器。

要介绍的另外一种方法是应用生物启发技术的可能性，例如中枢模式发生器。这个想法是设计自激振荡系统（即没有输入，但是输出可以通过一些参数来调整），从中可以获得各关节的周期性同步运动。

这种方法通常用来生成多腿机器人（四足，六足），或者像蛇一样系统的步态，但也有一些工作涉及双足机器人[16.13]。最著名的非线性振荡器是范德波尔方程

$$\ddot{y}+a(1-by^2)\dot{y}+c^2y=0 \tag{16.9}$$

从这个方程可以得到许多演变的形式。类似的结果可以用更具有生物启发的方法得到，即设计神经元振荡器[16.14]。在这种振荡器中，许多具有开环正弦激励的人造神经元连接成网络来生成合理的行走模式。在某些情况下，甚至可能创造某种反馈来适应环的境变化或用于提高稳定性[16.15]。

16.3.4 控制

本节我们只简要地列举三个控制算法的例子。事实上，文献中已经报道了各种各样的控制算法，且仅一章的篇幅不可能对此进行详尽的论述。因此，我们建议读者参考这一领域最好的期刊和会议来了解更多的信息[16.16~23]。

1. 简单的动力学控制

为简单起见，让我们仅考虑一种特定的情况，即对行走的每个不同阶段，用一组多维的参考关节轨迹 $q_d(t)$ 来指定所期望的行走行为。在理想情况下，有必要设计一种控制算法来准确跟踪。通常，针对跟踪误差的比例积分微分（PID）回路是这种控制算法的核心。然而，因为噪声的存在和离散化的原因，在PID控制器中使用高增益并不总是可取的，良好的跟踪性能要求把机械系统的建模纳入到控制系统中。在系统的动力学特性已经很清楚的情况下，在所谓的计算力矩法中使用它们通常会非常有意思，这种方法施加的控制力矩的一般形式为

$$\boldsymbol{\Gamma}=\hat{\boldsymbol{H}}(\boldsymbol{q})(k_p(\boldsymbol{q}-\boldsymbol{q}_d)+k_v(\dot{\boldsymbol{q}}-\dot{\boldsymbol{q}}_d)+\ddot{\boldsymbol{q}}_d)+\hat{\boldsymbol{C}}(\boldsymbol{q},\dot{\boldsymbol{q}})\dot{\boldsymbol{q}}+\hat{\boldsymbol{\tau}}_g(\boldsymbol{q})+\hat{\boldsymbol{I}}_F \tag{16.10}$$

与式（16.6）的动力学方程相比，变量上的冒号表示近似模型。$\hat{\boldsymbol{I}}_F$涵盖了所有的摩擦；k_*是控制增益。这种形式是在关节空间中给出的，但是它也可以用于其他微分同胚的输出空间。需要指出，对于这些模型，我们至少应该考虑重力补偿 $\hat{\boldsymbol{\tau}}_g(q)$。此外，最重要的误差来源之一是内部的摩擦作用。一旦在关节、齿轮和驱动上应用摩擦模型，就会有 $\hat{\boldsymbol{I}}_F$，必须仔细地使用这些模型。实际应用中，如果存在脚底开关，那么这种传感器就会触发行走的相切换、腿的同步和行走周期的再初始化（见7.4节）。

这种控制至少可以用来产生静态行走。如果轨迹是在动态行走的框架内产生的，例如把ZMP的期望位置考虑在内，这个算法也可以应用于动态行走，可能同时还需要增加特定的稳定性算法。这个策略的许多变形都是基于对动力学方程的线性化，或者倒立摆模型。

尽管这种控制可以克服一些内部干扰，但是它既不能实时鲁棒地确保行走的稳定性，也不能适应环境的不确定性。现在最基本的要求是找到一种控制地面接触力的方法，以此来确保支撑脚按参考轨迹的要求而保持不动。这意味着控制必须保证不等式条件（没有滑动，没有离地），它涉及16.3.2节中提及的拉格朗日乘子在每一时刻无论有没有扰动都要满足条件。然而，这种反应能力会被驱动器边界所限制。

解决在线行走稳定性的一个有效方法是把控制分成两部分[16.24,25]：第一部分用来跟踪预先设定好的轨迹，它涉及大部分关节。第二部分是通过部分选定的关节（躯干，更通常的是踝关节）来控制地面反力。可以证明，通过适当的柔顺模型控制踝关节力矩可间接地控制地面反作用力。与机器人操作手中的混合控制方法相类似，具体实现时可以或多或少地直接采用接触转矩，这个转矩来自踝关节或者脚上的力或力矩传感器。

2. 一个变种：参数化轨迹的使用

经典轨迹跟踪方法的缺点是它必须准确地设计出所有可能的轨迹。因此适应扰动时要从一条轨迹突变到另一条轨迹。例如，为了跨过一个小障碍需要增大或者减小总速度时，控制器就要改变预先设定步伐的形状、时间和步长。一种有趣的尝试是得出系统的在线系统行为调节方法，它通过参数化给所定义的被跟踪轨迹增加额外的自由度[16.26]。这种方法的原理介绍如下。

首先考虑，实际上参考轨迹是依赖于一组时变的二阶可导参数 p：$q_d=q_d[p(t)]$。轨迹的许多特征都会在 p 上表现出来：步长、脚跟轨迹的最高点和时间缩放比例等。例如，这些参数反映在定义参考轨迹的样条曲线的系数里。根据需要的运动它们被设定为一个值：p^*。因为假定当需要时它们会发生变化，所以就必须设定它们的动态过程会通过二阶线性的 $\ddot{p}_d=f(p,\dot{p},p^*)$ 回到 p^*。现在可以证明获得动力学特性是可能的，包括类似于式（16.10）的PD控制策略，接触力的单边性、不滑动及不离地的要求和驱动器的界限。这些已在16.3.2节中说明过，并会在参考文献［16.8］中概括成一个单向量的不等式

$$A(q,\dot{q},p,\dot{p},\ddot{p})\leqslant 0 \qquad (16.11)$$

现在，通过寻找一个恰当的优化方法解决了这个问题（例如FSQP：可行序贯二次规划，起源于马里兰州大学系统研究所）。当保证满足式（16.11）时，参数的加速度 $\ddot{p}$ 就会使 $\|\ddot{p}_d-\ddot{p}\|^2$ 变小。这种方法可以补偿作用于其上的外部力的扰动，因为它们会反映在内部状态上，所以可以通过不等式（16.11）来满足。参考文献［16.26］已经证明，和非适应性方法相比，通过使用这种方法可以成10倍地增大可接受扰动的范围。此外，使用外部传感器（例如距离、接近和视觉）能够立即对参数进行修改，例如为了爬台阶或者避免一个障碍。

3. 在线优化

实时地调节机器人运动的最终方法是避免使用任何预先计算好的轨迹。这就要求给定的运动和相关的控制都可以在线完成。在最一般的情况下，甚至可以设想将这两步融合为一种方法。此外，幸亏嵌入式计算能力的指数增长，才使得现在有可能精确地计算动力学模型，并且实时地使用复杂的优化技术。这就是为什么我们要以可行的基于优化的方法来结束本章的这一部分，这种方法避免了解析轨迹的生成。

（1）模型预测控制（MPC）。这个想法来源于著名模型预测控制技术，它基于以下原理。我们先假设存在一个足以综合出控制系统的动态模型。然后，在每一个采样时间完成以下的每一步：

1）实际状态的测量。

2）计算控制量，这个控制从当前的离散时间开始在有限的范围内优化一个依赖于状态的成本函数。

3）只在第一次应用控制输入。

4）回到第一步。

这个标准方法的主要缺点是：可得到的关于稳定性的理论结果目前只适用于线性的或者非常特殊的非线性系统。例如，非线性模型预测控制（NMPC）在某些假设下才可以呈现出稳定性。此外，它有能力处理约束，这使得它适合于解决行走模式生成及具有单边约束或由非结构化环境下引入干扰的双足机器人的控制问题。关于MPC和NMPC完整的理论和实践结果可以见参考文献［16.27］。但是，从这些文章中可以看出当处理像机器人这样的高动态系统时，应用这样的算法是不容易的。

（2）无轨迹NMPC。沿着之前所说的实时地通过SQP（序贯二次规划）来最小化成本函数的参数调节方法，产生的另一个方法是在每个时间点解决一个约束优化问题[16.28]。加入了一组约束是为了确保行走的可行性和满足用户的要求。那么定义这些约束就是唯一的方法，这样就可以描述机器人运动的所有问题。

作为这种方法的一个具体例子，我们就考虑正常稳态行走的摆动阶段。不等式约束属于两个不同的子集。

1）与安全相关的内在约束。

① 物理限制：允许的控制力矩属于一个给定的集合，这个集合可能依赖于关节的瞬间速度；关节角度是有界的。

② 保证稳定：在整个摆动阶段，支撑脚的法向接触力严格大于给定的正值；切线力的绝对值小于给定的门槛，这个门槛依赖于摩擦因数。

2）与具体步态相关的约束。

① 实现向前移动：摆动腿踝关节的水平速度在给定的一个正数范围内；骨盆的水平位置保持在支撑脚尖和摆动腿脚后跟的水平位置之间。

② 控制姿势：表示躯干弯曲的角度是正数，并且是有界的；摆动腿脚底和地面的角度是固定的；骨盆的高度有下界。

③ 确保脚不刮地：踝的高度限制在一个给定的区域内（例如，由它的水平位置的两个多项式方程确定）。这些方程是一种越过障碍和爬台阶的方法。

所有这些约束可以集中于向量不等式 $g(.)\leqslant 0$ 中，等式约束主要有：

1）动力学方程（16.6）本身就表示摆动阶段。

2）状态的初始条件：在时间 t_{k+1}，它是时间 t_k 的末状态。

所以这个方法是一个优化过程，从输入（控制，状态，接触力等）到前面提到的约束下预期系统未来的行为。在上述约束下，在有限的时间范围内使用内模。既然这个问题最终归结为每个采样时间点上的带约束的开环优化，所以最后一步是定义一个目标函数，并使它最小化。通常，这样的一个成本函数包括与预测的最后状态相联系的一项，这一项还和能量表达式的平方有关。

优化算法的解是在预测 N_p 范围内的一系列控制输入 N_c。只有第一个输入是施加在系统上的，并且这个输入施加后又开始了一个过程。必须注意到包含于任何实时控制中的反馈作用，它是在优化的过程中通过使用实际当前状态值来实现的。此外，为了对无法预测的事件做出反应，运动的调整可以通过在线改变等式和不等式的约束来实现。

例如我们看图16.6。这里状态 $X_{i|k}$ 是在 $k+1$ 时刻预测的脚后跟高度，它是从时刻 k 计算得出的。然后对障碍的检测就会导致多项式的改变，这个多项式是轨迹 X 的下限。根据预测的范围最终就可以预期系统的动态行为了，这就保证了脚在通过障碍时的安全。

这种方法被认为是无轨迹的非线性模型预测控制，将在参考文献［16.28］中进行详细论述。预测控制方法在基于ZMP的控制中的扩展在参考文献［16.29］中进行论述。

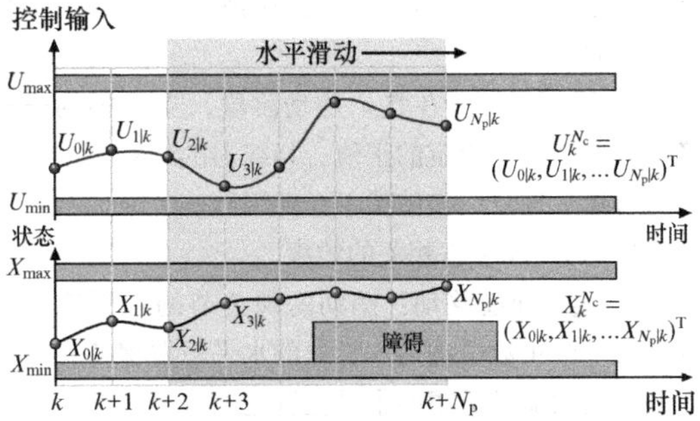

图16.6 非线性模型预测控制的原理

16.4 采用ZMP方法的双足机器人

零力矩点（ZMP）可能是机器人领域中最著名的技术名词之一。图16.7是基于ZMP的双足行走领域的两个重要图片。图16.7a是由 *Takanishi* 和 *Kato* 设计的WL-10RD。这是第一个基于ZMP的机器人，它在1985年成功地实现了动态双足行走[16.30]。它有12个自由度，高1.43m，质量为84.5kg，由液压驱动器驱动。

图16.7b是ASIMO，它是本田汽车公司在2000年研发的26个自由度的仿人机器人[16.31]。它是公众心目中最著名的机器人之一，同时，它良好的双足运动（行走和跑）能力也得到了专家们的认可。根据发表的文章和专利，ZMP在ASIMO的行走控制中起了重要的作用。

这一节，我们介绍ZMP的基本定义、计算以及使用。

16.4.1 机构

图16.8是最近研发的采用ZMP方法控制的一些双足机器人。图16.8a是Johnnie，由 *Gienger* 等于2001年研发[16.32]。它有17个自由度，高1.80m，质量为40kg，由带谐波减速齿轮和滚珠丝杠的直流伺

a)

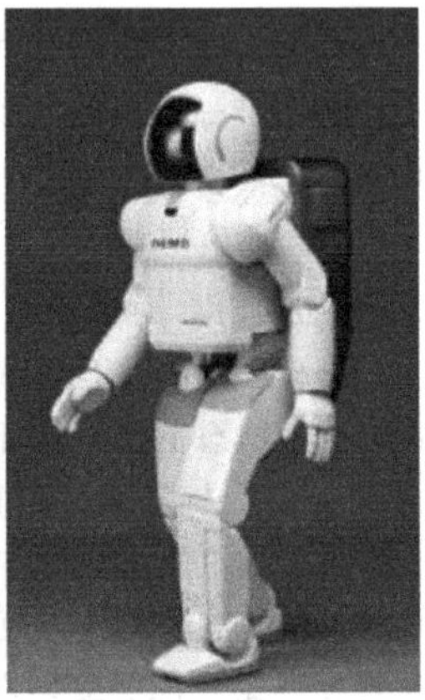

b)

图16.7 ZMP方法控制的双足机器人[16.30,31]

a）WL-10RD(1985) b）ASIMO(2000)

服电动机驱动。图16.8b是HRP-2L，由 *Kaneko* 等研发[16.33]。它有12个自由度，高1.41m，质量为58.2kg，由带谐波减速齿轮的直流伺服电动机驱动。图16.8c是WL-16R，由 *Takanishi* 等研发，它是一个可以承受质量达94kg人的步行椅[16.34]。它是一个有12个自由度，高1.29m的双足机器人，其质量为55kg，腿由电动直线作动器驱动。图16.8d是HUBO，由Oh等研发[16.35]。它是一个有41个自由度，高1.25m，质量为55kg的仿人机器人。

尽管这些机器人有不同的腿部机构和外观，但是它们有以下这些相同的特征：

1）每一条腿至少有六个完全驱动的关节。

2）关节是位置控制的。

3）脚上装有力传感器，用来测量ZMP。

接下来的章节中我们会看到，对基于ZMP的行走机器人有一些基本要求。

16.4.2 零力矩点（ZMP）

零力矩点（ZMP）这个名词是由Vukobratovic和Stepanenko于1972年创造的。他们说[16.36]：

图16.9给出了一个脚上力分布的例子。由于负载在整个表面具有相同的符号，它可以简化为一个合力 R，合力的作用点在脚面内。合力所通过的脚面上的这个点就是零力矩点，或简称ZMP。

我们可以看到ZMP被定义为地面反作用力的中心。

在未来的讨论中，我们进一步将在三维空间中讨论地面反作用力的细节，如图16.10所示。

假设地面反作用力作用于有限数量的接触点 p_i（$i=1$，…，N），并且每个力向量的形式都是

$$f_i=(f_{ix}\ f_{iy}\ f_{iz})^T$$

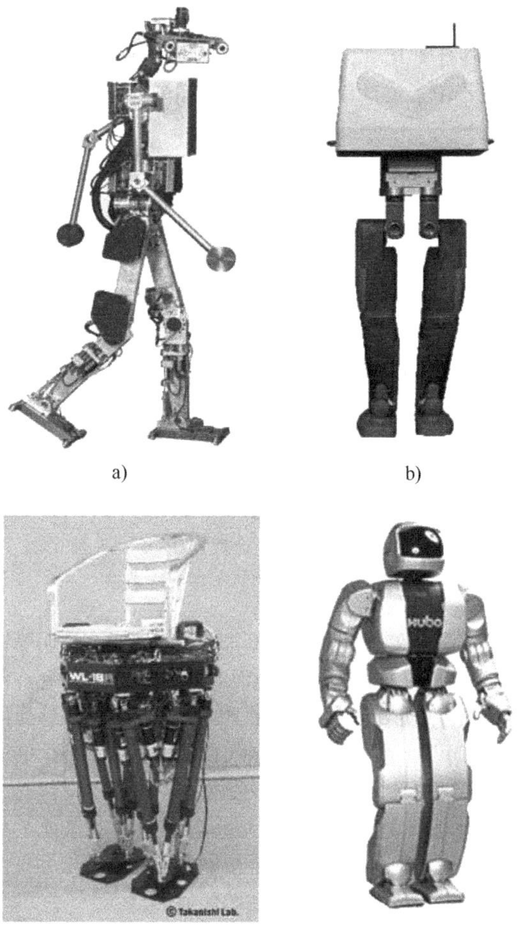

a)　　b)　　c)　　d)

图 16.8　ZMP 方法控制的双足机器人[16.32-353]

a) Johnnie(2000)　b) HRP-2L(2001)

c) WL-16R(2003)　d) HUBO(2006)

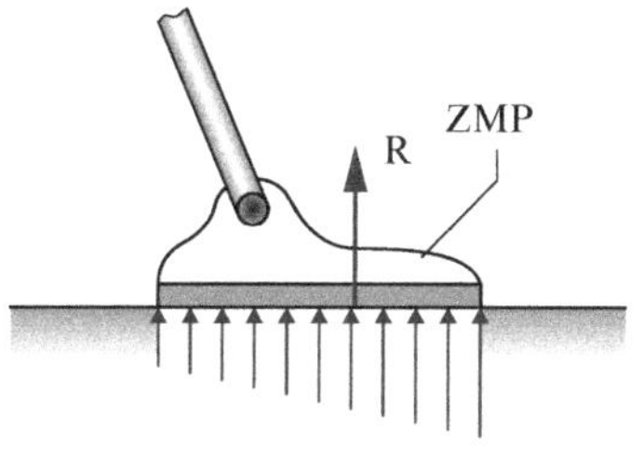

图 16.9　零力矩点（ZMP）的原始定义

式中，f_{ix}、f_{iy}和f_{iz}分别是地面固结坐标系中 x，y 和 z 方向上力的分量。ZMP 可这样计算

$$\boldsymbol{p} = \frac{\sum_{i=1}^{N} p_i f_{iz}}{\sum_{i=1}^{N} f_{iz}} \tag{16.12}$$

它也可以写成

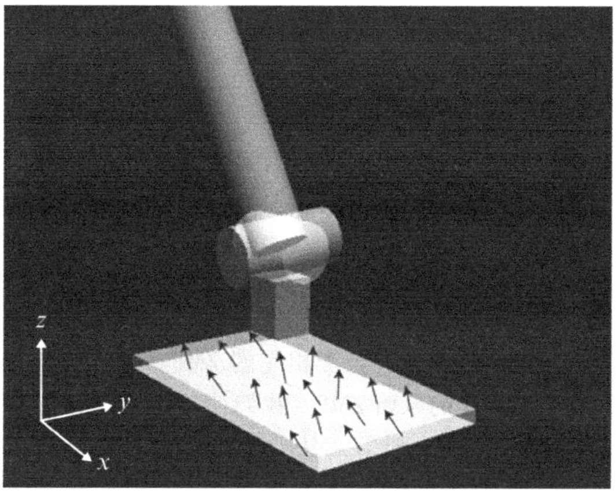

图 16.10　三维空间中的地面反作用力

$$\boldsymbol{p} = \sum_{i=1}^{N} \alpha_i \boldsymbol{p}_i \tag{16.13}$$

$$\alpha_i = f_{iz}/f_z \tag{16.14}$$

$$f_z = \sum_{i=1}^{N} f_{iz} \tag{16.15}$$

因为一个普通的行走机器人在脚底不会产生黏性力

$$f_{iz} \geqslant 0 \quad (i=1,\cdots,N) \tag{16.16}$$

那么，我们就可以得到，

$$\begin{cases} \alpha_j \geqslant 0 \quad (i=1,\cdots,N) \\ \sum_{i=1}^{N} \alpha_i = 1 \end{cases} \tag{16.17}$$

满足式（16.13）和式（16.17）的点形成支撑多边形，即支撑点所形成的凸多边形。因此，我们可以得出结论，ZMP 总存在于支撑多边形内。换而言之，由于地面反作用力是单边约束，ZMP 永远不会离开支撑多边形。

现在来计算关于 ZMP 的力矩

$$\boldsymbol{\tau} = \sum_{i=1}^{N} (\boldsymbol{p}_i - \boldsymbol{p}) \times \boldsymbol{f}_i \tag{16.18}$$

该公式写成向量的分量形式为

$$\tau_x = \sum_{i=1}^{N} (p_{iy} - p_y) f_{iz} - \sum_{i=1}^{N} (p_{iz} - p_z) f_{iy} \tag{16.19}$$

$$\tau_y = \sum_{i=1}^{N} (p_{iz} - p_z) f_{ix} - \sum_{i=1}^{N} (p_{ix} - p_x) f_{iz} \tag{16.20}$$

$$\tau_z = \sum_{i=1}^{N} (p_{ix} - p_x) f_{iy} - \sum_{i=1}^{N} (p_{iy} - p_y) f_{ix} \tag{16.21}$$

式中，p_{ix}，p_{iy}和p_{iz}是位置向量p_i的分量；p_x，p_y和p_z是 ZMP 的分量。

当地面为水平时，对于所有的 i，我们有 $p_{iz} = p_z$。因此，式（16.19）的第二项与式（16.20）的第一项为零。进而，将式（16.12）带入式（16.19）和式（16.20），得：

$$\tau_x = \tau_y = 0 \tag{16.22}$$

这就是 p 点被命名为零力矩点的原因。然而，必须注意到一般情况下摩擦力产生一个非零的竖直动量式(16.21)

$$\tau_z \neq 0 \tag{16.23}$$

16.4.3 计算 ZMP：由机器人的运动计算 ZMP

给定了机器人的动力学方程和运动，我们可以通过牛顿定律计算或者预测相应的 ZMP。为了区分于前几节所定义的原始 ZMP，我们使用 *Vukobratovie* 等文章里所用的名词计算 ZMP[16.3]。

1. 简单的例子

让我们从一个很简单的机构开始。图 16.11a 是一个行走机器人和它的简化模型，由一个在无质量的桌子和其上的运动小车组成。小车的质量为 M，它的位置相对机器人的质心是（x，z_c）（见图 16.11b）。同样，假设桌子具有和机器人相同的支撑多边形。

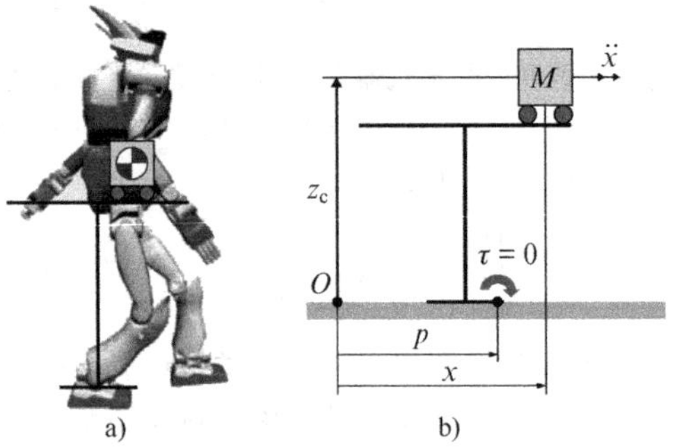

图 16.11 小车-桌子模型

a）行走机器人和它的简化模型 b）小车的位置

这种情况下，点 p 周围的力矩 $\boldsymbol{\tau}$ 就是

$$\boldsymbol{\tau} = -\boldsymbol{Mg}(x-p) + \boldsymbol{M}\ddot{x}z_c \tag{16.24}$$

式中，$\boldsymbol{g}$ 是重力加速度。使用 $\boldsymbol{\tau}=0$ 的零力矩条件，小车－桌子模型的计算 ZMP 就是

$$p = x - \frac{z_c}{g}\ddot{x} \tag{16.25}$$

从这个等式，我们可以得出关于 ZMP 的两个基本事实：

1）小车的加速的是零时，ZMP 就对应于 CoM 的投影：$p=x$。

2）计算 ZMP 不受支撑多边形的限制。实际上，对于任何给定的 p，我们可以容易地确定 x 和 $\ddot{x}$。

第二个事实的解释如图 16.12a 所示。当小车的速度过大时，计算 ZMP 就超出了支撑多边形。出现这种情况是因为式（16.25）没有考虑支撑多边形和式（16.16）中的单边约束。换言之，式（16.25）是假设脚粘在地上了。如果恰当地考虑了单边约束，我们就有图 16.12b 的情况。因为桌子不再是竖直的，计算 ZMP 就必须用下面的方法来计算

$$p = x - \frac{z}{g+\ddot{z}}\ddot{x} \tag{16.26}$$

它给出了在支撑多边形边缘的计算 ZMP。

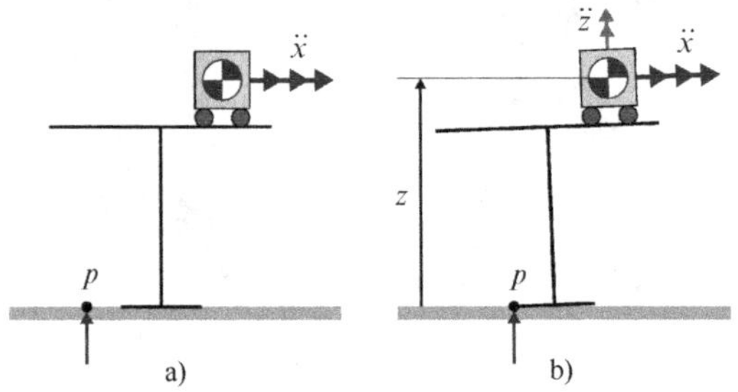

图 16.12 计算 ZMP

a）假想的情况 b）正确结果

在许多文献里，如图 16.12b 的情况没有被明确地阐述，但是在假设脚粘在地面时，计算 ZMP 是允许离开支撑多边形的。这种情况下，在支撑多边形外面的计算 ZMP 暗示了机器人的脚可能不会保持和地面的完全接触，并且行走运动也不会像之前规划的那样。

当计算 ZMP 在支撑多边形内部时，就保证了在单边约束下脚和地面的完全接触，但它没有告诉我们关于控制理论范畴中稳定性的任何信息。

2. 全三维动力学系统的计算 ZMP

我们会给出一种计算机器人的计算 ZMP 的方法，这个机器人由三维空间内的 N 个刚体连接而成（见图 16.13）。与之前的做法一样，我们假设所有运动学信息（CoM 的位置、杆件的姿态、杆件的加速度等）已经由正运动学计算得出。在这一小节中，杆件的姿态和角速度在固定于地面的坐标系中表示。

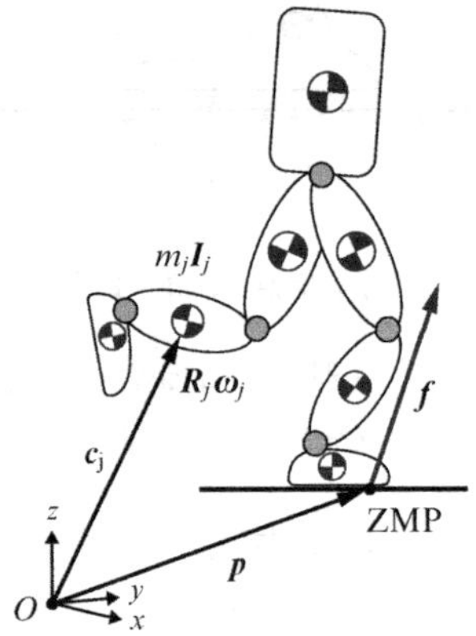

图 16.13 机器人模型和三维空间

首先我们计算总的质量 $\boldsymbol{M}$ 和整个机器人的质心 c：

$$M = \sum_{j=1}^{N} m_j \qquad (16.27)$$

$$c = \sum_{j=1}^{N} m_j c_j / M \qquad (16.28)$$

式中，m_j和 c_j分别是第 j 个杆件的质量和质心。

总的平动动量$\mathscr{P}$为

$$\mathscr{P} = \sum_{j=1}^{N} m_j \dot{c}_j \qquad (16.29)$$

关于原点的总角动量为

$$\mathscr{L} = \sum_{j=1}^{N} [c_j \times (m_j \dot{c}_j) + \boldsymbol{R}_j \boldsymbol{I}_j \boldsymbol{R}_j^{\mathrm{T}} \omega_j] \qquad (16.30)$$

式中，$\boldsymbol{R}_j$、$\boldsymbol{I}_j$和 ω_j分别是 3×3 的旋转矩阵、惯性张量和第 j 个杆件的角速度。$\boldsymbol{R}_j \boldsymbol{I}_j \boldsymbol{R}_j^{\mathrm{T}}$ 给出了固定在地面坐标系下的惯性张量。

应用外力及外力矩，线性动量和角动量的变化用牛顿欧拉定理表示为：

$$f = \dot{P} - Mg \qquad (16.31)$$

$$\tau = \dot{L} - c \times Mg \qquad (16.32)$$

式中，$g = [0 \quad 0 \quad -g]^{\mathrm{T}}$，是重力加速度向量。

假设外力作用于 p 点处的 ZMP

$$\tau = p \times f + \tau_{\mathrm{ZMP}} \qquad (16.33)$$

式中，τ_{ZMP}是 ZMP 处的力矩，它的第一和第二个分量为零。

将式（16.31）和式（16.32）式代入式（16.33）得到

$$\tau_{\mathrm{ZMP}} = \dot{L} - c \times Mg + (\dot{P} - Mg) \times p \qquad (16.34)$$

上式的第一和第二列是

$$\tau_{\mathrm{ZMP},x} = \dot{L}_x + Mgy + \dot{P}_y p_z - (\dot{P}_z + Mg) p_y \qquad (16.35)$$

$$\tau_{\mathrm{ZMP},y} = \dot{L}_y - Mgy - \dot{P}_y p_z + (\dot{P}_z + Mg) p_x \qquad (16.36)$$

其中我们使用如下符号

$$\boldsymbol{\tau}_{\mathrm{ZMP}} = [\tau_{\mathrm{ZMP},x} \tau_{\mathrm{ZMP},y} \tau_{\mathrm{ZMP},z}]^{\mathrm{T}}$$

$$\mathscr{P} = [P_x P_y P_z]^{\mathrm{T}}$$

$$\mathscr{L} = [L_x L_y L_z]^{\mathrm{T}}$$

$$\boldsymbol{c} = [x \quad y \quad z]^{\mathrm{T}}$$

零力矩点可通过式（16.35）计算得到，利用 $\tau_{\mathrm{ZMP},x} = \tau_{\mathrm{ZMP},y} = 0$ 可以得到

$$P_x = \frac{Mgx + p_z \dot{P}_x - \dot{l}_y}{Mg + \dot{P}_z} \qquad (16.37)$$

$$P_y = \frac{Mgy + p_z \dot{P}_y + \dot{l}_y}{Mg + \dot{P}_z} \qquad (16.38)$$

式中，p_z是地面的高度。

当机器人保持静止时，我们把 ZMP 当作 CoM 的投影：

$$P_x = x \qquad (16.39)$$

$$P_y = y \qquad (16.40)$$

注意 ZMP 也可以从拉格朗日形式的运动方程计算得到。更多细节参见参考文献［16.3.2］。

16.4.4　基于 ZMP 的行走步态生成

1. 预定脚印与 ZMP 轨迹

在最初的工作中，假定一个带有补偿机制的模型能够实现预定的 ZMP 轨迹。图 16.14a 给出了这种模型的一个实例，它预先规划腿的轨迹，同时采用补偿质量控制 ZMP。这个概念由 Takanishi 和 Kato 研制的 WL-12 机器人所实现（见图 16.14b）[16.38]。

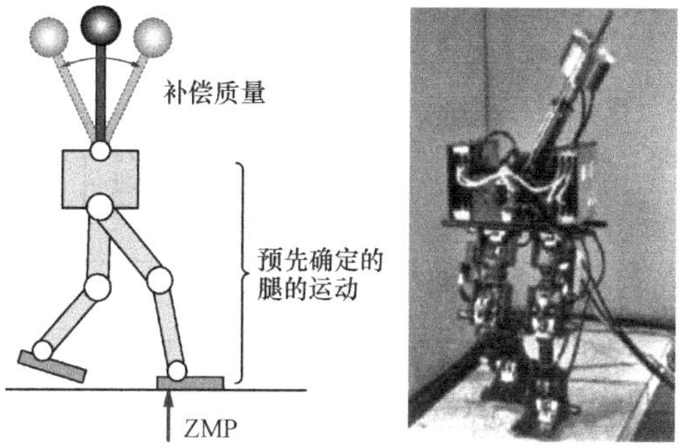

a)　　b)

图 16.14　带有补偿质量的双足机器人

在现代应用中，机器人身体的运动用来实现预定的 ZMP 轨迹，如图 16.15 所示。预定好的是脚的轨迹而不是腿部关节的轨迹。腿的运动是由身体和脚的轨迹经过逆运动学运算决定。

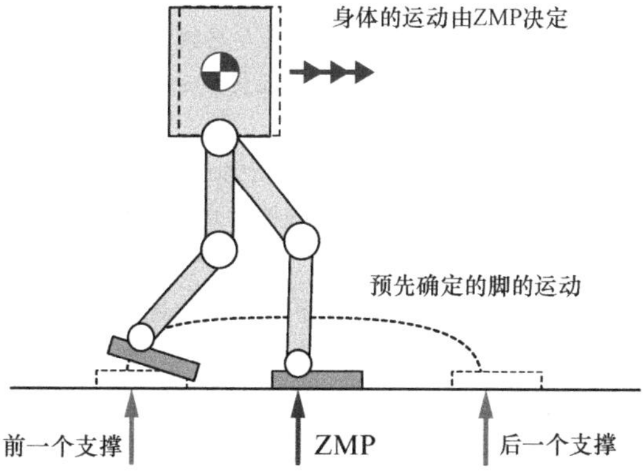

图 16.15　当前实际应用的 ZMP 方案

图 16.16 是向前走两步时 ZMP 轨迹的例子。首先，支撑多边形的时间轮廓是由脚的轨迹决定，如图中的灰色区域所示。它的宽度由脚的几何形状、步长决定，并在每次触地和离地时改变到其他区域。这就确保了 ZMP 的轨迹（粗体的线）在支撑多边形的内部。只要 ZMP 能以特定的稳定域度保持在支撑多边形内，我们就可以设计任意的 ZMP 轨迹。

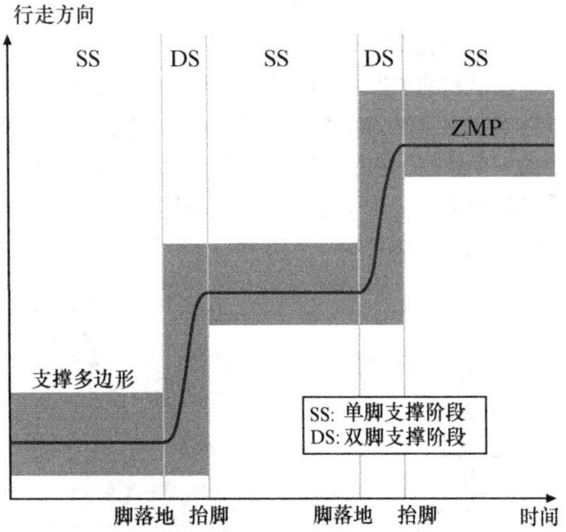

图 16.16 支撑多边形和预定 ZMP 轨迹。

2. 期望 ZMP 的步态生成

我们定义一个函数 ZMP ( )，给定机器人的运动，它能给出所计算的 ZMP。

$$\begin{pmatrix} p_x \\ p_y \end{pmatrix} = ZMP(q, \dot{q}, \ddot{q}) \qquad (16.41)$$

式中，q，$\dot{q}$ 和 $\ddot{q}$ 分别是关节位置、速度和加速度向量。基于 ZMP 的行走步态生成就是确定一个恰当的 $q(t)$ 满足给定的期望 ZMP：$p_x^d(t)$ 和 $p_y^d(t)$。需要注意以下几点：

1）这个方法的前提是机器人必须完全驱动的且是位置控制的。从根本上说，部分驱动和力矩驱动的机器人不适合于这种方法。

2）当 q 的维数大于 3 时，必须引入附加的约束来消除冗余。例如，常常用到保持身体高度为常数和竖直的约束。

3）即使在适当的约束下，因为初始条件 q (0) 是自由的，式 (16.41) 有无穷多解。它被用来避免关节轨迹的分歧。

4）实际上，我们不需要确切地控制 ZMP $p_x(t) = p_x^d(t)$，$p_y(t) = p_y^d(t)$。尽管如此，在行走过程中最好令 ZMP 的误差和最小。

已经提出了一些实用的方法。Takanishi 等提出使用傅里叶变换解决这个问题[16.39]。通过对 ZMP 参考轨迹的快速傅里叶变换（FFT），ZMP 方程可以在频域内求解，然后再经逆傅里叶变换得到时域的 CoM 轨迹。*Kagami* 等人提出了在离散时间域里解决该问题的一种方法[16.40]。他们认为 ZMP 方程可以离散化成三项式，并且对于大小为 N 的给定参考数据，可以用一种复杂度为 O（N）的算法有效求解。

另外一种实用的方法由 Huang 等人提出。Sugihara 等人提出了一种方法，这种方法考虑了机器人的动力学[16.42]。Nagasaka 等人提出了一种有效的实时方法，它同样也适用于跑和跳跃的运动。Harada 等人提出了另外一种有效的实时方法，可以应用于边走边推一个物体的运动过程。

3. 采用预见控制器的行走模式生成

本节我们会介绍由 Kajita 等人提出的方法[16.37]。它的稳定性和可能的扩展由 Wieber 做了深入的讨论。

为简单起见，我们再用图 16.11 的小车-桌子模型，此时我们把小车的颤动作为系统的输入 u

$$\dddot{x} = u \qquad (16.42)$$

这样，ZMP 方程（16.25）可以写成一个严格彻底的动力学系统，即

$$\frac{d}{dt}\begin{pmatrix} x \\ \dot{x} \\ \ddot{x} \end{pmatrix} = \begin{pmatrix} 0 & 1 & 0 \\ 0 & 0 & 1 \\ 0 & 0 & 0 \end{pmatrix}\begin{pmatrix} x \\ \dot{x} \\ \ddot{x} \end{pmatrix} + \begin{pmatrix} 0 \\ 0 \\ 1 \end{pmatrix} u \qquad (16.43)$$

$$p = (1 \quad 0 \quad -z_c/g)\begin{pmatrix} x \\ \dot{x} \\ \ddot{x} \end{pmatrix}$$

对于这个系统，我们可以设计一个数字控制器，它可以让系统的输出符合参考输入，即

$$u(k) = -G_i \sum_{i=0}^{k} e(i) - G_x x(k) \qquad (16.44)$$

$$e(i) = p(i) - p^d(i)$$

式中，G_i 是 ZMP 跟踪误差的增益；G_x 是状态反馈增益，并且 $\boldsymbol{x} = [x \quad \dot{x} \quad \ddot{x}]^T$。第 k 个采样时间的值就用 k 代入来表示。反馈系统的方框图如图 16.17 所示。

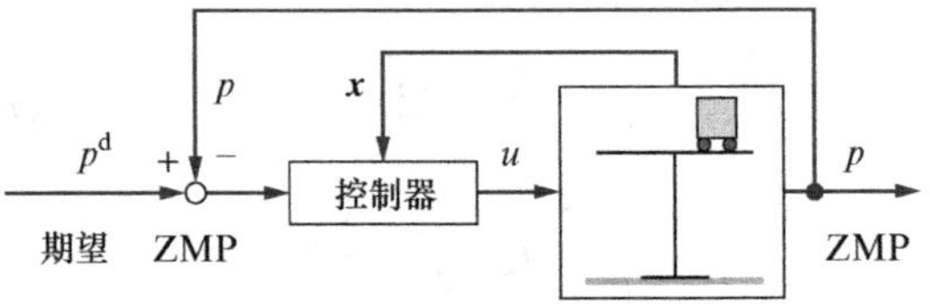

图 16.17 ZMP 轨迹控制

虽然我们可以通过 LQ（线性二次型）反馈增益保证系统的稳定性，但是由于相位滞后，式(16.44）的控制器不能实现有效的 ZMP 跟踪。要解决这个问题，我们必须使用如下的控制器

$$u(k) = -G_i\sum_{i=0}^{k} e(i) - G_x x(k) - \sum_{j=1}^{N_L} G_p(j)p^d(k+j) \tag{16.45}$$

第三项是新增加的，并且包含了未来 N_L 个采样时间的 ZMP 参考。因为这个控制器使用了未来的信息，因此被称为预见控制器[16.45,46]。增益 $G_p(j)$ 称为预见增益，图 16.18 给出了它的未来曲线。我们可以观察到预见增益很快就消失了，这样就可以忽略远处的参考 ZMP 了。

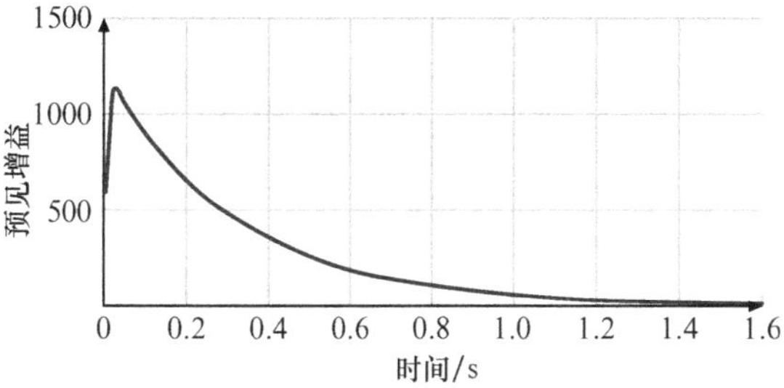

图 16.18　预见控制器增益的 G_p（采样时间 t =5ms，Z_c =0.814m，Q_e =1.0，Q_x =0，R =1.0 ×10^{-6}）

图 16.19 给出了一个用预见控制器生成行走模式的例子。上图是沿着 x 轴的前后运动，下图是沿 y 轴的侧向运动。我们看到生成的 CoM 轨迹（虚线）是光滑的，结果 ZMP（粗线）也很好地跟踪了参考（细线）。

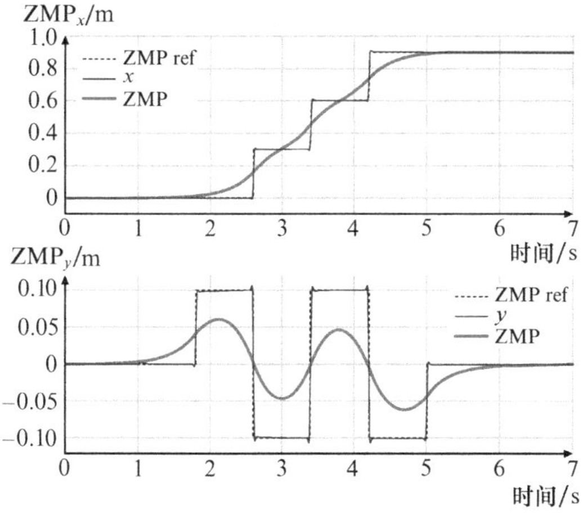

图 16.19　预见控制的身体轨迹；预见周期 TN_L = 1.6s

16.4.5　基于 ZMP 的行走控制

如果我们在一个完美的平地上有一个理想的机构，就可以期望这个机器人通过重放预先设定好的关节轨迹来实现行走。因为通常不是这种情况，所以我们需要使用传感器信息的反馈控制来改变参考轨迹，如图 16.20 所示。其中的稳定器在参考文献［16.25，47-50］中进行了讨论。

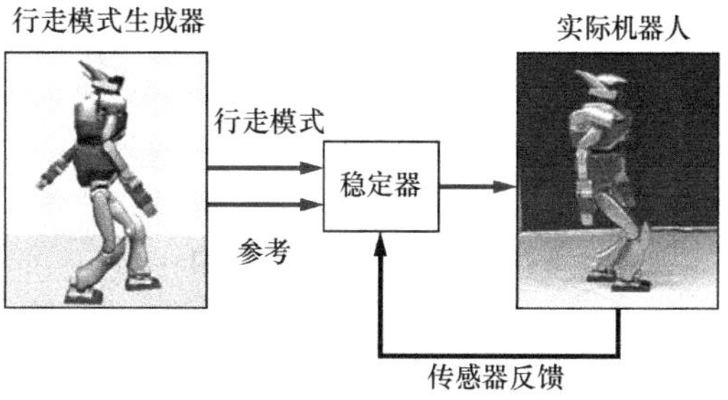

图 16.20　步态生成器和稳定器

16.4.6　ZMP 概念的拓展

当观察到 CoM 的投影在支撑多边形之外时，我们可以预测这个机器人会摔倒。但是，我们不能这样使用 ZMP，因为 ZMP 始终不会离开双足机器人的支撑多边形。当 ZMP 在支撑多边形的边缘时，我们只能说机器人可能摔倒，因为它仅是摔倒的必要条件。替代 ZMP 的是 Goswami 所提出的脚旋转指标（FRI）[16.51]。FRI 是通过忽略支撑腿加速度计算得到的 ZMP，并且是在实际机器人上可以测量的，它可以超出支撑多边形的范围。当 FRI 在支撑多边形外时，说明有一个支撑腿的加速度，它破坏了脚与地面的接触。

另一个问题是 ZMP 是仅在平面上定义的。Sardain 和 Bessonnet 论述了一种一般的 ZMP 计算，它包括在不平整路面上的双脚支撑期[16.52]。

Saida 等人提出了转矩的可行解方法（FSW）作为有腿机器人在不平整路面上的新准则[16.53]。

Hirukawa 等人提出了一个通用的稳定性准则，可以处理任意几何形状的脚与地面的接触和单向力的约束[16.54]。

16.5　多腿机器人

这一节论述具有三条以上腿的机器人。

16.5.1　静态步态的分析

与双足机器人相比，多腿机器人要保持静态平衡，其脚的放置有更多的选择。由于这一原因，已经有许多研究工作汇聚于静态稳定的步态规划，而非动态稳定性。本节我们将在介绍这些重要结果之前，介

绍 McGhee[16.55]、Song 和 Waldron[16.56]的成果。

1. 稳定裕度

在多腿机器人的研究中，支撑模式这个术语常用来代替支撑多边形[16.55~57]。通过忽略身体和腿部加速度所引起的惯性作用，我们可以保证如果 CoM 的投影在支撑模式内，那么机器人就可以保持平衡，如图 16.21 所示。

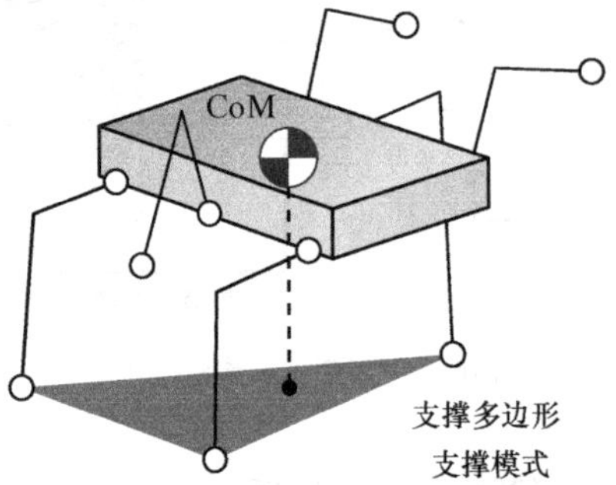

图 16.21 多足机器人的支撑平面（支撑模式）

对一个给定构型的行走机器人，稳定裕度 S_m 定义为 CoM 的垂直投影与水平面上的支撑模式边界的最小距离，如图 16.22a 所示。此外，还提出了另一个指标来解析地求解最优步态。那就是水平稳定裕度 S_l，它被定义为 Com 的垂直投影与支撑模式边界在平行于身体运动方向的最小距离。

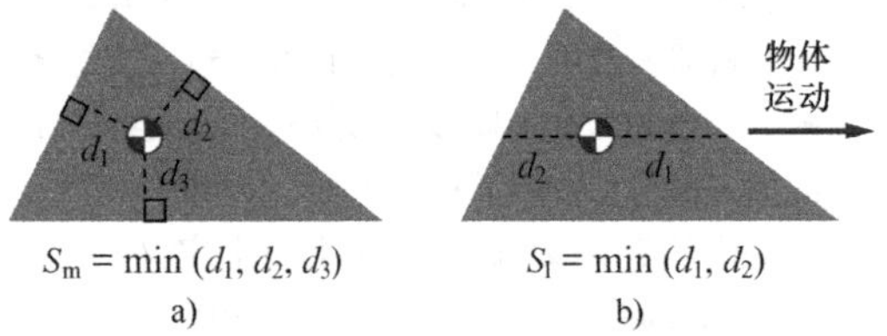

图 16.22 稳定裕度的定义

a）稳定裕度 b）水平稳定裕度

2. 四足爬行和蠕动步态

对于前后共有 $2n$ 条腿的机器人或者动物，我们分别用奇数 1，3，…，$2n-1$ 来索引左边的腿，用偶数 2，4，…，$2n$ 索引右边的腿。根据这个规则，四足机器人的腿就被编了号，如图 16.23 所示。

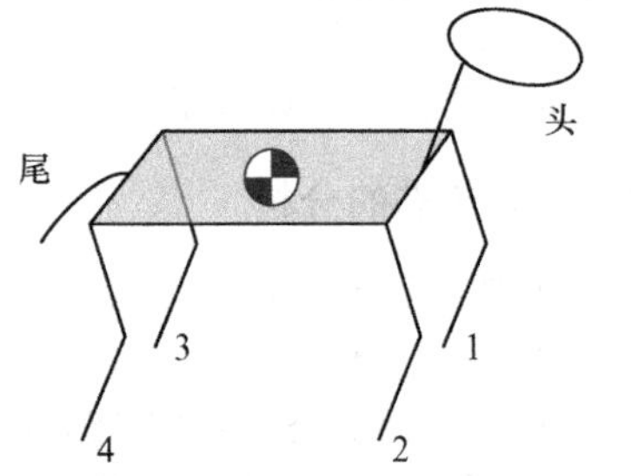

图 16.23 四足机器人的腿编号

为了保持静态稳定的行走，四足机器人必须在每一步只抬起和放下一条腿。一般来说，这样的模式叫做爬行步态。四足机器人所有可能的爬行步态可以用代表脚着地次序的腿编号序列来表示。通常选腿 1 作为第一个摆动腿，我们可以得到 $(4-1)!=6$ 种不同的步态，如图 16.24 所示。

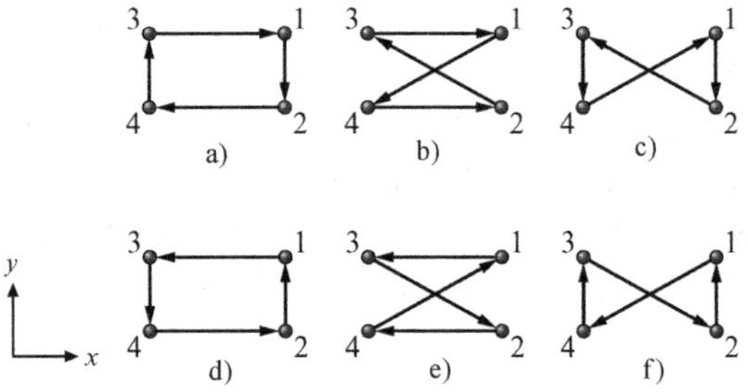

图 16.24 四足的爬行步态

a）1243 b）1423 c）1234 d）1342

e）1324 f）1432

接下来我们会看到，1423（见图 16.24b）的爬行步态在沿 x 方向行走具有最大的稳定性，被称作蠕动步态。注意，如果行走的方向是 $-x$，1324（图 16.24e）也是蠕动步态。同样，1234（见图 16.24c）和 1432（见图 16.24f）就是 $-y$ 和 y 方向的蠕动步态。

另一方面，1243 和 1342 的爬行步态（见图 16.24a 和图 16.24d）具有中等稳定性，且适合于转动。

3. 步态图

图 16.25b 是描述多腿机器人步态序列的步态图。水平轴代表由行走周期 T 归一化后的时间坐标。线段部分对应每条腿的着地到离地的过程。因此线段的长度表示支持阶段。从这个图我们可以定义腿 i 的占空比 β_i 和相位 ϕ_i

$$\beta_i = \frac{\text{腿 } i \text{ 的支撑期}}{T} \tag{16.46}$$

$$\phi_i = \frac{\text{腿 } i \text{ 的着地时间}}{T} \tag{16.47}$$

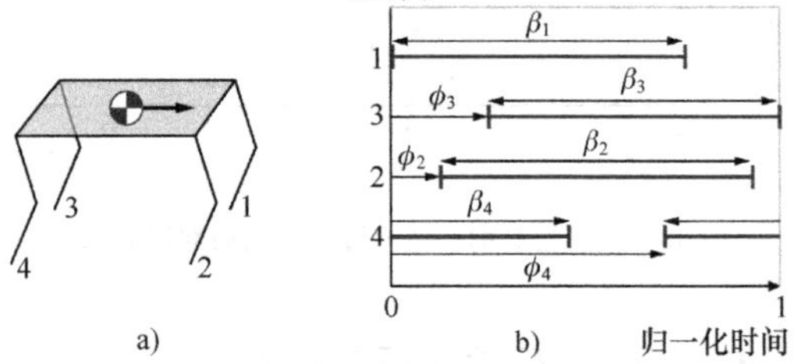

图 16.25 步态图与参数

a）腿的编号 b）步态图和参数

腿 i 着地的时间从腿 1 着地的时间开始测量；因此对任何步态有 $\phi_1=0$。

4. 四足机器人的波形步态

对于四足机器人，存在一种具有最大稳定裕度的步态[16.57]，它被称为波形步态，定义如下：

$$\beta_i=\beta,(i=1,\cdots,4) \tag{16.48}$$

$$0.75\leqslant\beta<1 \tag{16.49}$$

$$\phi_2=0.5 \tag{16.50}$$

$$\phi_3=\beta \tag{16.51}$$

$$\phi_4=\phi_3-0.5 \tag{16.52}$$

其中 β 是波形步态的占空比。图 16.26 给出了 $\beta=0.75$ 时波形步态的步态图。

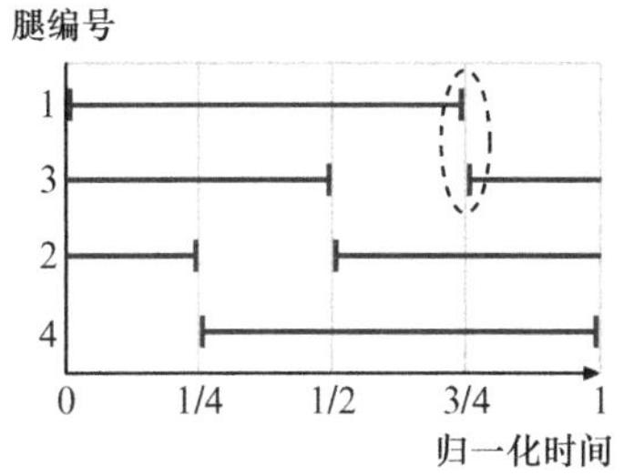

图 16.26　四腿机器人的波形步态（$\beta=0.75$）

观察图 16.26 中腿着地的顺序，它就是图 16.24b 中的爬行步态（1423）。因此，波形步态是最优的爬行步态。

波形步态最重要的特征是式（16.51）。也就是说腿 3 在腿 1 离地时着地，由图 16.26 中的椭圆（虚线）表示。式（16.49）给出了静态行走的占空比的可能范围。此外，波形步态还具有有序和对称的特征。当所有腿具有相同的工作系数 β 时，步态就是有序的，可以由式（16.48）进行验证。当每一列的左脚和右脚的相位是半周期时，步态就是对称的，可以由式（16.50）和式（16.52）进行验证。

5. 2*n* 腿机器人的波形步态

一个具有 $2n$ 条腿的机器人的波形步态可以定义为有序和对称的步态，它具有以下的特征。

$$\phi_{2m+1}=F(m\beta),(m=1,\cdots,n-1) \tag{16.53}$$

$$3/(2n)\leqslant\beta<1 \tag{16.54}$$

式中，$F(x)$ 是实数 x 的分数部分。方程（16.53）是式（16.51）的一个概括。多腿机器人波形步态的例子见图 16.27。椭圆（虚线）是其条件（见式（16.53））。

图 16.28 是当 $\beta=1/2$ 时的波形步态，它对多腿机器人是最重要的。从式（16.54）中的约束可知，这是多腿机器人最小的占空比，所以产生了最快的行走步态。这个特殊步态被称为三角步态，因为机器人是由三条腿 145 和 236 所分别支撑的。

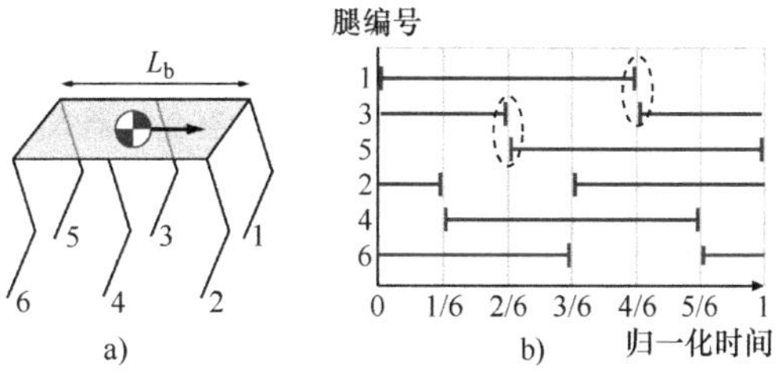

图 16.27　六腿机器人的波形步态

a）腿的编号　b）波形步态（$\beta=2/3$）

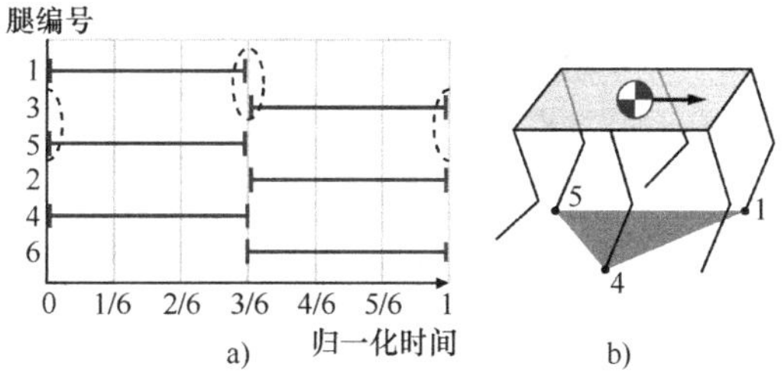

图 16.28　六腿机器人的三角腿步态

a）波形步态（$\beta=1/2$）　b）支撑模式（$t=1/6$）

我们已经知道 $2n$ 腿机器人具有最大水平态稳定裕度的是波形步态[16.56]。图 16.29 给出了最优的波形步态的稳定裕度，对有 N 条腿机器人，它是用身体的长度 L_b（见图 16.27a）进行归一化的[16.55]。我们可以观察到随着腿数目的增加，稳定性和占空因数的范围都增大了。最大值是 $N=4\sim6$，增大量随着 $N=\infty$ 逐渐变小。因为硬件的价格与腿的数目成正比，这就解释了为什么多于 10 条腿的机器人很少见。

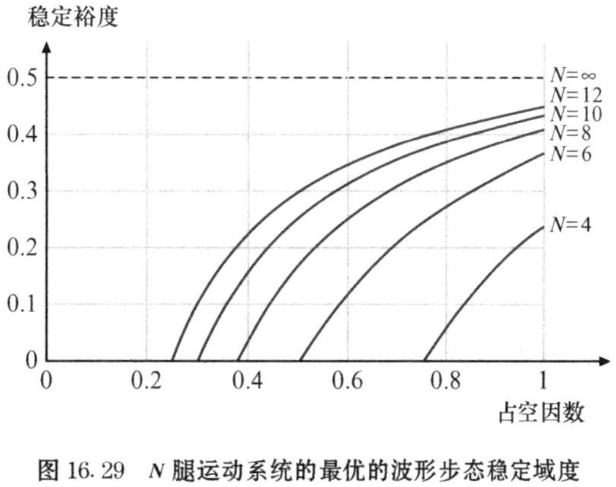

图 16.29　N 腿运动系统的最优的波形步态稳定域度

16.5.2　实用的步态设计

与此前的理想分析不同，实际的有腿机器人是很复杂的。本节我们会精选一些最新的机器人实例，从中了解更实际的步态控制。

1. Hexapod：自适应悬架车

图16.30是最著名的六足机器人之一，由Waldron和McGhee研制的自适应悬架车（ASV）。ASV是由液压驱动的多腿机器人，它可以在不平坦的地面上承载一个人。表16.1列举了其设计特点和在自然地面实验时ASV的移动性能。

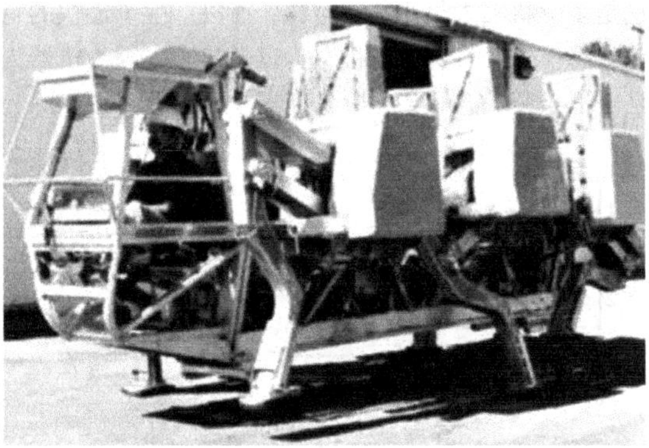

图16.30　自适应悬架车（1986）[16.58]

表16.1　自适应悬挂车的特点[16.56]

尺寸/m	长	5.2
	高	3.0
	宽	2.4
自由度/个	18（3×6）	
质量/kg	2700	
载荷/kg	220	
速度/(km/h)	8	
爬坡能力	60%坡度	
移动能力/m	跨越沟渠	1.8
	跨越垂直台阶	1.7
	跨越墙壁	1.4
	浅滩深度	1.2

表16.2给出了用来控制ASV的各种步态。我们可以看到波形步态位于表格的顶部，但是它在某些时刻的能量消耗会出现峰值。等相位步态解决了这个问题。另外一种有趣的步态是先导跟随步态，在这种步态中，中间脚落在前脚的脚印上，后脚落在中间脚的脚印上。用这种步态在很不平坦的地面上行走时，施加在操作机构上的负载就会大大减小。用这种方式，在不同路面上行走时操作者的负担会急剧减小。根据地面的不平坦程度，能量消耗和身体运动的平稳性，表16.2中所列出的每种步态都有其各自的优势。

表16.2　ASV所使用的步态[16.56]

周期性	波形步态
	等相位步态
	反向波形步态
	反向等相位步态
	灵巧周期性步态
	连续的先导跟随步态
	离散的先导跟随步态
非周期性	大障碍步态
	精确着地步态
	自由步态

2. 四腿机器人：TITAN系列

图16.31是由Hirose与他的同事所研制的四腿机器人[16.59,60]。TITAN Ⅲ（见图16.31a）有四条腿，每一条长1.2m，质量80kg。每一条腿都有三个直流电动机驱动，这样，它就是一个12个自由度的行走机器人。在平地上，TITAN Ⅲ用一种普通的爬行步态，这种步态能使他在各个方向上都能够移动（螃蟹的行走步态）。当它走到一个不平坦的地面时，它就用自由步态，这种步态是寻找落脚点的非周期步态，可以避免障碍和保持静态稳定性。图16.32给出了一个自由步态过河的例子。机器人一回到平地，它就恢复到螃蟹的行走步态，这种步态会更有效。

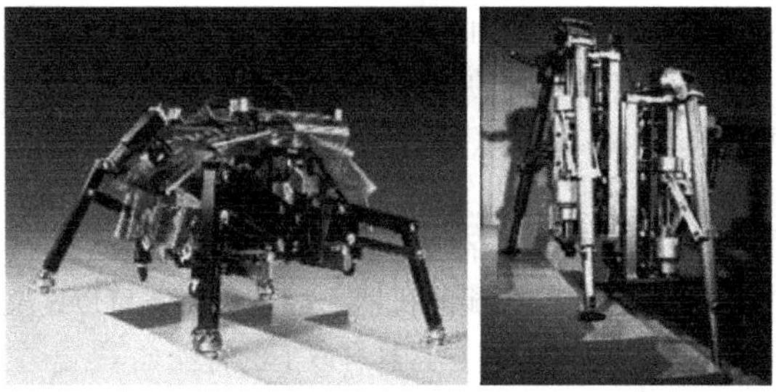

a)　　b)

图16.31　TITAN系列

a）TITAN　Ⅲ（1981）　b）TITAN　Ⅳ（1985）

TITAN Ⅳ（见图16.31b）具有一个和TITAN Ⅲ一样的结构，但重达160kg。因为它有更强大的电动机，可以完成动态行走。如果摆动腿U有一个给定

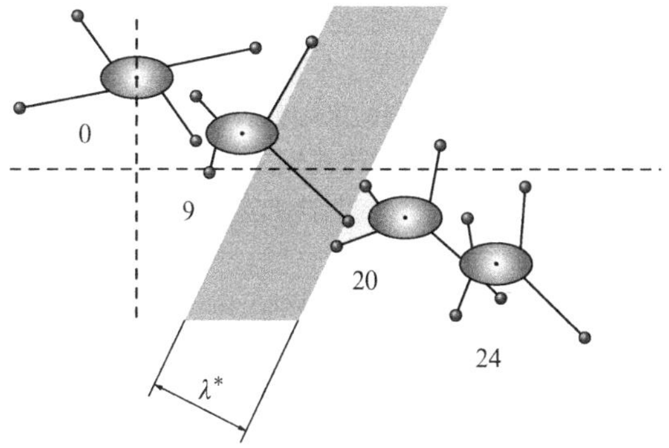

图 16.32 跨过河流的行走运动[16.61]

的回收速度，那么占空比为β的行走速度就是

$$V=\frac{1-\beta}{\beta}U \tag{16.55}$$

对静态稳定的波形步态，β的最小值是0.75，这样$V=0.33U$就是最小速度。但是，如果占空比$\beta=0.5$，我们就可以达到$V=U$，这是静态行走最大速度的三倍。图16.33就是这样的步态。步态图（图16.33）是机器人在所有的时间里都是两条腿着地，这被称为小跑步态。

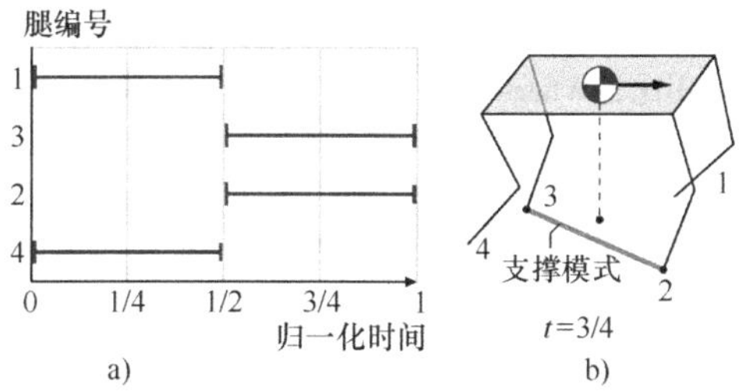

图 16.33 小跑步态

a）步态图 b）支撑模式

如图16.33b所示，小跑步态是一种ZMP控制在支撑模式内部而CoM的投影在其外部的动态行走。*Hirose*等人引入了身体摆动控制来实现ZMP的条件，并且将扩张小跑步态从低速静态步态很平滑地过渡到高速的动态步态[16.60]。后来，TITAN Ⅳ的继承者TITAN Ⅵ也采用了这种技术[16.66]。

16.5.3 受哺乳动物启发的动态四足机器人

自然界存在许多腿式运动，其中一些比此前所讨论的机器人具有更强的动态性。图16.34给出了两个哺乳动物的动态步态[16.67]。例如骆驼的踱步，奔跑的狗的跳跃动作。

*Raibert*证明了通过对角的腿、前后腿和左右腿的成对运动实现的小跑、踱步和跳跃可以被看做是具有偶数条腿动物的双足运动。用这一观点，他展示了一个液压驱动的四足机器人，可以完成小跑、踱步和跳跃[16.5]。这样的步态也被电动的机器人以不同的控制策略实现了[16.68,69]。

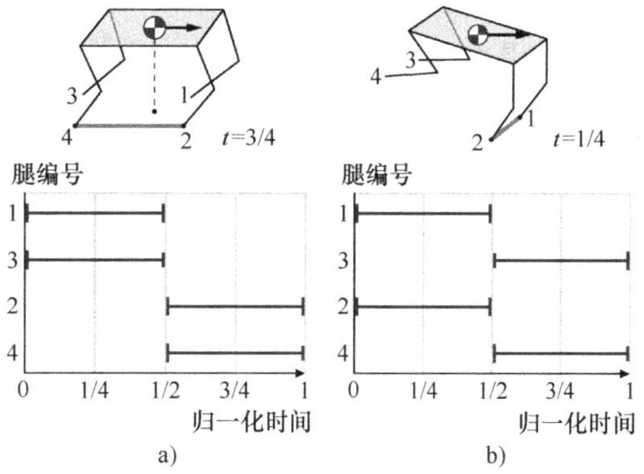

图 16.34 四足动物的其他动态步态

a）踱步 b）跳跃

图16.35a是最近研发的像哺乳动物的四足机器人。Tekken是一个电动四足机器人，它身体长20cm，质量为3.1kg，是由Fukuoka和Kimura研发的[16.62]。使用基于中枢模式发生器（CPG）和反射控制，它可以在不规则的地面上行走。

BigDog是一台能量自给的液压四足机器人，它高1m，长1m，质量为90kg，由Buehler等人研发（见图16.35b）。其每条腿有一个被动直线气动柔顺装置的小腿及膝关节、髋关节前摆和侧摆三个主动关节[16.63]。在户外环境下，BigDog可以在35°的斜坡上行走，也可以以0.8m/s的速度小跑，可以携带50kg的负载。

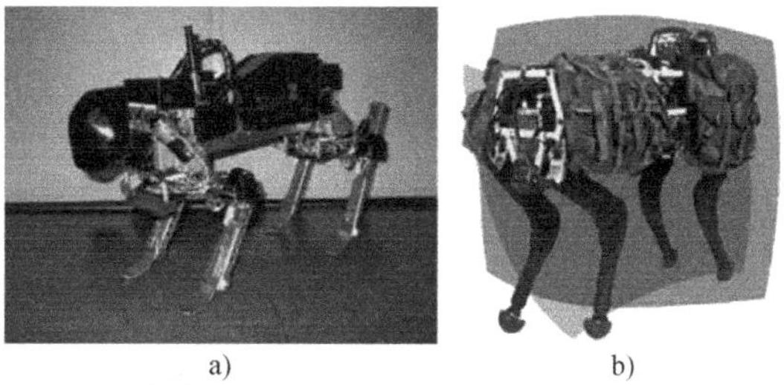

图 16.35 受哺乳动物启发的四足机器人[16.62,63]

a）Tekken（2003） b）BigDog（2005）

16.5.4 基于行为的多腿机器人

图16.36a是一个小型六足腿机器人Genghis（长35cm，质量为1kg），由Brooks研发[16.64]。重要的是，Genghis的步态不是显式控制的，而是由

一种叫做分类体系的网络经过仔细设计而形成的。Genghis 和其他一些 Brooks 的机器人在机器人和人工智能领域创造了一股强劲的基于行为的机器人的潮流。

图 16.36b 是八条腿的机器人 SCORPION（长 65cm，质量为 11.5kg），它由不莱梅大学和国家宇航局（NASA）合作研制[16.65]。SCORPION 的步态控制是在行为网络和中枢模式发生器的基础上进行设计的。

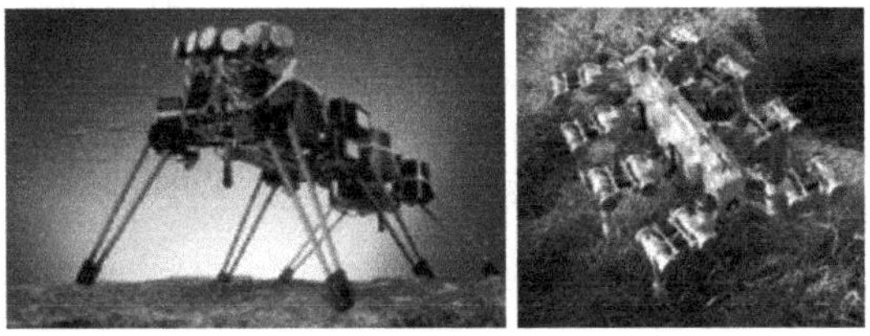

a) b)

图 16.36 生物启发的多腿机器人[16.64,65]

a）Genghis（1989） b）SCORPION（2004）

16.6 其他的有腿机器人

16.6.1 腿-轮混合机器人

与动物和昆虫不同，机器人可以装有可无限旋转的轮子。通过将轮子的效率和腿的灵活性相结合，可以期待机器人以最小的能耗获得对地面的最大适应性。图 16.37 就是一个这样的例子。

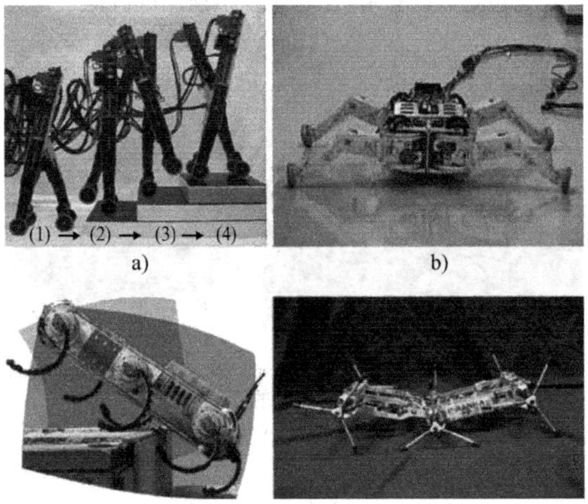

c) d)

图 16.37 腿-轮混合机器人

a）腿-轮机器人爬台阶（1998） b）Roller Walker（1996）

c）RHex（2001） d）Whegs Ⅱ（2003）

图 16.37a 是一个腿-轮机器人爬台阶的例子，由 Matsumoto 等人研发[16.70]。它是一个腿上带套筒的平面机器人，但是每个腿的末端都装有动力轮。在单腿支撑阶段，机器人就像轮式倒立摆一样被控制。此外，他们还研发了一种控制器来实现从单腿支撑到双腿支撑的平缓转换。

图 16.37b 是 RollerWalker，由 Hirose 等人研发[16.71,76]。RollWalker 是 12 个自由度的四足机器人，在脚尖装有被动轮。它在平地上使用转动滑行模式，在不平坦的地面上可以通过被动轮的反作用行走。

图 16.37c 是 Buehler 等人研发的 RHex。虽然它最初是受蟑螂运动的启发，但 RHex 仅有 6 个主动的自由度，即每个髋一个。此外，它的腿可以绕轴旋转完整的一圈。使用这种独特的设计，RHex 可以在不平整、有障碍的地面上行走和跑步。最近，它还展示了使用其后腿可以实现双足跑步[16.77]。

图 16.37d 是 Whegs Ⅱ，它是另一个由 *Allen* 等人受蟑螂启发研制的机器人[16.73]。这个机器人只有 4 个主动的自由度，一个用来推进，另外两个用来控制方向，还有一个用来实现身体的弯曲。每一条腿都有 3 个带弹簧的辐，并且是由同一个驱动器驱动的。与 RHex 相比，Whegs Ⅱ 的可变性更强，而使用的驱动器更少。

16.6.2 腿-臂混合机器人

另一个设计理念是腿-臂混合机器人。既然腿固有许多自由度，那么就可以将它们当作操作臂使用。通过这种方法，我们可以把总的自由度降到最少，并且它的复杂性、质量和能量都降到最小。MELMANTIS-1（见图 16.38a）是由 Koyachi 等人研发的六足机器人，它有 22 个自由度，因此可以将它的腿转换成操作臂[16.74]。这个机器人可以用两条腿操作一个物体，而另外四条腿站在地上，在用六条腿行走时能达到最大的稳定性。

Yanbo3 是 8 个自由度的双足机器人，它由 Yoneda 和 Hirose 研发[16.75]。对双足机器人和操作机构来说，它的设计使得它在单腿支撑时具有最少的自由度。图 16.38b 中，它正用它的脚按电梯按钮。

16.6.3 绳索行走机器人

图 16.39 是 Dante Ⅱ，一台八腿绳索机器人，由 CMU 场地机器人研究中心于 1994 年研发。它在阿拉斯加的火山里被用做科学研究。为了在非常陡峭的火山洞壁上像登山者那样攀爬下降，这个机器人将一条

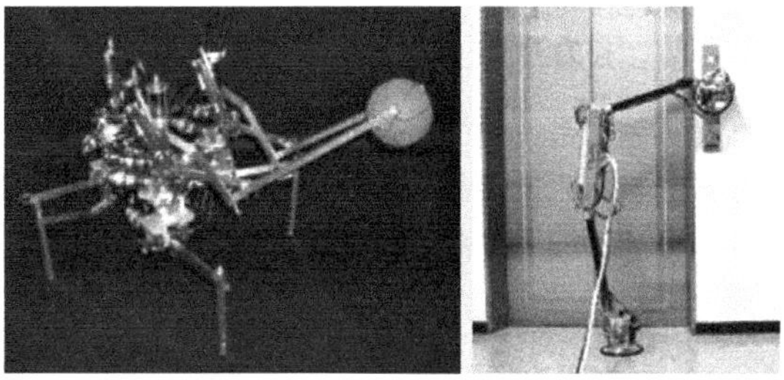

a)　　b)

图 16.38　腿-臂混合机器人

a) MELMANTIS-1 (1996)　b) Yanbo3 (2003)

图 16.39　Dante Ⅱ (1994) [16.78]

绳索系在火山洞口[16.78]。Hirose 等人也发明了一种用于建筑的绳索四足机器人。

16.6.4　爬壁机器人

爬壁机器人的特征在于脚的机构和腿的构型。最重要的部分是能产生成拉力的脚机构，抽真空后的杯子、电磁铁（金属墙壁）、黏性材料以及微刺阵列都被采用过。

图 16.40a 是爬壁四足机器人 NINJA-1，由 Hirose 等人研发[16.79]。它的每只脚都有特别设计的抽真空垫子，这样可以减少空气的泄漏。另一个装有抽真空吸盘的可靠的爬壁机器人由 Yano 等人研发[16.82]。

图 16.40b 是六足爬壁机器人 RiSE，由 Kim 等人研发[16.80,83]。每一只脚都有微刺阵列，这是从一些昆虫和蜘蛛中观察得来的。它可很好地在多种户外地面爬行，包括混凝土、灰泥和沙石。

a)　　b)

图 16.40　爬壁机器人[16.79,80]

a) NINJA-1 (1991)　b) RiSE (2005)

16.7　性能指标

本节我们介绍一些有用的性能指标，可以用来评价具有不同结构的机器人。

16.7.1　稳定裕度概念的拓展

如 16.5.1 中所述，稳定性裕度由 McGhee 和 Frank 最早提出来用于描述多腿机器人静态行走稳定性的程度[16.57]。对一个动态行走机器人，因为 ZMP 是 CoM 在地面投影上的自然延伸，所以我们可以定义稳定性裕度为 ZMP 到支撑多边形的最小距离。这个事实已经在此前 ZMP 的工作中提到过[16.36]，也已经被许多人使用过。例如明确定义的 ZMP 稳定性裕度可以参见 Huang 等人的[16.41]。

一个有腿机器人行走在不平坦的地面上，Messuri 和 Klein 把能量稳定裕度定义为使机器人跌倒所需的最小能量

$$S_E = \min_i (Mgh_i) \tag{16.56}$$

式中，h_i是在多边形第 i 个断面周围跌倒的 CG 高度变化，M 是机器人的总质量[16.85]。这个概念已被广泛接受，而且还有一些改进的提议。

16.7.2　占空比和弗劳德数

在这一章中，我们已经看到多种可以适应某些环境和假设的机器人。但是在一些例子中，我们必须用一些性能指标比较不同质量、不同大小、不同腿数目的机器人。这样的指标必须是无量纲的，就像流体力学中的 Mach 和 Reynolds 指数。

已经存在一个对行走机器人有用的指标，即占空

比β，它被定义为

$$\beta = \frac{支撑期}{周期}$$

占空比可以用来区别走和跑，因为当$\beta \geqslant 0.5$时是走，而$\beta < 0.5$时是跑步[16.67]。

弗劳德数在流体力学中用于描述表面波的特性。因为表面波和腿的运动都是重力场下的动态运动，Alexander就用它描述动物的运动[16.67,87]。他用下式计算弗劳德数

$$F_{r2} = \frac{V^2}{gh} \tag{16.57}$$

式中，V是行走或者跑步的速度；g是重力加速度；h是髋距离地面的高度。他证明了不同大小的动物的弗劳德数一样时，其步态也是一样的。特别地，多数动物在速度相当于弗劳德数$F_{r2}=1$时，步态就从行走变成了跑步。

弗劳德数也可以定义为

$$F_{r1} = \frac{V}{\sqrt{gh}} \tag{16.58}$$

它是的F_{r2}的平方根，可以作为动物或者有腿机器人的无量纲速度。

16.7.3　阻力系数

阻力系数是另一个重要的无量纲数，它用来评价一个移动机器人的能量效率。Gabrielli和von Karman用单位距离的能耗讨论了各种机动车的性能。即

$$\varepsilon = \frac{E}{Mgd} \tag{16.59}$$

式中，E是行走距离d的总能耗；M是机动车的总质量；g是重力加速度[16.88]。注意到，当我们把一个质量为M的箱子在摩擦系数为μ的地上推动距离d时，消耗的能量是$Mg\mu d$，阻力系数就变成$\varepsilon=\mu$。因此我们可以认为电阻率说明的是运动的平滑性。

在Gabrielli和von Karman早期的工作中，它们在各种机动车辆上画出了阻力系数对速度的函数图，即图16.41。这被称为Gabrielli-von Karman图，并且被Umetani和Hirose用于比较不同方式的运动[16.89]。Gregorio，Ahmadi和Buehler也证明了行走机器人的阻力系数，这些机器人包括他们的弹跳机器人，ARL单足机器人[16.84]。

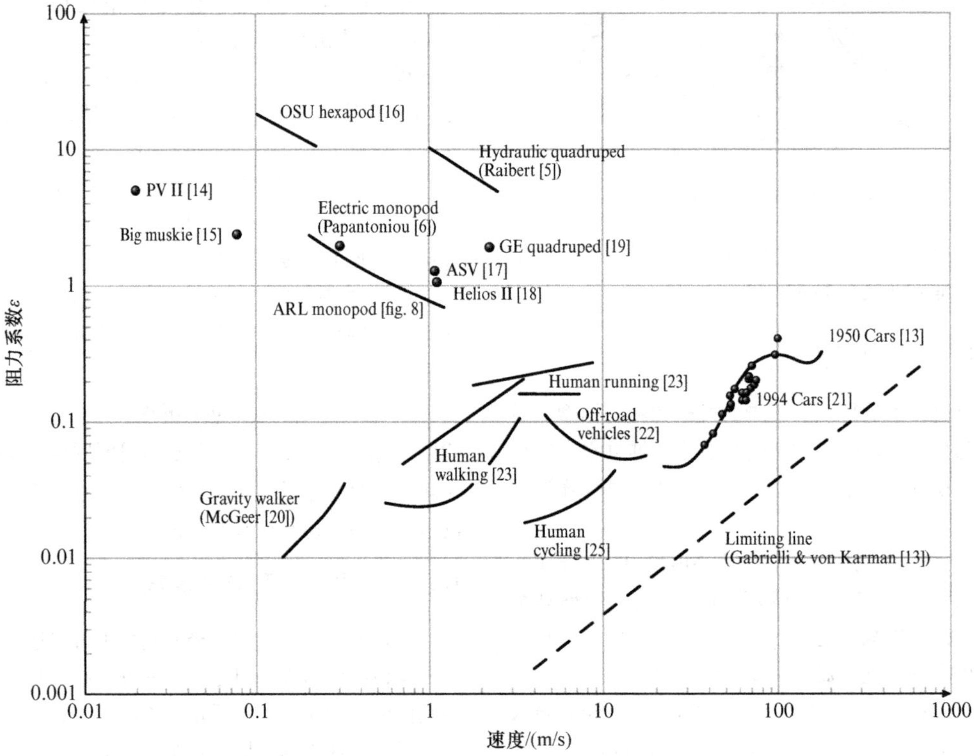

图16.41　Gabrielli-von Karman图[16.84]

16.8 结论与未来发展趋势

这一章，我们讨论了如下话题。

16.1节 发展简史：介绍了研究有腿机器人的历史。

16.2节 周期性行走的分析：作为典型的周期性行走机器人，分析了一个简单的被动机器人。庞加莱映射是重要的分析工具之一。

16.3节 用正动力学控制双足机器人：讨论了双足机器人的动力学与控制。单边地面力的处理是双足行走的关键问题，也是其他有腿机器人的关键问题。

16.4节 采用ZMP方法的双足机器人：讨论了实际控制双足机器人的方法，零力矩点（ZMP）。

16.5节 多腿机器人：讨论了步态和稳定性的关系。此外，介绍了这一领域的代表机器人。

16.6节 其他的有腿机器人：我们介绍了腿-轮混合、腿-臂混合、绳索行走和爬墙机器人。读者可能会对这里所展现的想象力印象深刻，但是这些例子只是冰山的一角。

16.7节 性能指标：讨论了稳定裕度，弗劳德数和阻力系数。它们是比较具有不同结构的机器人的性能指标。

在过去的三十年，有腿机器人已经变得更快速、更高效和更稳定了。这种趋势在未来仍会继续，最终的目标是拥有和昆虫、哺乳动物甚至我们人类自己相媲美的运动。

参考文献

16.1 M. Wisse, L. Schwab, F.L.T. Van der Helm: Passive walking dynamic model with upper body, Robotica **22**(6), 681–688 (2004)

16.2 C. Chevallereau, G. Abba, Y. Aoustin, F. Plestan, E.R. Westervelt, C. Canudas-de-Wit, J.W. Grizzle: RABBIT: a testbed for advanced control theory, IEEE Contr. Syst. Mag. **23**(5), 57–79 (2003)

16.3 M. Vukobratović, B. Borovac: Zero-moment point – Thirty five years of its life, Int. J. Humanoid Robot. **1**(1), 157–173 (2004)

16.4 T. McGeer: Passive dynamic walking, Int. J. Robot. Res. **9**(2), 62–82 (1990)

16.5 M.H. Raibert: *Legged Robots That Balance* (MIT Press, Cambridge 1986)

16.6 M. Coleman, A. Ruina: An uncontrolled walking toy that cannot stand still, Phys. Rev. Lett. **80**(16), 3658–3661 (1998)

16.7 A. Goswami, B. Thuilot, B. Espiau: A study of a compass-like biped robot: symmetry and chaos, Int. J. Robot. Res. **17**(12), 1282–1301 (1998)

16.8 C. Azevedo, B. Amblard, B. Espiau, C. Assaiante: A synthesis of bipedal locomotion in human and robots, Res. Rep. 5450, INRIA https://hal.inria.fr/inria-00070557 (December 2004)

16.9 C. Azevedo, B. Espiau, B. Amblard, C. Assaiante: Bipedal locomotion: toward unified concepts in robotics and neurosciences, Biol. Cybern. **96**(2), 209–228 (2007)

16.10 P.B. Wieber: Constrained stability and parameterized control in biped walking, Int. Symp. Math. Theory Netw. Syst. (2000)

16.11 P.B. Wieber: On the stability of walking systems, Int. Workshop Humanoids Human Friendly Robot. (2002)

16.12 F. Pfeiffer, C. Glocker: *Multibody Dynamics with Unilateral Contacts* (Wiley, New York 1996)

16.13 L. Righetti, A.J. Ijspeert: Programmable central pattern generators: an application to biped locomotion control, IEEE Int. Conf. Robot. Autom. (Orlando,USA May 2006)

16.14 K. Matsuoka: Sustained oscillations generated by mutually inhibiting neurons with adaptation, Biol. Cybern. **52**, 345–353 (1985)

16.15 G. Endo, J. Morimoto, J. Nakanishi, G. Cheng: An empirical exploration of a neural oscillator for biped locomotion control, IEEE Int. Conf. Robot. Autom. (New Orleans 2004) pp. 3036–3042

16.16 D.C. Witt: A feasibility study on powered lower-limb prosthesis, Univer. Oxford Dep. Eng. Sci. Rep. (1970)

16.17 F. Gubina, H. Hemami, R.B. McGhee: On the dynamic stability of biped locomotion, IEEE Trans. Biomed. Eng. **BME-21**(2), 102–108 (1974)

16.18 H. Miura, I. Shimoyama: Dynamic walk of a biped, The Int. J. Robot. Res. **3**(2), 60–74 (1984)

16.19 J. Furusho, M. Masubuchi: A theoretically motivated reduced order model for the control of dynamic biped locomotion, J. Dyn. Syst. Meas. Contr. **109**, 155–163 (1987)

16.20 S. Kawamura, F. Miyazaki, S. Arimoto: Realization of robot motion based on a learning method, IEEE Trans. Syst. Man Cybern. **18**(1), 126–134 (1988)

16.21 S. Kajita, T. Yamaura, A. Kobayashi: Dynamic walking control of a biped robot along a potential energy conserving orbit, IEEE Trans. Robot. Autom. **8**(4), 431–438 (1992)

16.22 J. Pratt, C.-M. Chew, A. Torres, P. Dilworth, G. Pratt: An intuitive approach for bipedal locomotion, Int. J. Robot. Res. **20**(2), 129–143 (2001)

16.23 E.R. Westervelt, J.W. Grizzle, D.E. Koditschek: Hybrid zero dynamics of planar biped walkers, IEEE Trans. Autom. Contr. **48**(1), 42–56 (2003)

16.24 S. Lohmeier, K. Löffler, M. Gienger, H. Ulbrich, F. Pfeiffer: Computer system and control of biped Johnnie, IEEE Int. Conf. Robot. Autom. (New-Orleans 2004) pp. 4222–4227

16.25 J.H. Kim, J.H. Oh: Walking control of the humanoid platform KHR-1 based on torque feedback control, IEEE Int. Conf. Robot. Autom. (2004) pp. 623–628

16.26 P.B. Wieber, C. Chevallereau: Online adaptation of reference trajectories for the control of walking systems, Robot. Auton. Syst. **54**(7), 559–566 (2006)
16.27 F. Allgöwer, T.A. Badgwell, J.B. Rawlings, S.J. Wright: Nonlinear predictive control and moving horizon estimation an overview., Eur. Contr. Conf. (Karlsruhe 1999) pp.392–449
16.28 C. Azevedo, P. Poignet, B. Espiau: Artificial locomotion control: from human to robots, Robot. Auton. Syst. **47**(4), 203–223 (2004)
16.29 P.B. Wieber: Trajectory-free linear model predictive control for stable walking in the presence of strong perturbations, IEEE-RAS Int. Conf. Humanoid Robots (Genoa 2006)
16.30 A. Takanishi, M. Ishida, Y. Yamazaki, I. Kato: The realization of dynamic walking by the biped walking robot WL-10RD, Int. Conf. Adv. Robot. (ICAR'85) (1985) pp.459–466
16.31 M. Hirose, Y. Haikawa, T. Takenaka, K. Hirai: Development of humanoid robot ASIMO, IEEE/RSJ Int. Conf. Intell. Robots Syst. – Workshop 2 (2001)
16.32 M. Gienger, K. Löffler, F. Pfeiffer: Towards the design of a biped jogging robot, IEEE Int. Conf. Robot. Autom. (2001) pp.4140–4145
16.33 K. Kaneko, S. Kajita, F. Kanehiro, K. Yokoi, K. Fujiwara, H. Hirukawa, T. Kawasaki, M. Hirata, T. Isozumi: Design of advanced leg module for humanoid robotics project of METI, IEEE Int. Conf. Robot. Autom. (2002) pp.38–45
16.34 Y. Sugahara, M. Kawase, Y. Mikuriya, T. Hosobata, H. Sunazuka, K. Hashimoto, H. Lim, A. Takanishi: Support torque reduction mechanism for biped locomotor with parallel mechanism, IEEE/RSJ Int. Conf. Intell. Robots Syst. (2004) pp.3213–3218
16.35 I.W. Park, J.Y. Kim, J. Lee, J.H. Oh: Online free walking trajectory generation for biped humanoid robot KHR-3(HUBO), IEEE Int. Conf. Robot. Autom. (Orlando 2006) pp.1231–1236
16.36 M. Vukobratović, J. Stepanenko: On the stability of anthropomorphic systems, Math. Biosci. **15**, 1–37 (1972)
16.37 S. Kajita, F. Kanehiro, K. Kaneko, K. Fujiwara, K. Harada, K. Yokoi, H. Hirukawa: Biped walking pattern generation by using preview control of zero-moment point, IEEE Int. Conf. Robot. Autom. (2003) pp.1620–1626
16.38 A. Takanishi, Y. Egusa, M. Tochizawa, T. Takeya, I. Kato: Realization of dynamic biped walking stabilized with trunk motion, ROMANSY 7 (1988) pp.68–79
16.39 A. Takanishi, H. Lim, M. Tsuda, I. Kato: Realization of dynamic biped walking stabilized by trunk motion on a sagittally uneven surface, IEEE Int. Workshop Intell. Robots Syst. (1990) pp.323–330
16.40 S. Kagami, K. Nishiwaki, T. Kitagawa, T. Sugihiara, M. Inaba, H. Inoue: A fast generation method of a dynamically stable humanoid robot trajectory with enhanced ZMP constraint, IEEE Int. Conf. Humanoid Robot. (2000)
16.41 Q. Huang, K. Yokoi, S. Kajita, K. Kaneko, H. Arai, N. Koyachi, K. Tanie: Planning walking patterns for a biped robot, IEEE Trans. Robot. Autom. **17**(3), 280–289 (2001)
16.42 T. Sugihara, Y. Nakamura, H. Inoue: Realtime humanoid motion generation through ZMP manipulation based on inverted pendulum control, IEEE Int. Conf. Robot. Autom. (2002) pp.1404–1409
16.43 K. Nagasaka, K. Kuroki, S. Suzuki, Y. Itoh, J. Yamaguchi: Integrated motion control for walking, jumping and running on a small bipedal entertainment robot, IEEE Int. Conf. Robot. Autom. (2004) pp.3189–3194
16.44 K. Harada, S. Kajita, F. Kanehiro, K. Fujiwara, K. Kaneko, K. Yokoi, H. Hirukawa: Real-time planning of humanoid robot's gait for force controlled manipulation, IEEE Int. Conf. Robot. Autom. (2004) pp.616–622
16.45 M. Tomizuka, D.E. Rosenthal: On the optimal digital state vector feedback controller with integral and preview actions, Trans. the ASME J. Dyn. Syst. Meas. Contr. **101**, 172–178 (1979)
16.46 T. Katayama, T. Ohki, T. Inoue, T. Kato: Design of an optimal controller for a discrete time system subject to previewable demand, Int. J. Contr. **41**(3), 677–699 (1985)
16.47 J. Yamaguchi, A. Takanishi, I. Kato: Experimental development of a foot mechanism with shock absorbing material for acquisition of landing surface position information and stabilization of dynamic biped walking, IEEE Int. Conf. Robot. Autom. (1995) pp.2892–2899
16.48 K. Hirai, M. Hirose, Y. Haikawa, T. Takenaka: The development of honda humanoid robot, IEEE Int. Conf. Robot. Autom. (1998) pp.1321–1326
16.49 K. Yokoi, F. Kanehiro, K. Kaneko, S. Kajita, K. Fujiwara, H. Hirukawa: Experimental study of humanoid robot HRP-1S, Int. J. Robot. Res. **23**(4–5), 351–362 (2004)
16.50 K. Hashimoto, Y. Sugahara, H. Sunazuka, C. Tanaka, A. Ohta, M. Kawase, H. Lim, A. Takanishi: Biped landing pattern modification method with nonlinear compliance control, IEEE Int. Conf. Robot. Autom. (Orlando 2006) pp.1213–1218
16.51 A. Goswami: Postural stability of biped robots and the foot-rotation indicator(FRI) point, Int. J. Robot. Res. **18**(6), 523–533 (1999)
16.52 P. Sardain, G. Bessonnet: Forces acting on a biped robot. center of pressure-zero moment point, IEEE Trans. Syst. Man Cybern. Part A: Syst. Humans **34**(5), 630–637 (2004)
16.53 T. Saida, Y. Yokokoji, T. Yoshikawa: FSW (feasible solution of wrench) for multi-legged robots, IEEE Int. Conf. Robot. Autom. (2003) pp.3815–3820
16.54 H. Hirukawa, S. Hattori, K. Harada, S. Kajita, K. Kaneko, F. Kanehiro, K. Fujiwara, M. Morisawa: A universal stability criterion of the foot contact of legged robots – Adios ZMP, IEEE Int. Conf. Robot. Autom. (Orlando 2006), pp.1976–1983
16.55 R.B. McGhee: Vehicular legged locomotion. In: *Advances in Automation and Robotics*, ed. by G.N. Saridis (JAI Press, New York 1985) pp.259–284
16.56 S.M. Song, K.J. Waldron: *Machines that Walk: the Adaptive Suspension Vehicle* (The MIT Press, Cambridge 1989)
16.57 R.B. McGhee, A.A. Frank: On the stability properties of quadruped creeping gaits, Math. Biosci. **3**, 331–351 (1968)

16.58 K.J. Waldron, R.B. McGhee: The adaptive suspension vehicle, IEEE Contr. Syst. Mag. **6**, 7–12 (1986)

16.59 S. Hirose, Y. Fukuda, H. Kikuchi: The gait control system of a quadruped walking vehicle, Adv. Robot. **1**(4), 289–323 (1986)

16.60 S. Hirose, K. Yoneda, R. Furuya, T. Takagi: Dynamic and static fusion control of quadruped walking vehicle, IEEE/RSJ Int. Workshop Intell. Robots Syst. (1989) pp. 199–204

16.61 S. Hirose: A study of design and control of a quadruped walking vehicle, Int. J. Robot. Res. **3**(2), 113–133 (1984)

16.62 Y. Fukuoka, H. Kimura, A.H. Cohen: Adaptive dynamic walking of a quadruped robot on irregular terrain based on biological concepts, Int. J. Robot. Res. **22**(3–4), 187–202 (2003)

16.63 M. Buehler, R. Playter, M. Raibert: Robots step outside, Int. Symp. Adapt. Motion Animals Mach. (AMAM) (Ilmenau 2005)

16.64 R.A. Brooks: A robot that walks; emergent behavior from a carefully evolved network, IEEE Int. Conf. Robot. Autom. (Scottsdale 1989) pp. 292–296

16.65 D. Spenneberg, K. McCullough, F. Kirchner: Stability of walking in a multilegged robot suffering leg loss, IEEE Int. Conf. Robot. Autom. (2004) pp. 2159–2164

16.66 S. Hirose, K. Yoneda, K. Arai, T. Ibe: Design of prismatic quadruped walking vehicle TITAN VI, 5th Int. Conf. Adv. Robot. (Pisa taly 1991) pp. 723–728

16.67 R. McNeill Alexander: The gait of bipedal and quadrupedal animals, Int. J. Robot. Res. **3**(2), 49–59 (1984)

16.68 H. Kimura, I. Shimoyama, H. Miura: Dynamics in the dynamic walk of a quadruped robot, Adv. Robot. **4**(3), 283–301 (1990)

16.69 J. Furusho, A. Sano, M. Sakaguchi, E. Koizumi: Realization of bounce gait in a quadruped robot with articular-joint-type legs, IEEE Int. Conf. Robot. Autom. (1995) pp. 697–702

16.70 O. Matsumoto, S. Kajita, M. Saigo, K. Tani: Dynamic trajectory control of passing over stairs by a biped type leg-wheeled robot with nominal reference of static gait, IEEE/RSJ Int. Conf. Intell. Robot Syst. (1998) pp. 406–412

16.71 S. Hirose, H. Takeuchi: Study on roller-walk (basic characteristics and its control), IEEE Int. Conf. Robot. Autom. (1996) pp. 3265–3270

16.72 U. Saranli, M. Buehler, D.E. Koditschek: RHex: a simple and highly mobile hexapod robot, Int. J. Robot. Res. **20**(7), 616–631 (2001)

16.73 T.J. Allen, R.D. Quinn, R.J. Bachmann, R.E. Ritzmann: Abstracted biological principles applied with reduced actuation improve mobility of legged vehicles, IEEE Int. Conf. Intell. Robots Syst. (Las Vegas 2003) pp. 1370–1375

16.74 N. Koyachi, H. Adachi, M. Izumi, T. Hirose, N. Senjo, R. Murata, T. Arai: Multimodal control of hexapod mobile manipulator MELMANTIS-1, 5th Int. Conf. Climbing Walking Robots (2002) pp. 471–478

16.75 Y. Ota, T. Tamaki, K. Yoneda, S. Hirose: Development of walking manipulator with versatile locomotion, IEEE Int. Conf. Robot. Autom. (2003) pp. 477–483

16.76 G. Endo, S. Hirose: Study on roller-walker: system integration and basic experiments, IEEE Int. Conf. Robot. Autom. (Detroit 1999) pp. 2032–2037

16.77 N. Neville, M. Buehler, I. Sharf: A bipedal running robot with one actuator per leg, IEEE Int. Conf. Robot. Autom. (Orlando 2006) pp. 848–853

16.78 J. Bares, D. Wettergreen: Dante II: technical description, results and lessons learned, Int. J. Robot. Res. **18**(7), 621–649 (1999)

16.79 S. Hirose, A. Nagakubo, R. Toyama: Machine that can walk and climb on floors, walls and ceilings, 5th Int. Conf. Adv. Robot. (Pisa 1991) pp. 753–758

16.80 S. Kim, A. Asbeck, W. Provancher, M.R. Cutkosky: SpinybotII: Climbing hard walls with compliant microspines, IEEE ICAR (Seattle 2005) pp. 18–20

16.81 S. Hirose, K. Yoneda, H. Tsukagoshi: TITAN VII: quadruped walking and manipulating robot on a steep slope, IEEE Int. Conf. Robot. Autom. (1997)

16.82 T. Yano, S. Numao, Y. Kitamura: Development of a self-contained wall climbing robot with scanning type suction cups, IEEE/RSJ Int. Conf. Intell. Robots Syst. (1998) pp. 249–254

16.83 A.T. Asbeck, S. Kim, A. McClung, A. Parness, M.R. Cutkosky: Climbing walls with microspines (video), IEEE Int. Conf. Robot. Autom. (Orlando 2006)

16.84 P. Gregorio, M. Ahmadi, M. Buehler: Design, control, and energetics of an electrically actuated legged robot, IEEE Trans. Syst. Man Cyber. – Part B: Cyber. **27**(4), 626–634 (1997)

16.85 D.A. Messuri, C.A. Klein: Automatic body regulation for maintaining stability of a legged vehicle during rough-terrain locomotion, IEEE J. Robot. Autom. **RA-1**(3), 132–141 (1985)

16.86 E. Garcia, P. Gonzalez de Santos: An improved energy stability margin for walking machines subject to dynamic effects, Robotica **23**(1), 13–20 (2005)

16.87 R. McNeill Alexander: *Exploring Biomechanics – Animals in Motion* (W.H. Freeman, New York 1992)

16.88 G. Gabrielli, T. von Karman: What price speed – specific power required for propulsion of vehicles, Mech. Eng. **72**(10), 775–781 (1950)

16.89 Y. Umetani, S. Hirose: Biomechanical study of serpentine locomotion (evaluation as a locomotion measure) (in Japanese). In: *BIOMECHANISM(2)* (Univ. Tokyo Press, Tokyo 1973) pp. 289–297

第 17 章 轮式机器人

Guy Campion, Woojin Chung
谭湘敏 译

本章介绍、分析和比较几种轮式驱动移动机器人（WMR）的模型，并给出此类机器人的几种实现方法和常见的设计。

对于轮式移动机器人（WMR），其车轮与运动平面之间的纯滚动条件产生运动学约束，因此，在基于这种运动学约束的基础上，我们对其移动性进行了讨论。相关讨论表明：无论 WMR 的轮子的数目是多少个，无论其轮子类型有多少种，在总体上，所有的 WMR 都属于五大类。

另外，本章还对不同类型的轮式移动机器人的数学模型进行了推导和比较，例如：姿态模型和结构模型、运动学模型和动力学模型、并讨论和比较了这些模型的结构特性。

轮式移动机器人的数学模型及其性质构成了基于模型的控制方法设计的必要基础。根据驱动轮的数目，我们对实际机器人的结构做了分类，分别介绍了各类的特点，并对某些被广泛采用的设计做了重点说明。尤其是对于全方位移动机器人以及多关节型机器人，进行了更详细的描述。

17.1 概述

本章旨在对轮式移动机器人进行一般性的描述，并且从考虑移动性的角度出发，讨论各种轮式移动机器人的性质，同时介绍几种基于模型的控制律的设计中所需的动力学模型，并说明这类机器人最常见的实现方法。

本章中我们假设轮式移动机器人的轮子满足一个运动学约束，也就是轮子和地面在每一个接触点仅产生纯滚动，而没有打滑。此假设意味着轮子与地面的接触力的大小恰好满足纯滚动运动的条件。根据现象学接触力模型可知，这种接触力可以看做由轮子和地面之间的局部滑动所产生的，事实上，这仅仅是一种理想模型。运用奇异摄动方法，我们可以看出这种滑动效应对应于其快动力学特性。所谓快动力学是指相对于机器人的整体动力学，其动力学效应的特征时间相对短得多，因此可以忽略不计，至少在将这种理想模型用于控制器设计时[17.1]（见第 34 章）。

本章 17.2 节主要介绍由纯滚动条件所导致的机器人运动约束的特点。文中首先描述了在制造移动机器人时所用到的一些不同类型的轮子，并推导了相应的运动学约束。依此我们可以刻画各种装有不同数目、不同类型轮子的机器人的移动性，并说明这些轮式移动机器人可分为五类，对应于两种移动性指标。17.3 节介绍了四种通用的状态空间模型及它们之间的联系，利用这些模型就能够很好地描述这五类机器人的运动。此外，我们介绍了运动学模型和动力学模型，其中运动学模型的输入是速度，动力学模型的输入是加速度（等效输入也可以是力或力矩）。姿态空间模型对应于机器人运动的最小描述，而结构空间模型则是对机器人运动的完整描述，包含其内部变量。从控制器设计的角度，17.4 节中给出了这些模型的几种结构特性。首先，讨论了与这类机器人相关的稳定性、可控性和非完整性。然后，又讨论了状态反馈线性化的问题，包括静态状态反馈输入输出线性化和通过动态扩展和动态状态反馈的完全线性化。在最后一节给出了几种轮式移动机器人的实现。在这些实现中，采用了好多种特殊的设计，譬如：同步驱动、瑞士轮、多关节型机器人。

17.2　轮式机器人的移动性

本节描述了多种轮子及其在移动机器人中的应用，讨论了由使用轮子驱动所产生的对机器人移动性的约束，并导出了一种针对机器人移动性的分类方法，无论移动机器人中所用到轮子的类型和数目，利用这种分类方法都可以完全地刻画机器人的移动性。

17.2.1　轮子的类型

为了实现机器人移动能力，轮式移动机器人在各种实际应用中被广泛采用。一般而言，轮式驱动机器人相对于其他驱动结构（例如，腿式机器人和履带式机器人）的机器人运动得更快，而消耗的能量较少。站在控制的角度，轮式移动机器人由于其简单的机械结构和较好的稳定性，相对较为容易控制。

尽管轮式机器人在粗糙地形环境下和不平整的地面应用起来比较困难，它们却很适合用在一类实际应用的目标环境中。当我们考虑一个单轮驱动的移动机器人，有两个轮子需要考虑：一个标准轮，也就是我们理解为通常的轮子；一个特殊轮，这种轮子拥有辊子和球轮等独特的机械结构。图 17.1 是单轮移动机器人的标准轮的一种通常设计。

在设计标准轮时，有三种情况需要定义：

1）标准轮的两个偏移量 d 和 b 的选择。

2）标准轮的机械设计是否允许转向运动（也就是是否固定轮子的方位）。

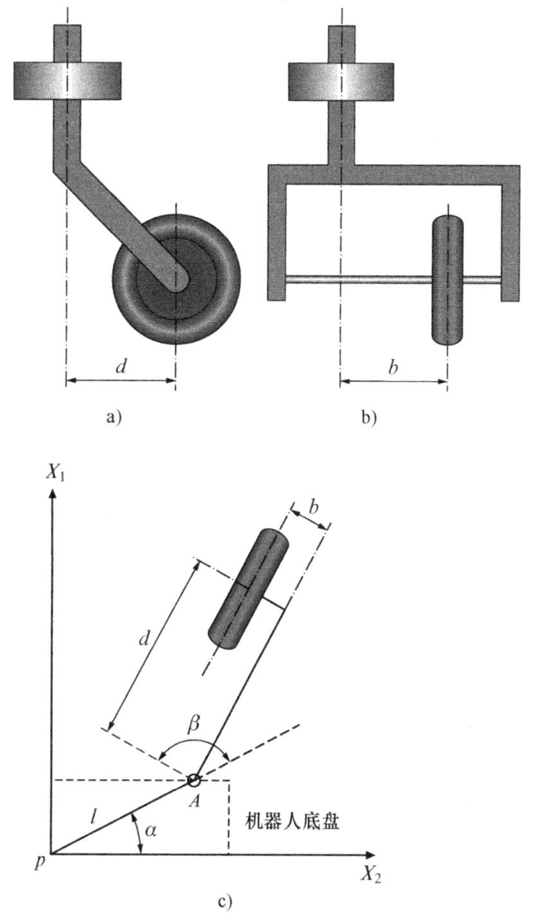

图 17.1　标准轮的一般设计

a）侧视图　b）主视图　c）俯视图

3）标准论的转向和驱动的选择（也就是主动或被动驱动的选择）。

情况 1 是单标准论的运动学参数设计的问题。参数 d（偏心距）可以为 0 或者一个正常数。侧向偏移 b 一般为 0. 在某些特殊的设计中，为了保证轮子和地面之间为纯滚动运动，b 也可能为一个非 0 值。然而，这种情况很少被采用，所以我们主要考虑 b 为 0 的情况。

情况 2 是轮子方向能否改变的设计问题。如果轮子的驱动轴是固定的，则该轮子在其驱动方向上产生了一个速度约束。

第 3 种情况是轮子的转向或滚动运动的驱动方式是主动驱动还是被动驱动的问题。

如果轮子能够转向，则偏心矩 d 在运动学模型中起到很重要的作用。对于一个传统的万向轮（譬如：

一个偏心万向轮)。偏心矩 d 不为0、图17.1中的点 A 为机器人底盘和轮组的连接点。通过偏心万向轮我们可以得到两个正交的线速度,从而实现轮子的方向和滚动的驱动,这就意味着一个被动驱动的偏心万向轮不会给机器人的驱动产生附加速度约束。如果万向轮的转向和滚动分别装有驱动机构,通过求解逆向运动学问题,点 A 能够得到任意速度,因此能够实现全方位移动。如果偏心矩 d 为0,则 A 点的速度方向仅限制在轮子的方向。在这种情况下,其转向运动不能再是被动驱动的。然而,通过驱动其他轮子,我们能够被动地知道其驱动速度。根据非完整速度约束,轮子的方位必须通过主动驱动到期望的速度方向上。这就意味着这种轮子的运动方向必须在运动的时候实时驱动得到。

总结而言,常用的标准轮有四种类型:第一种是方位固定的被动驱动轮。第二种是偏心矩为 d 的被动万向轮。第三种是偏心矩 d 不为0,主动驱动的万向轮,这种轮子的转向和滚动均通过执行器来控制。第四种是偏心矩 d 为0的主动驱动万向轮,这种轮子的转向和滚动也是通过执行器来驱动。图17.2所示为这四种轮子的结构。17.2.2节中将详细说明这些轮子的运动学和约束。

尽管标准轮由于其简单的结构和很好的可靠性有很多的优势,但是其非完整运动约束(譬如,无侧滑假设)限制了机器人的运动。另一方面,为了使移动机器人有全方位移动(全方位移动机器人)的能力,也就是保证机器人在其运动平面内有完整的三个自由度,一些特殊轮也常常被采用。图17.3a所示为瑞士轮。这种轮子的外轮框上套有小的被动自由轮,目的在于克服非完整运动约束。被动自由轮能够绕其转动轴自由转动,从而产生轮子的侧向运动。因此,我们能够控制其驱动速度,其侧向速度由该移动机器人上安装的其他轮子的速度来共同决定。图17.3c所示为球形轮。球体的转动受限于与其接触的辊子,而辊子可以分为驱动辊和支撑辊。通过驱动驱动辊,就可以达到驱动球轮的目的,尽管两者之间的滚动接触会带来非完整约束,球轮的整体运动是完整的。这就意味着机器人在任何时刻可以以任何期望的线速度/角速度运动。通过使用球轮,就可以开发出一个完整的全方位移动机器人,这种移动机器人的球形轮和地面之间的接触是连续光滑的。然而,支持球形轮的机械设计是比较困难的,并且这种类型的轮子由于接触点的缘故,负载能力较小。另外一个缺陷就是球轮在脏地面上运行的时候,其外表面很容易弄脏,因此它很难在复杂地面条件下应用。这种缺陷限制了球形轮的实际应用。参考文献[17.2]和[17.3]是球形轮的应用实例,球形轮亦可用在特殊机器人的传送中,譬如参考文献[17.4]中所包含的非完整机械臂以及参考文献[17.5]中的被动触觉系统中。

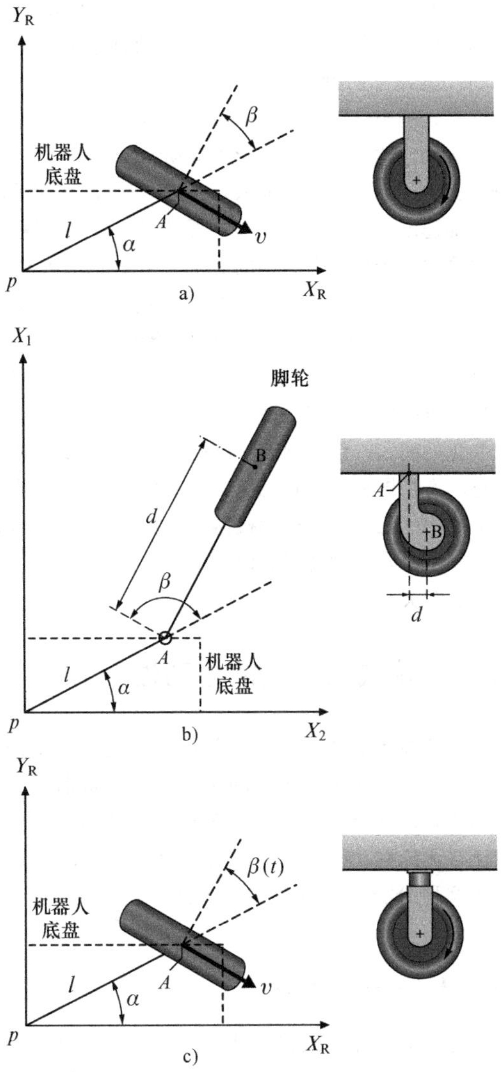

图17.2 标准轮结构

a)固定轮 b)主动式或被动式偏心万向轮

c)无偏心主动万向轮

17.2.2 运动学约束

第一步,假设我们所研究的移动机器人的车体是刚性的,车轮形变可以忽略不计,且在水平面上运行。机器人的位置可通过其位姿向量 $(x \quad y \quad \theta)^{\mathrm{T}}$ 在惯性系下描述,其中 x 和 y 表示机器人车体上参考点在选定惯性系下的坐标,θ 表示机器人联体坐标系相

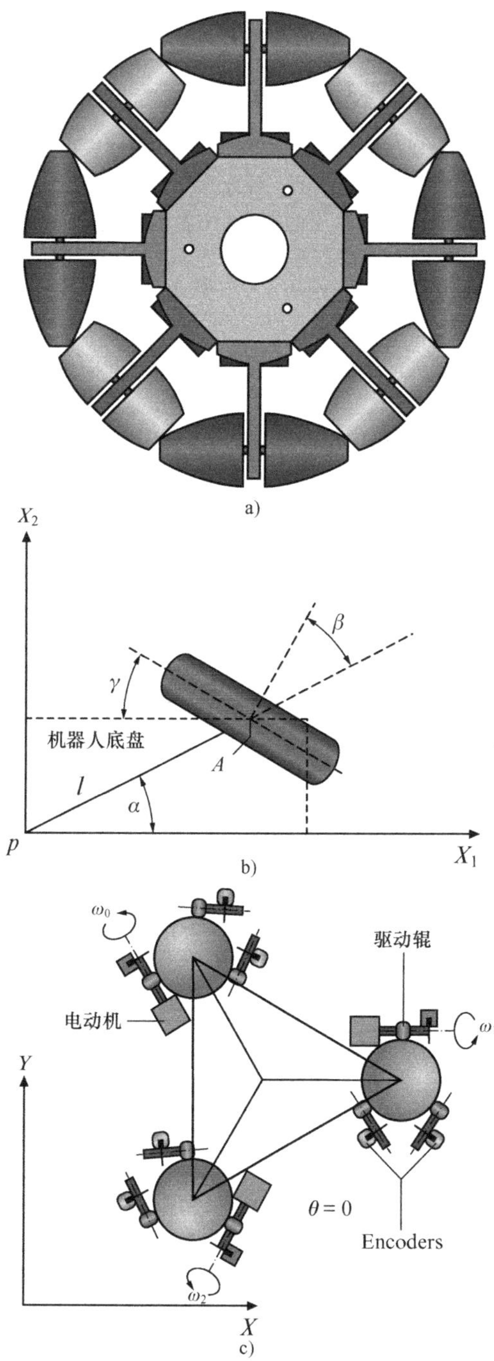

图 17.3 球形轮的应用（见参考文献［17.2］）
a）瑞士轮 b）瑞士轮的连接 c）球形轮

对于选定惯性系的方位。移动机器人在平面内的位姿定义如图 17.4 所示。

此外，我们假设每个轮子的轮面在运行过程中均与地面垂直，且沿其水平轴旋转，这些轮的方向相对于车体而言，有可能是固定的也有可能是变化的。对

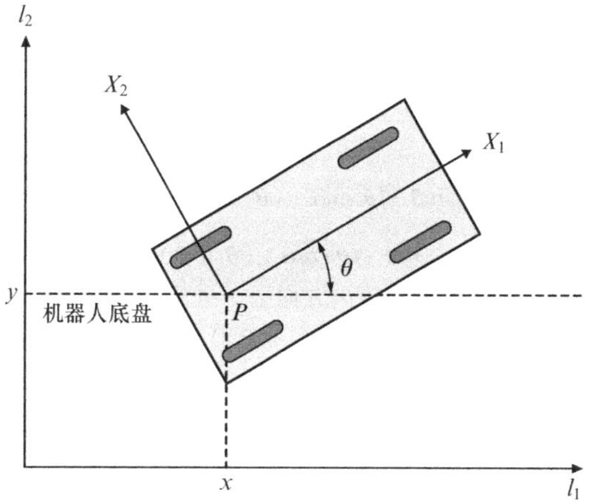

图 17.4 移动机器人在平面内的位姿定义

于理想轮，我们以所谓的常规轮和瑞士轮予以分类。在每种情况下，我们假设轮子与地面的接触为一个点，因此，轮子与地面之间的接触点为相对不动点，并由此产生运动学约束。对于传统轮而言，运动学约束意味着轮子中心的运动速度轮面平行（非滑动条件），且正比于轮子的转动速度（纯滚动条件）。对于每一个轮子而言运动学约束导致连个独立的条件。对于瑞士轮而言，由于驱动辊与轮子之间的相对转动的缘故，接触点仅有一个速度分量为 0。0 速度分量的方向相对与轮面固定且依赖于轮子的结构。对于这种轮子，仅在一种条件下产生运动学约束。

1. 传统轮

我们现在推导传统轮运动学约束的通式。

如图 17.2 所示，传统轮的设计有很多变化的形式。首先，我们集中精力研究图 17.2b 中所示的偏心万向轮。轮子的中心 B 点通过一根夹持在轮面上，并通过连接 A 点（小车上的某固定点）到 B 点的刚性连杆连接到小车上。长度为 d 的连杆能够绕过 A 点并垂直于小车底面的轴转动。A 点的位置可以通过极坐标系下的相对于原点 P 的两个常数给定，也就是 l 和 α。连杆相对于小车的转动量可用角 β 来表示，轮子的半径为 r，其相对于其水平轴的转动量为 φ。因此，与约束相关的量有四个常数：α、l、r、d，两个变数：$\varphi(t)$ 和 $\beta(t)$。

利用这些符号，运动学约束可以推导如下。

在这里，我们仅对通用情形下的偏心轮（见图 17.2b）进行推导。对于固定轮或方向轮，可以看做是 $d=0$，β 为常数，或 $d=0$，β 为变数（方向轮）。

首先，我们计算一下轮子中点的速度，该速度由以下向量表达式：

$$\frac{\mathrm{d}}{\mathrm{d}t}OB=\frac{\mathrm{d}}{\mathrm{d}t}OP+\frac{\mathrm{d}}{\mathrm{d}t}PA+\frac{\mathrm{d}}{\mathrm{d}t}AB$$

在机器人坐标系中，速度向量沿 X 轴和 Y 轴两个分量可以表示成：

$$\dot{x}\cos\theta+\dot{y}\sin\theta-l\dot{\theta}\sin\alpha+(\dot{\theta}+\dot{\beta})d\cos(\alpha+\beta)\text{和}$$

$$-\dot{x}\sin\theta+\dot{y}\cos\theta-l\dot{\theta}\cos\alpha+(\dot{\theta}+\dot{\beta})d\sin(\alpha+\beta)$$

该速度向量投影到轮面方向上，也就是在向量（$\cos(\alpha+\beta-\pi/2)$，$\sin(\alpha+\beta-\pi/2)$）和轮轴向量（$\cos(\alpha+\beta)$，$\sin(\alpha+\beta)$），可表示为 $r\dot{\varphi}$ 和 0，对应于纯滚动和无打滑情况下，经过相关处理，这些约束条件可写作以下紧凑形式：

纯滚动条件：

$$(-\sin(\alpha+\beta)\cos(\alpha+\beta)l\cos\beta)\cdot\boldsymbol{R}(\theta)\cdot\dot{\xi}+r\dot{\varphi}=0 \tag{17.1}$$

无打滑条件：

$$(-\cos(\alpha+\beta)\sin(\alpha+\beta)d+l\sin\beta)\cdot\boldsymbol{R}(\theta)\cdot\dot{\xi}+d\dot{\beta}=0 \tag{17.2}$$

在以上表达式中，$\boldsymbol{R}(\theta)$ 表示正交旋转矩阵，其含义为机器人相对于惯性系的方向，亦即：

$$\boldsymbol{R}(\theta)=\begin{pmatrix}\cos\theta & \sin\theta & 0\\ -\sin\theta & \cos\theta & 0\\ 0 & 0 & 1\end{pmatrix} \tag{17.3}$$

正如上文所述，这些通用表达式对于不同类型的传统轮可以再做简化。

对于固定轮，轮中心相对于小车固定且轮的方向为常数。相应的 $d=0$，β 为常数（见图 17.2a）。无滑动方程（17.2）可以简化为：

$$(\cos(\alpha+\beta)\sin(\alpha+\beta)l\sin\beta)\cdot\boldsymbol{R}(\theta)\cdot\dot{\xi}=0 \tag{17.4}$$

对于方向轮，轮中心相对于小车亦固定（$d=0$），而 β 是随时间变化的，因此，无滑动方程亦为式（17.2）的形式。这种轮子的结构在图 17.2c 中已经作过介绍。

而对于连杆 AB 距离不为 0 且 β 是随时间变化的偏心万向轮，则可用式（17.1）和式（17.2）表示其约束条件。

2. 瑞士轮

对于瑞士轮的固定轮，其相对于小车的位置取决于三个常数：α，β 和 l。另外还需要一个附加参数来描述该轮相对于轮面的接触点的零速度分量方向。这个参数为 γ，也就是驱动辊相对于轮面的方向（见图 17.3b）。其运动约束仅在一种情况下产生影响：

$$(-\sin(\alpha+\beta+\gamma)\cos(\alpha+\beta+\gamma)l\cos(\beta+\gamma))\times\boldsymbol{R}(\theta)\dot{\xi}+r\cos\gamma\dot{\varphi}=0 \tag{17.5}$$

17.2.3 机器人的结构变量

我们现在考虑轮式机器人，这些机器人可能装配有上文所述类型轮子的一种或几种。我们用以下下标来确定四种类型轮子的数量：f 表示固定轮，s 表示方向轮，c 表示偏心万向轮，而 sw 表示瑞士轮。每种类型的轮子表示为 N_c、N_f、N_s 和 N_s，总轮数表示为 $N=N_f+N_s+N_c+N_{sw}$。

机器人的配置可以通过以下配置空间向量来完全描述。

1）位姿坐标系：位姿向量 $\boldsymbol{\xi}(t)=(x(t)\quad y(t)\quad \theta(t))^{\mathrm{T}}$。

2）方位坐标系：方向轮和偏心万向轮的 N_s+N_c 个方位角，也就是 $\boldsymbol{\beta}(t)=(\beta_s(t)\quad \beta_c(t))^{\mathrm{T}}$。

3）旋转坐标系：N 个轮子的 N 个旋转角，亦即 $\boldsymbol{\varphi}(t)=(\varphi_f(\mathrm{t})\quad \varphi_s(\mathrm{t})\quad \varphi_c(\mathrm{t})\quad \varphi_{sw}(\mathrm{t}))^{\mathrm{T}}$。

所有坐标系的集合构成了配置空间坐标系。配置空间的维数为 $N_f+2N_s+2N_c+N_{sw}+3$。

17.2.4 机器人移动性的约束

固定轮、方向轮以及偏心万向轮的纯滚动条件，以及与瑞士轮相关的约束条件可以表示成以下紧凑形式：

$$\boldsymbol{J}_1(\beta_s,\beta_c)\cdot\boldsymbol{R}(\theta)\cdot\dot{\xi}+\boldsymbol{J}_2\cdot\dot{\varphi}=0 \tag{17.6}$$

其中 $\boldsymbol{J}_1(\beta_s,\beta_c)=\begin{pmatrix}\boldsymbol{J}_{1f}\\ \boldsymbol{J}_{1s}(\beta_s)\\ \boldsymbol{J}_{1c}(\beta_c)\\ \boldsymbol{J}_{1sw}\end{pmatrix}$

在以上表达式中，$\boldsymbol{J}_{1f}$、$\boldsymbol{J}_{1s}(\beta_s)$、$\boldsymbol{J}_{1c}(\beta_c)$ 和 $\boldsymbol{J}_{1sw}$ 分别表示（$N_f\times3$），（$N_s\times3$），（$N_c\times3$）和（$N_{sw}\times3$）的矩阵，这些举证直接从运动学约束中推导得来。而 $\boldsymbol{J}_2$ 是一个 $N\times N$ 维的常对角阵，该对角阵上的元素为各个轮子的半径，值得注意的是，瑞士轮还需要乘一个 $\cos\gamma$。

当 $\gamma=\frac{\pi}{2}$ 时，意味着速度的零分量方向正交与瑞士轮的轮面方向。这样的一个轮子将受到一个与传统轮无滑动约束等价的一个约束，因此，就无法发挥瑞士轮的优点。这就意味着 $\gamma=\frac{\pi}{2}$ 时，$\boldsymbol{J}_2$ 矩阵是非奇异的。

偏心万向轮的无滑动条件可总结为

$$\boldsymbol{C}_{1c}(\beta_c)\cdot\boldsymbol{R}(\theta)\cdot\dot{\xi}+\boldsymbol{C}_{2c}\cdot\dot{\beta}_c=0 \tag{17.7}$$

式中，C_{1c}^* (β_c) 为 $N_c\times3$ 矩阵，它的元素直接从式(17.2) 所示的无滑动条件推导得来，C_{2c}为非奇异常数对角阵，其元素为 d。

固定轮和方向轮与无滑动条件相关的最后一个约束可以总结为

$$C_1^*(\beta_s)\cdot R(\theta)\cdot\dot{\xi}=0\qquad(17.8)$$

式中 $C_1^*(\beta_s)=\begin{pmatrix}C_{1f}\\C_{1s}(\beta_3)\end{pmatrix}$，而 C_{1f}和 $C_{1s}(\beta_3)$ 分别为 $N_f\times3$ 和 $N_s\times3$ 的矩阵。

值得指出的是由固定轮和方向轮相关的条件（式 (17.8)）所导致的机器人的移动性约束。这些条件意味着向量$R(\theta)\cdot\dot{\xi}$ 属于N $[C_1^*(\beta_s)]$，也就是$C_1^*(\beta_s)$ 的零空间。对于任意满足条件的$R(\theta)\cdot\dot{\xi}$，总存在一个向量 $\dot{\varphi}$ 和一个向量 $\dot{\beta}_c$满足式 (17.6) 和式 (17.7) 的条件，因为J_2和 C_{2c}是非奇异的矩阵。

显然有 $\mathrm{rank}[C_1^*(\beta_s)]\leqslant3$。因为如果 $\mathrm{rank}[C_1^*(\beta_s)]=3$ 且 $R(\theta)\cdot\dot{\xi}=0$，则意味着在平面内任何运动都不可能产生。更一般地说，与矩阵 $C_1^*(\beta_s)$ 的秩相关的机器人移动性约束，将在下文详细说明。

值得注意的是，条件 (17.8) 有直接的几何含义，在每一个瞬间，机器人的运动可以被看做是相对于瞬时旋转中心 (ICR) 的一个瞬时旋转，而这个瞬时旋转中心相对于小车是时变的。在任意时刻，小车上的任意点的速度正交与连接该点与 ICR 点的直线。特别是对于固定轮和方向轮的中点（相对于小车的不动点)，更是如此。另外一方面，无滑动条件意味着轮子中点的速度与轮面是一致的。这两个事实说明固定轮和方向轮的水平旋转轴相交于瞬时转动点 ICR (如图 17.5 所示)。这和 $\mathrm{rank}[C_1^*(\beta_s)]\leqslant3$ 是一致的。

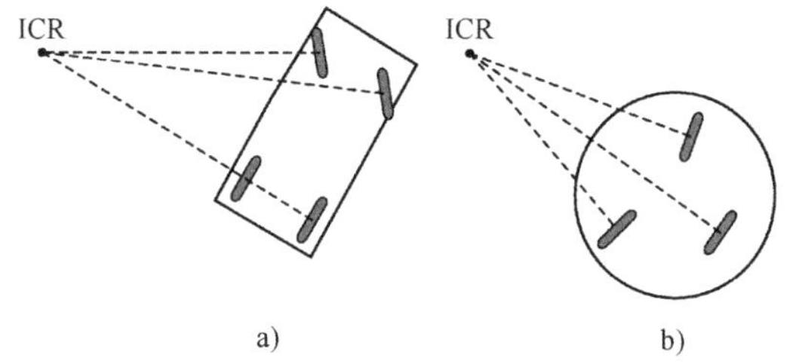

图 17.5　转动的瞬时中心

a) 车式机器人　b) 3 方向轮驱动的机器人

17.2.5　机器人移动性的描述

如上文所述，机器人的移动性直接与矩阵 C_1^* (β_s) 的秩相关，而 $C_1^*(\beta_s)$ 的秩则只与其设计相关。我们定义移动性的度为 δ_m，且有

$$\delta_m=3-\mathrm{rank}(C_1^*(\beta_s))\qquad(17.9)$$

首先考虑一下 $\mathrm{rank}(C_{1f})=2$ 的情况，这种情况意味着机器人至少有两个固定轮，如果多于两个，它们的水平转动轴线相交于 ICR。显然，从用户的角度，这种设计是难以接受的，因此，我们假设 $\mathrm{rank}(C_{1f})\leqslant1$。

更进一步，我们假设 $\mathrm{rank}[C_1^*(\beta_s)]=\mathrm{rank}(C_{1f})+\mathrm{rank}[C_{1s}(\beta_s)]\leqslant2$，这两个假设和以下的几个条件是等价的：

1) 如果机器人有多于一个固定轮，则它们转动轴为同一个轴。

2) 方向轮的中点不在固定轮的转动轴上。

3) rank $[C_1^*(\beta_s)]$ 等于方向轮的个数，这些方向轮能够独立地转动方向以控制机器人的运动方向。称该数为可控制度

$$\delta_s=\mathrm{rank}\ [C_{1s}\ (\boldsymbol{\beta}_s)]\qquad(17.10)$$

如果机器人装配有多于δ_s个方向轮，则这个附加的轮子的运动必须和其他轮子协调以保证每个瞬间都存在 ICR。对于针对于应用的轮式驱动的移动机器人，我们可以下结论：δ_s和 δ_m满足以下条件：

1) 移动度满足：$1\leqslant\delta_m\leqslant3$。上界的含义是明显的，而下界则意味着我们仅考虑运动时可行的情况。

2) 方向度满足：$0\leqslant\delta_s\leqslant2$。上界仅在机器人没有安装固定轮的情况下得到，而下界对应于机器人没有安装方向轮的情况。

3) 以下式子满足：$2\leqslant\delta_s+\delta_m\leqslant3$。$\delta_s+\delta_m=1$ 是不可行的，因为其对应于机器人绕固定 ICR 转动的情况下。根据上文的假设就，$\delta_m\geqslant2$ 和 $\delta_m=2$ 被排除。若 $\delta_m=2$ 则意味着 $\delta_s=1$，对于实际应用而言，这种条件意味着仅有五种结构，对应于 (δ_m　δ_s) 满足以上不等式的五种情况，这五种情况可依照以下数列：

δ_m	3	2	2	1	1
δ_s	0	0	1	1	2

在下文中，每种结构类型的机器人将通过形如 (δ_m，δ_s) 的机器人来说明。

17.2.6　轮式移动机器人的五种类型

我们现在简单地描述以下五种类型的轮式移动机器人，并指出与每种类型相关的移动约束。具体细节和范例可在 17.5 节和参考文献 [17.6] 中找到。

1. (3，0) **类机器人**

此种类型的机器人没有固定轮和方向轮，仅仅

装有瑞士轮或偏心万向轮，被称为全方位移动机器人。因为它们有平面内运动所需的全部自由度，这就意味着它们能够沿任意方向运动而不需要重新转向。

2. （2，0）**类机器人**

这类机器人没有转向轮，但是都有一个或者几个同轴的固定轮。移动性约束可描述为，对于给定的位姿$\xi(t)$，其速度$\dot{\xi}(t)$被约束在由两个向量场$\boldsymbol{R}^{\mathrm{T}}(\theta)\boldsymbol{s}_1$和$\boldsymbol{R}^{\mathrm{T}}(\theta)\boldsymbol{s}_2$张成的二维分布上，其中$s_1$和$s_2$为两个常向量。这类机器人的典型例子是轮椅。

3. （2，1）**类机器人**

这类机器人没有固定轮，但至少有一个方向轮。若有多于一个方向轮，它们的方向必须以如下方式协调$\mathrm{rank}[\boldsymbol{C}_{1s}(\beta_s)]=\delta_s=1$. 其速度$\dot{\boldsymbol{\xi}}(t)$被约束在由两个向量场$\boldsymbol{R}^{\mathrm{T}}(\theta)\boldsymbol{s}_1(\beta_s)$和$\boldsymbol{R}^{\mathrm{T}}(\theta)\boldsymbol{s}_2(\beta_s)$张成的二维分布上，其中$\boldsymbol{s}_1(\beta_s)$和$\boldsymbol{s}_2(\beta_s)$是张成$N(\boldsymbol{C}_{1s}(\beta_s))$的两个向量。

4. （1，1）**类机器人**

这类机器人有一个或几个同轴的固定轮，并装有一个或几个方向轮。在这几个方向轮的中点不在同一直线上的情况下，它们的方位必须协调。其速度$\dot{\xi}(t)$被约束在一个一维分布上，该分布由任意选定的主动方向轮的方位角参数化。基于传统小轿车模型建立的机器人属于这种类型。

5. （1，2）**类机器人**

这类机器人没有固定轮，但至少有两个方向轮。如果装的方向轮多于两个，则它们的运动方向必须协调，并满足$\mathrm{rank}[\boldsymbol{C}_{1s}(\beta_s)]=\delta_s=2$。其速度$\dot{\boldsymbol{\xi}}(t)$被约束在一个一维分布上，该分布由任意选定的主动方向轮的方位角参数化。

17.3　轮式移动机器人的状态空间模型

在这一节中，前文所讨论的移动性分析用状态空间的形式重新描述，这将有益于随后的开发。我们介绍了四种类型的状态空间描述，其目的在于理解轮式机器人的行为，并为控制器的设计奠定基础。

1）姿态空间运动学模型。从使用者的角度，这种模型是一种能够对机器人进行全面描述的最简单的状态空间模型。

2）结构空间运动学模型。这种模型能够描述整个机器人的运动行为，包括所有的结构变量。

3）结构空间动力学模型。这种模型是最通用的状态空间模型。它给出了各个动态的全面描述，包括由执行器产生的各个力。尤为特别的是，它容许我们提出执行结构的问题，并定义一个标准去检查执行器的动力是否足够去发挥运动学的移动性。

4）姿态空间动力学模型。该模型反向等价于结构空间模型，构成了相对于姿态空间运动学模型的动力学描述。

17.3.1　姿态空间运动学模型

我们已经表明，无论机器人是什么类型，它的速度矢量$\dot{\boldsymbol{\xi}}(t)$都被约束在一个分布$\Delta_c$上，$\Delta_c$定义为

$$\dot{\xi}\in\Delta_c=\mathrm{span}\ \{\mathrm{col}\ [\boldsymbol{R}^{\mathrm{T}}\ (\theta)\ \boldsymbol{\Sigma}\ (\beta_s)]\}$$

式中，矩阵$\boldsymbol{\Sigma}(\beta_s)$的各个列构成了$N(\boldsymbol{C}_1^*(\beta_s))$的基，这等价于以下描述：对于所有的$t$，总存在一个矢量$\boldsymbol{\eta}$，使得下式成立

$$\dot{\xi}=\boldsymbol{R}^{\mathrm{T}}(\theta)\boldsymbol{\Sigma}(\beta_s)\cdot\boldsymbol{\eta}\qquad(17.11)$$

Δ_c和$\boldsymbol{\eta}(t)$的维数等于机器人的移动度δ_m。显然，在机器人未装方向轮的情况下，矩阵$\boldsymbol{\Sigma}$是常矩阵，则式（17.11）可简化为

$$\dot{\boldsymbol{\xi}}=\boldsymbol{R}^{\mathrm{T}}(\theta)\boldsymbol{\Sigma}\cdot\boldsymbol{\eta}\qquad(17.12)$$

在相对的另一种情形（$\delta_s\geqslant1$），矩阵$\boldsymbol{\Sigma}$明显依赖于方位角β_s，则式（17.11）可写成如下形式

$$\dot{\boldsymbol{\xi}}=\boldsymbol{R}^{\mathrm{T}}(\theta)\boldsymbol{\Sigma}(\boldsymbol{\beta}_s)\cdot\boldsymbol{\eta}\qquad(17.13)$$

$$\dot{\beta}_s=\dot{\zeta}\qquad(17.14)$$

式（17.12）（或式（17.13）和式（17.14））可以看做是模型的状态空间表示，反映了由约束引起的机动约束，它被表述成姿态空间运动学模型。

状态变量由三维位姿矢量$\dot{\boldsymbol{\xi}}(t)$，或$\delta_s$维方位向量$\boldsymbol{\beta}_s$组成。$\delta_m$维矢量$\boldsymbol{\eta}$和$\delta_s$维矢量$\boldsymbol{\xi}$与速度是同一的，并能够被认为是模型的控制输入。然而，这种看法应该小心对待，因为系统的真正物理输入是由执行器提供的。姿态空间运动学模型实际上仅仅是17.3.3中所述模型的一个子系统。

姿态空间运动学模型是我们能进一步讨论轮式机器人的机动性。移动度δ_m等于系统输入$\boldsymbol{\eta}(t)$中能够直接操纵的量的自由度数，而不需要将方向轮重定向。直观上，它对应于机器人在当前位置无需转动任何轮子就拥有的自由度数。δ_m不等于机器人能够操纵的输入量$\boldsymbol{\eta}(t)$和$\boldsymbol{\zeta}(t)$的自由度数的总和，也就是$\delta_M=\delta_m+\delta_s$，$\delta_M$被称之为机动度。它包含由输入$\boldsymbol{\zeta}(t)$得到的$\delta_s$维自由度。

然而，由$\boldsymbol{\zeta}(t)$所产生的对$\boldsymbol{\xi}(t)$的作用是间接，因为它必须通过$\boldsymbol{\beta}_s$起作用，而$\boldsymbol{\beta}_s$与$\boldsymbol{\zeta}(t)$是积分相关的，这就导致方向轮的方位改变不能在瞬时达到。轮式移动机器人的机动性不仅仅依靠δ_M，也和δ_M中的δ_m、δ_s中组合形式有关。因此，机器人的机动性需要两个指标来表征。显然理想条件是全方位移动机器人，也就是$\delta_M=\delta_m=3$。为了避免毫无用处的符号复杂化，我们假设方向度等于方向轮的个数，也就是$N_s=\delta_s$。从机器人设计的角度，这是一个限制条件。然而，对于移动机器人运动行为的数学分析的角度而言，这种假设并未丧失一般性，可以认为简化了技术推导过程。诚然，对于拥有冗余方向轮的机器人，总是有可能弱化条件（17.8），也就是能从δ_s个方向轮中选出一个独立最小集合来控制机器人，只要选定了主动轮后，在分析中就可以忽略其他从动轮。

17.3.2 结构空间运动学模型

为了讨论移动性约束，我们已经考虑了含运动学约束条件的一个子集，也就是所谓的方向轮和固定轮无滑动条件。我们现在利用其他余下的约束来推导$\dot{\boldsymbol{\varphi}}$和偏心万向轮的速度$\dot{\boldsymbol{\beta}}_c$。从式（17.6）和式（17.7）即可以得到如下结论

$$\dot{\boldsymbol{\beta}}_c=-\boldsymbol{C}_{2c}^{-1}\boldsymbol{C}_{1c}\boldsymbol{R}(\theta)\dot{\boldsymbol{\xi}} \tag{17.15}$$

$$\dot{\varphi}=-\boldsymbol{J}_2^{-1}\boldsymbol{J}_1(\beta_s,\boldsymbol{\beta}_c)\boldsymbol{R}(\theta)\dot{\boldsymbol{\xi}} \tag{17.16}$$

再结合式（17.13）所示的姿态空间状态模型，$\boldsymbol{\beta}_c$和$\boldsymbol{\varphi}$的状态模型变为

$$\dot{\beta}_c=-\boldsymbol{D}(\boldsymbol{\beta}_c)\boldsymbol{\Sigma}(\boldsymbol{\beta}_s)\boldsymbol{\eta} \tag{17.17}$$

$$\dot{\boldsymbol{\varphi}}=-\boldsymbol{E}(\boldsymbol{\beta}_s,\boldsymbol{\beta}_c)\boldsymbol{\Sigma}(\beta_s)\boldsymbol{\eta} \tag{17.18}$$

式中

$\boldsymbol{D}(\boldsymbol{\beta}_c)=-\boldsymbol{C}_{2c}^{-1}\boldsymbol{C}_{1c}(\boldsymbol{\beta}_c)$，且$\boldsymbol{E}(\boldsymbol{\beta}_s,\boldsymbol{\beta}_c)=-\boldsymbol{J}_2^{-1}\cdot\boldsymbol{J}_1(\boldsymbol{\beta}_s,\boldsymbol{\beta}_c)$。

定义结构空间变量$\boldsymbol{q}$，也就是

$$\boldsymbol{q}=\begin{pmatrix}\boldsymbol{\xi}\\\boldsymbol{\beta}_s\\\boldsymbol{\beta}_c\\\boldsymbol{\varphi}\end{pmatrix}$$

将结构空间变量$\boldsymbol{q}$进一步变形，可用以下形式来描述，这就是所谓结构空间运动学模型。

$$\dot{\boldsymbol{q}}=\boldsymbol{S}(q)\cdot\boldsymbol{u} \tag{17.19}$$

式中

$$\boldsymbol{S}(\boldsymbol{q})=\begin{bmatrix}\boldsymbol{R}^{\mathrm{T}}(\theta)\boldsymbol{\Sigma}(\boldsymbol{\beta}_s) & 0\\0 & \boldsymbol{I}\\\boldsymbol{D}(\boldsymbol{\beta}_c)\boldsymbol{\Sigma}(\boldsymbol{\beta}_s) & 0\\\boldsymbol{\Sigma}(\boldsymbol{\beta}_s,\boldsymbol{\beta}_c) & 0\end{bmatrix} \tag{17.20}$$

而$\boldsymbol{u}=\begin{bmatrix}\boldsymbol{\eta}\\\boldsymbol{\zeta}\end{bmatrix}$。

$\boldsymbol{q}$是一个能够完整描述机器人的姿态和机器人的各个轮子运动状态的广义坐标矢量。

约束（17.6），（17.7）及式（17.8）可以总结为以下统一形式：

$$\boldsymbol{J}(\boldsymbol{q})\dot{\boldsymbol{q}}=0 \tag{17.21}$$

式中，$\boldsymbol{J}(\boldsymbol{q})$为雅可比矩阵：

$$\boldsymbol{J}(\boldsymbol{q})=\begin{bmatrix}\boldsymbol{J}_1(\boldsymbol{\beta}_s,\boldsymbol{\beta}_c)\boldsymbol{R}(\theta) & 0 & 0 & \boldsymbol{J}_2\\\boldsymbol{C}_{1c}(\boldsymbol{\beta}_c)\boldsymbol{R}(\theta) & 0 & \boldsymbol{C}_{2c} & 0\\\boldsymbol{C}_1^*(\boldsymbol{\beta}_s)\boldsymbol{R}(\theta) & 0 & 0 & 0\end{bmatrix} \tag{17.22}$$

$\boldsymbol{S}(\boldsymbol{q})$矩阵和$\boldsymbol{J}(\boldsymbol{q})$矩阵满足下式

$$\boldsymbol{S}(\boldsymbol{q})\boldsymbol{J}(\boldsymbol{q})=0 \tag{17.23}$$

17.3.3 结构空间动力学模型

我们现在来推导结构空间动力学模型。从机械的角度来看，这种模型建立了系统的完整描述，使得我们建立了执行器的控制输出和广义坐标矢量$\boldsymbol{q}$之间的联系。这种模型通过拉格朗日法得到。

我们假设安装在机器人上的执行机构不仅能够驱动方向轮和偏心万向轮的转向，也能够驱动其他轮子的转向。由执行器所产生的力矩中τ_φ表示轮子的滚动力矩，τ_c表示偏心万向轮的转动力矩，τ_s表示方向轮的转动力矩。

利用拉格朗日法，我们能够得到以下方程

$$\frac{\mathrm{d}}{\mathrm{d}t}\left(\frac{\partial \boldsymbol{T}}{\partial \dot{\boldsymbol{q}}}\right)-\left(\frac{\partial \boldsymbol{T}}{\partial \boldsymbol{q}}\right)=\tau+\boldsymbol{J}^{\mathrm{T}}(\boldsymbol{q})\lambda \tag{17.24}$$

在此方程中

1）$\boldsymbol{T}(\boldsymbol{q},\dot{\boldsymbol{q}})$表示机器人的动能，形成二项式形式为$\boldsymbol{T}(\boldsymbol{q},\dot{\boldsymbol{q}})=\frac{1}{2}\dot{\boldsymbol{q}}^{\mathrm{T}}\boldsymbol{M}(\boldsymbol{\beta}_c)\dot{\boldsymbol{q}}$，其中$\boldsymbol{M}(\boldsymbol{\beta}_c)$为正定对称矩阵。

2）$\boldsymbol{\tau}$为广义力，$\boldsymbol{\tau}=\begin{pmatrix}0\\\tau_s\\\tau_\varphi\\\tau_c\end{pmatrix}$。

3）$\boldsymbol{J}^{\mathrm{T}}(\boldsymbol{q})\lambda$由运动学约束所产生的广义力向量。$\lambda$为与约束相关的拉格朗日乘子。

根据以上有关动能的表述，式（17.19）可重

写成

$$M(\boldsymbol{\beta}_c)\ddot{q}+f(q,\dot{q})=\tau+J^T(q)\lambda \quad (17.25)$$

(具体见2.3节中有关刚体系统动力学的说明)。

式(17.25)左乘$S(q)$,利用式(17.23),则可以消除拉格朗日算子。更进一步,利用式(17.19)按照以下方式又可以消除$\dot{q}$和$\ddot{q}$

$$[S^T(q)M(\boldsymbol{\beta}_c)S(q)]\dot{u}+[S^T(q)M(\boldsymbol{\beta}_c)S(q)u+S^T(q)f(q,S(q)u)]=S^T(q)\tau \quad (17.26)$$

或者写得更紧凑点

$$H(q)\dot{u}+F(q,u)=S^T(q)\tau \quad (17.27)$$

此方程和式(17.19)所示的结构空间运动学模型方程构成了机器人的结构空间动力学模型。

在通式(17.27)中,τ代表所有能够使得轮子转动和滚动的力矩。然而在实际中,仅有有限数目的执行器能够应用,这就意味着该变量中有很多元素为0。我们现在的目的在于充分利用执行器的机构特点来充分实现姿态空间运动学模型中所预期的的机动性。

首先,所有的方向轮都必须至少有一个驱动器来控制其方位,否则这些轮子只能当固定轮来用。更进一步而言,为了保证整个机器人的移动性,必须装配有$N_m(N_m\geqslant\delta_m)$个附加的执行器来实现某些轮子的转动或某些偏心万向轮的转动。由冗余执行器所产生的力矩向量可用τ_m来表示,并且我们能够写出

$$\begin{pmatrix}\tau_c\\ \tau_\varphi\end{pmatrix}=P\tau_m \quad (17.28)$$

式中,P为一个$((N_c+N)\times N_m)$的初等阵来选择在τ_m中显式出现的τ_c和φ_c中的元素,这些元素将被用作控制输入。基于这些符号,动力学方程(17.27)能够重写成

$$H(q)\dot{u}+F(q,u)=\begin{pmatrix}I & 0\\ 0 & B(\beta_s,\beta_c)P\end{pmatrix}\begin{pmatrix}\tau_s\\ \tau_m\end{pmatrix}=\Gamma(\beta_s,\beta_c)\begin{pmatrix}\tau_s\\ \tau_m\end{pmatrix} \quad (17.29)$$

式中,$B(\beta_s,\beta_c)=\Sigma^T(\beta_c)(D^T(\beta_c)E^T(\beta_s,\beta_c))$。

必须指出的是当给定P(等价于执行器的实现),且$B(\beta_s,\beta_c)P$对于所有的(β_s,β_c)均满秩,则能指定变量u的具体形式。我们假设最终这种条件能够满足,因此,这就保证了机器人充分利用其潜在机动性。

17.3.4 姿态空间动力学模型

基于上文假设,配置空间动力学模型反馈等效(通过静态光滑时不变状态反馈)于以下系统。

$$\dot{q}=S(q)u \quad (17.30)$$

$$\dot{u}=v \quad (17.31)$$

式中,v代表$\delta_m+\delta_s$个辅助独立控制输入的一个集合。

状态反馈给定如下:

$$\begin{pmatrix}\tau_s\\ \tau_m\end{pmatrix}=\Gamma^+(\boldsymbol{\beta}_s,\boldsymbol{\beta}_c)[H(q)v-F(q,u)] \quad (17.32)$$

式中,Γ^+表示Γ的左逆阵(见6.6节有关计算力矩控制)。

从操作的角度,我们强调一个更进一步的简化令人很感兴趣。在有关轨迹规划和反馈控制设计中上下文中,显然用户最关心的是通过控制系统输入来控制机器人的位姿(也就是所谓的位置矢量$\xi(t)$)。这就意味着我们能有意避开矢量$\boldsymbol{\beta}_c$和$\boldsymbol{\phi}$的影响,并集中我们的注意力在以下的姿态空间动力学模型:

$$\dot{z}=B(z)u \quad (17.33)$$

$$\dot{u}=v \quad (17.34)$$

式中

$$z=\begin{pmatrix}\xi\\ \boldsymbol{\beta}_s\end{pmatrix},\ u=\begin{pmatrix}\eta\\ \zeta\end{pmatrix}\text{和}B(z)=\begin{bmatrix}R^T(\theta)\Sigma(\boldsymbol{\beta}_s) & 0\\ 0 & I\end{bmatrix}。$$

第一个式子就是式(17.12)所示的姿态空间运动学模型。两者的差别在于输入变量式(17.34)中出现了积分项,因此变量u是状态矢量的一部分。这就导致动力学模型中出现了于一个浮项。姿态空间状态学模型完整地描述了位置矢量$\xi(t)$和控制输入v之间的系统动态。虽然$\boldsymbol{\beta}_c$和$\boldsymbol{\varphi}$没有体现出来,但要注意到它们隐藏在反馈中(式(17.32))。

17.3.5 多关节型机器人

迄今为止,我们仅仅考虑了简单的移动机器人,也就是仅由小车组成的机器人。在这一节中,我们将此分析扩展到多关节型的机器人中,这种机器人往往由一个主车和几个拖车组成。典型的例子就是著名的带拖车的货车系统。

每个拖车可装有第17.2.2节中的所述类型的轮子,驱动的或者不驱动的。相关结构的可能类型的数目几乎是无限的。这就是我们为什么把有关分析集中在仅装有固定轮的被动拖车上的原因(拖车上无驱动器)。

在我们的考虑中,主车的结构有可能包括上文所述的5种中的任何一种。第一个拖车连接在主车上,

也就是拖车上的一个点和主车上的一个点连接在一起。拖车相对于主车的的位置可以用 θ_1 来表示。拖车由一个或多个固定轮组成。若有多个轮子，则它们有相同的几何轴。对于一串由 N_t 个拖车组成的系统，第二个拖车连接在第一个拖车上，第二个拖车的位置为 θ_2，并以此类推。

扩展后的系统的位姿矢量扩展成为一个 $3+N_t$ 的广义位姿矢量：

$\boldsymbol{\xi}^*=\begin{pmatrix}\xi\\ \theta^*\end{pmatrix}$，其中为主车的位姿矢量，而 θ^* 为由其后的拖车相对角度构成的矢量。另外，我们用 $\boldsymbol{\xi}_i^*$ 代表系统一部分的位姿，也就是从主车到第 i 个拖车的位姿 $\boldsymbol{\xi}_i^*=(\xi\quad\theta_1\quad\cdots\quad\theta_i)^{\mathrm{T}}$。第 i（$1\leqslant i\leqslant N_t$）个拖车的第 j 个轮子的运动学约束能用以下几点来描述：

1）参考点为拖车 i-1 和拖车 i 的交点。

2）我们定义拖车 i 的位姿为 $\boldsymbol{\xi}_i^*$，该矢量由各个参考点的坐标，和拖车的偏角（$\theta+\theta_1+\cdots+\theta_i$）组成。

3）轮子相对于参考点的位置在极坐标下描述，其极坐标为：α_{ij}和 l_{ij}。轮子的方位为常数角 β_{ij}。

4）轮子的旋转角度为 φ_{ij}。

纯滚动条件可给定如下：

$$(-\sin(\alpha_{ij}+\beta_{ij})\cos(\alpha_{ij}+\beta_{ij})l_{ij}\cos\beta_{ij})\boldsymbol{R}(\theta+\theta_1+\cdots+\theta_i)\dot{\xi}_i+r\dot{\varphi}_{ij}=0 \tag{17.35}$$

而无滑动条件则变为

$$\cos(\alpha_{ij}+\beta_{ij})\sin(\alpha_{ij}+\beta_{ij})l_{ij}\sin\beta_{ij}\boldsymbol{R}(\theta+\theta_1+\cdots+\theta_i)\dot{\xi}_i=0 \tag{17.36}$$

拖车 i 的位姿向量 ξ_i可以看作为 ξ 和其前面的拖车的方位角的函数。

$$\xi_i=\boldsymbol{g}_i(\xi_{i-1}^*)$$

这表明：

$$\dot{\boldsymbol{\xi}}_i=\frac{\partial\boldsymbol{g}_i}{\partial\boldsymbol{\xi}}\dot{\boldsymbol{\xi}}+\sum_{k=1}^{i-1}\frac{\partial\boldsymbol{g}_i}{\partial\boldsymbol{\theta}_k}\dot{\boldsymbol{\theta}}_k=\boldsymbol{G}_i(\boldsymbol{\xi}_{i-1}^*)\cdot\dot{\boldsymbol{\xi}}_{i-1}^*i=1,\cdots,N_t \tag{17.37}$$

对于这 N_t 个拖车，我们可以在无滑动条件中（17.36）利用此式，而对于主车则可以用无滑动条件，这样我们就可以得到以下反映系统各个部分运动约束的方程组：

$$\boldsymbol{J}^*(\beta_s,\theta,\theta_1,\cdots,\theta_{N_t})\dot{\boldsymbol{\xi}}^*=0 \tag{17.38}$$

按照第17.3.1节所述，我们可以推导多关节型机器人的姿态空间运动学模型：

$$\dot{\boldsymbol{\xi}}^*=\boldsymbol{S}^*(\beta_s,\theta,\theta_1,\cdots,\theta_{N_t})\boldsymbol{\eta} \tag{17.39}$$

$$\dot{\boldsymbol{\beta}}_s=\boldsymbol{\zeta} \tag{17.40}$$

矩阵 $\boldsymbol{J}^*$ 和 $\boldsymbol{S}^*$ 满足以下关系

$$\boldsymbol{J}^*(\beta_s,\theta,\theta_1,\cdots,\theta_{N_t})\boldsymbol{S}^*(\beta_s,\theta,\theta_1,\cdots,\theta_{N_t})=0 \tag{17.41}$$

式（17.37）给出了每个拖车的相对角度的演算过程。值得注意的是这些角度对时间的微分取决于与主车相关的输入变量（$\boldsymbol{\eta}$ 和 $\boldsymbol{\zeta}$），如果主车装有方向轮的话，依赖于β_s，还依赖于其前方拖车的相对角度。最后这点属性是由于 $\boldsymbol{J}^*$ 和 $\boldsymbol{S}^*$ 的递归结构所产生的。显然，按照简单机器人的方式（如 17.3.2 节、17.3.3 节和 17.3.4 节所述），完全可以推出多关节型机器人其他的三种模型。

对于我们所考虑的结构空间运动学模型，其广义矢量有所有变量组成，包括拖车轮子的旋转角。这种模型是姿态空间模型在考虑纯滚动约束下的扩展（式（17.35））。通过适当地定义 $\boldsymbol{q}$，它还可以表示成式（17.19）的形式。结构空间动力学模型可通过系统的拉格朗日方程来推导，其形如式（17.27），而姿态空间动力学模型，则可以通过静态状态反馈得到，这就再一次和姿态空间运动学相关，正如简单移动机器人式（17.33）和式（17.34）。

17.4 轮式机器人的结构特性

在此节中，我们的目的在于从控制设计的角度来讨论以上轮式机器人模型的结构特性。因为在大多数情况下，用户仅对机器人的位姿感兴趣，而对其内部变量（比如说轮子的方位角）并不关心，其中最受关注的是姿态空间运动学模型和动力学模型。这就是我们基于姿态空间模型来讨论结构特性的原因。

17.4.1 非还原性、可控性和非完整性

1）我们首先提出的状态空间运动学模型的非还原性的问题。对于式（17.33）所示的姿态空间运动学模型，我们首先提出一个问题：什么是还原性。如果存在一个坐标变换，使得某些新的坐标值沿运动方向为0，则该状态模型是可还原的。

对于形如式（17.13）和式（17.14）的无浮项非线性动态系统，其还原性与对合闭包$\bar{\Delta}$相关，而$\bar{\Delta}$服从以下分布 Δ，Δ 在局部坐标系里可表示成

$$\Delta(z)=\mathrm{span}[\mathrm{col}\boldsymbol{B}(z)]$$

根据 Frobenius 理论，可得到以下著名结论：当

系统仅在满足以下条件时可还原：

$$\dim(\bar{\Delta}) \leqslant \dim(\Delta) - 1$$

对于轮式移动机器人的姿态空间运动学模型，下列性质能够满足：

对于姿态空间运动学模型（17.33）$\dot{z} = \boldsymbol{B}(z)u$

输入矩阵 $B(z)$ 满秩，也就是

$$rank[B(z)] = \delta_m + \delta_s \forall z$$

对合分布 $\bar{\Delta}(z)$ 有常最大维数，也就是，$\dim\bar{\Delta}(z) = 3 + \delta_s$。

作为结果，轮式机器人的姿态空间运动学模型是非还原的。这是一个坐标的自由性。

这个性质有另一个与姿态空间运动学模型相关的可控性相关的结论。对于形如式（17.13）式（17.14）的无浮项非线性动态系统，其强代数可达性与对合分布 $\bar{\Delta}(z)$ 一致，而该对合分布有常最大维数。也就可以得到以下结论，当强代数可达性的秩条件满足时，则系统从任意配置点都是强可达的。对于这样的无浮项系统，这就意味着其可控性。实际上，这意味着移动机器人总是能够在有限的时间里从任意初始位姿 ξ_0 驱动到任意指定位姿 ξ_f，这主要是通过操纵速度控制输入 $u = (\eta^T \quad \zeta^T)^T$ 来实现。最后，分布 $\Delta(z)$ 和 $\bar{\Delta}(z)$ 维数的不同在于：

$\dim[\bar{\Delta}(s)] - \dim[\Delta(s)] = (3 + \delta_s) - (\delta_m + \delta_s) = 3 - \delta_m$，其与姿态空间运动学模型的非完整性相关。

如果其差异值为非0值（也就是 $\delta_m \leqslant 2$），则该姿态空间运动学模型被称之为非完整的。如果 $\delta_m = 3$，也就是移动机器人为全方位移动机器人，则其姿态空间运动学模型为完整的。

2）结构空间运动学模型（17.23）是通过把内部变量 $\beta_c(t)$ 和 $\varphi(t)$ 加入到其姿态空间模型中得到的，且形如：$\dot{\boldsymbol{q}} = \boldsymbol{S}(\boldsymbol{q})\boldsymbol{u}$。

为了研究系统的还原性和可控性，我们必须考虑以下两个分布：$\Delta_1(q) = \text{span}[\text{col}(S(q))]$ 和其对合闭包 $\bar{\Delta}_1(q)$。

即有

$$\delta_m + \delta_s = \dim[\Delta_1(q)] \leqslant \dim[\bar{\Delta}_1(q)] \leqslant \dim(q) = 3 + N + N_c + N_s$$

我们定义机构空间运动学模型的非完整性度数为：

$$M = \dim[\bar{\Delta}_1(q)] - (\delta_m + \delta_s)$$

M 代表着速度约束的数目，由于该约束是非可积的，因此无论怎样选择广义坐标都不可能从结构空间表达式中消除。必须指出的是，该数目依赖于轮式机器人的特定结构，因此，即使是属于同一类的两个机器人该数目也无需一定相等。在另一方面，对于选定的广义坐标系，能够通过积分消除掉的约束等于 $\dim(q)$ 与 $\dim(\Delta_1(q))$ 之差。

可以验证的是：所有类型的轮式机器人其结构空间运动学模型都是非完整的（包括全方位移动机器人），也就是其非完整性不等于0，但是它是可以还原的。更进一步的是，它不满足强可达秩条件。

这条性质与姿态空间运动学模型的非还原性并不矛盾。结构空间运动学模型的非还原性意味着至少存在一个光滑的函数 $q(t)$，其中至少包括一个变量 $\beta_c(t)$ 和 $\varphi(t)$，能够在满足所有的运动学约束的情况下与系统的运动轨迹一致。

3）在17.3.3节和17.3.4节中，我们已经看到了动力学模型。无论是结构空间动力学模型，还是姿态空间动力学模型，均与其对应的运动学模型相关，其不同之处在于其变量仅为状态矢量的一部分。这就意味着存在一个浮项，而且其输入矢量场是恒定的。动力学模型继承了相应运动学模型的结构特性。特别的是，姿态空间动力学模型是非还原的和小时间局部可控的。

17.4.2　稳定性

显然，任意绝对配置点 $(\bar{\xi}^T \quad \beta_s^T)^T$ 就组成姿态空间模型的一个平衡点。平衡意味着机器人静止在某个位置，也就是以某给定姿势 ξ^T，其方位轮子的方位角为给定的 β_s，并且其速度 $\bar{u}$ 为0。

现在，我们考虑一下当存在反馈控制 $u(z)$，并在某特定点 $\bar{z}$ 能够使移动机器人稳定的问题。

对于完整机器人（也就是，全方位移动机器人，其状态 z 就是位姿矢量 ξ），这个问题不值得考虑，因为 $\dot{\xi}$ 能够直接通过系统输入 u 获得。譬如，我们设计控制律为 $u(z) = B^{-1}(z)A(z - \bar{z})$，就能够保证得到如下所示的闭环系统

$$\dot{\xi} = \boldsymbol{A}(\xi - \bar{\xi})$$

当矩阵 $\boldsymbol{A}$ 满足 Hurwitz 条件时，对于任意平衡点 $\bar{z}$ 系统是指数稳定的。

对于运动性受限的机器人（非完整的机器人），情况不太有利。确实不满足所谓的存在光滑时变稳定反馈的 Brockett 必要条件，因为 $(z, u) \to \boldsymbol{B}(z)u$ 的隐射不在平衡点的领域里（参照34.4.4）。

可知，对于运动性受限的机器人（非完整机器人）而言，仅通过一个连续的静态时变状态反馈，其姿态空间运动学模型是不稳定的。然而，对于这样

的一个模型，不管它能不能应用光滑时变状态反馈或者不连续反馈来稳定。这个性质由其相应的结构空间动力学模型所继承，仅仅通过连续的静态时变状态反馈，动力学模型也是不稳定的。

17.4.3 静态状态反馈线性化

在这一节中，我们分析对于其姿态空间运动学模型（17.33）和动力学模型（17.33，34），存在一个状态反馈，使得该模型能够被全部线性化或部分线性化的情况。

下面为第一个结论。姿态空间运动学模型（17.33）通过光滑静态反馈线性化后所得到的最大子系统维数为 $\delta_m+\delta_s$。而动力学模型（17.33，34）经光滑静态反馈线性化后所得到的最大子系统维数为 $2(\delta_m+\delta_s)$。

可以证实的是，姿态空间运动学模型的最大可线性化子系统是通过选择足够的（$\delta_m+\delta_s$），依赖于 z 的线性化输出方程来获得的，但仍有 $3-\delta_m$ 个分量未被线性化。同样，其姿态空间动力学模型的最大可线性化子系统的维数为 $2(\delta_m+\delta_s)$，与线性化输出方程的数目相等。

对于全方位移动机器人（有完整姿态模型的机器人），即 $\delta_m=3$ 和 $\delta_s=0$。上面所述的性质表明其能够通过静态状态反馈完全线性化。与此相反的是，移动性受限的机器人，其姿态模型仅能部分线性化。

17.4.4 动态状态反馈线性化——微分平滑性

本节旨在说明一下能够通过动态状态反馈完全线性化的轮式机器人的姿态空间模型。显然，我们仅考虑运动性受限的机器人，因为正如上一节所述，全方位移动机器人能够通过静态状态反馈完全线性化。

考虑一个以广义状态空间形式给出的非线性动力学系统，输入的仿射为：

$$z = f(z) + \sum_{i=1}^{m} g_i(z)u_i \tag{17.42}$$

式中，状态 $z\in\boldsymbol{R}^n$；输入 $u_i\in\boldsymbol{R}^m$；向量场 $\boldsymbol{f}$ 和 $\boldsymbol{g}_i$ 是光滑的。

虽然有的系统通过静态状态反馈（对于运动性受限的机器人）无法完全线性化时，然而通过引进更加通用的动态反馈律却有可能完全线性化

$$\begin{aligned} \boldsymbol{u} &= \alpha(z,\chi,\omega) \\ \dot{\boldsymbol{\chi}} &= a(z,\chi,\omega) \end{aligned} \tag{17.43}$$

式中，ω 为辅助控制输入。我们通过选择 m 个合适的线性化输出方程来获得这种动态反馈

$$y_i = h_i(z),\qquad i=1,\cdots,m \tag{17.44}$$

我们将所谓的动态扩展算法来应用到系统式（17.42）~式（17.44）。这种算法的思想在于通过加入积分作用，来延迟某些输入对某些输出的影响。为了让其他的输入同时能够起到作用，并且期望能够扩展得到一个解耦系统，其形如

$$y_k^{(r_k)} = \omega_k,\qquad k=1,\cdots,m, \tag{17.45}$$

式中，$y_k^{(i)}$是 y_k对时间的 i 阶导数；r_k表示 y_k的相对阶数；ω_k是新辅助输入。为了获得一个完整的线性化，我们必须有一个 n_e维的扩展系统

$$\sum_{i=1}^{m} r_i = n_e \tag{17.46}$$

其扩展状态变量 $z_e=(z^{\mathrm T}\quad \boldsymbol{\chi}^{\mathrm T})^{\mathrm T}$的维数为 n_e。若条件（17.46）满足，则

$\boldsymbol{\zeta}=\boldsymbol{\psi}(z_e)=(y_1\quad\cdots\quad y_1^{(r_1-1)}\quad\cdots\quad y_m\quad\cdots\quad y_m^{(r_m-1)})$

为一个局部微分同胚。

能够通过动态扩展算法线性化的系统被称之为微分平滑系统。线性化输出 $y_i=h_i(z)$亦被称之为平滑输入。相反，微分平滑性指的是能够通过动态状态反馈线性化的系统。简单地说，一个平滑系统，其状态和输入能够表示成平滑输入和它们对时间微分的代数函数。

动态状态反馈和微分平滑性的这两个相关的特性，在控制设计和路径规划问题中很受重视。运动受限的机器人的姿态空间运动学模型和动力学模型是微分平滑系统直接由以下两个性质产生

1）任何有 m 个输入和最多 $m+2$ 个状态的可控的无浮项系统为微分平滑系统。

2）如果非线性系统 $\dot{z}=f(z,u)$是微分平滑的，则其扩展系统 $\dot{z}=f(z,u)$，$\dot{u}=\nu$ 也是一个微分平滑系统，因此能够用动态反馈完全线性化。

17.5 轮式机器人的结构

轮式移动机器人有多种设计方式。与单体移动机器人设计问题相关的有轮子类型的选择、轮子的安装位置以及运动参数的选择。设计目标依赖于其运行环境和任务，以及机器人的初始和运行成本。在这一节中，根据轮子的数目来区分机器人的结构，然后再介绍针对通常应用的设计的特征。

17.5.1 单轮机器人

单轮机器人在维持其平衡的动态控制器的情况下

是不稳定的。典型的例子是单轮脚踏车。作为单轮车的一种变种，在机器人中使用球轮驱动结构能够提高其侧向稳定性，见参考文献［17.7］。

球式机器人也可以看作是一个单轮机器人。为了提高动态稳定性，纺纱轮结构被用做平衡机构。这种方法的优势在于其高机动性和低滚动阻抗。然而，单轮机器人很少用在实际系统中，因为控制比较困难，并且通过纯航位推算法来估计机器人的位姿是不可行的。在参考文献［17.8］给出了一个球形机器人的例子。

17.5.2 双轮机器人

一般而言，有两种类型的双轮机器人，如图17.6所示。图17.6a为一个自行车类的机器人。一般而言，这类机器人前轮控制方向，后轮驱动。因为自行车类机器人的动态稳定性随着其速度增加而增加，不需要平衡机构。这类机器人的优势在于其宽度能够大大降低。然而，自行车类机器人很少被采用，因为在静止状态下，它不能保持其姿态。图17.6b所倒立摆型的机器人是一个两轮差分驱动的机器人，当其重心精确地在轮轴上时，它有可能维持静稳定状态。然而，通常还是要用到动态平衡控制的，这和传统的倒立摆的控制问题相同。

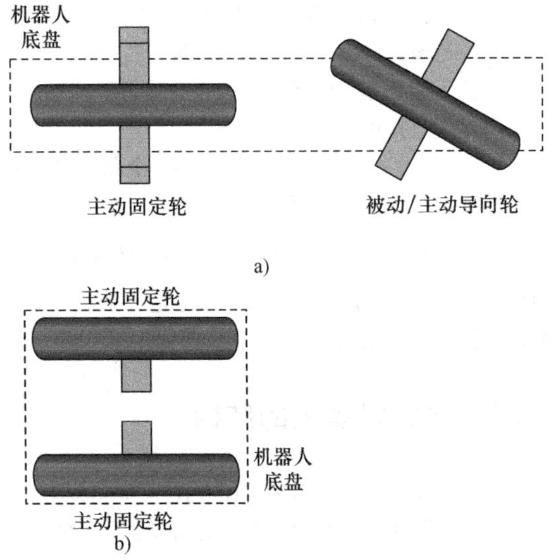

图17.6 两种类型的双轮机器人

a）自行车类机器人 b）倒立摆型机器人

相对于多于三轮的机器人，双轮机器人的尺寸能够大大减小。倒立摆类型的双轮机器人的典型应用是一个四轮的机器人，它有前后两个倒立摆连接在一起组成。当这种机器人遇到楼梯时，它抬起前轮则可以爬楼梯。其最大的问题在于它需要动态控制其平衡。倒立摆型机器人的例子可在参考文献［17.9］和参考文献［17.10］中找到。

17.5.3 三轮机器人

三轮机器人静态稳定且结构简单，因此它是一种应用最广泛的结构。根据单个轮子的选择类型不同，这类机器人有很多种设计。17.2.1中所介绍的各种类型的轮子都能够用于构成三轮机器人。在这一节中，我们将介绍五种最流行的设计范例（如图17.7所示）：①双轮差分驱动；②同步轮驱动；③瑞士轮驱动的全方位移动机器人；④主动偏心脚轮驱动的全方位移动机器人；⑤转向轮驱动的全方位移动机器人。

1. 双轮差分驱动机器人

双轮差分驱动机器人是最通用的一种设计，它由两个主动固定轮和一个被动脚轮组成。根据17.2.6节的命名法，这类机器人可以归为（2，0）类机器人。通过添加一个被动脚轮，它能扩展成一个四轮机器人。其主要的优点在于以下几点：

1）简单的机械结构，简单的运动学模型以及低廉的装配成本。

2）能实现0转弯半径转弯。对于一个圆柱形的机器人，通过扩展机器人的半径 r，其无障空间很容易被计算出来。

3）其系统误差很容易被校正。

其缺陷在于：

1）在不规则平面或曲面上很难运动，当它在不平的底面上运动时，若一个轮子没和地面保持连接，则它的方向可能有很大变化。

2）仅能沿两个方向运动。

2. 同步轮驱动机器人

同步轮驱动机器人能够用偏心或者不偏心的定向轮构成。每个轮子的转向或者驱动运动通过链条或者传动带耦合在一起，这些运动是同步驱动的，所以这些轮子的方向总是同向的。同步驱动机器人的的运动学模型和单轮机器人，也就是与（1，1）类机器人是等价的。因此，全方位运动，也就是，通过控制方向轮的方向到指定速度方向来控制机器人沿任意方向运动。然而，轮子底盘的方位不能改变。有些情况下会采用一个转动塔来改变机体的方位。同步驱动的机器人的最大好处在于其全方位运动能力能够通过两个驱动器就可以得到。

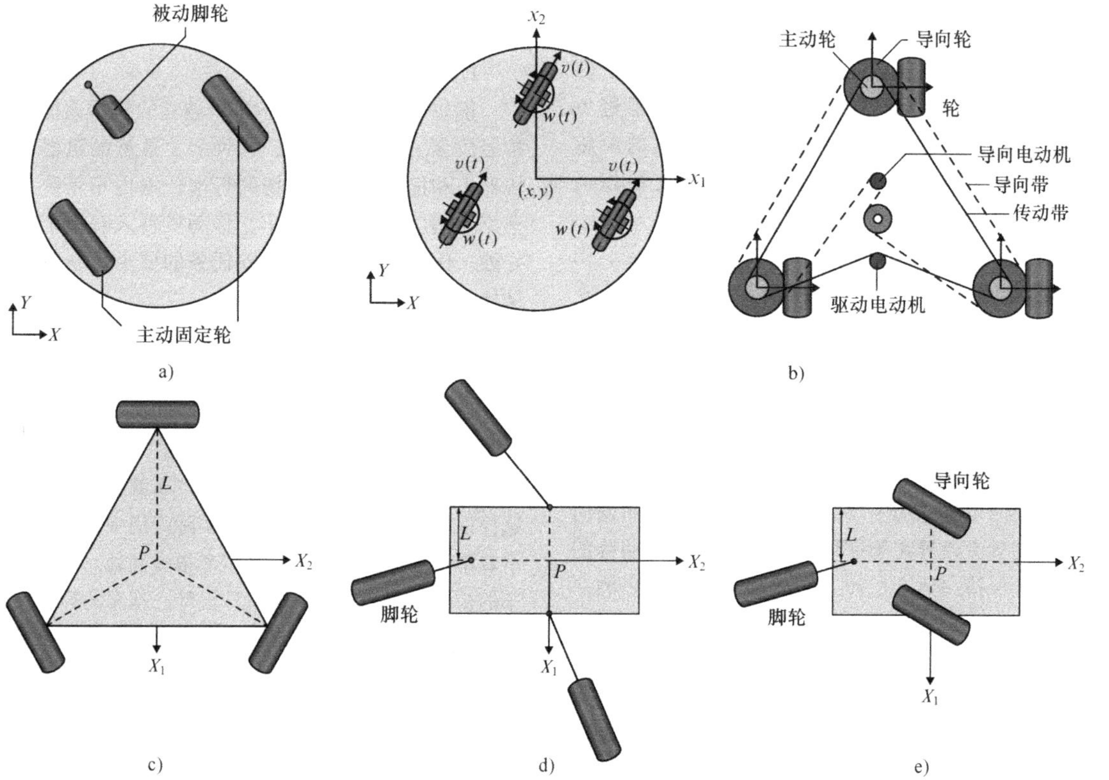

图 17.7　五种三轮机器人设计范例

a）双轮差分驱动　b）同步轮驱动　c）瑞士轮驱动的全方位移动机器人
d）主动偏心方向轮驱动的全方位移动机器人　e）转向轮驱动的全方位移动机器人

因为其机械结构保证了其同步转向和驱动运动，所以其运动控制相对简单。其他优点，比如里程数据相对精确、各个轮子的驱动力比较均匀。这种方式的缺点可以总结为

1）复杂的机械结构。

2）链条传动中如果存在掉链或者斜拉的情况，各个轮子将有速度差异。

3）为了获得全方位运动，由于分完整约束，在运动之前，轮子的方向要转到期望的方向上。

3. 瑞士轮驱动的全方位移动机器人

根据 17.2.6 节所给出的命名法，装有瑞士轮的全方位移动机器人属于（3，0）类。制造一个全方位移动机器人至少需要三个瑞士轮。

使用瑞士轮的最大好处在于很容易构造一个全方位移动机器人。构造一个完整的全方位移动机器人至少需要三个瑞士轮。因为建造全方位移动机器人能够不用主动驱动的方向轮组，在机械结构上相应的主动驱动部位可以简化。然而，轮自的机械结构变得有点复杂。瑞士轮的缺点在于其运动过程中的不连续接触导致垂直方向上的振动。为了解决这个问题，相关研究者提出了很多机械结构，可在参考文献［17.11］和［17.12］中看到相关的例子。另一个确定就是它的轮子相对于传统轮子更容易磨损。在参考文献［17.13］中可以看到使用瑞士轮的例子。

4. 主动偏心脚轮驱动的全方位移动机器人

通过至少两个主动偏心脚轮能够制造一个完整的全方位机器人，这种机器人亦属于（3，0）型。通过控制，这种机器人能够产生绝对线速度和角速度，而不用考虑轮子的方位。由于机器人采用了传统的轮子，瑞士轮的许多缺陷，譬如纵向振动和不耐用的问题，均得到了很好的解决。参考文献［17.14］中可以看到一个相应的例子。这类机器人的缺陷主要可以总结为以下几点：

1）轮子与地面的接触点相对于机器人底盘是不固定的，当轮子间的距离太小时，其有可能不稳定。

2）如果机器人切换到其当前运动方向的反方向运动，轮子的方向将剧烈变化。这被称之为购物车效应。这将产生不连续的高转向速度。

3）如果电动机直接安装在轮子上，当轮子转向时，电动机的出线有可能缠在一起。为了避免这种现象，一般要使用安装在机器人底盘的齿轮传动机构。在这种情况下，其机械结构变得相当复杂。

4）如果轮子装有两个以上的主动偏心脚轮，则使用四个以上的驱动器。因为完整的全方位机器人系统所需最少驱动器的数目为3个，所以这是一个过驱动系统。因此，这些驱动器的控制必须以同步的方式精确控制。

5. 导向轮驱动的全方位机器人

非偏心导向轮也被用于制造全方位移动机器人，至少需要两个这样的模块。主动偏心脚轮和非偏向导向轮的重大差异在于非偏心脚轮总是要与期待的速度方向保持一致，正如逆向运动学计算出来的一样。这就意味着这种机器人是非完整的和全方位的：它是一种（1，2）型的机器人。参考文献［17.15］提出了其控制的问题。其机械结构的缺陷和主动偏心脚轮类似（即很多驱动器和复杂的机械结构），因为在很多情况下，驱动电动机直接连接在驱动轴上面，为了避免缠线问题，其允许转动的角度是有限的。

除了上面所述几种设计外，三轮机器人还有很多种设计方案。它们能够用17.1节中所给出的方法分类和分析。这些设计方案都可以扩展成四轮机器人以提高其稳定性。附加的轮子可以是被动轮，这样可以避免增加运动约束。当然，主动轮也可以加进去，但是必须通过求解逆向运动学的问题来控制。四轮机器人需要悬浮来保证轮子和地面的接触，从而避免当地面不平的时候有某些轮子在运动时离开地面。

17.5.4 四轮机器人

在各种类型的四轮机器人中，我们主要关注车型机器人。这种类型的机器人的前轮必须同步转向，并且其瞬时旋转中心是相同的。因此，这种类型的机器人在运动学上和单轮机器人是等价的，可划为（1，1)类机器人。车式机器人的最大好处在于其在高速运动时是稳定的。然而，它的机械结构相对复杂了一点。如果是后轮驱动，需要用差速齿轮来保证转弯时驱动轮为纯滚动。如果前轮的转向角不能达到90度，则其转弯半径为非0的。因此，在拥挤环境的泊车运动控制变得比较困难。

17.5.5 轮式机器人的特殊应用

1. 多关节型机器人

正如17.3.5节所述，一个独立的机器人能够被扩展成多关节型机器人，这种多关节型的机器人由机器人和拖车组成。机场的行李传输拖车系统为其典型应用。通过使用拖车，移动机器人获得了很多好处。比如，可以根据服务任务的要求重新配置其结构。

17.3.5节中给出了一个牵引车带多个拖车的通常设计，这是多关节机器人的最简单设计。从控制的角度而言，有些主要因素是很清楚的，包括可控性的证明，可依据规范形式，如链式形式来设计开环和闭环控制器。拖车系统的设计问题主要就是轮子类型的选择以及连杆参数的决策。在实际应用中，若拖车能沿着牵引车的路径运动，会带来很多好处。通过对拖车的被动转向操纵机构的特殊设计，拖车的运行路径能够很好地和牵引车的运行路径吻合，具体可见参考文献［17.16］。

另一方面，亦可以用到主动拖车。有两种主动拖车，第一种方法是驱动拖车的轮子，它和其他车的连接器是被动的。通过使用这种类型的主动拖车，可以实现精确的路径控制。第二种方法是驱动连接器，拖车的轮子是被动驱动的。通过对连接器的驱动控制，机器人可以在不对轮子驱动的情况下也进行运动，比如蛇行运动。作为一个备选设计，我们可以使用一个主动驱动的菱形关节来连接拖车，以此来抬起邻近的拖车。通过允许纵向运动，一个拖车系统就能够爬楼梯和越过粗糙地形。主动驱动的拖车系统可在参考文献［17.17］中看到。

2. 混合式机器人

轮式机器人的基本困难在于它仅能在平面上使用。为了克服这个困难，我们常常将轮子连接到特殊的连杆机械结构上面。每一个轮子均由一个独立的驱动器驱动，并且连杆机械结构使得机器人能够适应不平的地面的情况。参考文献［17.18］中可看到这种机器的典型应用，我们可以将之理解为腿式机器人和轮式机器人的结合物。

另一种混合型机器人的例子是同时装有履带和轮子的机器人，履带和轮子各有其优缺点。轮式机器人的能量效率高，然而，履带是机器人能够穿越粗糙的地形。因此，一个混合型机器人能依据环境条件选择其驱动机构，尽管装配成本增加了。

17.6　结论

轮式移动机器人的具体实现方式是无限的，取决于轮子的数目、类型、实现、几何参数和驱动系统。这一章中描述了几种实现方式。尽管我们将轮式驱动移动机器人仅仅分为五个大的类型。每种类型机器人的姿态空间模型（运动学和动力学）有相同的结构。这点对于基于模型的控制器设计方法是尤为重要的，正如 34 章所述。

有关移动性的讨论以及模型的推导均基于轮子与地面接触的假设：每个轮子均满足纯滚动和无滑动条件。这些条件所带来的运动学约束组成了分析的基础，并与模型的非完整性。因此，所有基于模型的控制设计均依赖与同样的假设。

这些假设是对实际系统的理想化抽象：运动学约束不一定完全满足，存在与接触力上相关局部的滑动效应。这样就立即产生了一个问题：这些模型的可信性有多少？

奇异摄动方法表明：滑动效应能够被看做快动力学效应，相对于移动机器人的全局运动的动力学效应，其特征时间是很短的，以致能够被忽略，至少是在分析和控制设计中。（见参考文献［17.1］）。

参考文献

17.1　B. dAndrea-Novel, G. Campion, G. Bastin: Control of wheeled mobile robots not satisfying ideal velocity constraints: a singular perturbation approach, Int. J. Robust Nonlin. Control **5**, 243–267 (1995)

17.2　H. Asama, M. Sato, L. Bogoni: Development of an omnidirectional mobile robot with 3 DOF decoupling drive mechanism, Proc. IEEE International conference on robotics and automation (1995) pp. 1925–1930

17.3　L. Ferriere, G. Campion, B. Raucent: ROLLMOBS, a new drive system for omnimobile robots, Robotica **19**, 1–9 (2001)

17.4　W. Chung: Nonholonomic Manipulators. In: *Springer Tracts Adv Robot*, Vol. 13 (Springer, Heidelberg 2004)

17.5　J.E. Colgate, M. Peshkin, W. Wannasuphoprasit: Nonholonomic haptic display, Proc. 1996 IEEE International Conference on Robotics and Automation (1996) pp. 539–544

17.6　G. Campion, G. Bastin, B. dAndrea-Novel: Structural properties and classification of kinematic and dynamic models of wheeled mobile robots, IEEE Trans. Robot. Autom. **12**, 47–62 (1996)

17.7　R. Nakajima, T. Tsubouchi, S. Yuta, E. Koyanagi: A development of a new mechanism of an autonomous unicycle, Proc. 1997 IEEE/RSJ International Conference on Intelligent Robots and Systems (1997) pp. 906–912

17.8　G.C. Nandy, X. Yangsheng: Dynamic model of a gyroscopic wheel, Proc. 1998 IEEE International Conference on Robotics and Automation (1998) pp. 2683–2688

17.9　Y. Ha, S. Yuta: Trajectory tracking control for navigation of self-contained mobile inverse pendulum, Proc. IEEE/RSJ International Conference on Intelligent Robots and Systems (1994) pp. 1875–1882

17.10　Y. Takahashi, T. Takagaki, J. Kishi, Y. Ishii: Back and forward moving scheme of front wheel raising for inverse pendulum control wheel chair robot, Proc. IEEE International Conference on Robotics and Automation (2001) pp. 3189–3194

17.11　K.-S. Byun, S.-J. Kim, J.-B. Song: Design of continuous alternate wheels for omnidirectional mobile robots, Proc. IEEE International conference on robotics and automation (2001) pp. 767–772

17.12　M. West, H. Asada: Design and control of ball wheel omnidirectional vehicles, Proc. IEEE International conference on robotics and automation (1995) pp. 1931–1938

17.13　B. Carlisle: An omnidirectional mobile robot. In: *Development in Robotics* (IFS Publ. Ltd., Bedford 1983) pp. 79–87

17.14　M. Wada, S. Mori: Holonomic and Omnidirectional Vehicle with Conventional Tires, Proc. IEEE International conference on robotics and automation (1996) pp. 3671–3676

17.15　D.B. Reister, M.A. Unseren: Position and constraint force control of a vehicle with two or more steerable drive wheels, IEEE Trans. Robot. Automat. **9**(6), 723–731 (1993)

17.16　Y. Nakamura, H. Ezaki, Y. Tan, W. Chung: Design of steering mechanism and control of nonholonomic trailer systems, IEEE Trans. Robot. Automat. **17**(3), 367–374 (2001)

17.17　S. Hirose: *Biologically inspired robots: Snake-like Locomotion and Manipulation* (Oxford Univ. Press, Oxford 1993)

17.18　R. Siegwart, P. Lamon, T. Estier, M. Lauria, R. Piguet: Innovative design for wheeled locomotion in rough terrain, J. Robot. Auton. Syst. **40**, 151–162 (2003)

第 18 章　微型和纳米机器人

Bradley J. Nelson，Lixin Dong，Fumihito Arai

王奇志　译

微型机器人（Microrobotics）领域涵盖从毫米到微米物体的机器人操作和自主机器人实体的设计和制造。纳米机器人（Nanorobotics）用同样的方式定义，只是其大小比一个微型机器人更小。在微米和纳米尺度上对物体进行定位、定向和操作的能力对于包括微型和纳米机器人在内的微米和纳米系统是一种非常有前景的方法。

本章对微型和纳米机器人的最新研究进行了概述。概括介绍了规模影响、驱动、传感和制造，重点介绍微型和纳米机器人操作系统及它们在微型装配、生物技术中的应用和微机电系统和纳机电系统（MEMS/NEMS）的建造和描述。材料科学、生物技术和微-纳电子也将都受益于机器人这些领域的进展。

18.1　概述

最近几十年机器人领域的进展极大地提升了我们人类在各种领域探索、感知、理解和操作世界的能力，这些范围上至太阳系的边缘，下至海底，小至单个原子，如图 18.1 所示。在这个量级的低端，技术已经转向拥有对更多物质结构的控制权，这表明通过对原子进行逐个排列以完全彻底控制分子结构是完全可能的，正如 Richard Feynman 在 1959 年在他预言性的文章关于微型化问题首次提出的那样[18.1]：

我想谈的是关于在一个更小层次上操作和控制物体的问题。——我不怕考虑最后的问题关于是否，最终——在遥远的未来我们以我们想要的方式可以任意安排原子：就是原子，以任何方式！

他断言：“在原子水平上，我们将会拥有新的力量、新的可能性、新的影响。制造和再生材料是非常不同的。在我看来，物理学原理并不排除对物质原子实行逐个控制的可能性”。

现如今，这种技术被称为纳米技术。

Feynman 所提到的伟大未来在 20 世纪 80 年代开始实现。他（对纳米技术）的一些潜在梦想都已变为现实，而其他的也正在积极地进行中。Feynman 预言雇佣一个微型机器人操作手（一个主-仆系统）进行自下而上的微小机器的制作（操作、装配等）；一

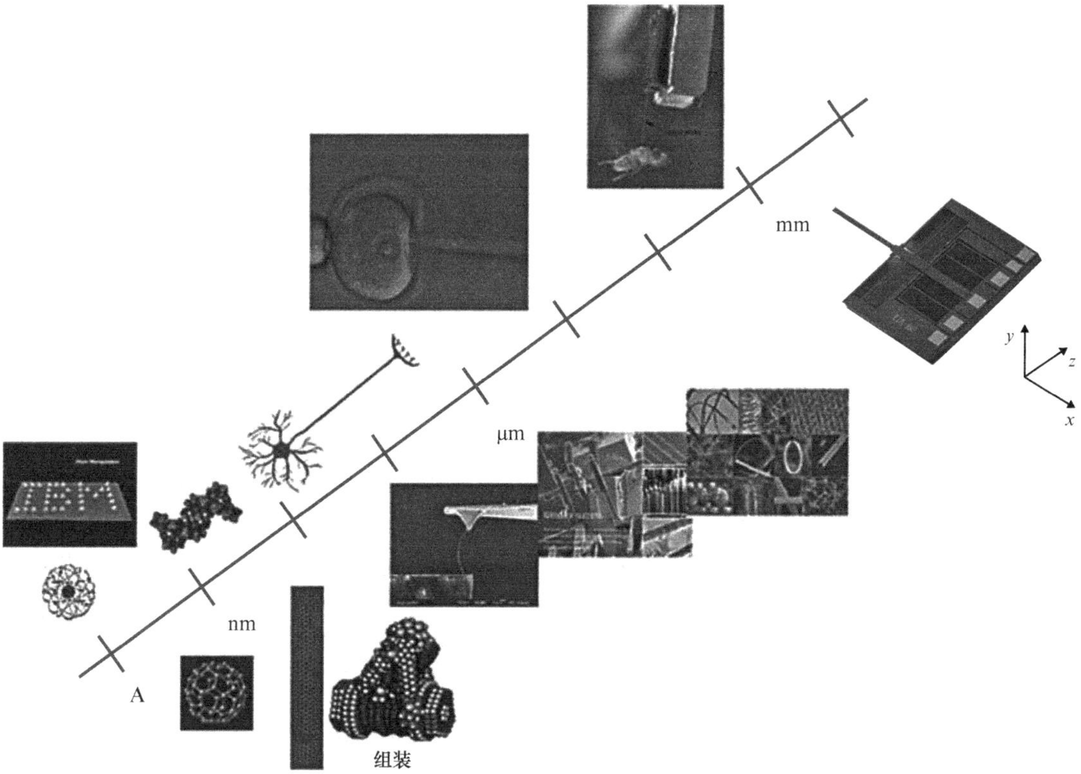

图 18.1　微米和纳米尺度上的机器人探索

个这样的设备被他描述为“把外科医生吞下去”，他把它归功于他的朋友 Albert R. Hibbs。他还设想我们可以“建造一个数亿的微小工场，它们互相建立模型，在制作的同时进行冲压、钻孔等”。从20世纪六七十年代将看似很远的概念变成为现实到20世纪80年代后期微机电系统的出现，微型和纳米级机器人的研究取得了非常大的进展。这些固件以微加工的微电动机和微夹持器的形式存在，它们都是在一个硅芯片上制造成的多晶硅构成的[18.2]。在20世纪80年代后期和20世纪90年代初，涌现了大量关于如何能实现基于 MEMS 的装有微电动机的微机器人设备及应用的文章。现在各种各样的微型机器人设备在各个不同领域有着新的应用。

在工业中，对微型机器人感兴趣的领域包括装配、特征描述、检查和维护及微定位（利用微光学芯片，微透镜和棱镜来进行定位）。许多这些应用都需要自动化处理和在这些亚微米精度范围内组装小零件。

其他重要领域，包括生物学（操作、收集、分类和组合细胞[18.11]）和医疗技术[18.12,13]。在手术中，可操纵导管和内窥镜的使用具有非常大的吸引力，并且越来越小的微机器人设备的发展及其迅速。无线不受控制的微型机器人能够探索和修复我们的身体（“吞咽式外科医生”），这种机器人的出现仅仅是一个时间问题。实际上，使用无线胶囊（摄像头丸）的内视镜已经出现在市场上，这样内视镜可以在整个消化道内窥镜成像，而这些利用标准的方法是实现不了的。磁转向或者爬行方式的运动对于一些设备来说是一种可行的方法。医生可以操作固定在药丸上的摄像头和其他驱动器对感兴趣的但是超出内窥镜活检的范围的区域进行视觉检查。

纳米级机器人学是下个阶段小型化操作纳米级物体的代表。纳米机器人学是在纳米级别对机器人学的研究，包括纳米大小的机器人，即纳米机器人和拥有在纳米分辨率下操作纳米物体的大型机器人，即纳米机器人机械手。纳米型机器人领域汇集了多门学科，包括用于生产纳米机器人的纳米加工过程、纳米执行器、纳米传感器，以及在纳米级别上的物理建模。纳米型机器人的操作技术，包括纳米大小零部件的装配、生物细胞或者分子的操控、用来完成这些任务的各种机器人类型和构造纳米机器人部件的技术。

随着21世纪的到来，纳米技术对人类健康、财富和安全性的影响预计将超过20世纪抗生素、集成电路和人造高分子化合物三者对人类影响的总和。例如，1998年N. Lane提出“如果问我哪个科学和工程领域将最可能产生突破，我的回答是纳米科学和工程”。纳米技术所带来的巨大的科学与技术机会激发了纳米世界的广泛探索和引发了一个激动人心的全球竞争，2000年美国政府出版的“国家纳米技术计划”加速了这一研究的发展。如果Drexler通过机械合成基于自复制分子装配器的机器阶段纳米系统能够实现，纳米机器人将会使纳米技术发挥很重要的作用，并可能最终成为纳米技术的核心部分。

在20世纪80年代，扫描隧道电子显微镜从根本上改变了我们与单个原子和分子的互动方式。近端探测方法的本质，促进了对传统显微成像之外的纳米世界的探索。扫描探针使得我们在单个分子、原子和原子的聚合处进行操作，提供了在制造最终极限情况下的有力工具。

STMs和其他的纳米机械手都是利用了自下而上策略的非分子设备。尽管在一个时刻只进行一个分子反应用于做大量的产品是不切实际的，但它有望提供下一代的纳米型机械手。更重要的是，通过纳米操作能够实现直接装配分子或超大分子以构造更大的纳米结构。通过纳米操作制造的产品可以通过自下而上策略的第一步生产出来，这些组装的产品被用来自组装成纳米机器。

纳米机器人操作的一个最重要的应用是纳米机器人的装配。但现在看来，在装配的自我复制能力实现之前，从原子开始的化学合成和自组装的组合都是必要的；由于热运动分子群体能够很快进行自组装，因此它们可以探索自己所处的环境，并找到（绑定）互补性分子。由于蛋白质在自然的分子机器中起到的关键作用，因此它们是自我组装人造分子系统早期阶段的重要组成部分。Degrado[18.20]展示了设计可折叠成固体分子物质的蛋白质链的可能性。在制造人工酶和其他相对较小的分子方面也取得了进展，这些人工酶就像天然蛋白质表现出来的功能一样。一些用于自组装自下而上的策略似乎是可行的[18.21]。化学合成、自组装、超分子化学使人们有可能从纳米级构建相对更大的组件。纳米机器人操作服务作为一种混合方法的基础通过构造小的单元并装配成更复杂的系统来构建纳米设备。

未来纳米机器人的形式和它们将完成什么样的任务现在还不明确。然而，可以确定的是纳米技术在制造智能传感器、执行器和小于100nm的系统方面取得了较大进展。NEMS纳机电系统将会是用来制造未来纳米机器人及其组件的工具，而制造的这些组件将用于开发纳米机器人。将设备的尺寸缩至纳米单位带来了很多机会，例如利用纳米工具操纵纳米物体，在飞克范围内测量质量，在微牛顿范围感知力的大小，还包括千兆赫兹的运动等。这些能力都将由未来纳米机器人和NEMS系统来实现。NEMS系统和纳米机器人组件是纳米机器人操纵的产品。由于这一发展大型纳米机器人机械手将会缩小其尺寸，因此这也将会使机器人的机械手和其他形式的纳米机器人纳米化。所有这一切形成纳米机器人研究领域。

本章将重点放在微型和纳米机器人上，其中包括在微型和纳米范围上的驱动、操纵和装配。机器人这一领域的主要目标就是提供有效的技术用于微米-纳米世界的探索实验，并且从机器人研究的角度推进这一研究范围。

18.2 规模

18.2.1 物体的尺寸

我们可以观察的范围是10^{-35}（普朗克长度）~10^{26}m，一个纳米单位是10^{-9}m，是最小原子如氢和碳原子的10倍，1μm和可见光的平均波长相差无几。1mm，一个针头的大小，是通常采用传统的加工技术所能达到的最小尺寸。从毫米到纳米尺度范围是一百万（见图18.1），这也是目前从最大的摩天大楼到传统的最小机械零件大小的范围。这使得新技术差不多跨越了6个数量级。如果L表示一个标准长度，0.1nm表示原子长度，2m表示一个人的高度，L的量程范围就是2×10^{10}。如果用来表示面积，0.1nm×0.1nm和2m×2m，L^2的范围为4×10^{20}。由于体积L^3是由边L围成，因为原子的大小为0.1nm，因此在$8m^3$的体积中，原子的个数为8×10^{30}个，而阿伏伽德罗常数为6.022×10^{23}，1mol所含原子数量，假设原子为^{12}C，它们的密度就为$1.99\times10^4kg/m^3$。纳米技术最主要的一个工具就是测量各种各样属性的大小，如从1mm到1nm的长度范围。

一个设备中的原子数为L^3。在微米尺度上的晶体管包含10^{12}个原子，而在纳米尺度上$L'/L=10^{-3}$，它包含有1000个原子，这对于保持其功能来说可能太小。通常情况下，我们会在三维空间中的各方向进行等大小缩放。然而，在一维或者二维的方向上缩放大小才是有用的，如将一个立方体缩放为一个2维的

板块 a，或者一维的管子，或者是纳米线的截面积 a^2。0 维用来表示在三维中各个方向都很小的物体，其体积是 a^3。在电子学中 0 维物体（一个体积为 a^3 的纳米大小的半导体）被叫做量子点（QD）或者是人造原子，这是因为它的电子态数很少并且其能源大幅分离，看起来像是一个原子的电子态。

18.2.2　微米-纳米级上的主导物理学

在微观-纳米尺度上的主导物理学与宏观上的物理学有着显著的不同。当物体的大小小于 1000μm[18.22] 时，表面和分子间的作用力，如来自于表面张力的粘附力、范德华力、静电作用等变得更加重要，而不再是物体间的引力。尽管经典的牛顿定理能够说明当尺寸缩小至 10nm（100Å）的行为的变化，但是变化范围还是很大的。因此，有许多重要的物理化学性质发生了巨大的变化，如共振频率。而这也将促使完全不同的新的应用的产生。

纳米技术最大的挑战性问题就是如何理解和利用那些在经典尺度范围边缘的物理行为变化。尺度边缘恰恰就是原子和分子尺度大小，在该尺度范围内，纳米物理学可以用来代替经典物理学定理。现代物理，包括量子力学，作为描述纳米尺度物质的物理学理论，是一门发展成熟的，只受限于建模和计算能力的可应用于实际并具有发展前景的学科。

今天，模拟和近似解越来越多地促进几乎所有的感兴趣的纳米物理学应用。在理论化学、生物物理学、凝聚态物理、半导体器件物理等大量的文献中，许多核心问题已被（充分，或者较充分）解决。实际问题是找到相关工作，并不断地转换符号和单元系统应用结果来解决手头问题。

18.3　微米-纳米级上的驱动器

纳米机器人和纳米机器人机械手的定位在很大程度上取决于纳米驱动器。虽然纳米级驱动器尚在探索阶段，基于 MEMS 系统的执行器已经在开始减小驱动器的尺寸[18.30]。分辨率在纳米上的运动已经得到广泛研究，并且可以通过各种驱动原理产生这些运动。在纳米级实现驱动普遍采用静电、电磁和压电的方法。对于纳米机器人操作，除了纳米级分辨率和较小的尺寸，驱动器可以产生较大的冲程和较强的力以适应此应用。只要驱动器的速度在几赫兹以上，速度标准就不再重要。表 18.1 给出早期工作[18.24-29] 中用于微型纳米机器人（从参考文献［18.30］部分适应）应用的驱动器数据。

表 18.1　微机电系统上的驱动器

执行器类型	运动类型	体积/mm^3	速度/s^{-1}	力/N	冲程/m	分辨率/m	功率密度/(W/m^3)	参考文献
静电	线性	400	5000	1×10^{-7}	6×10^{-6}	NA	200	［18.24］
磁性	线性	$0.4\times0.4\times0.5$	1000	2.6×10^{-6}	1×10^{-4}	NA	3000	［18.25］
压电	线性	$25.4\times12.7\times1.6$	4000	350	1×10^{-3}	7×10^{-8}	NA	［18.26］
执行器类型	运动类型	体积/mm^3	速度/s^{-1}	矩/(N·m)	冲程/m	分辨率/m	功率密度/(W/m^3)	参考文献
静电	转动	$\pi/4\times0.5^2\times3$	40	2×10^{-7}	2π	NA	900	［18.27］
磁性	转动	$2\times3.7\times0.5$	150	1×10^{-6}	2π	$5/36\pi$	3000	［18.28］
压电	转动	$\pi/4\times1.5^2\times0.5$	30	2×10^{-11}	0.7	NA	NA	［18.29］

关于不同的驱动原理的几篇综述文章也已出版[18.4,31-34]。在执行器设计阶段，必须考虑在这个范围内，对如运动、力、速度（驱动频率）、功耗、控制精度、系统可靠性、鲁棒性、承载能力等因素进行权衡。本节回顾了在纳米级上的基本驱动技术及其潜在的应用。

18.3.1　静电学

当一个材料逐渐积累或者失去自由电子时，就会产生静电电荷，这还可以产生异种电荷相互吸引或者同种电荷相互排斥的作用力。由于静电场的出现和消失都非常迅速，因此这些设备必须有同样快的运行速度并且受环境温度变化影响很小。

以前研究进行了许多微型装备的实验，使用静电力来驱动硅微马达[18.35,36]、微型阀[18.37]和微米镊子[18.38]。这种类型的驱动在实现纳米级驱动上是很重要的。

静电作用力可以产生很大的力，但是跨越距离很短。当电场必须跨越很大的距离时，就需要提供更高的电压，从而来维持所需要的力。静电设备极低的电流消耗，使得驱动更加高效。

18.3.2　电磁学

当电流通过导电材料时将会产生电磁。相邻的导体产生的吸引力或排斥力，其大小与电流强弱成正比。可以构造收集和集中电磁力的结构，并且利用这些力产生运动。

由于磁场的出现和消失非常迅速，因此设备的操作速度也要求非常快。由于电磁场可以存在于较大的温度范围内，因此其性能主要由建造执行器的材料特性所限制。

一个微型电磁制动器的例子是使用一个小的电磁线圈缠绕在硅微阀结构的微型阀上[18.39]。电磁驱动器向下进入微型和纳米领域的可扩展性可能会受到制造小型电磁线圈难度的限制。此外，大多数电磁装置要求电流导体和移动元素是相互垂直的，这对于通常用来制造硅器件设备的平面制作技术是很难的。

电磁装置的一个重要的优势是将电能转换成机械运动的高效性。从电源的角度这个转换电流消耗较少。

18.3.3　压电学

当电场或者电荷变化时，某些晶体的尺寸就会发生变化，而压电运动就来自于这种尺寸的变化。结构构造用于收集和集中当尺寸变化时产生的力，并且利用这些力产生运动。典型的压电材料包括石英、锆钛酸铅、铌酸锂晶体和一些聚合体，如聚偏二氟乙烯(PVDF)。

压电材料在电压的变化下反应非常迅速，并且具有可重复性。利用可重复的振荡可以产生精确运动，例如在很多电子设备上使用石英计时晶体。压电材料也可以被用于制造传感器，将拉伸和压缩力转换为电压。

在微尺度，压电材料已被用于线性尺蠖驱动器设备和微型泵[18.40]。STMs和大多数纳米机械手利用的就是压电驱动器。

压电材料具有较高的力和速度，在不通电的情况下会返回到一个中间位置。它们表现出非常小的冲程(低于1%)。交变电流在压电材料中产生的振荡和样品的基本共振频率的操作产生最大的伸长率和最高的电源效率[18.41]。压电驱动器工作在粘滑模式下，可以提供毫米到厘米的冲程。大多数商用的纳米机械手采用此类型的驱动器，如 New Focus 的 PicmotorsTM 和 Klock 的 NanomotorsTM。

18.3.4　其他技术

其他技术如热力学、相变、形状记忆、磁致伸缩、电流变、电流体动力学、抗磁性、磁流体、造型改变、聚合物和生物方法等（活组织，肌肉细胞等），在表18.2中对这些方法进行了比较。

表18.2　几种纳驱动器的比较

方法	效率	速度	功率密度
静电	很高	快	低
电磁	高	快	高
压电	很高	快	高
热机制	很高	中	中
相变	很高	中	高
形状记忆	低	中	非常高
磁发电机	中	快	非常高
变流电	中	中	中
电流体动力学	中	中	低
反磁力学	高	快	高

18.4　微米-纳米级上的传感器

一篇简要的综述文章给出了微纳米机器人研究领域中常用的成像工具，其中包括光学、电子和扫描探针显微镜。以下的章节将会讨论这些工具的应用和集成。

在微-纳米级上选择合适的工具进行成像/检测时，应首先考虑以下因素：

1）样本。大小、导电性、与环境相容性是其中最需要考虑的方面。例如在生物应用中，通常需要空气或者液体，因此分辨率低的光镜是首要选择。如果需要用到高分辨率，则可以选用原子力显微镜或扫描近场光学显微镜。

2）分辨率。能够看到样本的精细程度。一旦能够看到细微的部分，就可以将它们放大。每个显微镜都有有限的分辨率，如果想超过最大的分辨率将会得到空的放大倍率。一般来说，光学显微镜不会超过 200nm 的分辨率。最好的商业扫描电子显微镜（SEM）具有大约 1nm 的分辨率，而透射电子显微镜（TEM）则能达到 0.2nm 的分辨率，低温下的超高真空扫描隧道显微镜（STM）可以用于观察原子结构。表 18.3 中进行了光学显微镜和电子显微镜的比较。

表 18.3　光学显微镜和电子显微镜的比较

特　性	OM	TEM	SEM
一般用途	表面变形和切片（1 ~ 40μm）	切片（40 ~ 150nm）或者是在薄膜上的小粒子	表面变形
照明源	可见光	高速度电子云	高速度电子云
最高分辨率	ca. 0.2nm	ca. 0.2nm	ca. 3 ~ 6nm
放大倍率范围	10 ~ 1000X	500 ~ 500 000X	20 ~ 150 000X
深度	0.002 ~ 0.05nm（N. A. 1.5）	0.004 ~ 0.006mm（N. A. 10^{-3}）	0.003 ~ 1mm
镜头类型	玻璃	电磁	电磁
图像射线点	镜头上的眼	镜头磷光片	扫描设备阴极管

3）深度。在可接受焦距内的标本的深度范围。显微镜的深度很小，这要求不断地向上向下来调整查看厚的样本。

4）对比度。亮与白之间的比例。大多数情况下，显微镜使用吸收对比度，也就是说，为了观察，样本通常是被浸染的。这被称为明视野显微镜（术）。还有使用外加的方式产生对比的其他类型显微镜，如相衬、暗场、微分干涉对比。

5）明亮度。光的数量。显微镜放的倍数越大就需要越多的光线。光源也应有一个波长（颜色）的长度，这将促进与样本相互作用。根据样本是如何照亮的，所有的显微镜可以分为两种类型。典型的复式显微镜的光线穿过标本和形成光学图像而被收集，称为透射照明。立体显微镜通常是利用反射投影照射，用于不透明的标本。光被反射到标本上，然后进入物镜。

18.4.1　光学显微镜

光学显微镜自从 16 世纪后期发明以来，在基础生物学、生物医学研究、医疗诊断和材料科学等方面扩充了我们的知识。光学显微镜可以将物体放大 1000 倍以上，给我们展现了一个微观世界。光显微镜技术的发展远远超出罗伯特胡克和安东尼列文虎克的第一个显微镜。而专业技术和光学的发展揭示了活细胞生物化学结构。目前使用的大部分光学显微镜被称为复合显微镜，物体放大图像是由物镜和第二个成像系统（眼或目镜）形成的。显微镜也进入了数字化时代，它们使用电荷耦合器件（CCD）和数码相机捕获图像。

现代显微镜的发展，使光学显微镜成为了一个大家族。为了特殊用途，也可以选择其他类型的光学显微镜。这包括相衬显微镜、荧光显微镜、共焦扫描光学显微镜和用于图像重建的去卷积显微镜。

18.4.2　电子显微镜

1. 扫描电子显微镜（SEM）

从 1966 年 SEM 成为商用以来，SEM 在高分辨率和深度上都比传统的光学显微镜更有价值。传统的 SEMs 可以观测到纳米级别（≈1nm），而光学显微镜只能达到 200nm[18.42]。不同于传统的光学显微镜，SEMs 拥有更好的深度信息这样可以为三维外观提供图像样本。早期的 SEMs 仅限于观测导电样本。然而，许多现在的 SEMs 利用变压室不仅可以观测导电样本还可以为非导体拍摄图像。

2. 透射电子显微镜（TEM）

透射电子显微镜可以精确至一个原子尺度以下大约 1Å（也就是 0.1nm）。TEM 操作模式和 SEM 相似，两个显微镜包含一个电子枪照明源。然而，TEM（透射电子显微镜）检测穿过给定样本的电子。因此，它的电子枪工作在较高能量水平之间 50 ~ 1000kV，而 SEM 的电子枪电压一般为 1-30kV。为了正确的成像，样本必须很薄，这样电子束才可以穿透样本。透不过样本的电子将检测不到。不像 SEM，TEM 产生图像在外观上是二维的。

18.4.3 扫描探针显微镜

1. 扫描探针显微镜（STM）

和 TEM 相似，STM 同样是在原子级别上观测样本。STM 的扫描探针是由贵金属削成原子大小的尖头，安装在压电驱动（x，y，z）的线性阶段。STM 使用被称为隧道的量子力学效应。当一个很小的电位差驱动电子时，电子穿过探针尖和样本之间的间隙，从而产生电子隧道效应。此事发生在探针尖和样本 Ångström-scale 距离之间。隧道电流，通常都是几毫微安，和探针尖与样本之间表面间距直接有关。因而隧道电流是可以测到的，并且利用反馈控制系统通过控制探针尖和样本之间的距离可以使得电流保持在一个恒定值。然后探测器尖端沿着样品整个表面进行扫描（x，y）。由于控制系统能同时保持恒定的隧道电流，从而保持恒定的探针尖和样品之间的距离（z），扫描的结果 $z(x, y)$ 产生一个样本图形，该图形有足够的分辨率来检测原子级别上的特征。STM 通过操作所谓的恒高模式可以快速成像，探针针尖在平行于平均表面部分的平面扫描。探针尖-样本距离（z）可以直接从隧道电流推断出来[18.43]。

2. 原子力显微镜（AFM）

AFM 原子力显微镜被认为是 STM 显微镜的衍生品。STM 的一个缺点是它要求导电探针针尖和样本必须正常工作。研制 AFM 是用来观测非导电样本，这使得它与 STM 相比更具广泛应用。除了可以为非导电样本成像，AFM 还可以为浸入液体的样本成像，而这对生物应用非常有用。虽然 STM 和 AFM 是相似的，都是利用原子大小的探针扫描样本的表面，然而它们利用的原理是不同的。原子力显微镜（AFM）是基于原子的力量，而 STM 利用的是电子隧道。AFM 的探针针尖装在微悬臂梁的末端。在很短的分离间隙中，在探针针尖原子与样本的原子之间的作用力引起微悬臂梁偏转。这偏转通常是可以通过用激光照射在微悬臂梁的背面测量出来。激光反射聚焦到光探测器上，从而使得微悬臂梁恢复偏转。应用胡克定律可以计算力，它只与材料的刚度和挠度有关，力可以精确至微微牛顿（10^{-12}N）。原子力显微镜有三种主要操作模式：接触模式、非接触模式和轻敲打模式。

与 SEM 和 TEM 不同，STM 和 AFM 不需要工作在真空环境中。然而，高真空是有利的，可以防止样本被周围环境以及湿度污染。此外，由于湿度原因利用 AFM 操作原子分辨率几乎是不可能的。湿度产生水膜，从而出现了毛细力带来的问题。而这些都只能在真空环境下或溶液中解决。

18.5 制造

微米-纳米机器人设备的设计和现有的制作技术有着千丝万缕的联系。虽然在过去几十年微加工的技术得到了稳定的发展，但是纳米加工制作还需要深入的发展，并且这些过程产生的设计限制还没有突破。本节将着重介绍包括光刻，薄膜沉积，化学蚀刻，电镀在内传统的微加工过程，并描述一些新兴的纳米加工技术。

大多数微型和纳米加工技术都是来源于半导体工业的标准制造方法[18.46~48]。因此，清楚地了解这些技术对于任何从事微/纳米领域研究和发展的轨迹的人都是必需的。

18.5.1 微制造

本节主要讨论在常用的微结构制造中主要微制造技术。

1. 影印石版术

光刻就是将电脑上的图像转换到底层上（硅片，玻璃等）。这种技术后来被用于制作薄膜（氧化物，氮化物等）。尽管使用一束紫外线光源的影印石版术，也就是所谓的光刻，但是，作为其替代方法的电子束和 X 射线平版印刷在 MEMS 和纳米制造领域已引起相当大的关注。在本章我们将会讨论光刻，下面的章节进行关于纳米制造电子束和 X 射线的讨论。

对一个特定制造序列过程遵循计算机布局创造的开始点是遮光膜的生成。这就牵涉到摄影过程序列（使用光学或电子束型发生器），结果在薄玻璃板（≈100nm）的铬层形成所期望的图像。生成遮光膜之后，就可以进行光刻和蚀刻工艺，如图 18.2 所示。在基板上堆积好需要的材料之后，用光致抗蚀剂旋涂基板的光刻过程就开始了。这是一种聚合物感光材料，可以被压成液体形式的干胶片，另外还通常添加一种附着力促进剂如六甲基二硅氮烷，用于前面的抗蚀剂使用。纺丝速度和光致抗蚀剂的黏度将确定最终的抗蚀厚度，此厚度一般为 0.5 ~ 2.5μm。两个不同种类的光致抗蚀剂：正性的和负性的。利用正性抗蚀剂，在此后的制作阶段紫外线曝光区域将会发生降解反应，而用负性抗蚀剂时，在制作之后曝光区域仍然保持完整无损。用光致抗蚀剂旋涂胶之后，就需要对基板进行软烘干，软烘干过程可以使溶剂从光刻胶中挥发出来，并且可以提高光刻胶的附着力。随后，遮光膜和晶圆对齐，光致抗蚀剂暴露在紫外线下。

图 18.2　典型的微细加工的工艺流程

在曝光之后，光致抗蚀剂的曝光类似于照片底片的曝光。为了增强光刻胶对晶圆表面的附着力，需要对抗蚀剂进行硬烘干（20～30min 在 120～180℃）。在晶圆上创建所需要的图像来结束硬烤步骤。接下来，蚀刻底层薄膜，利用丙酮或其他有机溶剂的去除光致抗蚀剂。图 18.3 展示了一个正性的光致抗蚀剂光刻步骤的原理图。

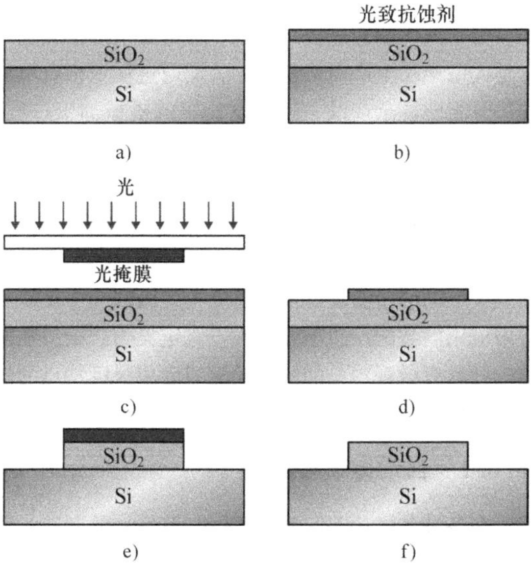

图 18.3　具有正性光致抗蚀剂光刻步骤示意图

a）氧化底版　b）旋转光致抗蚀剂和软烤

c）曝光处理光致抗蚀剂　d）硬烤光致抗蚀剂

e）蚀刻氧化物　f）条纹化光致抗蚀剂

2. 薄膜淀积处理和加添加剂

薄膜沉积处理和加添加剂被广泛应用于微型和纳米加工技术。大部分制造结构包含材料而不是基板，这些材料可以通过各种沉积技术或修改板获取到。这些技术包括氧化、掺杂、化学气相淀积（CVD）、物理气相沉积（PVD）和电镀。

3. 蚀刻和基质去除

微型和纳米加工中，除了薄膜蚀刻、通常基板（硅，玻璃，砷化镓等）需要拆除，以创造各种机械结构（梁，板等）。任何蚀刻过程包括两个重要的指标是选择性和方向性。

选择性是腐蚀剂可以区分掩膜层和需要蚀刻层的程度。方向性必须和掩膜下的蚀刻轮廓一致。在同向蚀刻中，腐蚀剂以同样的速度在材料的各个方向进行反应，在掩膜下产生半圆形的轮廓（见图 18.4）。在异向蚀刻中，溶解速度取决于具体的方向，可以得到直侧壁或其他非圆剖面（见图 18.4b）。可以将各种蚀刻技术分成干式蚀刻和湿式蚀刻两大类。由于边缘腐蚀，湿法刻蚀局限于 3 微米以上的图案尺寸。光致抗蚀剂和氮化硅是两种最常见的湿氧化层蚀刻屏蔽材料。各异向性和各同向性的湿法刻蚀的晶体（硅和砷化镓）和非晶体（玻璃）基板在微米和纳米制造中都是重要的材料[18.49～53]。

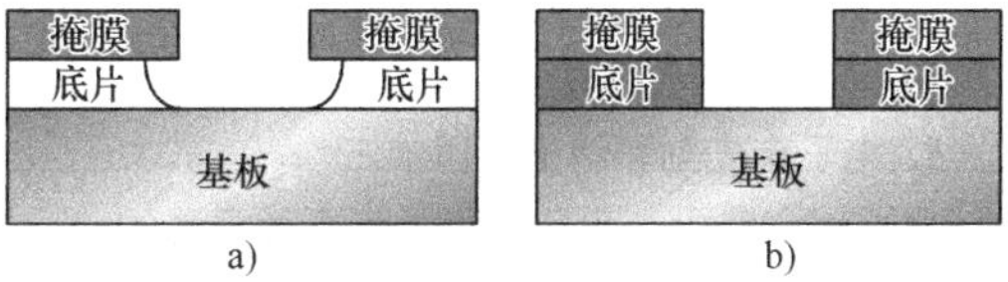

图 18.4　透过光致抗蚀剂掩模形成的各项同向蚀刻侧面

a）和各项异向蚀刻侧面

b）通过光致抗蚀剂掩膜刻蚀

这些异向性行为腐蚀剂已被广泛用于制作梁、膜和其他机械和结构的组件。图 18.5 显示了典型的用一个各向异性湿式蚀刻剂蚀刻的（100）硅干胶片的横截面。如我们所见，111 被曝光了，并且生成 54.7°倾斜侧壁。根据掩膜开放的程度，形成一个 V 形槽或梯形沟槽（100）干胶片。比较大的开放程度会使得硅在各个方向上都被蚀刻，从而创造另一面的一个薄介质膜。应该提到的是凸的比凹的蚀刻速度要快，这样可以制作不导电的（例如，氮化物）悬梁臂。

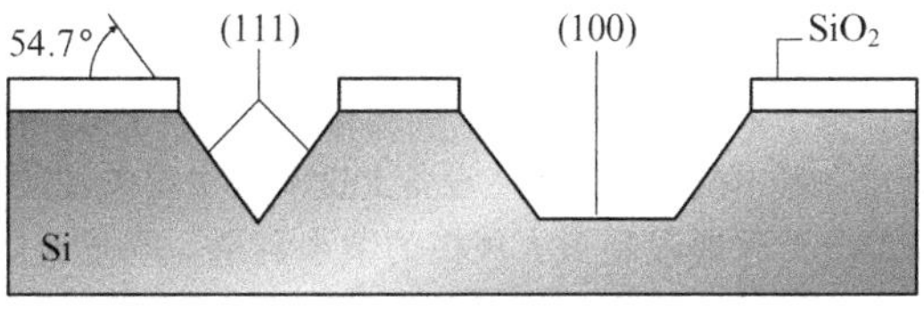

图 18.5　（100）硅片的各向异性刻蚀剖面

干蚀刻技术一般都是基于等离子体的。与湿蚀刻技术相比它们有以下几个优点：较小的切削部分（适用更小尺寸的图案），更高的异向性（允许垂直结构的高宽比）。然而，干式刻蚀技术的选择性低于湿法刻蚀技术，并且必须考虑到掩膜材料的有限蚀刻速率。三个基本的干法刻蚀技术，即高压等离子体刻蚀，反应离子刻蚀（RIE），离子束刻蚀，利用不同的机制来获取方向性。

18.5.2 纳米制造

NEMS设计与装配是一个新兴的领域，吸引了越来越多的研究者。纳米制造的两种方法即自顶向下和自底向上的方法，这两种方法已经被纳米技术研究人员认可，现在被不同领域的研究者研究使用。自顶向下的方法是基于精密加工，例如纳米蚀刻、纳米印刷、化学腐蚀这样的技术。现在，这些都是二维制造工艺，具有相对较低分辨率。自底向上策略是基于装配技术的。目前，这些策略包括如自组装，蘸笔光刻和指导性自我组装等技术。这些技术能大规模产生纳米模板。

在本节中，我们将讨论三种主要的纳米制造技术。这些包括：

1）电子束光刻和纳米压印加工。

2）外延和应变设计。

3）蘸笔纳米光刻技术。

1. 电子束光刻和纳米压印加工

在前面章节中，我们讨论了若干种重要的普遍应用于MEMS和微制造的电子束光刻技术，包括各种形式的紫外线（固定、深、极限）和X射线电子束光刻。然而，由于缺乏分辨率（在使用紫外线这种情况下），或者难以制造遮罩和热幅光源（如X射线），这些技术不适合于纳米级别的制造。对于制作纳米结构，电子束光刻技术是一个有吸引力的可选的技术[18.53]，它使用电子束使电子敏感的抗蚀剂曝光，如聚甲基丙烯酸甲酯（PMMA）溶解在氯苯（正）或氯甲基聚苯乙烯树脂（负）中。

虽然电子枪在TEM（透射电子显微镜）中经常被使用，但它通常是SEM（扫描电子显微镜）的组成部分。虽然类似于1Å这样的波长很容易实现，但是电子散射只能抵抗在10nm以上的范围内。光束控制和模式生成是通过计算机接口实现的。

电子束光刻串行生产，因此其生产能力很低。尽管用在基本微物理的制造设备上这不是主要关注的，但是它严重地限制了大规模的纳米制造。电子束微影，连同诸如发射、蚀刻、电沉积这样的过程，可以用来制作各种纳米结构。

一种有趣的新技术就是纳米压印加工技术，这种技术避免电子束光刻串行和生产能力低的限制来制造纳米技术。参考文献［18.54］这项技术使用电子束焊接的硬质材料来控制（或塑造）标记，并使聚合的抗蚀剂产生畸变。通常在反应离子蚀刻之后将标记模板转移到基质上。该技术在经济上是有优势的，因为一个图印都可以反复使用制造大量的纳米结构。

2. 取向附生及应变工程

原子精度沉积技术，如分子束取向附生（MBE）和有机金属化学气相沉积（MOCVD）技术，用于制造大量量子限制结构和设备（量子阱激光器，光电探测器，共振遂穿二极管器件等），已被证明是有效的工具[18.55-57]。

3. 蘸水笔刻蚀技术

在蘸水笔刻蚀技术（DPN）中，AFM探针针尖在大气环境中蘸有想要的化学药品，并且拿到接触表面。墨水分子像钢笔一样从尖端流到表面上。已证实使用这种技术具有空间分辨率5nm的线的宽度可以降至12nm[18.58]。使用DPN的图案的种类主要有导电聚合物、金属、树形高分子、脱氧核糖核酸（DNA）、有机染料、抗体和硫醇。

18.6 微装配

为了减少制造过程的成本、降低复杂度，装配通常是大型产品生产商必备的。装配通过使用相对简单的部分组建复杂产品，集成不相容的机械加工过程。并使得大型产品的维护与更新成为可能。在现代设计和制造技术追求小型化、集成化，特别是在集成电路以及微机电系统制造技术的推动下，装配技术开始向微型化方向发展。随着制造技术向微观甚至纳米领域的发展，词语微型装配被创建来指代微观、中尺度制造中应用的装配。微型装配的正式定义为：微型装配是一种具有微观容差的微观尺度或者中尺度特点的物体的装配。

18.6.1 自动微装配系统

在各种各样的MEMS（微机电系统）的制造过程中，微装配起着举足轻重的作用，包括设备的制造、封装及互连。微机电系统设备的制造和大规模集成电路的制造有着根本上的不同，通常需要复杂的3-D模型来建模。然而，几乎当前所有MEMS（微机电系统）制造技术都受到有限的可用材料、有限的现实

3-D 制造技术以及制造过程中兼容性的限制。微装配技术为解决这种限制提供了一种可能的解决方案。比如：不相容的制造过程可以通过微装配的方式集成起来。它使得利用非传统的制造技术，比如激光切割技术、微线电火花加工技术以及微观打磨技术，不一定使用半导体材料的制造技术成为可能。复杂的 3-D 建模技术舍弃相对简单的几何学也可以用来制造。微装配对于 MEMS（微机电系统）的组装和互连同样是非常重要的。

从机器人系统和自动化的观点来看，MEMS 设备制造和组装共享了很多公共的装配要求。这两个处理过程的一个基本的共性是都要求能够操纵微型/中型对象，这样就可以建立精确的空间关系，也可以执行相应的物理/化学操作。另一个共同的需求是控制相互作用力。MEMS 设备经常包含一些易损坏的结构，比如细的支撑梁或薄膜，这就需要在操作中控制相互作用力。典型的力大小在微牛顿到毫牛顿之间。

MEMS 设备通常是三维的。MEMS 组装不仅需要电路上的相互连接来传递信号，还需要机械上的相互连接来同它们的外部环境相互作用。很多这种机械上的交互需要三维空间上的巧妙控制和三维的力度控制。实际的操作是严格特定于应用程序的，这对自动微装配系统的发展造成极大的挑战。自动 IC 封装系统可用于包装某种 MEMS 设备，如加速度计和陀螺仪。然而，微流体装置，光学 MEMS 器件，和混合微系统的包装往往需要新的自动微装配技术和系统的发展。

选择装配模式是开发自动微装配系统的首要决定。一系列的微型组件需要使用微型操纵器和感知反馈。在每一个时刻，只有一个或几个部分处于组装状态。根据所使用的物理效应，可以确定或猜测并行的微组装。芯片键合是一个确定性的并行微组装例子。在随机并行微组装中，在大量的零部件组装的同时使用分布式的物理效应，如静电力、毛细管力、离心力或振动。事实上，随机并行的基本理念是尽量地减少感官反馈的使用。

这些组装模式各有利弊。每个都有适合它们自己的应用程序。确定性的并行装配和顺序的微装配有若干共性，比如：通常在确定性的并行微组装中使用感官反馈。然而，确定性的并行微组装各部分之间的相对定位精度要求高。此外，为了能够并行操作，只能组装简单的平面结构。

由于 MEMS 封装的三维操纵和微装配的要求，可以预计，自动顺序微装配将是以后最广泛采用的解决方案。尤其是需要多自由度的相互作用力的控制的 MEMS 应用封装应使用顺序微装配。顺序微装配的主要的可能的缺点是其低吞吐量。这个缺点往往可以通过适当的系统设计加以克服。在这里，我们引入一个立体的工业应用的微装配例子。在引线键合和粘接应用中它明显的不同是它需要高精度的三维插入物。再用其他一些例子来说明主要概念和技术，以及自动微装配系统的每个功能单元之间的逻辑连接。

装配的任务是将捡取的微机械加工的薄金属转移到真空托盘的组装工作单元，并将它们插入在硅晶片上用活性离子蚀刻技术蚀刻的垂直的洞中。晶片直径可达 8in。每个晶片上的孔形成规则的数组，每个晶片约有 50 个孔。然而，这些阵列可能不会规则的分布在晶片上。通常，每个晶片由数百个零件组装。一般情况下，每个装配操作是一个典型的矩形栓插入一个矩形孔的问题。每个金属部件是小于 100μm 厚，约半毫米宽，在其长方形的一角。总的装配容差通常在垂直方向小于 10μm，水平方向小于 20μm。这个工作是一个典型的 3-D 微组装技术的应用。

18.6.2 微装配系统设计

本节从机器人系统和自动化的角度讨论自动微装配系统的设计。要达到的性能对象包括：高可靠性、高吞吐量、高弹性和低成本。

1. 一般的指导方针

以系统的角度来看，自动微装配系统由许多功能单位和一系列领域的集成技术组成，这些领域涉及机器人学、计算机视觉、显微镜光学、物理学和化学。因此考虑这些单元间的交互是非常重要的。

2. 重视封装过程的耦合

虽然为了表述的清晰度，在本节中的微组装技术主要是从机器人的角度来讲述，但机器人系统的设计者必须意识到与实现机器人系统架构设计有较强的依赖性。这个关系应该从系统开发初始阶段就得到强调。

3. 可重构设计

自动装配机器的设计必须使它们可用于定制各种广泛的应用。因此，可重构性是一个基本的设计要求。通常，基于功能分解的模块化设计是必需的。支持工具更换是很重要的。

自动微装配系统的设计是强烈依赖于装配容差的需求。首先，运动控制系统的可重复性和微操作系统的使用是由装配的容差决定的。其次，装配容差往往决定光学显微镜的最低分辨率。一般的微装配任务可能只需要微观的视觉反馈和微尺度重复性的操纵器。而复杂的微装配任务可能还需要集成微力和视觉反馈。

自动微装配系统必须能够支持各种各样的材料处理工具，其中包括部分传输工具、批量馈电线、晶片传送工具、杂志装载机和卸船机等。

显微操纵器的作用是提供多自由度的精细运动控制。微夹钳的作用是要抓紧物件进行挑选和放置等其他装配作业。它们的效率和鲁棒性将在很大程度上决定了整个系统的性能。微夹钳的设计也是密切地与微装配业务的固定装置的设计相关。

主要的环境因素包括洁净的房间要求，以及温度、湿度、气流等。某些装配作业必须在一个干净的房间里执行。这就要求自动微装配系统的设计符合有关标准。如一些包装过程必须在高温下进行，比如共晶接合。因此，必须加以考虑高温对运动控制系统和显微镜光学的潜在影响。对于操纵微型物体，如温度和湿度等环境条件能对粘附力[18.74,75]有重大影响。因此，考虑环境控制系统的设计往往是重要的。

【例】 装配过程流程。

微机械加工的金属零件（见图 18.6c）被水平转移到真空释放托盘上的工作单元中。晶圆垂直于水平面放置在晶圆贴片机上（见图 18.6b）。这种配置因为不需要薄金属部件的翻转，有可靠性和效率方面优势。在每一个装配周期主要有两个操作：捡取和插入。在如图 18.7a 所示的配置下，所有操作都是由相同的工作单元执行。复杂的封装操作常常须进行分解，由多个工作单元执行。

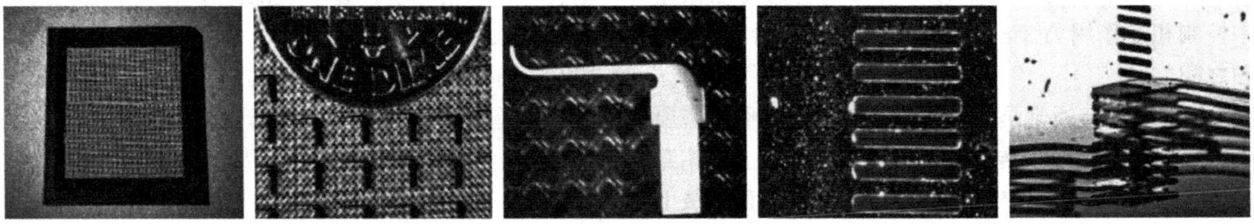

a) b) c) d) e)

图 18.6 三维中微组装示例

a）释放托盘上的部件 b）与美国硬币相对比的部件 c）部件形状 d）洞穴 e）组装结果

4. 一般系统架构

一个自动化的微装配系统通常包含以下功能单元。

（1）大工作空间定位单元 在大多数微装配操作中需要一个大的工作空间和远距离定位运动。为了适应不同的功能单位，部分馈电线、各种工具，以及大的工作空间是必要的。

一般来说，可以直接采用现成的运动控制系统，该运动控制系统是由自动化的 IC 封装设备开发的。对于在 18.6.1 小节中描述的任务，DRIE 蚀刻的孔分布在晶片上，直径达 8in。这就要求装配系统有一个相称的工作空间和较高的定位速度。粗糙的定位单元有 4 个自由度（见图 18.7a）。在水平方向上的平面运动是由一个开放式框架的高精度 32cm（12in）的 *XY* 表提供的，在两个方向上的重复性精度为 1μm。分辨率为 0.1μm 的位置反馈是由两个线性编码器提供的。每个轴使用双环 PID 加前馈控制方案控制。内部速度环是邻近于电动机上的旋转编码器上。外部位置环是邻近于线性编码器上。每个晶片被放置在垂直的晶圆贴片机上，它可提供线性和旋转两类控制（见图 18.7b）。晶圆贴片机的垂直运动是由 20cm 长（8in）和重复性精度 5μm 的线性滑轨来提供。它也是使用一个 PID 加前馈算法来控制的。*XY* 工作台和垂直线性滑轨都使用交流伺服电动机驱动。晶圆贴片机的旋转是由最高分辨率为 0.0028°/步的东方 PK545AUA 微步电动机驱动的。所有低级别的控制器都是由一台主机指挥和协调的。

对于需要 1μm 或更大的可重复性的应用程序，实施粗略范围内的议案，可以很方便地使用传统的定位表。这些台子通常使用丝杠或滚珠丝杠驱动器和滚珠或滚子的轴承。对于需要亚微米级或纳米重复性的应用，有几个解决方案也得到商业上的应用。比如，压电驱动器常常被用于纳米重复性的动作。压电驱动器的缺点是它们的运动范围小，通常在 100μm。作为另一个例子，Aerotech 可以提供一系列基于直接驱动线性执行器和空气轴承的具有亚微米级重复性的定位平台。它也可以使用并联结构机构，如 Stewart 平台。在一般情况下，对深亚微米级集成电路制造的发展为这些运动控制技术发展提供了主要动力。

（2）微操纵器单元 精细的方位（位置和方向）

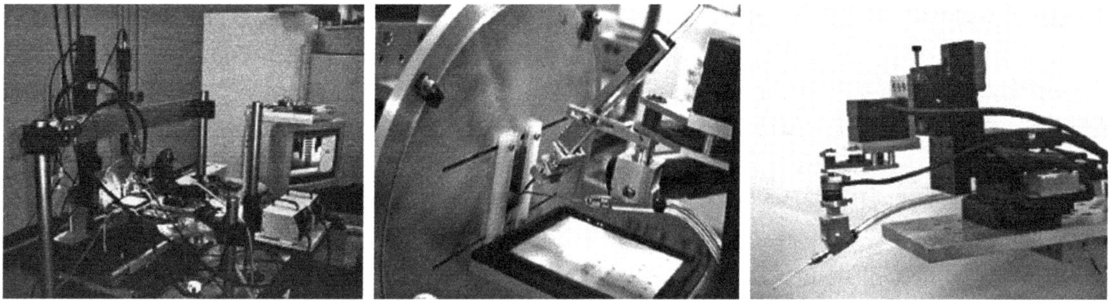

a)　　b)　　c)

图 18.7　正在做实验的微组装工作间

a）系统整体框架　b）装配现场　c）微操作单元

控制在3-D精确对齐和装配等任务中是需要的。比如，18.6.1节中介绍的由独立结构实现的任务需要6个自由度。三个笛卡儿自由度提供了一个适应Sutter MP285显微操纵器，还提供了旋转自由度（见图18.7c）偏航运动。横滚运动是在晶片上安装（见图18.7b）实施。拾音器后的金属部分的音高运动是通过手动调节和校准装配前实现。经过拾取后金属部件的俯仰运动不是靠机动实现的，而是在组装前校准后通过手工调整的。显微配置的更多讨论可见18.61节。

在实施自动的3-D微型组装运动控制时需要考虑两个原则。首先是大的工作区的粗定位装置和精细定位显微单元的划分。其次是多个自由度的分解和分布实施。在实践中，这些原则的实际实现高度依赖于具体应用。对于某些应用，如果一个大范围的定位单元足以满足装配公差要求，甚至可能是不必单独实施一个显微操作器。一般情况下，分离一个显微操作单元，将有利于实施高带宽的运动控制。然而，通常这种分离也带来了整个运动控制系统的冗余。高精密显微操作的运作也必须依赖于闭环的反馈控制，特别是微观的视觉反馈。

（3）自动微抓取单元　微夹钳的功能是在拾取放置上提供几何和物理上的限制和装配操作。微夹钳的可靠性和效率对全自动化微装配系统性能的影响是至关重要的。显微操纵器设计中必须考虑的几个因素。首先，作为微型操纵器的末端执行器，微夹钳必须在显微镜下进行不断的监测。因此，必须体积小，并且具有合适的形状，以便于留在显微镜的视野，并最大限度地减少阻塞。其次，考虑不同的主流物理学，研究各种抓取的力是很重要的。第三，部分抓取放置和装配这两个部分都使用了微夹钳。由于装配操作通常需要更多的约束，设计抓取放置操作的微夹钳未必适合于装配操作。事实上，在18.6.2节中展示的微装配任务使用了一个组合的微夹钳。微夹钳的发展往往和微观尺寸发展的装置密切相关。

（4）光学显微镜和成像单元　光学显微镜和成像单元的功能是提供几何形状，运动和装配对象的空间关系的非接触式的测量。商业设备系统的典型配置是使用一个或两个垂直的显微镜。倒置显微镜配置常用于背面对齐。另一方面，3-D微装配可能需要有立体视觉的两个摄像头的配置。在图18.7a所示的系统中，可以提供四种不同的视觉以进行人为操作：整个装配现场的一个全局视图，一个是部分拾取时的垂直的微观视图，两个是用于最后微装配操作时的精确定位和方向调整的侧面微观视图。每个视图使用匹配光学系统的CCD相机。所有图像都用Matrox Corona PCI图像采集卡采集。

3-D对齐的关键是显微视觉反馈。只要分辨率符合装配的要求，那么光学显微镜就能达到更大的工作距离。对于18.6.1节提到的装配任务，Edmund Scientific VZM 450i变焦显微镜用1×物镜来提供正确的视图。它的工作距离大约是90mm，分辨率为7.5μm。垂直视图也用带0.5×物镜的VZM450i显微镜提供，来指导拾取操作。其视野范围可以从2.8mm×2.8mm到17.6mm×17.6mm。它的工作距离约为147mm。

如果在自动装配业务中需要视觉伺服，必须加上另一个侧面视图形成立体结构。在一些微装配任务中可能需要更高的分辨率。在这种情况下，这类结构用于高分辨率光学显微镜。例如，作者在此结构中使用两个带有Mitutoyo超长工作距离M Plan的Apo 10×物镜的Navitar TenX变焦显微镜。每个显微镜的分辨率为1μm，工作距离是33.5mm。因此，减少了微型操纵器不可达的工作范围。

全局视图的实现是使用缩影Marshall V-1260板的摄像头，以监控整个装配现场的状态。在帮助操作者了解总的空间关系，防止操作失误中，它起着重要的作用。

从机器人系统的角度来看，对于复杂的3-D微装配操作，自动微装配系统的发展将依赖于以下的发展：

1）小巧的、鲁棒的和高速的5~6个自由度的微机械手。

2）高可靠和高效率的适合在显微镜下工作的微夹钳。这种夹子，应该有主动力控制或被动柔顺，以避免损坏MEMS器件。

3）三维显微计算机视觉技术、三维微力测量和控制技术以及集成技术。

18.6.3 基本的微装配技术

本节介绍几个自动微装配系统的重要支撑技术，包括机器视觉技术，微力控制技术，和装配策略的仿真验证。

1. 机器视觉技术

机器视觉技术在半导体工业有着广泛的应用。机器视觉和一般计算机视觉之间的主要区别在于，不同于自然物体和场景，工厂里的物体和场景往往可以人为地设计和配置。这种优势往往使得它可以显著地降低复杂性和提高视觉技术的鲁棒性。机器视觉技术在实时处理上的需求应用大致可以分为以下基本两类：

（1）非实时性的视觉应用　这些应用程序不要求高带宽的实时控制的视觉反馈，例如包括物体识别和封装质量检验。

（2）实时性的视觉应用　这些应用需要实时的视觉反馈。例如视觉引导拾取与放置、对齐、插入等。在参考文献［18.81］中介绍3-D计算机视觉技术。在参考文献［18.82］中介绍了一个标准的视觉伺服技术。

有几个商业的软件包从供应商中可以直接拿来使用，如Cognex、Coreco图像和National Instruments（美国国家仪器公司）。

2. 微力控制技术

机器人领域对力控制的理论已经进行了50年以上的研究。一些理论框架和许多控制算法已经被提议并通过了实验验证，已开发了多种宏观的多自由度的力传感器。

力度控制对微组装也是十分关键的。例如，在设备键合时的接触力，必须经常进行编程和精确控制。在一般情况下，很多宏观力控制技术可以应用在微/中尺度上。设备接触力控制实质上是一维的，涉及几牛顿的力。另一方面，在操纵微/中尺度部分，相互作用力的大小一般为微牛到毫牛之间。这种级别的力往往统称为微力。实施微力控制技术的一个主要挑战是缺乏多自由度的微力传感器。一个多自由度的微力传感器的基本要求是，它们在大小上必须是微型的。制造这些传感器通常需要使用微机械加工技术，包括MEMS技术。有两个主要的微力传感配置：

（1）独立力传感器　这种结构的优点是，该传感器是通用的，可与不同的微抓取器使用。大部分宏观尺度的多自由度力传感器属于这种类型。然而，这也要求传感器具有足够的结构硬度，来支持微夹钳的静载荷，这往往比力分辨率大的多。

（2）嵌入式力传感器　微应变片可以连接到微抓取器。力敏感材料，也可以用在微抓取器上。这种配置避免了静态负载的问题。然而，这种力感应功能是依赖于微夹钳的设计，对于多自由度的微力/力矩测量这往往不一定是最佳的。

复杂和高精度的微装配任务还需要集成微力控制与微观机器视觉。简单的集成技术有门控/开关方案[18.72,86]。综合的方法，可使用视觉阻抗。

3. 装配策略的仿真验证

在许多微装配任务中，相邻装置之间的距离往往中等/微观尺度上。因此，选择正确的装配顺序对避免碰撞是很重要的。此外，由于显微镜有限的工作距离，微装配作业必须经常在有限的空间使用微控制器进行操作。为了避免器材或设备损坏，避免碰撞是至关重要的。使用离线仿真软件可以发现并避免潜在的碰撞。许多商用的离线机器人编程工具，可以提供这种功能。

4. 微装配工具

在自动微装配系统的微型操纵器的末端执行器往往是一个微夹钳的形式，其可靠性和效率，极大地影响整个系统的可靠性和效率。微夹钳必须尽可能的小。它的设计还必须最大限度地减少易损的MEMS部件潜在的损害。在结构设计上这往往需要被动柔顺。

制作成带有集成MEMS驱动器的微抓取器，从而可以有更紧凑的大小。一些物理效应普遍用在MEMS驱动器上，包括静电引力和压电式力[18.87]、SMA（形状记忆合金）[18.88,89]、热形变[18.63 90]。目前，主要的限制是关于MEMS驱动器产生足够的移动、力、输出功率的难题。或者，另一个解决方案是提供外部驱动。其优点是有足够的移动和力，输出功率可以更容易获得。主要缺点是，微夹钳在大小上不够紧凑。这可能成为其应用的主要障碍。

18.7 微型机器人技术

现在，越来越多的微型机器人在各个领域中有新的应用。除了微型装配，微型机器人在其他工业领域也扮演重要角色，如操控、表征、检查和维护，以及在生物技术中，例如可以操控细胞的生物微型机器人领域。

18.7.1 微型机器人

微型机器人是一个结合了已建立起来的机器人理论与技术和令人欣喜的新型工具的领域，该新型工具是由 MEMS 技术提供的，是为了创造在微米范围里操作的智能机器。正如概述微型机器人领域的作者所提[18.31,92]，许多微观条件，例如微型机电学、微观机械制造、微型机械和微型机器人都用来说明许多设备的功能都是与小尺寸有关的，无论如何小尺寸是一个更清晰定义所需要的相关名词。

宏观机器人和微观机器人最明显的差异是机器人的尺寸。因此，微观机器人的一种定义是：一种比通常看到的零件有着更小尺寸（例如，微米级相对于毫米级）的设备，并且这种设备有着在微米和亚微米范围的工作空间中移动、施加作用力和操作物体的能力[18.94]。然而，在很多情况下，机器人能够移动更大的距离也是很重要的。具体任务的定义很广，包括各种类型的小机器人和显微操作系统，显微操作系统是在尺寸上是分米，但可以进行非常精密控制（微米，甚至纳米范围）[18.92]。

除了根据任务和大小分类，微型机器人也能根据移动性和功能分类[18.31,93]。许多机器人通常由传感器和执行器、控制单元和电源组成。

根据这些元件的布置，微型机器人的评价标准是：运动和定位的可能性（是或否）、操控的可能性（是或否）、操控类型（无线或有线）和自治。图 18.8 结合四个指标[18.31,93]描述了 15 种可能的不同微型机器人的配置。

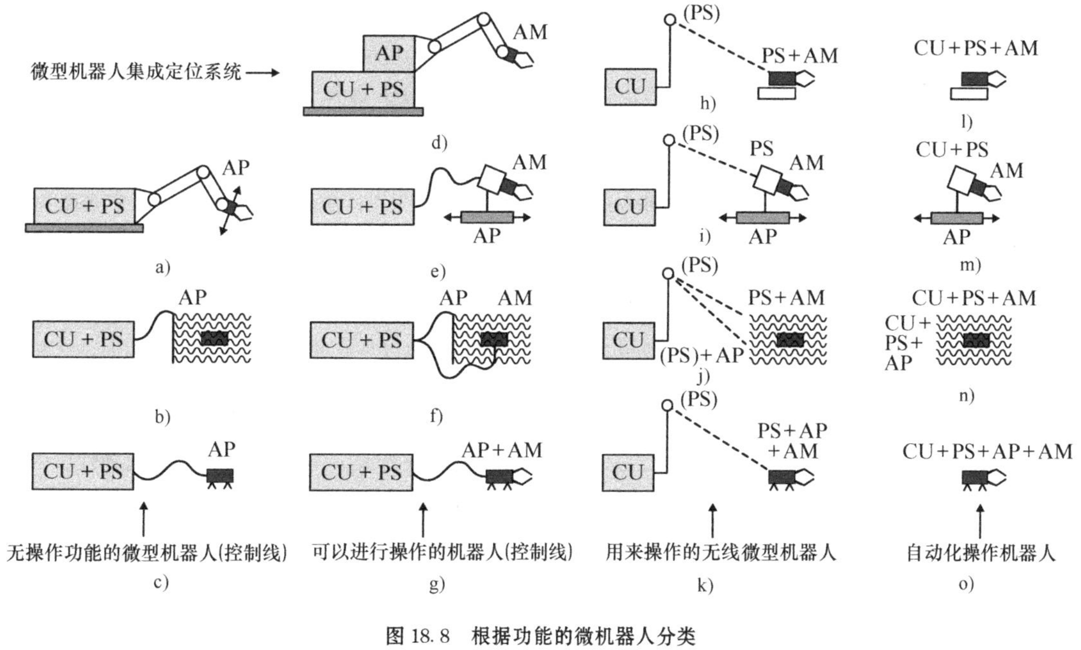

图 18.8 根据功能的微机器人分类

注：CU：控制单元；PS：电源；AP：定位执行器；AM：操作执行器

正如图 18.8 所描述的（取自参考文献[18.30]），分类主要依赖于以下微型机器人组件：控制单元（CU）、电源（PS），对于移动机器人必需的驱动器（例如，对于机器人移动和定位的驱动；定位执行器（AP），对于机器人操作必需的驱动器（例如，机器人手臂的控制；操作执行器（AM））。除了不同的驱动器功能，感知功能也是必需的，例如，触觉传感器在微抓取或者电荷耦合器件（CCD）相机内镜的应用（比较图 18.8d 和图 18.8a）。

最终的目标是创建一个完全自主的如图 18.8 所示装备合适的微型工具的无线移动微型机器人。因为这是个很困难的任务，一个好的开始就是去调查制作硅元素微型机器人平台和研究他们的运作能力的可能性，该平台是通过电线来操控和提供动力的，如图18.8c所示。

根据图18.8a，大多数基于微型机器人设备的MEMS产品发展至今可以归类为可移动链接——微疏导器[18.95,96]，或者是微抓取器[18.97,98]，如图18.8e所示。在关于移动微型机器人研究的出版物中，大多数出版物陈述了微型运输系统（见图18.8b）[18.99-102]。机器人用外部设备来进行移动，（对照图18.8b，f，j，n）。根据Fatikow和Rembold[18.92]，许多研究人员正致力于在人类血管移动微型机器的方法，然而，微型机器人很难控制，半自动化系统的一个例子就是所谓的智能药丸厘米大小的药丸，不但配备有摄像头[18.105]，而且还可以测量人体内的温度或者是pH值[18.103,104]。吞下药丸后，该药丸输送到人体想要测量或者记录视频序列的地方。最后输出摄像机测量的参数的信息或者信号。较复杂的一些方法就需要为各种不同的给药方式配备执行器[18.92,104]。通过X光线检测仪或超声波来定位体内药丸的位置。一旦药丸到达受感染的区域，封装在药丸中的药通过板上的执行器释放出来。在外部可以通过无线电波来完成通信。

关于通过MEMS技术和批量技术制造的步行微型机器人，我们提出了很多重要的结论。并对表面微机械机器人和压电的干反应离子蚀刻机器人提出了不同的方法。针对于机器人控制的合适的低功耗专用集成电路（ASIC）已经通过了测试，并计划整合到步行微型机器人[18.108]。大型的欧洲智能工程MINIMAN（1997）提出了发展移动微型机器人平台的目标，该平台拥有完整的6个自由度应用工具，例如包含于SEM的微组件，来自于欧洲几所大学和公司的不同的MEMS研究组参与了该工程。此外，具有MEMS/MST（微系统技术）组件的微型机器人组件已经研发出来了[18.109]。

早在20世纪90年代，美国研究人员就已经发表了关于微型机器人的研究书籍和MEMS微型机器人的传感器技术；日本的几组人员目前正在开发基于MEMS设备的小型化机器人[18.8]。在日本，国际贸易和工业部（MITI）支持了一个持续十年关于微型机技术的大规模项目，此计划开始于1991年。这个项目的最终目标是为微型工厂、医疗技术和维修应用创造小型化的机器人。在这个项目中，包括运动机器人和微型输送机器人在内的很多微型机器人设备已经生产出来了。对于运动任务，包含MEMS组件的微型机器人设备或车辆[18.111]也已经实现了。尽管通过MEMS技术努力实现机器人微型化，但仍然没有试验结果表明基于MEMS技术批量生产的机器人能够实现自主行走（也就是说动力足够携带自身电源，或者通过遥控充电）。在1999年第一批批量制造的基于MEMS的微型机器人平台能够行走，然而，这种机器人是通过电线供电，并没有装备执行机构。除了步行微型机器人设备，许多关于飞行机器人和游泳机器人的报告也已经发表了。利用LIGA（高精度光刻平版技术）技术来制作的微马达和齿轮箱被用来建造微型直升机，这种微直升机可以从德国美因茨显微技术研究所购买作为相当昂贵的示范对象[18.114]。除了纯机械微机器人，机电组件与生物体例如蟑螂组成的混合系统也时有报道[18.117]。

18.7.2 生物微型机器人

生物操控必然伴有如定位、抓取和注入原料到细胞的各个位置等操作。生物微型机器人的研究主题包括单个细胞或分子的自主操作，利用集成视觉和力传感模块的微型机器人系统的生物膜机械特征描述等。目标是在生物操控和细胞的损伤研究中，获得基本的关于单细胞生物系统的理解和提供关于可变形细胞跟踪生物膜的机械特征模型。

现有的生物操控技术，可分为非接触式操控（包括激光诱捕和电转动）和接触式操控（称为机械显微操控）。当激光诱捕[18.118~121]用于非接触式的生物操控[18.122-124]，激光束通过一个大数字光圈物镜聚焦、汇合，形成一个光学陷阱，陷阱的侧力会使悬浮液中的细胞向光束的中心移动。纵向捕捉力使细胞向焦点方向移动。光阱使细胞悬浮并保持它的位置。激光陷阱可以以良好的控制方式工作。然而，这两个特征使得激光捕捉技术不适合于细胞自动注射。水溶液中的可见光的高功耗要求需要使用高能量的光，以至于接近紫外光谱，提高了损害细胞的可能性。尽管一些研究人员声称，使用在近红外（IR）光谱[18.120]的波长，这样的顾虑是可以克服的，但是入射激光束是否会诱发细胞的遗传物质的异常现象的问题依然存在。激光束的一种替代方法是电场诱导旋转技术。Mischel[18.126]、Arnold[18.127]和Washizu[18.124]已经证明了细胞的电场诱导旋转。非接触式细胞操控技术是基于相移的控制和电场的幅度。适当地应用电场，将产生细胞的扭转。基于这个原则[18.122,123]，为细胞操控建立不同的系统配置，即可实现细胞高精度定位。然而，由于缺少使细胞保持位置以便进一步处理例如注射的手段、由于电场的幅度必须保持在较低水平才能确保细胞的活性、由于非接触式生物操控技术，如激光诱捕和电场诱导旋转技术中的局限，使得显微操作法成为现实。通过机械显微技术，在激光诱捕技术中的激光束带来的损害和在电场诱导旋转技术中缺乏保持位置的缺陷都能够被克服。

为了改善成功率很低的手工操作，并消除污染，自主的机器人系统（如图18.9所示）已发展到可以将DNA植入到小鼠胚胎的两个核中的一个，而不需要细胞溶液。实验室的实验结果表明，自主的胚原核DNA注入的成功率比传统的手动注射方法有着很大的提高。自主机器人系统采用了混合控制器，该混合控制器结合了视觉伺服，精确定位控制和模式识别来检测细胞核及实现精确的自动对焦。图18.10说明注射的过程。

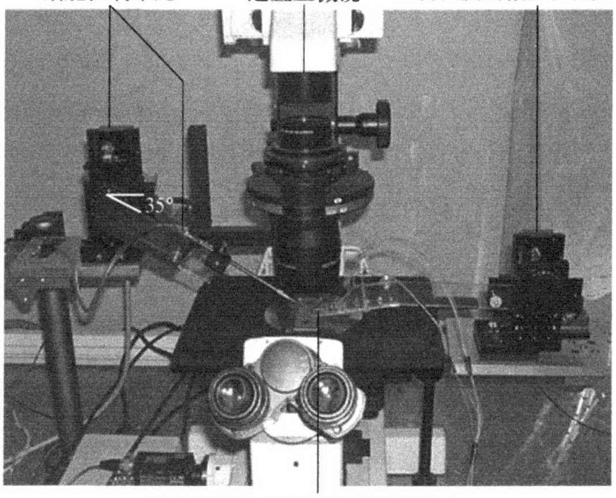

图18.9　带有视觉和力反馈的机器人生物操纵系统

为了实现大规模的注射操作，通过阳极晶片键合技术制造出来了一种MEMS细胞保持器。在细胞保持器上，分布有排列好的孔，这样就可以将单个细胞

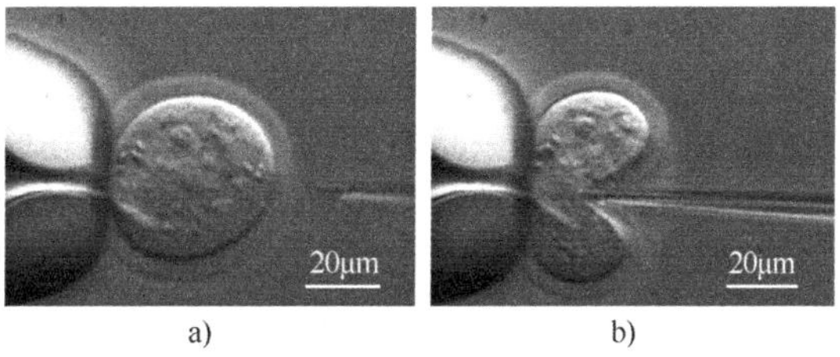

图18.10　细胞注射过程

a)、b)小鼠卵母细胞透明带(ZP)

保持和固定住以便于注射。在计算准确的情况下，带有细胞孔的系统使得通过位置控制向大量细胞注射成为可能。细胞注射操作可以使用移动-注射-移动的方式进行。

一次成功的注射取决于注射的速度、轨迹以及作用到细胞上的力。为了进一步提高机器人系统的性能，一种基于电容性细胞力传感器的多轴MEMS系统被设计并制造出来，从而能够将实时的力反馈到机器人系统中。MEMS细胞力传感器同时也对生物机械性能特征的研究有所帮助。

图18.11中的基于两轴MEMS细胞力传感器能够解决作用于细胞的正常的力；以及由于不准确的细胞探测器而产生的切线方向的力。一种高产的微制造工艺已经发展起来，通过在绝缘硅晶圆片（SOI）深度蚀刻（DRIE）可以形成3-D高纵横比结构。外部约束框架以及内部移动框架由4个弯曲弹簧连接。作用在探头上的负载会引起内部结构的移动，从而引起每对交错梳型电容之间的缝隙发生改变。因此，总电容的改变将取决于作用力。叉合电容垂直相交，从而使得传感器能够同时检测x方向以及y方向的力。在试验中细胞力传感器能够检测到最大25μN精度可以达到0.01μN。

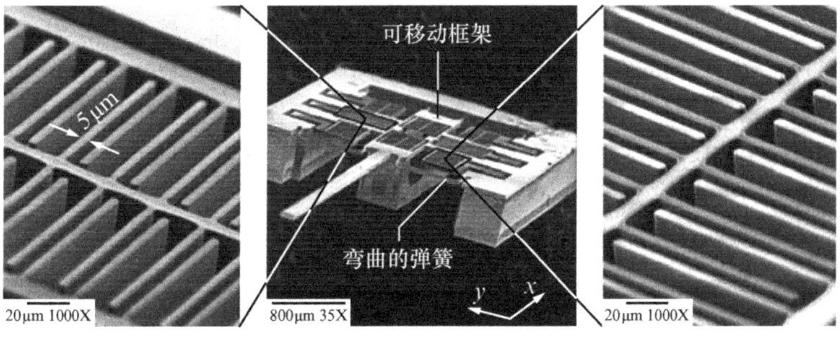

图18.11　带有垂直梳状驱动器的蜂窝力传感器

端部几何形状影响着力的定量测量结果。标准的注射管（Cook K-MPIP-1000-5）端部区域拥有一个直径5μm的针尖，此注射管附属于细胞力传感器的探头。

机器人系统以及高精度的细胞力传感器同时也被应用到生物机械性能的研究中[18.130]。其目标是获得一个可以描述当外部负载作用到细胞上后细胞膜的变形行为的一般参数模型。此参数模型服务于两个目的。第一，在机器人细胞操控中，它允许在线参数辨识，从而可以预知细胞膜变形行为。第二，在对细胞的损伤以及恢复研究中，对细胞膜损伤的热力学模型非常重要的是可以识别细胞膜的机械行为。这就可以解释如下已经报道的现象，如在脱水过程中细胞体积收缩过程的机械阻力以及与伤害之间的联系。建立这样的模型将非常有助于细胞伤害的研究。

试验证明机器人技术以及 MEMS 技术在生物研究中扮演重要的角色，例如自动生物操控任务。在机器人技术的帮助下，整合视觉与力传感模型以及 MEMS 设计制造技术，研究主要集中在生物膜机械性能模型，变形细胞跟踪以及单细胞以及生物分子操控。

18.8 纳米机器人技术

纳米机器人技术描述了进一步小型化到处理纳米级别的事物。纳米机器人技术是一种研究纳米级别机器人的技术，包括纳米级尺寸的机器人，也就是纳米机器人，或者大尺寸机器人但能够操控纳米级事物或者拥有纳米级分辨率，也就是纳米机器人操控。纳米级别的机器人操控在结构、构建以及在 MEMS 装配纳米级别块等是一种前沿技术。与目前发展的纳米制造工艺相结合，实现了一种复合方式，从而从独立的纳米碳管和 SIGE/SI 纳米卷中建立 MEMS 和其他纳米机人装置。材料科学、生物科学、电子学以及机械传感与驱动将从纳米机器人技术中受益。

18.8.1 纳米操作介绍

纳米操作技术，即在纳米级别上的定位和/或者力控制，在纳米技术领域是一种关键性的技术，它填补了自上而下和自下而上策略之间的空缺，而且它可能带来使用复制技术的分子装配器的产生[18.18]。这些类型的装配器被当做通用的设备来构建更多种类的有用产品，同样包括它们的自我复制。

目前，纳米操作被用于观测物理现象、生物学的科学探索和纳米设备原型的构建。这是纳米材料、纳米结构和纳米机制的一种性能表征，是制作纳米级别上的物体构建的基础，是纳米设备如 NEMS 装配的基础。

纳米操作是由于 STM[18.19]、AFMs[18.44] 和其他类型的 SPMs 的出现而可用的。除了这些，光镊（激光诱捕）[18.13] 和磁性镊子[18.132] 也是潜在的纳米操作器。纳米机器人操作器（NRMs）[18.133,134] 的特点主要有三维定位、方向控制、独立驱动的多个末端执行器和独立的实时观测系统，并可以与扫描探针显微镜集成。NRMS 在很大程度上增加了复杂的纳米操作能力。

图 18.12 为 STM，AFM，NRM 技术的简要比较。STM 无与伦比的成像分辨率，使得它可以应用于粒子级别，如原子级别分辨率。由于它受限于自身的二维定位和操作策略，这导致它不能进行复杂的操作，也不能在三维空间中应用。AFM 是另一种类型的纳米操作器，它可用于接触或者动态模式。通常 AFM 常被用于通过触摸的方式来移动物体。其操作开始于非接触模式下的粒子成像，一个典型的操控开始于在非接触模式下的粒子成像，然后消除振荡电压波峰和扫除与整个粒子表面接触时反馈的失效。

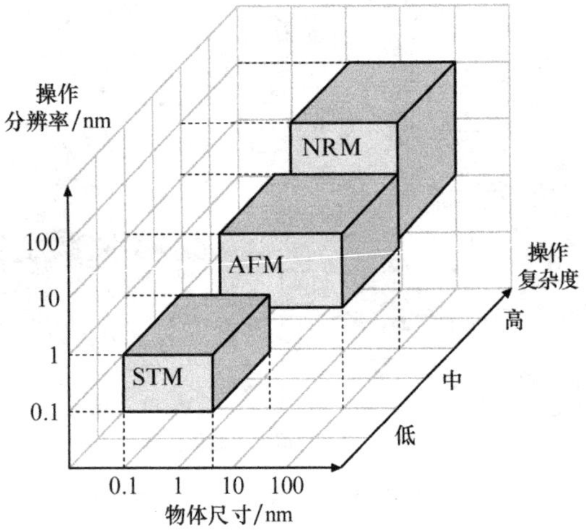

图 18.12 纳米机械手比较示意图

机械的推动可以在物体上产生更大的力，因此可以用来操作相对较大的物体。1 ~3 维的物体可以在 2 维基板上被处理。然而，利用 AFM 操作单个原子仍然是一个巨大的挑战。通过分离成像和操作功能，纳米机器操作器可以获得包括旋转方向控制在内的更多的自由度，因此可用于 3-D 自由空间操作的 0-D（对称球）至 3-D 物体。受限于电子显微镜较低的分辨率，NRMs 很难用于进行原子级别上的操作。然而，他们的机器人能力，包括三维定位、方向控制、独立驱动的多个末端执行器和独立的实时观测系统，并与扫描探针显微镜集成，使得 NRMs 对复杂纳米操作相当有应用前景。

第一个纳米操作实验是 Eigler 和 Schweizer 于 1990 年开展的。他们利用一个 STM 和低温下的材料，在单晶镍表面与原子精度进行氙原子的定位。操作使得它们自己构造基本的结构。实验结果由一系列著名的图像组成，这些图像显示了35个原子是怎样移动最后组成的三个字母：IBM的过程。这表明确实可以操作原子[18.1]。

一个纳米操作系统一般包括作为定位装置的纳米操作器、作为观察装置的显微镜、作为其手指的包括探针和镊子在内的各种末端执行器，以及各类传感器（力、位移、触觉、应变等），以便于操作和/或确定对象的属性。纳米操作的关键技术包括观察、驱动、测量系统的设计和制造、校准和控制、通信和人机界面的设计。

纳米操作的策略主要由环境-空气、液体或真空决定，其次由对象和观测方法的性质和规模决定。图18.13展示了显微镜，环境和纳米操作策略。为了观察操作的对象，可以利用STMs的亚埃分辨率成像，而原子力显微镜可以提供原子级别的分辨率。它们都可以得到的3-D面的拓扑结构。因为AFMs可以观测邻近环境，它们提供的操作生物的强大工具需要一个液体环境。SEM的分辨率是1nm左右，然而场发射扫描电镜的分辨率更好些。SEM/FESEM可以用在2维空间中对物体或者操作器的末端执行器进行实时观察，大型超高真空（UHV）样品室可以提供足够的空间来容纳多自由度的3-D纳米操作器。然而，2维的观察特性使得沿电子束的方向难以实现定位。高分辨透射电子显微镜（HRTEM）可以提供原子分辨率。然而，狭窄的超高真空样品室使得难以组合大尺寸的操作器。原则上，衍射光学显微镜（OMS）不能用于纳米级（小于可见光的波长）。扫描近场OMS

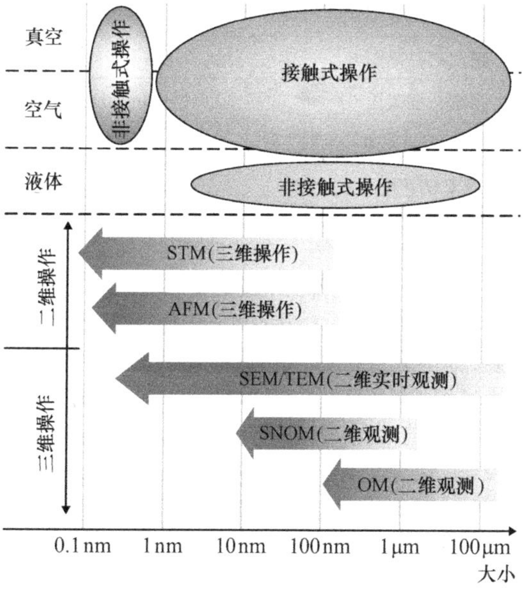

图18.13　显微镜、环境和纳米操作策略示意图

（SNOMs）打破了这个限制，并有希望成为纳米操作的实时观测设备，特别是邻近环境。SNOMs可以与原子力显微镜（AFMs）相结合，并有可能与NRMS相结合进行纳米级别上的生物操作。

纳米操作过程大致可分为三种类型：

1）横向非接触式。

2）横向接触式。

3）垂直操作。

通常，横向非接触式主要和STM一起用于操作超高真空的原子和分子，或者利用光学和磁性镊子在液体环境中操作生物对象。横向接触式，可以用于任何环境中，它通常与AFM相结合，但是在原子级别上进行操作相对困难。垂直操作可以通过NRMs来完成。图18.14展示了这三种基本策略的过程。

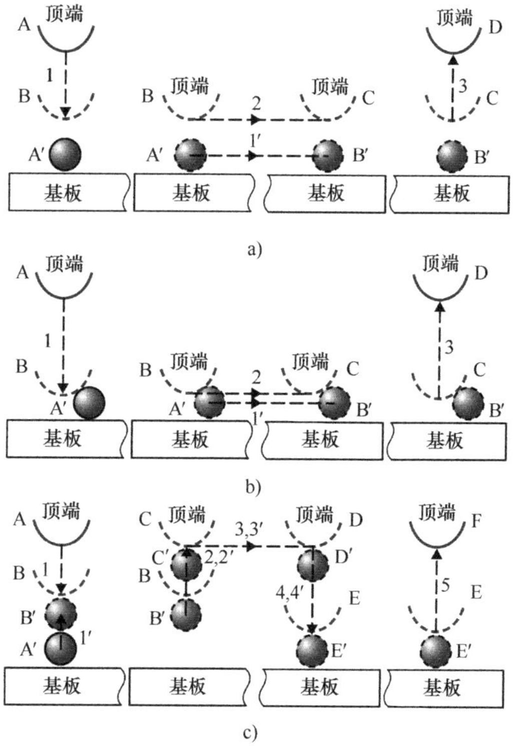

图18.14　纳米操作基本策略

a）横向非接触式纳米操作（滑动）　b）横向接触式纳米操作人（推/拉）　c）纵向纳米操作（拾取）

A、B、C…—末端执行器；A′、B′、C′…—表示物体的位置；

1、2、3…—表示末端执行器的动作；

1′、2′、3′…—表示物体的动作

注：镊子可以用来进行拾取，但是一般不能用来进行放置。

横向非接触式运动过程如图18.14a所示。适用领域[18.136]包括远距离的由针尖接近样品产生的吸引力，针尖和样品之间的偏压产生的电场诱导领域[18.138,139]，隧道电流局部加热或无弹性隧道振动[18.140,141]。利用这些方法，一些纳米设备和分子可以被装配而成[18.142,143]。激光诱捕（光镊）和磁性镊子可以用于纳米生物样品中的非接触式的操作，如DNA[18.144,145]等。

与STMS结合的非接触式操作提供了许多可能的操作原子和分子的策略。然而，操作碳纳米管（CNTs的）的先例还未出现。

利用AFM在一个表面上推或拉纳米对象是一种典型的操作，图18.14b显示了这种方法。早期的工作表明了这种方法的有效性[18.146-150]。这种方法在纳米制造和生物制造中也得到证明[18.152]。虚拟现实界面有助于进行此类的操作[18.153-155]，也可能会为其他类型的操作创造可能。这些技术被用在纳米管表面的操作上，以下的章节还将介绍更多的例子。

如图18.14c所示的拾放任务，因其主要目的是将各个部件装配成一个设备，所以在三维纳米操作上有着重大的意义。纳米操控主要的困难是如何实现工具和物体之间的有效控制以及物体和基板之间的相互作用的有效控制。参考文献［18.156］在微米操作上提出了两种策略，经过实验表明这两种策略在纳米操作上也行之有效[18.134]。第一种策略是在工具与放置物体的基板之间提供偏差，从而产生介电电泳力，最终可将介电电泳力作为一种可控的外力施加于工具和物体之间。另一种策略是修改范德华力、物体和基板之间的其他分子与表面的力。对于前者，原子力显微镜悬臂梁是一种理想的电极，可以在悬臂和基板之间产生一个不均匀的电场。

18.8.2 纳米机器人操作系统

纳米机器人操作器是纳米机器人操作系统的核心组件。用于三维操作的纳米机器人操作系统需要纳米级别的定位分辨率、一个相对较大的工作空间、具有足够多的包括旋转在内的自由度、可用于3-D定位和方向控制的末端执行器和用于复杂操作的多个末端执行器。

一个商业的纳米操作器（MM3A）被安装在SEM的内部，如图18.15所示。这个操作器有3个自由度，并有纳米级分辨率和亚纳米级分辨率（见表18.4）。计算结果表明，当在关节q_1/q_2，沿着A/B方向移动或者扫描时，多余的线性运动在C上是很小的。例如，当一个手臂的长度为50mm时，当在A方向移动5～10μm时额外的C方向上的运动只有0.25～1nm之间，这些错误可以忽略不计，或通过移动关节p_3从而使其得以修正，关节p_3有0.25nm的分辨率。

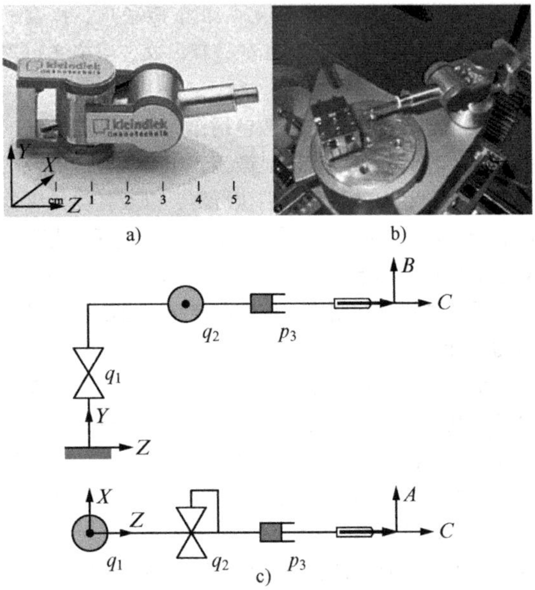

图18.15 装在SEM中的纳米机械手（MM3A）

a）MM3A b）安装 c）动力学模型

表18.4 MM3A的规格

条　目	规　格
q_1，q_2的操作范围	240°
Z的操作范围	12mm
分辨率A	10^{-7}rad（5nm）
分辨率B	10^{-7}rad（3.5nm）
分辨率C	0.25nm
精细扫描范围A	20μm
精细扫描范围B	15μm
精细扫描范围C	1μm
A、B的速度	10mm/s
C的速度	2mm/s

图18.16显示了一个纳米机器人操作系统，它共有16个自由度，配备三个或四个原子力显微镜作为用于操作和测量的末端执行器。定位分辨率为亚纳米级别，并且短线在厘米级别。操作系统不但可以用于纳米操作，而且可以进行纳米装配、纳米编制、纳米加工。四探针的半导体测量可能是该系统执行的最复杂操作，因为必须通过使用四个机器人独立地驱动四个探针。随着纳米技术的不断发展，可以对纳米操作器进行缩放，并可以在真空室里的显微镜内置更多自由度，也许分子的操作板如德雷克斯勒所梦想的是可以成真的。

为了构造基于纳米结构的多壁碳纳米管（WNT），机械手对纳米管进行定位和定向来制造纳米管探针和发射器，利用电子束诱导沉积（EBID）[18.157]技术进行焊接，用单壁碳纳米管的性能表征来供选择和用接合点来测试连接强度。

图 18.16b 为一个纳米实验室。纳米实验室集成了一个纳米机器人操作系统、带有纳米分析系统、纳米制造系统、并可以操作纳米材料，制备纳米部件，装配纳米设备，还可以进行材料、部件和设备特性的原性分析。在纳米实验室里的纳米操作系统为创建三维空间的纳米系统打开了一条新的途径，并且可以为新的纳米编制和纳米制造过程提供机会。

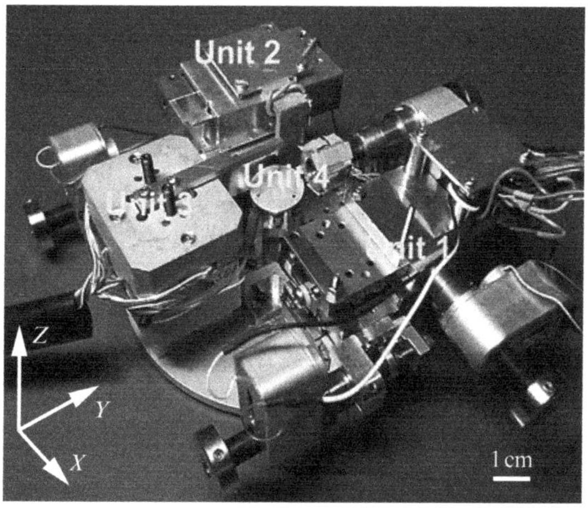

a)

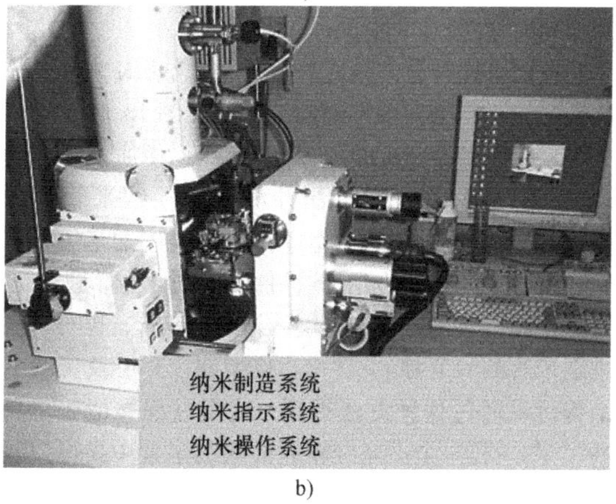

b)

图 18.16 纳米机器人系统

a）纳米机器人机械手 b）系统设备

18.8.3 纳米装配

纳米操作是纳米装配的一种很有前景的策略。纳米装配的关键技术包括纳米级别上的部件的创建和表示、带有纳米分辨率的部件的定位和方向控制，以及有效的连接技术。纳米机器人操作，其特点是有多个自由度对位置和方向进行控制、独立驱动的多探针和一个实时观测系统，在 3-D 空间已被证明是有效的组装纳米管为基础的设备。

CNTs 定义良好的几何结构、优异的机械性能和非凡的电气特性，及其他优秀的碳纳米管的物理化学性质，使得其拥有许多潜在的应用领域，特别是在纳米电子学、NEMS 和其他一些纳米设备上。对于纳机电系统，纳米管的最重要的特点，包括其纳米的直径、大长径比（10 ~ 1000）、TPA 规模的杨氏模量[18.161-163]、优良的弹性[18.133]、超层间的摩擦性能优良的场发射能力、各种导电率、高导热、不产生热的高电流承载能力、各种物理或化学变化的电导的灵敏度、电荷诱导键长的变化。

螺旋 3-D 纳米结构或者纳米线圈可以由各种材料合成，包括斜碳纳米管、氧化锌纳米带。

最近提出一个构建具有纳米尺寸结构的新方法，可以在可控的范围内进行制作。其结构可以通过自上而下的制造过程来实现，在此过程中一个拉紧的纳米厚的异质双层卷曲形成一个具有纳米级功能的 3-D 结构。螺旋的几何形状和具有 10nm ~ 10μm 直径的管被制造了出来。由于它们有趣的形态、机械、电气和电磁特性，它们可以被用于 NEMS 中的纳米架构中，其中包括纳米弹簧、机电传感器[18.173]、磁场探测器、化学或生物传感器、磁束发生器、电感器、执行器和高性能的电磁波吸收剂。

对 NEMS 基于单个的碳纳米管和纳米线圈的关注越来越多，这表明了建立在这些设备上的特定位置的部件的性能需要得到提高。随机蔓延[18.174]、直接生长[18.175]、自组装[18.176]、介电电泳组装[18.177,178]和纳米操作[18.179]可以为构建这些设备的电极上的碳纳米管进行定位。然而，以纳米管为基础的结构，纳米机器人组装仍然是在原位构造、特性和组装能力的唯一的技术能力。因为，编造的线圈和它们的底层并不是完全独立的，纳米机器人装配是目前唯一的将它们装配在设备内的方法。

1. 碳纳米管的纳米机器人装配

在表面上的两个维度进行纳米操作的首次试验是与 AFM 相结合，并通过联系推动基板而进行的。图 18.17 显示了二维推的典型方法。尽管和图 18.14b 相似，但是同样的操作产生出不同的结果，这是因为纳米管不能被看成 0 维的一个点。第一个实验是 Lieber 和他的同事进行的，他们测量了纳米管的力学性能[18.180]。采用如 18.17b 中显示的方法，他们将纳米管的一端固定，然后推动纳米管的另一端，从而使纳米管弯曲。也可以利用这个方法对过度拉伸下的碳纳米管的行为进行研究。Dekker 和他的同事们提出了图 18.17c，d 显示的策略，并且利用此方法获得一个扭结的交界处和交叉的碳纳米管。

Avouris 和他的同事们将这种技术和一个逆过程相结合，把一个弯曲的管子推直，实现了管子到另一个位置的平移[18.183]以及测量了两个电极之间的电导率[18.184]。这个技术也可以把一根管子置于另一根管子中来形成一个具有纳米管交叉连接[18.185]的单一电子转换器（SET）。推-诱导分割也可以形成纳米管[18.183]。两个弯曲的管子和一个直的管子可以简单组合成希腊字母 θ。为了研究原子水平上的动态滚动，在石墨板上用 AFM[18.186]来滚动和滑动纳米管（如图 18.17e，f 所示）。除了推拉方式，另外一种非常重要的过程就是压缩。通过压缩表面，可以获得机械属性特征[18.187]和进行数据存储[18.188]。

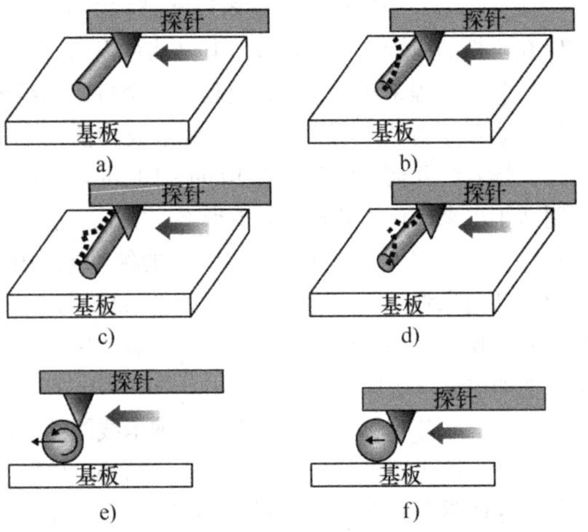

图 18.17 碳纳米管的二维操作（a）为初始状态，为用不同的力在不同的位置推纳米管，使得纳米管变形如 b）、c），至 d）破裂，或者如 e）和 f）移动）

a）初始状态 b）弯曲 c）扭曲 d）破裂
e）滚动 f）滑动

在 3-D 空间中操作碳纳米管对于将 CNTs 集成到框架和设备中是非常重要的。纳米机器人对碳纳米管的操作的基本技巧如图 18.18[18.189]所示，这些服务对于操作、构造、描绘装配 NEMS 都是最基本的。

其基本做法是从碳纳米管的烟灰中拿起单管（见图 18.18a）。这个可以通过使用介电电泳（双向电泳）的纳米机器人操作实验[18.134]得到证明（见图 18.18b）。通过对锐利尖端和平面基板之间提供偏差，可以在针尖与基板之间产生一个不均匀电场，在针尖附近该电场是最强的。这个不均匀电场可通过电泳或者双向电泳引起纳米管沿着电场方向移动，甚至跳到针尖上（取决于目标管的导热性）。将偏差撤销之后，便可以将电子管放置在任何想放的地方。这种方法，可以用在碳纳米管烟灰的独立管子上或者用在通常受到的范德华力较微弱的粗糙表面上。强烈根植于碳纳米管烟尘的电子管或者放在平面上的电子管是无法用这种方法捡起来的。电子管和原子力显微镜悬臂尖端平坦的表面上的原子之间的相互作用是可以将电子管捡起并放到尖端上的[18.190]（见图 18.18c）。通过应用 EBID，有可能拿起并将纳米管固定到探针上[18.191]（见图 18.18d）。为了搬运电子管，我们需要在电子管和探针之间实现弱连接。

如图 18.18e，f. 所示，弯曲和屈曲碳纳米管对于描述纳米管的原型是非常重要的[18.192]，这也是一个获取纳米管的杨氏模量的简单方法，该方法不用损坏电子管就取得了碳纳米管的杨氏模量（如果在它的弹性范围内）。因此，可以根据不同的特性选择电子管。屈曲超过其碳纳米管弹性极限，便可以得到一个扭结结构[18.193]。要得到任意角度的扭结点，可以在它的弹性极限的范围内使用 EBID，来固定纳米扣的形状。对于碳纳米管，最大角偏移将出现在纯弯曲下的固定左端或者纯屈曲下的中间点。在这两种组合中，负荷将达到一个点和所需的扭结角度的可控的扭结位置。如果在碳纳米管的弹性限度内变形，它会释放负载后复苏。为了避免这种情况，可以在扭结点使用 EBID，以固定形状。

在两个探针之间，或者一个探针和基片之间，拉伸纳米管将产生许多有趣的结果（见图 18.18g）。第一个实验的碳纳米管的 3-D 纳米操作便演示了这种现象，它展示了断裂机制并测量了碳纳米管的力度[18.133]。在可控制的操作中打碎一个碳纳米管，将会产生一个有趣的纳米器件。这种技术-破坏性制——可以得到尖锐和分层结构的纳米管，也可以改进纳米管的力度控制[18.193]。典型的，分层及尖锐的结构可以通过这种方法得到。这个过程类似于电脉冲[18.194]。在一个不完全破裂的碳纳米管中，可以观察到轴承运动[18.193]。实验显示层间的摩擦力非常小[18.195,196]。

逆过程，也就是破碎电子管的接合过程（见图 18.18h）。该机制是在破碎电子管的末端进行离子烫来打开自由键[18.197]。基于这种有趣的现象，实现了机械化学的纳米机器人装置[18.197]。

对于纳米元件的使用，纳米管的装备是一个基础技术。最重要的任务为纳米管的连接和将纳米管放到

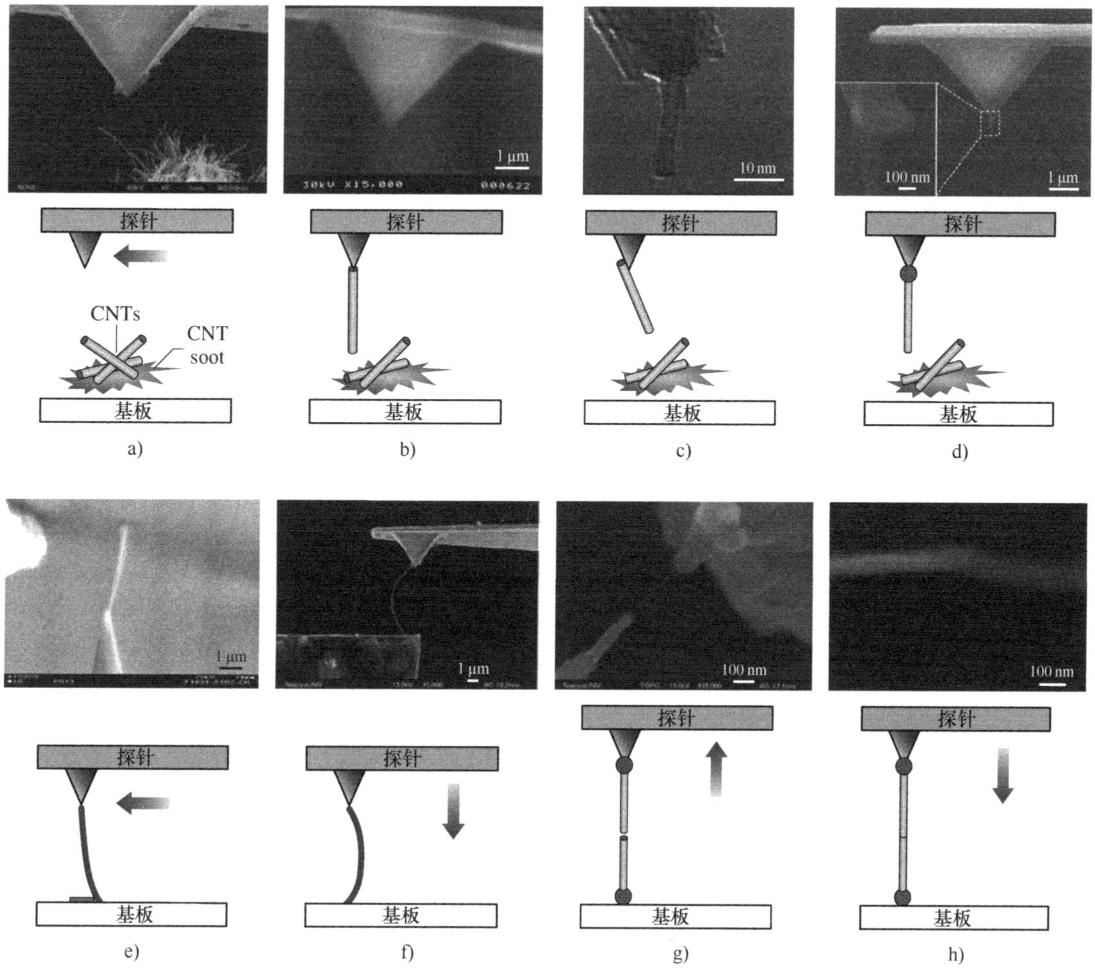

图 18.18　纳米机器人对碳纳米管的操作示意图

a）初始状态（基本技术就是从 CNT 灰尘中捡起一个纳米管或者从一个出事的阵列中拾取）　b）通过电泳拾取通过探针和基板之间的一个不均匀的电场产生的电泳来拾取单个独立的碳纳米管）　c）通过范德华力拾取　d）通过 EBID 拾取　e）弯曲　f）屈曲　g）拉伸/断裂　h）连接/绑定

注：1. c）可能出现的所有异常都来自于作者的试验。

2. c）、d）为探头表面接触纳米管，或者是将纳米管固定到针头上的相同的操作示意。

电极上。纯的纳米管电路[18.198]是由不同的直径和手性的纳米管互相连接的，它可以进一步减小设备的规格。纳米管分子间和分子内的连接是这些系统[18.199]的基本构成部分。室温（RT）的单电子晶体管（SETs）[18.200]，一个短的（约为 20nm）纳米管剖面，它是通过 AFM 诱导局部障碍进入电子管而产生的，并且能够观察到库伦充电过程。通过两个单臂碳纳米管的交叉连接（SWNTs）（半导体的/金属的）可以制造出三个和四个终端电子设备[18.201]。一个中断的交叉连接，可以作为一种机电非易失性存储器[18.202]。

虽然某些种类的连接已经用化学方法合成，但是没有证据说明一个基于自我装置的方法能够提供一个更为复杂的结构。也可以用 SPMs 制造接头，但是它受限于二维面板。我们提出的基于操作的三维纳米机器人的纳米装配，是一个对于建造纳米接头，再通过这些接头构建更为复杂的纳米设备的很有前途的方法。

根据组件的种类（SWNTs 或 MWNTs）、几何结构（V kink，I，X cross，T，Y branch，和 3-D junctions）、导电性（金属的或者半导体的）以及（不同的）连接方法（分子间连接（通过范德华力，EBID 等连接）或者分子内连接（通过化学键连接）），纳米管连接可以分为不同的类别。这里我们展示一些通过强调的连接方法的多壁碳纳米管连接。这些方法对于 SWNT 连接同样高效。图 18.19 显示 CNT 的连接通过范德华力（图18.19a）构造的，由电子束诱导沉积（图18.19b）连接；并利用机械化学（图18.19c）键合而成的。

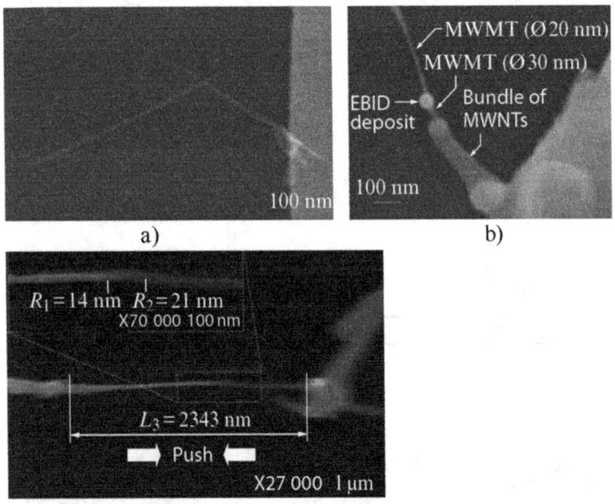

a)　b)　c)

图18.19　碳纳米管的连接点

a）利用范德华力相连接的碳纳米管

b）碳纳米管与EBID相连接

c）碳纳米管通过化学反应相连

图18.19a展示了一个由范德华力连接的T形接口。它是通过摆放MWNT上的针尖到另外一个MWNT上，直到形成一个结制作而成的。这个结合可以通过测量剪切的连接力来检查。

EBID提供了一个修补的方法来获得比通过这些范德华力的连接更强的纳米管连接。因此，如果对纳米结构的力量要求更高，便可以得到应用EBID来生成纳米管连接。图18.19b给出了通过EBID连接的一个MWNT结点，在图中，上面的MWNT是一个单一的，直径为20nm，下面是一束MWNTs，由直径30nm的单一的CNT挤压而成。常规EBID的发展受限制于昂贵的电子丝和低生产力。我们提出了一个并行的EBID系统，因为碳纳米管具有优异的场发射特性[18.203]，因此我们将碳纳米管作为发射器。并行的EBID可能性已被提出。这对于大规模制作纳米管结点，是一个很有前途的战略，但是，在某些情况下，附加的材料可能影响纳米系统的正常功能。因此，EBID主要用于纳米结构而不是纳米机构。

不用添加额外的材料而获得更强结点，机械化学纳米机器人装配是一个有效的策略。它是基于固相化学反应，或者机械力合成，它定义为化学合成的机械系统控制，操作具有原子级别精度，可以指出反应点的位置选择[18.18]。拾取带有悬挂键的原子，而不是自然的原子，它可以更容易形成主键，并具有简单但很强的连接性。破坏性的制造提供了一种在破坏试管的末端形成悬挂键的方法。一些悬挂键，可能会关闭邻近原子，但通常还是会存在一些键是处于悬挂状态的。一个底端带有悬挂键的纳米管可以很容易的和另一个纳米管相连接，而形成分子内结点。图18.19c给出了这些结点。

三维机器人操作为构建和装配纳米管成纳米设备，提供了一种全新的方法。但是，目前纳米操作仍以串行的方式在主从控制方式中发挥作用，而不是大规模以生产为导向的技术。然而，随着微观物理学探索的进步，合成纳米技术得到了较好控制，驱动器更为精确，操作工具更为有效，高速制动纳米技术成为可能。另一种方法可能是并行装配，由定位积木的探针阵列组成[18.204]，我们提出的平行EBID，同时它们之间可以相互连接等。下一步的计划是在指数实验装配上取得进展，并在不远的将来实现自我复制的装配[18.18]。

2. 纳米线圈的纳米机器人装备

基于纳米线圈的NEMS的构造涉及增长或制造的纳米线圈的装配，从制造的角度来看这是一个重大的挑战。由于其螺旋的几何尺寸、高弹性、单端固定和在湿蚀刻基板附着力强的操作线圈，我们着眼于纳米线圈操作的独特方面，安装在一个扫描电镜中（Zeiss DSM962）使用机械手（MM3A，Kleindiek）的一系列新的过程已被提出。由制造的SiGe/Si的双层纳米线圈（厚度为20nm无铬层或41nm铬层，直径$D=3.4\mu m$）是可以操作的。特殊工具已经制作好，包括一个纳米钩子和一个黏性探针。纳米钩子是通过控制市售的钨丝材质的尖锐探针（Pico探针的T-4-10-1MM和T-4-10）与基板相碰发生的尖端-碰撞制成的，黏性探针是将尖端浸入一个双面的扫描电镜的导电胶带中形成的（Ted Pella，Inc.）。

如图18.20所示，实验表明，纳米线圈可以通过横向推挤从芯片得到释放，也可以用纳米钩子或黏性探针拿起，并被放置在另一个探头或原子力显微镜悬臂梁之间（Nano-probe，NP-S）。轴向拉/推、径向压缩/释放，以及弯曲/屈曲也被证明。这些进展都显示了表征线圈状纳米结构及其装配的纳机电系统操作的有效性，否则它们就不可用。

基于单个纳米线圈的纳米器件的配置如图18.21所示。悬臂式纳米线圈如图18.21a所示，可以作为纳米弹簧。纳米电磁铁、化学传感器和纳米电感涉及纳米线圈的两个电极之间的桥接如图18.21b所示。机电传感器可以使用类似的配置，但与一端的末端连接到一个可移动的电极如图18.21所示。机械刚度和导电性，是这些设备必须进一步调查的基本属性。

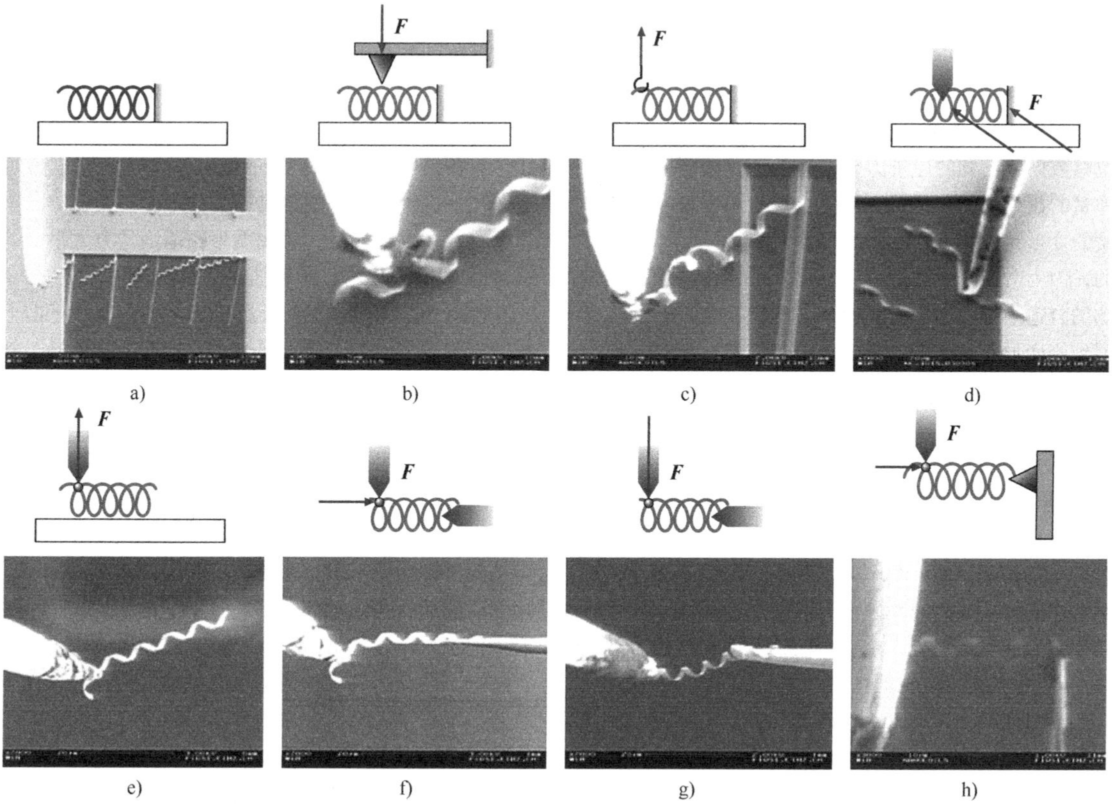

图 18.20　纳米机器人操作纳米线圈示意图

a）初始状态　b）压缩/释放　c）挂在钩上往上拉　d）从侧面推拉　e）抓取　f）放置/插入　g）弯曲　h）推拉

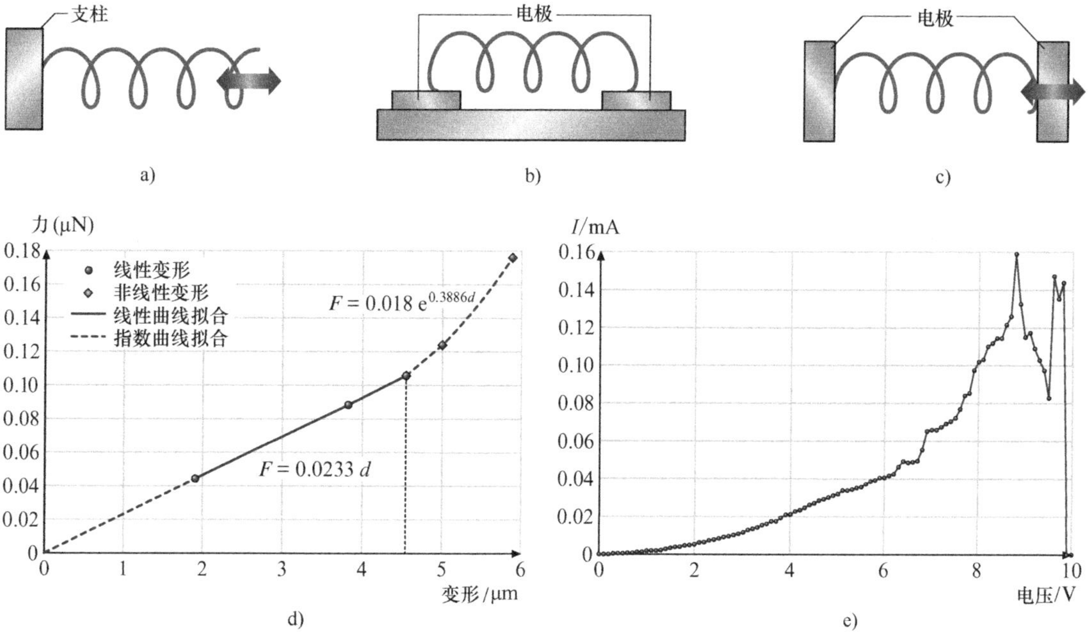

图 18.21　基于纳米线圈的设备

a）悬挂式（可以当做纳米弹簧）　b）桥接式（固定）（纳米电磁铁，化学传感器，用纳米线圈连接的两个电极而成的纳米电感器）　c）桥接式（可移动）（机电传感器可以利用类似的配置而成，但是需要一端连到可移动电极上）　d）线圈的刚度特性　e）纳米线圈电流-电压曲线示意图（是这些设备的基本特征）

如图 18.20h 所示，轴向拉可以用来衡量一个纳米线圈的刚度。通过对一系列 SEM 图像进行分析，可以提取 AFM 针尖位移和纳米弹簧变形等，其中相对位移是从 AFM 的针尖探头开始测量的。根据这个位移数据和已知的原子力显微镜的悬臂梁刚度，纳米弹簧的拉力与纳米弹簧变形就会被绘制出来。纳米弹簧的变形是相对于第一个测量点测量的。这是必要的，因为对原子力显微镜悬臂梁来说，在纳米弹簧施加的合适附加力必须得到验证。然后，它是不可能返回到零变形点的。反之，正如图 18.21d 所示，开始于零力和零变形的计算好的线性弹簧的刚度线已经发生偏转。

从图 18.21 可以看出，据估计，弹簧的刚度为 0.0233N/M。纳米弹簧的线性弹性区域延伸到了 4.5μm 就变形了。一个指数逼近拟合非线性区域。当施加的力达到 0.176μN，纳米弹簧和原子力显微镜悬臂之间的连接出现断裂。有限元仿真（ANSYS9.0）用来验证实验数据[18.173]。由于连接的准确地区不能从 SEM 图像确定，根据纳米弹簧的明确的匝数，模拟器分别进行了 4 圈、4.5 圈、5 圈的实验，来估计可能的范围。在进行模拟时，纳米弹簧的一端是固定的，并且在另一端施加沿轴的 0.106μN 的大小的力。模拟结果显示，弹簧为 4 圈时的刚度为 0.0302N/M，5 圈时的刚度为 0.0191N/M。测得的刚度下降的值在高于最低值的 22% 与低于最高值的 22.8% 范围之内，它非常接近一个 4.5 转的纳米弹簧产生的刚度值，其大小为 0.0230N/M。

图 18.21e 显示了具有 11 匝的纳米弹簧的电气特性的实验结果，该实验使用了图 18.20g 所示的配置。I-V 曲线是非线性的，它可能由于通电加热引起的电阻变化的半导体双层导致的。另一个可能的原因是由热应力引起的接触导致电阻下降。在 8.8V 偏压下 0.159mA 被认为是最大电流。高电压将导致纳米弹簧掉落。从快速扫描屏幕的 SEM，纳米弹簧探针延伸观察周围的峰值电流，不至于使电流大跌。在 9.4V，扩展纳米弹簧被分解造成 I-V 曲线的突然下降。

制造和特性结果显示，螺旋纳米结构用来作电感器是非常合适的。和国家最先进的微电感相比，它们允许进一步小型化。为此，高掺杂的双层和一个额外的金属层会导致所需的电导。如果蜷缩后，额外的金属电镀到螺旋结构，电导、电感和品质因数可以得到进一步的提升。进一步，一种半导体的螺旋结构，当用结合分子将它功能化时，与展示的其他类型的纳米结构一样，在相同原则下可用于化学传感技术。由于双分子膜在几个层次内变动，最终要展览的结构的表面都暴露到分析师面前，它有很高的体积比。

18.8.4 纳米机器人设备

设备尺寸的缩小使得许多不可能的事情成为可能，如使用纳米大小的工具操作纳米大小的物体，测量微克范围内的质量，感知微牛顿范围的力大小，并且包括 GHz 的运动，还有其他很多惊人的进步。

制造业上的例如纳米元件的自上而下和自下而上的策略为许多研究者独立研究。自上而下的策略，基于纳米制造技术，并且还用到了其他一些技术，如毫微光刻、纳米压印和化学腐蚀。目前，这些都是二维制造过程，并且分辨率极低。自下而上策略是基于装配技术的。目前，这些策略包括自组装技术、蘸笔光刻和定向自组装。这些技术可以产生大规模的规则纳米结构。因为能够对纳米物体进行定位和定向，纳米操作对构建、描述和装配多种类型的纳米系统是一种有用的技术。通过与自下而上和自上而下的过程相结合，基于纳米机器人操作的混合型纳米机器人操作方法可以提供第三种方法来制作 NEMS，这种方法通过构建 as-grown 纳米材料或纳米结构来实现其功能。这个新纳米制造技术可以创建带有构造部件的复杂的 3-D 纳米设备。纳米材料科学、生物纳米技术和纳米电子学都从纳米机器人装配技术的进步中获益良多。

基于独立纳米管的纳米工具，传感器和执行器配置已经得到实验证明。如图 18.22 所示。

具有检测表面上的深而窄的特性的悬臂式纳米管（见图 18.22a，参见参考文献［18.191］）的特性已经作为 AFM、STM 和其他类型的 SPM 上的一个探针针尖得到验证[18.206]。

碳纳米管提供了超小的直径、超大的长宽比和优良的力学性能。手工装配，并直接增长[18.207]是构造它们的有效方法。悬臂式纳米管可以作为测量超小型物理量的探头，如微克测重器[18.162]、piconewton 力传感器，以及在静态挠度基础上的质量流量传感器[18.189]，或者改变利用电子显微镜观测到的振动频率。由于受这种类型传感器的应用限制，不能通过显微镜实时测量挠度。极间距离的变化导致碳纳米管发射器发射电流的变化，可以作为取代显微镜图像的替代品。单个碳纳米管桥接[18.177]（见图 18.22b）是以电气特性为基础的。开口的纳米管[18.208]（见图 18.22c）可以作为原子或分子的容器、温度计[18.209]，或点焊机[18.210]。静电偏转纳米管已被用来构建一个继电器[18.211]。可以利用一个多壁碳纳米管的超低夹层间的摩擦创建同一系列的纳米管执行器。参考文献

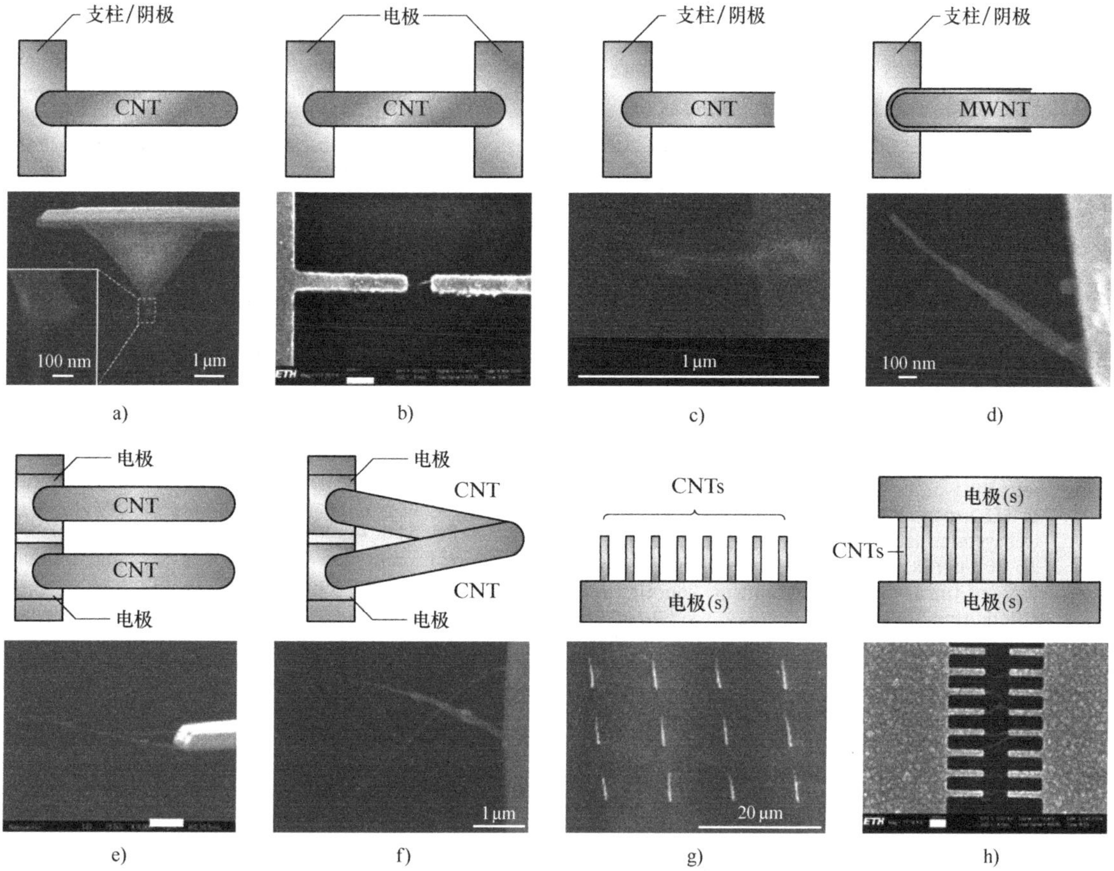

图 18.22　基于纳米管的单个 NEMS 配置（尺度：a）1μm（插入：100nm　b）200nm　c）1μm　d）100nm　e）1μm　f）μm　g）20μm　h）300nm
a）悬挂式　b）桥接式　c）开口式　d）折叠式　e）平行式　f）交叉式　g）垂直阵列　h）水平阵列

[18.195, 212] 提出了基于伸缩碳纳米管的直线轴承和一个作为旋转轴承的微驱动器，基于电泳组装阵列[18.213]成批生产已经实现。与纳米机器人操作的初步实验已经完成，该实验是在有前途的碳纳米管场发射当前服务作为位置反馈的直线电基础上实现的[18.208]（见图 18.22d）。相应的，通过手动和纳米机器人的装配，悬臂式双纳米管已用纳米镊子[18.214]和纳米剪刀[18.179]（见图 18.22e）做成。根据不同温度下电阻的变化，碳纳米管热探针能够测量精确位置的温度（见图 18.22f）。这些热探测器比基于碳纳米管的温度计更有利，因为后者需要 TEM 成像。由配置表明，上述设备的集成可以实现，如图 18.22g、h 所示[18.177]。单个碳纳米管阵列也可以用来制造纳米传感器，如位置编码器[18.215]。基于 NEMS 的碳纳米管仍然是一个丰富的研究领域，具有大量的开放性问题。新材料，如纳米线、纳米带、在纳米级别上的聚合物，使得检测和驱使超小量或者具有超高的精度和频率的物体的传感器和执行器成为可能。通过随机蔓延，直接增长，光学镊子，纳米机器人操作，原型均已实现。然而，为了进行 NEMS 整合，自组装过程中会变得越来越重要，其中，对于大规模生产常规的 2-D 结构，我们认为电泳纳米组装将起到很大作用。

18.9　结论

尽管许多预言家声称，如 Issac Asimov 的在人体内部的水中的变形杆菌，以及 Robert A. Freitas 的纳米医学机器人，这种将来的微米/纳米机器人将会执行的任务我们现在并不清楚。然而，我们可以确定的是，智能传感器、制动器、系统的这些技术正在朝着小规模发展。这将会成为将来制造纳米/纳米机器人的工具，同时也会成为可能开发的机器人的部件。压缩这些硬件的大小目前是非常有吸引力的，例如使用纳米工具来操作纳米物体，大量地测量毫克微克，对于微小牛顿的敏感力，包括千兆的运动，其他一些可能性还有待发现。当然这些能力可以让采用微/纳机电系统构造的未来微/纳米机器人来执行任务。

参 考 文 献

18.1 R.P. Feynman: There's plenty of room at the bottom, Caltech Eng. Sci. **23**, 22–36 (1960)

18.2 R.S. Muller: Microdynamics, Sens. Actuat. A **21–23**, 1–8 (1990)

18.3 A.M. Flynn, R.A. Brooks, W.M. Wells, III, D.S. Barrett: The world's largest one cubic inch robot, Proc. of IEEE 2nd Int. Workshop on Micro Electro Mechanical Systems (IEEE, Piscataway 1989) pp. 98–101

18.4 W. Trimmer, R. Jebens: Actuators for micro robots, Proc. of the 1989 IEEE Int. Conf. on Robotics and Automation (IEEE, Piscataway 1989) pp. 1547–1552

18.5 S. Fatikow, U. Rembold: An automated microrobot-based desktop station for micro assembly and handling of micro-objects, IEEE Conf. on Emerging Technologies and Factory Automation (EFTA'96) (IEEE, Piscataway 1996) pp. 586–592

18.6 B.J. Nelson, Y. Zhou, B. Vikramaditya: Sensor-based microassembly of hybrid MEMS devices, IEEE Contr. Syst. Mag. **18**, 35–45 (1998)

18.7 K. Suzumori, T. Miyagawa, M. Kimura, Y. Hasegawa: Micro inspection robot for 1-in pipes, IEEE/ASME Trans. Mechatron. **4**, 286–292 (1999)

18.8 M. Takeda: Applications of MEMS to industrial inspection, Proc. 14th IEEE Int. Conf. on Micro Electro Mechanical Systems (IEEE, Piscataway 2001) pp. 182–191

18.9 T. Frank: Two-Axis electrodynamic micropositioning devices, J. Micromech. Microeng. **8**, 114–118 (1989)

18.10 N. Kawahara, N. Kawahara, T. Suto, T. Hirano, Y. Ishikawa, T. Kitahara, N. Ooyama, T. Ataka: Microfactories: New applications of micromachine technology to the manufacture of small products, Res. J. Microsyst. Technol. **3**, 37–41 (1997)

18.11 Y. Sun, B.J. Nelson: Microrobotic cell injection, Proc. of the 2001 IEEE International Conf. on Robotics and Automation (ICRA2001) (IEEE, Piscataway 2001) pp. 620–625

18.12 P. Dario, M.C. Carrozza, L. Lencioni, B. Magnani, S. Dapos Attanasio: A micro robotic system for colonoscopy, Proc. 1997 Int. Conf. on Robotics and Automation (IEEE, Piscataway 1997) pp. 1567–1572

18.13 F. Tendick, S.S. Sastry, R.S. Fearing, M. Cohn: Application of micromechatronics in minimally invasive surgery, IEEE/ASME Trans. Mechatron. **3**, 34–42 (1998)

18.14 G. Iddan, G. Meron, A. Glukhovsky, P. Swain: Wireless capsule endoscopy, Nature **405**, 417 (2000)

18.15 K.B. Yesin, K. Vollmers, B.J. Nelson: Analysis and design of wireless magnetically guided microrobots in body fluids, Proc. 2004 IEEE Int. Conf. on Robotics and Automation (IEEE, Piscataway 2004) pp. 1333–1338

18.16 M.C. Roco, R.S. Williams, P. Alivisatos: *Nanotechnology Research Directions: Interagency Working Group on Nanoscience, Engineering and Technology (IWGN) (Workshop Report)* (Kluwer, Dordrecht 2000)

18.17 M.L. Downey, D.T. Moore, G.R. Bachula, D.M. Etter, E.F. Carey, L.A. Perine: National Nanotechnology Initiative: Leading to the Next Industrial Revolution, A Report by the Interagency Working Group on Nanoscience, Engineering and Technology (Committee on Technology, National Science and Technology Council, Washington 2000)

18.18 K. Drexler: *Nanosystems: Molecular Machinery, Manufacturing and Computation* (Wiley, New York 1992)

18.19 G. Binnig, H. Rohrer, C. Gerber, E. Weibel: Surface studies by scanning tunneling microscopy, Phys. Rev. Lett. **49**, 57–61 (1982)

18.20 W.F. Degrado: Design of peptides and proteins, Adv. Protein Chem. **39**, 51–124 (1998)

18.21 G.M. Whitesides, B. Grzybowski: Self-assembly at all scales, Science **295**, 2418–2421 (2002)

18.22 R. Fearing: Survey of sticking effects for microparts, Proc. 1995 IEEE/RSJ Int. Conf. Int. Robots and Systems (IEEE, Piscataway 1995) pp. 212–217

18.23 E.L. Wolf: *Nanophysics and Nanotechnology* (WILEY-VCH, Weinheim 2004)

18.24 C.-J. Kim, A.P. Pisano, R.S. Muller: Silicon-processed overhanging microgripper, IEEE/ASME J. MEMS **1**, 31–36 (1992)

18.25 C. Liu, T. Tsao, Y.-C. Tai, C.-M. Ho: Surface micromachined magnetic actuators, Proc. 7th IEEE Int. Conf. Micro Electro Mechanical Systems (IEEE, Piscataway 1994) pp. 57–62

18.26 J. Judy, D.L. Polla, W.P. Robbins: A linear piezoelectric stepper motor with submicron displacement and centimeter travel, IEEE Trans. Ultrason. Ferroelectr. Freq. Contr. **37**, 428–437 (1990)

18.27 K. Nakamura, H. Ogura, S. Maeda, U. Sangawa, S. Aoki, T. Sato: Evaluation of the micro wobbler motor fabricated by concentric build-up process, Proc. 8th IEEE Int. Conf. Micro Electro Mechanical Systems (IEEE, Piscataway 1995) pp. 374–379

18.28 A. Teshigahara, M. Watanabe, N. Kawahara, I. Ohtsuka, T. Hattori: Performance of a 7-mm microfabricated car, IEEE/ASME J. MEMS **4**, 76–80 (1995)

18.29 K.R. Udayakumar, S.F. Bart, A.M. Flynn, J. Chen, L.S. Tavrow, L.E. Cross, R.A. Brooks, D.J. Ehrlich: Ferroelectric thin film ultrasonic micromotors, Proc. 4th IEEE Int. Conf. Micro Electro Mechanical Systems (IEEE, Piscataway 1991) pp. 109–113

18.30 T. Ebefors, G. Stemme: Microrobotics. In: *The MEMS Handbook*, ed. by M. Gad-el-Hak (CRC, Boca Raton 2002)

18.31 P. Dario, R. Valleggi, M.C. Carrozza, M.C. Montesi, M. Cocco: Review – Microactuators for microrobots: A critical survey, J. Micromech. Microeng. **2**, 141–157 (1992)

18.32 I. Shimoyama: Scaling in microrobots, Proc.

IEEE/RSJ Intelligent Robots and Systems (IEEE, Piscataway 1995) pp. 208–211
18.33 R.S. Fearing: Powering 3-dimensional microrobots: power density limitations, tutorial on "Micro Mechatronics and Micro Robotics", Proc. 1998 IEEE Int. Conf. on Robotics and Automation (IEEE, Piscataway 1998)
18.34 R.G. Gilbertson, J.D. Busch: A survey of microactuator technologies for future spacecraft missions, J. Br. Interplanet. Soc. **49**, 129–138 (1996)
18.35 M. Mehregany, P. Nagarkar, S.D. Senturia, J.H. Lang: Operation of microfabricated harmonic and ordinary side-drive motors, Proc. 3rd IEEE Int. Conf. Micro Electro Mechanical Systems (IEEE, Piscataway 1990) pp. 1–8
18.36 Y.C. Tai, L.S. Fan, R.S. Mulle: IC-processed micromotors: design, technology, and testing, Proc. 2nd IEEE Int. Conf. Micro Electro Mechanical Systems (IEEE, Piscataway 1989) pp. 1–6
18.37 T. Ohnstein, T. Fukiura, J. Ridley, U. Bonne: Micromachined silicon microvalve, Proc. 3rd IEEE Int. Conf. Micro Electro Mechanical Systems (IEEE, Piscataway 1990) pp. 95–99
18.38 L.Y. Chen, S.L. Zhang, J.J. Yao, D.C. Thomas, N.C. MacDonald: Selective chemical vapor deposition of tungsten for microdynamic structures, Proc. 2nd IEEE Int. Conf. Micro Electro Mechanical Systems (IEEE, Piscataway 1989) pp. 82–87
18.39 K. Yanagisawa, H. Kuwano, A. Tago: An electromagnetically driven microvalve, Proc. 7th Int. Conf. on Solid-State Sensors and Actuators (IEEE, Piscataway 1993) pp. 102–105
18.40 M. Esashi, S. Shoji, A. Nakano: Normally close microvalve and micropump fabricated on a silicon wafer, Proc. 2nd IEEE Int. Conf. Micro Electro Mechanical Systems (IEEE, Piscataway 1989) pp. 29–34
18.41 R. Petrucci, K. Simmons: An introduction to piezoelectric crystals. In: *Sensors Magazine* (Helmers, Peterborough 1994) pp. 26–
18.42 J. Goldstein, D. Newbury, D. Joy, C. Lyman, P. Echlin, E. Lifshin, L. Sawyer, J. Michael: *Scanning Electron Microscopy and X-ray Microanalysis* (Kluwer Academic/Plenum, New York 2003)
18.43 G. Binnig, H. Rohrer: In touch with atoms, Rev. Mod. Phys. **71**, S324–S330 (1999)
18.44 G. Binnig, C.F. Quate, C. Gerber: Atomic force microscope, Phys. Rev. Lett. **56**, 93–96 (1986)
18.45 M.J. Doktycz, C.J. Sullivan, P.R. Hoyt, D.A. Pelletier, S. Wu, D.P. Allison: AFM imaging of bacteria in liquid media immobilized on gelatin coated mica surfaces, Ultramicroscopy **97**, 209–216 (2003)
18.46 S.A. Campbell: *The Science and Engineering of Microelectronic Fabrication* (Oxford Univ. Press, New York 2001)
18.47 C.J. Jaeger: *Introduction to Microelectronic Fabrication* (Prentice Hall, Upper Saddle River 2002)
18.48 J.D. Plummer, M.D. Deal, P.B. Griffin: *Silicon VLSI Technology* (Prentice Hall, Upper Saddle River 2000)
18.49 M. Gad-el-Hak(Ed.): *The MEMS Handbook* (CRC, Boca Raton 2002)
18.50 T.-R. Hsu: *MEMS and Microsystems Design and Manufacture* (McGraw-Hill, New York 2002)
18.51 G.T.A. Kovacs: *Micromachined Transducers Sourcebook* (McGraw-Hill, New York 1998)
18.52 G.T.A. Kovacs, N.I. Maluf, K.A. Petersen: Bulk micromachining of silicon, Proc. IEEE Int. Conf. Robot. Autom. **86**, 1536–1551 (1998)
18.53 P. Rai-Choudhury (Ed.): *Handbook of Microlithography, Micromachining and Microfabrication* (SPIE, Bellingham 1997)
18.54 S.Y. Chou: Nano-imprint lithography and lithographically induced self-assembly, MRS Bull. **26**, 512–517 (2001)
18.55 M.A. Herman: *Molecular Beam Epitaxy: Fundamentals and Current Status* (Springer, New York 1996)
18.56 J.S. Frood, G.J. Davis, W.T. Tsang: *Chemical Beam Epitaxy and Related Techniques* (Wiley, New York 1997)
18.57 S. Mahajan, K.S.S. Harsha: *Principles of Growth and Processing of Semiconductors* (McGraw-Hill, New York 1999)
18.58 C.A. Mirkin: Dip-pen nanolithography: automated fabrication of custom multicomponent, sub-100 nanometer surface architectures, MRS Bull. **26**, 535–538 (2001)
18.59 C.A. Harper: *Electronic Packaging and Interconnection Handbook* (McGraw-Hill, New York 2000)
18.60 K.F. Bohringer, R.S. Fearing, K.Y. Goldberg: Microassembly. In: *Handbook of Industrial Robotics*, ed. by S. Nof (Wiley, New York 1999) pp. 1045–1066
18.61 G. Yang, J.A. Gaines, B.J. Nelson: A supervisory wafer-level 3D microassembly system for hybrid MEMS fabrication, J. Intell. Robot. Syst. **37**, 43–68 (2003)
18.62 P. Dario, M. Carrozza, N. Croce, M. Montesi, M. Cocco: Non-traditional technologies for microfabrication, J. Micromech. Microeng. **5**, 64–71 (1995)
18.63 W. Benecke: Silicon microactuators: activation mechanisms and scaling problems, Proc. IEEE Int. Conf. Solid-State Sensors and Actuators (IEEE, Piscataway 1991) pp. 46–50
18.64 A. Menciassi, A. Eisinberg, M. Mazzoni, P. Dario: A sensorized electro discharge machined superelastic alloy microgripper for micromanipulation: simulation and characterization, Proc. 2002 IEEE/RSJ Int. Conf. Intelligent Robots and Systems (IEEE, Piscataway 2002) pp. 1591–1595
18.65 T.R. Hsu: Packaging design of microsystems and meso-scale devices, IEEE Trans. Adv. Packag. **23**, 596–601 (2000)
18.66 L. Lin: MEMS post-packaging by localized heating and bonding, IEEE Trans. Adv. Packag. **23**, 608–616 (2000)
18.67 A. Tixier, Y. Mita, S. Oshima, J.P. Gouy, H. Fujita: 3-D microsystem packaging for interconnecting electrical, optical and mechanical microdevices to the external world, Proc. 13th IEEE Int. Conf. Micro Electro Mechanical Systems (IEEE, Piscataway 2000) pp. 698–703
18.68 M.J. Madou: *Fundamentals of Microfabrication* (CRC, Boca Raton 2002)
18.69 I. Shimoyama, O. Kano, H. Miura: 3D microstructures folded by Lorentz force, Proc. 11th IEEE Int. Conf. Micro Electro Mechanical Systems (IEEE, Piscataway 1998) pp. 24–28

18.70 K.F. Bohringer, B.R. Donald, L. Kavraki, F.L. Lamiraux: Part orientation with one or two stable equilibria using programmable vector fields, IEEE Trans. Robot. Autom. **16**, 157–170 (2000)
18.71 V. Kaajakari, A. Lal: An electrostatic batch assembly of surface MEMS using ultrasonic triboelectricity, Proc. 14th IEEE Int. Conf. Micro Electro Mechanical Systems (IEEE, Piscataway 2001) pp. 10–13
18.72 G. Yang, B.J. Nelson: Micromanipulation contact transition control by selective focusing and microforce control, Proc. 2003 IEEE Int. Conf. on Robotics and Automation (IEEE, Piscataway 2003) pp. 3200–3206
18.73 G. Morel, E. Malis, S. Boudet: Impedance based combination of visual and force control, Proc. 1998 IEEE Int. Conf. on Robotics and Automation (IEEE, Piscataway 1998) pp. 1743–1748
18.74 F. Arai, D. Andou, T. Fukuda: Adhesion forces reduction for micro manipulation based on micro physics, Proc. 9th IEEE Int. Conf. Micro Electro Mechanical Systems (IEEE, Piscataway 1996) pp. 354–359
18.75 Y. Zhou, B.J. Nelson: The effect of material properties and gripping force on micrograsping, Proc. 2000 IEEE Int. Conf. Robotics and Automation (IEEE, Piscataway 2000) pp. 1115–1120
18.76 K. Kurata: Mass production techniques for optical modules, Proc. 48th IEEE Electronic Components and Technology Conf. (IEEE, Piscataway 1998) pp. 572–580
18.77 V.T. Portman, B.-Z. Sandler, E. Zahavi: Rigid 6 × 6 parallel platform for precision 3-D micromanipulation: theory and design application, IEEE Trans. Robot. Autom. **16**, 629–643 (2000)
18.78 R.M. Haralick, L.G. Shapiro: *Computer and Robot Vision* (Addison-Wesley, Reading 1993)
18.79 A. Khotanzad, H. Banerjee, M.D. Srinath: A vision system for inspection of ball bonds and 2-D profile of bonding wires in integrated circuits, IEEE Trans. Semicond. Manuf. **7**, 413–422 (1994)
18.80 J.T. Feddema, R.W. Simon: CAD-driven microassembly and visual servoing, Proc. 1998 IEEE Int. Conf. Robotics and Automation (IEEE, Piscataway 1998) pp. 1212 -1219
18.81 E. Trucco, A. Verri: *Introductory Techniques for 3-D Computer Vision* (Prentice Hall, Upper Saddle River 1998)
18.82 S. Hutchinson, G.D. Hager, P.I. Corke: A tutorial on visual servo control, IEEE Trans. Robot. Autom. **12**, 651–670 (1996)
18.83 B. Siciliano, L. Villani: *Robot Force Control* (Kluwer, Dordrecht 2000)
18.84 T. Yoshikawa: Force control of robot manipulators, Proc. 2000 IEEE Int. Conf. Robotics and Automation (IEEE, Piscataway 2000) pp. 220–226
18.85 J.A. Thompson, R.S. Fearing: Automating microassembly with ortho-tweezers and force sensing, Proc. 2001 IEEE/RSJ Int. Conf. Int. Robots and Systems (IEEE, Piscataway 2001) pp. 1327–1334
18.86 B.J. Nelson, P.K. Khosla: Force and vision resolvability for assimilating disparate sensory feedback, IEEE Trans. Robot. Autom. **12**, 714–731 (1996)
18.87 Y. Haddab, N. Chaillet, A. Bourjault: A microgripper using smart piezoelectric actuators, Proc. 2000 IEEE/RSJ Int. Conf. Intelligent Robots and Systems (IEEE, Piscataway 2000) pp. 659–664
18.88 D. Popa, B.H. Kang, J. Sin, J. Zou: Reconfigurable micro-assembly system for photonics applications, Proc. 2002 IEEE Int. Conf. Robotics and Automation (IEEE, Piscataway 2002) pp. 1495–1500
18.89 A.P. Lee, D.R. Ciarlo, P.A. Krulevitch, S. Lehew, J. Trevin, M.A. Northrup: A practical microgripper by fine alignment, eutectic bonding and SMA actuation, Transducers'95 (IEEE, Piscataway 1995) pp. 368–371
18.90 H. Seki: Modeling and impedance control of a piezoelectric bimorph microgripper, Proc. 1992 IEEE/RSJ Int. Conf. Intelligent Robots and Systems (IEEE, Piscataway 1992) pp. 958–965
18.91 W. Nogimori, K. Irisa, M. Ando, Y. Naruse: A laser-powered micro-gripper, Proc. 10th IEEE Int. Conf. Micro Electro Mechanical Systems (IEEE, Piscataway 1997) pp. 267–271
18.92 S. Fatikow, U. Rembold: *Microsystem Technology and Microrobotics* (Springer, Berlin, Heidelberg 1997)
18.93 T. Hayashi: Micro mechanism, J. Robot. Mechatr. **3**, 2–7 (1991)
18.94 S. Johansson: Micromanipulation for micro- and nanomanufacturing, INRIA/IEEE Symp. on Emerging Technologies and Factory Automation (ETFA'95), Paris (1995) pp. 3–8
18.95 K.-T. Park, M. Esashi: A multilink active catheter with polyimide-based integrated CMOS interface circuits, J. MEMS **8**, 349–357 (1999)
18.96 Y. Haga, Y. Tanahashi, M. Esashi: Small diameter active catheter using shape memory alloy, Proc. IEEE 11th Int. Workshop on Micro Electro Mechanical Systems, Heidelberg (1998) pp. 419–424
18.97 E.W.H. Jager, O. Inganas, I. Lundstrom: Microrobots for micrometer-size objects in aqueous media: Potential tools for single cell manipulation, Science **288**, 2335–2338 (2000)
18.98 E.W.H. Jager, E. Smela, O. Inganas: Microfabricating conjugated polymer actuators, Science **290**, 1540–1545 (2000)
18.99 J.W. Suh, S.F. Glander, R.B. Darling, C.W. Storment, G.T.A. Kovacs: Organic thermal and electrostatic ciliary microactuator array for object manipulation, Sens. Actuat. A **58**, 51–60 (1997)
18.100 E. Smela, M. Kallenbach, J. Holdenried: Electrochemically driven polypyrrole bilayers for moving and positioning bulk micromachined silicon plates, J. MEMS **8**, 373–383 (1999)
18.101 S. Konishi, H. Fujita: A conveyance system using air flow based on the concept of distributed micro motion systems, IEEE J. MEMS **3**, 54–58 (1994)
18.102 M. Ataka, A. Omodaka, N. Takeshima, H. Fujita: Fabrication and operation of polyimide bimorph actuators for a ciliary motion system, J. MEMS **2**, 146–150 (1993)
18.103 G.-X. Zhou: Swallowable or implantable body temperature telemeter-body temperature radio pill, Proc. IEEE 15th Annual Northeast Bioengineering Conf. (1989) pp. 165–166
18.104 A. Uchiyama: Endoradiosonde Needs Micro Machine Technology, Proc. IEEE 6th Int. Symp. on

Micro Machine and Human Science (MHS '95) (IEEE, Nagoya 1995) pp. 31–37
18.105 Y. Carts-Powell: Tiny Camera in a Pill Extends Limits of Endoscopy, SPIE: OE-Reports Aug. (2000) (available on Internet at: http://www.spie.org)
18.106 R. Yeh, E.J.J. Kruglick, K.S.J. Pister: Surface-micromachined components for articulated microrobots, J. MEMS **5**, 10–17 (1996)
18.107 P.E. Kladitis, V.M. Bright, K.F. Harsh, Y.C. Lee: Prototype Microrobots for micro positioning in a manufacturing process and micro unmanned vehicles, Proc. IEEE 12th Int. Conf. on Micro Electro Mechanical Systems (MEMS'99), Oralndo (1999) pp. 570–575
18.108 D. Ruffieux, N.F. d. Rooij: A 3-DoF bimorph actuator array capable of locomotion, 13th European Conf. on Solid-State Transducers (Eurosensors XIII), Hague (1999) pp. 725–728
18.109 J.-M. Breguet, P. Renaud: A 4 degrees-of-freedoms microrobot with nanometer resolution, Robotics **14**, 199–203 (1996)
18.110 A. Flynn, L.S. Tavrow, S.F. Bart, R.A. Brooks, D.J. Ehrlich, K.R. Udayakumar, L.E. Cross: Piezoelectric micromotors for microrobots, IEEE J. MEMS **1**, 44–51 (1992)
18.111 A. Teshigahara, M. Watanabe, N. Kawahara, Y. Ohtsuka, T. Hattori: Performance of a 7 mm microfabricated car, IEEE/ASME J. MEMS **4**, 76–80 (1995)
18.112 T. Ebefors, J. Mattson, E. Kalvesten, G. Stemme: A walking silicon micro-robot, 10th Int. Conf. on Solid-State Sensors and Actuators (Transducers'99), Sendai (1999) pp. 1202–1205
18.113 N. Miki, I. Shimoyama: Flight performance of micro-wings rotating in an alternating magnetic field, Proc. IEEE 12th Int. Conf. on Micro Electro Mechanical Systems (MEMS'99), Oralndo (1999) pp. 153–158
18.114 Mainz: Micro-motors: The World's Tiniest Helicopter, in http://www.imm-mainz.de/english/developm/products/hubi.html Orlando (1999)
18.115 K.I. Arai, W. Sugawara, T. Honda: *Magnetic small flying machines*, Tech. Digest Transducers'95 and Eurosensors IX, Stockholm (1995) pp. 316–319
18.116 T. Fukuda, A. Kawamoto, F. Arai, H. Matsuura: Mechanism and swimming experiment of micro mobile robot in water, Proc. IEEE 7th Int. Workshop on Micro Electro Mechanical Systems (MEMS'94), Oiso (1994) pp. 273–278
18.117 I. Shimoyama: Hybrid system of mechanical parts and living organisms for microrobots, Proc. IEEE 6th Int. Symp. on Micro Machine and Human Science (MHS '95) (IEEE, Nagoya 1995) p. 55
18.118 A. Ashkin: Acceleration and trapping of particles by radiation pressure, Phys. Rev. Lett. **24**, 156–159 (1970)
18.119 T.N. Bruican, M.J. Smyth, H.A. Crissman, G.C. Salzman, C.C. Stewart, J.C. Martin: Automated single-cell manipulation and sorting by light trapping, Appl. Opt. **26**, 5311–5316 (1987)
18.120 J. Conia, B.S. Edwards, S. Voelkel: The microrobotic laboratory: Optical trapping and scissing for the biologist, J. Clin. Lab. Anal. **11**, 28–38 (1997)
18.121 W.H. Wright, G.J. Sonek, Y. Tadir, M.W. Berns: Laser trapping in cell biology, IEEE J. Quant. Electron. **26**, 2148–2157 (1990)
18.122 F. Arai, K. Morishima, T. Kasugai, T. Fukuda: Bio-micromanipulation (new direction for operation improvement), Proc. of 1997 IEEE/RSJ Int. Conf. on Intelligent Robotics and Systems (IEEE, Piscataway 1997) pp. 1300–1305
18.123 M. Nishioka, S. Katsura, K. Hirano, A. Mizuno: Evaluation of cell characteristics by step-wise orientational rotation using optoelectrostatic micromanipulation, IEEE Trans. Ind. Appl. **33**, 1381–1388 (1997)
18.124 M. Washizu, Y. Kurahashi, H. Iochi, O. Kurosawa, S. Aizawa, S. Kudo, Y. Magariyama, H. Hotani: Dielectrophoretic measurement of bacterial motor characteristics, IEEE Trans. Ind. Appl. **29**, 286–294 (1993)
18.125 Y. Kimura, R. Yanagimachi: Intracytoplasmic sperm injection in the mouse, Biol. Reprod. **52**, 709–720 (1995)
18.126 M. Mischel, A. Voss, H.A. Pohl: Cellular spin resonance in rotating electric fields, J. Biol. Phys. **10**, 223–226 (1982)
18.127 W.M. Arnold, U. Zimmermann: Electro-Rotation: Development of a technique for dielectric measurements on individual cells and particles, J. Electrost. **21**, 151–191 (1988)
18.128 Y. Sun, B.J. Nelson: Autonomous injection of biological cells using visual servoing, Int. Symp. on Experimental Robotics (ISER 2000), Lect. Notes Contr. Inform. Sci. (2000) pp. 175–184
18.129 Y. Sun, B.J. Nelson, D.P. Potasek, E. Enikov: A bulk microfabricated multi-axis capacitive cellular force sensor using transverse comb drives, J. Micromech. Microeng. **12**, 832–840 (2002)
18.130 Y. Sun, K. Wan, K.P. Roberts, J.C. Bischof, B.J. Nelson: Mechanical property characterization of mouse zona pellucida, IEEE Trans. Nanobiosci. **2**, 279–286 (2003)
18.131 A. Ashkin, J.M. Dziedzic: Optical trapping and manipulation of viruses and bacteria, Science **235**, 1517–1520 (1987)
18.132 F.H.C. Crick, A.F.W. Hughes: The physical properties of cytoplasm: A study by means of the magnetic particle method, Part I. Experimental Exp. Cell Res. **1**, 37–80 (1950)
18.133 M.F. Yu, M.J. Dyer, G.D. Skidmore, H.W. Rohrs, X.K. Lu, K.D. Ausman, J.R.V. Ehr, R.S. Ruoff: Three-dimensional manipulation of carbon nanotubes under a scanning electron microscope, Nanotechnology **10**, 244–252 (1999)
18.134 L.X. Dong, F. Arai, T. Fukuda: 3D nanorobotic manipulation of nano-order objects inside SEM, Proc. of 2000 Int. Symp. on Micromechatronics and Human Science (MHS2000) (IEEE, Piscataway 2000) pp. 151–156
18.135 D.M. Eigler, E.K. Schweizer: Positioning single atoms with a scanning tunneling microscope, Nature **344**, 524–526 (1990)
18.136 P. Avouris: Manipulation of matter at the atomic and molecular levels, Acc. Chem. Res. **28**, 95–102 (1995)
18.137 M.F. Crommie, C.P. Lutz, D.M. Eigler: Confinement of electrons to quantum corrals on a metal surface,

Science **262**, 218–220 (1993)
18.138 L.J. Whitman, J.A. Stroscio, R.A. Dragoset, R.J. Celotta: Manipulation of adsorbed atoms and creation of new structures on room-temperature surfaces with a scanning tunneling microscope, Science **251**, 1206–1210 (1991)
18.139 I.-W. Lyo, P. Avouris: Field-induced nanometer-scale to atomic-scale manipulation of silicon surfaces with the STM, Science **253**, 173–176 (1991)
18.140 G. Dujardin, R.E. Walkup, P. Avouris: Dissociation of individual molecules with electrons from the tip of a scanning tunneling microscope, Science **255**, 1232–1235 (1992)
18.141 T.-C. Shen, C. Wang, G.C. Abeln, J.R. Tucker, J.W. Lyding, P. Avouris, R.E. Walkup: Atomic-scale desorption through electronic and vibrational-excitation mechanisms, Science **268**, 1590–1592 (1995)
18.142 M.T. Cuberes, R.R. Schittler, J.K. Gimzewsk: Room-temperature repositioning of individual C60 molecules at Cu steps: operation of a molecular counting device, Appl. Phys. Lett. **69**, 3016–3018 (1996)
18.143 H.J. Lee, W. Ho: Single-bond formation and characterization with a scanning tunneling microscope, Science **286**, 1719–1722 (1999)
18.144 T. Yamamoto, O. Kurosawa, H. Kabata, N. Shimamoto, M. Washizu: Molecular surgery of DNA based on electrostatic micromanipulation, IEEE Trans. IA **36**, 1010–1017 (2000)
18.145 C. Haber, D. Wirtz: Magnetic tweezers for DNA micromanipulation,, Rev. Sci. Instrum. **71**, 4561–4570 (2000)
18.146 D.M. Schaefer, R. Reifenberger, A. Patil, R.P. Andres: Fabrication of two-dimensional arrays of nanometer-size clusters with the atomic force microscope, Appl. Phys. Lett. **66**, 1012–1014 (1995)
18.147 T. Junno, K. Deppert, L. Montelius, L. Samuelson: Controlled manipulation of nanoparticles with an atomic force microscope, Appl. Phys. Lett. **66**, 3627–3629 (1995)
18.148 P.E. Sheehan, C.M. Lieber: Nanomachining, manipulation and fabrication by force microscopy, Nanotechnology **7**, 236–240 (1996)
18.149 C. Baur, B.C. Gazen, B. Koel, T.R. Ramachandran, A.A.G. Requicha, L. Zini: Robotic nanomanipulation with a scanning probe microscope in a networked computing environment, J. Vac. Sci. Tech. B **15**, 1577–1580 (1997)
18.150 A.A.G. Requicha: Nanorobots, NEMS, and nanoassembly, Proc. IEEE **91**, 1922–1933 (2003)
18.151 R. Resch, C. Baur, A. Bugacov, B.E. Koel, A. Madhukar, A.A.G. Requicha, P. Will: Building and manipulating 3-D and linked 2-D structures of nanoparticles using scanning force microscopy, Langmuir **14**, 6613–6616 (1998)
18.152 J. Hu, Z.-H. Zhang, Z.-Q. Ouyang, S.-F. Chen, M.-Q. Li, F.-J. Yang: Stretch and align virus in nanometer scale on an atomically flat surface, J. Vac. Sci. Tech. B **16**, 2841–2843 (1998)
18.153 M. Sitti, S. Horiguchi, H. Hashimoto: Controlled pushing of nanoparticles: modeling and experiments, IEEE/ASME Trans. Mechatron. **5**, 199–211 (2000)
18.154 M. Guthold, M.R. Falvo, W.G. Matthews, S. Paulson, S. Washburn, D.A. Erie, R. Superfine, J.F.P. Brooks, I.R.M. Taylor: Controlled manipulation of molecular samples with the nanoManipulator, IEEE/ASME Trans. Mechatron. **5**, 189–198 (2000)
18.155 G.Y. Li, N. Xi, M.M. Yu, W.K. Fung: Development of augmented reality system for AFM-based nanomanipulation, IEEE/ASME Trans. Mechatron. **9**, 358–365 (2004)
18.156 F. Arai, D. Andou, T. Fukuda: Micro manipulation based on micro physics–strategy based on attractive force reduction and stress measurement, Proc. of IEEE/RSJ Int. Conf. on Intelligent Robotics and Systems (IEEE, Piscataway 1995) pp. 236–241
18.157 H.W.P. Koops, J. Kretz, M. Rudolph, M. Weber, G. Dahm, K.L. Lee: Characterization and application of materials grown by electron-beam-induced deposition, Jpn. J. Appl. Phys. **33**, 7099–7107 (1994), Part 1
18.158 S. Iijima: Helical microtubules of graphitic carbon, Nature **354**, 56–58 (1991)
18.159 S.J. Tans, A.R.M. Verchueren, C. Dekker: Room-temperature transistor based on a single carbon nanotube, Nature **393**, 49–52 (1998)
18.160 R.H. Baughman, A.A. Zakhidov, W.A. de Heer: Carbon nanotubes-the route toward applications, Science **297**, 787–792 (2002)
18.161 M.J. Treacy, T.W. Ebbesen, J.M. Gibson: Exceptionally high Young's modulus observed for individual carbon nanotubes, Nature **381**, 678–680 (1996)
18.162 P. Poncharal, Z.L. Wang, D. Ugarte, W.A. de Heer: Electrostatic deflections and electromechanical resonances of carbon nanotubes, Science **283**, 1513–1516 (1999)
18.163 M.F. Yu, O. Lourie, M.J. Dyer, K. Moloni, T.F. Kelley, R.S. Ruoff: Strength and breaking mechanism of multiwalled carbon nanotubes under tensile load, Science **287**, 637–640 (2000)
18.164 T.W. Ebbesen, H.J. Lezec, H. Hiura, J.W. Bennett, H.F. Ghaemi, T. Thio: Electrical conductivity of individual carbon nanotubes, Nature **382**, 54–56 (1996)
18.165 P. Kim, L. Shi, A. Majumdar, P.L. McEuen: Thermal transport measurements of individual multiwalled nanotubes, Phys. Rev. Lett. **87**, 215502 (2001)
18.166 W.J. Liang, M. Bockrath, D. Bozovic, J.H. Hafner, M. Tinkham, H. Park: Fabry-Perot interference in a nanotube electron waveguide, Nature **411**, 665–669 (2001)
18.167 X.B. Zhang, D. Bernaerts, G.V. Tendeloo, S. Amelincks, J.V. Landuyt, V. Ivanov, J.B. Nagy, P. Lambin, A.A. Lucas: The texture of catalytically grown coil-shaped carbon nanotubules, Europhys. Lett. **27**, 141–146 (1994)
18.168 X.Y. Kong, Z.L. Wang: Spontaneous polarization-induced nanohelixes, nanosprings, and nanorings of piezoelectric nanobelts, Nano. Lett. **3**, 1625–1631 (2003)
18.169 S.V. Golod, V.Y. Prinz, V.I. Mashanov, A.K. Gutakovsky: Fabrication of conducting GeSi/Si micro- and nanotubes and helical microcoils, Semicond. Sci. Technol. **16**, 181–185 (2001)
18.170 L. Zhang, E. Deckhardt, A. Weber, C. Schönenberger, D. Grützmacher: Controllable fabrication of SiGe/Si and SiGe/Si/Cr helical nanobelts, Nanotech-

nology **16**, 655–663 (2005)
18.171 L. Zhang, E. Ruh, D. Grützmacher, L.X. Dong, D.J. Bell, B.J. Nelson, C. Schönenberger: Anomalous coiling of SiGe/Si and SiGe/Si/Cr helical nanobelts, Nano Lett. **6**, 1311–1317 (2006)
18.172 D.J. Bell, L.X. Dong, B.J. Nelson, M. Golling, L. Zhang, D. Grützmacher: Fabrication and characterization of three-dimensional InGaAs/GaAs nanosprings, Nano Lett. **6**, 725–729 (2006)
18.173 D.J. Bell, Y. Sun, L. Zhang, L.X. Dong, B.J. Nelson, D. Grutzmacher: Three-dimensional nanosprings for electromechanical sensors, Sens. Actuat. A-Physical **130**, 54–61 (2006)
18.174 R. Martel, T. Schmidt, H.R. Shea, T. Herte, P. Avouris: Single- and multi-wall carbon nanotube field-effect transistors, Appl. Phys. Lett. **73**, 2447–2449 (1998)
18.175 N.R. Franklin, Y.M. Li, R.J. Chen, A. Javey, H.J. Dai: Patterned growth of single-walled carbon nanotubes on full 4-inch wafers, Appl. Phys. Lett. **79**, 4571–4573 (2001)
18.176 T. Rueckes, K. Kim, E. Joselevich, G.Y. Tseng, C.-L. Cheung, C.M. Lieber: Carbon nanotube-based non-volatile random access memory for molecular computing science, Science **289**, 94–97 (2000)
18.177 A. Subramanian, B. Vikramaditya, L.X. Dong, D.J. Bell, B.J. Nelson: Micro and Nanorobotic Assembly Using Dielectrophoresis. In: *Robotics: Science and Systems I*, ed. by S. Thrun, G.S. Sukhatme, S. Schaal, O. Brock (MIT Press, Cambridge 2005) pp. 327–334
18.178 C.K.M. Fung, V.T.S. Wong, R.H.M. Chan, W.J. Li: Dielectrophoretic batch fabrication of bundled carbon nanotube thermal sensors, IEEE Trans. Nanotech. **3**, 395–403 (2004)
18.179 T. Fukuda, F. Arai, L.X. Dong: Assembly of nanodevices with carbon nanotubes through nanorobotic manipulations, Proc. IEEE **91**, 1803–1818 (2003)
18.180 E.W. Wong, P.E. Sheehan, C.M. Lieber: Nanobeam mechanics: elasticity, strength, and toughness of nanorods and nanotubes, Science **277**, 1971–1975 (1997)
18.181 M.R. Falvo, G.J. Clary, R.M. Taylor, V. Chi, F.P. Brooks, S. Washburn, R. Superfine: Bending and buckling of carbon nanotubes under large strain, Nature **389**, 582–584 (1997)
18.182 H.W.C. Postma, A. Sellmeijer, C. Dekker: Manipulation and imaging of individual single-walled carbon nanotubes with an atomic force microscope, Adv. Mater. **12**, 1299–1302 (2000)
18.183 T. Hertel, R. Martel, P. Avouris: Manipulation of individual carbon nanotubes and their interaction with surfaces, J. Phys. Chem. B **102**, 910–915 (1998)
18.184 P. Avouris, T. Hertel, R. Martel, T. Schmidt, H.R. Shea, R.E. Walkup: Carbon nanotubes: nanomechanics, manipulation, and electronic devices, Appl. Surf. Sci. **141**, 201–209 (1999)
18.185 M. Ahlskog, R. Tarkiainen, L. Roschier, P. Hakonen: Single-electron transistor made of two crossing multiwalled carbon nanotubes and its noise properties, Appl. Phys. Lett. **77**, 4037–4039 (2000)
18.186 M.R. Falvo, R.M.I. Taylor, A. Helser, V. Chi, F.P.J. Brooks, S. Washburn, R. Superfine: Nanometre-scale rolling and sliding of carbon nanotubes, Nature **397**, 236–238 (1999)
18.187 B. Bhushan, V.N. Koinkar: Nanoindentation Hardness Measurements Using Atomic-Force Microscopy, Appl. Phys. Lett. **64**, 1653–1655 (1994)
18.188 P. Vettiger, G. Cross, M. Despont, U. Drechsler, U. Durig, B. Gotsmann, W. Haberle, M.A. Lantz, H.E. Rothuizen, R. Stutz, G.K. Binnig: The "millipede" - Nanotechnology entering data storage, IEEE Trans. Nanotechnol. **1**, 39–55 (2002)
18.189 L.X. Dong: Nanorobotic manipulations of carbon nanotubes. Ph.D. Thesis (Nagoya University, Nagoya 2003)
18.190 J.H. Hafner, C.-L. Cheung, T.H. Oosterkamp, C.M. Lieber: High-yield assembly of individual single-walled carbon nanotube tips for scanning probe microscopies, J. Phys. Chem. B **105**, 743–746 (2001)
18.191 L.X. Dong, F. Arai, T. Fukuda: Electron-beam-induced deposition with carbon nanotube emitters, Appl. Phys. Lett. **81**, 1919–1921 (2002)
18.192 L.X. Dong, F. Arai, T. Fukuda: 3D nanorobotic manipulations of multi-walled carbon nanotubes, Proc. of 2001 IEEE Int. Conf. on Robotics and Automation (ICRA2001) (IEEE, Piscataway 2001) pp. 632–637
18.193 L.X. Dong, F. Arai, T. Fukuda: Destructive constructions of nanostructures with carbon nanotubes through nanorobotic manipulation, IEEE/ASME Trans. Mechatron. **9**, 350–357 (2004)
18.194 J. Cumings, P.G. Collins, A. Zettl: Peeling and sharpening multiwall nanotubes, Nature **406**, 58 (2000)
18.195 J. Cumings, A. Zettl: Low-friction nanoscale linear bearing realized from multiwall carbon nanotubes, Science **289**, 602–604 (2000)
18.196 A. Kis, K. Jensen, S. Aloni, W. Mickelson, A. Zettl: Interlayer forces and ultralow sliding friction in multiwalled carbon nanotubes, Phys. Rev. Lett. **97**, 025501 (2006)
18.197 L.X. Dong, F. Arai, T. Fukuda: Nanoassembly of carbon nanotubes through mechanochemical nanorobotic manipulations, Jpn. J. Appl. Phys. **42**, 295–298 (2003), Part 1
18.198 L. Chico, V.H. Crespi, L.X. Benedict, S.G. Louie, M.L. Cohen: Pure carbon nanoscale devices: Nanotube heterojunctions, Phys. Rev. Lett. **76**, 971–974 (1996)
18.199 Z. Yao, H.W.C. Postma, L. Balents, C. Dekker: Carbon nanotube intramolecular junctions, Nature **402**, 273–276 (1999)
18.200 H.W.C. Postma, T. Teepen, Z. Yao, M. Grifoni, C. Dekker: Carbon nanotube single-electron transistors at room temperature, Science **293**, 76–79 (2001)
18.201 M.S. Fuhrer, J. Nygård, L. Shih, M. Forero, Y.-G. Yoon, M.S.C. Mazzoni, H.J. Choi, J. Ihm, S.G. Louie, A. Zettl, P.L. McEuen: Crossed nanotube junctions, Science **288**, 494–497 (2000)
18.202 T. Rueckes, K. Kim, E. Joselevich, G.Y. Tseng, C.-L. Cheung, C.M. Lieber: Carbon nanotube-based nonvolatile random access memory for molecular computing science, Science **289**, 94–97 (2000)
18.203 A.G. Rinzler, J.H. Hafner, P. Nikolaev, L. Lou,

S.G. Kim, D. Tománek, P. Nordlander, D.T. Colbert, R.E. Smalley: Unraveling nanotubes: field emission from an atomic wire, Science **269**, 1550–1553 (1995)
18.204 S.C. Minne, G. Yaralioglu, S.R. Manalis, J.D. Adams, J. Zesch, A. Atalar, C.F. Quate: Automated parallel high-speed atomic force microscopy, Appl. Phys. Lett. **72**, 2340–2342 (1998)
18.205 G.D. Skidmore, E. Parker, M. Ellis, N. Sarkar, R. Merkle: Exponential assembly, Nanotechnology **11**, 316–321 (2001)
18.206 H.J. Dai, J.H. Hafner, A.G. Rinzler, D.T. Colbert, R.E. Smalley: Nanotubes as nanoprobes in scanning probe microscopy, Nature **384**, 147–150 (1996)
18.207 J.H. Hafner, C.L. Cheung, C.M. Lieber: Growth of nanotubes for probe microscopy tips, Nature **398**, 761–762 (1999)
18.208 L.X. Dong, B.J. Nelson, T. Fukuda, F. Arai: Towards Nanotube Linear Servomotors, IEEE Trans. Autom. Sci. Eng. **3**, 228–235 (2006)
18.209 Y.H. Gao, Y. Bando: Carbon nanothermometer containing gallium, Nature **415**, 599 (2002)
18.210 L.X. Dong, X.Y. Tao, L. Zhang, B.J. Nelson, X.B. Zhang: Nanorobotic spot welding: Controlled metal deposition with attogram precision from Copper-filled carbon nanotubes, Nano Lett. **7**, 58–63 (2007)
18.211 S.W. Lee, D.S. Lee, R.E. Morjan, S.H. Jhang, M. Sveningsson, O.A. Nerushev, Y.W. Park, E.E.B. Campbell: A three-terminal carbon nano-relay, Nano Lett. **4**, 2027–2030 (2004)
18.212 A.M. Fennimore, T.D. Yuzvinsky, W.-Q. Han, M.S. Fuhrer, J. Cumings, A. Zettl: Rotational actuators based on carbon nanotubes, Nature **424**, 408–410 (2003)
18.213 A. Subramanian, L.X. Dong, J. Tharian, U. Sennhauser, B.J. Nelson: Batch fabrication of carbon nanotube bearings, Nanotechnology **18**, 075703 (2007)
18.214 P. Kim, C.M. Lieber: Nanotube nanotweezers, Science **286**, 2148–2150 (1999)
18.215 L.X. Dong, A. Subramanian, D. Hugentobler, B.J. Nelson, Y. Sun: Nano Encoders based on Vertical Arrays of Individual Carbon Nanotubes, Adv. Robot. **20**, 1281–1301 (2006)
18.216 I. Asimov: *Fantastic Voyage* (Bantam Books, New York 1966)
18.217 R.A. Freitas: *Nanomedicine, Volume I: Basic Capabilities* (Landes Bioscience, Austin 1999)